THE PYRIDAZINES

Supplement I

This is the fifty-seventh volume in the series
THE CHEMISTRY OF HETEROCYCLIC COMPOUNDS

THE CHEMISTRY OF HETEROCYCLIC COMPOUNDS

A SERIES OF MONOGRAPHS

EDWARD C. TAYLOR AND PETER WIPF, *Editors*

ARNOLD WEISSBERGER, *Founding Editor*

THE PYRIDAZINES

Supplement I

D. J. Brown

Research School of Chemistry
Australian National University
Canberra

AN INTERSCIENCE® PUBLICATION
JOHN WILEY & SONS INC.
NEW YORK · CHICHESTER · WEINHEIM · BRISBANE · SINGAPORE · TORONTO

An Interscience® Publication

This book is printed on acid-free paper. ∞

Copyright © 2000 by John Wiley & Sons, Inc.

All rights reserved.

Published simultaneously in Canada.

No part of this publication may be reproduced, stored in a retrieval system on transmitted in any form or by any means, electronic, mechanical, photocopying, recording, scanning or otherwise, except as permitted under Sections 107 or 108 of the 1976 United States Copyright Act, without either the prior written permission of the Publisher, or authorization through payment of the appropriate per-copy fee to the Copyright Clearance Center, 222 Rosewood Drive, Danvers, MA 01923, (978) 750-8400, fax (978) 750-4744. Requests to the Publisher for permission should be addressed to the Permissions Department, John Wiley & Sons, Inc., 605 Third Avenue, New York, NY 10158-0012, (212) 850-6011, fax (212) 850-6008, E-Mail: PERMREQ @ WILEY.COM.

For ordering and customer service, call 1-800-CALL-WILEY.

Library of Congress Cataloging in Publication Data:
Brown, D. J.
    The pyridazines. Supplement I / D. J. Brown.
       p.   cm. — (The chemistry of heterocyclic compounds, a series of monographs)
    "An Interscience publication."
    Includes index.
    ISBN 0-471-25137-2 (alk. paper)
    1. Pyridazine. I. Title. II. Series: Chemistry of heterocyclic compounds.
QD401.C343 Suppl.
547'.593—dc21   99-28985

Printed in the United States of America.

10 9 8 7 6 5 4 3 2 1

To
an Octet of Great Pyridazine Chemists

Gordon B. Barlin
(Canberra)

Raymond N. Castle
(Tampa:[†] 1999)

Gottfried Heinisch
(Innsbruck)

Thomas Kappe
(Graz)

Péter Mátyus
(Budapest)

Branko Stanovnik
(Ljubljana)

Miha Tišler
(Ljubljana)

Camille G. Wermuth
(Strasbourg)

[†]*Deceased*

The Chemistry of Heterocyclic Compounds
Introduction to the Series

The chemistry of heterocyclic compounds is one of the most complex and intriguing branches of organic chemistry, of equal interest for its theoretical implications, for the diversity of its synthetic procedures, and for the physiological and industrial significance of heterocycles.

The Chemistry of Heterocyclic Compounds, published since 1950 under the initial editorship of Arnold Weissberger, and later, until Dr. Weissberger's death in 1984, under our joint editorship, has attempted to make the extraordinarily complex and diverse field of heterocyclic chemistry as organized and readily accessible as possible. Each volume has traditionally dealt with syntheses, reactions, properties, structure, physical chemistry, and utility of compounds belonging to a specific ring system or class (e.g., pyridines, thiophenes, pyrimidines, three-membered ring systems). This series has become the basic reference collection for information on heterocyclic compounds.

Many broader aspects of heterocyclic chemistry are recognized as disciplines of general significance that impinge on almost all aspects of modern organic chemistry, medicinal chemistry, and biochemistry, and for this reason we initiated several years ago a parallel series entitled General Heterocyclic Chemistry, which treated such topics as nuclear magnetic resonance, mass spectra, and photochemistry of heterocyclic compounds, the utility of heterocycles in organic synthesis, and the synthesis of heterocycles by means of 1,3-dipolar cycloaddition reactions. These volumes were intended to be of interest of all organic, medicinal, and biochemically oriented chemists, as well as to those whose particular concern is heterocyclic chemistry. It has, however, become increasingly clear that the above distinction between the two series was unnecessary and somewhat confusing, and we have therefore elected to discontinue *General Heterocyclic Chemistry* and to publish all forthcoming volumes in this general area in *The Chemistry of Heterocyclic Compounds* series.

It is a major challenge to keep our coverage of this immense field up to date. One strategy is to publish Supplements or new Parts when merited by the amount of new material, as has been done, *inter alia*, with pyridines, purines, pyrimidines, quinazolines and isoxazoles. This is also the case with *Pyridazines*, which were last covered in this series in 1973. We acknowledge once again the extraordinary contributions of Dr. D. J. Brown, whose previous classics in heterocyclic chemistry in this series: (*The Pyrimidines, The Pyrimidines Supplement I, The Pyrimidines Supplement II, Pteridines, Quinazolines Supplement I*) are now joined by the present exhaustive treatment of close to the last thirty years of pyridazine chemistry. We extend once again our congratulations and our thanks to Dr. Brown for a further outstanding contribution to the literature of heterocyclic chemistry.

Department of Chemistry EDWARD C. TAYLOR
Princeton University
Princeton, New Jersey

Department of Chemistry PETER WIPF
University of Pittsburgh
Pittsburgh, Penneylvania

Preface

The late Professor Raymond N. Castle and seven coauthors wrote the original volume, *Pyridazines*, that appeared within this series in 1973. Not only did it represent a comprehensive and digestible summary of pyridazine chemistry up to 1971, but it clearly stimulated considerable subsequent research in the area. Accordingly, the need for a supplementary volume to cover nearly three decades of more recent literature has become pressing.

In undertaking this task, the present author has found it necessary to inaugurate two substantial chapters on primary syntheses (covered piecemeal in the original volume) and to reorganize completely the content of remaining chapters in order to better reflect and emphasize current research trends. However, the essential status of the present volume as a *supplement* has been maintained by sectional cross-references (e.g., *H* 24) to pages in the original volume (*Hauptwerk*) where earlier relevant information may be found. Moreover, in view of the vast increase in the number and complexity of individual pyridazines described in recent literature, it has proved necessary to abandon the many classified tables of all known pyridazines in favor of a single alphabetical table of simple pyridazines. To facilitate recovery of any earlier data from tables in the original volume, cross-references (e.g., *H* 555) have been added to appropriate entries in the new table. General chemical nomenclature used in the supplement follows current IUPAC recommendations [*Nomenclature of Organic Chemistry, Sections A–F, H* (eds. J. Rigaudy and S. P. Klesney, Pergamon Press, Oxford, 1970)] with one important exception—in order to keep "pyridazine" as the principal part of each name, those groups that would normally qualify as principal suffixes, but that are not attached directly to the nucleus, are rendered as prefixes. For example, 4-carboxymethyl-3(2*H*)-pyridazinone is used instead of α-(3-oxo-2,3-dihydropyridazine-4-yl)acetic acid. Secondary or tertiary amino groups are rendered as prefixes. Ring systems are named according to Chemical Abstracts Service recommendations [*Ring Systems Handbook* (eds. anon, American Chemical Society, Columbus OH, 1988 and subsequent editions)]. Trivial names for pyridazines are included as appropriate in the table of simple pyridazines and/or in Section 5.7.4. In order to avoid repetition and inevitable confusion, literature references are presented in a single list rather than as separate lists at the end of each chapter. Finally, in preparing this supplement, the massive patent literature on pyridazines has been ignored in the belief that useful factual information therein has appeared subsequently in the regular literature.

I am greatly indebted to my former colleague, Dr G. B. Berlin, for invaluable discussions; to successive Deans of the Research School of Chemistry

(Professors J. W. White and D. J. Evans) for the provision of excellent postretirement accommodation and facilities within the School; to the branch Librarian, Mrs J. Smith, for unfailing help in library matters; and to my wife, Jan, for continual encouragement and her cheerful assistance during indexing and proofreading.

Research School of Chemistry
Australian National University
Canberra

DES J. BROWN

Contents

CHAPTER 1 PRIMARY SYNTHESES FROM ALIPHATIC OR CARBOCYCLIC SYNTHONS   1

1.1 From a Single Six-Atom Synthon   1
    1.1.1 By Completion of the N1–N2 Bond   1
    1.1.2 By Completion of the N2–N3 Bond   2
       1.1.2.1 From Hydrazonoalkenes or Related Synthons   2
       1.1.2.2 From (Hydrazonomethyl)cycloalkanes or Related Synthons   4
       1.1.2.3 From Hydrazonealkanols or Related Synthons   4
       1.1.2.4 From Hydrazonoalkanals or Related Synthons   5
       1.1.2.5 From Hydrazonoalkanones or Related Synthons   6
       1.1.2.6 From Hydrazonoalkanoic Acids or Related Synthons   7
       1.1.2.7 From Hydrazonoalkanoic Esters or Related Synthons   9
       1.1.2.8 From Hydrazonoalkanamides or Related Synthons   10
       1.2.2.9 From Hydrazonoalkanenitriles or Related Synthons   11
    1.1.3 Completion of the C3–C4 Bond   13
    1.1.4 Completion of the C4–C5 Bond   15
1.2 From Two Synthons   16
    1.2.1 By Using One- and Five-Atom Synthons   17
    1.2.2 By Using Two- and Four-Atom Synthons   18
       1.2.2.1 Where the Two-Atom Synthon Provides N1 + N2   18
          1.2.2.1.1 Using Hydrazine as the N1–N2 Synthon   18
          1.2.2.1.2 Using Substituted Hydrazines as N1–N2 Synthons   27
          1.2.2.1.3 Using Dialkyl Azodicarboxylates as N1–N2 Synthons   32
          1.2.2.1.4 Using Miscellaneous N1–N2 Synthons   34
       1.2.2.2 Where the Two-Atom Synthon Provides N2 + N3   36
       1.2.2.3 Where the Two-Atom Synthon Provides C3 + C4   36

			1.2.2.3.1	Using Ethylene Derivatives as C3–C4 Synthons	36
			1.2.2.3.2	Using Acetylene Derivatives as C3–C4 Synthons	40
			1.2.2.3.3	Using Aliphatic Aldehydes or Ketones as C3–C4 Synthons	41
			1.2.2.3.4	Using Aliphatic Acids or Acyl Chlorides as C3–C4 Synthons	41
			1.2.2.3.5	Using Aliphatic Esters as C3–C4 Synthons	42
			1.2.2.3.6	Using Aliphatic Amides or Nitriles as C3–C4 Synthons	44
		1.2.2.4	Where the Two-Atom Synthon Provides C4 + C5		45
	1.2.3	By Using Two 3-Atom Synthons			
		1.2.3.1	Where the Synthons Provide N1 + N2 + C3 and C4 + C5 + C6		46
		1.2.3.2	Where the Synthons Provide N2 + C3 + C4 and C5 + C6 + N1		49
1.3	From Three or More Synthons				50
	1.3.1	Where Three Synthons Provide N1 + N2, C3 + C4, and C5 + C6			50
	1.3.2	Where Three Synthons Provide N1 + N2 + N3, C4, and C5 + C6			51
1.4	Appendix: Glance Index to Typical Pyridazines Available from Aliphatic or Carbocyclic Synthons				51

CHAPTER 2 PRIMARY SYNTHESES FROM OTHER HETEROCYCLIC SYSTEMS   59

2.1	Pyridazines from Three-, Four-, or Five-Membered Heterocyclic Systems		59
	2.1.1	Azirines as Substrates	59
	2.1.2	Furans as Substrates	59
	2.1.3	Imidazoles as Substrates	64
	2.1.4	Isoxazoles as Substrates	65
	2.1.5	Oxazoles as Substrates	66
	2.1.6	Oxetes as Substrates	67
	2.1.7	Oxirenes as Substrates	67
	2.1.8	Pyrazoles as Substrates	67
	2.1.9	Pyrroles as Substrates	68
	2.1.10	Thiophenes as Substrates	69
	2.1.11	1,2,4-Triazoles as Substrates	71
2.2	Pyridazines from Other Six-Membered Heterocyclic Systems		71
	2.2.1	1,2-Dioxins or 1,2-Dithiins as Substrates	71
	2.2.2	1,3-Dioxins as Substrates	71

2.2.3	1,3,4-Oxadiazines as Substrates	72
2.2.4	Pyrans as Substrates	73
2.2.5	Pyridines as Substrates	74
2.2.6	Pyrimidines as Substrates	75
2.2.7	1,2,4,5-Tetrazines as Substrates	75
2.2.8	1,3,4-Thiadiazines as Substrates	81
2.2.9	1,2-Thiazines as Substrates	82
2.2.10	1,2,3-Triazines as Substrates	82
2.2.11	1,2,4-Triazines as Substrates	83
2.3	Pyridazines from Seven-Membered Heteromonocyclic Systems	83
2.3.1	1,2-Diazepines as Substrates	84
2.3.2	1,4,5-Selena- or 1,4,5-Thiadiazepines as Substrates	85
2.3.3	Thiepines as Substrates	86
2.3.4	1,2,5-Triazepines as Substrates	86
2.4	Pyridazines from Heterobicyclic Systems	87
2.4.1	1,2-Benzisoxazoles as Substrates	87
2.4.2	Benzofurans as Substrates	87
2.4.3	Cycloocta[d]pyridazines as Substrates	87
2.4.4	1,2-Diazabicyclo[3.2.0]heptanes as Substrates	88
2.4.5	3,4-Diazabicyclo[4.1.0]heptanes as Substrates	89
2.4.6	1,2-Diazabicyclo[3.1.0]hexanes as Substrates	90
2.4.7	1,6-Diazabicyclo[3.1.0]hexanes as Substrates	91
2.4.8	2,3-Diazabicyclo[3.1.0]hexanes as Substrates	91
2.4.9	1,3-Dioxolo[4,5-d]pyridazines as Substrates	92
2.4.10	Furo[3,2-b]furans as Substrates	93
2.4.11	Furo[2,3-d]pyridazines as Substrates	93
2.4.12	Furo[3,2-c]pyridazines as Substrates	94
2.4.13	Furo[3,4-d]pyridazines as Substrates	94
2.4.14	Imidazo[1,2-b]pyridazines as Substrates	95
2.4.15	Imidazo[1,5-b]pyridazines as Substrates	96
2.4.16	Imidazo[4,5-d]pyridazines as Substrates	96
2.4.17	Isoxazolo[3,4-d]pyridazines as Substrates	97
2.4.18	Isoxazolo[4,5-d]pyridazines as Substrates	99
2.4.19	7-Oxa-3,4-diazabicyclo[4.1.0]heptanes as Substrates	99
2.4.20	[1,2,4]Oxadiazolo[2,3-b]pyridazines as Substrates	99
2.4.21	1,2,4-Oxadiazolo[4,5-b]pyridazines Substrates	100
2.4.22	[1,2,5]Oxadiazolo[3,4-d]pyridazines as Substrates	101
2.4.23	Oxazolo[4,5-d]- and Oxazolo[5,4-c]pyridazines as Substrates	101
2.4.24	Oxazolo[3,2-b]pyridazin-4-iums as Substrates	102
2.4.25	Phthalazines as Substrates	103
2.4.26	Pyrano[2,3-d]pyridazines as Substrates	103
2.4.27	Pyrazino[2,3-d]pyridazines as Substrates	104
2.4.28	Pyrazolo[1,2-a]pyridazines as Substrates	104
2.4.29	Pyrazolo[3,4-d]pyridazines as Substrates	105

2.4.30	Pyridazino[3,4-*d*][1,3]oxazines as Substrates	105
2.4.31	Pyridazino[4,5-*d*][1,3]oxazines as Substrates	106
2.4.32	Pyridazino[1,2-*a*]pyridazines as Substrates	106
2.4.33	Pyridazino[4,5-*d*]pyridazines as Substrates	107
2.4.34	Pyridazino[1,6-*a*]1,3,5- and Pyridazino[6.1-*c*][1,2,4]triazines as Substrates	107
2.4.35	Pyrido[1,2-*b*]pyridazin-9-iums as Substrates	108
2.4.36	Pyrimido[4,5-*c*]pyridazines as Substrates	108
2.4.37	Pyrimido[4,5-*d*]pyridazines as Substrates	109
2.4.38	Pyrrolo[3,2-*c*]pyridazines as Substrates	109
2.4.39	Quinolines as Substrates	109
2.4.40	[1,2,4]Thiadiazolo[2,3-*b*]pyridazines as Substrates	110
2.4.41	[1,3,4]Thiadiazolo[3,4-*a*]pyridazines as Substrates	111
2.4.42	Thiazolo[3,2-*b*]pyridazin-4-iums as Substrates	111
2.4.43	Thieno[2,3-*c*]pyridazines as Substrates	111
2.4.44	Thieno[3,4-*d*]pyridazines as Substrates	112
2.4.45	3,4,7-Triazabicyclo[4.1.0]heptanes as Substrates	112
2.4.46	[1,2,4]Triazolo[1,2-*a*]pyridazines as Substrates	113

2.5 Pyridazines From Heterotricyclic Systems 114
2.6 Pyridazines From Heterotetracyclic Systems 118
2.7 Pyridazines From Bridged Heterocyclic Systems 119
2.8 Pyridazines From Spiro Heterocyclic Systems 122
2.9 Appendix: Glance Index to Typical Pyridazines Readily Available from Other Heterocyclic Systems 124

CHAPTER 3 PYRIDAZINE, ALKYLPYRIDAZINES, AND ARYLPYRIDAZINES **131**

3.1 Pyridazine 131
   3.1.1 Preparation of Pyridazine 131
   3.1.2 Physical Aspects of Pyridazine 132
   3.1.3 Reactions of Pyridazine 134
3.2 *C*-Alkyl- and *C*-Arylpyridazines 140
   3.2.1 Preparation of *C*-Alkyl- and *C*-Arylpyridazines 140
      3.2.1.1 By Direct Alkylation 140
      3.2.1.2 By Nuclear Addition Reactions 144
      3.2.1.3 By Displacement Reactions 147
      3.2.1.4 By Elimination of Functional Groups 152
      3.2.1.5 By Modification of Aldehydes, Ketones, or Esters 155
      3.2.1.6 By Interconversion of Simple Alkyl Substituents 157
   3.2.2 Properties and Reactions of *C*-Alkyl- and *C*-Arylpyridazines 159
      3.2.2.1 Oxidative Reactions 160
      3.2.2.2 Extranuclear Alkylation and Alkylidenation 163
      3.2.2.3 Extranuclear Acylation 166

		3.2.2.4 Extranuclear Halogenation, Nitration, and Diazo Coupling	167
		3.2.2.5 Miscellaneous Reactions	168
3.3	N-Alkylpyridazinium Salts and Related Ylides		171
	3.3.1	Preparation of N-Alkylpyridazinium Salts	171
	3.3.2	Preparation of Pyridazinium Ylides	172
	3.3.3	Reactions of N-Alkylpyridazinium Salts	173
	3.3.4	Reactions of Pyridazinium Ylides	175

CHAPTER 4 HALOGENOPYRIDAZINES 177

4.1	Preparation of Nuclear Halogenopyridazines		177
	4.1.1	Nuclear Halogenopyridazines from Pyridazinones	177
		4.1.1.1 Using Neat Phosphoryl Chloride	177
		4.1.1.2 Using Phosphoryl Chloride in a Solvent	182
		4.1.1.3 Using Phosphorus Pentachloride in Phosphoryl Chloride	182
		4.1.1.4 Using Phosphoryl Chloride and a Tertiary Base	184
		4.1.1.5 Using Phosphoryl Bromide or Phosphorus Pentabromide	185
		4.1.1.6 Using Other Reagents	185
	4.1.2	Nuclear Halogenopyridazines by Direct Halogenation	187
	4.1.3	Nuclear Halogenopyridazines from Metallopyridazines	188
	4.1.4	Nuclear Halogenopyridazines from Nitropyridazines	189
	4.1.5	Nuclear Halogenopyridazines by Transhalogenation	190
	4.1.6	Nuclear Halogenopyridazines from Pyridazinamines	192
4.2	Reactions of Nuclear Halogenopyridazines		193
	4.2.1	Aminolysis of Nuclear Halogenopyridazines	193
		4.2.1.1 3/6-Monohalogenopyridazines as Substrates	193
		4.2.1.2 4/5-Monohalogenopyridazines as Substrates	199
		4.2.1.3 3,4/5,6-Dihalogenopyridazines as Substrates	202
		4.2.1.4 3,5/4,6-Dihalogenopyridazines as Substrates	203
		4.2.1.5 3,6-Dihalogenopyridazines as Substrates	203
		4.2.1.6 4,5-Dihalogenopyridazines as Substrates	208
		4.2.1.7 3,4,5/4,5,6-Trihalogenopyridazines as Substrates	209
		4.2.1.8 3,4,6/3,5,6-Trihalogenopyridazines as Substrates	210
		4.2.1.9 3,4,5,6-Tetrahalogenopyridazines as Substrates	212
	4.2.2	Hydrolysis of Nuclear Halogenopyridazines	213
	4.2.3	Alcoholysis of Nuclear Halogenopyridazines	216
	4.2.4	Thiolysis of Nuclear Halogenopyridazines	221
	4.2.5	Alkanethiolysis of Nuclear Halogenopyridazines	223
	4.2.6	Conversion of Nuclear Halogeno- into Azidopyridazines	228
	4.2.7	Hydrogenolysis of Nuclear Halogenopyridazines	231
	4.2.8	Other Displacement Reactions of Nuclear Halogenopyridazines	234

4.2.9	Reactions Involving Ring Fission of Nuclear Halogenopyridazines	235
4.3	Preparation of Extranuclear Halogenopyridazines	237
4.3.1	Extranuclear Halogenopyridazines from the Corresponding Hydroxypyridazines	237
4.3.2	Extranuclear Halogenopyridazines by Halogenation	240
4.3.3	Extranuclear Halogenopyridazines by Passenger Halogenation	241
4.4	Reactions of Extranuclear Halogenopyridazines	242
4.4.1	Aminolysis of Extranuclear Halogenopyridazines	242
4.4.2	Alcoholysis of Extranuclear Halogenopyridazines	243
4.4.3	Thiolysis of Extranuclear Halogenopyridazines	244
4.4.4	Alkanethiolysis of Extranuclear Halogenopyridazines	245
4.4.5	Hydrogenolysis of Extranuclear Halogenopyridazines	246
4.4.6	Other Displacement Reactions of Extranuclear Halogenopyridazines	246

CHAPTER 5 OXYPYRIDAZINES — 251

5.1	Tautomeric Pyridazinones	252
5.1.1	Preparation of Tautomeric Pyridazinones	252
5.1.2	Reactions of Tautomeric Pyridazinones	257
5.1.2.1	Conversion into Pyridazinethiones	257
5.1.2.2	Conversion into O- or N-Alkyl Derivatives	259
5.1.2.3	Conversion into O- or N-Acyl Derivatives	267
5.1.2.4	Reductive Reactions	269
5.1.2.5	Miscellaneous Reactions	270
5.2	Pyridazine Quinones	273
5.3	Extranuclear Hydroxypyridazines	276
5.3.1	Preparation of Extranuclear Hydroxypyridazines	276
5.3.2	Reactions of Extranuclear Hydroxypyridazines	280
5.4	Nuclear and Extranuclear Alkoxy- and Aryloxypyridazines	283
5.4.1	Preparation of Alkoxy- and Aryloxypyridazines	283
5.4.2	Reactions of Alkoxy- and Aryloxypyridazines	287
5.4.2.1	Aminolysis and Related Processes	287
5.4.2.2	Thermal Rearrangement	288
5.4.2.3	Hilbert–Johnson Reaction	289
5.4.2.4	Other Reactions, Including Those of Epoxides	290
5.5	Nontautomeric Pyridazinones and N-Alkylpyridaziniumolates	292
5.5.1	Preparation of Nontautomeric Pyridazinones	292
5.5.2	Reactions of Nontautomeric Pyridazinones	295
5.6	Pyridazine N-Oxides	302
5.6.1	Preparation of Pyridazine N-Oxides	302
5.6.2	Reactions of Pyridazine N-Oxides	304

Contents   xvii

5.7	Ancillary Aspects of Oxypyridazines		311
	5.7.1	X-Ray Structural Analyses of Oxypyridazines	312
	5.7.2	Studies of Fine Structure in Oxypyridazines	314
	5.7.3	General Spectral and Related Studies on Oxypyridazines	315
	5.7.4	Trivial Names for Pyridazine Derivatives	317

CHAPTER 6   THIOPYRIDAZINES   **323**

6.1	Pyridazinethiones and Pyridazinethiols			323
	6.1.1	Preparation of Pyridazinethiones and Pyridazinethiols		323
	6.1.2	Reactions of Pyridazinethiones and Pyridazinethiols		325
		6.1.2.1	S-Acylation	326
		6.1.2.2	S-Alkylation	326
		6.1.2.3	N-Alkylation	331
		6.1.2.4	Aminolysis	331
		6.1.2.5	Oxidation to Dipyridazinyl Disulfides	332
		6.1.2.6	Other Reactions	333
6.2	Alkylthiopyridazines and Dipyridazinyl Sulfides			334
	6.2.1	Preparation of Alkylthiopyridazines		334
	6.2.2	Reactions of Alkylthiopyridazines		335
		6.2.2.1	Oxidation to Sulfoxides or Sulfones	335
		6.2.2.2	Miscellaneous Minor Reactions	336
6.3	Dipyridazinyl Disulfides and Pyridazinesulfonic Acids or Related Compounds			339
6.4	Pyridazine Sulfoxides and Sulfones			340

CHAPTER 7   NITRO-, AMINO-, AND RELATED PYRIDAZINES   **343**

7.1	Nitropyridazines			343
	7.1.1	Preparation of Nitropyridazines		343
	7.1.2	Reactions of Nitropyridazines		344
		7.1.2.1	Reduction	344
		7.1.2.2	Displacement Reactions	347
7.2	Regular Aminopyridazines			348
	7.2.1	Preparation of Regular Aminopyridazines		348
	7.2.2	Reactions of Regular Aminopyridazines		355
		7.2.2.1	N-Acylation and Subsequent Reactions	356
		7.2.2.2	N-Alkylidenation and Subsequent Reactions	359
		7.2.2.3	N-Alkylation Reactions	360
		7.2.2.4	Conversion into Ureidopyridazines or Related Products	363
		7.2.2.5	Miscellaneous Reactions	366
		7.2.2.6	Ancillary Information	369
7.3	Hydrazino-, Hydroxyamino-, and Azidopyridazines			371
	7.3.1	Preparation of Hydrazinopyridazines		371

	7.3.2	Reactions of Hydrazinopyridazines	373
	7.3.3	Preparation and Reactions of Hydroxyaminopyridazines	380
	7.3.4	Preparation, Isomerization, and Reactions of Azidopyridazines	381
7.4	Preparation and Reactions of Nontautomeric Pyridazinimines		384
7.5	Preparation and Reactions of Arylazopyridazines		386

CHAPTER 8 PYRIDAZINECARBOXYLIC ACIDS AND RELATED DERIVATIVES 387

8.1	Pyridazinecarboxylic acids		387
	8.1.1	Preparation of Pyridazinecarboxylic Acids	387
	8.1.2	Reactions of Pyridazinecarboxylic Acids	392
8.2	Pyridazinecarboxylic Esters		397
8.2.1	Preparation of Pyridazinecarboxylic Esters		397
	8.2.2	Reactions of Pyridazinecarboxylic Esters	401
8.3	Preparation and Reactions of Pyridazinecarbonyl Halides		407
8.4	Preparation and Reactions of Pyridazinecarboxamides		409
8.5	Preparation and Reactions of Pyridazinecarbohydrazides.		413
8.6	Preparation and Reactions of Azidocarbonylpyridazines		415
8.7	Pyridazinecarbonitriles		416
	8.7.1	Preparation of Pyridazinecarbonitriles	417
	8.7.2	Reactions of Pyridazinecarbonitriles	420
8.8	Pyridazinecarbaldehydes		424
	8.8.1	Preparation of Pyridazinecarbaldehydes	424
	8.8.2	Reactions of Pyridazinecarbaldehydes	425
8.9	Pyridazine Ketones		429
	8.9.1	Preparation of Pyridazine Ketones	429
	8.9.2	Reactions of Pyridazine Ketones	430

APPENDIX   TABLE OF SIMPLE PYRIDAZINES   435

REFERENCES   569

INDEX   633

THE PYRIDAZINES

Supplement I

This is the fifty-seventh volume in the series
THE CHEMISTRY OF HETEROCYCLIC COMPOUNDS

CHAPTER 1

Primary Syntheses from Aliphatic or Carbocyclic Synthons

Primary synthetic routes to pyridazines and hydropyridazines from aliphatic or carbocyclic fragments are so numerous and diverse that it is impossible to devise a system of classification that is wholly satisfactory from all points of view. The pragmatic approach adopted here is based essentially on the ways in which the six ring atoms of pyridazine are supplied by the synthon(s) used in the various methods. Please be guided by the Contents table!

In each subsection, any examples of syntheses leading directly to "aromatic" pyridazines are usually given first, followed by those leading to hydropyridazines. Examples of any pre-1970 syntheses in each category may be found from the the cross-references (e.g., *H* 38) to appropriate pages in Castle's parent volume;[1839] some pre- and post-1970 material on primary synthetic routes has been reviewed elsewhere.[1188, 1575, 1623, 1624, 1626, 1643, 1853, 1916, 2006, 2011]

A brief section at the end of this chapter seeks to assist readers to locate suitable primary syntheses for a range of commonly needed types of pyridazine derivative.

1.1 FROM A SINGLE SIX-ATOM SYNTHON

There is a surprisingly large number of such syntheses. They are classified according to the bond (of the final pyridazine) that remains unformed in the acyclic synthon. In most cases, such synthons have been isolated and usually characterized prior to cyclization.

1.1.1 By Completion of the N1–N2 Bond

As might be expected, cyclization by completion of the N–N bond is rare. However, *oxidative cyclization of 1,4-alkanediamines* has been used to make hydropyridazines and their *N*-oxides. Thus 2,5-dimethyl-2,5-hexanediamine (**1**) with hydrogen peroxide / sodium tungstate at $\sim 25°{}^*$ gave a separable 1 : 3 mixture of 3,3,6,6-tetramethyl-3,4,5,6-tetrahydropyridazine (**2**) and its 1-oxide

---
*All temperature values followed by degree symbol are Celsius (centigrade) unless otherwise indicated.

1

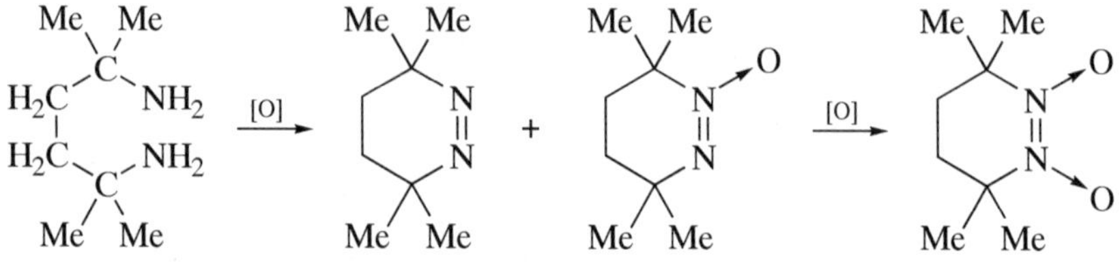

(3), the second of which was oxidized further by *m*-chloroperoxybenzoic acid in dichloromethane to afford the dioxide (4) in >70% yield;[307,308] sodium perborate gave an improved yield of the 1-oxide (3).[288]

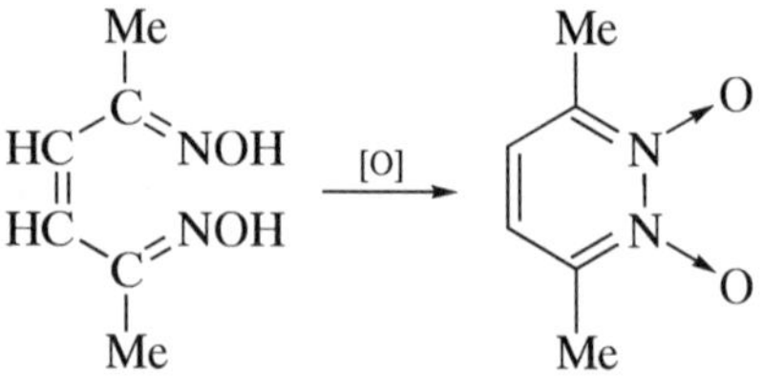

Somewhat similarly, *oxidative cyclization of 1,4-alkenedione dioximes* afforded pyridazine 1,2-dioxides. For example, 2,5-hexenedione dioxime (5) with lead tetraacetate in dichloromethane at 25° gave 3,6-dimethylpyridazine 1,2-dioxide (6) in 33% yield along with other separable products;[190,321] the use of [bis(trifluoroacetoxy)iodo]benzene as a dehydrogenation reagent gave less satisfactory results.[106,190,321,866]

1.1.2 By Completion of the N2–C3 Bond

The cyclization of an N–N–C–C–C–C synthon, such as 4-hydrazonobutyric acid, has been used widely to prepare pyridazines and hydropyridazines. The examples are classified according to the substituent (or unsaturation) at the terminal carbon atom; the degree of unsaturation in the synthon naturally determines the degree of aromaticity in the product.

1.1.2.1 From Hydrazonoalkenes or Related Synthons

Such cyclizations are illustrated in the following examples:

Ethyl 2-*p*-bromophenylhydrazono-4-cyano-3-oxobutyrate (7) gave ethyl 6-amino-1-*p*-bromophenyl-4-oxo-1,4-dihydro-3-pyridazinecarboxylate (8) (AcOH, reflux, 6 h: 55%).[1304]

2-Hydroxy-2-methylpent-4-ynohydrazide (**9**) gave 4,6-dimethyl-3(2*H*)-pyridazinone (**10**) (2.5M HCl, reflux, 24 h: 13%, as hydrochloride).[503]

Dimethyl 3,5-bisdiazo-3,4-dioxoadipate (**11**) gave dimethyl 4-hydroxy-5-oxo-2,5-dihydro-3,6-pyridazinedicarboxylate (**12**) (Pr^{i}OH, reflux, 24 h: ~25%).[406]

3-Oxo-5-phenyl-2-phenylhydrazonopent-4-enenitrile (**13**) gave 4-oxo-1,6-diphenyl-1,4,5,6-tetrahydro-3-pyridazinecarbonitrile (**14**) (BuOH, reflux, 90 min: 91%).[1068]

Also other examples.[114, 1304, 1369, 1969, 2028, 2031, 2111]

Note: Until 1975 it was thought that simple buta-1,3-dienes coupled with aromatic diazonium salts to afford isolable acyclic intermediates (akin to those used in the foregoing examples), which then underwent cyclization in base. However, it has been shown that such intermediates are simply salts of the final dihydropyridazines, probably formed directly by concerted cycloaddition.[275, 583] For example, 2,3-dimethylbuta-1,3-diene with *p*-nitrobenzenediazonium hexafluorophosphate gave 4,5-dimethyl-1-*p*-nitrophenyl-1,2-dihydropyridazine, initially as the salt (MeCN, 25°, 30 min: 79%).[275]

1.1.2.2 From (Hydrazonomethyl)cycloalkanes or Related Synthons

This small category of cyclizations is illustrated by the oxidative conversion of 3-α-hydrazonoethyl-1,2-dipropylcyclopropene (**15**) into 3-methyl-5,6-dipropylpyridazine (**16**) in 58% yield by treatment with yellow mercuric oxide in light petroleum for 24 h;[298] of 6,6-dimethyl-2-oxo-4-(phenylhydrazono)-methyl-1,1,3-cyclohexanetricarbonitrile (**17**) into 5-methyl-3-oxo-2-phenyl-2,3-dihydro-4-pyridazinecarbonitrile (**18**) (60%) by warming in ethanolic piperidine at 40° for 1 h;[1731] and of dimethyl diazo(1,2,3-tri-*t*-butylcycloprop-2-enyl)methanephosphonate into dimethyl 4,5,6-tri-*t*-butyl-3-pyridazinephosphonate (∼70%) by heating in benzene for 4 h.[15] Other examples have been reported in the foregoing references and elsewhere.[13, 430, 1438, 1613, 1614]

1.1.2.3 From Hydrazonoalkanols or Related Synthons

The hydroxy substituent in these synthons acts as a leaving group during cyclization; it may be replaced by a halogeno, amino, or other substituent for the same purpose. Typical examples follow:

1-Phenyl-4-phenylhydrazonobut-2-enol (**19**) gave 2,3-diphenyl-1,2-dihydropyridazine (**20**) (TsOH, PhMe, 25°, until dissolved: 95%).[1]

4-Phenyl-4-tosylhydrazonobutanol gave 3-phenylpyridazine (KH, then MeOCH$_2$CH$_2$OMe, 85°, 24 h: 41%).[282]

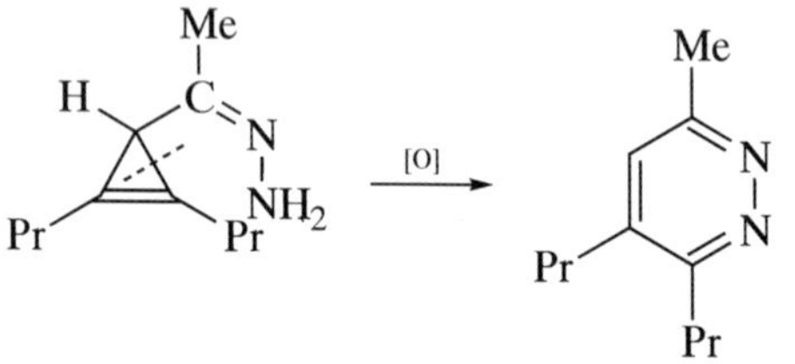

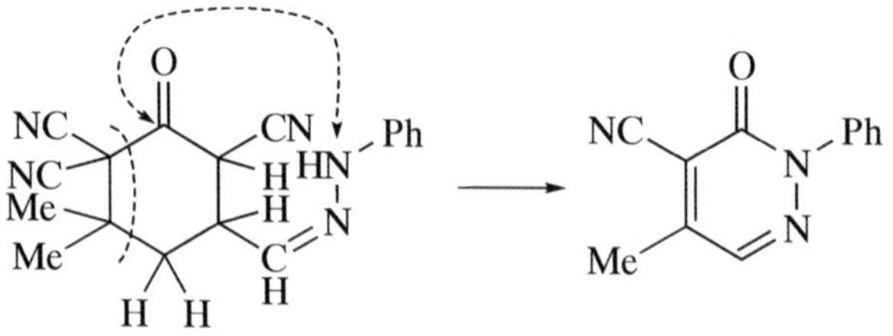

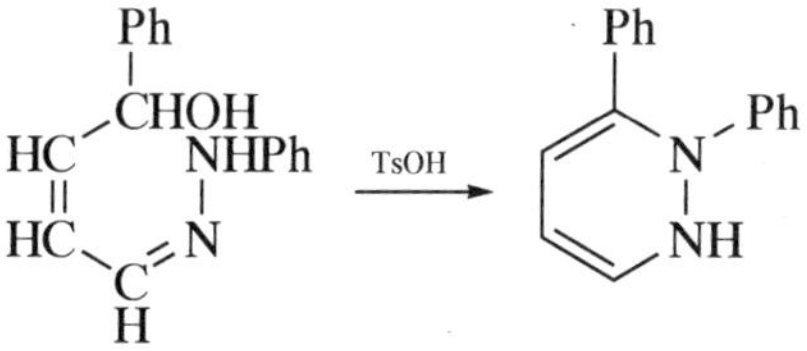

{4-Chloro-1[4-methyl(thiosemicarbazono)]butyl}benzene gave 1-methyl-(thiocarbamoyl)-3-phenyl-1,4,5,6-tetrahydropyridazine (**21**) (KOH, PhCH$_2$Et$_3$NCl, CH$_2$Cl$_2$, 25°, 10 min: 73%).[1121]

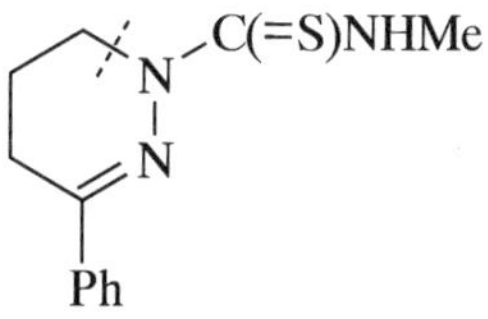

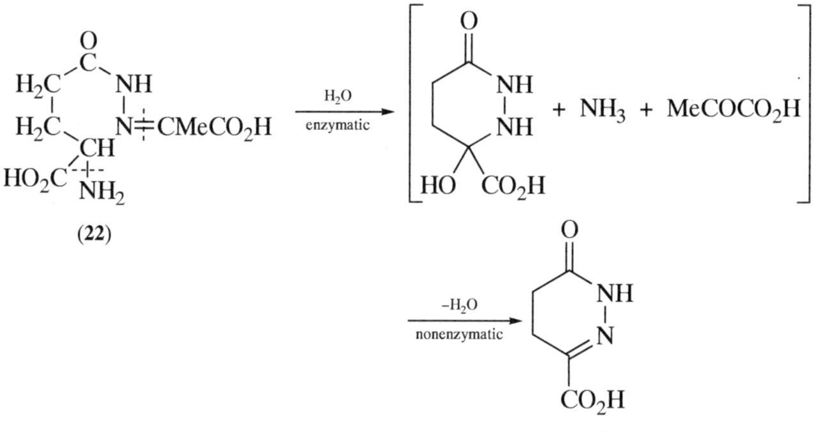

Pyruvic acid γ-glutamylhydrazone (**22**) gave 6-oxo-1,4,5,6-tetrahydro-3-pyridazinecarboxylic acid (**23**) with loss of alanine and ammonia (glutamine transaminase from rat liver, pH 7, 37°).[1124]

Also other examples in the foregoing references and elsewhere.[1139, 1406, 1898]

1.1.2.4 From Hydrazonoalkanals or Related Synthons

All the available examples in this category employ aldehydes that are liberated from derivatives during or immediately before the cyclization process to give hydropyridazines, as illustrated hereafter.

Ethyl 2-(N,N'-di-t-butoxycarbonylhydrazino)-4-formylbutyrate ethylene acetal (**24**) gave ethyl 2,3,4,5-tetrahydro-3-pyridazinecarboxylate (**25**) (F$_3$CCO$_2$H, 25°, 15 min: 90%, as trifluoroacetate salt).[1559]

Methyl 2-(N,N'-di-t-butoxycarbonylhydrazino)-4-formylbutyrate dimethyl acetal gave methyl 2,3,4,5-tetrahydro-3-pyridazinecarboxylate (F$_3$CCO$_2$H, CH$_2$Cl$_2$, 25°, 30 min: 95%, as base) and thence the hexahydro analogue

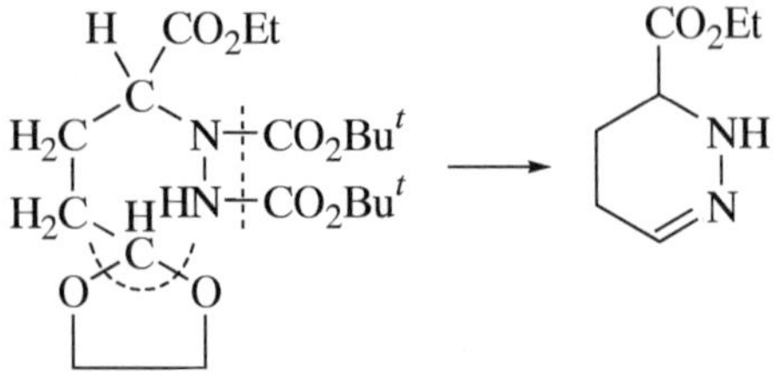

[NaBH₃CN, MeOH, 25°, 12 h: 33% as the 1-(2,4-dinitrophenyl) derivative].[1375, 1648]

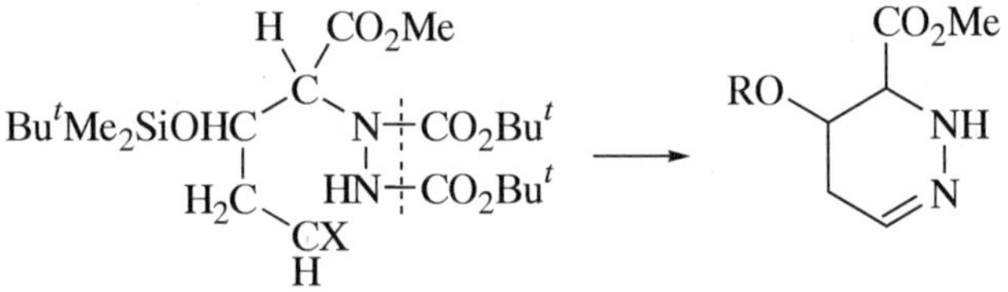

Methyl 3-*t*-butyldimethylsiloxy-2-(*N*,*N*′-di-*t*-butoxycarbonylhydrazino)oct-5-enoate (**26**, X = EtCH:) was used to generate a solution of the aldehyde (**26**, X = O) (O₃, CH₂Cl₂, −78°; then PPh₃, Me₂S, 40°, 16 h) that afforded methyl 4-*t*-butyldimethylsiloxy-2,3,4,5-tetrahydro-3-pyridazine-carboxylate (**27**, R = SiMe₂Buᵗ) (F₃CCO₂H, reflux, 10 min: 50%) and thence the hydroxypyridazine (**27**, R = H) (or its tautomer, 4-oxohexa-hydro-3-pyridazinecarboxylic acid) [Bu₄NF, THF(tetrahydrofuran), 0°, 30 min: 90%].[1806]

Also other examples.[1563, 1566, 1955]

1.1.2.5 From Hydrazonoalkanones or Related Synthons

A variety of such ketones and their derivatives has been used in this cyclization, illustrated in the following examples:

5-Phenylhydrazono-2,4-hexanedione (**28**) gave 3,6-dimethyl-1-phenyl-4(1*H*)-pyridazinone (**29**) (AcOH, reflux, 2 min: 65%; NaHCO₃, EtOH, reflux, 40 min: 57%; Na₂SO₄, dry, 190°, 10 min: 76%).[110]

1,4-Diphenyl-1,4-bissemicarbazonobutane (**30**) gave 3,6-diphenylpyridazine (**31**) (Me₂NCHO, reflux, 1 h: 97%; mechanism unclear).[58]

1-Benzoyl-2-benzylidenepropionohydrazide (**32**) or its furfurylidene analogue gave 4-benzyl-6-phenyl-3(2*H*)-pyridazinone (**33**) or its 4-furfuryl analogue, respectively (HNO₂, 5°: 80% or 60%, respectively;[367, 1243] also analogous cyclizations in AcOH–HCl, alkali, or AcCl).[1274]

Ethyl 2-diazo-5-oxo-3-trifluoromethylhex-3-enoate (**34**, $Z=N_2$) gave ethyl 6-methyl-4-trifluoromethyl-3-pyridazinecarboxylate (**35**) via the transient intermediate (**34**, $Z=NN:PPh_3$) by loss of Ph_3PO (Ph_3P, Et_2O, 25°, 12 h: 64%).[1822]

Also other examples in the foregoing references and elsewhere.[203, 572, 617, 1238, 1274, 1370, 1620, 1706]

1.1.2.6 From Hydrazonoalkanoic Acids or Related Synthons

The conditions for these cyclizations are illustrated in the following examples.

2,3-Dichloro-4-phenylhydrazonocrotonic acid (mucochloric acid phenylhydrazone) (36) gave 4,5-dichloro-2-phenyl-3(2H)-pyridazinone (37) (AcOH, reflux, 15 min: ~60%);[464] similarly, mucochloric acid semicarbazone gave 4,5-dichloro-3(2H)-pyridazinone with loss of CO_2 and NH_3 (AcOH, reflux, 6 h: 70%).[1024]

3-[N'-(2,6-Dimethylphenyl)hydrazinocarbonyl]acrylic acid (38) gave 1-(2,6-dimethylphenyl)-3,6(1H,2H)-pyridazinedione (AcONa, Ac_2O, 60°, 30 min: 82%).[1361]

4-Phenylhydrazonovaleric acid (39) gave 6-methyl-2-phenyl-4,5-dihydro-3(2H)-pyridazinone (98%, H_2SO_4, 25°, 24 h: 70%) and thence 6-methyl-2-phenyl-3(2H)-pyridazinone (dichlorodicyanobenzoquinone, dioxane, reflux, 6 h).[1200]

4-o-Nitrophenylhydrazono-4-phenylbutyric acid (40) gave 2-o-nitrophenyl-6-phenyl-4,5-dihydro-3(2H)-pyridazinone (TsOH, xylene, reflux, water removal, 18 h: 53%) and thence the didehydro product (Br_2, AcOH, reflux, 1 h: 79%).[1069]

3,4-Diphenyl-4-phenylhydrazinobutyric acid (41) gave 2,5,6-triphenyl-4,5-dihydro-3(2H)-pyridazinone (neat, 170°, 30 min).[391]

4-(N-Nitrosoanilino)butyric acid (42) gave 1-phenyl-1,4,5,6-tetrahydro-3(2H)-pyridazinone (43) by reductive cyclization ($TiCl_4$, Mg, Et_2O-

CH$_2$Cl$_2$, N$_2$ ↓, 20°, 2.5 h; then substrate, 20°, 1 h; then AcONa, H$_2$O, reflux, 6 h: 65%).[1187]

Also other examples.[302, 1059, 1114, 1297, 1298, 1621, 1704, 1776]

1.1.2.7 From Hydrazonoalkanoic Esters or Related Synthons

These esters appear to undergo cyclization a little more easily than the corresponding acids (Sections 1.1.2.6), but the choice of synthon usually depends on the ease of preparation / availability. Typical examples follow.

Dimethyl 3-oxo-2-phenylhydrazonoglutarate (**44**) gave methyl 4-hydroxy-6-oxo-1-phenyl-1,6-dihydro-3-pyridazinecarboxylate (**45**) (*o*-dichlorobenzene, reflux, 45 min: 94%).[1090]

Diethyl 3-amino-2-cyano-4-phenylhydrazonopent-2-ene-1,5-dioate (**46**) gave ethyl 4-amino-5-cyano-6-oxo-1-phenyl-1,6-dihydro-3-pyridazinecarboxylate (**47**, R = H) (NaOH, EtOH, reflux, 30 min: 65%), its 4-acetamido analogue (**47**, R = Ac) (Ac$_2$O, reflux, 10 h: 78%), or diethyl 4-amino-6-imino-1-phenyl-1,6-dihydro-3,5-pyridazinedicarboxylate (**48**) (AcOH–HCl, reflux, 3 h: 50%; the cyano group of the synthon was involved in cyclization under these conditions).[119]

Dimethyl 2-[(2-amino-4,5-dichlorophenyl)hydrazono]glutarate (**49**, R = H), made in situ by catalytic hydrogenation of the nitro analogue (**49**, R = O), gave methyl 1-(2-amino-4,5-dichlorophenyl)-6-oxo-1,4,5,6-tetrahydro-3-pyridazinecarboxylate (NaOH, EtOH–H$_2$O, reflux, 1 min: 75%).[1604]

Diethyl 3-*p*-bromophenylhydrazono-3-nitroprop-1-ene-1,1-dicarboxylate (**50**), made in situ from the potassium salt of diethyl 3-nitroprop-1-ene-1,1-dicarboxylate and *p*-bromobenzenediazonium tetrafluoroborate, gave ethyl 2-*p*-bromophenyl-6-nitro-3-oxo-2,3-dihydro-4-pyridazinecarboxy-late (**51**) (H$_2$O, 25°, 2.5 h: 90% overall).[1495]

Diethyl 4-diazo-3-trifluoromethylpent-2-ene-1,5-dioate gave ethyl 6-ethoxy-4-trifluoromethyl-3-pyridazinecarboxylate (Ph$_3$P, Et$_2$O, 25°, 12 h: 83%; cf. last example in Section 1.1.2.5).[1822]

Also other examples.[87, 312, 376, 712, 852, 898, 1212, 1216]

1.1.2.8 From Hydrazonoalkanamides or Related Synthons

The limited number of examples in this category suggest that cyclizations between hydrazono and amide (or thioamide) groupings proceed by elimination of ammonia rather than water or hydrogen sulfide; in contrast, cyclization between two carbohydrazide groupings does seem to involve loss of water rather than hydrazine.

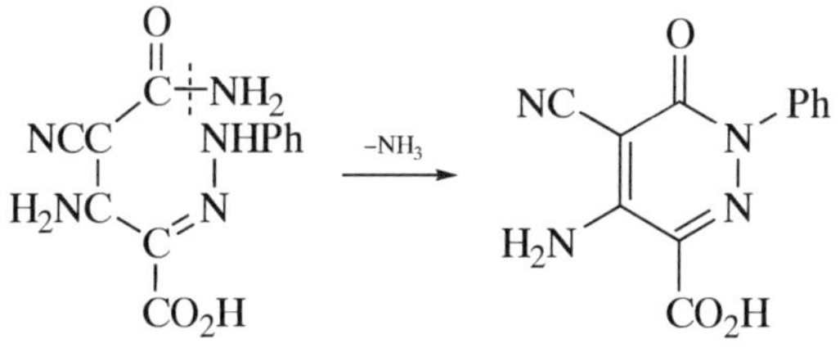

3-Amino-4-carbamoyl-4-cyano-2-phenylhydrazonobut-3-enoic acid (**52**), prepared in situ from 3-amino-4-carbamoyl-4-cyanobut-3-enoic acid and benzenediazonium chloride, gave 4-amino-5-cyano-6-oxo-1-phenyl-1,6-dihydro-3-pyridazinecarboxylic acid (**53**) (AcONa, EtOH, H_2O, 20°, 15 min: 82%).[129]

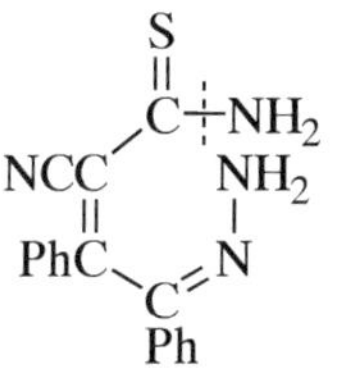

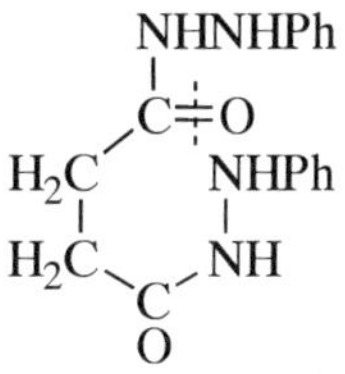

2-Cyano-4-hydrazino-3,4-diphenylbut-2-enethioamide (**54**) gave 5,6-diphenyl-3-thioxo-2,3-dihydro-4-pyridazinecarbonitrile (AcOH, reflux, 2 h), characterized as 3-methylthio-5,6-diphenyl-4-pyridazinecarbonitrile (MeI, EtONa, EtOH, reflux, 2 h: 60%).[1390]

N^2, $N^{2'}$-Diphenylsuccinohydrazide (**55**) gave 1-phenyl-6-phenylhydrazono-1,4,5,6-tetrahydro-3(2H)-pyridazinone (EtOH, reflux, 1 h: 90%; note loss of water rather than hydrazine).[1295]

Also other examples.[1214]

1.1.2.9 *From Hydrazonoalkanenitriles or Related Synthons*

These synthons have undergone cyclization to pyridazinimines under a variety of conditions. However, the use of vigorous alkaline or acidic media has been avoided as a rule in order to obviate hydrolysis to corresponding pyridazinones or other untoward reactions. The following examples illustrate the more important procedures.

Thermal Cyclization

2-Phenyl-3-phenylhydrazonoprop-1-ene-1,1-dicarbonitrile (**56**) gave 3-imino-2,5-diphenyl-2,3-dihydro-4-pyridazinecarbonitrile (**57**) (neat, 160°, 30 min: 80%).[37]

3-Phenylhydrazonobut-1-ene-1,1,2-tricarbonitrile (**58**) gave 3-imino-6-methyl-2-phenyl-2,3-dihydro-4,5-pyridazinedicarbonitrile (MeCN, reflux, 20 min: 60%).[3]

2-Amino-3-phenylhydrazonoprop-1-ene-1,1,3-tricarbonitrile (**59**) gave 4-amino-6-imino-1-phenyl-1,6-dihydro-3,5-pyridazinedicarbonitrile (**60**, R = CN) (dioxane, reflux, 1 h: 90%) or methyl 4-amino-5-cyano-6-imino-1-methyl-1,6-dihydro-3-pyridazinecarboximidate [**60**, R = C(:NH)OMe] (MeONa, MeOH, reflux, 8 h: 90%).[1365]

Cyclization in Base

2-Benzoyl-3-phenyl-4-phenylhydrazonopent-2-enedinitrile (**61**) gave 5-benzoyl-6-imino-1,4-diphenyl-1,6-dihydro-3-pyridazinecarbonitrile (<1% NaOH/EtOH, 25°, 12 h; then reflux, 30 min: 80%; note involvement of CN rather than Bz).[49]

3-Oxo-2-phenylhydrazonoglutaronitrile (**62**) gave 4-hydroxy-6-oxo-1-phenyl-1,6-dihydro-3-pyridazinecarbonitrile (**63**, X = O), possibly via the imine (**63**, X = NH) (<0.5% NaOH/EtOH, reflux, 5 h: 70%).[1364]

Ethyl 4,4-dicyano-3-methyl-2-phenylhydrazonobut-3-enoate (made in situ) gave ethyl 5-cyano-6-imino-4-methyl-1-phenyl-1,6-dihydro-3-pyridazinecarboxylate (weakly basic, 30 min: 66%).[124]

Cyclization in Acid

Ethyl 4-benzylidenehydrazinocarbonyl-4-cyano-3-methyl-2-phenyl hydrazonobut-3-enoate (**64**) gave ethyl 5-benzylidenehydrazinocarbonyl-6-imino-4-methyl-1-phenyl-1,6-dihydro-3-pyridazinecarboxylate (**65**) (AcOH, HCl, reflux, 2 h: 75%).[1215]

2-Amino-3-*p*-tolylhydrazonoprop-1-ene-1,3-tricarbonitrile (**66**) gave 4-amino-6-imino-1-*p*-tolyl-1,6-dihydro-3,5-pyridazinedicarbonitrile (AcOH, reflux, 3 h: 75%).[55]

2-*p*-Chlorophenyl-3-phenylhydrazonoprop-1-ene-1,1-dicarbonitrile gave 5-*p*-chlorophenyl-3-oxo-2-phenyl-2,3-dihydro 4-pyridazinecarbonitrile (**67**, X = O) (AcOH, H$_2$O, reflux, 2 h: 60%), probably via the imine (**67**, X = NH).[39]

Also other examples in each subcategory.[51,60, 119, 151,216, 219, 221, 229, 234,521, 988 1076, 1198, 1210, 1374, 1389, 1399, 1497, 1644, 1718, 1728]

1.1.3 By Completion of the C3–C4 Bond

The cyclization of a C–N–N–C–C–C synthon has been achieved recently in three distinct ways—one gave aromatic pyridazines but the others afforded hydropyridazines. None has been developed to its full potential.

The first involved *thermal cyclization of an α-(N′-alkyl-N′-methylhydrazono)-α-(perhalogenoacyl)toluene (or alkane)* by loss of two hydrohalide molecules from the N′-methyl and the dihalogenomethylene part of the acyl grouping. For example, α-(N′-t butyl-N′-methylhydrazono)-α-(trichloroacetyl)toluene (**68**, R = Ph) gave 1-t-butyl-5-chloro-3-phenyl-4(1H)-pyridazinone (**69**, R = Ph) in 56% yield by heating in toluene under reflux for 48 h;[135] the p-tolyl (**69**, R = C$_6$H$_4$Me-p) (77%), p-nitrophenyl (**69**, R = C$_6$H$_4$NO$_2$-p) (reflux, 10 days: 63%), and other analogues were made similarly,[135] Likewise, α-dimethylhydrazono-α-(pentafluoropropionyl)toluene (**70**, R = Ph, Q = Me) gave 1-methyl-3-phenyl-5-trifluoromethyl-4(1H)-pyridazinone (**71**, R = Ph, Q = Me) in 70% yield by heating with silica gel at 80° under nitrogen for 24 h;[1515] 1-(N′-t-butyl-N′-methylhydrazono)-1-(pentafluoropropionyl)propane (**70**, R = Et, Q = Bu^t) gave 1-t-butyl-3-ethyl-5-trifluoromethyl-4(1H)-pyridazinone (**71**, R = Et, Q = Bu^t) (90°, 6 h: 96%);[1515] and several other analogues were made similarly.[1515]

The second way involved *acid-catalyzed hydrative cyclization of N-allyl-N′-benzylidene-N-phenylhydrazines*. For example, N-allyl-N′-benzylidene-N-p-methylsulfonylphenylhydrazine (**72**, R = SO$_2$Me) gave 2-p-methylsulfonylphenyl-6-phenylhexahydro-4-pyridazinol (**73**, R = SO$_2$Me) (35%; structure confirmed by X-ray analysis) by stirring in a mixture of 45% sulfuric acid and toluene at 25° for 30 h;[1513] the 2,6-diphenyl analogue (**73**, R = H) could not be made in this way, but the 2-p-fluorophenyl-6-phenyl and other analogues were so made.[1513]

The third way involved *Lewis acid–catalyzed cyclization of an N-alkenyl-N′-(substituted-alkyl)hydrazine*. For example, treatment of N-allyl-N,N′-dimethoxycarbonyl-N′-methoxymethylhydrazine (**74**, R = OMe) or N-allyl-N′-chloromethyl-N,N′-dimethoxycarbonylhydrazine (**74**, R = Cl) with titanium (IV) chloride in dichloromethane at −78° → 20° for 3 h gave dimethyl 4-chlorohexahydro-1,2-pyridazinedicarboxylate (**75**) in 32% or 70% yield, respectively;[287] the chloro substituent in the product could be avoided by using another Lewis acid: thus, cyclization of *N,N'*-dimethoxycarbonyl-*N*-methoxymethyl-*N'*-(5-trimethylsilylpent-5-enyl)hydrazine (**76**) with boron trifluoride etherate afforded dimethyl 4-vinylhexahydro-1,2-pyridazinedicarboxylate (**77**) in 54% yield.[287] Other diverse examples have been reported.[287, 1426]

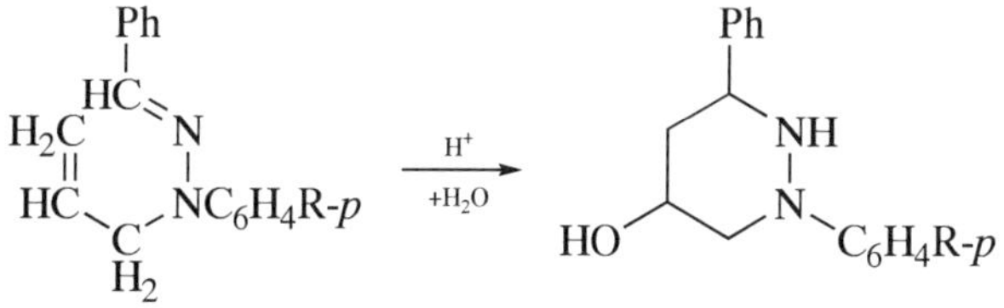

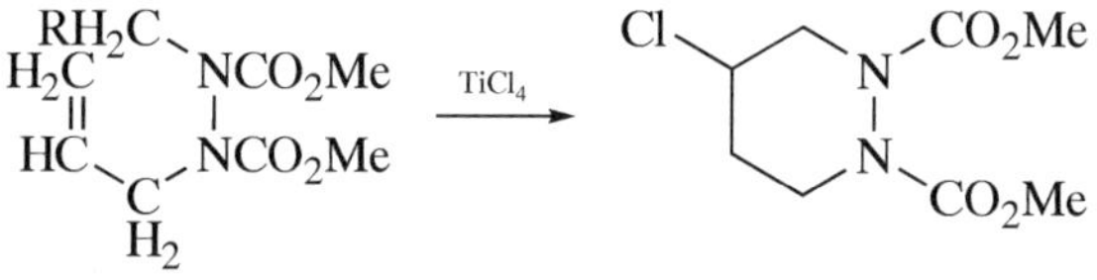

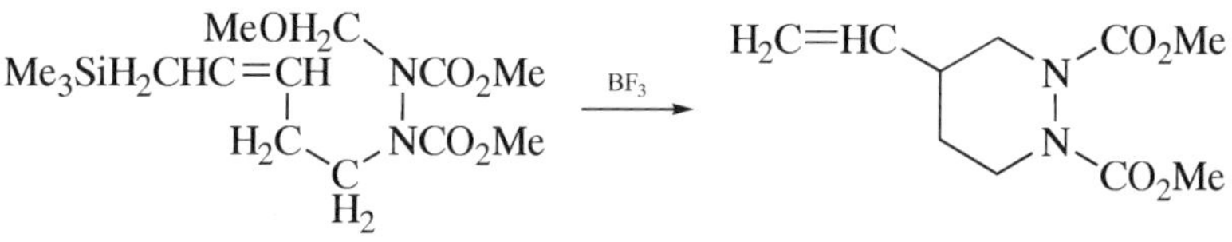

1.1.4 By Completion of the C4–C5 Bond

The cyclization of C–C–N–N–C–C synthons has been neglected except for the use of appropriate 1-methylene-6-carbonyl and 1,6-dimethylene entities to afford pyridazines or hydropyridazines. (However, see Ref. 2016.)

The conversion of *1-methylene-6-carbonyl synthons* into pyridazines is represented in the following examples:

Ethyl 3-[*N'*-(α-benzoylbenzylidene)hydrazino]crotonate (**78**) gave ethyl 3-methyl-5,6-diphenyl-4-pyridazinecarboxylate (**79**) (KOH, EtOH, reflux, 10 min: 93%).[314]

3-(*N'*-Chloroacetyl-*N'*-phenylhydrazono)-2,4-pentanedione (**80**) gave 6-acetyl-4-chloro-5-methyl-2-phenyl-3(2*H*)-pyridazinone (**81**) (NaH, PhMe, 25°, 5 h: 60%).[1620]

α-{[β-Phenylsulfonyl-α-(trifluoromethyl)ethylidene]hydrazono}deoxybenzoin (**83**) gave 3,4-diphenyl-5-phenylsulfonyl-6-trifluoromethylpyridazine

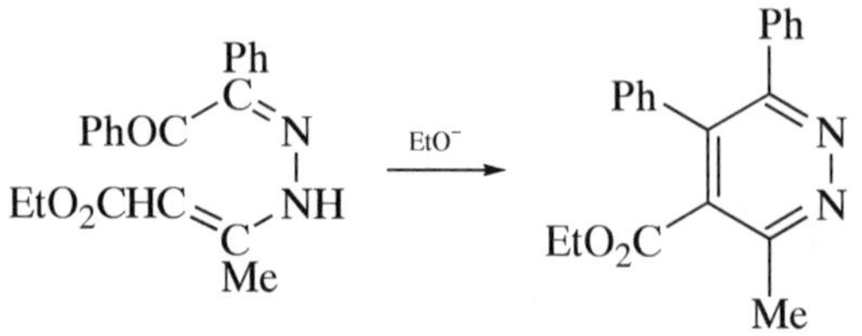

[Structures (78) → (79) and (80) → (81) shown at top of page]

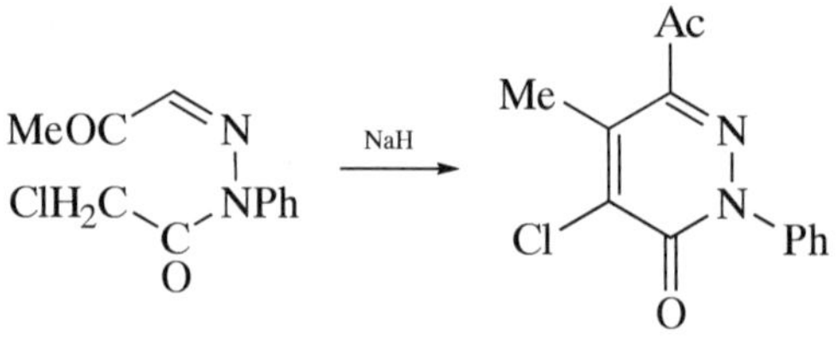

(**82**) (LiNPr$^i_2$, THF–C$_6$H$_{14}$, N$_2$, reflux, 10 h: 15%) or 5,6-diphenyl-3-trifluoromethyl-4(1*H*)-pyridazinone (**84**) (MeONa, MeOH, reflux, 5 h: 58%; note the hydrolytic effect in the protic solvent).[1596]

Also other examples in the foregoing references.

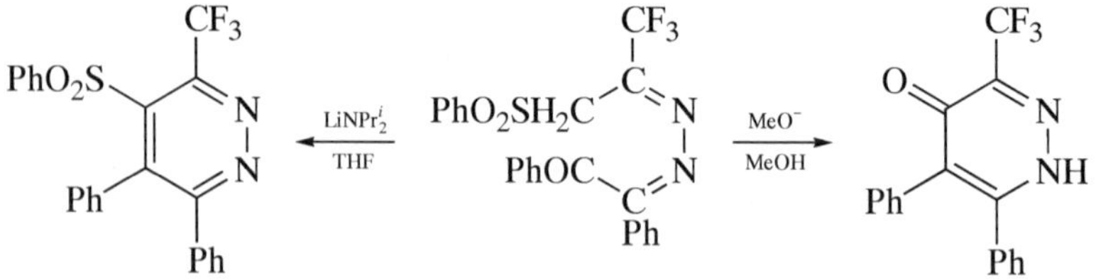

[Structures (82), (83), (84) shown]

Cyclization of *1,6-dimethylene synthons* has been used to furnish pyridazines or hydropyridazines according to circumstances, as illustrated in the following examples:

3-*N'*-(Cyanoacetyl)hydrazinocrotononitrile (**85**) gave 3-methyl-6-oxo-1,6-dihydro-4,5-pyridazinedicarbonitrile (**86**) (neat, 140°, air, 5 min: 78%).[1487]

Bis(α-phenylethylidene)hydrazine (**87**) gave 3,6-diphenyl-1,4,5,6-tetrahydropyridazine (**88**) (Pr$^i_2$NLi, THF, 25°, 24 h: 34%).[254, 317]

Also other examples in the foregoing references and elsewhere.[568]

1.2 FROM TWO SYNTHONS

Apart from those that employ other heterocyclic systems as synthons (Chapter 2), the bulk of pyridazine primary syntheses fall into this category, which is

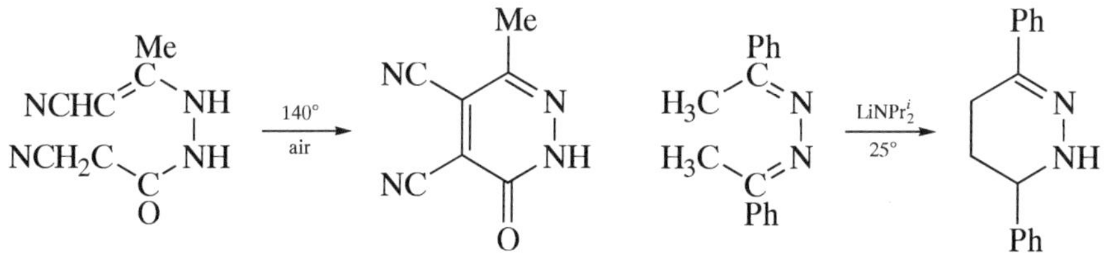

(85) (86) (87) (88)

subdivided stepwise according to which of the ring atoms are provided by each of the two synthons.

1.2.1 By Using One- and Five-Atom Synthons

Of the three possible categories of this synthesis (N1 + N2–C3–C4–C5–C6, C3 + C4–C5–C6–N1–N2; and C4 + C5–C6–N1–N2–C3), only the second, in which the one-atom synthon supplies C3, has been used from time to time. The following examples illustrate the presently known possibilities:

α-Acetyl-α-phenylhydrazonoacetophenone (**90**, R = Ph) with dimethylformamide dimethyl acetal gave 3-benzoyl-1-phenyl-4(1*H*)-pyridazinone (**89**, R = Ph) (reflux, 30 min: 70%).[974]

Ethyl 3-oxo-2-phenylhydrazonobutyrate (**90**, R = OEt) with dimethylformamide dimethyl acetal gave methyl 4-oxo-1-phenyl-1,4-dihydro-3-pyridazinecarboxylate (**89**, R = OMe) (reflux, 30 min: 70%; note transesterification by the methanol from the acetal)[974] with *t*-butoxybisdimethylaminomethane gave ethyl 4-oxo-1-phenyl-1,4-dihydro-3-pyri- dazinecarboxylate (**89**, R = OEt) (Me_2NCHO, 70°, 12 h: 87%),[316] or with the Vilsmeier reagent (from $POCl_3$–Me_2NCHO) gave ethyl 5-formyl-4-oxo-1-phenyl-1,4-dihydro-3-pyridazinecarboxylate (**91**) (Me_2NCHO, 0° → 60°, 6 h: 59%).[1302]

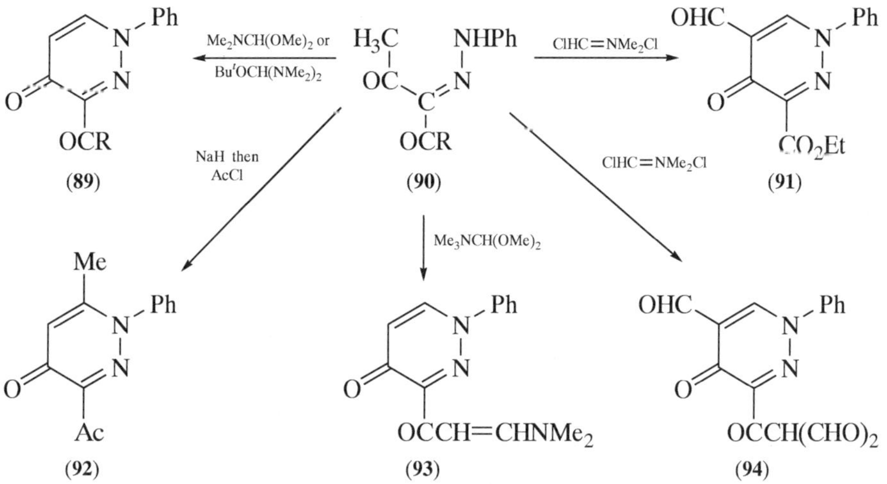

(89) (90) (91) (92) (93) (94)

α-Acetyl-α-phenylhydrazonoacetone (**90**, R = Me) with acetyl chloride gave 3-acetyl-6-methyl-1-phenyl-4(1*H*)-pyridazinone (**92**) (NaH, PhMe, <5°, 40 min, then AcCl, THF, 25°, 3 h: 60%),[1706] with dimethylformamide gave 3-(3-dimethylaminoacryloyl)-1-phenyl–4(1*H*)-pyridazinone (**93**) (reflux, 30 min: 60%),[974] or with the Vilsmeier reagent gave 6-diformylacetyl-5-oxo-2-phenyl-2,5-dihydro-4-pyridazinecarbaldehyde (**94**) (Me₂NCHO, 0°→60°, 6 h: 59%; note triple *C*-formylation of the product).[1302]

Also other examples in the foregoing references and elsewhere.[2015]

1.2.2 By Using Two- and Four-Atom Synthons (*H* 25, 230, 355)

This category of synthesis has been used to make pyridazines in so many ways that it must be further divided, initially according to which ring atoms are supplied by the two-atom synthon.

1.2.2.1 Where the Two-Atom Synthon Provides N1 + N2

This large division is further divided according to the nature of the N1–N2 synthon: hydrazine, substituted hydrazines, azo compounds (including dialkyl azodicarboxylates), or other such providers.

1.2.2.1.1 Using Hydrazine as the N1–N2 Synthon

Hydrazine or hydrazine hydrate has been used with a great variety of C3–C4–C5–C6 synthons to afford pyridazines and hydropyridazines, as illustrated in the following examples:

With Appropriate Alkadienes

2-Biphenyl-4′-yl-4,4-bismethylthiobutadiene-1,1-dicarbonitrile (**95**) gave 4-biphenyl-4′-yl-6-methylthio-3-pyridazinecarbonitrile (**96**) (Et₃N, EtOH, 25°, 18 h: ?%).[1366]

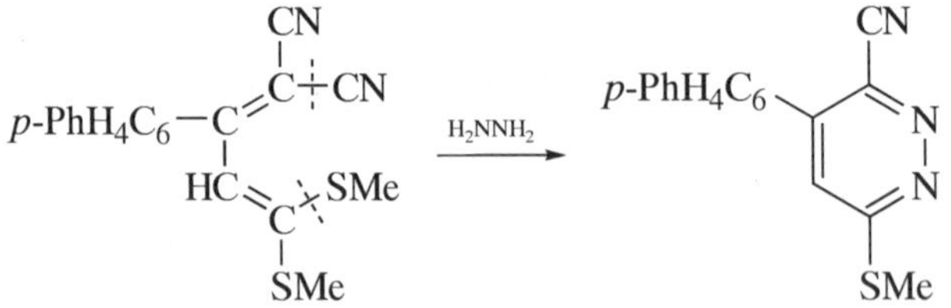

With Appropriate Alkenals

2,2,3-Trimethylpenta-3,4-dienal (**97**) gave 5-hydroxy-4,4,5,6-tetramethyl-4,5-dihydro-3(2*H*)-pyridazinone (**98**), via aerial oxidation of 3,4,5,5-

tetramethyl-2,5-dihydropyridazine (TsOH, PhH, reflux, water removal: ?%; structure confirmed by X-ray analysis).[1520]

With Appropriate Alken- or Alkynones

α-Benzoylformyl-β-diethylaminostyrene (99) gave 3,5-diphenyl-4(1H)-pyridazinone (anhydrous H_2NNH_2, Pr^{i}OH, Et$_2$O, ?h: 60%).[249]

3-(3-Chloro-6-methylphenyl)-2-(p-toluoylmethyl)crotonic acid (100) gave a separable mixture of 3-(3-chloro-6-methylphenyl)-3-methyl-6-p-tolyl-2,3,4,5-tetrahydro-4-pyridazinecarboxylic acid (101) and 4-(3-chloro-6,α-dimethylbenzyl)-6-p-tolyl-3(2H)-pyridazinone (102), the latter by reaction of hydrazine with both carbonyl groups of the substrate (100) (BuOH, reflux, 16 h: 13% and 26%, respectively).[1710]

[R = 3-Cl-6-MeC$_6$H$_3$; Q = p-Me-C$_6$H$_4$]

2-(1,3-Dioxo-5-phenylpent-4-ynyl)furan (103) gave 3-benzyl-6-furan-2′-yl-4(1H)-pyridazinone (104) plus a separable byproduct (EtOH, 25°, 3 h: 39%).[1372,1707]

4,4-Dimethyl-5-nitro-2-pentanone (105) gave 4,4,6-trimethyl-4,5-dihydro-3(2H)-pyridazinone oxime (106) ($H_2NNH_2 + H_3PO_4$, pH 7, reflux, 4 h: 77%) and thence the free pyridazinone (6M HCl, reflux, 2 h: 88%).[4]
Also other examples.[109, 818, 1439, 1468]

With Appropriate Alken- or Alkynoic Acids

Dimethyl methylenesuccinate (107) gave methyl 6-oxohexahydro-4-pyridazinecarboxylate (108) (MeOH, 25°, 4 h: 80%; structure confirmed by X-ray analysis).[1544]

Ethyl 3-cyano-2-hydroxy-2-methylbut-3-enoate (**109**) gave 5-hydroxy-5-methyl-6-oxohexahydro-4-pyridazinecarbonitrile (**110**) (MeOH, 20°, dark, 5 h: 74%).[1508]

Methyl 2-trimethylsiloxycyclopropane-1-carboxylate (**111**) gave 4,5-dihydro-3(2*H*)-pyridazinone (**112**) (MeOH, 25°, 16 h: 82%).[127]

Also other examples in the foregoing references and elsewhere.[109]

With Appropriate Alkene- or Alkynenitriles

3-Hydroxypent-4-ynenitrile (**113**) gave 6-methyl-4-pyridazinamine (**114**) (neat, H$_2$NNH$_2$, 80°, sealed, 25 h: 66%).[560, 1160]

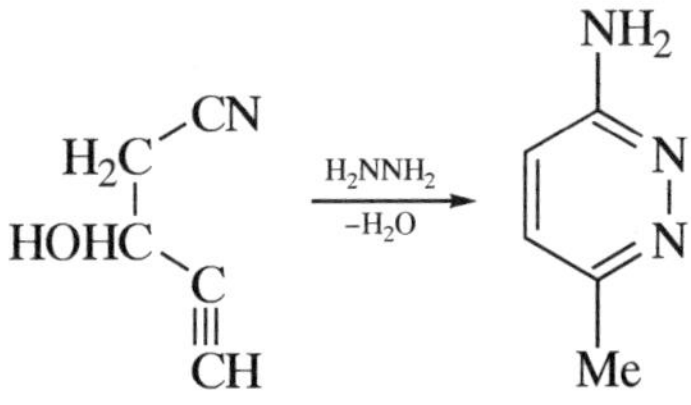

(113) (114)

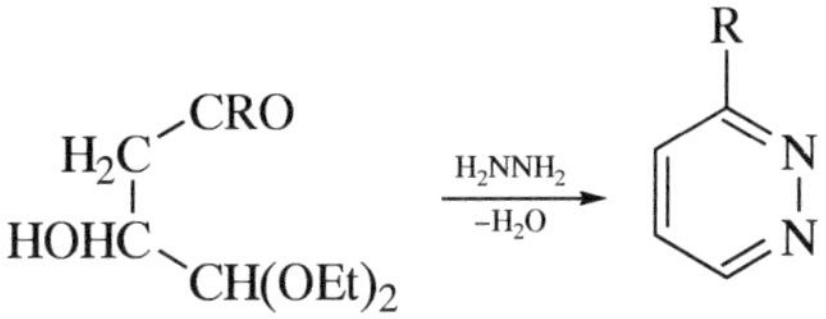

(115) (116)

With Appropriate Dialdehydes

2-Hydroxysuccinaldehyde, as its diethyl acetal (**115**, R = H), gave pyridazine (**116**, R = H) ($H_2NHH_2 \cdot H_2SO_4$, MeOH–H_2O, 50°, 18 h: 80%).[414]

2-Methyl-2-phenylsuccinaldehyde gave 4-methyl-4-phenyl-4,5-dihydropyridazine (no details: 86%).[428]

With Appropriate Aldehydo Ketones

2-Hydroxy-9-oxodecanal diethyl acetal (**115**, R = C_6H_{13}) gave 3-hexylpyridazine (**116**, R = C_6H_{13}) ($H_2NNH_2 \cdot H_2SO_4$, MeOH–H_2O, 45°, 24 h: 85%).[414]

Also other examples.[318]

With Appropriate Aldehydo Acids or Esters

Mucochloric acid (**117**) gave 4,5-dichloro-3(2*H*)-pyridazinone (**118**) (EtOH, 5°; then reflux, 6 h; 91%).[973]

Also other examples.[1794]

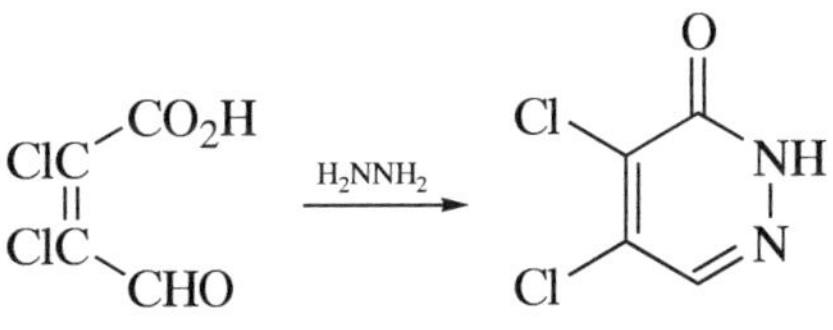

(117) (118)

With Appropriate Aldehydo Nitriles

There are no recent examples in this group.

With Appropriate Diketones

Hex-3-ene-2,5-dione (**119**, R = Me) gave 3,6-dimethylpyridazine (**120**, R = Me) (H$_2$O, reflux, 1 h: 45%).[894]

1,4-Diphenylbut-2-ene-1,4-dione (**119**, R = Ph) gave 3,6-diphenylpyridazine (**120**, R = Ph) (EtOH–H$_2$O, reflux: 84%);[499] the tetracarbonyl iron complex of (**119**, R = Ph) gave the same product (**120**, R = Ph) (AcOH, 50°, 6 h: 70%).[1154]

1-p-Bromophenyl-1,4-decanedione gave 3-p-bromophenyl-6-hexylpyridazine (95% EtOH, reflux, 4 h: 52%; product named incorrectly in original).[1576]

1,2-Dibenzoyl-3-diphenylmethylcyclopropane (**121**) gave 4-diphenyl methyl-3,6-diphenylpyridazine (**122**) (NaOH, EtOH, reflux, 72 h: 65%).[309]

Ethyl 4-oxo-2-propionylvalerate (**123**) gave ethyl 3-ethyl-6-methyl-2,5-dihydro-4-pyridazinecarboxylate (**124**) (EtOH, 25°, 5 h: 55%) and thence the didehydro analogue (HNO$_2$, H$_2$O, 25°, 1 h: 83%).[10]

Acetonylacetone (2,4-hexanedione) gave a dimer of 3,6-dimethyl-4,5-dihydropyridazine (H$_2$O, 30°, 1 h; then 90°, 20 min; 91%),[1846] shown subsequently to have the structure (**125**).[318, 1199] The dimer afforded monomeric 3-butyl-3,6-dimethyl-2,3,4,5-tetrahydropyridazine (**126**) (LiBu, Et$_2$O, 30°, 1 h: 50%),[1199, 1847] which could be partially dehydrogenated.[1201]

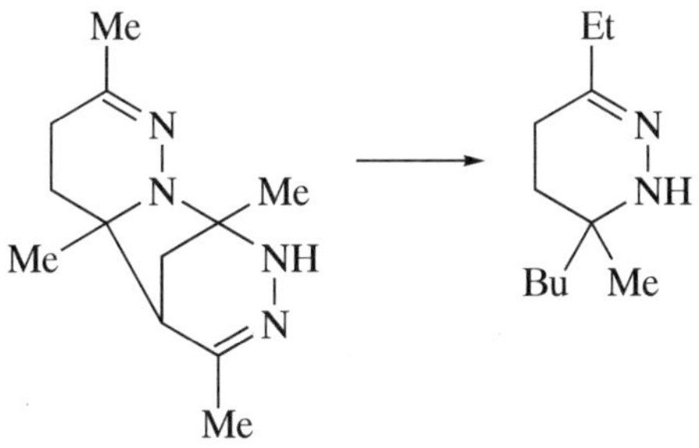

(**125**)   (**126**)

Also other examples in the foregoing references and elsewhere.[62, 186, 189, 268, 328, 392, 475, 577, 778, 840, 1029, 1057, 1100, 1174, 1458, 1490, 2099]

With Appropriate Keto Acids

2-Benzoylmethyl-3-methylcrotonic acid (**127**) gave 4-isopropyl-6-phenyl-3(2H)-pyridazinone (**128**) (MeOH, reflux, 2 h: 81%);[104] also analogous examples.[104, 1245]

3-Benzoyl-2-morpholinopropionic acid [**129**, X = N (CH$_2$CH$_2$)O, Y = H] gave 6-phenyl-3(2H)-pyridazinone (**130**, R = H) (BuOH, reflux, 4 h: 80%; oxidation provided by loss of morpholine);[497] somewhat similarly, 3-benzoyl-4-morpholinobutyric acid [**129**, X = H, Y = CH$_2$N(CH$_2$CH$_2$)$_2$O] gave 5-methyl-6-phenyl-3(2H)-pyridazinone (**130**, R = Me) (HOCH$_2$CH$_2$OH, KOH, reflux, 5 h: 65%).[1334]

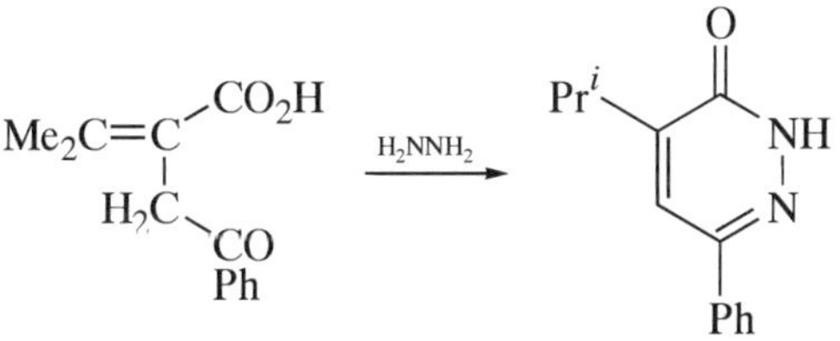

(**127**)   (**128**)

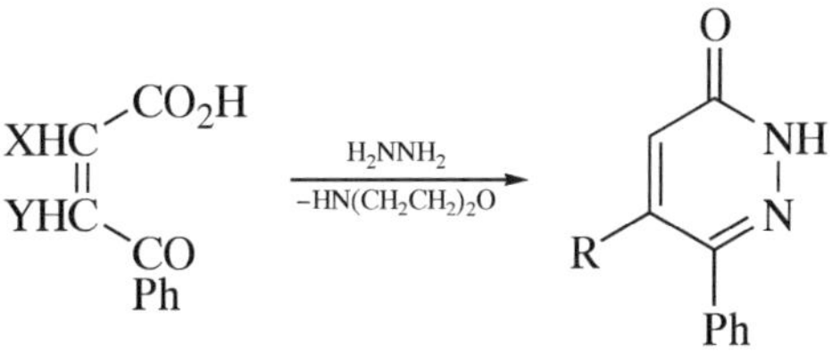

(**129**)   (**130**)

3-Benzoyl-2-benzyl-2-hydroxypropionic acid (**131**) gave 4-benzyl-6-phenyl-3(2H)-pyridazinone (EtOH, reflux, 3 h: 71%; note dehydrative oxidation).[238]

4-Oxo-6-phenylhex-5-enoic acid (**132**) gave 6-styryl-4,5-dihydro-3(2H)-pyridazinone (AcOH, reflux, 2 h: 73%).[634]

3-*m*-Nitrobenzoylpropionic acid (**133**) gave 6-*m*-nitrophenyl-4,5-dihydro-3(2H)-pyridazinone (K salt, H_2O, reflux, 2 h: 88%) and thence 6-*m*-nitrophenyl-3(2H)-pyridazinone (Br_2, AcOH, 70°, 2 h: 86%).[919, 1848]

4-Cyano-4-morpholino-4-(5-trifluoromethylthien-3-yl)butyric acid (**134**) [≡ 3-(5-trifluoromethylthen-3-oyl)propionic acid] gave 6-(5-trifluoromethylthien-3-yl)-4,5-dihydro-3(2H)-pyridazinone (EtOH, reflux, 8 h: 76%) and then the didehydro analogue (SeO_2, $(EtOCH_2CH_2)_2O$, reflux, 20 min: 91%).[514]

p-Bis(3-carboxy-2-methylpropionyl)benzene gave *p*-bis(4-methyl-6-oxo-1,4,5,6-tetrahydropyridazin-3-yl)benzene (H_2O, reflux, 4 h: >30%) and then *p*-bis(4-methyl-6-oxo-1,6-dihydropyridazin-3-yl)benzene (*m*-$O_2NC_6H_4SO_3Na$, NaOH, H_2O, reflux, >1 h: 72%).[1325]

Also many other examples in the foregoing references and elsewhere.[113, 152, 157, 161, 164, 236, 360, 369, 465, 467, 504, 642, 698, 737, 779, 804, 870, 906, 922, 1022, 1102, 1103, 1113, 1119, 1151, 1170, 1173, 1177, 1178, 1186, 1256, 1263, 1267, 1278, 1299, 1305, 1306, 1308, 1312, 1315, 1318, 1322, 1339, 1341, 1346, 1373, 1394, 1432, 1445, 1446, 1449, 1455, 1464, 1470, 1474, 1557, 1580, 1703, 1712, 1721, 1727, 1734, 1757, 1762, 1763, 1833, 1834, 1871, 1875, 1895, 1959, 1965, 2019, 2021, 2074, 2096]

With Appropriate Keto Esters or Amides

Ethyl 3-*p*-nitrobenzoyllactate (**135**) gave 6-*p*-nitrophenyl-3(2H)-pyridazinone (**136**) (BuOH, reflux, 8 h: 88%; note dehydrative oxidation).[1309]

Diethyl 2-benzoylmethyl-2-hydroxymalonate (**137**) gave ethyl 3-oxo-6-phenyl-2,3-dihydro-4-pyridazinecarboxylate (**138**) ($H_2NNH_2 \cdot 2HCl$, EtOH, reflux, 18 h: 53; note use of hydrazine salt to avoid hydrazinolysis of the surviving ester grouping).[1767]

Ethyl levulinate (**139**, R = H) gave 6-methyl-4,5-dihydro-3(2H)-pyridazinone (**140**, R = H) (EtOH, reflux, 4 h: 90%);[1550] likewise, ethyl 2-hydroxylevulinate (**139**, R = OH) gave 4-hydroxy-6-methyl-4,5-dihydro-3(2H)-pyridazinone (**140**, R = OH) (EtOH, 25°, 2 h: 88%), which readily underwent dehydrative oxidation to give 6-methyl-3(2H)-pyridazinone (EtOH–HCl, reflux, 2 h: 75%).[1562]

Ethyl 3-(3-thenoyl)propionate gave 6-thien-3′-yl-4,5-dihydro-3(2H)-pyridazinone (H_2O, reflux, 1 h: 83%) and thence 6-thien-3′-yl-3(2H)-pyridazinone ($MeOCH_2CH_2OH$?, SeO_2, reflux, 7 h: 84%).[1831]

3′-Chloro-4′-morpholino-3-morpholinocarbonylpropiophenone (**141**) gave 6-(3-chloro-4-morpholinophenyl)-4,5-dihydro-3(2H)-pyridazinone (**142**) ($AcOH–H_2O$, reflux, 2 h: 86%).[1759]

Also other examples.[159,179,752,803,961,1086,1100,1319,1606,1634,1746,1836,2033]

With Appropriate Keto Nitriles

3-Benzoyl-4,4-bis(methylthio)but-3-enenitrile (**143**) gave 5-bis(methylthio)-methyl-6-phenyl-3(2H)-pyridazinone (**144**, X = O) probably via the imine (**144**, X = NH) (EtOH, reflux, 16 h: 68%).[131]

3-m-Chlorobenzoylpropiononitrile (**145**) gave 6-m-chlorophenyl-4,5-dihydro-3-pyridazinamine (**146**) (AcOH–EtOH, reflux, 2 h: 66%).[322]

7-(3-Cyano-2-methylpropionyl)[1,2,4]triazolo[4,3-a]quinoline gave 7-(6-amino-4-methyl-4,5-dihydropyridazin-3-yl)[1,2,4]triazolo[4,3-a]quinoline (AcOH–MeOH, reflux, 12 h: 80%).[1758]

Also other examples in the foregoing references and elsewhere.[1694]

With Appropriate Dicarboxylic Acids or Esters

2-(α-Thien-2′-yl-α-p-tolylmethylene)succinic acid (**147**, R = H) gave 4-(α-thien-2′-yl-α-p-tolylmethyl)-3,6(1H,2H)-pyridazinedione (**148**) (EtOH, hot, 2 h: 71%); the monomethyl ester (**147**, R = Me) also gave the pyridazinedione (**148**) (EtOH, reflux, 30 min, then 25°, 12 h: 42%).[1000] Also related reactions.[860]

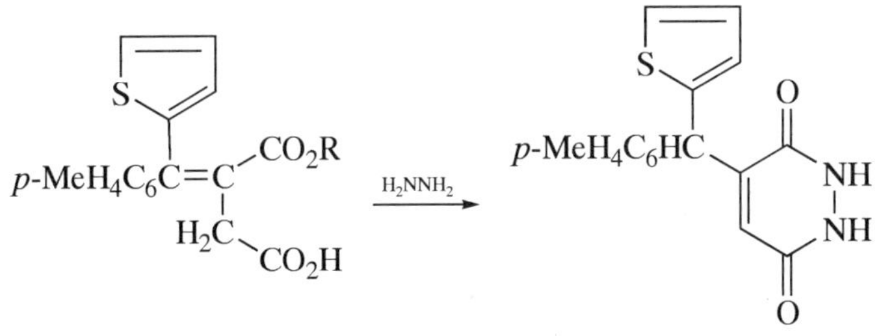

(147)   (148)

With Appropriate Cyano Carboxylic Acids, Esters, or Amides

Ethyl 3-cyano-3-phenylpropionate (**149**, R = OEt) or 3-cyano-3-phenylpropionamide (**149**, R = NH$_2$) gave 4-phenyl-4,5-dihydro-3,6(1H,2H)-pyridazinedione monohydrazone, probably better formulated as 6-hydrazino-5-phenyl-4,5-dihydro-3(2H)-pyridazinone (**150**) (neat, 25°, 1 week: 57% or "satisfactory", respectively);[1353] analogues were made similarly from appropriate esters.[1353]

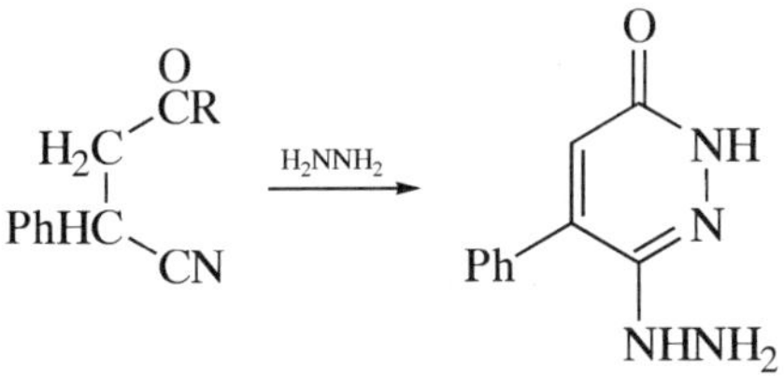

(149)   (150)

With Appropriate Dinitriles

Succinonitrile gave 3,6-dihydrazino-4,5-dihydropyridazine, possibly via 4,5-dihydro-3,6-pyridazinediamine (excess neat H$_2$NNH$_2$, 20° 120 h: 50%;[1171] MeOH, 25°, N$_2$, 18 h; 60%).[639]

1.2.2.1.2 Using Substituted-Hydrazines as N1–N2 Synthons

The use of monosubstituted or unsymmetric disubstituted hydrazines naturally introduces ambiguity into the structure of the product unless the C2–C3–C4–C5 synthon happens to be symmetric. In practice this causes little difficulty. The following examples, divided according to the nature of the cosynthon, illustrate the conditions used and the results to be expected.

With Appropriate Dihalogeno or Diacyloxyalkanes

1,4-Dibromobutane (**151**) and sodio-α,β-diacetylhydrazine gave 1,2-diacetylhexahydropyridazine (**152**, R = Ac) and then hexahydropyridazine (piperidazine: **152**, R = H) (27%).[633]

2,3-Bischloromethylbutadiene (**153**) and α,β-dimethylhydrazine gave 1,2-dimethyl-4,5-dimethylenehexahydropyridazine (**154**) (Me$_2$SO, 60°, 4 h: 27%);[340] also from a complex [made from allene and PdCl$_2 \cdot$ (PhCN)$_2$] (MeHNNHMe, Ph$_3$P, THF–hexane, 25°, 12 h: 29%).[1092] ^{1}H nmr provided some support for the structure.[1082]

1,4-Bis(methanesulfonyloxy)butane and dimethyl α,β-hydrazinedicarboxylate gave dimethyl hexahydro-1,2-pyridazinedicarboxylate (NaH, MeOCH$_2$CH$_2$OCH$_2$CH$_2$OMe, N$_2$, reflux, 48 h: 30%).[616] Also other examples.[324, 468, 1845]

With Appropriate Alkenones or the Like

Ethyl 2-acetyl-3-methylenepent-4-enoate (**155**) and phenylhydrazine gave ethyl 3-methyl-1-phenyl-6-vinyl-1,4,5,6-tetrahydro-4-pyridazinecarboxylate (**156**) (45%).[950]

Benzoylcyclopropane (**157**) and phenylhydrazine gave 1,3-diphenyl-1,4,5,6-tetrahydropyridazine (HCl gas, EtOH, reflux, 4 h: 26%);[743, 1195] 1-benzoyl-3-chloropropane (**158**) with phenylhydrazine gave the same product (AcONa, AcOH–MeOH, reflux, 3 h 75%).[1541, 1940]

Also other examples in the foregoing references and elsewhere.[109, 1573]

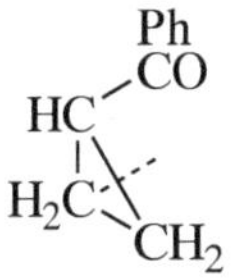

(157) 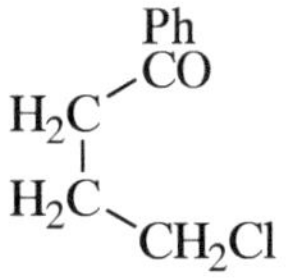 (158)

With Appropriate Dialdehydes or Aldehydo Ketones

A brief general study has been reported.[561]

With Appropriate Alkenoic Acids or the Like

Available examples lack relevant details.[1606, 1849]

With Appropriate Aldehydo Acids or Esters

Chloromucic (**159**, R = Cl) or bromomucic acid (**159** R = Br) and 2-hydrazinopyridine gave 4,5-dichloro- (**160**, R = Cl, X = N) or 4,5-dibromo-3-pyridine-2′-yl-3(2H)-pyridazinone (**160**, R = Br, X = N) (H_2O, 25°, 12 h: 88% or 91%, respectively).[1234]

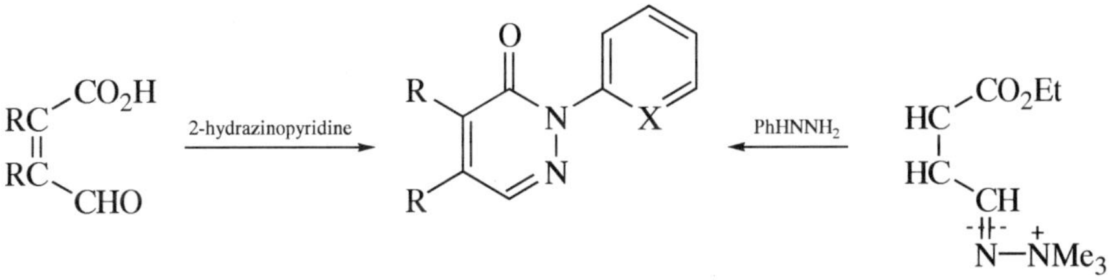

(159) (160) (161)

Ethyl 4-dimethylhydrazonocrotonate methiodide (**161**) and phenylhydrazine gave 2-phenyl-3(2H)-pyridazinone (**160**, R = H, X = CH) (AcOH, then AcONa, Ac_2O, reflux: 70%).[290]

Bromomucic acid (**159**, R = Br) and 3-hydrazinopropionitrile gave 4,5-dibromo-2-β-cyanoethyl-3(2H)-pyridazinone (AcOH, 38°, 90 min: 96%).[587]

Also other examples.[217, 591, 892, 916, 940]

With Appropriate Diketones

2,5-Hexanedione (**162**) was converted into 1,3,6-trimethyl-1,4-dihydropyridazine or its 1,2-dihydro isomer (**163**, R = Me, Q = H) ($MeHNNH_2$, C_6H_{14}, BaO, reflux, H_2O removal, 3 h: 50%),[1158] into 3,6-dimethyl-l-o-methylaminobenzoyl-1,2-dihydropyridazine [**163**, R = C(:O)C_6H_4NHMe-o, Q = H] [H_2NNHC(:O)C_6H_4NHMe-o, NEt_3, reflux, 15 min: 85%],[1301] or into 1,2,3,6-tetramethyl-1,2-dihydropyridazine (**163**, R=Q=Me) (MeHNNHMe, ZnCl$_2$, C$_6$H$_{14}$, reflux, 4 h: 36%).[1156]

1,2-Dibenzoylethane and semicarbazide hydrochloride gave 3,6-diphenylpyridazine (MeOH, reflux, 45 min: 50%; oxidation provided by loss of NH$_3$ and CO$_2$).[581]

Calcium 2,5-diketo-D-gluconate (**164**) with methylhydrazine gave 6-hydroxymethyl-2-methylpyridazinium-4-olate (**165**) (pyridine–AcOH–H$_2$O, 90°, 2 h: ~35%).[781]

Also other examples in the foregoing references and elsewhere.[986, 1078, 2099]

With Appropriate Keto Acids or Esters

Dimethyl 2-isopropylamino-3-trifluoroacetylbutenedioate (**166**) and *p*-methoxyphenylhydrazine gave methyl 1-*p*-methoxyphenyl-5,6-dioxo-3-trifluoromethyl-1,2,5,6-tetrahydro-4-pyridazinecarboxylate (**167**) (Et$_2$O, 25°, 12 h: 68%, initially as the isopropylamine salt).[1696]

3-Benzoyl-2-phenylpropionic acid (**168**) and methylhydrazine gave 2-methyl-4,6-diphenyl-4,5-dihydro-3(2*H*)-pyridazinone (**169**) (BuOH, reflux, 6 h: 45%) and then its didehydro analogue (Br$_2$, AcOH, 70°, 3 h: 93%).[1082]

Levulinic acid (4-oxovaleric acid) and phenylhydrazine gave 6-methyl-2-phenyl-4,5-dihydro-3(2H)-pyridazinone (neat, reflux or 170°, 6 h: 95% or 44%, respectively).[496,691]

Also other examples in the foregoing references and elsewhere.[361, 535, 566, 590, 592, 613, 661, 735, 771, 800, 906, 915, 926, 928, 934, 951, 978, 979, 983, 991, 995, 1026, 1027, 1041, 1075, 1179, 1257, 1281, 1400, 1416, 1422, 1437, 1450, 1462, 1876]

With Appropriate Dicarboxylic Acids or Derivatives

Dimethyl succinate and 8-hydroxyquinoline-5-sulfonohydrazide gave 5-(3,6-dioxohexahydropyridazin-1-yl)sulfonylquinolin-8-ol (**170**) (AcONa, neat, 200–220°, 25 min, then EtOH, reflux, 3 h: 65%).[1393]

Succinyl dichloride and *p*-hydrazotoluene gave 1,2-di-*p*-tolyl-4,5-dihydro-3,6(1H,2H)-pyridazinedione (**171**) (PhMe, pyridine 4-Me$_2$N-pyridine, 25°, 6 h: 53%);[27] *p*-azotoluene has been reduced electrolytically in situ for the condensation (70% yield).[468]

Tetrafluorosuccinyl difluoride and tetrafluoroformaldazine ($F_2C=NN=CF_2$) gave 4,4,5,5-tetrafluoro-1,2-bistrifluoromethyl-4,5-dihydro-3,6(1H,2H)-pyridazinedione (**172**) (neat, hν, 25°, 24 h: 67%).[631]

4-Chloro-4-cyclohexylimino-2,2-dimethyl-3-oxobutyryl chloride (**173**) with phenylhydrazine gave 6-cyclohexylamino-4,4-dimethyl-2-phenyl-4,5-dihydro-3,5(2H)-pyridazinedione (**174**) (Et$_2$O, 0°→25°, 15 h: 61%).[50]

O,O-Diethyl thiosuccinate (**175**) and methylhydrazine interestingly gave 6-ethoxy-2-methyl-4,5-dihydro-3(2*H*)-pyridazinethione (**176**).[1015]
Also other examples.[324, 1845, 1882, 2057]

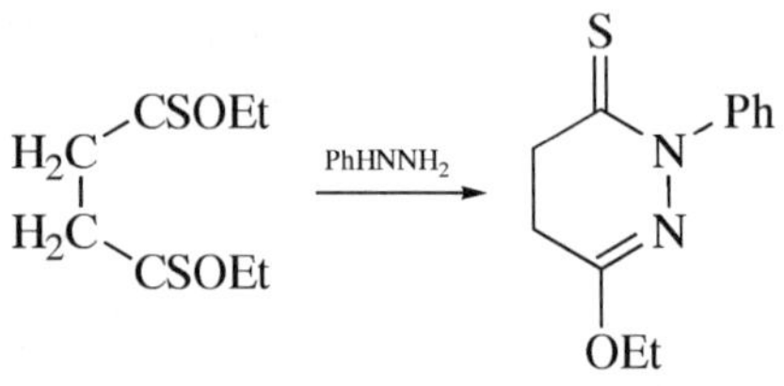

$$H_2C(CSOEt)-H_2C(CSOEt) \xrightarrow{PhHNNH_2} \text{(176)}$$

(175) (176)

1.2.2.1.3 Using Dialkyl Azodicarboxylates as N1–N2 Synthons

The condensation of dialkyl azodicarboxylates with appropriate alkadienes or related compounds proceeds by a Diels–Alder mechanism, as illustrated in the following example:

With Simple Dienes

Buta-1,3-diene (**177**) and dimethyl azodicarboxylate gave dimethyl 1,2,3,6-tetrahydro-1,2-pyridazinedicarboxylate (**178**, Q = R = Me) (PhH, reflux, 3 h: 83%;[1097] PhH, 50°, 2 h, then 25°, 2 days: 88%);[405] diethyl azodicarboxylate gave the diethyl homologue (**178**, Q = R = Et) (PhH, reflux, 24 h: 98%;[1211] PhH, 25°, 2 days: 98%;[622] also less satisfactory variations);[405, 629] and benzyl ethyl azodicarboxylate gave the benzyl ethyl homologue (**178**, Q = CH$_2$Ph, R = Et) (PhH, 25° 24 h: 98%).[741]

1-Phenylbuta-1,3-diene and diethyl azodicarboxylate gave diethyl 3-phenyl-1,2,3,6-tetrahydro-1,2-pyridazinedocarboxylate (PhH, reflux, N$_2$, 4 h: 54%).[1329]

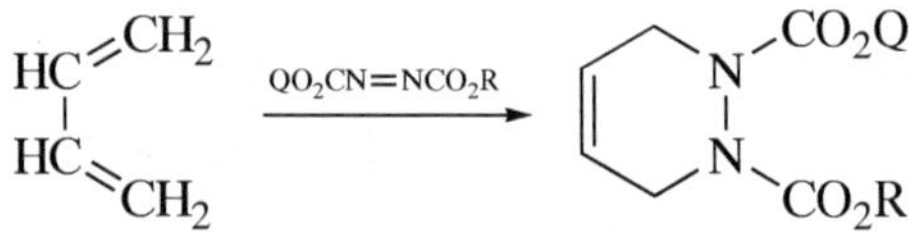

(177) → (178) via QO$_2$CN=NCO$_2$R

1,4-Diphenylbuta-1,3-diene and bis-β,β,β-trichloroethyl azodicarboxylate gave bis-β,β,β-trichloroethyl 3,6-diphenyl-1,2,3,6-tetrahydro-1,2-pyridazinedicarboxylate (**179**) (PhMe, 85°, 3 h: 91%).[341]

2,5-Dimethylhexa-2,4-diene (**180**) and diethyl azodicarboxylate gave diethyl 3,3,6,6-tetramethyl-1,2,3,6-tetrahydro-1,2-pyridazinedicarboxylate (PhMe, reflux, 7 days: 26%).[7]

Also other examples: [274, 281, 612, 869, 1146, 1424; cf. 246]

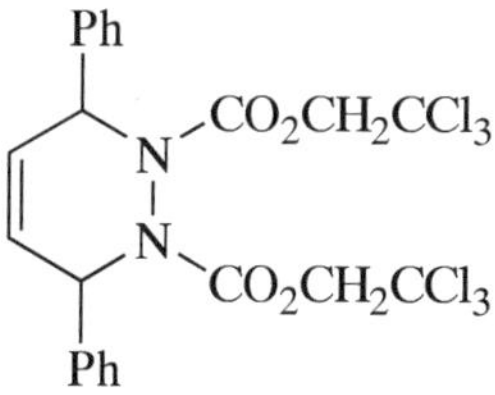

(179) 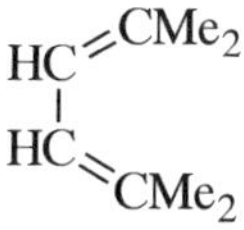 (180)

With Dienes Bearing Functional Groups

2,3-Bisbromomethylbuta-1,3-diene (**181**) and dimethyl azodicarboxylate gave dimethyl 4,5-bisbromomethyl-1,2,3,6-tetrahydro-1,2-pyridazinedicarboxylate (**182**) (PhH, reflux, 1 h: 63%).[323]

2-Trimethylsiloxybuta-1,3-diene and dimethyl azodicarboxylate gave dimethyl 4-trimethylsiloxy-1,2,3,6-tetrahydro-1,2-pyridazinedicarboxylate (CHCl$_3$, exothermic reaction; then 20°, 60 min: 83%).[1488]

Methyl penta-2,4-dienoate and diethyl azodicarboxylate gave diethyl 3-methoxycarbonyl-1,2,3,6-tetrahydro-1,2-pyridazinedicarboxylate (Et$_2$O, trace hydroquinone, dark, 25°, 12 h; then reflux, 2 h: 84%).[1342]

1,4-Bisacetylthiobuta-1,3-diene (**183**) and diethyl azodicarboxylate gave diethyl 3,6-bisacetylthio-1,2,3,6-tetrahydro-1,2-pyridazinedicarboxylate (**184**) (PhMe, reflux, N$_2$, 10 days: 70%).[108]

Also other examples.[19, 20, 121, 276, 301, 331, 344, 349, 734, 1013, 1564, 1699, 1888, 1921, 1923]

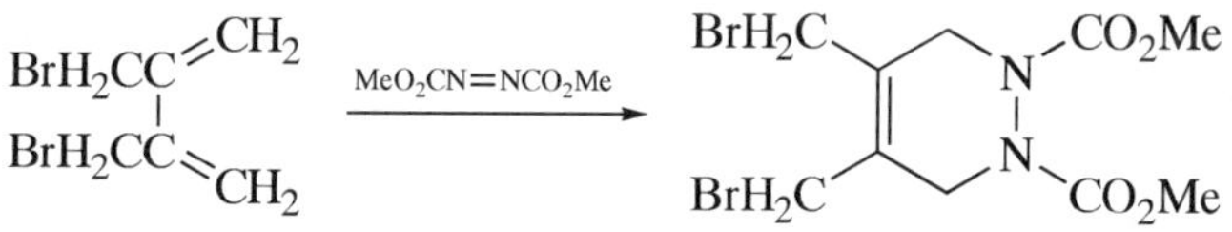

(181) → (182)

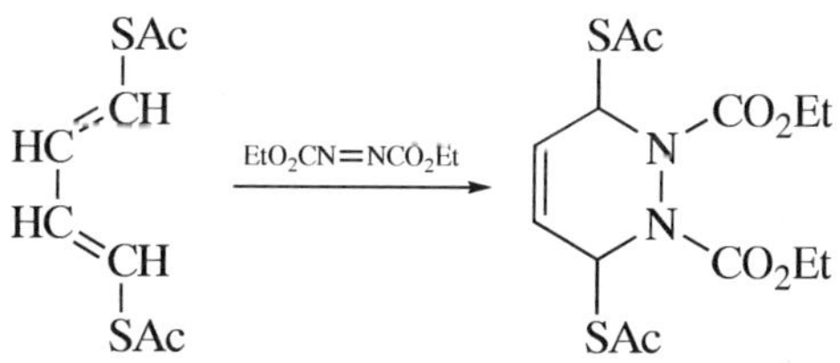

(183) → (184)

With Pseudodienes

Note: These reactions resemble, in effect, the foregoing Diels–Alder cyclizations, but their mechanism has been described[1803] as "electrophilic hydrazination–nucleophilic cyclization".

4-Benzyl-3-ε-bromovaleryloxazolidin-2-one (**185**) and di-*t*-butyl azodicarboxylate gave di-*t*-butyl 3-(4-benzyl-2-oxooxazolidin-3-ylcarbonyl)hexahydro-1,2-pyridazinedicarboxylate (**186**) (Pr^i_2NLi, THF, $-78°$, 30 min; then $Bu^tO_2CN=NCO_2Bu^t$, CH_2Cl_2, $-78°$, 30 min; then 1,3-dimethyl-3,4,5,6-tetrahydro-2(1*H*)-pyrimidinone, $-78°$, 50 min: 63%) and then 1,2-di-*t*-butoxycarbonylhexahydro-3-pyridazinecarboxylic acid (**187**) (LiOH, THF-H_2O, $0°$, 2 h: 89%).[1803]

Also other examples.[1584]

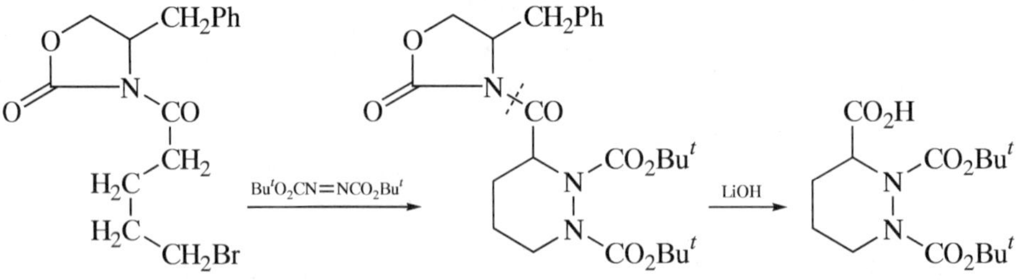

1.2.2.1.4 Using Miscellaneous N1–N2 Synthons

Several types of azo compound akin to the foregoing esters have been used, mainly as dienophilic N1–N2 synthons, to produce hydropyridazines, as illustrated in the following examples:

2-Trifluromethyl-4-trimethylsiloxybuta-1,3-diene (**188**) and *N,N*′-di-*t*-butylazodicarboxamide gave *N,N*′-di-*t*-butyl-4-trifluoromethyl-6-trimethylsiloxy-1,2,3,6-tetrahydro-1,2-pyridazinedicarboxamide (**189**) (PhMe, reflux, 18 h: 33%).[1838]

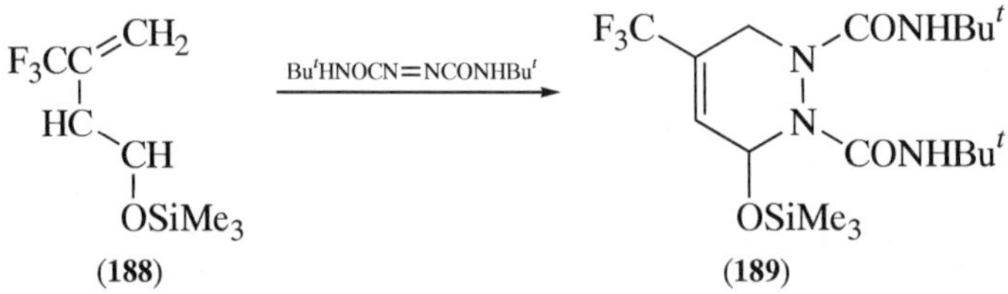

Buta-1,3-diene (**190**, R = H) or its 2,3-dimethyl derivative (**190**, R = Me) and *p*-chlorobenzenediazocyanide gave 2-*p*-chlorophenyl-1,2,3,6-tetrahydro-1-pyridazinecarbonitrile (**191**, R = H) (neat, 25°, 5 days: 85%) or its 4,5-dimethyl derivative (**191**, R = Me) (neat, 100°, 3 h: 90%), respectively;[488,621] some kinetic work on such reactions has been reported.[271]

The polymer-attached buta-1,3-dienyl acetate (**192**) even reacted with diimine (HN=NH; prepared in situ from $H_2NNH_2 \cdot HCl$ and H_2O_2 at 25°)

to give the polymer-attached pyridazine (**193**), which was reduced and freed from the polymer by alkaline hydrolysis to afford hexahydro-3-pyridazinol (**194**) (18% overall).[264]

Also other examples.[621, 1412, 1961, 2107] See also Section 2.1.11.

Aryl and aroyl azides have been used as N1–N2 synthons: for example, 1,3-bisdiethylamino-2,4-diphenylcyclobuta-1,3-diene (**195**) underwent ring fission and addition with *p*-nitrophenyl azide to afford a product formulated as 3,5-bisdiethylamino-4,6-diphenylpyridazine 2-*p*-nitrophenylimide (**196**).[427]

Dinitrogen tetroxide will also act as an N1–N2 synthon with appropriate dimethylene compounds. Thus 1,6-diphenyl-1,3,4,6-hexanetetrone (**197**) in ether was treated with ice-cold liquid N_2O_4 to afford, 3,6-dibenzoyl-4,5-dihydro-4,5-pyridazinedione 1,2-dioxide (**198**), an explosively unstable quinone, in 65% yield; several analogues were made similarly.[506]

1.2.2.2 Where the Two-Atom Synthon Provides N2 + C3

No examples of such syntheses appear to have been reported in the period under review.

1.2.2.3 Where the Two-Atom Synthon Provides C3 + C4

This large category of pyridazine syntheses is divided initially according to the nature of the C3–C4 synthon the subsequently subdivided (when necessary) according to the nature of the C5–C6–N1–N2 cosynthon.

1.2.2.3.1 Using Ethylene Derivatives as C3–C4 Synthons

The following classified examples illustrate the scope and usual conditions for such syntheses; some are, in fact, self-condensations between two molecules of the same synthon:

With Appropriate Azoalkenes

Methyl 3-(methoxycarbonylazo)crotonate (199) and *p*-methoxystyrene gave a separable 3:2 mixture of dimethyl 6-*p*-methoxyphenyl- (200) and dimethyl 5-*p*-methoxyphenyl-3-methyl-1,4,5,6-tetrahydro-1,4-pyridazine-dicarboxylate (201) (Et_2O, 25°, < 14 days: 67% before separation);[256] also analogous examples.[256, 396]

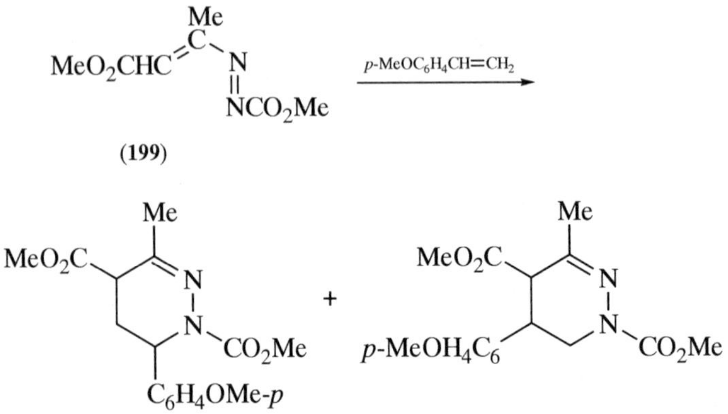

α-Chloro-β-(2,4-dinitrophenylazo)ethylene and ethoxyethylene gave 4-chloro-1-(2,4-dinitrophenyl)-6-ethoxy-1,4,5,6-tetrahydropyridazine (202) (PhMe, 50°, sealed, 24 h: 77%);[739] also analogous cyclizations.[725, 1402]

2-Isopropylazopropene and dimethyl fumarate gave dimethyl 2-isopropyl-6-methyl-2,3,4,5-tetrahydro-3,4-pyridazinedicarboxylate (203) (CH_2Cl_2, 60°, sealed, 4 days: 60%).[559]

Freshly prepared phenylazoethylene (**204**) self-condensed to afford 1-phenyl-6-phenylazo-1,4,5,6-tetrahydropyridazine (**205**) (neat, 25°, 3 days: 59%);[425] such self-condensations have been studied in some detail.[68, 70, 75, 78, 80, 425, 482]

Also other examples.[71, 429, 1507]

With Appropriate Hydrazonoalkyl Halides

β-Bromo-α-semicarbazonoethylbenzene (**206**) and *N*-prop-1-enylmorpholine gave 5-methyl-6-morpholino-3-phenyl-1,4,5,6-tetrahydro-1-pyridazinecarboxamide (**207**) (Et$_3$N, CHCl$_3$, 25°, 48 h: 67%).[394]

Ethyl 2-chloro-3-methoxycarbonylhydrazonobutyrate and ethoxyethylene gave methyl 6-ethoxy-4-ethoxycarbonyl-3-methyl-1,4,5,6-tetrahydro-1-pyridazinecarboxylate (**208**) (Pr$_2^i$O, NaHCO$_3$, then EtOCH=CH$_2$, 25°, 4 days: 84%) and then ethyl 3-methyl-4-pyridazinecarboxylate (**209**) (Br$_2$, AcOH, then NaHCO$_3$: 71%; note oxidative reactions etc.);[1678] also analogous syntheses.[1120, 1952]

β-Chloro-α-(2,4-dinitrophenylhydrazono)ethylbenzene underwent self-condensation to afford 1-(2,4-dinitrophenyl)-6-(2,4-dinitrophenylazo)-3,6-

diphenyl-1,4,5,6-tetrahydropyridazine (**210**) (Na$_2$CO$_3$, THF, 25°, 20 h: 95%).[697]

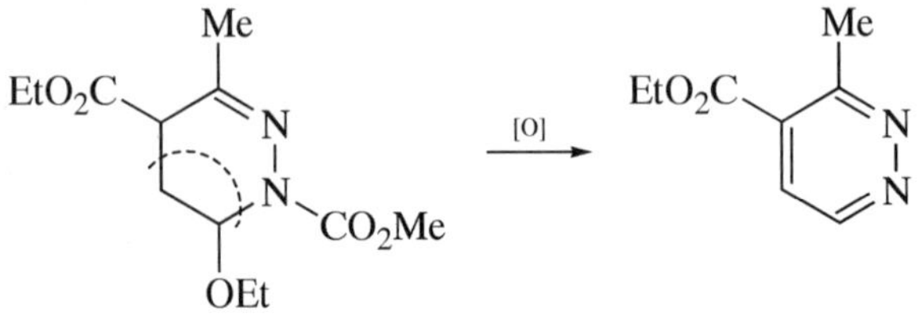

(**208**) →[O] (**209**)

2,4-(O$_2$N)$_2$H$_3$C$_6$N=N Ph
(**210**)

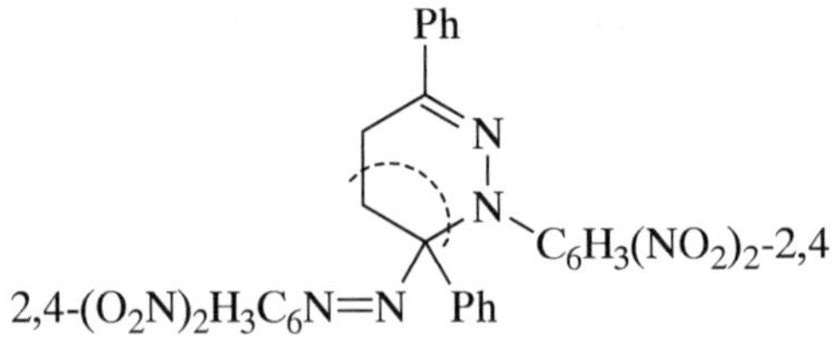

A similar self-condensation of β-(benzotriazol-1/2-yl)-α-(phenylhydrazono)ethylbenzene (in which the usual halogeno has been replaced by benzotriazolyl as a leaving group) afforded 1,3,6-triphenyl-6-phenylazo-1,4,5,6-tetrahydropyridazine (**211**) (NaH, THF, 0°, then reflux, 2 h: 86%).[1637]

Also other examples.[585, 1237, 1545, 1611]

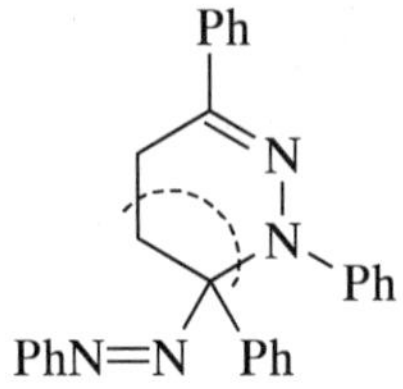

PhN=N Ph
(**211**)

(**212**) →[H$_2$C=CHP̈Ph$_3$ Br$^-$] (**213**)

With Appropriate Hydrazonoalkyl Ketones

Benzil mono(ethoxycarbonylhydrazone) (**212**) and triphenylvinylphosphonium bromide gave ethyl 3,4-diphenyl-1,6-dihydro-1-pyridazinecarboxylate (**213**) (NaH, Me$_2$NCHO, 20°; then the bromide, 25°, 1 h: 74%).[293]

Benzil monohydrazone (**214**) and diethyl allene-1,3-dicarboxylate gave ethyl 3-ethoxycarbonylmethyl-5,6-diphenyl-4-pyridazinecarboxylate (**215**) (PhCl, 80°, 1 h; then KOBu^t, 0°, 10 min: 20%).[339]

Also other good examples using Wittig-type reactions.[17, 269, 1376, 1822]

With Miscellaneous C5–C6–N1–N2 Cosynthons

β,β,β-Trichloro-α-(ethoxycarbonylhydrazono)ethylbenzene (**216**) and *N*-but-1-enyl- or *N*-(3-methylbut-1-enyl)morpholine gave 4-chloro-5-ethyl-3-phenylpyridazine (**217**, R = Et) or its 5-isopropyl homologue (**217**, R = Pr^i) (EtPr$_2^i$N, CH$_2$Cl$_2$, reflux: 16% or 36%, respectively, in each case after separation from another product).[1802]

2-Cyano-*N*-phenyl-2-phenylhydrazonoacetamide (**218**) and acrylonitrile gave 4-amino-5-cyano-1,*N*-diphenyl-1,6-dihydro-3-pyridazinecarboxamide (**219**).[1002]

Freshly prepared 2-(α-azidovinyl)pyridine (**220**) underwent spontaneous loss of nitrogen at 25° to afford the corresponding nitrene, which promptly dimerized with subsequent oxidative cyclization in air to afford 3,6-di(pyridin-2-yl)pyridazine (**221**) (3%, after separation from another product).[944]

Also other examples.[2090]

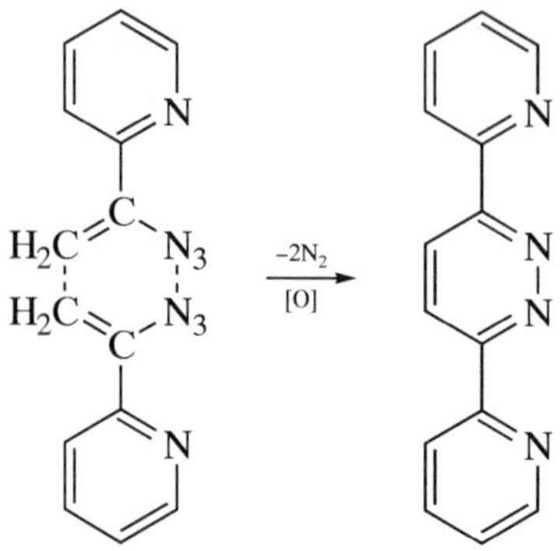

(220) (221)

1.2.2.3.2 Using Acetylene Derivatives as C3–C4 Synthons

This category of synthesis has not been well developed although it does have considerable potential. Examples follow:

p,p'-Dimethylbenzil monohydrazone (**222**) and dimethyl acetylenedicarboxylate gave dimethyl 5,6-di-*p*-tolyl-3,4-pyridazinedicarboxylate (**223**) (neat, 125°, 30 min: 71%, after separation from a byproduct).[1242]

Dimethyl 2-(β-methylhydrazino)butenedioate (**224**) and dimethyl acetylenedicarboxylate gave a single stereoisomer (nmr evidence) of tetramethyl 1-methyl-1,4,5,6-tetrahydro-3,4,5,6-pyridazinetetracarboxylate (**225**) (MeOH–H_2O, − 8°, 24 h, then 25°, 16 h: 20%), which was subsequently converted into other stereoisomers;[24] the stereochemistry of two higher homologues was checked by X-ray analysis.[24]

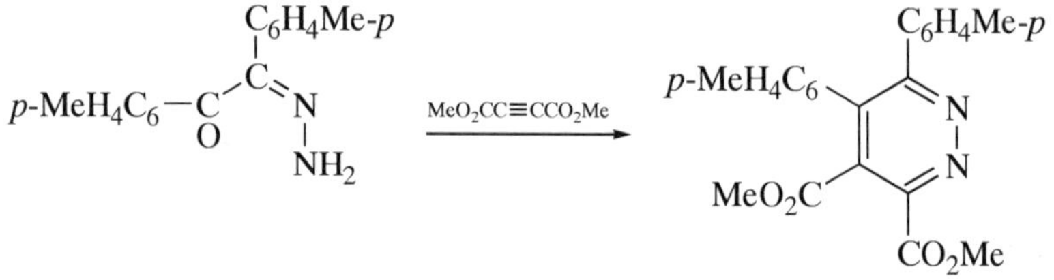

(222) (223)

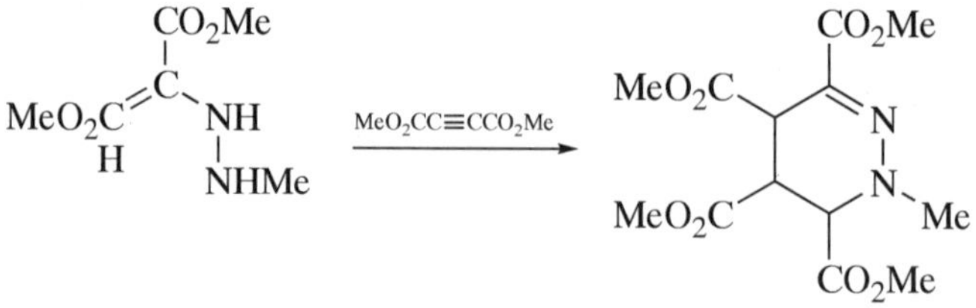

(224) (225)

1.2.2.3.3 Using Aliphatic Aldehydes or Ketones as C3–C4 Synthons

The usual conditions for such cyclizations are indicated in the following examples.

- Benzil monohydrazone (**226**) and ethyl 3-oxo-5-phenylvalerate gave the ester (**227**, R = Et), conveniently isolated as 3-phenethyl-5,6-diphenyl-4-pyridazinecarboxylic acid (**227**, R = H) (PhH, trace TsOH, reflux, water removal, 2 h; then KOH, EtOH–H_2O, reflux, 12 h: 70%).[330]
- Methyl 2-nitrothioacetohydrazonate (**228**) and glyoxal gave 3-methylthio-4-nitropyridazine (**229**) (EtOH–H_2O, Na_2CO_3, 10°, 1 h: 30%); also analogues similarly.[259]

- 5-[β-(α-Hydrazino-β-nitrovinylamino)ethyl]thiomethyl-2-dimethylaminomethylfuran and glyoxal gave 3-[β-(5-dimethylaminomethylfuran-2-ylmethylthio)ethyl]amino-4-nitropyridazine (**230**) ($PhCH_2Me_3NOH$, H_2O–PhMe, 25°, 18 h: 80%).[1743]

Also other examples.[1822]

1.2.2.3.4 Using Aliphatic Acids or Acyl Chlorides as C3–C4 Synthons

Aliphatic acids or acyl chlorides have been used sparingly as C3–C4 synthons, although they do react satisfactorily, as illustrated in the following examples:

3-Phenylhydrazono-2,4-pentanedione (**231**) and choloroacetyl chloride gave 6-acetyl-4-chloro-5-methyl-2-phenyl-3(2*H*)-pyridazinone (**232**) (NaH, THF, 25°, 40 min; then the chloride, 20°, 6 h: 60%); also analogues likewise.[1620]

α-Phenylhydrazonomalononitrile (**233**) and β-alanine gave 5-aminomethyl-4-hydroxy-6-oxo-1-phenyl-1,6-dihydro-3-pyridazinecarbonitrile (**234**, R = OH), presumably via hydrolysis of the 4-amino analogue (**234**, R = NH$_2$); also analogues similarly.[1444]

Also other examples.[1303, 2117, 2118]

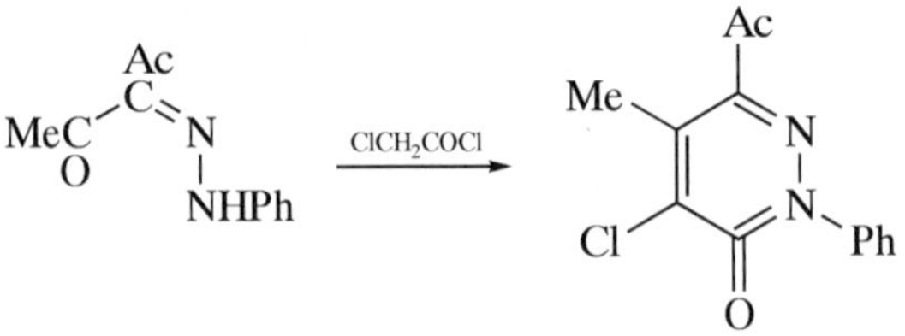

1.2.2.3.5 Using Aliphatic Esters as C3–C4 Synthons

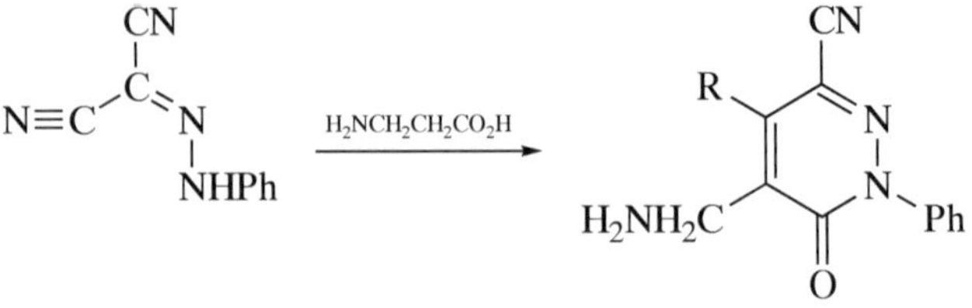

In contrast to the foregoing use of acids or acyl chlorides as C3–C4 synthons, aliphatic esters have been used extensively as illustrated in the following examples:

With Hydrazonoalkyl Ketones as Cosynthons

3-Oxo-2-phenylhydrazonobutyronitrile (**235**) and ethyl cyanoacetate gave 4-methyl-6-oxo-1-phenyl-1,6-dihydro-3,5-pyridazinedicarbonitrile (**236**) (AcONH$_4$, neat, 160°, 45 min: 80%; AcONH$_4$, AcOH, PhH, reflux, water removal, 20 h: 80%);[1217] analogues.[424, 1719, 1881]

p,p'-Dichlorobenzil monohydrazone and methyl acetoacetate gave 4-acetyl-5,6-bis-*p*-chlorophenyl-3(2*H*)-pyridazinone (**237**) (xylene, pyridine, reflux, 21 h: ?%).[156]

Benzil monohydrazone and ethyl nitroacetate gave 4-nitro-5,6-diphenyl-3(2*H*)-pyridazinone (**238**)[(CH$_2$)$_5$NH, 105°: 45%].[795]

Also other examples.[395, 982, 1350, 1351, 1411, 1448, 1618, 2014]

With Hydrazono Keto Esters as Cosynthons

Note: In every case, the keto rather than the ester grouping takes part in the cyclization reaction.

Ethyl 2-phenylhydrazono-3-oxobutyrate (**239**, Q = H, R = Et) and ethyl cyanoacetate gave ethyl 5-cyano-4-methyl-6-oxo-1-phenyl-1,6-dihydro-3-pyridazinecarboxylate (**240**, Q = H, R = Et) (AcONH$_4$, neat, 160°, 30 min: 90%;[52, 379, 1216] similarly but 140°: 71%).[1240]

Methyl 3-oxo-2-phenylhydrazonovalerate (**239**, Q = R = Me) and ethyl cyanoacetate gave methyl 5-cyano-4-ethyl-6-oxo-1-phenyl-1,6-dihydro-3-pyridazinecarboxylate (**240**, Q = R = Me) (AcONH$_4$, AcOH, PhH, reflux, water removal, 6 h: 85%).[1808] Such reactions are assisted by microwave irradiation under solvent-free conditions.[2043]

Also other examples.[1350, 1351, 1420, 1440]

With Miscellaneous Cosynthons

Glyoxal monophenylhydrazone (**241**) and ethyl 2-(diethylphosphono)acetate gave 2-phenyl-3(2*H*)-pyridazinone (**242**) [NaH, THF, 25°, 2 h; then (**241**), 25° → 65°, 10 h: 71%];[1350] replacement of the phosphono reagent by ethyl

2-trimethylsilylacetate gave the same product (242) [$(C_6H_{11})_2$NLi, THF, − 78°; then (241), − 78° →25°, 3 h: 74%].[1351] Also related examples.[1877]

α-Hydrazonoethylbenzene (243, R = H), as its N,N,β-trilithio derivative (made in situ), and diethyl oxalate gave 6-phenyl-3,4(1H,2H)-pyridazinedione (244, R = H) (THF, 0°, 30 min; then HCl, reflux, 1 h: 24%); α-(phenylhydrazono)ethylbenzene (243, R = Ph), as its N,β-dilithio derivative, likewise gave 2,6-diphenyl-3,4(1H,2H)-pyridazinedione (244, R = Ph) (72%).[942]

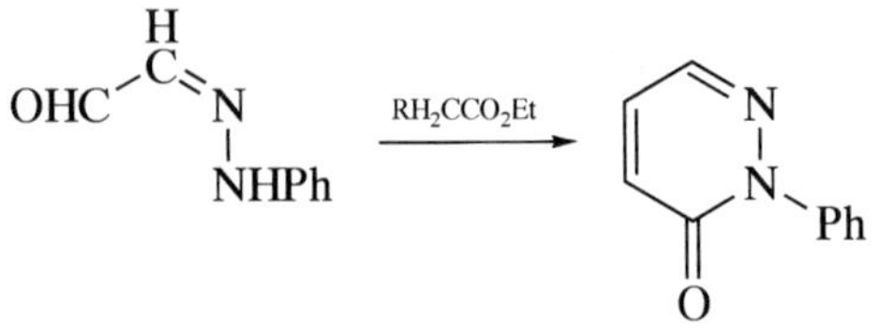

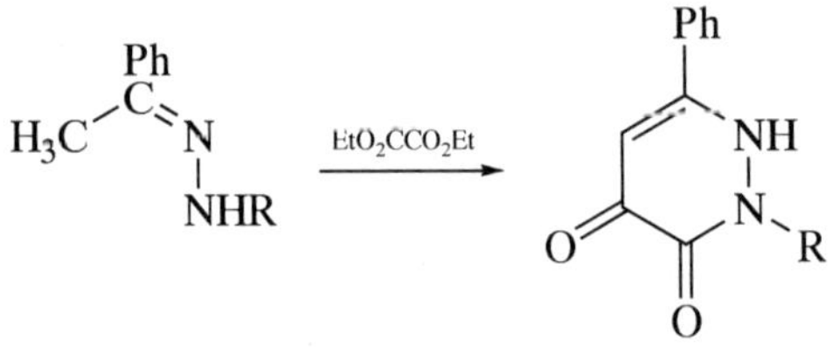

1.2.2.3.6 Using Aliphatic Amides or Nitriles as C3–C4 Synthons

Substituted acetamides and acetonitriles have been used as C3–C4 synthons, the first sparingly but the second less so. When both functional groups are present, as in cyanoacetamide, the amide grouping appears to take part preferentially in any cyclization. The following examples illustrate conditions and yields:

Benzil monohydrazone (246) and cyanoacetamide (245, X = O) gave 3-oxo-5,6-diphenyl-2,3-dihydro-4-pyridazinecarbonitrile (247, X = O) (pyridine: 70%);[1398, 1726] similar use of cyano (thioacetamide) (245, X = S) gave 5,6-diphenyl-3-thioxo-2,3-dihydro-4-pyridazinecarbonitrile (247, X = S) in unstated yield.[1390]

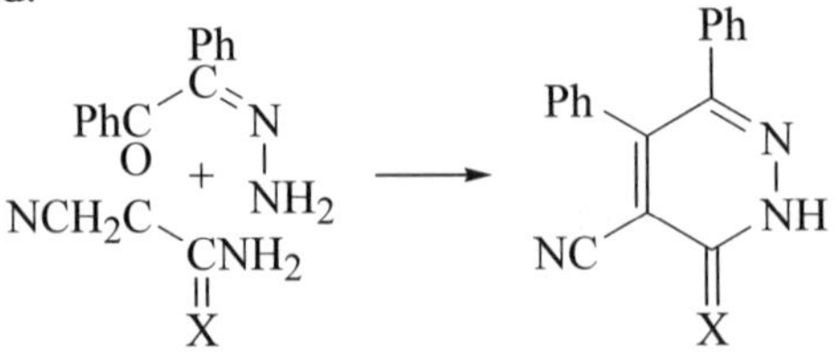

Ethyl 3-oxo-2-*p*-tolylhydrazonobutyrate (**249**) and 2-cyanomethylbenzothiazole (**248**) gave ethyl 5-benzothiazol-2′-yl-6-imino-4-methyl-1-*p*-tolyl-1,6-dihydro-3-pyridazinecarboxylate (**250**) [(CH$_2$)$_5$NH, EtOH, reflux, 3 h: 55%].[518]

α-Hydrazonoacetophenone (**251**) and malononitrile gave 3-amino-5-phenyl-4-pyridazinecarbonitrile (**252**) [Me$_2$SO, O(CH$_2$CH$_2$)$_2$NH, 75°, 15 min: 79%].[364]

2-Phenylhydrazonomalononitrile (**253**) and malononitrile gave 4-amino-6-imino-1-phenyl-1,6-dihydro-3,5-pyridazinedicarbonitrile (**254**) (pyridine, reflux, 10 h: 80%).[1210]

Also other examples in the foregoing references and elsewhere.[713, 729, 899, 911, 1663, 1665, 1702, 1829, 1862, 1864, 1960]

1.2.2.4 Where the Two-Atom Synthon Provides C4 + C5

This potentially large category of syntheses is represented by very few examples. *p*-Anisaldehyde azine (**256**) reacted with diphenyl ketene (**255**) in refluxing xylene under argon during 6 h to afford two separable products: 3,6-

bis-*p*-methoxyphenyl-5,5-diphenyl-5,6-dihydro-4(1*H*)-pyridazinone (**257**) (20% yield) and the isomeric 1-*p*-methoxybenzylideneamino-4-*p*-methoxyphenyl-3,3-diphenyl-2-azetidinone (**258**) (60%).[1384] The condensation of hexafluoroacetone azine [$(F_3C)_2C=N-N=C(CF_3)_2$] with 2-methylpropene gave 4,4-dimethyl-3,3,6,6-tetrakistrifluoromethyl-3,4,5,6-tetrahydropyridazine (70°, <24 h: 91%) and several homologues were also so made.[455]

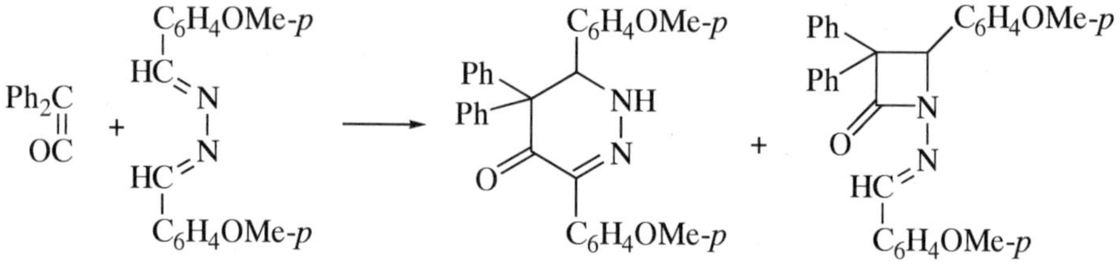

1.2.3 By using two 3-Atom Synthons

Because of the symmetry of pyridazine, there can be only two possibilities within this category: an N–N–C synthon plus a C–C–C synthon or two N–C–C synthons (which may be the same or different). The first of these combinations has been used fairly frequently, but the second has been employed only rarely.

1.2.3.1 Where the Synthons Provide N1–N2–C3 and C4–C5–C6

Most such reported syntheses have involved the condensation of diazoalkanes or derivatives thereof with cyclopropene derivatives, but a few have involved hydrazine derivatives with acyclic C–C–C synthons. The following examples illustrate the present state of development:

With Diazoalkanes as N–N–C Synthons

Tetrachlorocyclopropene (**259**) gave 3,4,5-trichloropyridazine (**260**) [CH_2N_2, Et_2O, $Pd(OAc)_2$, 0° → 20°, until $N_2\uparrow$ ceased: 70%].[573,727]

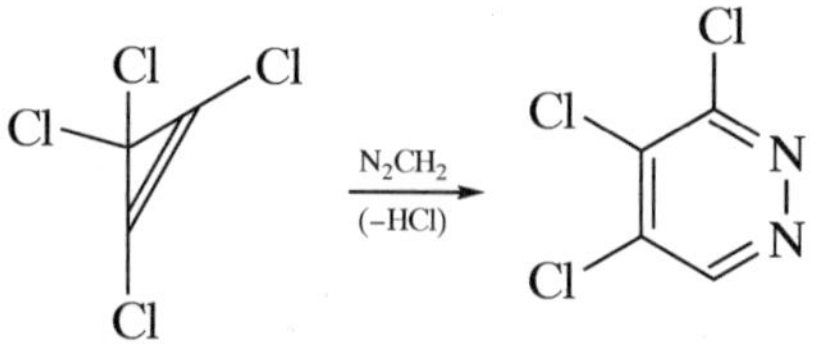

3,3-Dimethyl-1-trimethylsilylcyclopropene (**261**) gave 4,4-dimethyl-3-trimethylsilyl-1,4-dihydropyridazine (**262**) (CH_2N_2, Et_2O, 0° → 20°, 1 h: 91%).[418] Also a somewhat analogous example.[311]

Bis(diisopropylamino)cyclopropene, as its perchlorate salt (**263**), gave 3,4-bis(diisopropylamino)-1-ethyl-6-methylpyridazinium perchlorate (**264**) (2 × MeCHN$_2$, Et$_2$O, 20°, 3 h: ~75%?).[31]

With Alkyl Diazoacetates as N–N–C Synthons

1,3,3-trimethylcyclopropene (**265**) gave ethyl 5,5,6-trimethyl-2,5-dihydro-3-pyridazinecarboxylate (**266**) (N$_2$CHCO$_2$Et, neat, 65°, 36 h: 59% crude, 10% purified);[562,657] 3,3-dimethylcyclopropene gave methyl 5,5-dimethyl-2,5-dihydro-3-pyridazinecarboxylate (N$_2$CHCO$_2$Me, neat, 25°, 2 weeks: <30%).[320]

Trisdimethylaminocyclopropene hydrochloride (**267**) gave ethyl 4,5,6-trisdimethylamino-3-pyridazinecarboxylate (**268**) (N$_2$AgCCO$_2$Et, CHCl$_3$–Et$_2$O, 0°, 1 h: 60%).[8]

Also other examples.[9,440]

With Other Substituted Diazoalkanes as N–N–C synthons

Dimethyl 3,3-dimethyl-1-cyclopentenephosphonate (**269**) and dimethyl diazomethanephosphonate gave tetramethyl 4,4-dimethyl-1,4-dihydro-3,6-pyridazinediphosphonate (**270**) (Et$_2$O, 20°, 4 h: 32%).[9]

Bis(diisopropylamino)cyclopropene perchlorate salt (**263**) with α-diazoacetophenone (BzCHN$_2$) gave 3-benzoyl-5,6-bisdiisopropylaminopyridazine (**271**) (CH$_2$Cl$_2$, 1,5-diazabicyclo[4,3,0]non-5-ene as base, 25°, 2 days: 47%);[1070] also analogues.[1070, 1123]

With Hydrazine Derivatives as N–N–C Synthons

Acrylonitrile (**272**, R = CN) or acrylamide (**272**, R = CONH$_2$) with N-p-bromophenyl-N'-nitromethylenehydrazine (**273**) gave 1-p-bromophenyl-3-nitro-5,6-dihydro-4(1H)-pyridazinimine (**274**, X = NH) (0.6M NaOH, 25°, 5 days: 57%) or the corresponding pyridazinone (**274**, X = O) (0.6M NaOH, 25°, 10 days: 47%), respectively: also analogues,[565]

Crotonaldehyde (**275**) with 3-[C-cyano(hydrazinomethyl)]-5,6-diphenyl-1,2,4-triazine (**276**) gave 3-(5,6-diphenyl-1,2,4-triazin-3-yl)-4-methyl-2,3,4,5-tetrahydro-3-pyridazinecarbonitrile (**277**) [(CH$_2$)$_5$NH, EtOH, reflux, 8 h: 70%].[1708]

Also other examples.[1799]

1.2.3.2 Where the Synthons Provide N2 + C3 + C4 and C5 + C6 + N1

This underdeveloped category is represented by the few reported examples that are summarized below:

- 1-Cyanoformanilide (**278**) and 2-cyanoacetohydrazide (**279**) gave 5-amino-3,6-dioxo-1-phenyl-1,2,3,6-tetrahydro-4-pyridazinecarbonitrile (**280**) [(CH$_2$)$_5$NH, EtOH, warm, then 25°, 15 h: 68%].[232]
- Methyl 3-(β,β-dimethylhydrazino)propionate underwent oxidative self-condensation to give only dimethyl 1,2-bisdimethylamino-1,2-dihydro-4,5-pyridazinedicarboxylate (**281**) (yellow HgO, Na$_2$SO$_4$, dioxane, reflux, 12 h: 72%);[1175] in contrast, 3-(β,β-dimethylhydrazino)propionitrile gave 1,2-bisdimethylamino-1,2-dihydro-4,5-pyridazinedicarbonitrile (**282**) (<10%) accompanied by the isomeric pyrazine (**283**) (83%).[1175]

1.3 FROM THREE OR MORE SYNTHONS (*H* 30)

Of all the ways in which three synthons could provide the ring atoms of pyridazine, only two combinations are represented meagerly in the post-1970 literature. Syntheses employing more than three synthons are completely unrepresented.

1.3.1 Where Three Synthons Provide N1 + N2, C3 + C4, and C5 + C6

The established reaction of α-bromoacetophenone with equimolecular phenylhydrazine in ethanolic sodium acetate to give 60% of 1,3,6-triphenyl-6-phenylazo-1,4,5,6-tetrahydropyridazine (**285**)[185] has been modified. Thus α-thiocyanatoacetophenone (**284**) and phenylhydrazine in ethanolic acetic acid at 25° for 30 min gave the same product (**285**) in 76% yield;[1396] the mechanism remains doubtful.

Likewise, the three-component condensation, typified by that of ethyl cyanoacetate, benzil, and hydrazine hydrate in refluxing ethanolic ethoxide for 2 h to give 3-oxo-5,6-diphenyl-2,3-dihydro-4-pyridazinecarbonitrile (**286**),[1851] has been reinvestigated in respect of its mechanism.[314]

The condensation of 3-(2-nitroprop-1-enyl)indole (**287**), ethyl acetoacetate, and hydrazine hydrate in refluxing ethanol for 5 h has been used to make 5-indol-3′-yl-3,6-dimethyl-4-pyridazinecarbohydrazide (**288**) in 78% yield.[1709] The mechanism probably involved a Nef conversion[1852] of the nitropropenyl group into the corresponding ketone prior to condensation, as well as hydrazinolysis of the ester grouping; several analogues were made similarly.[1709] Somewhat similarly, 2-nitro-4-(2-nitroprop-1-enyl)aniline, methyl acetoacetate, and hydrazine in refluxing ethanol for 3 h gave 5-(4-amino-3-nitrophenyl)-3,6-dimethyl-4-pyridazinecarbohydrazide (**289**) in 70% yield.[1074]

1.3.2 Where Three Synthons Provide N1 + N2 + C3, C4 and C5 + C6

The only example in this category clearly involved the condensation of dimethyl diazomethanephosphonate (**291**), 3,3-dimethylcyclopropene (**290**),

and acetone (in the presence of potassium *t*-butoxide or butyllithium) to afford 3-isopropenyl-5,5-dimethyl-2,5-dihydropyridazine (**292**) in 5–10% yield, but no other experimental details were given.[619] However, several steps in the mechanism were deduced.[619]

1.4 APPENDIX: GLANCE INDEX TO TYPICAL PYRIDAZINES AVAILABLE FROM ALIPHATIC OR CARBOCYLIC SYNTHONS

The following glance index has been added to assist in the choice of a primary synthesis that may afford a required type of pyridazine derivative from aliphatic or carbocyclic synthons. In using the index, it should be borne in mind that products analogous to those formulated can often be produced by minor changes in the synthon(s) involved: for example, by change of the halogeno substituent(s): by change, addition, or deletion of alkyl or aryl groups; by change or interchange of acid, ester, amide, nitrile, and such like groups; by interchange of oxo, thioxo, and imino substituents; by interchange of alkoxy, aryloxy, alkylthio, and arylthio groups; and so on.

Section	Typical Products	
1.1.1	(85%)	(33%)
1.1.2.1	(13%)	(91%)
1.1.2.2	(58%)	(60%)
1.1.2.3	(95%)	(73%)

Section	Typical Products
1.1.2.4	ethyl 1,4,5,6-tetrahydropyridazine-3-carboxylate (90%); methyl 5-(tert-butyldimethylsilyloxy)-1,4,5,6-tetrahydropyridazine-3-carboxylate (50%)
1.1.2.5	3,5-dimethyl-1-phenyl-4(1H)-pyridazinone (76%); ethyl 6-methyl-4-(trifluoromethyl)pyridazine-3-carboxylate (64%)
1.1.2.6	4,5-dichloro-2-phenyl-3(2H)-pyridazinone (60%); 1-phenylhexahydropyridazin-3-one (65%)
1.1.2.7	methyl 5-hydroxy-6-oxo-1-phenyl-1,6-dihydropyridazine-3-carboxylate (94%); ethyl 1-(4-bromophenyl)-3-nitro-6-oxo-1,6-dihydropyridazine-4-carboxylate (90%)
1.1.2.8	4-amino-5-cyano-6-oxo-1-phenyl-1,6-dihydropyridazine-3-carboxylic acid (82%); 1-phenyl-3-(phenylhydrazono)hexahydropyridazin-6-one (90%)

Section	Typical Products
1.1.2.9	4-cyano-3-imino-2-phenyl-5-phenyl pyridazine (80%); ethyl 4-cyano-5-(p-chlorophenyl)-3-oxo-2-phenyl-2,3-dihydropyridazine-6-carboxylate (60%)
1.1.3	5-chloro-2-tert-butyl-6-phenyl-3(2H)-pyridazinone (56%); dimethyl 4-chlorohexahydropyridazine-1,2-dicarboxylate (70%)
1.1.4	5-acetyl-4-methyl-3-chloro-1-phenyl-6-oxo-1,6-dihydropyridazine (60%); 3-trifluoromethyl-4-phenylsulfonyl-5,6-diphenylpyridazine (15%)
1.2.1	ethyl 5-formyl-6-oxo-1-phenyl-1,6-dihydropyridazine-3-carboxylate (59%); 3-acetyl-6-oxo-1-phenyl-1,6-dihydropyridazine (60%)
1.2.2.1.1	4,4-dimethyl-3-hydroxyimino-6-methyl-2,3,4,5-tetrahydropyridazin-5-one (77%); pyridazine (80%)

Appendix

Section	Typical Products	
1.2.2.1.1	4,5-dichloro-pyridazin-3(2H)-one, 91%	4-(ethoxycarbonyl)-6-phenyl-pyridazin-3(2H)-one, 53%
	6-amino-3-(m-chlorophenyl)-4,5-dihydropyridazine, 66%	3-hydrazino-5-phenyl-4,5-dihydropyridazin-6(1H)-one, 57%
1.2.2.1.2	1,2-bis(methoxycarbonyl)hexahydropyridazine, 30%	4,5-dibromo-2-(2-cyanoethyl)pyridazin-3(2H)-one, 96%
	2-(p-methoxyphenyl)-6-(trifluoromethyl)-4-(methoxycarbonyl)-4,5-dihydropyridazine-3,5-dione, 68%	tetrafluoro-1,2-bis(trifluoromethyl)hexahydropyridazine-3,6-dione, 67%
1.2.2.1.3	1,2-bis(2,2,2-trichloroethoxycarbonyl)-3,6-diphenyl-1,2,3,6-tetrahydropyridazine, 91%	3-carboxy-1,2-bis(tert-butoxycarbonyl)hexahydropyridazine, 89%

Section	Typical Products
1.2.2.1.4	(1-cyano-2-(p-chlorophenyl)-tetrahydropyridazine) 85%; (3-hydroxyhexahydropyridazine) 18%
1.2.2.3.1	(4-MeO₂C, 5-(p-MeOH₄C₆), 3-Me, 6-CO₂Me dihydropyridazine) 67%; (4-Ph, 4-(PhN=N), 3-Ph, N-Ph dihydropyridazine) 86%
1.2.2.3.2	(3-(C₆H₄Me-p), 4-(p-MeH₄C₄), 5-MeO₂C, 6-CO₂Me pyridazine) 71%; (3-CO₂Me, 4-MeO₂C, 5-MeO₂C, 6-CO₂Me, N-Me tetrahydropyridazine) 20%
1.2.2.3.3	(3-Ph, 4-Ph, 5-EtO₂C, 6-CH₂CH₂Ph pyridazine) >70%; (3-SMe, 4-O₂N pyridazine) 30%
1.2.2.3.4	(4-Ac, 5-Me, 6-Cl, 3-oxo, N-Ph dihydropyridazinone) 60%; (4-CN, 5-HO₂C, 6-H₂NCH₂, 3-oxo, N-Ph dihydropyridazinone) ?%

Appendix

Section	Typical Products	
1.2.2.3.5	Ph-substituted pyridazinone with Ph, O$_2$N, NH, O — 45%	N-Ph pyridazinone — 71%
1.2.2.3.6	Ph, Ph, NC-substituted pyridazinone — 70%	CN, H$_2$N, NC, N-Ph, NH-imino pyridazine — 80%
1.2.2.4	Ph, Ph, C$_6$H$_4$OMe-p substituted dihydropyridazinone — 20%	F$_3$C, CF$_3$, Me, Me, F$_3$C, CF$_3$ tetrahydropyridazine — 91%
1.2.3.1	Trichloropyridazine (Cl, Cl, Cl) — 70%	NMe$_2$, Me$_2$N, Me$_2$N, CO$_2$Et pyridazine — 60%
1.2.3.2	H$_2$N, NC, N-Ph, NH pyridazinedione — 68%	MeO$_2$C, MeO$_2$C, NMe$_2$, NMe$_2$ dihydropyridazine — 72%

Section	Typical Products
1.3.1	(structure, 76%) ; (structure, 70%)
1.3.2	(structure, <18%)

CHAPTER 2

Primary Syntheses from Other Heterocyclic Systems

The primary synthesis of pyridazines from other heterocyclic systems has a large but diffuse literature that has never been reviewed as such in depth. However, many examples can be found in Castle's original book[1839] and in some subsequent reviews.[1188, 1575, 1624, 1643, 1844, 1853, 1916, 2006, 2011]

For pragmatic reasons, the present treatment of such post-1970 primary syntheses is divided according to the fundamental heterocyclic substrate, initially by ring-size and then in alphabetical order. It should be noted that cyclic anhydrides, imides, lactones, and other compounds are considered here as heterocycles for the purpose of classification: for example, syntheses involving maleic anhydride as a substrate will be found in the furan subsection. As in Chapter 1, a glance index is appended (Section 2.9).

2.1 PYRIDAZINES FROM THREE-, FOUR-, OR FIVE-MEMBERED HETEROCYCLIC SYSTEMS (*H* 32, 360, 408)

Very few pyridazines have been made from three- or four-membered heterocyclic substrates but five membered substrates have been used widely.

2.1.1 Azirines as Substrates

2-Phenylazirine (**1**) underwent oxidative self-condensation to afford 3,6-diphenylpyridazine (**2**) and other separable products (TiCl$_4$, C$_6$H$_4$, $-78°$, 1 h: 22%;[607] *N*-bromosuccinimide, TsOH, $-23° \rightarrow 20°$, >1 h: 13%).[409] Some simple derivatives were made similarly but in even lower yield.[607]

2.1.2 Furans as Substrates

The replacement of $-O-$ in a furan by $-N-N-$ to give a pyridazine usually occurs quite readily on treatment with hydrazine or the like, but intermediates are seldom observed or isolated. Most of the furans used to make pyridazines are derivatives of maleic anhydride, succinic anhydride, or γ-lactones, as will be evident from the following typical examples:

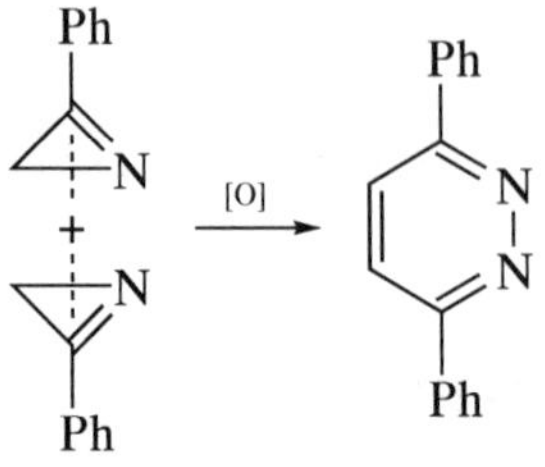

Using Dihydro-2,5-furandiones (Maleic Anhydrides) as Substrates

Maleic anhydride (**3**) and hydrazine gave 3,6(1H,2H)-pyridazinedione (**4**, R = H) ($H_2NNH_2 \cdot HCl$, H_2O, reflux, 4–5 h: 95%;[1345] $H_2NNH_2 \cdot H_2SO_4$, similarly: 76–78%);[99, 153, 1098] likewise, ethylhydrazine gave 1-ethyl-3.6(1H,2H)-pyridazinedione (**4**, R = Et) (AcOH, < 30°, 20 min: ~35%),[292] (β-hydroxyethyl)hydrazine gave 1-β-hydroxyethyl-3,6(1H,2H)-pyridazinedione (**4**, R = CH_2CH_2OH) (H_2O, 5°, ?h: 64%),[569] and phenylhydrazine gave 1-phenyl-3,6(1H,2H)-pyridazinedione (**4**, R = Ph) (AcOH, reflux, 1 h: 47%).[313]

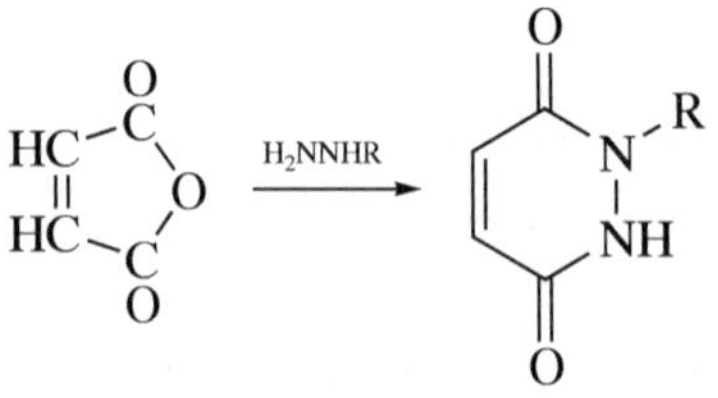

2-Carboxymethylmaleic anhydride (*cis*-aconitic anhydride) (**5**) and methylhydrazine gave a separable mixture of two isomers, 4-carboxy-methyl-1-methyl-(**6**, Q = H, R = CH_2CO_2H) and 4-carboxymethyl-2-methyl-3,6(1H,2H)-pyridazinedione (**6**, Q = CH_2CO_2H, R = H) (H_2N NHMe, $MeOCH_2CH_2OMe$, reflux, 2 h: 44% and 19%, respectively; H_2NNHMe. H_2SO_4, H_2O, reflux, 20 min: 64% and 0%, respectively).[207]

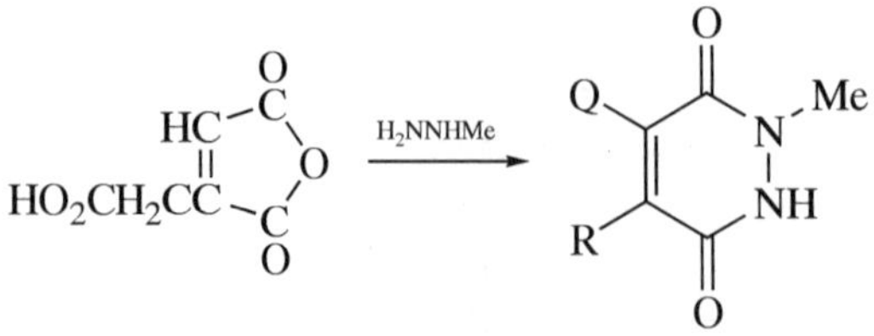

2-m-Nitrophenylmaleic anhydride (**7**) and hydrazine gave 4-m-nitrophenyl-3,6(1H,2H)-pyridazinedione (**8**) (H$_2$O-MeOCH$_2$CH$_2$OMe, reflux, 3 h: 60%);[1186] the o-nitro isomer was made similarly (HCl, reflux?: 82%).[525]

2,3-Dichloromaleic anhydride and hydrazine hydrate gave 4,5-dichloro-3.6(1H,2H)-pyridazinedione (**9**, Q = R = Cl) (AcOH, 80°, 10 h: 92%);[802] 4-chloro-(**9**, Q = Cl, R = H),[802] 4-fluoro-(**9**, Q = F, R = H),[917] and 4-bromo-3,6(1H,2H)-pyridazinedione (**9**, Q = Br, R = H)[614,654] were made from appropriate 2-halogenomaleic anhydrides.

2,3-Dichloromaleic anhydride and 6-chloro-2-hydrazinoquinoxaline gave 4,5-dichloro-1-(6-chloroquinoxalin-2-yl)-3,6(1H,2H)-pyridazinedione (**10**) (AcOH, 100°, 3 h: 87%);[217] the 4,5-dibromo-1-p-chlorophenyl analogue was made in a broadly similar way (64% H$_2$SO$_4$: ~50%).[547] Also other examples.[461,670,726,871,917,943,957,987,1218,1397,1460,1776]

Using Tetrahydro-2,5-furanediones (Succinic Anhydrides) as Substrates

2,2-Dimethylsuccinic anhydride (**11**, X = Y = Me) and N,N'-dimethylhydrazine gave 1,2,4,4-tetramethyl-4,5-dihydro-3,6(1H,2H)-pyridazinedione (**12**, R = X = Y = Me) (MeHNNHMe·2HCl, AcOH, reflux, 12 h: 22%;[93,cf.1854] similarly but then evaporate, xylene, reflux, 6 h, water removal: 64%).[93,cf.1855]

2-Phenylsuccinic anhydride (**11**, X = Ph, Y = H) and N,N'-diethylhydrazine gave 1,2-diethyl-4-phenyl-4,5-dihydro-3,6(1H,2H)-pyridazinedione (**12**, R = Et, X = Ph, Y = H) (THF, 20°, 12 h; then reflux, 6 h: 46%).[1328]

Succinic anhydride (**11**, X = Y = H) and phenylhydrazine gave 1-phenyl-4,5-dihydro-3,6(1H,2H)-pyridazinedione (H$_2$NNH$_2$, AcOH, reflux 4 h: 85%;

H₂NNH₂, AcOH, microwave irradiation, 4 min: 87%!); such irradiation was also effective for analogous reactions.[1887]
Also other examples.[1295, 1554]

Using Di- or Tetrahydro-2-furanones (γ-Lactones) as Substrates

2-Hydroxy-2-methyl-3-phenyl-2,5-dihydro-5-furanone (**13**) gave 6-methyl-5-phenyl-3(2H)-pyridazinone (**14**) (H₂NNH₂·H₂O, BuOH, reflux, water removal, 12 h: 89%).[1309]

5-Morpholino-4-phenyl-2,5-dihydro-2-furanone (**15**) gave 5-phenyl-3(2H)-pyridazinone (**16**) (H₂NNH₂, MeOH, reflux, 12 h: 75%).[327]

Ethyl 4-hydroxy-2-methyl-5-oxo-2,5-dihydro-2-furancarboxylate (**17**) gave 5-methyl-6-oxo-1,6-dihydro-3-pyridazinecarbohydrazide (**18**) (2 × H₂NNH₂·H₂O, neat, reflux, 6 h: 54%; note involvement of the ester grouping in recyclization).[503]

4-Acetyl-5-phenyltetrahydro-2-furanone (**19**, Q = Me, R = Ph) gave 5-α-hydroxybenzyl-6-methyl-4,5-dihydro-3(2H)-pyridazinone (**20**, Q = Me, R = Ph) (H₂NNH₂·H₂O, EtOH, reflux, 2 h: 74%);[1045] likewise, 4-benzoyl-5-methyltetrahydro-2-furanone (**19**, Q = Ph, R = Me) gave 5-α-hydroxyethyl-6-phenyl-4,5-dihydro-3(2H)-pyridazinone (**20**, Q = Ph,

R = Me) (88%) and then the didehydro analogue (SeO$_2$, EtOH, reflux, 8 h: 93%).[370] The 5-(o-chloro-α-hydroxybenzyl) analogue (**20**, Q = Me, R = C$_6$H$_4$Cl-o) was confirmed in structure by X-ray analysis.[1045]
Also other examples.[85, 302, 354, 611, 717, 738, 845, 848, 941, 984, 1106, 1252, 1274, 1286, 1496, 1588 1742, 2061, 2114]

Using Other Furans as Substrates

2-Benzyl-2,5-dimethoxy-2,5-dihydrofuran (**21**) and hydrazine gave a separable mixture of 3-benzylpyridazine (**22**) and 6-benzyl-4,5-dihydro-3(2H)-pyridazinone as a byproduct (H$_2$NNH$_2$·2HCl, PrOH, pH 6.5 buffer, reflux, 10 h: 40% and 35%, respectively).[1108]

Ethyl 4-heptyl-5-methoxy-2-methyl-4,5-dihydro-3-furancarboxylate (**23**) and hydrazine gave ethyl 5-heptyl-3-methyl-4-pyridazinecarboxylate (**24**) (H$_2$NNH$_2$·H$_2$SO$_4$, H$_2$SO$_4$, H$_2$O–EtOH, reflux, 3 h: 82%; aerial oxidation involved?).[1494]

Ethyl 5-ethoxy-5-methyl-4-oxo-4,5-dihydro-3-furancarboxylate (**25**, Q = OEt, R = H) and hydrazine gave ethyl 6-methyl-5-oxo-2,5-dihydro-

4-pyridazinecarboxylate (**26**, R = H) (H$_2$NNH$_2$·H$_2$O, EtOH, reflux, ? h: 50%);[500] likewise ethyl 5-acetoxy-5-methyl-4-oxo-2-phenyl-4,5–dihydro-3-furancarboxylate (**25**, Q = OAc, R = Ph) gave ethyl 6-methyl-5-oxo-3-phenyl-2,5-dihydro-4-pyridazinecarboxylate (**26**, R = Ph) (H$_2$NNH$_2$, EtOH, 20°, 24 h: 85%).[948]

2-Morpholino-5-phenyl-3-phenylazofuran (**27**), as fluoroborate salt, with hydrazine hydrate gave 3-morpholino-6-phenyl-4-β-phenylhydrazinopyridazine (**28**) (EtOH, warmed until homogeneous: 78%).[651]

Also other examples in the foregoing references and elsewhere. [150, 318, 333, 662, 847, 925, 1163, 1164, 1405, 1486, 1489, 1493, 1939, 1957]

2.1.3 Imidazoles as Substrates

Simple imidazoles have been used as dienophiles for Diels–Alder cycloaddition with 3,6-bis(trifluoromethyl)-1,2,4,5-tetrazine (**30**) with subsequent degradation of the adducts to afford simple pyridazines (cf. Section 2.2.7). Thus imidazole (**29**, X = Y = Z = H) and the tetrazine (**30**) in refluxing toluene for 1 h gave 3,6-bistrifluoromethyl-4-pyridazinamine (**32**) in 30%

yield.[520] Similarly, 1-methylimidazole (**29**, X=Me, Y=Z=H) gave 4-methylaminomethyleneamino-3,6-bistrifluoromethylpyridazine (**31**, X=Me, Y=Z=H) (58%), which was not degraded further to the amine (**32**); 2-methylimidazole (**29**, X=Z=H, Y=Me) gave 4-(α-aminoethylideneamino)-3,6-bistrifluoromethylpyridazine (**31**, X=Z=H, Y=Me) (10%); and 4-methylimidazole (**29**, X=Y=H, Z=Me) gave 4-aminomethyleneamino-5-methyl-2,6-bistrifluoromethylpyridazine (**31**, X=Y=H, Z=Me) (72%).[520] Other such reactions have been reported.[662]

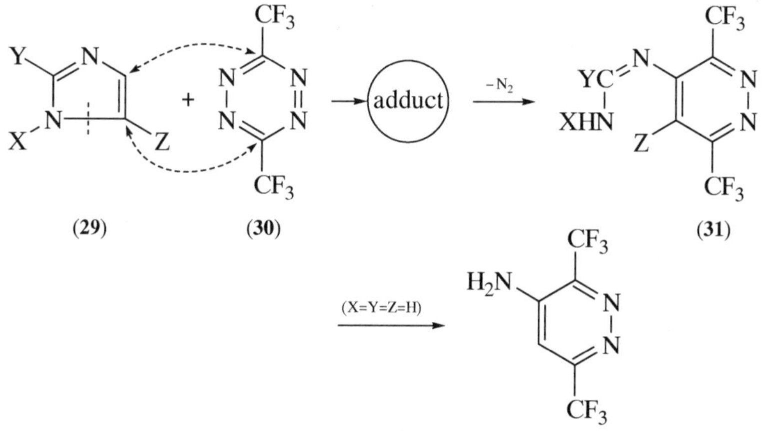

2.1.4 Isoxazoles as Substrates

There are several ways to convert isoxazoles into pyridazines, as illustrated in the following examples:

Methyl 3-ethyl-4,5-dihydro-5-isoxazolecarboxylate (**34**, R=OMe) gave 6-ethyl-3(2H)-pyridazinone (**33**) (H$_2$NNH$_2$, PhMe, reflux, 24 h: 21%; note elimination of MeOH, NH$_3$, and H$_2$O);[186] somewhat similarly, 3-ethyl-5-propionyl-4,5-dihydroisoxazole (**34**, R=Et) gave 3,6-diethylpyridazine (**35**) (H$_2$NNH$_2$, TsOH, MeOH, reflux, 3 h: 48%; note elimination of 2 × H$_2$O and NH$_3$).[186]

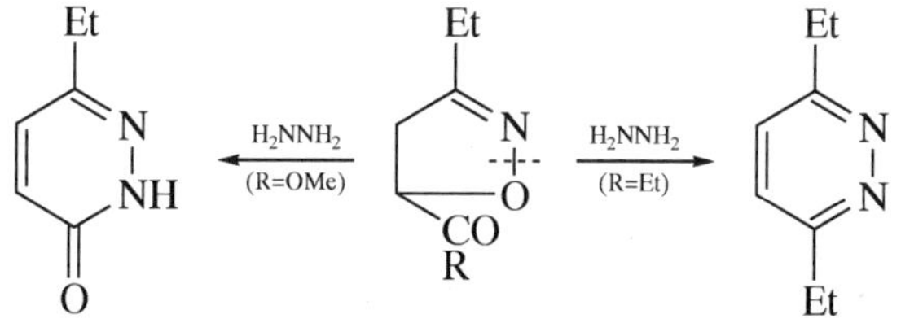

Ethyl 4-benzoyl-5-methyl-3-isoxazolecarboxylate (**36**) gave 5-acetyl-4-amino-6-phenyl-3(2*H*)-pyridazinone (**37**, R = H) (H$_2$NNH$_2$, EtOH, Pd/C, reflux, 20 min: 90%);[1590] likewise, methylhydrazine gave the 2-methyl derivative (**37**, R = Me) (89%).[1590]

5-[β-(*p*-Nitrophenylhydrazono)phenethyl]-3-phenylisoxazole (**38**) gave 5-bromo-2-*p*-nitrophenyl-6-phenylpyridazinium-4-olate (**39**) (2 × Br$_2$, CHCl$_3$, reflux, ? min: 60%, initially as the hydrochloride; the eliminated benzonitrile was isolated, a rational mechanism was proposed, and analogues were made similarly);[273] the structure (**39**) was subsequently confirmed by X-ray analysis.[167]

2.1.5 Oxazoles as Substrates

Like imidazoles (Section 2.1.3), oxazole (**40**) has been used as a dienophile with 3,6-bistrifluoromethyl-1,2,4,5-tetrazine (**41**) to furnish eventually 4-formamido-3,6-bistrifluoromethylpyridazine (**42**); the transformation occurred in refluxing toluene during 55 h to give an 80% yield.[520] A few analogues have been made similarly,[1031] but the method has not been developed fully.

2.1.6 Oxetes as Substrates

Irradiation of 4-methylene-2-oxetanone (diketene: **43**) with azobenzene (**44**) in chloroform solution for 48 h afforded 5-oxo-1,2-diphenyl-1,4,5,6-tetrahydro-3(2H)-pyridazinone (**45**) in 62% yield.[305] Each symmetrically substituted azobenzene naturally gave a single product, for example, 1,2-bis-p-chlorophenyl-5-oxo-1,4,5,6-tetrahydro-3(2H)-pyridazinone (72%); each unsymmetrically substituted azobenzene also appeared to give (stereoselectively) a single product, for example, 1-p-methoxyphenyl-5-oxo-2-phenyl-1,4,5,6-tetrahydro-3(2H)-pyridazinone (62%).[305] Diketene also formed unstable adducts with 1,2,4,5-tetrazines which decomposed to give, for example, 4-methyl-3,6-bistrifluoromethylpyridazine in low yield.[875]

2.1.7 Oxirenes as Substrates

Several appropriately substituted oxiranes have been used as substrates for making pyridazines or hydropyridazines. Thus 2-benzyl-3-bromomethyl-3-phenyloxirane (diphenacyl bromide: **46**, X = Br) or the corresponding chloride (**46**, X = Cl) reacted with hydrazine hydrate in refluxing ethanol during 30 min to give 3,5-diphenylpyridazine (**47**) in 85% or 65% yield, respectively.[1795] In contrast, methyl 3-β,β-dimethoxyethyl-2-oxiranecarboxylate (**48**) was converted into 4-hydroxy-2.3.4.5-tetrahydro-3-pyridazinecarboxylic acid (**49**) by a one-pot saponification, hydrazination, and cyclization process — both cis and trans forms were so made from the appropriate substrates.[355]

2.1.8 Pyrazoles as Substrates

Several undeveloped reaction pathways from pyrazoles to pyridazines have been reported. They are illustrated briefly in the following examples:

3-Acetyl-4-phenyl-2-pyrazoline (**50**, R = Me) gave 3-methyl-5-phenyl-4(1*H*)-pyridazinone (**51**, R = Me) (PhH, 25°, 30 days: 40%);[1713] likewise the 3-benzoyl substrate (**50**, R = Ph) gave 3,5-diphenyl-4(1*H*)-pyridazinone (**51**, R = Ph) (PhH or dioxane, reflux, 12 h: 12%).[208]

4-Dicyanomethylene-3-methyl-2-pyrazolin-5-one (**52**) gave 5-cyano-3-methyl-6-oxo-1,6-dihydro-4-pyridazinecarboxylic acid (**53**) (20% H_2SO_4, reflux, 10 h: 69%).[128]

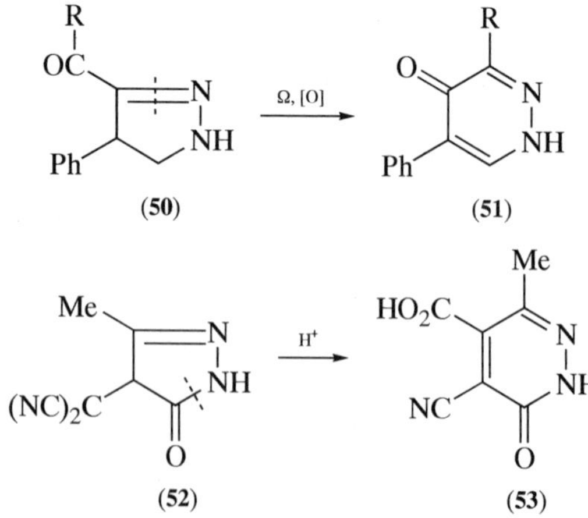

3,4,5-Trimethylpyrazole gave 4-chloro-3,5,6-trimethylpyridazine [NaOH, benzyldimethyloctadecylammonium chloride (or the like), H_2O–PhH–$CHCl_3$, 50°, 30 min: 31%, after separation from other products].[105] Also other examples.[391, 404, 582]

2.1.9 Pyrroles as Substrates

Most transformations of pyrroles into pyridazines involve the simple rearrangement of *N*-aminopyrroles, but other processes are also represented. The following examples illustrate the presently known synthetic possibilities:

1-Anilino-3-phenyl-3-pyrroline-2,5-dione (*N*-anilino-2-phenylmaleimide: **54**) rearranged into 1,4/1,5-diphenyl-3,6(1*H*,2*H*)-pyridazinedione (**55**) (50% H_2SO_4–AcOH, reflux, 3 h: 82%; the position of the *C*-phenyl group was not determined);[462] several analogues (some of unambiguous structure) have been made somewhat similarly.[462, 586, 648, 685, 799, 1457]

1-Amino-5-hydroxy-5-(2,3,5-tri-*O*-benzoyl-β-D-ribofuranosyl)-3-pyrrolin-2-one gave 6-(2,3,5-tri-*O*-benzoyl-β-D-ribofuranosyl)-3(2*H*)-pyridazinone with loss of water (PhH, reflux, 2 h: 95%).[351]

1-Pyrrolidinamine (**56**, R = H) or its 2-phenyl derivative (**56**, R = Ph) gave 1,4,5,6-tetrahydropyridazine (**57**, R = H) or its 3-phenyl derivative (**57**,

R = Ph), respectively (silica gel, CHCl$_3$–MeOH, 20°, 12 h: >40%; note oxidation, assumed to be by CHCl$_3$ rather than air).[267]

2,5-Pyrrolediamine (formulated as 2,5-pyrrolidinediimine: **58**) gave 3,6-dihydrazino-4,5-dihydropyridazine, as the tautomeric 3-hydrazino-6-hydrazono-1,4,5,6-tetrahydropyridazine (**59**) on nmr evidence (3 × H$_2$NNH$_2$·H$_2$O, MeOH, 25°, N$_2$, NH$_3$↑, >3 h: 85%; note transamination);[639] analogous reactions were also reported.[639]

2,4,4-Trimethyl-1-pyrroline (**60**) and 3,6-diphenyl-1,2,4,5-tetrazine gave a Diels–Alder adduct that lost nitrogen to give 4-(γ-amino-β,β-dimethylpropyl)-3,6-diphenylpyridazine (**61**) (neat, ~160°, until color faded: 78%).[512]

2-Methyl-5-morpholino-4-phenyl-1-pyrrolin-4-ol 1-oxide gave only 3-methyl-5-phenylpyridazine (H$_2$NNH$_2$, AcOH–H$_2$O, reflux, 15 min: 91%).[1982]

Also other examples.[442, 662, 824, 1554]

2.1.10 Thiophenes as Substrates

Several routes from thiophenes to pyridazines are possible, but none has been used much. Some examples follow:

Ethyl 2-amino-4-phenyl-5-phenylazo-3-thiophenecarboxylate (**62**) rearranged into 3-oxo-2,5-diphenyl-6-thioxo-1,2,3,6-tetrahydro-4-pyridazinecarbonitrile (**63**) with loss of ethanol (KOH, EtOH, reflux, 40 min: 62%).[88]

Ethyl 5-amino-3-methyl-2-thiophenecarboxylate (**64**) and hydrazine gave 6-hydrazino-4-methyl-3-pyridazinecarbohydrazide (**65**) (excess $H_2NNH_2 \cdot H_2O$, neat, reflux, 2 h: 60%);[21] an contrast, 5-phenyl-2-thiophenamine under similar conditions (for 6 h) gave N,N'-bis(6-phenyl-4,5-dihydropyridazin-3-yl)hydrazine (55%).[21]

2,5-Dihydro-3-thiophenecarbonitrile 1,1-dioxide (**66**), a stable precursor of 3-cyano-1,3-butadiene (**67**), reacted with the dienophilic diethyl azodicarboxylate (**68**) to give diethyl 4-cyano-1,2,3,6-tetrahydro-1,2-pyridazinedicarboxylate (**69**) by a Diels–Alder mechanism (PhMe, reflux, 12 h: 95%);[423] such dioxides have been used as cosynthones with the heterocyclic dienophile, 4-phenyl-1,2,4-triazoline-3,5-dione;[1391, 1518] see next subsection.

2.1.11 1,2,4-Triazoles as Substrates

The dienophile, 4-phenyl-1,2,4-triazoline-3,5-dione (**71**), reacted with 3,4-dineopentylthiophene 1,1-dioxide (**70**) in refluxing benzene to afford the bis adduct (**72**) in 77% yield with loss of sulfur dioxide; treatment of the adduct with methanolic alkali at 25° then gave 4,5-dineopentylpyridazine (**73**) in 74% yield.[1518] 4,5-Diadamant-1′-ylpyridazine was made similarly in 82% yield (based on the adduct).[1391]

2.2 PYRIDAZINES FROM OTHER SIX-MEMBERED HETEROCYCLIC SYSTEMS

Although many such transformations are represented in the recent literature, only 1,2,4,5-tetrazines have been used extensively to produce pyridazines (mainly via Diels–Alder-type adducts).

2.2.1 1,2-Dioxins or 1,2-Dithiins as Substrates

This rare synthesis is illustrated by the conversion of 6-butyl-3-methyl-3,6-dihydro-1,2-dioxin-3-ol (**74**) into 3-butyl-6-methylpyridazine (**75**) (65% yield) by passing oxygen through a solution of the substrate, hydrazine, and copper sulfate in methanolic acetic acid at 25° for 10 h; the postulated intermediate, non-3-ene-2,5-dione, was not isolated or detected.[1659] Somewhat similarly, 3,6-diphenyl-1,2-dithiin and hydrazine in refluxing ethanolic pyridine for 2 h gave 3,6-diphenylpyridazine in 43% yield; analogues were made likewise.[1883]

2.2.2 1,3-Dioxins as Substrates

Pyridazines have been made from 1,3-dioxins in two related ways. The first is illustrated by the condensation of 2,2-dimethyl-1,3-dioxane-4,6-dione (**76**) with 2-phenylhydrazonopropionaldehyde (**77**) to afford 6-methyl-3-oxo-2-phenyl-2,3-dihydro-4-pyridazinecarboxylic acid (**78**) in 56% yield, by refluxing in benzene containing a little piperidine acetate for 2.5 h.[715]

The second method appears to be more versatile. For example, 2,2-dimethyl-4-α-(phenylhydrazonomethyl)ethylidene-1,3-dioxane-4,6-dione (**79**) underwent transformation in refluxing methanolic sodium methoxide during 20 min to afford 5-methyl-3-oxo-2-phenyl-2,3-dihydro-4-pyridazinecarboxylic acid (**80**) in 70% yield:[715] analogues were made similarly.[715, 2024]

2.2.3 1,3,4-Oxadiazines as Substrates

Several derivatives of 1,3,4-oxadiazin-6-one have been used to make pyridazines by Diels–Alder-type cycloadditions, as illustrated in the following examples:

2,5-Diphenyl-1,3,4-oxadiazin-6-one 4-oxide (**82**) and 1-diethylaminopropyne (**81**) regioselectively gave 4-diethylamino-5-methyl-3,6-diphenylpyridazine 2-oxide (**83**) with loss of carbon dioxide (CH_2Cl_2, exothermic, then 25°, 30 min: 94%; no isomeric product detected);[311] several analogues were made similarly but most needed more vigorous conditions: for example, 3-methyl-4-(N-methylanilino)-6-phenylpyridazine 2-oxide (reflux, 20 h: 95%).[311]

5-Methyl-2-phenyl-1,3,4-oxadiazin-6-one (**85**) and N-(2-methylprop-1-enyl)pyrrolidine (**84**) gave 1-benzoyl-3,5,5-trimethyl-6-pyrrolidin-1′-yl-5,6-dihydro-4(1H)-pyridazinone (**86**) (PhH, reflux, N_2, 4 h: <36% after separation from other products).[280,415]

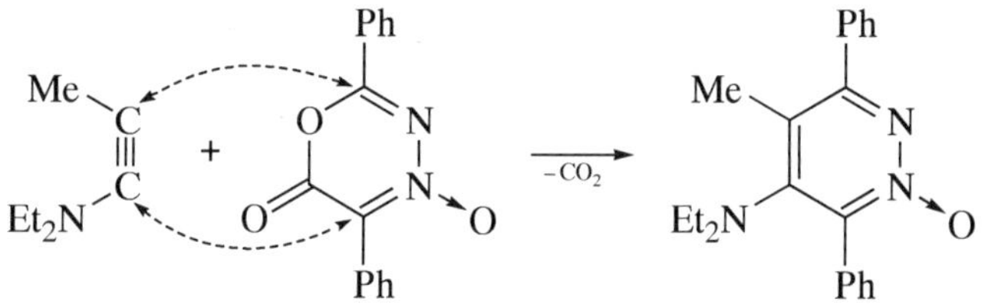

2.2.4 Pyrans as Substrates

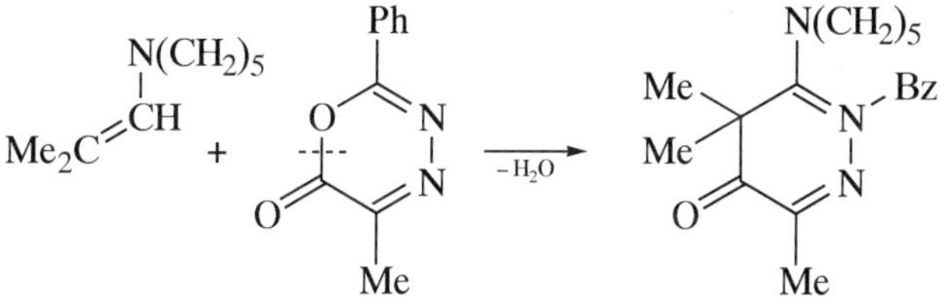

There are at least three ways in which pyrans have been converted into pyridazines directly. They are illustrated in the following examples:

4-p-Methoxyphenyl-3-phenylhydrazono-3,6-dihydro-2H-pyran-2,6-dione (**87**) rearranged into 4-p-methoxyphenyl-6-oxo-1-phenyl-1,6-dihydro-3-pyridazinecarboxylic acid (**88**, R = OH) (2M NaOH, reflux, 30 min: 82%) or (with subsequent aminolysis) into 5-p-methoxyphenyl-6-morpholinocarbonyl-2-phenyl-3(2H)-pyridazinone [**88**, R = $N(CH_2CH_2)_2O$] [neat $HN(CH_2CH_2)_2O$, 70°, 30 min: 69%];[1294] analogues were made similarly. [1036,1294]

3-Hydroxy-6-methyl-4-pyranthione (**89**, Q = H, R = Me) gave 6-methyl-3-pyridazinecarbaldehyde, as its hydrazone (**90**, Q = H, R = Me)

(2 × H$_2$NNH$_2$, MeOH, reflux, 3 min: 44%); 3-hydroxy-2-methyl-4-pyranthione (**89**, Q = Me, R = H) likewise gave 3-acetylpyridazine, as its hydrazone (**90**, Q = Me, R = H) (reflux, 90 min: 35% after separation from a byproduct).[35]

3,4-Diacetoxy-2-acetoxymethyl-3,4-dihydro-2*H*-pyran [3,4,6-tri-*O*-acetyl-1,5-dihydro-2-desoxy-D-*arabino* (or *lyxo*)-hex-1-enitol: **91**, stereochemistry ignored for simplicity in the present context] and dimethyl 1,2,4,5-tetrazine-3,6-dicarboxylate (**92**) formed a Diels–Alder-type complex that lost nitrogen to afford dimethyl 4-(α,β,δ-triacetoxy-γ-hydroxybutyl)-3,6-pyridazinedicarboxylate (**93**) (dioxane, reflux, 20 h: ~75%).[47]

Also other examples.[1485]

2.2.5 Pyridines as Substrates

Oxidation of 1-amino-3,4,5,6-tetraphenyl-2(1*H*)-pyridinone (**94**) by lead tetracetate in dichloromethane at 20° during 1 h resulted in rearrangement to 3,4,5,6-tetraphenylpyridazine (**95**) (58%) with loss of carbon monoxide;[632]

somewhat similarly, 1-amino-3,4,5-triphenyl-2(1H)-pyridinone gave 3,4,5-triphenylpyridazine but in only 7% yield.[632]

In a different way, treatment of 3-phenacylpyridine methiodide (**96**, R = H) with hydrazine hydrate in di(β-hydroxyethyl) ether under reflux for 2 h, followed by the addition of solid potassium hydroxide and further heating during 2.5 h, afforded 3-phenyl-5-propylpyridazine (**97**, R = H) in ~50% yield;[1797] likewise, 3-methyl-5-phenacylpyridine methiodide (**96**, R = Me) gave 4-isobutyl-6-phenylpyridazine (**97**, R = Me) (~50%).[1797]

2.2.6 Pyrimidines as Substrates

Brief kinetic studies of the reversible (photochemical or thermal?) isomerizations of 4-dimethoxycarbonylmethylpyrimidine (**98**, R = H) into 3-dimethoxycarbonylmethylpyridazine (**99**, R = H) and of 2-chloro-4-dimethoxycarbonylmethylpyrimidine (**98**, R = Cl) into 3-chloro-6-dimethoxycarbonylmethylpyridazine (**99**, R = Cl) have been reported.[872]

2.2.7 1,2,4,5-Tetrazines as Substrates

1,2,4,5-Tetrazine derivatives (**101**) have been used extensively to make dihydropyridazines (**103**; or tautomers)[1499] by "inverse electron-demand Diels–Alder reactions"[1844] with dienophiles, such as **100**, followed by loss of nitrogen from the usually unstable complexes (**102**); if the dienophile has a triple or potentially triple bond, the resulting pyridazine will be formally aromatic.

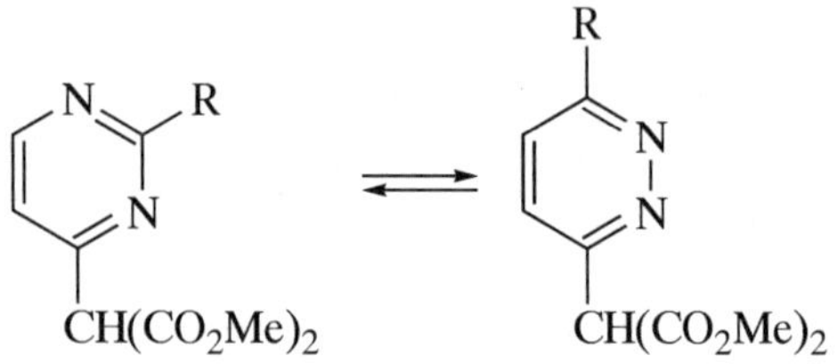

(98) **(99)**

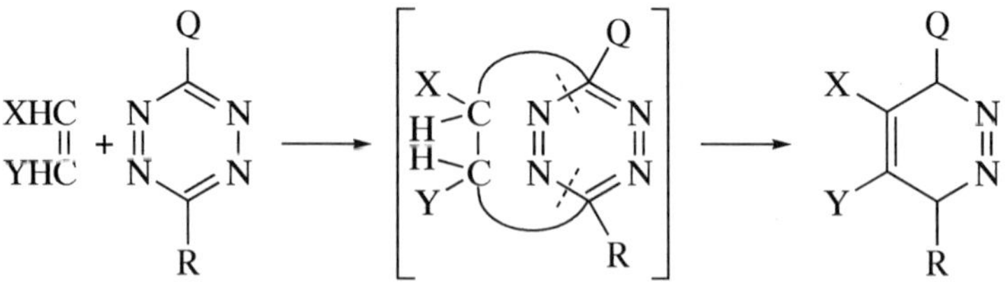

(100) **(101)** **(102)** **(103)**

Special cases, in which another heterocyclic system is employed as the dienophile, are exemplified elsewhere in this chapter under the appropriate system: 5,8-ethanophthalazines, Section 2.7; furans, Section 2.1.2; imidazoles, Section 2.1.3; oxazoles, Section 2.1.5; oxetes, Section 2.1.6; pyrroles, Section 2.1.9; pyrans, Section 2.2.4; and thiepins, Section 2.3.3.

'Normal' cases, in which alkenes or alkynes are employed as the dienophiles, are illustrated in the following examples, classified according to the type of tetrazine derivative used in the reaction:

1,2,4,5-Tetrazine with Dienophiles

α-Dimethylamino-β-nitroethylene (**104**) and tetrazine (**105**) gave 4-nitropyridazine (**106**) ($CHCl_3$, reflux, N_2, 4 days; oxidation provided by elimination of Me_2NH), characterized as 5-nitro-4-pyridazinamine (**107**) (18%) after amination.[1080]

Also other examples.[2046]

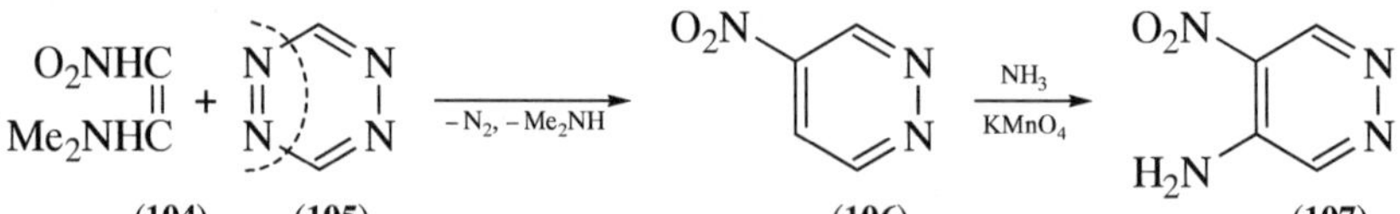

(104) **(105)** **(106)** **(107)**

Monoaryl-1,2,4,5-tetrazines with Dienophiles

Note: Such condensations with unsymmetric dienophiles are essentially ambiguous but often so regioselective that only one product is formed. However, solvent polarity can affect the identity of the product.[277]

Trimethylsilylacetylene and 3-phenyl-1,2,4,5-tetrazine gave 3-phenyl-5-trimethylsilylpyridazine (**108**, R = H) (PhMe, 75°, 24 h: 90%); 1-trimethylsilylhex-1-yne similarly gave 4-butyl-3-phenyl-5-trimethylsilylpyridazine (**108**, R = Bu) (63%); and other analogues were so made.[12]

3-Morpholinoacrylonitrile and 3-p-bromophenyl-1,2,4,5-tetrazine gave 6-p-bromophenyl-4-pyridazinecarbonitrile (**109**, R = CN) with loss of morpholine (dioxane, reflux until colorless, 1–3 days: 48%); α-dimethylamino-β-nitroethylene similarly gave 3-p-bromophenyl-5-nitropyridazine (**109**, R = NO$_2$) (46%); and other analogues were so made.[215]

Also other examples.[248, 473, 2093]

Diaryl-1,2,4,5-tetrazines with Dienophiles

Ethyl propiolate and 3,6-diphenyl-1,2,4,5-tetrazine gave ethyl 3,6-diphenyl-4-pyridazinecarboxylate (**110**) (xylene, reflux, 70 h: 63%);[40] methylpropiolate likewise gave methyl 3,6-diphenyl-4-pyridazinecarboxylate (dioxane, reflux, 4 h: 87%).[41]

Styrene and 3,6-diphenyl-1,2,4,5-tetrazine gave 3,4,6-triphenyl-2,5-dihydropyridazine (**111**) (PhH, N$_2$, 80°, sealed, 12 h: 20%); 2-methylpropene similarly gave 4,4-dimethyl-3,6-diphenyl-1,4-dihydropyridazine (**112**).[1029] (For microwave assistance, see Ref. 1922.)

Tributylstannylacetylene and 3,6-diphenyl-1,2,4,5-tetrazine gave 3,6-diphenyl-4-tributylstannylpyridazine (**113**, R = H) (PhMe, reflux, 60 h: 85%); 1-tributylstannylhex-1-yne likewise gave 4-butyl-3,6-diphenyl-5-tributylstannylpyridazine (**113**, R = Bu) (38%); and other analogues were so made.[1591]

Acetaldehyde and 3,6-diphenyl-1,2,4,5-tetrazine gave 3,6-diphenylpyridazine (**114**, Q = R = H) with loss of water and nitrogen (THF, KOH–

MeOH, 25°, 8 min: 88%); acetone likewise gave 4-methyl-3,6-diphenylpyridazine (**114**, Q = Me, R = H) (5 min: 72%); ethyl methyl ketone gave 4,5-dimethyl-3,6-diphenylpyridazine (**114**, Q = R = Me) (25 min: 52%); and analogues were made similarly.[319] The product (**114**, Q = Me, R = H) was also made by a modified process (Me_2CO, Me_2NH, 20°, 16 h: 69%).[43]

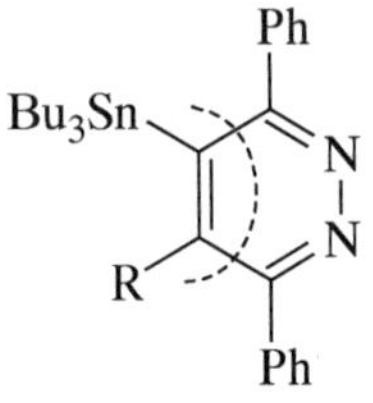

(113) 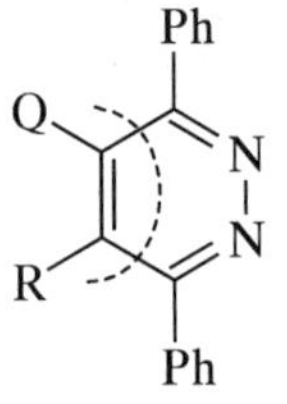 (114) 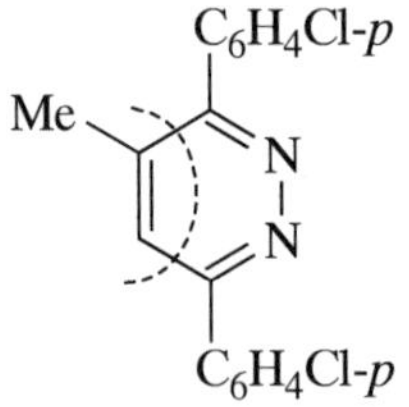 (115)

Lithium diisopropylamide [possibly existing as Li^+ Pr^i–N–C(=CH_2)Me] and 3,6-bis(*p*-chlorophenyl)-1,2,4,5-tetrazine gave 3,6-bis-*p*-chlorophenyl-4-methylpyridazine (**115**) with loss of Pr^iNH_2 (THF, −70° → 20°, 2 h; then NH_4Cl–H_2O: ∼ 15%).[722] Somewhat analogous reactions have been reported.[56, 278, 2073]

Also other examples.[226, 451, 1922]

Mono- or Dipyridinyl-1,2,4,5-tetrazines with Dienophiles

2-(Prop-2-ynyloxy)tetrahydropyran and 3,6-dipyridin-2′-yl-1,2,4,5-tetrazine gave 3,6-dipyridin-2′-yl-4-(tetrahydropyran-2-yloxymethyl)pyridazine (**116**) (PhMe, reflux, 2 days: 92%).[1096]

N^2-*t*-Butyl-N^1,N^1-pentamethyleneacetamidine [MeC(=NBu^t)N(CH_2)$_5$] and 3-phenyl-6-pyridin-2′-yl-1,2,4,5-tetrazine gave a separable mixture of 4-*t*-butylamino-3-phenyl-6-pyridin-2′-yl- (**117**) and 4-*t*-butylamino-6-phenyl-3-pyridin-2′-ylpyridazine (**118**) with loss of piperidine and nitrogen (PhMe, reflux, 18 h: 48% and 35%, respectively).[56]

Also other examples.[215, 470, 1889]

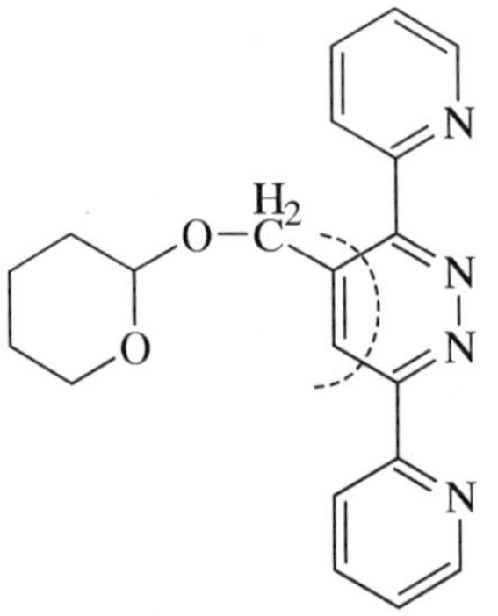

(116) 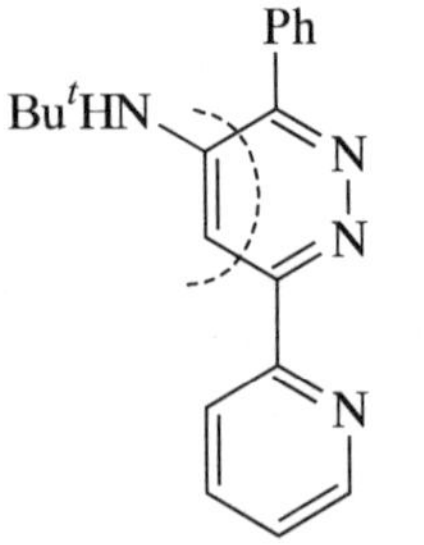 (117) 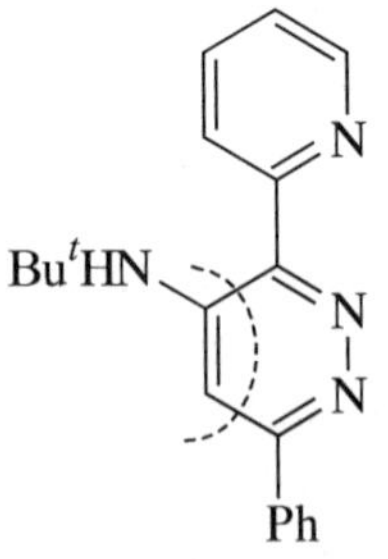 (118)

Dimethyl 1,2,4,5-Tetrazinedicarboxylate with Dienophiles

1-Trimethylsilylprop-1-yne and dimethyl 1,2,4,5-tetrazine-3,6-dicarboxylate (**119**) gave dimethyl 4-methyl-5-trimethylsilyl-3,6-pyridazinedicarboxylate (**120**) (CH_2Br_2, reflux, 6 h; then 75°, 24 h: 69%);[11] several homologues were made similarly.[11, 1208]

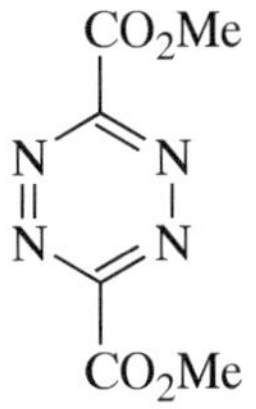

(119) 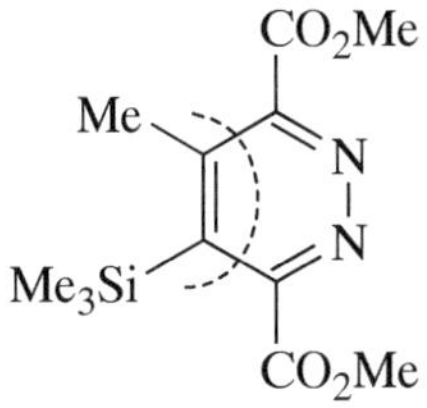 (120) 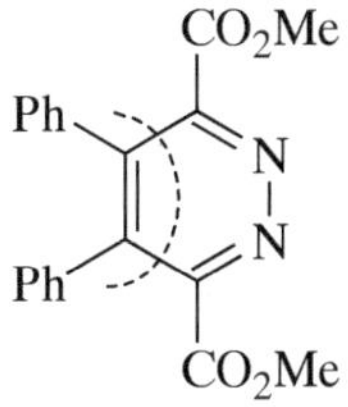 (121) 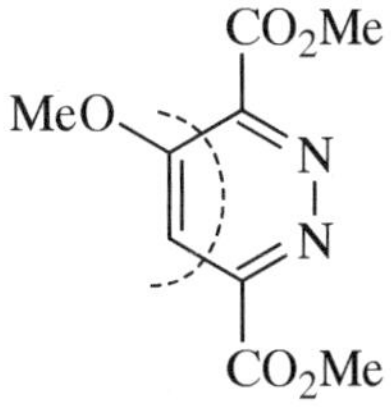 (122)

Diphenylacetylene and ester (**119**) gave dimethyl 4,5-diphenyl-3,6-pyridazinedicarboxylate (**121**) (xylene, reflux, 30 h: 75%).[41]

Ketene dimethylacetal (α,α-dimethoxyethylene) and the ester (**119**) gave dimethyl 4-methoxy-3,6-pyridazinedicarboxylate (**122**) with loss of methanol and nitrogen (dioxane, 25°, N_2, 30 min: 65%);[337, cf.1509] also several analogues.[337]

Dimethyl acetylenedicarboxylate and the same ester (**119**) gave tetramethyl 3,4,5,6-pyridazinetetracarboxylate (**123**) (o-xylene, reflux, A, 24 h: 60%;[357] xylene, reflux, 15 h: 53%).[40]

α-Trimethylsiloxystyrene and the ester (**119**) gave dimethyl 4-phenyl-3,6-pyridazinedicarboxylate (**124**) with loss of $HOSiMe_3$ and nitrogen (dioxane, 25°, N_2, 8 h: ~95%).[1568]

α,α,δ,δ-Tetramethoxybutadiene and 2 × ester (**119**) gave tetramethyl 5,5′-dimethoxy-4,4′-bipyridazine-3,3′,6,6′-tetracarboxylate (**125**) (PhH, 22° → 80°, A, 72 h; then AcOH, 80°, A, 60 h: 56%; or $CHCl_3$. 4Å molecular sieves, 22°, A, 25 min; then reflux, A, 5 days: 65%).[1662]

Also other examples.[2, 283, 286, 343, 352, 445, 507, 508, 510, 624, 841, 1388, 1591, 1735, 1738, 1863, 2106]

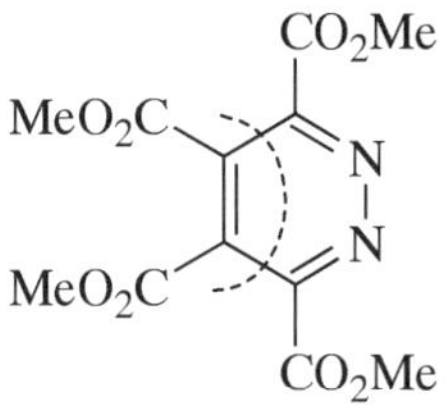

(123) 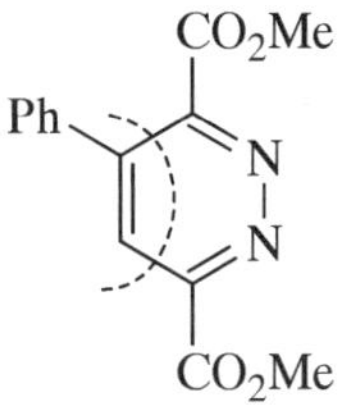 (124) 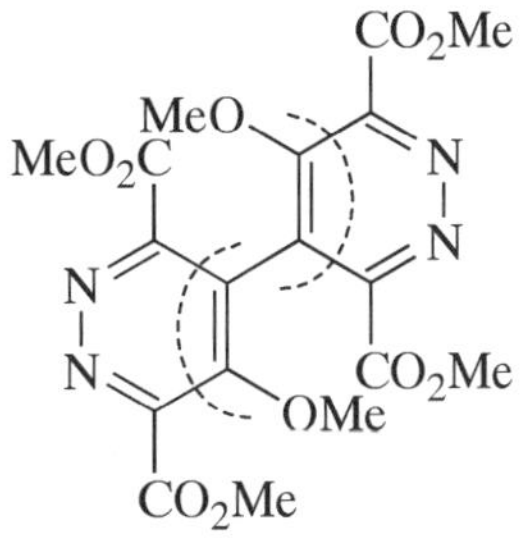 (125)

Bistrifluoromethyl-1,2,4,5-tetrazine with Dienophiles

Acetylene and 3,6-bistrifluoromethyl-1,2,4,5-tetrazine gave 3,6-bistrifluoromethylpyridazine (**126**, Q = R = H) (neat, 25°, 48 h: 79%); propyne likewise gave 4-methyl-3,6-bistrifluoromethylpyridazine (**126**, Q = Me, R = H) (25°, 10 days: 91%); and bistrimethylstannylacetylene gave 3,6-bistrifluoromethyl-4,5-bistrimethylstannylpyridazine (**126**, Q = R = SnMe$_3$) (Et$_2$O, 0°, 2 days: 78%).[696] In contrast, styrene gave 4-phenyl-3,6-bistrifluoromethyl-1,4-dihydropyridazine (**127**) (neat, 0°, 1 h: 95%; nmr evidence for structure); and 2,3-dimethylbut-2-ene gave 4,4,5,5-tetramethyl-3,6-bistrifluoromethyl-4,5-dihydropyridazine (**128**) (neat, 25°, 2 weeks: 91%).[696]

1,1,4,4-Tetramethyl-6-vinyl-1,2,3,4-tetrahydroanthracene and 3,6-bistrifluoromethyl-1,2,4,5-tetrazine gave 4-(5,5,8,8-tetramethyl-5,6,7,8-tetrahydroanthracen-2-yl)-3,6-bistrifluoromethyl-1,4-dihydropyridazine (**129**) (PhMe, A, 25° → 80°, 3.5 h: 48%).[1360]
Also other examples.[1038, 2104]

Miscellaneous 1,2,4,5-Tetrazines with Dienophiles

Ethoxyethylene and disodium 1,2,4,5-tetrazine-3,6-dicarboxylate gave disodium 3,6-pyridazinedicarboxylate (**130**, R = Na) with loss of ethanol (H$_2$O, 25°, until colorless: 90%) and thence the free dicarboxylic acid (**130**, R = H) (H$_2$O, Amberlite IRN 77, 30 min: 75%).[1077]

3-Morpholinoacrylonitrile and 3,6-bispiperidinocarbonyl-1,2,4,5-tetrazine gave 3,6-bispiperidinocarbonyl-4-pyridazinecarbonitrile (**131**) with loss of morpholine (dioxane, reflux, 1 h: 55%).[215]

N,*N*-Diethylprop-1-ynylamine and 3,6-bismethylthio-1,2,4,5-tetrazine gave 4-diethylamino-5-methyl-3,6-bismethylthiopyridazine (**132**, Q = NEt$_2$, R = Me) (dioxane, 25°, N$_2$, 1 h: 96%); α,α-dimethoxyethylene likewise gave 4-methoxy-3,6-bismethylthiopyridazine (**132**, Q = OMe, R = H) (dioxane, 80°, 13 h: 86%); *N*-vinylpyrrolidin-2-one gave 3,6-bismethylthiopyridazine (**132**, Q = R = H) with loss of pyrollidinone (dioxane, reflux, 22 h: 79%); and other analogues similarly.[353]

N,*N*-Dimethylprop-1-ynylamine and (equimolar?) 6,6′-diphenyl-3,3′-bi(1,2,4,5-tetrazine) gave a 3:2 mixture of 3-(4-dimethylamino-5-methyl-6-phenylpyridazin-3-yl)- (**133**, Q = NMe$_2$, R = Me) and 3-(5-dimethylamino-4-methyl-6-phenylpyridazin-3-yl)-6-phenyl-1,2,4,5-tetrazine (**133**, Q = Me, R = NMe$_2$) (81% of mixture).[1522]

Also other examples.[1943, 2024, 2026]

2.2.8 1,3,4-Thiadiazines as Substrates

A derivative of this unusual system, 2-dimethylamino-5-phenyl-1,3,4-thiadiazin-6-one (**134**), underwent addition of *N*,*N*-diethylprop-1-ynylamine and subsequent reactions (under unspecified conditions) to afford two isomeric products, 6-diethylamino-5,*N*,*N*-trimethyl-4-oxo-3-phenyl-1,4-dihydro-1-pyridazinecarbothioamide (**136**) (2%), and 3-dimethylamino-*N*,*N*-diethyl-4-methyl-5-oxo-6-phenyl-4,5-dihydro-4-pyridazinecarbothioamide (**137**) (72%), probably via a common intermediate (**135**).[489] The structures **136** and **137** were confirmed subsequently by X-ray analysis.[169]

2.2.9 1,2-Thiazines as Substrates

3,5-Dimethyl-2-phenyl-1,2-thiazine 1,1-dioxide (**138**, R = H) underwent a peculiar and interesting reaction on treatment with sodium nitrite and hydrochloric acid in acetonitrile at 0° for 30 min, to give 6-hydroxyimino-4-methyl-1-phenylpyridazinium-3-sulfonate (**140**, R = H) (26%), via the isolable intermediate oxime (**139**); several analogues (**140**, R = OMe, Me, Cl, or Br) were made similarly in mediocre yields.[1785] The structure (**140**, R = H) was confirmed by X-ray analysis.[1536]

2.2.10 1,2,3-Triazines as Substrates

1,2,3-Triazines can react with an appropriate electron-rich dienophile to give Diels–Alder adducts that can lose hydrogen cyanide to give pyridazines or nitrogen to give pyridines. Thus 4-phenyl-1,2,3-triazine (**141**) and *N,N*-

diethylprop-1-ynylamine in refluxing chloroform for 92 h gave a separable mixture of 3-diethylamino-4-methyl-6-phenylpyridazine (**143**) (24% yield) and 2-diethylamino-3-methyl-6-phenylpyridine (**145**) (21% yield), via the respective unisolated adducts **142** and **144**; analogues were made similarly.[1442]

2.2.11 1,2,4-Triazines as Substrates

3-Chloro-6-phenyl-1,2,4-triazine (**145a**, R = Cl, X = N) reacted with phenylacctonitrile in dimethylformamide containing an excess of potassiun *t*-butoxide at 0° during 1 h to give an unstable acyclic intermediate that readily underwent recyclization in aqueous–acetonic ammonia to afford 4,6-diphenyl-3-pyridazinamine (**145a**, R = NH$_2$, X = CPh) in 86% overall yield; several analogues were made similarly.[1885]

2.3 PYRIDAZINES FROM SEVEN-MEMBERED HETEROMONOCYCLIC SYSTEMS (*H* 363)

Few such substrates have been used in the recent literature to make pyridazines. No eight-membered or higher heteromonocyclic systems have been so employed.

2.3.1 1,2-Diazepines as Substrates

Several 3,7-diphenyl-5,6-dihydro-4H-diazepines have been converted into pyridazines or dihydropyridazines according to the reagent employed, as illustrated in the following examples:

3,7-Diphenyl-5,6-dihydro-4H-diazepine (**146**) gave 4-methyl-3,6-diphenylpyridazine (**147**) by a rational oxidative ring contraction [Br$_2$, CH$_2$Cl$_2$, reflux, 1 h: 8%; N-bromosuccinimide (NBS), CCl$_4$, reflux; 1 h: 5%].[28]

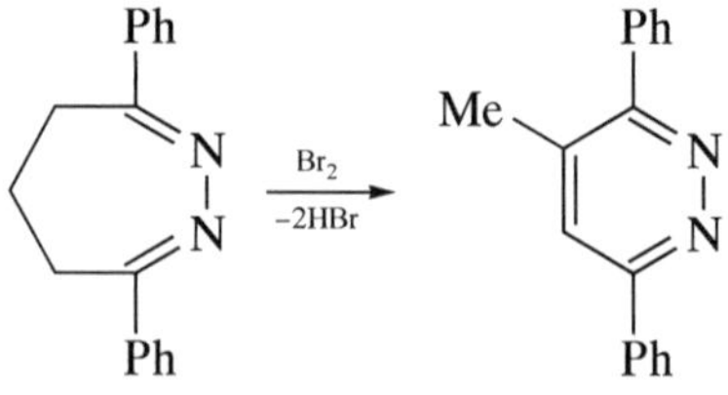

3,7-Diphenyl-5,6-dihydro-4H-diazepine-5-carbonitrile (**148**, R = CN) gave 4-cyanomethyl-3,6-diphenylpyridazine (**149**, R = CN) (NBS, CCl$_4$, reflux: 73%); ethyl 3,7-diphenyl-5,6-dihydro-4H-diazepine-5-carboxylate (**148**, R = CO$_2$Et) likewise gave 4-ethoxycarbonylmethyl-3,6-diphenylpyridazine (**149**, R = CO$_2$Et) (32%).[222]

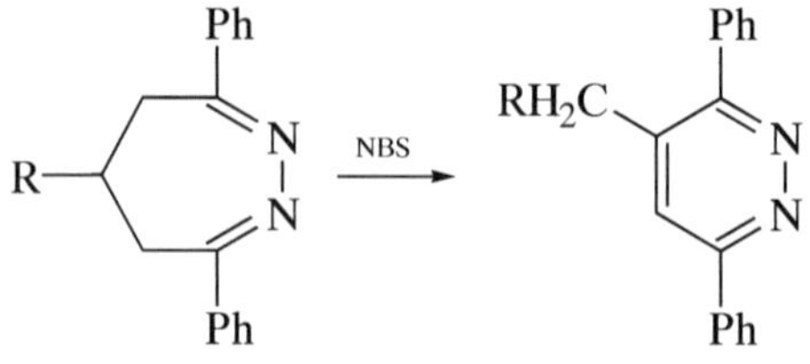

Ethyl 4,4,6,6-tetrachloro-3,7-diphenyl-5,6-dihydro-4H-diazepine-5-carboxylate (**150**) gave 4-chloro-5-ethoxycarbonylmethyl-3,6-diphenylpyridazine (**151**) (NaI, AcMe, reflux, 2 h: 82%).[222]

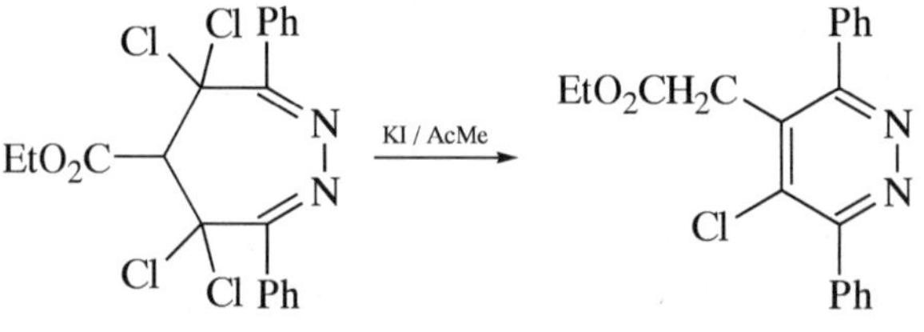

Ethyl 5-cyano-3,7-diphenyl-5,6-dihydro-4H-diazepine-5-carboxylate (**152**) gave 4-(α-cyano-α-ethoxycarbonylmethyl)-3,6-diphenylpyridazine (**153**)

and 3,6-diphenylpyridazine (Br$_2$, CH$_2$Cl$_2$, 25°, 30 min: 55% and 35%, respectively) or 3-oxo-4-phenacyl-6-phenyl-2,3,4,5-tetrahydro-4-pyridazinecarbonitrile (**155**) via the unisolated intermediate (**154**) (HCl, EtOH, reflux, 15 min: 87%).[1071, 2052]

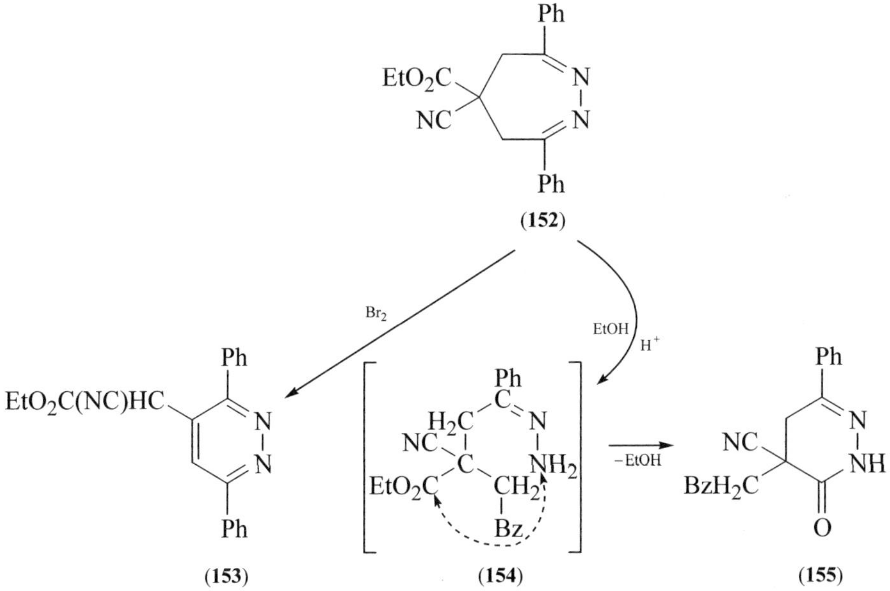

2.3.2 1,4,5-Selena- or 1,4,5-Thiadiazepines as Substrates

The synthesis of pyridazines from dihydro derivatives of these rare systems is illustrated in the following examples:

3,6-Diphenyl-2,7-dihydro-1,4,5-selenadiazepine (**156**) underwent thermal ring contraction to 3,6-diphenylpyridazine (**157**) with loss of hydrogen selenide (HOCH$_2$CH$_2$OH, reflux, 3 h: "high yield"); 3,6-bis-*p*-chlorophenylpyridazine was made similarly.[896]

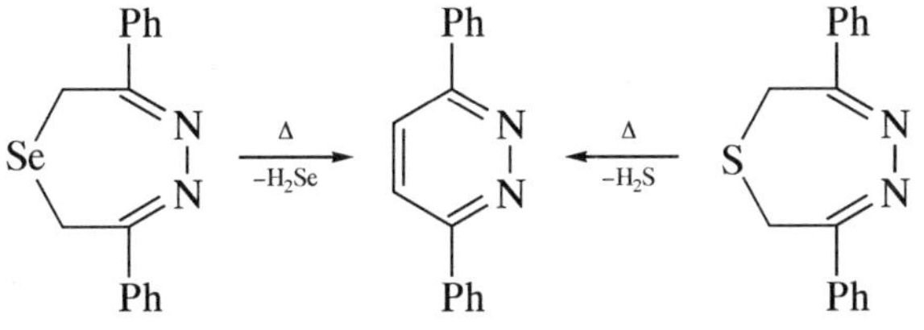

3,6-Diphenyl-2,7-dihydro-1,4,5-thiadiazepine (**158**) likewise gave 3,6-diphenylpyridazine (**157**) with loss of hydrogen sulfide (2 h: 91%).[38]

3,6-Dithien-2'-yl-2,7-dihydro-1,4,5-thiadiazepine similarly gave 3,6-dithien-2'-ylpyridazine (3 h: 70%) and several analogues were so made satisfactorily.[38]

2.3.3 Thiepines as Substrates

When 2,7-dihydrothiepine 1,1-dioxide (**159**) reacted with dimethyl 1,2,4,5-tetrazine-3,6-dicarboxylate (**161**), the major product was α,β-bis(3,6-dimethoxycarbonyl-1,4-dihydropyridazin-4-yl)ethylene (**162**) (PhCl, 100°, 3 h: 38% after purification), presumably formed via a Diels–Alder adduct with the transient triene (**160**).[501] The initial product (**162**) was subsequently dehydrogenated to α,β-bis(3,6-dimethoxycarbonylpyridazin-4-yl)ethylene (tetrachlorobenzoquinone, CCl_4, reflux, 36 h: 8%).[501]

2.3.4 1,2,5-Triazepines as Substrates

5-Benzyl-3,7-diphenyl-5,6-dihydro-4H-triazepine (**163**) underwent oxidative ring contraction on refluxing with bromine in carbon tetrachloride for 1 h to afford 3,6-diphenylpyridazine (**164**) (73%) accompanied by some benzoic acid; 3,6-di-p-tolyppyridazine was made similarly (62%).[29]

2.4 PYRIDAZINES FROM HETEROBICYCLIC SYSTEMS

Many heterobicyclic systems have been used to make pyridazines. Such syntheses are covered briefly in the following subsections, which are arranged in alphabetical order according to the substrate system.

2.4.1 1,2-Benzisoxazoles as Substrates

Treatment of 3-methyl-1,2-benzisoxazole (**165**) with lithium diisopropylamide in tetrahydrofuran at $-75°$ for 7 min induced self-condensation, probably by a multistep process involving the key intermediate (**166**), to afford 3,5-bis-*o*-hydroxyphenyl-1,6-dihydropyridazine (**167**) which underwent oxidation by manganese dioxide in tetrahydrofuran at 25° during 1 h to give 3,5-bis-*o*-hydroxyphenylpyridazine (61% overall).[356] 3,5-Bis[2-(*t*-butyldimethylsiloxy)-6-hydroxyphenyl]pyridazine (30%) was made by a similar process,[356] but the synthesis has not been developed further.

2.4.2 Benzofurans as Substrates

This synthesis is exemplified by the conversion of 3-phenacyl-2,3-dihydro-2-benzofuranone (**168**), which may be considered as the lactone of 3-benzoyl-2-*o*-hydroxyphenylpropionic acid (**169**), into 4-*o*-hydroxyphenyl-6-phenyl-4,5-dihydro-3(2*H*)-pyridazinone (**170**) (86%) by heating under reflux with hydrazine hydrate in acetic acid.[526]

2.4.3 Cycloocta[*d*]pyridazines as Substrates

The sole example of this synthesis involves the (aerial?) oxidative rearrangement of 1,4-bistrifluoromethyl-2,4a-dihydrocycloocta[*d*]pyridazine

(**171**) in nitrobenzene (containing cuprous iodide) under reflux for 24 h: the product, 4-phenyl-3,6-bistrifluoromethylpyridazine (**172**) was obtained in 25% yield.[1615, cf.1503]

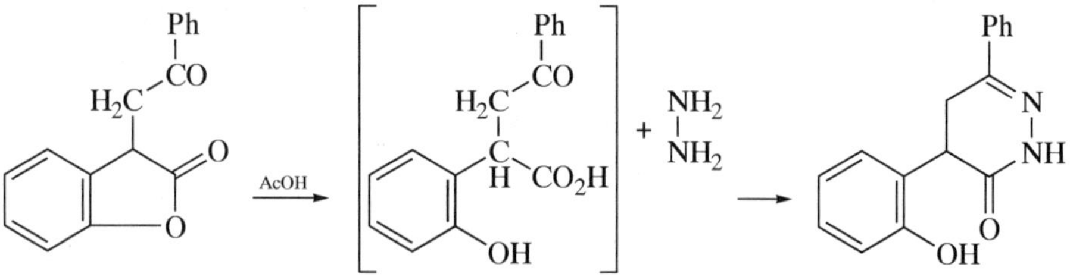

2.4.4 1,2-Diazabicyclo[3.2.0]heptanes as Substrates

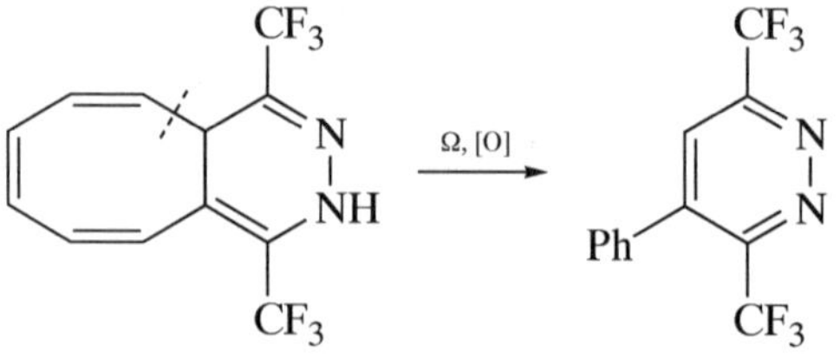

This transformation may be induced in two distinct ways, as illustrated in the following examples:

2-Acetyl- (**173**, R = Ac) or 2-benzoyl-5-methyl-4-phenyl-1,2-diaza[3.2.0]-hept-3-en-6-ol (**173**, R = Bz) underwent isomerization to 1-acetyl- (**174**, R = Ac) or 1-benzoyl-4-methyl-5-phenyl-1,2,3,4-tetrahydro-4-pyridazine-carbaldehyde (**174**, R = Bz) (PhMe, reflux, 4 h: 84% or 90%, respectively).[297] The latter product (**174**, R = Bz) was converted easily into 1-benzoyl-4-methyl-5-phenyl-1,4-dihydro-4-pyridazinecarbaldehyde (**175**, Q = CHO) (oxidation; NBS, CH_2Cl_2–pyridine, 25°, 6 h: 76%) and thence into either 1-benzoyl-4-methyl-5-phenyl-1,4-dihydropyridazine (**175**, Q = H) (C-deformylation; 1% KOH in H_2O–MeOH, 25°, 20 min: 58%) or 4-methyl-5-phenylpyridazine (**176**) (C-deformylation, N-debenzoylation, and oxidation; KOH, H_2O–MeOH, 25°, 1 h, then $O_2\downarrow$, 60 min: 45%).[297]

2-Benzoyl-5-methyl-4-phenyl-1,2-diazobicyclo[3.2.0]hept-3-en-6-one (**177**) afforded 1-benzoyl-2-ethoxymethyl-4-methyl-5-phenyl-1,4-dihydro-3(2H)-pyridazinone (**178**, R = Et) (EtOH, reflux, 8 h: ~45%, structure confirmed by X-ray analysis);[310] the isopropoxymethyl homologue (**178**, R = Pr^i) was made from the same substrate (Pr^iOH, 50°, 4 days: ~35%).[310]

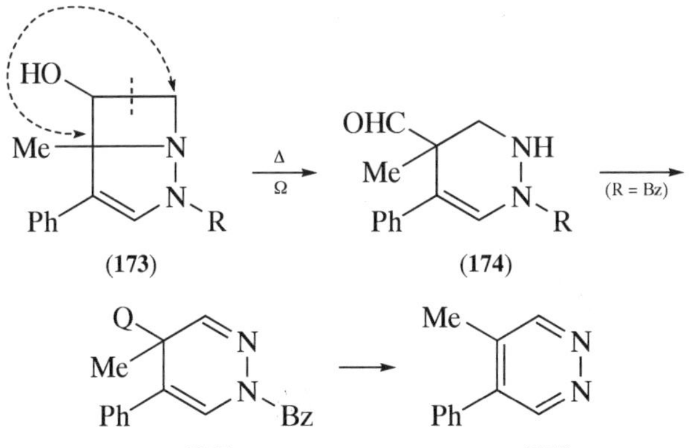

(173) (174) (175) (176)

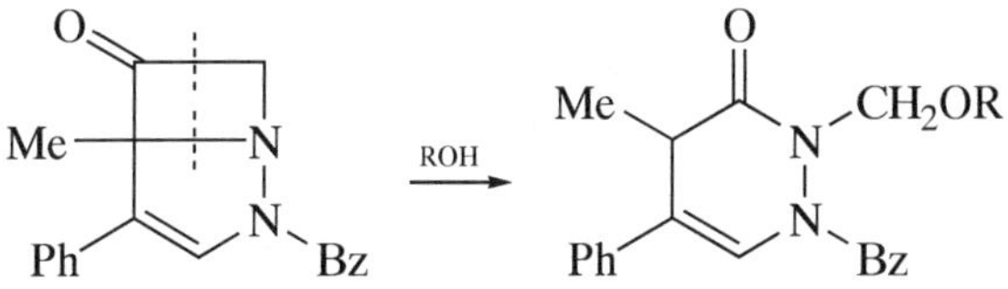

(177) (178)

2.4.5 3,4-Diazabicyclo[4.1.0]heptanes as Substrates

This synthesis usually involves isomerization, sometimes accompanied by subsequent changes induced by the reagents or conditions employed. Examples follow:

2,5,7,7-Tetraphenyl-3,4-diazabicyclo[4.1.0]hepta-2,4-diene (**179**, Q = R = Ph) gave 4-diphenylmethyl-3,6-diphenylpyridazine (**180**, Q = R = Ph) (HCl, dioxane, reflux, 3 h: 46%).[309]

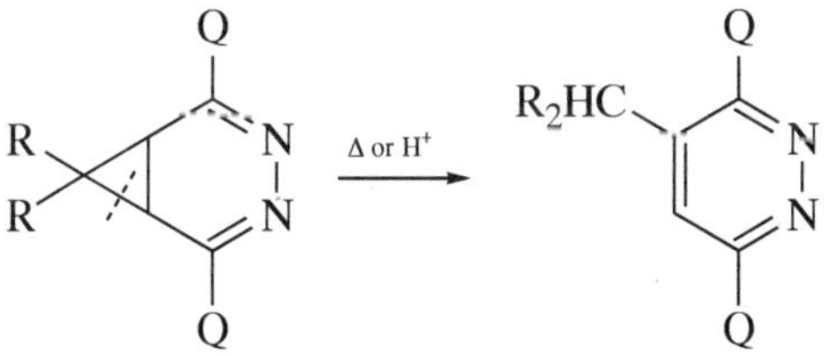

(179) (180)

2,5-Diphenyl-7,7-bistrifluoromethyl-3,4-diazabicyclo[4.1.0] hepta-2,4-diene (**179**, Q = Ph, R = CF_3) gave 4-(bistrifluoromethyl) methyl-3, 6-diphenylpyridazine (**180**, Q = Ph, R = CF_3) (neat, 210°, 1 h, 90%;[45] ~ 180°: ?%).[255]

7,7-Dimethyl-2,5-diphenyl-3,4-diazabicyclo[4.1.0]hepta-2,4-diene (**179**, Q = Ph, R = Me) gave 4-isopropyl-3,6-diphenylpyridazine (**180**, Q = Ph,

R=Me) (Me$_2$SO, 160°, 30 min: 72%;[438] HCl, AcOH, reflux, 90 min: 81%).[407]

7-Ethoxycarbonyl-2,5-diphenyl-3,4-diazabicyclo[4.1.0]hepta-2,4-diene-7-carboxylic acid (**181**) gave 4-ethoxycarbonylmethyl-3,6-diphenylpyridazine (**182**) with loss of CO$_2$ (neat, 135°, 5 min: 63%).[34]

5,7-Diphenyl-2,3-dihydro-3,4-diazarbicyclo[4.1.0]hept-4-en-2-one (**183**, R=H) gave either 4- (**184**, R=H) or 5-benzyl-6-phenyl-3(2H)-pyridazinethione (**185**, R=H) (P$_2$S$_5$, PhH, reflux, 7 h; 65%);[968] likewise the 3,5,7-triphenyl substrate (**183**, R=Ph) gave the 2,6-diphenyl product (**184**, R=Ph) or (**185**, R=Ph).[968]

Also other examples.[28]

2.4.6 1,2-Diazabicyclo[3.1.0]hexanes as Substrates

One interesting example has been reported. 3,6-Diphenyl-1,2-diazabicyclo[3.1.0]hex-2-ene (**186**) underwent isomerization in refluxing benzene during 12 h to give 3,6-diphenyl-1,6-dihydropyridazine (**187**), which, on prolonged heating, gradually afforded the more stable 1,4-dihydro isomer (**188**) and thence 3,6-diphenylpyridazine (**189**) on oxygenation.[268]

2.4.7 1,6-Diazabicyclo[3.1.0]hexanes as Substrates

Only fully saturated substrates have been used in this synthesis. Thus dissolution of 1,6-diazabicyclo[3.1.0]hexane-5-carboxylic acid (**190**) in chloroform at 20° for 1 month gave the isomeric 1,4,5,6-tetrahydro-3-pyridazinecarboxylic acid (**191**) in 62% yield.[1137] In a different way, acetylation of 5-methyl-1,6-diazabicyclo[3.1.0]hexane (**192**) with acetyl chloride in dichloromethane containing triethylamine, initially at −70° and subsequently at 0° for 10 h, afforded 1-acetyl-5-methyl-1,4,5,6-tetrahydropyridazine (**193**, R = Me) in 79% yield;[1141] the same substrate (**192**) also underwent acylation by N-tosylprolyl chloride (−70°, 5 days) to afford 84% of 3-methyl-1-N-tosylprolyl-1,4,5,6-tetrahydropyridazine (**193**, R = N-tosylpyrrolidin-2-yl) with the structure confirmed by X-ray analysis.[1825]

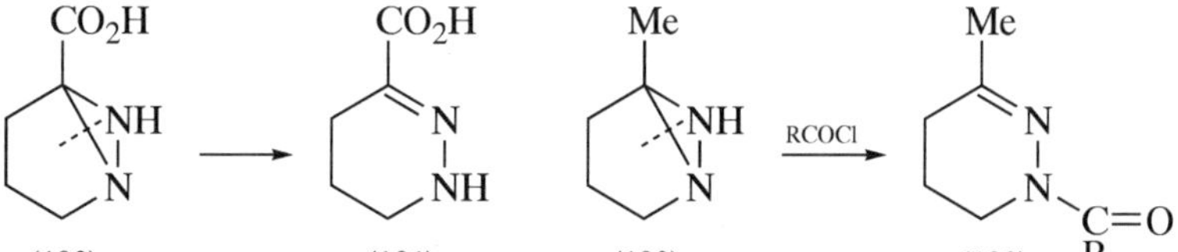

2.4.8 2,3-Diazabicyclo[3.1.0]hexanes as Substrates

The mono unsaturated substrates have been used in this synthesis to provide a variety of hydropyridazines, as illustrated by the following examples:

Methyl 1,5-diphenyl-2,3-diazabicyclo[3.1.0]hex-2-ene-6-carboxylate (**194**) gave methyl 3,5-diphenyl-1,4-dihydro-4-pyridazinecarboxylate (**195**) (Et$_2$O, trace HCl gas, 25°, 5 min: >90%); Et$_2$O, trace KOH in EtOH, 25°, 5 min: >90%), which underwent saponification, decarboxylation, and oxidation to 3,5-diphenylpyridazine (10% NaOH–EtOH, reflux, 3 h: 82%).[563]

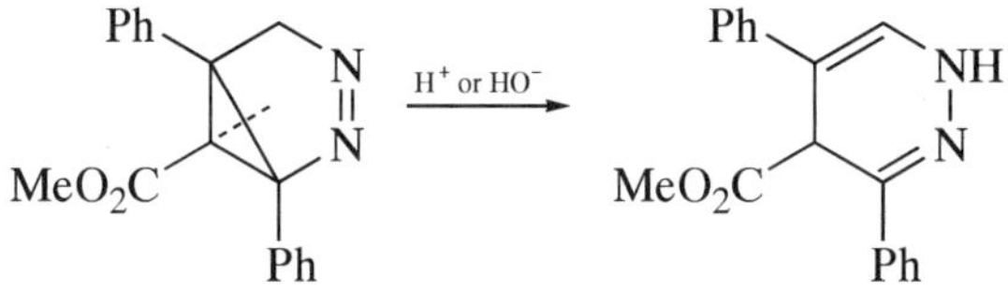

1,5-Diphenyl-6-styryl-2,3-diazabicyclo[3.1.0]hex-2-ene (**196**) gave 3,5-diphenyl-4-styryl-3,6-dihydropyridazine (**197**) (xylene, reflux, A, until tlc showed to substrate: 75%).[567]

Dimethyl 6,6-dimethyl-2,3-diazabicyclo[3.1.0]hex-2-ene-1-phosphonate (**198**) gave dimethyl 4,4-dimethyl-1,4-dihydro-3-pyridazinephosphonate (**199**) (Et$_2$O, KOH–EtOH, 5°, 48 h: 91%; or silica gel/EtOAc chromatography: 57%);[9] also several analogues.[9]

2-Acetyl-4-β-chloroethyl-6,6-dimethyl-2,3-diazabicyclo[3.1.0]hex-3-ene (**200**) gave 1-acetyl-6-chloro-3-β-chloroethyl-5,5-dimethyl-1,4,5,6-tetrahydropyridazine (**201**) by addition of HCl (HCl gas, CHCl$_3$, 5°, 10 min, then A↓, 5 min: >85% crude).[1824]
Also other examples.[14, 44, 1232]

2.4.9 1,3-Dioxolo[4,5-*d*]pyridazines as Substrates

There appears to be only one reported example in this class of synthesis. Diethyl 2,2-diphenyl-4,5,6,7-tetrahydro-1,3-dioxolo[4,5-*d*]pyridazine-5,6-dicarboxylate (**202**), easily made from 4,5-dimethylene-2,2-diphenyl-1,3-dioxolane and diethyl azodicarboxylate, underwent catalytic hydrogenation over palladium/carbon in ethanol at 25° during 18 h to furnish its hexahydro analogue (**203**). This cyclic ketal afforded diethyl 4,5-dihydroxyhexahydro-1,2-pyridazinedicarboxylate (**204**) (77%) on warming in dioxane containing a little hydrochloric acid at 85° for 24 h.[901]

2.4.10 Furo[3,2-b]furans as Substrates

3,6-Diphenyl-2,5-dihydrofuro[3,2-b]furan (**205**) (the dilactone of pulvinic acid) reacted with hydrazine in refluxing glacial acetic acid during 6 h to give 6-benzyl-5-hydroxy-4-phenyl-3(2H)-pyridazinone (**207**) in 75% yield, possibly via the keto acid (**206**).[1296] No other examples have been reported.

2.4.11 Furo[2,3-d]pyridazines as Substrates

This minor synthesis is exemplified in the reaction of 4,7-dichlorofuro[2,3-d]pyridazine (**208**, R = H) with potassium cyanide in dimethyl sulfoxide at 25° for 4 days to afford a separable mixture of 3,6-dichloro-5-β-chlorovinyl-4(1H)-pyridazinone (**209**, R = H) (35%) and 5,8-dichloro-2H-pyrano[2,3-d]pyridazin-2-one (**210**, R = H) (9%).[963] However, similar treatment of even the closely analogous 2-methyl substrate (**208**, R = Me) apparently gave no pyridazine (**209**, R = Me) but only the pyranopyridazinone (**210**, R = Me).[963]

2.4.12 Furo[3,2-c]pyridazines as Substrates

This undeveloped synthesis is illustrated in ring fission of the easily made substrate, ethyl 1-benzoyl-4a,6-dimethyl-1,4,4a,7a-tetrahydrofuro[3,2-c]pyridazine (**211**), by 1,8-diazabicyclo[5.4.0]undec-7-ene (DBU) in dichloromethane at 25° during 48 h to furnish ethyl 6-acetonyl-1-benzoyl-5-methyl-1,6-dihydro-3-pyridazinecarboxylate (**212**) of nmr-confirmed structure in 58% yield.[744]

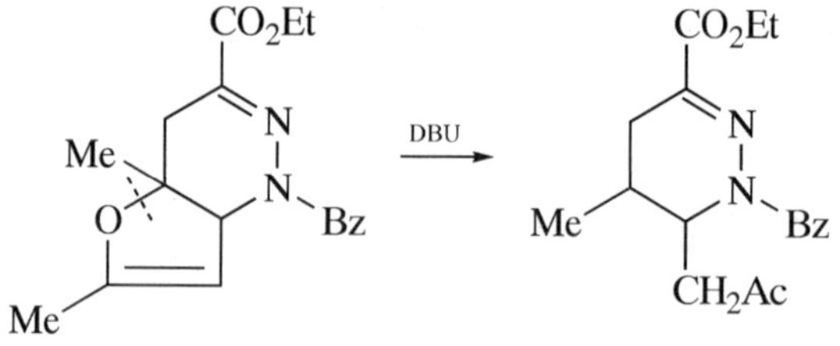

2.4.13 Furo[3,4-d]pyridazines as Substrates

Two distinct types of substrate have been used within this class, as illustrated by the following examples:

5,7-Dihydrofuro[3,4-d]pyridazine-5,7-dione (**213**), namely, pyridazine-4,5-dicarboxylic anhydride, with equimolar N,N'-diphenylethylenediamine gave a separable mixture of 5-[N-(β-anilinoethyl)-N-phenylcarbamoyl]-4-pyridazinecarboxylic acid (**214**) and N,N'-bis (5-carboxypyridazin-4-ylcarbonyl)-N,N'-diphenylethylenediamine (**215**) (THF, 25°, ~24 h: ~40% each);[393] the same substrate (**213**) with ammonia in THF at 25° gave the simple analogue, 5-carbamoyl-4-pyridazinecarboxylic acid (90%);[958] and the same substrate (**213**) with a freshly made solution of 1,4-difluoro-2-sodiobenzene in THF gave 5-(2,5-difluorobenzoyl)-4-pyridazinecarboxylic acid (THF, N_2, $-80° \rightarrow 20°$, 12 h: 59%).[1697] Other such ring fissions have been reported.[656]

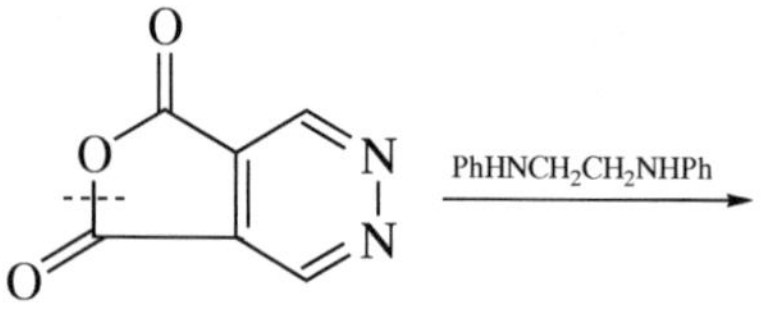

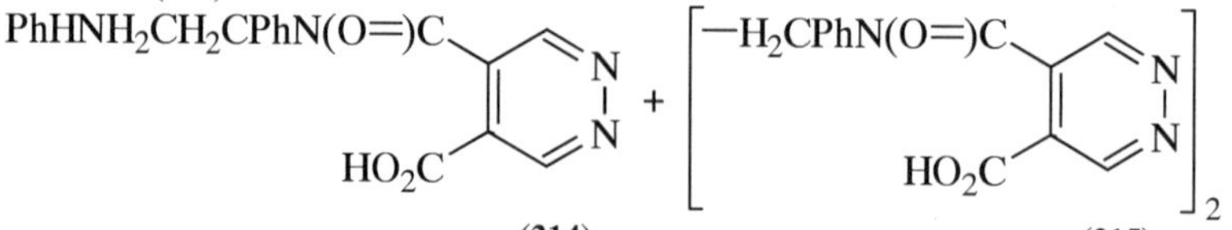

7-Chloro-7-phenyl-5,7-dihydrofuro[3,4-d]pyridazin-5-one (**217**) gave methyl 5-benzoyl-4-pyridazinecarboxylate (**216**, R = OMe) (MeOH, pyridine, 25°, 24 h: 77%), 5-benzoyl-4-pyridazinecarboxylic acid dimethyl acetal (**218**) (MeOH, 60°, 2 h; then NH$_3$ ↓: 70%, initially as the ammonium salt), 5-benzoyl-N,N-diethyl-4-pyridazinecarboxamide (**216**, R = NEt$_2$) (Et$_2$NH, H$_2$O, 25°, 2 h: 72%; or Et$_2$NH, MeAc, 0° → 25°, 2 h: 75%), or other related products.[46]

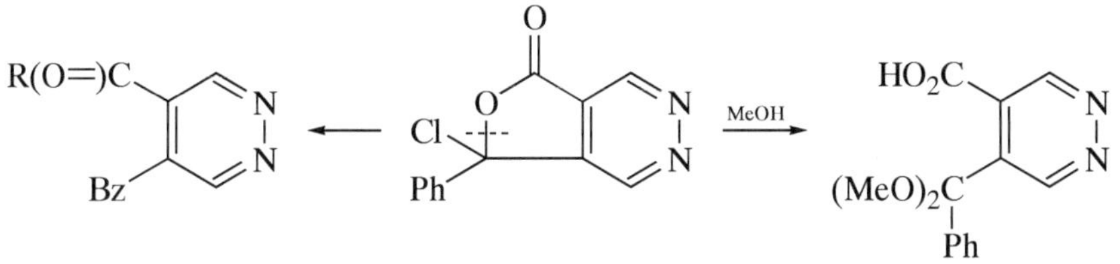

(**216**)   (**217**)   (**218**)

2.4.14 Imidazo[1,2-b]pyridazines as Substrates

Several such substrates have been used to afford pyridazines, as illustrated in the following examples:

6-Chloro-1-phenacylimidazo[1,2-b]pyridazinium bromide (**219**) and hydrazine hydrate gave 3,6-diphenylpyridazine (**221**), perhaps via the intermediate azine (**220**) (neat, reflux, 30 min: 78%; note that only the side chain of the substrate is involved directly in forming the pyridazine!).[918]

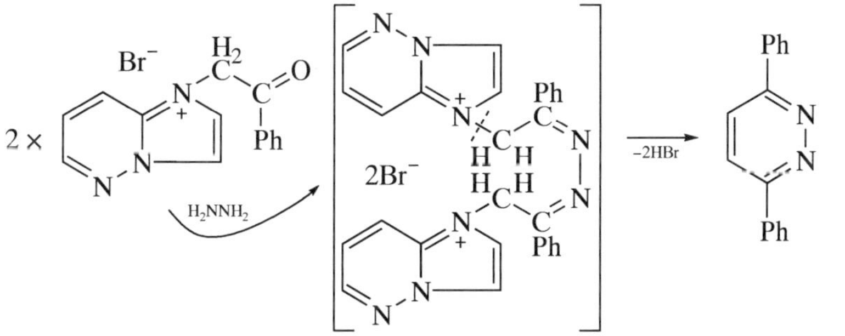

(**219**)   (**220**)   (**221**)

6-Chloro-2-phenylimidazo[1,2-b]pyridazin-3(5H)-one (**222**, R = Cl) gave 3-benzamindo-6-chloropyridazine (**223**, R = Cl) with loss of CO$_2$(H$_2$O$_2$, 1M NaOH, warmed until colorless: ?%); the dechloro substrate (**222**, R = H) likewise gave 3-benzamidopyridazine (**223**, R = H).[1140]

2-Methyl-6-phenylimidazo[1,2-b]pyridazine or its 1-oxide (**224**) gave 3-*N*-acetyl(hydroxyamino)-6-phenylpyridazine (**225**) with loss of CO_2 (*m*-ClC$_6$H$_4$CO$_3$H,? conditions: 38%).[193]

(**222**) → [O], $-CO_2$ → (**223**)

(**224**) → [O], $-CO_2$ → (**225**)

2.4.15 Imidazo[1,5-*b*]pyridazines as Substrates

When 2-methoxyimidazo[1,5-*b*]pyridazin-7(6*H*)-one (**226**) in aqueous acetic acid was treated with sodium nitrite at < 5° for 1 h, ring fission and recyclization occurred to give 3-methoxy-6-(5-oxo-1,2,4-oxadiazolin-3-yl)pyridazine (**227**) in 82% yield.[964] This route to pyridazines appears to have little potential for development.

(**226**) → HONO, $-H_2O$ → (**227**)

2.4.16 Imidazo[4,5-*d*]pyridazines as Substrates

Although both 7-chloro-(**228**, R = Cl) and 7-methylsulfonyl-1-phenyl-1*H*-imidazo[4,5-*d*]pyridazine (**228**, R = SO$_2$Me) undergo the expected displacements of their leaving groups with reagents such as carbanions or methoxide ion with primary amines, they behave differently. Thus the chloro substrate (**228**, R = Cl) and neat butylamine in a sealed tube at 180° for 6 h afforded 5-anilino-6-chloro-4-pyridazinamine (**231**, R = Cl) in 65% yield, presumably by addition of the amine, ring fission, and loss of *N*-butylformamide as indicated in formulas **228–231** (R = Cl); the sulfone (**228**, R = SO$_2$Me) likewise gave 5-anilino-6-methylsulfonyl-4-pyridazinamine (**231**, R = SO$_2$Me) (BuNH$_2$, 150°, 4 h: 53%).[887]

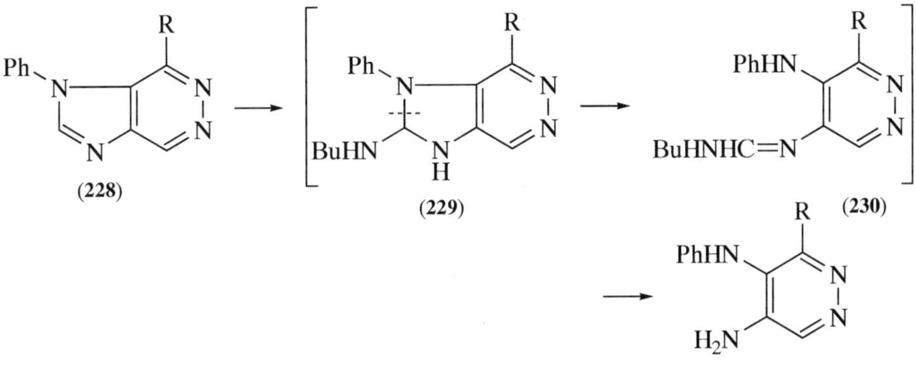

2.4.17 Isoxazolo[3,4-*d*]pyridazines as Substrates

These substrates have been used quite extensively to make pyridazines by oxidative or reductive procedures, as illustrated in the following examples:

Oxidative Routes

3,4,6-Trimethylisoxazolo[3,4-*d*]pyridazin-7(6*H*)-one (**232**, Q = R = Me) gave 5-acetyl-2,6-dimethyl-4-nitro-3(2*H*)-pyridazinone (**233**, Q = R = Me) [Ce(NH$_4$)$_2$(NO$_3$)$_6$, HNO$_3$, AcOH, H$_2$O, 60°, 15 min: 42%); also homologues.[132,1997]

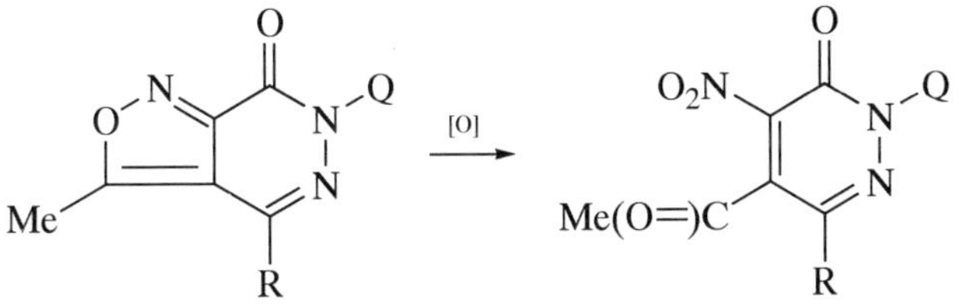

6-β-Cyanoethyl-3-methyl-4-phenylisoxazolo[3,4-*d*]pyridazin-7(6*H*)-one (**232**, Q = CH$_2$CH$_2$CN, R = Ph) gave 5-acetyl-2-β-cyanoethyl-4-nitro-6-

phenyl-3(2H)-pyridazinone (**232**, Q = CH$_2$CH$_2$CN, R = Ph) [Ce(NH$_4$)$_2$-(NO$_3$)$_6$, HNO$_3$, AcOH, H$_2$O, 60°, 1 h: 38%]; also analogues.[1769]

Reductive Routes

3,6-Dimethyl-4-phenylisoxazolo[3,4-d]pyridazin-7(6H)-one (**234**, R = Me) gave 5-acetyl-4-amino-2-methyl-6-phenyl-3(2H)-pyridazinone (**235**, R = Me) (EtOH, Pd/C, H$_2$, 2–3 atm, 25°, 15 h: 91%);[223] 6-methyl-4-phenylisoxazolo[3,4-d]pyridazin-7(6H)-one (**234**, R = H) likewise gave 5-amino-1-methyl-6-oxo-3-phenyl-1,6-dihydro-4-pyridazinecarbaldehyde (**235**, R = H) (20 min: 78%);[1501] and other such examples have been reported.[1769, 1832]

4-Phenylisoxazolo[3,4-d]pyridazin-7(6H)-one (**236**, R = H) gave 4-amino-5-hydroxymethyl-6-phenyl-3(2H)-pyridazinone (**238**, R = H) (NaBH$_4$, Me$_2$SO–H$_2$O, 25°, 4 h: 47%); 3,6-dimethyl-4-phenylisoxazolo[3,4-d]-pyridazin-7(6H)-one (**236**, R = Me) likewise gave 4-amino-5-α-hydroxyethyl-2-methyl-6-phenyl-3(2H)-pyridazinone (**238**, R = Me) (78%); and other analogues were so made.[1590]

In contrast, 4-phenylisoxazolo[3,4-d]pyridazin-7(6H)-one (**236**, R = H) gave 5-amino-6-oxo-3-phenyl-1,6-dihydro-4-pyridazinecarbaldehyde (**239**, R = H) (H$_2$NNHPh, Pd/C, EtOH, reflux, 10 min: 40%); and 3,6-dimethyl-4-phenylisoxazolo[3,4-d]pyridazin-7(6H)-one (**236**, R = Me) gave 5-acetyl-4-amino-2-methyl-6-phenyl-3(2H)-pyridazinone (**239**, R = Me) (H$_2$NNH$_2$.H$_2$O, Pd/C, EtOH, reflux, 15 min: 94%).[1590]

3,6-Dimethyl-4-phenylisoxazolo[3,4-d]pyridazin-7(6H)-one (**234**, R = Me) gave 5-acetyl-4-amino-2-methyl-6-phenyl-3(2H)-pyridazinone (**235**, R = Me) (H$_2$NNH$_2$.H$_2$O, EtOH, reflux, 10 h: 60%).[241]

6-Methyl-4-phenyl-3-styrylisoxazolo[3,4-*d*]pyridazin-7(6*H*)-one (**234**, R = CH:CHPh) gave 4-amino-2-methyl-6-phenyl-5-(5-phenylpyrazol-3-yl)-3(2*H*)-pyridazinone (**237**) (excess H$_2$NNH$_2$.H$_2$O, EtOH, reflux, 15 min: 59%);[223] also other such examples.[223, 1769]

2.4.18 Isoxazolo[4,5-*d*]pyridazines as Substrates

Although this system is somewhat rare, some derivatives are not difficult to make and may be converted into acylpyridazines by reduction and subsequent hydrolysis. Thus hydrogenation of 3,7-dimethylisoxazolo[4,5-*d*]pyridazin-4(5*H*)-one (**240**) over Pd/C in ethyl acetate induces ring-fission to the unisolated imine (**241**), which underwent hydrolysis in refluxing 0.5M alkali during 10 min to afford 4-acetyl-5-hydroxy-6-methyl-3(2*H*)-pyridazinone (**242**) in 69% yield; several homologues were made similarly.[1122]

2.4.19 7-Oxa-3,4-diazabicyclo[4.1.0]heptanes as Substrates

The conversion of such reduced 4,5-epoxypyridazines into pyridazines is covered in Section 5.4.2.4.

2.4.20 [1,2,4]Oxadiazolo[2,3-*b*]pyridazines as Substrates

Although more of interest than utility, 2*H*-[1,2,4]oxadiazolo[2,3-*b*]pyridazine-2-thione (**243**) can afford a variety of ureidopyridazines in two ways.

Thermolysis of the substrates (**243**) in dimethyl sulfoxide at 80° for 1 h gave two products: 3-(pyridazin-3-yl)-2*H*-pyridazino[1,6-*a*]-1,3,5-triazine-2,4(3*H*)-dione (**245**) [78%; a dimer of the presumed intermediate isocyanate (**244**)] and *N,N'*-bispyridazin-3-ylurea (**246**) (20%); other solvents produced different yields.[835, 1856]

More satisfactory was the reaction of substrate (**243**) with a variety of primary or secondary amines, also in dimethyl sulfoxide at ~80° for 1–2 h. Thus 3-pyridazinamine gave *N,N'*-bispyridazin-3-ylurea (**246**) in 82% yield, aniline gave 3-(*N'*-phenylureido)pyridazine (**246a**, R = Ph) (41–74%), 2-

pyrimidinamine gave 3-(N'-pyrimidin-2-ylureido)pyridazine (78%), piperidine gave 3-(C-piperidinoformamido)pyridazine [**246a**, NHR=N(CH$_2$)$_5$] (59%), and other such products were similarly made.[835, 1856]

2.4.21 1,2,4-Oxadiazolo[4,5-b]pyridazines as Substrates

This undeveloped route to pyridazines is represented by a single observation. Pyridazine reacted with benzonitrile oxide (prepared in situ) to give 3-phenyl-8aH-1,2,4-oxadiazolo[4,5-b]pyridazine (**247**). This proved stable as a solid, but in benzene solution it underwent aerial oxidation in daylight during 2 weeks to afford 3(2H)-pyridazinone in 90% yield.[1878]

2.4.22 [1,2,5]Oxadiazolo[3,4-d]pyridazines as Substrates

These substrates may be reduced to furnish mainly pyridazinediamines as illustrated in the following examples:

4,7-Bis(p-butoxyphenyl)[1,2,5]oxadiazolo[3,4-d]pyridazine (**248**, R = Bu) gave 3,6-bis(p-butoxyphenyl)-4,5-pyridazinediamine (**249**, R = Bu) (NaBH$_4$, EtOH, reflux, 15 min: 53%); the 3,6-bis(p-octyloxyphenyl)homologue (**249**, R = C$_8$H$_{17}$) was made similarly (25 min: 65%).[1683]

4,7-Diphenyl[1,2,5]oxadiazolo[3,4-d]pyridazine 1-oxide (**250**) gave a separable mixture of 3,6-diphenyl-4,5-pyridazinediamine (**251**) and 5-(5-amino-3,6-diphenylpyridazin-4-ylazoxy)-3,6-diphenyl-4-pyridazinamine (**252**) (Me$_2$NCHO or AcOH, Pd/C or PtO$_2$, H$_2$, 4 atm, 50–60°, 3 h: 52% and 28%, respectively; limited H$_2$ at 30° favored the azoxy product);[1358] several tolyl or other analogues were made similarly.[1358]

Also other examples.[601,650]

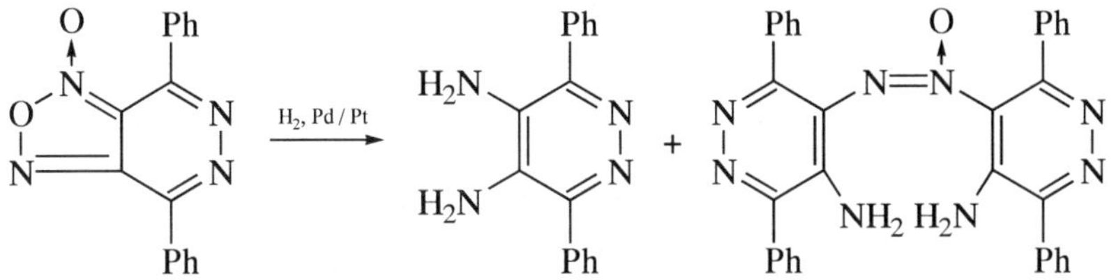

2.4.23 Oxazolo[4,5-d]- and Oxazolo[5,4-c]pyridazines as Substrates

Available examples of these conversions are somewhat specialized but of some practical use. Thus 7-chloro-2-(dimethylaminomethyleneamino)oxazolo[4,5-d]pyridazine (**254**) has been converted into 3-chloro-5-ureido-4(1H)-pyridazinone (**253**, X = O) (10M HCl, reflux, 2 h: 70%), 3-chloro-5-guanidino-4(1H)-pyridazinone (**253**, X = NH) (NH$_3$, EtOH, 100°, sealed, 24 h: 64%), and 6-chloro-5-ethoxy-4-pyridazinamine (**255**) (NH$_3$, EtOH, 80°, sealed, 24 h: 54%);[83] in addition, 7-chlorooxazolo[4,5-d]pyridazin-2-amine (**256**) afforded 5-aminoguanidino-3-chloro-4(1H)-pyridazinone (**256a**) (49%) by heating with ethanolic hydrazine hydrate under reflux for 4 h.[83] In a broadly similar way, 3-chloro-6-dimethylaminomethyleneamino-oxazolo[5,4-c]pyridazine (**257**) gave 6-chloro-4-ureido-3(2H)-pyridazinone (**257a**) in 73% yield on hydrolysis in refluxing dilute hydrochloric acid for 2 h.[84]

2.4.24 Oxazolo[3,2-b]pyridazin-4-iums as Substrates

Several related oxazolo[3,2-b]pyridazinium perchlorates have been converted into somewhat esoteric pyridazines by treatment with phenylhydrazine or hydroxylamine. For example, 6-chloro-2-phenyloxazolo[3,2-b]pyridazin-4-ium perchlorate (258) with phenylhydrazine in dichloromethane at 20° for 24 h gave 6-chloro-2-phenacyl-3(2H)-pyridazinone bisphenylhydrazone (259) in 90% yield.[854] However, when a similar reaction mixture was heated under reflux for 24 h, the initial product (259) was degraded to a separable mixture of 6-chloro-3-phenylazopyridazine (260) (5%), 6-chloro-3-β-phenylhydrazinopyridazine (261) (37%), and phenylglyoxal bisphenylhydrazone.[854] Several analogous pyridazines were made likewise.[854] Somewhat similarly, treatment of the same substrate (258) with hydroxylamine in dimethylformamide under reflux for 20 h afforded a separable mixture of the monooxime, 3-chloro-6-hydroxyimino-1,6-dihydro-1-phenacylpyridazine (262) (25%), and 6-chloro-2-

phenacyl-3(2H)-pyridazinone dioxime (263) (36%).[398,859] Appropriate substrates gave several analogous pyridazines, such as 2-acetonyl-6-phenyl-3(2H)-pyridazinone dioxime (264) (61%).[398,859]

2.4.25 Phthalazines as Substrates

A detailed procedure, based on that of S. Gabriel[1857] for the oxidation of phthalazine (265) to 4,5-pyridazinedicarboxylic acid (266), has been reported. After slow addition of aqueous sodium permanganate to the substrate in dilute alkali at 90° with subsequent heating under reflux for 12 h, the product was purified via its barium salt and isolated in 66% yield.[1697] No other example has appeared recently.

2.4.26 Pyrano[2,3-d]pyridazines as Substrates

5,8-Dichloro-3-methyl-2H-pyrano[2,3-d]pyridazin-2-one (268) has been converted into two interesting pyridazines by reduction or hydrolysis, respectively. Thus treatment of the substrate (268) with lithium aluminum hydride in THF at 0° → 20° during 1 h gave 3,6-dichloro-5-(3-hydroxy-2-methylprop-1-enyl)-4(1H)-pyridazinone (267) in 32% yield;[963] in contrast, treatment of the same substrate (**268**) in 2.5M sodium hydroxide at 25° for 1 h afforded 5-(2-carboxypropl-1-enyl)-3,6-dichloro-4(1*H*)-pyridazinone (**269**) in 95% yield.[963]

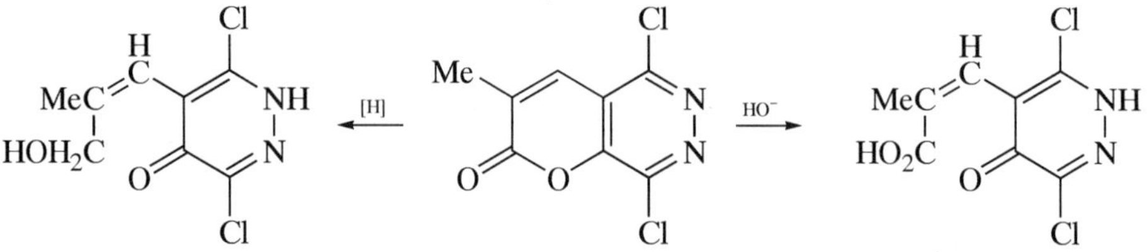

(267) (268) (269)

2.4.27 Pyrazino[2,3-*d*]pyridazines as Substrates

Pyrazino[2,3-*d*]pyridazine-5,8(6*H*,7*H*)-dione (**270**) and several derivatives or analogues have been converted into 4,5-diamino-3,6(1*H*,2*H*)-pyridazinedione (**271**) or the like by cleavage of the pyrazine ring with hydrazine hydrate.[1401]

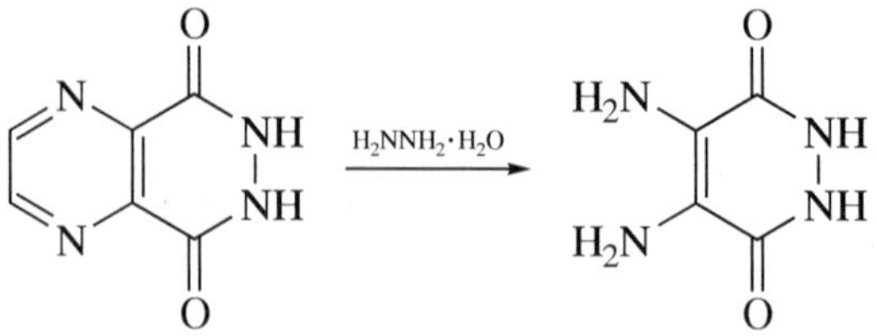

(270) (271)

2.4.28 Pyrazolo[1,2-*a*]pyridazines as Substrates

Only hydro derivatives of these substrates have been converted into hydropyridazines. Thus 2,2-diethyl-5,8-diphenyl-2,3,5,8-tetrahydro-1*H*-pyrazolo[1,2-*a*]pyridazine-1,3-dione (**273**) underwent oxidative ring fission on treatment with selenium dioxide in refluxing acetic acid during 4 h to give 1-(2-carboxy-2-ethylbutyryl)-3,6-diphenyl-1,6-dihydropyridazine (**272**) in 72% yield;[347] the same substrate (**273**) underwent hydrolytic ring fission in aqueous ethanolic alkali under reflux for 6 h to furnish a separable mixture of 1-(2-ethoxycarbonyl-2-ethylbutyryl)- (**274**, R = Et) and 1-(2-carboxy-2-ethylbutyryl)-3,6-diphenyl-1,4,5,6-tetrahydropyridazine (**274**, R = H) in 33% and 62% yields, respectively.[890]

Irradiation of *t*-butyl 2-diazo-1,3-dioxohexahydro-1*H*-pyrazolo[1,2-*a*]pyridazine-5-carboxylate (**275**) in ether gave a separable mixture of *t*-butyl 1,4,5,6-tetrahydro-3-pyridazinecarboxylate (**276**) (51%) and *t*-butyl 7-(3-*t*-butoxycarbonyl-1,4,5,6-tetrahydropyridazin-1-yl)carbonyl-8-oxo-1,6-diazabiclo[4.2.0] octane-2-carboxylate (**277**) (11%); the latter was confirmed in structure by X-ray analysis.[742]

2.4.29 Pyrazolo[3,4-*d*]pyridazines as Substrates

Irradiation of 3,3,4,7-tetramethyl-3*H*-pyrazolo[3,4-*d*]pyridazine (**278**) in pentane–dichloromethane at 5° with 365 nm light on a small preparative scale gave mainly 4-isopropenyl-3,6-dimethylpyridazine (**279**);[1567] irradiation in N_2 or A at −263° with 350 nm light on a nonpreparative scale gave (on spectroscopic evidence) the same product (**279**) probably via 4-diazo-5-isopropylidene-3,6-dimethyl-4,5-dihydropyridazine (**280**).[1567]

2.4.30 Pyridazino[3,4-*d*][1,3]oxazines as Substrates

3-Chloro-1,7-dimethyl-4*H*-pyridazino[3,4-*d*][1,3]oxazine-4,5(1*H*)-dion (**282**) has been converted into 3-acetamido-6-chloro-2-methyl-5-oxo-2,5-dihydro-4-pyridazinecarboxylic acid (**281**) in 75% yield by hydrolysis in boiling water for 30 min;[967] the same substrate has been converted also into 6-chloro-3-ethylamino-2-methyl-5-oxo-2,5-dihydro-4-pyridazinecarboxylic acid (**283**) in 95% yield by reductive cleavage with sodium borohydride in ethanol at 25° for 3 h.[967]

(**281**)   (**282**)   (**283**)

2.4.31 Pyridazino[4,5-*d*][1,3]oxazines as Substrates

In an attempt to *N*-benzoylate 5-amino-4-pyridazinecarboxylic acid (**284**) with benzoyl chloride in pyridine, cyclization was effected to give 3-phenyl-4*H*-pyridazino[4,5-*d*][1,3]oxazin-4-one (**285**) in 68% yield; this readily underwent alkaline hydrolysis at 25° during 24 h to afford 5-benzamido-4-pyridazinecarboxylic acid (**286**) (∼ 90%).[958] Apparently no other such syntheses have been reported.

(**284**)   (**285**)   (**286**)

2.4.32 Pyridazino[1,2-*a*]pyridazines as Substrates

Oxidation of 1,4,6,9-tetrahydropyridazino[1,2-*a*]pyridazine (**287**, R = H) or its 7-methyl derivative (**287**, R = Me) with selenium dioxide furnished 1-(γ-formylallyl)- (**288**, R = H) or 1-(3-formylbut-2-enyl)-3,6(1*H*,2*H*)-pyridazinedione (**288**, R = Me).[664]

(**287**)   (**288**)

2.4.33 Pyridazino[4,5-*d*]pyridazines as Substrates

The oxygen-sensitive 1,2,3,4,5,6,7,8-octahydropyridazino[4,5-*d*]-pyridazine (**289**) underwent oxidation by nickel peroxide in carbon tetrachloride–chloroform at $-78°$ to afford an isomer of 4,5-dimethylpyridazine, identified in cold solution as 4,5-dimethylene-3,4,5,6-tetrahydropyridazine (**290**) by its nmr spectrum; it could not be isolated without decomposition.[623]

2.4.34 Pyridazino[1,6-*a*]-1,3,5- and Pyridazino[6.1-*c*][1,2,4]triazines as Substrates

At least three examples of the conversion of these substrates into pyridazines have been reported. 7-Chloro-2-phenyl-4*H*-pyridazino[1,6-*a*]-1,3,5-triazin-4-one (**291**) suffered hydrolysis (with loss of CO_2) in refluxing 2.5M hydrochloric acid during 2 h to afford 6-(α-iminobenzylamino)-3(2*H*)-pyridazinone (**291a**) in 72% yield;[295] in contrast, 7-chloro-3-phenyl-2*H*-pyridazino[1,6-*a*]-1,3,5-triazine-2,4(3*H*)-dione (**292**) in refluxing ethanolic sodium ethoxide for 15 min retained its chloro substituent but underwent more profound degradation of the triazine ring to furnish 3-chloro-6-ethoxycarbonylaminopyridazine (**392a**) in 67% yield.[295] 7-Azido-3-methyl-4*H*-pyridazino[6,1-*c*][1,2,4]triazin-4-one (**293**) in boiling 6M hydrochloric acid for 2 min afforded 3-azido-6-(α-carboxyethylidene)hydrazinopyridazine (**293a**) in 93% yield.[1008]

2.4.35 Pyrido[1,2-*b*]pyridazin-9-iums as Substrates

An interesting cleavage of the easily made 2,3-diphenylpyrido[1,2-*b*]pyridazin-9-ium perchlorate (**294**) occurred on treatment with pyrrolidine at 0° for 1 h; the product, 3,4-diphenyl-6-[4-(pyrrolidin-1-yl)buta-1,3-dienyl]pyridazine (**294a**) (70–80%), had a 1-*cis*-3-*trans* or a 1-*trans*-3-*trans* side chain when the reaction was carried out in acetonitrile or aqueous ethanol, respectively.[1892]

2.4.36 Pyrimido[4,5-*c*]pyridazines as Substrates

On meager existing evidence, this system undergoes preferential degradation of its pyrimidine ring on hydrolysis or alcoholysis to give pyridazines. Thus pyrimido[4,5-*c*]pyridazin-5(6*H*)-one (**295**) in 1M alkali under reflux for 90 min gave 3-amino-4-pyridazinecarboxylic acid (**296**) in 94% yield;[338] 3,5-dichloro-4-*p*-dimethylaminophenyl-1,4-dihydropyrimido[4,5-*c*]pyridazine (**297**, R = Cl) or 3-chloro-4-*p*-dimethylaminophenyl-1,4-dihydropyrimido[4,5-*c*]pyridazin-5-amine (**297**, R = NH$_2$) in refluxing aqueous–ethanolic alkali for 1–2 h gave 3-amino-5-*p*-dimethylaminophenyl-4-pyridazinecarboxamide (**298**) in 50–75% yield, with dehydrogenation provided by elimination of HCl in each case.[1099]

2.4.37 Pyrimido[4,5-d]pyridazines as Substrates

This system is prone to degradation under hydrolytic conditions. For example, 5-butylamino-8-chloro-2-phenylpyrimido[4,5-d]pyridazine (**299**) was digested in aqueous–ethanolic alkali to give 5-amino-3-butylamino-6-chloro-4-pyridazinecarbaldehyde (**300**) in 25% yield;[524] in contrast, hydrolysis of the related substrate, 5,8-dimorpholino-2-phenylpyrimido[4,5-d]pyridazine (**301**), in 10% hydrochloric acid gave a separable mixture of 8-morpholino-2-phenylpyrimido[4,5-d]pyridazin-5(6H)-one (**304**) (50%), 5-amino-3,6-dimorpholino-4-pyridazinecarbaldehyde (**303**) (2%), and 6-morpholino-3,4(1H,2H)-pyridazinedione (**302**) (46%), arising from at least two parallel pathways.[524]

2.4.38 Pyrrolo[3,2-c]pyridazines as Substrates

7,7-Dimethyl-5-phenyl-4,4a-dihydro-7H-pyrrolo[3,2-c]pyridazine-3,6(2H,5H)-dione (**305**) isomerized in ethanolic hydrazine hydrate under reflux during 8 h to give 6-[α-methyl-α-(phenylcarbamoyl)ethyl]-3(2H)-pyridazinone (**306**) in 80% yield.[442]

2.4.39 Quinolines as Substrates

This unlikely transformation is represented by two examples. Brief treatment of 3-phenacyl- (**307**, R = H) or 6-methyl-3-phenacylquinoline methiodide (**307**,

R = Me) with hydrazine hydrate in hot diethylene glycol gave ~40% of 4-*o*-methylaminobenzyl- (**309**, R = H) or 4-(3-methyl-6-methylaminobenzyl)-6-phenylpyridazine (**309**, R = Me), respectively, possibly by isomerization of the tricyclic intermediate (**308**, R = H or Me).[1797]

2.4.40 [1,2,4]Thiadiazolo[2,3-*b*]pyridazines as Substrates

6-Methylthio-2*H*-[1,2,4]thiadiazolo[2,3-*b*]pyridazin-2-one (**310**) was converted into crude 6-methylthio-3-pyridazinamine (**311**) (by warming with 10% alkali for 30 min) and then into 3-methylthio-6-*N*'-methylureidopyridazine (**312**) by treatment with methyl isocyanate in dimethylformamide at 25° for 24 h; the overall yield was only 20%.[300] The route has not been developed further.

2.4.41 [1,3,4]Thiadiazolo[3,4-*a*]pyridazines as Substrates

Irradiation of 4,5,6,7-tetrahydro-1*H*,3*H*-[1,3,4]thiadiazolo[3,4-*a*]pyridazin-1,3-dione (**313**) in acetonitrile with 254-nm light for 20 min caused complete conversion into 3,4,5,6-tetrahydropyridazine (**314**), isolated in 90% yield; further irradiation or prolonged standing at 25° induced isomerization to 1,4,5,6-tetrahydropyridazine (**315**).[1383]

(313)   (314)   (315)

2.4.42 Thiazolo[3,2-*b*]pyridazin-4-iums as Substrates

The reactions of several blandly substituted substrates of this type with hydrazine hydrate have been studied in some detail.[400,538] The number and types of products vary according to the substituent(s) and to the conditions; among the 10 types of product reported, four are pyridazines. A typical examples is the treatment of 6-phenylthiazolo[3,2-*b*]pyridazin-4-ium perchlorate (**316**) with a 10-fold molar quantity of hydrazine hydrate (in acetonitrile under reflux for 4 h) to give a separable mixture of 2-methyl-6-phenyl-3(2*H*)-pyridazinethione (**317**) (50%), β,β-azinobis[α-(3-phenyl-6-thioxo-1,6-dihydropyridazin-1-yl)ethane] (**318**) (28%), and 1,4-bis(6-phenyl-2-vinylpyridazin-3-ylidene)tetraz-2-ene (**319**) (28%).[538] Such reactions deserve development into practical pyridazine syntheses.

(316)   (317)   (318)   (319)

2.4.43 Thieno[2,3-*c*]pyridazines as Substrates

Only one briefly described example of this synthesis has been reported. 3,5,5-Trimethyl-5,6-dihydrothieno[2,3-*c*]pyridazine (**320**) underwent desulfurization by Raney nickel to give 4-*t*-butyl-6-methylpyridazine (**321**).[880]

2.4.44 Thieno[3,4-*d*]pyridazines as Substrates

Treatment of ethyl 5-amino-4-oxo-3-phenyl-3,4-dihydrothieno[3,4-*d*]pyridazine-1-carboxylate (**322**) with α-benzylidenemalononitrile in refluxing acetic acid for 5 h afforded ethyl 5-cyano-4-methyl-6-oxo-1-phenyl–1,6-dihydro-3-pyridazinecarboxylate (**323**) (36%), probably via some undetected adduct;[54] the 1-*p*-methoxyphenyl analogue (42%) was made similarly.[54]

2.4.45 3,4,7-Triazabicyclo[4.1.0]heptanes as Substrates

This transformation has not been developed into a preparative procedure. However, irradiation of 7-benzyl-2,5-diphenyl-3,4,7-triazabicyclo[4.1.0]hepta-2,4-diene (**324**, R = CH$_2$Ph) in benzene gave the isomeric 4-benzylamino-3,6-diphenylpyridazine (**325**, R = CH$_2$Ph) as a separable minor product (6%); the 7-cyclohexyl substrate (**324**, R = C$_6$H$_{11}$) likewise gave 4-cyclohexylamino-3,6-diphenylpyridazine (**325**, R = C$_6$H$_{11}$) (8%).[252]

2.4.46 [1,2,4]Triazolo[1,2-*a*]pyridazines as Substrates

These substrates have been used to make only hydropyridazines, as illustrates in the following examples.

6,7-Dibromo-2-phenyl-5,6,7,8-tetrahydro-1*H*-[1,2,4]triazolo[1,2-*a*]pyridazine-1,3(2*H*)-dione (**326**) gave *t*-butyl 2-*N*-phenylcarbamoyl-1,2-dihydro-1-pyridazinecarboxylate (**327**) (Bu^{t}OK, Me$_2$NCHO, $>-55°$, 3 h: 65%; didehydrobromination but no ring fission occurred at $<-55°$).[342]

1,3-Dioxo-2-phenyl-2,3,5,6,7,8-hexahydro-1*H*-[1,2,4]triazolo[1,2-*a*]pyridazine-5-carboxylic acid (**328**) gave a separable mixture of 2-*N*-phenylcarbamoylhexahydro-3-pyridazinecarboxylic acid (**329**) and hexahydro-3-pyridazinecarboxylic acid (**330**; piperazic acid) (4M NaOH, reflux, 4 h: 65%) and "low yield", respectively;[683] alternatively, the same substrate (**328**) gave only piperazic acid (**330**), isolated as 1-benzyloxycarbonylhexahydro-3-pyridazinecarboxylic acid (**331**) (KOH, H$_2$O–BuOH, reflux, 18 h; then ClCO$_2$CH$_2$Ph, PhMe–H$_2$O, pH 11, 10°, 2 h: 89%).[63]

8-*t*-Butyl-6-(3,5-dimethylmorpholino)-2-phenyl-7,8-dihydro-1*H*-[1,2,4]triazolo[1,2-*a*]pyridazine-1,3(2*H*)-dione (**332**) gave 6-*t*-butyl-4-oxo-*N*-phenylhexahydro-1-pyridazinecarboxamide (**333**) (Bu^{t}OK, THF, 25°, 12 h; then AcOH–H$_2$O, 25°, 30 min: 72%).[1560]

Also other examples.[2029,2050]

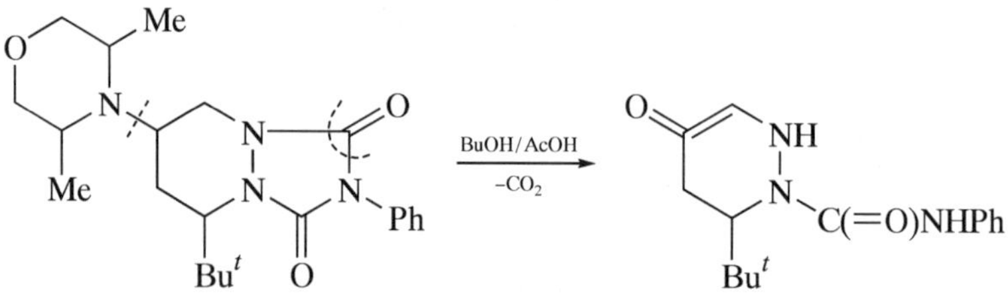

(332) (333)

2.5 PYRIDAZINES FROM HETEROTRICYCLIC SYSTEMS

Synthetic routes from heterotricyclic systems to pyridazines are few and offer little for development into useful general methods. Presently available procedures are illustrated by the following examples, arranged alphabetically according to the substrate system:

From Benzo[*c*]cinnolines

Benzo[*c*]cinnoline (**334**) gave 3,4,5,6-pyridazinetetracarboxylic acid (**335**) via a tetraozonide (O_3; then AcOH, 20°: 5%).[680]

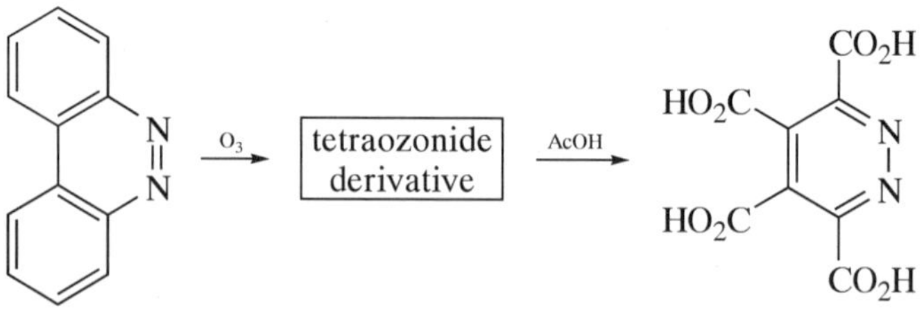

(**334**) (**335**)

From [1]Benzothieno[2,3-*d*]pyridazines

1,4-Diphenyl-5a,6,7,8,9,9a-hexahydro[1]benzothieno[2,3-*d*]pyridazine 5,5-dioxide (**336**) gave 4-cyclohex-1′-enyl-3,6-diphenylpyridazine (**337**) (neat, 210°, 10 min: 33%) and thence 3,4,6-triphenylpyridazine (**338**) (*N*-bromosuccinimide, trace Bz_2O_2, CCl_4, reflux, 20 h: 15%).[33]

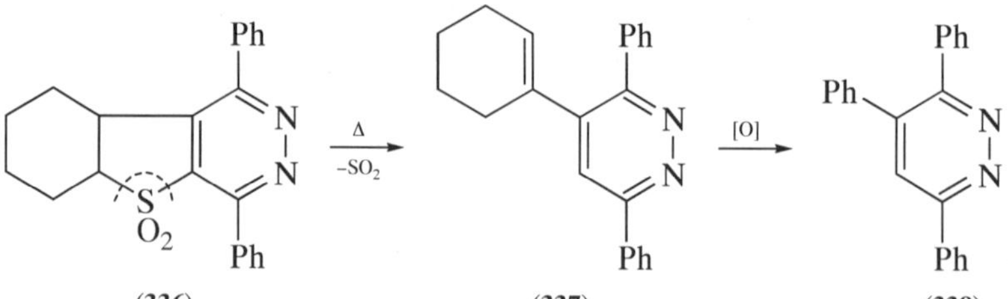

(**336**) (**337**) (**338**)

From 8,9-Diazatricyclo[4.4.0.0^{2,5}]decanes

1,2,3,4,5,6,7,10-Octamethyl-8,9-diazabicyclo[4.4.0.0^{2,5}]deca-3,7,9-triene (**339**) gave 3,4,5,6-tetramethylpyridazine (**340**) as a major product (CH$_2$Cl$_2$, $h\nu$); the remainder of the substrate dimerized to the *syn*-tricyclic hydrocarbon (**340a**).[1088]

From Dipyridazino[4,5-*b*: 4′,5′-*e*][1,4]thiazines

10-Benzyl-2,7-dimethyl-10*H*-dipyridazino[4,5-*b*:4′,5′-*e*][1,4]thiazine-1,6(2*H*,7*H*)-dione (**341**) gave *N*-benzyl-*N*-(1-methyl-6-oxo-1,6-dihydropyridazin-4-yl)-*N*-(2-methyl-3-oxo-2,3-dihydropyridazin-4-yl)amine (Raney Ni, Me$_2$NCHO, reflux, 5 h: 74%).[867]

From 6H-Furo[2′,3′: 4,5]oxazolo[3,2-*b*]pyridazines

The ring fission of one such substrate to afford a pyridazine is covered in Section 5.4.2.1.

From Indeno[1,2-*b*]pyridines

5,5-Bis(α-bromophenacyl)-5*H*-indeno[1,2-*b*]pyridine (**342**) gave 3,6-diphenylpyridazine (**343**) (H$_2$NNH$_2$, EtOH, 55°, 10 h: 48%; the mechanism was postulated to involve bromophenacyl radicals).[1492]

From Naphtho[2,1-*b*]pyrans

1-*p*-Anisoyl-2,3-dihydro-1*H*-naphtho[2,1-*b*]pyran-3-one (**344**) gave 5-(2-hydroxynaphthalen-1-yl)-6-*p*-methoxyphenyl-4,5-dihydro-3(2*H*)-pyridazinone (**345**) (H$_2$NNH$_2$·H$_2$O, PhH, reflux, 5 h: ?%).[1705]

From Oxireno[*d*]pyrimido [4,5-*c*]pyridazines

4,7-Dimethyl-2-phenyl-1a,4-dihydro-6*H*-oxireno[*d*]pyrimido[4,5-*c*]pyridazine-6,8(7*H*)-dione (**346**, R = Ph) gave 2-methyl-6-phenyl-3,4(1*H*,2*H*)-pyridazinedione (**347**, R = Ph) by a proposed multistep mechanism (2.5M NaOH, 25°, 6 h: 35%); also 6-*p*-bromophenyl- (**347**, R = C$_6$H$_4$Br-*p*) and 6-*p*-chlorophenyl-2-methyl-3,4(1*H*,2*H*)-pyridazinedione (**347**, R = C$_6$H$_4$Cl-*p*) (similarly: 43% and 50%, respectively).[842]

From Pyrano[3,2-*g*][1]benzopyrans

8,8-Dimethyl-2-oxo-6,7-dihydro-2*H*,8*H*-pyrano[3,2-*g*][1]benzopyran-4-carbaldehyde phenylhydrazone (**348**, R = H) gave 5-(7-hydroxy-2,2-

dimethylchroman-6-yl)-2-phenyl-3(2H)-pyridazinone (**349**, R = H) (KOH, EtOH–H$_2$O, reflux, 1 h: ~50%); likewise the 2,2,8-trimethyl analogue (**349**, R = Me).[1280]

From Pyridazino[4,5-c][1,6]benzodiazocines

Pyridazino[4,5-c][1,6]benzodiazocine-5,12(6H,11H)-dione (**350**) gave either 5-o-aminophenylcarbamoyl-4-pyridazinecarboxylic acid (**351**) (2.5M NaOH, 50°, 5 h: ~75%) or 4,5-pyridazinedicarboxylic acid (**352**) (2.5M NaOH, reflux, 8 h: ~60%).[656]

From Pyridazino[1,6-b]indazoles

9-Acetyl-4a,9-dihydropyridazino[1,6-b]indazole (**353**, R = H) gave 3-o-acetamidophenylpyridazine (**354**, R = H) (xylene, reflux 2 days: 55% after separation from another product).[797]

9-Acetyl-2-methoxy-4a,9-dihydropyridazino[1,6-b]indazole (**353**, R = OMe) gave, among other products, 3-o-acetamidophenyl-6-methoxypyridazine

(**354**, R = OMe) (hν, ? conditions: 27%); likewise the 6-ethoxy analogue (**354**, R = OEt) (37%).[817]

From Pyridazino[1,2-b]phthalazines

1-Bromo-1,4-diphenyl-1,4,6,11-tetrahydropyridazino[1,2-b]phthalazine-6,11-dione (**355**) gave 3,6-diphenylpyridazine (**356**) [neat, 110°, 1 mmHg, 40 min: <35%; base: no details; aromatization by loss of HBr and additional (aerial?) oxidation].[345]

3-Hydroxy-6,11-dioxo-1,2,3,4,6,11-hexahydropyridazino[1,2-b]phthalazine-1-carboxylic acid (**357**) gave 5-hydroxyhexahydro-3-pyridazinecarboxylic acid (**358**) (H_2NNH_2, H_2O, 100°, 2 h: isolated as its N-(2,4-dinitrophenyl) derivative (no details).[32]

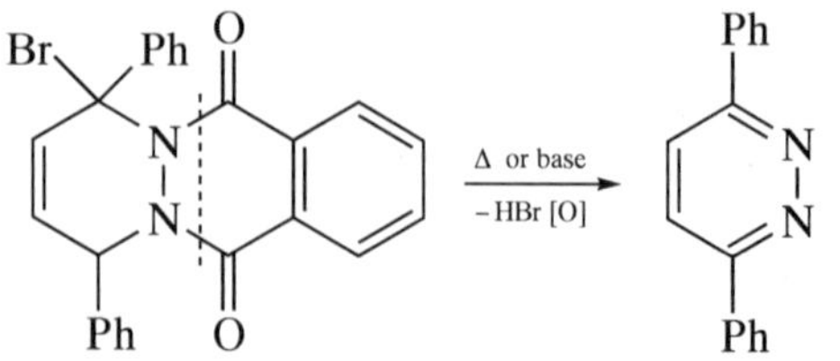

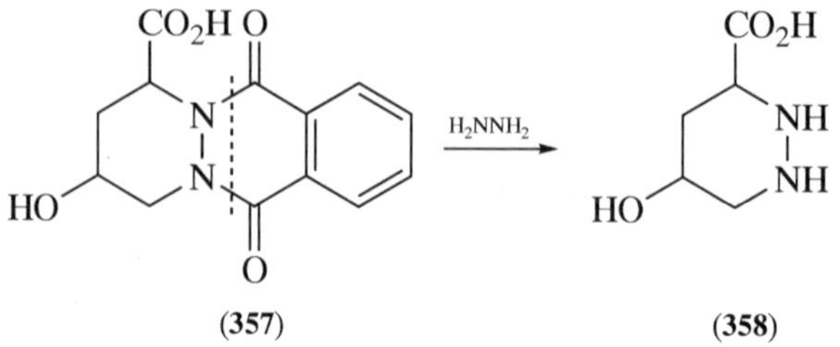

2.6 PYRIDAZINES FROM HETEROTETRACYCLIC SYSTEMS

The only available synthetic routes in this category are illustrated in the following examples:

From Pyridazino[4′,5′: 3,4]cyclobuta[1,2-f]phthalazines

1,4,7,10-Tetrakistrifluoromethyl-2,4a,6a,6b,10a,10b-hexahydropyridazino[4′,5′:3,4]cyclobuta[1,2-f]phthalazine (**359**) suffered oxidative fission to a separable mixture of 3,6-bistrifluoromethylpyridazine (**361**) and 1,4-bistrifluoromethylphthalazine (**360**) (Ag_2O, CH_2Cl_2, reflux, 4 days: 61% and 64%, respectively).[1615]

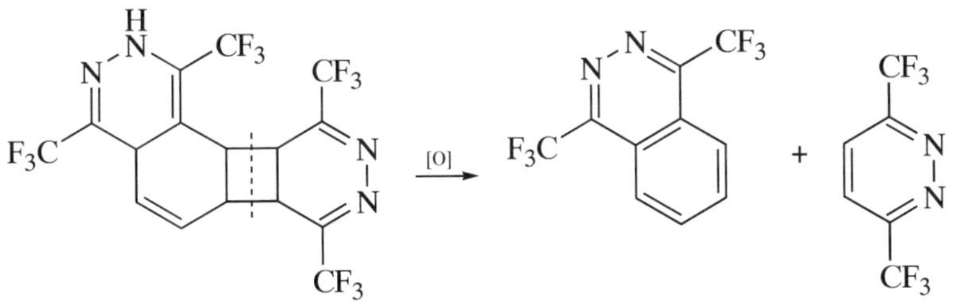

From Pyridazino[4′,5′:3,4]pyrrolo[1,2-b]benzimidazoles

11H-Pyridazino[4′,5′:3,4]pyrrolo[1,2-a]benzimidazol-11-one (**362**) gave 2-(5-methoxycarbonylpyridazin-4-yl)benzimidazole (**363**) (MeOH, reflux, 30 min: 95%).[656]

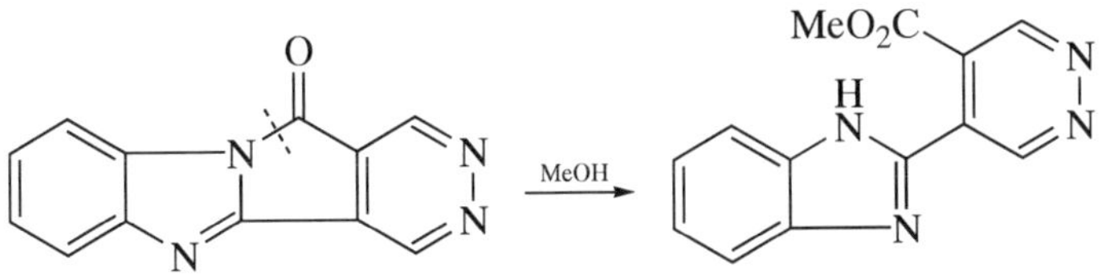

2.7 PYRIDAZINES FROM BRIDGED HETEROCYCLIC SYSTEMS

A few miscellaneous bridged heterocyclic systems have been used as substrates for the synthesis of pyridazines, but most such routes appear to be more of interest than practical importance. The following examples illustrate the present limited scope of these reactions and may suggest further uses for them:

From 1,9-Diazabicyclo[4.2.1]nonanes

Dimethyl 4,9-dimethyl-3-oxo-5-phenyl-1,9-diazabicyclo[4.2.1]nona-4,7-diene-7,8-dicarboxylate (**364**) gave dimethyl 3-(2-methoxycarbonyl-1-phenylprop-1-enyl)-2-methyl-2,3,4,5-tetrahydro-4,5-pyridazinedicarboxylate (**365**), probably by fission of the 2,3 and 1,8 bonds of the substrate and recyclization (MeONa, MeOH, N$_2$, 25°, 2 h: ~20% after separation from another product);[754] the structure (**365**) was confirmed by X-ray analysis.[754]

From 2,3-Diazabicyclo[2.2.2]octanes

The Diels–Alder adduct, 2,3-dibenzoyl-2,3-diazabicyclo[2.2.2]oct-5-ene (**366**), gave dimethyl 1,2-dibenzoylhexahydro-3,6-pyridazinedicarboxylate (**367**) by a one-pot oxidation and esterification (NaIO$_4$, RuO$_2$, AcOEt, 0°; then CH$_2$N$_2$: 95%).[1812]

From 3,4-Diazatricyclo[3.1.0.0^{2,6}]hexanes

4-Phenylcarbamoyl-1,2,5,6-tetrakistrifluoromethyl-3,4-diazatricyclo[3.1.0.0^{2,6}]hexane-3-carboxamide (**368**) gave 3,4,5,6-tetrakistrifluoromethylpyridazine (**369**) (CH$_2$Cl$_2$, N$_2$O$_4$↓, ? conditions: 14%).[270]

From 5,10:6,9-Diethano[1,2,4]triazolo[1,2-*a*][1,2]diazocines

2-Methyl-7-*p*-toluenesulfonylhydrazono-5,6,7,8,9,10-hexahydro-1*H*-5,10:6,9-diethano[1,2,4]triazolo[1,2-*a*][1,2]diazocine-1,3(2*H*)-dione (**370**) gave 3-cyclohex-3'-enyl-2-methyl-2,3,4,5-tetrahydropyridazine (**371**) as the major product (LiAlH$_4$, THF, N$_2$, 10° → 55°, 12 h; then crude product, MnO$_2$, CH$_2$Cl$_2$, 0°, 4 h: 43%).[444]

From 5,8-Ethenophthalazines

1,4-Bistrifluoromethyl-5,8-dihydro-5,8-ethenophthalazine (**372**) with 2,6-bistrifluoromethyl-1,2,4,5-tetrazine (**373**) gave the unstable adduct **374**, which suffered spontaneous reversion to 1,3-bistrifluoromethylphthalazine (**375**) and 3,6-bistrifluoromethylpyridazine (**376**) (PhMe, reflux, 15 h: 82% and 78%, respectively).[1503, 1615]

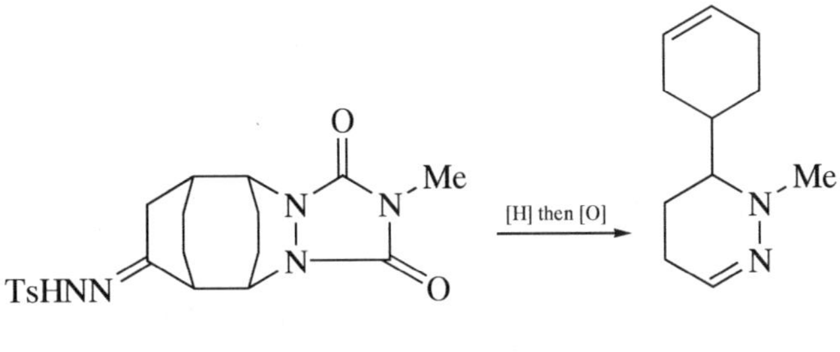

(**370**) (**371**)

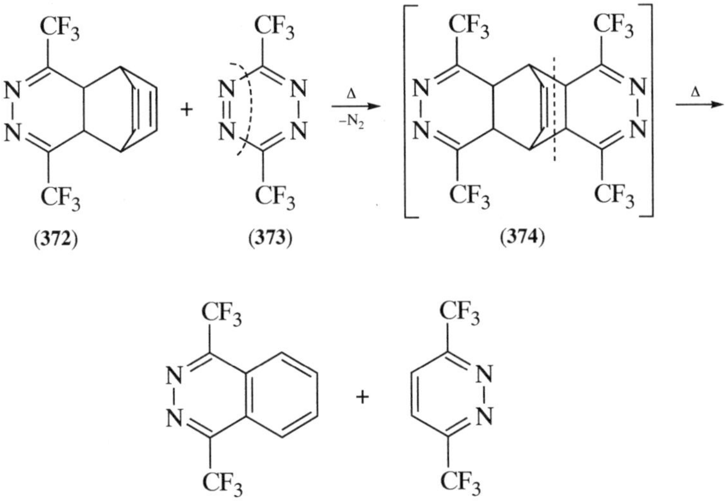

(**372**) (**373**) (**374**)

(**375**) (**376**)

From 5,11-Etheno[1,2,4]triazolo[1′,2′:4,5][1,2,4,5]tetrazino-[1,2-a][1,2,4]triazoles

12,13-Di-*t*-butyl-2,8-diphenyl-1*H*,9*H*-5,11-etheno[1,2,4]triazolo-[1′,2′-4,5][1,2,4,5]tetrazino[1,2-*a*][1,2,4]triazole-1,3,7,9(2*H*,8*H*)-tetrone (**377**, R = Bu^t) gave 4,5-di-*t*-butylpyridazine (**379**, R = Bu^t) probably by loss of nitrogen from the intermediate (**378**) (KOH, MeOH, 0° → 25°, 2 h; then crude product, Et$_2$O, 2 h: 80%);[239, 628] 4,5-dineopentyl-(**379**, R = CH$_2$Bu^t)[1518] and 4,5-diadamant-1′-ylpyridazine (**379**, R = adamantyl)[627, 1391] were made likewise in comparable yields.

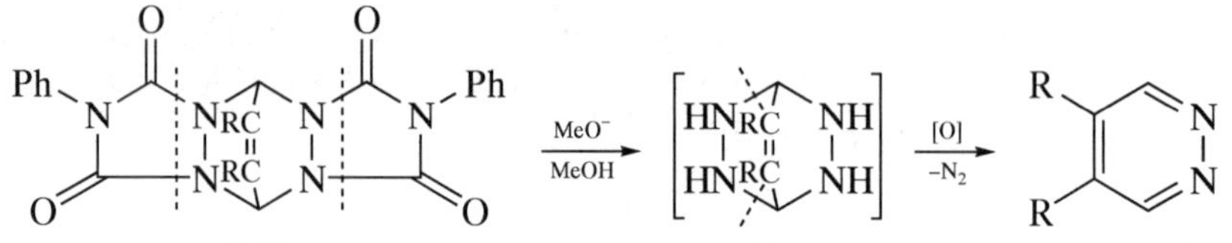

(377) (378) (379)

2.8 PYRIDAZINES FROM SPIRO HETEROCYCLIC SYSTEMS

This group of syntheses remains almost undeveloped, mainly because the substrates are seldom readily available. Examples follow:

From 1,4-Dioxa-7,8-Diazaspiro[4.4]nonanes

Polymer-bound 2-methoxymethyl-1,4-dioxa-7,8-diazaspiro[4.4]nona-6,8-diene (**381**, R = polymer) and polymer-bound 3-methoxycarbonylpropiolic acid (**380**, R = polymer) gave an adduct that underwent spontaneous degradation, probably via the bridged intermediate (**382**), to afford polymer-bound 5-methoxycarbonyl-4-pyridazinecarboxylic acid (**383**, R = polymer) (dioxane–F_3CCO_2H, 25°, 24 h) and then 4,5-pyridazinedicarboxylic acid (KOH, dioxane–H_2O: 42% overall).[1378]

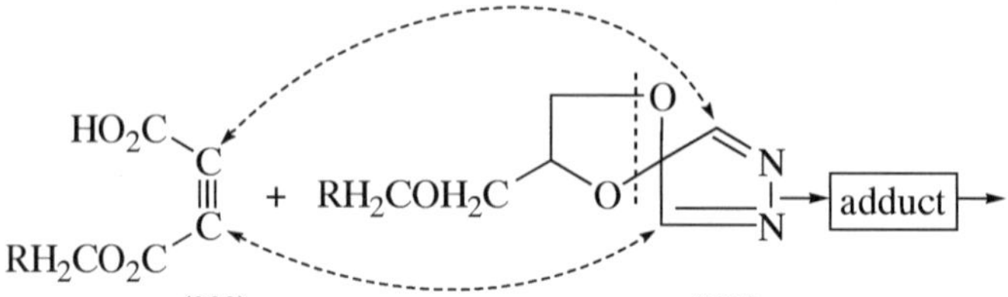

(380) (381)

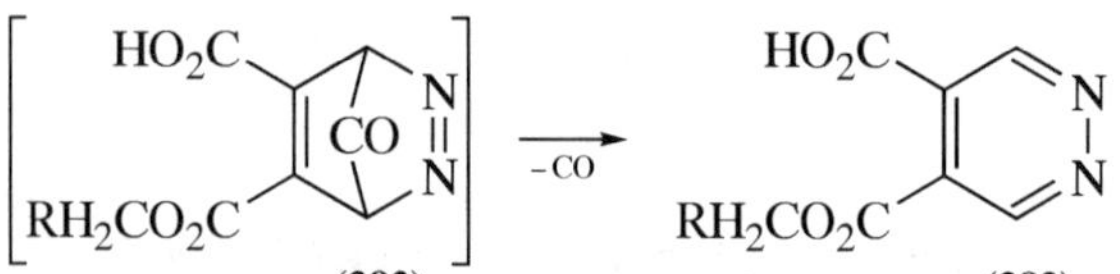

(382) (383)

From 5,7-Dioxaspiro[2.5]octanes

6,6-Dimethyl-5,7-dioxaspiro[2.5]octane-4,8-dione (**384**) and phenylhydrazine (**385**, R = H) gave 2-phenyl-1,4,5,6-tetrahydro-3(2*H*)-pyridazinone (**387**, R = H) via the intermediate carboxylic acid (**386**) (MeCN, reflux, 5 h: 58%); the 2-*p*-tolyl (**387**, R = Me) (54%) 2-*p*-nitrophenyl (**387**, R = NO_2) (38%), and other such analogues were made similarly.[1599]

From 5-Oxa-1-azaspiro[3.4]octanes

3,3-Dimethyl-1-phenyl-5-oxa-1-azaspiro[3.4]octane-2,6-dione (**388**) and hydrazine hydrate gave 6-[α-methyl-α-(phenylcarbamoyl)ethyl]-3(2H)-pyridazinone (**389**) (EtOH, exothermic, then 40°, 3 h: 60%).[442]

From Spiro[2H-1,4-benzothiazine-2,4′-(1′H)-pyridazine]s

3-Oxo-3,4-dihydrospiro[2H-1,4-benzothiazine-2,4′-(1′H)-pyridazine]-5′-carboxylic acid (**390**, R = H) gave a separable mixture of 5-benzothiazol-2′-yl-4-pyridazinecarboxylic acid (**391**, Q = CO$_2$H, R = H) and 2-pyridazin-4′-ylbenzothiazole (**391**, Q = R = H) (AcOH, reflux, 6 h:

~25% and ~60%, respectively; when heating was continued for 12 h, only the latter was isolated: 90%); in contrast, the 3',6'-dimethylated substrate (**390**, R = Me) gave only 2-(3,6-dimethylpyridazin-4-yl)benzothiazole (**391**, Q = H, R = Me) even under more gentle conditions (AcOH, 50°, 2 h: 94%).[393]

From Spiro[benzofuran-3(2H),3'-[3H]pyrazole]s

2',4',5'-Triphenyl-2',4'-dihydrospiro[benzofuran-3(2H),3'-[3H]pyrazole]-2-one (**392**), easily made from 3-benzylidenebenzofuran-2(3H)-one, gave 4-o-hydroxyphenyl-2,5,6-triphenyl-3(2H)-pyridazinone (**393**) (neat F_3CCO_2H, reflux, 3 h: >95%); several analogues similarly.[2105]

(392) → (393)

2.9 APPENDIX: GLANCE INDEX TO TYPICAL PYRIDAZINES READILY AVAILABLE FROM OTHER HETEROCYCLIC SYSTEMS

This glance index has been added to assist in the choice of a primary synthesis that may afford a required type of pyridazine derivative from another heterocyclic system. Procedures that employ heterocyclic substrates difficult of access, those that afford very poor yields, and those that do not appear to be of general applicability in their present state of development have been omitted; nevertheless, such syntheses are often of great interest and may prove invaluable in the right context.

Section	Typical Products	
2.1.2	(NH-NH dione) 95%	(Me,Me,Me N-N dione) 64%

Section	Typical Products
2.1.2	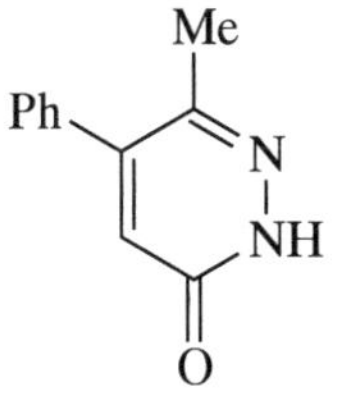 **89%** 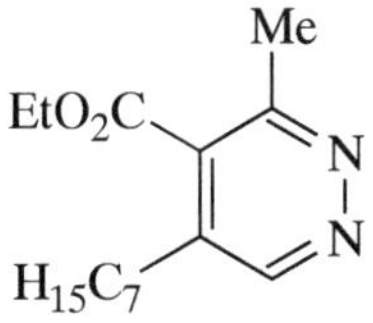 **82%**
2.1.4	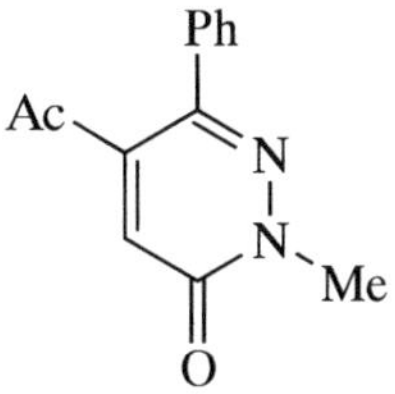 **89%**
2.1.9	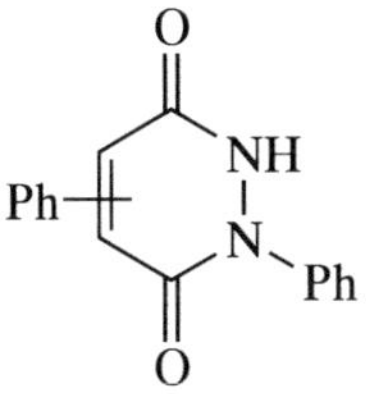 **82%** 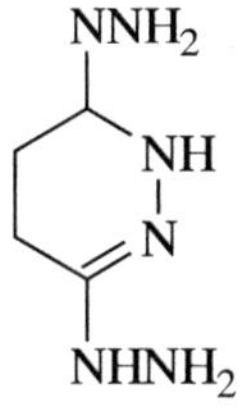 **85%**
2.2.3	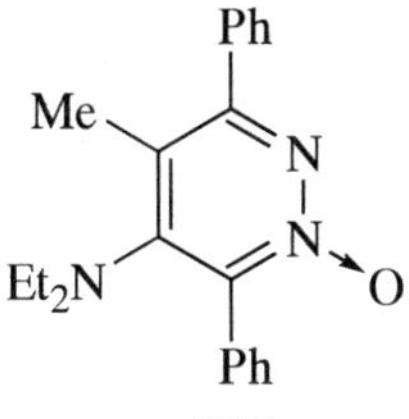 **94%**
2.2.4	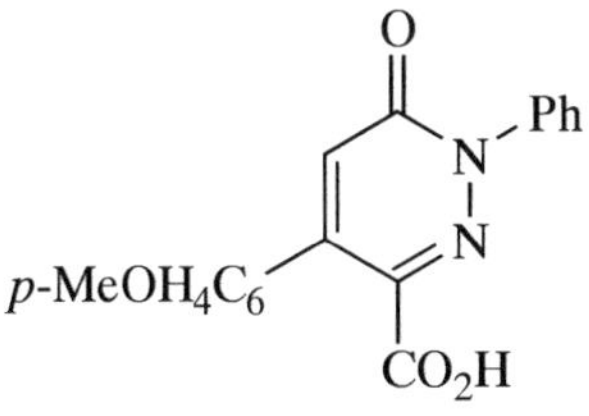 **82%**

Section	Typical Products	
2.2.5	3,4,5,6-tetraphenylpyridazine, 58%	3-Ph-6-Bu^t-pyridazine, 50%
2.2.7	3-Ph-5-Me$_3$Si-pyridazine, 95%	3,6-diPh-4-EtO$_2$C-pyridazine, 63%
	3-Me-4,6-di(CO$_2$Me)-5-Me$_3$Si-pyridazine, 69%	3,6-bis(CF$_3$)-4,4,5,5-tetramethyl-4,5-dihydropyridazine, 91%
2.3.1	4-EtO$_2$CH$_2$C-5-Cl-3,6-di(CO$_2$Me)pyridazine, 82%	6-Ph-4-NC-4-BzH$_2$C-2,3,4,5-tetrahydropyridazin-3-one, 87%
2.4.4	4-OHC-4-Me-5-Ph-1-Ac-1,4-dihydropyridazine, 84%	4-Me-5-Ph-1-Bz-2-CH$_2$OEt-2,3,4,5-tetrahydropyridazin-3-one, 45%

Section	Typical Products
2.4.5	4-(EtO$_2$CCH$_2$)-3,6-diphenylpyridazine, 63%
2.4.8	4-(MeO$_2$C)-3,5-diphenyl-2,4-dihydropyridazine (90%); 4,4-dimethyl-3-[PO(OMe)$_2$]-2,4-dihydropyridazine (91%)
2.4.12	1-Bz-6-(CH$_2$Ac)-5-Me-3-(CO$_2$Et)-1,6-dihydropyridazine, 58%
2.4.13	4-(H$_2$NOC)-3-(CO$_2$H)pyridazine (90%); 4-Bz-5-(MeO$_2$C)pyridazine (77%)
2.4.16	4-(PhHN)-5-(H$_2$N)pyridazine, 53%

Section	Typical Products

2.4.17

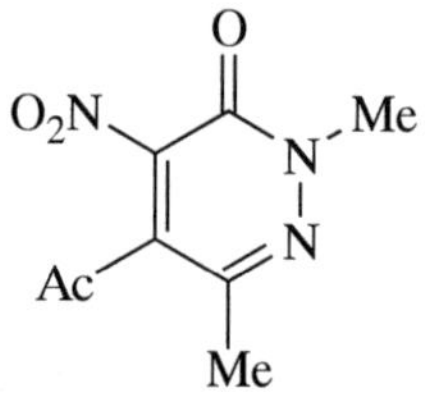

2-methyl-4-nitro-5-acetyl-6-methylpyridazin-3(2H)-one, 42%

2-methyl-4-amino-5-formyl-6-phenylpyridazin-3(2H)-one, 78%

2.4.22

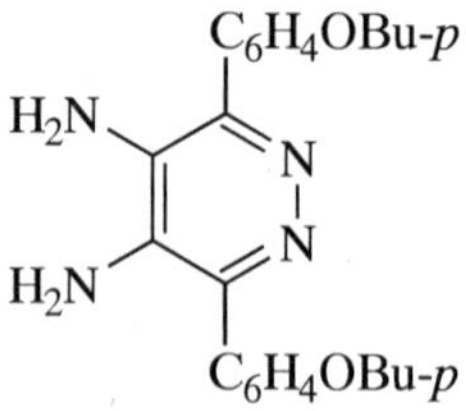

4,5-diamino-3,6-bis(p-butoxyphenyl)pyridazine, 53%

2.4.25

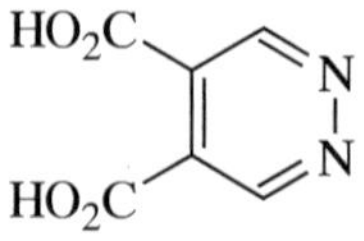

pyridazine-4,5-dicarboxylic acid, 66%

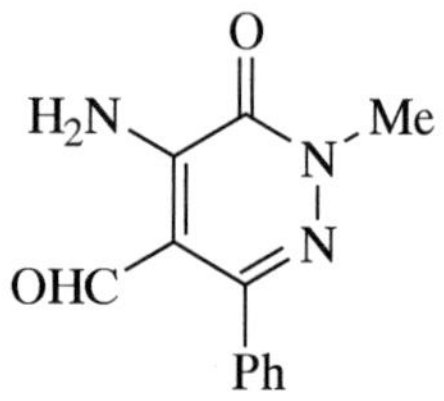

2.4.34

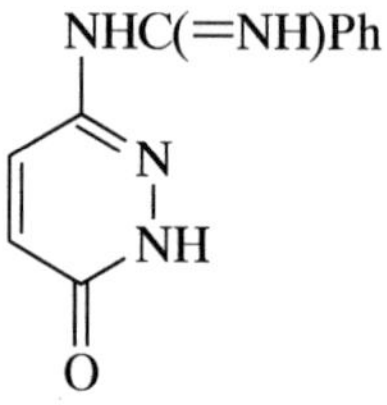

3-(N-phenylamidino)amino-6-oxo-1,6-dihydropyridazine, 72%

3-(ethoxycarbonylamino)-6-chloropyridazine, 67%

2.4.41

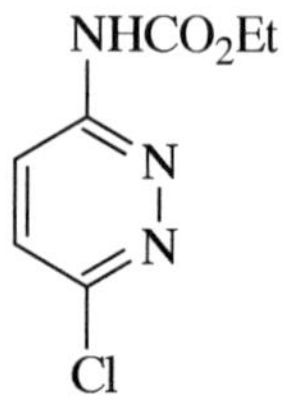

4,5-dihydropyridazine, 95%

1,4,5,6-tetrahydropyridazine, ?%

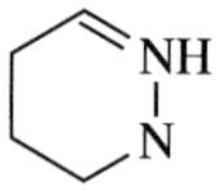

Appendix: 129

Section	Typical Products
2.4.46	(structure: N-CO₂Buᵗ, N-CONHPh pyridazine) 65%; (structure: N-CO₂CH₂Ph, NH, CO₂H hexahydropyridazine) 89%
2.5	(structure: o-H₂NH₄C₆HNC(O)-, HO₂C- pyridazine) 75%; (structure: HO₂C-, HO₂C- pyridazine) 60%; (structure: C₆H₄NHAc-p pyridazine) 27%
2.6	(structure: 3,6-bis(CF₃) pyridazine) 61%; (structure: MeO₂C-pyridazine with benzimidazolyl) 95%
2.7	(structure: MeO₂C-, MeO₂C-, PhC=CMeCO₂H, N-Me dihydropyridazine) 27%; (structure: CO₂Me, N-Bz, N-Bz, CO₂Me hexahydropyridazine) 95%

Section	Typical Products	
	3,6-bis(CF$_3$) pyridazine, 78%	4,5-bis(Bu^{t}H$_2$C) pyridazine, 80%
2.8	tetrahydropyridazinone N-Ph, 58%	2-Ph-4-(o-HOH$_4$C$_6$)-5-Ph-6-Ph pyridazin-3(2H)-one, 95%

CHAPTER 3

Pyridazine, Alkylpyridazines, and Arylpyridazines

This chapter covers the preparations, physical properties, and reaction of pyridazine and its *C*-alkyl, *N*-alkyl, or *C*-aryl derivatives as well as their di-, tetra-, or hexahydro derivatives. In addition, it includes methods for introducing *C*-alkyl or *C*-aryl groups (substituted or otherwise) into pyridazines already bearing functional or other substituents and the reactions specific to the alkyl or aryl group(s) in such products. For simplicity, the term *alkylpyridazine* in this chapter is intended to include alkyl-, alkenyl-, alkynyl- cycloalkyl-, and aralkylpyridazines; likewise, the term *arylpyridazine* includes aryl- and heteroarylpyridazines.

3.1 PYRIDAZINE (*H* 1)

First prepared in the late nineteenth century,[1924] pyridazine is now commercially available in quantity. In recent years it has been investigated extensively, especially in respect of its reactions.

3.1.1 Preparation of Pyridazine

Of the recently reported routes to pyridazine, two are of practical significance. Hydrogenolysis of 3,6-dichloropyridazine (**1**) over palladium in ethanolic ammonium hydroxide at 25° and subsequent purification of the product through a silica-gel column gave pyridazine (**2**) in 85% yield[1098] (cf. 27–61% by earlier analogous procedures[1925]). Treatment of 3-hydrazinopyridazine (**3**) with *p*-toluenesulfonyl azide in a mixture of aqueous alkali and benzene containing a trace of tetraethylammonium bromide under reflux for 8 h afforded pyridazine, conveniently isolated as its hydrochloride in 79% yield.[262] In addition, pyridazine (**2**) has been made by regular primary syntheses (see Chapters 1 and 2), the pyrolysis of 3-pyridazinecarboxylic acid (**4**) (no details),[25] and the action of hydrazine and ozone on benzene (**6**) in the vapor state at 25°, probably via maleic aldehyde (**5**) but in only ~1% yield under the conditions used.[1571]

Hexahydropyridazine (piperidazine: **7**) has been partially dehydrogenated to 1,4,5,6-tetrahydropyridazine (**8**) by oxygenation in heptane over a platinum catalyst at 25° for 30 min (65%) or treatment with mercuric oxide in heptane at 25° for 45 min (38%).[5] Although unisolated, 3,4- (**9**) and 4,5-didehydropyridazine (**12**) have been experimentally implicated as intermediates in both the electron impact and pyrolytic fragmentation of 3,4- (**10**) and 4,5-pyridazine dicarboxylic anhydride (**11**), respectively.[201]

3.1.2 Physical Aspects of Pyridazine (*H* 2)

Most of the physical aspects of pyridazine and its usual salts or complexes were measured prior to 1970 and have been summarized (*H* 5) adequately.[2011]

Recently the geometric *structure of pyridazine* in the gas phase has been redetermined by electron-diffraction data[177] and subsequently by a combination of electron diffraction, microwave data, and dipolar couplings in the liquid-crystal ^{1}H nmr spectrum.^{1926} The latter set of data (13) compared remarkably well with that (14) derived from state-of-the-art X-ray crystallography on pyridazine at $-173°$.^{1532} The geometry of pyridazine hydrochloride has been measured, also by X-ray crystallography at $-170°$.^{180} The conformational flexibility of 1,4-dihydropyridazine has been calculated.^{1973}

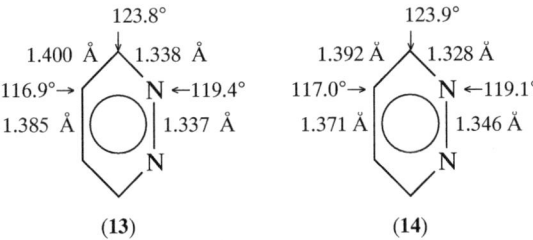

General studies on the *spectra of pyridazine* (and its derivatives) have been confined in the main to the effects of substitution on ^{13}C nmr data and the correlation of such results with ^{1}H nmr data and with calculated charge densities.$^{229, 450, 829, 829, 1638}$ An infrared study,^{2078} a mass-spectral study of pyridazine,^{2077} a study of the ^{1}(n,π*) excited states of pyridazine in water,^{1860} and coupled-cluster calculations of its excitation energies^{1967} have been reported.

Studies on the elusive concept of *aromaticity*, based on many diverse criteria, have continued to include pyridazine. For example, it has been proposed that a realistic value for the aromaticity of pyridazine (compared with that for the standard, benzene) should be attainable by comparing the ratio, heat of formation for pyridazine (15, X=N)/heat of formation for 3,4-diaza-1,3,5-hexatriene (16, X=CN, with that of the ratio, heat of formation for benzene (15, X=CH)/heat of formation for 1,3,5-hexatriene (16, X=CH), all experimentally attainable data.^{1502} However, judging from a subsequent extensive review^{1433} (based on 12 criteria common to each case), the measurement of aromaticity in heterocycles can be described presently as only semiquantitative. (See also Ref. 2013.)

The *polarographic reduction* of pyridazine in acetonitrile proved to be far from simple and has been studied in detail;^{579} the polarographic picture in aqueous buffer was distinctly different.^{1189}

Calculations on 3,4- (9) and 4,5-*didehydropyridazine* (12) by three groups agree that the latter lies lower in energy than its 3,4 isomer.$^{1191, 1927, 1928}$

3.1.3 Reactions of Pyridazine (*H* 16)

Pyridazine and its hydro derivatives undergo a surprising number of reactions, as illustrated by recent examples in the following paragraphs:

REDUCTION The polarography of pyridazine has been mentioned in Section 3.1.2. A partial reduction of pyridazine to the tetrahydro stage has been achieved by treatment with sodium cyanoborohydride and benzyl chloroformate in methanol at 25° for 16 h: the reduced product was trapped as a separable mixture of benzyl 1,2,3,6-tetrahydro-1-pyridazinecarboxylate (**17**) (12% yield) and dibenzyl 1,2,3,6-tetrahydro-1,2-pyridazinedicarboxylate (**18**) (28% yield).[1543] In contrast, reduction of pyridazine in dilute alkali with NiAl alloy over 2.5 h gave 1,4-diaminobutane (**19**), isolated as its hydrochloride in 61% yield;[348] pyridazine underwent a nonreductive ring fission by the carbene, $(OC)_5Cr=C(OMe)Me$, to give 1,4-bis(α-methoxyethylideneamino)butane in 35% initial yield, reduced to 5% during isolation.[626]

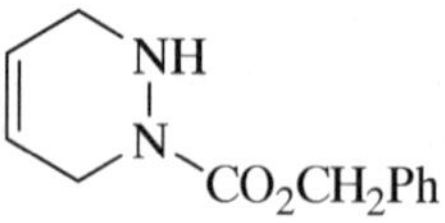

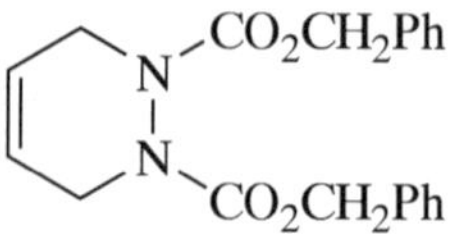

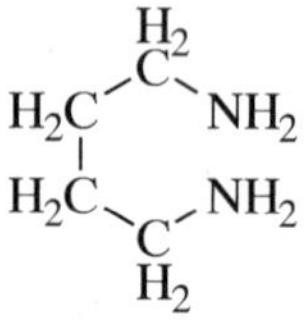

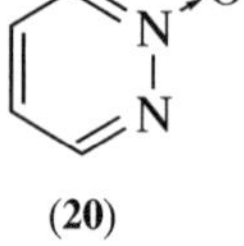

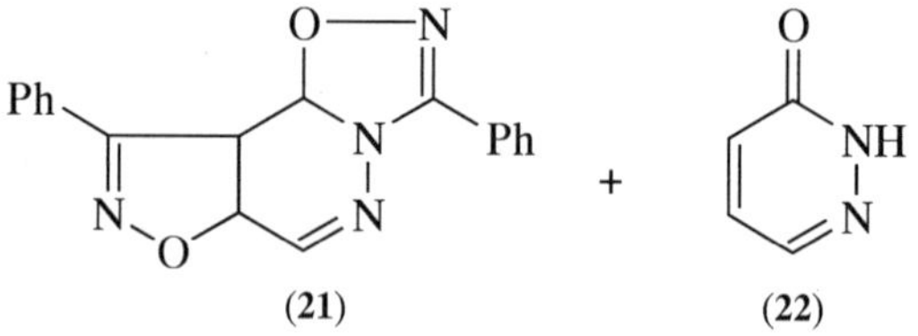

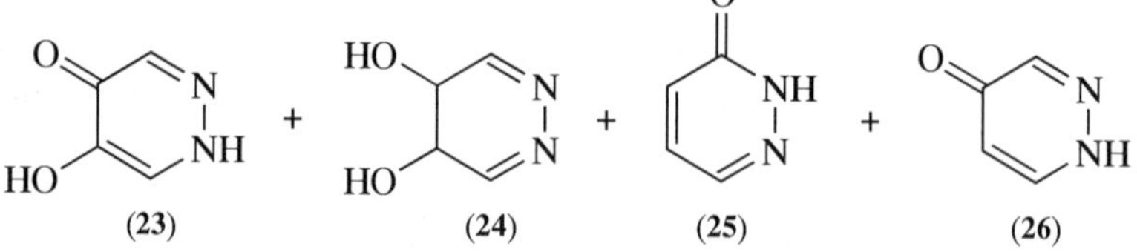

OXIDATION. Pyridazine underwent only mono-*N*-oxidation on treatment with 30% hydrogen peroxide at 100° for 8 h in the presence of sodium tungstate to give pyridazine 1-oxide (**20**) in 50% yield; at 55°, the yield was only 8.5%.[783] Pyridazine with perfluoro-2-butyl-3-propyloxaziridine in chloroform at −60° gave a separable mixture of pyridazine 1-oxide (**20**) (70%) and so-called *N*-(perfluorobutanoyl)pyridazinium 1-aminide (20%).[1944] Benzonitrile oxide (PhCN→O) reacted with pyridazine in refluxing benzene for 3 h to give mainly the tricyclic adduct (**21**) but also a little 3(2*H*)-pyridazinone (**22**).[1809] When pyridazine was fed to rats, metabolites in the urine included 5-hydroxy-4(1H)-pyridazinone (23), 4,5-dihydro-4,5-pyridazinediol (24), and "two isomeric monohydroxypyridazines," presumably 3(2H)- (25) and 4(1H)-pyridazinone (26).[1040]

ALKYLATION   Processes for the C-alkylation and C-arylation of pyridazine are illustrated in the examples that follow but for N-alkylation by the formation of N-alkylpyridazinium salts (or ylides), see Sections 3.3.1 and 3.3.2. Grignard additions have been studied.[188]

Using Alkyl Radicals

Pyridazine (28) gave 4-benzylpyridazine (27) [PhCH$_2$CO$_2$H, AgNO$_3$, 1M H$_2$SO$_4$, 70°; (NH$_4$)$_2$S$_2$O$_8$↓, 20 min; 90°, 30 min: 25%].[72, 1098]

Pyridazine (28) gave mainly 4-methylpyridazine (29) but also six other methylated pyridazines in small amounts (dilute H$_2$SO$_4$, 15°; Bu^{t}O$_2$H↓, FeSO$_4$↓, 60 min: 60%).[211]

Also other examples.[261]

Using Alkyllithium Reagents

Pyridazine (28) gave crude 3-isopentyl-2,3-dihydropyridazine (30) (Bu^{i}CH$_2$Li, Et$_2$O, −15°, 3 h, then 25°, 12 h) and then 3-isopentylpyridazine (31) (KMnO$_4$, AcMe: 93% overall).[1660]

Pyridazine gave 3-perfluorohexyl-2,3-dihydropyridazine (pyridazine, C$_6$F$_{13}$I, BF$_3$·Et$_2$O, Et$_2$O, −78°; then MeI·LiBr, 178°, 1 h: 71%) and then 3-perfluorohexylpyridazine (aerial oxidation: >95%).[1403]

Pyridazine (28) with p-(β-dimethylaminoethylthio)phenyllithium gave 3-[p-(β-dimethylaminoethylthio)phenyl]pyridazine (40%), which reacted with the same reagent again to afford 3,6-bis[p-(β-dimethylaminoethylthio)-phenyl]pyridazine (**32**) (36%).[1740]

Also examples of heteroarylation.[452,1235,1317]

Using 3-Lithiopyridazine as Substrate

Pyridazine (**33**) with LTMP (**34**) gave 3-lithiopyridazine (**35**) (THF, $-75°$, 6 min: unisolated) and then 3-α-hydroxyethylpyridazine (**36**, Q = Me, R = H) (MeCHO, THF, $-75°$, 1 h: 26%).[1387]

Somewhat similarly, pyridazine (**33**) gave 3-α-hydroxybenzylpyridazine (**36**, Q = Ph, R = H) (LTMP, PhCHO, THF, 75°, 90 min: 31%) or 3-(α-hydroxy-α-phenylbenzyl)pyridazine (**36**, Q = R = Ph) (LTMP, Ph$_2$CO, THF, $-75°$, 2 h: 47%).[1387]

Using an N-Acylpyridazinium Substrate

Note: This indirect route has been used mainly for *C*-heteroarylation of pyridazine and its simple derivatives.

Pyridazine (**37**) and β,β,β-trichloroethyl chloroformate gave a solution of the quaternary intermediate (**38**) (MeCN, pyridine, 0°, 20 min), which underwent arylation by 5-methyl-2*H*-1,4-thiazin-3(4*H*)-one (**39**) to afford 5-methyl-6-(2-β,β,β-trichloroethoxycarbonyl-1,4-dihydropyridazin-4-yl)-2*H*-1,4-thiazin-3(4*H*)-one (**40**) (MeCN, pyridine, 0°, 20 min; then 25°, 5 h: 63%) and then (by oxidative deacylation) 5-methyl-6-pyridazin-4′-yl-2*H*-1,4-thiazin-3(4*H*)-one (**42**) (S, Me$_2$NCHO, reflux, 90 min: 23%);[883] 4-methyl-5-pyridazin-4′-yl-2(3*H*)-thiazolone (**43**) was made similarly in 19% yield.[889]

Somewhat similarly, pyridazine (**37**), bis(tributylstannyl)acetylene (Bu$_3$SnC≡CSnBu$_3$), and ethyl chloroformate gave ethyl 3-ethynyl-1,6-dihydro-1-pyridazinecarboxylate (**41**) (CH$_2$Cl$_2$, 25°, >30 h; then F$_3$CCO$_2$H, 30 min: 71%);[1430,1582] likewise, allyltributyltin gave a separable mixture of ethyl 4-allyl-1,4-dihydro- and ethyl 6-allyl-1,6-dihydro-1-pyridazinecarboxylate (14% and 63%, respectively).[1627]

ACYLATION Pyridazine undergoes *C*-acylation on treatment with acyl radicals to afford 4-acyl- or more often 4,5-diacylpyridazines; hexahydropyridazine undergoes *N*-acylation or even *N,N*′-diacylations.[227] These processes are illustrated in the following examples:

Pyridazine (**44**) gave a separable mixture of 4-benzoyl- (**45**, R = Ph) and 4,5-dibenzoylpyridazine (**46**, R = Ph) (PHCHO, 1M H_2SO_4, AcOH; then $Bu^tO_2H\downarrow$, $FeSO_4/H_2O\downarrow$, 10°, 1 h: 3% and 31%, respectively);[72,79,81] *p*-anisaldehyde gave only 4,5-di-*p*-anisoylpyridazine (**46**, R = C_6H_4OMe-*p*) (56%), but aliphatic aldehydes gave poor yields, for instance, 4,5-diisobutyrylpyridazine (**46**, R = Pr^i) (9%).[79,81] (See also Sections 8.2.1 and 8.8)

Hexahydropyridazine gave 1-*p*-anisoylhexahydropyridazine (**47**) ($MeOC_6H_4$ CO_2H-*p*, $C_6H_{11}N{=}C{=}NC_6H_{11}$, 4-$Me_2N$-pyridine, PhH, 40°, 16 h: 37%) and then 1-*p*-anisoyl-2-(*p*-nitrophenylacetyl)hexahydropyridazine (**48**) (*p*-$O_2NC_6H_4CH_2COCl$, PhMe, reflux, 12 h: ?%).[23]

Hexahydropyridazine and 4-oxo-3-phenoxyacetamido-2-azetidinecarboxylic acid gave 1-(4-oxo-3-phenoxyacetamido-2-azetidinecarbonyl)hexahydropyridazine (**49**) [$C_6H_{11}N=C=NC_6H_{11}$ (?), THF, 25°, 18 h: 46%].[258]

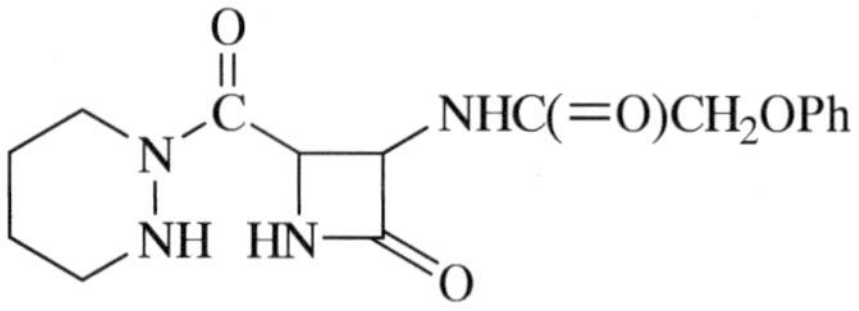

(49)

REISSERT REACTIONS Pyridazine reacted readily with trimethylsilyl cyanide in the presence of *p*-toluenesulfonyl chloride and aluminum chloride to give 2-tosyl-2,3-dihydro-3-pyridazinecarbonitrile (**50**) (84%), which underwent oxidation by loss of *p*-toluenesulfonic acid on stirring with 1,8-diazabicyclo[5.4.0]undec-7-ene (DBU) in THF for 1 h to afford 3-pyridazinecarbonitrile (**51**) in 92% yield;[220] 4- and 6-methyl-3-pyridazinecarbonitrile were made similarly in ~45 and ~80% yields, respectively.[220]

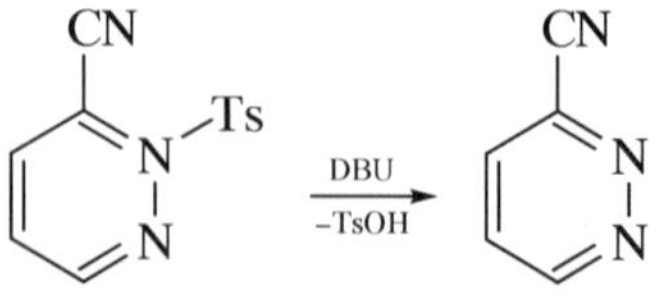

(50) (51)

CYCLOADDITIONS Several types of cycloaddition (in both the strict and broad senses of the word) have involved pyridazine or hexahydropyridazine, as illustrated in the following examples:

Pyridazine and methyl 2-chloro-2-phenylhydrazonoacetate gave methyl 1-phenyl-1,8a-dihydro-1,2,4-triazolo[4,3-*b*]pyridazine-3-carboxylate (**52**) (Et$_3$N, CHCl$_3$, 25°, 24 h: 65%).[937]

Pyridazine and benzonitrile oxide gave 3-phenyl-8a*H*-1,2,4-oxadiazolo[4,5-*b*]pyridazine (**53**) [PhCN→O (made in situ), Et$_2$O, Et$_3$N, 0°→25°, 2 days: 60%].[1878]

Pyridazine and diphenylcyclopropenone gave 6,7-diphenylpyrrolo[1,2-*b*]pyridazin-5-ol (**54**) (MeOH, reflux, A, 1 h: 70%).[1379]

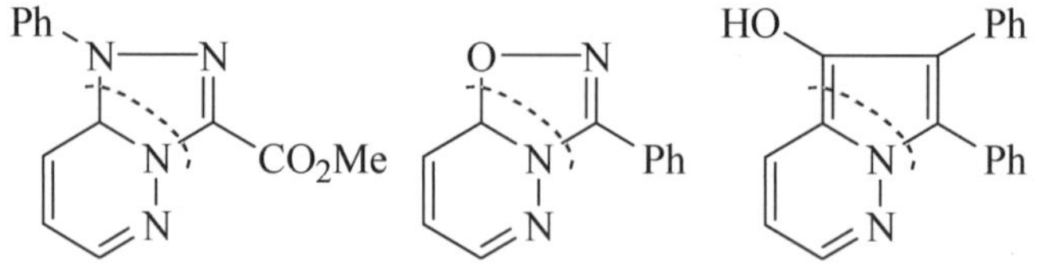

(52) (53) (54)

Pyridazine and maleic anhydride gave, not the simple diadduct as reported previously,[1929] but the isomeric spiro compound (**55**) (CHCl$_3$, 25°, 2 days; then 40°, 2 days: 85%).[953]

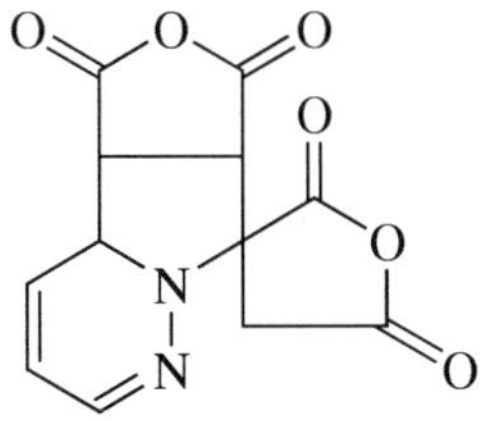

(55)

Hexahydropyridazine (**56**) and ethyl acrylate (**57**) gave 2,3,5,6,7,8-hexahydro-1*H*-pyrazolo[1,2-*a*]pyridazin-1-one (**58**) (70%) and then perhydro-1,5-diazonin-2-one (**59**) (liquid NH$_3$, Na: 87%).[630] Also other examples.[225, 284, 431, 1946]

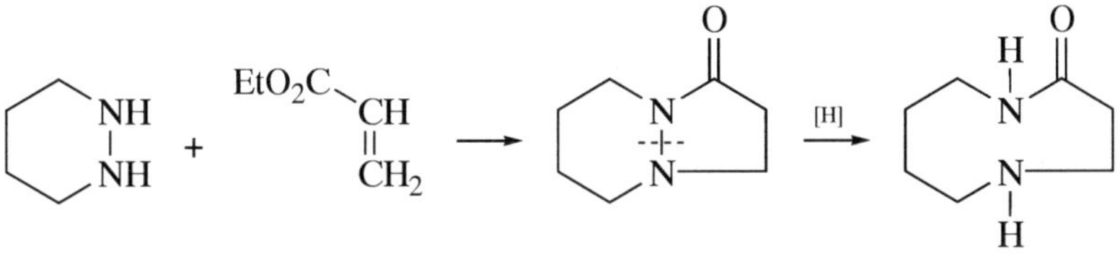

(56) (57) (58) (59)

Metal Complex Formation

Pyridazine has been involved, usually as a coligand, in the formation of complexes with the following metals: Ag,[900] Cd,[1091] Co,[1091, 1202] Cr,[626] Cu,[1091, 1546, 1658] Fe,[1091, 1133, 1202] Ge,[1249] Mn[1091, 1202] Mo[478, 1093] Ni,[1091, 1202] Pd,[900] Rh[454] Ru[490] Si,[1249] Sn,[1349] Ti[1349] V,[2115] W,[478] and Zn.[1091, 1202]

Other Reactions

As well as undergoing the alkylations (discussed earlier in this Section), 3-lithiopyridazine (**35**) (prepared in situ in THF) afforded 3-phenylthiopyridazine (PhSSPh, THF, −75°, 2 h: 7%), 3-iodopyridazine (I, THF, −75°, 40 min: 16%), 3-deuteropyridazine (DCl–EtOD, −75°, 10 min: 32%), or 4(*not* 3)-*t*-butyldimethylsilylpyridazine (Bu^{t}Me$_2$SiCl, THF, −75°, 90 min: 9%).[1387] The *C* or *N* amination of pyridazine is discussed in Section 7.2.1.

Pyridazine acted as an effective catalyst in the successive reductive dechlorinations of tetrachlorodimethyldisilane (Cl$_2$MeSiSiMeCl$_2$) by tributylstannane in toluene during 2 days.[1647]

Pyridazine underwent profound decomposition on pyrolysis.[2082]

3.2 C-ALKYL- AND C-ARYLPYRIDAZINES

In earlier days, alkyl and aryl groups attached to pyridazine were clearly considered of little importance. However, it is evident now that such groups do undergo a variety of reactions, have marked steric and electronic effects on the reactivity of functional groups attached to the same pyridazine nucleus, and profoundly affect the bioactivity of such pyridazines. The formation and reactions of N-alkylpyridazinium salts and ylides are treated in Section 3.3.

3.2.1 Preparation of C-Alkyl- and C-Arylpyridazines

The following treatment is not confined entirely to methods for the preparation of simple alkyl- or arylpyridazines. It does include typical examples in which the resulting molecule may bear one or more functional passenger groups that have remained unaffected during the procedure(s) involved. The many *primary syntheses* of alkyl- and arylpyridazines have been covered in Chapters 1 and 2.

3.2.1.1 By Direct Alkylation

The alkylation of pyridazine has been discussed in Section 3.1.3. Direct alkylation or arylation of other pyridazines are illustrated in the following examples:

Classical C-Alkylations

3-Methoxy-6-phenylpyridazine (**60**, R = H) gave its unisolated 4-lithio derivative (**60**, R = Li) (BuLi, 2,2,6,6-Me$_4$-piperidine, THF, $-30° \rightarrow 0°$, 30 min; then substrate ↓, $-70°$, 90 min) and then 3-methoxy-4-methyl-6-phenylpyridazine (**60**, R = Me) (MeI, $-70°$, 2 h: 81%);[1569] also analogous examples.[358, 1569]

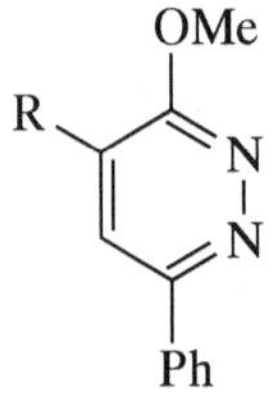

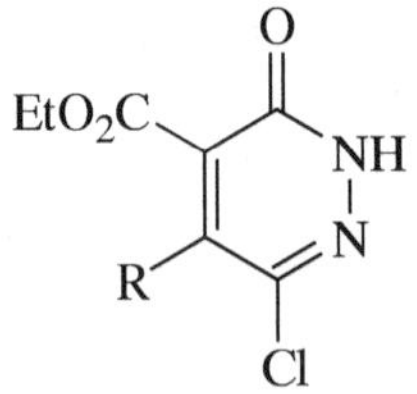

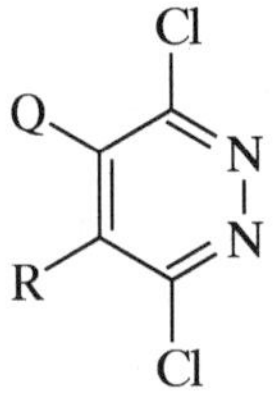

Ethyl 6-chloro-3-oxo-2,3-dihydro-4-pyridazinecarboxylate (**61**, R = H) gave its 5-methyl derivative (**61**, R = Me) (CH$_3$NO$_2$, Et$_3$N or K$_2$CO$_3$, Me$_2$SO,

25°, 3 days: 96% or 63%, respectively); also the 5-ethyl homologue (**61**, R = Et) (EtNO$_2$, similarly: 36% or 38%, respectively).[821, cf.30]

3,6-Dichloropyridazine (**62**, Q = R = H) gave 3,6-dichloro-4-tosylmethylpyridazine (**62**, Q = CH$_2$Ts, R = H) (ClCH$_2$Ts, Bu^{t}OK, THF, −75°, 1 h: 98%).[1506, 1625]

Homolytic or Irradiation-Assisted *C*-Alkylations

3,6-Dichloropyridazine (**62**, Q = R = H) gave 3,6-dichloro-4-methylpyridazine (**62**, Q = Me, R = H) [AcOH, AgNO$_3$, dilute H$_2$SO$_4$, (NH$_4$)$_2$S$_2$O$_8$, 70°: 87%]; similar treatment using Pr^{i}CO$_2$H for AcOH gave a separable mixture of 3,6-dichloro-4-isopropyl- (**62**, Q = Pr^i, R = H) and 3,6-dichloro-4,5-diisopropylpyridazine (**62**, Q = R = Pr^i) (84% and 12%, respectively).[1223]

(**63**)

Ethyl 4-pyridazinecarboxylate (**63**, R = H) gave ethyl 5-phenoxymethyl-4-pyridazinecarboxylate (**63**, R = CH$_2$OPh) [PhOCH$_2$CO$_2$H, AgNO$_3$, dilute H$_2$SO$_4$, PhMe, (NH$_4$)$_2$S$_2$O$_8$, 90°, vigorous stirring, 1 h: 72%; use of an homogeneous mixture of deletion of PhMe led to a poor yield]; the 5-phenylthiomethyl analogue was made similarly (63%).[1635]

3,6-Dichloropyridazine (**62**, Q = R = H) gave a separable mixture of 3,6-dichloro-4-methylpyridazine (**62**, Q = Me, R = H), 3,6-dichloro-4,5-dimethylpyridazine (**62**, Q = R = Me), and three very minor products (MeOH, HCl gas, $h\nu$, 6 h: ∼20%, ∼10%, and <3% for each of the others).[755, 762]

Also other examples.[24, 758, 761, 762, 1676]

C-Alkylations with Aldehydes or Ketones

Note: The course of these alkylations is determined by the type of substrate and the ratio of reactants. Pyridazines (after lithiation) afford *C*-α-hydroxyalkylpyridazines; 4,5-dihydropyridazies give 4- or 5-monoalkylpyridazines by loss of water or 4,5-dialkylidenedihydropyridazines by loss of 2 × water. For Mannich *C*-alkylations, see the next subsection.

3,6-Dichloro-4-lithiopyridazine (**64**) (prepared in situ) gave 3,6-dichloro-4-α-hydroxyethylpyridazine (**65**, Q = me, R = H) (MeCHO, THF, −70°, 90 min: 65%) or 3,6-dichloro-4-(α-hydroxydiphenylmethyl)pyridazine (**65**, Q = R = Ph) (BzPh, THF, −70°, 90 min: 45%).[1669]

N-t-Butyl-4-pyridazinecarboxamide (**66**, R = H) gave its 5-lithio derivative (**66**, R = Li) (BuLi, THF, −30°; then 2,2,6,6-Me$_4$-piperidine, 0°, 38 min; then substrate↓, −70°, 2 h) and then N-t-butyl-5-α-hydroxybenzyl-4-pyridazinecarboxamide [**66**, R = CH(OH)Ph](PhCHO, 170°, 30 min: 79%).[1609]

6-Styryl-4,5-dihydro-3(2H)-pyridazinone (**67**) gave 4-benzyl-6-styryl-3(2H)-pyridazinone (**68**) (PhCHO, EtOK, EtOH, reflux, 3 h: 48%).[1282]

6-p-Methoxyphenyl-4,5-dihydro-3(2H)-pyridazinone gave 4-p-methoxybenzyl-6-p-methoxyphenyl-3(2H)-pyridazinone (MeOC$_6$H$_4$CHI-p, EtOK, EtOH, reflux, 2 h: 73%); also analogues.[1253]

4,5-Dihydro-3,6(1H,2H)-pyridazinedione gave 4,5-dibenzylidene-4,5-dihydro-3,6(1H,2H)-pyridazinedione (**69**) (PhCHO, Ac$_2$O, AcONa, AcOH, reflux, 3 h: 69%).[372,374]

Also other examples.[358,363,370,868,922,992,1019,1039,1251,1263,1276,1410,1421,1553,1569,1610,1721,1867,1868,1880,2035]

C-Alkylation by the Mannich Reaction

3(2H)-Pyridazinone 1-oxide (**70**, R = H) gave 6-dimethylaminomethyl-3(2H)-pyridazinone 1-oxide (**70**, R = Me$_2$NCH$_2$)(CH$_2$O/H$_2$O, Me$_2$NH, EtOH, 0° → 25°, 12 h: 75%, as hydrochloride); also several analogues.[769]

3,6-Dimethyl-4(1H)-pyridazinone 2-oxide (**71**, R = H) gave 3,6-dimethyl-5-piperidinomethyl-4(1H)-pyridazinone 2-oxide [**71**, R = CH$_2$N(CH$_2$)$_5$] [CH$_2$O/H$_2$O, HN(CH$_2$)$_5$, EtOH, 25°, 2 days: 71%, as hydrochloride].[791]

Dehydrative C-Alkylation of Pyridazine N-Oxides

3-Methoxypyridazine 1-oxide (**72**) gave 3-(2-amino-1-methoxycarbonyl-prop-1-enyl)-6-methoxypyridazine (**73**) [MeC(NH$_2$)=CHCO$_2$Me, BzCl, CHCl$_3$, 0° → 25°, 24 h: 48%].[962]

3-Ethoxypyridazine 1-oxide gave 3-ethoxy-6-pyridin-2′-ylpyridazine and 2,2′-bipyridine (pyridine, Pt + Pd/C, ∼125°, 4 h: < 5% each).[536]

In contrast, 3(2H)-pyridazinone 1-oxide (**74**) with benzyne (**75**) gave 6-o-hydroxyphenyl-3(2H)-pyridazinone (**77**) (92%), probably via the tricyclic intermediate (**76**).[817]

Alkylation of Zwitterionic Pyridazines

3-Methylpyridazine (**78**) gave successively 3-methylpyridazinium-1-dicyanomethylide (**79**) (tetracyanoethylene oxide, THF, 0°, ∼3 h: 78%),

3-methyl-4-phenylsulfonylmethylpyridazinium-1-dicyanomethylide (**80**) (ClCH$_2$SO$_2$Ph, Bu^{t}OK, THF, 0°, 15 min; then substrate↓, Me$_2$NCHO, 0°, 10 min: 59%), and 3-methyl-4-phenylsulfonylmethylpyridazine (**81**) [(NH$_4$)$_2$S$_2$O$_8$, MeOH, reflux, 1 h: 88%]; also analogues.[1816]

3-Oxo-2,3-dihydropyridazinium-1-ethoxyformamidate (**82**) gave its 2-methyl derivative (**83**) (CH$_2$N$_2$, Et$_2$O, 25°, 1 h: 42%) and thence the 2,4-dimethyl derivative (**84**) (CH$_2$N$_2$, Et$_2$O-CH$_2$Cl$_2$, 25°, 1 h: 77%).[877]

N-Alkylation of Hexahydropyridazines

1-Methylhexahydropyridazine (**85**, R = H) gave 1-ethyl-2-methylhexahydropyridazine (**85**, R = Et) (MeCHO, NaBH$_3$CN, MeCN, H$_2$O, AcOH gradually, 7 h: ~50%).[604]

3.2.1.2 By Nuclear Addition Reactions

Most of these alkylations occur by the addition of an appropriate Grignard, lithium, or tin reagent across one double bond of a pyridazine to afford an alkyl-

or aryldihydropyridazine, many of which may be oxidized to the corresponding alkyl- or arylpyridazines. However, some nonmetallic reagents have been so used. The following examples, classified according to the type of reagent, illustrate these additive alkylations and arylations:

Using Alkyl- or Aryllithiums

2,6-Diphenyl-3(2H)-pyridazinone (**86**) gave 2,6,6-triphenyl-1,6-dihydro-3(2H)-pyridazinone (**87**) (PhLi, Et$_2$O-PhH, $-50°$; then reflux, 5 h: 75%).[113]

6-p-Tolyl-4,5-dihydro-3(2H)-pyridazinone (**88**, Q = C$_6$H$_4$Me-p) and phenyllithium gave 6-phenyl-6-p-tolyl-1,4,5,6-tetrahydro-3(2H)-pyridazinone (**89**, Q = C$_6$H$_4$Me-p, R = Ph) (Et$_2$O-PhH, reflux, 8 h; 85%); 6-phenyl-4,5-dihydro-3(2H)-pyridazinone (**88**, Q = Ph) and p-tolyllithium gave the same product (**89**, Q = Ph, R = C$_6$H$_4$Me-p) (similarly: 70%).[366]

Also other examples.[452, 453, 1199, 1201]

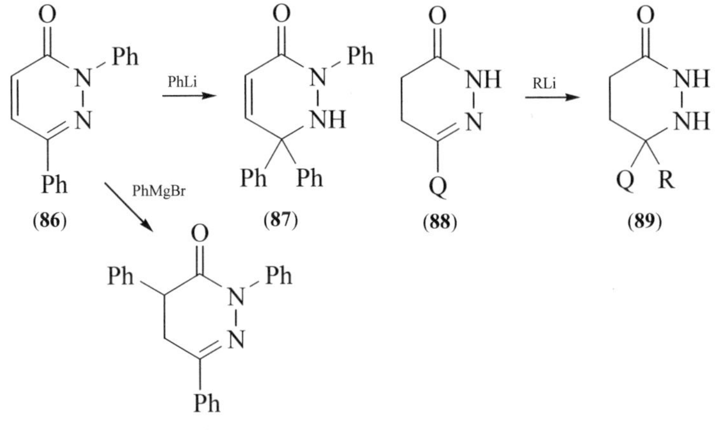

Using Grignard Reagents

2,6-Diphenyl-3(2H)-pyridazinone (**86**) gave 2,4,6-triphenyl-4,5-dihydro-3(2H)-pyridazinone (**90**) [PhMgBr, Et$_2$O–PhH, reflux, 8 h: 64%; cf. the isomer (**87**) produced by PhLi (see preceding subsection)].[113]

3-Dimethylamino-6-methoxypyridazine (**91**, R = H) gave 4-t-butyl-6-dimethylamino-3-methoxy-4,5-dihydropyridazine (**92**) (Bu^{t}MgCl, Et$_2$O, 25°, 1 h: $\sim$70%) and then 4-t-butyl-6-dimethylamino-3-methoxypyridazine (**91**, R = Bu^t)[Br, H$_2$O; crude product, MeONa, MeOH, reflux, 10 min (dehydrobromination): $\sim$75%];[137] also analogous reactions.[136, 137]

6-Styryl-3(2H)-pyridazinone (**93**, R = H) gave 4-phenyl-6-styryl-3(2H)-pyridazinone (**93**, R = Ph) (excess PhMgBr, Et$_2$O–PhH, reflux,

8 h: 70%; presumably via a dihydro derivative);[369] also analogous reactions.[369, 375, 634]

3-Azido-4-pyridazinecarbonitrile gave 3-azido-5-phenylpyridazine, presumably by loss of HCN from the intermediate 3-azido-5-phenyl-4,5-dihydro-4-pyridazinecarbonitrile (PhMgCl, THF, A, 0° → 25°, 4 h: 90%).[1408, cf.1595] Also other examples.[366, 370, 780, 843, 1102, 1245, 1247, 1253, 1263, 1277, 1278, 1329, 1346]

Using Other Organometallic Reagents

Methyl 3-pyridazinecarboxylate 1-methiodide (94) with allyltributyltin gave a separable mixture of methyl 4-allyl-1-methyl-1,4-dihydro- (95) and methyl 6-allyl-1-methyl-1,6-dihydro-3-pyridazinecarboxylate (96) (MeCN, 0°, 5 h: 18% and 52%, respectively); also analogues.[1469]

6-Oxo-3-phenyl-1,6-dihydro-4-pyridazinecarbaldehyde (97) with the typical methyllithium–methylcopper complex, Me_2CuLi or $Me_5Cu_3Li_2$, gave a separable mixture of 5-methyl-6-oxo-3-phenyl-1,6-dihydro-4-pyridazine-carbaldehyde (98), 5-α-hydroxyethyl-6-phenyl-3(2H)-pyridazinone (99), and 6-methyl-3-phenyl-4-pyridazinecarbaldehyde (100) [metallic complex (made in situ), Et_2O–C_5H_{12}, −75°, 2 h: ∼80% prior to separation].[370]

Using Nonmetallic Reagents

3,6-Dichloropyridazine (**101**) and diisopropyl ketone (enol: **102**) gave 3,6-dichloro-4-(α-isobutyryl-α-methylethyl)-4,5-dihydropyridazine (**103**) (NaNH$_2$, liquid NH$_3$–Et$_2$O, 15 min?), characterized by partial hydrolysis to a separable mixture of 6-chloro-4-(**104**, Q = CMe$_2$COPr^t, R = H) and 6-chloro-5-(α-isobutyryl-α-methylethyl)-4,5-dihydro-3(2H)-pyridazinone (**104**, Q = H, R = CMe$_2$COPr^i) wet silica gel, Et$_2$O, 25°, 24 h).[334]
Also other examples.[2103]

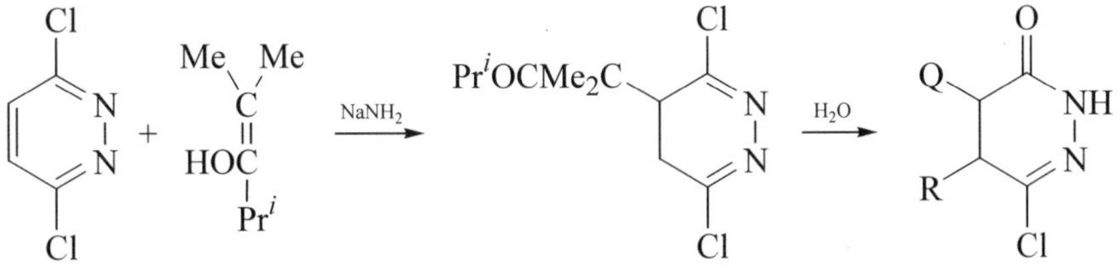

3.2.1.3 By Displacement Reactions

Pyridazines bearing an halogeno or other such leaving group can be converted into the corresponding alkyl- or arylpyridazine by treatment with a hydrocarbon in the presence of a suitable catalyst, by treatment with a carbanion, or by treatment with an organometallic or other such "active" reagent; in all these procedures, the entering alkyl or aryl substituent may bear passenger groups. The following examples illustrate the foregoing possibilities:

From Halogenopyridazines with Hydrocarbons (AlCl$_3$-Assisted)

3,6-Dichloropyridazine and indole gave 3-(6-chloropyridazin-3-yl)indole (**105**) (AlCl$_3$, ClCH$_2$CH$_2$Cl, 20–35°, 90 min; then reflux, 30 min: 30%).[359]
Also other examples.[359, 1772]

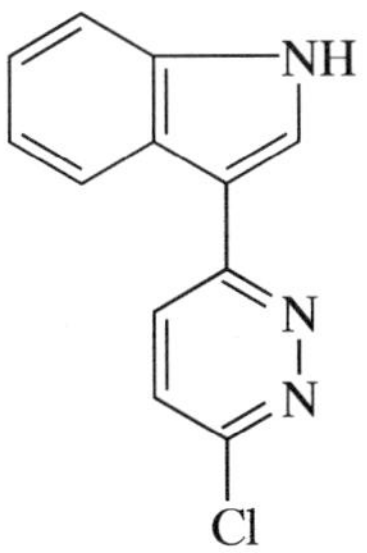

From Halogenopyridazines with Hydrocarbons (Pd/Cu-Assisted)

3,6-Diiodopyridazine and phenylacetylene gave 3,6-bisphenylethynylpyridazine (**106**) [Et$_3$N, Me$_2$SO, (Ph$_3$P)$_2$PdCl$_2$ + CuI, 25°, A, 2 days: 61%].[1638]

3-Chloro-4-pyridazinecarbonitrile and phenylacetylene gave 3-phenylethynyl-4-pyridazinecarbonitrile (**107**) [Et$_3$N, (PH$_3$P)$_2$PdCl$_2$ + CuI, 25°, 7 h: 78%].[1791]

Methyl 6-chloro-3-pyridazinecarboxylate and pent-1-yne gave methyl 6-pent-1′-ynyl-3-pyridazinecarboxylate (**108**) [Et$_3$N, (Ph$_3$P)$_2$PdCl$_2$CuI, 50°, 20 h: 80%] and then methyl 6-pentyl-3-pyridazinecarboxylate (H$_2$, Pd/C, MeOH: 96%).[864, 1592]

3-Iodo-6-methoxypyridazine and prop-2-yn-1-ol gave 3-(3-hydroxyprop-2-ynyl)-6-methoxypyridazine [Et$_3$N, (Ph$_3$P)$_2$PdCl$_2$ + CuI, THF, 25°, 8 h: 71%].[1385]

Also other examples.[122, 191, 399, 834]

From Halogenopyridazines with Carbanions

3-Chloro-6-methoxypyridazine and acetone gave 3-acetonyl-6-methoxypyridazine (**109**, R = Me) (NaNH$_2$, liquid NH$_3$–Et$_2$O, dark, 15 min: 60%) or with pinacolone gave 3-methoxy-6-pivaloylmethylpyridazine (**109**, R = Bu^t) (NaNH$_2$, liquid NH$_3$–Et$_2$O, $h\nu$, 15 min: 72%).[326]

3,6-Dichloropyridazine with malononitrile gave 3-chloro-6-dicyanomethylpyridazine (**110**, R = CN) (KOH/H$_2$O, Me$_2$SO or Me$_2$NCHO, 80°, 4 h: >50%);[74] with o-methoxyphenylacetonitrile it gave 3-chloro-6-α-cyano-o-methoxybenzylpyridazine (**110**, R = C$_6$H$_4$OMe-o) (Bu^{t}OK, Bu^{t}OH,

35°, 90 min: 84%);[750, 1197] with 2-(3-benzyloxy-6-methoxyphenyl) acetonitrile it gave 3-(3-benzyloxy-α-cyano-6-methoxybenzyl)-6-chloropyridazine [**110**, R = C$_6$H$_3$(OCH$_2$Ph)OMe-3,6] (NaH, Me$_2$NCHO, ?°, 2 h: 64%);[749] or with phenylacetonitrile it gave 3-chloro-6-α-cyanobenzylpyridazine (**110**, R = Ph) (PhCH$_2$CN, PhMe, NaNH$_2$, 0°, 10 min; then substrate ↓, 20°, 5 h: 67%).[1354]

3-Chloropyridazine with phenylacetonitrile gave 3-α-cyanobenzylpyridazine (**111**) (NaNH$_2$, PhH, <5°; then 25°, 6 h; then reflux, 4 h: 65%).[839]

3-Chloro-6-methoxypyridazine with ethyl cyanoacetate gave 3-(α-cyano-α-ethoxycarbonylmethyl)-6-methoxypyridazine (**112**) [NaH, (Me$_2$N)$_3$PO, 100°, 2 h: 50%].[1184]

Tetrafluoropyridazine (1 mol) with pentafluorophenyllithium (2 mol; made in situ) gave perfluoro-4,5-diphenylpyridazine (**113**) (Et$_2$O–C$_6$H$_{14}$, −78° → 25°, 14 h: 30%) or with the same reagent (>4 mol), perfluorotetraphenylpyridazine (**114**) (same conditions: 86%).[653]

Tetrafluoropyridazine with perfluoroisobutene gave perfluoro-3,6-di-*t*-butylpyridazine (**115**) [CsF, tetrahydrothiophene dioxide as solvent, 80°, 10 h; 75%; note the formation of a carbanion thus: (F$_3$C)$_2$C=CF$_2$ + F$^−$ → (F$_3$C)$_3$C$^−$];[649] for other such fascinating but specialized reaction of perfluorocarbanions, see References 456, 457, 469, 643, 645, 647, 649, 653, 658, 660, 745.

Also other examples.[534, 857, 1030, 1377, 1441, 1547, 1628, 1631, 1698, 1798, 2098]

From Halogenopyridazines with Other Reagents

3,6-Dichloropyridazine with perfluorooctyl iodide gave 3,6-bis(perfluorooctyl)pyridazine (**116**) and a little 3-chloro-6-(perfluorooctyl)pyridazine (Cu, 2,2′-bipyridine, Me$_2$SO, C$_6$F$_6$, 85°, 6 days: 68% and <5%, respectively; akin to an Ullmann biaryl synthesis).[1577]

3-Chloro-6-methylpyridazine gave 3,6-dimethylpyridazine (**117**) (MeMgI, Ph$_2$PCH$_2$CH$_2$CH$_2$PPh$_2$·NiCl$_2$, Et$_2$O, substrate ↓ slowly, reflux, N$_2$, 3 h: 71%); 3,6-dichloropyridazine similarly gave the same product (**117**) (19%)[823] or 3,6-dithien-2′-ylpyridazine (**118**) (thien-2-yl-MgBr, Ph$_2$PCH$_2$CH$_2$CH$_2$PPh$_2$·NiCl$_2$, Et$_2$O, substrate ↓ slowly, <25°, 48 h; 90%).[1062] Contrast these results with the addition reactions that occur in the absence the Ni catalyst (Section 3.2.1.2).

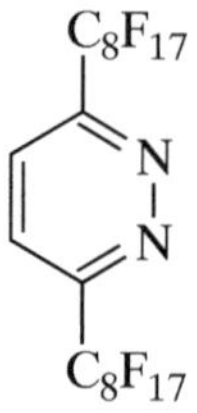

(116) 　(117) 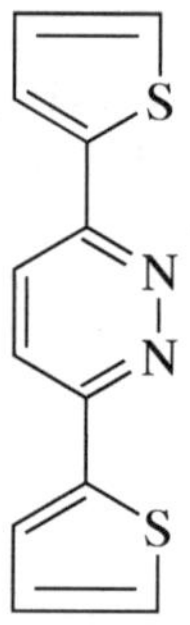　(118) 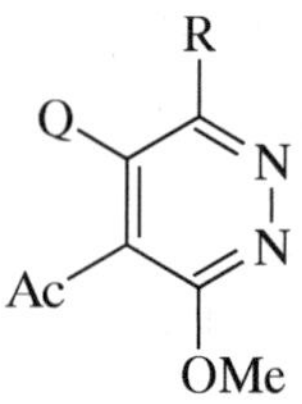　(119)

3-Chloro- or 3-iodo-6-methoxypyridazine gave 3-methoxy-6-phenylpyridazine [PhB(OH)$_2$, Pd(PPh$_3$)$_4$, 2M Na$_2$CO$_3$, EtOH, reflux, 12 h: 75%].[1385, 1569]

4-Acetyl-6-chloro-5-iodo-3-methoxypyridazine (**119**, Q = I, R = Cl) and *p*-chlorophenylboronic acid (1 mol) gave 4-acetyl-6-chloro-5-*p*-chlorophenyl-3-methoxypyridazine (**119**, Q = C$_6$H$_4$Cl-*p*, R = Cl) [K$_2$CO$_3$, EtOH–PhMe; Pd(Ph$_3$P)$_4$↓, A, 110°, 3 days: 87%] and then, with phenylboronic acid (1 mol), 4-acetyl-5-*p*-chlorophenyl-3-methoxy-6-phenylpyridazine (**119**, Q = C$_6$H$_4$Cl-*p*, R = Ph) (same conditions: 87%); note the apparent preference for displacement of the iodo substituent, although positional factors could be relevant.[1610]

Methyl 6-chloro-3-pyridazinecarboxylate and 2-butyl-4-tributylstannyl-3-(β-trimethylsilylethoxymethyl)imidazole gave methyl 6-[2-butyl-3-(β-trimethylsilylethoxymethyl)imidazol-4-yl]-3-pyridazinecarboxylate (**120**) [Pd(PPh$_3$)$_4$, 2,6-Bu$_2^t$-4-Me-phenol, dioxane, reflux, 7 h: 76%] and then methyl 6-(2-butylimidazol-4-yl)-3-pyridazinecarboxylate (HCl, MeOH, reflux, 4 h: 62%);[1754] also other examples using stannyl reagents.[1385, 1574, 1831]

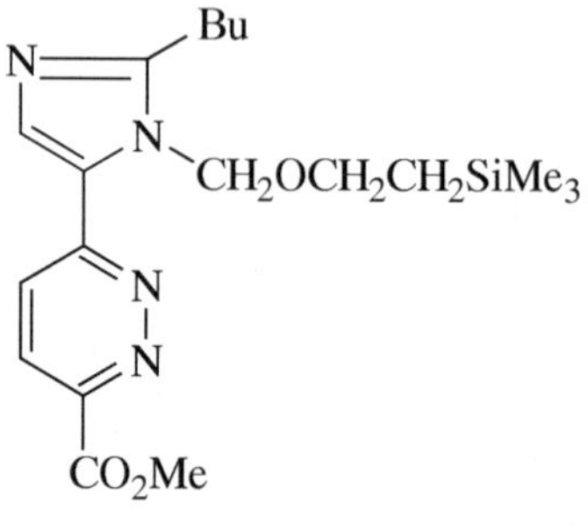

(120)

3-Chloropyridazine with methylenetriphenylphosphorane (H$_2$C=PPh$_3$) gave the unisolated intermediate (**121**) that reacted with benzaldehyde to give 3-styrylpyridazine (**122**) (PhH, reflux, 4 h; then PhCHO↓, 25°, 30 min: 88%).[26]

HC=PPh₃   HC=CHPh $\overset{-}{\text{C}}\text{HS}\overset{+}{\text{O}}\text{Me}_2$

(pyridazine) —PhCHO→ (pyridazine)   (6-phenylpyridazine)

(121)   (122)   (123)

3-Chloro-6-phenylpyridazine with so-called dimethyloxosulfonium methylide (Me₂$\overset{+}{\text{S}}$O$\overset{-}{\text{C}}$H₂) gave dimethyloxosulfonium 6-phenylpyridazin-3-ylmethylide (123) (THF, reflux, N₂, 5 h: 81%), a useful substrate for side-chain elaboration.[836]

From Alkoxy- or Acyloxypyridazines

3-Methoxypyridazine gave 3-α-cyanobenzylpyridazine (124) [PhCH₂CN, NaH, THF, reflux, 30 min; then substrate↓, reflux, until complete (tlc): 58%]; 4-α-cyanobenzylpyridazine was made similarly.[1586]

4-Methyl-6-phenyl-3-trifluoromethanesulfonyloxypyridazine (125) gave 3-(3-hydroxyprop-1-ynyl)-4-methyl-6-phenylpyridazine (126) [HC≡CCH₂OH (2 mol), (PhP)₂PdCl₂ + CuI, Pr$^i_2$NH, THF, 0°, 5 h: 88%]; other substituted-alkynyl derivatives, including 4-methyl-6-triethylsilylethynylpyridazine (127) (89%), were made likewise.[1629]

HC(CN)Ph   OSO₂CF₃   C≡CCH₂OH   C≡CSiEt₃

(124)   (125)   (126)   (127)

From Trialkylsilylpyridazines

3-Chloro-6-methoxy-5-trimethylsilylpyridazine (128, R = SiMe₃) and acetaldehyde gave 3-chloro-5-α-hydroxyethyl-6-methoxypyridazine [128, R = CH(OH)Me] with 3-chloro-6-methoxypyridazine (128, R = H) as a byproduct (THF, Bu₄NF in three portions, 20°, 4 h: 78% and 22%, respectively);[1610] propionaldehyde and benzaldehyde likewise gave the 5-α-hydroxypropyl [128, R = CH(OH)Et] (66%) and 5-α-hydroxybenzyl homologue [128, R = CH(OH)Ph] (71%), respectively.[1610]

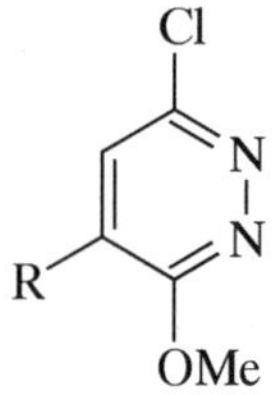

(128)

From Trialkylstannylpyridazines

4-Tributylstannyl- gave 4-phenylpyridazine [PhI, Pd(PPh$_3$)$_4$, PhMe, reflux, 48 h: 51%];[2046] 3,5-diphenylpyridazine likewise.[2093]

3,6-Diphenyl-4-tributylstannylpyridazine (**129**, R = SnBu$_3$) gave 3,4,6-triphenylpyridazine (**129**, R = Ph) [PhI, (Ph$_3$P)$_2$PdCl$_2$, Et$_4$NCl, Me$_2$NCHO, 80°, 30 h: 39%; PhBr, similarly: 25%].[1591]

From quaternized alkylthiopyridazines See Section 6.2.2.2

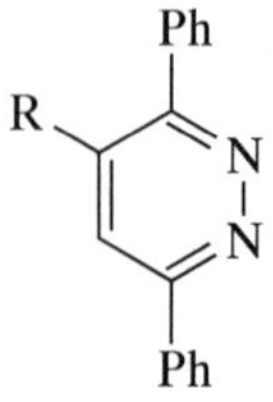

(129)

3.2.1.4 By Elimination of Functional Groups

This diverse set of preparative methods is used mainly to produce simple (unsubstituted-alkyl)pyridazines, as illustrated in the following examples:

Eliminations from Side Chains

4-Amino-5-α-hydroxyethyl-2-methyl-6-phenyl- (**130**) gave 4-amino-2-methyl-6-phenyl-5-vinyl-3(2H)-pyridazinone (**131**) (96% H$_2$SO$_4$, 25°, 2 h: 48%).[1832]

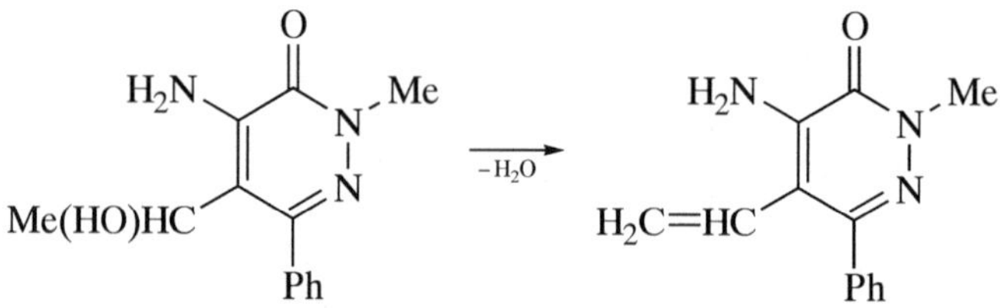

(130) → (131) $-H_2O$

3-β-Hydroxyethylpyridazine (crude) gave 3-vinylpyridazine (distillation from solid NaOH at 120°/1 mm, radical inhibitor: ~20%).[494]

2-β-Chloroethyl-3(2H)-pyridazinone gave 2-vinyl-3(2H)-pyridazinone MeONa, MeOH, reflux, 3 h: 70%).[1179]

Dimethyl 4,5-bisbromomethyl-1,2,3,6-tetrahydro-1,2-pyridazinedicarboxylate (**132**) gave a product formulated as dimethyl 4,5-dimethylenehexahydro-1,2-pyridazinedicarboxylate (**133**, R = CO_2Me) [ZnCu, Et_2O-$(Me_2N)_3PO$, reflux, 2 h: 72%, unstable but characterized] and then a second product formulated as 4,5-dimethylenehexahydropyridazine (**133**, R = H) (KOH, H_2O–MeOH, reflux, A, 4 h; CO_2 ↑ on H^+ ↓: 62% unstable in air).[323]

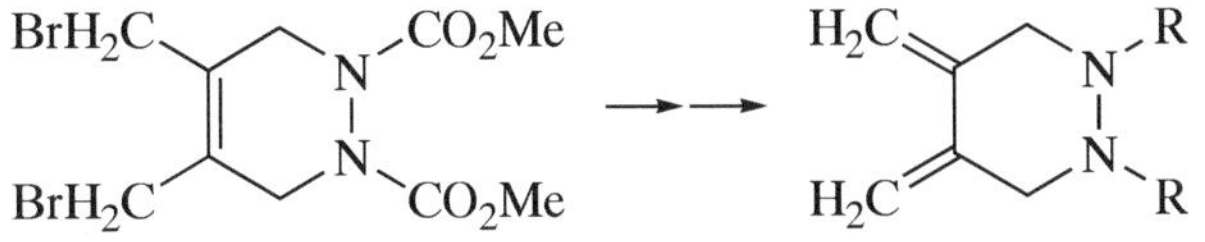

(**132**)   (**133**)

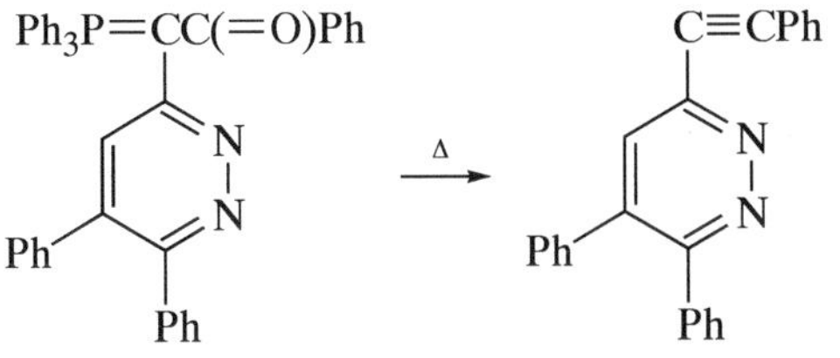

(**134**)   (**135**)

3,4-Diphenyl-6-[α-(triphenylphosphoranylidene)phenacyl]pyridazine (**134**) gave 3,4-diphenyl-6-phenylethynylpyridazine (**135**) (neat, 230°, sealed, 15 min: 96%; loss of Ph_2PO).[330]

4-Carboxymethyl-6-chloro- gave 6-chloro-4-methyl-3(2H)-pyridazinone (Cu powder, 150°, 20 min: 71%).[947]

4-α-Hydroxyethylpyridazine underwent thermal disproportionation to 4-ethyl- and 4-acetylpyridazine [neat, 120°, 5 h: products identified by mass spectroscopy (ms)].[73]

Also other examples.[92, 433, 434, 769, 1547, 1605]

Eliminations from the Pyridazine Nuclei

3-Methyl-5,6-diphenyl-4-pyridazinecarboxylic acid (**136**, R = CO_2H) gave 3-methyl-5,6-diphenylpyridazine (**136**, R = H) (neat, 200°, 30 min: >95%);[314] also an analogous example.[330]

Diethyl 3,6-diphenyl-1,2,3,6-tetrahydro-1,2-pyridazinedicarboxylate (**137**, R = CO_2Et) gave crude dipotassium 3,6-diphenyl-1,2,3,6-tetrahydro-

1,2-pyridazinedicarboxylate (**137**, R = CO$_2$K) (KOH, MeOH, reflux, N$_2$, 24 h) and then 3,6-diphenyl-1,2,3,6-tetrahydropyridazine (**137**, R = H) (AcOH, H$_2$O, 20°, 30 min: 95% overall).[1204] also a related example.[1146]

3-Benzoyl-4,6-diphenylpyridazine (**138**, R = Bz) gave 3,5-diphenylpyridazine (**138**, R = H) (Bu^{t}OK, dioxane, trace H$_2$O, 20°, N$_2$, 4 h: 82%).[404]

4-Ethyl-3-phenyl-5-trimethylsilylpyridazine (**139**, R = SiMe$_3$) gave 4-ethyl-3-phenylpyridazine (**139**, R = H) (KOH, EtOH–H$_2$O, 60°, 12 h: 57%);[12] analogues likewise.[12]

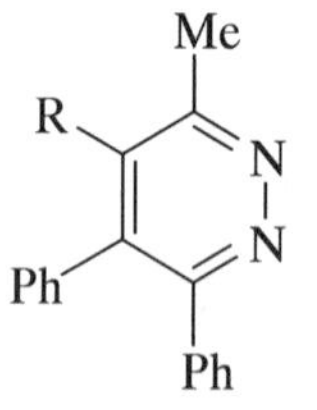

(136) 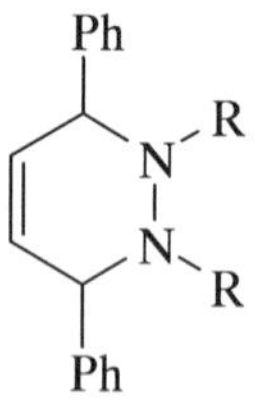 (137) 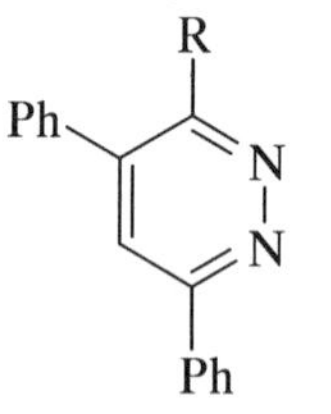 (138) 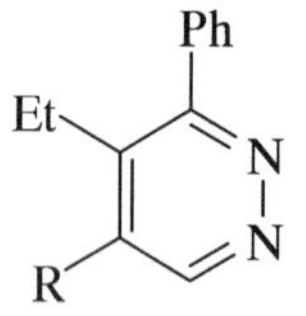 (139)

1,2-Dimethyl-4-phenyl-4,5-dihydro-3,6(1*H*,2*H*)-pyridazinedione (**140**) gave 1,2-dimethyl-4-phenylhexahydropyridazin (**141**) (LiAlH$_4$, THF, 25°; then reflux, 20 h: 67%);[1328] also related examples.[1051, 1833]

3,6-Diphenylpyridazine 1,2-dioxide (**142**) gave 3,6-diphenylpyridazine 1-oxide and 3,6-diphenylpyridazine (**143**) (H$_2$, Pd/C, EtOH: 89% and 6%, respectively; reaction probably not optimized);[321] other appropriate *N*-oxides also gave their parent alkylpyridazines by a variety of methods, usually in poor yield.[230, 411,, 426, 625, 1193]

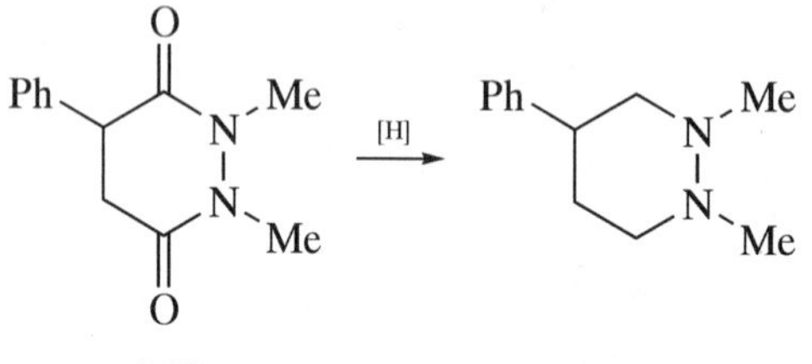

(140) (141) 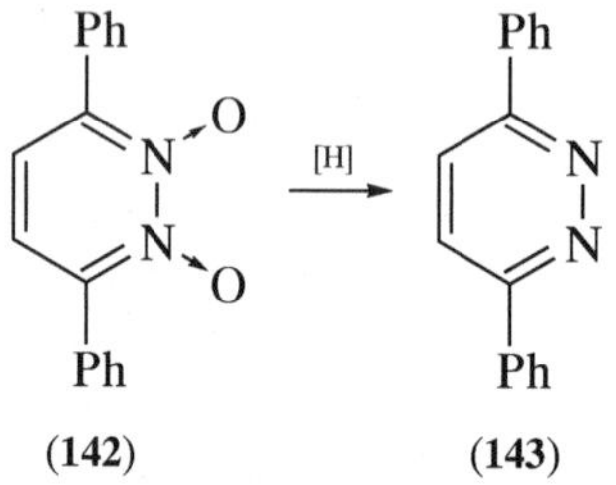 (142) (143)

3-Bromo-6-butyl-3,6-dimethyl-3,4,5,6-tetrahydropyridazine gave 3-butyl-3,6-dimethyl-3,4-dihydropyridazine (1,5-diazabicyclo[4.3.0]non-5-ene, THF, N$_2$, 25°, 10 h: ∼20%; by elimination of HBr) and then the isomeric 3-butyl-3,6-dimethyl-2,3-dihydropyridazine (PhH, 125°, sealed, 12 h: unisolated but identified by nmr).[1201]

3-Ethoxy-6-phenyl-2-tosyl-2,3,4,5-tetrahydropyridazine gave 3-phenylpyridazine [EtONa, EtOH, 60°, 18 h: 81%; by elimination of EtOH and TsH].[1237]

3.2.1.5 By Modification of Aldehydes, Ketones, or Esters

Most such modifications involve reduction to alkyl- or aralkylpyridazines or the conversion of pyridazine aldehydes or ketones into (substituted-vinyl)pyridazines by condensation with methylene reagents. The following examples illustrate these routes to alkylpyridazines:

Reductions

Diethyl 3-phenylhexahydro-1,2-pyridazinedicarboxylate (**144**, R = CO_2Et) gave 1,2-dimethyl-3-phenylhexahydropyridazine (**144**, R = me) ($LiAlH_4$, Et_2O, 20 h: 93%).[1329]
Ethyl hexahydro-1-pyridazinecarboxylate (**145**, R = CO_2Et) gave 1-methylhexahydropyridazine (**145**, R = Me)($LiAlH_4$, Et_2O, 25°, 2.5 h, then reflux, 4 h: 42%;[604] likewise but reflux 16 h: ~90%)[972]

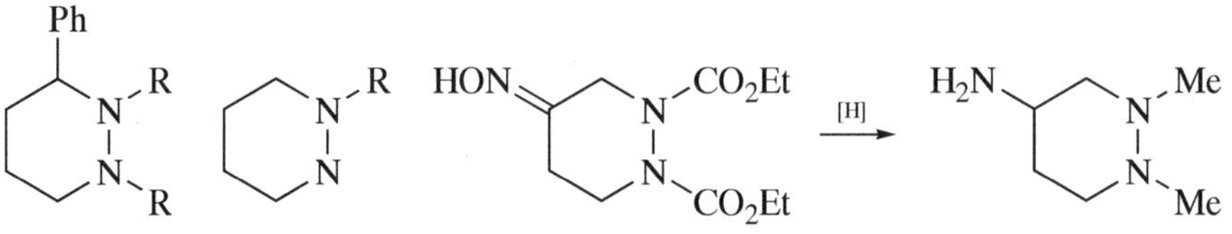

(144) (145) (146) (146a)

Diethyl 4-hydroxyiminohexahydro-1,2-pyridazinedicarboxylate (**146**) gave 1,2-dimethylhexahydro-4-pyridazinamine (**146a**) ($LiAlH_4$, Et_2O, reflux, 28 h: 60%).[1699]
1-(3,4-Dichlorobenzoyl)-(**147**, X = O) gave 1-(3,4-dichlorobenzyl)-3-phenyl-1,4,5,6-tetrahydropyridazine (**147**, X = H_2) ($LiAlH_4$, THF, N_2, 5°→20°, 1 h: ~55%).[1834]
Also other examples.[91, 790, 1671]

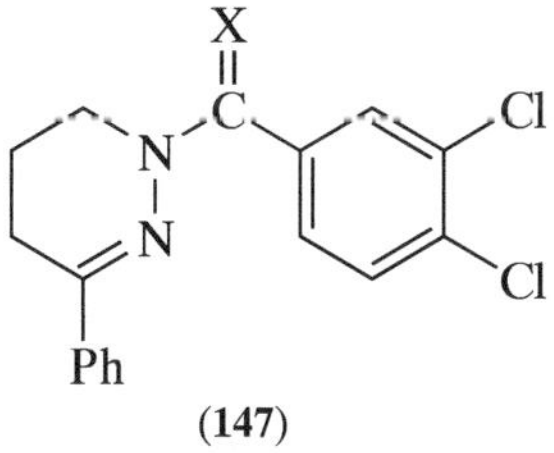

(147)

Condensations with methylene reagents

4-Pyridazinecarbaldehyde (**149**) with triethyl phosphonoacetate gave 4-β-ethoxycarbonylvinylpyridazine (**148**) (NaH, Me_2NCHO, 25°, 2 h: 49%)

or with malononitrile gave 4-β,β-dicyanovinylpyridazine (**150**) (EtOH, 25°, 2 h: 80%); also analogues.[1668]

4-Benzoylpyridazine (**152**) with diethyl benzylphosphonate gave 4-α-phenylstyrylpyridazine (**151**) (NaH, Me₂NCHO, 25°, 16 h: 70%); also analogues.[1668]

4-Amino-6-methyl-3-pyridazinecarbaldehyde with 1-acetyl-3-indolinone gave 2-(4-amino-6-methylpyridazin-3-ylmethylene)-3-indolinone (**153**) (EtOH, trace KOH, 25°, 24 h: ~35%).[1020]

3-Pyridazinecarbaldehyde 2-oxide with 3-methylpyridazine 2-oxide gave α,β-bis(2-oxidopyridazin-3-yl)ethylene (MeONa, MeOH, reflux, 1 h: 21%) and then α,β-bispyridazin-3′-ylethylene (PCl₃, CHCl₃, reflux, 48 h: 19%).[767]

Also other examples[67, 511, 960, 1603, 1811]

3.2.1.6 By Interconversion of Simple Alkyl Substituents

Alkylpyridazines, usually with no functional group(s) on their alkyl substituents, may be converted into other such alkyl-, alkenyl-, or aralkylpyridazines in several ways, as illustrated in the following examples.

Reduction

3-Styrylpyridazine (**154**, R = CH:CHPh) gave 3-phenethylpyridazine (**154**, R = CH$_2$CH$_2$Ph)(H$_2$, Pd/C, EtOH, 25°: 91%);[1791] likewise 4-styryl- gave 4-phenethylpyridazine (87%).[67]

4-Amino-2-methyl-6-phenyl-5-vinyl-3(2H)-pyridazinone (**155**, R = CH:CH$_2$) gave 4-amino-5-ethyl-2-methyl-6-phenyl-3(2H)-pyridazinone (**155**, R = Et) (H$_2$, Pd/C, EtOH, 25°, 45 min: 66%);[1832] likewise 6-methyl-2-vinyl- gave 2-ethyl-6-methyl-3(2H)-pyridazinone (H$_2$, Pt, F$_3$CCO$_2$H, 20°, 2 h: >95%; or Et$_3$SiH, F$_3$CCO$_2$H, 65°, 25 h: 67%).[1134]

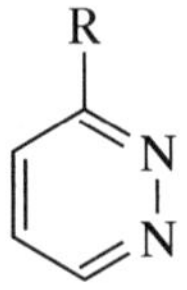

(**154**) 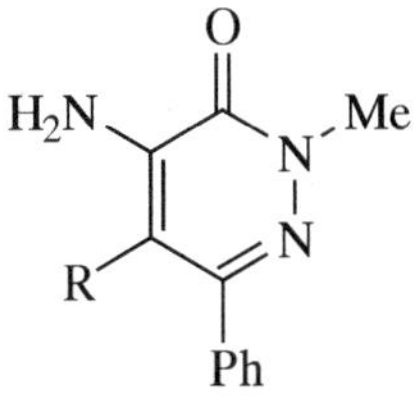 (**155**) 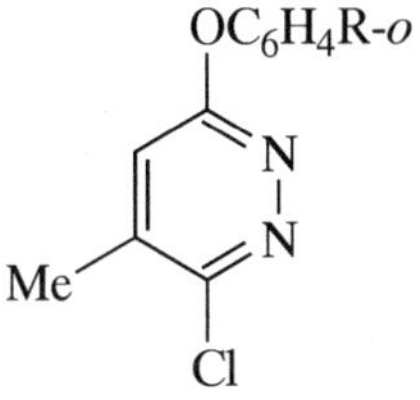 (**156**)  (**157**)

3-o-Allylphenoxy-6-chloro-5-methylpyridazine (**156**, R = CH$_2$CH:CH$_2$) gave 3-chloro-4-methyl-6-o-propylphenoxypyridazine (**156**, R = Pr) (H$_2$, Pd/C, NH$_4$OHMeOH: 98%).[766]

3-Methyl-6-phenylethynylpyridazine (**157**, R = CH:CPh) gave 3-methyl-6-phenethylpyridazine (**157**, R = CH$_2$CH$_2$Ph) (H$_2$, Pd/C, EtOH–H$_2$O: 97%);[834] likewise, 3,4-diphenyl-6-phenylethynyl- gave 3-phenethyl-5,6-diphenylpyridazine (H$_2$, Pt, EtOAc, 3 atm, 4 h: 93%).[330]

Also other examples.[6, 122, 160, 767, 1385, 1734]

Oxidation

3-Methylpyridazine 2-oxide (**158**) gave α,β-bis(2-oxidopyridazin-3-yl)ethylene (**159**) (SeO$_2$, pyridine, reflux, 6 h: 49%; probably by partial conversion into the pyridazinecarbaldehyde oxide and condensation with unchanged methylpyridazine oxide; see end of Section 3.2.1.5).[767]

α,β-Dipyridazin-4-ylethane (**160**) gave α,β-dipyridazin-4-ylethylene (**161**) (SeO$_2$, H$_2$O, 70°, 3 h: 76%).[73]

By Extranuclear Alkylation or Arylation

3-Methylpyridazine (**162**) afforded a separable mixture of 3-ethyl- (**163**, Q = H, R = Me) and 3-isopropylpyridazine (**163**, Q = R = Me) [LiNPr^i (made in situ), THF, substrate ↓, −70° → 25°, 1 h; then MeI, −70° → 25°, 3 h: 40% and 15%, respectively];[822] likewise, 3-methyl- (**162**) gave 3-phenethyl- (**163**, Q = H, R = CH$_2$Ph), and 3-(dibenzylmethyl)pyridazine (**163**, Q = R = CH$_2$Ph) (PhCH$_2$Cl: 52% and 6%, respectively).[822]

3-Methylpyridazine (**162**) gave 3-benzylpyridazine (**163**, Q = H, R = Ph) [NaNH$_2$ (made in situ), liquid NH$_3$, PhBr, −78°, 15 min: 17%].[123]

3-Chloro-4-methyl-6-phenylpyridazine (**164**, R = Me) gave 3-chloro-4-pentyl-6-phenylpyridazine (**164**, R = C$_5$H$_{11}$) [LiNPr$^i_2$ (made in situ), THF, substrate ↓, −70°, 90 min; then BuBr, 25°, 12 h: 18%].[1632]

3-Vinylpyridazine gave 3-cyclopropylpyridazine (**165**) (Me$_2$$\overset{+}{S}O\overset{-}{C}H_2$ or Me$_2$$\overset{+}{S}$$\overset{-}{C}H_2$, no details: 42% or 20%, respectively; essentially an addition to the vinyl double bond; the original named the product as its 2 isomer).[178]

Also other examples in the foregoing references and elsewhere.[537]

By Extranuclear Alkylidenation

3-Methylpyridazine gave 3-styrylpyridazine (**166**) (neat PhCHO, ZnCl$_2$, 150°, 6 h: 66%).[77]

4-Methylpyridazine gave 4-styrylpyridazine (neat PhCHO, $ZnCl_2$, reflux, 5 h: 64%;[67] PhCHO, NaOH, Me_2SO-H_2O, 25°, 5 h: 83%).[509]

3-Methyl-4-nitropyridazine 1-oxide gave 4-nitro-3-styrylpyridazine 1-oxide (**167**) [PhCHO, $HN(CH_2)_5$, MeOH, reflux, 20 h: 59%];[904] 3-chloro-6-methoxy-5-nitro-4-styrylpyridazine 2-oxide from its 4-methyl analogue similarly (reflux, 6 h: 75%).[902]

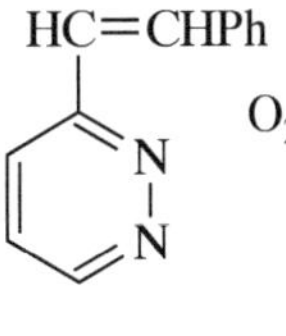

(**166**) 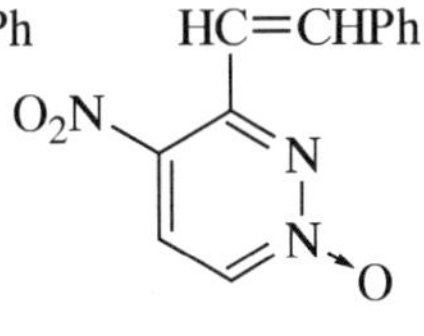   (**167**) 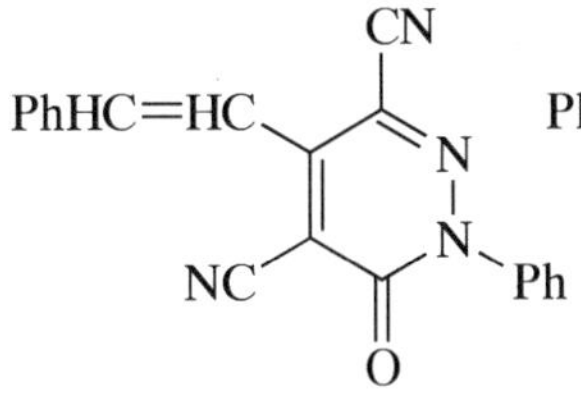   (**168**) 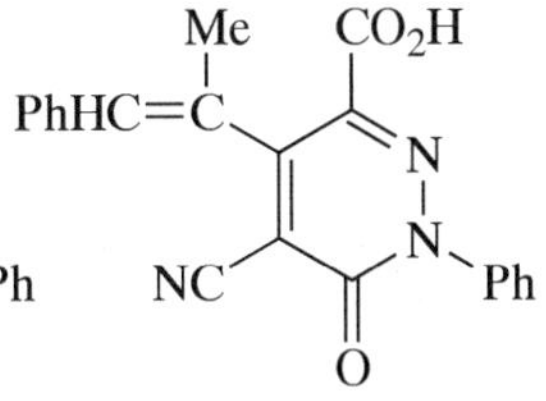   (**169**)

4-Methyl-6-oxo-1-phenyl-1,6-dihydro-3,5-pyridazinedicarbonitrile gave 6-oxo-1-phenyl-4-styryl-1,6-dihydro-3,5-pyridazinedicarbonitrile (**168**) (PhCHO, pyridine, reflux, 4 h: 70%;[1217] or neat PhCHO, 100°, 5 h: 70%).[395]

5-Cyano-4-ethyl-6-oxo-1-phenyl-1,6-dihydro-3-pyridazinecarboxylic acid gave 5-cyano-4-α-methylstyryl-6-oxo-1-phenyl-1,6-dihydro-3-pyridazinecarboxylic acid (**169**) (PhCHO, pyridine, reflux, 6 h: 69%).[1808]

Also other examples.[527, 853, 1363, 1645]

By Prototropy

2-Allyl-4-chloro-5-morpholino-3(2H)-pyridazinone (**170**) with ethoxide ion gave a separable mixture of 5-morpholino-2-prop-1′-enyl-3(2H)-pyridazinone (**171**, R = H) and its 4-ethoxy derivative (**171**, R = OEt) (EtONa, EtOH, reflux, 3 h: 10% and 25%, respectively; note isomerization of the alkenyl group in each product).[1269]

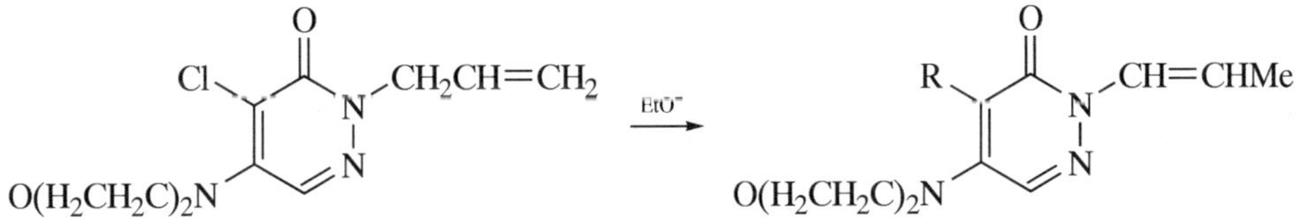

(**170**)   (**171**)

3.2.2 Properties and Reactions of C-Alkyl- and C-Arylpyridazines

Some interesting new material on physical aspects of alkylpyridazines has been reported. Both 3- and 4-methylpyridazine have been included in a broad nmr study of bond orders in heteroaromatic systems (based on *o*-benzylic coupling constants) that may be used to measure the relative degree of aromaticity in such systems.[1686] The electron-impact ionization ms and tandem ms of pyridazine, 3- and 4-benzylpyridazine, and 3- and 4-phenethylpyridazine show marked differences between the fragmentation patterns of the 3- and the 4-substituted derivatives.[1666] Despite earlier claims that benzylpyridazines, such as 5-benzyl-4-methyl-3(2*H*)-pyridazinone (**172**), existed in their benzylidenedihydro forms, including 5-benzylidene-6-methyl-4,5-dihydro-3(2*H*)-pyridazinone (**173**),[1067, 1446, 1667] a more recent interpretation of the nmr and ms data suggested that this was not the case;[1827] moreover, the X-ray crystal structure of one such compound, 6-methyl-5-*p*-nitrobenzyl-3(2*H*)-pyridazinone (**174**), precluded the nitrobenzylidenedihydro form in the solid state.[1827] However, there has been no challenge to the formulation of 4,5-diisopropylidene-1,2-dimethylhexahydropyridazine (**175**).[589] The preferred conformation(s) of 1,2-dimethylhexahydropyridazine appear(s) to be still an open question.[600, 609, 618, 1125, 1528, 1859] Several metal complexes have been reported.[472, 1570]

Alkyl and aryl groups attached to pyridazine undergo a variety of reactions. Of these, the conversion of one simple alkyl group into another (by reduction, oxidation, alkylation, alkylidenation, or prototropy) has been covered already in Section 3.2.1.6. Other reactions, including the foregoing processes in which a functional passenger group is borne on the starting or finishing alkyl group, are discussed in the following sections.

3.2.2.1 Oxidative Reactions (H, 365, 409)

Alkylpyridazines may be oxidized to aldehydes, ketones, or carboxylic acids according to substrate, reagent, and conditions; they may also undergo nuclear oxidation, oxidative ring fission, oxidative hydroxylation, and so on. These reactions are illustrated in the following examples:

Oxidation to Aldehydes

3-Methylpyridazine 2-oxide (**176**, R = Me) gave 3-pyridazinecarbaldehyde 2-oxide (**176**, R = CHO) (SeO_2, pyridine, reflux, 6 h: 45%).[767] Also other such oxidations.[1111, 1261]

4-Styrylpyridazine (**177**, R = CH:CHPh) gave 4-pyridazinecarbaldehyde (**176**, R = CHO) ($NaIO_4$, trace OsO_4, H_2O–dioxane, 25°, N_2, 5 h: 87%).[67] 3-Styrylpyridazine likewise gave the 3-aldehyde (<20%).[77]

3,6-Distyrylpyridazine gave 3,6-pyridazinedicarbaldehyde (AcMe, $O_3\downarrow$, −50°, 60 min: 64%).[1894]

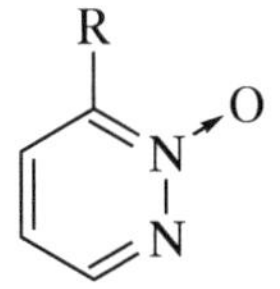

(176) 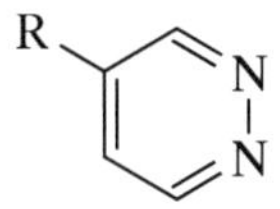   (177)

Oxidation to Ketones

3-Benzylpyridazine (**178**, R = CH_2Ph) gave 3-benzoylpyridazine (**178**, R = Bz) (SeO_2, AcOH, 100°, 1 h: 85%).[1098, 1108]

4-Benzylpyridazine (**177**, R = CH_2Ph) gave 4-benzoylpyridazine (**177**, R = Bz) (SeO_2, AcOH, 100°, 1 h: 87%; or $KMnO_4$, 1M H_2SO_4, 100°, 3.5 h: 51%)[72]

4-p-Methoxybenzyl- gave 4-p-methoxybenzoyl-6-phenyl-3(2H)-pyridazinone (**179**) ($Na_2Cr_2O_7$, AcOH, reflux, 8 h: 53%); also analogues.[1716]

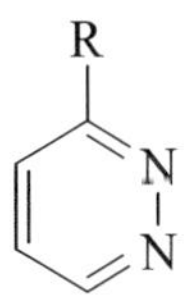

(178) 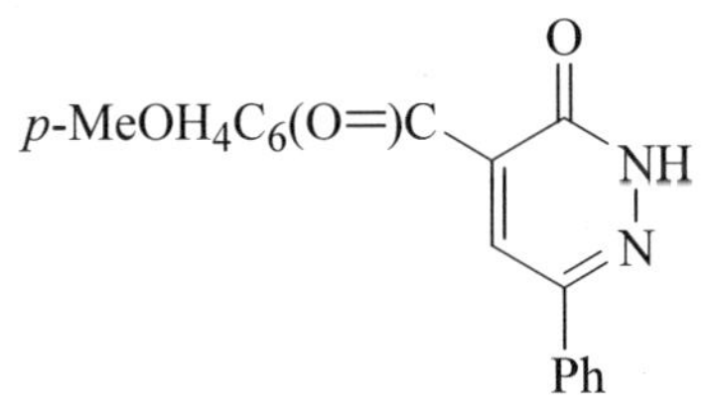   (179)

Oxidation to Carboxylic Acids

3,6-Dichloro-4-methylpyridazine (**180**, R = Me) gave 3,6-dichloro-4-pyridazinecarboxylic acid (**180**, R = CO_2H) ($K_2Cr_2O_7$, concentrated H_2SO_4, 30°, 10 h; then 25°, 15 h: 83%;[65] similarly, 40°, 2 h: ∼75%).[1748]

3-Bromo-6-methylpyridazine furnished 6-bromo-3-pyridazinecarboxylic acid ($K_2Cr_2O_7$, concentrated H_2SO_4, 50°, 2 h: ~85%).[1127]

3-Dicyanomethyl-6-methoxypyridazine (**181**) gave 6-methoxy-3-pyridazinecarboxylic acid (75% H_2O_2, KOH, MeOH, 25°, 24 h: 28%).[74]

Also other examples.[1459]

Miscellaneous Oxidations

3,6-Dimethylhexahydropyridazine gave 3,6-dimethyl-1,4,5,6-tetrahydropyridazine (O_2, Pt, C_7H_{16}, 25°, ~30 min: 59%).[5]

1,3,4-Triphenyl-1,6-dihydropyridazine (**182**) gave 2,5,6-triphenyl-3(2*H*)-pyridazinone (**183**) (O_2, EtOH, $h\nu$, 2.5 h: ~25%),[931] whereas 3,6-diphenylpyridazine resisted photooxidation completely.[1265]

In contrast, even recrystallization of 4,4-dimethyl-3,6-diphenyl-1,4-dihydropyridazine (**184**) in the presence of air caused oxidative ring fission to 1-benzoylhydrazono-3-methyl-1-phenylbutan-2-one (**185**).[1029]

Oxidation of *cis*- or *trans*-1,2-bis(3,5-di-*t*-butylphenyl)-3,6-dimethylhexahydropyridazine gave a relatively stable violet radical cation (**186**), characterised in solution by its electron spin resonance (esr) spectrum [Pb(OAc)$_4$, CH_2Cl_2–F_3CCO_2H, −20°].[251]

3.2.2.2 Extranuclear Alkylation and Alkylidenation

Simple cases, in which the final alkyl grouping bears no functional substituent, have been discussed in Section 3.2.1.6. Less simple cases, including extranuclear Mannich alkylations, are illustrated in the following examples:

Regular Alkylations

These alkylations appear to be unrepresented by any simple examples.

5-(3,6-Diphenylpyridazin-4-yl)-5H-indeno[1,2-b]pyridine (**187**, R = H) gave its 5-β-butoxycarbonylethyl derivative (**187**, R = $CH_2CH_2CO_2Bu$) [$BuO_2CCH=CH_2$, $Me_2PhHNOEt$ (Rodionov's catalyst), PhH, reflux, 7 h: 11%].[1491]

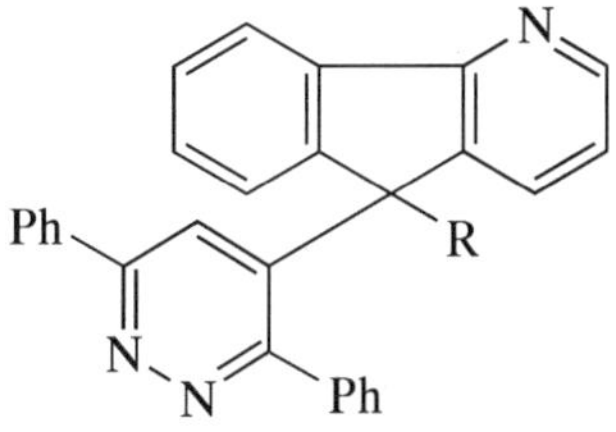

Ethyl 5-cyano-4-methyl-6-oxo-1-phenyl-1,6-dihydro-3-pyridazinecarboxylate (**188**) and benzylidenemalononitrile gave presumably the 4-(3,3-dicyano-2-phenylpropyl) derivative (**189**), which underwent spontaneous cyclization to afford ethyl 5-amino-6-cyano-4-oxo-3,7-diphenyl-3,4-dihydrophthalazine-1-carboxylate (**191**) [trace $HN(CH_2)_5$, EtOH, reflux, 30 min: 70%]; also analogues, somewhat similarly.[505, 1216, 1937]

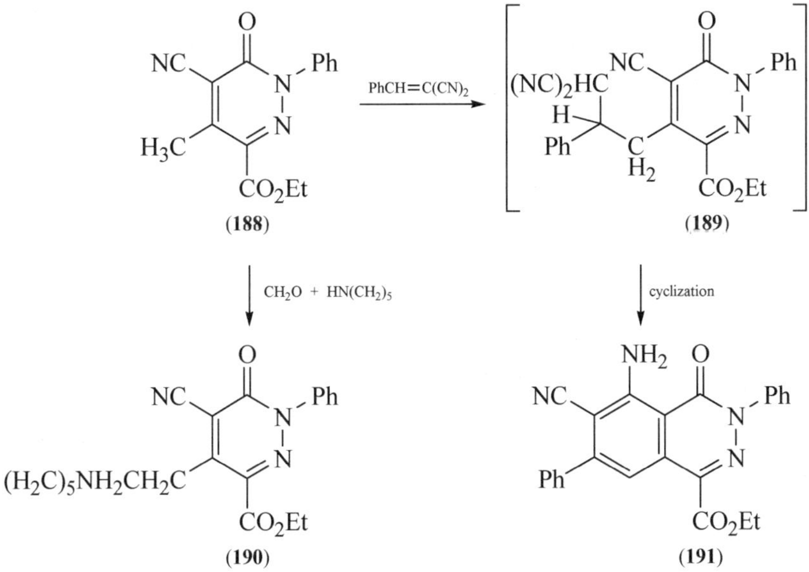

Mannich alkylations

The foregoing substrate (**188**) with formalin and piperidine gave ethyl 5-cyano-6-oxo-1-phenyl-4-β-piperidinoethyl-1,6-dihydro-3-pyridazinecarboxylate (**190**) (MeOH, reflux, 3 h: 80%).[1216]

4,6-Diphenyl-2-prop-2'-ynyl-3(2H)-pyridazinone with formalin and 1-phenylpiperazine gave 4,6-diphenyl-2-[4-(4-phenylpiperazin-1-yl)but-2-ynyl]-3(2H)-pyridazinone (**192**) [trace CuCl, THF, (conditions?): 38%]; also analogues.[1837]

(**192**)

Hydroxyalkylations

Note: The alkylidenation of an activated methyl- or methylenepyridazine with an aldehyde or ketone gives first an intermediate hydroxyalkylpyridazine that usually loses water spontaneously under the conditions of reaction to afford an alkenylpyridazine. However, the intermediate is sometimes isolable when appropriate reagents are used under gentle conditions, as illustrated in this subsection.

4-(Lithiomethyl)pyridazine (**193**, R = Li) and anhydrous formaldehyde gave 4-β-hydroxyethylpyridazine (**193**, R = CH$_2$OH) (THF, −78° → 25°, 1 h: 82%);[1581] 3-β-hydroxyethylpyridazine (40%) was made similarly.[1581] An earlier procedure using formalin and piperidine[494] appears to have given mainly polymeric material.[1581]

(**193**) (**194**) (**195**) (**196**)

(**197**) (**198**) (**199**)

3-Methylpyridazine, as its lithio derivative (**194**), gave 3-(β-hydroxy-*p*-methoxyphenethyl)pyridazine (**195**) (*p*-MeOC$_6$H$_4$CHO, THF, $-20° \rightarrow 25°$, 20 h: 68%) and thence 3-*p*-methoxystyrylpyridazine (**196**) (HCl, MeOH, 25°, 7 h: 95%).[1605]

4-Methylpyridazine, as its lithium derivative (**193**, R = Li), and acetone gave 4-(β-hydroxy-β-methylpropyl)pyridazine (**197**) (THF, $-70°$, N$_2$, 10 min: 92%) and then 4-(2-methylprop-1-enyl)pyridazine (**198**) (Me$_2$SO, 200°, 1 h: 50%); also analogues.[827]

4-Methylpyridazine (**193**, R = H) and ninhydrin (2,2-dihydroxy-1,3-indandione, i.e., the hydrate of 1,2,3-indantrione) gave 4-(2-hydroxy-1,3-dioxoindan-2-ylmethyl)pyridazine (**199**) (xylene, 105°, A, 8 h: 61%) but no subsequent dehydration product.[1910]

Alkylidenations with Dimethylformamide Dialkyl Acetals

4-Methyl-3,6-diphenylpyridazine (**200**) gave 4-β-dimethylaminovinyl-3,6-diphenylpyridazine (**201**) [neat Me$_2$NCH(OEt)$_2$, N$_2$, reflux, 24 h: 58%].[43]

(**200**) $\xrightarrow{\text{Me}_2\text{NCH(OMe)}_2}$ (**201**)

Ethyl 5-methyl-4-pyridazinecarboxylate gave ethyl 5-β-dimethylaminovinyl-4-pyridazinecarboxylate (**202**, R = H) [neat Me$_2$NCH(OMe)$_2$, 100°, 4 h: 90%].[1095]

4-Ethyl- gave 4-(β-dimethylamino-α-methylvinyl)-6-oxo-1-phenyl-1,6-dihydro-3,5-pyridazinedicarbinitrile (**203**) [Me$_2$NCH(OMe)$_2$, Ac$_2$O, reflux, 10 min: 71%].[1808]

(**202**) (**203**)

Ethyl 5-benzyl-4-pyridazinecarboxylate gave ethyl 5-(β-dimethylamino-α-phenylvinyl)-4-pyridazinecarboxylate (**202**, R = Ph) [neat Me$_2$NCH(OMe)$_2$, 100°, 3 h: 77% (crude)].[1081]

Ethyl 3-methyl-4-pyridaziecarboxylate gave ethyl 3-β-dimethylaminovinyl-4-pyridazinecarboxylate [Me$_2$NC(OBu^t)NMe$_2$, Me$_2$NCHO, 110°, N$_2$, 9 h, water-removal trap: 71%].[1678]
Also other examples.[1642, 1830, 1902]

Alkylidenations with Aromatic Aldehydes

3,6-Dichloro-4-methylpyridazine gave 3,6-dichloro-4-p-chlorostyrylpyridazine (**204**) (p-ClC$_6$H$_4$CHO, AcOH–H$_2$SO$_4$, reflux, 24 h: 60%).[1739]
4-Methylpyridazine gave 4-m-fluorostyrylpyridazine (**205**) (m-FC$_6$H$_4$CHO, NaOH, Me$_2$SO–H$_2$O, 25°, dark, 6 h: 55%).[1047]
3-Acetamido-6-methylpyridazine and 5-methylsulfonyl-2-furaldehyde gave 3-acetamido-6-[β-(5-methylsulfonylfuran-2-yl)vinyl]pyridazine (**206**) [AcOH–Ac$_2$O, 160° (sealed?), 3 h: 10%].[1259]
Also other examples.[379, 509, 1217, 1786, 2012, 2118]

3.2.2.3 Extranuclear Acylation

Extranuclear C-acylation of alkylpyridazines is illustrated by the conversion of 4-ethoxymethyleneamino-3-methoxy-5-methylpyridazine 1-oxide (**207**, R = H) into 4-ethoxalylmethyl-5-ethoxymethyleneamino-6-methoxypyridazine 2-oxide (**207**, R = COCO$_2$Et) (90%) by condensation with diethyl oxalate in ethanolic ether containing potassium ethoxide at 25° during 5 h;[902] by the conversion of 3-methylpyridazine into 3-acetonylpyridazine (21%) by initial lithiation of the substrate in THF and subsequent treatment with ethyl acetate at −70° and then at 25° for 3 h;[825] and by a variety of analogous preparations.[537, 825] An interesting diacylation at a single methyl group involved condensation of

3-methylpyridazine with phthalic anhydride at 170° during 3 h to afford 3-(1,3-dioxoindan-2-yl)pyridazine (**208**) in 19% yield.[1756, 1775]

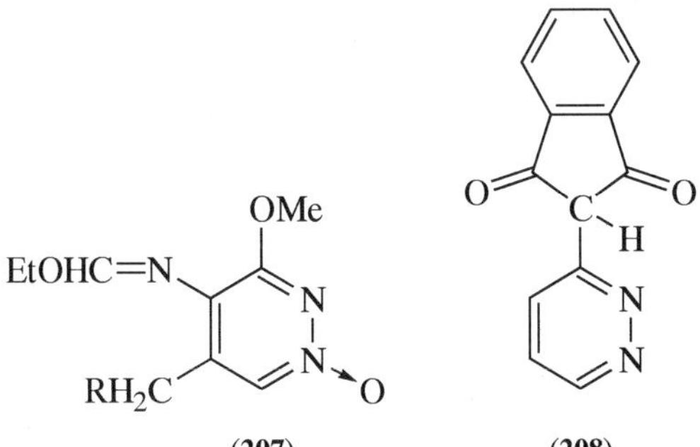

$$\begin{array}{cc} (207) & (208) \end{array}$$

3.2.2.4 Extranuclear Halogenation, Nitration, and Diazo Coupling

Although alkyl- and arylpyridazines are quite responsive to such electrophilic attack, little use has been made of these reactions in recent years. Typical examples follow; for other such halogenations, see Section 4.3.2:

4-Cyano-6-ethoxycarbonyl-5-methyl- (**209**, R = H) gave 5-bromomethyl-4-cyano-6-ethoxycarbonyl-1-phenylpyridazinium-3-olate (**209**, R = Br) (Br_2, AcOH, 25°, 4 h: 81%).[1645]

3,4,5,6-Tetramethylpyridazine gave the unstable 3,4,5,6-tetrakisbromomethylpyridazine (**210**) (N-bromosuccinimide, $h\nu$, CCl_4: ~10%).[747]

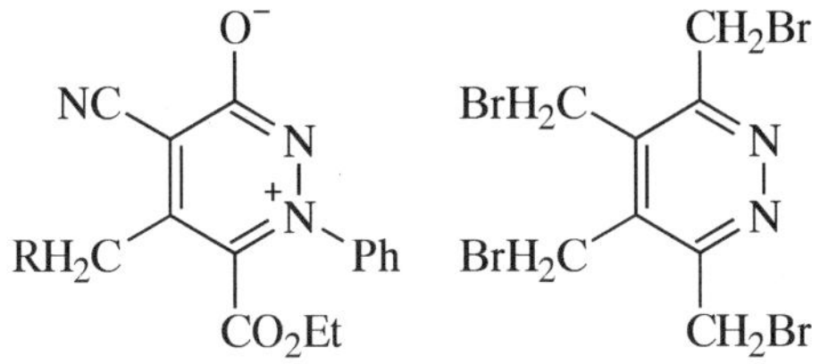

$$\begin{array}{cc} (209) & (210) \end{array}$$

6-p-Methoxyphenyl-4,5-dihydro-3(2H)-pyridazinone (**211**) gave a separable mixture of 6-p-methoxyphenyl-3(2H)-pyridazinone (**212**, R = H) (by oxidation) and 6-(3-bromo-4-methoxyphenyl)-3(2H)-pyridazinone (**212**, R = Br) (by subsequent bromination) (Br_2, AcOH, 60°: 56% and 31%, respectively; optimized?).[919]

3-Chloro-6-o-methoxybenzylpyridazine (**213**, R = H) gave 3-chloro-6-(3-iodo-6-methoxybenzyl)pyridazine (**213**, R = I) [H_2SO_4, AcOH, I, $(NH_4)_2S_2O_8$; then substrates↓, 50°, 90 min: 84%; best of several procedures].[61]

6-*p*-Bromophenyl-3(2*H*)-pyridazinone (**214**, R = H) gave 6-(4-bromo-3-nitrophenyl)-3(2*H*)-pyridazinone (**214**, R = NO$_2$) (H$_2$SO$_4$, HNO$_3$, < 0°, 4 h: 76%);[919] also other such nitrations.[1453]

The extranuclear nitration of 3-thien-2'-yl-, 4-thien-2'-yl-, and 4-thien-3'-ylpyridazine has been studied in a nonpreparative way.[1205, 1235]

4-Methyl-6-oxo-1-phenyl-1,6-dihydro-3,5-pyridazinedicarbonitrile gave 6-oxo-1-phenyl-4-phenylazomethyl-1,6-dihydro-3,5-pyridazinedicarbonitrile (**215**) (formulated as the 4-phenylhydrazonomethyl tautomer) (PhN$_2$Cl, AcONa, EtOH, <5°, 1 h: 80%).[395] Also less simple examples, involving the α carbon of an ylide.[1956]

3.2.2.5 Miscellaneous Reactions

Alkylpyridazines undergo a number of other interesting minor reactions, mentioned briefly in the following paragraphs.

Addition of Methanol 3-Ethynyl-6-methylpyridazine (**217**) added two molecules of methanol on refluxing in methanolic sodium methoxide for 5 h to give 3-β,β-dimethoxyethyl-6-methylpyridazine (**216**) in 63% yield;[125] 4-β,β-dimethoxyethyl-3,6-dimethylpyridazine (60%) was made similarly.[125]

Addition of Water In contrast, treatment of 3-ethynyl-6-methylpyridazine (**217**) in refluxing aqueous acetonic mercuric sulfate for 2 h gave 3-acetyl-6-methylpyridazine (**219**) (58%), presumably via the dihydroxyethyl intermediate (**218**);[125] 4-acetyl-3,6-dimethylpyridazine (22%) was made similarly.[125]

Addition to Phenyl Isothiocyanate Addition of the methyl group of 4-cyano-6-ethoxycarbonyl-5-methyl-1-phenylpyridazinium-3-olate (**220**, R = H) to the N:C bond of phenyl isothiocyanate (in refluxing pyridine during 3 h) afforded 4-cyano-6-ethoxycarbonyl-1-phenyl-5-*N*-phenyl(thiocarbamoyl)methylpyridazinium-3-olate [**220**, R = C(=S)NHPh] in 90% yield.[1645]

Nuclear Reduction. Hydrogenation of 1,3,6-triphenyl-1,4-dihydropyridazine in ethyl acetate over palladium gave the corresponding 1,4,5,6-tetrahydro derivative (**221**) (53%);[1541] also others.[1204]

Conversion into Other Heterocyclic Systems The irradiation of 3,4,5,6-tetra-*t*-butylpyridazine gave first the Dewar isomer, 3,4,5,6-tetra-*t*-butyl-1,2-diazabicyclo[2.2.0]hexa-2,5-diene (**222**) (characterized by nmr, ir, and ms), and then 2,3,5,6-tetra-*t*-butylpyridazine (**223**), isolated in 18% yield.[1438] 1,3,4-Triphenyl-1,6-dihydropyridazine (**224**) underwent a complicated transformation (in dioxane-hydrochloric acid at 25° during 24 h) probably involving ring fission, addition of water, recyclization, loss of formaldehyde, and final oxidation to 1,3,4-triphenylpyrazole (**225**) in ∼30% yield.[931] 1,3-Diphenyl-1,4,5,6-tetrahydropyridazine (**226**) was converted into 4-benzoyl-1,2,3,4-tetrahydroquinoline (**227**) (35%) and other minor products on heating in polyphosphoric acid (PPA) at 125°; a likely mechanism was devised.[279]

Cleavage to Acyclic Products Reduction of 3-methylpyridazine (228) in alkali with NiAl alloy during 3 h afforded 1,4-diaminopentane (229), isolated as its dihydrochloride in 56% yield.[348] Irradiation of 3-butyl-3,6-dimethyl-3,4-dihydropyridazine (230) in benzene at 10° produced a mixture of the *cis–cis* and *cis–trans* isomers of 4,5-diazadeca-1,3,5-triene (231), which isomerized above 20° into the *trans–cis* and *trans–trans* isomers; all were sufficiently stable in solution for nmr characterization.[1203] When 3,6-diphenyl-4,5-didehydropyridazine (232) was generated in the vapor phase, it rapidly lost nitrogen to afford diphenylbutadiyne (233).[476,669] Thermal and photochemical fragmentations of other hydropyridazines have been studied.[594,598,1661]

3.3 N-ALKYLPYRIDAZINIUM SALTS AND RELATED YLIDES

Pyridazine and many of its derivatives are converted easily into the corresponding N-alkylpyridazinium salts by treatment with alkyl halides or the like; when the entering alkyl grouping incorporates an electron-withdrawing entity, such as carbonyl, the resulting salt may be deprived of its halide or other gegenion by treatment with a base to afford a pyridazinium ylide, in which the negative charge resides on a carbon atom of the side chain. Pyridazinium salts or ylides undergo few reactions specifically associated with their ionic nature.

3.3.1 Preparation of N-Alkylpyridazinium Salts

The monoquaternization of simple pyridazines is usually easy, but the formation of diquaternary salts requires vigorous conditions, and yields are poor. The presence of a bulky substituent, especially in the 3 or 6 position adjacent to a ring-nitrogen atom, makes quaternization more difficult or even impossible at the hindered site(s);[138, 243] bulky alkyl halides and similar compounds have a similar negative effect on quaternization. The relative rates for methiodide formation from some common unsubstituted azines and diazines have been studied under standardized conditions.[575]

The following examples illustrate the conditions needed for the preparation of typical pyridazinium salts, which may bear functional passenger groups:

Pyridazine (**236**) gave 1-ethylpyridazinium tetrafluoroborate (**235**) (EtBF$_4$ · Et$_2$O, ClCH$_2$CH$_2$Cl, reflux, N$_2$, 15 min: 60%) and then 1-ethyl-2-methylpyridazinediium bistetrafluoroborate (**234**) (neat MeBF$_4$·Me$_2$O, 90°, N$_2$, 45 min: 4%);[294] pyridazine gave 1,2-dimethylpyridazinediium bistetrafluoroborate (**237**) (neat MeBF$_4$·Me$_2$O, 90°, N$_2$, 30 min: 21%).[294]

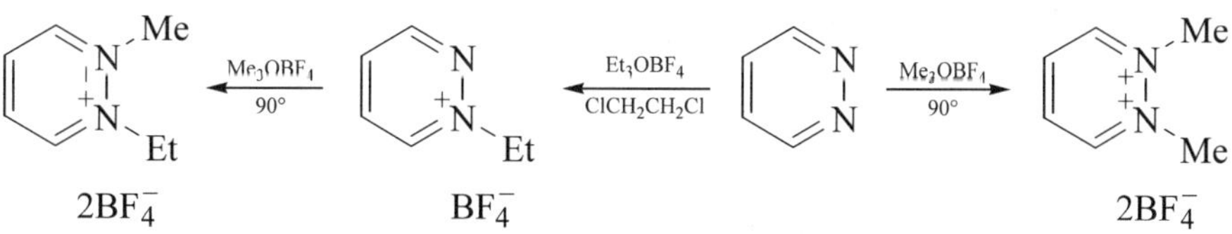

3,6-Bismethylthiopyridazine gave 1-ethyl-3,6-bismethylthiopyridazinium iodide (**238**) (EtI, EtOH, 100°, sealed, 2 h: ~80%).[95]

Pyridazine gave 1-p-toluoylmethylpyridazinium bromide (**239**) (BrCH$_2$CO C$_6$H$_4$Me-p, MeCN, 25°, 24 h: ?%)[1321] or 1-benzylpyridazinium chloride (PhCH$_2$Cl, MeOH, reflux, 1 h: ~70%).[773]

3-Pyrrol-2′-ylpyridazine gave only 1-ethyl-3-pyrrol-2′-ylpyridazinium tetrafluoroborate (Et$_3$OBF$_4$, CH$_2$Cl$_2$, 25°, ?h: ?%; identified by X-ray analysis).[1804]

Pyridazine hydrobromide and acrylamide gave 1-β-carbamoylethylpyridazinium bromide (**240**) (EtOH, reflux, 3 h: 65%; note the unusual combination of reagents).[498]

Also other examples.[682, 690, 708, 773, 790, 1435, 1835, 2097]

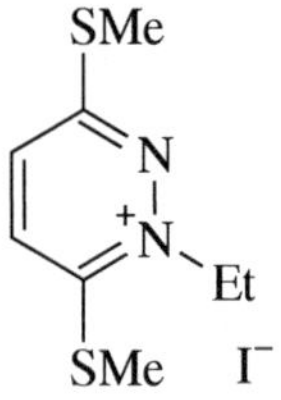

(238) 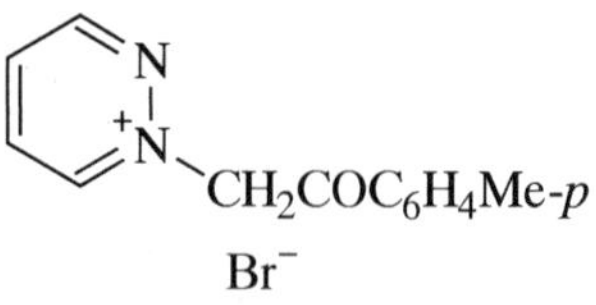 (239) 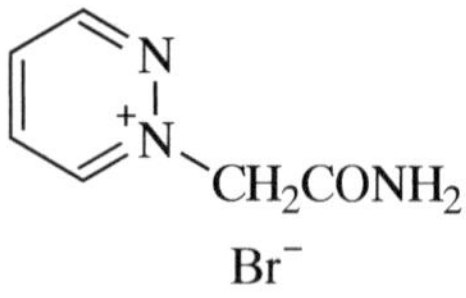 (240)

3.3.2 Preparation of Pyridazinium Ylides

Pyridazinium ylides are usually made from appropriate pyridazinium salts (by simply treating a solution with base) and then promptly used without characterization, often for the formation of adducts with acetylenic or ethylenic reagents (see Sections 3.3.3 and 3.3.4).[708, 714, 773, 777, 1413, 1435] However, 3-*p*-tolylpyridazinium-1-(*p*-nitrobenzoylmethylide) (**242**), from 1-*p*-nitrophenacyl-3-*p*-tolylpyridazinium bromide (**241**), has been reported as stable for several weeks in the absence of light and moisture.[638]

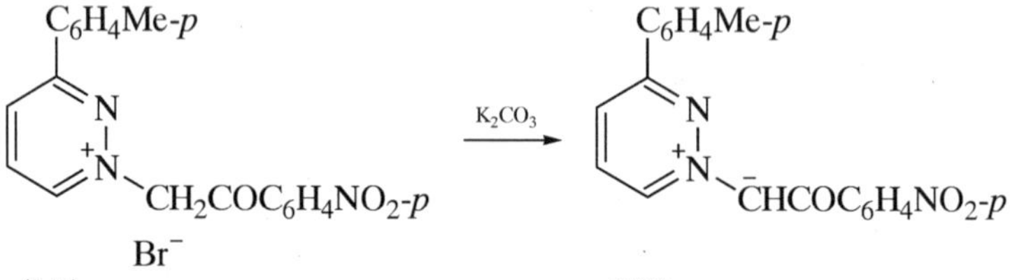

(241) (242)

Properly characterized pyridazinium ylides have been made in other ways. Thus pyridazine (**243**) reacted with diethyl 3,3-diphenylcyclopropene-1,2-dicarboxylate (**244**, R = H) in ether at 25° during < 36 h to give pyridazinium-1-(1,2-diethoxycarbonyl-3,3-diphenylprop-2-enylide) (**245**, R = H) (58%), of X-ray proven structure;[22] appropriately substituted cyclopropenes likewise gave several analogues such as pyridazinium-1-(1,2-diethoxycarbonyl-3-*p*-nitrophenyl-3-phenylprop-2-enylide) (**245**, R = NO$_2$) (36%);[22] and tetracyanoethylene oxide afforded products such as pyridazinium-1-dicyanomethylide (70%) or its 3-methoxy derivative (83%).[756, 1949] Quite differently, treatment of a solution of

1-acetonylpyridazinium bromide (**246**) in concentrated sulfuric acid at < 10° with fuming nitric acid and subsequent warming to 60° for 30 min afforded pyridazinium-1-dinitromethylide (**247**) in 20% yield;[1653] according to kinetic data, successive dinitration at the methylene group occurred prior to removal of the acetyl residue.[1653] Other examples have been reported.[681, 1828]

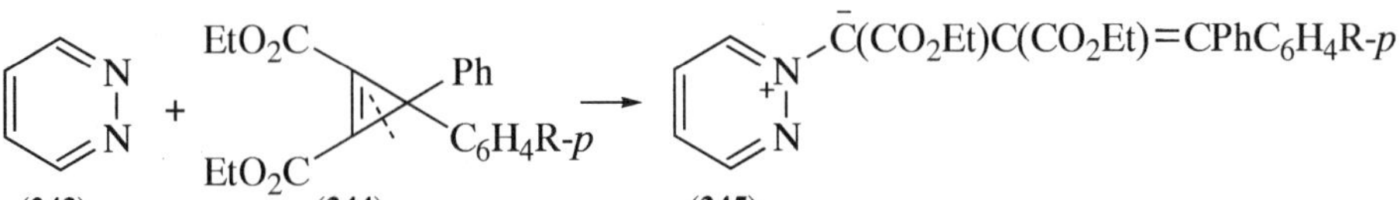

(243) **(244)** **(245)**

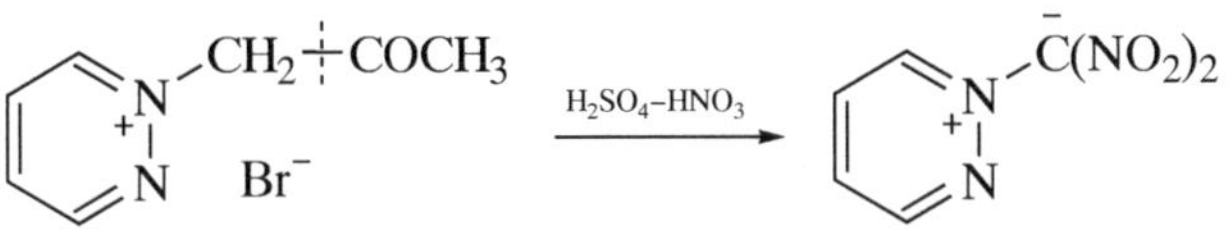

(246) **(247)**

3.3.3 Reactions of *N*-Alkylpyridazinium Salts

Apart from the conversion of appropriate *N*-alkylpyridazinum salts into the corresponding ylides (see Section 3.3.2), such salts undergo only a few reactions of interest, exemplified here:

Reduction

The reduction of (crude) methyl 1-methylpyridazinium sulfate (**248**) with sodium borohydride in water below 5° for 5 h furnished 1-methyl-1,6-dihydropyridazine (**249**) in 46% yield;[790] analogues, such as 1,3-dimethyl-1,6-dihydropyridazine (63%) or 3-methoxy-1-methyl-1,6-dihydropyridazine (58%), were made similarly.[790] Moreover, both quaternization and reduction may be done at the same time: for example, treatment of a mixture of 3-methylpyridazine and sodium borohydride in tetrahydrofuran at < 5° with methyl chloroformate during 3 h gave a separable mixture of methyl 3-methyl-1,6-dihydro-1-pyridazinecarboxylate (**250**) and its 1,4-dihdyro isomer (**251**) in 43% and 8% yield, respectively.[790]

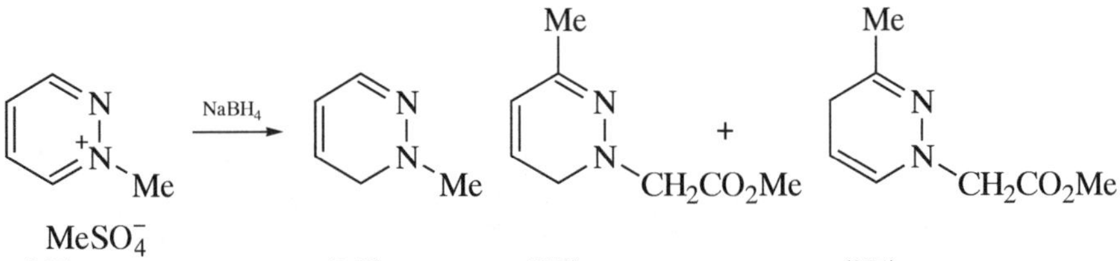

(248) **(249)** **(250)** **(251)**

Hilbert–Johnson Reaction

A thio version of the Hilbert–Johnson reaction[1930] has been reported: thermolysis of 1-ethyl-3,6-bismethylthiopyridazinium iodide (**252**) in refluxing *t*-butyl alcohol during 18 h gave 2-ethyl-6-methylthio-3(2*H*)-pyridazinethione (**253**) (~60%) with loss of methyl iodide.[95]

Ring Fission

2-Benzyl-1,1-dimethyl-1,2,3,6-tetrahydropyridazinium bromide (**254**) appears to have suffered rupture of the N–N bond to afford 1-benzylamino-4-dimethylaminobut-2-ene (**254a**) (35%) on treatment with base under unspecified conditions.[281]

Association of 1-Methylpyridazinium Ions

An interesting comparison of the association of arenium and *N*-methylheteroarenium ions in ethanol and acetonitrile has been made, using conductometric and uv spectral methods; the 1-methylpyridazinium ion was included in the results.[1891]

Cyclization

Treatment of 1-phenacylpyridazinium bromide (**255**) with ethyl 3,3,4,4-tetrafluorobutyrate, triethylamine, and potassium carbonate in dimethylformamide at 50° for 6 h afforded ethyl 7-benzoyl-6-difluoromethylpyrrolo[1,2-*b*]pyridazine-5-carboxylate (**255a**) in 75% yield: analogues were made similarly.[2094]

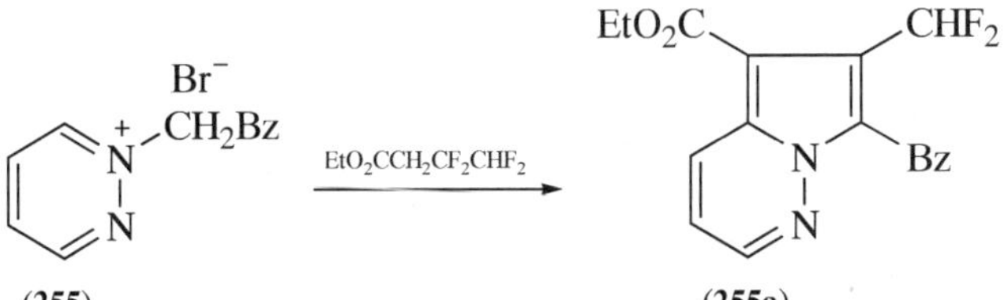

3.3.4 Reactions of Pyridazinium Ylides

Such ylides undergo side-chain alkylation or arylation, cycloaddition reactions, and photochemical ring-contractions, as illustrated in the following paragraphs:

Side-Chain Alkylations or Arylations

4-*p*-Tolylpyridazinium-1-ethoxycarbonylmethylide (**256**) and picryl chloride gave 3-*p*-tolylpyridazinium-1-(α-ethoxycarbonyl-2,4,6-trinitrobenzylide) (**257**);[708] several analogues were made similarly.[714, 732]

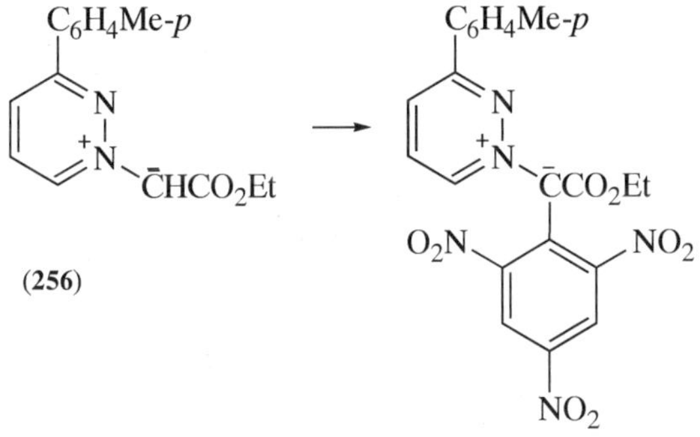

Cycloadditions

The required ylide is often made in situ for such cycloadditions, typified in the following integrated procedure. A mixture of 1-phenacylpyridazinium bromide (**258**) and dimethyl acetylenedicarboxylate in dimethylformamide was treated with triethylamine at 25° during 3 h to afford the crude cycloadduct (**259**), which was oxidized by chloranil (tetrachloro-*o*-benzoquinone) in refluxing benzene for 1 h to furnish dimethyl 7-benzoylpyrrolo[1,2-*b*]-pyridazine-5,6-dicarboxylate (**260**) in 84% yield overall;[773] numerous analogues were made in much the same way.[36, 195, 263, 638, 704, 773, 777, 1413, 1879, 1949, 2022]

Ring Contractions

Pyridazinium-1-dicyanomethylide (**261**, R = H) underwent ring contraction to 3-β,β-dicyanovinylpyrazole (**262**, R = H) in 15% yield on irradiation in benzene;[474] 3,6-dimethylpyridazinium-1-dicyanomethylide (**261**, R = Me) likewise gave 3-(β,β-dicyano-α-methylvinyl)-5-methylpyrazole (**262**, R = Me) (20%).[474]

CHAPTER 4

Halogenopyridazines (*H* 219)

Whether a halogeno substituent occupies the 3/6 or the 4/5 position on a pyridazine, it is strongly activated by one of the ring nitrogen atoms; accordingly, its reactivity resembles that in *o*- or *p*-chloronitrobenzene, although such reactivity may be affected substantially by the presence of any other electron-withdrawing, electron-releasing, or bulkyl group(s) appropriately placed in the molecule. Extranuclear halogeno substituents are little affected by the pyridazine nucleus, and their reactivities are reasonably predictable. Because of their convenient reactivities, halogenopyridazines have been used extensively as intermediates in pyridazine metatheses; since there is little difference between reactivities of corresponding fluoro-, chloro-, bromo- or iodopyridazines, the more easily available chloro derivatives are the ones normally employed in such processes.

4.1 PREPARATION OF NUCLEAR HALOGENOPYRIDAZINES (*H* 221)

Apart from those nuclear halogenopyridazines made by *primary syntheses* (see Chapters 1 and 2), most such chloropyridazines have been made by the action of a phosphorus chloride on (tautomeric) pyridazinones, whereas most such fluoro-, bromo-, and iodopyridazines have been made either by direct halogenation or from the corresponding chloropyridazines by transhalogenation.

4.1.1 Nuclear Halogenopyridazines from Pyridazinones (*H* 221)

Although most such transformations have been done with neat phosphoryl chloride (or bromide), sometimes it appears to have been more effective to use a phosphorus pentahalide of a combination of reagents.

4.1.1.1 Using Neat Phosphoryl Chloride (H 221)

Many tautomeric pyridazinones react with warm neat phosphoryl chloride, usually over a period of 1–3 h, to afford good yields of the corresponding chloropyridazines; phosphoryl bromide is less readily available and (as it is a solid at room temperature) less convenient to use (see Section 4.1.1.5). The formation of the following chloropyridazines, in each case from the corresponding pyridazinone or pyridazinedione unless otherwise indicated, illustrates the range of conditions required and the yields to be expected in the presence of various passenger groups:

From Unsubstituted, Alkyl, or Arylpyridazinones

Note: Substrates in this group also include (substituted alkyl)- and (substituted-aryl)pyridazinones because such extranuclear substitution rarely affects the reaction.

3-Chloro-4-morpholinomethylpyridazine (**1**) (95°, 1 h: 64%).[769]

3-Chloro-4-methyl-6-phenylpyridazine (**2**) (80°, 3 h: 95%;[1632] 95°, 1 h: ~90%;[1104] 90°, 6 h: 94%).[1569]

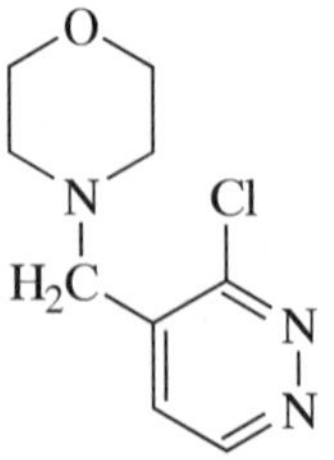

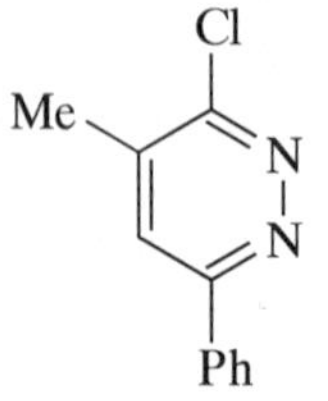

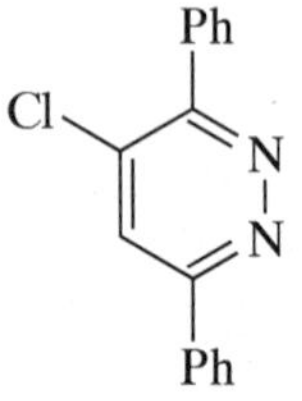

4-Benzyl-3-chloro-6-phenylpyridazine (reflux, 2 h: 71%).[238]

4-Chloro-3,6-diphenylpyridazine (**3**) (reflux, 2 h: 85%).[451]

3-Chloro-6-(3,4,5-trimethoxyphenethyl)pyridazine (**4**, X = CH$_2$CH$_2$) (100°, 1 h: 73%);[1734] likewise, 3-chloro-6-(3,4,5-trimethoxystyryl)pyridazine (**4**, X = CH:CH) (72%).[1734]

3-Chloro-6-(5-trifluoromethylthien-3-yl)pyridazine (**5**) (reflux, 2 h: 86%).[514]

3,6-Dichloropyridazine (**6**) [from 3,6(1H,2H)-pyridazinedione; 80°, 4.5 h: 85%;[1345] reflux, 5 h: 86–87%;[99,636,1098,cf.1925] 100°, 15 min: ?%].[163]

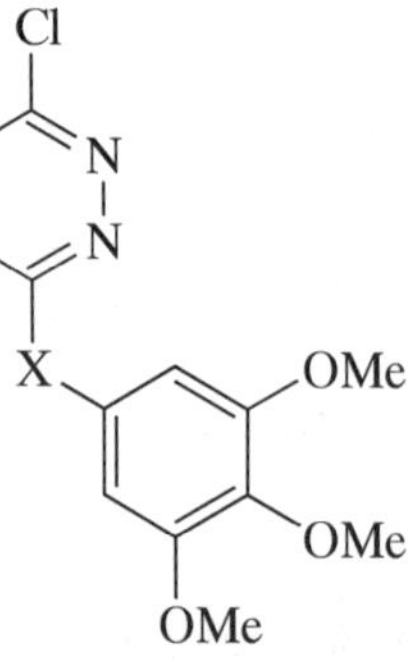

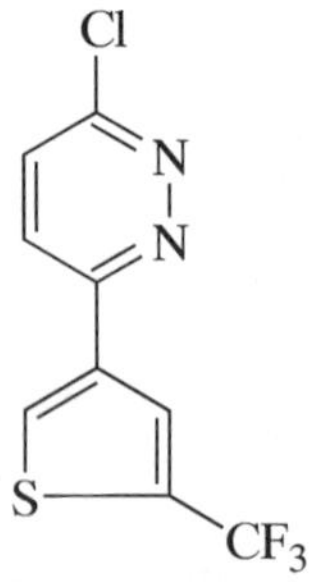

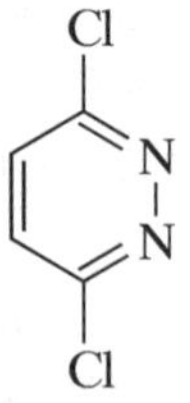

3,6-Dichloro-4-methoxycarbonylmethylpyridazine (60°, 10 min: 38%).[947]
4,5-Dichloropyridazine [from 5-hydroxy-4(1H)-pyridazinone; reflux, 2.5 h: 60%].[923]
Also many other examples.[152, 311, 363, 446, 461, 465, 467, 525, 779, 837, 922, 936, 961, 1034, 1039, 1064, 1067, 1082, 1263, 1267, 1268, 1276, 1278, 1282, 1309, 1339, 1394, 1411, 1423, 1455, 1462, 1557, 1574, 1727, 1746, 1871, 1959, 2069]

From Pyridazones Bearing Alkoxy or Nontautomeric Oxo Substituents

3-Chloro-5-methoxypyridazine (7) (80° until homogeneous: 78%;[1821] reflux, 5 min: 54%).[90]

6-Chloro-4/5-*p*-chlorophenyl-2-phenyl-3(2H)-pyridazinone (8) (reflux, 3 h: 70%).[462]

6-Chloro-2-phenyl-3(2H)-pyridazinone (10), in this case from 1-methyl-2-phenyl-3,6(1H,2H)-pyridazinedione (9) with loss of the N-methyl group (as MeCl?).[878]

3,4-Dichloro-5-methoxypyridazine (reflux, 15 min: 29%).[90]

From Pyridazinones Bearing Amino or Azido Substituents

3,6-Dichloro-4-pyridazinamine (11) [120°, sealed, 15 h: 76%; reflux gave only 4-amino-6-chloro-3(2H)-pyridazinone].[1228]
3,6-Dichloro-4-piperidinopyridazine (reflux, 30 min: variable yield, lower with prolonged reflux).[641]
4-Azido-6-chloro-3-phenylpyridazine (70°, 30 min: 85%).[133]
Also other examples.[1450]

From Pyridazinones Bearing a Halogeno Substituent

3,5-Dichloro-6-methoxypyridazine [from 6-chloro-3-methoxy-4(1*H*)-pyridazinone (**12**); 80°, until homogeneous (∼5 min): 90%];[881] likewise, the isomeric 4,5-dichloro-3-methoxypyridazine (87%).[882]

4-Bromo-3,6-dichloropyridazine (**14**, R = Br) [from 4-bromo-3,6(1*H*,2*H*)-pyridazinedione (**13**, R = Br); reflux, 5 h: 70%];[654, cf., 614, 1925] likewise, 4-fluoro-3,6-dichloropyridazine (**14**, R = F).[917]

From Pyridazinones Bearing Ester Groupings

Ethyl 6-chloro-3-pyridazinecarboxylate (**15**) (100°, 2 h: 84%).[1459]

Ethyl 3,6-dichloro-4-pyridazinecarboxylate (**16**) [from ethyl 6-chloro-3-oxo-2,3-dihydro-4-pyridazinecarboxylate (**17**); reflux, 90 min; 82%].[1099]

Methyl 4-chloro-6-oxo-1-phenyl-1,6-dihydro-3-pyridazinecarboxylate (**18**) [from methyl 4-hydroxy-6-oxo-1-phenyl-1,6-dihydro-3-pyridazinecarboxylate (**19**); 95°, 3 h: 91%].[1117]

Also other examples.[759, 1117, 1127, 1689]

From Pyridazinones Bearing a Ketonic Substituent

4-Acetyl-3-chloro-5,6-diphenylpyridazine (**20**) (95°, 1 h: 75%).[377]
4-Benzoyl-3-chloro-6-phenylpyridazine (**21**) (95°, 1 h: 56%); also substituted-phenyl analogues likewise.[1716]

From Pyridazinones Bearing an Amide or Nitrile Grouping

3-Chloro-4-pyridazinecarbonitrile (**22**) (110°, 1 h: 75%).[820]
3-Chloro-6-phenyl-4-pyridazinecarbonitrile (**23**) [from 3-oxo-6-phenyl-2,3-dihydro-4-pyridazinecarboxamide (**24**); 90°, 3 h: 60%; note additional dehydration of the amide grouping].[1319]
Also other examples.[1056, 1398]

From Pyridazinones Bearing Oxoheteroaryl Substituents

Note: At least some such substrates undergo conversion of both their nuclear and extranuclear oxo substituents by phosphoryl chloride.

3-Chloro-4-(3-chloro-5-methyl-2-phenylpyrazol-4-yl)-6-p-ethoxyphenyl-4,5-dihydropyridazine (**25**) [from 6-p-ethoxyphenyl-4-(3-methyl-5-oxo-1-phenyl-2-pyrazolin-4-yl)-4,5-dihydro-3(2H)-pyridazinone (**26**); reflux, 30 min: 45%].[1371]

In contrast, 3-chloro-4-(3-chloro-2,5-diphenylpyrazol-4-yl)-6-p-ethoxyphenylpyridazine (**27**, R = OEt; not the dihydro derivative akin to **26**) [from 6-p-ethoxyphenyl-4-(5-oxo-1,3-diphenyl-2-pyrazolin-4-yl)-4,5-dihydro-3(2H)-pyridazinone (**28**, R = OEt; reflux, 30 min: 44%; note concomitant dehydrogenation];[1103] also the 6-p-chlorophenyl (**27**, R = Cl) (45%) and 6-p-tolyl analogue (**27**, R = Me) (43%) likewise.[1373]

4.1.1.2 Using Phosphoryl chloride in a Solvent

No reasons have been given for the occasional use of phosphoryl chloride in an inert solvent to convert pyridazinones into the corresponding chloropyridazines. However, 6-o-methoxybenzyl-3(2H)-pyridazinone (**29**) gave 3-chloro-6-o-methoxybenzylpyridazine (**30**) in 87% yield by refluxing in phosphoryl chloride/dichloromethane for 1 h;[750] 3-oxo-5,6-diphenyl-2,3-dihydro-4-pyridazinecarbonitrile gave 3-chloro-5,6-diphenyl-4-pyridazinecarbonitrile (**31**) in 63% yield on refluxing in phosphoryl chloride/dioxane for 3 h;[1726] and 1-phenyl-1,4,5,6-tetrahydro-3(2H)-pyridazinone gave 3-chloro-1-phenyl-1,4,5,6-tetrahydropyridazine (**32**) in 61% yield on warming with phosphoryl chloride/toluene at 80° for 1 h.[60]

4.1.1.3 Using Phosphorus Pentachloride in Phosphoryl Chloride (H 224)

Warming pyridazinones with phosphorus pentachloride in phosphoryl chloride remains a quite popular route to the correspinding chloropyridazines.

However, in most cases the phosphorus pentachloride makes little difference to the desired reaction, whereas it does introduce the real possibility of additional C-chlorination, especially if the temperature is too high or the reaction time is prolonged. Accordingly, it would appear that phosphorus pentachloride should not be added unless phosphoryl chloride alone has proved inadequate.

The following examples of the use of phosphorus pentachloride in phosphoryl chloride are divided into two groups; those in which additional C-chlorination has not been observed (or reported), and those in which C-chlorination has proved appreciable:

Without Additional C-Chlorination

4-Benzyl-6-phenyl-3(2H)-pyridazinone gave 4-benzyl-3-chloro-6-phenylpyridazine (**33**) (95°, 3 h: 60%);[1251] 3-chloro-6-p-chlorophenylpyridazine likewise (70%).[1266]

6-Biphenyl-4'-yl-4-(3,5-dimethylpyrazol-4-yl)-4,5-dihydro-3(2H)-pyridazinone (**34**) gave 3-biphenyl-4'-yl-6-chloro-5-(3,5-dimethylpyrazol-4-yl)pyridazine (**35**), (95°, 3 h: 56%; note the concomitant dehydrogenation of the pyridazine ring).[1712]

Also other examples.[915, 1022, 1046, 1474, 1703, 1711, 1871]

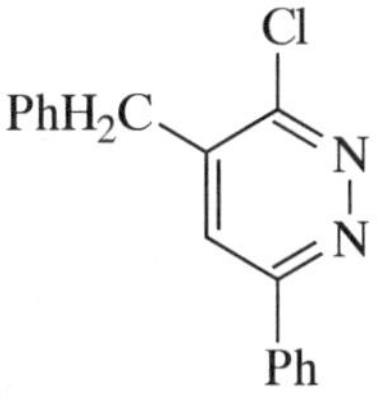

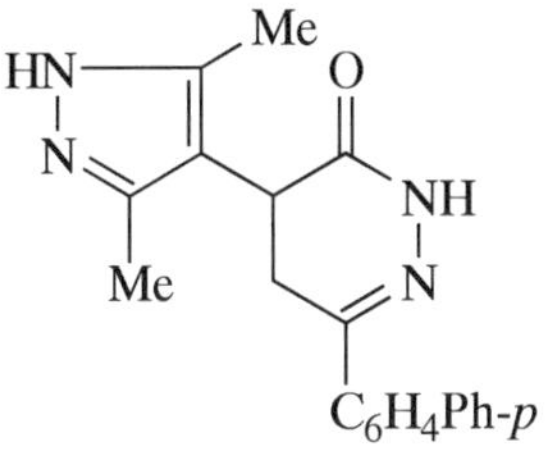

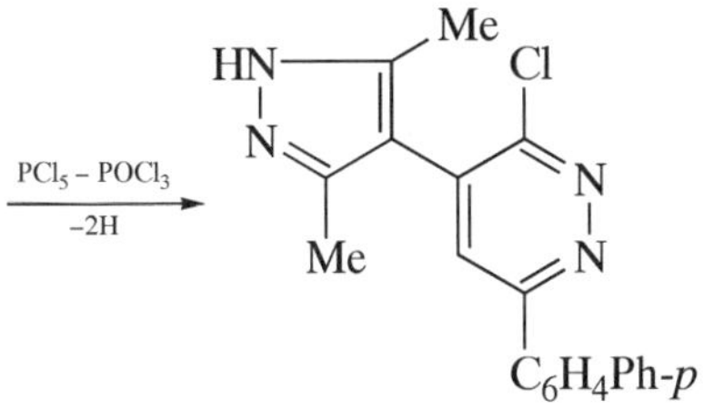

With Additional C-Chlorination

2-Benzyl-6-[p-(imidazol-1-yl)phenyl]-4,5-dihydro-3(2H)-pyridazinone (**36**) gave a separable mixture of 3-chloro- (**37**, R = H) and 3,4-dichloro-6-[p-(imidazol-1-yl)phenyl]pyridazine **37**, R = Cl) (reflux, 24 h: <15% and 15%, respectively; note loss of the benzyl group as PhCH$_2$Cl (?) and dehydrogenation).[1073]

1-Naphthalen-2′-yl-3,6(1H,2H)-pyridazinedione gave 5,6-dichloro-2-naphthalen-2′-yl-3(2H)-pyridazinone (**38**) (reflux, ?h: 41%).[726]

Also other exmples, including some in which two extra chloro substituents were introduced under sufficiently vigorous conditions.[784, 787, 871, 938]

4.1.1.4 Using Phosphoryl Chloride and a Tertiary Base

Although this procedure has been used extensively in the pyrimidine series,[1930b] it has not been employed much to convert pyridazinones into chloropyridazines. However, the following examples do indicate that it is highly effective and may even be the method of choice in the presence of passenger amino groups:

4-Phenyl-3(2H)-pyridazinone gave 3-chloro-4-phenylpyridazine (**39**) (POCl$_3$, pyridine, reflux, 2 h: 94%).[1408]

5-o-Fluorobenzoyl-4(1H)-pyridazinone gave 4-chloro-5-o-fluorobenzoyl-pyridazine (**40**) (POCl$_3$, pyridine, 60°, 45 min: 50%).[240]

4,5-Diamino-3(2H)-pyridazinone gave 3-chloro-4,5-pyridazinediamine (**41**) (POCl$_3$, Me$_2$NPh, reflux, 10 h: 50%).[973]

6-p-Nitrophenyl-3(2H)-pyridazinone gave 3-chloro-6-p-nitrophenylpyridazine (**42**) (POCl$_3$, Me$_2$NPh, reflux, 7 h: 95%).[1186]

Also other examples.[963]

4.1.1.5 Using Phosphoryl Bromide or Phosphorus Pentabromide (H 233)

Little use has been made of the bromides of phosphorus to convert pyridazinones into bromopyridazines. This is probably because phosphoryl bromide is less readily available and less convenient to use (because it is a solid) than is the corresponding chloride; moreover, the useful device[1930c] of using phosphoryl bromide or phosphorus pentabromide in (liquid) phosphorus tribromide or in an inert solvent appears to have been neglected in the pyridazine series. Present practice is illustrated in the following examples:

4-Chloro-3,6(1H,2H)-pyridazinedione (**43**) gave 3,6-dibromo-4-chloropyridazine (**44**, X = Cl) (neat PBr$_5$, 95°, 8 h: 74%) or 3,4,6-tribromopyridazine (**44**, R = Br) (neat POBr$_3$, 140°, 3 h: 56%; note additional transhalogenation).[447]

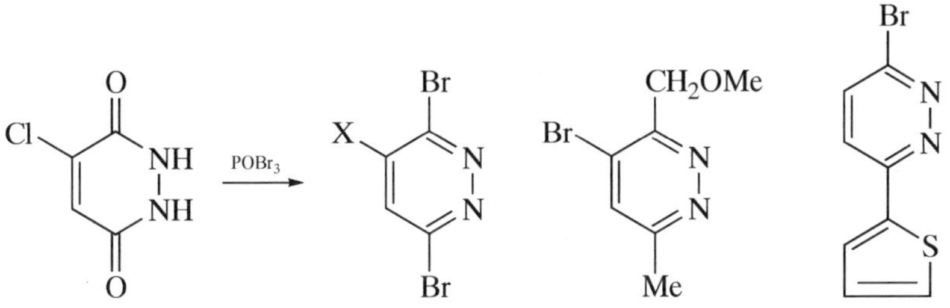

3-Methoxymethyl-6-methyl-4(1H)-pyridazinone gave 4-bromo-3-methoxymethyl-6-methylpyridazine (**45**) (neat POBr$_3$, 35°, 1 h: 20%).[446]

6-Thien-2′-yl-3(2H)-pyridazinone gave 3-bromo-6-thien-2′-ylpyridazine (**46**) (POBr$_3$, solvent (?), "warmed gently," 1 h; then reflux, 1 h: 66%).[1831]

Also other examples.[465]

4.1.1.6 Using Other Reagents

Several other reagents have been used occasionally to convert pyridazinones into halogenopyridazines, as illustrated in the following examples:

Thionyl chloride

3,6(1H,2H)-Pyridazinedione gave 3,6-dichloropyridazine (**47**) [SOCl$_2$, (9 equiv), MeSO$_3$H (3 equiv), reflux, 48 h: 90%; without MeSO$_3$H, no reaction].[1196]

2,6-Dimethyl-3(2H)-pyridazinone (**48**) gave 6-chloro-1,3-dimethylpyridazinium chloride (**49**) (SOCl$_2$, CHCl$_3$, reflux, 2 h: 82%).[115]

Vilsmeier Reagent

4-Bromo-2-*p*-methoxyphenyl-1-methyl-3,6(1H,2H)-pyridazinedione (**50**) gave 4,6-dichloro-2-*p*-methoxyphenyl-3(2H)-pyridazinone (**51**) with loss of MeCl (SO$_2$Cl/Me$_2$NCHO, 25°, ? h; note concomitant transhalogenation).[862]

Somewhat similarly, 1-*p*-bromophenyl-2-methyl-5-morpholino-3,6(1H,2H)-pyridazinedione gave 2-*p*-bromophenyl-4,6-dichloro-3(2H)-pyridazinone (POCl$_3$/Me$_2$NCHO, 150°, 30 min: 70%; note loss of MeCl and displacement of the morpholino by chloro substituent) or the expected product, 2-*p*-bromophenyl-6-chloro-4-morpholino-3(2H)-pyridazinone (neat POCl$_3$, reflux, 1 h: 64%; loss of MeCl only).[985]

Chloroacyl Isocyanates

6-Phenyl-3(2H)-pyridazinone (**52**) gave 3-chloro-6-phenylpyridazine (**53**) (ClSO$_2$NCO, MeCN, 55°, 3.5 h, then 25°, 12 h: ~68%;[59] ClCONCO,

4.1.2 Nuclear Halogenopyridazines by Direct Halogenation (H 228, 236)

The direct halogenation of pyridazines, usually at the 4/5 position(s), can clearly occur by several well-known mechanisms, although it is often difficult to determine which of these is involved in any particular case. Accordingly, no attempt has been made to classify the following typical examples according to their mechanisms:

Methyl 1-p-chlorophenyl-4-hydroxy-6-oxo-1,6-dihydro-3-pyridazinecarboxylate (**54**, X = H) gave its 5-bromo derivative (**54**, X = Br) (Br$_2$, EtOH, 25°, 5 min: 85%), its 5-chloro derivative (**54**, X = Cl) (SO$_2$Cl$_2$, dioxane, 50°→65°, 10 min: 91%), or methyl 5,5-dichloro-1-p-chlorophenyl-4,6-dioxo-1,4,5,6-tetrahydro-3-pyridazinecarboxylate (**55**) (excess, Cl$_2$↓, CH$_2$Cl$_2$, 25°, 30 min: 90%).[1549]

5-Methyl-3(2H)-pyridazinone 1-oxide (**56**, X = H) gave its 4,6-dichloro derivative (**56**, X = Cl) (Cl$_2$↓, H$_2$O, 25°: ~80%);[833] also analogous examples.[833]

4-Amino-6-methyl-3-pyridazinecarbaldehyde dimethyl acetal (**57**, X = H) gave its 5-bromo derivative (**57**, X = Br) (Br$_2$, CCl$_4$, reflux, 30 min: 93%).[996]

4-Amino-6-oxo-1-p-(trifluoromethyl)phenyl-1,6-dihydro-3-pyridazinecarboxylic acid (**58**, X = H) gave its 5-iodo derivative (**58**, X = I) (I, Na$_2$CO$_3$, H$_2$O–dioxane, reflux, briefly: 92%);[1117] also analogues likewise.[1117]

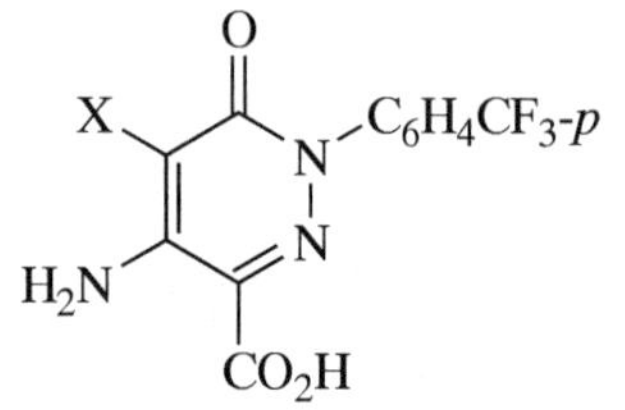

(58)

Methyl 2,5-dimethyl-3,6-dioxo-1,2,3,6-tetrahydro-1-pyridazinecarbodithioate (**59**) gave methyl 4,5-dibromo-2,5-dimethyl-3,6-dioxo-1,2,3,4,5,6-hexahydro-1-pyridazinecarbodithioate (**60**) (Br$_2$, CHCl$_3$, reflux: 76%) and thence methyl 4-bromo-2,5-dimethyl 3,6-dioxo-1,2,3,6-tetrahydro-1-pyridazinecarbodithioate (**61**) (pyridine, CHCl$_3$: 66%).[1460]

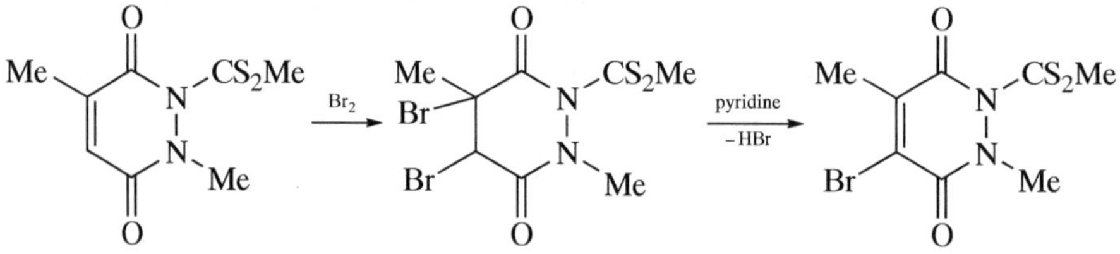

(59)   (60)   (61)

- 3-Butyl-3,6-dimethyl-2,3,4,5-tetrahydropyridazine gave 3-bromo-6-butyl- or 3-butyl-6-chloro-3,6-dimethyl-3,4,5,6-tetrahydropyridazine (Bu^{t}OBr, PhH, 10° → 25°, briefly: 60–70%; or Bu^{t}OCl, likewise: 90%; in each case, a mixture of stereoisomers).[1201]

- 6-Methoxy-2-*m*-methoxyphenyl-3(2*H*)-pyridazinone gave its 4-chloro derivative (PCl$_5$–POCl$_3$);[851] for other such chlorinations, see References 529 and 938 and Section 4.1.1.3.

Also other examples.[447, 655, 685, 703, 789, 791, 794, 826, 984, 1225]

For examples of a rarely used route involving *C*-halogenation and deoxygenation of pyridazine *N*-oxides by phosphoryl halides, see Section 5.2.2.

4.1.3 Nuclear Halogenopyridazines from Metallopyridazines

Lithio- and trialkylstannylpyridazines are made easily, and both afford the corresponding halogenopyridazines conveniently on treatment with elemental halogen. Although this route has not been used extensively, it is illustrated well by the following examples:

- 3-Chloro-5-α-hydroxyethyl-6-methoxypyridazine (**62**, X = H) gave its 4-lithio derivative (**62**, X = Li) (BuLi, THF, 2,2,6,6-Me$_4$–piperidine, −70° → 0°, 15 min, then substrate ↓, −70° → −30°, 30 min: not isolated) and thence the 4-iodo derivative (**62**, R = I) (I, THF, −70°, 1 h: 86% overall);[1610] likewise 3,6-dichloropyridazine (**63**, X = H) gave its lithio derivative (**63**, R = Li) and then 3,6-dichloro-4-iodopyridazine (**63**, X = I) (32%).[1669]

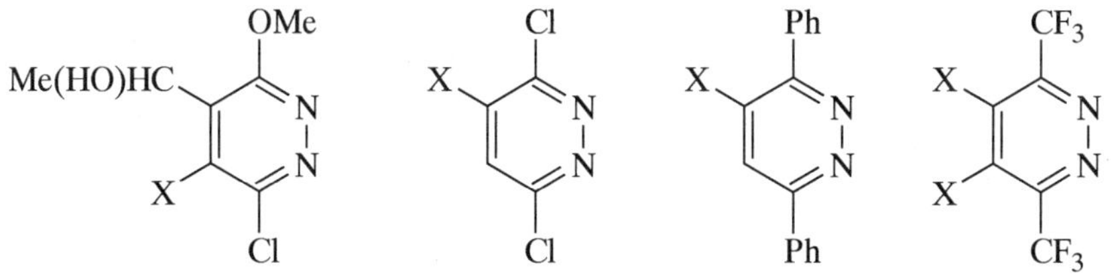

(**62**) (**63**) (**64**) (**65**)

3,6-Diphenyl-4-tributylstannylpyridazine (**64**, X = SnBu$_3$) (from a primary synthesis) gave its 4-iodo analogue (**64**, X = I) (I, THF, 25°, 24 h: 77%).[1591]

3,6-Bistrifluoromethyl-4,5-bistrimethylstannylpyridazine (**65**, X = SnMe$_3$) (by a primary synthesis: 78%) gave 4,5-dichloro- (**65**, X = Cl) (Cl$_2$, CCl$_4$, 196° → 25°, sealed, 4 days: 82%) or 4,5-diiodo-3,6-bistrifluoromethylpyridazine (**65**, X = I) (I, CCl$_4$, 70°, 3 days: 85%).[696]

Also other examples.[2093]

4.1.4 Nuclear Halogenopyridazines from Nitropyridazines

The nitro substituent(s) of some nitropyridazines or their *N*-oxides can act as leaving groups in favor of chloro or bromo substituents when treated with an appropriate hydrohalide, phosphorus halide, Vilsmeier reagent, or acyl halide. This replcement has not been studied systematically, but the following examples indicate its potential utility:

5-Acetyl-2-methyl-4-nitro-6-phenyl-3(2*H*)-pyridazinone (**66**, X = NO$_2$) gave 5-acetyl-4-chloro- (**66**, X = Cl) (6M HCl, AcMe, reflux, 90 min: 65%;[1766] PhCH$_2$Et$_3$NCl, MeCN, reflux, 1 h: > 90%)[1561] or 5-acetyl-4-bromo-2-methyl-6-phenyl-3(2*H*)-pyridazinone (**66**, X = Br) (48% HBr, AcMe, reflux, 15 min: 71%).[1766]

3-Methoxy-4,6-dinitropyridazine 1-oxide (**67**) gave a separable mixture of 3-bromo-6-methoxy-5-nitropyridazine 2-oxide (**68**) and 6-bromo-4-nitro-3(2*H*)-pyridazinone 1-oxide (**69**) (10% HBr, 90°, 3 h: 20% and 4%, respectively, after separation); 3-chloro-6-methoxy-5-nitropyridazine 2-oxide (**70**) only (10% HCl, 90°, 3 h: 40%); or 3,5-dichloro-6-methoxypyridazine 2-oxide (**71**) (neat AcCl, reflux, 3 h: 51%).[905]

3,6-Dimethyl-4-nitropyridazine 1,2-dioxide (**72**, X = NO$_2$) gave 4-chloro-3,6-dimethylpyridazine 1,2-dioxide (**72**, X = Cl) (10M HCl, 95°, 7 h: 35%; HCl gas, trace urea, EtOH, reflux, 4.5 h: 80%; neat AcCl, 50°, 2 h: 39%; or neat POCl$_3$, 95°, 5 h: 8%) or 4-bromo-3,6-dimethylpyridazine 1,2-dioxide (**72**, X = Br) (47% HBr, 95°, 7 h: 21%).[796]

Also other examples.[794, 833, 1938]

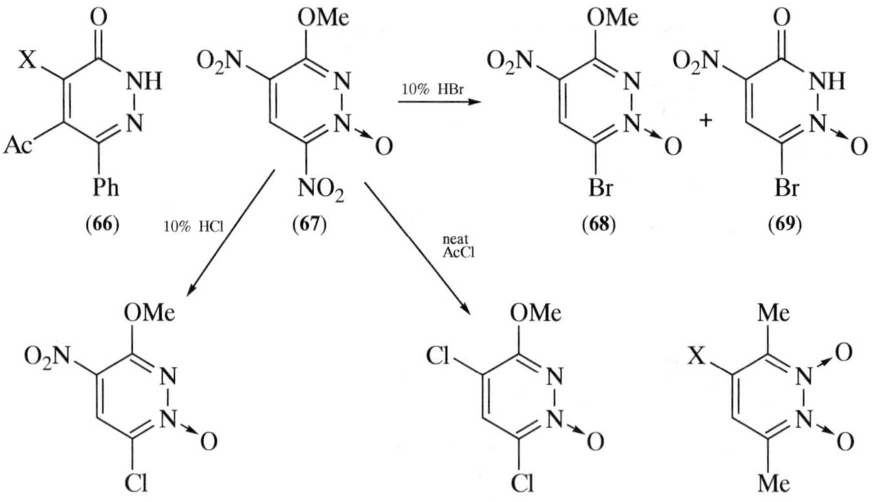

(66) **(67)** **(68)** **(69)** **(70)** **(71)** **(72)**

4.1.5 Nuclear Halogenopyridazines by Transhalogenation (*H* 240, 241)

The replacement of one halogeno substituent by another is a useful way to make halogenopyridazines, especially the less accessible fluoro and iodo derivatives. The following examples illustrate procedures recently employed:

Bromo- to chloropyridazines

4-Bromo-1-methyl-2-phenyl-3,6(1*H*,2*H*)-pyridazinedione (**73**) gave 4,6-dichloro-2-phenyl-3(2*H*)-pyridazinone (**74**) ($POCl_3$).[878]

4,5-Dibromo-2-*β*-carboxyethyl-3(2*H*)-pyridazinone (**75**, R = OH, X = Br) gave 4-bromo-2-*β*-carbamoylethyl-5-chloro-3(2*H*)-pyridazinone (**75**, R = NH_2, X = Cl) ($SOCl_2$, PhH, reflux, 4 h; then NH_4OH).[587]

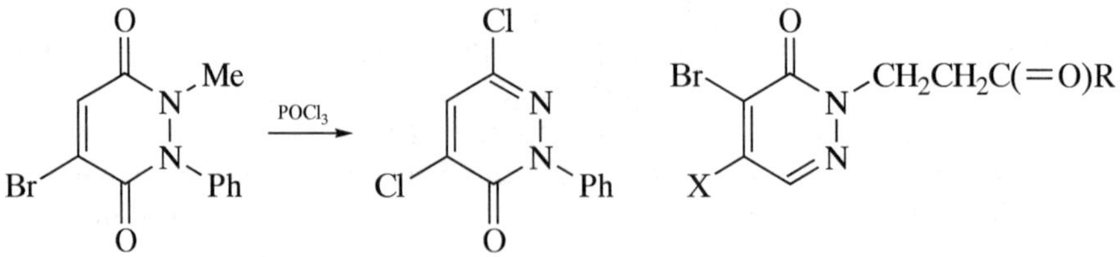

(**73**) (**74**) (**75**)

Chloro- to bromopyridazines

6-Chloro-1,3-dimethylpyridazinium chloride (**76**, X = Cl) gave 6-bromo-1,3-dimethylpyridazinium bromide (**76**, X = Br) (HBr gas↓, $CHCl_3$, 0°, 3 h: 72%).[115]

4,5-Dichloro-3(2H)-pyridazinone (**77**, X = Y = Cl) gave 4-bromo-5-chloro- (**77**, X = Br, Y = Cl) (47% HBr, reflux, 2 h: 92%) or 4,5-dibromo-3(2H)-pyridazinone (**77**, X = Y = Br) (47% HBr, reflux, 20 h: 90%).[542]

(**76**) (**77**)

Chloro- to fluoropyridazines

3-Chloro- (**78**, X = Cl) gave 3-fluoro-6-phenylpyridazine (**78**, X = F) (neat Bu$_4$PF·HF, 100°, 2 h: 89%).[1593]

Methyl 6-chloro- (**79**, X = Cl) gave methyl 6-fluoro-3-pyridazinecarboxylate (**79**, X = F) (excess neat KF, 185°, 2 h: <15%).[1127]

4,5-Dichloro- (**80**, X = Cl) gave 4,5-difluoro-3,6-bistrifluoromethylpyridazine (**80**, X = F) (neat KF, 160°, sealed, 4 days: 94%).[696]

(**78**) (**79**) (**80**) (**81**)

3,6-Dichloro- gave 3,6-difluoropyridazine (neat KF, 250°, sealed, 7 h: 64%)[448] or a 4:6 mixture of 3-chloro-6-fluoro- and 3,6-difluoropyridazine (anhydrous HF↓, 100°, ? h: 92% before separation).[1650]

3,4,6-Trichloro- (**81**, X = Cl) gave 3,6-dichloro-4-fluoropyridazine (**81**, X = F) (KF, propylene glycol–MeCN, reflux, 15 h: 59%).[1053]

Also other examples.[459, 1018]

Chloro- to Iodopyridazines

3-Chloro- gave 3-iodopyridazine (NaI, HI, AcMe, 1 h: ?%);[1127] likewise, methyl 6-iodo-3-pyridazinecarboxylate (**79**, X = I) (∼40%)[1127] and 4-iodo-3-methoxymethyl-6-methylpyridazine (AcEt, 65°, 2 h: 20%).[446, cf. 1931]

4,5-Dichloro-2-methyl-3(2H)-pyridazinone (**82**) gave 5-iodo-2-methyl-3(2H)-pyridazinone (**83**) (HI, 150°, 24 h: ?%; note the reductive 4-dechlorination)[1602]

3,4-Dichloro-5-methoxypyridazine gave 3/4-chloro-4/3-iodo-5-methoxy-1-methylpyridazinium iodide (**84**) (MeI, reflux, 4 h: ~65%) and then 6/5-chloro-5/6-iodo-2-methylpyridazinium-4-olate (**85**) (dioxane, reflux, 3 h: ~90%);[689] also an analogous example.[690]

Iodo- to fluoropyridazines

3,6-Diiodo- gave 3-fluoro-6-iodopyridazine (KF, Me$_2$SO, 140°, 6 h: 90%).[1385]

4.1.6 Nuclear Halogenopyridazines from Pyridazinamines (*H* 227, 235)

This traditional route to halogeno derivatives appears to be represented by only two examples in the recent pyridazine literature. Thus 6-methyl-3-pyridazinamine (**86**) underwent diazotization by sodium nitrite in fluoroboric acid at 0° during 30 min and subsequent warming to 50° for 30 min produced 3-fluoro-6-methylpyridazine (**87**) in ~75% yield;[1127] and diazotization of 6-methylthio-3-pyridazinamine 2-oxide in ~8M hydrochloric acid, followed by the addition of copper powder, gave 3-chloro-6-methylthiopyridazine 2-oxide but in only 7% yield.[679]

4.2 REACTIONS OF NUCLEAR HALOGENOPYRIDAZINES (H 245)

Because they undergo nucleophilic displacement reactions effectively, nuclear halogenopyridazine have been widely used as intermediates in the preparation of other pyridazines.[1477,1575] Single-crystal X-ray diffraction studies have been reported for 4,5-dichloro-2-phenyl-3(2H)-pyridazinone (also quadrupole resonance data),[1126] 3-chloro-5-p-toluenesulfonylmethylpyridazine,[1476] 4-chloro-3,6-bischloromethylpyridazine,[174] and 3,6-dichloropyridazine (also microwave spectroscopy).[177,2020] Like their pyrimidine analogues,[1930b] simple chloropyridazines can be irritating to the eyes and skin; the primary irritant effect and subsequent sensitization of skin to 3,4,5-trichloropyridazine has been studied in some detail using guinea pigs.[1003,1005] Some polarography has been reported.[1983]

The conversion of nuclear *halogenopyridazines into alkyl- or arylpyridazines* has been discussed in Section 3.2.1.3. The other important reactions of such halogenopyridazines are summarized in the following sections.

4.2.1 Aminolysis of Nuclear Halogenopyridazines (H 248, 465)

This is by far the most used reaction of halogenopyridazines. Because nuclear passenger groups are significant factors in the ease or otherwise of such aminolyses,[458] the typical examples in each subsection are grouped according to the type of passenger group(s) present. The order of nucleophilicity for amines is hydrazine > primary or secondary amines > ammonia; tetriary amines form a special category.

4.2.1.1 3/6-Monohalogenopyridazines as Substrates (H 248)

Although they usually undergo aminolysis quite readily, the 3/6-monohalogeno substrates appear to be marginally less reactive than their 4/5-isomers: this perceived difference probably arises because the halogeno leaving group is activated by an *ortho* ring nitrogen in the case of 3/6-halogenopyridazines but more effectively by a *para* ring nitrogen in the case of 4/5-halogenopyridazines; the modest steric effect of the lone-pair electrons on an *ortho* ring- nitrogen may also play its part. Kinetic data on the aminolysis of 3-chloro-6-phenyl-, 3-bromo-6-phenyl-, 3-chloro-4-methyl-6-phenyl-, and 3-bromo-4-methyl-6-phenylpyridazine have been reported.[914]

From Substrates with Only Passenger Alkyl or Aryl Groups

Note: It should be remembered that an alkyl group has a slightly deactivating effect on the halogen, whereas an aryl group (especially one with an electron-withdrawing substituent) has a slightly activating effect thereon; also that an aryl or bulky alkyl group can have a substantial hindering effect on the aminolysis of an adjacent halgeno substituent. Unfortunately, such effects are seldom reflected in the conditions reported for preparative aminolyses, simply because of the almost universal tendency for workers to "overkill" in this respect to increase the chances of a good yield.

3-Chloro-6-*p*-nitrophenylpyridazine (**88**, R = Cl) gave 6-*p*-nitrophenyl-3-pyridazinamine (**88**, R = NH$_2$) (NH$_4$OH, NH$_4$Cl, H$_2$O, 200°, sealed, 12 h: 74%).[1309]

3-Chloro-4-methyl-6-phenylpyridazine (**89**, R = Cl) gave 3-β-aminoethylamino-4-methyl-6-phenylpyridazine (**89**, R = NHCH$_2$CH$_2$NH$_2$) (excess neat H$_2$NCH$_2$CH$_2$NH$_2$, 100°, N$_2$, 3 h: 80%),[1319] 4-methyl-3-β-morpholinoethylamino-6-phenylpyridazine [**89**, R = NHCH$_2$CH$_2$N(CH$_2$CH$_2$)$_2$O] [neat H$_2$NCH$_2$CH$_2$N(CH$_2$CH$_2$)$_2$O + its hydrochloride, 170°, A, 2 h: 69%],[1569] 4-methyl-3-octylamino-6-phenylpyridazine (**89**, R = HC$_8$H$_{17}$) (neat C$_8$H$_{17}$NH$_2$ + its hydrochloride, 170°, A, 75 min: 93%),[914] 4-methyl-6-phenyl-3-pyridazinamine (**89**, R = NH$_2$) (NaNH$_2$, xylene, reflux, 48 h: 48%),[1279] or 3-hydrazino-4-methyl-6-phenylpyridazine (**89**, R = NHNH$_2$) (H$_2$NNH$_2$·H$_2$O, BuOH, reflux, 12 h: ~75%).[1104]

<chemical structures>
(**88**) R at 3-position, C$_6$H$_4$NO$_2$-*p* at 6-position
(**89**) R at 3-position, Me at 4-position, Ph at 6-position
(**90**) R at 3-position, Ph at 4-position, Ph at 6-position

3-Chloro- (**90**, R = Cl) gave 3-dimethylamino-4,6-diphenylpyridazine (**90**, R = NMe$_2$) (neat Me$_2$NH, 160°, sealed, 6 h; 96%).[1082]

3-Chloro-6-phenylpyridazine gave 3-(γ-diethylamino-β-hydroxypropyl)amino-6-phenylpyridazine [Et$_2$NCH$_2$CH(OH)CH$_2$NH$_2$, trace KI, PhOH as solvent, <125°, 30 min; then 165°, 10 h: 59%],[936] 3-phenyl-6-piperazin-1′-ylpyridazine (**91**) [excess HN(CH$_2$CH$_2$)$_2$NH, AcBu^i, reflux, 12 h: 91%],[1768] or 3-(3-hydroxypyridinio)-6-phenylpyridazine chloride (**92**) (3-pyridinol, BuOH, reflux, 6 h: 80%).[1236]

3-Chloro- (**93**, R = Cl) gave 3-hydrazino-6-methylpyridazine (**93**, R = NHNH$_2$) (neat H$_2$NNH$_2$·H$_2$O, 95°, 6 h: 75%);[1127] study of mechanism.[1037]

3-Chloro- (**94**, R = Cl) gave 3-hydrazino-4,5,6-triphenylpyridazine (**94**, R = NHNH$_2$) (H$_2$NNH$_2$·H$_2$O, BuOH, reflux, 4 h: 60%).[1362]

3-Chloro- (**95**, R = Cl) gave 3-hydrazino-5-(4-methylpiperidinomethyl)-6-thien-2′-ylpyridazine (**95**, R = NHNH$_2$) (H$_2$NNH$_2$·H$_2$O, EtOH, reflux, 3 h: 80%).[1727]

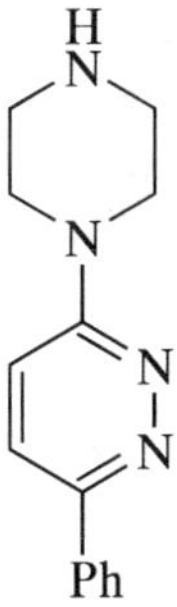

(91), 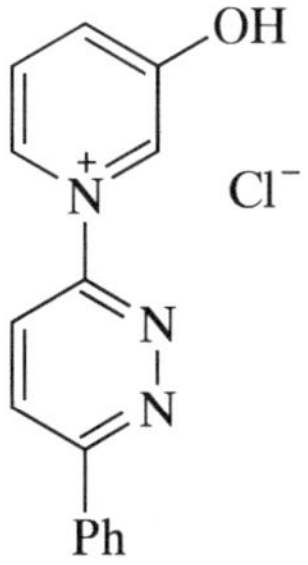 (92),  (93), 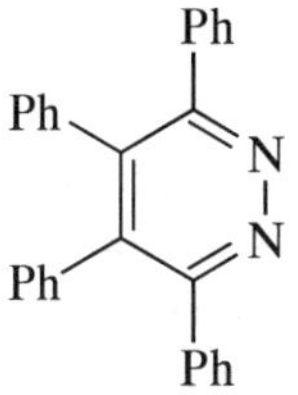 (94), 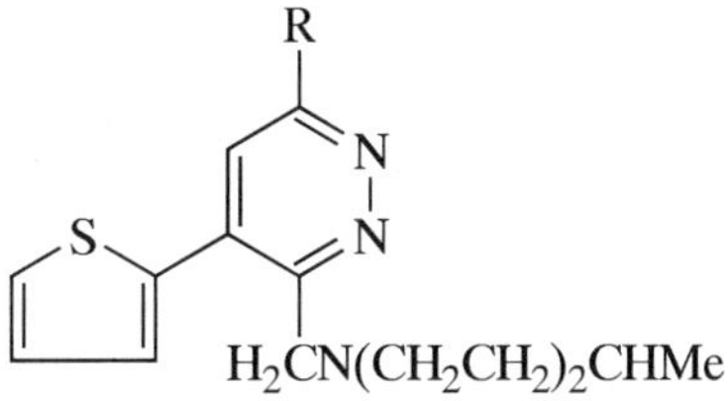 (95)

Also other examples.[18, 138, 152, 158, 363, 514, 779, 808, 837, 886, 922, 936, 946, 975, 1039, 1064, 1067, 1103, 1144, 1248, 1250, 1251, 1266, 1275, 1281, 1284, 1307, 1333, 1339, 1394, 1431, 1703, 1712, 1734, 1746, 1807, 2041, 2069]

From Substrates with Passenger Ester, Amide or Nitrile Groups

Note: Not only do these passenger groups activate halogeno substituents toward aminolysis, but they may themseleves react with amines under appropriate conditions.

Methyl 6-chloro-3-pyridazinecarboxylate (**97**) gave *N*-butyl-6-butylamino-3-pyridazinecarboxamide (**96**) (neat BuNH$_2$, reflux, 16 h: 84%) or only 6-chloro-3-pyridazinecarboxamide (**98**) (NH$_3$, MeOH, 0°, 30 min: 97%).[1592]

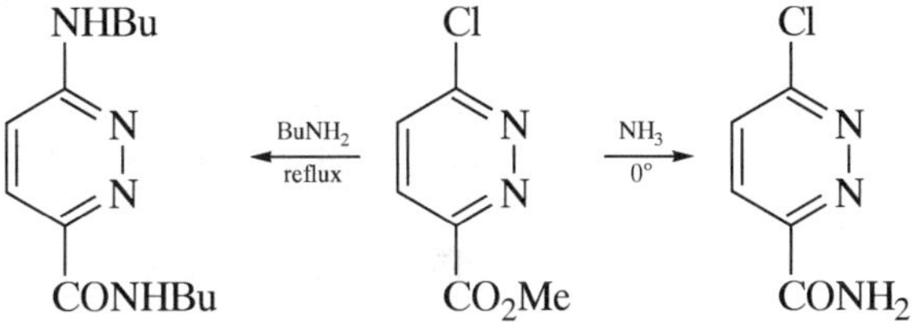

(96), (97), (98), 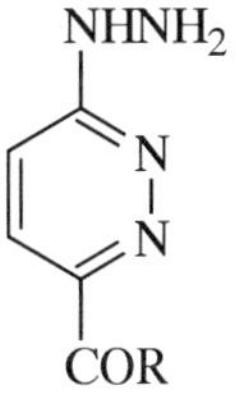 (99)

Ethyl 6-chloro-3-pyridazinecarboxylate gave a separable mixture of ethyl 6-hydrazino-3-pyridazinecarboxylate (**99**, R = OEt), 6-hydrazino-3-pyridazinecarboxylic acid (**99**, R = OH), 6-hydrazino-3-pyridazinecarbohydrazide (**99**, R = NHNH$_2$), and 6-chloro-3-pyridazinecarbohydrazide

(H₂NNH₂, EtOH, 60°, 3 h: 30%, 10%, 3%, and 22%, respectively);[1459] however, the same substrate with morpholine gave only ethyl 6-morpholino-3-pyridazinecarboxylate (PhMe, reflux, 3 h: 58%).[1338]

6-Chloro-3-pyridazinecarboxamide (**98**) gave 6-benzylamino-3-pyridazine-carboxamide (PhCH₂NH₂, dioxane, reflux, >15 h: 70%);[1773] also homologues likewise.[1592,1773]

3-Chloro-4-pyridazinecarbonitrile (**100**, R = Cl) gave 3-benzylamino- (**100**, R = NHCH₂Ph) (PhCH₂NH₂, EtOH, reflux, 5 h: 80%),[1079] 3-isopropylamino- (**100**, R = NHPr^i) (likewise but only 30%),[1079] or 3-(*N*-β-ethoxycarbonylethyl-*N*-ethylamino)-4-pyridazinecarbonitrile [**100**, R = N(CH₂CH₂CO₂Et)Et] [HNC(CH₂CH₂CO₂Et)Et, Me₂NCHO, 100°, 18 h: 50%].[523]

3-Chloro-5,6-diphenyl-4-pyridazinecarbonitrile (**101**) gave 3-anilino-5,6-diphenyl- (**102**, R = Ph) (PhNH₂, AcOH, reflux, 5 h: 65%) or 5,6-diphenyl-3-phenylhydrazino-4-pyridazinecarbonitrile (**102**, R = NHPh) (PhNHNH₂ likewise: 70%);[1726] in contrast, hydrazinolysis under the same conditions gave 4,5-diphenyl-1*H*-pyrazolo[3,4-*c*]pyridazine-3-amine (**103**) (65%), presumably by spontaneous cyclization of the initial product (**102**, R = NH₂).[1046,1398,1726]

Also other examples.[759,807,1271,1338,2085]

From Substrates Bearing Ketonic Groups

Note: The ketonic passenger groups on these substrates activate the halogeno substituents but may themselves react, at least with primary aromatic amines.

3-Benzoyl-6-chloropyridazine (**104**, R = Cl) gave 3-benzoyl-6-(4-methylpiperazin-1-yl)pyridazine [**104**, R = N(CH₂CH₂)NMe] [MeN(CH₂CH₂)₂NH, reflux, 6 h: 77%].[1698]

4-Acetyl-3-chloro-5,6-diphenylpyridazine (**105**) gave 4-acetyl-3-anilino- (**106**, R = Ph) (PhNH₂, EtOH, reflux, 3 h: 74%) or its Schiff base, 3-anilino-4-α-phenyliminoethyl-5,6-diphenylpyridazine (**107**) (neat PhNH₂, 160°, 1 h: 74%);[377] in contrast, the same substrate (**105**) gave only 4-acetyl-3-butylamino-5,6-diphenylpyridazine (**106**, R = Bu) (BuNH₂, neat or in EtOH, reflux, 1–3 h: 74%).[377]

Also other examples.[1367]

From Substrate N-Oxides Bearing a Nitro Group

Note: The halogeno substituent in such substrates is highly activated.

3-Chloro-6-methyl-4-nitropyridazine 1-oxide (**108**) gave a separable mixture of 3-methoxy-6-methyl-4-nitropyridazine 1-oxide (**109**) and 6-methyl-4-nitro-3-pyridazinamine 1-oxide (**110**) (NH_3, MeOH, 0°, 1 h: 32% and 38%, respectively); treatment of the methoxy derivative (**109**) in methanolic ammonia at 0° gradually gave the amino analogue (**110**) (9% after 1 h). The balance of evidence suggests that products **109** and **110** are both formed directly and rapidly in the original aminolysis of substrate (**108**), with concomitant slow aminolysis of the methoxypyridazine (**109**).[952]

3-Chloro-6-methoxy-5-nitropyridazine 2-oxide (**111**, R = Cl) gave 3-benzylamino-6-methoxy-5-nitropyridazine 2-oxide (**111**, R = $NHCH_2Ph$) (Ph_2NH_2, EtOH, reflux, 3 h: 31%).[905]

From Substrates Bearing Oxy or Thioxy Substituents

6-Chloro- (**112**, R = Cl) gave 6-hydrazino-3(2H)-pyridazinone (**112**, R = $NHNH_2$) (neat $H_2NNH_2 \cdot H_2O$, 95°, 3 h: 27%).[1338]

4,6-Dibutoxy-3-chloropyridazine (**113**, R=Cl) gave 4,6-dibutoxy-3-morpholinopyridazine [**113**, R=N(CH$_2$CH$_2$)$_2$O] [neat anhydrous O(CH$_2$CH$_2$)$_2$NH, reflux, 3 h: ?%].[640]

5,6,7,8-Tetrachloro-1-(3-chloro-6-*p*-tolyl-4,5-dihydropyridazin-4-ylthio)-4-(3,4-dimethylphenyl)phthalazine (**114**, R=Cl) gave the 1-(3-hydrazino-6-*p*-tolyl-4,5-dihydropyridazin-4-ylthio) analogue (**114**, R=NHNH$_2$) (H$_2$NNH$_2$·HCl, EtOH, reflux, 6 h: 67%).[1711]

Also other examples.[1041]

From Substrates Bearing Amino Groups

Note: The examples in this category broadly indicate deactivation of each halogeno substituent by the passenger amino group(s).

3-Chloro-6-diethylaminopyridazine (**115**, R=Cl) gave 3-diethylamino-6-γ-diethylaminopropylaminopyridazine (**115**, R=NHCH$_2$CH$_2$CH$_2$NEt$_2$) (neat Et$_2$NCH$_2$CH$_2$CH$_2$NH$_2$, 150°, 24 h: 62%).[924]

3-Anilino-6-chloropyridazine (**116**, R=Cl) gave 3-anilino-6-hydrazinopyridazine (**116**, R=NHNH$_2$) (neat H$_2$NNH$_2$·H$_2$O, reflux, 5 h: ∼35%).[1161]

3-Chloro- (**117**, R=Cl) gave 3-morpholino-6-*p*-nitrobenzylidenehydrazinopyridazine [**117**, R=N(CH$_2$CH$_2$)$_2$O] [O(CH$_2$CH$_2$)$_2$NH, OP(NMe$_2$)$_3$, 150°, 24 h: 85%].[57]

5-Amino-6-chloro- gave 5-amino-6-hydrazino-3(2*H*)-pyridazinone (neat H$_2$NNH$_2$·H$_2$O, reflux, 4 h: 73%).[1597]

6-Chloro-3-pyridazinamine 2-oxide (**118**, R = Cl) gave 6-*o*-chlorobenzylamino-3-pyridazinamine 2-oxide (**118**, R = NHCH$_2$C$_6$H$_4$Cl-*o*) (neat H$_2$NCH$_2$CH$_2$C$_6$H$_4$Cl-*o*, 142°, sealed, 40 h: 62%);[1527] also analogues likewise.[1161, 1524, 1527]

Also other examples.[554, 955, 1101, 1258, 1283, 1616, 1962]

4.2.1.2 4/5-Monohalogenopyridazines as Substrates (H 248)

The halogeno substituents in these substrates appear to be activated or deactivated by their passenger substituents in much the same way as are their 3/6-halogeno counterparts (Section 4.2.1.1). However, since most categories of passenger groups are poorly represented or even unrepresented in the 4/5-halogenopyridazines available as examples, direct comparisons are virtually impossible. Aminolyses (NaNH$_2$/liquid NH$_3$ or even amines/solvent) have sometimes led to *cine* replacements with the 4/5-chloropyridazines—*beware*! The following examples illustrate typical aminolyses:

From Substrates with Only Passenger Alkyl or Aryl Groups

4-Chloro-3,6-diphenylpyridazine (**119**, R = Cl) gave 3,6-diphenyl-4-pyridazinamine (**119**, R = NH$_2$) (PhOH, trace CuSO$_4$, NH$_3$↓, reflux, 4 h: 60%) or a separable mixture of **119** (R = NH$_2$) and bis(3,6-diphenylpyridazin-4-yl)amine (**120**) (KNH$_2$, liquid NH$_3$, −33°, 7 h: 21% and 10%, respectively).[451]

4-Chloro- gave 4-dimethylamino-6-methyl-3,5-diphenylpyridazine (Me$_2$NH, Me$_2$SO, 115°, sealed, 5 days: ∼20%).[311]

4-Chloro- (**121**, R = Cl), 4-bromo- (**121**, R = Br), or 4-iodo-3-methoxymethyl-6-methylpyridazine (**121**, R = I) gave in each case a separable mixture of 3-methoxymethyl-6-methyl-4-pyridazinamine (**121**, R = NH$_2$) and the *cine*-substitution product, 6-methoxymethyl-3-methyl-4-pyridazinamine (**122**), in a ratio of 17:83 (NaNH$_2$, liquid NH$_3$, −33°, 30 min); in contrast, the same chloro substrate (**121**, R = Cl) gave only the expected product (**121**, R = NH$_2$) on regular aminolysis (NH$_3$, EtOH, 130°, sealed, 20 h: 67%).[446]

Also other examples.[1985]

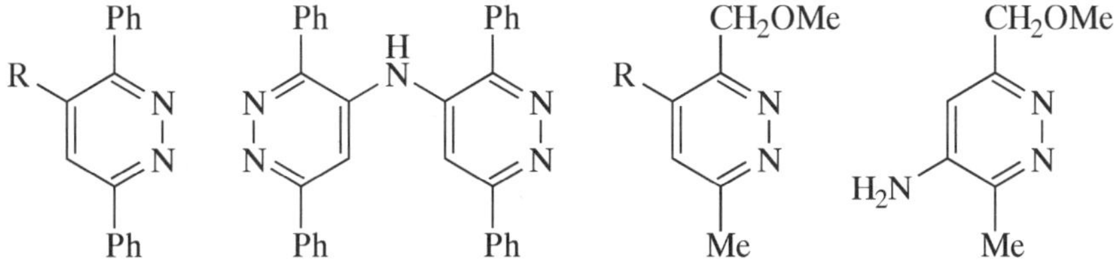

From Substrates Bearing Electron-Withdrawing Passenger Groups

Note: Relatively gentle conditions are employed in most examples.

Methyl 4-chloro- (**123**, R = Cl) gave methyl 4-benzylamino-6-oxo-1-phenyl-1,6-dihydro-3-pyridazinecarboxylate (**123**, R = NHCH$_2$Ph) (PhCH$_2$NH$_2$, ClC$_6$H$_4$Cl-*o*, reflux, 2.5 h: 65%);[1117] in contrast, the same substrate (**123**, R = Cl) gave methyl 4-hydrazino-6-oxo-1-phenyl-1,6-dihydro-3-pyridazinecarboxylate (**123**, R = NHNH$_2$) (H$_2$NNH$_2$·H$_2$O, EtOH, 40°, 10 min: 94%) or 4-hydrazino-6-oxo-1-phenyl-1,6-dihydro-3-pyridazinecarbohydrazide (**124**) (H$_2$NNH$_2$·H$_2$O, EtOH, reflux, 15 min: 84%), according to conditions.[1117]

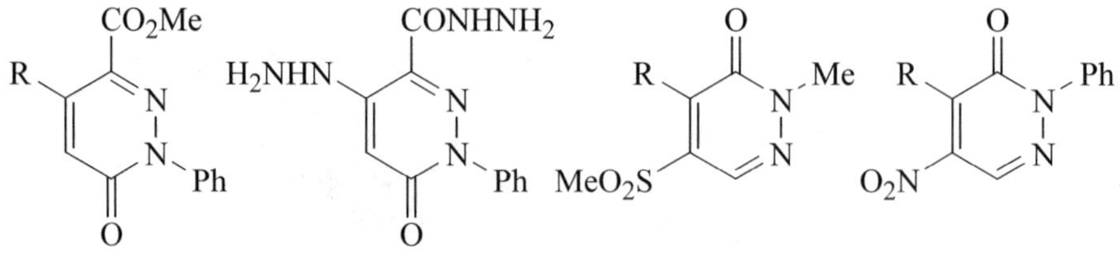

(123) (124) (125) (126)

4-Chloro- (**125**, R = Cl) gave 4-amino-2-methyl-5-methylsulfonyl-3(2*H*)-pyridazinone (**125**, R = NH$_2$) (NH$_4$OH, EtOH, 25°, 12 h: 80%; note survival of the methylsulfonyl group); likewise the 2-phenyl analogue (78%).[533]

4-Chloro- (**126**, R = Cl) gave 4-cyclohexylamino-5-nitro-2-phenyl-3(2*H*)-pyridazinone (**126**, R = NHC$_6$H$_{11}$) (C$_6$H$_{11}$NH$_2$: >70%).[601]

Also other examples.[240]

From Substrates with One Oxo Passenger Group

5-Iodo-2-methyl-3(2*H*)-pyridazinone (**127**, R = I) gave 2-methyl-5-morpholino-3(2*H*)-pyridazinone [**127**, R = N(CH$_2$CH$_2$)$_2$O] [O(CH$_2$CH$_2$)$_2$NH, EtOH, reflux, ? h: 65%].[1603]

5-Chloro-6-phenyl-3(2*H*)-pyridazinone (**128**, R = Cl) gave 6-phenyl-5-piperazin-1'-yl-3(2*H*)-pyridazinone [**128**, R = N(CH$_2$CH$_2$)$_2$NH] [HN(CH$_2$CH$_2$)$_2$NH, BuOH, reflux, 16 h: 63%].[1588]

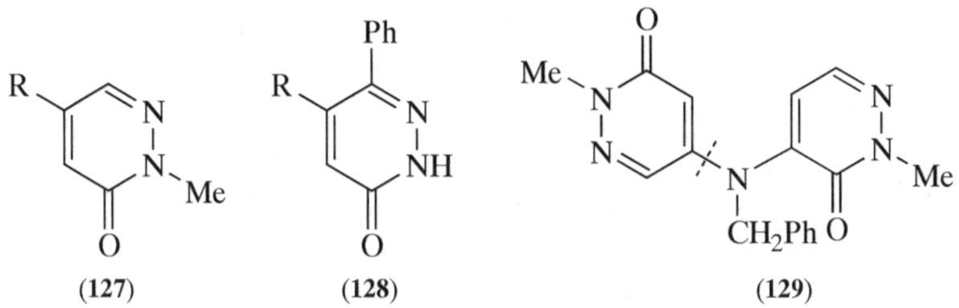

(127) (128) (129)

5-Chloro-2-methyl-3(2*H*)-pyridazinone and 4-benzylamino-2-methyl-3(2*H*)-pyridazinone gave *N*-benzyl-*N*-(1-methyl-6-oxo-1,6-dihydropyridazin-4-yl)- *N*-(2-methyl-3-oxo-2,3-dihydropyridazin-4-yl)amine (**129**) (K_2CO_3, Me_2NCHO, 150°, 5 h: 43%).[867]
Also other examples.[578, 584, 768, 848, 1512]

From Substrates with Two Oxo Passenger Groups

Note: Treatment, for example, of 4-halogeno-1-methyl-2-phenyl-3,6(1*H*,2*H*)-pyridazinediones (**130**) with amines in a solvent has been reported to give either the regular aminolytic product (**131**) or the *cine*-product (**132**): criteria for the production of one or other product are by no means clear yet. Examples of both phenomena follow.

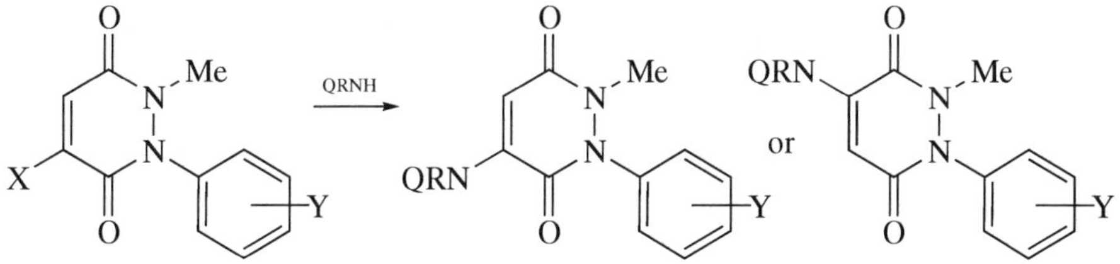

(130) (131) (132)

4-Bromo-2-*p*-bromophenyl-1-methyl- (**130**, X = Br, Y = *p*-Br) gave 1-*p*-bromophenyl-2-methyl-5-morpholino-3,6(1*H*,2*H*)-pyridazinedione (**131**, QR = $CH_2CH_2OCH_2CH_2$, Y = *p*-Br) [$O(CH_2CH_2)_2NH$, EtOH, reflux, 2 h: 50%; structure confirmed by X-ray analysis].[985]

Methyl 5-bromo- (**133**, R = Br) gave methyl 5-amino-2-methyl-3,6-dioxo-1,2,3,6-tetrahydro-1-pyridazinecarbodithioate (**133**, R = NH_2) (NH_3, see original) or likewise the 5-morpholino analogue [**133**, R = $N(CH_2CH_2)_2O$].[984]

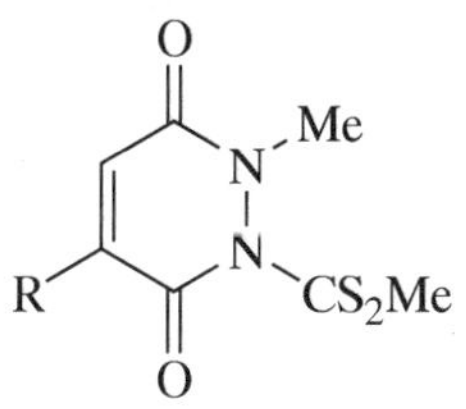

(133)

In contrast to the foregoing examples of regular aminolysis:

4-Bromo-2-*p*-bromophenyl-1-methyl- (**130**, X = Br, Y = *p*-Br) gave 1-*p*-bromophenyl-4-diethylamino-2-methyl-3,6(1*H*,2*H*)-pyridazinedione (**132**, Q = R = Et, Y = *p*-Br) (Et_2NH, MeOH/EtOH);[678, 703, 787, 985] the structures of both substrate and product were confirmed by X-ray analyses.[965]

Other 4-chloro- or 4-bromo-2-(substituted-phenyl) substrates (**130**) also provided only *cine*-aminolysis products (**132**).[620, 685, 705]

4.2.1.3 3,4/5,6-Dihalogenopyridazines as Substrates (H 249)

In such 3,4-dihalogenopyridazines, the 4-halogeno (activated by a *para* ring nitrogen) should be more easily aminolyzed than the 3-halogeno substituent (activated by an *ortho* ring nitrogen). In almost every recent example of the monoaminolysis of 3,4-dihalogenopyridazines, it was only the 4-halogeno substituent that suffered replacement; moreover, diaminolysis was significantly absent in the reports, suggesting that the first amino group to enter the molecule then powerfully deactivated the remaining halogeno substituent next to it. The following examples illustrate these points:

3,4-Dichloropyridazine (**135**, X = Cl) gave only 3-chloro-4-pyridazinamine (**134**, X = Cl) (NH$_3$, EtOH, 125°, sealed, 6 h: 52%);[447] likewise, 3-bromo-4-chloropyridazine (**135**, X = Br) gave 3-bromo-4-pyridazinamine (**134**, X = Br), but is contained $\sim$10% of 4-chloro-3-pyridazinamine (**136**),[447] perhaps because bromo is intrinsically a little better than chloro as a leaving group.

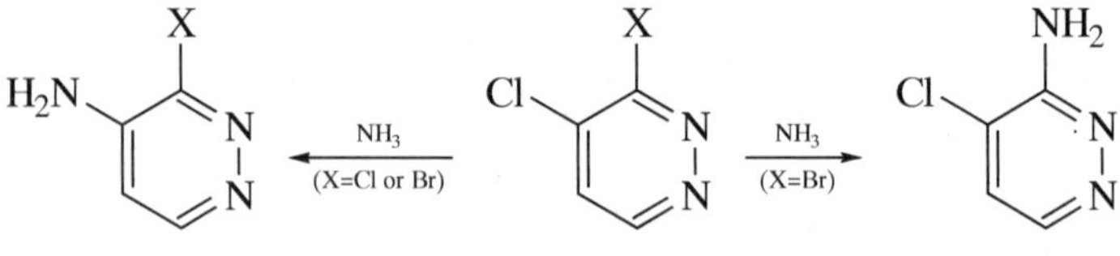

- 3,4-Dichloro-6-phenylpyridazine (**137**, R = Cl) gave only 3-chloro-4-dimethylamino-6-phenylpyridazine (**137**, R = NMe$_2$) (Me$_2$NH, EtOH, reflux, 5 h: 90%); also 4-butylamino-3-chloro-6-phenylpyridazine (**137**, R = NHBu) (likewise: 77%).[1041]
- 5,6-Dichloro-2-methyl-3(2*H*)-pyridazinone (**138**, R = Cl) gave only 6-chloro-2-methyl-5-α-methylhydrazino-3(2*H*)-pyridazinone (**138**, R = NMeNH$_2$) (MeHNNH$_2$, MeOH, 25°, 5 h: 53%).[1061]
- 3,4-Dichloro- (**139**, R = Cl) gave 3-chloro-4-dimethylamino-6-β-ethoxyethylpyridazine (**139**, R = NMe$_2$) (PhH, Me$_2$NH↓, < 40°: ~80%, as hydrochloride).[640]
- In contrast, 3,4-dichloro- (**140**, R = Cl) gave only 4-chloro-3-hydrazino-5-pyrrolidin-1′-ylpyridazine (**140**, R = NHNH$_2$) (95% H$_2$NNH$_2$, reflux, briefly: 88%; presumably the steric and electronic effect of the pyrrolidinyl group on the adjacent 4-chloro substituent caused preferential 3-aminolysis).[1058]

Also other examples.[224, 861, 1025]

Structures (137)–(140):
- (137) R, Cl, Ph substituted pyridazine
- (138) R, Cl, N-Me, O substituted pyridazinone
- (139) R, Cl, OCH₂CH₂OEt substituted pyridazine
- (140) R, Cl, pyrrolidinyl substituted pyridazine

4.2.1.4 3,5/4,6-Dihalogenopyridazines as Substrates (H 249)

For reasons given in Section 4.2.1.3, the 4/5-halogeno should be more easily displaced than the 3/6-halogeno substituent from these substrates. Most of the reported examples are consistent with this postulate, as indicated in the following aminolyses.

4,6-Dichloro-2-phenyl-3(2H)-pyridazinone (**141**, Q = H, R = Cl) gave 6-chloro-4-γ-dimethylaminopropylamino-2-phenyl-3(2H)-pyridazinone [**141**, Q = H, R = NH(CH$_2$)$_3$NMe$_2$] [Me$_2$N(CH$_2$)$_3$ NH$_2$, EtOH, reflux, 13 h: 80%];[540] likewise analogues.[540]

4,6-Dichloro-2-p-nitrophenyl-3(2H)-pyridazinone (**141**, Q = NO$_2$, R = Cl) gave 6-chloro-4-hydrazino-2-p-nitrophenyl-3(2H)-pyridazinone (**141**, Q = NO$_2$, R = NHNH$_2$) (H$_2$NNH$_2$·H$_2$O, MeOH, reflux, 6 h: 61%).[539]

Structures (141)–(143):
- (141) Cl, R, C$_6$H$_4$Q-p, O substituted pyridazinone
- (142) H$_2$N, R, Cl substituted pyridazine
- (143) F(F$_3$C)$_2$C, R, R, C(CF$_3$)$_2$F substituted pyridazine

In contrast, 3,5-dichloro-4-pyridazinamine (**142**, R = Cl) gave 5-chloro-3-α-methylhydrazino- (**142**, R = NMeNH$_2$) (neat MeHNNH$_2$, 95°, 2.5 h: 51%) or 5-chloro-3-α-(o-fluorobenzyl)hydrazino-4-pyridazinamine [**142**, R = N(CH$_2$C$_6$H$_4$F-o)NH$_2$] (neat H$_2$NNHCH$_2$C$_6$H$_4$F-o, 100°, N$_2$, 13 h: 29%);[1820] the reason for preferential replacement of the 3-chloro substituent is not evident, but the fact remains.

Exceptionally, 3,5-difluoro- (**143**, R = F) gave 3,5-bisdimethylamino-4,6-bis(perfluoroisopropyl)pyridazine [**143**, R = C(CF$_3$)$_2$F] (Me$_2$NH, Me$_2$NCHO, 25°, ? h: 66%).[491]

Also other examples.[792,938,1471]

4.2.1.5 3,6-Dihalogenopyridazines as Substrates (H 249)

In 3,6-dihalogenopyridazines, the halogeno substituents are equally prone to aminolysis except when a passenger group preferentially affects one such leaving group by electronic or steric means. The examples that follow are therefore classified according to the type of passenger group(s) present on the substrate:

From the Parent Substrates

3,6-Dichloropyridazine (**145**) gave the following products:

6-Chloro-3-pyridazinamine (**144**) (NH_4OH, 100°, sealed, 6 h: 49%;[1283] likewise, 130°, 12 h: 75%).[336]

3-Anilino-6-chloropyridazine (**146**) ($PhNH_2$, EtOH, reflux, ? h: ?%),[1161] 3-chloro-6-(4-methyl-3-nitroanilino)pyridazine (4-Me-3-NO_2-aniline, EtOH, reflux, 3 h: 86%),[1330] or analogues.[1291]

3-Chloro-6-β-hydroxyethylaminopyridazine (**147**) ($H_2NCH_2CH_2ONa$, $H_2NCH_2CH_2OH$, 25°, 24 h: 69%)[1169] or 3,6-bis(β-hydroxyethylamino)-pyridazine (neat $H_2NCH_2CH_2OH$, 160°, 5 h: 90%).[107] also analogues.[163,1733]

3-Chloro-6-(4-formylpiperazin-1-yl)pyridazine (**148**) [$HN(CH_2CH_2)_2NCHO$, EtOH, reflux, 16 h: 50%];[1761] also analogues.[522, 1254, 2055]

3-Chloro-6-hydroxyaminopyridazine (**149**) [$HOHN_2$, H_2O–EtOH, reflux, 6.5 h: 28%).[196, 412, 966]

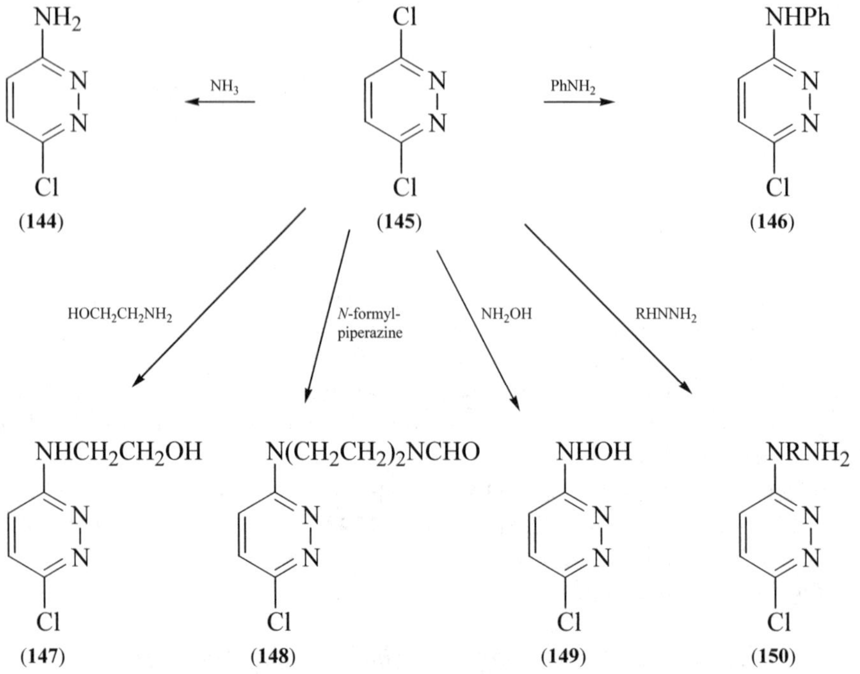

3-Chloro-6-hydrazinopyridazine (**150**, R = H) [$H_2NNH_2 \cdot H_2O$, MeOH, reflux, 24 h: 85%;[636] H_2NNH_2, NH_4OH, H_2O, reflux, 1 h: 99%;[1224]

$H_2NNH_2 \cdot H_2O$, $NaHCO_3$, H_2O, reflux, 6.5 h: 80%, isolated as 2,4-bis(6-chloropyridazin-3-ylhydrazono)hexane];[1345] or 3-chloro-6-α-methylhydrazinopyridazine (**150**, R = Me) (MeHNNH$_2$, EtOH, reflux, briefly, then 25°, until complete: 52%).[1183]

3,6-Bispyrazol-1'-ylpyridazine (**151**) (excess pyrazole, EtOH, reflux, 2 h: 65%),[977] 3-chloro-6-pyrazol-1'-ylpyridazine (K-pyrazole, THF, 20° → reflux, 4 h: 74%),[2081] or complicated analogues.[1807] Also other examples.[554, 955, 1239, 1293, 1730, 1818, 1886, 2059, 2101]

3,6-Difluoropyridazine gave 6-fluoro-3-pyridazinamine (NH$_3$, EtOH, 100°, sealed, 15 h: ~45%).[1145]

3,6-Diiodopyridazine gave 3-dimethylamino-6-iodopyradazine (Me$_2$NH, H$_2$O, reflux, 12 h: >95%).[1385]

In addition, 3,6-dichloropyridazine with the tertiary amine, trimethylamine, gave a separable mixture of 3-chloro-6-trimethylammoniopyridazine chloride (**152**, R = Me) and its decomposition product, 3-chloro-6-dimethylaminopyridazine (**154**) (Me$_3$N, PhH, < 25°; ~10% and ~5%, respectively);[1796] with isopropyldimethylamine gave a separable mixture of 3-chloro-6-(N-isopropyl-N-methylamino)- (**153**, R = Pr^i) and 3-chloro-6-dimethylaminopyridazine (**154**) [THF, 100°, sealed, 4 days: 82% and 6%, respectively; presumably by loss of MeCl or Pr^{i}Cl, respectively, from the common intermediate (**152**, R = Pr^i)];[1352] with N-cyclohexyl-N,N-dimethylamine likewise gave mainly 3-chloro-6-(N-cyclohexyl-N-methylamino)pyridazine (**153**, R = C$_6$H$_{11}$);[1352] or with N-benzyl-N,N-dimethylamine likewise gave (in contrast) mainly 3-chloro-6-dimethylaminopyridazine (**154**).[1352] The reactions of 3,6-dichloropyridazine with pyridine have been explored.[1981]

From Substrates with Only Passenger Alkyl or Aryl Groups

3,6-Dichloro-4-methylpyridazine (**155**, R = Cl) gave two isomeric chloromethylpyridazinamines from which the less soluble major(?) component, 6-chloro-5-methyl-3-pyridazinamine (**155**, R = NH$_2$), was separated easily (NH$_3$, EtOH, 140°, sealed, 8 h).[1145]

The same substrate (**155**, R = Cl) gave only 3-chloro-6-di(β-hydroxyethyl)amino-4-methylpyridazine [**155**, R = N(CH$_2$CH$_2$OH)$_2$] [(HOCH$_2$CH$_2$)$_2$NH, C$_6$H$_{11}$OH, reflux, 4 h: ~30%] or 4-methyl-3,6-dimorpholinopyridazine (**156**) [neat O(CH$_2$CH$_2$)$_2$NH, reflux, 6 h: ~60%].[544]

3,6-Dichloro-4-p-chlorostyrylpyridazine and 4-amino-2-diethylaminomethylphenol were reported to give only 3-chloro-5-p-chlorostyryl-6-(3-diethylaminomethyl-4-hydroxyanilino)pyridazine (**157**) (EtOH, reflux, 24 h: 70%, structure in line with mild electron withdrawal by the chlorostyryl group but at variance with the appreciable steric factors).[1739]

Also other examples.[1009]

From Substrates with Passenger Carbonyl-Containing or Nitrile Groups

3,6-Dichloro-4-pyridazinecarboxylic acid (**158**, R = Cl) gave only 6-chloro-3-hydrazino-4-pyridazinecarboxylic acid (**158**, R = NHNH$_2$ H$_2$NNH$_2$ · H$_2$O, EtOH, reflux, 1 h: 93%).[1228]

t-Butyl 3,6-dichloro-4-pyridazinecarboxylate (**159**, R = Cl) gave t-butyl 6-chloro-3-hydrazino-4-pyridazinecarboxylate (**159**, R = NHNH$_2$) (H$_2$NNH$_2$, 25°, 90 min; 61%).[945]

3,6-Dichloro-4-pyridazinecarboxamide (**160**, R = Cl) gave a separable mixture of 3-amino-6-chloro- (**160**, R = NH$_2$), the isomeric 6-amino-3-chloro-, and 6-chloro-3-ethoxy-4-pyridazinecarboxamide (**160**, R = OEt) (NH$_3$, EtOH, 100°, sealed, 2 h: ~60%, ~20%, and ~20%, respectively)[1099] or only 6-chloro-3-hydrazino-4-pyridazinecarboxamide (160, R = NHNH$_2$) (H$_2$NNH$_2$·H$_2$O, EtOH, reflux, 45 min: 63%).[765]

3,6-Dichloro-4-pyridazinecarbonitrile (161, R = Cl) gave 6-chloro-3-piperidino-4-pyridazinecarbonitrile [161, R = N(CH$_2$)$_5$] and a little of the isomeric 3-chloro-6-piperidino-4-pyridazinecarbonitrile [(CH$_2$)$_5$NH, MeOH, reflux, 1 h: 75% and 7%, respectively].[820]

Also other examples.[820, 1479, 1954, 1984, 2110]

From Substrates with a Passenger Nitro Group or N-Oxide

3,6-Dichloro-5-nitro-4-pyridazinamine (162, R = Cl) gave 3-chloro-6-hydrazino-5-nitro-4-pyridazinamine (162, R = NHNH$_2$) (H$_2$NNH$_2$, EtOH, <5°, briefly: 93%).[1001]

3,6-Dichloropyridazine 1-oxide (163, R = Cl) gave 6-chloro-3-pyridazinamine 1-oxide (163, R = NH$_2$) (liquid NH$_3$, 80°, sealed, 6 h: 70%, after separation from the isomeric byproduct)[891] or 3-chloro-6-hydrazinopyridazine 2-oxide (163, R = NHNH$_2$) (H$_2$NNH$_2$·H$_2$O, EtOH, reflux, 1 h: 46–60%).[546, 891]

Also other examples.[555]

From Substrates with Passenger Oxo or Amino Substituents

3,6-Dichloro-4-methoxypyridazine (164) gave a separable mixture of at least five products from which were isolated initially 3-chloro-6-dimethylamino-4-methoxypyridazine (165), 3-chloro-6-dimethylamino-5-methoxypyridazine (166), and 6-chloro-3-dimethylamino-4(1H)-pyridazinone (167) (Me$_2$NH, PhH, 120°, sealed, 6 h: ~12%, ~15%, and ~25%, respectively).[640]

3,6-Dichloro-4-methylaminopyridazine (**168**, R = Cl) gave 6-chloro-5-methylamino-3-pyridazinamine (**168**, R = NH$_2$) (KNH$_2$, liquid NH$_3$, −33°, ? h: 63%)[447] or 3-chloro-4-methylamino-6-α-methylhydrazinopyridazine (**168**, R = NMeNH$_2$) (MeHNNH$_2$, H$_2$O, 95°, 1 h: ∼45%).[1138]

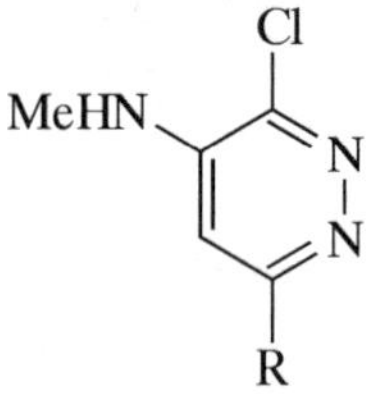

(**168**)

4.2.1.6 4,5-Dihalogenopyridazines as Substrates (H 249)

The remarks on aminolysis of 3,6-dihalogenopyridazines (Section 4.2.1.5) apply equally well to their 4,5 counterparts. However, no direct comparison of the two systems is possible because, in contrast with 3,6-dihalogenopyridazines, all available examples for the aminolysis of 4,5-dihalogenopyridazines involve 4,5-dihalogenopyridazinones as substrates. The following aminolysis illustrate the conditions used and the yields to be expected from various substrates and representative amines:

4,5-Dibromo- gave 4-bromo-5-morpholino-3(2H)- (**169**, R = O, X = Br) [O(CH$_2$CH$_2$)$_2$NH, H$_2$O, reflux, 5 h: 81%];[554] 4,5-dichloro- gave 4-chloro-5-morpholino- (**169**, R = O, X = Cl) (likewise: 91%)[542] or 4-chloro-5-piperazin-1′-yl-3(2H)-pyrdazinone (**169**, R = NH, X = Cl) [HN(CH$_2$CH$_2$)$_2$NH, Et$_3$N, EtOH, reflux, 4 h: 40%];[1765] and other such products were so made.[1675, 1737, 1781]

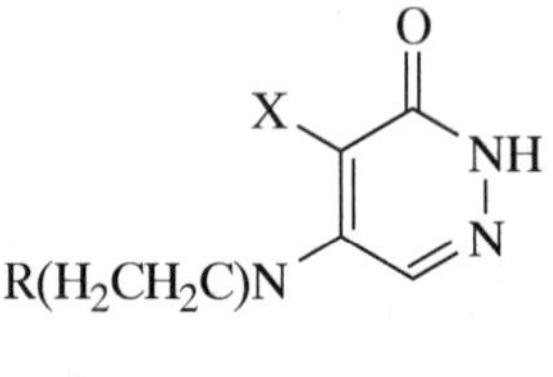

(**169**) 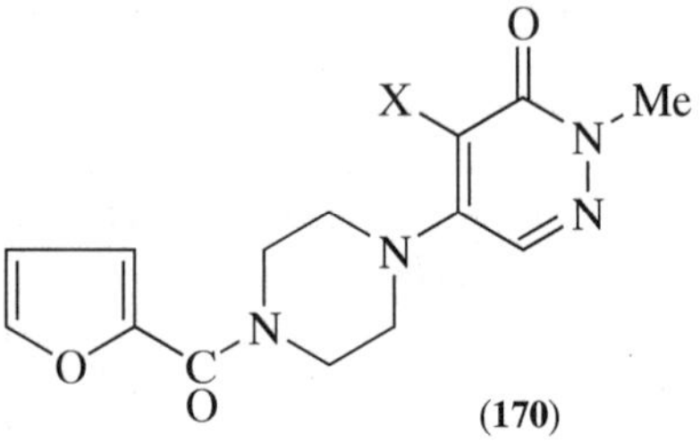   (**170**)

4,5-Dibromo-2-methyl-3(2H)-pyridazinone and 4-fur-2′-oylpiperazine gave 4-bromo-5-[4-(fur-2-oyl)piperazin-1-yl]-2-methyl-3(2H)-pyridazinone (**170**, X = Br) (K$_2$CO$_3$, Me$_2$NCHO, reflux, 6 h: 61%);[515] 4,5-dichloro- likewise gave 4-chloro-5-[4-(fur-2-oyl)piperazin-1-yl]-2-methyl-3(2H)-pyridazinone (**170**, X = Cl) (55%).[515]

4,5-Dichloro- (**171**, Q = R = Cl) gave a separable mixture of 5-amino-4-chloro- (**171**, Q = Cl, R = NH$_2$) and 4-amino-5-chloro-2-methyl-3(2H)-

pyridazinone (**171**, Q=NH$_2$, R=Cl) (NH$_4$OH, 145°, sealed, 12 h: 40% and 9%, respectively);[1677] a separable mixture of 4-chloro 5-dimethylamino- (**171**, Q=Cl, R=NMe$_2$) and 5-chloro-4-dimethylamino-2-methyl-3(2H)-pyrdazinone (**171**, Q=NMe$_2$, R=Cl) (Me$_2$NH, PhH, 25°, 3 months: ∼35% and ∼40%, respectively;[641] Me$_2$NH, PhMe, reflux, 7 h; 35% and 51%, respectively);[148] or other such separable mixtures.[148, 532, 850, 867, 1054, 1269, 1601, 1677, 1685, 1903]

(**171**)   (**172**)

4,5-Dichloro- (**172**, Q=R=Cl) gave 5-amino-4-chloro-2-phenyl-3(2H)-pyridazinone (**172**, Q=Cl, R=NH$_2$) [NH$_4$OH, Me$_2$SO, 100°, sealed, 8 h: 54%, after separation from an isomeric(?) byproduct;[464] a separable mixture of 4-chloro-5-cyclopropylamino- (**172**, Q=Cl, R=NHC$_3$H$_5$) and 5-chloro-4-cyclopropylamino-2-phenyl-3(2H)-pyridazinone (**172**, Q=NHC$_3$H$_5$, R=Cl) (C$_3$H$_5$NH$_2$, EtOH, reflux, 4.5 h: 83% and 6%, respectively; in contrast, C$_3$H$_5$NH$_2$, Et$_3$N, THF, reflux, 54 h: 44% and 40%, respectively);[956] or other such mixtures.[687, 873]

4,5-Dichloropyridazine (**174**) and 3-amino-2(1H)-pyridinethione (**173**) gave 10H-pyridazino[4,5-b]pyrido[3,2-e][1,4]thiazine (**175**) (KOH, EtOH, 90°, 10 min, then 25°, 14 h: 63%; probably by initial sulfide formation followed by intramolecular aminolysis);[1033] analogues likewise.[205, 1033]

Also other examples from 4,5-dihalogeno-2-substituted (alkyl, aryl, or heteroaryl)-3(2H)-pyridazinones with a variety of amines.[534, 846, 932, 1234, 1600]

(**173**)   (**174**)   (**175**)

4.2.1.7 3,4,5/4,5,6-Trihalogenopyridazines as Substrates (H 252)

In 3,4,5-trihalogenopyridazines, electronic factors would place the 4-halogeno substituent marginally ahead of the 5-halogeno substituent in activity toward aminolysis, but steric considerations would favor the reverse order. Most of the typical examples that follow can be rationalized in the foregoing terms. 3,4,5-Trichloropyridazine (**178**) gave the following products:

A separable mixture of 3,5-dichloro- (**176**, R = H) and 5,6-dichloro-4-pyridazinamine (**177**, R = H) (NH$_3$, EtOH, 125°, sealed, 5 h: 33% and 26%, respectively).[1820]

A separable mixture of 3,5-dichloro-4-isopropylamino- (**176**, R = Pr^i) and 3,4-dichloro-5-isopropylaminopyridazine (**177**, R = Pr^i) (Pr^{i}NH$_2$, PhMe, reflux, 3 h: ∼40% and ∼45%, respectively).[1917]

3,4-Dichloro-5-α-methylhydrazinopyridazine (**179**) (MeHNNH$_2$, MeOH, 0° → 25°, 5 h: 48%).[1061]

3,4-Dichloro-5-piperidinopyridazine (**181**) [(CH$_2$)$_5$NH, EtOH, 25°, 1 h: 50%] or 4-chloro-3,5-dipiperidinopyridazine (**180**) [neat (CH$_2$)$_5$NH, 95°, 2 h: 52%].[1058]

3,4-Dichloro-5-dimethylaminopyridazine (**183**) [Me$_3$N, PhH, <25°, 2 days: ∼3%; via the intermediate (**182**)].[1796]

1-Chloro-10-methyl-10*H*-pyridazino[4,5-*b*][1,4]benzoxazine (**184**) (HOC$_6$H$_4$NHMe-*o*, see original for conditions: >23%); likewise homologues.[701]

4.2.1.8 3,4,6/3,5,6-Trihalogenopyridazines as Substrates (H 252)

Subject to steric considerations, 3,4,6-trihalogenopyridazines should undergo aminolysis first at the 4 position and subsequently at the 6 position; this postulate is confirmed by the very limited number of recent reports, typified in the following examples:

3,4,6-Tribromo- (**185**, X = Br) or 3,6-dibromo-4-chloropyridazine (**185**, X = Cl) gave 3,6-dibromo-4-pyridazinamine (**185**, X = NH$_2$) (NH$_3$, EtOH, 100°, sealed, 2 or 5 h respectively: 64% or 60%, respectively).[447]

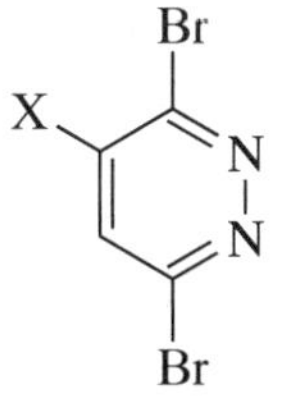

(**185**)

3,4,6-Trichloro- (**187**) gave 3,6-dichloro-4-morpholinopyridazine (**186**) [O(CH$_2$CH$_2$)$_2$NH, EtOH, reflux, 30 min: <10%;[544] O(CH$_q$CH$_2$)$_2$NH, PhH, reflux, 4 h: ~90%],[637] 3,6-dichloro-4-pyrrolidin-1′-yl-pyridazine (**188**) [(CH$_2$)$_4$NH, Na$_2$CO$_3$, CH$_2$Cl$_2$, 25°, 15 h: ~55%],[410] or 3-chloro-4,6-dipiperidinopyridazine (**189**) [(CH$_2$)$_5$NH, EtOH, reflux, 4 h; ~30%].[544]

3,4,6-Trichloro- (**187**) gave mainly 3,6-dichloro-4-dimethylaminopyridazine (Me$_3$N, PhH, 25°, 2 days: ~15%; produced via the corresponding dichlorotrimethylammoniopyridazine chloride).[1796]

3,4,6-Trichloropyridazine (**187**) gave 4-*o*-aminoanilino-3,6-dichloropyridazine (**190**) (H$_2$NC$_6$H$_4$NH$_2$-*o*, AcONa, EtOH: >30%)[610, 1065, cf. 1185] and then 3-chloro-5,10-dihydropyridazino[3,4-*b*]quinoxaline (**191**) (Me$_2$SO, 25°, 2 days: >95%).[1065] which underwent oxidation to 3-chloropyridazino[3,4-*b*]quinoxaline (**192**) (Na$_2$Cr$_2$O$_7$, H$_2$SO$_4$, 25°, 3 h: 30%;[1065] also analogous cyclizations.[723, 730]

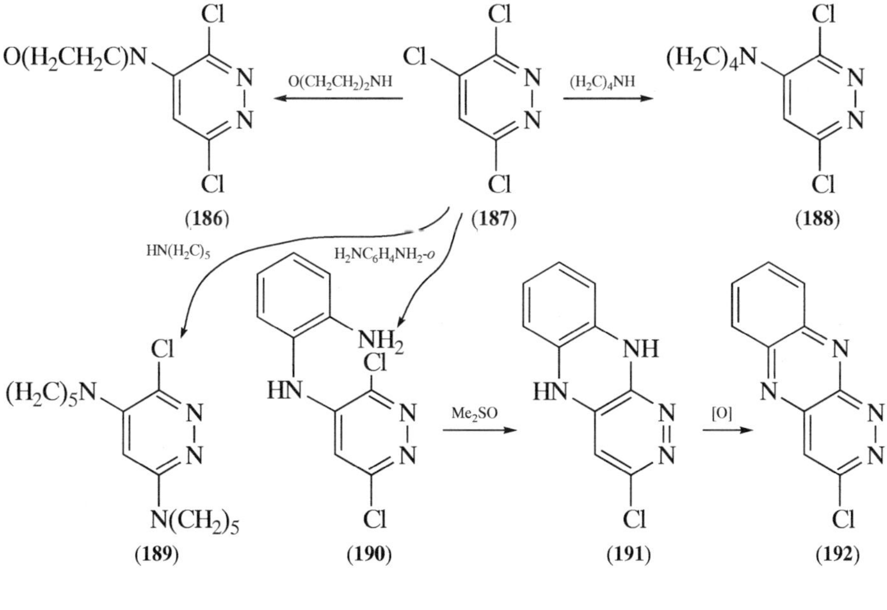

(**186**) (**187**) (**188**)

(**189**) (**190**) (**191**) (**192**)

4.2.1.9 3,4,5,6-Tetrahalogenopyridazines as Substrates (H 254)

The 4- or 5-halogeno substituent might be expected to undergo aminolysis more readily than the 3 or 6 substituent in tetrahalogenopyridazines but there are insufficient recent examples even to confirm this postulate. Available experimental data follow:

3,4,5,6-Tetrachloropyridazine (**193**, R = Cl) gave only 3,4,6-trichloro-5-morpholinopyridazine [**193**, R = O(CH$_2$CH$_2$)$_2$N] [O(CH$_2$CH$_2$)$_2$NH, PhH, reflux, 4 h: ?%].[637] or, in contrast, a separable mixture of 3,4,5-trichloro-6-dimethylamino- (**194**, R = Cl) and 4,5-dichloro-3,6-bisdimethylaminopyridazine (**194**, R = NMe$_2$) (Me$_3$N, PhH, 8 days; major and minor products, respectively; clearly via appropriate quaternary intermediates).[1796]

3,4,5,6-Tetrafluoropyridazine (**195**) with the anion (**196**) (generated in situ) gave 3,4,6-trifluoro-5-perfluoro(3-methylimidazolidin-1-yl)pyridazine (**197**) (reactants 1:1, KF, tetrahydrothiophene dioxide, 60°, 24 h: 57%), 3,5-difluoro-4,6-bis[perfluoro(3-methylimidazolidin-1-yl)]pyridazine (**198**) (reactants 1:2, CsF, MeCN, 25°, 22 h: 83%; similarly but 85°, 5 h; 92%), or 3,6-difluoro-4,5-bis[perfluoro(3-methylimidazolidin-1-yl)]pyridazine (**199**) (reactants 1:2, KF, MeCN, 25°, 17 h; 71%).[460]

3,4,5,6-Tetrachloropyridazine with o-phenylenediamine (2 equiv) gave pyridazino[3,4-b:5,6-b']diquinoxaline (**200**) via spontaneous aerial oxidation of its 5,8,13,14-tetrahydro derivative (N-methylpyrrolidin-2-one, 115°, air, 17 h; 14% after separation from a second product).[257, 1233, 1932]

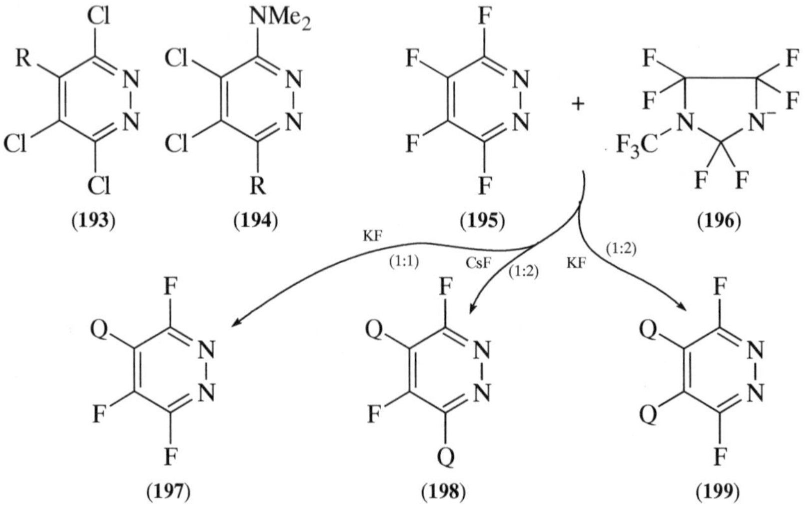

(Q = perfluoro-3-methylimidazoliden-1-yl: from **196**)

4.2.2 Hydrolysis of Nuclear Halogenopyridazines (*H* 256)

Probably because most halogenopyridazines are made from corresponding pyridazinones, the reverse process of hydrolysis is seldom used. When it has been employed recently, near-glacial acetic acid has been used more often than has aqueous/alcoholic mineral acid or aqueous/alcoholic alkali; selective monohydrolysis of a di- or trihalogenopyridazine is possible sometimes, and the only reported kinetics are for the alkaline hydrolysis of several 2-alkyl/aryl-4,5-dichloro-3(2*H*)-pyridazinones (**201**, X = Cl) into 2-alkyl/aryl-4-chloro-5-hydroxy-3(2*H*)-pyridazinones (**201**, X = OH).[1044] The following examples illustrate the three main direct hydrolytic procedures for the conversion of halogenopyridazines into the corresponding pyridazinones: the choice of method is often clearly indicated by the presence of a sensitive passenger group:

(**200**)

Using Aqueous/Ethanolic Alkali

4-*t*-Butylthio-6-chloro-3-phenylpyridazine (**202**) gave 5-*t*-butylthio-6-phenyl-3(2*H*)-pyridazinone (**203**) (NaOH, PrOH–H$_2$O, reflux, 24 h: 42%).[1087]

3-Allylthio-6-chloropyridazine gave 6-prop-1'-enylthio-3(2*H*)-pyridazinone (**204**) (KOH, MeOH–H$_2$O, reflux, N$_2$, 2 h: 52%; note concomitant isomerization of the allylthio group).[557]

(**201**) (**202**) (**203**) (**204**)

4,5-Dichloro- gave 4-chloro-5-hydroxy-3(2H)-pyridazinone (8M, KOH, reflux, 6 h: 54%).[90]

Also other examples.[553, 694, 776, 871, 1439]

Using Aqueous/Alcoholic Mineral Acid

3,6-Dichloro-4-methoxycarbonylmethylpyridazine (**205**) gave a separable mixture of 5-carboxymethyl-6-chloro-3(2H)-pyridazinone (**206**, R = CO_2H), 6-chloro-5-methyl-3(2H)-pyridazinone (**206**, R = H), and 6-chloro-4-methyl-3(2H)-pyridazinone (**207**) (6M HCl, 90°, 1 h; 47%, 15%, and 31%, respectively; note nonselective hydrolysis of one chloro substituent, ester hydrolysis, and decarboxylation).[947]

3,6-Dichloropyridazine gave 6-chloro-3(2H)-pyridazinone (**208**) (aqueous acid, for details, see original).[644]

Also other somewhat irregular examples.[710, 755, 909]

Using Neat or Buffered Acetic Acid

3-Chloro-5-methyl-6-phenylpyridazine (**209**, Q = H, R = Me) gave 5-methyl-6-phenyl-3(2H)-pyridazinone (**210**, Q = H, R = Me) (AcOH, reflux, 3 h: 63%);[1557] also the 4-methyl substrate (**209**, Q = Me, R = H) gave the 4-methyl product (**210**, Q = Me, R = H) [AcONa, AcOH, 185° (bath?), 90 min: ~75%].[1104]

4-Acetyl-3-chloro-6-methylpridazine gave 4-acetyl-6-methyl-3(2H)-pyridazinone (**211**) (AcOH, reflux, <8 h: 97%); also analogues.[1514]

3,4-Dichloro-6-phenylpyridazine gave a separable mixture of 4-chloro-6-phenyl-3(2H)-pyridazinone (**212**) and 3-chloro-6-phenyl-4(1H)-pyridazinone (213) (AcOH, reflux, 6 h: ~45% and ~12%, respectively; note the apparent preference for hydrolysis of the 3-chloro substituent);[1041] 3,4-dichloro-6-*p*-(imidazol-1-yl)phenylpyridazine likewise gave 4-chloro-6-*p*-(imidazol-1-yl)phenyl-3(2*H*)-pyridazinone as the main product (AcOH, reflux, 5 h: 67%).[1073]

3-Chloro-6-(4-formylpiperazin-1-yl)pyridazine gave 6-(4-formylpiperazin-1-yl)-3(2*H*)-pyridazinone (214) (AcOH, reflux, 8 h: 60%).[1761]

7-(6-Chloropyridazin-3-yl)-1,3-dimethyl-2,6(1*H*,3*H*)-purinedione gave 1,3-dimethyl-7-(6-oxo-1,6-dihydropyridazine-3-yl)-2,6-(1*H*,3*H*)-purinedione (215) (AcOH, reflux, 8 h: 80%).[1730]

Also other examples.[522, 654, 1197, 1733, 1737, 2055]

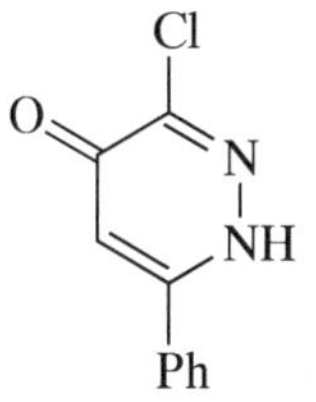

(213) 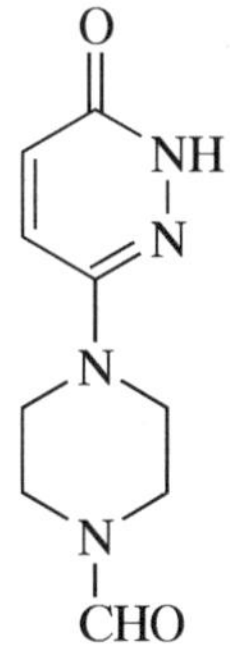   (214) 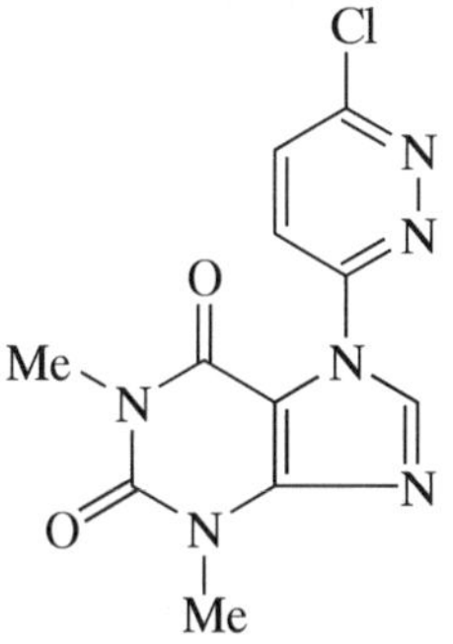   (215)

Using Miscellaneous Procedures

2-Benzyloxymethyl-4,5-dichloro-3(2*H*)-pyridazinone (216) gave 2-benzyloxymethyl-5-nitro-3,4(1*H*,2*H*)-pyridazinedione (217) (NaNO$_2$, Me$_2$NCHO–H$_2$O, 85°, 24 h: 93%).[1048]

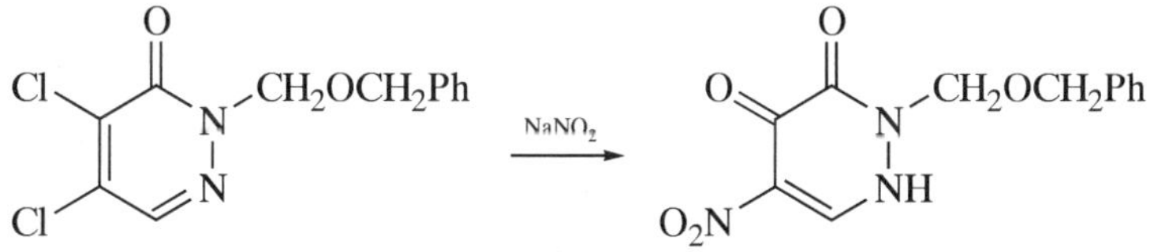

(216)   (217)

1-Acetyl-6-chloro-3-β-chloroethyl- (218, R = Cl) gave 1-acetyl-3-β-chloroethyl-6-hydroxy-5,5-dimethyl-1,4,5,6-tetrahydropyridazine (218, R = OH) (chromatography, silica gel, EtOH–C$_6$H$_{14}$: ~85%).[1824]

Crude 3,4,5,6-tetrachloro-1-methoxypyridazinium methyl sulfate (219) gave a separable mixture of six products, including 4,5,6-trichloro-2-methoxy-3(2*H*)-pyridazinone as the main component (H$_2$O, 10°, 1 h: 57%).[893]

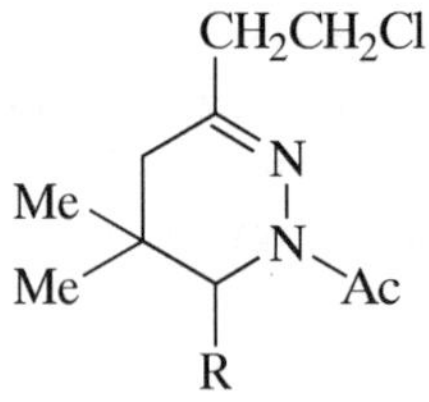

4.2.3 Alcoholysis of Nuclear Halogenopyridazines (H 260)

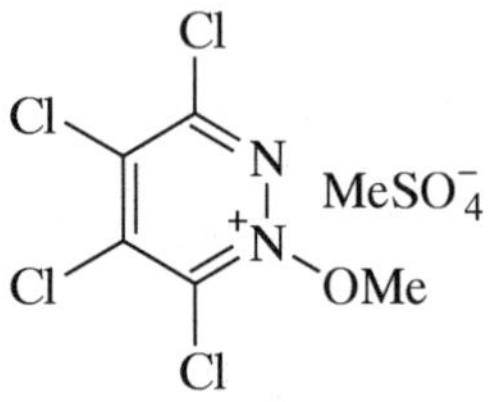

As the method of choice for preparing alkoxy- and aryloxypyridazines, the alcoholysis of halogenopyridazines is a frequently used process. Alkoxide ions are excellent nucleophiles that attack almost all halogenopyridazines quite readily; indeed, it is often difficult in practice to achieve selectivity on a di- or polyhalogenopyridazine. Although no kinetic studies have been reported recently, older rate studies[1935] and qualitative observations do suggest that passenger groups can play significant roles in the alcoholysis of halogenopyridazines. These points are illustrated in the following examples, grouped according to the position(s) of the halogeno substituents:

3/6-Monohalogenopyridazines as Substrates

- 3-Chloro- (**220**, R = Cl) gave 3-methoxy- (**220**, R = OMe) (MeONa, MeOH, reflux, 6 h; 92%;[1104] MeONa, Me$_2$NCHO, reflux, 12 h: 90%)[1632] or 3-butoxy-4-methyl-6-phenylpyridazine (**220**, R = OBu) (NaNH$_2$, BuOH, reflux, 48 h: 82%).[1279]
- 3-Bromo-6-butyl- (**221**, R = Br) gave 3-butyl-6-methoxy-3,6-dimethyl-3,4,5,6-tetrahydropyridazine (**221**, R = OMe) (MeONa, MeOH, reflux, N$_2$, 5 h: 60%).[1201]
- 3-Benzoyl-6-chloropyridazine (**222**, R = Cl) gave 3-benzoyl-6-β-dimethylaminoethoxypyridazine (**222**, R = OCH$_2$CH$_2$NMe$_2$) (neat Me$_2$NCH$_2$CH$_2$OH, NaH, A, 25°, 30 min; 61%).[1698]
- 3-Chloro- (**223**, R = Cl) gave 3-methoxy-4-pyridazinecarbonitrile (**223**, R = OMe) (MeONa, MeONa, THF, 25°, ?h: only 7% after purification).[1300]

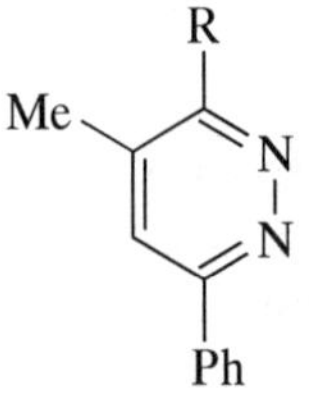

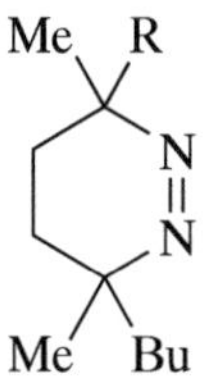

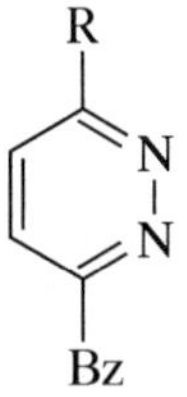

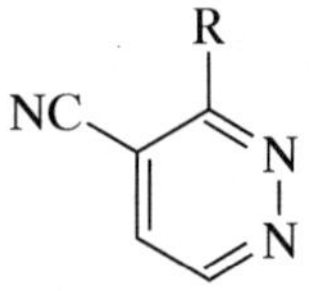

3-Chloro- (**224**, R = Cl) gave 3-methoxy-6-methyl-4-nitropyridazine 1-oxide (**224**, R = OMe (MeONa, MeOH, −5°, 1 h: 62%; note the highly activated chloro substituent).[952]

6-Chloro-2-hydroxy- (**225**, R = Cl) gave 2-hydroxy-6-methoxy-3(2H)-pyridazinone (**225**, R = OMe) (MeONa, MeOH, reflux, 2 h: 54%).[679]

3-Chloro-5-methoxy- (**226**, R = Cl) gave 3,5-dimethoxypyridazine (**226**, R = OMe) (KOH, MeOH, N$_2$, 25°, 20 h: 98%).[1821]

3-Chloro- (**227**, R = Cl) gave 3-benzyloxy-6-dimethylaminopyridazine (**227**, R = OCH$_2$Ph) (PhCH$_2$ONa, PhCH$_2$OH, 190°, 4 h: 80%; note extreme conditions because of deactivation by the dimethylamino group)[94] or 3-dimethylamino-6-methoxypyridazine (**227**, R = OMe) (MeONa, MeOH, reflux, 2 days: 65%).[137]

6-Chloro-3-pyridazinamine gave 6-phenoxy-3-pyridazinamine (PhONa, H$_2$O, 170°, sealed, 16 h: ∼40%),[1150] numerous 6-(substituted phenoxy) analogues (likewise: comparable yields)[1150, 1155, 1157, 1159] or 6-propoxy-3-pyridazinamine (PrONa, PrOH, 145°, sealed, 14 h: 96%).[1841]

Also other examples.[304, 363, 377, 465, 517, 605, 606, 673, 688, 707, 761, 769, 801, 805, 844, 913, 924, 975, 1087, 1103, 1250, 1251, 1266, 1275, 1311, 1330, 1367, 1371, 1592, 1628, 1703]

4/5-Monohalogenopyridazines as Substrates

4-Chloro- (**228**, R = Cl) gave 4-methoxy- (**228**, R = OMe) (MeONa, MeOH, reflux, 1 h: 40%) or 4-benzyloxy-3,6-dimethylpyridazine 1,2-dioxide (**228**, R = OCH$_2$Ph) (PhCH$_2$ONa, PhCH$_2$OH, 25°, 2 days; 5% after purification).[796]

4-Chloro- (**229**, R = Cl) gave 4-ethoxy-2-β-hydroxyethyl-5-morpholino-3(2H)-pyridazinone (**229**, R = OEt) (EtONa, EtOH, reflux, 6 h: 48%);[534]

likewise, the analogous 4-ethoxy-2-methyl-5-morpholino-3(2H)-pyridazinone (70%).[1269]

4-Bromo- or 4-chloro-5-[4-(fur-2-oyl)piperazin-1-yl]-2-methyl-3(2H)-pyridazinone with 4-hydroxymethyl-2,2-dimethyl-1,3-dioxolane (isopropylideneglycerol) gave 4-(2,2-dimethyl-1,3-dioxolan-4-yl)methoxy-5-[4-(fur-2-oyl)piperazin-1-yl]-2-methyl-3(2H)-pyridazinone (230) (NaH, Me$_2$NCHO, 90°, 30 min; then substrate↓, 90°, 2 h: 90% or 88%, respectively);[515] also analogous reactions.[48]

Also other examples.[529,540,705,794,848]

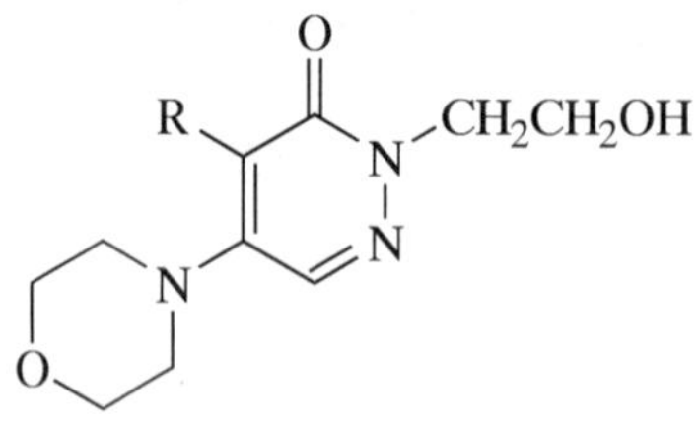

(229) 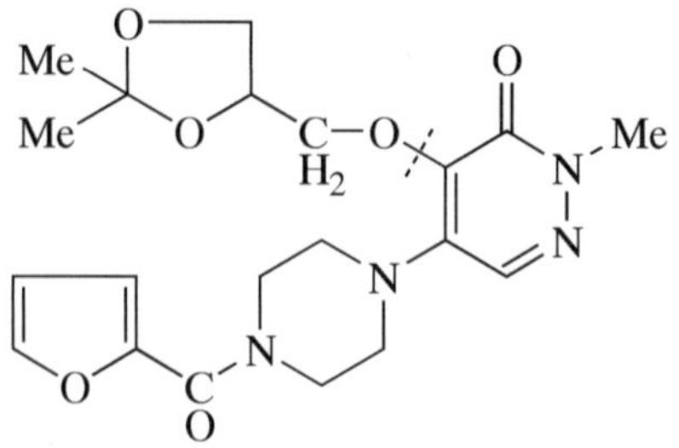   (230)

3,4/5,6-Dihalogenopyridazines as Substrates

5,6-Dichloro- (231, R = Cl) gave 6-chloro-5-methoxy-2-β-D-ribofuranosyl-3(2H)-pyridazinone (231, R = OMe) (MeONa, MeOH–THF, 10°, 48 h: 91%).[1025]

3,4-Dichloro- (232, R = Cl) gave 3-butoxy-4-chloro-5-morpholinopyridazine (232, R = OBu) (BuONa, BuOH, reflux, 10 h: ∼90%; note unexpected activity of the 3-Cl, probably due to the deactivating and steric effects of the morpholino group on the adjacent 4-Cl substituent).[637]

Also other examples.[861,881]

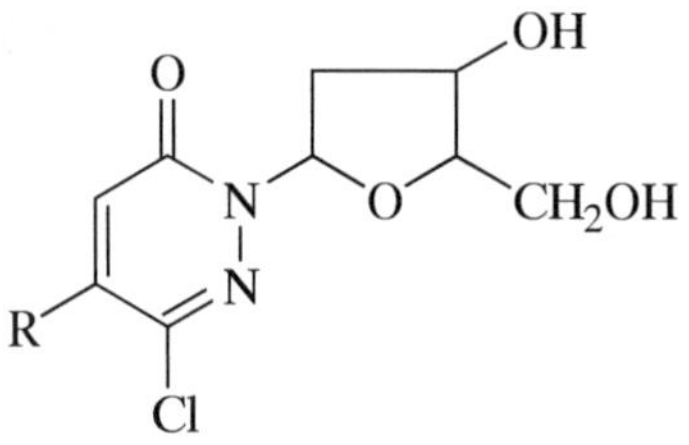

(231) 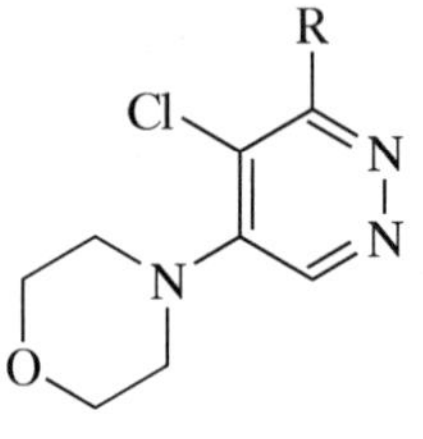   (232)

3,5/4,6-Dihalogenopyridazines as Substrates

3,5-Dichloro-6-methoxypyridazine gave 3-chloro-5,6-dimethoxypyridazine (MeONa, MeOH, reflux, 1 h: 91%).[881]

3,6-Dihalogenopyridazines as Substrates

3,6-Dichloro- (**233**, R = Cl) gave 3-chloro-6-ethoxy- (**233**, R = OEt) (EtONa, EtOH, exothermic, 30 min: 90%),[99, cf.1258, 1933] 3-chloro-6-β-methoxyethoxy- (**233**, R = OCH$_2$CH$_2$OMe) (MeOCH$_2$CH$_2$ONa, THF, A, 25°, 30 min: 88%),[1421] or 3-β-anilinoethoxy-6-chloropyridazine (**233**, R = OCH$_2$CH$_2$NHPh) (PhNHCH$_2$CH$_2$OH, K$_2$CO$_3$, Me$_2$NCHO, 100°, 10 h: 50%).[1258]

3,6-Dichloro- (**233**, R = Cl) gave 3,6-dimethoxypyridazine (**234**) (NaOH, MeOH, "prolonged refluxing": ?%).[644, cf.1933]

3,6-Diiodo- (**235**, R = I) gave 3-iodo-6-methoxypyridazine (**235**, R = OMe) (MeONa, MeOH, reflux, 12 h: 92%).[1385]

3,6-Dichloro- (**233**, R = Cl) gave 3-o-allyloxyphenoxy-6-chloro- (**233**, R = OC$_6$H$_4$OCH$_2$CH:CH$_2$-o) (H$_2$C=CHCH$_2$C$_6$H$_4$OH-o, KOH, Me$_2$SO, 50°, 3 h: 85%),[830] 3-chloro-6-o-hydroxyphenoxypyridazine (**233**, R = OC$_6$H$_4$OH-o) (HOC$_6$H$_4$OH-o, K$_2$CO$_3$, Me$_2$NCHO, 100°, 1 h: 47%),[1466] or 3-but-3'-ynyloxy-6-chloropyridazine (**233**, R = OCH$_2$CH$_2$C≡CH) [HC≡CCH$_2$CH$_2$ONa (made in situ), THF, 0°→25°, 2 h: 82%].[336]

3,6-Dichloro-4-p-chlorophenyl- (**236**, Q = R = Cl) gave 3-chloro-4-p-chlorophenyl-6-methoxy- (**236**, Q = Cl, R = OMe) (MeONa, MeOH, reflux, 30 min: 83%) or 4-p-chlorophenyl-3,6-dimethoxypyridazine (**236**, Q = R = OMe) (MeONa, MeOH, 145°, sealed, 24 h: 62%).[461]

3,6-Dichloro-4-methoxypyridazine (**237**) with sodium o-allylphenoxide gave a separable mixture of 3-o-allylphenoxy-6-chloro-4-methoxypyridazine (**238**) and 3-o-allylphenoxy-6-chloro-5-methoxypyridazine (**239**) (PhMe, 50°, 2 h; then reflux 1 h: 19% and 46%, respectively).[766]

Also other examples.[359, 636, 641, 654, 677, 881, 1169, 1209, 1478, 1519, 1899, 2102]

4,5-Dihalogenopyridazines as Substrates

Note: All available recent examples in this category are 4,5-dihalogenopyridazinones.

4,5-Dichloro- (**240**, R = Cl) gave only 4-chloro-5-methoxy-3(2*H*)-pyridazinone (**240**, R = OMe) (MeONa, MeOH, reflux, 3 days: ~95%).[90]

2-Acetonyl-4,5-dichloro- (**241**, R = Cl) gave, not the expected nitrile (**241**, R = CN), but 2-acetonyl-4-chloro-5-methoxy-3(2*H*)-pyridazinone (**241**, R = OMe) (KCN, MeOH, 40°, 2 h: 53%).[1673]

4,5-Dichloro- (**242**, Q = R = Cl) gave 4-chloro-5-ethoxy (**242**, Q = Cl, R = OEt) (EtONa, EtOH, reflux, 30 min: 95%), 5-chloro-4-ethoxy- (**242**, Q = OEt, R = Cl) (EtONa, EtOH–dioxane, 25°, 16 h: 78%), or a separable mixture of 4-chloro-5-isopropoxy- (**242**, Q = Cl, R = OPr^i and 5-chloro-4-isopropoxy-2-phenyl-3(2*H*)-pyridazinone (**242**, Q = OPr^i, R = Cl) (NaH, Pr^{i}OH, 25°, 30 min: 38% and 50%, respectively);[1089] the reaction medium appears to have been crucial to selectivity in the foregoing and related examples.[1089]

(**240**) (**241**) (**242**) (**243**)

4,5-Dibromo- (**243**, R = Br) gave 4-bromo-5-methoxy-2-pyridin-2′-yl-3(2*H*)-pyridazinone (**243**, R = OMe) (MeONa, MeOH, reflux, >24 h: 81%).[1234]

4,5-Dichloro- gave 4,5-diethoxy-2-methyl-3(2*H*)-pyridazinone (excess EtONa, EtOH, reflux, 6 h: 66%).[531]

Also other examples.[764, 932, 1688, 1936]

3,4,5 / 4,5,6-Trihalogenopyridazines as Substrates

3,4,5-Trichloropyridazine (**244**) gave a separable mixture of 3,4-dichloro-5-methoxy- (**245**) and 3,5-dichloro-4-methoxypyridazine (**246**) [MeONa (1 equiv), MeOH, 0° → 25°, 1 h: 55% and 24%, respectively];[882, cf.689] a separable mixture of 3-chloro-4,5-dimethoxy- (**247**), 4-chloro-3,5-dimethoxy- (**248**), and 3,4,5-trimethoxypyridazine (**249**) [MeONa (2 equiv), MeOH, 25° → reflux, 90 min: ~42%, ~25%, and ~2%, respectively];[689] or a separable mixture of 4-chloro-3,5-dimethoxy- (**248**) and 3,4,5-trimethoxy-pyridazine (**249**) (excess MeONa, MeOH, 25°, 15 h: ~24% and ~35%, respectively).[689]

3,4,5-Trichloropyridazine (**244**) gave 4-chloro[1,4]benzodioxino[2,3-c]pyridazine (**250**) (neat HOC$_6$H$_4$OH-o, slowly to 195°: 44%).[1691]
Also other examples.[640]

3,4,6 / 3,5,6-Trihalogenopyridazines as Substrates

3,4,6-Trichloro- (**251**) gave 3,6-dichloro-4-β-ethoxyethoxy- (**252**) (EtOCH$_2$CH$_2$ONa, EtOCH$_2$CH$_2$OH, 18°, 2 h: ~60%)[1796] or 3,4,6-trimethoxypyridazine (**253**) (excess MeONa, MeOH, 5° → reflux, 10 h: 55%, after separation from a byproduct).[881]
Also other examples.[640,917]

3,4,5,6-Tetrahalogenopyridazines as Substrates

3,4,5,6-Tetrafluoropyridazine (**254**, R = F) gave 3,4,6-trifluoro-5-heptafluoro-isopropoxypyridazine [**254**, R = CF(CF$_3$)$_2$] [(F$_3$C)$_2$CO, CsF, Me$_2$NCHO, −196°, then 110°, 3 days: 31%].[1664]

4.2.4 Thiolysis of Nuclear Halogenopyridazines (*H* 265)

The conversion of halogenopyridazines into pyridazinethiones may be done by treatment with sodium hydrogen sulfide, thioureas (via the isothiouronium intermediate), or phosphorus pentasulfide (by a yet unresolved mechanism). These procedures are illustrated in the following recent examples.

Using Sodium Hydrogen Sulfide

3-Chloro-5,6-diphenyl-4-pyridazinecarbonitrile gave 5,6-diphenyl-3-thioxo-2,3-dihydro-4-pyridazinecarbonitrile (**255**) (NaHS, EtOH, 25°, 30 min: 92%; note survival of the nitrile group under these mild conditions).[1913]

3,6-Dichloropyridazine 1-oxide gave 6-chloro-2-hydroxy-3(2H)-pyridazinethione (**256**) (Na$_2$S, H$_2$O–dioxane, 25°, 10 h: 76%; KHS, MeOH, 25°, 5 h: 70%).[679]

4,6-Dibromo-5-methyl-3(2H)-pyridazinone 1-oxide gave 1-hydroxy-4-mercapto-5-methyl-6-thioxo-1,6-dihydro-3(2H)-pyridazinone (**257**) (KHS, EtOH–Me$_2$NCHO, reflux, 2 h; ~40%).[833]

4-Benzylamino-5-chloro- (**258**, R = Cl) gave 4-benzylamino-5-mercapto-2-methyl-3(2H)-pyridazinone (**258**, R = SH) (NaHS, Me$_2$NCHO, 90°, 10 h: 71%).[867]

Also other examples.[315, 539, 923, 1226, 1724]

Using Thiourea

3-Chloro-4,5,6-triphenylpyridazine gave 4,5,6-triphenyl-3(2H)-pyridazinethione (**259**) (H$_2$NCSNH$_2$, EtOH, 20°, 3 h; then 2.5M NaOH, reflux, 1 h; 70%).[1362]

4-Benzoyl-3-chloro-6-phenylpyridazine gave 4-benzoyl-6-phenyl-3(2H)-pyridazinethione (**260**) (H$_2$NCSNH$_2$, H$_2$O–EtOH, reflux, 10 h: 61%; no alkaline treatment needed to decompose isothiouronium salt).[1367]

3,4,6-Trichloropyridazine gave 4-mercapto-3,6-(1H,2H)-pyridazinedithione (**261**) (excess H$_2$NCSNH$_2$, EtOH, reflux, 15 min; then 1M NaOH, 95°, 10 min: <65%).[1129]
Also other examples.[112,365,371,377,946,1812]

Using Phosphorus Pentasulfide

4-Chloro-1-methyl-3,6(1H,2H)-pyridazinedione (**263**) gave 4-mercapto-1-methyl-3,6(1H,2H)-pyridazinedione (**262**) (P$_2$S$_5$, pyridine, reflux, 90 min: ~70%) or a mixture of 5-mercapto-2-methyl-6-thioxo-1,6-dihydro-3(2H)-pyridazinone (**264**) and 4-mercapto-1-methyl-3,6(1H,2H)-pyridazinedithione (**265**), both identified subsequently by S-methylation to known compounds (P$_2$S$_5$, tetralin, 180°, 3 h: ~70% as initial mixture);[1129] also other examples.[1129]

3-Amino-6-chloro-4-pyridazinecarboxamide gave 3-amino-6-thioxo-1,6-dihydro-4-pyridazinecarbothioamide (P$_2$S$_5$, pyridine, reflux, 90 min: 66%; note concomitant thiation of the amide grouping).[1099]

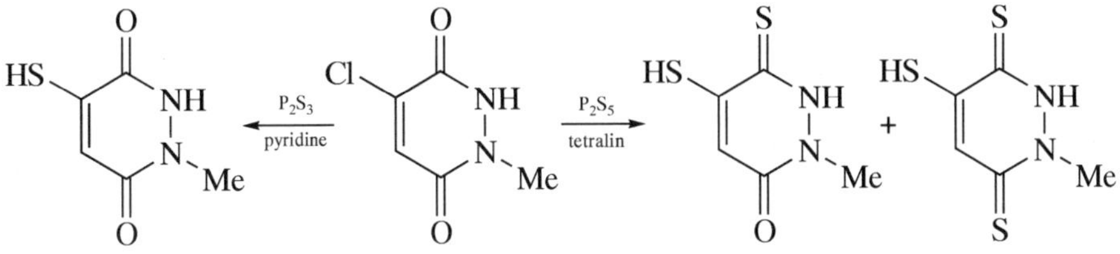

4.2.5 Alkanethiolysis of Nuclear Halogenopyridazines (H 269, 760)

The conversion of halogeno- into alkylthio- or arylthiopyridazines occurs readily, but it is usually possible to achieve selective partial alkanethiolysis of di-, tri-, or even tetrahalogenopyridazines. The following typical examples, grouped according to the position(s) of the halogeno substituents, illustrate the conditions required for reasonable yields:

3/6-Monohalogenopyridazines as Substrates

3-Chloro-6-methoxypyridazine (**266**, Q = Cl, R = OMe) gave a separable mixture of 3-t-butylthio-6-methoxy- (**266**, Q = SBu^t, R = OMe) and 3,6-bis-t-butylthiopyridazine (**266**, Q = R = SBu^t) [Bu^{t}SNa] (made in situ), THF, reflux, 3 h: 56% and 10%, respectively; prolonged reflux gave a higher proportion of the latter product.[1219]

6-Chloro-3-pyridazinamine (**267**, R = Cl) gave 6-ethylthio- (**267**, R = SEt) (EtSH, 1M NaOH, 130°, sealed, 16 h: ~85%), 6-cyclohexylthio- (**267**, R = SC$_6$H$_{11}$) (C$_6$H$_{11}$SH, 0.6M NaOH, 140°, sealed, 20 h: ~80%), or

6-phenylthio-3-pyridazinamine (**267**, R = SPh) (PhSH, 1.7M NaOH, 130°, sealed, 18 h: ~75%);[1147] also many homologues.[1147, 1152, 1842]

Methyl 6-chloro-3-pyridazinecarboxylate (**268**, R = Cl) gave methyl 6-ethylthio-3-pyridazinecarboxylate (**268**, R = SEt) (EtSNa, THF, reflux, 22 h: 62%).[1592]

(**266**) (**267**) (**268**) (**269**)

3-Chloro-4-pyridazinecarbonitrile (**269**, R = Cl) gave 3-o-aminophenylthio-4-pyridazinecarbonitrile (**269**, R = SC$_6$H$_4$NH$_2$-o) (H$_2$NC$_6$H$_2$SH-o, NaHCO$_3$, EtOH, 25°, A, 2 h: 67%; not enhanced activation of the chloro substituent by the adjacent cyano gruop).[1551]

Also other examples.[146, 304, 517, 924, 1087, 1250, 1266, 1398, 1726, 2032, 2089]

4/5-Monohalogenopyridazines as Substrates

Methyl 4-chloro-6-oxo-1-phenyl-1,6-dihydro-3-pyridazinecarboxylate (**270**, R = Cl) gave methyl 4-ethylthio- (**270**, R = SEt) (EtSH, K$_2$CO$_3$, Me$_2$NCHO, 25°, 1 h: 74%) or methyl 4-butylthio-6-oxo-1-phenyl-1,6-dihydro-3-pyridazinecarboxylate (**270**, R = SBu) (BuSH, likewise: 96%);[1117] similarly homologues.[1117]

4-Chloro-6-methoxy-2-methyl- (**271**, R = Cl) gave 6-methoxy-2-methyl-4-phenylthio-3(2H)-pyridazinone (**271**, R = SPh) (PhSH, Et$_3$N, CHCl$_3$, 25°, 30 min: 75%);[1672] the isomeric 5-chloro substrate (**272**, R = Cl) likewise gave 6-methoxy-2-methyl-5-phenylthio-3(2H)-pyridazinone (**272**, R = SPh).[1672]

Also other examples.[848, 939, 1007, 1028, 1409, 1418, 1436]

(**270**) (**271**) (**272**)

3,4/5,6-Dihalogenopyridazines as Substrates

5,6-Dichloro-2-methyl- (**273**, R = Cl) gave 2-methyl-5,6-bismethylthio-3(2H)-pyridazinone (**273**, R = SMe) (MeSNa, MeOH, 100°, sealed, 4 h: ~60%).[1129]

3,4-Dichloro-5-methoxypyridazine (**274**) with the disodium salt of *o*-mercaptophenol gave a single cyclocondensation product, identified as 4-methoxy[1,4]benzoxathiino[2,3-*c*]pyridazine (**275**) (Me$_2$NCHO, reflux, 9 h: 18%).[989]

Somewhat similarly, 3,4-dichloro-5,6-diphenylpyridazine with 2,3-naphthalenediol gave 3,4-diphenylnaphtho[2′,3′-5,6][1,4]dioxino[2,3-*c*]pyridazine (**276**) (see original for conditions and yield).[861]

3,5/4,6-Dihalogenopyridazines as Substrates

3,5-Dichloro-6-phenylpyridazine (**277**) gave either 4-*t*-butylthio-6-chloro-3-phenylpyridazine (**278**, R = Cl) [Bu^{t}SNa (1 equiv), Pr^{i}OH, 0° → 25°, 1 h: 74%] or 3,5-di-*t*-butylthio-6-phenylpyridazine (**278**, R = SBu^t) [Bu^{t}SNa (2 equiv), Pr^{i}OH, 0° → reflux, 90 min: 76%].[1087]

4,6-Dichloro-2-methyl- (**279**, R = Cl) gave 2-methyl-4,6-bismethylthio-3(2*H*)-pyridazinone (**279**, R = SMe) (MeSNa, MeOH, 100°, sealed, 4 h: ~75%).[1129]

Also other examples.[863]

3,6-Dihalogenopyridazines as Substrates

3,6-Diiodo- (**280**, R = I) gave 3-iodo-6-methylthiopyridazine (**280**, R = SMe) (MeSNa, EtOH, reflux, 12 h: 67%).[1385]

3,6-Dichloropyridazine (**281**, R = Cl) gave 3-chloro-6-*o*-hydroxyphenethylthiopyridazine (**281**, R = SCH$_2$CH$_2$C$_6$H$_4$OH-*o*) (NaSCH$_2$CH$_2$C$_6$H$_4$OH-*o*, PhH, 25°, 30 min: 70%)[1466] or 3-(β-amino-β-methylpropylthio)-6-chloropyridazine (**281**, R = SCH$_2$CMe$_2$NH$_2$) (NaSCH$_2$Me$_2$NH$_2$, Bu^{t}OH–PhH, 30°, 1 h: 91%).[1478] Also analogues.[1116]

3,6-Dichloropyridazine 1-oxide (**282**, Q = R = Cl) gave 3-benzylthio-6-chloropyridazine 2-oxide (**282**, Q = Cl, R = SCH$_2$Ph) (PhCH$_2$SH, NaOH, H$_2$O–dioxane, ~5°, 2 h: 63%)[679] or 3,6-bismethylthiopyridazine pyridazine 1-oxide (**282**, Q = R = SMe) (MeSNa, EtOH, 5° → <65°, then 75°, 3 h: 86%).[304]

3,6-Dichloropyridazine with 3,7-dithianonane-1,9-dithiol gave 2,5,9,12-tetrathia-14,15-diazabicyclo[11.2.2]heptadeca-13,15,16-triene (**283**) (EtONa, EtOH, 25°, 18 h: 72%; see original for further details);[1640] also analogous cyclic sulfides,[1639, 1641, 1657] all used as ligands for Ag and Cu complexes.

(**280**) (**281**) (**282**) (**283**)

4,5-Dihalogenopyridazines as Substrates

4,5-Dichloro-3(2*H*)-pyridazinone with 3-amino-6-methoxy-2(1*H*)-pyridinethione gave 5-(3-amino-6-methoxypyridin-2-ylthio)-4-chloro-3(2*H*)-pyridazinone (**284**) (NaOH, H$_2$O–Me$_2$SO, reflux, 1 h: 62%).[1024]

In contrast, 4,5-dichloro-2-methyl-3(2*H*)-pyridazinone with sodium phenylmethanethiolate (made in situ) gave 4-benzylthio-5-chloro-2-methyl-3(2*H*)-pyridazinone (**285**) (PhCH$_2$SNa, PhMe, 25°, 7 h: 74%).[1903]

4,5-Dibromo-2-phenyl-3(2*H*)-pyridazinone with *o*-methylaminophenol gave 4-bromo-5-*o*-methylaminophenylthio-2-phenyl-3(2*H*)-pyridazinone (**286**) (NaOH, EtOH–H$_2$O, 25°, 12 h: 92%);[545] also analogues.[545, 548, 550]

(**284**) (**285**) (**286**)

4,5-Dichloro-2-phenyl-3(2H)-pyridazinone (**287**, Q = R = Cl) gave either 4-chloro-5-ethylthio- (**287**, Q = Cl, R = SEt) (EtSH, KOH, H$_2$O–dioxane, 25°, 15 min: 84%) or 5-chloro-4-ethylthio-2-phenyl-3(2H)-pyridazinone (**287**, Q = SEt, R = Cl) [EtSNa (made in situ), dioxane, 25°, 1 h: 78%];[1089] the same substrate (**287**, Q = R = Cl) gave either a separable mixture of 4-chloro-5-o-nitrophenylthio- (**287**, Q = Cl, R = SC$_6$H$_4$NO$_2$-o) and 4,5-bis(o-nitrophenylthio)-2-phenyl-3(2H)-pyridazinone (**287**, Q = R = SC$_6$H$_4$NO$_2$-o) (HSC$_6$H$_4$NO$_2$-o, MeONa, MeOH, 20°, 75 min: ~40% and ~10%, respectively)[768] or only the second product (**287**, Q = R=SC$_6$H$_4$NO$_2$-o) [HSC$_6$H$_4$NO$_2$-o (2 equiv), MeONa, MeOH, 50°, 1 h; 75%].[1774]

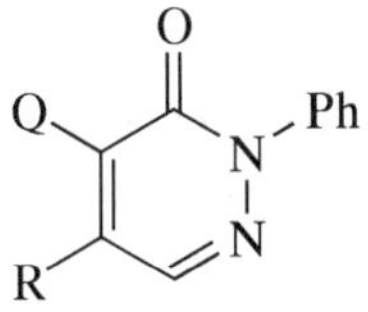

(**287**)

4,5-Dichloro-2-methyl- gave 2-methyl-4,5-bismethylthio-3(2H)-pyridazinine (MeSNa, EtOH–H$_2$O, 120°, sealed, 4 h: ~60%).[689]

4,5-Dichloro-3(2H)-pyridazinone (**289**) with the disodium salt of o-mercaptophenol (**288**) gave a separable mixture of [1,4]benzoxathiino[2,3-d]pyridazin-1(2H)-one (**290**) and [1,4]benzoxathiino[2,3-d]pyridazin-4(3H)-one (**291**) (Me$_2$NCHO, −15°, then 25°, 18 h: 22% and 26%, respectively; a single intermediate was postulated!).[1014]

Also other examples.[205, 528, 533, 547, 549, 556, 892, 1234]

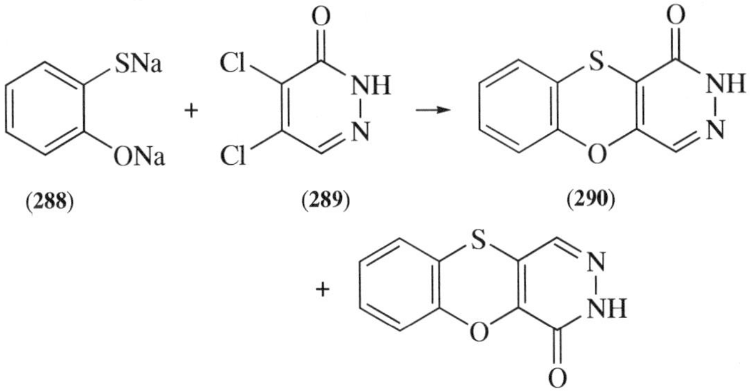

(**288**)   (**289**)   (**290**)

(**291**)

3,4,5 / 4,5,6-Trihalogenopyridazines as Substrates

3,4,5-Trichloropyridazine (**292**) gave a separable mixture of 3,4-bis-t-butylthio-5-chloro- (**293**, R = Cl) and 3,4,5-tris-t-butylthiopyridazine

(**293**, R = SBu^t) [Bu^{t}SNa (made in situ), THF, reflux, 5 min; 16% and 34%, respectively; both products unstable].[1219]
Also other relevant material.[993]

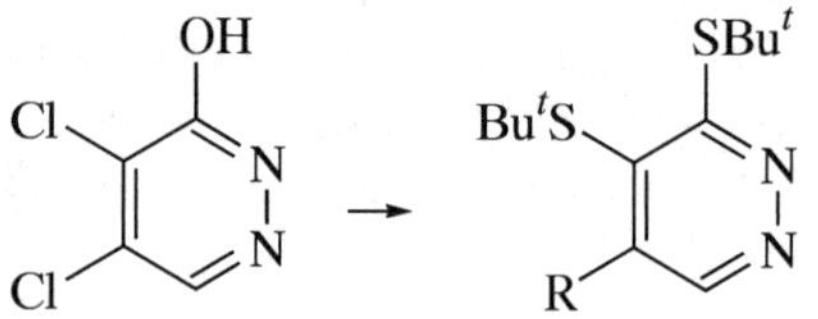

(**292**) → (**293**)

3,4,5,6-Tetrahalogenopyridazines as Substrates

3,4,5,6-Tetrafluoropyridazine (**294**) gave 3,4,6-trifluoro-5-trifluoromethylthiopyridazine (**295**) [CsF, F$_2$C=S (1 equiv), MeCN, $-10° \rightarrow 20°$, 90 min: 89%; CsF, (F$_3$CS)$_2$C=S (1 equiv), $-5° \rightarrow 20°$, 1 h: 72%], 3,6-difluoro-4,5-bistrifluoromethylthiopyridazine (**296**) [CsF, F$_2$C=S (2 equiv), MeCN, $-10° \rightarrow 20°$, 12 h: 82%; CsF, (F$_3$CS)$_2$C=S (2 eqiuiv), $-5° \rightarrow 20°$, 1 h: 61%], or a separable 9:1 mixture of the foregoing product (**296**) and 3-fluoro-4,5,6-tristrifluoromethylthiopyridazine (**297**), from which the latter was isolated in < 10% yield [CsF, (F$_3$CS)$_2$C=S (4 equiv), $-5 \rightarrow 20°$, 12 h].[748]

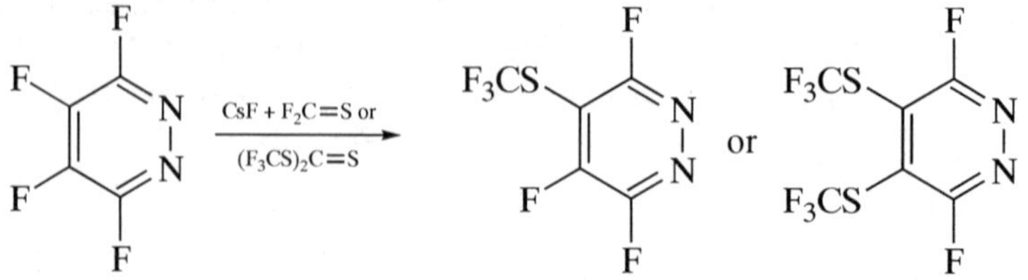

(**294**) → (**295**) or (**296**)

or (**297**)

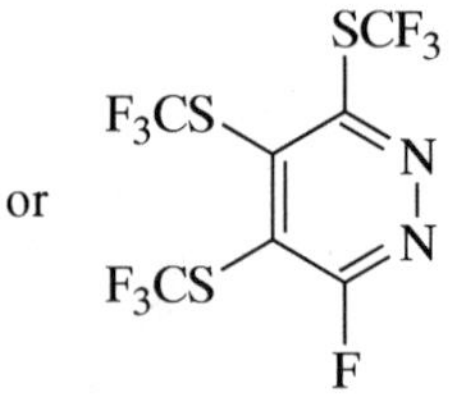

4.2.6 Conversion of Nuclear Halogeno- into Azidopyridazines (H 270)

Halogenopyridazines are easily converted into corresponding azidopyridazines by treatment of sodium azide in an appropriate solvent. The azidopyridazines (**298**), resulting from 3/6-halogenopyridazines with an unsubstituted ring nitrogen adjacent to the halogeno substituent, are generally considered to exist as their tertazolo[1,5-*b*]pyridazine tautomers (**299**) see Section 7.3.4 but (for the sake of simplicity) such compounds are named and formulated as azidopyridazines in this book. The following examples illustrate the conditions needed for such conversions:

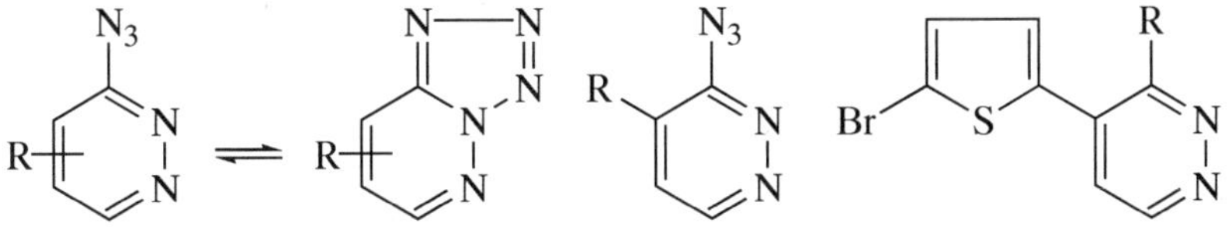

3/6-Monohalogenopyridazines as Substrates

3-Chloro-4-phenyl- gave 3-azido-4-phenylpyridazine (**300**, R = Ph) (NaNH$_3$, Me$_2$NCHO, 120°, 20 h: 68%).[1408]

3-Chloro- gave 3-azido-4-pyridazinecarbonitrile (**300**, R = CN) (NaN$_3$, Me$_2$NCHO, 25°, 4 h: 80%).[1079]

4-(5-Bromothien-2-yl)-3-chloropyridazine (**301**, R = Cl) gave 3-azido-4-(5-bromothien-2-yl)pyridazine (**301**, R = N$_3$) (NaN$_3$, Me$_2$NCHO, 95°, 12 h: 63%; note survival of the ω-Br substituent).[975]

Also other examples.[133, 377, 1022, 1034, 1250, 1251, 1275, 1335, 1371, 1417, 1871, 1959, 2019]

4/5-Monohalogenopyridazines as Substrates

Methyl 4-chloro- (**302**, R = Cl) gave methyl 4-azido-6-oxo-1-phenyl-1,6-dihydro-3-pyridazinecarboxylate (**302**, R = N$_3$), (NaN$_3$Me$_2$NCHO, 25°, 2 h: 85%);[1117] also several analogues.[1117]

5-Chloro- (**303**, R = Cl) gave 5-azido-6-phenyl-3(2*H*)-pyridazinone (**303**, R = N$_3$) (NaN$_3$, Me$_2$NCHO, 25°, 2 h: 88%).[134]

3-Azido-5-chloro- (**304**, R = Cl) gave 3,5-diazido-6-phenylpyridazine (**304**, R = N$_3$) (NaN$_3$, Me$_2$NCHO, < 80°, 15 min; 70%).[134]

Also other examples.[848]

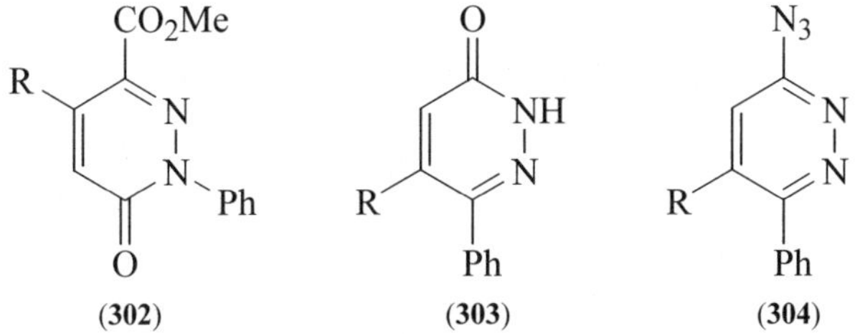

3,5 / 4,6-Dihalogenopyridazines as Substrates

4,6-Dichloro- (**305**, R = Cl) gave 4-azido-6-chloro-2-phenyl-3(2*H*)-pyridazinone (**305**, R = N$_3$) (NaN$_3$, H$_2$O–EtOH, reflux, 4 h: ∼65%). [401]

3,5-Dichloro-6-phenylpyridazine (**306**, R = Cl) gave 4-azido-6-chloro-3-phenylpyridazine (**306**, R = N$_3$) (NaN$_3$, Me$_2$NCHO, 25°, 2 h: 88%). [134]

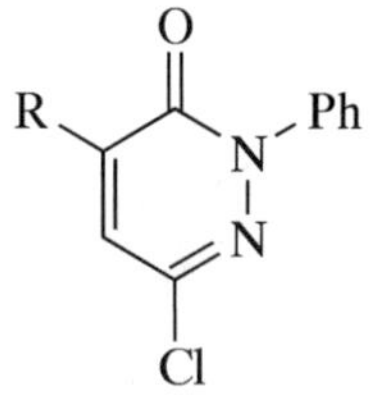

(**305**) 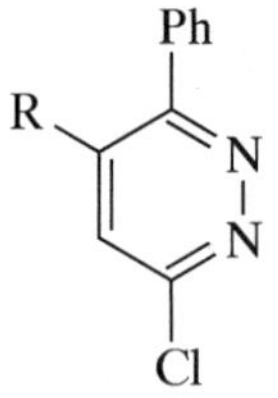 (**306**)

3,6-Dihalogenopyridazines as Substrates

3,6-Dichloro- (**307**, R = Cl) gave 6-azido-3-chloro-5-(2-methoxycarbonyl-prop-1-enyl)-1-methyl-4(1*H*)-pyridazinone (**307**, R = N$_3$) (NaN$_3$, Me$_2$SO, 25°, 2 h: 94%). [967]

3,6-Dichloro- (**308**, R = Cl) gave 3,6-diazidopyridazine (**308**, R = N$_3$) NaN$_3$, H$_2$O–EtOH, reflux, ?: explosive, kept wet). [1355, cf. 1934]

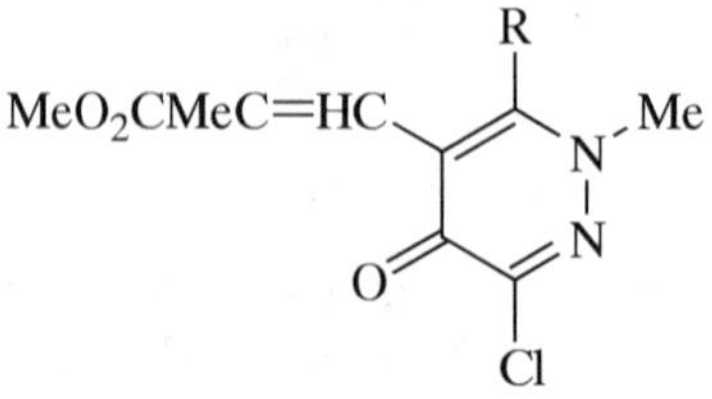

(**307**) 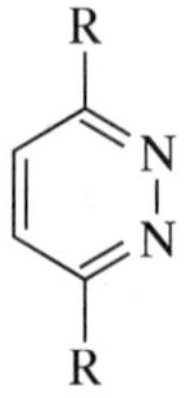 (**308**)

4,5 / 5,6-Dihalogenopyridazines as Substrates

2-δ-Benzoyloxybutyl-4,5-dichloro- (**309**, R = Cl) gave 5-azido-2-δ-benzoyloxybutyl-4-chloro-3(2*H*)-pyridazinone (**309**, R = N$_3$) (NaN$_3$, Me$_2$SO, reflux, 6 h: 56%). [1700]

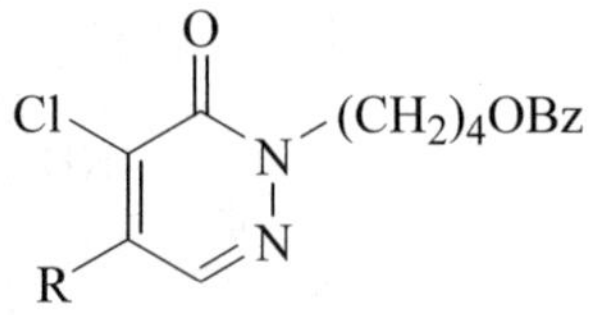

(**309**)

In contrast, 2-α-bromoacetonyl-4,5-dichloro-3(2H)-pyridazinone (**310**, R = H) gave 5-azido-4-chloro-3(2H)-pyridazinone (**311**, R = H) (NaN$_3$, AcMe–Me$_2$NCHO, 25°, 8 h: 78%; note N-dealkylation);[1680] 2-α-bromoacetonyl-4,5-dichloro-6-nitro- (**310**, R = NO$_2$) likewise gave 5-azido-4-chloro-6-nitro-3(2H)-pyridazinone (**311**, R = NO$_2$) (92%).[1680]

4,5-Dibromo-1,2-dimethyl- (**312**, Q = R = Br) has been reported to give 4-azido-1,2-dimethyl-3,6(1H,2H)-pyridazinedione (**312**, Q = N$_3$, R = H) [NaN$_3$ (2 equiv), Me$_2$NCHO, 25°, 48 h: 80%; the mechanism would be more easily rationalized if the 4,5-dihydro substrate had been used].[402] Also other examples.[1884]

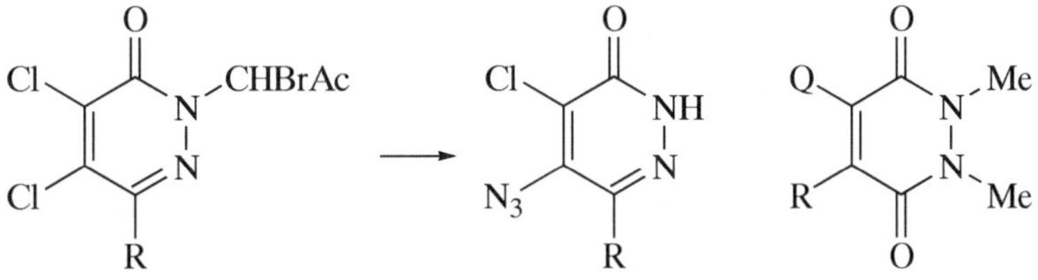

4.2.7 Hydrogenolysis of Nuclear Halogenopyridazines (*H* 245)

Dehalogenation of halogenopyridazines is a useful process, usually carried out by catalytic hydrogenation at 25° and 1–4 atm in the presence of added base to avoid nuclear reduction. Selectivity in the partial hydrogenolysis of di- or polyhalogenopyridazines is generally difficult but has been achieved occasionally. The following examples illustrate the techniques and conditions employed recently:

Monochloropyridazines with a Palladium Catalyst

3-Chloro 6 diethylaminopyridazine (**313**, R − Cl) gave 3-diethylaminopyridazine (**313**, R = H) (H$_2$, Pd/C, NaOH, EtOH: 87%).[924] likewise 6-chloro-3-pyridazinamine 1-oxide gave 3-pyridazinamine 1-oxide (MeOH: 95%).[891]

4-Amino-6-chloro-3(2H)-pyridazinone (**314**, R = Cl) gave 4-amino-3(2H)-pyridazinone (**314**, R = H) (H$_2$, Pd/C NaOH, H$_2$O: 75%).[1597]

4-Chloro-5-methoxy-3(2H)-pyridazinone (**315**, R = Cl) gave 5-methoxy-3(2H)-pyridazinone (**315**, R = H) (H$_2$, Pd/C, NaOH, H$_2$O, 19 h: 85%).[90]

3-Chloro-4-ethyl-6-phenylpyridazine (**316**, R = Cl) gave 4-ethyl-6-phenylpyridazine (**316**, R = H) (H$_2$, Pd/C, NH$_4$OH, EtOH: 94%); also analogues.[1676]

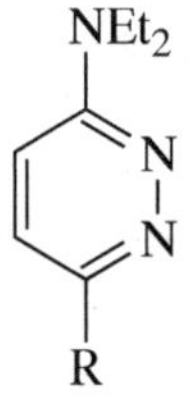

(313) 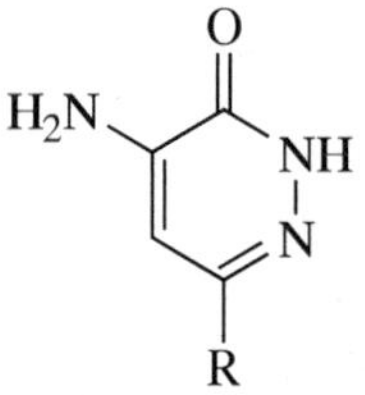 (314) 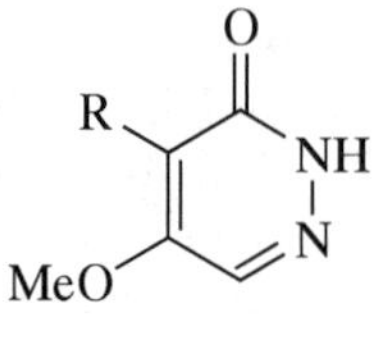 (315) 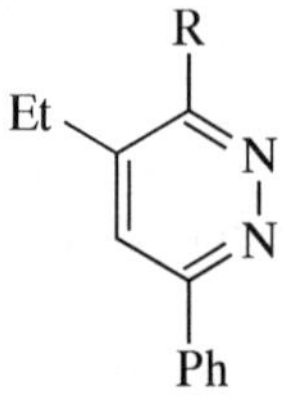 (316)

6-Chloro-3-ethoxy-4-pyridazinecarboxamide (**317**, R = Cl) gave 3-ethoxy-4-pyridazinecarboxamide (**317**, R = H) (H$_2$, Pd/C, NH$_4$OH, EtOH: 80%); also analogues.[1099]

6-Chloro-5-methylamino-3-pyridazinamine gave 5-methylamino-3-pyridazinamine (H$_2$, Pd/C, AcONa, AcOH–EtOH, >1 h: 62%).[447]

3-Chloro-6-α-cyanobenzylpyridazine (**318**, Q = H, R = Cl) gave 3-α-cyanobenzylpyridazine (**318**, Q = R = H) [H$_2$, Pd/C, MgO, EtOH–H$_2$O: 67%;[1547] A (no H$_2$ required), Pd/C, HCO$_2$NH$_4$, MeOH, 48°, until complete (tlc): 95%];[1354] also by the latter method, 3-chloro-6-[α-cyano-m-(trifluoromethyl)benzyl]pyridazine (**318**, Q = CF$_3$, R = Cl) gave 3-[α-cyano-m-(trifluoromethyl)benzyl]pyridazine (**318**, Q = CF$_3$, R = H) [N$_2$ (not H$_2$), Pd/C, HCO$_2$NH$_4$, MeOH, reflux, until complete (tlc): 41%].[1798]

4-Chloro-3,5-dipyrrolidin-1′-ylpyridazine (**319**, R = Cl) gave 3,5-dipyrrolidin-1′-ylpyridazine (**319**, R = H) (H$_2$, Pd/C, EtOH: 95%; note lack of added base);[1058] also analogous examples without added base.[769, 1331]

Also may other examples.[224, 410, 446, 531, 534, 544, 546, 555, 558, 641, 762, 766, 821, 833, 882, 902, 956, 1021, 1025, 1041, 1061, 1104, 1186, 1239, 1254, 1269, 1254, 1269, 1421, 1700, 1760, 2102]

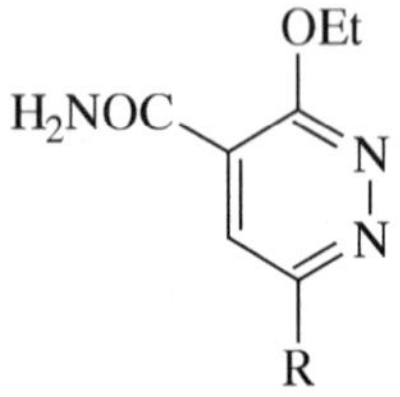

(317) 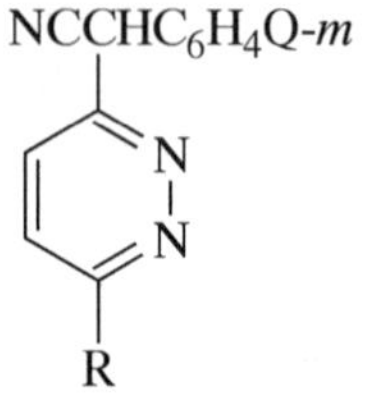 (318) 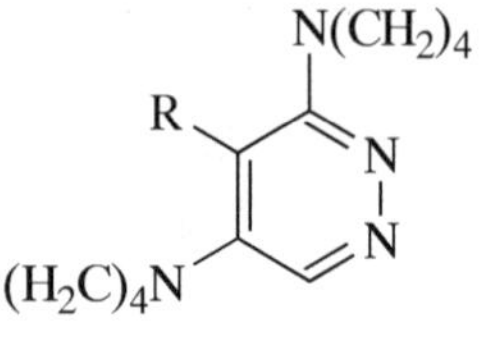 (319)

Monochloropyridazines with Raney-Nickel Catalyst

5-Amino-4-chloro-2-phenyl-3(2H)-pyridazinone (**320**, R = Cl) gave 5-amino-2-phenyl-3(2H)-pyridazinone (**320**, R = H) (H$_2$, Raney Ni, NH$_4$OH, H$_2$O, high pressure: 90%).[1344]

3-Amino-6-chloro-4-nitropyridazine 1-oxide (**321**) gave 3,4-pyridazinediamine (**322**) (H$_2$, Raney Ni + Pd/C, MeOH, 15 h: 51%; note lack of added base and concomitant N-deoxidation and reduction of the nitro group).[449]

3-Chloro-5-methylamino-6-α-methylhydrazinopyridazine (**323**, Q = NH$_2$, R = Cl) gave 3,4-bismethylaminopyridazine (**323**, Q = R = H) (H$_2$,

Raney Ni, EtOH; then Pd/C↓, NaOH↓, H$_2$: ?%, characterized as picrate).[1138]

Also other examples.[956]

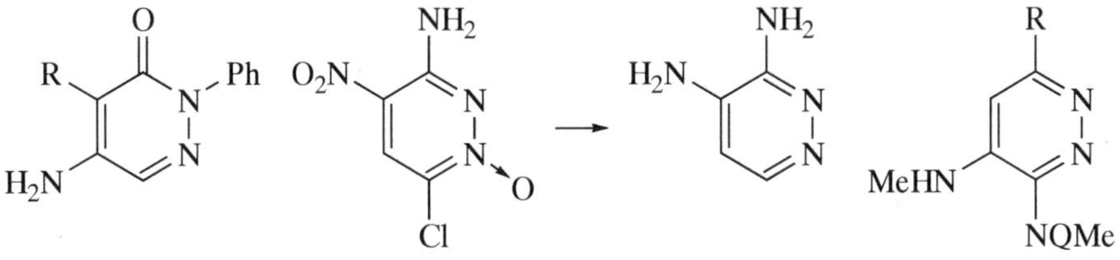

(320) (321) (322) (323)

Monobromopyridazines with a Palladium Catalyst

4-Bromo-2-methyl-5-morpholino- (**324**, R = Br) or the chloro analogue (**324**, R = Cl) gave 2-methyl-5-morpholino-3(2H)-pyridazinone (**324**, R = H) (H$_2$, Pd/C, 60%).[542]

6-Acetoxy-4-bromo-3(2H)-pyridazinone (**325**, R = Br) gave 6-acetoxy-4-tritio-3(2H)-pyridazinone (**325**, R = ^{3}H) (^{3}H$_2$ gas, Pd/C, EtOH, 20°, 10 min: see original for details).[163]

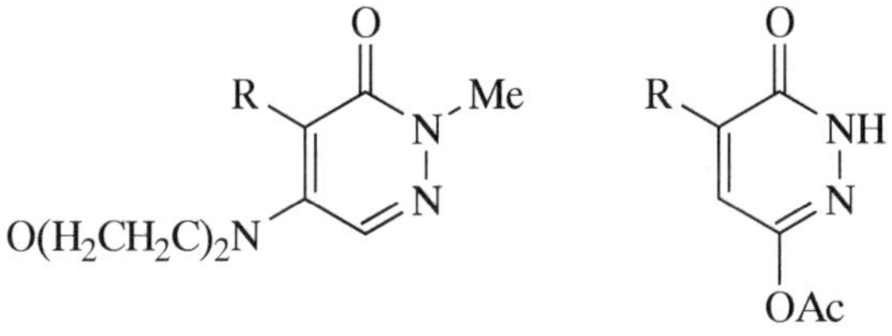

(324) (325)

Di- or Trihalogenopyridazines with a Palladium Catalyst

3,6-Dichloro-4-phenylpyridazine (**326**, Q = R = Cl) gave either 4-phenylpyridazine (**326**, Q = R = H) (unlimited H$_2$, Pd/C, AcONa, EtOH: 91%) or a separable mixture of 4-phenyl- (**326**, Q = R = H) and 3-chloro-4-phenylpyridazine (**326**, Q − Cl, R − H) [H$_2$ (1 equiv): 19% and 16%, respectively, after separation; the lack of any 4-chloro isomer (**326**, Q = H, R = Cl) suggested some selectivity].[1186]

3-(5-Bromothien-2-yl)-6-chloropyridazine (**327**, Q = Br, R = Cl) gave 3-thien-2′-ylpyridazine (**327**, Q = R = H) (H$_2$, Pd/C, Na$_2$CO$_3$, EtOH: 77%);[975] in contrast, 3-chloro-6-(α-cyano-o-fluorobenzyl)pyridazine (**328**, R = H) gave 3-(α-cyano-o-fluorobenzyl)pyridazine (**328**, R = H) without loss of the fluoro substituent [A (no H$_2$), Pd/C, HCO$_2$NH$_4$, MeOH, 40°: 77%].[1628]

3,6-Dichloro-4-pyridazinecarboxylic acid (**329**, R = Cl) gave 4-pyridazinecarboxylic acid (**329**, R = H) (H$_2$), Pd/C, NH$_4$OH, MeOH, ∼5 h: 92%).[65]

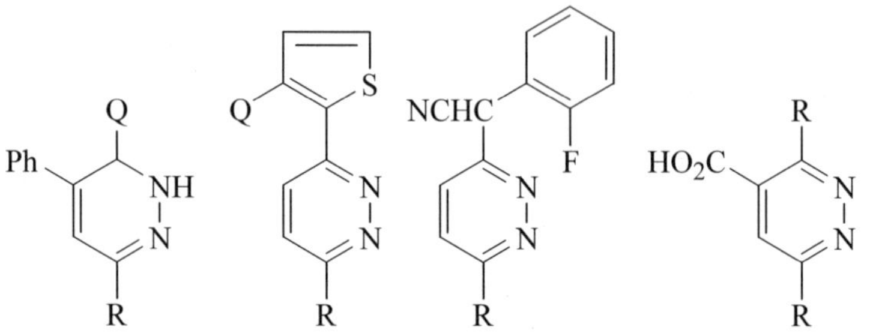

3,4,6-Trichloro-5-morpholinopyridazine gave 5-morpholinopyridazine (H$_2$, Pd/C, no base, EtOH: ?%, isolated as picrate).[637]

Also other examples in the foregoing references and elsewhere.[605, 1115]

4.2.8 Other Displacement Reactions of Nuclear Halogenopyridazines (*H* 271)

Several other displacement reactions of halogenopyridazines have been observed, as illustrated by the isolated examples that follow:

4-Chloro-6-*p*-imidazol-1′-ylphenyl-3(2*H*)-pyridazinone (**330**) gave 3-*p*-imidazol-1′-ylphenyl-6-oxo-1,6-dihydro-4,5-pyridazinedicarbonitrile (**331**) (KCN, Me$_2$SO, 60°, 1 h; then 25°, 16 h: 15%; the mechanism probably involved displacement, addition, and oxidation in a yet undetermined order).[1073]

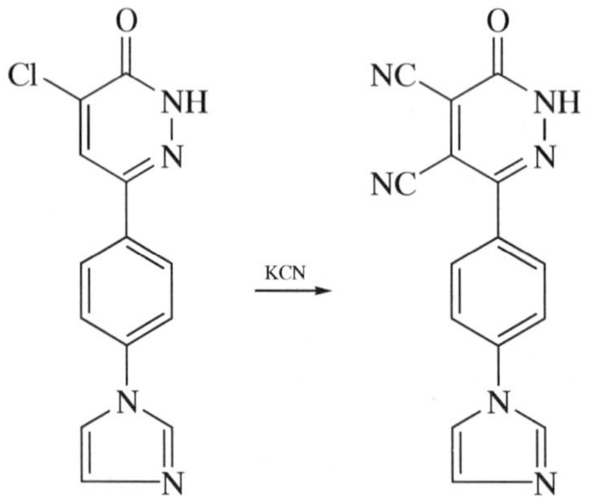

2-Benzyloxymethyl-4,5-dichloro-3(2*H*)-pyridazinone (**332**) gave 2-benzyloxymethyl-5-nitro-3,4(1*H*,2*H*)-pyridazinedione (**333**) (NaNO$_2$, Me$_2$NCHO–H$_2$O, 85°, 24 h: 93%; possibly by displacement of 5-Cl followed by hydrolysis of 4-Cl during aqueous workup?).[1048]

3-Chloro-6-(6-methylpyridin-2-yl)pyridazine (**334**) gave 6,6′-bis(6-methyl-pyridin-2-yl)-3,3′-bipyridazine (**335**) [Bu$_4$Ni + Zn + NiBr(PPh$_3$)$_2$, Me$_2$NCHO, 55°: 80%];[1574] also another such example,[1899] as well as a Cu-induced example towards the end of Section 3.2.1.3.

4,5-Dibromo-2-methyl-3(*H*)-pyridazinone with 2-cyanomethylquinoline gave 10-methyl-11-oxo-10,11-dihydropyridazino[4′,5′:4,5]pyrrolo[1,2-*a*]quinoline-2-carbonitrile (**336**), by cyclization of a pyridazinylmethyl-quinoline intermediate (for details, see original: >40% overall).[1441]

3,6-Dichloropyridazine gave 3,6-bis(diphenylphosphino)pyridazine (Ph$_2$PLi, THF, 5°, 3 h: 61%),[2120] used subsequently as a ligand in Ag, Cr, and Mo complexes.[2080,2120]

Also other examples.[1941,2056,2095,2113]

4.2.9 Reactions Involving Ring Fission of Nuclear Halogenopyridazines

Many ring fissions of halogenopyridazines are followed spontaneously by reassembly into halogeno derivatives of pyridine, pyrimidine, or pyrazine. Most of these reactions are more of interest than preparative value. The following examples illustrate typical reaction conditions and products:

Aliphatic Products

Perfluoro-4,5-diisopropylpyridazine (337) gave a separable mixture of perfluoro-2,3,4,5-tetramethylhex-3-ene (338; $E+Z$), perfluoro-2,3,4,5-tetramethylhexane (339), and perfluoro-2,3-dimethylpentane (340) (neat substrate, $CoF_3 + CaF_2 163°$: 53%, 12%, and 9%, respectively);[709] perfluoro-3,5-diisopropylpyridazine gave only E- and Z-perfluoro-2,3,6-trimethylhept-3-ene (likewise at 132°: 25% each).[709]

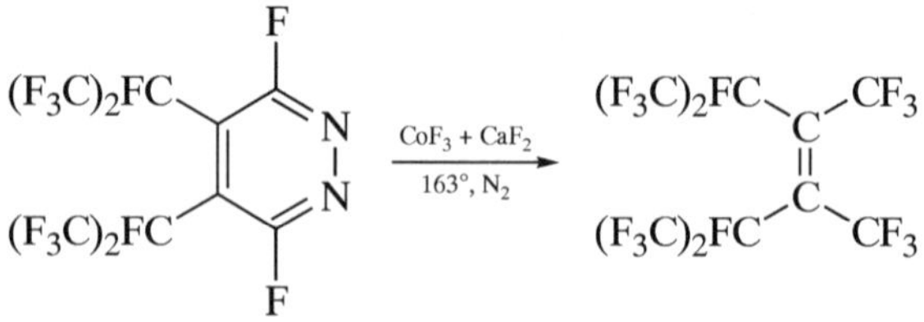

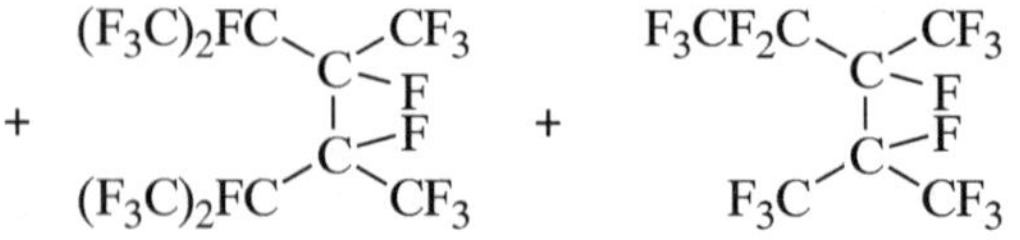

Pyridines as Products

3,4,5,6-Tetrachloropyridazine gave pentachloropyridine (341), hexachlorobenzene, pentachlorobenzonitrile, tetrachlorophthalonitrile, octachlorostyrene, hexachlorobutadiene, tetrachloroethylene, dichlorofumaronitrile, dichloromaleonitrile, and other products (pyrolysis on silica wool at 680°).[653]

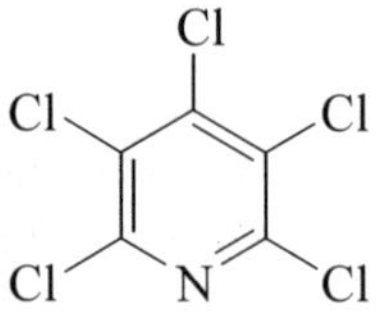

Pyrimidines as Products

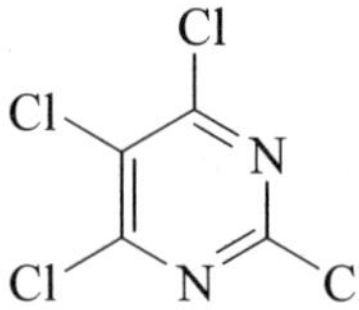

3,4,5,6-Tetrachloropyridazine gave the products listed in the preceding paragraph plus an appreciable amount (6%) of 2,4,5,6-tetrachloropyrimidine (342) (pyrolysis in a sealed tube at 600°).[484]

Preparation of Extranuclear Halogenopyridazines 237

Perfluoro-4,5-diethylpyridazine (**343**) gave mainly perfluoro-4,5-diethylpyrimidine (**344**) (pyrolysis, Pt foil, 650°: ~70%).[658]
Also other such examples.[245,486,487,706]

Pyrazines as Products

Perfluoro-3,6-dimethylpyridazine (**345**, R = CF$_3$) gave perfluoro-2,5-dimethylpyrazine (**346**, R = CF$_3$) (neat substrate, A, $h\nu$, 90 h: ~45%).[696]
Tetrafluoropyridazine gave tetrafluoropyrazine (**346**, R = F) (neat substrate, sealed, $h\nu$, 6 days: ~60%).[663]

Also other examples in the foregoing references and elsewhere.[329,658,666,706]

4.3 PREPARATION OF EXTRANUCLEAR HALOGENOPYRIDAZINES

Although some extranuclear halogenopyridazines have been made by *primary syntheses* (see Chapters 1 and 2), most have been prepared recently from extranuclear hydroxypyridazines: by *C*-halogenation of alkyl or aryl groups already attached to pyridazines; or by attachment to a pyridazine of an alkyl or aryl group already bearing a passenger halogeno substituent.

4.3.1 Extranuclear Halogenopyridazines from Corresponding Hydroxypyridazines

Most such transformations have been done by treatment with thionyl chloride in an inert solvent. However, phosphoryl chloride, thionyl bromide, or phosphorus tribromide have been used also as appropriate and indirect routes have been employed occasionally. The following examples illustrate the various procedures:

Using Thionyl Chloride

4-Hydroxymethylpyridazine gave 4-chloromethylpyridazine (neat $SOCl_2$, 5°, then 25°, 3 h: 87%, as hydrochloride).[66]

3-α-Hydroxybenzylpyridazine gave 3-α-chlorobenzylpyridazine ($SOCl_2$, PhMe, 0°→25°, 12 h: 84%).[1108]

2-β-Hydroxyethyl- (**347**, Q=R, R=OH) gave 2-β-chloroethyl-3(2H)-pyridazinone (**347**, Q=H, R=Cl) ($SOCl_2$, $CHCl_3$, 25°→reflux, 1 h: 88%);[1179] likewise, 2-β-hydroxyethyl-6-phenyl- (**347**, Q=Ph, R=OH) gave 2-β-chloroethyl-6-phenyl-3(2H)-pyridazinone (**347**, Q=Ph, R=Cl) ($SOCl_2$, $CHCl_3$, −5°→reflux, 1 h: 89%).[1292]

3,6-Bishydroxymethyl- (**348**, R=OH) gave 3,6-bischloromethyl-4(1H)-pyridazinone (**348**, R=Cl) (substrate·HCl, $SOCl_2$, 0°, 2 h: 45%).[446]

Also other examples.[107, 237, 441, 534, 578, 707, 850, 1357, 1491, 1600, 1675, 1752, 1903]

Using Phosphoryl Chloride

6-p-Chlorophenyl-4-(3-methyl-5-oxo-1-phenyl-3-pyrazolin-4-yl)-4,5-dihydro-3(2H)-pyridazinone (**349**) has been reported to afford 4-(3-chloro-5-methyl-2-phenylpyrazol-4-yl)-6-p-chlorophenyl-4,5-dihydro-3(2H)-pyridazinone (**350**), apparently by selective replacement of the oxo substituent on the five-membered ring ($POCl_3$: ?%).[1416]

Using Thionyl Bromide

3-Hydroxymethyl- (**351**, R=OH) gave 3-bromomethyl-6-(2,3,5-tri-O-benzoyl-β-D-ribofuranosyl)pyridazine (**351**, R=Cl) ($SOBr_2$, PhH, 0°→25°, 1 h: 74%).[1539]

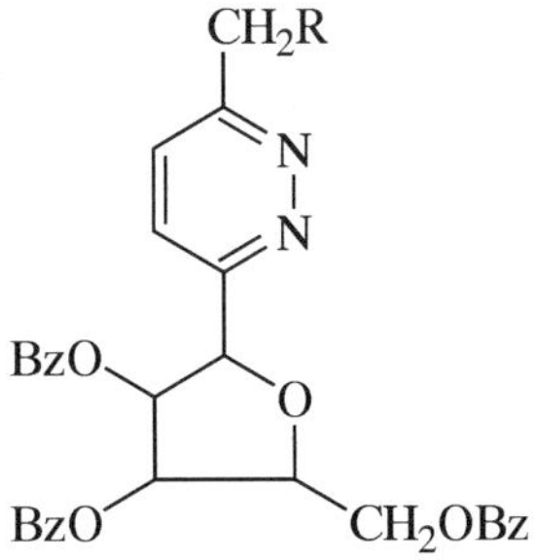

(351)

Using Phosphorus Tribromide

5-Hydroxymethyl- (**352**, R = OH) gave 5-bromomethyl-6-phenyl-3(2H)-pyridazinone (**352**, R = Br) (PBr$_3$, Et$_2$O, 0° → 25°, 2 h: 80%).[1588]

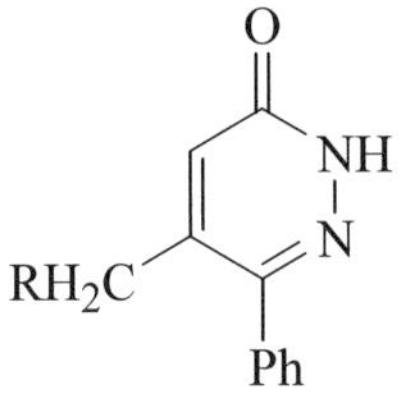

(352)

Using a Vilsmeier Reagent

4,5-Dichloro-2-hydroxymethyl- gave 2-bromomethyl-4,5-dichloro-3(2H)-pyridazinone (SOBr$_2$-Me$_2$NCHO, reflux, 4 h: 94%).[1950]

Using an Indirect Route

3,6-Dichloro-4(β-hydroxy-α,α-dimethylethyl)pyridazine (**353**, R = OH) gave 3,6-dichloro-4-(α,α-dimethyl-β-p-toluenesulfonyloxyethyl)pyridazine (**353**, R = OTs) (TsCl, pyridine, 25°, N$_2$, 17 h: 80%) and then 4-(β-bromo-α,α-dimethylethyl)-3,6-dichloropyridazine (**353**, R = Br) (LiBr, Me$_2$SO, 110°, N$_2$, 2 h: 91%).[354]

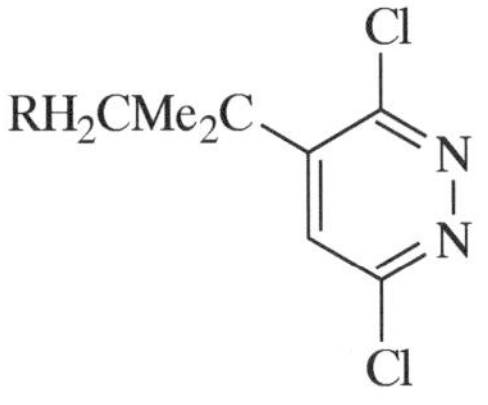

(353)

4.3.2 Extranuclear Halogenopyridazines by Halogenation

The direct halogenation of a side chain attached to pyridazine is not always simple; unwanted halogenation may occur at an unoccupied position on the pyridazine ring, it is not easy to control the site(s) of halogenation on an aliphatic or even aromatic side chain, and other untoward modification(s) of the pyridazine may ensue. In addition to those already given (Section 3.2.2.4), the following examples illustrate some regular and irregular results.

2-Acetonyl- (**354**, Q = H) gave only 2-α-bromoacetonyl-4,5-dichloro-3(2H)-pyridazinone (**355**, Q = H) (Br$_2$, AcONa, AcOH–CHCl$_3$, 25°, 3 h: 60%) or a separable mixture of 2-α-bromoacetonyl- (**355**, Q = H) and the isomeric 2-γ-bromoacetonyl-4,5-dichloro-3(2H)-pyriazinone (**356**, Q = H) (Br$_2$, CHCl$_3$, reflux, 30 min: 10% and 61%, respectively);[1673] the 6-nitro substrate (**354**, Q = NO$_2$) behaved similarly to give only the product (**355**, Q = NO$_2$) (62%) or a separable mixture of isomers (**355**, Q = NO$_2$) and (**356**, Q = NO$_2$) (53% and 39%, respectively).[1673] The foregoing substrates (**355**, Q = H or NO$_2$) also gave 4,5-dichloro-2-α,α-dibromoacetonyl-3(2H)-pyridazinone (**357**, Q = H) or its 6-nitro derivative (**357**, Q = NO$_2$), respectively (2 × Br$_2$, AcONa AcOH–CHCl$_3$, 25°, ~15 h: both ~88%).[1673]

1-Phenyl-3,6(1H,2H)-pyridazinedione (**358**) gave 1-(2,4-dichloroanilino)- (**359**, R = H) (Cl$_2$↓, Me$_2$NCHO, 80°, ~30 min: ~5%) or 1-(2,4,6-trichloroanilino)-3-pyrroline-2,5-dione (**359**, R = Cl) (Cl$_2$↓, Me$_2$NCHO, 50°, 105 min: 53%; note ring contraction).[1105]

4-*t*-Butyl-3,6-dichloropyridazine (**361**) gave 3,6-dichloro-4-(β-chloro-α,α-dimethylethyl)- (**360**), 4-(α,α-bischloromethylethyl)-3,6-dichloro- (**362**),

3,6-dichloro-4-(β,β-dichloro-α,α-dimethylethyl)- (**363**), 3,6-dichloro-4-(β,β-dichloro-α-chloromethyl-α-methylethyl)- (**364**), and 3,6-dichloro-4-(β-chloro-α,α-bischloromethylethyl)pyridazine (**365**) (SO$_2$Cl$_2$, Bz$_2$O$_2$, CCl$_4$, N$_2$, 58°, $h\nu$, 1.5–19 h: chlorination increased with time; all products isolated and characterized).[354]

Also other examples.[789, 838, 862, 1979]

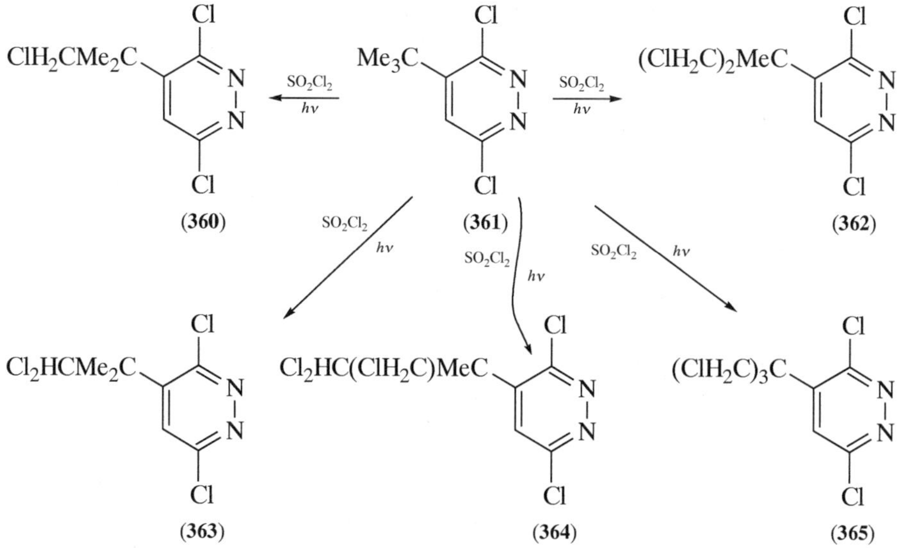

(**360**) ClH$_2$CMe$_2$C-
(**361**) Me$_3$C-
(**362**) (ClH$_2$C)$_2$MeC-
(**363**) Cl$_2$HCMe$_2$C-
(**364**) Cl$_2$HC(ClH$_2$C)MeC-
(**365**) (ClH$_2$C)$_3$C-

4.3.3 Extranuclear Halogenopyridazines by Passenger Halogenation

Halogeno substituents are often carried as passengers when other groups are attached to the pyridazine nucleus in all sorts of ways that are covered elsewhere in this book. For example, an extranuclear halogenopyridazine was produced when 6-phenyl-3(2H)-pyridazinone (**366**) underwent N-alkylation by an excess of α,ε-dibromopentane in benzene containing potassium hydroxide and tetrabutylammonium bromide at 25° during 8 h to afford 2-ε-bromopentyl-6-phenyl-3(2H)-pyridazinone (**367**) in 69% yield.[1288, 1289]

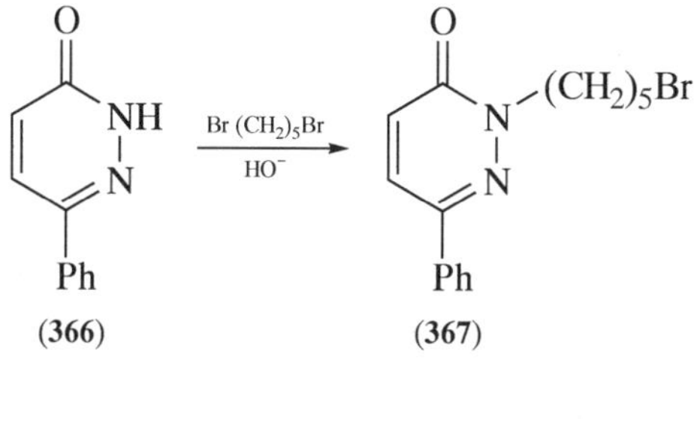

(**366**) → (**367**) [Br(CH$_2$)$_5$Br, HO$^-$]

4.4 REACTIONS OF EXTRANUCLEAR HALOGENOPYRIDAZINES

These halogenopyridazines undergo all the reactions to be expected of homocyclic analogues such as benzyl chloride. The reactivity of the halogeno substituent appears to be virtually unaffected by the heterocyclic ring or by groups attached thereto but, of course, it is affected significantly by appropriate groups (e.g., carbonyl) adjacent to it on the side chain. Because such aliphatic chemistry is so familiar, treatment here is accordingly brief.

4.4.1 Aminolysis of Extranuclear Halogenopyridazines

The aminolytic replacement of a halogeno substituent on an aliphatic side chain is done easily. However, when the halogeno substituent is attached to an aromatic entity, replacement is very difficult unless there is activation by an appropriate adjacent group. Occasional *tele*-aminolyses have been reported. The following examples illustrate conditions for some typical aminolyses:

3-α-Chlorobenzylpyridazine (**368**, R = Cl) gave 3-α-piperidinobenzylpyridazine [**368**, R = N(CH$_2$)$_5$] [(CH$_2$)$_5$NH, PhMe, reflux, A, 6 h: 71%]; also several analogues.[1108]

2-(7-Bromoheptyl)- (**369**, $n=7$, R = Br) gave 2-(7-aminoheptyl)-6-phenyl-3(2*H*)-pyridazinone (**369**, $n=7$, R = NH$_2$) (NH$_4$OH, EtOH, 40°, 24 h: 75%);[1337] likewise, 2-δ-bromobutyl- (**369**, $n=4$, R = Br) gave 2-δ-methylaminobutyl-6-phenyl-3(2*H*)-pyridazinone (**369**, $n=4$, R = NHMe) (MeNH$_2$, MeOH, 50°, 20 h: 68%).[1289, 1337]

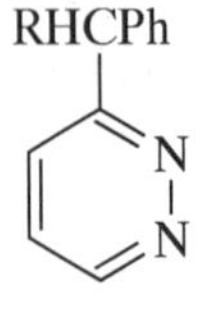

(368) 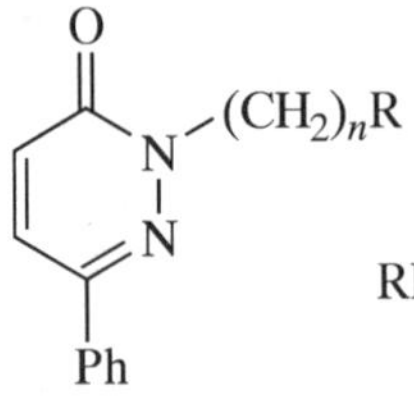 (369) 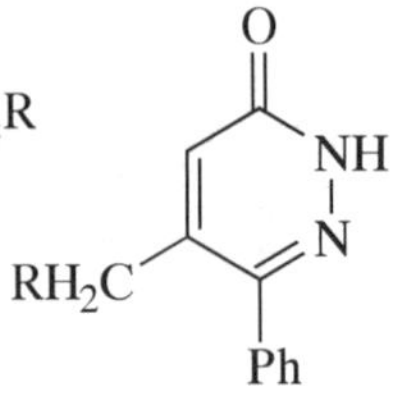 (370) 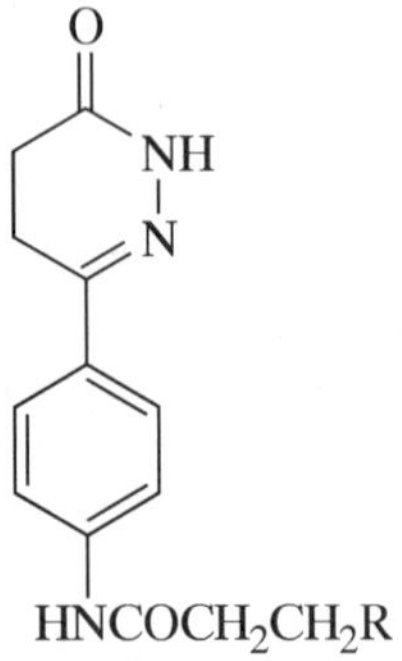 (371)

2-β-Chloroethyoxymethyl- gave 2-β-aminoethoxymethyl-6-phenyl-3(2*H*)-pyridazinone (NH$_3$, MeOH–H$_2$O, 150°, sealed, 24 h: 55%).[1292]

5-Bromomethyl- (**370**, R = Br) gave 5-(4-benzoylpiperazin-1-ylmethyl)-3(2*H*)-pyridazine [**370**, R = N(CH$_2$CH$_2$)$_2$NBz] [HN(CH$_2$CH$_2$)$_2$NBz, MeOH, 25°, 12 h: 94%].[1588]

6-*p*-(3-Bromopropionamido)phenyl-4,5-dihydro-3(2*H*)-pyridazinone (**371**, R = Br) gave 6-*p*-[3-(benzylamino)propionamido]phenyl-4,5-dihydro-3(2*H*)-pyridazinone (**371**, R = NHCH$_2$Ph) (PhCH$_2$NH$_2$, PrOH, reflux, 16 h: 42%).[1313]

3-*o*-Fluorobenzoylpyridazine (**372**, R = F) gave 3-*o*-(benzylamino)benzoylpyridazine (**372**, R = NHCH$_2$Ph) (PhCH$_2$NH$_2$, K$_2$CO$_3$, PhMe, reflux, 36 h: 82%; note evident activation of F(fluorine) by adjacent C=O);[1628] 4-*o*-fluorobenzoylpyridazine likewise gave 4-*o*-(butylamino)benzoylpyridazine (BuNH$_2$, K$_2$CO$_3$, PhMe, 90°, 72 h: 70%).[53]

6-(4-Chloro-3-nitrophenyl)-5-methyl-4,5-dihydro-3(2*H*)-pyridazinone (**373**, R = Cl) gave 6-(4-benzylamino-3-nitrophenyl)-5-methyl-4,5-dihydro-3(2*H*)-pyridazinone (**373**, R = NHCH$_2$Ph) (PhCH$_2$NH$_2$, BuOH, reflux, 20 h: 86%; note the activation of Cl substituent by NO$_2$ group).[1762]

3-Chloro-6-(2,5-dichloroanilino)pyridazine (**374**) underwent an aminolytic cyclization to give 2,7-dichloropyridazino[1,6-*a*]benzimidazole (**375**) (Bu^{t}OH-H$_2$O, *hν*, 6 h: ~15%).[574]

4-α-Chlorobenzylpyridazine gave not only the regular product, 4-α-morpholinobenzylpyridazine, but also the *tele*-aminolytic product, 4-benzyl-5-morpholinopyridazine [O(CH$_2$CH$_2$)$_2$NH, PhMe, 100°, 3 h: 49% and 21%, respectively].[82]

Also other examples.[209, 578, 862, 1049, 1314, 1752, 1760]

4.4.2 Alcoholoysis of Extranuclear Halogenopyridazines

Although some extranuclear halogenopyridazines undergo regular alcoholysis or phenolysis by alkoxide or aryloxide ion to afford the corresponding alkoxy- or aryloxypyridazines, some undergo *tele*-alcoholysis usually to afford nuclear alkoxypyridazines instead of (or as well as) the expected products; the formation of such irregular products appears to be suppressed by preinsertion of an electron-donating group into the pyridazine ring.[1357, 1625] The following examples illustrate the foregoing possibilities:

3-α-Chlorobenzylpyridazine (**376**) gave only 3-(α-phenoxybenzyl)pyridazine (**377**, R = Ph) (PhONa, PhMe, reflux, 12 h: 46% 0;[1357] in contrast, the same substrate (**376**) gave a separable mixture of 3-α-methoxybenzyl- (**377**, R = Me), 3-benzyl-6-methoxy- (**378**, R = Me), and 3-benzyl-4-methoxypyridazine (**379**, R = Me) (MeONa, MeOH, reflux, 12 h: 19%, 55%, and 12% respectively).[1357]

4-Chloromethylpyridazine gave a separable mixture of 4-methoxymethylpyridazine and 4-methoxy-5-methylpyridazine (MeONa, PhMe, reflux, 2 h: 26% and 45%, respectively);[82] in contrast, 4-α-chlorobenzyl-5-methylpyridazine (**380**) gave only 4-benzyl-5-methoxymethylpyridazine (**381**) (MeONa, MeOH, reflux, 2 h: >72%).[82]

3,6-Bischloromethyl-4(1H)-pyridazinone (**382**) gave 3-methoxymethyl-6-methyl-4(1H)-pyridazinone (**383**) [MeONa (1 equiv), MeOH, 20°, 24 h; then H_2, Pd/C, AcONa, AcOH: 90%; note selective alcoholysis prior to dehalogenation].[446]

See also Section 4.4.6 for an intramolecular alcoholysis.

4.4.3 Thiolysis of Extranuclear Halogenopyridazines

This reaction is usually avoided, probably because the resulting aliphatic thiols tend to undergo rapid aerial oxidation to disulfides, especially in basic media. To avoid this, the thiol group(s) may be introduced as their acetate esters and then converted into free thiols under acidic conditions. For example, 1,2-bischloroacetylhexahydropyridazine (**384**) with thioacetic acid and triethylamine in dichloromethane at 23° for 5 h afforded 72% of 1,2-bis[α-(acetylthio)acetyl]hexahydropyridazine (**385**), which underwent deacetylation in methanolic hydrogen chloride at 23° during 20 h to furnish 1,2-bismercaptoacetylhexahydropyridazine (**386**) in 90% yield.[1382]

Another example, which must involve the thiolysis of a nuclear and/or an extranuclear chloro substituent, is the conversion of 4-chloro-5-β-chloroethylamino-2-methyl-3(2H)-pyridazinone (**387**) into 20% of 7-methyl-3,4-dihydro-2H-pyridazino[4,5-b]-1,4-thiazin-8(7H)-one (**388**) by treatment with ethanolic sodium sulfide nonahydrate under reflux for 4 h.[850]

4.4.4 Alkanethiolysis of Extranuclear Halogenopyridazines

Such alkanethiolyses are typified by the conversion of 3-α-chlorobenzylpyridazine (**389**, R = Cl) into 3-α-(β-dimethylaminoethylthio)benzyl- (**389**, R = SCH$_2$CH$_2$NMe$_2$) or 3-α-(phenylthio)benzylpyridazine (**389**, R = SPh) (Me$_2$NCH$_2$CH$_2$SH or PhSh, NaH, PhMe, 15 min; then substrate↓ reflux, 3 h: 65% or 71%, respectively);[1108] or of 2-chloromethyl- (**390**, R = Cl) into 2-(β-aminoethylthio)methyl-6-phenyl-3(2H)-pyridazinone (**390**, R = SCH$_2$CH$_2$NH$_2$) (NaSCH$_2$CH$_2$NH$_2$, EtOH, reflux, 5 h: 60%).[1292]

4.4.5 Hydrogenolysis of Extranuclear Halogenopyridazines

Althoug not used very often, hydrogenolysis of both halogenoalkyl- and halogenoarylpyridazines can be done in a mildly alkaline medium over a palladium catalyst; naturally, other reducible passenger groups may be affected. The following examples illustrate typical processes used recently:

3-Chloromethyl-6-methyl-4-nitropyridazine 1-oxide (**391**) gave 3,6-dimethyl-4-pyridazinamine (**392**) (H_2, Pd/C, MeOH, NH_4OH, >2 h, ?%).[796]

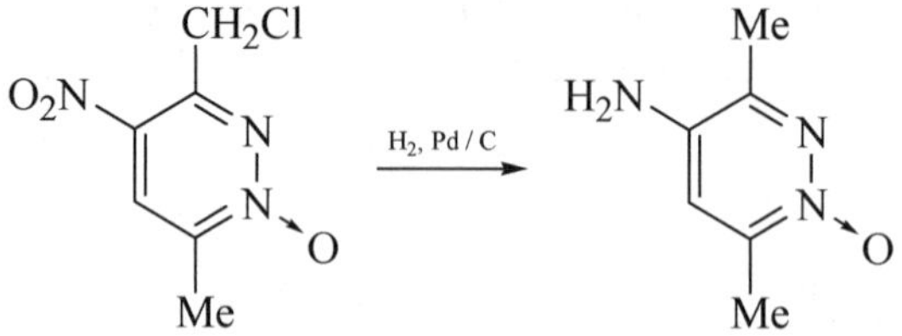

6-*p*-Bromophenyl-5-methyl-3(2*H*)-pyridazinone (**393**, R = Br) gave 5-methyl-6-phenyl-3(2*H*)-pyridazinone (**393**, R = H) [H_2 (3 atm), Pd/C, EtOH–NH_4OH, 50°, 4 h: 93%].[961]

6-(3-Bromo-6-hydroxyphenyl)-3(2*H*)-pyridazinone (**394**, R = Br) gave 6-*o*-hydroxyphenyl-3(2*H*)-pyridazinone (**394**, R = H) [H_2 (4 atm), Pd/C, 1.5M NaOH, 25°, 5 h: 89%].[159]

Also other examples.[975]

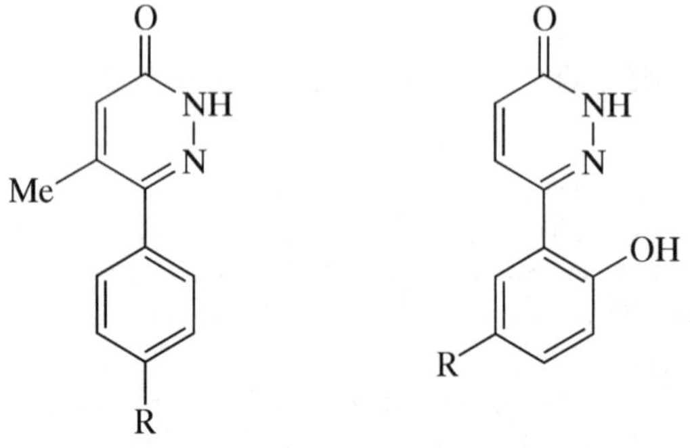

4.4.6 Other Displacement Reactions of Extranuclear Halogenopyridazines

Several other reactions of these halogenopyridazines have proved useful from time to time, as illustrated by the following examples:

With Cyanide Ion

2-ε-Bromopentyl- (**395**, R = Br) gave 2-ε-cyanopentyl-6-phenyl − 3(2H)-pyridazinone (**395**, R = CN) (KCN, Bu$_4$NBr, PhH, 55°, 10 h: 81%).[1288]

3-p-Bromophenyl- (**396**, R = Br) gave 3-p-cyanophenyl-6-hexylpyridazine (**396**, R = CN) (CuCN, Me$_2$NCHO, 190°, 3.5 h: 39%; note the vigorous conditions required in an aromatic environment).[1576]

3,6-Bis-p-bromophenylpyridazine gave 3,6-bis-p-cyanophenylpyridazine (CuCN, quinoline, reflux, 2 h: 18%).[1270]

Also other examples.[534, 1257]

With Azide Ion

2-γ-Bromoacetonyl- (**397**, R = Br) gave 2-γ-azidoacetonyl-4,5-dichloro-3(2H)-pyridazinone (**397**, R = N$_3$) (NaN$_3$, AcMe–Me$_2$NCHO, 25°, 5 h: 91%; note selectivity for ω-Br under these mild conditions).[1680]

Hydrolysis via an Epoxide

2-(γ-Bromo-β-hydroxypropyl)-4,6-dichloro- (**398**) gave 4,6-dichloro-2-(β,γ-epoxypropyl)- (**399**) (KOH, H$_2$O–THF–AcMe, 25°, 45 min; 89%) and then 4,6-dichloro-2-(β,γ-dihydroxypropyl)-3(2H)-pyridazinone (**400**) (dilute HCl, 40°, 5 h: 56%).[1680]

With Thiourea

2-γ-Bromoacetonyl- (**401**) gave 2-γ-(amidinothio)acetonyl- (**402**) [S=C(NH$_2$)$_2$, THF, 25°, 20 min: 54%] and thence 2-(2-aminothiazol-4-yl)methyl-4,5-dichloro-3(2H)-pyridazinone (**403**) (EtOH, reflux, 20 min: 72%);[1680] the substrate (**401**) gave the final product (**403**) more effectively without isolation of the intermediate (**402**) [S=C(NH$_2$)$_2$, EtOH, 45°, 20 min: 72%].[1680]

With N,N-Dimethyl-p-nitrosoaniline

3-Bromomethyl-6-(2,3,5-tri-O-benzoyl-β-D-ribofuranosyl)pyridazine (**404**) gave the nitrone, p-dimethylamino-N-[6-(2,3,5-tri-O-benzoyl-β-D-ribofuranosyl)pyridazin-3-ylmethyl]aniline N-oxide (**405**) (substrate, pyridine, 25°, 1 h; then pyridine↑; then p-Me$_2$NC$_6$H$_4$NO↓, MeOH, 25°, 10 min; then Na$_2$CO$_3$, H$_2$O, 25°, 1 h: 48%; via an unisolated pyridinio intermediate) and thence 6-(2,3,5-tri-O-benzoyl-β-D-ribofuranosyl)-3-pyridazinecarbaldehyde (**405a**) (H$_2$SO$_4$, PhH, 5°→20°, 3 h: 79%).[1539]

Acyloxylation

Note: Although no simple examples using carboxylates appear to be available, similar reactions with phosphates and thiophosphates have been reported.

2-Chloromethyl-3(2*H*)-pyridazinone (**406**) with the potassium salt of *O,O*-dimethyl dithiophosphate (**407**) gave 2-(dimethoxyphosphinothioylthiomethyl)-3(2*H*)-pyridazinone (**408**) (H_2O, 60°, vigorous stirring, 2 h: 84%);[441] also many analogues of interest as potential insecticides.[441]

Würtz Coupling

3-Chloromethylpyridazine (**409**, R = H) underwent Würtz coupling[1852c] to give α,β-bispyridazin-3-ylethane (**410**, R = H) as the only isolable product (Na, xylene, reflux, 12 h: 3%);[767] in contrast, 3-chloromethyl-6-methoxypyridazine (**409**, R = OMe) gave a separable mixture of α,β-bis(6-methoxypyridazin-3-yl)ethane (**410**, R = OMe) and the corresponding ethylene (**411**, R = OMe) (likewise: 12% and 7%, respectively).[767]

CHAPTER 5

Oxypyridazines (*H* 23)

The conveniently general term *oxypyridazines* is employed here to include derivatives such as the cycloamidic tautomeric pyridazines (**1** or **2**), pyridazine quinones (**3**), the alcoholic hydroxylalkylpyridazines (**4**), the etherial alkoxypyridazines (**5**, **6**, or **7**), the ester-like acyloxypyridazines (**8** or **9**), the cycloamidic nontautomeric pyridazinones (**10** or **11**), and the pyridazine *N*-oxides (**12**).

Recent contributions to the chemistry of each such group are covered in appropriate sections of this chapter. More general ancillary information of oxypyridazines is collected in a final section; this includes brief indications of recent theoretical, physical, spectral, and structural studies, as well as an alphabetical list of recently used trivial names for many pyridazine drugs, agrochemicals, natural products, and so on

Several comprehensive general reviews, covering oxypyridazines inter alia, have appeared in recent years.[1188,1575,1853] In addition, detailed reviews of pharmacologically active pyridazines (mainly oxypyridazines) have appeared in the 1990s,[1575,1777,1782] thereby precluding any necessity to cover such material in this book. Agrochemical pyridazines have been reviewed much less thoroughly.[933] Synthetic routes to 5-hydroxy-3(2H)-pyridazinones and derivatives have been reviewed thoughtfully.[2064]

5.1 TAUTOMERIC PYRIDAZINONES (H 23)

Both 3- (**1b**) and 4-pyridazinol (**2b**) are confidently considered to exist almost entirely as the pyridazinones (**1a**) and (**2a**), respectively; 3,4- and 3,6-pyridazinediol can adopt dione forms (**13**) and (**14**), respectively, but the experimental evidence seems to favor an hydroxypyridazinone form in each case (see Section 5.7.2); 3,5- and 4,5-pyridazinediol can adopt the hydroxypyridazinone forms (**15**) and (**16**), respectively, but not regular dione forms; and the pyridazinetriols and pyridazinetetrol can adopt dione forms. For obvious pragmatic reasons, all such entities are named as pyridazinediones when possible or otherwise as lactamic pyridazinones or lactamic hydroxypyridazinones as appropriate.

(13)   (14)   (15)   (16)

5.1.1 Preparation of Tautomeric Pyridazinones (H 24)

Most such pyridazinones have been made by *primary syntheses* (see Chapters 1 and 2) or by *hydrolysis of halogenopyridazines* (see Section 4.2.2); the remainder have been made by various hydrolytic displacement reactions or other miscellaneous procedures, as illustrated in the following examples:

From Pyridazinamines

3-Hydrazino-6-(*N*-β-hydroxypropyl-*N*-methylamino)pyridazine (**17**) gave 6-(*N*-β-hydroxypropyl-*N*-methylamino)-3(2*H*)-pyridazinone (**18**) (1M HCl, reflux, 1: 25%).[1331]

6-Amino-3-methyl-1,5-diphenyl-4(1*H*)-pyridazinone (**19**) gave 5-hydroxy-6-methyl-2,4-diphenyl-3(2*H*)-pyridazinone (**20**) (HNO$_2$: ?%).[911]

Also other examples.[588,713]

From Alkylthiopyridazines

3-Ethoxycarbonylmethylthio-5,6-diphenyl-4-pyridazinecarbonitrile (**21**) gave 3-oxo-5,6-diphenyl-2,3-dihydro-4-pyridazinecarbonitrile (**22**) (HCl–H$_2$O, reflux, 2 h: ?%).[1390]

3-Carboxymethylthio-4,6-diphenylpyridazine (**23**, X = S) gave 4,6-diphenyl-3(2*H*)-pyridazinone (**24**) [AcOH, 30% H$_2$O$_2$, 25°, 4 h: ?%; probably by hydrolysis of an intermediate sulfoxide (**23**, X = SO) or sulfone (**23**, X = SO$_2$)].[1264]

Also other examples.[1116,1264]

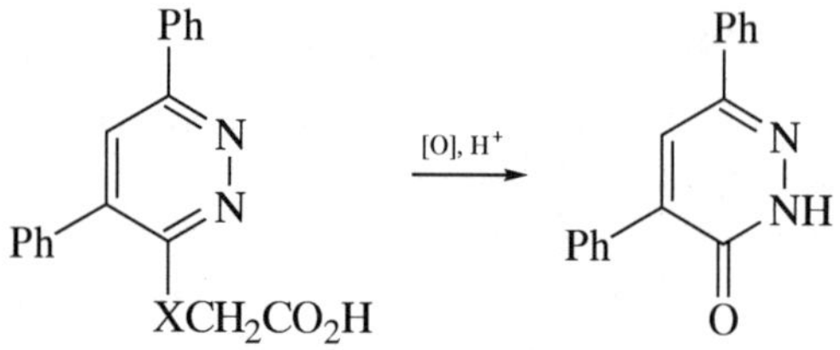

(**23**) (**24**)

From Alkoxypyridazines

With hydriodic acid:

4-Acetyl-5,6-bis-*p*-chlorophenyl-3-methoxypyridazine (**25**) gave 4-acetyl-5,6-bis-*p*-chlorophenyl-3(2*H*)-pyridazinone (**26**) (HI, MeOH, 80°, 1 h: 95%).[1610]

Also other examples.[1279]

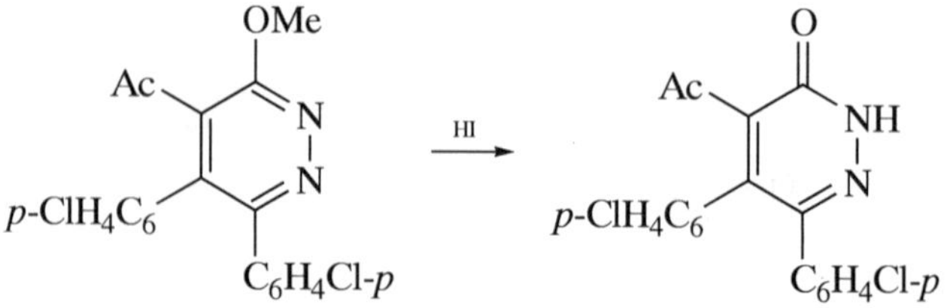

(**25**) (**26**)

With hydrobromic acid:

5-Methoxy- (**27**, R = Me) gave 5-hydroxy-3(2*H*)-pyridazinone (**27**, R = H) (47% HBr–AcOH, reflux, 10 h: 94%).[90]

4,5-Dimethoxypyridazine gave 5-hydroxy-4(1*H*)-pyridazinone (**28**) (48% HBr, reflux, 3 h: 89%).[923]

Also other examples.[523,905,1574]

With hydrochloric acid:

3-Benzyloxy-6-dimethylaminopyridazine gave 6-dimethylamino-3(2*H*)-pyridazinone (**29**) (5M HCl, reflux, 4 h: 43%).[94]

4-Ethoxy-3,6-diphenylpyridazine gave 3,6-diphenyl-4(1*H*)-pyridazinone (**30**) (10M HCl, 150°, sealed 6 h: 92%).[451]

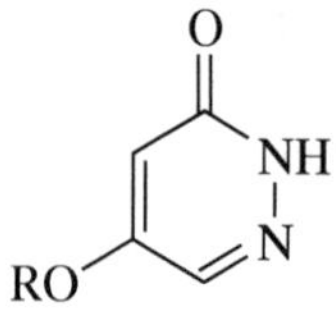

(**27**)

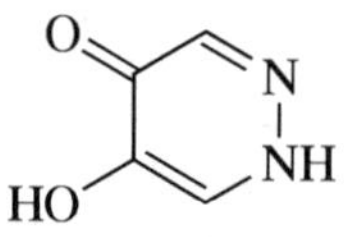

(**28**)

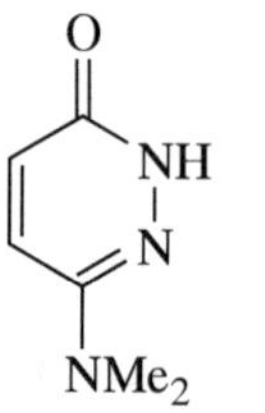

(**29**)

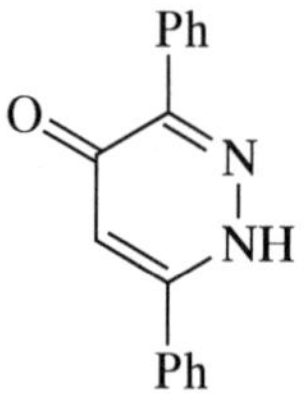

(**30**)

Also other examples.[1013,1087,1169,1826]

With aluminium chloride:

5-Ethoxy-6-phenyl-3(2H)-pyridazinethione (**31**) or 3-*t*-butylthio-5-ethoxy-6-phenylpyridazine gave 6-mercapto-3-phenyl-4(1H)-pyridazinone (**32**) (AlCl$_3$, PhMe, reflux, 1 h: 85% or 70%, respectively).[1087]

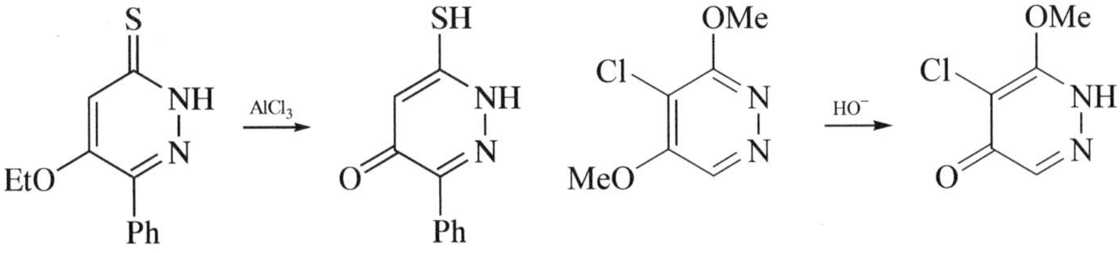

With alkali or in other basic media:

4-Chloro-3,5-dimethoxypyridazine (**33**) gave only 5-chloro-6-methoxy-4(1H)-pyridazinone (**34**) (2.5M NaOH, reflux, 4.5 h: 87%; the reason for such selectivity is not evident).[882]

4-Bromo-5-methoxy- (**35**) gave 4-bromo-5-hydroxy-2-methyl-3(2H)-pyridazinone (**36**) [KOH (1 equiv), H$_2$O, reflux, 3 h: ~90%]; also many homologues.[1936]

Also other examples.[224,531,694,760,766,791,877,1597]

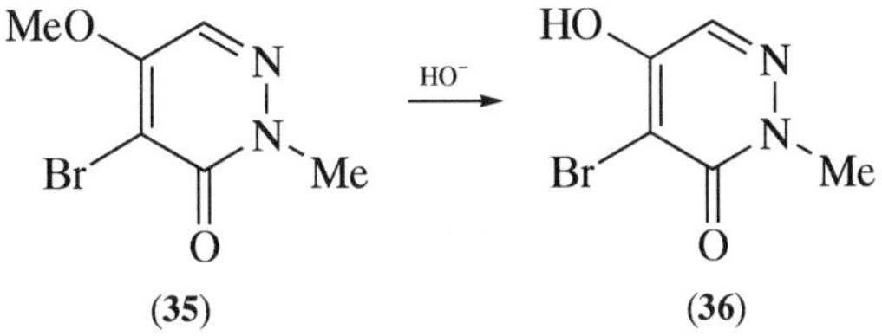

From Trialkylsiloxypyridazines

Diethyl 4-trimethylsiloxy-1,2,3,6-tetrahydro-1,2-pyridazinedicarboxylate (**37**) gave diethyl 4-oxohexahydro-1,2-pyridazinedicarboxylate (**38**) (MeOH, F$_3$CCO$_2$H, 25°, 24 h: ~90%).[1699]

Also other examples.[19]

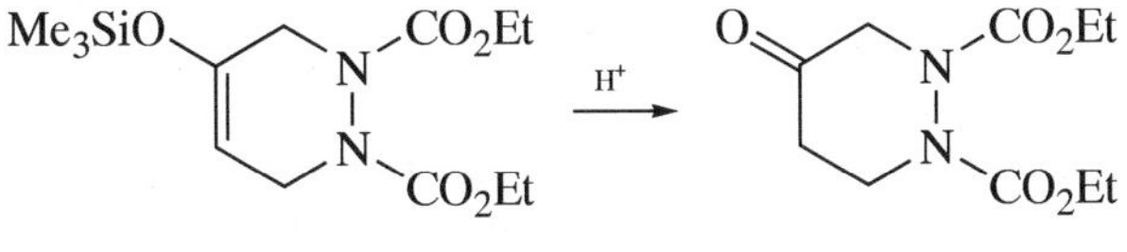

From Nitropyridazines

5-Acetyl-2-methyl-4-nitro-6-phenyl-3(2H)-pyridazinone (**39**) gave 5-acetyl-2-methyl-6-phenyl-3,4(1H,2H)-pyridazinedione (**40**) (Et₃N, MeCN–H₂O, 25°, 2 h: >67%).[156]

From Miscellaneous Substrates

4,4,6-Trimethyl-4,5-dihydro-3(2H)-pyridazinone oxime (**41**, X=NOH) gave the free pyridazinone (**41**, X=O) (6M HCl, reflux, 2 h: 88%).[4]

4,5-Dichloro-2-hydroxymethyl-3(2H)-pyridazinone (**42**, R=CH₂OH) gave 4,5-dichloro-3(2H)-pyridazinone (**42**, R=H) (K₂CO₃, MeCN, reflux, 2 h: >90%; with loss of CH₂O).[1901]

Diethyl 1,2,3,6-tetrahydro-1,2-pyridazinedicarboxylate (**43**) gave diethyl 4-hydroxyhexahydro-1,2-pyridazinedicarboxylate (**44**) [BH₃, THF, 0–5°, 2.5 h; then H₂O↓; then NaOH, H₂O₂, <5°, 2 h: 66%; or Hg(OAc)₂, H₂O–THF, 25°, 4 h; then NaBH₄, NaOH, H₂O: 75%].[1671]

Diethyl 3-acetoxymethyl-6-methoxy-1,2,3,6-tetrahydro-1,2-pyridazinedicarboxylate (**45**) gave diethyl 3-acetoxymethyl-6-methoxy-4,5-dihydroxyhexahydro-1,2-pyridazinedicarboxylate (**46**) [O(CH₂CH₂)₂N(→O) Me·2H₂O, AcMe–H₂O–Buᵗ OH, trace OsO₄, 25°, 5 days: 83%].[734]

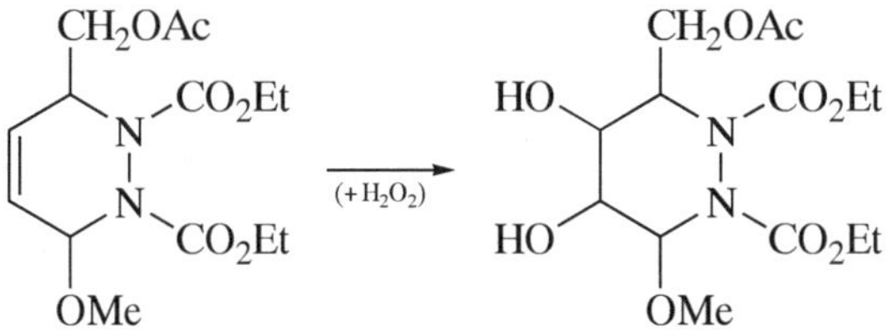

(45) → (46) (+H₂O₂)

2-Benzyl-4-ethoxy-5-morpholino-3(2*H*)-pyridazinone (a fixed pyridazinone) gave 4-ethoxy-5-morpholino-3(2*H*)-pyridazinone [Pd/C, AcOH, H$_2$, (3–4 atm), 36 h: 31%];[1269] 5-methoxy-2-tetrahydropyran-2'-yl-3(2*H*)-pyridazinone gave 5-methoxy-3(2*H*)-pyridazinone (HCl, H$_2$O–MeOH, reflux, 2 h: 65%);[1821] and like reactions.[218,240,1794]

From Hydropyridazinones

4-Phenyl-4,5-dihydro- (**47**) gave 4-phenyl-3(2*H*)-pyridazinone (Br$_2$, AcOH, 70°, 2 min: ∼80%);[738] 6-phenyl-4,5-dihydro- (**48**) gave 6-phenyl-3(2*H*)-pyridazinone (CuCl$_2$, MeCN, reflux, 30 min: ∼88%).[1823]

6-*p*-Aminophenyl-5-ethyl-4,5-dihydro- (**49**) gave 6-*p*-aminophenyl-5-ethyl-3(2*H*)-pyridazinone (O$_2$NC$_6$H$_4$SO$_3$Na-*m*, 0.7M NaOH, reflux, 6.5 h: 67%).[1310]

6-Styryl-4,5-dihydro- (**50**) gave 6-styryl-3(2*H*)-pyridazinone (SeO$_2$ EtOH, reflux, 8 h: 87%).[1282]

Also other examples.[1267,1371,1405,2001]

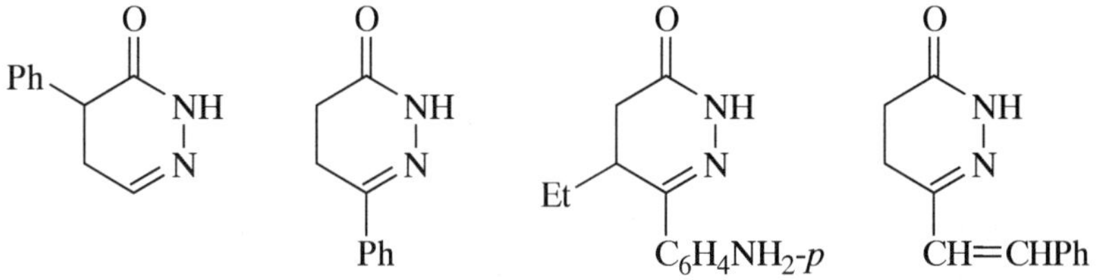

5.1.2 Reactions of Tautomeric Pyridazinones (*H* 37)

The important conversion of *pyridazinones into halogenopyridazines* was covered in Section 4.1.1. The remaining reactions are discussed in subsections hereafter. Selected reactions have been reviewed.[2063]

5.1.2.1 Conversion into Pyridazinethiones (*H* 764)

Most tautomeric pyridazinones undergo thiation quite readily on treatment with phosphorus pentasulfide in hot pyridine, toluene, or the like; it usually pays to use good-quality phosphorus pentasulfide or to purify poor-quality reagent beforehand.[1977] Lawesson's reagent, 2,4-bis-*p*-methoxyphenyl-1,3-dithia-2,4-diphosphetane-2,4-disulfide (**51**),[1986,1987] has been used occasionally. Typical thiations are illustrated in the following examples:

(**51**)

5-*t*-Butylthio-6-phenyl-3(2*H*)-pyridazinone (**52**, X = O) gave the corresponding thione (**52**, X = S) (P_2S_5, PhMe, reflux, 30 min: 72%).[1087]

4-Amino-3(2*H*)-pyridazinone (**53**, X = O) gave the corresponding thione (**53**, X = S) (P_2S_5, pyridine, reflux, 14 h: 62%).[923]

(**52**)   (**53**)   (**54**)   (**55**)

6-Phenyl- (**54**, R = H, X = O) and 4,5,6-triphenyl-3(2*H*)-pyridazinone (**54**, R = Ph, X = O) gave the corresponding thiones (**54**, R = H, X = S) (P_2S_5, pyridine, reflux, 3 h: 60%)[413] and (**54**, R = Ph, X = S) (likewise, 4 h: 56%).[1362]

3,6(1*H*,2*H*)-Pyridazinedione (**55**, X = O) gave the corresponding dithione (**55**, X = S) (P_2S_5, pyridine, reflux, 45 min: 64%).[365]

6-Phenyl-4,5-dihydro-3(2*H*)-pyridazinone (**56**, X = O) gave the corresponding dihydrothione (**56**, X = S) [Lawesson's reagent (**51**), PhH, reflux, 105 min: >95%].[184]

(**56**)   (**57**)   (**58**)

6-*p*-Ethoxyphenyl-4-(5-oxo-1,3-diphenyl-2-pyrazolin-4-yl)-4,5-dihydro-3(2*H*)-pyridazinone (**57**) gave 6-*p*-ethoxyphenyl-4-(1,3-diphenyl-5-thioxo-2-pyrazolin-4-yl)-3(2*H*)-pyridazinethione (**58**) [Lawesson's reagent (**51**), xylene, reflux, 6 h: 70%; note the additional thiation in the five-membered ring and dehydrogenation of the six-membered ring].[1103, cf. 1371]

Also other examples.[112,159,249,315,362,371,373,375,539,808,811,819,946,973,1056,1064,1127, 1278,1390,1450,1462,1712,1726,1758,2019]

5.1.2.2 Conversion into O- or N-Alkyl Derivatives (H 37)

Irrespective of the type of reagent or the conditions used, alkylation of a tautomeric 3(2*H*)- or 4(1*H*)-pyridazinone usually gives an *N*-alkylpyridazinone sometimes accompanied by a smaller amount of the isomeric alkoxypyridazine. Occasionally, the alkoxypyridazine may predominate, especially when a diazoalkane is used or when the steric and/or electronic factors associated with the reagent or substrate are favorable; in this regard, appropriately placed electron-withdrawing passenger groups or partial reduction of the ring seems, particularly prone to affect the outcome appreciably.

The formation of the following products illustrate the results to be expected on alkylation of various types of tautomeric pyridazinone using a variety of reagents and conditions. The examples are grouped according to the type of substrate and the given percentages represent isolated yields (for some trialkylsilylation reactions, see Section 5.4.2.3):

From Simple 3(2*H*)-pyridazinones: *O*-Alkylation

6-*p*-Bromophenyl-4-(3,4-dimethylphenyl)-4,5-dihydro-3(2*H*)-pyridazinone (**59**, R = H) gave its 2-methyl derivative (**59**, R = Me) and 3-*p*-bromophenyl-5-(3,4-dimethylphenyl)-6-methoxy-4,5-dihydropyridazine (**60**) (Me$_2$SO$_4$, K$_2$CO$_2$, AcMe, reflux, 10 h: 50% and 30%, respectively).[1278]

6-*p*-Bromophenyl-4-(3-isopropyl-6-methylphenyl)-4,5-dihydro-3(2*H*)-pyridazinone gave 3-*p*-bromophenyl-6-ethoxycarbonylmethoxy-5-(3-isopropyl-6-methylphenyl)-4,5-dihydropyridazine (**61**) (EtO$_2$CCH$_2$Cl, K$_2$CO$_3$, AcMe, reflux, 10 h: 28%; no isomer mentioned).[1267]

Also other examples in the foregoing references and elsewhere.[1423,1717]

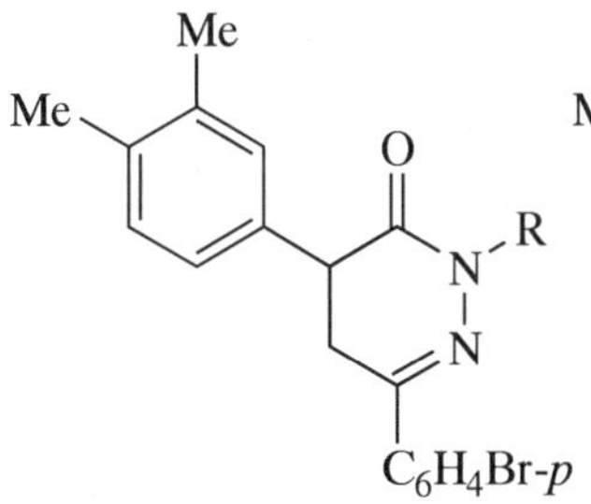

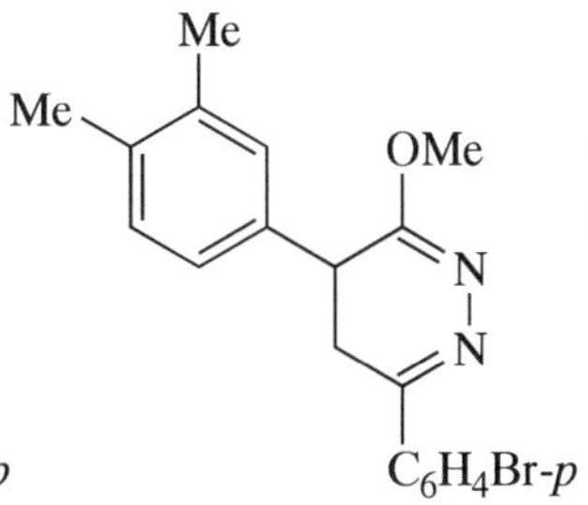

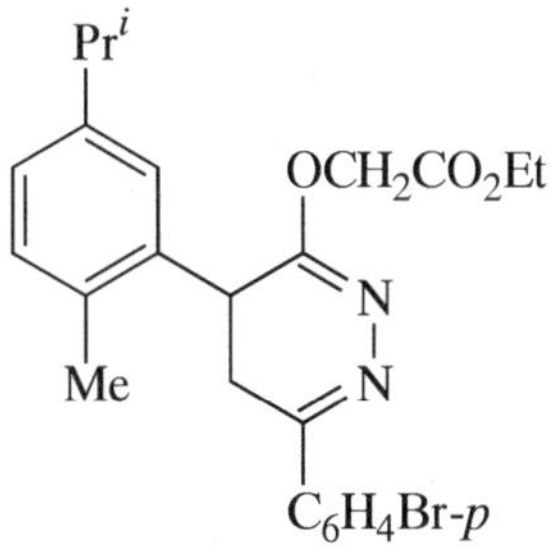

From Simple 3(2H)-Pyridazinones: N-Alkylation

3(2H)-Pyridazinone (**62**, R = H) gave 2-carboxymethyl-3(2H)-pyridazinone (**62**, R = CH$_2$CO$_2$H) (ClCH$_2$CO$_2$H, NaOH, H$_2$O, reflux, 1 h: 67%),[147] 2-β-hydroxyethyl-3(2H)-pyridazinone (**62**, R = CH$_2$CH$_2$OH) (ethylene oxide, trace MeONa, Me$_2$NCHO, 90°, 4 h: 70%),[1179] or 1-methyl-3-oxo-2,3-dihydropyridazinium p-toluenesulfonate (**63**) [TsOMe, petroleum (b.p. > 130°), 130°, 12 h: 45%] and then 1-methylpyridazinium-3-olate (**64**) [Amberlite IRA-401 (HO$^-$), H$_2$O: 70%].[668]

(62) (63) (64) (65)

6-Methyl-3(2H)-pyridazinone (**65**, R = H) gave 6-methyl-2-phenacyl-3(2H)-pyridazinone (**65**, R = CH$_2$Bz) (BzCH$_2$Br, NaHCO$_3$, MeCN, reflux, 14 h: 95%;[1594] BzCH$_2$Cl, KOH, Me$_2$NCHO: 40%).[530]

6-Phenyl-3(2H)-pyridazinone (**66**, R = H) gave 2-methyl-6-phenyl- (**66**, R = Me) (MeI, MeOH, 100°, sealed, 6 h: 84%),[919] 2-hydroxymethyl-6-phenyl- (**66**, R = CH$_2$OH) (CH$_2$O, H$_2$O, reflux, 1 h: 88%),[1292] 2-β-hydroxyethyl-6-phenyl- (**66**, R = CH$_2$CH$_2$OH) (substrate K salt, HOCH$_2$CH$_2$Cl, Me$_2$NCHO–PhH, 0° → 120°, 24 h: 74%),[1292] 2-β-bromoethyl-6-phenyl- (**66**, R = CH$_2$CH$_2$Br) (excess BrCH$_2$CH$_2$Br, KOH, trace Bu$_4$NBr, PhH, 25°, 6 h: 84%),[1337] 6-phenyl-2-vinyl- (**66**, R = CH:CH$_2$) [AcOCH=CH$_2$, trace Hg(OAc)$_2$, trace H$_2$SO$_4$, CHCl$_3$, < 60°, 8 h: 60%;[1179] or HC≡CH, dioxane or THF, pressure, ?°: < 60%],[693] 2-γ-cyanopropyl-6-phenyl- (**66**, R = CH$_2$CH$_2$CH$_2$CN) (BrCH$_2$CH$_2$CH$_2$CN, KOH, trace Bu$_4$NBr, PhH, 25°, 6 h: 88%),[1288] or 2-β-cyanoethyl-6-phenyl-3(2H)-pyridazinone (**66**, R = CH$_2$CH$_2$CN) (H$_2$C=CHCN, PhCH$_2$Me$_3$NOH, EtOH, reflux, 8 h: 76%);[1288] also analogues.[368]

5-Benzyl-6-methyl-3(2H)-pyridazinone (**67**, R = H) gave 5-benzyl-2-ethoxycarbonylmethyl-6-methyl- (**67**, R = CH$_2$CO$_2$Et) (substrate Na salt, BrCH$_2$CO$_2$Et, EtOH, 25° → reflux, 24 h: 98%),[1446] 5-benzyl-6-methyl-2-mopholinomethyl- [**67**, R = CH$_2$N(CH$_2$CH$_2$)$_2$O] [CH$_2$O, HN(CH$_2$CH$_2$)$_2$O, AcOH, H$_2$O–EtOH, reflux, 6 h: 69%; a Mannich aminoalkylation],[884] or 5-benzyl-2-β-dimethylaminoethyl-6-methyl-3(2H)-pyridazinone (**67**, R = CH$_2$CH$_2$NMe$_2$) (ClCH$_2$CH$_2$NMe$_2$, EtONa, EtOH, 25° → reflux, 12 h: 96%, as hydrochloride).[884]

4-Benzyl-6-methyl-3(2H)-pyridazinone (**68**, R = H) gave 4-benzyl-2-β-cyanoethyl-6-methyl-3(2H)-pyridazinone (**68**, R = CH$_2$CH$_2$CN) (H$_2$C=CHCN, trace NaOH, EtOH, reflux, 12 h: 82%).[112]

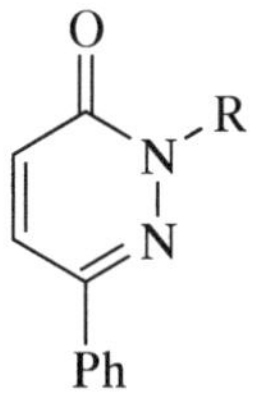

(66) 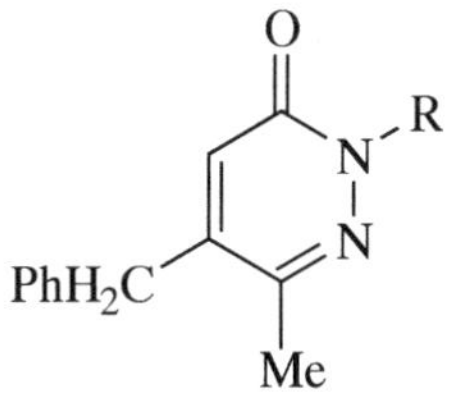 (67) 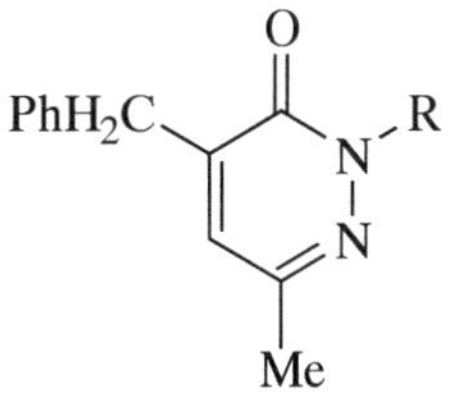 (68)

Also other examples.[118,162,350,433,434,441,530,698,775,855,874,888,990,994,998,1006,1035,1039,1244,1253,1268,1276,1282,1289,1323,1343,1425,1475,1716,1771,1837,1912]

From Simple 4(1*H*)-Pyridazinones: *N*-Alkylation

No examples in this category have been reported recently.

From simple 4(1*H*)-Pyridazinones: *N*-Alkylation

3,5-Diphenyl-4(1*H*)-pyridazinone (**69**, R = H) gave 1-methyl-3,5-diphenyl-4(1*H*)-pyridazinone (**69**, R = Me) (Me_2SO_4, pH 12 buffer, ?°, ?h: > 95%: MeI, NaH, Me_2NCHO, ?°, ?h: > 95%);[249] also some substituted-phenyl and/or *N*-ethyl (or propyl) analogues.[249]

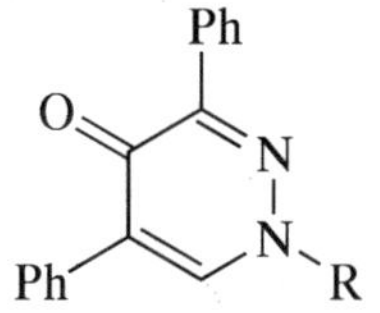

(69)

From Functionally Substituted 3(2*H*)-Pyridazinones: *O*-Alkylation

3-Oxo-5,6-diphenyl-2,3-dihydro-4-pyridazinecarbonitrile (**70**, R = CN) gave 3-β-cyanoethoxy-5,6-diphenyl-4-pyridazinecarbonitrile (**71**, R = CN) ($H_2C=CHCN$, trace pyridine or NaOH, EtOH, reflux, 12 h: 73%); ethyl 3-oxo-5,6-diphenyl-2,3-dihydro-4-pyridazinecarboxylate (**70**, R = CO_2Et) gave ethyl 3-β-cyanoethoxy-5,6-diphenyl-4-pyridazinecarboxylate (**71**, R = CO_2Et) (likewise: 75%).[389]

4-Nitro-5,6-diphenyl-3(2*H*)-pyridazinone (**72**, R = H) gave a separable mixture of its 2-methyl derivative (**72**, R = Me) and 3-methoxy-4-nitro-5,6-diphenylpyridazine (**73**) (CH_2N_2, Et_2O, 25°).[795]

5,6-Dichloro-3(2*H*)-pyridazinone (**74**, R = Me) gave a separable mixture of its 2-methyl derivative (**74**, R = Me) and 3,4-dichloro-6-methoxypyridazine (**75**) (CH_2N_2, Et_2O –AcMe, 25°, until no N_2↑: 52% and 16%, respectively; MeI, K_2CO_3, Me_2NCHO, 25°, 3 h: 67% and 0%, respectively).[881]

5-Amino-2-phenyl-3(2H)-pyridazinone (**76**), which is tautomeric with 5-imino-2,5-dihydro-2-phenyl-3-pyridazinol (**77**, R = H), gave 6-methoxy-1-phenyl-4(1H)-pyridazinimine (**77**, R = Me) (Me$_2$SO$_4$ CHCl$_3$, reflux, 2 h: 61%, initially as the methyl hydrogen sulfate salt and thence as hydrochloride).[1344] Also other examples.[390,547,552,595,608,851,1056,1326,1918,1950,2058]

From Functionally Substituted 3(2H)-Pyridazinones: N-Alkylation

4,5-Dichloro-3(2H)-pyridazinone (**78**, R = H) gave 4,5-dichloro-2-methyl- (**78**, R = Me) (MeI, K$_2$CO$_3$, Me$_2$NCHO, 50°, 2 h: > 86%),[1936] 4,5-Dichloro-2-γ-dimethylaminopropyl- (**78**, R = CH$_2$CH$_2$CH$_2$NMe$_2$) (substrate Na salt, ClCH$_2$CH$_2$CH$_2$NMe$_2$, EtOH, reflux, 1 h: 58%, as hydrochloride),[533] or benzyloxymethyl-4,5-dichloro-3(2H)-pyridazinone (**78**, R = CH$_2$OCH$_2$Ph) (ClCH$_2$OCH$_2$Ph, 1,8-diazabicyclo[5.4.0]undec-7-ene, Me$_2$NCHO, 0° → 25°, 2 h: 58%).[1048]

4-Chloro-5-morpholino-3(2H)-pyridazinone (**79**, R = H) gave 2-allyl-4-chloro-5-morpholino-3(2H)-pyridazinone (**79**, R = CH$_2$CH:CH$_2$) (BrCH$_2$CH=CH$_2$, K$_2$CO$_3$, AcMe, reflux, 4 h: 84%).[1269]

Ethyl 3-oxo-6-phenyl-2,3-dihydro-4-pyridazinecarboxylate (**80**, R = H) gave ethyl 2-ethoxycarbonylmethyl-3-oxo-6-phenyl-2,3-dihydro-4-pyridazinecarboxylate (**80**, R = CH$_2$CO$_2$Et) (BrCH$_2$CO$_2$Et, K$_2$CO$_3$, AcMe, reflux, 24 h: 91%).[1767]

3(2H)-Pyridazinone 1-oxide (**81**, R = H) gave 2-methyl-3(2H)-pyridazinone 1-oxide (**81**, R = Me) (CH$_2$N$_2$, Et$_2$O–CH$_2$Cl$_2$, 25°, until homogeneous: >70%); also homologues.[789]

5-Acetyl-4-amino-6-phenyl-3(2H)-pyridazinone (**82**, R = H) gave 5-acetyl-2-allyl-4-amino-6-phenyl-3(2H)-pyridazinone (**82**, R = CH$_2$CH:CH$_2$) (BrCH$_2$CH=CH$_2$, K$_2$CO$_3$, Me$_2$NCHO, 25°, 30 min: 75%).[1832]

4-Acetyl-5,6-bis-*p*-chlorophenyl-3(2H)-pyridazinone (**83**, R = H) gave 4-acetyl-5,6-bis-*p*-chlorophenyl-2-β-hydroxyethyl-3(2H)-pyridazinone (**83**, R = CH$_2$CH$_2$OH) [ethylene carbonate (**84**), K$_2$CO$_3$ or KOH, Me$_2$NCHO, 90–95°, 2 h: 99%][156,1332] or a separable mixture of 4-acetyl-2-(γ-chloro-β-hydroxypropyl)-5,6-bis-*p*-chlorophenyl- (**83**, R = CH$_2$CHOHCH$_2$Cl) and 4-acetyl-5,6-bis-*p*-chlorophenyl-2-(2,3-epoxypropyl)-3(2H)-pyridazinone (**83**, R = 2,3-epoxypropyl)[epichlorhydrin (**85**), K$_2$CO$_3$, Me$_2$NCHO, 80°, 2 h: 10% each; the first by fission of the epoxide, the second by a regular alkylation process].[1272]

5-Methoxy-3(2H)-pyridazinone (**86**, Q = R = H) gave 5-methoxy-2-methyl-3(2H)-pyridazinone (**86**, Q = H, R = Me) (neat MeI, K$_2$CO$_3$, reflux, 3 h: 51%;[90] MeI, K$_2$CO$_3$, Me$_2$NCHO, 50°, N$_2$, 15 h: 18%;[1821] Me$_2$SO$_4$, K$_2$CO$_3$, PhMe, reflux, 8 h: 55%;[90] structure confirmed by X-ray analysis);[90] 4-chloro-5-methoxy-3(2H)-pyridazinone (**86**, Q = Cl, R = H) gave 4-chloro-5-methoxy-2-methyl-3(2H)-pyridazinone (**86**, Q = Cl, R = Me) (Me$_2$SO$_4$, NaOH, H$_2$O, 25°, 48 h: 51%).[90]

Also other examples.[534,593,676,814,994,999,1004,1055,1450,1460,1540,1742,1749,1780,1781,1964,2039]

From Functionally Substituted 4(1H)-Pyridazinones: *O*-Alkylation

Methyl 5,6-dioxo-1-phenyl-3-trifluoromethyl-1,2,5,6-tetrahydro-4-pyridazine-carboxylate (**87**) gave methyl 5-ethoxy-6-oxo-1-phenyl-3-trifluoromethyl-

1,6-dihydro-4-pyridazinecarboxylate (**88**) (EtI, K_2CO_3, AcMe, reflux, 36 h: 83%).[1696]

5-Amino-3-chloro-4(1*H*)-pyridazinone (**89**) gave either 3-chloro-5-dimethylaminomethyleneamino-4(1*H*)-pyridazinone (**92**) [$Me_2NCH(OMe)_2$ (1 equiv), PhMe, 25°, 20 h: 73%] or a separable mixture of 3-chloro-5-formamido-4-methoxypyridazine (**91**) and 3-chloro-5-dimethylaminomethyleneaminopyridazin-4-yl 5-dimethylaminomethyleneamino-4-methoxypyridazin-3-yl ether (**90**) [excess $Me_2NCH(OMe)_2$, PhMe, reflux, 8 h: 27% and 35%, respectively; both probably formed from the initial product (**92**) by easily rationalized processes including *O*-alkylations].[83]

From Functionally Substituted 4(1*H*)-Pyridazinones: *N*-Alkylation

5,6-Dichloro-4(1*H*)-pyridazinone (**93**, R = H) gave 5,6-dichloro-1-methyl-4(1*H*)-pyridazinone (**93**, R = Me) (Me_2SO_4, MeONa, MeOH, 20° → reflux, 1 h: ~3%, after a complicated purification)[141] or 5,6-dichloro-2-methylpyridazinium-4-olate (**93a**) (Me_2SO_4, PhMe, reflux, 4 h; then H_2O: 55%).[699]

3,6-Dichloro-4(1H)-pyridazinone gave 3,6-dichloro-1-(2,3,5-tri-O-benzoyl-β-D-ribofuranosyl)-4(1H)-pyridazinone (**94**) [1-O-Acetyl-2,3,5-tri-O-benzoyl-β-D-ribofuranose, trace ClCH$_2$CO$_2$H, fusion; 170°, ?h: 52%;[1115] also analogues.[94]

From 3,6(1H,2H)-Pyridazinediones: *O*- and/or *N*-Alkylation

Note: It is clear from existing data that the alkylation of such diones can afford *O*-alkyl, *N*-alkyl, *O*,*N*-dialkyl, and *N*,*N*-dialkyl derivatives, in amounts depending not only on passenger groups but also on the reagents and conditions used. No definitive guidelines for the formation of specific types of derivative can be offered at this stage. The following examples represent some of the more useful data reported in recent years.

3,6-(1H,2H)-Pyridazinedione (**95**) gave a separable mixture of 6-methoxy-2-methyl-3(2H)-pyridazinone (**97**) [excess CH$_2$N$_2$, Et$_2$O, 25°, dark, 12 h: 16% and 45%, respectively, after separation from a third (bicyclic) product];[332] a separable mixture of 6-benzyloxy-3(2H)-pyridazinone (**98**), 1-benzyl-3,6-(1H,2H)-pyridazinedione (**99**), and 2-benzyl-6-benzyloxy-3(2H)-pyridazinone (**100**) [PhCH$_2$Cl (1 equiv), Me$_2$NCHO, 140°, 3 h: 43%, 31%, 0%; PhCH$_2$Cl (excess), Me$_2$NCHO, 140°, 8 h: 26%, 42%, 10%; likewise plus Et$_3$N: 42%, 33%, 9%];[1498] or a variety of other such mixtures by using different alkylating agents.[674,718,876,1483,1753,1975]

4-Morpholino-3,6(1H,2H)-pyridazinone (**101**) gave a separable mixture of 6-butoxy-5-morpholino-3(2H)-pyridazinone (**102**), 6-butoxy-4-morpholino-3(2H)-pyridazinone (**103**), and 1-butyl-5-morpholino-3,6-(1H,2H)-pyridazinedione (**104**) (substrate Na salt, BuBr, Me$_2$NCHO, 100°, 8 h: $\sim$40%, $\sim$15%, $\sim$3% respectively).[641]

4-Bromo-3,6(1H,2H)-pyridazinedione (**105**) gave 2-bromo-7,8-dimethyl-1,4,6,9-tetrahydropyridazino[1,2-a]pyridazine-1,4-dione (**107**) [the diene (**106**); see original for details].[858]

Also other examples.[648,726,980,997,1194,1287]

From 5-Hydroxy-4(1H)-Pyridazinones: *O*- and/or *N*-Alkylation

Dimethyl 4-hydroxy-5-oxo-2,5-dihydro-3,6-pyridazinedicarboxylate (**108**, R = H) gave dimethyl 4-methoxy-2-methyl-5-oxo-2,5-dihydro-3,6-pyridazinedicarboxylate (**108**, R = Me) (CH_2N_2, Et_2O, 25°, 2 days: ~15%).[406]

5.1.2.3 Conversion into O- or N-Acyl Derivatives (H 41)

Treatment of a tautomeric pyridazinone with an appropriate acylating reagent derived from a carboxylic or phosphorus acid appears to give invariably an O-acyl derivative; however, the use of a reagent derived from a sulfur acid can give either an O- or an N-acyl derivative. A ring nitrogen that bears a proton by virtue of nuclear reduction will naturally undergo N-acylation by any of the foregoing types of reagent. All these reactions are illustrated in the following examples:

Acylation with Alkylcarbonyl Chlorides or the Like

Ethyl 4-oxo-6-phenyl-1,4-dihydro-3-pyridazinecarboxylate (**109**) gave ethyl 4-acetoxy-6-phenyl-3-pyridazinecarboxylate (**110**) (AcCl, Et$_3$N, PhMe, 25°, 14 h: 66%).[1969]

1-Ethyl-3,6(1H,2H)-pyridazinedione (**111**) gave 6-acetoxy-2-ethyl-3(2H)-pyridazinone (**112**) (neat Ac$_2$O, reflux, 1 h: 85%).[292]

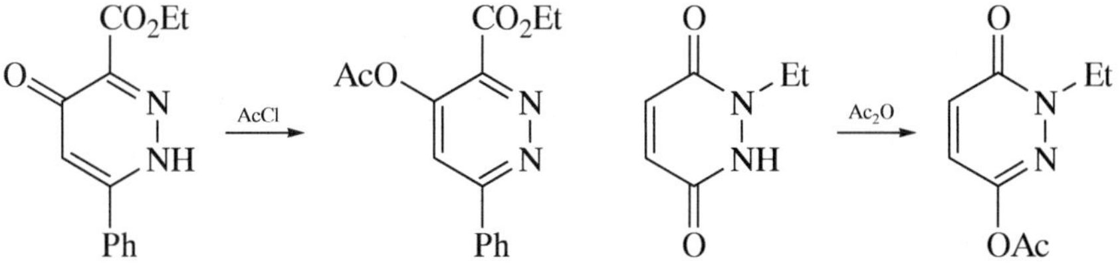

Ethyl 6-amino-1-p-bromophenyl-4-oxo-1,4-dihydro-3-pyridazinecarboxylate (**113**) gave ethyl 6-benzoylimino-4-benzoyloxy-1-p-bromophenyl-1,6-dihydro-3-pyridazinecarboxylate (**114**) (BzCl, pyridine, reflux, 40 min: 68%).[1304]

1,2-Dimethylhexahydro-4-pyridazinol (**115**, R = H) gave 1,2-dimethyl-4-o-tolylcarbamoyloxyhexahydropyridazine (**115**, R = CONHC$_6$H$_4$Me-o) o-MeC$_6$H$_4$NCO, PhMe, reflux, 19 h: 80%).[1671]

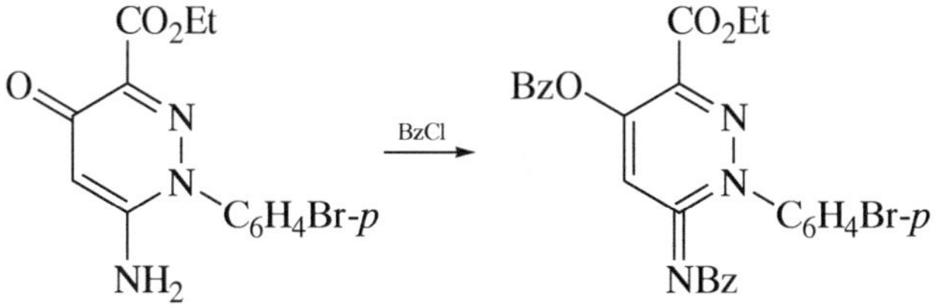

6-Methyl-1,4,5,6-tetrahydro-3(2H)-pyridazinone (**116**, R = H) gave 1-iodoacetyl-6-methyl-1,4,5,6-tetrahydro-3(2H)-pyridazinone (**116**, R = COCH$_2$I) (ICH$_2$CO$_2$H, C$_6$H$_{11}$N=C=NC$_6$H$_{11}$, CH$_2$Cl$_2$–THF, 25°, 24 h: 86%).[350]

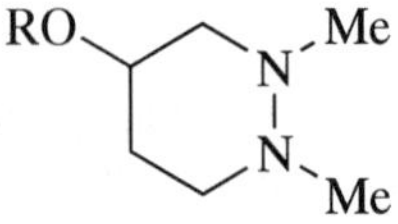

(115) 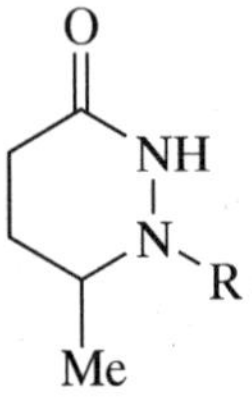 (116)

Also other examples. [163,217,462,466,851,939,1016,1042,1090,1580,1598,2111]

Acylation with Dialkyl Phosphorochloridates or the Like

4-Ethoxy-5-hydroxy-2-methyl-3(2H)-pyridazinone (**117**, R = H) gave 5-diethoxyphosphinyloxy-4-ethoxy-2-methyl-3(2H)-pyridazinone [**117**, R = P(:O)(OEt)$_2$] [substrate Na salt, ClP(=O)(OEt)$_2$, MeCN, 10° → 40°, 4 h: 91%], 5-diethoxyphosphinothioyloxy-4-ethoxy-2-methyl-3(2H)-pyridazinone [**117**, R = P(:S)(OEt)$_2$] [substrate Na salt, ClP(=S)(OEt)$_2$, MeCN, reflux, >2 h: 87%], or 4-ethoxy-5-ethoxy(ethyl)phosphinothioyloxy-2-methyl-3(2H)-pyridazinone [**117**, R = P(:S)EtOEt] [ClP(=S)EtOEt, likewise: 79%]. [142]

Also many analogous examples. [141,142,144,145,646,788,895,897]

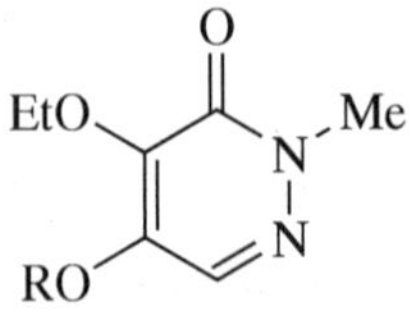

(117)

Acylation with Arenesulfonyl Chlorides or the Like

6-Methyl-3(2H)-pyridazinone (**118**) gave 3-methyl-6-p-toluenesulfonyloxypyridazine (**119**) (TsCl, pyridine, 25°, 16 h: 79%). [437]

Methyl 4-hydroxy-6-oxo-1-phenyl-1,6-dihydro-3-pyridazinecarboxylate (**120**, R = H) gave methyl 4-benzenesulfonyloxy-6-oxo-1-phenyl-1,6-dihydro-3-pyridazinecarboxylate (**120**, R = SO$_2$Ph) (PhSO$_2$Cl, Et$_3$N, trace 4-Me$_2$N-pyridine, Me$_2$NCHO, 60°, 6 h: 62%). [1090]

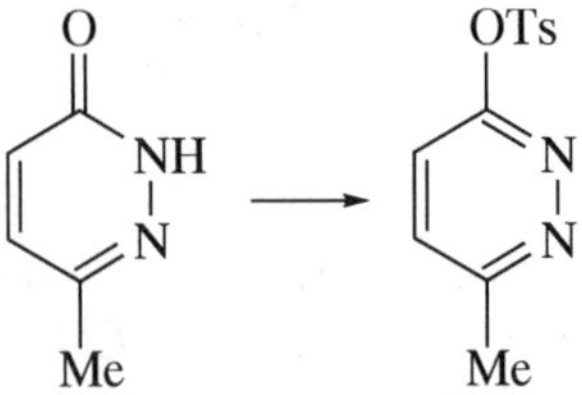

(118) (119) 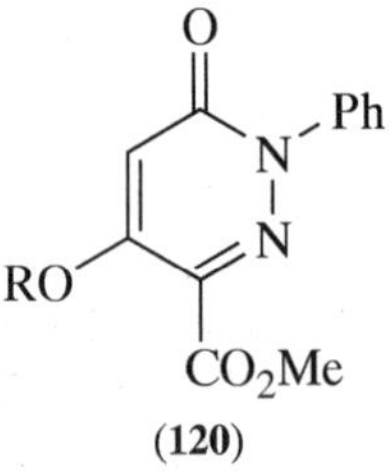 (120) 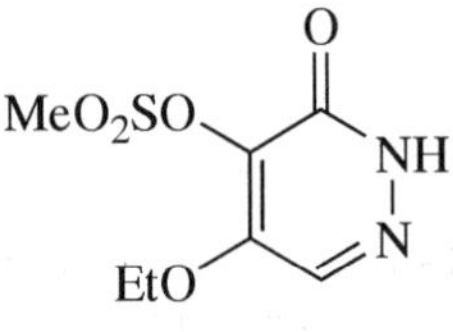 (121)

5-Ethoxy-3,4(1H,2H)-pyridazinedione gave 5-ethoxy-4-methanesulfonyloxy-3(2H)-pyridazinone (**121**) (MeSO$_2$Cl, pyridine, CHCl$_3$, reflux, 30 min: 77%) and then 5-ethoxy-3(2H)-pyridazinone (H$_2$, Pd/C, pyridine–MeOH, 66%; deacyloxylation!).[531]

4-Methyl-6-phenyl-3(2H)-pyridazinone gave 4-methyl-6-phenyl-3-trifluoromethanesulfonyloxypyridazine (**122**) [(F$_3$CSO$_2$)$_2$O, pyridine, A, 0°→25°, 6h: 72%; substrate Li salt, (F$_3$CSO$_2$)$_2$, THF, −70°, >10 min: ?%];[1629] also analogous examples.[1629,1907]

In contrast, 6-phenyl-3(2H)-pyridazinone (**123**, R=H) gave 6-phenyl-2-p-toluenesulfonyl-3(2H)-pyridazinone (**123**, R=Ts) (substrate Na salt, TsCl, NaH, THF, 0°→25°, 90 min: 70%);[1063] 3-oxo-5,6-diphenyl-2,3-dihydro-4-pyridazinecarbonitrile (**124**, R=H) gave its 2-benzenesulfonyl derivative (**124**, R=SO$_2$Ph) (PhSO$_2$Cl, K$_2$CO$_3$, AcMe, reflux, 5 h: 60%);[1726] and other such N-acylations have been reported.[1398,1726]

5.1.2.4 Reductive Reactions (H 49)

Reduction of tautomeric pyridazinones usually results in nuclear reduction, sometimes followed by deoxygenation of ring fission. The following examples briefly illustrate such reactions:

6-Methyl-4,5-dihydro-3(2H)-pyridazinone (**125**) gave 3-methylhexahydropyridazine (**126**) (LiAlH$_4$: >30%).[720]

3(2H)-Pyridazinone (**127**) gave 1,4,5,6-tetrahydro-3(2H)-pyridazinone (**128**) [H$_2$ (3 atm), H$_2$O, Pd/C, 25°, 42 h: 39%] and thence 4-aminobutyramide (**129**) [H$_2$ (3 atm), Raney Ni, EtOH, 25°, 24 h: 14%, as hydrochloride].[155]

6-*p*-Acetamidophenyl-4-benzyl-3(2*H*)-pyridazinone (**130**) gave its 4,5-dihydro derivative (**131**) (Zn dust, AcOH, reflux, 3 h: >75%).[493]

4-Phenyl-4,5-dihydro-3(2*H*)-pyridazinone (**132**) gave 4-phenyl-1,4,5,6-tetrahydro-3(2*H*)-pyridazinone (**133**) (H$_2$, PtO$_2$, EtOH–AcOH, 6 h: ~85%).[738] Also other examples,[313,496,543,1395] including the polarographic reduction of 3,6(1*H*,3*H*)-pyridazinedione.[2047]

5.1.2.5 Miscellaneous Reactions (*H 51*)

Tautomeric pyridazinones also undergo a variety of other reactions, most of which are inadequately exemplified in recent literature but are of potential use. These are discussed briefly in the following paragraphs.

N-AMINATION   Treatment of 3,6(1*H*,2*H*)-pyridazinedione (**134**, R = H) with hydroxylamine-*O*-sulfonic acid gave 37% of 2-amino-3(2*H*)-pyridazinone (**134**,

R = NH$_2$) or, when benzaldehyde was included in the reaction mixture, 2-benzylideneamino-3(2H)-pyridazinone (**134**, R = N:CHPh).[903]

AMINOLYSIS The direct aminolysis of the oxo substituent of a tautomeric pyridazinone is unusual, but 2-benzyloxymethyl-5-nitro-3,4(1H,2H)-pyridazinedione (**135**) has been converted into 4-amino-2-benzyloxymethyl-5-nitro-3(2H)-pyridazinone (**136**) (80%) by simply heating with methanolic ammonia at 130° in an autoclave for 22 h.[1048] An indirect silicon-assisted aminolysis

(**135**) → (**136**)

method has been described: 3,6(1H,2H)-pyridazinedione (**137**) with benzylamine (2 equiv), octamethylcyclotetrasilazane (**138**) (1 equiv), and a little p-toluenesulfonic acid at 200° for 5 h gave 62% of 3,6-bisbenzylaminopyridazine (**139**), probably via an unformulated O,O'-disilylated intermediate.[16] The formation of an oxime from a pyridazinone is, of course, an aminolysis; for

(**137**) + (**138**) → (**139**)

example, diethyl 4-oxohexahydro-1,2-pyridazinedicarboxylate (**140**) afforded its oxime (**141**) (89%, by heating in ethanolic hydroxylamine containing pyridine for 3 h) and then 1,2-dimethylhexahydro-4-pyridazinamine (**142**) in 60% yield by refluxing with lithium aluminum hydride in ether for 28 h.[1699] Other minor aminolytic processes gave, for example, the Schiff base dimethyl 4-phenyliminohexahydro-1,2-pyridazinedicarboxylate (**143**).[774,1456]

CYCLOADDITION REACTIONS Irradiation of 6-methyl-3(2H)-pyridazinone (**144**) gave initially the *cis–syn* "cyclobutane dimer" (**145**) and then 7-hydroxymethyl-5-methyl-3,4-diazabicyclo[4.2.0]oct-4-en-2-one (**146**), which was also formed by irradiation of the same substrate (**144**) with allyl alcohol;[166] analogous examples have been reported.[166,233,786,1988] 5-Hydroxy-6-phenyl-3(2H)-pyridazinone (**149**) underwent a cycloaddition by methyl 2-acetamido-3-dimethylaminoacrylate (**148**, Q = Me, R = Ac) in refluxing acetic acid during 1 h to afford 3-acetamido-8-phenyl-2H-pyrano[2,3-d]pyridazine-2,5(6H)-dione (**147**) in 34% yield;[1951] the same substrate (**149**) with ethyl 2-β,βdi(ethoxycarbonyl)vinylamino-3-dimethylaminoacrylate [**148**, Q=Et, R= CH:C(CO$_2$Et)$_2$] in refluxing acetic acid during 25 h gave the analogous 3-β,β-diethoxycarbonylvinylamino-8-phenyl-2H-pyrano[2,3-d]pyridazine-2,5(6H)-dione [**147**, R=CH:C(CO$_2$Et)$_2$].[1953] 3,6(1H,2H)-Pyridazinedione suffered oxidative cycloaddition by 1,3-cyclohexadiene in the presence of lead tetraacetate, in dichloromethane at 25° during 24 h, to furnish 1,4,6,9-tetrahydro-1,4-ethanopyridazino[1,2-a]pyridazine-6,9-dione (**150**) in 48% yield;[615] and other such adducts have been reported.[667]

POLYMERIZATION The copolymerization of 1-phenyl-3,6-(1H,2H)-pyridazinedione (**151**) or a related substrate with styrene or acrylonitrile has been studied.[1084] The homopolymerization of 6-acryloyloxy-2-β-chloroethyl-3(2H)-pyridazinone (**152**) and its copolymerization with styrene or methyl methacrylate have also been investigated.[1112]

RING CONTRACTION TO N-AMINOPYRROLES Irradiation of 6-methyl-3(2H)-pyridazinone (**155**) in ethanol gave a separable mixture of 1-amino-5-ethoxy-5-methyl-3-pyrrolin-2-one (**154**) (28% yield) and 5-ethoxy-1-ethylideneamino-5-methyl-3-pyrrolin-2-one (**153**) (5% yield), but in diethylamine-dichloromethane only 1-amino-5-diethylamino-5-methyl-3-pyrrolin-2-one (**156**) was isolated in 7% yield;[785] homologous substrates gave similar results.[785] Other examples have been reported.[920]

OXIDATIVE REACTIONS The chemiluminescent oxidation of 3,6(1H,2H)-pyridazinedione and several derivatives (by molecular oxygen in dimethyl sulfoxide containing potassium t-butoxide) have been shown to afford fumaric acid or an appropriate derivative.[200] The radicals formed by one-electron oxidation of 3,6(1H,2H)-pyridazinedione have been studied by esr spectra.[265]

5.2 PYRIDAZINE QUINONES

Of the three pyridazine quinone systems (**157–159**) that can be envisaged, only the *para* system (**157**) has been investigated to any extent; the *ortho* systems (**158**) and (**159**) appear to be each represented at present by a single derivative.

Following seminal work in the phthalazine series,[1989] the parent pyridazine *para*-quinone, 3,6-dihydro-3,6-pyridazinedione (**161**), was generated in solution by oxidation of the monopotassium salt of 3,6(1H,2H)-pyridazinedione (**160**) with *t*-butyl hypochlorite in acetone at $-77°$ during 3 h: the product could not be isolated, but it was characterized as either 1,4,6,9-tetrahydropyridazino[1,2-*a*]pyridazine-1,4,6,9-tetrone (**162**) (by loss of nitrogen on warming the solution to 25°) or the regular Diels–Alder adduct with butadiene, 1,4,6,9-tetrahydropyridazino[1,2-*a*]pyridazine-1,4-dione (**163**).[1990] This pioneering work and subsequent contributions up to 1977 have been reviewed in detail.[192,cf.1991]

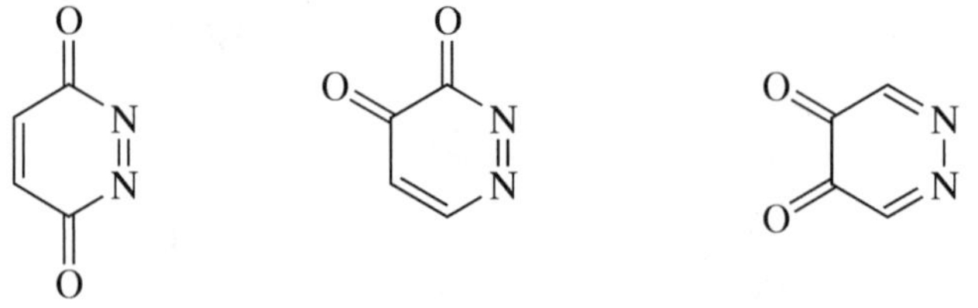

(157)   (158)   (159)

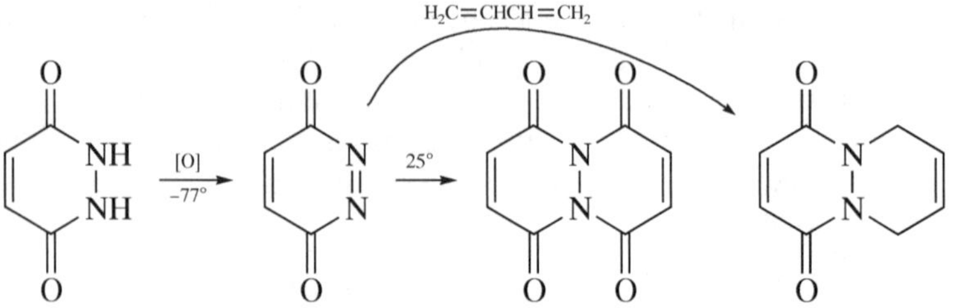

(160)   (161)   (162)   (163)

Progress in pyridazine quinones since 1977 has been far from spectacular. However, the parent *para*-quinone, 3,6-dihydro-3,6-pyridazinedione (**164**, X = H), has been shown to undergo cycloaddition with 2-acetoxy-6-isopropenyl-3-methylcyclohexa-1,3-diene (**165**) to give a 16% yield of 2-acetoxy-12-isopropenyl-3-methyl-1,4,6,9-tetrahydro-1,4-ethanopyridazino[1,2-*a*]pyridazine-6,9-dione [**166**, R = C(:CH$_2$)Me][235] or with dibenzo[*b,n*]perylene to give, not

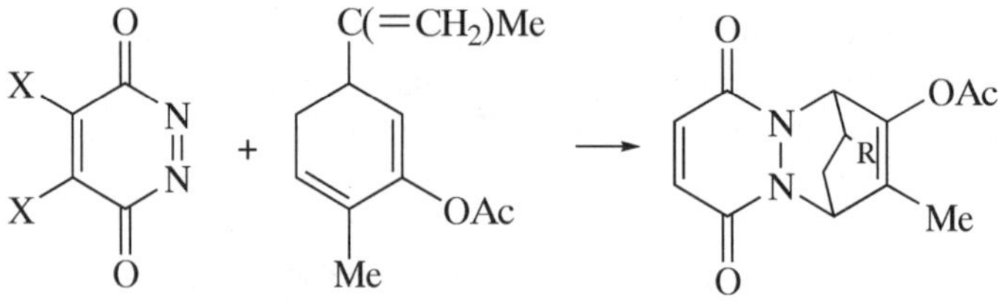

(164)   (165)   (166)

the expected adduct (**167**), but its deacylated and dehydrogenated derivative, diphenanthro[9,10,1-*d,e,f*:1′,10′,9′-*h,i,j*]phthalazine (**168**), in 36% yield;[120] as might be expected, 4,5-dichloro-3,6-dihydro-3,6-pyridazinedione (**164**, X = Cl) gave the same product (**168**) (in 46% yield).[120]

5-Diazo-2-phenyl-4,5-dihydro-3,4(2*H*)-pyridazinedione (**169**) arguably qualifies as one type of *ortho*-quinone in the pyridazine series. It is made easily be diazotization of 5-amino-2-phenyl-3,4(1*H*,2*H*)-pyridazinedione under anhydrous conditions[1992] and has been shown more recently to undergo an interesting quantitative transformation in the solid state (during 10 days at 25° in the dark) to afford 2-phenyl-4,3-pyrazolecarbolactone (**170**),[194] from which other pyrazoles could be derived.[194]

(**167**) → deacylation [O] → (**168**)

(**169**) → [intermediates] → (**170**)

The second type of *ortho*-quinone in the pyridazine series has long been represented by a compound of putative structure, 3,6-dibenzoyl-4,5-dihydro-4,5-pyridazinedione 1,2-dioxide (**171**, R = Ph), originally made[1993] by primary

(**171**) →MeOH (R=Ph)→ (**172**)

synthesis (see Section 1.2.2.1.4). More recently, the original synthesis was repeated and extended to make several analogues, for example, 3,6-dithen-2′-oyl-4,5-dihydro-4,5-pyridazinedione 1,2-dioxide (**171**, R = 2-thienyl),[506] and the structure (**171**, R = Ph) was confirmed by ^{13}C nmr spectra;[250] moreover, the unlikely degradation product, formed in 40% yield by treatment of (**171**, R = Ph) with methanol at 25° for 24 h,[1993] has been confirmed as 3,5-dibenzoyl-1,2,4-oxadiazole (**172**).[250]

5.3 EXTRANUCLEAR HYDROXYPYRIDAZINES (*H* 353)

These important hydroxyalkyl- and hydroxyarylpyridazines must be viewed as regular alcohols or phenols; indeed, their methods of preparation, properties, and reactions are usually little affected by the presence of the pyridazine ring.

5.3.1 Preparation of Extranuclear Hydroxypyridazines (*H* 369, 389)

Many such hydroxypyridazines have been made by a variety of *primary syntheses* (see Chapters 1 and 2), some by *C-hydroxyalkylation* procedures (see Sections 3.1.3, 3.2.1.1, and 3.2.2.2), and a few by direct or indirect *hydrolysis of extranuclear halogenopyridazines* (see Section 4.4.6). The remaining preparative routes are illustrated in the following examples:

By Deacylation of Extranuclear Acyloxypyridazines

3-Acetoxymethyl-6-methoxypyridazine (**173**, R = Ac) gave 3-hydroxymethyl-6-methoxypyridazine (**173**, R = H) (dilute HCl, reflux, ? min: 87%).[913]

2-δ-Benzoyloxybutyl-4,5-dichloro-3(2*H*)-pyridazinone (**174**, Q = Cl, R = Bz) gave 4,5-dichloro-2-δ-hydroxybutyl-3(2*H*)-pyridazinone (**174**, Q = Cl, R = H) [6-hydroxy-2(1*H*)-pyridinone, Me$_2$NCHO, reflux, 4 h: 46%; a transacylation process, presumably used to avoid affecting the chloro substituents].[1700]

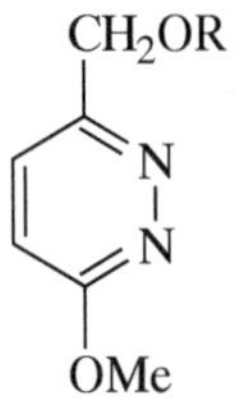

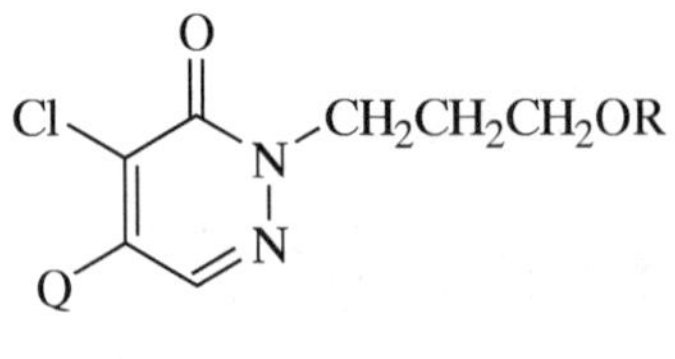

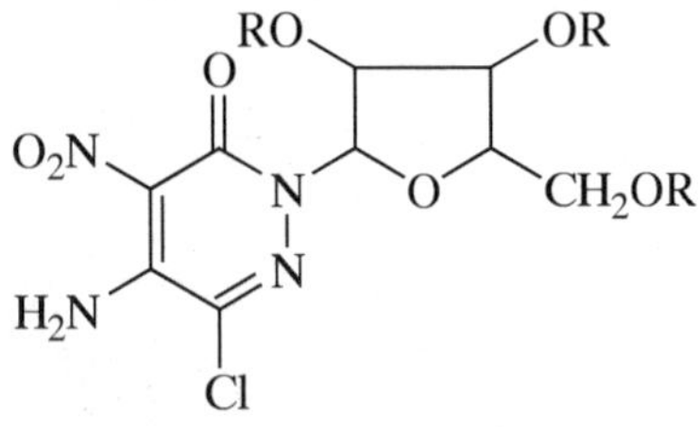

5-Amino-2-δ-benzoyloxybutyl-4-chloro-3(2*H*)-pyridazinone (**174**, Q = NH$_2$, R = Bz) gave 5-amino-4-chloro-2-δ-hydroxybutyl-3(2*H*)-pyridazinone

(**174**, Q=NH$_2$, R=H) [MeONa, MeOH, 25°, 24 h; then Amberlite (H$^+$ form of TRC-50)↓, 25°, 12 h: 95%].[1700]

5-Amino-6-chloro-4-nitro-2-(2,3,5-tri-*O*-benzoyl-β-D-ribofuranosyl)-3(2*H*)-pyridazinone (**175**, R=Bz) gave 5-amino-6-chloro-4-nitro-2-(β-D-ribofuranosyl)-3(2*H*)-pyridazinone (**175**, R=H) [MeONa, MeOH, reflux, 3 h: then Dowex (H$^+$ form of 50W-X8)↓, to pH 7: 65%; structure confirmed by X-ray analysis].[1004]

Also other examples.[778,994,1043,1894]

From Extranuclear Alkoxypyridazines

5-Bis(β-benzyloxyethyl)amino-4-ethoxy-2-methyl-3(2*H*)-pyridazinone (**176**, R=CH$_2$Ph) gave 5-bis(β-hydroxyethyl)amino-4-ethoxy-2-methyl-3(2*H*)-pyridazinone (**176**, R=H) (H$_2$, Pd/C, EtOH: 82%; a useful procedure when hydrolysis would affect another group in the molecule).[532]

Methyl 2-(2,3-cyclopentylidenedioxy-2-propylpropionyl)hexahydro-3-pyridazinecarboxylate (**177**) gave methyl 2-(2-hydroxy-2-hydroxymethylvaleryl)-hexahydro-3-pyridazinecarboxylate (**178**) (HClO$_4$, THF–H$_2$O, 23°, 12 h: 81%).[1810]

3-Chloro-6-*o*-methoxybenzylpyridazine (**179**, R=Me) gave 3-chloro-6-*o*-hydroxybenzylpyridazine (**179**, R=H) (BBr$_3$, CH$_2$Cl$_2$, −50°→25°, 30 min: 80%; note survival of the Cl substituent using this method).[750,1197]

6-(3,4-Dimethoxyphenethylamino)-3(2*H*)-pyridazinone (**180**, R=Me) gave 6-(3,4-dihydroxyphenethylamino)-3(2*H*)-pyridazinone (**180**, R=H) (48% HBr, reflux, 2 h: 50%).[1733]

6-*p*-Methoxyphenyl-3(2*H*)-pyridazinone gave 6-*p*-hydroxyphenyl-3(2*H*)-pyridazinone (10M HCl, 130°, sealed, 5 h: 64%).[919]

3-(3-Benzyloxy-α-cyano-6-methoxybenzyl)-6-chloropyridazine (**181**) gave 6-(3-hydroxy-6-methoxybenzyl)-3(2*H*)-pyridazinone (**182**) (HCl–AcOH, reflux, 20 min; then residue from evaporation, 6M HCl, reflux, 6 h: 82%; involved hydrolysis of Cl, hydrolysis of CN with subsequent decarboxylation, and selective hydrolysis of the OCH$_2$Ph).[749,,cf.1698]

Also other examples.[1090,1585,1605]

From Pyridazinecarbaldehydes or Ketones

5-Acetyl- (**183**, R = Ac) gave 5-α-hydroxyethyl-4-methoxy-6-phenyl-3(2*H*)-pyridazinone [**183**, R = CH(OH)Me] (NaBH$_4$, MeOH, 25°, 75 min: 72%).[1832]

3-Benzoyl- (**184**, R = Bz) gave 3-α-hydroxybenzylpyridazine [**184**, R = CH(OH)Ph] (NaBH$_4$, MeOH, 25°, 75 min: 95%);[1108] likewise 3-α-hydroxybenzyl-6-methoxypyridazine (96%).[1698]

4-Pyridazinecarbaldehyde (**185**, R = CHO) gave 4-hydroxymethylpyridazine (**185**, R = CH$_2$OH) (NaBH$_4$, H$_2$O, 25°, 30 min: 94%).[66]

4-Benzoyl- (**185**, R = Bz) gave 4-α-hydroxybenzylpyridazine [**185**, R = CH(OH)Ph] (NaBH$_4$, MeOH, 25°, until complete: 97%);[72,cf.1098] analogues likewise.[66,218,1060,1732]

3-Pyridazinecarbaldehyde (**184**, R = CHO) gave a separable mixture of 3-hydroxymethylpyridazine (**184**, R = CH$_2$OH) and 3-pyridazinecarboxylic acid (**184**, R = CO$_2$H) by a Cannizzaro reaction (0.5M KOH, reflux, 5 h: 78% and 19%, respectively, after purification).[77]

Dimethyloxosulfonium 6-phenylpyridazine-3-ylmethylide (**186**) (for preparation see Section 3.2.1.3) underwent *C*-acetylation to give dimethyloxosulfonium *C*-acetyl-*C*-(6-phenylpyridazin-3-yl)methylide (**187**) (Ac$_2$O, dioxane, 0° → 25°, 90 min: 98%) and then 3-β-hydroxypropyl-6-phenylpyridazine (**188**) (Raney Ni, MeOH, reflux, 2 h: 33%).[836]

3-Benzoylpyridazine (**184**, R = Bz) gave 3-(α-hydroxy-α-methylbenzyl)pyridazine (**189**, R = Me) (MeMgCl, THF, −5° → 25°, 45 min: 71%) or 3-α-hydroxydiphenylmethylpyridazine (**189**, R = Ph) (PhMgCl, THF–Et$_2$O, −5° → 25°, 3.5 h: 76%).[1357]

Also other examples.[373,702,1060,1680,2039]

From Pyridazinecarboxylic Esters

Ethyl 4-*m*-nitrophenyl-6-phenyl-3-pyridazinecarboxylate (**190**, R = CO$_2$Et) gave 3-hydroxymethyl-4-*m*-nitrophenyl-6-phenylpyridazine (**190**, R = CH$_2$OH) (NaBH$_4$, EtOH–THF, 25°, 3 h: 22%; note survival of the nitro group).[1458]

3-β-Methoxycarbonylvinylpyridazine (**191**) gave 3-γ-hydroxypropylpyridazine (**192**) (NaBH$_4$, MeOH, 25° → reflux, 2 h: 81%; note reduction of the side-chain double bond).[1778]

Ethyl 4-pyridazinecarboxylate (**185**, R = CO$_2$Et) gave a separable mixture of 4-hydroxymethylpyridazine (**185**, R = CH$_2$OH) and ethyl 2,5-dihydro-4-pyridazinecarboxylate (LiAlH$_4$, Et$_2$O, 1 h: 67% and 16%, respectively).[66]

Diethyl 3-methoxycarbonylhexahydro-1,2-pyridazinedicarboxylate (**193**) gave 3-hydroxymethyl-1,2-dimethylhexahydropyridazine (**194**) (LiAlH$_4$, Et$_2$O, 25°, 18 h; then reflux 24 h: 80%; note the interesting differential reduction of *C*- and *N*-ester groupings).[1342]

5-β-Butoxycarbonylethyl-5-(3,6-diphenylpyridzin-4-yl)- (**195**, R = CO$_2$Bu) gave 5-(3,6-diphenylpyridazin-4-yl)-5-γ-hydroxypropyl-5*H*-indeno[1,2-*b*]pyridine (**195**, R = CH$_2$OH) (LiAlH$_4$, THF, reflux, 3 h: 61%).[1491]

By Direct Hydroxyalkylation of Like Processes

Note: Extranuclear hydroxy groups may be introduced as passenger group during hydroxyalkylation or other such processes described elsewhere in appropriate sections. Examples are *C*-hydroxyalkylation (Section 3.2.1.1), *O*- or *N*-hydroxyalkylation (Section 5.1.2.2), or hydroxyalkylaminolysis (Section 4.2.1.5) and so on.

5.3.2 Reactions of Extranuclear Hydroxypyridazines (*H* 382, 392)

Extranuclear hydroxypyridazines undergo the reactions that might be expected of alcohols or phenols. Of these, the conversion of *hydroxyalkyl- into alkenylpyridazines* by elimination of water (Section 3.2.1.4) and the conversion of *hydroxyalkyl- into halogen alkylpyridazines* (Section 4.3.1) have been discussed already. The remaining reactions are illustrate briefly in the following examples.

O-Acylation

5-Hydroxymethyl- (**196**, R = H) gave 5-acetoxymethyl-6-phenyl-4,5-dihydro-3(2*H*)-pyridazinone (**196**, R = Ac) (Ac$_2$O, pyridine, 25°, 12 h: >95%).[1588]

4-Acetyl-5,6-bis-*p*-chlorophenyl-2-β-hydroxyethyl-3(2*H*)-pyridazinone (**197**, R = H) gave 2-β-acetoxyethyl-4-acetyl-5,6-bis-*p*-chlorophenyl-3(2*H*)-pyridazinone (**197**, R = Ac) (AcCl, Et$_3$N, THF, 20°, 48 h: 63%)[1273] or 4-acetyl-5,6-bis-*p*-chlorophenyl-2-β-formyloxyethyl-3(2*H*)-pyridazinone (**197**, R = CHO) (88% HCO$_2$H, 55°, 3 h: 38%).[1332]

3-Chloro-6-β-hydroxyethylaminopyridazine (**198**, R = H) gave 3-β-acetoxyethylamino-6-chloropyridazine (**198**, R = Ac) (neat Ac$_2$O, 40° → 25°, 12 h: ~85%).[1169]

3,5-Bis-o-hydroxyphenylpyridazine (**199**, R = H) gave 3,5-bis-o-acetoxyphenylpyridazine (**199**, R = Ac) (Ac$_2$O, pyridine, 25°, 12 h: 81%).[356]

3-γ-Hydroxypropylpyridazine (**200**) gave 3-γ-(phenylcarbamoyloxy)propylpyridazine (**201**) (PhNCO, MeCN, 70°, 70 min; then 25°, 12 h: 69%);[1778] also analogous reactions.[1788]

Also other examples.[47,159,335,1280,1300,1342,1480,1733,1901,2018,2029,2045]

O-Alkylation

4-Amino-5-α-hydroxyethyl- (**202**, R = H) gave 4-amino-5-α-ethoxyethyl-2-methyl-6-phenyl-3(2*H*)-pyridazinone (**202**, R = Et) (EtOH, polyphosphoric acid, 100°, sealed?, 15 min: 60%).[1832]

5-o-Hydroxyphenylcarbamoyl-4-pyridazinecarboxylic acid (**203**, R = H) gave methyl 5-o-methoxyphenylcarbamoyl-4-pyridazinecarboxylate (**203**, R = Me) (excess CH$_2$N$_2$, Et$_2$O–MeOH, 25°, 132 h: ~60%; note the additional esterification).[393]

4-(5-Hydroxy-3-methyl-1-phenylpyrazol-4-yl)- (**204**, R = H) gave 4-(5-methoxy-3-methyl-1-phenylpyrazol-4-yl)-6-methyl-2-phenyl-3(2*H*)-pyridazinone (**204**, R = Me) (CH$_2$N$_2$, Et$_2$O, 25°, 1 week: 51%).[378]
Also other examples.[356,582]

(**202**)   (**203**)   (**204**)

Oxidation

Note: Primary pyridazinyl alcohols are oxidized to aldehydes, secondary alcohols to ketones, but both types may afford carboxylic acids under sufficiently severe conditions.

3-Hydroxymethylpyridazine (**205**) gave 3-pyridazinecarbaldehyde (**206**) (activated MnO$_2$, CHCl$_3$, 25°, 15 h: 67%;[77] SeO$_2$, dioxane, reflux, 2 h: 52%);[439] also analogues.[913,2018]

3,6-Bishydroxymethyl-pyridazine gave 3,6-pyridazinedicarbaldehyde (**207**, X = O) [MnO2 or a Swern[1852b] oxidation: 48% or 90%; isolated as the dioxime (**207**, X = NoH)].[1545,1894,1939]

5-Hydroxymethyl-6-phenyl-3(2*H*)-pyridazinone (**208**, R = CH$_2$OH) gave 6-oxo-3-phenyl-1,6-dihydro-4-pyridazinecarbaldehyde (**208**, R = CHO) [Pb(OAc)$_4$, pyridine, 25°, 5 h: 65%].[370]

(**205**)   (**206**)   (**207**)   (**208**)

3-Chloro-5-α-hydroxyethyl-4-iodo-6-methoxypyridazine [**209**, R = CH(OH)Me] gave 4-acetyl-6-chloro-5-iodo-3-methoxypyridazine [**209**, R = Ac] (pyridinium chlorochromate, 3 Å molecular sieve, CH$_2$Cl$_2$, 25°, 30 h: 95%; or MnO$_2$, PhMe, reflux, water removal, 3 h: 77%).[1610]

3,6-Dichloro-4-α-hydroxybenzylpyridazine [**210**, R = CH(OH)Ph] gave 4-benzoyl-3,6-dichloropyridazine (**210**, R = Bz) (MnO$_2$, PhMe, reflux, water removal, 3 h: 68%).[1669]

3-α-Hydroxybenzylpyridazine underwent thermal disproportionation to 3-benzoyl- and 3-benzylpyridazine (neat, 160°, vacuum, 6 h: 44% and 37%, respectively).[1357]

6-Hydroxymethyl-5-oxo-2,5-dihydro-3-pyridazinecarboxylic acid (**211**, Q=CH$_2$OH, R=CO$_2$H) or its isomer, 6-hydroxymethyl-4-oxo-1,4-dihydro-3-pyridazinecarboxylic acid (**211**, Q=CO$_2$H, R=CH$_2$OH), gave 4-oxo-1,4-dihydro-3,6-pyridazinedicarboxylic acid (**211**, Q=R=CO$_2$H) (KMnO$_4$, H$_2$O, 75°: ~75%).[778]

3-α,β-Dihydroxyethylpyridazine [**212**, R=CH(OH)CH$_2$OH] gave 3-pyridazinecarboxylic acid (**212**, R=CO$_2$H) (KMnO$_4$, H$_2$O, 75°, 15 min: 83%).[925,935]

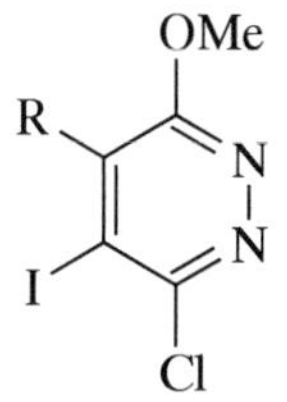

(**209**) 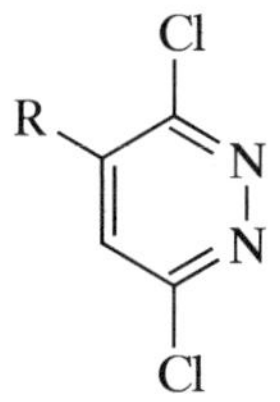 (**210**) 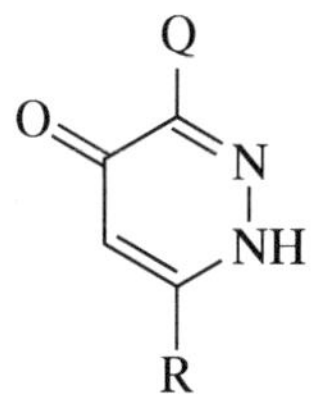 (**211**) 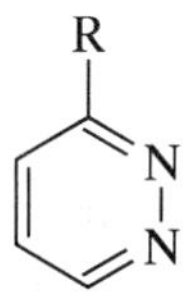 (**212**)

Miscellaneous Reactions

3-Hydroxymethylpyridazine (**214**) and *N*-hydroxyphthalimide (**213**) gave 3-phthalimidooxymethylpyridazine (**215**) [EtO$_2$CN=NCO$_2$Et, Ph$_3$P, THF, 25°, 2 h: 65%; akin to a mixed ether formation].[1230]

4-α-hydroxy- gave 4-α-mercaptoduphenylmethyl-5,6-diphenyl-3-(2*H*)-pyridazinethione (P$_2$S$_5$, xylene, reflux, 3 h: 62%).[373]

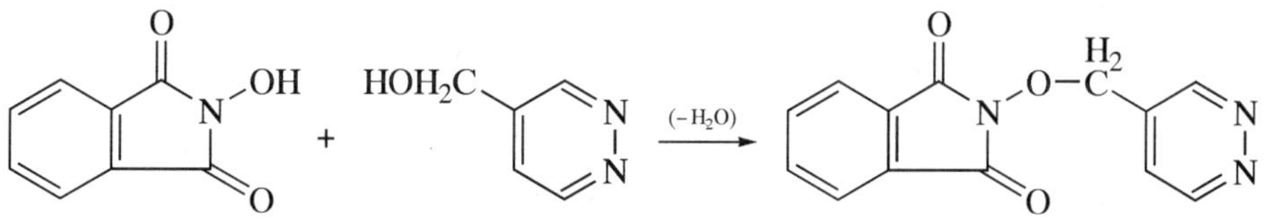

(**213**) (**214**) (**215**)

5.4 NUCLEAR AND EXTRANUCLEAR ALKOXY- OR ARYLOXYPYRIDAZINES (*H* 52)

Both types of pyridazine ether are made easily, but the nuclear ethers are good substrates for nucleophilic displacement reactions. The present discussion includes a few epoxides which are also quite reactive.

5.4.1 Preparation of Alkoxy- and Aryloxypyridazines (*H* 52)

Most such ethers are made by *primary synthesis* (see Chapters 1 and 2), by *alcoholysis or phenolysis of halogenopyridazines* (see Sections, 4.2.3 and 4.4.2), or by *O-alkylation of tautomeric pyridazinones or extranuclear hydroxypyr-*

idazines (see Sections 5.1.2.2 and 5.3.2). However, an appreciable number of these ethers have been made by the alcoholysis of other (minor) substrates and epoxides by oxidative or other processes; all such reactions are illustrated by the following examples.

From Alkylthio- or Alkylsulfonylpyridazines

3-Acetonylphio- gave 3-ethoxy-6-phenylpyridazine (EtONa, Me$_2$NCHO, 50°, 1 h: >95%).[413]

3,5-Bismethylsulfonyl-4(1*H*)-pyridazinone (**216**) gave either 3/5-methoxy-5/3-methylsulfonyl-4(1*H*)-pyridazinone (**217**, Q = OMe, R = SO$_2$Me; or Q = SO$_2$Me, R = OMe) (MeONa, MeOH, reflux, 4 h: ~60%) or 3,5-dimethoxy-4(1*H*)-pyridazinone (**217**, Q = R = OMe) (MeONa, MeOH, 155°, sealed, 3 h: ~30%).[689]

From Nitropyridazines

3-Chloro-6-methoxy-5-nitropyridazine 2-oxide (**218**, R = NO$_2$) gave 3-chloro-5,6-dimethoxypyridazine 2-oxide (**218**, R = OMe) (MeONa, MeOH, 25°, 3 h: 93%).[905]

3,6-Dimethyl-4-nitropyridazine 2-oxide (**219**, R = NO$_2$) gave 4-methoxy-3,6-dimethylpyridazine 2-oxide (**219**, R = OMe) (MeONa, MeOH, 25°, 3 h: 75%).[791]

Also other examples, not necessarily involving substrate *N*-oxides.[695,757,809,814,952]

From Other Alkoxypyridazines (Transalkoxylation)

3-Ethoxy-4,6-dinitropyridazine 1-oxide (**220**) gave 3,4,6-trimethoxypyridazine 1-oxide (**221**) (MeONa, MeOH, reflux, 1 h: 80%).[757]
Also other examples.[673]

From Pyridazinamines

3-Chloro-6-hydrazinopyridazine (**222**) gave 3-chloro-6-methoxypyridazine (**223**) [Tl(NO$_3$)$_3 \cdot$3H$_2$O, MeOH, 25°, 15 min: 68%].[1386]

3,4-Dichloro-6-trimethylammoniopyridazine chloride (**224**) gave a separable mixture of 3,4-dimethoxy-6-trimethylammoniopyridazine chloride (**225**, R = $\overset{+}{\text{N}}$Me$_2$ Cl$^-$) and 3,4,6-trimethoxypyridazine (**225**, R = OMe) (MeONa, MeOH, reflux, 90 min: yields?).[640]

From Other Substrates

4-Azidopyridazine (**226**, R = H) or its 3,6-dimethyl derivative (**226**, R = Me) gave 4-methoxy- (**227**, R = H) or 4-methoxy-3,6-dimethylpyridazine (**227**, R = Me), respectively (MeONa, MeOH–dioxane, N$_2$, $h\nu$, ~90 min: 8% each).[1443]

Bis{3-[(6-chloropyridazin-3-yl)methyl]-4-methoxyphenyl}iodonium trifluoroacetate (**228**) with methyl 3-(3,5-dibromo-4-hydroxyphenyl)-2-trifluoroacetamidopropionate (**229**) gave 3-chloro-6-{3-[2,6-dibromo-4-(β-methoxycarbonylethyl-β-trifluoroacetamido)phenoxy]-6-methoxybenzyl}-pyridazine (**230**) (Et$_3$N, Cu bronze, CH$_2$Cl$_2$, 25°, 18 h: 55%).[751]

By Epoxidation Reactions

Diethyl 3,6-diphenyl-1,2,3,6-tetrahydro-1,2-pyridazinedicarboxylate (**231**) gave diethyl 3,6-diphenylhexahydro-4,5-epoxypyridazine-1,2-dicarboxylate (**232**, R = Ph) (F$_3$CCO$_3$H, CH$_2$Cl$_2$, 40°, 30 min: 92%).[1148]

Diethyl 4,5-dichloro-3-phenylhexahydro-1,2-pyridazinedicarboxylate (**233**) gave diethyl 3-phenylhexahydro-4,5-epoxypyridazine-1,2-dicarboxylate (**232**, R = H) [Ca(OH)$_2$, EtOH–H$_2$O, 75°, 24 h: 37%].[1153]

4-Pyridazinecarbaldehyde gave 4-(2-methoxycarbonyl-1,2-epoxyethyl)pyridazine (**234**) (ClCH$_2$CO$_2$Me, MeONa, MeOH, 0°, 2 h; then 25°, 4 days: 30%).[1906]

Also other examples.[1028,1858]

5.4.2 Reactions of Alkoxy- and Aryloxypyridazines (*H* 57)

Such pyridazine ethers, both nuclear and extranuclear, undergo several useful reactions. Their *hydrolysis to tautomeric pyridazinones or hydroxyalkylpyridazines* has been discussed already (Sections 5.1.1 and 5.3.1, respectively) and their other reactions are covered in the subsections that follow.

5.4.2.1 Aminolysis and Related Processes (H 64, 475)

Although there is an unfortunate lack of simple cases in recent reports, alkoxypyridazines undergo aminolysis (and especially hydrazinolysis) reasonably easily in the following typical examples:

3,4-Dichloro-5-methoxypyridazine (**235**) gave 4-chloro-3,5-dipyrrolidin-1′-ylpyridazine (**236**) [neat(?) HN(CH$_2$)$_4$, reflux, ? h: 88%].[224]

3-Methoxy-4,6-dinitropyridazine 1-oxide (**237**, Q = OMe, R = NO$_2$) gave a separable mixture of 3-benzylamino-4,6-dinitropyridazine 1-oxide (**237**, Q = NHCH$_2$Ph, R = NO$_2$) and 3-benzylamino-6-methoxy-5-nitropyridazine 2-oxide (**237**, Q = OMe, R = NHCH$_2$Ph) (PhCH$_2$NH$_2$, EtOH, reflux, 3 h: 35% and 36%, respectively).[905]

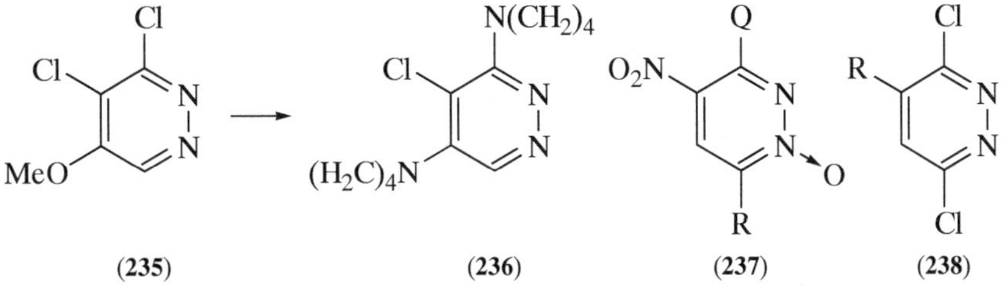

3,6-Dichloro-4-methoxypyridazine (**238**, R = OMe) gave only 3,6-dichloro-4-pyridazinamine (**238**, R = NH$_2$) (NH$_3$, MeOH 105°, sealed, 5 h: ?%) or only 3,6-dichloro-4-hydrazinopyridazine (**238**, R = NHNH$_2$) (H$_2$NNH$_2$·H$_2$O, MeOH, reflux, 1 h: ~80%).[640]

5-Amino-6-methoxy- gave 5-amino-6-hydrazino-3(2*H*)-pyridazinone (neat H$_2$NNH$_2$, 125°, sealed, 4 h: 71%);[654] cf. the failure of an isomeric substrate to undergo such hydrazinolysis.[1597]

Also other examples.[449,636,760,952,1056]

The cyclic ether, 6,2′-anhydro-1-(3′,5′-di-*O*-acetyl-β-D-arabinofuranosyl)-6-hydroxy-4(1*H*)-pyridazinone i.e. 3-acetoxy-2-acetoxymethyl-2,3,3a,9a-tetrahydro-6*H*-furo[2′,3′:4,5]oxazolo[3,2-*b*]pyridazin-6-one (**240**) was easily made from 5-hydroxy-2-β-D-ribofuranosyl-3(2*H*)-pyridazinone (**239**) in 88% yield by treatment with acetyl bromide in acetonitrile at 25° for 2 h. It subsequently underwent ring fission, by warming with liquid ammonia in a sealed vessel at 110° for 34 h, to give 6-amino-1-β-D-arabinofuranosyl-4(1*H*)-pyridazinone (**241**) in 62% yield.[335]

5.4.2.2 Thermal Rearrangement (H 59)

The thermal rearrangement of alkoxypyridazines into *N*-alkylpyridazinones is represented meagrely in recent literature. Thus 3,4-dibenzyloxy-6-chloropyridazine (**242**) gave 2-benzyl-4-benzyloxy-6-chloro-3(2*H*)-pyridazinone (**243**) in unstated yield by simply heating at 110°;[665] and 3-chloro-4-phenethyl-6-phenylpyridazine (**244**, R = Cl) with sodium allyloxide in refluxing allyl alcohol for 18 h gave not the allyloxy product (**244**, R = OCH$_2$CH:CH$_2$) but 2-allyl-4-phenethyl-6-phenyl-3(2*H*)-pyridazinone (**245**) in 58% yield.[1959]

Other interesting rearrangements have also been reported: 4-ethoxy-5-mercapto-2-methyl-3(2*H*)-pyridazinone (**246**) gave 5-ethylthio-2-methyl-3,4(1*H*,2*H*)-pyridazinedione (**247**) in 72% yield by simply heating in refluxing pyridine, triethylamine, dimethylformamide, or dimethyl sulfoxide for 4 h:[1896] and deacylation of 3-chloro-6-β-phthalimidoethoxypyridazine in refluxing ethanolic hydrazine for 2 h afforded 3-choro-6-β-hydroxyethylaminopyridazine (59%),[1169] apparently by a Smiles rearrangement.[1852d]

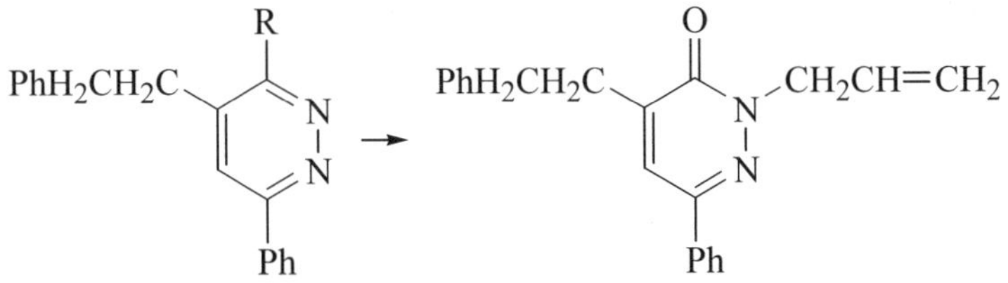

(244) → (245)

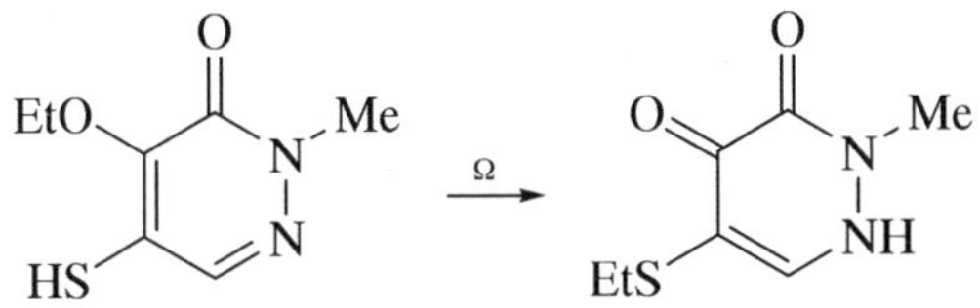

(246) →Ω (247)

5.4.2.3 Hilbert–Johnson Reaction (H 59)

Although developed in the pyrimidine series,[380–388,1930d] this useful reaction has been used frequently in the pyridazine series. Typically, treatment of an alkoxy- (**248**, R = alkyl) or trialkylsiloxypyridazine (**248**, R = Si-trialkyl) with an alkyl halide (QI) affords a quaternary salt (**249**), which generally loses the alkyl or trialkylsilyl halide (RI) readily to furnish a (fixed) N-alkylpyridazinone (**250**). A trialkylsiloxy substrate is usually favored now, simply because tautomeric pyridazinones tend to undergo both N- and O-alkylation whereas they undergo only O-trialkylsilylation, so making the latter more easily available.[1172]

The following examples illustrate both the regular and silyl version of this reaction:

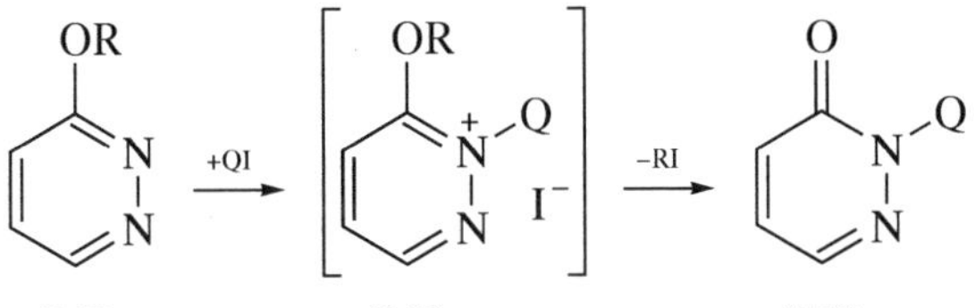

(248) +QI → [(249)] −RI → (250)

3,4,5-Trimethoxypyridazine (**251**) gave 3,4,5-trimethoxy-1-methylpyridazinium iodide (**252**) (MeI, PhH, 25°, 12 h: ∼75%) and then 3,5-dimethoxy-1-methyl-4(1H)-pyridazinone (**253**) (PhH, reflux, 1 h: >90%).[689]

3,6(1H,2H)-Pyridazinedione (**254**) gave 3,6-bistrimethylsiloxypyridazine (**255**) (Me$_3$SiNHSiMe$_3$ + ClSiMe$_3$, 165°, 4 h: 79%), which reacted with 2-chlorotetrahydrofuran (**256**) to afford 1-tetrahydrofuran-2′-yl-3,6(1H,2H)-pyridazinedione (**257**) (PhH, − 15°, 8 h, evaporation, EtOH: ↓: ~50%; no intermediate isolated);[1168] the 1-adamant-1′-yl analogue was made somewhat similarly.[856]

5,6-Dichloro-3(2H)-pyridazinone (**258**) gave 3,4-dichloro-6-trimethylsiloxy-pyridazine (**259**) [Me$_3$SiNHSiMe$_3$, trace (NH$_4$)$_2$SO$_4$, reflux, 2 h: crude] and thence 5,6-dichloro-2-(2,3,5-tri-O-benzoyl-β-D-ribofuranosyl)-3(2H)-pyridazinone (**260**) (1-O-acetyl-2,3,5-tri-O-benzoyl-β-D-ribofuranose, SnCl$_4$, CH$_2$Cl$_2$, 0° → reflux, 1 h: 92% overall: note the use of an acetate plus Lewis acid in place of the usual halide).[1025] Other such pronucleosides were made similarly.[492,932,1285,1300]

5.4.2.4 Other Reactions Including Those of Epoxides

The conversion of methoxypyridazines into tautomeric pyridazinethiones has been reported. Treatment of 3,4-dichloro-5-methoxypyridazine (**261**) with phosphorus pentasulfide in refluxing pyridine for 4 h gave 5-mercapto-

3,4(1H,2H)-pyridazinedithione (**262**) (77%);[689] and 6-chloro-3-methoxy-4-pyridazinamine gave 4-amino-6-chloro-3(2H)-pyridazinethione (85%) on refluxing with thiourea in ethanol for 4 h followed by alkaline treatment.[654] The conversion of an alkoxy- into an alkylthiopyridazine has also been reported: 3-chloro-6-methoxy- gave 3,6-bis-*t*-butylthiopyridazine (23%) by prolonged refluxing with sodium *t*-butylmercaptide in tetrahydrofuran.[1219]

Of the few known pyridazine epoxides, diethyl 3,6-diphenylhexahydro-4,5-epoxypyridazine-1,2-dicarboxylate {diethyl 2,5-diphenyl-7-oxo-3,4-diazabicyclo[4.1.0]heptane-3,4-dicarboxylate (**263**)} has been best explored in respect of reactions. Thus treatment in refluxing ethanolic alkali gave a separable mixture of 3,6-diphenylhexahydro-4,5-epoxypyridazine (**264**) (19%), 3,6-diphenylpyridazine (**265**) (38%), and 1,4-diphenylbuta-1,3-diene (**266**);[1148] treatment with aluminum chloride in refluxing carbon tetrachloride for 8 h gave, not the expected product (**267**), but the isomeric diethyl 4-oxo-3,5-diphenylhexahydro-1,2-pyridazinedicarboxylate (**268**) in 80% yield;[1151] and treatment with hydrogen chloride in refluxing methanol for 70 h gave diethyl 3-chloro-5-hydroxy-4,6-diphenylhexahydro-1,2-pyridazinedicarboxylate (**269**) (37%, after separation from a major unidentified byproduct).[1153] Furthermore, the above-mentioned 3,6-diphenylhexahydro-4,5-epoxypyridazine (**264**) underwent a strongly exothermic degradation in neat potassium hydroxide containing platinum/carbon catalyst from 40° to afford a separable mixture of 3,6-diphenylpyridazine (**265**) (60%) and 1,4-diphenylbuta-1,3-diene (**266**) (>12%).[1148] Diethyl 3-phenylhexahydro-4,5-epoxypyridazine-1,2-dicarboxylate (**270**) underwent a somewhat similar series of reactions.[1858] Much remains to be done with pyridazine epoxides.

5.5 NONTAUTOMERIC PYRIDAZINONES AND N-ALKYLPYRIDAZINIUMOLATES

Tautomeric pyridazinones may be rendered nontautomeric (fixed) by O-alkylation to afford alkoxypyridazines (Section 5.4) or by N-alkylation to furnish compounds typified by 2-methyl-3(2H)-pyridazinone (**271**), 1-methyl-4(1H)-pyridazinone (**271a**), or 1-methylpyridazinium-3-olate (**272**) (included here for convenience). Such fixed pyridazinones undergo a surprising variety of reactions, not all of which are of much use.

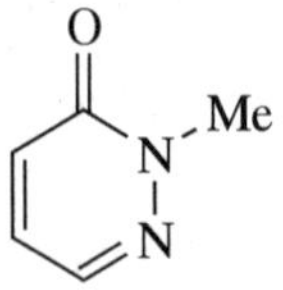

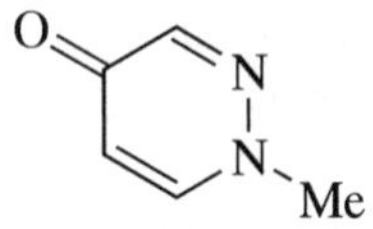

5.5.1 Preparation of Nontautomeric Pyridazinones

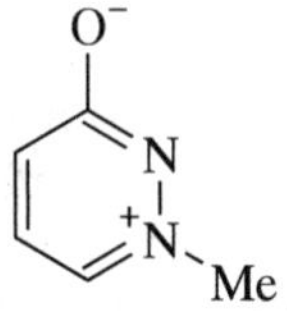

Most such pyridazinones have been made by *primary syntheses* (see Chapters 1 and 2), by *N-alkylation of tautomeric pyridazinones* (see Section 5.1.2.2), or *from alkoxypyridazines by thermal rearrangement or the Hilbert-Johnson reaction* (see Section 5.4.2.2 or 5.4.2.3, respectively). However, there are several other minor ways to make fixed pyridazinones, as illustrated in the following paragraphs:

By Oxidation

It is possible to introduce a C-oxo substituent by direct oxidation of a pyridazine. For example, irradiation of 1,3,4-triphenyl-1,6-dihydropyridazine (**273**) in 95% ethanol open to the air for 2.5 h afforded 2,5,6-triphenyl-3(2H)-pyridazinone (**274**) in ~30% yield;[931] in a different way, 4-methyl-6-phenylpyridazine (**275**) underwent a one-pot methylation and oxidation to 2,4-dimethyl-6-phenyl-3(2H)-pyridazinone (**276**) (~40%) by initial quaternization with dimethyl sulfate (without solvent) followed by simultaneous treatment with aqueous potassium ferricyanide and aqueous alkali at >5°.[1104]

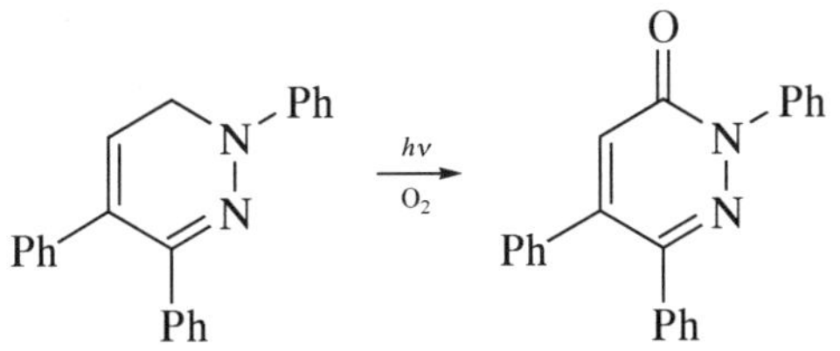

(273) →[hv, O₂] (274)

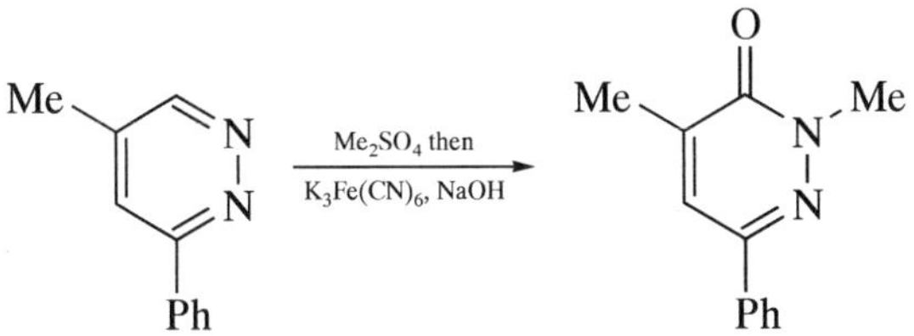

(275) →[Me₂SO₄ then K₃Fe(CN)₆, NaOH] (276)

From Fixed Pyridazinimines

This route is useful when Dimroth rearrangement of the imine (see Section 7.4) may be precluded on structural grounds or very slow because of electron-donating substituents. For example, the hydriodide of 4-imino-1-methyl-1,4-dihydro-3-pyridazinamine (**277**, X = NH) in 1M sodium hydroxide at 95° for 75 min gave 3-amino-1-methyl-4(1H)-pyridazinone (**277**, X = O) in ∼60% yield;[1132] the hydriodide of 6-imino-1-methyl-1,6-dihydro-3-pyridazinamine (**278**, X = NH) likewise gave 6-amino-2-methyl-3(2H)-pyridazinone (**278**, X = O) in unstated yield;[675] and the hydrobromide of 1-benzyl-5-o-fluorobenzoyl-4(1H)-pyridazinimine (**279**, X = NH) in aqueous methanolic alkali at 25° for 12 h furnished 1-benzyl-5-o-fluorobenzoyl-4(1H)-pyridazinone (**279**, X = O) in 90% yield.[746] Other examples have been reported.[746,1829,1862]

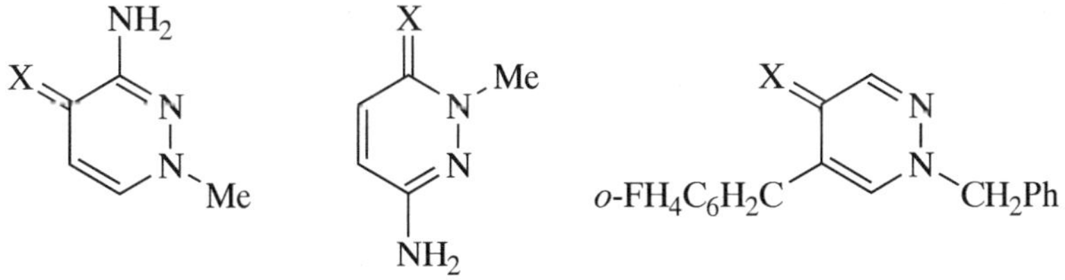

(277)   (278)   (279)

By N-Transalkylation

The conversion of one N-alkylpyridazinone into another with a different alkyl group is clearly possible but seldom used. However, 4,5-dichloro-2-hydroxymethyl-3(2H)-pyridazinone (**280**) with N-(chloromethyl)phthalimide (**281**, $n=1$) in refluxing acetonitrile containing potassium carbonate during >2.5 h gave 4,5-dichloro-2-phthalimidomethyl-3(2H)-pyridazinone (**282**, $n=1$) in 97% yield;[1904] homologous products (**282**, $n=2$–6)[1904] and some analogues[2037] were made similarly.

From Fixed Pyridazinethiones or Alkylthiopyridazines

Isolated examples of these processes have been reported in recent years. For example, 6-(2,4-dimethylphenyl)-2-phenyl-3(2H)-pyridazinethione (**283**,

$X = S$) underwent dye-sensitized photooxygenation to afford the corresponding pyridazinone (**283**, $X = O$).[1578] In a less direct way, 2-methyl-4,5-bismethylthio-3(2H)-pyridazinethione (**284**) and methyl iodide in benzene at 25° for 12 h gave 1-methyl-4,5,6-trismethylthiopyridazinium iodide (**285**)

(~35%), which underwent alkaline hydrolysis in a few minutes at 25° to give 2-methyl-4,5-bismethylthio-3(2H)-pyridazinone (**286**) in excellent yield;[689] somewhat similarly, 4,5-diamino-2-methyl-3(2H)-pyridazinethione (**287**) in refluxing methyl iodide for 24 h gave its methiodide [5-imino-2-methyl-3-methylthio-2,5-dihydro-4-pyridazinamine hydriodide (**288**)] (>95%) and thence, on an attempted cyclization in acetic anhydride-triethyl orthoacetate under reflux for 3 h, 4,5-diacetamido-2-methyl-3(2H)-pyridazinone (**289**) in 38% yield.[325]

5.5.2 Reactions of Nontautomeric Pyridazinones

Although the reactions illustrated in the following paragraphs are mainly those that affect the oxo substituent of fixed pyridazinones, a few others are included for obvious reasons.

N-DEALKYLATION The dealkylation of an N-alkylpyridazinone to afford a tautomeric pyridazinone is possible sometimes. Thus treatment of 4,5-dichloro-2-(1′,1′-dibromoacetonyl)-3(2H)-pyridazinone (**290**, R = H) or its 6-nitro derivative (**290**, R = NO$_2$) in aqueous tetrahydrofuran containing potassium carbonate for 2 h at room temperature gave 4,5-dichloro-3(2H)-pyridazinone (**291**, R = H) or 4,5-dichloro-6-nitro-3(2H)-pyridazinone (**291**, R = NO$_2$), respectively, each in >95% yield.[1673] Other examples have been given toward the beginning of Section 4.1.1.1 and toward the end of Section 5.1.1.

OXIDATIVE AND REDUCTIVE REACTIONS Nuclear oxidation is exemplified in the conversion of 5-isopropyl-4-morpholino-2-methyl-4,5-dihydro-3(2H)-pyridazinone (**292**) (made by primary synthesis) into 5-isopropyl-2-methyl-3(2*H*)-pyridazinone (**293**) by elimination of morpholine on warming in 10M hydrochloric acid for 15 min.[327]

Reduction may result in nuclear hydrogenation, formation of a pyridazinol, or deoxygenation.[496] Thus sodium cyanoborohydride reduction of 6-methyl-2-phenyl-4,5-dihydro-3(2*H*)-pyridazinone (**294**) gave only 6-methyl-2-phenyl-1,4,5,6-tetrahydro-3(2*H*)-pyridazinone (**295**) (40%), but hydrogenation over platinum gave a separable mixture of the same product (**295**), 2-cyclohexyl-6-methyl-4,5-dihydro-3(2*H*)-pyridazinone (**296**), and 2-cyclohexyl-6-methyl-1,4,5,6-tetrahydro-3(2*H*)-pyridazinone (**297**), in ratios according to conditions.[691]

In contrast, the hydrochloride of 2-methyl-1-phenethyl-2,3,5,6-tetrahydro-4(1*H*)-pyridazinone (**298**) with sodium borohydride in methanol for 5 h gave 2-methyl-1-phenethylehexahydro-4-pyridazinol (**299**) in >95% yield.[1826]

Finally, 1,2,4,4,-tetramethyl-4,5-dihydro-3,6(1*H*,2*H*)-pyridazinedione (**300**) suffered reductive deoxygenation to 1,2,4,4-tetramethyl hexahydropyridazine (**301**) (52%) on treatment with lithium aluminum hydride in refluxing tetrahydrofuran for 3 days;[93] likewise, but with dioxane as solvent, 5-*m*-methoxyphenyl-2,5,6-trimethyl-4,5-dihydro-3(2*H*)-pyridazinone (**302**) gave 4-*m*-methoxyphenyl-1,3,4-trimethylhexahydropyridazine (**303**), isolated as hydrochloride in 50% yield;[906] and 2-methyl-3(2*H*)-pyridazinone with lithium aluminum hydride in tetrahydrofuran for 3 h afforded 1-methyl-1,6-dihydropyridazine, albeit in only 10% yield.[790]

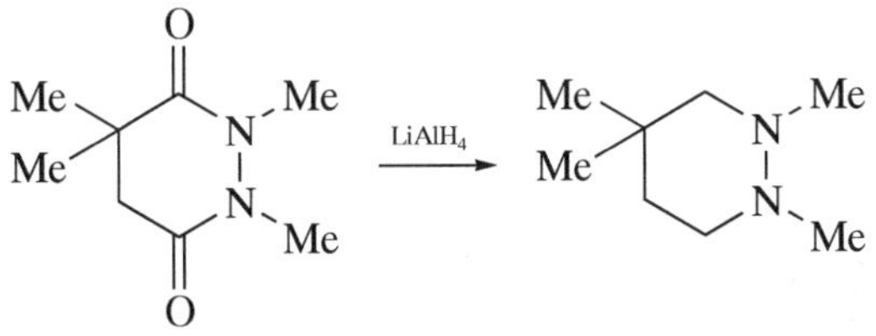

(**300**) (**301**)

The reduction of 2-methyl-6-phenyl-3(2*H*)-pyridazinone (**304**) with a single equivalent of zinc dust in boiling acetic acid for 3 h gave only 2-methyl-6-phenyl-4,5-dihydro-3(2*H*)-pyridazinone (**305**) (>75%), but when 3 equiv of zinc were used, a ring contraction occurred to afford a mixture of 5-phenylpyrrolidin-2-one (**306**) and 1-methyl-5-phenyl-3-pyrrolin-2-one (**307**) in about equal amounts; a rational mechanism was proposed.[493]

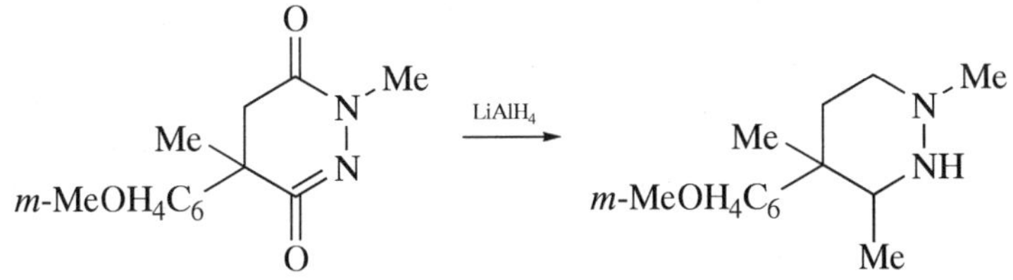

(**302**) (**303**)

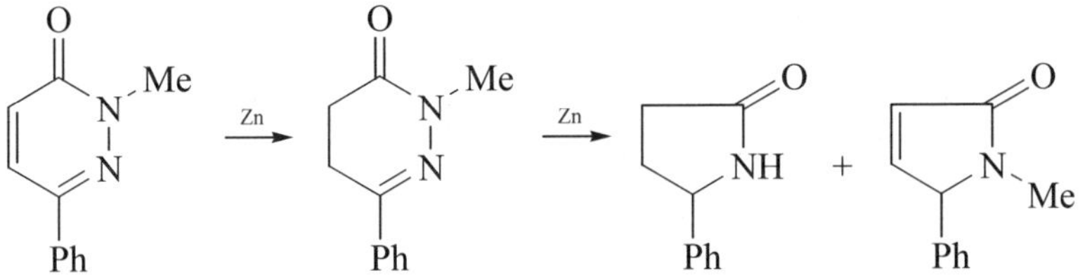

(**304**) (**305**) (**306**) (**307**)

Thiation Fixed pyridazinones appear too undergo thiation at least as easily as do tautomeric pyridazinones. Although phosphorus pentasulfide in refluxing solvents such as pyridine or xylene usually gives reasonable results, Lawesson's reagent (**51**) may be particularly suited to the thiation of fixed pyridazinones (cf. Section 5.1.2.1). The following examples illustrate typical conditions and results:

2-Benzyl-6-phenyl-3(2*H*)-pyridazinone (**308**, X = O) gave the corresponding pyridazinethione (**308**, X = S) (P_2S_5, xylene, reflux, 2 h: 54%).[1674]

1,2-Dimethyl-3,6(1*H*,2*H*)-pyridazinedione (**309**, X = Y = O) gave a separable mixture of the corresponding pyridazinedithione (**309**, X = Y = S) and 1,2-dimethyl-6-thioxo-1,6-dihydro-3(2*H*)-pyridazinone (**309**, X = O, Y = S) (P_2S_5, PhH, reflux, 8 h: ~10% each).[95,cf.672]

4,5-Diamino-2-methyl-3(2*H*)-pyridazinone (**310**, X = O) gave the pyridazinethione (**310**, X = S) (P_2S_5, β,β-picoline, reflux, 5 h: 60%).[325]

2-Methyl-5,6-bismethylthio-3(2H)-pyridazinone gave the corresponding pyridazinethione (P_2S_5, pyridine, reflux, 25 h: ~90%).[1129]

2-Methyl-6-phenyl-3(2H)-pyridazinone (**311**, X = O) gave the pyridazinethione (**311**, X = S) (Lawesson's reagent, PhH, reflux, 1 h: >95%).[202]

Also other examples.[371,689,735,1288]

AMINOLYSIS Fixed pyridazinones can undergo displacement of their oxo substituent(s) by hydrazine or hydroxylamine to afford the corresponding hydrazones or oximes. For example, 4-oxo-1,6-diphenyl-1,4,5,6-tetrahydro-2-pyridazinecarbonitrile (**312**, X = O) with hydrazine hydrate and a little sulfuric acid in tetrahydrofuran at 25° for 2 days gave its hydrazone, 4-hydrazono-1,6-diphenyl-1,4,5,6-tetrahydro-3-pyridazinecarbonitrile (**312**, X = NNH_2) (60%);[1369] likewise, treatment of a methanolic solution of 2-methyl-1-phenethyl-2,3,5,6-tetrahydro-4(1H)-pyridazinone (**313**, X = O) and hydroxylamine hydrochloride with aqueous potassium carbonate at 25° for 30 min afforded the oxime, 4-hydroxyimino-2-methyl-1-phenethylhexahydropyridazine (**313**, X = NOH) (81%) and then, by reduction with lithium aluminum hydride in ether for 6 h, 2-methyl-1-phenethylhexahydro-4-pyridazinamine (**314**) (72%).[1826]

O-ALKYLATION It is possible to O-alkylate fixed pyridazinones with reagents such as triethyloxonium tetrafluoroborate ($Et_3O \cdot BF_4$) to give quaternary products. For example, 2,6-diphenyl-3(2H)-pyridazinone (**315**) and the foregoing reagent in dichloromethane at 25° for a week afforded a 58% yield of 6-ethoxy-1,3-diphenylpyridazinium tetrafluoroborate (**316**), which was converted into the corresponding perchlorate for characterization,[566] several analogues were made similarly.[564,566]

ISOMERIZATION OR RING CONTRACTION N-Alkylpyridaziniumolates undergo interesting photorearrangements. Thus irradiation of 1,6-dimethylpyridazinium-

3-olate (317) in acetonitrile gave the isolable bridged product, 5,6-dimethyl-1,6-diazabicyclo[3.1.0]hex-3-en-2-one (318), which in cold water afforded 2,6-dimethyl-3(2H)-pyridazinone (318a), both steps in reasonable yield.[397,699] In contrast, irradiation of 5,6-dichloro-2-methylpyridazinium-4-olate (319) in ethanol produced 5,6-dichloro-3-methyl-4(3H)-pyrimidinone (320) in 95% yield;[699] analogues behaved similarly to give isomeric pyrimidinones.[247,699]

Work on the previously reported ring contraction of regular fixed pyridazinones[1994,1995] to pyrazoles (H 53) has been extended considerably. Thus, whereas 4,5-dichloro-2-phenyl-3(2H)-pyridazinone with aqueous alkali in a sealed vessel at 130° for 5 h gave 5-oxo-2-phenyl 3 pyrazoline-3-carboxylic acid (321) (~50%),[1996] the same substrate (322) in refluxing ethanolic sodium ethoxide for 7 h gave ethyl 4-ethoxy-1-phenyl-5-pyrazolecarboxylate (323) as the major product in ~40% yield.[764] Related substrates have been shown to undergo this rearrangement also. For example, 5-*o*-aminophenylthio-4-chloro-2-phenyl-3(2*H*)-pyridazinone (**324**) with aqueous alkali at 150° for 10 h afforded 4-*o*-aminophenylthio-1-phenyl-5-pyrazolecarboxylic acid (**325**) (~60%), which then suffered cyclization on treatment with thionyl chloride in refluxing chloroform during 1 h to give 1-phenyl-1*H*-pyrazolo[4,3-*b*][1,5]benzothiazepin-10(9*H*)-one (**326**) (~75%).[776] The mechanisms of such contractions have been studied.[1994–1996]

CYCLOADDITION REACTIONS   2-Alkyl-3(2*H*)-pyridazinones undergo cycloaddition to their 4,5-bond by diazomethane, 1,3-dienes, or the like. However, the same pyridazinones may also act as dienes with the dienophile, diethyl azodicarboxylate. The following examples illustrate these reactions.

2-Methyl-3(2*H*)-pyridazinone (**327**) and diazomethane slowly gave a separable mixture of 2,5-dimethyl-2*H*- (**329**) and 1,5-dimethyl-1*H*-pyrazolo[3,4-*d*]pyridazin-4(5*H*)-one (**330**), both via (**328**) (excess CH$_2$N$_2$, Et$_2$O–MeOH, 0°, 15 days: ~60% and ~30%, respectively; also a trace of an isomer produced by the reverse addition of CH$_2$N$_2$ to the substrate).[199] Analogues behaved similarly.[231]

5-Ethylsulfonyl-2-methyl-3(2*H*)-pyridazinone (**332**) with 2,3-dimethyl-1,3-butadiene gave 4a-ethylsulfonyl-2,6,7-trimethyl-4a,5,8,8a-tetrahydro-1(2*H*)-phthalazinone (**331**) (PhH, reflux, 10 days: 90%);[1427] the same substrate (**332**) with 1-methoxy-1,3-butadiene gave (regioselectively) 4a-ethylsulfonyl-5-methoxy-2-methyl-4a,5,8,8a-tetrahydro-1(2*H*)-phthalazinone (**333**) (PhH, reflux, 4 days: 90%);[1427] and many more examples have been reported.[1427,1510,1633] *Note*: For most such Diels–Alder reactions, the presence of an electron-withdrawing group in the pyridazinone was essential.

2-Methyl-6-phenyl-3(2*H*)-pyridazinone (**334**) and diethyl azodicarboxylate (**335**) gave diethyl 6-methyl-5-oxo-7-phenyl-1,2,3,6-tetraazabicyclo[2.2.2]oct-7-ene-2,3-dicarboxylate (**336**) (EtOH–H$_2$O, baker's yeast, pH 7.2, 37°, 24 h: 76%);[1649] also homologues likewise.[1622,1649]

REACTION WITH PHOSPHORYL CHLORIDE Treatment of 2,6-dimethyl-3(2H)-pyridazinone (**337**) with phosphoryl chloride gave the quaternary salt, 6-chloro-1,3-dimethylpyridazinium phosphorodichloridate (**338**), which proved useful as a reagent to convert alcohols into alkyl chlorides.[406]

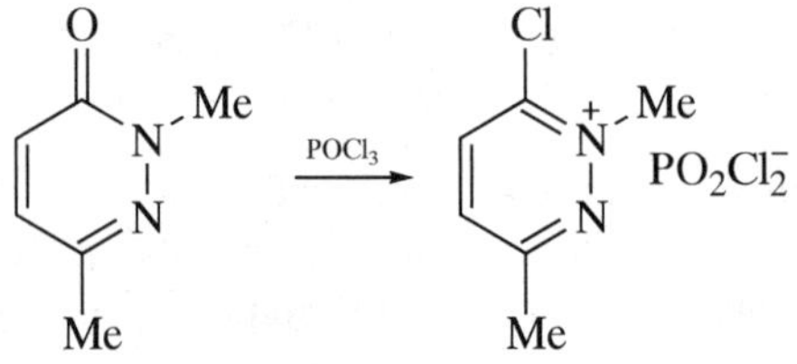

5.6 PYRIDAZINE *N*-OXIDES (*H* 675)

Most of the fundamental chemistry of pyridazine *N*-oxides was reported prior to 1970, so that the following update of information appearing thereafter is composed largely of improved or somewhat complicated examples of known preparations or reactions. A thoughtful theoretical approach to the tautomerism of pyridazinol/pyridazinone *N*-oxides has appeared.[2079]

5.6.1 Preparation of Pyridazine *N*-Oxides (*H* 677)

Some pyridazine *N*-oxides have been made by *primary syntheses* (see Chapters 1 and 2), but most have been prepared by *N-oxidation of existing pyridazines* with a variety of reagents, of which *m*-chloroperoxybenzoic acid in chloroform appears to be the most generally applicable. The following examples illustrate the reagents and procedures used to make pyridazine *N*-oxides, in each case from the corresponding deoxy-precursor unless otherwise indicated:

Using *m*-Chloroperoxybenzoic Acid

3,6-Diphenylpyridazine 1-oxide (*m*-ClC$_6$H$_4$CO$_3$H, CHCl$_3$, 25°, 3 days: 87%).[581]

3-Hex-1′-ynyl-6-methylpyridazine 1-oxide (**339**, R = Bu) (*m*-ClC$_6$H$_4$CO$_3$H, CH$_2$Cl$_2$, 25°, 6 h: 64%; note regioselectivity);[191,834] also 3-methyl-6-phenylethynylpyridazine 2-oxide (**339**, R = Ph) (likewise: 92%).[191]

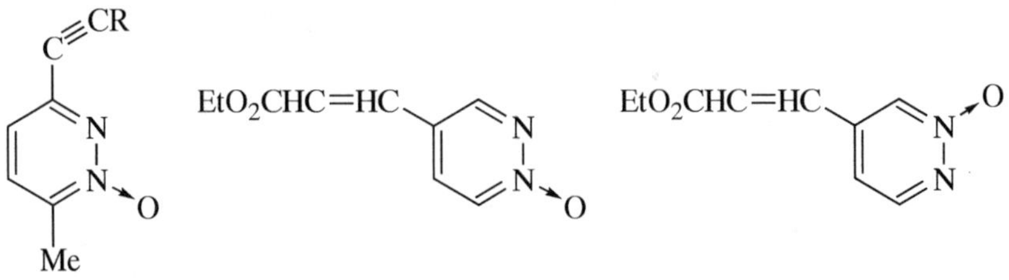

4-β-Ethoxycarbonylvinylpyridazine 1-oxide (**340**) and the 2-oxide (**341**) (*m*-ClC$_6$H$_4$CO$_3$H, CH$_2$Cl$_2$, reflux, 24 h: 30% and 40%, respectively, after separation).[1906]

4-Diethylamino-5-methyl-3,6-diphenylpyridazine 1+2-oxide (**342**) [*m*-ClC$_6$H$_4$CO$_3$H, CH$_2$Cl$_2$, 0° → 25°, 12 h: 88% unseparated; cf. MeCO$_3$H, (made in situ), 73°, 15 h: only 4-ethylamino-5-methyl-3,6-diphenylpyridazine (29%)!].[311]
Also other examples.[123,577,640]

(**342**)

Using *p*-Nitroperoxybenzoic Acid

3-Methoxy-4-methyl-6-phenylpyridazine 2-oxide (**343**, R = OMe) (*p*-O$_2$NC$_6$H$_4$CO$_3$H, CHCl$_3$, 25°, 3 days: >75%); also 3-chloro-4-methyl-6-phenylpyridazine 2-oxide (likewise, 2 days: >70%).[1104]

Using Trifluoroperoxyacetic Acid

3,4,5,6-Tetrachloropyridazine 1-oxide (**344**) (F$_3$CCO$_2$H, 90% H$_2$O$_2$, 25° → reflux, 15 min: 87%); also 3,4,6-trichloropyridazine 1+2-oxide (likewise: >85% unseparated).[893]

(**343**)   (**344**)   (**345**)   (**346**)

Using Peroxyacetic Acid

3,6-Bis-β-ethoxyethoxypyridazine 1-oxide (**345**, R = CH$_2$CH$_2$OEt) (AcOH, 30% H$_2$O$_2$, 70°, 6 h: >80%);[640] in contrast, similar treatment of 3,6-diisopropoxypyridazine gave, not the oxide (**345**, R = Pr^i), but mainly 6-isopropoxy-3(2*H*)-pyridazinone (**346**).[640]

3,4,5,6-Tetraphenylpyridazine 1-oxide (**347**, R = Ph) (AcOH, 30% H$_2$O$_2$, 70°, 6 h: ~80%);[763] also 3,4,6-triphenylpyridazine 1-oxide (**347**, R=H) (likewise: ~75%, apparently without any of the isomeric 2-oxide).[763]

α,β-Bispyridazin-3-ylethane (**348**) gave a separable mixture of its 1,1'-, 1,2'-, and 2,2'-dioxide (AcOH, 30% H_2O_2, 70°, 3 h: 18%, 60%, and 6%, respectively).[767]

Also other examples.[97,833]

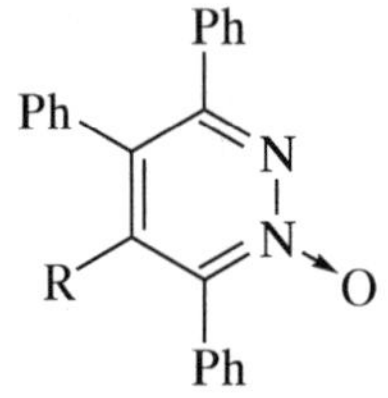

(347) 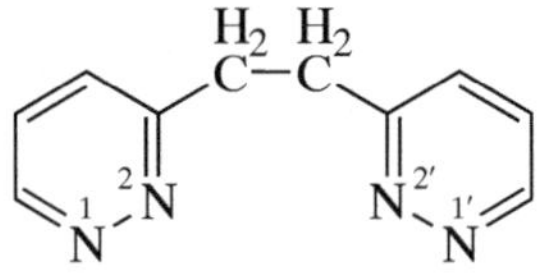   (348)

Using Monoperoxymaleic Acids

3,6-Dichloropyridazine 1-oxide (**349**) (maleic anhydride, 74% H_2O_2, $CHCl_3$, 5°, 7 days: 50%;[891] α,β-dichloromaleic anhydride, 90% H_2O_2, CH_2Cl_2, 7°, 96 h: 86%).[103]

3-Chloro-5,6-bis-*p*-methoxyphenylpyridazine 1 + 2-oxide (**350**) (maleic anhydride, 32% H_2O_2, $CHCl_3$, 5°, 15 h; 97% unseparated; separation gave 17% and 3%, respectively).[1335]

3-Chloro-6-methoxypyridazine 2-oxide (**351**) (likewise, 7 days: 93%, apparently a regioselective oxidation).[449]

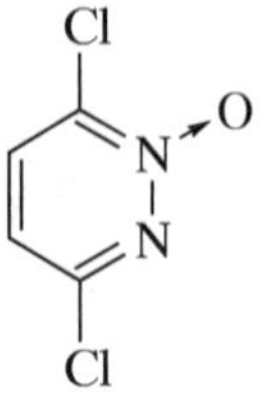

(349) 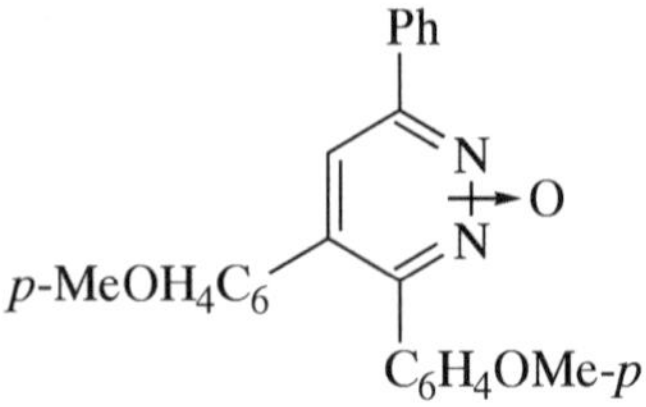   (350) 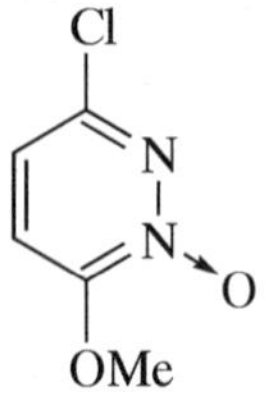   (351)

Using Hydrogen Peroxide

3-Azidopyridazine 1-oxide (**352**) (polyphosphoric acid, 85% H_2O_2, 25°, dark, 4 days: 2.5% after purification).[1008]

1,2-Dimethyl-1,2,3,6-tetrahydropyridazine 1-oxide (**353**) (MeOH, 30% H_2O_2, 25°, 2 days: unstable but identity confirmed by ^{13}C nmr).[285]

Also other examples.[913]

5.6.2 Reactions of Pyridazine *N*-Oxides (*H* 683)

Pyridazine *N*-oxides undergo a variety of reactions, not all of which affect the oxido entity directly. Both types of reaction are illustrated in the following examples:

Deoxygenation by Hydrogenation

6-(4-Methylpiperidino)methyl-3(2H)-pyridazinone from its 1-oxide (**354**) (substrate.HCl, MeOH, H_2, Pd/C: 93% as hydrochloride).[769]

6-m-Methoxybenzylamino-3-pyridazinamine from its 2-oxide (**355**) (MeOH, HCl, H_2, Pd/C, 25°, 2 h: ~50%).[1526]

4-Amino-6-methyl-3(2H)-pyridazinone from 6-methyl-4-nitro-3(2H)-pyridazinone 1-oxide (**356**) (MeOH, H_2, Pd/C: 73%; note concomitant reduction of the nitro group).[760]

A separable mixture of 3,6-dimethyl-4-pyridazinamine 1-oxide and 2-oxide from 3,6-dimethyl-4-nitropyridazine 1,2-dioxide (**357**) [EtOH, H_2 (limited to 4 mol), Pd/C: ~40% each].[796]

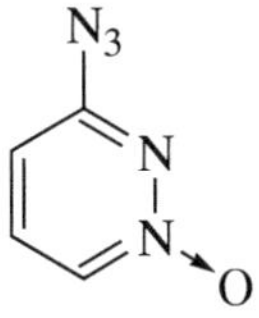

(**352**) 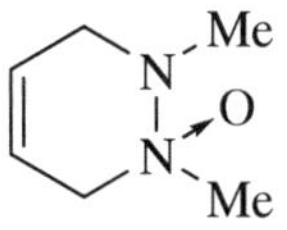 (**353**)

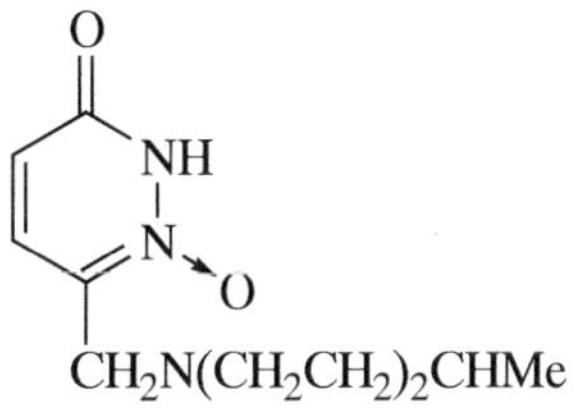

(**354**) 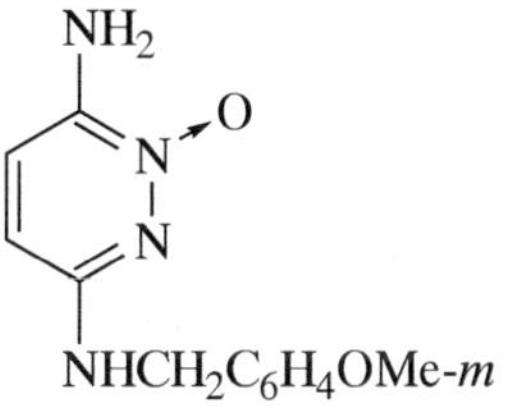 (**355**)

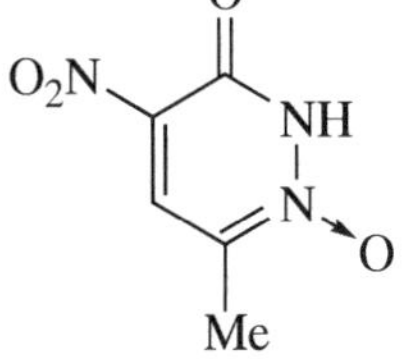

(**356**) 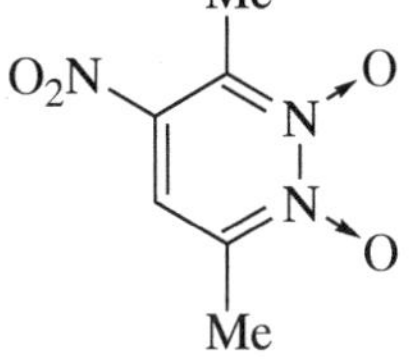 (**357**)

Deoxygenation by Chemical Reduction

3-Methylpyridazine from its 2-oxide (**358**) [PhOH, MeCN, $h\nu$, 20 min: 45% of product and 45% of 1,2- + 1,3- + 1,4-$(HO)_2C_6H_4$;[1538] $Ph_3P=S$, MeCN, $h\nu$: ~35% of both product and $Ph_3P=O$];[1193] also a deoxygenation with styrene in the presence of a Ru-porphyrin catalyst.[1504]

3-Di(β-hydroxyethyl)aminopyridazine from 3-chloro-6-di(β-hydroxyethyl)aminopyridazine 1/2-oxide (**359**) (neat $H_2NNH_2 \cdot H_2O$, reflux, 5 h: ~25%, as hydrochloride; note additional dechlorination rather than hydrazinolysis of Cl).[555]

3-Chloro-6-methylthiopyridazine from its 2-oxide [MoCl$_3$ (made in situ), THF–H$_2$O, reflux, 45 min: 64%].[111]

5-(5-Amino-3,6-diphenylpyridazin-4-ylazo)-3,6-diphenyl-4-pyridazinamine from the corresponding azoxy compound (**360**) (SnCl$_2$, AcOH–HCl, 50°, 1 h: 75%; note that the azoxy substrate may be considered as an extranuclear N-oxide!).[1358]

4-Azidopyridazine 1-oxide gave 4-azidopyridazine (PCl$_3$, CHCl$_3$, 5°→25°, 8 h: 70%); analogues likewise.[1443]

Also other examples.[97,527]

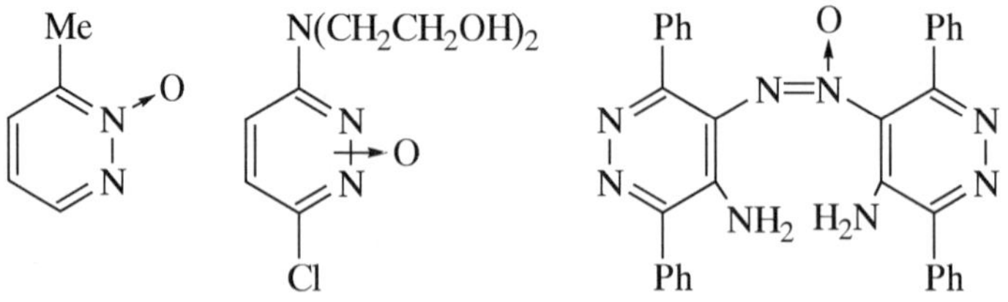

(358)   (359)   (360)

O-Alkylation Reactions

Note: Tautomeric pyridazine N-oxide give N-alkoxypyridazines by the usual alkylation processes, but nontautomeric pyridazine N-oxides can do so only by forming a pyridazinium salt.

3,6-Dimethyl-5-nitro-4-pyridazinol 1-oxide (**361**), usually named as the tautomeric 1-hydroxy-3,6-dimethyl-5-nitro-4(1H)-pyridazinone (**361a**), gave 1-methoxy- (**362**, R = Me) (MeI, Ag$_2$O, MeOH, 90°, sealed, 4 h: 89%) or 1-benzyloxy-3,6-dimethyl-5-nitro-4(1H)-pyridazinone (**362**, R = CH$_2$Ph) (benzyl halide, likewise: 45%).[794]

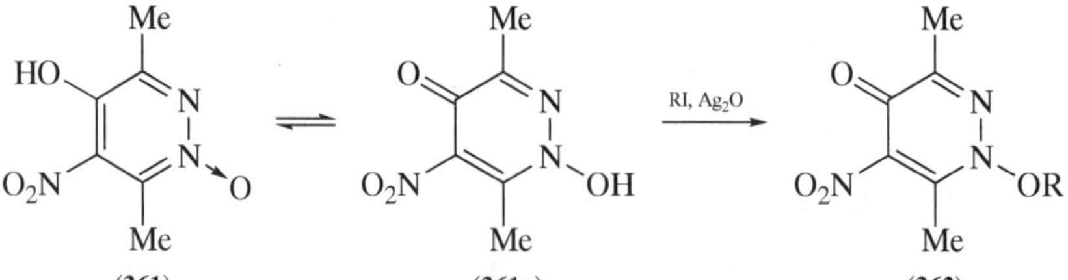

(361)   (361a)   (362)

3,4,5,6-Tetrachloropyridazine 1-oxide gave 3,4,5,6-tetrachloro-1-methoxypyridazinium methyl sulfate (**363**) (neat Me$_2$SO$_4$, 95°, 6 h: crude) and thence 4,5,6-trichloro-2-methoxy-3(2H)-pyridazinone (**364**) (H$_2$O, 10°, 1 h: 57%, after separation from minor products).[893]

3-Methoxy-4-methyl-6-phenylpyridazine 2-oxide (**365**) gave the isomeric 2-methoxy-4-methyl-6-phenyl-3(2*H*)-pyridazinone (**366**), presumably by loss of MeI from a quaternary intermediate (neat MeI, 95°, sealed, 18 h: 5%, after extensive purification).[1104]

Also other examples.[798]

Reaction with Phosphoryl Halides

Note: Pyridazine *N*-oxides suffer deoxygenation and *C*-halogenation on treatment with phosphoryl halides.

3,6-Diethoxypyridazine 1-oxide (**367**) gave 4-chloro-3,6-diethoxypyridazine (**368**) (POCl$_3$, CHCl$_3$, 0° → 25°, 4 h: ~75%); also homologues.[640]

3,6-Dimethylpyridazine 1-oxide (**369**) gave an unseparated mixture of 4-chloro-3,6-dimethyl- (**370**, R = Cl) and 3-chloromethyl-6-methylpyridazine (**371**, R = Cl), which was treated immediately with methoxide ion to afford

a separable mixture of 4-methoxy-3,6-dimethyl- (**370**, R = OMe) and 3-methoxymethyl-6-methylpyridazine (**371**, R = OMe) (POCl$_3$, 70°, ? h; then MeONa, MeOH, ? h: each 12% after separation);[529] also many analogous data using POBr$_3$, H$_2$SO$_4$, Ac$_2$O, etc.[529,913]

Action of Cyanide Ion

Note: Available examples used *N*-alkoxypyridazinium salts (made in situ) as substrates. Direct treatment of pyridazine 1-oxide with cyanide ion failed.[296]

4-Methyl-6-phenylpyridazine 2-oxide (**372**) gave 4-methyl-6-phenyl-3-pyridazinecarbonitrile (**374**) via the quaternary intermediate (**373**) [neat Me$_2$SO$_4$, 95°, 2 h: then KCN, H$_2$O, 25° (?), 30 min: ~55%].[1104]

3-Methylpyridazine 1-oxide (**375**) gave the intermediate (**376**) and then a separable mixture of 6-methyl-3-pyridazinecarbonitrile (**377**) and (*cis* + *trans*)-hex-2-en-4-ynenitrile (**378**) (neat Me$_2$SO$_4$, 95°, 3 h; then KCN, H$_2$O–THF, 5°, 15 min: 3% and 30%, respectively;[498] also related reactions).[798]

Cycloadditions and Subsequent Reactions

Pyridazine 1-oxide (**379**) gave an unisolated adduct (**380**) and then 1-benzoxepine (**381**) [benzyne (made in situ), CH$_2$Cl$_2$–AcMe, 45°, 2 h: >60%];[797] two unisolated adducts (**382**, X = N, Y = CH; X = CH, Y = N) and then oxepino[2,3-*c*]pyridine (**383**, X = N, Y = CH) and oxepino[3,2-

c]pyridine (**383**, X = CH, Y = N) [2,3-didehydropyridine (made in situ), CH$_2$Cl$_2$, 0°, ? h: > 10% and > 15%, respectively];[1587] or an unisolated adduct (**384**) and thence 6,9-dihydro-1-benzoxepine-6,9-dione (**385**) [2,3-didehydro-*p*-benzoquinone (made in situ), CH$_2$Cl$_2$, 0°, ? h: 10%].[1908] Alkylated derivatives of the foregoing products were made similarly.[797,1587,1908]

Pyridazine 1-oxide (**386**) gave an unisolated adduct (**387**) and then 3-*N*-benzoylanilinopyridazine (**388**) (PhC=$\overset{+}{\text{N}}$Ph·SbCl$_6^-$, ClCH$_2$CH$_2$Cl, reflux, 17 h: 18%).[306]

Photochemical Reactions

Note: Irradiation of pyridazine *N*-oxides in solution usually furnishes furans, often accompanied by pyrazoles and/or other cyclic or acyclic products. However, no general pattern can be formulated yet.

3,6-Diphenylpyridazine 1-oxide (**389**) gave mainly 2,5-diphenylfuran (**390**) and 3-benzoyl-5-phenylpyrazole (**391**) (*hν*, AcMe, 90 min: ∼5% and ∼50%;

hv, AcMe–C_6H_{11}, N_2, 30 min: 67% and 27%; or hv, EtOH, $-70°$: 43% and 0%).[581]

3,4,5,6-Tetraphenylpyridazine 1-oxide (**392**) gave 2,3,4,5-tetraphenylfuran (**393**), α,β-dibenzoylstilbene (**394**) (*cis* and *trans* separated), 1-(1,2,3-triphenylcyclopropenyl)bicyclo[3.2.0]hepta-3,6-dien-2-one (**395**), and 3,4,5,6-tetraphenylpyridazine (hv, AcMe or CH_2Cl_2, 3 h: 10%, 20%, 25%, and 15%, respectively).[763]

Pyridazine 1,2-dioxide (**397**) gave not the dioxadiazocine (**396**), as initially reported,[483] but the isomeric 3a,6a-dihydroisoxazolo[5,4-*d*]isoxazole (**398**) (hv, CH_2Cl_2, N_2, >4 h: 37%; structure confirmed by X-ray analysis).[485] Also other examples.[187,403,471,577]

Photoassisted Reaction with Amines

Pyridazine 1-oxide (**399**) and butylamine gave 1-butylpyrrole (**401**), probably via 3-cyclopropenecarbaldehyde (**400**), (hv, CH_2Cl_2: <10%;) homologues behaved similarly.[471,770]

Thermal or Chemical Ring Fission

3-Azido-6-chloropyridazine 2-oxide (**403**, R = Cl) gave maleonitrile (**402**) (PhMe, reflux, ? h: 85%); in contrast, 3-azido-6-methoxypyridazine 2-oxide (**403**, R = OMe) gave methyl 3-cyanoacrylate (**404**) (PhH, reflux, ? h: 89%); possible mechanisms were discussed.[480]

(399) → (400) → (401)

(402) ← (403) → (404)

1-Methoxypyridazinium methyl sulfate (405) gave (stable) 4-diazocrotonaldehyde (406) (KOH, H$_2$O, < 5°, 5 min: > 70%), which underwent thermal cyclization to 3-pyrazolecarbaldehyde (407) (Ph, reflux, ? h: > 60%);[479] homologues behaved similarly.[479]

(405) → (406) → (407)

Pyridazine 1-oxide (408) with phenylmagnesium bromide (409, R = Ph) gave 1-phenylbut-1-en-3-yne (411, R = Ph) (THF, 25°, 30 min: 76%)[700] or with hept-1-ynylmagnesium bromide (409, R = C$_5$H$_{11}$C≡C) gave a mixture of cis- and trans-undec-3-en-1,5-diyne (411, R = C≡CC$_5$H$_{11}$) (likewise: 16%, in ratio 1:5).[272]

(408) + (409) → (410) → (411)

5.7 ANCILLARY ASPECTS OF OXYPYRIDAZINES (H 36)

Many individual papers on the physical properties, spectra, metal complexes, fine structure, and other such aspects of oxypyridazines involve various types thereof. Accordingly, it seemed appropriate to mention recent sources of such information in one central location.

5.7.1 X-Ray Structural Analyses of Oxypyridazines

The following structures for oxypyridazines have been determined or confirmed by X-ray analyses (others that have been mentioned in the text are noted in the Index):

6-(4-Acetamido-2-methoxyphenyl)-3(2H)-pyridazinone [1535]
6-p-Acetamidophenyl-3(2H)-pyridazinone [1535]
3-Amino-6-methyl-1-m-trifluoromethylphenyl-4(1H)-pyridazinone (polymorphs: powder X-ray patterns only) [1770]
6-p-Aminophenyl-4,5-dihydro-3(2H)-pyridazinone [1535]
6-p-Aminophenyl-5-methyl-4,5-dihydro-3(2H)-pyridazinone, tartrate salt [1535]
6-p-Aminophenyl-5-methyl-3(2H)-pyridazinone [1535]
6-o-Aminophenyl-3(2H)-pyridazinone [1535]
6-p-Aminophenyl-3(2H)-pyridazinone [1535]
5-Benzoyl-2,6-diphenyl-3,4(1H,2H)-pyridazinedione [85]
5-Benzyl-5-hydroxy-4,4,6-trimethyl-4,5-dihydro-3(2H)-pyridazinone [1520]
3,6-Bishydroxymethylpyridazine [173]
6-p-(3-Bromopropionamido)phenyl-5-methyl-4,5-dihydro-3(2H)-pyridazinone [1535]
3-o-(γ-t-Butylamino-β-hydroxypropoxy)phenyl-6-hydrazinopyridazine (salt) [1534]
5-o-Chlorobenzyl-6-methyl-3(2H)-pyridazinone [1579]
5-[β-Chloroethoxy(isobutoxy)phosphinothioyloxy]-4-methylthio-2-phenyl-3(2H)-pyridazinone (**412**) [149]
4,5-Dichloro-3,6(1H,2H)-pyridazinedione [139]
4,5-Dichloro-3(2H)-pyridazinone (two polymorphs) [170]
4,5-Dihydro-3,6(1H,2H)-pyridazinedione (at − 165°) [181,183]
1,2-Dimethyl-4,5-dihydro-3,6(1H,2H)-pyridazinedione (at − 165°) [182]
3,3-Dimethyl-5-(6-oxo-1,4,5,6-tetrahydropyridazin-3-yl)-2-indolinone [2001]
1,2-Dimethyl-3,6(1H,2H)-pyridazinedione [140] and Fe complex (**413**) [1207]
3,6-Dimethylpyridazine 1-oxide, $CuCl_2$ complex (**414**) [260]
Ethyl 4-acetoxy-6-p-tolyl-3-pyridazinecarboxylate [2111]
5-Hydroxy-2-phenyl-4-tributylphosphonio-3(2H)-pyridazinone chloride [2113]
5-Hydroxy-3(2H)-pyridazinone [90]
5-Hydroxy-4,4,5,6-tetramethyl-4,5-dihydro-3(2H)-pyridazinone [1520]

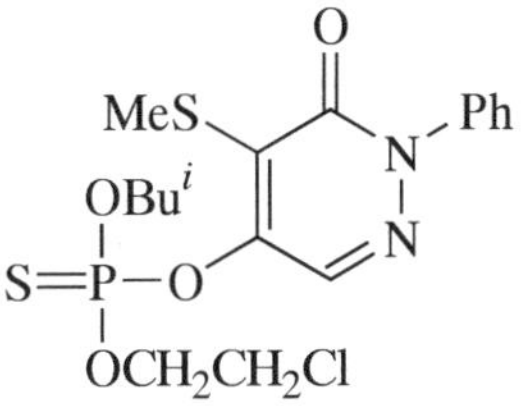

(412) 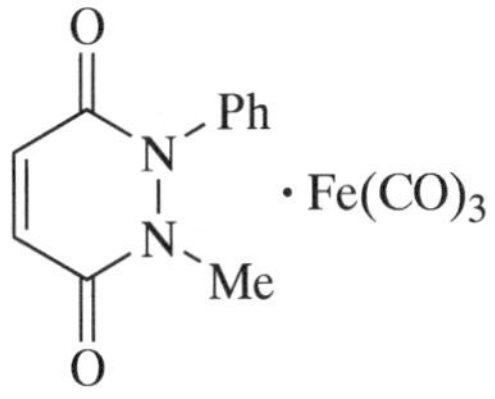 (413) 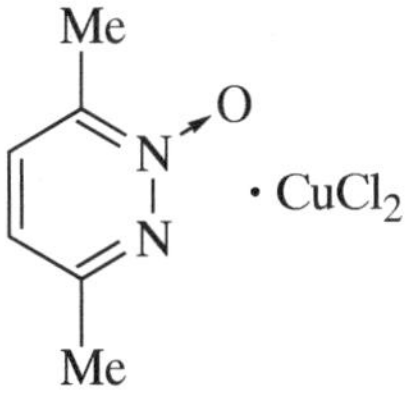 (414)

6-*p*-(Imidazol-1-yl)phenyl-4,5-dihydro-3(2*H*)-pyridazinone, maleate salt[2002]
6-*p*-(Imidazol-1-yl)phenyl-5-methyl-4,5-dihydro-3(2*H*)-pyridazinone, maleate salt[2002]
4-Methoxy-2-methyl-1-phenethyl-1,2,3,6-tetrahydropyridazine[1011]
4-[5-(5-Methoxy-3-methyl-1-phenylpyrazol-4-yloxy)-3-methyl-1-phenylpyrazol-4-yl]-6-methyl-2-phenyl-3(2*H*)-pyridazinone (**415**)[1784]
5-Methoxy-2-methyl-3(2*H*)-pyridazinone[90]
6-Methoxy-2-methyl-3(2*H*)-pyridazinone[175]
5-Methoxy-3(2*H*)-pyridazinone[90]
3-Methoxy-6-sulfanilamidopyridazine[1998]
6-Methyl-4,5-dihydro-3(2*H*)-pyridazinone[1535]
Methyl 6-oxohexahydro-4-pyridazinecarboxylate[1544]
1-Methyl-3,6(1*H*,2*H*)-pyridazinone[176]
4-Methyl-3(2*H*)-pyridazinone[1890]
5-Methyl-3(2*H*)-pyridazinone[1890]
6-Methyl-3(2*H*)-pyridazinone[1890]
2-*p*-Methylsulfonylphenyl-6-phenylhexahydro-4-pyridazinol[1513]
6-Phenyl-3(2*H*)-pyridazinone, acetate salt[1535]
3,6(1*H*,2*H*)-Pyridazinedione (new polymorph)[1533]
Pyridazine 1-oxide, CuCl$_2$ complex (**416**)[260]
2-*p*-Tolyl-3(2*H*)-pyridazinone[1890]

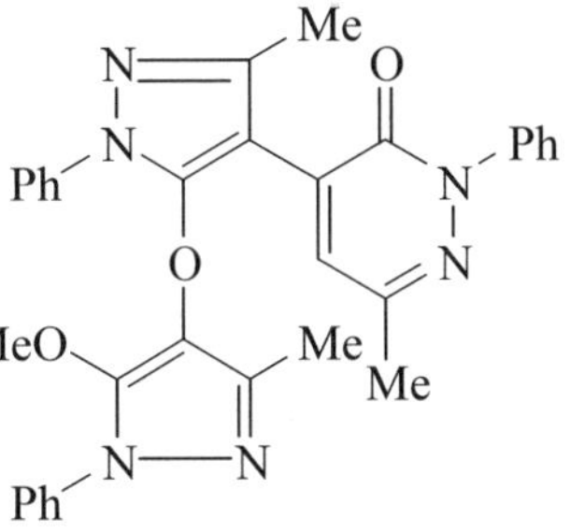

(415) 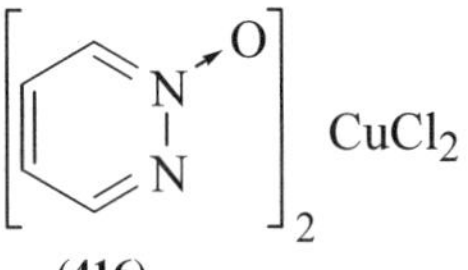 (416)

5.7.2 Studies of Fine Structure in Oxypyridazines (*H* 24)

The fact that most pyridazinols existed predominantly as the corresponding pyridazinones had been established firmly by 1970.[1999,2000] However, some doubts, mainly about the tautomeric forms of pyridazinediols and pyridazinetriols, remained to be clarified subsequently by X-ray analysis (for solids) and by ionization and/or spectral studies (for solutions and gases). Some of these results, as well as related findings on aromaticity and conformational forms, are illustrated in the following list:

- 3,6(1*H*,2*H*)-Pyridazinedione (**417**) exists mainly as 6-hydroxy-3(2*H*)-pyridazinone (**417a**) in aqueous media (ionization and uv spectral evidence),[95,1548;cf.1348] in the gas phase,[1052,1548] or in the solid state.[1533] The cation appeared to have the structure (**418**) on uv evidence,[95] but later nmr work suggested that other forms could be significant.[1128]

- 5-Hydroxy-3(2*H*)-pyridazinone (**419**) probably exists as such, rather than as 6-hydroxy-4(1*H*)-pyridazinone, according to a molecular orbital study of possible tautomers.[1052]

- 6-Phenyl- (**420**, R = H) and 2,6-diphenyl-3,4(1*H*,2*H*)-pyridazinedione (**420**, R = Ph) exist mainly as 4-hydroxy-6-phenyl- (**420a**, R = H) and 4-hydroxy-2,6-diphenyl-3(2*H*)-pyridazinone (**420a**, R = Ph), respectively, as judged from ir spectral evidence.[942] similarly, 5-benzoyl-2,6-diphenyl-3,4(1*H*,2*H*)-pyridazinedione exists as 5-benzoyl-4-hydroxy-2,6-diphenyl-3(2*H*)-pyridazinone (**421**) on X-ray and ^{13}C nmr evidence.[85]

- Two polymorphs of 3-amino-6-methyl-1-*m*-trifluoromethylphenyl-4(1*H*)-pyridazinone (**422**) have been characterized thoroughly be nmr and several other techniques, but their respective fine structures remain unformulated.[1770]

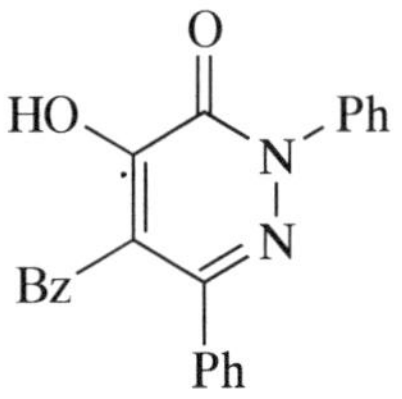

(421) 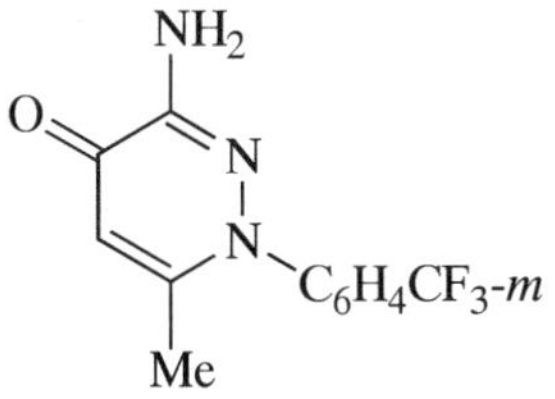 (422)

Conformational allocations for 6-phenyl-4,5-dihydro- and 5-methyl-6-p-tolyl-4,5-dihydro-3(2H)-pyridazinone derived from molecular mechanics calculations agree with allocations for closely similar compounds derived by X-ray analysis.[2002]

Other solid-state data (see Section 5.7.1) and several confirmatory studies on the tautomerism of simple pyridazinones[570,1392,1656,2048] have been reported.

Aromaticity indices have been calculated for pyridazine and some tautomeric or nontautomeric pyridazinones.[417,1415]

5.7.3 General Spectral and Related Studies on Oxypyridazines

Only papers that describe essentially nonroutine applications of spectral or related physicochemical methods to oxypyridazines are cited in the following list:

Ionization and Ultraviolet Spectral Studies

The pK_a values for 3(2H)-pyridazinone[94,95,1167] and its N- and O-methyl derivatives;[95] for some 4-, 5-, or 6-substituted analogues;[94,98,1167] and for 3,6(1H,2H)-pyridazinedione[95,98] have been measured and in some cases compared with values to be expected from the use of Hammett constants.[94]

Full uv data for several of the foregoing pyridazinones have been reported.[95,1190]

Nuclear magnetic resonance spectra studies

The effects of 2-, 4-, 5-, or 6-substituents on the ^{13}C nmr spectrum of 3(2H)-pyridazinone have been studied,[719,1213] and a comparison of the ^{13}C nmr spectra for 3- and/or 6-substituted pyridazines with those for the corresponding pyridazine N-oxides has revealed some interesting substituent effects.[450]

In contrast to ^1H nmr spectra, ^{13}C nmr measurements have been shown to distinguish clearly between O- and N-methylation of 6-chloro-3(2H)-pyridazinone or related heterocyclic lactams.[1349]

The ^1H, ^{13}C, ^{15}N, and ^{17}O nmr spectra of 6-vinyloxy-3(2H)-pyridazinone (423) and many heterocyclic analogues clearly indicate hydrogen bonding between the α-carbon and adjacent ring nitrogen.[1897]

Other Spectral Studies

The ir, uv, and ^{1}H nmr data for >50 homlogues or analogues of 5-hydroxy-2-methyl-3(2H)-pyridazinone (**424**) and 2-methyl-3,4(1H,2H)-pyridazinedione (**425**) have been collected and used to diagnose cases of intramolecular hydrogen bonding.[143]

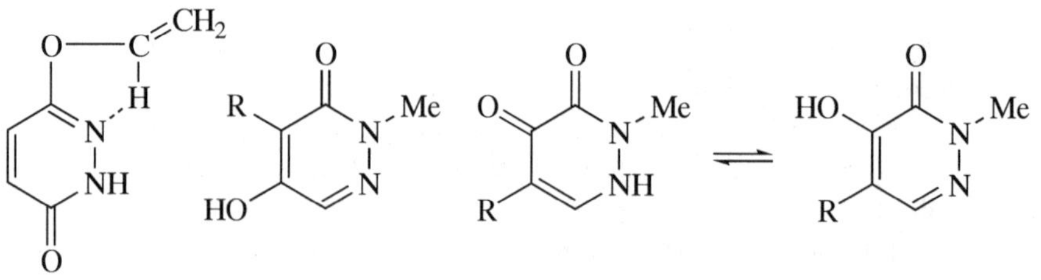

(423)   (424)   (425)

Mass-spectral studies have been reported for series of 2,6-di(alkyl/aryl)-4,5-dihydro-3(2H)-pyridazinones (**426**);[502] 5-(α-hydroxy-o, m, or p-substituted-benzyl)-6-methyl-4,5-dihydro-3(2H)-pyridazinones (**427**);[1131] and compounds related to 4/5-(β-hydroxy-α-methoxyphenylethyl)pyridazine (**428**).[1970]

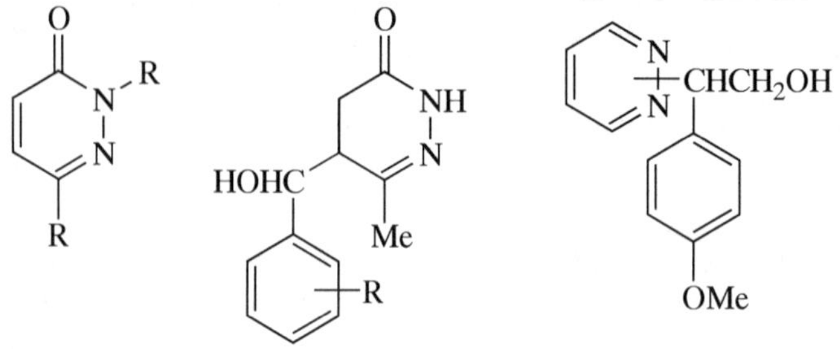

(426)   (427)   (428)

Metal Complex Studies

Note: A great many metal complexes with oxypyridazines as ligands or coligands have been reported. Only a few typical examples are mentioned here.

Treatment of 6-phenyl-4,5-dihydro-3(2H)-pyridazinone with mercuric acetate in boiling acetic acid gave bis(3-oxo-6-phenyl-2,3,4,5-tetrahydropyridazin-4-yl)mercury (**429**) (98%), which underwent demercuration with metallic silver in acetic acid to afford 3,3′-dioxo-6. 6′-diphenyl-2,2′, 3,3′, 4,4′, 5,5′,-octahydro-4,4′-bipyridazine (**430**) (∼99%).[1094]

5-(3,6-Dioxohexahydropyridazin-1-ylsulfonyl)-8-quinolinol (**431**) gave metal complexes of the type L_2Cu, L_2Hg, and L_2FeNO_3 that were screened for antibacterial activity.[1393]

An interesting self-assembled structure has been reported: X-ray crystallography and spectra indicated that it was composed of nine silver ions sandwiched between two layers, each composed of three parallel hexadentate ligands [6,6′-bis(6-methylpyridin-2-yl)-3,3′-bipyridazine (**432**)] and arranged so that the ligands in the first layer were at ~90° to those in the second.[1574]

Several "octopus"-shaped (actually hexapodal!) ruthenium complexes have been made for elaboration into biomimetic models for photosynthesis. A typical complex (RuL$_3$Cl$_2$) employed 6,6′-bis(10-*p*-methoxyphenyl-1,4,7,10-tetraoxadecyl)-3,3′-bipyridazine (**433**) as each of the three bidentate dipodal ligands.[1899]

5.7.4 Trivial Names for Pyridazine Derivatives

Most of the trivial names commonly used in recent years for pharmaceutical, agrochemical, naturally occurring, and other pyridazines are here listed alphabetically. Each entry is accompanied by its chemical name, type of activity (if applicable), and leading reference(s) or CAS number as appropriate.

Acetylsulfamethoxypyridazine, 3-*p*-acetamidobenzenesulfonamido-6-methoxypyridazine, antibacterial[1782]

Amezinium metilsulfate, 6-methoxy-1-phenyl-4(1*H*)-pyridazinimine methyl hydrogen sulfate, antihypotensive[1575,1777]

Amipizone, 6-*p*-(2-chloropropionamido)phenyl-4-methyl-4,5-dihydro-3(2*H*)-pyridazinone, antihypertensive and platelet-aggregation inhibitor[1777,1782]

Antrimycin(s), structure(s),[1782] natural antibiotic(s)[1375]

Atensil, *see* Pildralazine

Aurantimycin(s), structure(s),[1874] natural antibiotic(s)

1-Azafagomine, (3,4-*trans*-4,5-*trans*)-3-hydroxymethylhexahydro-4,5-pyridazinediol, inhibitor of enzymatic glycoside cleavage[2029,2050]

Azinothrizin, structure,[1782] natural antibiotic

Azintamide, 3-chloro-6-(*N*,*N*-diethylcarbamoylmethylthio)pyridazine, choleretic[1777]

Azinthiamide, *see* Azintamide

Biloral, *see* Azintamide

Brompyrazon, 5-amino-4-bromo-2-phenyl-3(2*H*)-pyridazinone, herbicide, CAS 3042-84-0

Cadralazine, 3-β-ethoxycarbonylhydrazino-6-(*N*-ethyl-*N*-β-hydroxypropylamino)pyridazine, antihypertensive[1777]

Cadraten, *see* Cadralazine

Cadrilan, *see* Cadralazine

Cantor, *see* Minaprine

Catos, *see* Medazonamide

Catohexazine, 4,6-dimethyl-3(2*H*)-pyridazinone, hypnotic[1782]

Chloridazon(e), 5-amino-4-chloro-2-phenyl-3(2*H*)-pyridazinone, herbicide[90] CAS 1698-60-8

Delibryl, *see* Ridaflone

Denpidazone, 4-butyl-5-hydroxy-1,2-diphenyl-3,6(1*H*,2*H*)-pyridazinedione, muscle relaxant[1782]

Diclomezine, 6-(3,5-dichloro-4-methylphenyl)-3(2*H*)-pyridazinone, agrofungicide, CAS 62865-36-5

Donnaienin(s), structure(s),[1968] plant products.

Emorfazone, 4-ethoxy-2-methyl-5-morpholino-3(2*H*)-pyridazinone, analgesic and antiinflammatory[1269,1782]

Fenridazon, 1-*p*-chlorophenyl-6-methyl-4-oxo-1,4-dihydro-3-pyridazinecarboxylic acid, agrochemical CAS68254-10-14

Himastatin, structure,[1805] natural antitumor antibiotic

Hydracarbazine, 6-hydrazino-3-pyridazinecarboxamide, antihypertensive[1777]

Imazodan, 6-*p*-(imidazol-1-yl)phenyl-4,5-dihydro-3(2*H*)-pyridazinone, cardiotonic[1449,1451,1777;cf.1306]

Indolidan, 3,3-dimethyl-5-(6-oxo-1,4,5,6-tetrahydropyridazin-3-yl)-2-indolinone, cardiotonic[1451,1777]

Isamfazone, 2-(N-α-benzylethyl-N-methylcarbamoyl)methyl-6-phenyl-3(2H)-pyridazinone, analgesic and antiinflammatory[1782]

Isopulsan, *see* Minaprine

Kantor, *see* Minaprine

Lismont, *see* Amezinium metilsulfate

Luzopeptin, structure,[1806] natural antitumor antibiotic

Malazin, 3-p-maleoylaminobenzenesulfonamido-6-methoxypyridazine, antibacterial[1782] CAS 13010-48-5

Maleic hydrazide, 3,6(1H,2H)-pyridazinedione

Maleohydrazide, 3,6(1H,2H)-pyridazinedione

Matlystatin-B (also others), 1-[2-(N-hydroxycarbamoylmethyl)heptanoyl]-6-[N-(2-methyl-1-propionylbutyl)carbamoyl]hexahydropyridazine, natural product[1511,1652,1814;cf.2087,2100]

Medazoamide, *see* Medazonamide

Medazonamide, 1-methyl-6-oxo-1,4,5,6-tetrahydro-3-pyridazinecarboxamide, bronchodilator[1777]

Meribendan, 5-methyl-6-(2-(pyrazol-3-yl)benzimidazol-5-yl-4,5-dihydro-3(2H)-pyridazinone, cardiotonic, CAS 119322-27-9

Metamfazone, 4-amino-6-methyl-2-phenyl-3(2H)-pyridazinone, analgesic[1782]

Metflurazone, 4-chloro-5-dimethylamino-2-m-trifluoromethylphenyl-3(2H)-pyridazinone, herbicide CAS 23576-23-0

Minaprine, 4-methyl-3-(β-morpholinoethyl)amino-6-phenylpyridazine dihydrochloride, antidepressant[886,1782] (analogues[2062])

Minoten, *see* Oxdralazine

Mopidralazine, 3-(2,5-dimethylpyrrol-1-yl)-6-morpholinopyridazine, antihypertensive[1777]

Motapizone, 6-[4-(imidazol-1-yl)thien-2-yl]-5-methyl-4,5-dihydro-3(2H)-pyridazinone, antihypertensive and antithrombotic[1777,1782]

Nandron, *see* Emorfazone

Nifurprazine, 6-β-(5-nitrofuran-2-yl)vinyl-3-pyridazinamine, antibacterial[1782]

Norflurazone, 4-chloro-5-methylamino-2-m-trifluoromethylphenyl-3(2H)-pyridazinone, herbicide[90,724] CAS 127314-13-2

Nortimic, *see* Minaprine

Ofunack, *see* Pyridaphenthion

Oragal, *see* Azintamide

Oragallin, see Azintamide

Oxdralazine, 3-di(β-hydroxyethyl)amino-6-hydrazinopyridazine, antihypertensive[1777]

Pentoil, *see* Emorfazone

Pentoyl, *see* Emorfazone

Phenazon(e), 5-amino-4-chloro-2-phenyl-3(2H)-pyridazinone, herbicide [865,1130]

Phthalylsulfapyridazine, 3-methoxy-6-(p-phthalimidobenzenesulfonamido)pyridazine, antibacterial [1782]

Pildralazine, 3-hydrazino-6-(N-β-hydroxypropyl-N-methylamino)pyridazine, antihypertensive [1331,1777]

Pimobendan, 6-(2-p-methoxyphenylbenzimidazol-5-yl)-5-methyl-4,5-dihydro-3(2H)-pyridazinone, cardiotonic [1777,1972;cf.1451]

Piperazic acid, hexahydro-3-pyridazinecarboxylic acid

Piperidazine, hexahydropyridazine

Prizidilol, 3-o-(γ-t-butylamino-β-hydroxypropoxy)phenyl-6-hydrazinopyridazine, [1534] antihypertensive [1777]

Propildazine, *see* Pildralazine

Pydanon, 4-carboxymethyl-4-hydroxy-4,5-dihydro-3,6(1H,2H)-pyridazinedione, herbicide CAS 22571-07-9

Pyrazon(e), *see* Phenazon(e); the name *pyrazon(e)*, has also been used for a pharmaceutical of quite different composition.

Pyridaben, 2-t-butyl-5-(p-t-butylbenzyl)thio-4-chloro-3(2H)-pyridazinone, agroinsecticide CAS 96489-71-3

Pyridafenthion, *see* Pyridaphenthion

Pyridaphenthion, 6-diethoxyphosphinothioyloxy-2-phenyl-3(2H)-pyridazinone, anticholinesterase [1777]

Pyridate, 3-chloro-5-(octylthio)carbamoyloxy-6-phenylpyridazine, herbicide [90]

Pyridazocidin, 1-(δ-amino-δ-carboxybutyl)-4-carboxypyridazinium chloride, natural phytotoxin [2010]

Pyridazomycin, 1-(δ-amino-δ-carboxybutyl)-4-carbamoylpyridazinium chloride, natural fungicide [1229,1575,1782; cf.1971]

Regulton, *see* Anezinium metilsulfate

Ridaflone, 4-phenyl-2-β-pyrrolidinoethyl-6-m-trifluoromethylphenyl-3(2H)-pyridazinone, tranquillizer [1782]

Ridazolol, 4-chloro-5-[β-(γ-o-chlorophenyl-β-hydroxypropylamino)ethylamino]-3(2H)-pyridazinone, cardioselective β-blocker [1777]

Ridiflone, *see* Ridaflone

Rogalin, *see* Azintamide

Salazosulfapyridazine, 3-p-(3-carboxy-4-hydroxyphenylazo)benzenesulfonamido-6-methoxypyridazine, antibacterial [1782]

Sulfamethoxypyridazine, 3-methoxy-6-sulfanilamidopyridazine, antibacterial [1782,1998]

Sulfethoxypyridazine, 3-ethoxy-6-sulfanilamidopyridazine, antibacterial [1782]

Supratonin, *see* Amezinium metilsulfate

Triladine, 2,5,6-trimethyl-3-oxo-2,3-dihydro-4-pyridazinecarbonitrile, analgesic[1782]

Verucopeptin, structure,[1651] natural antitumor antibiotic (also several analogues)

Zardaverine, 6-(4-difluoromethoxy-3-methoxyphenyl)-3(2H)-pyridazinone, cardiotonic CAS 101975-10-4

CHAPTER 6

Thiopyridazines (*H* 755)

The term *thiopyridazines* is used to cover any pyridazine with a sulfur-containing substituent that is attached directly or indirectly to the nucleus through its sulfur atom. Relationships within the thiopyridazine family are simple. A parent tautomeric pyridazinethione, pyridazinethiol, or mercaptoalkylpyridazine may undergo *S*-alkylation to an alkylthiopyridazine (thioether, RSR′) which may then be oxidized to an alkylsulfinyl- [sulfoxide, RS(=O)R′] or an alkylsulfonylpyridazine [sulfone, RS(=O)$_2$R′]; alternatively, the parent may be oxidized directly to a dipyridazinyl disulfide (RSSR), a pyridazinesulfenic acid [*S*-oxide, RSOH], pyridazinesulfinic acid (RSO$_2$H), or a pyridazinesulfonic acid (RSO$_3$H). The nontautomeric pyridazinethiones and dipyridazinyl sulfides are also included in this chapter, but any thiocyanatopyridazines (RSC≡N) have been relegated to Chapter 8, in which isothiocyanatopyridazines (RN=C=S) and pyridazinecarbonitriles are discussed. Inexplicably, some of the foregoing types of thiopyridazine are poorly represented or even unrepresented in the post-1970 literature, a situation in bold contrast with that in the pyrimidine series.[1930e]

6.1. PYRIDAZINETHIONES AND PYRIDAZINETHIOLS (*H* 756)

Although this section is mainly about tautomeric pyridazinethiones, the small amount of available information on nontautomeric (fixed) pyridazinethiones and no nuclear and extranuclear pyridazinethiols is included also.

6.1.1 Preparation of Pyridazinethiones and Pyridazinethiols (*H* 758)

Most tautomeric pyridazinethiones have been made by *primary synthesis* (Chapters 1 and 2), *thiation of pyridazinones* (see Section 5.1.2.1), or *thiolysis of halogenopyridazines* (see Section 4.2.4); a few nontautomeric pyridazinethiones have been made by *primary synthesis* (see Chapters 1 and 2) but most by *thiation of fixed pyridazinones* (See Section 5.5.2); and virtually all extranuclear pyridazinethiols have been made by *thiolysis of corresponding halogenoalkylpyridazines* (see Section 4.4.3) with a single example by thiation of an extranuclear pyridazinol (see end of Section 5.3.2). The remaining synthetic routes to pyridazinethiones and pyridazinethiols are illustrated in the following examples:

Direct Introduction of Sulfur

3-Pyridazinamine (**1**) gave 6-amino-4(1*H*)-pyridazinethione (**2**) [neat S, trace 2-Me-pyridine or $(EtO_2C)_2CH_2$, 170°, sealed, 6 h: 45%].[930]

Diethyl 1,2,3,6-tetrahydro-1,2-pyridazinedicarboxylate (**3**) gave diethyl 4-acetylthiohexahydro-1,2-pyridazinedicarboxylate (**4**) (neat MeCOSH, Bu^{t}O$_2$H, $h\nu$, 25°→95°, 90 min: 83%; a radical addition) and then diethyl 4-mercaptohexahydro-1,2-pyridazinedicarboxylate (**5**, R = CO$_2$Et) (HCl gas, EtOH, reflux, N$_2$, 4 h: 76%), hexahydro-4-pyridazinethiol (**5**, R = H) (HCl, AcOH, reflux, N$_2$, 48 h: 43%), or 1,2-dimethylhexahydro-4-pyridazinethiol (**6**) (LiAlH$_4$, Et$_2$O, 25°, 2 h: 54%).[970]

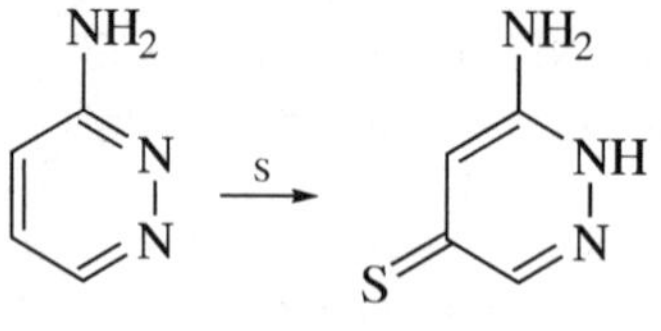

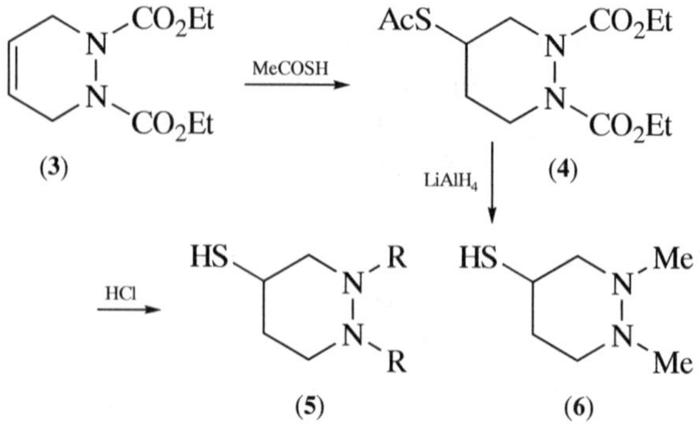

From Acylthiopyridazines

3,6-Bisbenzoylthiopyridazine (**7**) gave 3,6(1*H*,2*H*)-pyridazinedithione (**8**) (5M HCl, reflux, 2 h: ~75%).[95]

Also other examples in the preceding paragraph.

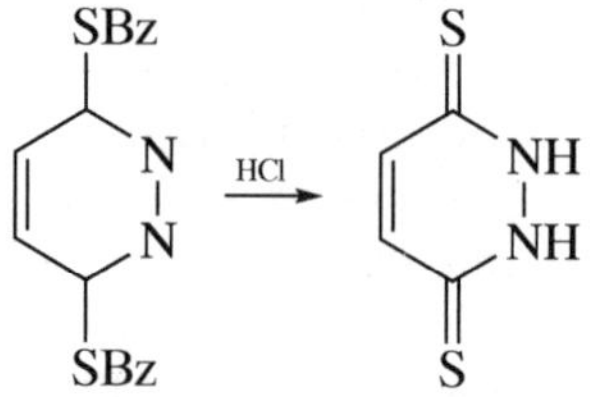

From Nitropyridazines

3-Chloro-6-methoxy-5-nitropyridazine 2-oxide gave 6-chloro-1-hydroxy-3-methoxy-4(1H)-pyridazinethione (excess NaHS, EtOH, reflux, 15 h: 47%).[905]

From Alkylthiopyridazines

3-t-Butylthio-5-ethoxy-6-phenylpyridazine (**9**, R = OEt) gave 5-ethoxy-6-phenyl-3(2H)-pyridazinethione (**10**, R = OEt) (10M HCl, reflux, 1 h: 86%);[1087] 3,5-bis-t-butylthio-6-phenylpyridazine (**9**, R = SBu^t) gave 5-mercapto-6-phenyl-3(2H)-pyridazinethione (**10**, R = SH) (AlCl$_3$, PhMe, reflux, 30 min: 77%).[1087]

3-Acetonylthio-6-phenylpyridazine (**11**) gave 6-phenyl-3(2H)-pyridazinethione (**12**) (Bu^{t}OK, Me$_2$NCHO, 60°, 2 h: 90%).[413]

3-β-Cyanoethylthio-6-methyl-4-p-methylbenzylpyridazine gave 6-methyl-4-p-methylbenzyl-3(2H)-pyridazinethione (5M NaOH, reflux, 10 h: 65%).[112]

Also other examples.[95,659,689]

6.1.2 Reactions of Pyridazinethiones and Pyridazinethiols (H 767)

With one exception (see Section 5.5.1), the *direct hydrolysis of pyridazinethiones or thiols* into pyridazinones or pyridazinols has been avoided recently in favor of indirect conversions, usually via the derived alkylthiopyridazines (see Section 5.1.1). The other reactions of pyridazinethiones or thiols are discussed in the following subsections.

6.1.2.1 S-Acylation (H 787)

This mundane but seldom-used process is applicable to tautomeric pyridazinethiones and thiols but normally not to nontautomeric pyridazinethiones. It is illustrated in the following examples.

3,6(1H,2H)-Pyridazinethione (**13**) gave an easily separable mixture of 6-benzoylthio-3(2H)-pyridazinethione (**14**, R = H) and 3,6-bisbenzoylthiopyridazine (**15**, R = H) (BzCl, 5M NaOH, 25°, brief shaking: each ~30%); retreatment of the first product (**14**, R = H) gave the second (**15**, R = H) (~80%).[95] The same substrate (**13**) also gave 3,6-bis-*p*-methoxybenzoylthiopyridazine (**15**, R = OMe) (*p*-MeOC$_6$H$_4$COCl, 2M KOH-dioxane, 25°, 1 h: <64%),[365]

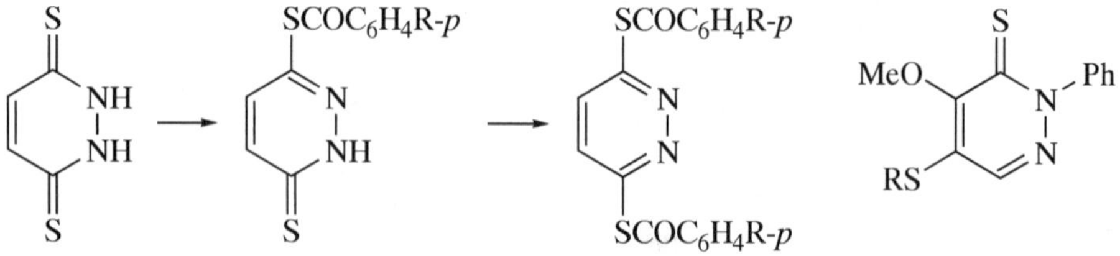

5-Mercapto- (**16**, R = H) gave 5-acetylthio- (**16**, R = Ac) (neat Ac$_2$O, reflux, 5 h: 69%) or 5-ethoxycarbonylthio-4-methoxy-2-phenyl-3(2H)-pyridazinone (**16**, R = CO$_2$Et) (ClCO$_2$Et, xylene, reflux, 7 h: 58%).[1896] Also other examples.[1480]

6.1.2.2 S-Alkylation (H 770)

With rare exceptions (see Section 6.1.2.3), tautomeric pyridazinethiones undergo S- rather than N-alkylation; extranuclear pyridazinethiols and fixed pyridazinethiones also undergo S-alkylation, the latter with the formation of quaternary products. The ease and resulting extensive use of S-alkylation reactions are illustrated in the formation of the following typical alkylthiopyridazines, classified according to the type of alkylthio group(s) in each product; the substrate thiones or thiols are not mentioned except when confusion might arise:

Simple Alkylthio Derivatives

4-Benzyl-6-methyl-3-methylthiopyridazine (**17**) (Me$_2$SO$_4$, 2.5M NaOH, warm, a few minutes: 72%);[112] 3-ethylthio-6-methyl-4-*p*-methylbenzylpyridazine (EtI, NaOH, EtOH, reflux, 3 h: 82%).[112]

3-*p*-Bromophenyl-6-hexylthiopyridazine (C$_6$H$_{13}$Br, EtONa, EtOH, reflux, 1 h: <65%).[365]

3-Chloro-6-methylthiopyridazine [Me$_2$NCH(OMe$_2$), PhMe, reflux, 1 h: 33%].[1135]

3,4,5-Trismethylthiopyridazine [5-mercapto-3,4(1H,2H)-pyridazinedithione, MeI, 1M NaOH, 30 min: ∼80%].[689]

6-(Isopropylthiobenzothiazol-5-yl)-5-methyl-4,5-dihydro-3(2H)-pyridazinone (**18**) (Pr^{i}I, 2M NaOH, 25°, 20 min: 62%; alkylation of an extranuclear thione).[1449]

3-Methylthio-4,5-pyridazinediamine (**19**) [MeI (1 equiv), 0.5M KOH (1 equiv), 25°, 20 h: 75%][973] or its 1-methiodide: 5-imino-2-methyl-6-methylthio-2,5-dihydro-4-pyridazinamine hydriodide (**20**) (similarly but excess MeI; structure confirmed by X-ray analysis).[197, cf. 2003]

Also other examples.[89, 636, 654, 679, 735, 808, 930, 1064, 1129, 1617, 1813]

Simple Alkenylthio Derivatives

6-Allylthio-3-pyridazinamine (**21**) (H$_2$C=CHCH$_2$Br, 1M NaOH, 20°, 12 h: 87%).[1842]

3-Allylthio-6-chloropyridazine (**22**) (H$_2$C=CHCH$_2$Br, MeONa, MeOH, 55°, a few minutes: >62%) and thence 6-prop-1′-enylthio-3(2H)-pyridazinone (**23**) (KOH, H$_2$O–MeOH, reflux, 2 h: 52%; note rearrangement of the alkenylthio group).[557]

Acylalkylthio Derivatives

3-Acetonylthio- (**24**, R = Me) (BrCH₂Ac, EtONa, EtOH, 25°, a few hours: 50%) or 3-*p*-bromophenacylthio-6-phenylpyridazine (**24**, R = C₆H₄Br-*p*) (*p*-BrC₆H₄COCH₂Br, likewise: 50%).[413]

3-Azido-6-phenacylthiopyridazine (**25**) (BzCH₂Br, EtOH, 25°, 30 min: 84%).[1008]

3-α-Acetylethylthio-6-methylpyridazine (**26**) (ClCHAcMe, KOH, EtOH, 25°, 2 h: 51%); also analogues.[819]

Cyanoalkylthio derivatives

3-Cyanomethylthio-5,6-diphenyl-4-pyridazinecarbonitrile (**27**) (ClCH₂CN, K₂CO₃, trace KI, AcMe, 25°, 1 h: 61%) for cyclization to 5-amino-3,4-diphenylthieno[2,3-*c*]pyridazine-6-carbonitrile (**28**) [(CH₂)₅NH, AcMe–THF, reflux, 5 h: 70%].[1947]

4-*p*-Chlorobenzyl-3-β-cyanoethylthio-6-methylpyridazine (**29**) (H₂O = CHCN, EtOH, trace NaOH, reflux, 12 h: 77%).[112]

Also other examples.[811, 1023, 1056]

Alkoxycarbonylalkylthio Derivatives

3-(1-Ethoxycarbonylacetonyl)thio-6-methylpyridazine (**30**) (ClCHAcCO$_2$Et, KOH, EtOH, 25°, 30 min: 69%).[819]

Ethyl 3-ethoxycarbonylmethylthio-5,6-diphenyl-4-pyridazinecarboxylate (**31**), isolated only as its cyclization product, ethyl 5-hydroxy-3,4-diphenylthieno[2,3-c]pyridazine-6-carboxylate (**32**) (ClCH$_2$CO$_2$Et, EtONa, EtOH, reflux, 3 h: 60%).[390]

Also other examples.[1371]

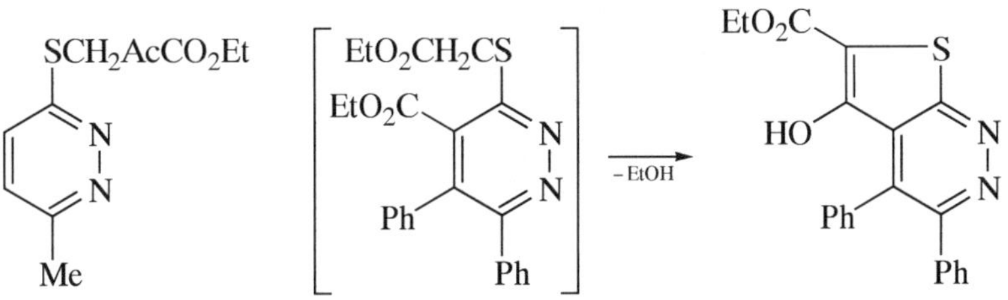

Carbamoylalkylthio Derivatives

3-Carbamoylmethylthio-5,6-diphenyl-4-pyridazinecarbonitrile (**33**) (ClCH$_2$CONH$_2$, K$_2$CO$_3$, trace KI, MeAc, 25°, 1 h: 66%) and thence 5-amino-3,4-diphenylthieno[2,3-c]pyridazine-6-carboxamide (**34**) (K$_2$CO$_3$, EtOH, reflux, 30 min: 75%).[1913, cf. 1715]

Also other examples.[1142]

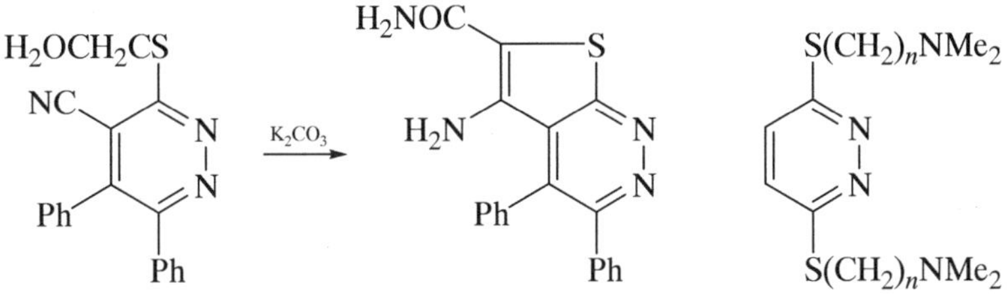

Aminoalkylthio Derivatives

3,6-Bis(β-dimethylaminoethylthio)pyridazine (**35**, $n=2$) (ClCH$_2$CH$_2$NMe$_2$, 1M NaOH, 25°, 1 h: ∼25%) or 3,6-bis(γ-dimethylaminopropylthio)pyridazine (**35**, $n=3$) (ClCH$_2$CH$_2$CH$_2$NMe$_2$, NH$_3$, EtOH, 25°, 1 h: ∼10%).[1142]

Benzylthio or Heteroarylthio Derivatives

6-o-Methoxybenzylthio-3-pyridazinamine (**36**) (ClCH$_2$C$_6$H$_4$ OMe-o, 0.3M NaOH, 25°, 4 h: ∼70%);[1155] also many analogues.[1152, 1155, 1531]

3-Benzylthio-4-(5-benzylthio-1,3-diphenylpyrazol-4-yl)-6-*p*-ethoxyphenyl-pyridazine (**37**) (corresponding dithione, PhCH$_2$Cl, NaHCO$_3$, H$_2$O–MeAc, 5° → 25°, 2 h: 72%).[1103]

2,6-Dimethyl-5-pyridazin-4′-ylthio-4(3*H*)-quinazolinone (**38**) [4(3*H*)-pyridazinethione, NaH, Me$_2$NAc, 25°, 1 h; then 5-bromo-2,6-dimethyl-4(3*H*)-quinazolinone↓, CuBr, Cu$_2$O, 90°, 4 h: 30%].[1747]

Also other examples.[1226, 1962, 2084]

Dipyridazinyl Sulfides

5-(5,6-Dichloropyridazin-4-yl)thio-4-pyridazinamine (**39**) [5-amino-4(1*H*)-pyridazinethione, 3,4,5-trichloropyridazine, KOH, EtOH, 110°, 24 h: 60%], which underwent cyclization to the expected product, 1-chloro-10*H*-dipyridazino[4,5-*b*:4′,5′-*c*][1,4]thiazine (**40**, Q = Cl, R = H) (10M HCl, 90°, 3 h: 58%), or to its unexpected 4-chloro isomer (**40**, Q = H, R = Cl) (AcOH, 90°, 3 h: 57%; said to involve a Smiles[1852d] rearrangement).[923]

3,6-Bis(6-chloropyridazin-3-ylthio)pyridazine (**43**) [6-chloro-3(2H)-pyridazinethione (**41**) (2 equiv) plus 3,6-dichloro- (**42**, X = Cl) (1 equiv) or 3,6-dibromopyridazine (**42**, X = Br) (1 equiv), MeOH, trace HCl, reflux, 3 h: 68% or 75%, respectively].[315]
Also other examples.[210, 867, 1087]

6.1.2.3 N-Alkylation (H 778)

Tautomeric pyridazinethiones seldom afford any *N*-alkylated product. However, 6-*p*-tolyl-3(2H)-pyridazinethione (**44**) underwent Mannich aminomethylation by formaldehyde and piperidine or morpholine in ethanol at 25° during 12 h to afford 2-piperidinomethyl- (**45**, X = CH$_2$) or 2-morpholinomethyl-6-*p*-tolyl-3(2H)-pyridazinethione (**45**, X = O) in 85% or 70%, respectively.[371] Several analogues were made similarly.[371, 733] In addition, 3,6(1H,2H)-pyridazinedithione with dimethyl sulfate in aqueous methanolic sodium methoxide gave a separable mixture of 3,6-bismethylthiopyridazine (**46**) and 2-methyl-6-methylthio-3(2H)-pyridazinethione (**47**) in unstated ratio;[95] the possibility that the *N*-methyl derivative (**47**) may have risen indirectly by a Hilbert–Johnson type of reaction (see Sections 5.4.2.3 and 6.2.2.2) was not excluded.[95] The direct (?) formation of *N*-glycosylpyridazinethiones has been reported.[635]

6.1.2.4 Aminolysis (H 476, 769)

Aminolysis of tautomeric pyridazinethiones is usually done indirectly by *S*-alkylation (Section 6.1.2.2) and subsequent aminolysis (Section 6.2.2.2) or by hydrazinolysis (which occurs much more easily than regular aminolyses) and subsequent reductive cleavage of the hydrazino group.

Thus 6-methyl-3(2H)-pyridazinethione (**48**) afforded 3-hydrazino-6-methylpyridazine (**49**) by treatment in ethanolic hydrazine hydrate under reflux for 6 h; subsequent hydrogenation over Raney- nickel in ethanol gave 6-methyl-3-pyridazinamine (**50**) in ~65% yield;[1127] Likewise, 3-[2-(3-*o*-chlorophenoxy-2-hydroxypropylamino)-2-methylpropoxy]-6-hydrazinopyridazine was obtained in 65% yield from the corresponding thione (**51**) in refluxing ethanolic hydrazine hydrate for 3 h:[1813] and other such hydrazinolyses have been reported.[159,636]

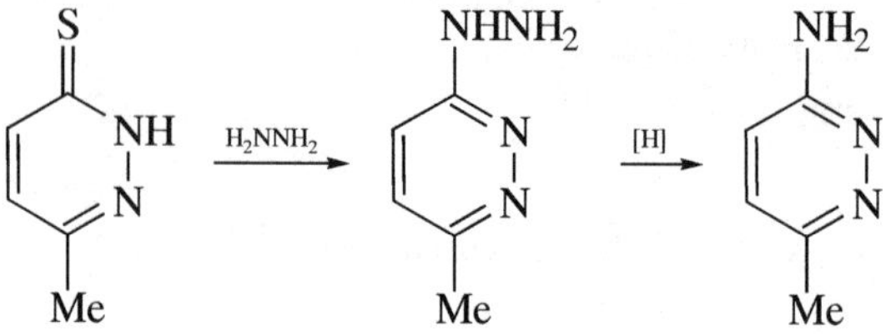

(48) → (49) → (50)
(H$_2$NNH$_2$); [H]

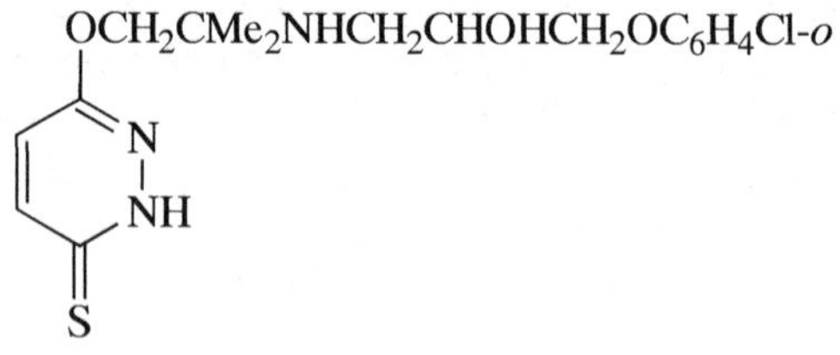

(51)

6.1.2.5 Oxidation to Dipyridazinyl Disulfides (H 767)

Tautomeric pyridazinethiones are easily oxidized to the corresponding dipyridazinyl disulfides, as illustrated in the following examples:

4,6-Diphenyl-3(2H)-pyridazinethione (**52**) gave bis(4,6-diphenylpyridazine-3-yl) disulfide (**53**) (NaOH, H$_2$O; I$_2$/KI↓ until color persists: 80%); homologues likewise.[371]

5-Mercapto-2-methyl-6-phenyl-3(2H)-pyridazinethione gave bis(1-methyl-3-phenyl-6-thioxo-1,6-dihydropyridazin-4-yl) disulfide (**54**) (CHCl$_3$, air, 25°, 3 days: 60%).[1087]

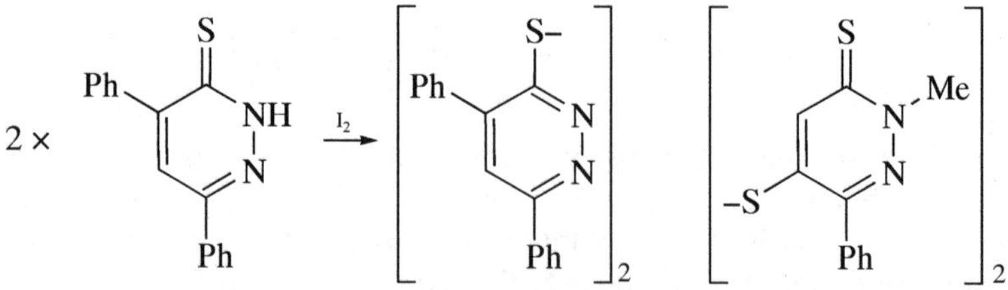

2 × (52) → (53) → (54)

2-Hydroxy-6-methoxy-3(2H)-pyridazinethione (**55**) gave bis(6-methoxy-pyridazin-3-yl) disulfide 2,2′-dioxide (**56**) (NaHCO$_3$, H$_2$O; I$_2$↓, 25°: 75%).[679]

Also other examples.[112,1578]

6.1.2.6 Other Reactions (H 756, 774)

Pyridazinethiones can undergo oxidative *photoaddition by olefines*. For example, irradiation of 6-methyl-3(2H)-pyridazinethione (57) with 2-methylpropene in acetonitrile for 4 h gave a 52% yield of 3,5,5-trimethyl-5,6-dihydrothieno[2,3-c]pyridazine (58), accompanied by an interesting separable byproduct, bis[2-methyl-2-(6-methylpyridazin-3-yl)propyl] disulfide (59) (19%), arising by a rational mechanism; the main product (58) gave 3-*t*-butyl-6-methylpyridazine (60) on desulfurization with Raney nickel.[880]

Recently described *metal complexes* of pyridazinethiones are typified by those of 5-mercapto-3,4(1H,2H)-pyridazinedithione (61) with Pd, Rh, Ru, and Pt;[1260] also by those of 3-amino-6-methyl-4(1H)-pyridazinethione (62) with Cu.[463]

Previous studies on the *tautomerism* of pyridazinethiones have established that, in general, most exist as thiones rather than thiols.[1999, 2000;cf. 570] However, 3,6(1H,2H)-pyridazinedithione (63), usually named as such for pragmatic reasons, exists predominantly as 6-mercapto-3(2H)-pyridazinethione (**64**) at least in aqueous media,[95] a conclusion consistent with the calculated aromaticity index for tautomer (**64**).[1415] Moreover, even 3(2H)-pyridazinethione (**65**) can exist mainly as 3-pyridazinethiol (**66**) when irradiated in a nitrogen or argon matrix.[1653]

6.2 ALKYLTHIOPYRIDAZINES AND DIPYRIDAZINYL SULFIDES (*H* 769)

A great many alkylthiopyridazines have been made, not only as end products for biological testing, but also as intermediates for the preparation of other pyridazines. The hydriodide of 5-imino-2-methyl-6-methylthio-2,5-dihydro-4-pyridazinamine (**67**) has been shown to exist as 4,5-diamino-1-methyl-3-methylthiopyridazinium iodide (**68**) in the solid state by X-ray analysis.[165]

6.2.1 Preparation of Alkylthiopyridazines (*H* 769)

Most of the routes to alkylthiopyridazines have been discussed already: by *primary synthesis* (see Chapters 1 and 2), by *alkanethiolysis of halogenopyridazines* (see Sections 4.2.5 and 4.4.4), by *alkanethiolysis of alkoxypyridazines* (see Section 5.4.2.4), or by *S-alkylation of pyridazinethiones or pyridazinethiols* (see Section 6.1.2.2).

Of the remaining routes, *alkanethiolysis of nitropyridazines* has been used with some success: for example, treatment of 5-acetyl-2-methyl-4-nitro- (**69**, R = NO$_2$) with aqueous ethanolic sodium methanethiolate at 25° for 30 min gave 5-acetyl-2-methyl-4-methylthio-6-phenyl-3(2H)-pyridazinone (**69**, R =

SMe) in 48% yield;[1766] 3-chloro-6-methoxy-5-nitro- (**70**, R = NO$_2$) with sodium ethanethiolate in refluxing ethanol for 3 h afforded 3-chloro-5-ethylthio-6-methoxypyridazine 2-oxide (**70**, R = SEt) in 35% yield;[905] and other such displacements have been reported.[809] In addition, there is an example of *arenethiolysis of an (extranuclear) alkylsulfonylpyridazine*: 5-methyl-6-(2-methylsulfonylbenzothiazol-5-yl)- (**71**, R = SO$_2$Me) with methanolic sodium benzenethiolate at 25° for 1 h afforded 5-methyl-6-(2-phenylthiobenzothiazol-5-yl)-4,5-dihydro-3(2*H*)-pyridazinone (**71**, R = SPh) in 62% yield.[1449] The *photolysis* of 2-*t*-butyl-4-chloro-5-trimethylsilylmethylthio- to 2-*t*-butyl-4-chloro-5-methylthio-3(2*H*)-pyridazinone has been reported.[2051]

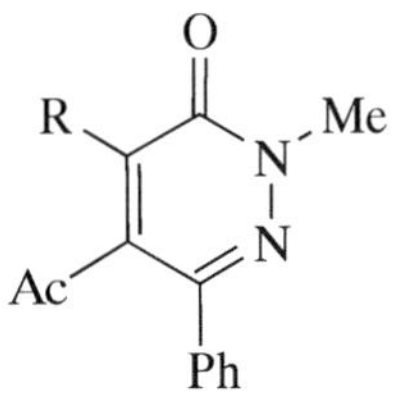

(69)

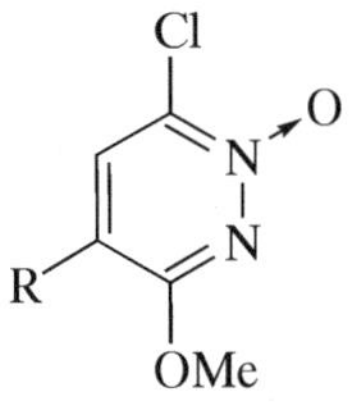

(70)

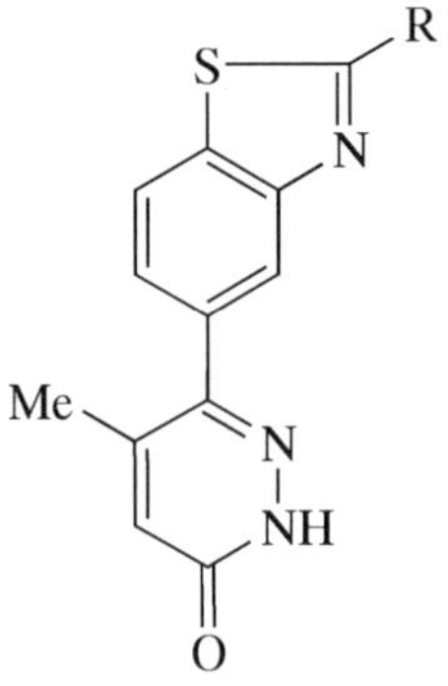

(71)

6.2.2 Reactions of Alkylthiopyridazines (*H* 781)

Several reactions of alkylthiopyridazines have been covered already: *hydrolysis of pyridazinones* (see Section 5.1.1), *alcoholysis to alkoxypyridazines* (see Section 5.4.1), *de-S-alkylation to pyridazinethiones* (see Section 6.1.1), and *rearrangement of S-alkenyl groups* (see Section 6.1.2.2). Other reactions are discussed in the following subsections.

6.2.2.1 *Oxidation to Sulfoxides or Sulfones (H 785)*

Although alkylthio substituents are reasonably good leaving groups for nucleophilic displacements, the easily derived alkylsulfinyl- or alkylsulfonyl substituents are even better for this purpose. Hence the oxidation of alkylthiopyridazines to corresponding sulfoxides or sulfones is well represented in recent literature. Typical conditions and yields are illustrated by the following examples:

Methyl 6-ethylthio- gave methyl 6-ethylsulfonyl-3-pyridazinecarboxylate (KMnO$_4$, AcOH–PhH, trace, Bu$_4$NBr, 25°, 18 h: 71%).[1592]

6-Phenylthio- (**72**, R = SPh) gave 6-phenylsulfinyl- (**72**, R = SOPh) [*m*-ClC$_6$H$_4$CO$_3$H (1 equiv), CH$_2$Cl$_2$, 25°, 24 h: 82%] or 6-phenylsulfonyl-3-

pyridazinamine (**72**, R = SO$_2$Ph) [*m*-ClC$_6$H$_4$CO$_3$H (2.5 equvi), likewise: 44% after separation from some sulfoxide].[1693]

6-Methoxy-2-methyl-5-phenylthio- (**73**, R = SPh) gave 6-methoxy-2-methyl-5-phenylsulfinyl- (**73**, R = SOPh) [AcOH, 70% H$_2$O$_2$ (∼1 equiv), 50°, 3 h: 95%] or 6-methoxy-2-methyl-5-phenylsulfonyl-3(2*H*)-pyridazinone (**73**, R = SO$_2$Ph) (AcOH, excess H$_2$O$_2$, likewise: 53% after purification).[1672]

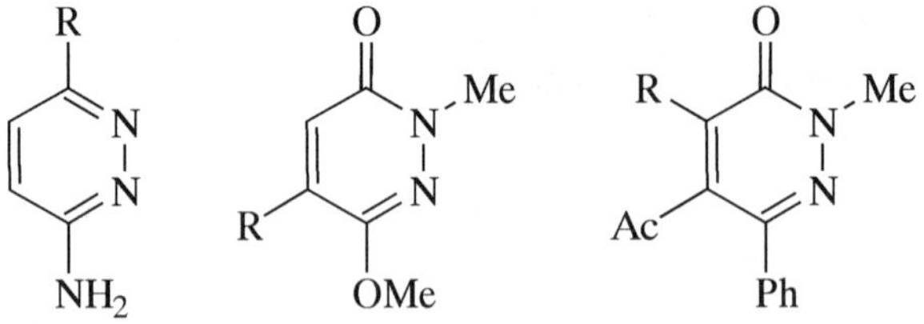

(**72**) (**73**) (**74**)

5-Acetyl-2-methyl-4-methylthio- (**74**, R = SMe) gave 5-acetyl-2-methyl-4-methylsulfinyl- (**74**, R = SOMe) (AcOH–H$_2$O, limited 30% H$_2$O$_2$, 15°, 18 h: 61%) or 5-acetyl-2-methyl-4-methylsulfonyl-6-phenyl-3(2*H*)-pyridazinone (**74**, R = SO$_2$Me) (AcOH–H$_2$O, excess 30% H$_2$O$_2$, 90°, 2 h: 73%).[1766]

3,6-Bismethylthiopyridazine gave 3-methylsulfinyl-6-methylthio- [AcOH, H$_2$O$_2$ (<1 equiv), 40°, 2 h: 59%; or CHCl$_3$, Br$_2$: ?%], 3,6-bismethylsulfinyl- (AcOH, limited H$_2$O$_2$, 50°, 1 h: 54%), 3-methylsulfinyl-6-methylsulfonyl- [CH$_2$Cl$_2$, limited HO$_2$CClC=CClCO$_3$H (made in situ), 25°, 1 h: 11% after purification], or 3,6-bismethylsulfonylpyridazine [CH$_2$Cl$_2$, excess HO$_2$CClC=CClCO$_3$H (made in situ), 25°, 1 h: 64%; AcOH, excess H$_2$O$_2$, 50°, 30 min: 64%; or Na$_2$WO$_4$·2H$_2$O, H$_2$O$_2$, 5°, 30 min: 89%].[304]

Also other examples.[300, 371, 533, 675, 733, 1028, 1116, 1449, 1755, 1774, 1903, 1974]

6.2.2.2 Miscellaneous Minor Reactions (H 781)

Although some are quite important, the remaining reactions of alkylthiopyridazines must be considered as minor in that they have been used only rarely of recent years. They are illustrated by the following classified examples:

Aminolysis

Note: It is sometimes advantageous to oxidize alkylthio- to alkylsulfinyl- or alkylsulfonylpyridazines (see Section 6.2.2.1) prior to aminolysis (see Section 6.4).

3-Methyl-6-methylthiopyridazine (**75**) gave 3-hydroxyamino-6-methylpyridazine (**76**) (H$_2$NOH, EtOH, trace HCl, reflux, 9 h: 25%).[969]

3,6-Bismethylthiopyridazine (77) gave 3-hydrazino-6-methylthiopyridazine (78) (excess neat H$_2$NNH$_2$, 100°, 20 h; 77%).[636]
Also other examples.[1362, 1390]

Desulfurization or Sulfur Extrusion

Bis(5-benzylamino-1-methyl-6-oxo-1,6-dihydropyridazin-4-yl) sulfide (79) gave 4-benzylamino-2-methyl-3(2H)-pyridazinone (80) (Raney Ni, Me$_2$NCHO, 150°, 10 h; 83%; a classical reductive desulfurization).[867]

3-Phenacylthio- (81) gave 3-phenacyl-4,5,6-triphenylpyridazine (82) (pyridine, reflux, 30 min: 55%; an extrusion).[1362]

1-Methyl-6-phenacylthio-3-phenylpyridazinium bromide (83) gave 1-methyl-6-phenacylidene-3-phenyl-1,6-dihydropyridazine (85), presumably via the cyclic sulfide (84) (K$_2$CO$_3$, Me$_2$NCHO, 25°, 30 min: 60%); also analogues similarly.[413]

Displacement of Alkylthio Groups by Carbanions

Note: This can be done provided the substrate is a quaternary salt.
1-Methyl-6-methylthio-3-phenylpyridazinium iodide (**87**) gave 3-dicyanomethylene- (**86**) [$H_2C(CN)_2$, K_2CO_3, Me_2NCHO, 25°, ?h: 75%] or 3-diethoxycarbonylmethylene-2-methyl-6-phenyl-2,3-dihydropyridazine (**88**) [$H_2C(CO_2Et)_2$, likewise: 46%]; also related products similarly.[266]

Hilbert–Johnson-Type Reactions

3,6-Bismethylthiopyridazine (**89**) gave 1-methyl-3,6-bismethylthiopyridazinium iodide (**90**) (MeI, MeOH, 20°, 6 days: ~65%) and then 2-methyl-6-methylthio-3(2H)-pyridazinethione (**91**) (BuOH, reflux, 4 h: ~15%); the 2-ethyl homologue was made similarly.[95]

Thermal Rearrangements

3-Phenyl-6-(5-O-p-toluoyl-3-O-tosyl-2-deoxy-β-D-ribofuranosylthio)pyridazine (**92**) gave 6-phenyl-2-(5-O-p-toluoyl-3-O-tosyl-2-deoxy-α-D-ribofuranosyl)-3(2H)-pyridazinethione (**93**) ($HgBr_2$, PhH, reflux: >60%; note additional change from β- to α-anomer).[659]

Cyclizations

Appropriate (substituted-alkyl)thio derivatives can undergo intramolecular cyclization. For examples, see Section 6.1.2.2 under *cyanomethylthio derivatives* and subsequent subsections.

Formation of Metal Complexes

Several macrocyclic pyridazine thioethers [e.g., ligand (**94**)] have been converted into well-characterized copper and silver complexes. [1639, 1641 1657]

(**94**)

6.3 DIPYRIDAZINYL DISULFIDES AND PYRIDAZINESUL-FONIC ACIDS OR RELATED COMPOUNDS (*H* 788)

Of these oxidation products from pyridazinethiones or thiols, only the disulfides are represented in recent literature; the sulfenic, sulfinic, and sulfonic acids as well as their derivatives have been almost totally neglected.

The *preparation of disulfides*, done almost invariably by oxidation of tautomeric pyridazinethiones or thiols with air or iodine, has been discussed in Section 6.1.2.5. No *reactions of disulfides* have been reported recently.

Information on *pyridazinesulfonic acids* is confined to the preparation of two extranuclear derivatives. Treatment of 6-phenyl-3(2*H*)-pyridazinon (**95**) with chlorosulfonic acid, initially at 25° for 1 h and subsequently at 60° for

(**95**) →ClSO₃H→ (**96**) →NH₄OH→ (**97**)

340   Thiopyridazines (*H* 755)

2 h, afforded crude 6-*p*-chlorosulfonylphenyl-3(2*H*)-pyridazinone (**96**), characterized through conversion into 6-*p*-sulfamoylphenyl-3(2*H*)-pyridazinone (**97**) (89% yield overall) by trituration with concentrated ammonia and ice for a few minutes.[919]

6.4 PYRIDAZINE SULFOXIDES AND SULFONES (*H* 477, 788)

The main preparative route to such pyridazine derivatives is by *oxidation of alkylthiopyridazines*, discussed in Section 6.2.2.1. Minor routes are represented in recent literature only by the *oxidation of alkylsulfinyl- to alkylsulfonylpyridazines*: thus 5-acetyl-2-methyl-4-methylsulfinyl- (**98**, $n=1$) gave 5-acetyl-2-methyl-4-methylsulfonyl-6-phenyl-3(2*H*)-pyridazinone (**98**, $n=2$) (AcOH, 30% H_2O_2, 90°, 1 h: 87%).[1766]

Only a few reactions of sulfoxides or sulfones have been reported recently. *Hydrolysis* is represented by several examples, outlined toward the beinging of Section 5.1.1; *alcoholysis*, by examples in Section 5.4.1; and *alkanethiolysis*, by examples in Section 6.2.1. *Aminolyses* are illustrated in the following examples:

3,6-Bismethylsulfonylpyridazine (**99**) gave 3-hydrazino-6-methylsulfonyl-pyridazine (**100**) (H_2NNH_2, EtOH, reflux, 2 h: 84%) or 3-methylsulfonyl-6-piperidinopyridazine [$HN(CH_2)_5$, Me_2NCHO, 60°, 2 h: 90%].[304]

5-Methyl-6-(2-methylsulfonylbenzothiazol-5-yl)- (**101**, $R = SO_2Me$) gave 6-(2-β-aminoethylaminobenzothiazol-5-yl)-5-methyl-4,5-dihydro-3(2*H*)-pyridazinone (**101**, $R = NHCH_2CH_2NH_2$) (excess neat $H_2NCH_2CH_2NH_2$, 100°, 1 h: 87%).[1449]

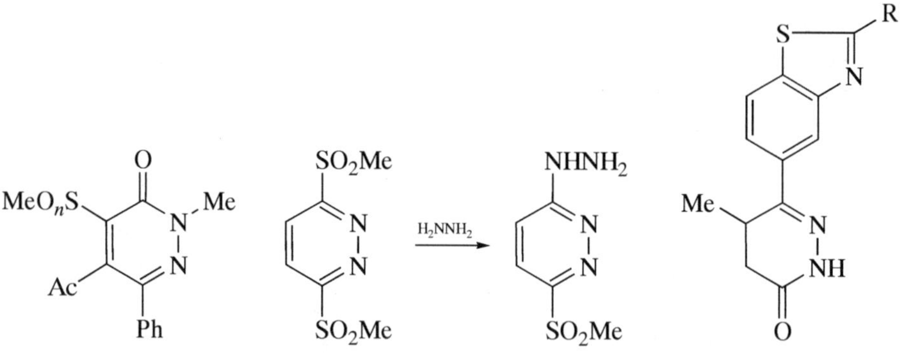

(**98**)   (**99**)   (**100**)   (**101**)

Alkylations of alkylsulsulfinyl- and alkylsulfonylpyridazines appear to occur first at the α carbon and subsequently at a ring carbon; alkylations of arylsulfinyl- and arylsulfonylpyridazines occur only at a ring carbon of the pyridazine nucleus. For example, mono- or dilithiation of 3-methoxy-6-methylsulfinylpyridazine (**102**) and subsequent treatment with acetaldehyde gave mainly 3-(β-hydroxypropyl)sulfinyl-6-methoxypyridazine (**103**) or mainly 4-α-hydroxyethyl-3-(β-hydroxypropyl)sulfinyl-6-methoxypyridazine (**104**), respectively; in contrast, monoalkylation of 3-methoxy-6-phenylsulfonylpyridazine (**105**) gave a mixture of 4-α-hydroxyethyl-3-methoxy-6-phenylsulfonylpyridazine (**106**) and 4-α-hydroxyethyl-6-methoxy-3-phenylsulfonylpyridazine (**107**).[2035]

Resolution of 5-acetyl-2-methyl-4-methylsulfinyl-6-phenyl-3(2H)-pyridazinone proved possible by virtue of its sulfur stereogenic center. Chromatography on an appropriate Chiralcel or related column afforded the entiomers: that of (−)(S) configuration was confirmed in structure by X-ray analysis.[2075]

CHAPTER 7

Nitro-, Amino-, and Related Pyridazines (*H* 463, 629)

This chapter covers pyridazines bearing nitrogenous substituents that are joined directly or indirectly to the nucleus through their nitrogen atom; exceptionally, isocyanato- and isothiocyanatopyridazines are relegated to Chapter 8 in order to be included close to pyridazinecarbonitriles and the like.

7.1 NITROPYRIDAZINES (*H* 629)

The nuclear mono- and dinitropyridazines as well as various extranuclear nitropyridazines are important intermediates for reduction to the corresponding pyridazinamines. Some nuclear nitropyridazines also undergo nucleophilic displacement of their nitro groups to afford a variety of useful pyridazines.

7.1.1 Preparation of Nitropyridazines (*H* 629)

The majority of nitropyridazines have been made by *primary syntheses*, covered in Chapters 1 and 2.

A less predictable approach to both nuclear and extranuclear nitropyridazines involves *direct nitration* of existing pyridazines, as illustrated in the following examples:

4,5-Dichloro-2-methyl-3(2*H*)-pyridazinone (**1**, R = H) gave 4,5-dichloro-2-methyl-6-nitro-3(2*H*)-pyridazinone (**1**, R = NO$_2$) [KNO$_3$, 95% H$_2$SO$_4$, reflux(!), 4.5 h: 64%].[1938]

3-Chloro- (**2**, R = Cl) or 3-methoxy-6-methylpyridazine 1-oxide (**2**, R = OMe) gave 3-chloro-6-methyl-5-nitro- (**3**, R = Cl) or 3-methoxy-6-methyl-5-nitropyridazine 1-oxide (**3**, R = OMe), respectively (BzCl, CHCl$_3$, AgNO$_3$↓, −10°, 4 h; then 25°, 4 days: 32% or 43%, respectively, after separation from unchanged substrate).[904]

1-Hydroxy-3,6-dimethyl-4(1*H*)-pyridazinone (**4**, R = H) gave 1-hydroxy-3,6-dimethyl-5-nitro-4(1*H*)-pyridazinone (**4**, R = NO$_2$) (95% H$_2$SO$_4$, 98% HNO$_3$, 5° → 25°, 12 h: 67%).[794]

3-Ethoxypyridazine 1-oxide gave a separable mixture of 3-ethoxy-4-nitro- and 3-ethoxy-4,6-dinitropyridazine 1-oxide (95% H_2SO_4, 98% HNO_3, 60°, 4 h; then 75°, 4 h: 14% and 25%, respectively).[757]

6-Benzyloxy-3(2H)-pyridazinone gave 6-p-nitrobenzyloxy-3(2H)-pyridazinone [nitration (for conditions, see original): 82%]; 2-p-nitrobenzyl-3,6(1H,2H)-pyridazinedione (94%), likewise.[1453]

Also other examples.[527,534,833,902]

Extranuclear nitropyridazines may also be made by the introduction of *passenger nitro groups* in a variety of ways. For example, sodium 2-amino-5-nitrobenzenethiolate (5) (made in situ) reacted with ethanolic 4,5-dichloro-3(2H)-pyridazinone (6) at 25° to afford 5-(2-amino-5-nitrophenylthio)-4-chloro-3(2H)-pyridazinone (7) in excellent yield;[549] and 1,2-dimethylhexahydro-4-pyridazinamine underwent acylation by p-nitrobenzoyl chloride in chloroform at 25° during 12 h to afford 1,2-dimethyl-4-p-nitrobenzamidohexahydropyridazine in 67% yield.[1699]

7.1.2 Reactions of Nitropyridazines (H 631)

The most important reaction of nitropyridazines is their reduction to pyridazinamines. In addition, some nitropyridazines undergo diverse displacement reactions, in which the nitro substituent acts as a leaving group

7.1.2.1 Reduction (H 478)

The reduction of both nuclear and extranuclear nitropyridazines can be done with a variety of reagents, as illustrated in the following examples:

Hydrogenation over Palladium

5-Nitro-4-pyridazinamine (**8**, R = NO$_2$) gave 4,5-pyridazinediamine (**8**, R = NH$_2$) (H$_2$, Pd/C, EtOH, 30 min: 57%).[1080]

3-Methoxy-6-methyl-5-nitropyridazine 1-oxide (**9**, R = NO$_2$) gave 6-methoxy-3-methyl-4-pyridazinamine 2-oxide (**9**, R = NH$_2$) (H$_2$, Pd/C, EtOH; 86%).[904]

6-(4-Benzylamino-3-nitrophenyl)- (**10**) gave 6-(3,4-diaminophenyl)-5-methyl-4,5-dihydro-3(2H)-pyridazinone (**11**) (H$_2$, Pd/C, 1M HCl–MeOH, 2 h: 89%; note additional hydrogenolysis of the benzyl group).[1762]

3,6-Dimethyl-4-nitropyridazine 1,2-dioxide (**12**) gave a separable mixture of 3,6-dimethyl-4-pyridazinamine 1-oxide (**15**) and the isomeric 2-oxide (**14**) [H$_2$ (4 equiv), Pd/C, EtOH, 25°: ∼45% and 42%, respectively] or only 4-hydroxyamino-3,6-dimethylpyridazine 2-oxide (**13**), [H$_2$, (3 equiv), likewise: 38%, after separation from unisolable products], which afforded the pyridazinamine (**14**) (94%) on rehydrogenation.[796]

Also other examples.[794, 902, 904, 1699, 1769]

Hydrogenation over Raney Nickel

Note: Raney nickel is particularly useful when hydrogenolysis of a passenger halogeno substituent is to be avoided.

3-Chloro-6-methyl-5-nitropyridazine 1-oxide (**16**, R = NO$_2$) gave 6-chloro-3-methyl-4-pyridazinamine 2-oxide (**16**, R = NH$_2$) (H$_2$, Raney Ni, EtOH, 25° → 50°: ~2 h: 92%).[904]

6-(4-Bromo-3-nitrophenyl)- (**17**, R = NO$_2$) gave 6-(3-amino-4-bromophenyl)-3(2H)-pyridazinone (**17**, R = NH$_2$) [H$_2$ (75 atm), Raney Ni, MeOH, 50°, 78%].[919]

2-*o*-Nitrophenyl- gave 2-*o*-aminophenyl–6-phenyl-3(2H)-pyridazinone (H$_2$, Raney Ni, THF–EtOH, 25°, 20 min: 79%).[1069]

6-Chloro-4-nitro-3-pyridazinamine 1-oxide (**18**) gave 3,4-pyridazinediamine (**19**) (H$_2$, Raney Ni–Pd/C, MeOH, 25°, 15 h: 51% as the hydrochloride; note reduction, dechlorination, and deoxygenation over the mixed catalysts).[449]

Also other examples.[1021]

Stannous Chloride Reductions

4-Chloro-5-*o*-nitrophenylthio- (**20**, R = NO$_2$) gave 5-*o*-aminophenylthio-4-chloro-2-phenyl-3(2H)-pyridazinone (**20**, R = NH$_2$) (SnCl$_2$·2H$_2$O, 10M HCl, 65°, 3 h: ~40%).[768]
Also other examples.[539, 792, 838]

Iron Reductions

4,5-Dichloro-2-methyl-6-nitro- (**21**, R = NO$_2$) gave 6-amino-4,5-dichloro-2-methyl-3(2H)-pyridazinone (**21**, R = NH$_2$) (Fe powder, AcOH, reflux, 2 h: 55%;[846] Fe powder, NH$_4$Cl, H$_2$O–CHCl$_3$, 25°, 20 h: 93%).[1938]
Also other examples.[1453]

Miscellaneous Methods

4-Nitro- (**22**, R = NO$_2$) gave 4-amino-5,6-diphenyl-3(2H)-pyridazinone (**22**, R = NH$_2$) (Na$_a$S$_2$O$_4$; for details, see original paper).[809]

3-Chloro-6-methoxy-5-nitropyridazine 2-oxide (**23**, R = NO$_2$) gave a separable mixture of the expected 4-azido-6-chloro-3-methoxypyridazine 1-oxide (**23**, R = N$_3$) and 6-chloro-3-methoxy-4-pyridazinamine 1-oxide (**23**, R = NH$_2$) (NaN$_3$, H$_2$O–EtOH, reflux, 4 h: 23% and 40%, respectively).[905]

4-Amino-2-methyl-5-nitro- gave 4,5-diamino-2-methyl-3(2H)-pyridazinone (H$_2$NNH$_2$·H$_2$O, Pd/C, EtOH, reflux, 3 h: 80%).[1206]

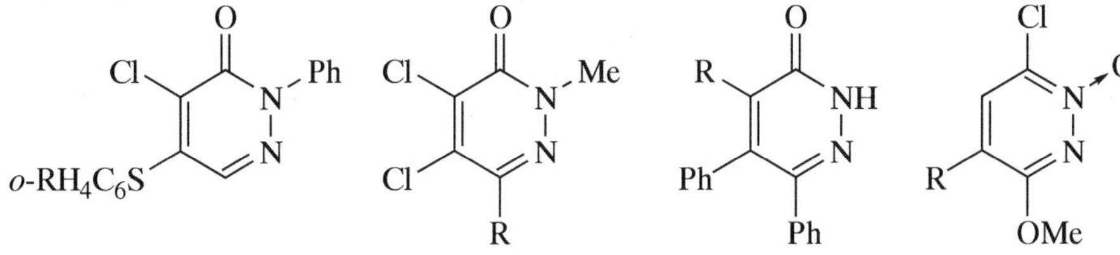

7.1.2.2 Displacement Reactions

Several such displacement of nitro groups have been covered already: direct *conversion into halogenopyridazines* (Section 4.1.4), *hydrolysis to pyridazinones* (Section 5.1.1), *alcoholysis to alkoxypyridazines* (Section 5.4.1), *thiolysis to pyridazinethiones* (Section 6.1.1), and alkanethiolysis to alkylthiopyridazines (Section 6.2.1). The remaining displacement are illustrated in the following examples:

Aminolysis to Pyridazinamines

5-Acetyl-2-methyl-4-nitro-6-phenyl-3(2H)-pyridazinone (**24**, R = NO$_2$) gave 5-acetyl-4-(N-ethoxycarbonylmethyl-N-methylamino)- (**24**, R = NMeCH$_2$CO$_2$Et) (MeHNCH$_2$CO$_2$Et, EtOH, 25°, 30 min: 76%),[1561] 5-acetyl-4-(N-β-cyanoethyl-N-methylamino)- (**24**, R = NMeCH$_2$CH$_2$CN) (MeHNCH$_2$CH$_2$CN, likewise: 83%),[1561] or 5-acetyl-4-anilino-2-methyl-6-phenyl-3(2H)-pyridazinone (**24**, R = NHPh) (PhNH$_2$, likewise: 59%).[1769]

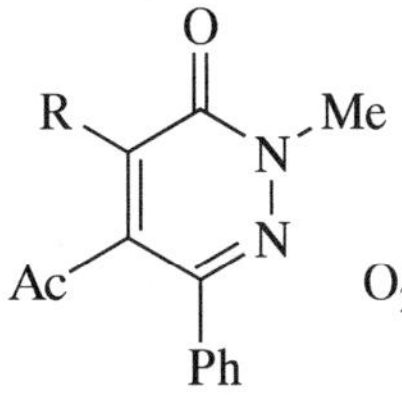

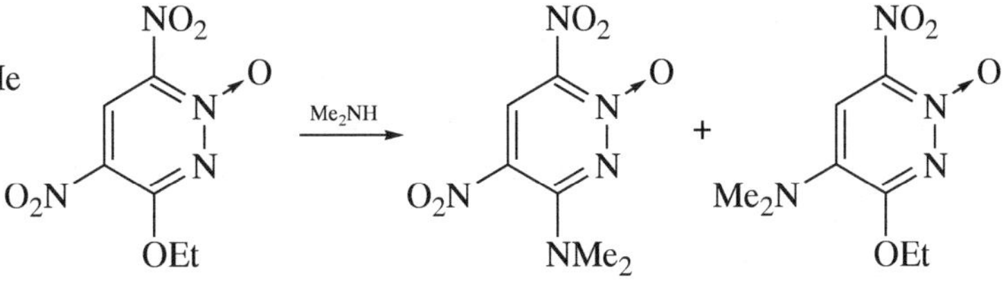

3-Ethoxy-4,6-dinitro- (**25**) gave a separable mixture of the expected product, 3-dimethylamino-4,6-dinitro- (**26**) and 4-dimethylamino-3-ethoxy-6-nitropyridazine 1-oxide (**27**) (Me$_2$NH, MeOH–H$_2$O, 25°, 1 h: 10% and 19%, respectively, after separation).[760]

Also other examples.[809,905,1414]

Conversion into Azidopyridazines

4-Nitro- (**28**, R = NO$_2$) gave 4-azidopyridazine 1-oxide (**28**, R = N$_3$) (NaN$_3$, EtOH–H$_2$O, 95°, 5 h: 88%).[831]

3-Methoxy-4-nitro- (**29**, R = NO$_2$) gave 4-azido-3-methoxypyridazine 1-oxide (**29**, R = N$_3$) (NaN$_3$, EtOH–H$_2$O, reflux, 5 h: 93%); also homologues likewise.[1443]

(**28**)   (**29**)   (**30**)

Reductive Displacement

5-Acetyl-2-methyl-4-nitro-6-phenyl-3(2*H*)-pyridazinone (**30**, R = NO$_2$) has been reported to afford 5-acetyl-2-methyl-6-phenyl-3(2*H*)-pyridazinone (**30**, R = H) (NaBH$_4$, MeOH, cooled, 30 min: 34%).[1769]

7.2 REGULAR AMINOPYRIDAZINES (*H* 463)

This section covers primary, secondary, tertiary, and quaternary aminopyridazines (both nuclear and extranuclear) but not the (functionally substituted-amino)pyridazines such as hydrazino- or hydroxyaminopyridazines.

7.2.1 Preparation of Regular Aminopyridazines (*H* 464, 507)

Some synthetic routes to regular aminopyridazines have been discussed already as indicated in the following list, which includes the potential scope of each method:

By *primary synthesis* (nuclear, extranuclear: primary, secondary, and tertiary): Chapters 1 and 2

By *Mannich aminoalkylation* (extranuclear: secondary and tertiary): Section 3.2.2.2

By *aminolysis of halogenopyridazines* (nuclear, extranuclear: primary, secondary, tertiary, and quaternary): Sections 4.2.1 and 4.4.1

By *aminolysis of tautomeric pyridazinones* (nuclear: primary, secondary, and tertiary): Section 5.1.2.5

By *N-amination of tautomeric pyridazinones* (nuclear: primary): Section 5.1.2.5

By *aminolysis of alkoxypyridazines* (nuclear, extranuclear: primary, secondary, and tertiary): Section 5.4.2.1

By *aminolysis of tautomeric pyridzinethiones* (nuclear: primary, secondary, and tertiary but usually done indirectly): Section 6.1.2.4

By *aminolysis of alkylthio-, alkylsulfinyl-, or alkylsulfonylpyridazines* (nuclear: primary, secondary, or tertiary): Sections 6.2.2.2 and 6.4

By *reduction of nitropyridazines* (nuclear, extranuclear: primary): Section 7.1.2.1

By *aminolysis of nitropyridazines* (nuclear, primary, secondary, and tertiary): Section 7.1.2.2

The remaining methods for the preparation of regular aminopyridazines (and some hydropyridazines) are illustrated by the following classified examples with explanatory notes as required:

By *C*-Amination

Note: For primary 4/5-aminopyridazines only.

Pyridazine (**31**, R = H) gave only 4-pyridazinamine (**31**, R = NH$_2$) (NaNH$_2$, liquid NH$_3$, −70°, 10 min; then KMnO$_4$, −70°, 10 min: 91%; proceeding by 4,5 addition of NH$_3$ followed by oxidative dehydrogenation);[1012] in contrast, similar treatment of 3-phenylpyridazine (**32**, R = H) gave a separable mixture (**32**, R = NH$_2$) of 3-phenyl-4- (49%), 6-phenyl-4- (18%), and 6-phenyl-3-pyridazinamine (5%).[1012]

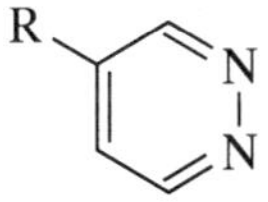

(31) 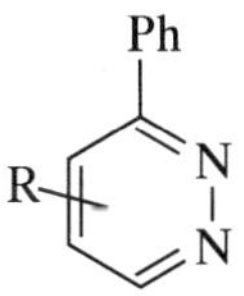 (32) 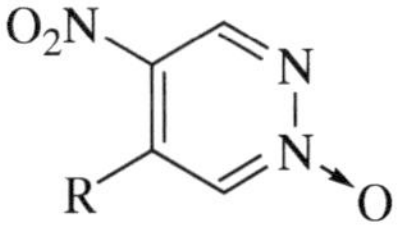 (33)

4-Nitropyridazine 1-oxide (**33**, R = H) gave 5-nitro-4-pyridazinamine 2-oxide (**33**, R = NH$_2$) (liquid NH$_3$, KMnO$_4$, −70°, 15 min: 75%);[1072] also analogues likewise.[1072, 1080]

Diethyl 1,2,3,6-tetrahydro-1,2-pyridazinedicarboxylate (**34**) gave diethyl 4-aminohexahydro-1,2-pyridazinedicarboxylate (**35**) (BH$_3$, H$_2$NOSO$_3$H, THF, reflux, 3 h: 10%; or BH$_3$, THF, 0°, 2 h, then 50°, 3 h, then NH$_4$OH↓, 0° → 25°, 3 h: 19%).[1699]

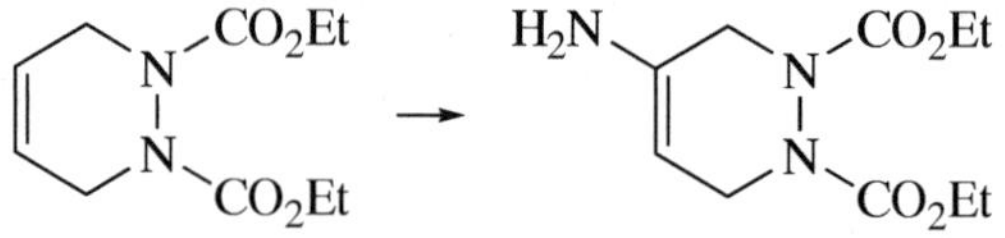

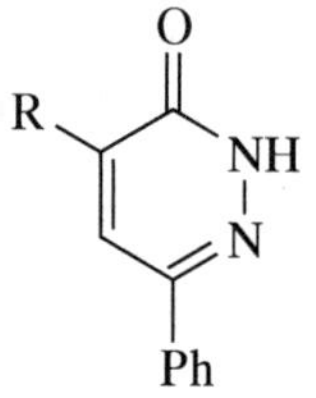

(34) → (35) (36)

6-Phenyl-3(2H)-pyridazinone (**36**, R = NH$_2$) (neat H$_2$NNH$_2$·H$_2$O, reflux, 7 h: 66%);[1585] also many analogous reactions.[213, 1585, 1597] (See also Section 7.3.1.)

Also other examples.[449, 820, 1073, 1873]

By N-Amination

Note: For nuclear *N*-aminopyridazinium salts only; the derived zwitterionic pyridazinium *N*-imides (e.g., **37**), are highly unstable but can undergo cycloadditions and similar reactions.[477]

Pyridazine gave 1-aminopyridazinium chloride (**38**, X = Cl) (H$_2$NOSO$_3$K, H$_2$O, 70°, 4.5 h; then KCl↓: 71%),[756] the corresponding iodide (**38**, X = I) (likewise but KI↓: 65%),[756] the mesitylenesulfonate (**38**, X = 2,4,6-Me$_3$C$_6$H$_2$SO$_3^-$) (2,4,6-Me$_3$C$_6$H$_2$SO$_2$ONH$_2$, CH$_2$Cl$_2$, 0°→25°, 30 min: 85%),[832] or the nitrate (**38**, X = NO$_3$) [H$_2$NOSO$_3$H, Ba(NO$_3$)$_2$, BaO, H$_2$O, exothermic: 34%].[1380]

3-Pyridazinamine gave 2,3-diaminopyridazinium mesitylsulfonate (**39**) (2,4,6-Me$_3$C$_6$H$_2$SO$_2$ONH$_2$, MeOH or MeOH–CHCl$_3$, 0°→25°, 15 min: 60% or 72%, respectively).[412, 929]

Also other examples in the foregoing references and elsewhere.[782, 1359]

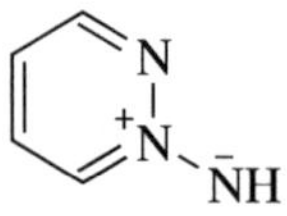

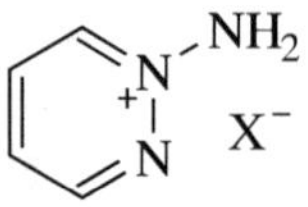

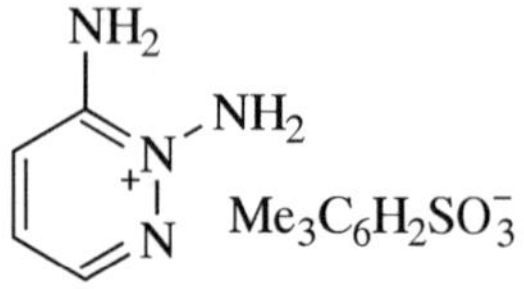

(37) (38) (39)

From Acylaminopyridazines

Note: For any primary or secondary *C*-aminopyridazine.

1,2-Diacetylhexahydropyridazine (**40**, R = Ac) gave hexahydropyridazine (**40**, R = H) (hydrolysis: 27%; for details, see original paper).[633]

6-Benzamidomethyl- (**41**, R = Bz) gave 6-aminomethyl-3(2H)-pyridazinone (**41**, R = H) (6M HCl, 95°, 16 h: 94%).[731]

6-(4-Formylpiperazin-1-yl)- (**42**, R = CHO) gave 6-piperazin-1′-yl-3(2H)-pyridazinone (**42**, R = H) (HCl, EtOH–H$_2$O, reflux, 12 h: 40%).[1761]

6-Chloro-2-γ-phthalimidopropyl-3(2H)-pyridazinone (**43**) gave 2-γ-aminopropyl-6-chloro-3(2H)-pyridazinone (H$_2$NNH$_2$·H$_2$O, EtOH, 50°, 2 h: 38%, as hydrochloride).[1760]
Also other examples.[89, 919, 1086, 1289, 1337]

From Hydrazino- or Hydroxyaminopyridazines

Note: For any primary or secondary *C*-aminopyridazine.

3-Hydrazino-6-methylpyridazine (**44**, R = NH$_2$) gave 6-methyl-3-pyridazinamine (**44**, R = H) (H$_2$, Raney-Ni, EtOH–H$_2$O, 20°: ∼60%).[1037, 1127]

3-Hydrazino-4-methyl-6-phenylpyridazine gave 4-methyl-6-phenyl-3-pyridazinamine (H$_2$, Raney Ni, MeOH, 20°: 60%;[1118] NiAl alloy, KOH, MeOH–H$_2$O, 25°: 76%).[1381]

3,6-Dihydrazinopyridazine (**45**, R = NH$_2$) gave 3,6-pyridazinediamine (**45**, R = H) (H$_2$, Raney Ni, H$_2$O, 25°, 5 h: ∼65%).[675]

5-Chloro-3–α-methylhydrazino-4-pyridazinamine (**46**, R = NH$_2$) gave 5-chloro-3-methylamino-4-pyridazinamine (**46**, R = H) (H$_2$, Raney Ni, EtOH, 25°: 68%).[908]

4-Hydroxyamino-3,5,6-triphenylpyridazine (**47**, R = OH) gave 3,5,6-triphenyl-4-pyridazinamine (**47**, R = H) (Al or H_2NNH_2 reduction: for details, see original paper).[588]

Also other examples.[116,1136,1138,1161,1176,1309,1732,1746]

By Transamination

Note: For any primary, secondary, or tetriary *C*-aminopyridazine but very neglected.

6-Chloro-3-pyridazinamine gave 3-benzylamino-6-chloropyridazine (neat $PhCH_2NH_2$, reflux, 3 h: ~10%; not survival of Cl).[675]

By *N*-Alkylation or *N*-Dealkylation

Note: Applicable to any primary, secondary, tertiary, or quaternary aminopyridazine but usually difficult in practice, especially in the presence of tautomeric passenger substituents. See also Section 7.2.2.3.

6-Amino-4,5-dichloro- (**48**, R = H) gave 4,5-dichloro-6-dimethylamino-2-methyl-3(2*H*)-pyridazinone (**48**, R = Me) (Me_2SO_4, K_2CO_3, $CHCl_3$, reflux, 23 h: 68%).[1938]

6-Chloro-3-pyridazinamine (**49**) and 4,5-dimethoxytetrahydrofuran (**50**) gave 3-chloro-6-pyrrol-1′-ylpyridazine (**51**) (AcOH, 120°, sealed(?), 1 h: 51%).[1283]

6-Amino-3(2*H*)-pyridazinone and dimethyl acetylenedicarboxylate ($MeO_2CC{\equiv}CCO_2Me$) gave 6-(α,β-dimethoxycarbonylvinylamino)-3(2*H*)-pyridazinone (**52**) (MeOH, reflux, 10 h: 55%).[1085]

3-(β-Amino-β-methylpropoxy)-6-chloropyridazine and 3-*o*-chlorophenoxy-1,2-epoxypropane gave 3-chloro-6-{β-[γ-(*o*-chlorophenoxy)-β-hydroxypropylamino]-β-methylpropoxy}pyridazine (**53**) (Bu^tOH, 60°, 12 h: 72%, as hydrochloride).[1813]

6-(4-Benzylamino-3-nitrophenyl)- (**10**) gave 6-(3,4-diaminophenyl)-5-methyl-4,5-dihydro-3(2*H*)-pyridazinone (**11**) (by hydrogenolysis: see Section 7.1.2.1).[1762]

6-Acetyl-5-methyl-2-phenyl-4-pyridinio-3(2H)-pyridazinone chloride (**54**) gave 6-acetyl-4-amino-5-methyl-2-phenyl-3(2H)-pyridazinone [$(CH_2)_5NH$, EtOH, 60°, 30 min: 74%; by fission of the pyridine ring!].[1789]

Also other examples.[1157, 1688, 1700, 1741, 1905, 1978]

(**54**)

From Azidopyridazines

Note: The conversion of any azidopyridazine into the corresponding primary aminopyridazine may be done by direct reduction or via a triphenylphosphoranylideneamino intermediate.

Methyl 4-azido- (**56**, R = H) gave methyl 4-amino-6-oxo-1-phenyl-1,6-dihydro-3-pyridazinecarboxylate (**55**) (H_2, Pd/C, AcOH, 60°: 89%);[1117] in contrast, perhaps to avoid possible dechlorination, methyl 4-azido-1-*p*-chlorophenyl-6-oxo-1,6-dihydro-3-pyridazinecarboxylate (**56**, R = Cl) was converted into methyl 1-*p*-chlorophenyl-6-oxo-4-triphenylphosphoranylideneamino-1,6-dihydro-3-pyridazinecarboxylate (**57**) (Ph_3P, PhH, 25°, 30 min: 66%) and thence into methyl 4-amino-1-*p*-chlorophenyl-6-oxo-1,6-dihydro-3-pyridazinecarboxylate (**58**) (HCl, AcMe: 89%).[1117]

3,6-Diazidopyridazine (**59**, R = N_3) gave 6-azido-3-pyridazinamine (**59**, R = NH_2) [$MoCl_3$ (made in situ), THF, 15 min: 66%].[116]

4-Azido-6-chloro-3-methoxypyridazine (**60**, Q = N_3, R = Cl) gave 6-chloro-3-methoxy-4-pyridazinamine (**60**, Q = NH_2, R = Cl) [$(CH_2)_5NH$, MeOH, $H_2S\downarrow$, 10°, 30 min: 40%] or 3-methoxy-4-pyridazinamine (**60**, Q = NH_2, R = H) (H_2, Pd/C, EtOH, 2 h: 84%; note additional dechlorination).[1990]

4-Azido- has been reported to give 4-amino-6-chloro-2-phenyl-3(2H)-pyridazinone (PhMe, reflux, 4 h: ~70%; mechanism unclear).[401]

3-Azido- (**61**, R = N$_3$) gave 3-triphenylphosphoranylideneamino- (**61**, R = N:PPh$_3$) (Ph$_3$P, PhCl, reflux, 2 h: 88%) and then 3-amino-4-pyridazine-carbonitrile (**61**, R = NH$_2$) (80% AcOH, reflux, 20 min: 73%).[1079]

Also other examples, some using different reducing agents.[133, 402, 580, 1355, 1700, 1884]

By Reduction of Pyridazinecarbonitriles

Note: For extranuclear primary aminopyridazines only.

1-Cyanomethyl-2-methylhexahydropyridazine (**62**) gave 1-β-aminoethyl-2-methylhexahydropyridazine (**63**) (LiAlH$_4$, Et$_2$O, reflux, 12 h: 65%).[1699]

3-Anilino-4-pyridazinecarbonitrile gave 4-aminomethyl-3-anilinopyridazine (H$_2$, Pd/C, HCl–H$_2$O–EtOH, 2 h: 55%).[1079]

By Hofmann-, Curtius-, or Schmidt-Type Reactions

Note: For any primary aminopyridazines.

3-Oxo-6-phenyl-2,3-dihydro-4-pyridazinecarboxamide (**64**) gave 4-amino-6-phenyl-3(2*H*)-pyridazinone (**65**) (Br$_2$, NaOH, H$_2$O, 0°, 10 min; then substrate↓, 0°→95°, 4 h: 80%).[1041]

3-Chloro-6-methoxy-4-pyridazinecarboxamide (**66**, R = CONH$_2$) gave 3-chloro-6-methoxy-4-pyridazinamine (**66**, R = NH$_2$) (as preceeding example, 40 min: ∼70%).[1099]

3-Oxo-6-pyridin-4′-yl-2,3-dihydro-4-pyridazinecarbohydrazide (**67**) gave 4-amino-6-pyridin-4′-yl-3(2*H*)-pyridazinone (**68**) (NaNO$_2$, 6M HCl, <5°→60°, 4 h: 63%).[1589]

5-Benzoyl-4-pyridazinecarbonyl azide (**69**) gave 5-benzoyl-4-pyridazinamine (**70**) (PhH, reflux, 4 h; then HCl↓, reflux, 2 h: 67%).[46]

Also other examples in the foregoing references and elsewhere.[958,996,1073]

7.2.2 Reactions of Regular Aminopyridazines (*H* 487)

Several reactions of regular aminopyridazines have been discussed already. For the conversion of *primary aminopyridazines into halogenopyridazines*, see

Section 4.1.6; for the conversion of *aminopyridazines into pyridazinones*, see Section 5.1.1; and for the *interconversion of aminopyridazines* by transamination, alkylation, or dealkylation, see Section 7.2.1.

The remaining reactions of aminopyridazines, both nuclear and extranuclear, are covered in the following subsections.

7.2.2.1 N-Acylation and Subsequent Reactions (H 487)

The *N*-acylation of an aminopyridazine or of a reduced-pyridazine (at its ring NH) may be undertaken simply to further characterize the amine but, especially when a functionally substituted acyl group is introduced, the reason may be for subsequent intramolecular cyclization or other elaboration(s). The following examples illustrate the process of acylation and a few typical cyclizations:

Acylation of Nuclear Aminopyridazines

4-Amino- (**71**, R = H) gave 4-acetamido-5-cyano-6-oxo-1-phenyl-1,6-dihydro-3-pyridazinecarboxylic acid (**71**, R = Ac) (Ac_2O–AcOH, reflux, 2h: 80%).[129]

4-Pyridazinamine (**72**, R = H) gave 4-pivalamidopyridazine (**72**, R = $COBu^t$) [Bu^tCOCl, Et_3N, CH_2Cl_2, 0° → 25°, 1h: 83%) or 4-*t*-butoxycarbonylaminopyridazine (**72**, R = CO_2Bu^t) [$O(CO_2Bu^t)_2$, THF, 25°, 90 min: >95%].[1609]

6-Chloro-3-pyridazinamine (**73**, R = H) gave 3-chloro-6-methoxycarbonylaminopyridazine (**73**, R = CO_2Me) ($ClCO_2Me$, K_2CO_3, THF, 25°, 18h: 68%),[338] 3-chloro-6-formamidopyridazine (**73**, R = CHO) [neat $HC(NHCHO)_3$, 165°, sealed, 25 min: 90%;[198] or indirectly via 3-chloro-6-dimethylaminomethyleneaminopyridazine: ~50% overall],[295] or 3-chloro-6-dimesylaminopyridazine (**74**) ($MeSO_2Cl$, pyridine, 10° → 25°, 30h: ?%), which then gave 3-chloro-6-mesylaminopyridazine (**73**, R = SO_2Me) (near polyphosphoric acid, 120°, 40 min: ?%).[89]

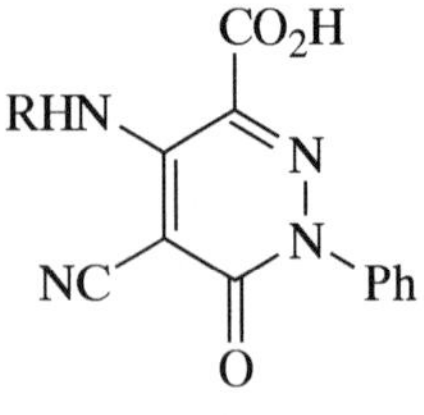

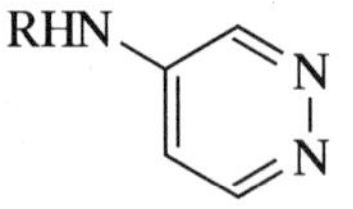

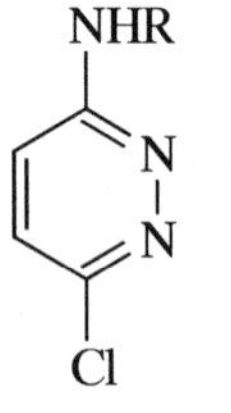

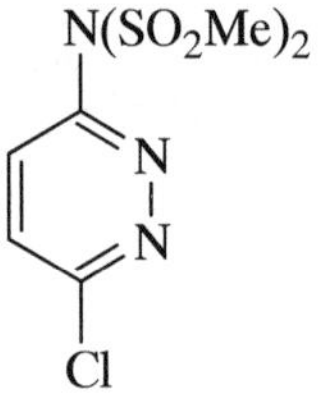

1-Amino-3-methoxypyridazinium mesitylenesulfonate (**75**) gave 3-methoxypyridazinium 1-ethoxycarbonylimide (**76**) ($ClCO_2Et$, K_2CO_3, EtOH, 25°, 20h: 80%);[877] also analogues likewise.[832, 877]

6-Chloro-3-pyridazinamine (**77**) and chlorothioformyl chloride gave 6-chloro-2H-[1,2,4]thiadiazolo[2,3-b]pyridazin-2-one (**78**) (Et$_3$N, THF, 5°, 2.5 h; then reflux, 6 h: 37%; presumably by an initial N-acylation followed by cyclization).[300]

Also other examples.[42, 206, 545, 602, 768, 911, 1221, 1700, 1729, 1815, 2089, 2119]

Acylation of Extranuclear Aminopyridazines

6-p-Aminophenyl- (**79**, R = H) gave 6-p-formamidophenyl- (**79**, R = CHO) 77% (HCO$_2$H, reflux, 1 h: 177)[1290] or 6-p-(3-bromopropionamido)-phenyl-4,5-dihydro-3(2H)-pyridazinone (**79**, R = BrCH$_2$CH$_2$CO) (BrCH$_2$CH$_2$COCl, PhMe, reflux, 16 h: 91%).[1313]

3-o-Aminobenzoyl- (**80**, R = H) gave 3-o-acetamidobenzoylpyridazine (**80**, R = Ac) (Ac$_2$O, 100°, 20 min: 58%);[1628] however, similar treatment of the isomeric substrate, 4-o-aminobenzoylpyridazine (**81**, R = H), caused cyclization to 2-acetyl-2,4a-dihydropyridazino[4,5-b]quinolin-10(5H)-one (**82**) (40%) although the expected 4-o-acetamidobenzoylpyridazine

(**81**, R = Ac) could be obtained with a different acylating reagent [neat MeC(OEt)$_3$, 160°, 6 h: 42%][1732]

6-Piperazin-1'-yl- gave 6-(4-benzoylpiperazin-1-yl)-3(2H)-pyridazinone (BzCl, NaHCO$_3$, CHCl$_3$, 25°, 24 h: 30%).[1761]

Also other examples.[159, 528, 541, 1340, 1463]

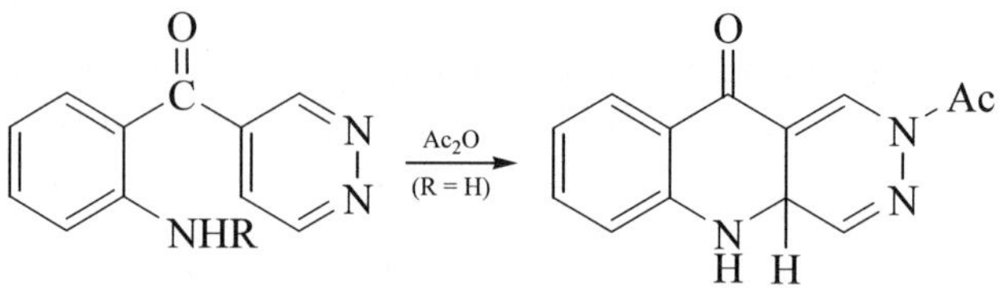

(**81**)   (**82**)

Acylation at Ring Nitrogen of Hydropyridazines

Note: This subsection gives examples of the acylation of ring NH groupings that bear a proton by virtue of nuclear reduction rather than tautomerism.

3-Phenyl-1,4,5,6-tetrahydropyridazine (**83**) gave 1-(3,4-dichlorobenzoyl)-[**84**, X = -C(:O)-] (3,4-Cl$_2$C$_6$H$_3$COCl, PhMe, reflux, 90 min: 44%) or 1-(3,4-dichlorobenzenesulfonyl)-3-phenyl-1,4,5,6-tetrahydropyridazine [**84**, X = -S(:O)$_2$-] (3,4-Cl$_2$C$_6$H$_3$SO$_2$Cl, pyridine, 15°→22°, 4 h: ~15%).[1834]

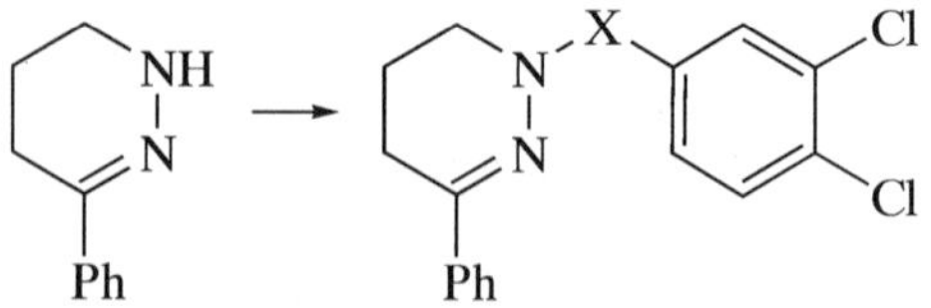

(**83**)   (**84**)

Hexahydropyridazine gave 1,2-bis(chloroacetyl)hexahydropyridazine (**85**) [substrate·HCl, neat (ClCH$_2$CO)$_2$O, 85°, 30 min: >90%].[1382]

1,2,3,6-Tetrahydropyridazine gave 1-(β,β,β-trifluoroethoxycarbonyl)-1,2,3,6-tetrahydropyridazine (**86**, R = H) [(F$_3$CCH$_2$CO)$_2$CO, Et$_2$O, 25°,

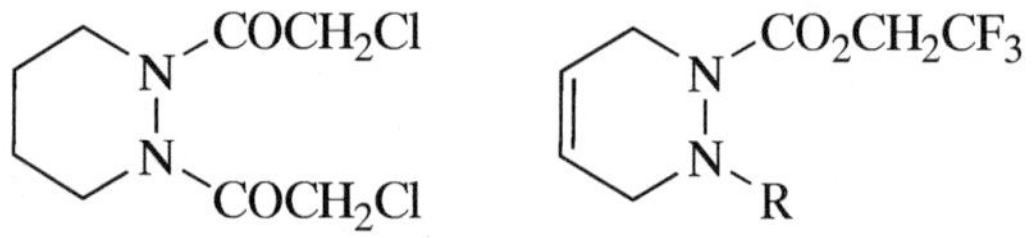

(**85**)   (**86**)

90 min: ?%] and then ethyl 2-(β,β,β-trifluoroethoxycarbonyl)-12,3,6-tetrahydro-1-pyridazinecarboxylate (**86**, R = CO$_2$Et) (ClCO$_2$Et, lutidene, <5°, 2 h: 89%).[629]

Also other examples.[297, 633, 728, 741, 912, 1110, 1512, 1764, 1810, 2045]

7.2.2.2 N-Alkylidenation and Subsequent Reactions (H 494)

The formation of Schiff base–type products from primary pyridazinamines has been used extensively, often for subsequent intramolecular cyclization. The following examples illustrate such reactions:

Simple N-Alkylidenations

3,6-Dichloro-4-pyridazinamine gave 3,6-dichloro-4-dimethylaminomethyleneaminopyridazine (**87**) [Me$_2$NCH(OMe)$_2$, PhMe, reflux, 2 h: 50%].[84]

3-Amino- gave 3-dimethylaminomethyleneamino-5-phenyl-4-pyridazinecarbonitrile (**88**) [Me$_2$NCH(OMe)$_2$, PhMe, reflux, 3 h: 85%; or POCl$_3$, Me$_2$NCHO, 25°, 12 h: 52%].[130]

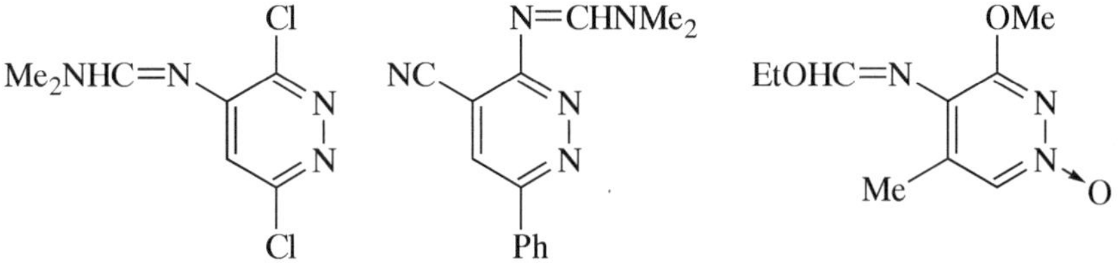

3-Methoxy-5-methyl-4-pyridazinamine 1-oxide gave 4-ethoxymethyleneamino-3-methoxy-5-methylpyridazine 1-oxide (**89**) [HC(OEt)$_3$, Me$_2$NCHO, EtOH, HCl gas↓ to pH 1, 155°, EtOH↑, 90 min: 90%].[902] Also other examples.[212, 904, 910, 1010, 1681]

Cyclizations Involving Initial Alkylidenations

6-Chloro-3-pyridazinamine (**90**) gave 6-chloroimidazo[1,2-b]pyridazine (**92**, R = H) [ClCH$_2$CH(OEt)$_2$, 4M HCl, reflux, 1 h; then (**90**)↓, EtOH, reflux, 30 min: 78%; probably via the Schiff intermediate (**91**, R = H)][154] or 6-chloro-3-methylimidazo[1,2-b]pyridazine (**92**, R = Me) (MeCHBrCHO, EtOH, reflux, 2 h: 83%).[1619] A great variety of analogues, some of which arc highly active in the central nervous system and/or in the peripheral nervous system,[2030] have been made in this way from appropriately substituted 3-aminopyridazines with α-halogenated aldehydes or α-halogenated ketones.[551, 1523, 1525, 1529, 1530, 1843; cf. 1145]

6-Chloro-4-pyridazinamine (**90**) gave, somewhat similarly, 7-chloro-2-phenyl-4H-pyrimido[1,2-b]pyridazin-4-one (**93**) (BzCH$_2$CO$_2$Et, polyphosphoric acid, 120°, 5 h: 54%).[214]

6-Bromo-3-pyridazinamine (**94**) gave 6-bromo-2-phenylimidazo[1,2-b]pyridazin-3(5H)-one (**96**), probably via the Schiff intermediate (**95**) (BzCHO, HCl, EtOH, 25°, 3 days: ~60%);[1145] also many analogues by this general method.[1145, 1147, 1149, 1840, 2023]

4,5-Diamino-2-phenyl-3(2H)-pyridazinone gave 3-phenacyl-6-phenylpyrazino[2,3-d]pyridazine-2,5(1H,6H)-dione (**97**) (BzCH$_2$COCO$_2$H, EtOH, reflux, 15 min: 86%).[652]

Also other examples.[126, 204, 676, 716, 815, 1020, 1050, 1241, 1404, 1484, 1572, 1636]

7.2.2.3 N-Alkylation Reactions (H 497, 507)

In principle, nuclear primary or secondary aminopyridazines may undergo alkylation on the amino group to give alkylaminopyridazines of the type (**98/100**) or on a ring nitrogen to give amino-1/2-alkylpyridazinium salts of the type (**99a/b** or **101a/b**); the course of each reaction will be controlled or influenced by passenger groups (Q) and the conditions employed. Moreover, products of the type (**99a/101b**) can be isolated as free imines (**99c/101c**), and the first of these could undergo Dimroth rearrangement[2005] to alkylamines of the type **98**, although no recent examples have been reported. As a rule, extranuclear aminopyridazines alkylate on the amino group, usually the most basic center of the molecule. The following examples clarify the situation.

Alkylations at the Amino Group

Note: Some examples of direct alkylation at the amino group have been given in Section 7.2.1. Others, both direct and indirect, are summarized here.

5-*o*-Fluorobenzoyl-4-pyridazinamine (**102**) gave 4-*o*-fluorobenzoyl-5-methylaminopyridazine (**105**) via the intermediates **103** and **104** [HC(OEt)$_3$, trace F$_3$CCO$_2$H, 100°, 3 h; NaBH$_4$, EtOH, reflux, 2 h; KMnO$_4$, 1M H$_2$SO$_4$, 25°, 2 h: 43% overall];[746] also analogues similarly.[218, 746]

3-Chloro-6-methoxycarbonylaminopyridazine (**106**, R = H) gave 3-(*N*-but-3-ynyl-*N*-methoxycarbonylamino)-6-chloropyridazine (**106**, R = CH$_2$CH$_2$C≡C) (HC≡CCH$_2$CH$_2$OH, Ph$_3$P, THF, 0°, then EtO$_2$CN=NCO$_2$Et↓, 25° 24 h: 47%); also analogues likewise.[336]

6-*p*-Aminophenyl-5-methyl- gave 5-methyl-6-*p*-(pyridin-4-ylamino)phenyl-4,5-dihydro-3(2*H*)-pyridazinone (**107**) [4-Cl-pyridine, MeN(CH$_2$)$_4$, Et$_3$N, 90°, 2 h: 68%].[1310]

6-Piperazin-1′-yl-3(2H)-pyridazinone gave 6-(4-β-phenoxyethylpiperazin-1-yl)-3(2H)-pyridazinone (**108**) (PhOCH$_2$CH$_2$Cl, EtOH, reflux, 8 h: 40%); several analogues likewise.[1761]
Also other examples.[522, 1783, 2116]

(**106**) (**107**) (**108**)

Alkylations at a Ring Nitrogen

3-Pyridazinamine (**98**, Q = R = H) gave a separable mixture of 3-amino-1-methylpyridazinium iodide (**99a**, Q = H, R = Me, X = I) and 6-amino-1-methylpyridazinium iodide (**99b**, Q = H, R = Me, X = I), the hydriodide of 2-methyl-3(2H)-pyridazinimine (**99c**, Q = H, R = Me) (MeI, MeOH, 20°, 12 h: ∼40% and ∼50%, respectively);[675] 4-pyridazinamine (**100**, Q = R = H) likewise gave 5-amino-1-methylpyridazinium iodide (**101a**, Q = H, R = Me, X = I) and 4-amino-1-methylpyridazinium iodide (**101b**, Q = H, R = Me, X = I), the hydriodide of 1-methyl-4(1H)-pyridazinimine (**101c**, Q = H, R = Me)[675]

3,4-Pyridazinediamine gave only one methiodide, 4-imino-1-methyl-1,4-dihydro-3-pyridazinamine hydriodide (**109**) (MeI, MeOH, 20°, 3 days: ∼85%);[675, 1132] also related alkylations.[675]

4-Methyl-6-phenyl-3-pyridazinamine gave 2-γ-ethoxycarbonylpropyl-4-methyl-6-phenyl-3(2H)-pyridazinimine, isolated as its hydrochloride (**110**) (BrCH$_2$CH$_2$CH$_2$CO$_2$Et, Me$_2$NCHO, 80°, 2 h; then HBr→HCl: 72%);[1118, 1309] also analogues likewise.[160, 1309]

5-Amino-2-phenyl-3(2H)-pyridazinone (**111**), gave 6-methoxy-1-phenyl-4(1H)-pyridazinimine (**112**), initially as its methyl hydrogen sulfate (Me$_2$SO$_4$, CHCl$_3$, reflux, 2 h: 61%; note that O-methylation here produced a fixed imine!).[1344]

1/2-Alkylations of Hydropyridazines

Note: It seems appropriate to include at this point some typical examples of alkylations at the ring nitrogen of reduced pyridazines.

5-Hydroxyhexahydro-3-pyridazinecarboxylic acid gave 1-(2,4-dinitrophenyl)-5-hydroxyhexahydro-3-pyridazinecarboxylic acid (**113**) [FC$_6$H$_3$(NO$_2$)$_2$-2,4-, EtOH–H$_2$O, 2 h: ?%].[32]

1-Methylhexahydropyridazine gave 1-cyanomethyl-2-methylhexahydropyridazine (**114**) (CH$_2$O, NaHSO$_3$, H$_2$O, 60° → 35°; then substrate ↓, 25°, > 2 h; then NaCN ↓, 3.5 h: 46%).[1699]

7.2.2.4 Conversion into Ureidopyridazines or Related Products

Ureidopyridazines may be made by the reaction of isocyanatopyridazines with primary or secondary amines (see Section 8.5) or, more usually, by the reaction of primary or secondary aminopyridazines with isocyanates, as illustrated in the following examples:

Using Simple Isocyanates or Isothiocyanates

5-Benzyl-6-methyl-3-pyridazinamine (115) gave 4-benzyl-3-methyl-6-ureidopyridazine (116) (KOCN, AcOH–H$_2$O, 95°, 24 h: 50%).[1751]

3-Pyridazinamine gave 3-N'-t-butylureidopyridazine (117, X = O) (substrate, NaH, Me$_2$NCHO, 0°; then Bu^{t}NCO, 0° → 25°, 3 h: 78%) or 3-N'-t-butyl(thioureido)pyridazine (117, X = S) (likewise but Bu^{t}NCS: 76%);[1608] the product (117, X = S) then gave 3-(N'-t-butyl-S-methylisothiouriedo)pyridazine (118) (substrate, KOH, H$_2$O–PrOH–THF, 25°, 90 min; then MeI↓, 25°, 24 h: 51%) or, surprisingly, N-t-butyl-N'-pyridazin-3′-ylcarbodiimide (119) [Bu$_4$NBr, MeI(!), NaOH, H$_2$O–CH$_2$Cl$_2$, reflux 2 h: 62%].[1608]

6-Chloro-3-pyridazinamine gave 3-chloro-6-N'-ethylureidopyridazine (120) (EtNCO, dioxane, reflux, 9 h: 62%).[1338]

2-δ-Aminobutyl-6-phenyl-3(2H)-pyridazinone gave 2-δ-(N'-methylureido)butyl-6-phenyl- (121, R = Me) (MeNCO, CHCl$_3$, 5° → reflux, 2 h: 86%) or 6-phenyl-2-δ-(N'-p-toluenesulfonylureido)butyl-3(2H)-pyridazinone (121, R = Ts) (likewise but TsNCO: 78%).[1337]

Also other examples.[295, 539, 1109, 1289, 1919, 2060, 2068]

Using Other Reagents

6-*p*-Aminophenyl- (**122**) gave 6-*p*-(*N'*-cyano-*S*-methylisothioureido)phenyl- (**123**, R = SMe) [(MeS)$_2$C=NCN, pyridine, reflux, 3.5 h: 65%] and thence 6-*p*-(*N'*-cyano-*N"*-methylguanidino)phenyl-5-methyl-4,5-dihydro-3(2*H*)-pyridazinone (**123**, R = NHMe) (MeNH$_2$, EtOH, reflux, 2 h: 72%).[1086]

2-β-Aminoethylthiomethyl- gave 2-β-(*N'*-cyano-*S*-methylisothioureido)ethylthiomethyl- (**124**, R = SMe) [(MeS)$_2$C=NCN, EtOH, 25°, 12 h: 73%] and then 2-β-(*N'*-cyano-*N"*-methylguanidino)ethylthiomethyl-6-phenyl-3(2*H*)-pyridazinone (**124**, R = NHMe) (MeNH$_2$, MeOH, 60°, 7 h: 84%).[1292]

3-Pyridazinamine gave 3-benzimidoylaminopyridazine (**125**) (PhCN, NaOMe, Me$_2$SO: no details) and then 2-phenyl[1,2,4]triazolo[1,5-*b*]pyridazine (**126**) [Pb(OAc)$_4$, CH$_2$Cl$_2$; or Br$_2$, AcOH: no details] .[244]

3,6-Dichloro-4-pyridazinamine gave 3,6-dichloro-4-dimethylaminomethyleneaminopyridazine (**127**) [Me$_2$NCH(OMe)$_2$, PhMe, reflux, 2 h: 50%], which gave 3,6-dichloro-4-hydroxyimnomethylaminopyridazine (**128**) (HONH$_2$·HCl, EtOH, reflux, briefly: 44%) or 6-chloro-4-ureido-3(2*H*)-pyridazinone (**129**) (likewise but reflux, 2 h: 70%; note Beckmann rearrangement and hydrolysis of the 3-Cl substituent);[84] the last product (**129**) afforded 4-acetamido-6-chloro-3(2*H*)-pyridazinone (neat Ac$_2$O, reflux, 3 h: 77%).[84]

Also other examples.[164, 835, 1452]

Using Reduced Pyridazines as Substrates

Note: It seems appropriate to include here the formation of 1/2-pyridazinecarboxamides from reduced pyridazines.

3-Phenyl-1,4,5,6-tetrahydropyridazine (**130**, R = H) gave *N*-methyl-3-phenyl-1,4,5,6-tetrahydro-1-pyridazinecarbothioamide (**130**, R = CSNHMe) (MeNCS, EtOH, reflux, 3 h: 70%).[1051]

Ethyl hexahydro-1-pyridazinecarboxylate (**131**, R = H) gave ethyl 2-phenylcarbamoylhexahydro-1-pyridazinecarboxylate (**131**, R = CONHPh) (PhNCO, PhH, reflux, 2 h: 70%); several analogues were made similarly.[972]

1,2,3,6-Tetrahydropyridazine gave *N*-(2-fluoro-5-nitrophenyl)-1,2,3,6-tetrahydro-1-pyridazinecarboxamide (**132**) [substrate hydrochloride, 2-F-5-NO$_2$–C$_6$H$_3$NCO, K$_2$CO$_3$, Me$_2$NCHO, 25°, 6 h: 86%].[1690]

Also other examples.[1000, 1182, 1788]

7.2.2.5 Miscellaneous Reactions (H 495, 498, 505)

Aminopyridazines undergo several other reactions illustrated in the following classified examples:

N-Nitrosation

3-Chloro-6-β-hydroxyethylaminopyridazine (**133**, R = H) gave 3-chloro-6-(*N*-α-hydroxyethyl-*N*-nitrosoamino)pyridazine (**133**, R = NO) (NaNO$_2$, 0.5M HCl, 25°: ?%)[1169]

4-Methyl-3-methylamino- gave 4-methyl-3-(*N*-methyl-*N*-nitrosoamino)-6-phenylpyridazine (excess NaNO$_2$, 2.5 M HCl, 80°, ? min: >95%).[1333]

Ethyl 6-amino-1-*p*-bromophenyl- (**134**, R = H) has been reported to give ethyl 1-*p*-bromophenyl-6-nitrosoamino-4-oxo-1,4-dihydro-3-pyridazinecarboxylate (**134**, R = NO) (NaNO$_2$, AcOH–H$_2$O, 15°, 20 h: >95%).[1304]

Diazotization and Subsequent Reactions

6-*p*-Aminophenyl- (**135**) gave 6-*p*-hydrazinophenyl-4,5-dihydro-3(2*H*)-pyridazinone (**137**), via the unisolated diazonium salt (**136**) (NaNO$_2$, 2M HCl, 0°, 30 min; then SnCl$_2$↓ HCl↓, 0°, 1 h: 72%); also analogues likewise.[1327]

6-Phenyl-3-pyridazinamine gave (unisolated) 6-phenyl-3-pyridazinediazonium chloride and then 3-(2-hydroxynaphthalen-1-ylazo)-6-phenylpyridazine (**138**) (NaNO$_2$, 0.5M HCl, 5°; then 2-naphthalenol / 1M NaOH↓: 58%).[1279]

Also other examples.[909, 1453, 2066, 2086]

Cyclization Reactions

Note: Aminopyridazines can clearly undergo cyclization in many ways, some already mentioned in Sections 7.2.2.1 and 7.2.2.2. A few other typical examples are given here.

4,5-Pyridazinediamine and 2-methoxy-4-methylthiobenzoic acid gave 6-(2-methoxy-4-methylthiophenyl)-1H-imidazo[4,5-c]pyridazine (**139**) (POCl$_3$, reflux, 4 h: 86%).[1755]

3,6-Bis-*p*-butoxyphenyl-4,5-pyridazinediamine and nitrosylsulfuric acid gave 4,7-bis-*p*-butoxyphenyl-1H-1,2,3-triazolo[4,5-*d*]pyridazine (**140**) (AcOH, <20°, 9 h: 37%).[1683]

Pyridazinium 1-acetylimide (**141**) and perchlorocyclopropene (**142**) gave 6-acetyl-4b,5,5,5a-tetrachloro-4a,8b,5a,6-tetrahydro-5H-cyclopenta[3,4]-pyrazolo[1,5-*b*]pyridazine (**143**) (THF, 0° → 25°, N$_2$, 24 h: 41%) and then 2-chloro-3-dichloromethylpyrazolo[1,5-*b*]pyridazine (**144**) (xylene, 155°, N$_2$, monitored by tlc: 50%); also analogues likewise.[879]

6-Chloro-3-pyridazinamine gave 3-chloro-6-trichloromethylthioaminopyridazine (**145**) (Cl$_3$CSH, K$_2$CO$_3$, ice water, 30 min: crude) and then, with 5-methyl-2-pyridinamine (**146**), 6-chloro-3-(5-methylpyridin-2-ylimino)-3H-[1,2,4]thiadiazolo[4,3-b]pyridazine (**147**) (Et$_3$N, CHCl$_3$, 25°, 24 h: 16%); analogues somewhat similarly.[303]

Also other examples.[421, 576, 2066, 2086, 2119]

7.2.2.6 Ancillary Information (H 486)

Recently described *metal complexes* involving aminopyridazines (and coligands) are typified by the following random examples:

3,6-Dipyridin-2′-ylpyridazine (**148**) with Cu (X-ray analysis)[168] or with Rh or Ru (syntheses, uv and luminescence spectra).[1865, 2088]

3,6-Diimidazol-1′-ylpyridazine (**149**) with Cu (syntheses, X-ray analyses, and ir spectra);[1945] also analogous complexes.[2091, 2092]

3-Pyridazinamine with Ru (syntheses, antitrypanosome and antitumor activities, and toxicities).[1866]

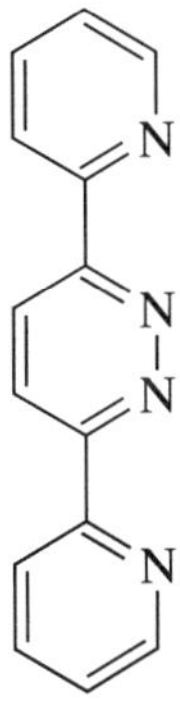

(**148**) 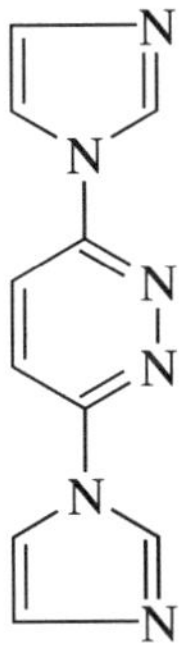   (**149**) 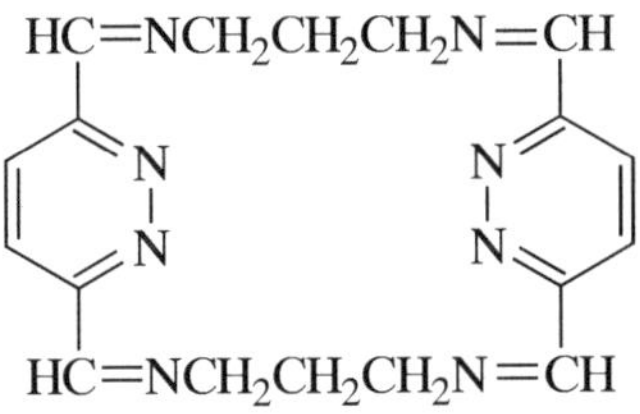   (**150**)

Macrocyclic aminopyridazines such as the ligand (**150**) with Pb and Mn (syntheses and X-ray analyses for typical complexes).[1894]

Also other examples.[2017, 2025, 2072]

Several structures of amino- or iminopyridazines have been determined or confirmed by *X-ray analyses*.

4-[α-Benzylamino-β-(t-butyldimethylsiloxy)-β-ethoxycarbonylethyl]pyridazine (**151**, R = CH$_2$Ph; *syn* isomer).[1906]

4-[β-(t-Butyldimethylsiloxy)-β-ethoxycarbonyl-α-p-methoxyanilinoethyl]-pyridazine (**151**, R = C$_6$H$_4$OMe-p-; *anti* isomer).[1906]

Butyl 3-phenethylamino-6-phenyl-4-pyridazinecarboxylate (**152**).[172]

3-Diphenylphosphinyl-5-N-methylanilino-4,6-diphenylpyridazine (**153**).[1123]

3-β-Morpholinoethylamino-6-phenyl-4-pyridazinecarboxamide (**154**) as monohydrate.[172]

(**151**) (**152**) (**153**)

(**154**) (**155**)

2-γ-Carboxypropyl-6-phenyl- (**155**, R = Ph)[171] and 2-γ-carboxypropyl-6-cyclohexyl-3(2H)-pyridazinimine hydrobromide (**155**, R = C_6H_{11}).[1192]

General studies on the *ionization* of regular aminopyridazines have been confined to analogues of Minaprine (**156**, R = Me) (pK_a 7.05, 4.0 representing proton gains at the basic center of the morpholine ring and pyridazine ring, respectively).[102] Thus, replacement of the 4-methyl group by electronically comparable groups (H, Et, CH_2Ph, CH_2OH) had little effect on either pK_a value;[102] replacement by electron-withdrawing groups (Ph, $CONH_2$, CHO, CO_2Et, CF_3, Cl, CN, NO_2) had a minimal effect on the morpholine center (insulated by $-CH_2CH_2-$) but did have a profound base-weakening effect on the pyridazine center. For example, the values for 3-(β-morpholinoethylamino)-4-nitro-6-phenylpyridazine (**156**, R = NO_2) were 6.6 and 0.2,[102] and replacement by an electron-donating group (NH_2) did not affect the morpholine center much but increased the basic strength of the pyridazine moiety significantly; 3-(β-morpholinoethylamino-6-phenyl-4-pyridazinamine (**156**, R = NH_2) had pK_a values 7.7 and 6.3).[1720]

There is a great increase in basic strength when a 3/4-pyridazinamine undergoes 1/2-alkylation to afford an imino or zwitterionic base; for example, compare 3-pyridazinamine (**157**) (pK_a 5.2) with 2-methyl-3(2H)-pyridazinimine (**158**) (pK_a > 10) and with the anhydro pseudobase, 1-methylpyridazinium-3-aminate (**159**) (pK_a > 14);[675] also 4-methyl-3-β-morpholinoethylamino-6-phenylpyridazine (**156**, R = Me) (PK_a 7.05) with 2,5-dimethyl-3-(β-morpholinoethylimino)-6-phenyl-2,3-dihydropyridazine (**160**) (pK_a 10.4).[1720]

The common *trivial names* used for aminopyridazine are listed with those of other pyridazines in Section 5.7.4.

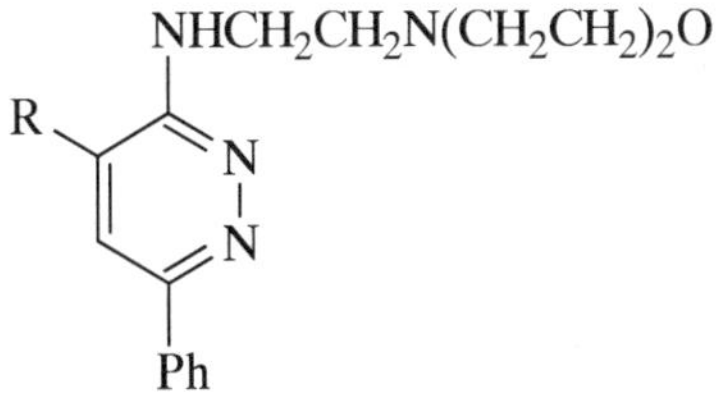

(156) 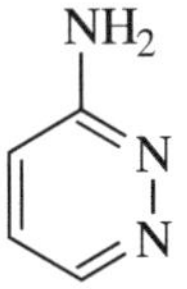 (157) 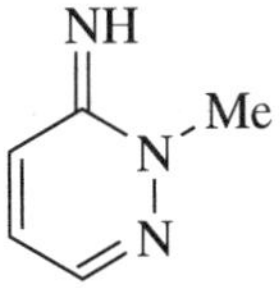 (158)

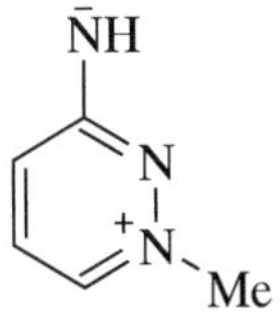

(159) 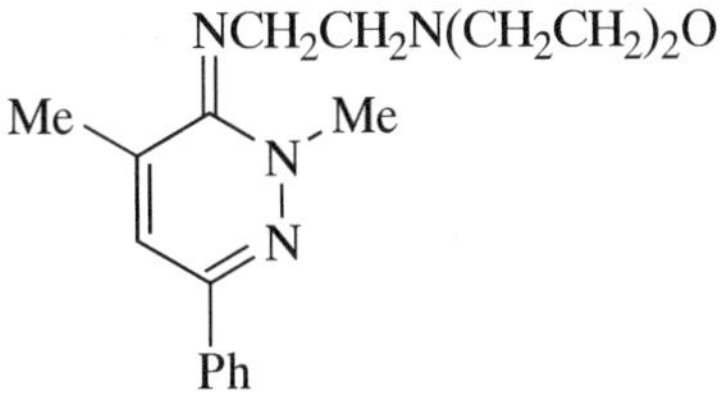 (160)

7.3 HYDRAZINO-, HYDROXYAMINO-, AND AZIDOPYRIDAZINES (H 631)

Although preparative routes to such (substituted-amino)pyridazines have much in common with those to regular aminopyridazines, the reactions of the two groups differ markedly in many respects. The preparation and metabolic transformations of hydrazinopyridazine drugs and potential drugs have been reviewed.[1481]

7.3.1 Preparation of Hydrazinopyridazines (H 635)

The main routes, that have been used recently to make hydrazinopyridazines, have been covered earlier: by *primary syntheses*, Chapters 1 and 2; *hydrazinolysis of halogenopyridazines*, Sections 4.2.1 and 4.4.1; *hydrazinolysis of alkoxypyridazines*, Section 5.4.2.1; *hydrazinolysis of tautomeric pyridazinethiones*, Section 6.1.2.4 or *hydrazinolysis of alkylthio-, alkylsulfinyl-, or alkylsulfonylpyridazines*, Sections 6.2.2.2 and 6.4.

The remaining minor methods of preparation are illustrated in the following examples:

By Hydrazination

3,6(1*H*,2*H*)-Pyridazinedione (**161**) gave 4-hydrazino-3,6(1*H*,2*H*)-pyridazinedione (**162**) (neat H$_2$NNH$_2$·H$_2$O, 100°, 6 days: ~90% apparently by a mechanism involving 4,5 addition, oxidative loss of ammonia, and transamination);[213] in contrast, 6-pyridin-4′-yl-3(2*H*)-pyridazinone (**163**, R = H) gave only 4-amino-6-pyridin-4′-yl-3(2*H*)-pyridazinone (**163**,

R = NH$_2$) (neat H$_2$NNH$_2$·H$_2$O, 100°, 48 h: 74%; by a similar mechanism without the final transamination?).[213]

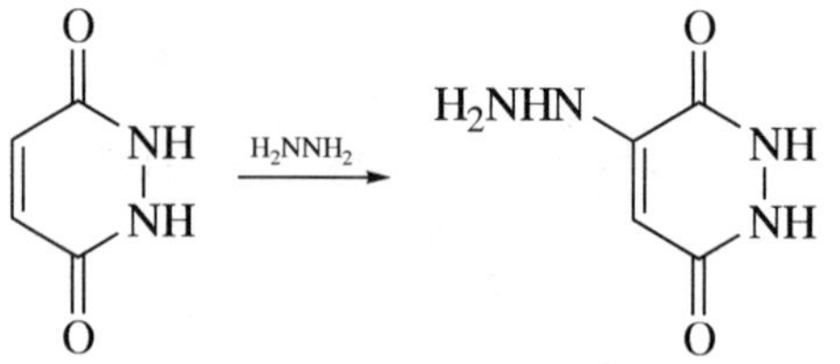

(161)   (162) 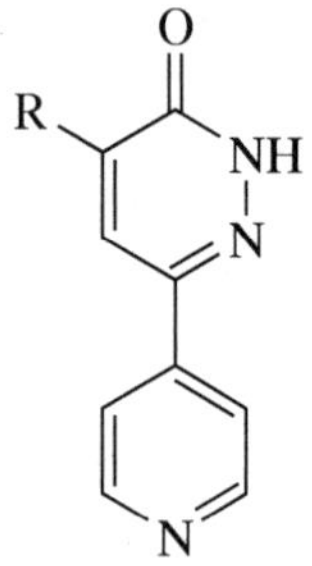   (163)

From Alkylidenehydrazinopyridazines

3-Benzylidenehydrazino-6-morpholinopyridazine (164) gave 3-hydrazino-6-morpholinopyridazine (165) (10M HCl, PhMe, 40°, 90 min: 87%, as hydrochloride);[57] also analogues likewise.[57]

3-(N-Benzyl-N-β-hydroxylthylamino)-6-benzylidenehydrazinopyridazine (166) gave 3-(N-benzyl-N-β-hydroxyethylamino)-6-hydrazinopyridazine (167, R = CH$_2$Ph) (6M HCl, distilled until no further PhCHO: 81%) and then 3-hydrazino-6-β-hydroxyethylaminopyridazine (167, R = H) (10M HCl, reflux, 18 h: 36%);[554] likewise several analogues.[554]

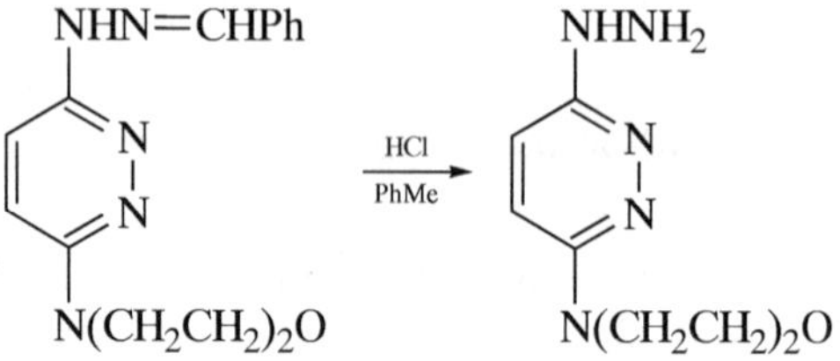

(164)   (165)

3-Isopropylidenehydrazino- (168) underwent reduction to 3-β-isopropylhydrazino-4-methyl-6-phenylpyridazine (169) (H$_2$, Pt, AcOEt, 70 h: 70%, as hydrochloride).[1333]

Also other examples.[1258]

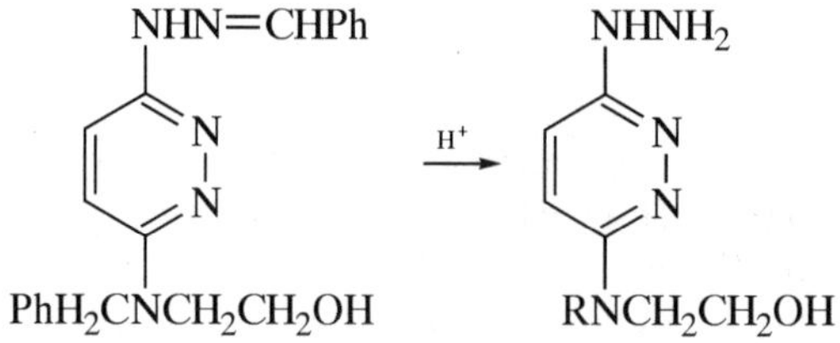

(166)   (167)

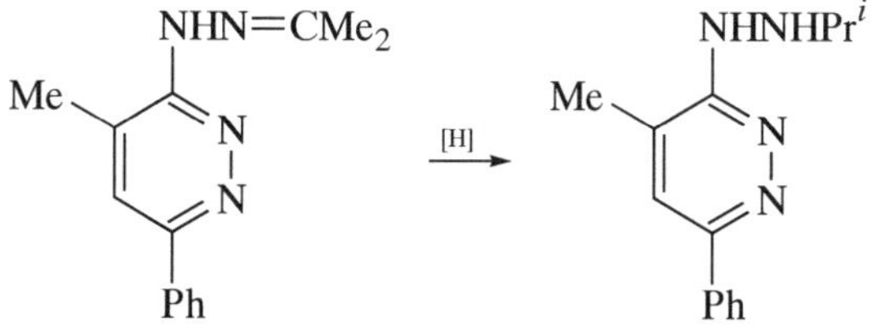

From Arylazopyridazines

3-Phenyl-6-phenylazopyridazine (**170**) gave 3-phenyl-6-β-phenylhydrazinopyridazine (**171**) (PhNHNH$_2$, MeCN, reflux, 3 h: >95%; by replacement or reduction?).[854]

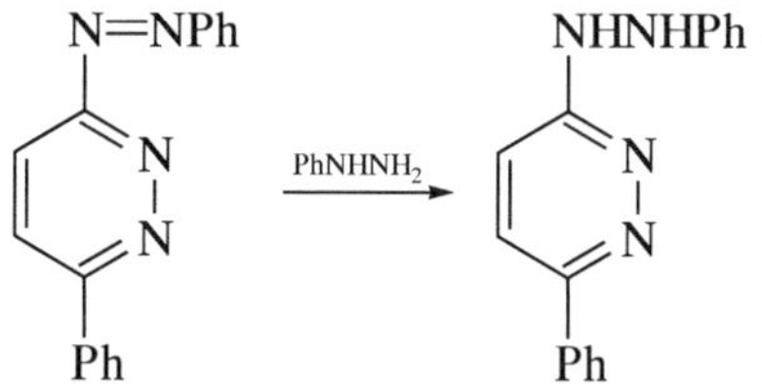

7.3.2 Reactions of Hydrazinopyridazines (*H* 639)

The *reductive fission of hydrazino- to aminopyridazines* has been covered in Section 7.2.1. Other reactions of hydrazinopyridazines are illustrated in the following classified examples; some subsequent reactions, not covered elsewhere in this book, are included here:

Acylation

Note: Acylation invariably affords a β-acylhydrazinopyridazine unless the position is already blocked, for instance by alkylidenation (see Section 7.4 for an example).

3-Hydrazinopyridazine (**173**, R = H) gave 3-β-trifluoroacetylhydrazinopyridazine (**172**) (neat F$_3$CCO$_2$H, reflux, 2 h: 87%);[64] in contrast, 3-chloro-6-hydrazinopyridazine (**173**, R = Cl) directly gave 6-chloro-3-trifluoromethyl-1,2,4-triazolo[4,3-*b*]pyridazine (**175**), presumably via the acyl intermediate (**174**) [neat F$_3$CCO$_2$H, 100° (sealed?), 3 h: 81%].[64]

2-Methyl-5-α-methylhydrazino- (**176**, R = H) gave 5-(β-acetyl-α-methylhydrazino)-2-methyl-3(2*H*)-pyridazinone (**176**, R = Ac) (Ac$_2$O, pyridine, 25°, 10 h: 84%).[873]

3-Chloro-6-hydrazinopyridazine (**173**, R = Cl) gave 6-chloro-3-methyl-1,2,4-triazolo[4,3-*b*]pyridazine (**177**) [neat MeC(OMe)$_3$, reflux, 12 h: 93%; PhCH$_2$SC(=NH)Me, pyridine, 25°, 12 h; then reflux, 2 h: 56%].[981]
Also other examples.[158, 711, 812, 849, 1001, 1058, 1162, 1281, 1338, 1472, 2044]

Note: A convenient alternative route to acylated hydrazinopyridazines or their cyclized products is by aminolysis of a halogenopyridazine with a carbohydrazide, for example, 3-chloro-6-phenylpyridazine (**178**) gave 3-β-benzoylhydrazino-6-phenylpyridazine (**179**) (BzNHNH$_2$, BuOH, reflux, 5 h: 72%).[1279] Other examples have been reported.[1284]

Alkylidenation (to Pyridazinylhydrazones)

4-Chloro-5-hydrazino-2-methyl- (**80**, R = NH$_2$) gave 5-benzylidenehydrazino-4-chloro-2-methyl-3(2*H*)-pyridazinone (**180**, R = N: CHPh) (PhCHO, EtOH, reflux, 2 h: 92%).[1054]

4-Methyl-3-α-methylhydrazino- (**178**, R = NH$_2$) gave 4-methyl-3-(α-methyl-β-methylenehydrazino)-6-phenylpyridazine (**178**, R = N: CH$_2$) 30% CH$_2$O, Pr^{i}OH, 95°, 5 min: 95%.[1333]

3-Chloro-6-hydrazinopyridazine 2-oxide (**182**, R=NH$_2$) gave 3-chloro-6-isopropylidenehydrazinopyridazine 2-oxide (**182**, R=N:CMe$_2$) (AcMe, trace HCl, EtOH, reflux, 30 min: 80%).[546]

3,6-Dihydrazino-4,5-dihydropyridazine gave 3,6-biscarboxymethylenehydrazino-4,5-dihydropyridazine (**183**) (HO$_2$CCHO·H$_2$O, H$_2$O, N$_2$, 25°: 91%).[639]

6-Chloro-4-hydrazino- gave 6-chloro-4-dimethylaminomethylenehydrazino-2-phenyl-3(2H)-pyridazinone (**184**) (Vilsmeier reagent from Me$_2$NCHO–POCl$_3$, Me$_2$NCHO, 20°, 4 h: 75%, initially as the hydrochloride).[1429]

4-chloro-5-α-methylhydrazino-3(2H)-pyridazinone gave 5-[β-(β-bromo-α-ethoxycarbonylethylidene)-α-methylhydrazino]-4-chloro-3(2H)-pyridazinone (**185**) (BrCH$_2$COCO$_2$Et, EtOH, 25°, 18 h: 92%) and then ethyl 1-methyl-5-oxo-1,4,5,6-tetrahydropyridazino[4,5-c]pyridazine-3-carboxylate (**186**) (Zn-Cu, dioxane, reflux, 18 h: 82%).[1941]

5-α-Methylhydrazino- gave 5-(β-ethylidene-α-methylhydrazino)- (**187**) (MeCHO, MeOH 25°, 12 h: 95%) and then 5-(β-ethyl-α-methylhydrazino)-2-phenyl-3(2H) pyridazinone (**188**) (NaBH$_4$, MeOH, 25°, 24 h: 88%);[1540] note that this is a good way to achieve β-alkylation of a hydrazino substrate.

3-Chloro-6-hydrazinopyridazine (**189**) with ethyl diformylacetate gave 3-chloro-6-(4-ethoxycarbonylpyrazol-1-yl)pyridazine (**191**) [EtOH, 0° → 25°, 24 h: 88%, probably via the unisolated intermediate (**190**)];[1693] the same substrate (**189**) (made in situ) with acetonylacetone gave 2,4-bis(6-chloropyridazin-3-ylhydrazono)hexane (**192**) (H$_2$O, 80° → 25°: 80%).[1345]

Also other examples.[18, 209, 432, 495, 539, 555, 671, 793, 954, 1008, 1021, 1227, 1246, 1258, 1262, 1293, 1331, 1336, 1454, 1558, 1583, 1687, 1701, 1711, 1813, 1819, 1909, 1958, 2034, 2036, 2038, 2067, 2070, 2108]

Alkylation

Note: β-Alkylation may be done directly or by β-alkylidenation followed by reduction (see preceding subsection); α-alkylation may be done directly or by β-alkylidenation followed by α-alkylation and subsequent hydrolytic removal of the unwanted alkylidene group.

3-Chloro-6-hydrazinopyridazine (**193**, R = H) gave 3-chloro-6-β-tritylhydrazinopyridazine (**193**, R = CPh$_3$) (ClCPh$_3$, Et$_3$N, CH$_2$Cl$_2$, 20° 1 h: 84%).[1224]

3-Hydrazino- gave 3-α-(β-cyanoethyl)hydrazino-6-phenylpyridazine (H$_2$C=CHCN, 2M NaOH, THF, 30° → 60°, 30 min: 32%).[1316]

5-Benzylidenehydrazino- (**194**) gave 5-(β-benzylidene-α-methylhydrazino)-4-chloro-2-methyl-3(2H)-pyridazinone (**195**) (MeI, K_2CO_3, Me_2NCHO, 25°, 4 h: 89%),[1054] which should be convertible into 4-chloro-2-methyl-5-α-methylhydrazino-3(2H)-pyridazinone (**196**) (not described—for a possible method, see Section 7.3.1).
Also other examples.[2109]

Conversion into Semicarbazido- or Thiosemicarbazidopyridazines

3-Chloro-6-hydrazinopyridazine (**197**) with ethoxycarbonyl isothiocyanate gave 3-chloro-6-[4-ethoxycarbonyl(thiosemicarbazido)]pyridazine (**198**) ($CHCl_3$, reflux, 1 h: 67%) and thence 6-chloro-3-ethoxycarbonylamino-1,2,4-triazolo[4,3-b]pyridazine (**199**) (Br_2, AcOH, 25°, 3 h: 28%; by an oxidative cyclization with sulfur extrusion);[86] 3-anilino-6-chloro-1,2,4-triazolo[4,3,-b]pyridazine (**200**) was made somewhat similarly in 60% yield by using phenyl isocyanate in the presence of triphenylphosphine.[1915]

5-α-Methylhydrazino- (**201**, R = Ph) gave 5-[1-methyl-4-phenyl(thiosemicarbazido)]-2-phenyl-3(2H)-pyridazinone (**202**, R = Ph) (PhNCS, MeCN, reflux, 5 h: 49%) and then 3-anilino-1-methyl-6-phenyl-1H-pyridazino[4,5-e][1,3,4]thiadiazin-5(6H)-one (**203**, R = Ph) ($EtO_2CN=NCO_2Et$, MeCN, reflux, 4 h: 50%).[1556]

2-Methyl-5-α-methylhydrazino- (**201**, R = Me) gave 2-methyl-5-[1-methyl-4-phenyl(thiosemicarbazido)]-3(2H)-pyridazinone (**202**, R = Me) (PhNCS, Me_2NCHO, 80°, 3 h: 91%) and then 3-anilino-1,6-dimethyl-1H-pyridazino[4,5-e][1,3,4]thiadiazin-5(6H)-one (**203**, R = Me) (N-bromosuccinimide, $CHCl_3$, 25°, 3 h: 63%).[1061]

Also other examples in the foregoing references and elsewhere.[721, 1722, 1751]

Conversion into Azidopyridazines

Note: Hydrazinopyridazines may be converted into azidopyridazines by the action of nitrous acid or less directly by treatment with a diazonium salt. The ring-chain tautomerism of 3/6-azidopyridazines is discussed in Section 7.3.3.

3-Hydrazino- (**204**) gave 3-azido-4,5-dimethylpyridazine (**205**) (NaNO$_2$, dilute HCl, <5°, 30 min: 90%).[558]

6-Chloro-3-hydrazino- (**206**, R = NHNH$_2$) gave 3-azido-6-chloro-4-pyridazinecarboxylic acid (**206**, R = N$_3$) (NaNO$_2$, dilute HCl, 5–10°, 2 h: 97%).[1228]

3-Chloro-6-hydrazinopyridazine (**207**) gave 3-azido-6-chloropyridazine (**209**), via the detectable but unisolated tetrazene (**208**, or tautomer) (PhN$_2$BF$_4$, EtOH, 25°, >3 h: 64%).[408]

Also other examples of both methods.[253, 363, 810, 831, 1067, 1250, 1976]

Conversion into Azopyridazines

Note: Hydrazinopyridazines undergo direct oxidation to azopyridazines; an indirect conversion via azidopyridazines is also possible (see Section 7.3.4).

3-β-Ethoxycarbonylhydrazino- (**210**) gave 3-ethoxycarbonylazo-6-ethylaminopyridazine (**211**) (Pd/C, PhMe, 25°, dry air↓, 4 h: 98%);[117] also analogues likewise.[117]

3-Chloro-6-β-tritylhydrazinopyridazine gave 3-chloro-6-tritylazopyridazine (**212**) (NaOCl, H$_2$O–CH$_2$Cl$_2$, Bu$_4$NBr, 25°, 4.5 h: 83%).[1224]

3,6-Bis(β-ethoxycarbonylhydrazino)pyridazine gave 3,6-bis(ethoxycarbonylazo)pyridazine (**213**) (neat 70% HNO$_3$, 0°, 5 h: ~80%).[636]

Miscellaneous Reactions

6-Chloro-3-hydrazino-4-pyridazinamine (**214**) has been reported to give 6-chloro-4-pyridazinamine (**215**) (3M NaOH, air, 85°, 24 h: ~70%).[654]

3-Chloro-6-hydrazino-5-methylpyridazine (**216**) gave 3-chloro-6-methoxy-5-methylpyridazine (**217**) [Tl(NO$_3$)$_3$·3H$_2$O, MeOH, 25°, 20 min: 67%].[1386]

7.3.3 Preparation and Reactions of Hydroxyaminopyridazines (H 631)

Hydroxyaminopyridazines are sometimes formulated as their tautomeric oximes; for example, 3-hydroxyaminopyridazine (**218**) could be formulated as 3-hydroxyimino-2,3-dihydropyridazine (**219**) which might possibly be called "3(2H)-pyridazinone oxime"! Naturally, the presence of an appropriate 1/2-substituent would fix such a compound in the hydroxyimino form, (e.g., **220**).

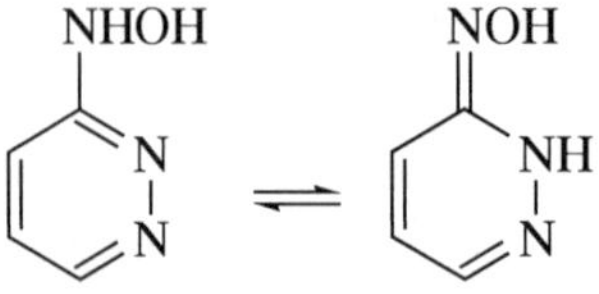

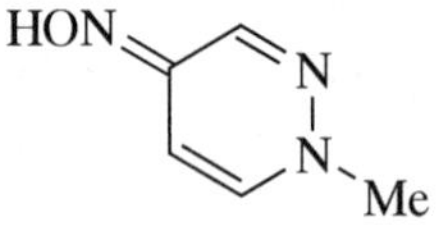

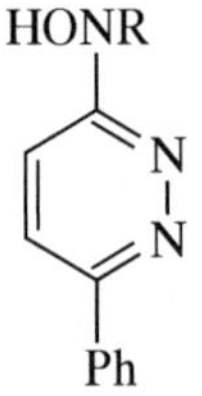

PREPARATIVE METHODS Most recently described hydroxyaminopyridazines have been made by *primary syntheses* (see Chapters 1 and 2), by *hydroxyaminolysis of halogenopyridazines* (see Sections 4.2.1 and 4.4.1), by *hydroxyaminolysis of pyridazinones* (see Section 5.1.2.5), or by *hydroxyaminolysis of alkylthiopyridazines* (see Section 6.2.2.2). In addition, the *deacylation* of 3-(N-hydroxyacetamido)-6-phenylpyridazine (**212**, R = Ac) in 10% hydrochloric acid gave 3-hydroxyamino-6-phenylpyridazine (**221**, R = H) in 80% yield.[193]

REACTIONS An example of *reductive deoxygenation* of an hydroxyaminopyridazine to the corresponding pyridazinamine has been given in Section 5.1.2.5. Other reactions are represented by the following examples:

Acylation

3-Chloro-6-hydroxyaminopyridazine (**222**, R = H) gave 3-N-acetoxyacetamido-6-chloropyridazine (**222**, R = Ac) (Ac$_2$O, MeOCH$_2$CH$_2$OMe, reflux, 2 h: 51%).[966]

3-(N-Hydroxybenzamido)-6-methylpyridazine (**223**, R = Bz) gave 3-(N-hydroxyacetamido)-6-methylpyridazine (**223**, R = Ac) (Ac$_2$O, reflux: ?%; a transacylation).[193]

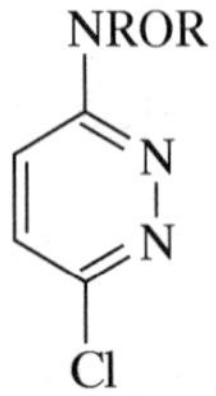

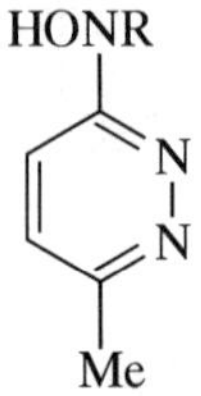

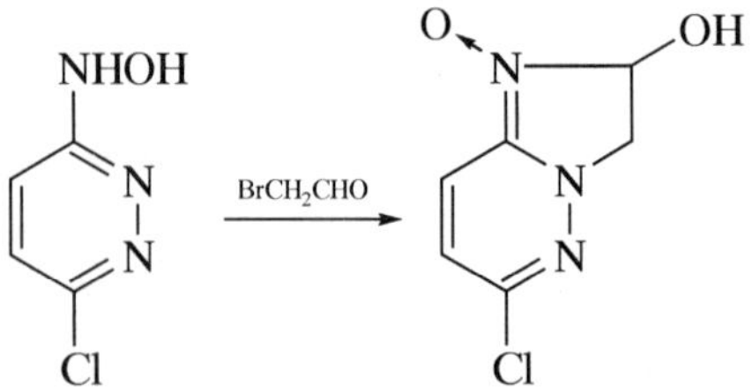

Cyclization

3-Chloro-6-hydroxyaminopyridazine (**224**) gave 6-chloro-2-hydroxy-2,3-dihydroimidazo[1,2-*b*]pyridazine 1-oxide (**225**) [BrCH$_2$CH(OMe)$_2$, HBr, H$_2$O, 25°d, 14 h: 20%].[196,412]

Conversion into a Thioureidopyridazine

3-Chloro-6-hydroxyaminopyridazine with ethoxycarbonyl isothiocyanate gave 3-chloro-6-[*N'*-ethoxycarbonyl(thioureido)]pyridazine (CH$_2$Cl$_2$, 25°, 30 min; 4%; mechanism unclear)[412]

7.3.4 Preparation, Isomerization, and Reactions of Azidopyridazines (*H* 645)

PREPARATIVE METHODS Most azidopyridazines have been made from *halogenopyridazines with azide ion* (see Sections 4.2.6 and 4.4.6), from *nitropyridazines with azide ion* (see Section 7.1.2.2), or from *hydrazinopyridazines with nitrous acid or diazonium salts* (see Section 7.3.2). In addition, azidopyridazines have been prepared by *C-metallation and treatment with an acyl azide*. For example, 3-chloro-6-methoxypyridazine (**226**) was treated with lithium *t*-butyl-*β*-isopropylpentylamide in tetrahydrofuran at −75° during 30 min to give the unisolated intermediate (**227**), which was then allowed to react with tosyl azide at −75° for 2 h to afford 4-azido-6-chloro-3-methoxypyridazine (**228**) in >95% yield.[1900]

ISOMERISM As in related series,[816] it has long been known that 3/6-azidopyridazines (**229**) and the corresponding isomeric tetrazolo[1,5-*b*]pyridazines (**230**) exist in an equilibrium broadly controlled by solvent, pH of solution (ionic species), and any passenger groups present.[558] The isolation of a rather esoteric azidopyridazine (as such) and its thermal conversion into the corresponding tetrazolo derivative has been reported.[1711] For obvious pragmatic reasons, all such isomeric pyridazines are named as azidopyridazines throughout this book.

REACTION The direct and indirect *conversion of azido- into aminopyridazines* has been discussed already (Section 7.2.1). Other reactions of azidopyridazines are illustrated in the following examples.

To Triphenylphosphoranylideneaminopyridazines

Note: Such conversions have been mentioned already as part of an indirect procedure to make pyridazinamines from azidopyridazines (see Section 7.2.1).

4-Azido-6-chloro-2-phenyl-3(2H)-pyridazinone (**231**) gave 6-chloro-2-phenyl-4-triphenylphosphoranylideneamino-3(2H)-pyridazinone (**232**) (Ph$_3$P, EtOH, 25°, 1 h: 94%);[401] this kinetic of this and related transformations were studied.[401]

Ethyl 3-azido-5,6-diphenyl-4-pyridazinecarboxylate (**233**) gave ethyl 5,6-diphenyl-3-triphenylphosphoranylideneamino-4-pyridazinecarboxylate (**234**) (Ph$_3$P, xylene, reflux, 12 h: >60%) and then 3,47-triphenyl-5H-pyridazino[3,4-d][1,3]oxazin-5-one (**235**) (neat BzCl, trace 4-Me$_2$N–pyridine, <120°, 8 h: 85%).[1417]

To 1,2,3-Triazolylpyridazines

5-Azido-4-chloro-2-phenyl-3(2H)-pyridazinone (**236**) gave 5-(4-acetyl-5-methyl-1,2,3-triazol-1-yl)-4-chloro-2-phenyl-3(2H)-pyridazinone (**237**) (AcCH$_2$Ac, Et$_3$N, dioxane, 5°, 1 h: 90%).[1166]
Also other examples.[580, 596, 599]

Ring Expansion to Triazepines

4-Azido-3-methoxypyridazine (**238**) gave 3,4-dimethoxy-1H-1,2,5-triazepine (**239**) (MeONa, MeOH-dioxane, hν, <5°, 1 h: >50%; unstable but characterized by spectra) and thence the stable isomer, 6,7-dimethoxy-4H-1,2,5-triazepine (**240**) (MeONa, MeOH, 25°, 5 h: >30%);[885] also related reactions.[885]

Miscellaneous Reactions

4-Azidopyridazine 1-oxide (**241**) gave 4-(3-cyanotriazeno)pyridazine 1-oxide as its potassium salt (**242**) (KCN, EtOH–H$_2$O, <5°, 30 min; 91%)

and thence 4-*p*-anilinophenylazopyridazine 1-oxide (**243**) (Ph$_2$NH, HCl, EtOH–H$_2$O, 80°, 10 min: 36%); several analogues likewise.[831]

4-{β-Acetyl-β-[(azidoacetyl)carbamoyl]vinylamino}pyridazine (**244**) underwent hydrogenation to give a product formulated as 4-{β-acetyl-β-[(carbamoylmethyl)carbamoyl]vinylamino}pyridazine (**245**) (H$_2$, Pd/C, MeOH, 3.5 atm, 90 min: 56%; mechanism is unclear).[1682]

7.4 PREPARATION AND REACTIONS OF NONTAUTOMERIC PYRIDAZINIMINES

Nearly all the recent material in this area has been presented already.

PREPARATIVE ROUTES Such imines have been made by *primary syntheses* (see Chapters 1 and 2) or by *1/2-alkylation of primary or secondary aminopyridazines* (see Section 7.2.2.3). In addition, hydrazinolysis of 3,6-dichloro-1-methylpyridazinium ethyl sulfate (**246**) with methanolic hydrazine at 0° afforded a separable mixture of 3-chloro-6-hydrazono-1-methyl-1,6-dihydropyridazine (**247**) and 3,3′-azinodi(6-chloro-2-methyl-2,3-dihydropyridazine) (**248**) in 25% and 10% yields, respectively.[1183] Also, acylation of 3-isopropylidenehydrazino-6-morpholinopyridazine (**249**) with diethyl carbonate furnished a mixture or ethyl 6-isopropylidenehydrazono-3-morpholino-1,6-

dihydro-1-pyridazinecarboxylate (**250**) and 3-(α-ethoxycarbonyl-β-isopropylidenehydrazino)-6-morpholinopyridazine (**251**).[812]

REACTIONS   The *hydrolysis of pyridazinimines* to nontautomeric pyridazinones has been discussed in Section 5.5.1, the *Dimroth rearrangement* of 2-alkyl-3(2H)-pyridazinimines has not been studied (cf. *H* 497 and Section 7.2.2.3), and only the following minor reports are of any interest.

6-(6-Amino-3-cyano-4-methylpyridin-2-yl)-3-imino-5-methyl-2-*p*-tolyl-2,3-dihydro-4-pyridazinecarbonitrile (**252**, R = H) has been reported to react with boiling acetic anhydride during 1 h to afford a single monoacetyl derivative, formulated as 3-acetylimino-6-(6-amino-3-cyano-4-methylpyridin-2-yl)-5-methyl-2-*p*-tolyl-2,3-dihydro-4-pyridazinecarbonitrile (**252**, R = Ac) on ir spectral evidence.[1728] The condensation of the potassium salt of β-nitroethylidenemalononitrile (**253**) with *p*-bromobenzenediazonium tetrafluoroborate (**254**) (cf. Section 1.1.2.9) has been reported to give two isomeric products, *E*- (**255**) and *Z*-2-*p*-bromophenyl-3-imino-6-nitro-2,3-dihydro-4-pyridazinecarbontrile (**256**) in 45–55 ratio;[1495, 1497] different *para*- substituents affected the ratio of isomers significantly, according to their electron-withdrawing or electron-donating nature.[1497]

7.5 PREPARATION AND REACTIONS OF ARYLAZOPYRIDAZINES (*H* 632)

PREPARATIVE ROUTES   Most of the known arylazopyridazines have been made by *primary syntheses* [70, 80, 150, 482] (see also Chapters 1 and 2), by *oxidation of (β-substituted hydrazino)pyridazines* (see Section 7.3.2), or by *diazo coupling*, as exemplified in the conversion of 6-(biphenyl-4-yl)-4-(3,5-dimethylpyrazol-4-yl)-4,5-dihydro-3(2*H*)-pyridazinone into 6-(biphenyl-4-yl)-4-(3,5-dimethyl-pyrazol-4-yl)-5-phenylazo-4,5-dihydro-3(2*H*)-pyridazinone (**257**) in 63% yield by treatment with a solution of benzenediazonium chloride and sodium acetate at <5° for 1 h;[1712] and in the somewhat similar formation of 6-(2-methylnaphthalen-1-yl)-4-phenylazo-4,5-dihydro-3(2*H*)-pyridazinone (**258**) in 55% yield.[837]

REACTIONS   An example of *reduction to a hydrazinopyridazine* has been given in Section 7.3.1. The *ring fission* of arylazopyridazines is exemplified in the hydrogenation of 3,6-dimethyl-1-phenyl-6-phenylazo-1,4,5,6-tetrahydropyridazine (**259**) over a platinum catalyst in acetic acid to give 2,5-hexanedione bisphenylhydrazone (**260**) in 94% yield;[69] several other such fissions have been reported.[69, 70]

CHAPTER 8

Pyridazinecarboxylic Acids and Related Derivatives (*H* 353, 407)

This chapter covers not only pyridazinecarboxylic acids but also the related esters, acyl halides, amides, nitriles, aldehydes, ketones, and any thio analogues; no isocyanato- or isothiocyanatopyridazines appear to have been investigated in recent years. The direct introduction of "carbon functional groups" into pyridazines has been reviewed.[227] To avoid repetition, interconversions of the foregoing types of pyridazine are discussed only at the first appropriate opportunity: for example, the formation of esters from carboxylic acids is described as a reaction of carboxylic acids rather than as a preparative route to esters, simply because the section on carboxylic acids precedes that on esters. Extensive cross-references have been inserted in order to alleviate any confusion.

8.1 PYRIDAZINECARBOXYLIC ACIDS (*H* 407)

As well as regular pyridazinecarboxylic acids, this section includes those acids in which the carboxyl group is attached indirectly to the pyridazine nucleus, as for example, in the extranuclear acid, 3-carboxymethyl-6-phenyl-4(1*H*)-pyridazinone.

8.1.1 Preparation of Pyridazinecarboxylic Acids (*H* 408)

Two important routes to pyridazinecarboxylic acids have been discussed already: *by primary syntheses* (see Chapters 1 and 2) and *by oxidation of alkylpyridazines* (see Section 3.2.2.1). Other routes to pyridazinecarboxylic acids, mainly involving hydrolytic processes, are illustrated by the following classified examples:

By Hydrolysis of Pyridazinecarboxylic Esters

Note: Since many such esters have been made by independent primary syntheses, their conversion into carboxylic acids represents an important route to the latter. The choice between alkaline or acidic hydrolysis may depend on any passenger groups present.

Ethyl 5-phenethyl-4-pyridazinecarboxylate (**1**, R = Et) gave 5-phenethyl-4-pyridazinecarboxylic acid (**1**, R = H) (NaOH, H_2O–EtOH, reflux, 2 h: 85%).[1791]

Diethyl 3,4-pyridazinecarboxylate (**2**, R = Et) gave 3,4-pyridazinedicarboxylic acid (**2**, R = H) (1M NaOH, 33°, 15 min: 68%).[1120]

Methyl 4-amino-6-oxo-1-*m*-trifluoromethylphenyl-1,6-dihydro-3-pyridazinecarboxylate (**3**, R = Me) gave 4-amino-6-oxo-1-*m*-trifluoromethylphenyl-1,6-dihydro-3-pyridazinecarboxylic acid (**3**, R = H) (2.5M NaOH, 50° → 25°, briefly: 89%).[1117]

Diethyl 1,2,3,6-tetrahydro-1,2-pyridazinedicarboxylate (**4**, R = CO_2Et) gave, not the dicarboxylic acid (**4**, R = CO_2H), but its decarboxylation product, 1,2,3,6-tetrahydropyridazine (**4**, R = H) [KOH, EtOH, reflux, 3 h: 76%; further characterized as 1,2-dibenzoyl-1,2,3,6-tetrahydropyridazine (**4**, R = Bz).[405]

Methyl 5-cyano-4-ethyl-6-oxo-1-phenyl-1,6-dihydro-3-pyridazinecarboxylate (**5**, R = Me) gave 5-cyano-4-ethyl-6-oxo-1-phenyl-1,6-dihydro-3-pyridazinecarboxylic acid (**5**, R = H) (HCl–AcOH, reflux, 1 h: 91%).[1808]

3-Methoxycarbonylmethyl- (**6**, R = Me) gave 3-carboxymethyl-6-phenyl-4(1*H*)-pyridazinone (**6**, R = H) (HCl, H_2O–dioxane, reflux, 2 h: 87%).[1489]

Rate constants for the alkaline hydrolysis of methyl 4-pyridazinecarboxylate (**7**) have been determined in 80% methanol and compared with those for comparable diazine esters.[101]

Also other examples.[51, 52, 55, 81, 160, 314, 389, 513, 534, 775, 821, 864, 947, 1049, 1090, 1118, 1217, 1232, 1240, 1242, 1268, 1309, 1378, 1419, 1425, 1434, 1457, 1459, 1460, 1635, 1742, 1767, 1964]

By Hydrolysis of Pyridazinecarboxamides or Pyridazinecarbohydrazides

3-Amino-5-*p*-dimethylaminophenyl-4-pyridazinecarboxamide (**8**, R = NH$_2$) gave 3-amino-5-*p*-dimethylaminophenyl-4-pyridazinecarboxylic acid (**8**, R = OH) (NaOH, EtOH–H$_2$O, 120°, sealed, 13 h: 80%).[1099]

6-Hydrazino-4-hydrazinocarbonylmethyl- (**9**, R = NHNH$_2$) gave 4-carboxymethyl-6-hydrazino-3(2*H*)-pyridazinone (**9**, R = OH) (6 M HCl, reflux, 3 h: 70%, isolated as hydrochloride).[947]

Di-*t*-butyl 3-(4-benzyl-2-oxo-oxazolidin-3-ylcarbonyl)hexahydro-1,2-pyridazinedicarboxylate (**10**) gave 1,2-di-*t*-butoxycarbonylhexahydro-3-pyridazinecarboxylic acid (**11**) (LiOH, THF–H$_2$O, <0°, 2 h: 89%; saponification of the passenger ester grouping was avoided under these gentle conditions).[1803]

Also other examples.[587, 1365, 1434]

By Hydrolysis of Pyridazinecarbonitriles

4-Methyl-6-phenyl-3-pyridazinecarbonitrile (**12**, R = CN) gave 4-methyl-6-phenyl-3-pyridazinecarboxylic acid (**12**, R = CO$_2$H) (NaOH, H$_2$O–EtOH, 95°, 8 h: ~75%).[1104]

3-Phenoxy-4-pyridazinecarbonitrile (**13**, R = CN) gave 3-phenoxy-4-pyridazinecarboxylic acid (0.5M NaOH, 60°, 3 h: 90%).[517]

2-β-Cyanoethyl- (**14**, R = CN) gave 2-β-carboxyethyl-6-methyl-4-*p*-methylbenzyl-3(2*H*)-pyridazinone (**14**, R = CO$_2$H) (5M NaOH, reflux, 6 h: 88%).[112]

The Reissert product, 2-benzoyl-2,3-dihydro-3-pyridazinecarbonitrile (**15**), gave 3-pyridazinecarboxylic acid (**16**) (HBr–AcOH, reflux, 15 min: 24%; by hydrolysis and loss of PhCHO?).[1066]

6-Methyl-3-pyridazinecarbonitrile (**17**, R = CN) gave 6-methyl-3-pyridazinecarboxylic acid (**17**, R = CO_2H) (immolized nitrilase from *Rhodococcus* sp. pH 7 phosphate buffer, 25°, 12 days: 70%).[1500, 1684]

Also other examples.[389, 534, 587, 775, 911, 1256, 1791]

By Oxidation of Pyridazinecarbaldehydes

6-Oxo-3-phenyl-1,6-dihydro-4-pyridazinecarbaldehyde gave the corresponding 4-carboxylic acid ($AgNO_3$, EtOH–H_2O, pH 12, 20°, 16 h: 50%).[2018]

4-Pyridazinecarbaldehyde (**18**) underwent a Cannizzaro reaction[1852e] to give 4-pyridazinecarboxylic acid (**19**) and 4-hydroxymethylpyridazine (**20**) (KOH, H_2O, 25°, 3 days: 82% and 79%, respectively);[67] 3-pyridazinecarbaldehyde (**21**, R = CHO) likewise gave 3-pyridazinecarboxylic acid (**21**, R = CO_2H) and 3-hydroxymethylpyridazine (**21**, R = CH_2OH) (KOH, H_2O, reflux, 5 h: 19% and 78%, respectively; perhaps most of the carboxylic acid underwent decarboxylation under these conditions?).[77]

3-Pyridazinecarbaldehyde (**21**, R = CHO) underwent benzoin-type reactions to give either 2,3-dihydroxy-2,3-di(pyridazin-3-yl)propiononitrile (**22**) (KCN, HCl, H_2O–dioxane, 0°, 12 h: 37%) or 1,2-di(pyridazin-3-yl)-1,2-ethenediol (**23**, or tautomer) (KCN, NH_4Cl Et_2O–H_2O, 25°, 10 min: 80%), which was oxidized easily to 3-pyridazinecarboxylic acid (**24**) (e.g., O_2, MeOH, 25°, 12 h: >95%).[76]

Also other examples.[1111]

By Passenger Introduction of Carboxyl Groups

Note: Routes to extranuclear carboxypyridazines by passenger introduction of carboxy groups have been mentioned in several sections of this book; a couple of yet unmentioned examples follow.

4,5,6-Triphenyl-3(2*H*)-pyridazinone (**25**, R = H) gave 2-(8-carboxyoctyl)-4,5,6-triphenyl-3(2*H*)-pyridazinone [**25**, R = $(CH_2)_8CO_2H$] [NaH, Me$_2$NCHO, 25–110° as required; then $C_8H_{17}Br\downarrow$, 25–110° as required].[1745]

4-Pyridazinecarboxamide (**26**) gave an unseparated 4:5 mixture of 4-carbamoyl- (**27**) and 5-carbamoyl-1-δ-carboxybutylpyridazinium iodide (**28**) ($ICH_2CH_2CH_2CH_2CO_2H$, MeCN, 80°, > 18 h: 75%).[1779]

8.1.2 Reactions of Pyridazinecarboxylic Acids (*H* 414)

The reactions of pyridazinecarboxylic acids seem best illustrated by the following classified examples, accompanied when necessary by brief notes:

To Acyl Chlorides or Anhydrides

Note: These chlorides and anhydrides are usually employed as reactive intermediates and are seldom characterized fully.

3,6-Dichloro-4-pyridazinecarboxylic acid (**29**, R = OH) gave 3,6-dichloro-4-pyridazinecarbonyl chloride (**29**, R = Cl) (SOCl$_2$, trace Me$_2$NCHO, reflux until HCl↑ and SO$_2$↑ ceased: 90%).[519]

5-Amino-1-methyl-6-oxo-3-phenyl-1,6-dihydro-4-pyridazinecarboxylic acid (**30**, R = OH) gave the corresponding crude carbonyl chloride (**30**, R = Cl) (neat SOCl$_2$, 60°, 30 min) and then 5-amino-1-methyl-6-oxo-3-phenyl-1,6-dihydro-4-pyridazinecarboxamide (**30**, R = NH$_2$) (30% NH$_4$OH, 5°, 1 h: 61% overall);[1832] also analogous examples.[587, 1465]

6-Chloro-3-pyridazinecarboxylic acid (**31**, R = OH) gave crude 6-chloro-3-pyridazinecarbonyl chloride (**31**, R = Cl) (neat SOCl$_2$, reflux, A, 2 h) and then 3-benzoyl-6-chloropyridazine (**31**, R = Ph) (AlCl$_3$, PhH, 0° → reflux, 6 h: 89% overall).[1689]

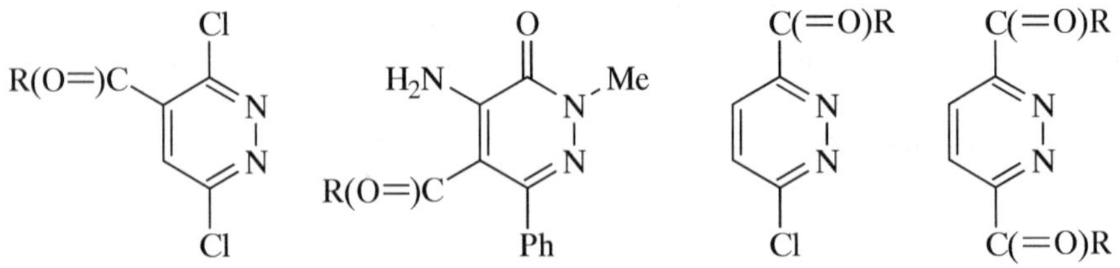

3,6-Pyridazinedicarboxylic acid (**32**, R = OH) gave 3,6-pyridazinedicarbonyl dichloride (**32**, R = Cl) [PCl$_5$, SOCl$_2$, reflux(?): 76%;[435] ClCOCOCl, PhH, reflux, 30 min: 89%;[2091] neat SOCl$_2$, trace Me$_2$NCHO, reflux, 3 h: 98% yield of crude][1545, 1939] and then 3,6-dibenzoylpyridazine (**32**, R = Ph) (AlCl$_3$, PhH, 25° → 65°, 5 h: 60%).[1545, 1939]

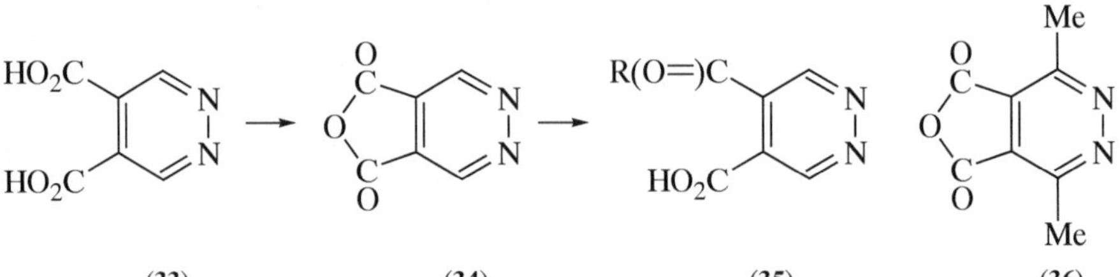

4,5-Pyridazinedicarboxylic acid (**33**) gave 4,5-pyridazinedicarboxylic anhydride (**34**) ($C_6H_{11}N=C=NC_6H_{11}$, THF, 25°, 12 h: 90%).[958] and thence 5-carbamoyl-4-pyridazinecarboxylic acid (**35**, R = NH_2) ($NH_3 \downarrow$, THF, 25°: 90%)[958] or 5-benzoyl-4-pyridazinecarboxylic acid (**35**, R = Ph) ($AlCl_3$, PhH, 25° → 75°, 18 h: 67%).[702]

3,6-Dimethyl-4,5-pyridazinedicarboxylic acid gave its anhydride (**36**) (neat Ac_2O, reflux, briefly: 82%).[927]

To Esters or Lactones

Note: Most of the convention routes from acids to esters are represented in the pyridazine series.

6-Oxo-1,6-dihydro-3-pyridazinecarboxylic acid (**37**, R = H) gave ethyl 6-oxo-1,6-dihydro-3-pyridazinecarboxylate (**37**, R = Et) (EtOH, HCl gas $\downarrow$, 5°, then reflux, 14 h: 53%).[1459]

6-Amino-3-pyridazinecarboxylic acid gave isopropyl 6-amino-3-pyridazinecarboxylate (Pr^iOH, trace 10M HCl, PhH, reflux with Dean–Stark water removal, 24 h; then repeat: 63%).[1689]

5-Benzoyl-4-pyridazinecarboxylic acid (**38**, R = H) gave methyl 5-benzoyl-4-pyridazinecarboxylate (**38**, R = Me) (CH_2N_2, Et_2O, 25°, 12 h: 91%)[702] or the lactone (**39**) of 5-(α-chloro-α-hydroxybenzyl)-4-pyridazinecarboxylic acid [neat $SOCl_2$, reflux, 4 h: 90%; lactones of 5-(α,p-dichloro-α-hydroxybenzyl)-4-pyridazinecarboxylic acid and other analogues similarly].[46]

(**37**) (**38**) (**39**) (**40**)

5-Amino-1-methyl-6-oxo-3-phenyl-1,6-dihydro-4-pyridazinecarboxylic acid (**40**, R = H) gave the corresponding methyl pyridazinecarboxylate (**40**, R = Me) (MeI, K_2CO_3, Me_2NCHO, 25°, 45 min: 65%).[1832]

3,6-Pyridazinedicarboxylic acid (**41**, R = H) gave dimethyl 3,6-pyridazine dicarboxylate (**41**, R = Me) [MeOH, $SOCl_2\downarrow$, −30° → 25°, 77%; substrate Na_2 salt (**41**, R = Na), likewise: 69%].[1077]

3,6-Dichloro-4-pyridazinecarboxylic acid (**42**, R = H) gave ethyl 3,6-dichloro-4-pyridazinecarboxylate (**42**, R = Et) (EtOH, 4-Me_2N–pyridine, $Me_2NCH_2CH_2CH_2N=C=NEt \cdot HCl$, THF, 25°, 12 h: 61%; note survival or the Cl substituents).[1748]

4-Pyridazinecarboxylic acid (**43**, R = H) gave methyl 4-pyridazinecarboxylate (**43**, R = Me) [1-1′-carbonyldiimidazole, CH_2Cl_2, 25°, A, 90 min;

then MeONa/MeOH↓, 25°, 2 h: 60%; presumably via unisolated 4-(imidazol-1-ylcarbonyl)pyridazine].[1347]

1-(2,4-Dinitrophenyl)-5-hydroxyhexahydro-3-pyridazinecarboxylic acid gave 2-acetyl-1-(2,4-dinitrophenyl)hexahydro-3,5-pyridazinecarbolactone (**44**) (neat Ac$_2$O, 25°, 48 h: ~55%; note *N*-acylation additional to lactone formation).[1805]

Also other examples.[101, 207, 736, 778, 945, 1066, 1104, 1165, 1264, 1555, 1778]

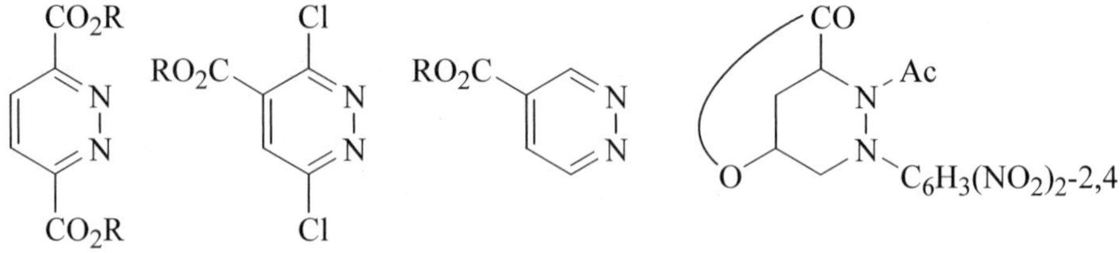

(41) (42) (43) (44)

To Amides or Hydrazides

Note: Pyridazinecarboxylic acids are usually converted into the corresponding amides indirectly via esters (see Section 8.2.2), via acyl chlorides (see preceding examples in this section), or other intermediates (examples following). The rarely used direct transformation of acids to amides is also exemplified here.

4-Pyridazinecarboxylic acid (**45**) gave *N*-benzyl-4-pyridazinecarboxamide (**47**) via the unisolated intermediate (**46**) (1,1′-carbonyldiimidazole, CH$_2$Cl$_2$, 25°, 3 h; then PhCH$_2$NH$_2$↓, 25°, 1 h: 71%).[1609]

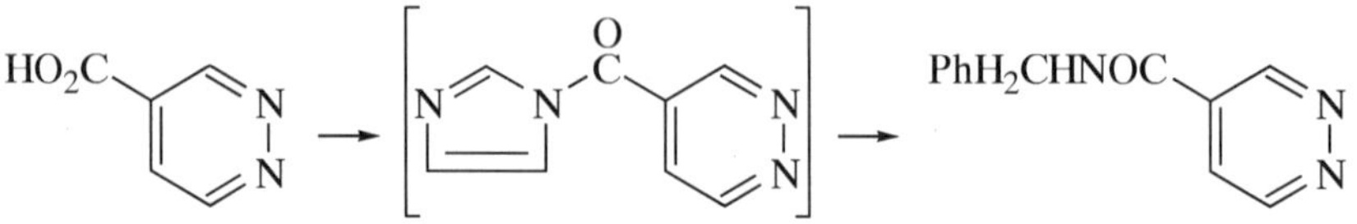

(45) (46) (47)

2-[α-(1,3-Benzodioxol-5-yl)-α-carboxymethyl]-6-methyl-3(2*H*)-pyridazinone (**48**, R = OH) gave 2-[α-(*N*-benzenesulfonylcarbamoyl)-α-(1,3-benzodioxol-5-yl)methyl]-6-methyl-3(2*H*)-pyridazineone (**48**, R = PhSO$_2$NH) (1,1′-carbonyldiimidazole, THF, 60°, 1 h; then PhSO$_2$NH$_2$↓, 1,5-diazabicyclo[5.4.0]undec-7-ene↓, 60°, 3 h: ?%); analogues likewise.[1964]

4-Pyridazinecarboxylic acid and 5,6-diamino-1-methylbenzimidazol-2(3*H*)-one afforded 1-methyl-6-pyridazin-4′-yl-3,5-dihydrobenzo[1,2-*d*:4,5-*d*′]diimidazol-2(1*H*)-one (**49**) (neat crude substrate, polyphosphoric acid, 150°, 1 h: >14%; presumably by ring closure of an intermediate amide).[1320]

Also other examples.[289, 1473, 1511, 1736, 1787, 1814]

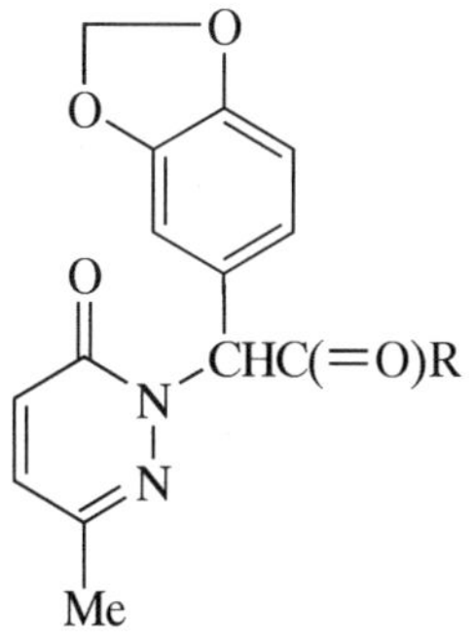

Decarboxylation

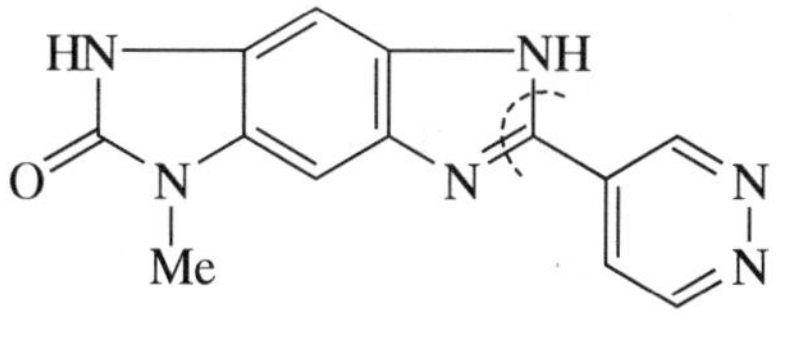

Note: For decarboxylations leading to pyridazine or simple alkylpyridazines, see Sections 3.1.1 and 3.2.1.4, respectively. Most other recently reported decarboxylations in the pyridazine series have been done by simple heating, dry distillation in a vacuum, or passing vapor through a hot tube; however, a few have been done in solution. Such processes are illustrated here.

5-Ethyl-3-oxo-2,3-dihydro-4-pyridazinecarboxylic acid (**50**, R = CO$_2$H) gave 5-ethyl-3(2H)-pyridazinone (**50**, R = H) (neat, 210°, 30 min: 33%);[821] also analogues somewhat similarly.[1099, 1240, 1242]

4-Hydroxy-6-oxo-1-*m*-trifluoromethylphenyl-1,6-dihydro-3-pyridazinecarboxylic acid (**51**, R = CO$_2$H) gave 5-hydroxy-2-*m*-trifluoromethylphenyl-3(2H)-pyridazinone (**51**, R = H) (neat, 200° until CO$_2$↑ ceased: 64%);[1090] analogues likewise.[1090]

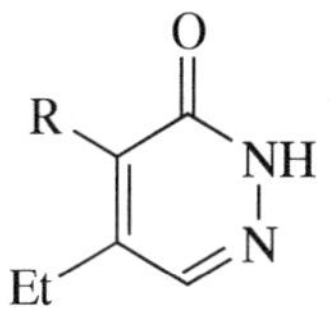

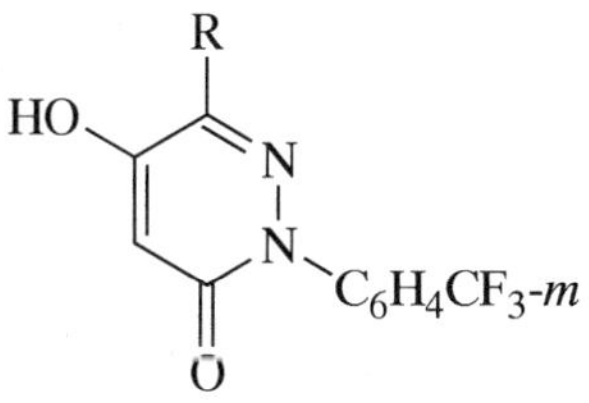

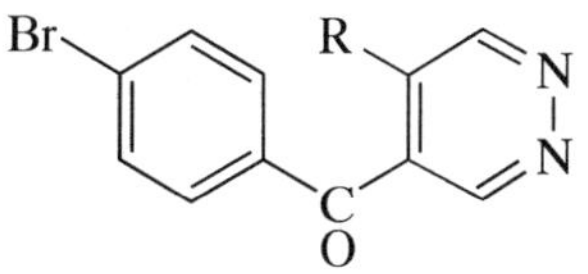

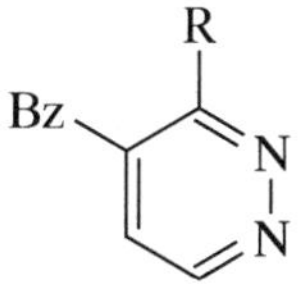

5-*p*-Bromobenzoyl-4-pyridazinecarboxylic acid (**52**, R = CO_2H) gave 4-*p*-bromobenzoylpyridazine (**52**, R = H) (Kugelrohr, 245°, vacuum, 20 min: 44%; Kugelrohr, Cu powder, 120°, vacuum, 30 min: 47%);[513] also analogous examples.[53,81]

5-Benzoyl-3-pyridazinecarboxylic acid (**53**, R = CO_2H) gave 4-benzoylpyridazine (**53**, R = H) (Kugelrohr, 150°, vacuum, 3 h: 90%).[1066]

6-Methyl-3-oxo-2-phenyl-2,3-dihydro-4-pyridazinecarboxylic acid (**54**, R = CO_2H) gave 6-methyl-2-phenyl-3(2*H*)-pyridazinone (**54**, R = H) (sublimation at 135°/vacuum into a tube at 550° during 2 h: 86%);[715] analogues likewise (550–850°).[715,719]

5-*N*-(*o*-Aminophenyl)carbamoyl-3,6-dimethyl-4-pyridazinecarboxylic acid (**55**, R = CO_2H) gave *N*-(*o*-aminophenyl)-3,6-dimethyl-4-pyridazinecarboxamide (**55**, R = H) (MeOH, reflux, 18 h: ~75%).[656]

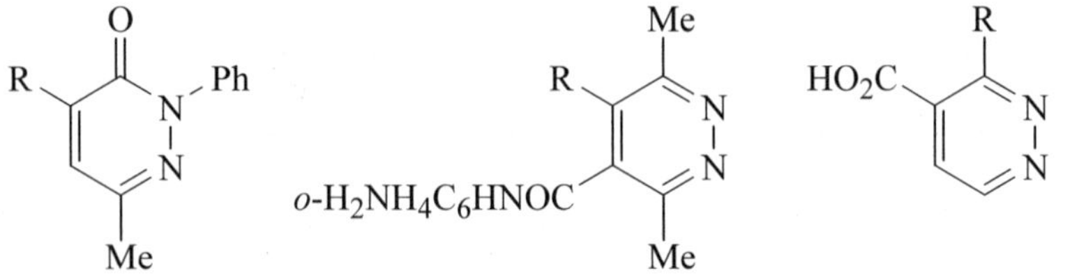

(**54**) (**55**) (**56**)

3,4-Pyridazinedicarboxylic acid (**56**, R = CO_2H) gave only 4-pyridazincarboxylic acid (**56**, RH = H) (1-methyl-2-pyrrolidinone, 170° until $CO_2\uparrow$, ceased: >95%; note preferential lability of the 3-carboxy group).[1120]

Also miscellaneous examples.[92,1148,1232]

Ionization and Complex Formation

5-Cyano-4-methyl-6-oxo-1,6-dihydro-3-pyridazinecarboxylic acid (**57**) had pK_a 3.42, enhanced through electron withdrawal by the CN group.[1368]

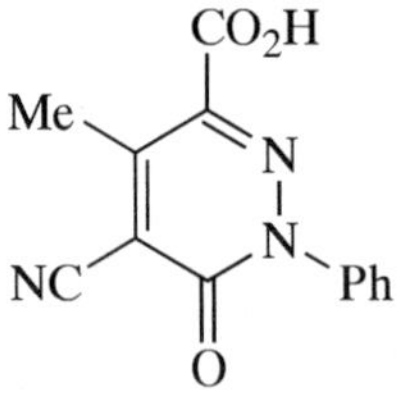

(**57**) 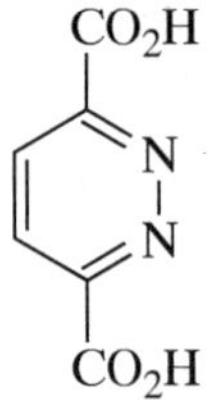 (**58**)

3,6-Pyridazinedicarboxylic acid (**58**) formed well-characterized hydrated dimetal–dinuclear complexes with Ni(II) and CO(II);[1963] however, Mn(II) formed an hydrated monometal–dinuclear complex characterized by X-ray analysis.[1914 cf. 2071]

8.2 PYRIDAZINECARBOXYLIC ESTERS (*H* 418)

This section covers both nuclear and extranuclear pyridazinecarboxylic esters. A general study of tautomerism in 3-(α-cyano-α-ethoxycarbonylmethyl)pyridazines and related compounds has revealed, for example, that the parent compound (**59**, R = H) exists in $CDCl_3$ entirely as the tautomer (**59a**, R = H) whereas 3-chloro-6-(α-cyano-α-ethoxycarbonylmethyl)pyridazine (**59**, R = Cl) exists in $CDCl_3$–isooctane as a 1 : 3 mixture of the tautomers **59** (R = Cl) and **59a** (R = Cl);[1143] in contrast, the parent cation (**60**) exists in sulfuric acid entirely as such.[1482] These equilibria have been studied further by

a molecular orbital pertubation method, and the results agree well with experimental data.[571] The conformations of diethyl 3,6-diphenyl-1,2-dihydro-1,2-pyridazinedicarboxylate (**61**), diethyl 3,6-diphenyl-1,2,3,6-tetrahydro-1,2-pyridazinedicarboxylate (**62**), and diethyl 4,5-dibromo-4,5-dimethylhexahydro-1,2-pyridazinedicarboxylate (**63**) have been determined in the solid state by X-ray analyses[100] and in solution by ^{13}C nmr data.[419, cf. 2083] Data for C–H coupling constants between the CF_3 and adjacent ring proton in compounds such as ethyl 6-ethoxy-4-trifluoromethyl-3-pyridazinecarboxylate (**64**) have been reported.[1980]

8.2.1 Preparation of Pyridazinecarboxylic Esters (*H* 414)

A high proportion of pyridazinecarboxylic esters have been made by *primary syntheses* (see Chapters 1 and 2), *rare reductive alkoxycarbonylations* (see

Section 3.1.3 for examples), or *esterification of carboxylic acids* (see Section 8.1.2). Other routes to such esters are illustrated in the following classified examples:

By Direct Homolytic Alkoxycarbonylation

Note: Simple pyridazines undergo such alkoxycarbonylation easily to give a mixture of products in which 4/5-carboxylic esters usually predominate.[416]

Pyridazine gave a separable mixture, mainly of ethyl 4-pyridazinecarboxylate (**65**) and diethyl 4,5-pyridazinedicarboxylate (**66**) ($AcCH_2CO_2Et$, 30% H_2O_2, $-5°$, 15 min; then added to substrate $+H_2SO_4 + FeSO_4 + H_2O + CH_2Cl_2$, $-5°$, 15 min: 15% and 76%, respectively) or mainly of diethyl 4,5-pyridazinedicarboxylate (**66**) and triethyl 3,4,5-pyridazinetricarboxylate (**67**) (likewise but without CH_2Cl_2: 49% and 19%, respectively).[416]

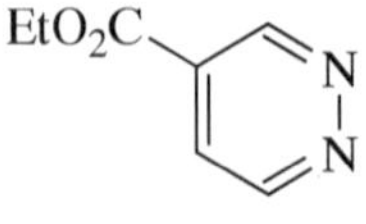

(65) 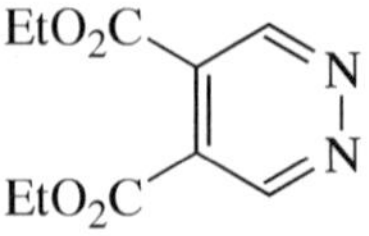   (66) 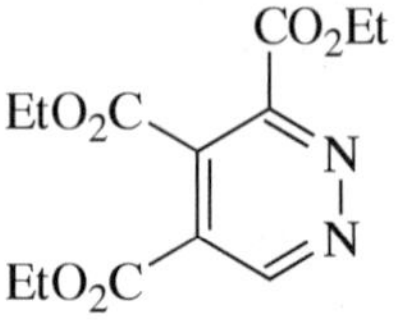   (67) 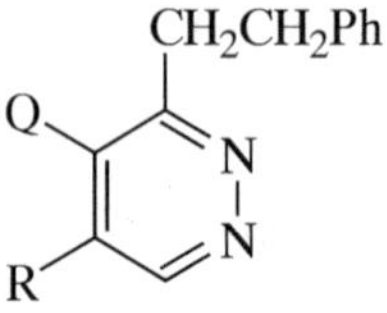   (68)

3-Phenethylpyridazine (**68**, Q=R=H) gave mainly methyl 6-phenethyl-4-pyridazinecarboxylate (**68**, Q=CO_2Me, R=H) and dimethyl 3-phenethyl-4,5-pyridazinedicarboxylate (**68**, Q=R=CO_2Me) (likewise using $AcCH_2CO_2Me$ with CH_2Cl_2: 14% and 31%, after separation).[1791]

Also many other fascinating examples, some including the formation of dihydro-1/2-ethoxycarbonyl derivatives.[228, 416, 420]

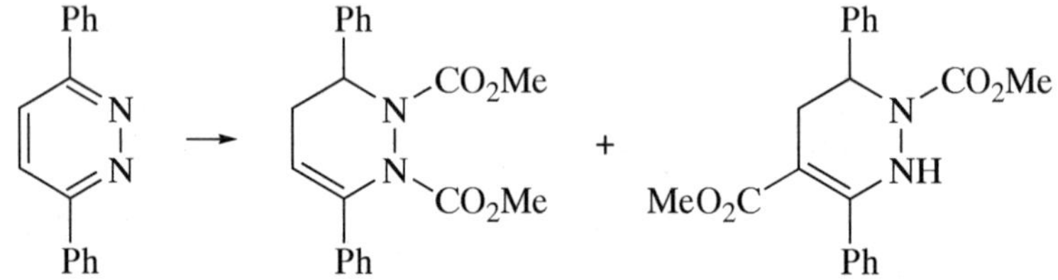

(69)   (70)   (71)

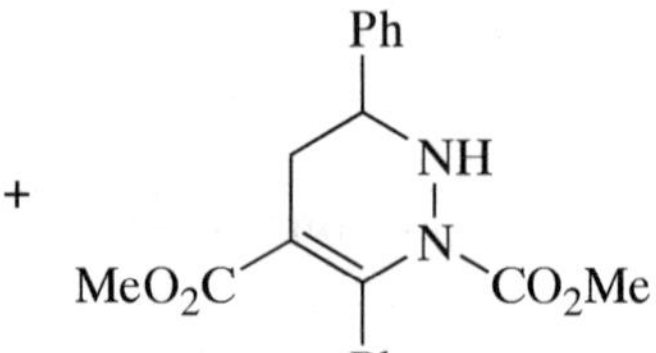

(72)

By Indirect Alkoxycarbonylation

3,6-Diphenylpyridazine (69) gave a mixture of dimethyl 3,6-diphenyl-1,2,3,4-tetrahydro-1,2-pyridazinedicarboxylate (70), dimethyl 3,6-diphenyl-1,2,5,6-tetrahydro-1,4-pyridazinedicarboxylate (71), and dimethyl 3,6-diphenyl-1,2,3,4-tetrahydro-1,5-pyridazinedicarboxylate (72) (electrolysis, CO_2, MeI, see original paper for details: 12%, 35%, and 10%, respectively).[185]

Diethyl 1,2,3,6-tetrahydro-1,2-pyridazinedicarboxylate (73) gave triethyl hexahydro-1,2,4-pyridazinetricarboxylate (74) [$PdCl_2$ (PPh_3)$_2$, EtOH–PhH, P(Co); 100 atm, 20°, 4 days; minimal details].[1646, cf. 2007]

From Pyridazinecarbaldehydes

6-(2′,3′,5′-Tri-O-Benzoyl-β-D-ribofuranosyl)-3-pyridazinecarbaldehyde (75, R = CHO) gave ethyl 6-(2′,3′,5′-tri-O-benzoyl-β-D-ribofuranosyl)-3-pyridazinecarboxylate (75, R = CO_2Et) (KOH, EtOH, O_3↓, −78°, 7 h: 65%).[1539]

From Pyridazinecarbonitriles or Pyridazinecarboxamides

3-Anilino-4-pyridazinecarbonitrile (76) gave methyl 3-anilino-4-pyridazinecarboximidate (77) (NaOH, MeOH, 5°, 24 h: 86%) and thence methyl 3-anilino-4-pyridazinecarboxylate (78) (dilute HCl, 25°, 10 min: 67%).[1079]

3-Pyridazinecarbonitrile (79, R = CN) gave ethyl 3-pyridazinecarboxylate (79, R = CO_2Et) (EtOH, 2M NaOH, to pH 8 25°, 3 h; then evaporate, HCl to pH 3, <5°, 5 h: 95%), a one-pot reaction, presumably via [79, R = C[:NH]OEt].[1347]

6-Propylamino-3-pyridazinecarboxamide (**80**) gave methyl 6-propylamino-3-pyridazinecarboxylate (**81**) (BF$_3$·Et$_2$O, MeOH, 105°, sealed, ~20 h: ~75%).[1592]

Also other examples.[1229, 1592, 1773]

By Miscellaneous Procedures

Note: Some typical passenger introductions are included with these procedures.

3-Phenyl-6-trifluoromethanesulfonyloxypyridazine (**82**) gave methyl 6-phenyl-3-pyridazinecarboxylate (**83**) [Pd(OAc)$_2$, 1,1′-bis(diphenylphosphino)ferrocene, MeOH–Me$_2$NCHO, CO↓, 50°, 12 h: 86%];[1907] also analogues similarly.[1907]

4-(α-Acetoxy-α-cyanomethylene)-1-acetyl-1,4-dihydropyridazine (**84**) gave methyl 4-pyridazinecarboxylate (**85**) [by chromatography on a Kieselgel plate (Merck, Darmstadt): 56%; see original paper for details and discussion of mechanism].[959]

3-*t*-Butyl-6-hydrazinopyridazine gave 3-(β-*t*-butoxycarbonyl-α-methylethylidene)hydrazino-6-*t*-butylpyridazine (**86**) [AcCH$_2$Co$_2$Bu^t, 4Å molecular sieves, PhH, reflux with Dean–Stark trap, 13 h: 93%].[18]

Ethyl 4-pyridazinecarboxylate (**87**) underwent a Claisen reaction with ethyl propionate to give 4-(2-ethoxycarbonylpropionyl)pyridazine (**88**) (EtONa, PhH, reflux, 20 h: 43%);[79] see Section 8.2.2 for more such reactions. Also other examples.[266,753,996]

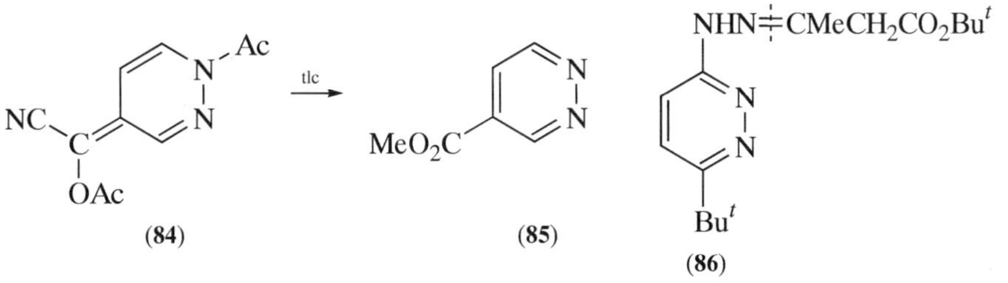

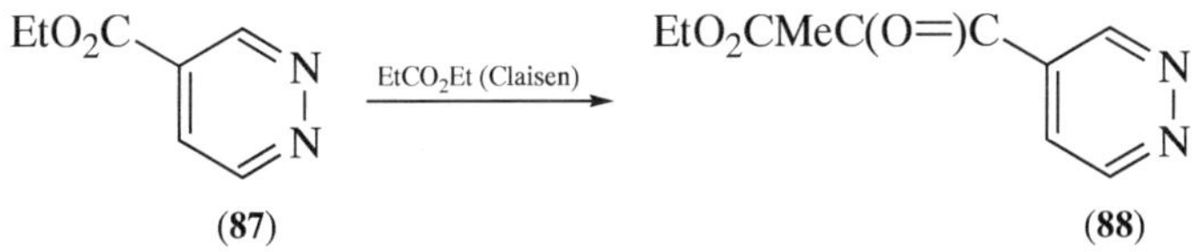

8.2.2 Reactions of Pyridazinecarboxylic Esters (*H* 418)

Pyridazinecarboxylic esters undergo *hydrolysis to corresponding carboxylic acids* (see Section 8.1.1) as well as other expected reactions quite conveniently, as illustrated in the following classified examples:

Reduction to Pyridazinecarbaldehydes, Hydroxymethylpyridazines, or Methylpyridazines

Diethyl 6-methyl-3,4-pyridazinedicarboxylate (**89**) gave only ethyl 3-formyl-6-methyl-4-pyridazinecarboxylate (**90**) (Bu^i_2AlH, THF, $-70°$: 66%)[996] or 6-methyl-3,4-pyridazinedicarbaldehyde (**91**) ($LiAlH_4$?, no details).[907]

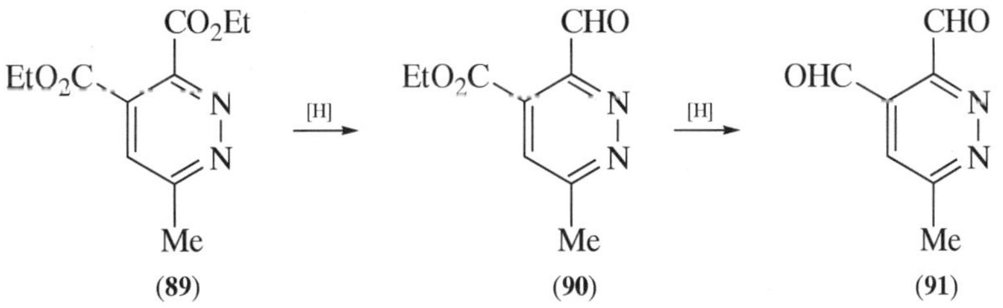

Diethyl 3,6-dimethyl-4,5-pyridazinecarboxylate (**92**) gave 5-hydroxymethyl-3,6-dimethyl-4-pyridazimecarbaldehyde hydrazone (**93**), ethyl 5-hydroxymethyl-3,6-dimethyl-4-pyridazinecarboxylate (**94**), and other products ($LiAlH_4$, THF, $-70°$, N_2, 90 min; hydrolysis; H_2NNH_2, MeOH, $-70° \to 20°$, 14 h: $\sim$4% and $\sim$20%, respectively),[927]

Diethyl 4-acetylthiohexahydro-1,2-pyridazinedicarboxylate (**95**) gave 1,2-dimethylhexahydro-4-pyridazinethiol (**96**) (LiAlH$_4$, Et$_2$O, 20°, 2 h: 54%);[970] also analogues.[970]

Also other examples.[702] See also Section 5.3.1 for further data on the formation of hydroxymethylpyridazines.

To Pyridazinecarboxamides or Pyridazinecarbohydrazides

Note: Pyridazine esters have been used extensively to prepare the corresponding amides or hydrazides, mainly by simple treatment with an appropriate amine.

Ethyl 3-oxo-6-phenyl-2,3-dihydro-4-pyridazinecarboxylate (**97**, R = OEt) gave 3-oxo-6-phenyl-2,3-dihydro-4-pyridazinecarboxamide (**97**, R = NH$_2$) (NH$_3$–MeOH, 20°, 12 h: 68%).[1041]

Ethyl 3-chloro-6-phenyl-4-pyridazinecarboxylate (**98**, R = OEt) gave 3-chloro-6-phenyl-4-pyridazinecarboxamide (**98**, R = NH$_2$) (NH$_4$OH, 20°, 12 h: 84%; note survival of the Cl substituent).[1319]

In contrast, pivaloylmethyl 6-chloro-3-pyridazinecarboxylate (**99**, Q = Cl, R = OCH$_2$COBu^t) gave 6-amino-3-pyridazinecarboxamide (**99**, Q = R = NH$_2$) (liquid NH$_3$, 100°, sealed, 22 h: 90%; note aminolysis of the Cl substituent).[1689]

Ethyl 3,6-dichoro-4-pyridazinecarboxylate (**100**, R = OEt) gave only 3,6-dichloro-4-pyridazinecarboxamide (**100**, R = NH$_2$) (NH$_4$OH, 5°, 12 h: ∼ 85%; note survival of the Cl substituents).[1099]

Ethyl 3-oxo-6-pyridin-4′-yl-2,3-dihydro-4-pyridazinecarboxylate (**101**, R = OEt) gave 3-oxo-6-pyridin-4-′-yl-2,3,-dihydro-4-pyridazinecarbohydrazide (**101**, R = NHNH$_2$) (H$_2$NNH$_2$·H$_2$O, EtOH, reflux, 3.5 h: 84%).[1589]

Ethyl 6-oxo-3-phenyl-1,6-dihydro-1-pyridazinecarboxylate (**102**, R = OEt) gave 6-oxo-3,N'-diphenyl-1,6-dihydro-1-pyridazinecarbohydrazide (**102**, R = NHNHPh) (PhNHNH$_2$, reflux, 3 h: 76%).[368]

Also many other examples.[46, 96, 119, 686, 736, 775, 927, 947, 962, 974, 996, 1017, 1056, 1079, 1090, 1117, 1164, 1244, 1251, 1264, 1268, 1338, 1343, 1365, 1434, 1446, 1458, 1461, 1539, 1592, 1773, 1800, 1801, 1920, 1966, 2008, 2054]

To Pyridazine Ketones

Ethyl 4-pyridazinecarboxylate (**103**, R = OEt) gave 4-acetylpyridazine (**103**, R = Me) (MeLi, Et$_2$O, −30°, 1 h: 43%),[1347] 4-acetoacetylpyridazine (**103**, R = CH$_2$Ac) (AcMe, MeONa, PhH, reflux, 7 h: 30%),[1255] or 4-ethoxycarbonylacetylpyridazine (**103**, R = CH$_2$CO$_2$Et) (AcOEt, EtONa, PhMe, 80°, 2 h: 61% crude, 48% pure) and thence 4-acetylpyridazine (**103**, R = Me) (6M HCl, reflux, 2 h: 82%; by hydrolysis of the ester grouping and decarboxylation).[65]

Ethyl 3-pyridazinecarboxylate (**104**) and 3-lithiopyridine (**105**) (made in situ) gave 3-nicotinoylpyridazine (**106**) (Et$_2$O–THF, $-90° \rightarrow 20°$, 12 h: 57%);[1948] analogues likewise.[1670, 1679] Also other examples.[807, 1180]

Removal of the Ester Grouping

Note: The removal of an ester grouping from a pyridazine is done usually by hydrolysis and decarboxylation, sometimes in a one-pot process (cf. Sections 8.1.1 and 8.1.2, respectively).

Dimethyl 4-phenyl-3,6-pyridazinedicarboxylate (**107**, R = Me) gave 4-phenyl-3,6-pyridazinedicarboxylic acid (**107**, R = H) (NaOH, H$_2$O–THF, reflux, 12 h: 74%) and then 4-phenylpyridazine (**108**) (1,3,5-Pr$_3$C$_6$H$_3$, 200°, N$_2$, 15 min: 78%).[337]

Diethyl 1,2,3,6-tetrahydro-1,2-pyridazinedicarboxylate (**109**) gave 1,2,3,6-tetrahydropyridazine (**110**) (KOH, EtOH, reflux, 2 h: 20–50%).[629] Also other examples.[612]

To Benzene Derivatives via Diels–Alder Adducts

Dimethyl 4,5-pyridazinedicarboxylate (**111**) gave dimethyl 4-diethylamino-5-methylphthalate (**113**) (MeC≡CNEt$_2$, MeCN, 60°, 15 min; then 20°, 3 days: 74%) by N$_2\uparrow$ from the adduct (**112**)[40]; also analogous reactions.[40, 242]

Tetramethyl 3,4,5,6-pyridazinetetracarboxylate (**114**) gave so-called tetramethyl tetracyclo[7.3.0.0^{2,6}0^{5,10}]dodec-7-ene-6,7,8,9-tetracarboxylate

(117) via the unisolated intermediates 115 and 116 (cycloocta-1,5-diene, xylene, reflux, 20 h: 19%).[1537]
Also other examples.[41,1790]

Nuclear Oxidation or Reduction

Methyl 5-α-hydroxybenzyl-6-oxo-1,4-diphenyl-1,4,5,6-tetrahydro- (118) gave methyl 5-benzyl-6-oxo-1,4-diphenyl-1,6-dihydro-3-pyridazinecarboxylate (119) (PhMe, reflux, 12 h: ?%; by loss of H_2O).[391]

Methyl-6-ethoxy-3-methyl-4-phenylcarbamoyl-1,4,5,6-tetrahydro-1-pyridazinecarboxylate (120) gave mainly methyl 3-methyl-4-phenylcarbamoyl-1,4-dihydro-1-pyridazinecarboxylate (121) (trace F_3CCO_2H, CH_2Cl_2, 20°, 2 h: 61%; by loss of EtOH) and thence 3-methyl-N-phenyl-4-pyridazinecarboxamide (122) (K_2CO_3, MeOH, reflux, 12 h: 68%; presumably by hydrolysis, decarboxylation, and aerial oxidation).[1542]

Diethyl 1,2,3,6-tetrahydro- (123, R = H) gave diethyl hexahydro-1,2-pyridazinedicarboxylate (124, R = H) (Pd/C, EtOH, H_2: 89%);[91] diethyl 4-phenyl-1,2,3,6-tetrahydro- (123, R = Ph) gave diethyl 4-phenylhexahydro-1,2-pyridazinedicarboxylate (124, R = Ph) (Pt, EtOH, H_2, 45°, 43 h: 33%).[1146]

Diethyl 1,2,3,6-tetrahydro- (**123**, R = H) gave diethyl 4,5-dihydroxyhexahydro-1,2-pyridazinedicarboxylate (**125**) (4-methylmorpholine *N*-oxide, OsO$_4$, Bu^{t}OH–AcMe–H$_2$O, 20°, 24 h: 80%)[1690] or diethyl 1,2-dihydro-1,2-pyridazinedicarboxylate (**126**) (*N*-bromosuccinimide, CCl$_4$, reflux 90 min; filtered; oil from filtrate, lutidine, reflux, 5 min: 50%; by Br$_2$ addition and subsequent loss of 2HBr).[622]

Also other examples.[440]

Miscellaneous Reactions

Diethyl 1,2,3,6-tetrahydro- (**127**) isomerized to diethyl 1,2,3,4-tetrahydro-1,2-pyridazinedicarboxylate (**128**) [RuCl$_2$ · (PPh$_3$)$_4$, N$_2$, 100°, 7 h: 93%; other Ru and Rh complexes were less effective].[1211]

Kinetic studies have been reported for the tautomerism of 3-(dimethoxycarbonylmethyl)- (**129**, R = H) and 3-chloro-6-(dimethoxycarbonylmethyl)pyridazine (**129**, R = Cl) with their respective methylene forms (**129a**, R = H or Cl).[872]

Ethyl 5-cyano-4-methyl-6-oxo-1-*p*-tolyl-1,6-dihdyro-3-pyridazinecarboxy-
late (**130**) reacted with ethanolic hydrazine hydrate to give the
corresponding carbohydrazide, but with neat hydrazine hydrate, it has
been reported to afford 1-amino-4-methyl-2,6-dioxo-5-*p*-tolylhydrazono-
1,2,5,6-tetrahydro-3-pyridinecarbonitrile (**131**) (100°, 2 h: 40%).[1434]

Trimethylsilyl 3-pyridazinecarboxylate (**132**) gave 3-α-(trimethylsiloxy)-
benzylpyridazine (**133**) (neat PhCHO, 125°, N_2, 72 h: 67%; with
$CO_2 \uparrow$);[442] also other examples.[422]

Ethyl 3-oxo-5,6-diphenyl-2,3-dihydro-4-pyridazinecarboxylate gave 4-phe-
nyl-1*H*-indeno[1,2-*d*]pyridazine-1,9(2*H*)-dione (Friedel–Crafts cycliza-
tion: ?%).[2053]

8.3 PREPARATION AND REACTIONS OF PYRIDAZINECARBONYL HALIDES

Pyridazinecarbonyl halides other than the chlorides are virtually unknown.
The chlorides are useful intermediates, but they are seldom characterized prior
to use.

PREPARATION Most such chlorides have been made from the corresponding carboxylic acids (see Section 8.1.2).

REACTIONS Pyridazinecarbonyl chlorides have been used as intermediates for the conversion of *pyridazinecarboxylic acids into the corresponding esters* (see Section 8.1.2). They have also been converted *into amides or into ketones*, examples of both reactions have been given (in Section 8.1.2) as ways to characterize unpurified pyridazinecarbonyl chlorides; other examples, using purified carbonyl chlorides, follow:

3,6-Dichloro-4-pyridazinecarbonyl chloride (**134**) with 5-methyl-2-pyridinamine gave 3,6-dichloro-*N*-(5-methylpyridin-2-yl)-4-pyridazinecarboxamide (**135**) (THF, 0° → 20°, 12 h: 69%)[25] or with *o*-fluoroaniline gave 3,6-dichloro-*N*-*o*-fluorophenyl-4-pyridazinecarboxamide (Et$_3$N, CH$_2$Cl$_2$, 0° → 20°, 4 h: 72%).[1954]

The same substrate (**134**) with *o*-phenylenediamine gave *N*-*o*-aminophenyl-3,6-dichloro-4-pyridazinecarboxamide (**136**) (Et$_3$N, CH$_2$Cl$_2$, N$_2$, 0° → 20°, 4 h: 77%) and then the unexpected 3-(3-chloro-1*H*-pyrazol-5-yl)-2(1*H*)-quinoxalinone (**137**) (NaH, Me$_2$NCHO, N$_2$, 100°, 10 min: 87%; structure confirmed by X-ray analysis).[1630]

3,6-Dichloro-4-pyridazinecarbonyl chloride (**138**) gave 4-benzoyl-3,6-dichloropyridazine (**139**, R = H) (PhH, SnCl$_4$, SnCl$_4$, AlCl$_3$, ClCH$_2$CH$_2$Cl, reflux, 6 h: 63%), 3,6-dichloro-4-*p*-toluoylpyridazine (**139**, R = Me) (PhMe, likewise: 58%), or other such (substituted-benzoyl)pyridazine by appropriate Friedel–Crafts reactions.[443]

Also other examples.[2059, 2091, 2102, 2110]

8.4 PREPARATION AND REACTIONS OF PYRIDAZINECARBOXAMIDES (*H* 423)

PREPARATION Most pyridazinecarboxamides have been made *by primary syntheses* (see Chapters 1 and 2), *from pyridazinecarboxylic acids* (indirectly: see Section 8.1.2), or *from pyridazinecarboxylic esters* (see Section 8.2.2). In addition, some have been made *by hydrolysis (or thiolysis) of pyridazinecarbonitriles*, as illustrated in the following examples:

3-Amino-4-pyridazinecarbonitrile (**140**, R = H) gave 3-amino-4-pyridazinecarboxamide (**141**, R = H) (dilute NH_4OH, reflux, 24 h: 65%);[1681] 3-anilino-4-pyridazinecarbonitrile (**140**, R = Ph) likewise gave 3-anilino-4-pyridazinecarboxamide (**141**, R = Ph) (70%).[1079]

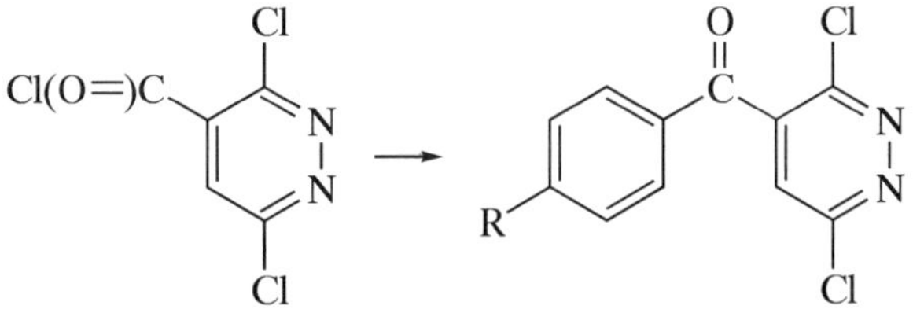

(138) (139)

3-Phenoxy-4-pyridazinecarbonitrile gave 3-phenoxy-4-pyridazinecarboxamide (**142**) (polyphosphoric acid, 120°, 3 h: 73%).[517]

6-*p*-Cyanophenyl- gave 6-*p*-carbamoylphenyl-4,5-dihydro-3(2*H*)-pyridazinone (**143**) (NaOH, H_2O_2, EtOH–H_2O, 20°, 3 h: 37%; a controlled hydrolysis under Radziszewski conditions).[1256]

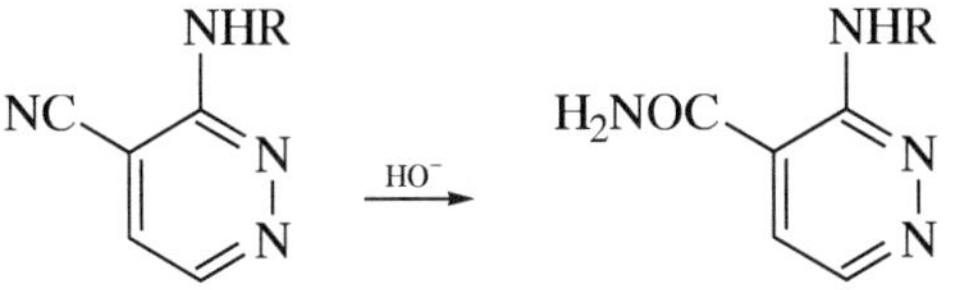

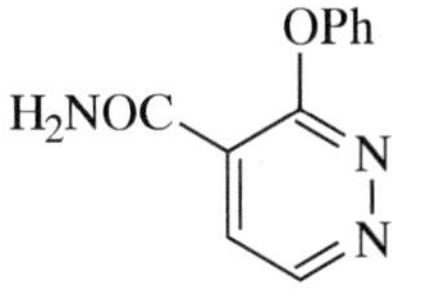

(140) (141) (142)

3-Amino-5-phenyl-4-pyridazinecarbonitrile (**144**) gave 3-amino-5-phenyl-4-pyridazinecarbothioamide (**145**) (pyridine, Et_3N, $H_2S\downarrow$, 20°, 12 h: 85%).[364] Also other examples.[395, 820, 839, 1073, 1288, 1467, 1791]

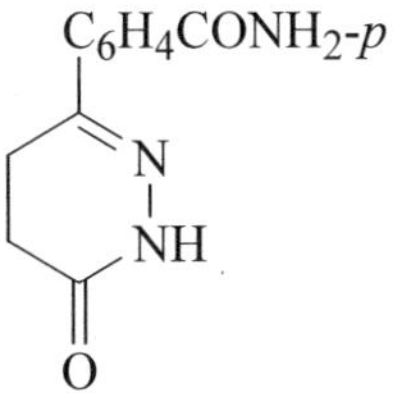

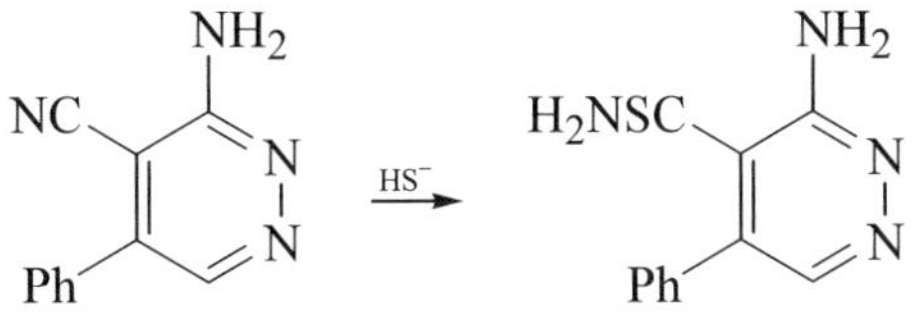

(143) (144) (145)

In addition, the formation of an *amide from the corresponding ketone* has been reported in the pyridazine series. Thus 3-chloro-6-2′-thenoylpyridazine in liquid ammonia at 100° for 6 h gave not only the expected 6-2′-thenoyl-3-pyridazinamine (65%) but also 6-amino-3-pyridazinecarboxamide (30%) by an unexplained mechanism.[1689]

REACTIONS Several important reactions of pyridazinecarboxamides have been covered already: *hydrolysis to pyridazinecarboxylic acids* (Section 8.1.1), *alcoholysis to pyridazinecarboxylic esters* (Section 8.2.1), *thiation to pyridazinecarbothioamides* (end of Section 4.2.4), and *conversion into pyridazinamines* by the Hofmann or related reactions (end of Section 7.2.1). The remaining reported reactions of such amides are illustrated by the following examples:

N-Alkylation

3,6-Dichloro-*N*-*o*-fluorophenyl-4-pyridazinecarboxamide (**146**, R = H) gave its *N*-methyl derivative (**146**, R = Me) (KOH, Me$_2$SO, N$_2$, 20°, 1 h; then MeI↓, 30 min: 85%);[1954] also analogous examples.[1984]

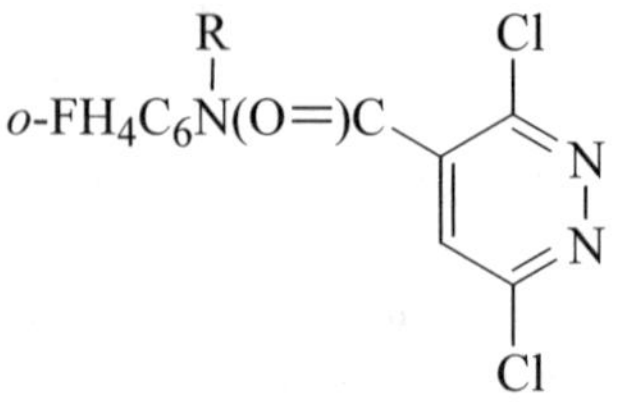

(**146**)

Dehydration to Pyridazinecarbonitriles

3,6-Dimethyl-4,5-pyridazinedicarboxamide (**147**) gave 3,6-dimethyl-4,5-pyridazinedicarbonitrile (**148**) [neat POCl$_3$, 20°, 5 h; then reflux, 24 h: 50%, after separation from 3,6-dimethyl-4,5-pyridazinedicarboximide (**149**) (∼5% yield)].[927]

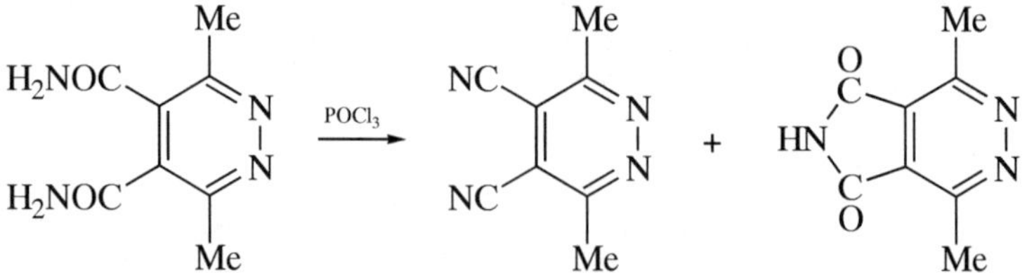

(**147**) (**148**) (**149**)

5-Amino-1-methyl-6-oxo-3-phenyl-1,6-dihydro-4-pyridazinecarboxamide (**150**) gave the corresponding pyridazinecarbonitrile (**151**) (neat SOCl$_2$, 60°, 4 h: 54%).[1832]

6-Chloro-3-pyridazinecarboxamide (**152**) gave 6-chloro-3-pyridazinecarbonitrile (**153**) [SOCl$_2$–Me$_2$NCHO (Vilsmeier reagent), 0°, 5.5 h: 34%].[1338]

Hofmann Reaction

4-α-(*t*-Butyldimethylsiloxy)ethyl-5-methoxy-3-pyridazinecarboxamide (**154**) gave 4-α-(*t*-butyldimethylsiloxy)ethyl-5-methoxy-3-methoxycarbonylaminopyridazine (**155**) (MeOBr, MeONa, MeOH, − 43° → °, 30 min; then 60°, 30 min: ?%).[346]

Miscellaneous Reaction

t-Butyl 1-benzylcarbonyloxy-2-[2-(*N*-benzyloxycarbamoylmethyl)heptanoyl]hexahydro-3-pyridazinecarboxylate (**156**) gave *t*-butyl 2-[2-(*N*-hydroxycarbamoylmethyl)heptanoyl]hexahydro-3-pyridazinecarboxylate (**157**) (H$_2$, Pd / C, MeOH, 20°, 5 h: 66%).[1814]

6-Oxo-1,4,5,6-tetrahydro-3-pyridazinecarbothioamide (**158**) and α-chloro-*p*-methoxybenzyl *p*-methoxyphenyl ketone (**159**) gave 6-(4,5-bis-*p*-methoxyphenylthiazol-2-yl)-4,5-dihydro-3(2*H*)-pyridazinone (**160**) [neat reactants (?), 85°, 14 h: 34%].[1750]

Ethyl 5-*p*-methoxybenzoyl-4-pyridazinecarboxylate (**161**) with ethylenediamine gave the corresponding amide, which cyclized at once to 9b-*p*-

methoxyphenyl-2,3-dihydro-1H-imidazo[1′,2′:1,2]-pyrrolo[3,4-d]pyridazin-5(9bH)-one (**162**), confirmed in structure by X-ray analysis (PhMe, trace TsOH, reflux with H_2O removal, 40 h: 28%); also several analogues.[1920]

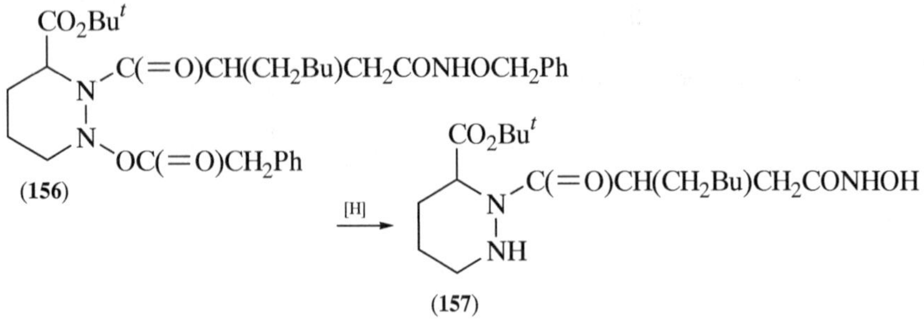

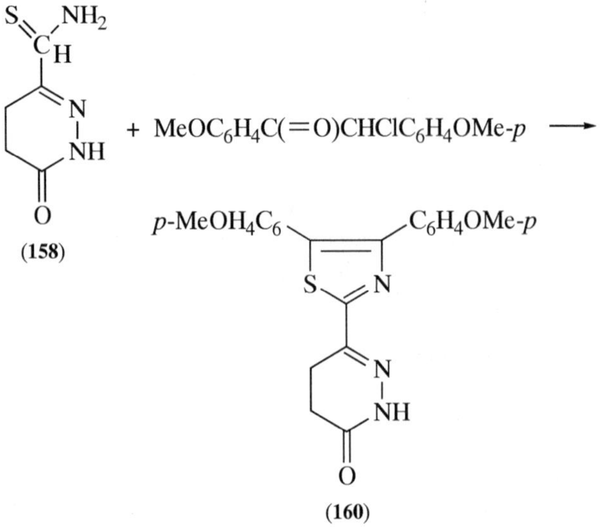

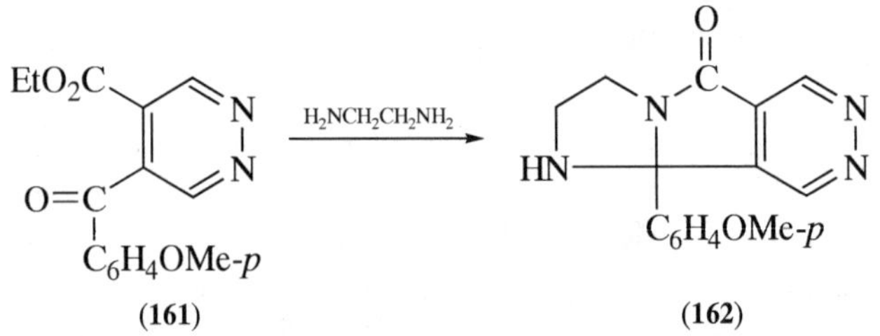

(**156**)

$\xrightarrow{[H]}$

(**157**)

(**158**) + $MeOC_6H_4C(=O)CHClC_6H_4OMe$-$p$ ⟶

(**160**)

(**161**) $\xrightarrow{H_2NCH_2CH_2NH_2}$ (**162**)

Several copper and/or nickel *complexes* of α,γ-bis(3-pyridazinecarboxamido)propane (**163**), some quite complicated, have been reported.[1861, 2008] In addition, structural elucidation/partial syntheses of *antibiotics* containing hydropyridazinecarboxamide parts have been described,[1911, 1942] and structure–

activity relationships of the potential *diuretics*, 3-methyl-6-phenyl-4-pyridazinecarboxamide (**164**) and related compounds have been summarized.[813]

8.5 PREPARATION AND REACTION OF PYRIDAZINECARBOHYDRAZIDES (*H* 426)

PREPARATION   Pyridazinecarbohydrazides have been made *by primary syntheses* (see Chapters 1 and 2), *from pyridazinecarboxylic acids* (indirectly: see Section 8.1.2), or *from pyridazinecarboxylic esters* (see Section 8.2.2).

REACTIONS   The *hydrolysis of hydrazides to carboxylic acids* has been covered in Section 8.1.1; the *degradation of hydrazides to pyridazinamines* has been exemplified in Section 7.2.1; and other reactions are illustrated in the following examples:

N-Alkylidenation

Note: Pyridazinecarbohydrazides react with aldehydes (and ketones?) to afford their *N'*-alkylidene derivatives, akin to aldehyde hydrazones.

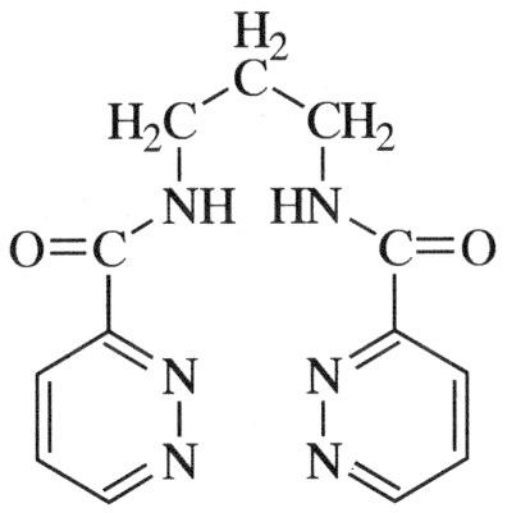

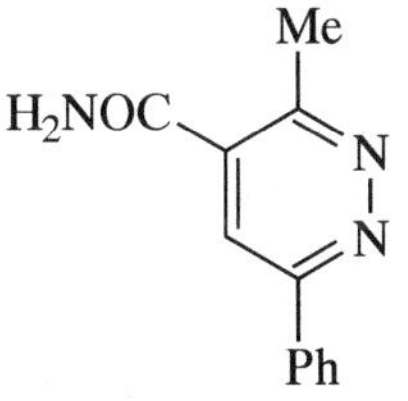

4-Hydroxy-6-oxo-1-phenyl-1,6-dihydro-3-pyridazinecarbohydrazide (**165**) gave 6-benzylidenehydrazinocarbonyl-5-hydroxy-2-phenyl-3(2*H*)-pyridazinone (**166**) (PhCHO, EtOH, reflux, 30 min: 95%); also analogues.[1090]

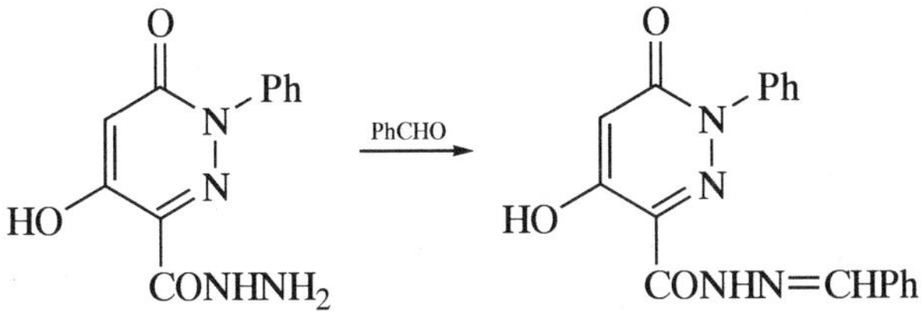

6-Hydrazino-4-methyl-3-pyridazinecarbohydrazide (**167**) gave 3-*p*-methoxybenzylidenehydrazino-6-*p*-methoxybenzylidenehydrazinocarbonyl-5-

methylpyridazine (**168**) (*p*-MeOC$_6$H$_4$CHO, trace AcOH, EtOH, reflux, 10 min: 75%; note additional alkylidenation of the hydrazino substituent).[21] Also other examples, some apparently catalyzed by a trace of piperidine.[1032, 1244, 1365]

To Azidocarbonylpyridazines

Note: Some azidocarbonylpyridazines appear to be too unstable for satisfactory storage and are used immediately for further syntheses.

3-Dimethoxymethyl-6-methyl-4-pyridazinecarbohydrazide (**169**) gave 4-azidocarbonyl-6-methyl-3-pyridazinecarbaldehyde dimethyl acetal (**170**) (NaNO$_2$, H$_2$O–AcOH, 10°, 45 min: 74%, crude), which gave 4-methoxycarbonylamino-6-methyl-3-pyridazinecarbaldehyde dimethyl acetal (**171**) (MeOH, reflux, 4 h: 72%).[996]

3-Pyridazinecarbohydrazide (**172**) gave 3-azidocarbonylpyridazine (**173**) (NaNO$_2$, HCl–H$_2$O, >5° →20°, 2 h: ?%, crude), which gave not the expected anilide but *N*-phenyl-*N'*-(pyridazin-3-yl)urea (**174**) on warming with aniline (PhNH$_2$, CHCl$_3$, reflux, 2 h: 11%; presumably via 3-isocyanatopyridazine).[969]

Also other examples.[964, 1800, 1801, 1966]

Miscellaneous Reactions

6-Oxo-3,N'-diphenyl-1,6-dihydro-1-pyridazinecarbohydrazide (**175**) gave 2-(α-chloro-α-phenylhydrazonomethyl)-6-phenyl-3(2H)-pyridazinone (**176**) (PCl$_5$, CH$_2$Cl$_2$, 0°, 45 min: 52%); also analogues likewise.[368]

3-Hydrazinocarbonylmethylthio-4,6-diphenylpyridazine (**177**) gave 3,5-diphenyl-6-(5-thioxo-4,5-dihydro-1,3,4-oxadiazol-2-yl)pyridazine (**178**) (CS$_2$: ?%).[1870]

8.6 PREPARATION AND REACTIONS OF AZIDOCARBONYLPYRIDAZINES

PREPARATION Azidocarbonylpyridazines are usually made *from the corresponding pyridazinecarbohydrazides* by treatment with nitrous acid (see Section 8.5). Another interesting route, albeit of limited scope, is exemplified in the conversion of 5-*p*-chlorobenzoyl-4-pyridazinecarboxylic acid into the lactone (**179**) of 5-(α,*p*-dichloro-α-hydroxybenzyl)-4-pyridazinecarboxylic acid (see Section 8.1.2) and thence into 4-azidocarbonyl-5-*p*-chlorobenzoylpyridazine (**180**) (41%) by treatment with cold acetonic sodium azide;[46] several analogues were made similarly.[46]

REACTIONS Few reactions of azidocarbonylpyridazines have been reported recently. Of these, *conversions into alkoxycarbonylaminopyridazines or pyrodazinylureas* (both via unisolated isocyanatopyridazines) were exemplified in Section 8.5. Other reactions include the cyclization of 4-azidocarbonyl-5-*p*-chlorobenzoylpyridazine (**180**) into 4-*p*-chlorophenylpyrimido[4,5-*d*]pyridazin-2(1*H*)-one (**182**) (85%), via the unisolated isocyanato intermediate (**181**), by first heating in refluxing toluene for 1 h, then bubbling ammonia through the cooled solution, and finally heating again at 190° in dimethylformamide;[516] also the conversion of 3-(α-azidocarbonyl-α-hydroxyiminomethyl)-6-methoxypyridazine (**183**) into 6-methoxy-3-pyridazinecarbonitrile (**184**) (84%) by simply stirring with aqueous sodium carbonate (mechanism?).[964]

8.7 PYRIDAZINECARBONITRILES (*H* 427)

Such carbonitriles are important, not only in their own right but also as convenient intermediates for a variety of other types of pyridazine derivative.

8.7.1 Preparation of Pyridazinecarbonitriles (H 427)

Many pyridazinecarbonitriles have been made *by primary syntheses* (see Chapters 1 and 2), *by cyanolysis of halogenopyridazines* (see Sections 4.2.8 and 4.4.6), *by indirect cine substitution of pyridazine N-oxides* (see Section 5.6.2), *by dehydration of pyridazinecarboxamides* (see Section 8.4), *from azidocarbonylpyridazines* (see Section 8.6), and also *by passenger insertion of a cyano group* in a variety of ways (e.g., see Section 3.2.1.3).

In addition, pyridazinecarbonitriles have been prepared by several other methods, exemplified as follows:

By Reissert-like Reactions

Note: For such cyanations of unsubstituted pyridazine and two simple methylpyridazines, see Section 3.1.3. Other examples, mainly by modified procedures, follow.

3-Isopentylpyridazine (**185**) gave 6-isopentyl-2-tosyl-2,3-dihydro-3-pyridazinecarbonitrile (**186**) (Me$_3$SiCN, AlCl$_3$, CH$_2$Cl$_2$, N$_2$, 30 min; then TsCl↓, 3 h: 24%) and thence 6-isopentyl-3-pyridazinecarbonitrile (**187**) (1,8-diazabicyclo[5.4.0]undec-7-ene, THF, N$_2$, 1 h: 95%);[1660] 4-phenethyl-3-pyridazinecarbonitrile (**188**) (~17% yield) was made similarly.[1791]

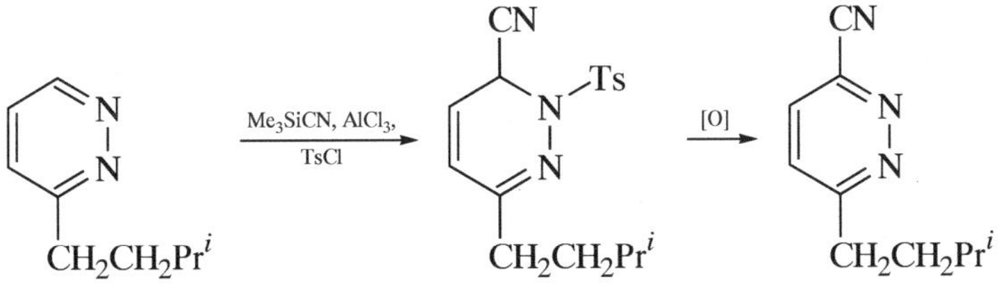

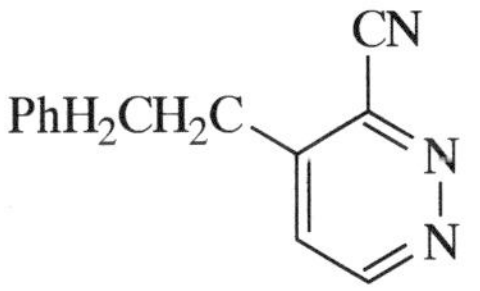

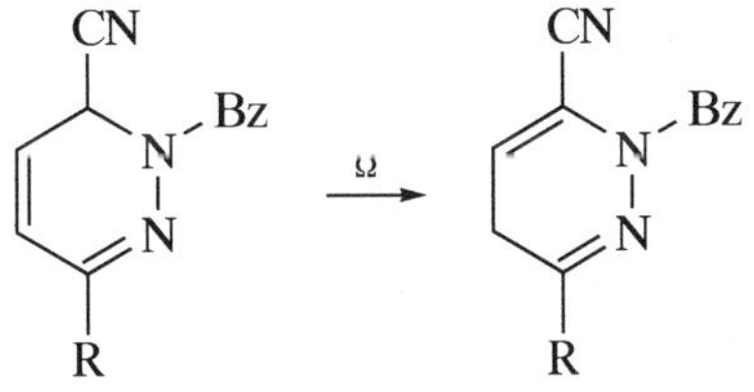

Pyridazine gave 2-benzoyl-2,3-dihydro-3-pyridazinecarbonitrile (**189**, R = H) (Me$_3$SiCN, BzCl, AlCl$_3$, CH$_2$Cl$_2$, 20°, ? h: 24%), which readily isomerized into 2-benzoyl-2,5-dihydro-3-pyridazinecarbonitrile (**190**, R = H) (60%) on column chromatography;[1066] 3-methylpyridazine likewise gave successively 2-benzoyl-6-methyl-2,3-dihydro-3-pyridazinecarbonitrile (**189**, R = Me)[976] and its 2,5-dihydro isomer (**190**, R = Me) (90%);[1066] and other such examples have been reported.[220]

1-Methylpyridazinium methyl sulfate (**191**) (prepared from pyridazine in situ) with potassium cyanide gave a separable mixture of two cyanated "cyclobutane dimers," formulated as the "*anti* dimer" (**192a**) (3%) and the "*syn* dimer" (**192b**) (20%), and 3-methyl-5-oxo-2,5-dihydro-4-pyridazinecarbonitrile (**193**) (2%) (KCN, H_2O, 5°, 10 min: products separated by column chromatography);[772] 4-methyl-, 3,6-dimethyl-, and 3-methoxy-6-methylpyridazine were treated similarly to give a variety of cyanated products, each in <5% yield.[772]

By Addition of HCN

6-*p*-Imidazol-1′-ylphenyl-3(2*H*)-pyridazinone (**194**) gave 3-*p*-imidazol-1′-ylphenyl-6-oxo-1,6-dihydro-4-pyridazinecarbonitrile (**195**, R = H) (substrate base, KCN, Me$_2$SO, 55°, 19 h: 10%, as perchlorate salt) or 3-p-imidazol-1'-ylphenyl-6-oxo-1,6-dihydro-4,5-pyridazinedicarbonitrile (**195**, R = CN) (substrate hydrochloride, likewise: 14%, as free base; see also Section 4.2.8).[1073] The mechanisms presumably involved addition with aerial (?) oxidation.

By Miscellaneous Routes

2-Acetonyl-4,5-dichloro- (**196**) gave a separable mixture of 4,5-dichloro-2-(β-cyano-β-hydroxypropyl)- (**197**) and 2-acetonyl-4-chloro-5-methoxy-6-nitro-3(2H)-pyridazinone (**198**) (KCN, MeOH, N$_2$, 20°, 8 h: 22% and 15%, respectively).[1673]

4-Azidopyridazine 1-oxide (**199**) gave the potassium salt (**200**, R = K) (KCN, EtOH–H$_2$O, 0°, 30 min: 91%) and then the free base, 4-(3-cyano-1-triazeno)pyridazine 1-oxide (**200**, R = H) (10% HCl, 20°, 30 min: ?%);[831] homologues were made similarly.[831]

3-Chloro-6-formamidopyridazine 1-oxide oxime (**201**) gave 3-chloro-6-(N-cyano-N-methylamino)pyridazine 1-oxide (**202**) [neat Me$_2$NCH(OMe)$_2$, 25°, 5 days; then 80°, 1 h: 20%; see original for mechanism];[921] analogues likewise.[921, 1010]

8.7.2 Reactions of Pyridazinecarbonitriles (*H* 429)

The following reactions of pyridazinecarbonitriles have been covered already: *conversion into arylpyridazines by Grignard reagents* (see Section 3.2.1.2), *reduction to aminomethylpyridazines* (see toward end of Section 7.2.1), *hydrolysis of pyridazinecarboxylic acids* (see Section 8.1.1), *conversion into pyridazinecarboxylic esters* (via carboximidates; see Section 8.2.1), and *controlled hydrolysis or thiolysis to pyridazinecarboxamides or pyridazinecarbothioamides* (see Section 8.4).

The remaining reactions of pyridazinecarbonitriles are illustrated in the following sets of examples:

Removal of the Cyano Group

Note: Cyano groups may often be removed quite easily by one-pot hydrolysis to the carboxylic acid and decarboxylation.

3-Chloro-6-(α-cyano-*o*-methoxybenzyl)pyridazine (**203**) gave 6-*o*-methoxybenzyl-3(2*H*)-pyridazinone (**204**) (10 M HCl–AcOH–H$_2$O, reflux, 6 h: 79%); note concomitant hydrolysis of Cl.[750]

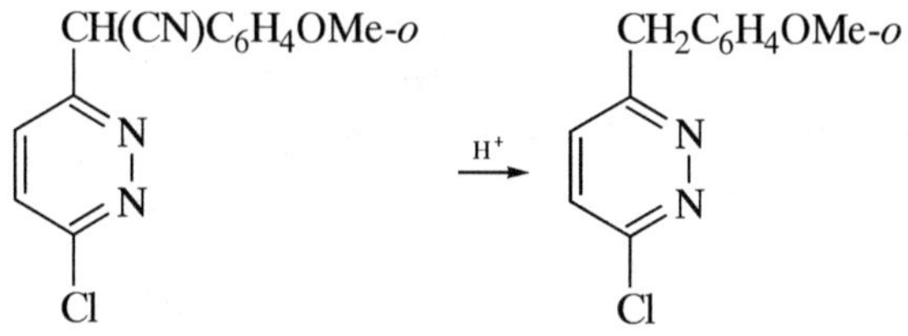

Conversion into Alkyl Pyridazinecarboximidates

3,6-Dichloro-4-pyridazinecarbonitrile (**205**) gave methyl 6-chloro-3-methoxy-4-pyridazinecarboximidate (**206**) (MeONa, MeOH, 0° → 20°, 30 min: 63%; note concomitant alcoholysis of one Cl).[820]

Also other examples.[1365]

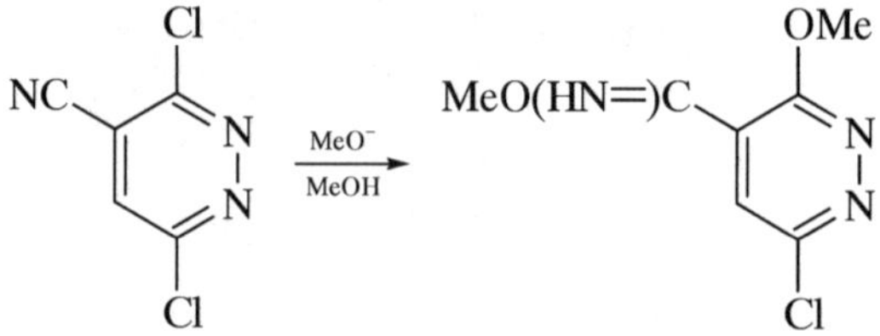

Conversion into Pyridazinecarboxamidrazones

3-Amino-4-pyridazinecarbonitrile (**207**, R = H) gave 3-amino-4-pyridazinecarboxamidrazone (**208**, R = H) (neat $H_2NNH_2 \cdot H_2O$, 20°, 5 days: 85%).[1681]

In contrast, 3-amino-5-phenyl-4-pyridazinecarbonitrile (**207**, R = Ph) did not give 3-amino-5-phenyl-4-pyridazinecarboxamidrazone (**208**, R = Ph) ($H_2NNH_2 \cdot H_2O$, reflux, 5 h). However, 3-dimethylaminomethyleneamino-5-phenyl-3-pyridazinecarbonitrile (**209**), derived from (**207**, R = Ph) [$Me_2NCH(OM)_2$, PhMe, reflux, 3 h: 85%], did give the required product (**208**, R = Ph) ($H_2NNH_2 \cdot H_2O$, 20°, 5 days: 64%).[130]

Also other examples.[55]

Conversion into Pyridazinecarboxamide Oximes

Ethyl 4-amino-5-cyano- (**210**) gave ethyl 4-amino-5-(*C*-amino-*C*-hydroxyiminomethyl)-6-oxo-1-phenyl-1,6-dihydro-3-pyridazinecarboxylate (**211**) ($H_2NOH \cdot HCl$, AcONa, EtOH, reflux, 3 h: 58%).[119]

3-Dimethylaminomethyleneamino-5-phenyl-4-pyridazinecarbonitrile (**209**) gave 3-(hydroxyiminomethyl)amino-5-phenyl-4-pyridazinecarboxamide oxime (**212**) ($H_2NOH \cdot HCl$, EtOH, 20°, 16 h: 69%; note the additional transamination within the Schiff base substituent).[130]

Conversion into C-Acylpyridazines (Pyridazine Ketones)

Note: Nuclear pyridazinecarbonitriles are converted into acylpyridazines by a Grignard or lithio reagent; extranuclear pyridazinecarbonitriles are best converted into corresponding acylpyridazines by oxidative decyanation.[2009] under alkaline conditions.

3-Pyridazinecarbonitrile (**213**) gave 3-benzoylpyridazine (**214**) (PhMgCl, Et$_2$O–THF, A, $-10° \rightarrow 20°$, 2 h: 59%);[1108] 3-α-cyanobenzylpyridazine (**215**) gave the same product (**214**) (KOH, PhCH$_2$Et$_3$NCl, H$_2$O–MeOH, air↓ 45°, 90 min; 94%).[1354]

Likewise, 3-pyridazinecarbonitrile (**213**) gave 3-*p*-chlorobenzoylpyridazine (*p*-ClC$_6$H$_4$MgBr, Et$_2$O, 0°, 12 h: 78%);[1692] and 3-(α-cyano-*o*-fluorobenzyl)pyridazine gave *o*-fluorobenzoylpyridazine (NaOH, PhCH$_2$Et$_3$NCl, H$_2$O–MeOH, air↓, 20°, until tlc showed no substrate: 75%).[1628]

3-Pyridazinecarbonitrile (**213**) gave 3-acetylpyridazine (**216**) (MeMgI, Et$_2$O–PhH, A, $-15°$, 90 min: 70%; or MeLi, THF, A, $-70° \rightarrow 20°$, 30 min: 45%).[1347]

Also other examples of the Grignard procedure[1277, 1660, 1744] and of oxidative decyanation.[1586, 1698, 1798]

Cyclization Reactions

Note: A few typical cyclizations involving pyridazinecarbonitriles are outlined here.

Pyridazinium-1-dicyanomethylide (**218**) with bis(trimethylsilyl)acetylene gave 5,6-bis(trimethylsilyl)pyrrolo[1,2-*b*]pyridazine-7-carbonitrile (**217**) (PhMe, reflux, 56 h: 92%)[36] or with cyclooctyne gave cycloocta[3,4]-pyrrolo[1,2-*b*]pyridazine-11-carbonitrile (**219**) (PhMe, reflux, >6 h: 97%).[1949] Also analogous condensations.[1505]

4,5-Pyridazinedicarbonitrile gave a variety of Diels–Alder adducts and / or derived products on treatment with appropriate dienophiles.[1428, 1817, 1893, 2027]

3-Oxo-5,6-diphenyl-2,3-dihydro-4-pyridazinecarbonitrile (**220**) gave ethyl 5-amino-3,4-diphenylfuro[2,3-c]pyridazine-6-carboxylate (**221**) (Et$_3$CCH$_2$Cl, K$_2$CO$_2$, AcMe, reflux, 24 h: 80%).[1717]

Ethyl 5-cyano-4-methyl-6-oxo-1-phenyl-1,6-dihydro-3-pyridazinecarboxylate (**222**) gave ethyl 5-amino-4-oxo-3-phenyl-3,4-dihydrothieno[3,4-d]pyridazine-1-carboxylate (**223**) (S, trace Et$_3$N, EtOH, reflux, 30 min: 79%);[54] also other such examples.[54, 1467]

6-(4-Cyano-3-ethoxymethyleneaminophenyl)-5-methyl-4,5-dihydro-3(2H)-pyridazinone (**224**) gave 7-(4-methyl-6-oxo-1,4,5,6-tetrahydropyridazin-3-yl)-4(3H)-quinazolinethione (**226**), presumably via the thioamide (**225**) (Et$_3$N, pyridine, H$_2$S↓, 30 min: 70%).[1451]

Solid 3-chloro-6-[α-cyano-α-(dimethoxyphosphinyl)methyl]pyridazine (**227**) has been shown to exist in the hydrogen-bonded pseudobicyclic form (**227a**) by X-ray analysis.[1631]

To Benzene Derivatives via Diels-Alder Adducts

Note: These conversions resemble those of pyridazine esters (see Section 8.2.2).

4,5-Pyridazinedicarbonitrile (**228**) with 1-diethylaminopropyne gave 4-diethylamino-5-methylphthalonitrile (**228a**) via a Diels–Alder adduct (CH_2Cl_2, 25°, 19 h: 85%); analogues likewise.[2065]

Also some related intramolecular Diels–Alder reactions.[2076]

8.8 PYRIDAZINECARBALDEHYDES (*H* 353)

Although most pyridazinecarbaldehydes are reasonably stable, they are often characterized only as their oximes, hydrazones, simecarbazides, or acetals.

8.8.1 Preparation of Pyridazinecarbaldehydes (*H* 355, 383)

The usual methods for making such aldehydes or their derivatives have been outlined already: by *primary syntheses* (Chapters 1 and 2), *oxidation of alkylpyridazines* (Section 3.2.2.1), *an indirect oxidation of a bromomethylpyridazine* (neat end of Section 4.4.6), *by oxidation of hydroxymethylpyridazines* (Section 5.3.2), or *reduction of pyridazinecarboxylic esters* (Section 8.2.2).

The remaining method involves *direct C-formylation* by one means or another, as illustrated in the following examples.

Pyridazine (**229**) gave a separable mixture of 4-(1,3,5-trioxanyl)pyridazine (**230**) and 4,5-bis(1,3,5-trioxanyl)pyridazine (**231**) (1,3,5-trioxane, dilute H_2SO_4, $FeSO_4 \cdot 7H_2O$, 30% $H_2O_2 \downarrow$, 30°, 1 h: 27% and 2%, respectively), of which the first then gave 4-pyridazinecarbaldehyde (**232**) (6M HCl, reflux, 3 h: 65%).[971] 3-Methyl-4-pyridazinecarbaldehyde and isomers were made similarly.[227,971]

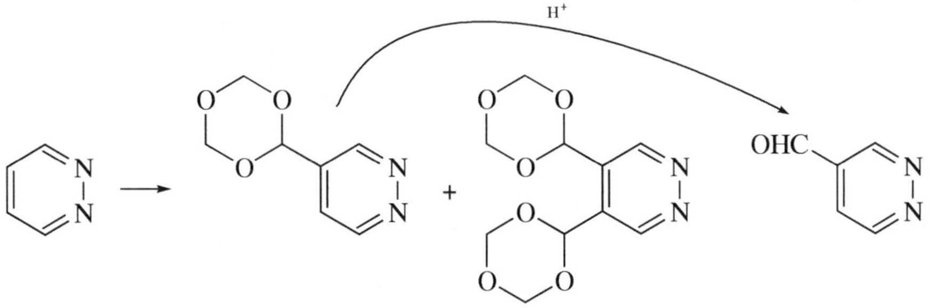

(229)   (230)   (231)   (232)

2-Methyl-5-morpholino-3(2H)-pyridazinone (**233**, R = H) gave 2-methyl-5-morpholino-3-oxo-2,3-dihydro-4-pyridazinecarbaldehyde (**233**, R = CHO) ($POCl_3$, Me_2NCHO, 70°, 1 h: 85%; a Vilsmeier formylation).[1603]

3,6-Dichloropyridazine gave its 4-lithio derivative (**234**) (BuLi, C_6H_{14}–THF, 130°, A; then 2,2,6,6-Me_4–piperidine $\downarrow$, 0°, 30 min; then substrate $\downarrow$, −70°, 90 min: not isolated) and thence 3,6-dichloro-4-pyridazinecarbaldehyde (**235**) [$HCO_2Et \downarrow$, −70°, 1 h: isolated initially as its 2,4-dinitrophenylhydrazone (20%) and thence as the free aldehyde (no details)].[1669]

Also other examples.[1646, 2007]

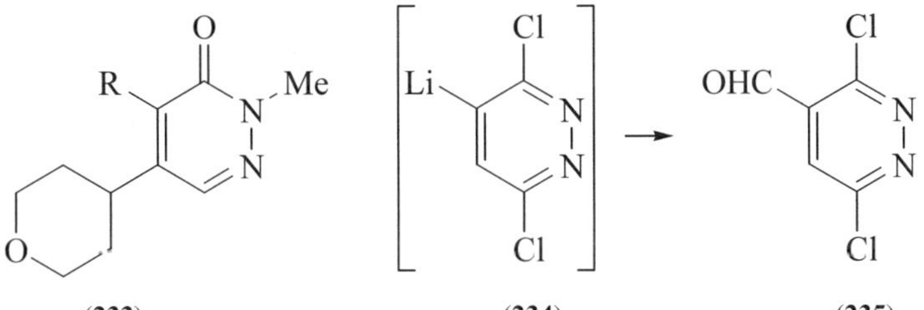

(233)   (234)   (235)

8.8.2 Reactions of Pyridazinecarbaldehydes (H 378, 392)

Some reactions of pyridazinecarbaldehydes have been discussed already: *condensation with methylene reagents to afford (substituted-vinyl)pyridazines* (Section 3.2.1.5), *reduction to hydroxyalkylpyridazines (including Cannizzaro disproportionation*) (Section 5.3.1), and *oxidation to pyridazinecarboxylic acids (including Cannizzaro disproportionation)* (Section 8.1.1).

Other reactions are typified by the following classified examples:

Formation of Acetals

6-(2,3,5-Tri-*O*-benzoyl-β-D-ribofuranosyl)-3-pyridazinecarbaldehyde (236) gave its diethyl acetal (237) and 6-(5-benzoyloxymethylfuran-2-yl)-3-pyridazinecarbaldehyde diethyl acetal (238) as a byproduct (EtOH, trace 10M HCl, 55°, 10 h: 41% and 17% after separation).[1539]

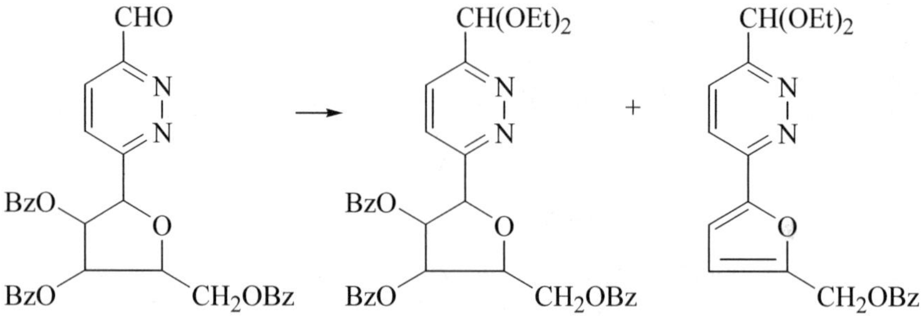

Formation of Oximes

3-Pyridazinecarbaldehyde (239, X=O) gave its oxime (239, X=NOH) (H$_2$NOH·HCl, K$_2$CO$_3$, H$_2$O–EtOH, 5°, 12 h: 89%).[1612]

3-Chloro-6-dimethylaminomethyleneaminopyridazine (240) gave 3-chloro-6-formamidopyridazine oxime (241) (H$_2$NOH, MeOH, 20°, 1 h: 89%; a virtual transamination).[1010]

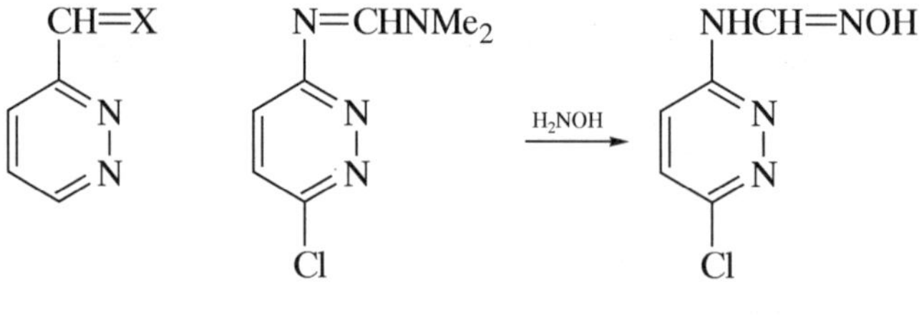

4-Pyridazinecarbaldehyde (242) gave its oxime (243, R=OH) (H$_2$NOH·HCl, AcONa, H$_2$O, 100°, briefly: 82%),[67] shown to be the *E* isomer by nmr spectroscopy.[291]

Formation of Schiff Bases

4-Pyridazinecarbaldehyde (242) gave 4-*p*-methoxyphenyliminomethyl- (243, R=C$_6$H$_4$OMe-*p*) or 4-benzyliminomethylpyridazine (243,

R = CH$_2$Ph) (p-MeOC$_6$H$_4$NH$_2$ or PhCH$_2$NH$_2$, respectively, Na$_2$SO$_4$, CH$_2$Cl$_2$, 0° → 20°, 4 h: each ~95%).[1906]

3,6-Pyridazinedicarbaldehyde and 1,3-propanediamine in the presence of lead (II) perchlorate gave the macrocyclic ligand (**244**) as its Pb$_2$(ClO$_4$)$_4$ complex (MeOH–MeCN, 20°: 47%, characterized by ultimate and X-ray analysis).[1565]

Formation of Hydrazones or Semicarbazones

3-Pyridazinecarbaldehyde (**245**, X = O) gave its hydrazone (**245**, X = NNH$_2$) (H$_2$NNH$_2$·H$_2$O, trace H$_2$SO$_4$, EtOH, 60° 3 h: ~75%) and then [1,2,3]triazolo[1,5-b]pyridazine (**246**) [Ph(OAc)$_4$, PhH, 20°, 30 min: 70%].[439] The same substrate (**245**, X = O) gave its 2,4-dinitrophenylhydrazone [**245**, X = NHHC$_6$H$_3$(NO$_2$)$_2$-2,4] (no details: >95%)[77] or its thiosemicarbazone [**245**, X = NNHC(=S)NH$_2$] [H$_2$NNHC(=S)NH$_2$, 20°, 7 days: >95%].[77]

3-Pyridazinecarbaldehyde 2-oxide gave 3-benzenesulfonylhydrazonomethyl-pyridazine 2-oxide (**247**) (PhSO$_2$NHNH$_2$, MeOH, 3° → 20°, 30 min: >40%); also homologues similarly.[1261]

Also other examples.[35, 1603]

Removal of Formyl Groups

Note: This is usually done by oxidation and subsequent decarboxylation but sometimes formyl groups may be removed from hydropyridazines by alkaline hydrolysis.

1-Benzoyl-4-methyl-5-phenyl-1,4-dihydro-4-pyridazinecarbaldehyde (**248**) gave 1-benzoyl-4-methyl-5-phenyl-1,4-dihydropyridazine (**249**) (KOH, MeOH–H$_2$O, 25°, 60 min; then air↓, 15 min: 45%).[297]

Conversion into Imidazolylpyridazines

3,6-Bis(6-formylpyridin-2-yl)pyridazine (**252**) with 2,4-bishydroxyamino-2,4-dimethylbutane (2 mol) gave 3,6-bis[6-(1,3-dihydroxy-4,4,5,5-tetramethylimidazolidin-2-yl)pyridin-2-yl]pyridazine (**253**) (no details: good yield) and thence, on oxidation, a deep purple product formulated as the biradical (**254**) (NaIO$_3$ or Ag$_2$O, 0°, phase-transfer conditions: 94%).[1516]

In contrast, the same substrate (**252**) with 2,4-bishydroxyamino-2,4-dimethylbutane (2 mol) in the presence of SeO$_2$ gave 3,6-bis[6-(3-

hydroxy-4,4,5,5-tetramethyl-1-imidazolin-2-yl)pyridin-2-yl]pyridazine (**255**) (MeOH: >40%) and then, on oxidation, an orange product formulated as the biradical (**256**) (NaIO$_3$, phase-transfer conditions: 45%).[1517]

8.9 PYRIDAZINE KETONES (*H* 353)

Ketones are well represented in the pyridazine series, but many of the better preparative routes and reactions have been covered earlier.

8.9.1 Preparation of Pyridazine Ketones (*H* 355, 383)

The following routes to pyridazine ketones have been discussed: *by primary syntheses* (Chapters 1 and 2), *by oxidation of aralkylpyridazines* (Section 3.2.2.1), *by oxidation of secondary hydroxyalkylpyridazines* (Section 5.3.2), *from pyridazinecarboxylic esters with alkyllithiums or carbanions* (Section 8.2.2), *from pyridazinecarbonyl chlorides by Friedel–Crafts reactions* (Sections 8.1.2 and 8.3), *by some Reissert reactions* (e.g., Section 8.7.1), and *from pyridazinecarbonitriles with a lithium or Grignard reagent* (Section 8.7.2).

The remaining routes to such ketones are illustrated by the following typical examples:

By Direct (Radical) *C*-Acylation

Note: The nuclear acylation of pyridazine, the extranuclear acylation of alkylpyridazines, and the *C*-formylation of pyridazines have been outlined in Sections 3.1.3, 3.2.2.3, and 8.8.1, respectively.

4-Methylpyridazine (**257**, R = H) gave 4-benzoyl-5-methylpyridazine (**257**, R = Bz) (PhCHO, FeSO$_4$·7H$_2$O, Bu^{t}HO$_2$/Bu$^t_2$O$_2$, H$_2$SO$_4$–AcOH–H$_2$O, 0°, 1 h: 27%).[1060]

3-Chloro-6-methylpyridazine (**258**, R = H) gave 4-acetyl-3-chloro-6-methyl-pyridazine (**258**, R = Ac) (MeCHO, FeSO$_4$·7H$_2$O, 34% H$_2$O$_2$, 25°, 15 min: 37%); also analogous acylations.[1514]

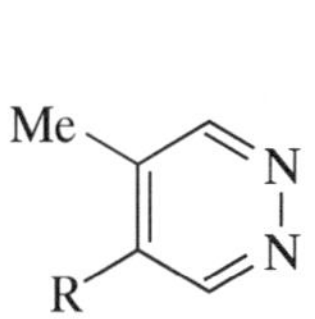

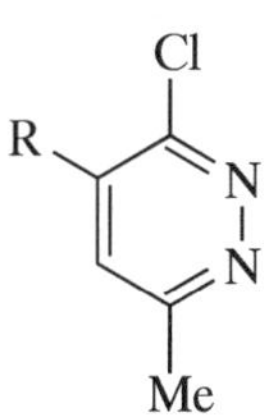

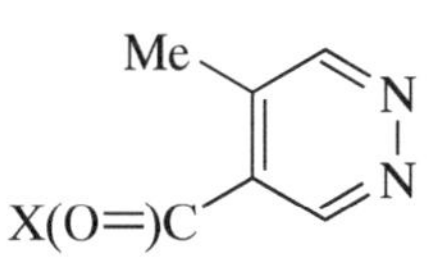

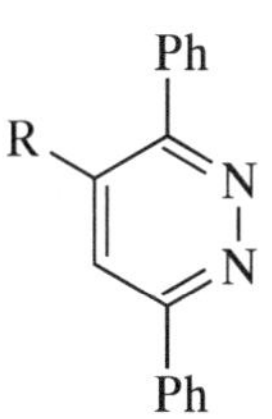

4-Propionylpyridazine (**259**, R = H, X = Et) gave 4-benzoyl-5-propionylpyridazine (**259**, R = Bz, X = Et) (PhCHO, FeSO$_4$·7H$_2$O, Bu^{t}HO$_2$/Bu$^t_2$O$_2$, H$_2$SO$_4$–AcOH–H$_2$O, 0° → 20°, 1 h: 43%);[1095] 4-pyridazinecarboxamide (**259**, R = H, X = NH$_2$) likewise gave 5-benzoyl-4-pyridazinecarboxamide (**259**, R = Bz, X = NH$_2$) (30%).[46]
Also other examples.[513, 1095]

From Tributylstannylpyridazines

3,6-Diphenyl-4-tributylstannylpyridazine (**260**, R = SnBu$_3$) gave 4-benzoyl-3,6-diphenylpyridazine (**260**, R = Bz) [BzCl, Pd(PPh$_3$)$_2$Cl$_2$, Et$_4$NCl, PhH, reflux, 41 h: 38%].[1591]

From Corresponding Schiff Bases

5-α-(*o*-Methylaminophenylimino)ethyl- (**261**) (made by primary synthesis) gave 5-acetyl-3,6-dipyridin-2′-ylpyridazine (**262**) HCl, EtOH–H$_2$O, reflux, 10 min: 97%.[1083]

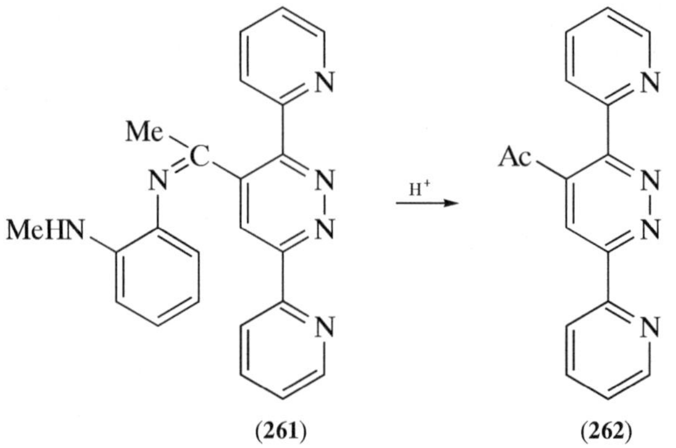

8.9.2 Reactions of Pyridazine Ketones (*H* 378, 392)

Some reactions of pyridazine ketones have been discussed elsewhere: *elimination of C-acyl groups* (Section 3.2.1.4), *conversion of C-aroyl- into C-α-arylstyrylpyridazines* (Section 3.2.1.5), *extranuclear halogenation of pyridazine ketones* (Section 4.3.2), *reduction of pyridazine ketones to alkyl- or hydroxyalkylpyridazines* (Section 3.2.1.5 or 5.3.1, respectively), and *conversion of pyridazine ketones into pyridazinecarboxamides* (Section 8.4).
Other reactions are illustrated briefly in the following typical examples:

Thiation

3-Phenacyl-4,5,6-triphenyl- (**263**, X = O) gave 3,4,5-triphenyl-6-thiophenacylpyridazine (**263**, X = S) (P$_2$S$_5$, xylene, reflux, 2 h: 45%).[1362]

1-(3,4-Dichlorobenzoyl)- (**264**, X = O) gave 1-[3,4-dichloro(thiobenzoyl)]-3-phenyl-1,4,5,6-tetrahydropyridazine (**264**, X = S) (P$_2$S$_5$, PhMe, N$_2$, 60°, 12 h: ~25%).[1834]

(**263**)   (**264**)   (**265**)

ω-Alkylidenation

4-Acetyl- gave 4-cinnamoyl-5,6-diphenyl-3(2H)-pyridazinone (**265**) (PhCHO; see original for details).[1447]
Also other examples.[974, 1447, 1616]

Formation of Oximes

5-Benzoyl-4-pyridazinecarboxylic acid (**266**, X = O) gave its oxime (**266**, X = NOH) (H$_2$NOH·HCl, AcONa, EtOH, 20°, 24 h: 80%);[46] 4-benzoyl-pyridazine likewise gave its oxime (**267**) (95%), separated chromatographically into the Z and E isomers (22% and 11%, respectively).[1798]
5-Acetyl-2-methyl-6-phenyl-3,4(1H,2H)-pyridazinedione (**268**, X = O) gave its oxime (**268**, X = NOH) (H$_2$NOH·HCl, MeONa, MeOH–H$_2$O, 20°, 15 min: 87%).[1561]
Also other examples.[65, 859, 1673, 1716, 2039]

(**266**)   (**267**)   (**268**)

Formation of Hydrazones or Semicarbazones

3-o-Fluorobenzoylpyridazine (**269**, X = O) gave its hydrazone (**269**, X = NNH$_2$) (excess neat 80% H$_2$NNH$_2$·H$_2$O 120°, 30 min: 90%).[1628]
4-Ethoxymalonylpyridazine (**270**, X = O) gave its phenylhydrazone (**270**, X = NNHPh) (PhHNNH$_2$, EtOH, 20°, 24 h: 80%).[65]
5-p-Chlorobenzoyl-1-methyl-4(1H)-pyridazinone gave its azine (**271**) [H$_2$NNH$_2$·HCl (2 equiv), EtOH, reflux, 6 h: 83%].[740]

4-Acetyl-3,6-dipyridin-2'-ylpyridazine gave its thiosemicarbazone (**272**) (H$_2$NHNC(=S)NH$_2$·HCl, no details).[1083]

(**269**) X=CC$_6$H$_5$F-*o*

(**270**) EtO$_2$CH$_2$C(X=)C—[pyridazine]

(**271**) [Cl-C$_6$H$_4$-C(=N-)—(pyridazinone with N-Me)]$_2$

4-Acetylpyridazine gave 4-[α-methylthio(thiocarbonyl)hydrazono]ethylpyridazine (**273**) (MeS$_2$CNHNH$_2$, Pr^{i}OH, 65°, 1 h: 96%) and then 4-acetylpyridazine 4,4-pentamethylene(thiosemicarbazone) (**274**) [(CH$_2$)$_5$NH, EtOH, reflux until MeSH↑ ceased (<18 h): 93%; a slow but effective route to such ω-substituted thiosemicarbazones].[1347]
Also other examples.[1272, 1692]

(**272**) H$_2$N(S=)CHNN=C(Me)—[3,6-di(pyridin-2-yl)pyridazine]

(**273**) MeS(S=)CHNN=C(Me)—[pyridazine] → (**274**) (H$_2$C)$_5$N(S=)CHNN=C(Me)—[pyridazine]

Cyclization Reactions

3-Acetyl-6-methyl-1-phenyl-4(1*H*)-pyridazinone (**275**) gave 3,6-dimethyl-5-phenyl-5*H*-pyrazolo[4,3-*c*]pyridazine (**276**) (H$_2$NNH$_2$·H$_2$O, EtOH, reflux, 1 h: 80%); also homologues.[1706]
Also examples of other types.[597, 949]

Keto Enol Tautomerism

3-Methoxymalonylpyridazine (**277**) has been shown by nmr measurements to exist as its enol (**277a**) to the extent of 21% in chloroform at −35°.[1180] Such studies have been extended to analogous derivatives of pyridine, pyrimidine, and pyrazine.[1180, 1181]

Phosphinylation

2-Acetyl-6-methyl-4,5-dihydro-3(2H)-pyridazinone (**278**) gave a reasonably stable intermediate (**279**) (PCl$_5$, PhH, 20°, 3 days: 56%) and then 2-(α-chloro-β-dichlorophosphinylvinyl)-6-methyl-4,5-dihydro-3(2H)-pyridazinone (**280**) (PhH, SO$_2$↓, 20°, until clear: 18%).[2112]

APPENDIX

Table of Simple Pyridazines

This table is intended as a comprehensive alphabetical list of simple pyridazines described up to mid-1998. For each compound are recorded (1) melting and/or boiling point; (2) an indication of reported spectra or other physical properties; (3) any reported salts or simple derivatives, especially when the parent compound was poorly characterized; (4) an indication of whether any chelate complexes have been described; and (5) direct reference(s) to the original literature from 1972 onward, followed by indirect reference(s) to any previously published data of literature in the form of page number(s) [e.g., *H* 73, 400 (pages in the original *Hauptwerk* volume)] where such material appears in Castle's original book.[1839]

To keep the table within manageable proportions, the following categories of pyridazines have been *excluded* on the grounds that they are not simple:

Fused or nuclear-reduced pyridazines

Pyridazines with a cyclic substituent other than an unsubstituted cyclohexyl, morpholino, phenyl, or piperidino group

Pyridazines bearing a substituent with more than six carbon atoms, except for an unsubstituted benzoyl, benzyl, phenethyl, phenylethynyl, or styryl group

Pyridazines with two substituents at any one position

Pyridazines with two or more independent functional groups on a single substituent

The following conventions and abbreviations have been used in the table.

MELTING POINT   The term *melting point* covers not only a regular melting point or melting range but also such variations as "decomposing at" or "melting with decomposition at." The use of the symbol > before a melting point indicates that the substance melts or decomposed above that temperature or that it does not melt or decompose below that temperature. When two differing melting points are given in the literature, they appear in the table as, for example, "88–89 or 94–95"; when more than two melting points are given, they are recorded in a form such as "218 to 225" in order to distinguish them from the single melting range "218–225."

BOILING POINT   *Boiling points* are distinguished from melting points by the presence of a pressure in millimeters of mercury (mmHg) after the temperature: for instance, 125–128/0.8.

Abbreviations for Physical Data

anal	Analytical data (usually assumed)
crude	Compound not purified
dipole	Dipole moment
el den	Electron density
ir	Infrared spectrum
liq	Liquid
ms	Mass spectrum
nmr	Nuclear magnetic resonance spectrum (any nucleus)
pol	Polarographic data
st	Fine structure discussed
uv	Ultraviolet/visible spectrum
xl st	crystal structure (X-ray data)

Abbreviations for Salts, Associated Anions, or Solvates

AcOH	Acetate salt
HBr, etc.	Appropriate hydrohalide salt
H_2O	Hydrate
HSO_4	Sulfate anion
H_2SO_4	Sulfate salt
I, etc.	Appropriate halide anion
MeI	Quaternary methiodide
NH_4	Ammonium salt
Na, etc.	Appropriate alkali metal salt
pic	Picrate (salt or anion)
TsOH	p-Toluenesulfonate salt

Abbreviations for Derivatives

dnp	2,4-Dinitrophenylhydrazone
Et_2acetal	diethyl acetal
$H_2NN=$	Hydrazone
MeCH=, etc.	Appropriate alkylidene derivative
PhHNN=	Phenylhydrazone
PhCH=	Benzylidene derivative
sc	Semicarbazone
tsc	Thiosemicarbazone

OTHER NOTES The use of "cf." before a reference usually indicates some inconsistent or mildly relevant information therein. A query mark (?) indicates some reasonable doubt associated with a datum or reference. A dash (—) in the data column indicates that no new physical data was obtained from original references covered for this supplement.

Alphabetical list of simple pyridazines, reported to the end of 1997

Pyridazine	Melting Point (°C) etc.	Reference(s)
3-Acetamido-4-acetyl-5,6-diphenylpyridazine	—	H555
4-Acetamido-5-acetyl-6-phenyl-3(2H)-pyridazinone	—	H395
4-Acetamido-5-benzoyl-6-phenyl-3(2H)-pyridazinone	—	H395
3-Acetamido-6-benzyloxypyridazine	—	H181
3-Acetamido-6-benzylthiopyridazine	—	H553, 807
3-Acetamido-6-butoxy-5-nitropyridazine 2-oxide	—	H198, 604
3-Acetamido-6-butoxypyridazine	—	H178, 552
3-Acetamido-6-butoxypyridazine 2-oxide	—	H603
4-Acetamido-6-chloro-3-hydrazinopyridazine	—	H562
3-Acetamido-5-chloro-6-methoxypyridazine	—	H182, 295
3-Acetamido-5-chloro-6-methoxypyridazine 2-oxide	—	H197, 301
3-Acetamido-6-chloro-2-methyl-5-oxo-2,5-dihydro-4-pyridazinecarboxylic acid	143–144, ir, nmr	967
3-Acetamido-6-chloro-4-methylpyridazine	—	H554
3-Acetamido-6-chloro-5-methylpyridazine	—	H290, 554
4-Acetamido-6-chloro-2-methyl-3(2H)-pyridazinone	—	H99, 323, 563
4-Acetamido-6-chloro-3-phenylpyridazine	174–175, ir, nmr	133
5-Acetamido-4-chloro-2-phenyl-3(2H)-pyridazinone	—	H121, 313
5-Acetamido-6-chloro-2-phenyl-3(2H)-pyridazinone	—	H93
3-Acatamido-6-chloropyridazine	oxime: 149–150, nmr	1010; H277, 303, 551
4-Acetamido-6-chloropyridazine	—	H289, 558
3-Acetamido-6-chloropyridazine 2-oxide	—	H299, 301, 603
4-Acetamido-6-chloro-3(2H)-pyridazinone	260–265 or 262–264, nmr	84, 1597; H96, 293, 559
5-Acetamido-3-chloro-4(1H)-pyridazinone	—	H132, 190
5-Acetamido-4-chloro-3(2H)-pyridazinone	—	H116, 311, 559
4-Acetamido-5-cyano-6-oxo-l-phenyl-1,6-dihydro-3-pyridazinecarboxylic acid	300, ir, nmr	129
5-Acetamido-2-cyclohexyl-4-iodo-3(2H)-pyridazinone	—	H124, 331
5-Acetamido-3,6-dimethoxy-4-pyridazinamine	—	H193
4-Acetamido-3,6-dimethoxypyridazine	—	H192, 560
4-Acetamido-2,6-dimethyl-3(2H)-pyridazinone	—	H99, 563
5-Acetamido-2,6-dimethyl-3(2H)-pyridazinone	—	H91, 564
3-Acetamido-5,6-diphenyl-4-pyridazinecarbonitrile	—	H555
2-Acetamido-5,6-diphenyl-4-pyridazinecarboxamide	—	H555
3-Acetamido-6-ethoxy-5-nitropyridazine 2-oxide	—	H198, 604
3-Acetamido-6-ethoxypyridazine	—	H552
3-Acetamido-6-ethoxypyridazine 2-oxide	—	H603
3-Acetamido-6-hexyloxy-5-nitropyridazine 2-oxide	—	H198, 604
3-Acetamido-6-hexyloxypyridazine	—	H552
3-Acetamido-6-hexyloxypyridazine 2-oxide	—	H604
6-Acetamido-4-imino-l-phenyl-l,4-dihydro-3,5-pyridazinedicarbonitrile	210, ir, nmr	55
5-Acetamido-4-iodo-2-phenyl-3(2H)-pyridazinone	—	H124, 331
3-Acetamido-6-isopentyloxy-5-nitropyridazine 2-oxide	—	H198, 604
3-Acetamido-6-isopentyloxypyridazine	—	H552
3-Acetamido-6-isopentyloxypyridazine 2-oxide	—	H604

continued

Pyridazine	Melting Point (°C) etc.	Reference(s)
3-Acetamido-6-isopropoxypyridazine	—	H 552
3-Acetamido-6-isopropoxypyridazine 2-oxide	—	H 603
4-Acetamido-3-methoxy-5-methylpyridazine 1-oxide	166–167, nmr	902
4-Acetamido-6-methoxy-2-methyl-3(2H)-pyridazinone	—	H 99, 563
3-Acetamido-6-methoxy-4-methylthiopyridazine	—	H 809
3-Acetamido-6-methoxy-5-nitropyridazine 1-oxide	—	H 197
3-Acetamido-6-methoxy-5-nitropyridazine 2-oxide	—	H 604
4-Acetamido-6-methoxy-2-phenyl-3(2H)-pyridazinone	—	H 108
3-Acetamido-6-methoxypyridazine	—	H 176, 552
3-Acetamido-6-methoxypyridazine 2-oxide	—	H 603
4-Acetamido-6-methyl-2-phenyl-3(2H)-pyridazinone	—	H 106, 563
4-Acetamido-6-methyl-3(2H)-pyridazinone	—	H 97
3-Acetamido-6-methylthiopyridazine	—	H 803
3-Acetamido-6-methylthiopyridazine 2-oxide	—	H 821
3-Acetamido-5-nitro-6-pentyloxypyridazine 2-oxide	—	H 198, 604
3-Acetamido-5-nitro-6-propoxypyridazine 2-oxide	—	H 198, 604
3-Acetamido-6-pentyloxypyridazine	—	H 552
3-Acetamido-6-pentyloxypyridazine 2-oxide	—	H 604
3-Acetamido-6-propoxypyridazine	—	H 552
3-Acetamido-6-propoxypyridazine 2-oxide	—	H 604
3-Acetamidopyridazine	—	H 550
4-Acetamidopyridazine	—	H 557
3-Acetamidopyridazine 1-oxide	—	H 603
3-Acetamidopyridazine 2-oxide	—	H 603
4-Acetamidopyridazine 1-oxide	—	H 603
6-Acetamido-3-pyridazinesulfonamide	—	H 553, 823
6-Acetamido-3(2H)-pyridazinethione	—	H 553, 797
4-Acetamido-3(2H)-pyridazinone	—	H 560
5-Acetamido-3(2H)-pyridazinone	—	H 85, 560
2-Acetonyl-5-amino-4-bromo-3(2H)-pyridazinone	192–193, ir, ms, nmr	1884
2-Acetonyl-6-amino-4-chloro-5-methoxy-3(2H)-pyridazinone	160–161, ir, nmr	2039
2-Acetonyl-5-amino-4-chloro-3(2H)-pyridazinone	194–195, ir, ms, nmr	1884
2-Acetonyl-6-amino-4,5-dichloro-3(2H)-pyridazinone	167–168, ir, nmr	2039
2-Acetonyl-4-bromo-5-cyclopropylamino-3(2H)-pyridazinone	132–133, ir, nmr	2039
2-Acetonyl-4-bromo-5-hydroxy-3(2H)-pyridazinone	190–191, ir, nmr	1936
2-Acetonyl-4-bromo-5-methoxy-3(2H)-pyridazinone	138–139, ir, nmr; oxime: 109–110, ir, nmr	1936, 2039
2-Acetonyl-4-bromo-5-methylamino-3(2H)-pyridazinone	167–168, ir, nmr	2039
2-Acetonyl-4-chloro-4-hydroxy-3(2H)-pyridazinone	215–216, ir, nmr	1936
2-Acetonyl-4-chloro-5-methoxy-6-nitro-3(2H)-pyridazinone	74–75, ir, nmr	1673
2-Acetonyl-4-chloro-5-methoxy-3(2H)-pyridazinone	121–122 or 131–132, ir, nmr	1673, 1936
2-Acetonyl-6-chloro-5-methoxy-3(2H)-pyridazinone	—	H 92, 326, 400

continued

Pyridazine	Melting Point (°C) etc.	Reference(s)
2-Acetonyl-4,5-dibromo-6-hydroxyamino-3(2H)-pyridazinone	165–166, ir, nmr	2039
2-Acetonyl-4,5-dibromo-6-nitro-3(2H)-pyridazinone	136–137, ir, nmr; oxime: 137–138, ir, nmr	2039
2-Acetonyl-4,5-dibromo-3(2H)-pyridazinone	167–168, ir, nmr; oxime: 124–125, ir, nmr	1936, 2039
2-Acetonyl-4,5-dichloro-6-nitro-3(2H)-pyridazinone	93–95, ir, nmr; oxime: 129–130, ir, nmr	1055, 1673, 2039
1-Acetonyl-4,5-dichloro-3,6(1H,2H)-pyridazinedione	203–204, ir, nmr	2039
2-Acetonyl-4,5-dichloro-3(2H)-pyridazinone	136–137 or 139–140, ir, nmr; oxime: 120–121, ir, nmr	1055, 1673, 1936, 2039
2-Acetonyl-5,6-dichloro-3(2H)-pyridazinone	—	H 92, 327, 400
1-Acetonyl-6-hydroxyimino-3-phenyl-1,6-dihydropyridazine	oxime: 167–169, ir, nmr	859
3-Acetonyl-6-methoxypyridazine	liq, anal, ir, nmr	326
3-Acetonyl-6-methylpyridazine	69–70, ir, nmr, uv	825
2-Acetonyl-6-methyl-3(2H)-pyridazinone	—	H 73, 401
2-Acetonyl-6-phenyl-3(2H)-pyridazinone	dioxime: 167–169, nmr	398; H 73, 400
3-Acetonylpyridazine	liq, ir, nmr, uv	825
2-Acetonyl-3(2H)-pyridazinone	—	H 65, 401
5-Acetoxy-4-bromo-2-phenyl-3(2H)-pyridazinone	—	H 120, 319
6-Acetoxy-4-bromo-3(2H)-pyridazinone	186–189, nmr	163
2-δ-Acetoxybutyl-4,5-dichloro-3(2H)-pyridazinone	83–84, ir, nmr	1700
2-Acetoxy-5-chloro-6-methoxy-3(2H)-pyridazinone	—	H 90, 326
5-Acetoxy-4-chloro-2-phenyl-3(2H)-pyridazinone	—	H 123
2-Acetoxy-6-chloro-3(2H)-pyridazinone	—	H 76
6-Acetoxy-4,5-dibromo-3(2H)-pyridazinone	—	H 127, 330
6-Acetoxy-2,4 / 2,5-diphenyl-3(2H)-pyridazinone	172	462
2-Acetoxy-6-ethoxy-5-methyl-3(2H)-pyridazinone	—	H 90
2-Acetoxy-6-ethoxy-3(2H)-pyridazinone	—	H 76
2-β-Acetoxyethyl-6-chloro-3(2H)-pyridazinone	—	H 73, 305
1-β-Acetoxyethyl-4,5-dichloro-2-isopropyl-3,6(1H,2H)-pyridazinedione	—	H 167
6-Acetoxy-2-ethyl-3(2H)-pyridazinone	76–77, ir, nmr	292
2-Acetoxy-6-methoxy-5-methyl-3(2H)-pyridazinone	—	H 90
5-Acetoxy-4-methoxy-2-phenyl-3(2H)-pyridazinone	—	H 126
2-Acetoxy-6-methoxy-3(2H)-pyridazinone	—	H 76
2-Acetoxymethyl-4,5-dichloro-3(2H)-pyridazinone	—	H 113, 308
4-Acetoxymethyl-3,6-dimethoxypyridazine	—	H 192
3-Acetoxymethyl-6-ethoxypyridazine	—	H 177
3-Acetoxymethyl-6-methoxypyridazine	—	913; H 176
3-Acetoxymethyl-6-methylpyridazine 1-oxide	101–102, ir, nmr	529
2-Acetoxymethyl-3-oxo-2,3-dihydro-4-pyridazinecarbonitrile	47–49, ir, nmr	1300
6-Acetoxymethyl-5-oxo-2,5-dihydro-3-pyridazinecarboxylic acid	199, ir	778

continued

Pyridazine	Melting Point (°C) etc.	Reference(s)
5-Acetoxymethyl-6-phenyl-3(2H)-pyridazinone	129–132, ir, nmr	1599, 2018
4-Acetoxy-6-methyl-3-pyridazinamine	—	H 556
3-Acetoxymethyl-4(1H)-pyridazinone	207, nmr	778
6-Acetoxymethyl-4(1H)-pyridazinone	211, ir, nmr, uv	778
6-Acetoxy-2-methyl-3(2H)-pyridazinone	90–92	292
6-Acetoxy-2-phenyl-3(2H)-pyridazinone	—	H 81
2-Acetoxy-3(2H)-pyridazinimine	—	H 603
6-Acetoxy-3(2H)-pyridazinone	nmr	163; H 68
5-Acetyl-2-allyl-4-amino-6-phenyl-3(2H)-pyridazinone	93–95, ir, nmr	1832
5-Acetyl-4-amino-2-β-cyanoethyl-6-phenyl-3(2H)-pyridazinone	187–188, ir, nmr	1769
5-Acetyl-4-amino-2-cyclohexyl-6-phenyl-3(2H)-pyridazinone	214–215, ir, nmr	1769
5-Acetyl-4-amino-2,6-diphenyl-3(2H)-pyridazinone	167–169, ir, nmr	1590
6-Acetyl-4-amino-5-hydroxy-2-phenyl-3(2H)-pyridazinone	162–163, nmr	1789
6-Acetyl-5-amino-3-imino-2-phenyl-2,3-dihydro-4-pyridazinecarbonitrile	240, ir, nmr	395
5-Acetyl-4-amino-2-β-methoxycarbonylethyl-6-phenyl-3(2H)-pyridazinone	115, ir, nmr	1769
5-Acetyl-4-amino-2-methyl-6-phenyl-3(2H)-pyridazinone	199–200 or 200–203, ir, nmr	223, 241, 1590
5-Acetyl-4-amino-6-methyl-5-phenyl-3(2H)-pyridazinone	142–144, ir, nmr	1769
6-Acetyl-4-amino-5-methyl-2-phenyl-3(2H)-pyridazinone	188–190, ir, nmr	1789
5-Acetyl-4-amino-6-methyl-3(2H)-pyridazinone	—	H 395, 561
5-Acetyl-4-amino-6-oxo-1-phenyl-1,6-dihydro-3-pyridazinecarbonitrile	280, ir, nmr	1665
6-Acetyl-5-amino-3-oxo-2-phenyl-2,3-dihydro-4-pyridazinecarbonitrile	300, ir, nmr	395
6-Acetyl-5-amino-3-oxo-2-phenyl-2,3-dihydro-4-pyridazinecarboxamide	234, ir, nmr	395
4-Acetyl-5-amino-6-phenyl-3(2H)-pyridazinone	—	H 395, 561
5-Acetyl-4-amino-6-phenyl-3(2H)-pyridazinone	—	1590; H 395, 561
4-Acetyl-5-amino-3,6(1H,2H)-pyridazinedione	—	H 395, 561
4-Acetyl-3-anilino-5,6-diphenylpyridazine	195–197, ir	377
5-Acetyl-4-anilino-2-methyl-6-phenyl-3(2H)-pyridazinone	185–186, ir, nmr	1769
4-Acetyl-3-azido-5,6-diphenylpyridazine	174, ir	377
4-Acetyl-6-benzyl-5-hydroxy-3(2H)-pyridazinone	198, nmr	1122
5-Acetyl-2-benzyl-4-nitro-6-phenyl-3(2H)-pyridazinone	140–142, ir, nmr	1769
5-Acetyl-4-bromo-2-methyl-6-phenyl-3(2H)-pyridazinone	128–130, ir, nmr	1766
5-Acetyl-4-bromo-2-phenyl-3(2H)-pyridazinone	—	H 119
4-Acetyl-3-butylamino-5,6-diphenylpyridazine	148, ir	377
2-α-Acetylbutyl-6-methyl-3(2H)-pyridazinone	—	H 75, 400

continued

Table of Simple Pyridazines

Pyridazine	Melting Point (°C) etc.	Reference(s)
4-Acetyl-2-γ-carboxypropyl-5,6-diphenyl-3(2H)-pyridazinone	170–172	1272
4-Acetyl-3-chloro-5,6-diphenylpyridazine	155, ir	377, 1411
4-Acetyl-6-chloro-5-iodo-3-methoxypyridazine	128–130, ir, nmr	1610
4-Acetyl-6-chloro-3-methoxy-5-phenylpyridazine	129–131, ir, nmr	1610
5-Acetyl-4-chloro-2-methyl-6-phenyl-3(2H)-pyridazinone	100–101, ir, nmr	1561, 1766
6-Acetyl-4-chloro-5-methyl-2-phenyl-3(2H)-pyridazinone	95, ir, nmr	1620
4-Acetyl-3-chloro-6-methylpyridazine	liq, nmr	1514
4-Acetyl-3-chloro-6-phenylpyridazine	92–94, nmr	1514
5-Acetyl-2-β-cyanoethyl-4-nitro-6-phenyl-3(2H)-pyridazinone	141–142, ir, nmr	1769
5-Acetyl-2-cyclohexyl-4-nitro-6-phenyl-3(2H)-pyridazinone	144–146, ir, nmr	132
5-Acetyl-4-diethylamino-2-methyl-6-phenyl-3(2H)-pyridazinone	liq, anal, ir, nmr	1414, 1769
5-Acetyl-2,6-dimethyl-4-nitro-3(2H)-pyridazinone	82, ir, nmr	132
4-Acetyl-3,6-dimethylpyridazine	97–100/20	125
4-Acetyl-5,6-diphenyl-3-piperidinopyridazine	106, ir	377
4-Acetyl-5,6-diphenyl-3-pyridazinamine	—	1411; H555
4-Acetyl-5,6-diphenyl-3(2H)-pyridazinethione	212, ir	377
4-Acetyl-5,6-diphenyl-3(2H)-pyridazinone	232–234; H_2NN=: 264–266	982, 1056, 1272
3-Acetyl-4-ethoxy-1-phenyl-6-phenylimino-1,6-dihydropyridazine	164, ir, ms, nmr	17
2-β-Acetylethyl-6-chloro-3(2H)-pyridazinone	—	H399
1-β-Acetylethyl-4,5-dichloro-2-isopropyl-3,6(1H,2H)-pyridazinedione	—	H336
2-β-Acetylethyl-4,5-dichloro-3(2H)-pyridazinone	—	H399
2-α-Acetylethyl-6-methyl-3(2H)-pyridazinone	—	H73, 401
2-β-Acetylethyl-6-methyl-3(2H)-pyridazinone	—	H75, 400
5-Acetyl-2-ethyl-4-nitro-6-phenyl-3(2H)-pyridazinone	107–108, ir, nmr	1997
1-β-Acetylethyl-3,6(1H,2H)-pyridazinedione	—	H155, 399
2-β-Acetylhydrazino-6-chloropyridazine	—	H279, 668
4-Acetyl-2-β-hydroxyethyl-5,6-diphenyl-3(2H)-pyridazinone	126–128	1272
4-Acetyl-5-hydroxy-6-methyl-3(2H)-pyridazinone	242, nmr	1122
4-Acetyl-5-hydroxy-6-morpholinomethyl-3(2H)-pyridazinone	254–258, nmr	1122
4-Acetyl-5-hydroxy-6-phenyl-3(2H)-pyridazinone	228, nmr	1122
6-Acetyl-2-hydroxy-3(2H)-pyridazinone	—	H396
3-Acetylimino-6-chloro-2-methyl-2,3-dihydropyridazine	—	H302
3-Acetyl-6-isopentylpyridazine	ir, nmr	1660
5-Acetyl-2-β-methoxycarbonylethyl-4-nitro-6-phenyl-3(2H)-pyridazinone	78–79, ir, nmr	1769
3-Acetyl-4-methoxy-1-phenyl-6-phenylimino-1,6-dihydropyridazine	164	269

continued

Pyridazine	Melting Point (°C) etc.	Reference(s)
3-Acetyl-6-methoxypyridazine	—	H 396
3-Acetyl-6-methoxypyridazine 1-oxide	—	H 398
3-Acetyl-6-methoxypyridazine 2-oxide	—	H 398
4-Acetyl-3-methyl-5,6-diphenylpyridazine	131–132, ir, ms, nmr	314
4-Acetyl-2-methyl-5,6-diphenyl-3(2H)-pyridazinone	151–152	1272; H 396
5-(β-Acetyl-α-methylhydrazino)-2-benzyl-3(2H)-pyridazinone	204–205, ir, nmr	873
5-(β-Acetyl-α-methylhydrazino)-2-methyl-3(2H)-pyridazinone	186–187, ir, nmr	873
5-(β-Acetyl-α-methylhydrazino)-2-phenyl-3(2H)-pyridazinone	226–227, ir, nmr	873
5-Acetyl-2-methyl-4-methylsulfinyl-6-phenyl-3(2H)-pyridazinone	128–130, ir, nmr, xl st	1766, 1974, 2075
5-Acetyl-2-methyl-4-methylsulfonyl-6-phenyl-3(2H)-pyridazinone	182–183, ir, nmr	1766
5-Acetyl-2-methyl-4-methylthio-6-phenyl-3(2H)-pyridazinone	106–107, ir, nmr	1766
5-Acetyl-2-methyl-4-morpholino-6-phenyl-3(2H)-pyridazinone	134–135, ir, nmr	1414, 1769
5-Acetyl-2-methyl-4-nitro-6-phenyl-3(2H)-pyridazinone	140–141, ir, nmr	132
5-Acetyl-3-methyl-6-oxo-1,6-dihydro-4-pyridazinecarboxylic acid	285, ir, nmr	128
5-Acetyl-4-methyl-6-oxo-1-phenyl-1,6-dihydro-3-pyridazinecarbonitrile	>300, ir, nmr	395
3-Acetyl-4-methyl-1-phenyl-6-phenylimino-1,6-dihydropyridazine	152, ms, nmr	17, 269
5-Acetyl-2-methyl-6-phenyl-4-piperidino-3(2H)-pyridazinone	—	1414
5-Acetyl-2-methyl-6-phenyl-3,4(1H,2H)-pyridazinedione	191–193, ir, nmr; oxime: 195, ir, nmr	1561
3-Acetyl-6-methyl-1-phenyl-4(1H)-pyridazinone	128–129, ir, nmr	1706
5-Acetyl-2-methyl-6-phenyl-3(2H)-pyridazinone	108, ir, nmr	1769
6-Acetyl-5-methyl-2-phenyl-3(2H)-pyridazinone	134, ir, ms, nmr	17, 269, 1350, 1451, 2014
2-(α-Acetyl-β-methylpropyl)-6-methyl-3(2H)-pyridazinone	—	H 400
3-Acetyl-6-methylpyridazine	46–48, 124–127/6, ir, ms, nmr	125, 1638, 1744
2-Acetyl-4-methyl-3(2H)-pyridazinone	—	H 400
4-Acetyl-6-methyl-3(2H)-pyridazinone	206–208	1514
4-Acetyl-3-morpholino-5,6-diphenylpyridazine	133, ir	377
3-Acetyl-6-morpholinopyridazine	—	807
5-Acetyl-4-nitro-2,6-diphenyl-3(2H)-pyridazinone	116, ir, nmr	132
4-Acetyl-3-phenoxy-5,6-diphenylpyridazine	101, ir	377
4-Acetyl-6-phenyl-3(2H)-pyridazinone	>300	1514
4-Acetyl-3-phenyl-5-trimethylsilylpyridazine	118, ms, nmr	12
2-α-Acetylpropyl-6-methyl-3(2H)-pyridazinone	—	H 73, 400

continued

Pyridazine	Melting Point (°C) etc.	Reference(s)
3-Acetylpyridazine	89–90; $H_2NN=$: 67–69, ir, nmr; p-$BrC_6H_4NHN=$: 222–224, ir, nmr	35, 1347; H 396
4-Acetylpyridazine	69–70, ir, nmr; oxime: 169–172, nmr	65, 73, 1347, 1668
1-Acetyl-3,6(1H,2H)-pyridazinedione	—	H 153, 399
3-Acetylpyridazine 1-oxide	—	H 398
6-Acetyl-3(2H)-pyridazinone	—	H 396
4-Acetylthio-6-chloro-2-phenyl-3(2H)-pyridazinone	—	H 820
5-Acetylthio-4-methoxy-2-phenyl-3(2H)-pyridazinone	101–102	1896
6-Acetylthio-3(2H)-pyridazinethione	—	H 820
6-Acryloyloxy-2-β-chloroethyl-3(2H)-pyridazinone	polymer	1112
2-Allyl-6-allyloxy-3(2H)-pyridazinone	—	855; H 73
4-Allylamino-6-chloro-3-hydrazinopyridazine	—	H 583
5-Allylamino-4-chloro-2-phenyl-3(2H)-pyridazinone	—	H 121, 313
3-Allylamino-6-chloropyridazine	—	H 574
4-Allylamino-3,6-dichloropyridazine	—	H 583
3-Allylamino-4-methoxy-6-methylpyridazine	—	H 574
3-Allylamino-6-methyl-4-(1H)-pyridazinone	—	H 574
2-Allyl-4-bromo-5-hydroxy-3(2H)-pyridazinone	176–177, ir, nmr	1936
2-Allyl-4-bromo-5-methoxy-3(2H)-pyridazinone	68–69, ir, nmr	1936
2-Allyl-4-chloro-5-hydroxy-3(2H)-pyridazinone	176–177, ir, nmr	1936
2-Allyl-4-chloro-5-methoxy-3(2H)-pyridazinone	68–69, ir, nmr	1936
Allyl 5-chloro-1-methyl-6-oxo-1,6-dihydro-4-pyridazinecarboxylate	—	H 315
2-Allyl-4-chloro-5-morpholino-3(2H)-pyridazinone	104–105	1269
2-Allyl-4,5-dibromo-3(2H)-pyridazinone	66–67, ir, nmr	1936
2-Allyl-4,5-dichloro-3(2H)-pyridazinone	44–46, ir, nmr	1936
2-Allyl-5,6-dichloro-3(2H)-pyridazinone	—	H 92, 327
1-Allyl-4-dimethylamino-2-phenyl-3,6(1H,3H)-pyridazinedione	—	H 595
2-Allyl-4-ethoxy-5-morpholino-3(2H)-pyridazinone	liq, anal	1269
1-Allylideneamino-3,6(1H,2H)-pyridazinedione	—	1050
2-Allyl-6-methyl-3(2H)-pyridazinone	—	855; H 73
2-Allyl-5-morpholino-3(2H)-pyridazinone	92–93	1269
5-Allyloxy-4-chloro-2-phenyl-3(2H)-pyridazinone	—	H 123
3-Allyloxy-6-chloropyridazine	—	H 178
6-Allyloxy-4-dimethylamino-2-phenyl-3(2H)-pyridazinone	—	H 109, 589
3-Allyloxy-6-isopropylaminopyridazine	—	H 178, 573
6-Allyloxy-4-methylamino-2-phenyl-3(2H)-pyridazinone	—	H 588
4-Allyloxy-2-methyl-5-morpholino-3(2H)-pyridazinone	60–61	1269
4-Allyloxy-2-methyl-1-phenyl-3,6(1H,2H)-pyridazinedione	—	H 160
2-Allyl-4-phenethyl-6-phenyl-3(2H)-pyridazinone	62–62, ir, nmr	1959
2-Allyl-6-phenyl-3(2H)-pyridazinone	163–165 / 1.5, nmr	118, 855

continued

Pyridazine	Melting Point (°C) etc.	Reference(s)
1-Allyl-3,6(1H,2H)-pyridazinedione	—	855
2-Allyl-3(2H)-pyridazinone	—	855
3-Allylthio-6-chloro-4-methylpyridazine	—	H 806
3-Allylthio-6-chloro-5-methylpyridazine	—	H 806
4-Allylthio-6-chloro-2-phenyl-3(2H)-pyridazinone	—	H 811
5-Allylthio-4-chloro-2-phenyl-3(2H)-pyridazinone	—	H 812
5-Allylthio-6-chloro-2-phenyl-3(2H)-pyridazinone	—	H 812
3-Allylthio-6-chloropyridazine	66	557; H 284, 804
6-Allylthio-3-pyridazinamine	101–102, nmr	1842
5-Amino-4-anilino-2-phenyl-3(2H)-pyridazinone	—	H 602
5-Amino-3-azido-4(1H)-pyridazinethione	150, ir	1228
5-Amino-6-azido-3(2H)-pyridazinethione	> 300, ir, nmr, uv	1228
4-Amino-5-benzoyl-6-imino-1-phenyl-1,6-dihydro-3-pyridazinecarboxylic acid	> 300, ir	1665
4-Amino-5-benzoyl-2-methyl-3(2H)-pyridazinone	141, ir, nmr	1501
4-Amino-6-benzoyloxy-5-nitro-2-phenyl-3(2H)-pyridazinone	—	H 131
4-Amino-5-benzoyl-6-phenyl-3(2H)-pyridazinone	—	H 395, 561
4-Amino-2-benzyl-6-benzyloxy-5-nitro-3(2H)-pyridazinone	—	H 602
5-Amino-2-benzyl-6-benzyloxy-3,4(1H,2H)-pyridazinedione	—	H 169
3-Amino-5-benzyl-6-methyl-4(1H)-pyridazinone	—	H 133, 556
3-Amino-6-benzyl-4(1H)-pyridazinone	—	H 133, 556
5-Amino-4-benzylsulfonyl-2-methyl-3(2H)-pyridazinone	248–251, nmr	1903
5-Amino-4-benzylthio-3(2H)-pyridazinone	—	H 559
6-Amino-4-benzylthio-3(2H)-pyridazinone	—	H 811
5-Amino-4-bromo-2-β-cyanoethyl-3(2H)-pyridazinone	219–220, ir, ms, nmr	1884
5-Amino-4-bromo-2-cyclohexyl-3(2H)-pyridazinone	—	H 121, 321, 565
5-Amino-4-bromo-2-β-hydroxyiminopropyl-3(2H)-pyridazinone	204–205, ir, ms, nmr	1884
4-Amino-5-bromo-1-methyl-2-phenyl-3,6(1H,2H)-pyridazinedione	—	H 159
4-Amino-5-bromo-6-methyl-3-pyridazinecarbaldehyde	Me$_2$acetal: 74–75, nmr	996
4-Amino-5-bromo-2-methyl-3(2H)-pyridazinone	126–127, nmr	956
5-Amino-4-bromo-2-methyl-3(2H)-pyridazinone	215–217, nmr	956
5-Amino-4-bromo-2-phenyl-3(2H)-pyridazinone	—	580; H 120, 319
5-Amino-3-butylamino-6-chloro-4-pyridazinecarbaldehyde	270–271, ir, nmr	524
2-δ-Aminobutyl-6-phenyl-3(2H)-pyridazinone	crude: liq, ir, nmr; HCl: 206–207	1289, 1337
5-Amino-2-carboxymethyl-4-chloro-3(2H)-pyridazinone	—	H 119, 312, 565
5-Amino-4-chloro-2-β-cyanoethyl-3(2H)-pyridazinone	—	H 119, 312, 565
5-Amino-4-chloro-2-cyclohexyl-3(2H)-pyridazinone	—	H 315, 564
4-Amino-5-chloro-2,6-dimethyl-3(2H)-pyridazinone	—	H 129, 328, 563
5-Amino-4-chloro-2,6-dimethyl-3(2H)-pyridazinone	—	H 129, 328, 564
5-Amino-4-chloro-2-ethyl-3(2H)-pyridazinone	—	H 119, 312, 564

continued

Pyridazine	Melting Point (°C) etc.	Reference(s)
5-Amino-4-chloro-2-δ-hydroxybutyl-3(2H)-pyridazinone	170–171, ir, nmr	1700
5-Amino-4-chloro-2-β-hydroxyethyl-3(2H)-pyridazinone	—	H119, 312, 565
5-Amino-4-chloro-2-methoxycarbonylmethyl-3(2H)-pyridazinone	222–223, ir, ms, nmr	1884
5-Amino-4-chloro-2-γ-methoxypropyl-3(2H)-pyridazinone	—	H119, 312, 565
4-Amino-5-chloro-6-methoxy-3-pyridazinecarbonitrile	—	H184, 447, 562
3-Amino-6-chloro-5-methyl-4-pyridazinecarbonitrile	220, nmr, uv	821
4-Amino-5-chloro-2-methyl-3(2H)-pyridazinone	108 or 113, ir, nmr, uv	148, 1213, 1677
4-Amino-6-chloro-2-methyl-3(2H)-pyridazinone	—	H98, 323, 563
5-Amino-4-chloro-2-methyl-3(2H)-pyridazinone	203–205, ir, nmr, uv	148, 1213, 1677; H119, 312, 564
5-Amino-6-chloro-2-methyl-3(2H)-pyridazinone	pK_a, uv	675; H91, 326, 564
4-Amino-6-chloro-5-nitro-3(2H)-pyridazinone	—	H561
5-Amino-3-chloro-4-nitro-3(2H)-pyridazinone	—	H561
4-Amino-6-chloro-2-phenyl-3(2H)-pyridazinethione	—	H333, 563, 798
4-Amino-5-chloro-2-phenyl-3(2H)-pyridazinone	140–141 or 141–142, ir, nmr, uv	148, 956, 1213; H125, 328, 563
4-Amino-6-chloro-2-phenyl-3(2H)-pyridazinone	198–200	402; H104, 323, 563
5-Amino-4-chloro-2-phenyl-3(2H)-pyridazinone	203 to 207, ir, nmr, pK_a, uv	148, 464, 576, 865, 956, 1167, 1213, 1344; H121, 313, 565
5-Amino-6-chloro-2-phenyl-3(2H)-pyridazinone	—	H93, 327
3-Amino-6-chloro-4-pyridazinecarbonitrile	192–195, uv	820
4-Amino-6-chloro-3-pyridazinecarbonitrile	—	H446, 562
3-Amino-6-chloro-4-pyridazinecarboxamide	258–259	1099
6-Amino-3-chloro-4-pyridazinecarboxamide	245–246	1099
3-Amino-6-chloro-4-pyridazinecarboxylic acid	—	H555
4-Amino-6-chloro-3(2H)-pyridazinethione	225, nmr	654; H293, 559, 798
4-Amino-5-chloro-3(2H)-pyridazinone	—	H125, 328, 559
4-Amino-6-chloro-3-(2H)-pyridazinone	283 or 293–294, ir, nmr	654, 1597; H96, 293, 559
5-Amino-3-chloro-4(1H)-pyridazinone	—	H132, 190, 559
5-Amino-4-chloro-3(2H)-pyridazinone	299–300, nmr, pK_a	1130, 1167, 1597; H116, 310, 559
5-Amino-6-chloro-3(2H)-pyridazinone	—	H87, 291, 559

continued

Pyridazine	Melting Point (°C) etc.	Reference(s)
5-Amino-6-cyano-3-imino-2-phenyl-2,3-dihydro-4-pyridazinecarboxamidrazone	>300, ir	55
4-Amino-5-cyano-6-imino-1-phenyl-1,6-dihydro-3-pyridazinecarboxylic acid	210 or >300, ir, nmr, xl st	51, 151, 1665
5-Amino-6-cyano-3-imino-2-phenyl-2,3-dihydro-4-pyridazinecarboxylic acid	218, ir	151
4-Amino-5-cyano-6-oxo-1-phenyl-1,6-dihydro-3-pyridazinecarbohydrazide	258–261, ir, nmr	55
4-Amino-5-cyano-6-oxo-1-phenyl-1,6-dihydro-3-pyridazinecarboxamide	276, ir, nmr	87, 898
4-Amino-5-cyano-6-oxo-1-phenyl-1,6-dihydro-3-pyridazinecarboxylic acid	198 or >300, ir, nmr	55, 129, 229
4-Amino-5-cyano-1-phenyl-6-thioxo-1,6-dihydro-3-pyridazinecarbothioamide	150–152, ir, nmr	1214
5-Amino-2-cyclohexyl-3,4(1H,2H)-pyridazinedione	—	H 169
6-Amino-4,5-dichloro-2-ethyl-3(2H)-pyridazinone	—	H 130, 329, 571
6-Amino-4,5-dichloro-2-methyl-3(2H)-pyridazinone	191–193 or 193–195, ir, nmr	846, 1938; H 128, 329, 571
4-Amino-5,6-dichloro-3-pyridazinecarbonitrile	—	H 447, 562
5-Amino-3,6-dichloro-4-pyridazinecarbonitrile	240–242, uv	820
4-Amino-5,6-dichloro-3-pyridazinecarboxamide	—	H 562
4-Amino-5,6-dichloro-3-pyridazinecarboxylic acid	—	H 435
4-Amino-5-diethylamino-1,2-dimethyl-3,6(1H,2H)-pyridazinedione	135–138, ir, nmr	402
5-Amino-4-dimethylamino-2-phenyl-3(2H)-pyridazinone	—	H 602
4-(γ-Amino-β,β-dimethylpropyl)-3,6-diphenylpyridazine	116–117, ir, ms, nmr, uv	512
3-Amino-5,6-dimethyl-4-pyridazinecarbonitrile	—	H 447, 555
3-Amino-5,6-dimethyl-4-pyridazinecarbothioamide	—	H 555
4-Amino-1,2-dimethyl-3,6(1H,2H)-pyridazinedione	205–207	402
1-Amino-3,6-dimethylpyridazinium (+ anion)	I: 134–136, nmr; mesitylenesulfonate: 78–80	782, 1359
3-Amino-5,6-dimethyl-4(1H)-pyridazinone	—	H 133, 556
4-Amino-2,6-dimethyl-3(2H)-pyridazinone	—	H 99, 563
5-Amino-2,6-dimethyl-3(2H)-pyridazinone	—	H 91, 564
5-Amino-3,6-dimorpholino-4-pyridazinecarbaldehyde	194–195, ir, nmr	524
5-Amino-3,6-dioxo-1-phenyl-1,2,3,6-tetrahydro-4-pyridazinecarbonitrile	226, ir, nmr	232
3-Amino-5,6-diphenyl-4-pyridazinecarbonitrile	235–236, uv	364, 1056; H 555
3-Amino-5,6-diphenyl-4-pyridazinecarbothioamide	208	364
3-Amino-5,6-diphenyl-4-pyridazinecarboxamide	—	H 555
4-Amino-5,6-diphenyl-3(2H)-pyridazinone	—	809
5-Amino-2-α-ethoxycarbonylethyl-3,4(1H,2H)-pyridazinedione	—	H 169

continued

Pyridazine	Melting Point (°C) etc.	Reference(s)
4-Amino-5-α-ethoxyethyl-2-methyl-6-phenyl-3(2H)-pyridazinone	187–188, ir, nmr	1832
2-β-Aminoethyl-4,5-dichloro-3(2H)-pyridazinone	—	H 113, 308
4-Amino-5-ethyl-2-methyl-6-phenyl-3(2H)-pyridazinone	164–165, ir, nmr	1832
2-β-Aminoethyl-6-phenyl-3(2H)-pyridazinone	75–77, ir, nmr; HCl: 196–197	1289, 1337
3-β-Aminoethylpyridazine	—	H 609
6-α-Aminoethyl-3(2H)-pyridazinone	HCl: 233–237, ir, nmr, uv	731
4-Amino-5-formamido-6-methoxy-3(2H)-pyridazinone	—	H 128, 599
2-ζ-Aminohexyl-6-phenyl-3(2H)-pyridazinone	crude: liq, ir, nmr, HCl: 75–78	1289, 1337
4-Amino-6-hydrazino-3(2H)-pyridazinone	254–256, ir, nmr, uv; HCl: 248–249	1597
5-Amino-6-hydrazino-3(2H)-pyridazinone	247–249 or 250–251, ir, nmr, uv	636, 654, 1597
5-Amino-2-δ-hydroxybutyl-3(2H)-pyridazinone	liq, anal, ir, nmr	1700
5-Amino-1-hydroxy-3,6-dimethyl-4(1H)-pyridazinone	203–204	794
4-Amino-5-α-hydroxyethyl-2,6-diphenyl-3(2H)-pyridazinone	178–180, ir, nmr	1590
4-Amino-5-α-hydroxyethyl-2-methyl-6-phenyl-3(2H)-pyridazinone	241–242, ir, nmr	1590
4-Amino-5-α-hydroxyethyl-6-phenyl-3(2H)-pyridazinone	277, ir, nmr	1590
4-Amino-5-hydroxymethyl-2,6-diphenyl-3(2H)-pyridazinone	206–208, ir, nmr	1590
4-Amino-5-hydroxymethyl-2-methyl-6-phenyl-3(2H)-pyridazinone	155–157, ir, nmr	1590
4-Amino-5-hydroxymethyl-6-phenyl-3(2H)-pyridazinone	275, ir, nmr	1590
5-Amino-4-hydroxy-6-oxo-1-phenyl-1,6-dihydro-3-pyridazinecarbonitrile	—	1444
4-Amino-6-imino-1-phenyl-1,6-dihydro-3,5-pyridazinedicarbonitrile	220–223 or >300, ir, nmr	55, 1210, 1365
5-Amino-4-iodo-2-phenyl-3(2H)-pyridazinone	—	H 124, 331
4-Amino-5-mercapto-3(2H)-pyridazinone	>300, ir, uv	923
3-Amino-4-methoxy-1,2-dimethyl-3,6(1H,2H),pyridazinedione	158, ir, nmr	402
5-Amino-1-methoxy-3,6-dimethyl-4(1H)-pyridazinone	HCl: 149–150	794
1-Amino-3-methoxy-6-methylpyridazinium (+ anion)	I: 124–125, nmr; mesitylenesulfonate: 122–124	782, 877
4-Amino-6-methoxy-2-methyl-3(2H)-pyridazinone	—	H 99, 563
5-Amino-6-methoxy-2-methyl-3(2H)-pyridazinone	—	H 91, 564
4-Amino-6-methoxy-3-pyridazinecarbonitrile	—	H 184, 446, 562
4-Amino-6-methoxy-3-pyridazinecarboxylic acid	—	H 562
5-Amino-6-methoxy-3-pyridazinecarboxylic acid	—	H 182, 435

continued

Pyridazine	Melting Point (°C) etc.	Reference(s)
6-Amino-3-methoxy-4(1H)-pyridazinethione	—	H 800
1-Amino-3-methoxypyridazinium (+ anion)	Cl: 150; I: 93–94; pic: 139; mesitylenesulfonate: 138–140	756, 877
4-Amino-6-methoxy-3(2H)-pyridazinone	286–289, nmr	1597; H 98, 560
5-Amino-6-methoxy-3(2H)-pyridazinone	265–267 or 270, ir, nmr, uv	654, 1597; H 89, 560
6-Amino-3-methoxy-4(1H)-pyridazinone	—	H 133
4-Aminomethyl-3-anilinopyridazine	liq, ms, nmr	1079
4-Aminomethyl-3-chloro-5,6-dimethylpyridazine	—	H 294, 610
4-Amino-2-methyl-5,6-diphenyl-3(2H)-pyridazinone	—	814
6-Amino-3-methyl-1,5-diphenyl-4(1H)-pyridazinone	—	713
5-Aminomethyl-4-hydroxy-6-oxo-1-phenyl-1,6-dihydro-3-pyridazinecarbonitrile	—	1444
4-Aminomethyl-3-methoxy-5,6-dimethylpyridazine	—	H 610
4-Amino-6-methyl-3(2H)-pyridazinone	—	H 610
4-Amino-2-methyl-5-methylsulfonyl-3(2H)-pyridazinone	174–176, ir, nmr	533
4-Amino-2-methyl-5-nitro-3(2H)-pyridazinone	—	H 125, 602
5-Amino-1-methyl-6-oxo-1,6-dihydro-4-pyridazinesulfonamide	—	H 125, 563, 825
5-Amino-2-methyl-3-oxo-2,3-dihydro-4-pyridazinesulfonamide	—	H 125, 564, 825
5-Amino-1-methyl-6-oxo-3-phenyl-1,6-dihydro-4-pyridazinecarbaldehyde	149–150 or 157–159, ir, nmr	1501, 1590
5-Amino-1-methyl-6-oxo-3-phenyl-1,6-dihydro-4-pyridazinecarbonitrile	246–248, ir, nmr	1832
5-Amino-1-methyl-6-oxo-3-phenyl-1,6-dihydro-4-pyridazinecarboxamide	234–237, ir, nmr	1832
4-Amino-2-methyl-1-phenyl-3,6(1H,3H)-pyridazinedione	—	H 159, 595
5-Amino-2-methyl-6-phenyl-3,4(1H,2H)-pyridazinedione	—	H 169
3-Amino-6-methyl-1-phenyl-4(1H)-pyridazinone	—	H 136, 594
4-Amino-2-methyl-6-phenyl-3(2H)-pyridazinone	129–130, ir, nmr	1585
4-Amino-5-methyl-6-phenyl-3(2H)-pyridazinone	355–360, ir, nmr	1585
4-Amino-6-methyl-2-phenyl-3(2H)-pyridazinone	—	H 106, 563
4-Amino-6-methyl-5-phenyl-3(2H)-pyridazinone	crude: 345, ir, nmr	1585
5-Amino-2-methyl-6-phenyl-3(2H)-pyridazinone	274, ir, nmr	133
6-Amino-1-methyl-3-phenyl-4(1H)-pyridazinone	274, ir, nmr	133
6-Amino-5-methyl-2-phenyl-3(2H)-pyridazinone	—	H 93
4-Amino-2-methyl-6-phenyl-5-vinyl-3(2H)-pyridazinone	122–123, ir, nmr	1832
4-(β-Amino-β-methylpropyl)-3,6-diphenylpyridazine	178, ir, ms, nmr, uv	512
3-Aminomethylpyridazine	—	H 608
4-Amino-6-methyl-3-pyridazinecarbaldehyde	solid, anal, ir, ms, nmr; Me₂acetal: nmr	996
3-Amino-6-methyl-4-pyridazinecarboxamide	—	H 436, 555

continued

Table of Simple Pyridazines

Pyridazine	Melting Point (°C) etc.	Reference(s)
3-Amino-6-methyl-4-pyridazinecarboxylic acid	—	H 436, 555
4-Amino-1-methyl-3,6(1H,2H)-pyridazinedione	—	H 564
4-Amino-2-methyl-3,6(1H,2H)-pyridazinedione	—	H 152, 563
5-Amino-2-methyl-3,4(1H,2H)-pyridazinedione	—	H 169
3-Amino-6-methyl-4(1H)-pyridazinethione	complex	463; H 556, 800
1-Amino-6-methylpyridazinium (+ anion)	I: 129–130, nmr; pic: 164–166	782
3-Amino-1-methyl-4(1H)-pyridazinone	181–182, nmr	1132
3-Amino-6-methyl-4(1H)-pyridazinone	—	H 133, 555
4-Amino-2-methyl-3(2H)-pyridazinone	173–175, nmr, pK_a, uv	675, 1132; H 563
4-Amino-6-methyl-3(2H)-pyridazinone	257–259 or 262–268, ir, nmr	760, 1585; H 97, 558
5-Amino-2-methyl-3(2H)-pyridazinone	194–196, pK_a, uv	675; H 564
6-Aminomethyl-3(2H)-pyridazinone	HCl: >290, ir, nmr, uv	731
6-Amino-2-methyl-3(2H)-pyridazinone	222–224	675; H 571
6-Amino-4-methyl-3(2H)-pyridazinone	—	H 98
6-Amino-5-methyl-3(2H)-pyridazinone	—	H 89
4-Amino-5-methylsulfonyl-2-phenyl-3(2H)-pyridazinone	212–213, ir, nmr	533
3-Amino-6-methylthio-4,5-pyridazinedicarbonitrile	—	1799
4-Amino-5-nitro-2-phenyl-3(2H)-pyridazinone	—	H 125, 602
4-Amino-5-nitro-3(2H)-pyridazinone	—	H 602
5-Amino-6-oxo-1,3-diphenyl-1,6-dihydro-4-pyridazinecarbaldehyde	153–155, ir, nmr	1590
6-Amino-4-oxo-1,5-diphenyl-1,4-dihydro-3-pyridazinecarbonitrile	—	713
5-Amino-6-oxo-3-phenyl-1,6-dihydro-4-pyridazinecarbaldehyde	251–253, ir, nmr	1590
2-ε-Aminopentyl-6-phenyl-3(2H)-pyridazinone	crude: liq, ir, nmr; HCl: 196–197	1289, 1337
3-Amino-5-phenyl-4-pyridazinecarbonitrile	243–244, uv	364
3-Amino-6-phenyl-4-pyridazinecarbonitrile	190–191	1885
5-Amino-6-phenyl-4-pyridazinecarbonitrile	220–221, ir, nmr	1080
3-Amino-5-phenyl-4-pyridazinecarbothioamide	224, uv	364
3-Amino-5-phenyl-4-pyridazinecarboxamidrazone	196–198	130
4-Amino-1-phenyl-3,6(1H,2H)-pyridazinedione	—	H 156
5-Amino-2-phenyl-3,4(1H,2H)-pyridazinedione	—	H 169
3-Amino-6-phenyl-4(1H)-pyridazinone	—	H 133, 555
4-Amino-5-phenyl-3(2H)-pyridazinone	299–302, ir, nmr	1585
4-Amino-6-phenyl-3(2H)-pyridazinone	322–323 or 328–331, nmr	1041, 1585
5-Amino-2-phenyl-3(2H)-pyridazinone	205–208	1344; H 565
5-Amino-6-phenyl-3(2H)-pyridazinone	280–284, ir, nmr	133
6-Amino-2-phenyl-3(2H)-pyridazinone	—	H 80, 571
6-Amino-3-phenyl-4(1H)-pyridazinone	247–248, ir, nmr	133
5-Amino-2-phenyl-4-thioxo-1,4-dihydro-3(2H)-pyridazinone	>300, ir, nmr, uv	923
2-γ-Aminopropyl-6-chloro-3(2H)-pyridazinone	HCl: 245–248	1760

continued

Pyridazine	Melting Point (°C) etc.	Reference(s)
4-γ-Aminopropyl-3,6-diphenylpyridazine	liq, ir, ms, nmr	512
2-γ-Aminopropyl-6-phenyl-3(2H)-pyridazinone	53–55, ir, nmr; HCl: 250–251	1289, 1337
3-Amino-4-pyridazinecarbonitrile	193–194, ir, nmr	1079
4-Amino-3-pyridazinecarbonitrile	—	H 562
6-Amino-3-pyridazinecarbonitrile	—	H 446
3-Amino-4-pyridazinecarbothioamide	HCl: 248–249	1099
3-Amino-4-pyridazinecarboxamide	244–245, nmr	1099, 1681
4-Amino-3-pyridazinecarboxamide	—	H 434, 562
5-Amino-4-pyridazinecarboxamide	—	H 562
6-Amino-3-pyridazinecarboxamide	264, ir, nmr	1689; H 435, 553
6-Amino-4-pyridazinecarboxamide	308–310, nmr	1099
3-Amino-pyridazinecarboxamidrazone	199–203, nmr	1681
3-Amino-4-pyridazinecarboxylic acid	261–263	338; H 435, 555
4-Amino-3-pyridazinecarboxylic acid	—	H 434, 562
5-Amino-4-pyridazinecarboxylic acid	310–312	958; H 562
6-Amino-3-pyridazinecarboxylic acid	—	H 434
1-Amino-3,6(1H,2H)-pyridazinedione	PhCH=:–	903
4-Amino-3,6(1H,2H)-pyridazinedione	325 or 330, nmr	654, 1597
5-Amino-3,4(1H,2H)-pyridazinedione	—	H 169, 561
4-Amino-3,6(1H,2H)-pyridazinedithione	325, ir	654; H 559
5-Amino-3,4(1H,2H)-pyridazinedithione	—	H 802
4-Amino-3(2H)-pyridazinethione	218–219, ir, nmr	923
5-Amino-4(1H)-pyridazinethione	230–231, ir, nmr	923
6-Amino-3(2H)-pyridazinethione	—	1152; H 553, 796, 797
6-Amino-4(1H)-pyridazinethione	198–200, nmr	930
1-Aminopyridazinium (+ anion)	Cl: 153–154; I: 176–177; pic: 169–179; NO$_3$: ir, nmr	756, 1380
4-Amino-3(2H)-pyridazinone	230–233 or 232–234, ir, nmr	1585, 1597; H 84, 560
5-Amino-3(2H)-pyridazinone	293–296, nmr	1585; H 85, 560
6-Amino-3(2H)-pyridazinone	—	H 68, 551
3-Amino-6-thioxo-1,6-dihydro-4-pyridazinecarbothioamide	228	1099
5-Amino-4-thioxo-1,4-dihydro-3(2H)-pyridazinone	>300, ir, uv	923
3-Anilino-4-benzoyl-6-phenylpyridazine	PhN=: 200–202, ir	1367
3-Anilino-6-benzylaminopyridazine	—	H 601
3-Anilino-4-benzyl-6-methylpyridazine	149	1275
3-Anilino-6-benzyloxypyridazine	—	H 575
3-Anilino-6-bromopyridazine	—	H 286, 575
3-Anilino-6-butylaminopyridazine	—	H 601
4-Anilino-5-chloro-1,2-dimethyl-3,6(1H,2H)-pyridazinedione	—	H 163, 338, 596
4-Anilino-6-chloro-3-hydrazinopyridazine	—	H 587
5-Anilino-6-chloro-4-pyridazinamine	196–197, ir nmr	887

continued

Pyridazine	Melting Point (°C) etc.	Reference(s)
3-Anilino-6-chloropyridazine	185–187, pK_a, nmr	94, 1161, 1330; H 277, 575
5-Anilino-4-chloro-3(2H)-pyridazinone	—	H 116, 310, 587
4-Anilino-3,6-dichloropyridazine	—	H 288, 587
4-Anilino-3,6-diphenylpyridazine	176–178, nmr	189
3-Anilino-5,6-diphenyl-4-pyridazinecarbonitrile	222, ir, nmr	1398, 1726
5-Anilino-4-ethoxy-2-methyl-3(2H)-pyridazinone	liq, anal	1269
4-Anilino-2-ethyl-6-methyl-3(2H)-pyridazinone	—	H 100, 588
5-Anilino-2-ethyl-6-methyl-3(2H)-pyridazinone	—	H 588
4-Anilino-2-ethyl-1-phenyl-3,6(1H,2H)-pyridazinedione	—	H 162
3-Anilino-6-hydrazinopyridazine	204–207, nmr	1161
3-Anilino-4-methoxy-6-methylpyridazine	—	H 575
3-Anilino-6-methoxypyridazine	112–115	1330
4-Anilino-2-methyl-5-nitro-6-phenyl-3(2H)-pyridazinone	—	H 602
4-Anilino-2-methyl-1-phenyl-3,6(1H,2H)-pyridazinedione	—	H 159, 595
3-Anilino-6-methylpyridazine	—	H 575
3-Anilino-6-methyl-4(1H)-pyridazinone	—	H 575
5-Anilino-6-methylsulfonyl-4-pyridazinamine	160–162, ir, nmr	887
3-Anilino-6-methylsulfonylpyridazine	—	H 575, 823
3-Anilino-6-methylthiopyridazine	—	H 575, 803
4-Anilino-5-nitro-2-phenyl-3(2H)-pyridazinone	—	H 602
3-Anilino-4-nitropyridazine	93–95, nmr, uv	259
3-Anilino-6-phenoxypyridazine	—	H 179, 575
6-Anilino-3-pyridazinamine	crude: nmr; pic: >250	1161
3-Anilinopyridazine	—	H 575
3-Anilino-4-pyridazinecarbonitrile	123–124, ir, ms, nmr	517
3-Anilino-4-pyridazinecarboxamide	182–183, ir, nmr	1079
3-Anilino-4-pyridazinecarboxylic acid	>200, ir, ms, nmr	517
4-Anilino-3,6(1H,2H)-pyridazinedione	—	H 151
6-Anilino-3(2H)-pyridazinethione	—	H 575, 797
6-Anilino-3(2H)-pyridazinone	pK_a	94; H 68, 575
3-Anilino-6-styrylpyridazine	—	946
4-Anilino-3,5,6-triphenylpyridazine	—	H 587
3-Azido-4-benzyl-6-methylpyridazine	95	1275
3-Azido-4-benzyl-6-phenylpyridazine	172	1251
5-Azido-4-bromo-2-β-hydroxyethyl-3(2H)-pyridazinone	—	H 119, 319, 654
5-Azido-4-bromo-2-methyl-3(2H)-pyridazinone	—	H 119, 319, 654
5-Azido-4-bromo-2-phenyl-3(2H)-pyridazinone	—	H 120, 320, 654
5-Azido-4-bromo-3(2H)-pyridazinone	—	H 116, 319, 654
3-Azido-5-t-butylthio-6-phenylpyridazine	134–136, ir nmr	133
4-Azidocarbonyl-5,6-diphenyl-3(2H)-pyridazinone	—	1966
4-Azidocarbonyl-6-methyl-3-pyridazinecarbaldehyde	Me$_2$acetal: nmr	996
5-Azido-4-chloro-2-cyclohexyl-3(2H)-pyridazinone	—	H 124
3-Azido-6-chloro-4,5-dimethylpyridazine	77–78, nmr	558
5-Azido-4-chloro-2-δ-hydroxybutyl-3(2H)-pyridazinone	liq, anal, ir, nmr	1700

continued

Pyridazine	Melting Point (°C) etc.	Reference(s)
6-Azido-3-chloro-5-(2-methoxycarbonylprop-1-enyl)-1-methyl-4(1H)-pyridazinone	E: 114–115, ir, nmr; Z (crude): 92–93, ir, nmr	967
4-Azido-6-chloro-3-methoxypyridazine	35, ir, nmr	1900
4-Azido-6-chloro-3-methoxypyridazine 1-oxide	93–94, ir, uv	905
3-azidop-6-chloro-4-methylaminopyridazine	244–246, ir	1228
3-Azido-6-chloro-4-methylpyridazine	—	408
3-Azido-6-chloro-5-methylpyridazine	—	408
3-Azido-5-chloro-6-phenylpyridazine	126–127, ir, nmr	133
4-Azido-6-chloro-3-phenylpyridazine	115–117, ir, nmr	133, 134
4-Azido-6-chloro-2-phenyl-3(2H)-pyridazinone	117, ir, nmr	401, 402
3-Azido-6-chloropyridazine	—	408, 1976
3-Azido-6-chloro-4-pyridazinecarboxamide	226, ir	1228
3-Azido-6-chloropyridazine 1-oxide	100–102	480; H 654
5-Azido-4-chloro-3(2H)-pyridazinone	150, ir	1680
4-Azido-3,6-diethoxypyridazine 1-oxide	80–81, ir	831
4-Azido-3,6-dimethoxypyridazine	35 or 74–75, ir, nmr	885, 1443, 1900; H 192, 654
4-Azido-3,6-dimethoxypyridazine 1-oxide	89–91 or 93–94, ir, nmr	831, 1443; H 654
3-Azido-4,5-dimethylpyridazine	130–131, nmr	558
4-Azido-3,6-dimethylpyridazine	86–87, ir, nmr	1443
4-Azido-1,2-dimethyl-3,6(1H,2H)-pyridazinedione	113–115, ir, nmr	402
4-Azido-3,6-dimethylpyridazine 1-oxide	140 or 143–144, ir, nmr, uv	831, 1443
3-Azido-6-hydrazinopyridazine	PhCH=: 315–317	1008
3-Azido-5-isopropylthio-6-phenylpyridazine	132–134, ir, nmr	133
4-Azido-3-methoxy-6-methylpyridazine	20, ir, nmr	885, 1443
4-Azido-3-methoxy-6-methylpyridazine 1-oxide	103–105, ir, nmr	1443
4-Azido-3-methoxypyridazine	70–71, ir, nmr	885, 1443
4-Azido-3-methoxypyridazine 1-oxide	140–141, ir, nmr	1443
6-Azido-5-methylamino-3(2H)-pyridazinethione	230, ir, nmr	1228
5-Azido-2-methyl-6-phenyl-3(2H)-pyridazinone	90, ir, nmr	133
6-Azido-1-methyl-3-phenyl-4(1H)-pyridazinone	160, ir, nmr	133
3-Azido-5-methylpyridazine	132, nmr	558
4-Azido-6-methylpyridazine	15, ir, nmr	1443
4-Azido-6-methylpyridazine 1-oxide	139–140, ir, nmr	1443
6-Azido-5-methyl-3(2H)-pyridazinethione	145, ir, nmr, uv	1228
5-Azido-2-methyl-3(2H)-pyridazinone	—	848
3-Azido-6-methylthiopyridazine	169–170	1008
3-Azido-4-phenethyl-6-phenylpyridazine	249, ir	1959
6-Azido-3-phenyl-4-pyridazinamine	230–231, ir, nmr	133
3-Azido-4-phenylpyridazine	199, nmr	1408
3-Azido-5-phenylpyridazine	193–194, nmr	1408
3-Azido-6-phenylpyridazine	210–212, ir, nmr	133
5-Azido-6-phenyl-3(2H)-pyridazinone	160, ir, nmr	133, 134
6-Azido-3-phenyl-4(1H)-pyridazinone	205, ir, nmr	133
3-Azido-6-phenylthiopyridazine	128–129	1008

continued

Pyridazine	Melting Point (°C) etc.	Reference(s)
3-Azidopyridazine	—	408
4-Azidopyridazine	63–65	1443; H 654
3-Azido-4-pyridazinecarbonitrile	155–157, ir, nmr	1079
3-Azidopyridazine 1-oxide	151–152, ir	810, 1008; H 654
3-Azidopyridazine 2-oxide	—	H 654
4-Azidopyridazine 1-oxide	122–124 or 125–126	831, 1443; H 654
4-Azidopyridazine 2-oxide	—	H 654
6-Azido-3(2H)-pyridazinethione	135–137 or 142–144, ir	1008, 1228
3-Azido-6-thioxo-1,6-dihydro-4-pyridazinecarboxamide	185–187, ir, nmr, uv	1228
3-Azido-6-thioxo-1,6-dihydro-4-pyridazinecarboxylic acid	209–211, ir, nmr, uv	1228
4-Benzamido-6-benzoyl-2-phenyl-3(2H)-pyridazinone	163–165, ir, nmr	1960
4-Benzamido-6-chloro-3-hydrazinopyridazine	—	H 562
3-Benzamido-6-chloropyridazine	199	602, 1140; H 277, 551
4-Benzamido-6-chloro-3(2H)-pyridazinone	—	H 96, 293, 559
5-Benzamido-4-chloro-3(2H)-pyridazinone	—	H 116, 311, 559
4-Benzamido-2,6-dimethyl-3(2H)-pyridazinone	—	H 99, 563
4-Benzamido-5,6-diphenyl-3(2H)-pyridazinone	—	H 128
3-Benzamido-6-ethoxypyridazine	—	602
3-Benzamido-6-isobutylpyridazine	—	602
3-Benzamido-6-methoxypyridazine	—	602
3-Benzamido-6-methyl-4-phenylpyridazine	—	H 555
4-Benzamido-5-phenylpyridazine	—	H 557
5-Benzamido-4-pyridazinecarboxylic acid	249–250, ir	958
6-Benzamido-3(2H)-pyridazinethione	—	H 553, 797
4-Benzamido-2,5,6-triphenyl-3(2H)-pyridazinone	—	H 563
6-Benzenesulfonamido-4,5-dichloro-2-methyl-3(2H)-pyridazinone	—	H 129, 329, 607
4-Benzenesulfonamido-6-methoxy-2-methyl-3(2H)-pyridazinone	—	H 606
2-Benzenesulfonyl-3-oxo-5,6-diphenyl-2,3-dihydro-4-pyridazinecarbonitrile	131, ir	1398, 1726
6-Benzenesulfonyloxy-4-bromo-3(2H)-pyridazinone	—	H 331
6-Benzenesulfonyloxy-5-bromo-3(2H)-pyridazinone	—	H 88
6-Benzenesulfonyloxy-4,5-dibromo-3(2H)-pyridazinone	—	H 127, 331
6-Benzenesulfonyloxy-5-methyl-3(2H)-pyridazinone	—	H 89
6-Benzenesulfonyloxy-2-phenyl-3(2H)-pyridazinone	—	H 81
6-Benzenesulfonyloxy-3(2H)-pyridazinone	—	H 69
3-Benzoyl-6-benzyl-5-hydroxy-4(1H)-pyridazinone	—	H 133
2-Benzoyl-5-benzyl-6-methyl-3(2H)-pyridazinone	92, ir, nmr	884
3-Benzyl-5,6-bis(diisopropylamino)pyridazine	79, ir, nmr	1070
4-Benzoyl-3-butylamino-6-phenylpyridazine	152–153, ir	1367

continued

Pyridazine	Melting Point (°C) etc.	Reference(s)
3-Benzoyl-6-chloro-1,5-dihydroxy-4(1H)-pyridazinone	—	H 134, 333
6-Benzoyl-3-chloro-1,5-dihydroxy-4(1H)-pyridazinone	—	H 134, 333
4-Benzoyl-3-chloro-5,6-dimethylpyridazine	130–131	1514
4-Benzoyl-3-chloro-6-methylpyridazine	97–99	1514
4-Benzoyl-3-chloro-6-phenylpyridazine	122–125, ir	1716
4-Benzoyl-6-chloro-3-piperidinopyridazine	—	1479
3-Benzoyl-6-chloropyridazine	82, ir, nmr	1689
4-Benzoyl-2-β-cyanoethyl-6-phenyl-3(2H)-pyridazinone	—	1749
3-Benzoyl-4,6-di-t-butyl-5-diisopropylaminopyridazine	110, ir, nmr	1123
4-Benzoyl-3,6-dichloropyridazine	97, ir, nmr	443, 1669
5-Benzoyl-N,N-diethyl-4-pyridazinecarboxamide	114–116, ir, nmr	46
6-Benzoyl-1,5-dihydroxy-4(1H)-pyridazinone	—	H 134
4-Benzoyl-5-β-dimethylaminovinylpyridazine	106–107, nmr	1095
4-Benzoyl-5,6-dimethyl-3(2H)-pyridazinone	206–208	1514
3-Benzoyl-1,4-diphenyl-6-phenylimino-1,6-dihydropyridazine	239, ir, ms	17, 269
3-Benzoyl-4,6-diphenylpyridazine	141–143, ir, nmr, uv	404, 582
3-Benzoyl-3,6-diphenylpyridazine	183–184, nmr	1591
1-Benzoyl-5,6-diphenyl-3,4(1H,2H)-pyridazinedione	144–146, ir, nmr	1496
5-Benzoyl-2,6-diphenyl-3,4(1H,2H)-pyridazinedione	240–242, ir, ms, nmr, xl st	85
4-Benzoyl-5,6-diphenyl-3(2H)-pyridazinone	218–219, ir, nmr	373; H 128, 396
6-Benzoyl-2,5-diphenyl-3(2H)-pyridazinone	181–182, ir, nmr	17, 269, 1350, 1351
3-β-Benzoylhydrazino-5-benzyl-6-methylpyridazine	194	1751
3-β-Benzoylhydrazino-6-chloropyridazine	—	H 280, 668
3-β-Benzoylhydrazino-4-methyl-6-phenylpyridazine	210–214 or 277–278	1279, 1333
3-β-Benzoylhydrazino-6-phenylpyridazine	233–234	1279
4-Benzoyl-2-β-hydroxyethyl-5,6-diphenyl-3(2H)-pyridazinone	176–177	1272
4-Benzoyl-5-hydroxy-6-methyl-3(2H)-pyridazinone	207, nmr	1122
6-Benzoyl-5-hydroxy-3-oxo-2-phenyl-2,3-dihydro-4-pyridazinecarbonitrile	172–173, ir	1702
3-Benzoyl-5-hydroxy-4(1H)-pyridazinone	—	H 133
5-Benzoyl-6-imino-1,4-diphenyl-1,6-dihydro-3-pyridazinecarbonitrile	260–264, ir	49
6-Benzoyl-3-imino-5-methyl-2-phenyl-2,3-dihydro-4-pyridazinecarbonitrile	186–188, ir, nmr	1663
3-Benzoyl-6-methoxypyridazine	115–118, ir, ms, nmr	1698
4-Benzoyl-3-methyl-6-phenylpyridazine	—	585
4-Benzoyl-2-methyl-6-phenyl-3(3H)-pyridazinone	145–147, ir	1716
4-Benzoyl-5-methyl-2-phenyl-3(2H)-pyridazinone	—	1448
4-Benzoyl-3-methylpyridazine	170/0.2, ir, nmr	1066
4-Benzoyl-5-methylpyridazine	99–101, ms, nmr	1060
5-Benzoyl-6-methyl-3-pyridazinecarboxylic acid	136–141, ir, nmr	1066
4-Benzoyl-6-methyl-3(2H)-pyridazinone	177–179	1514

continued

Table of Simple Pyridazines

Pyridazine	Melting Point (°C) etc.	Reference(s)
4-Benzoyl-3-morpholino-6-phenylpyridazine	122–124, ir	1367
5-Benzoyl-6-oxo-1,4-diphenyl-1,6-dihydro-3-pyridazinecarboxylic acid	223	391
2-Benzoyloxy-4-chloro-6-methoxy-3(2H)-pyridazinone	—	H111, 322
2-Benzoyloxy-5-chloro-6-methoxy-3(2H)-pyridazinone	—	H90
6-Benzoyloxy-4-chloro-3(2H)-pyridazinone	—	1042; H98, 322
6-Benzoyloxy-5-chloro-3(2H)-pyridazinone	—	1042
2-Benzoyloxy-6-ethoxy-5-methyl-3(2H)-pyridazinone	—	H90
2-Benzoyloxy-6-ethoxy-3(2H)-pyridazinone	—	H76
2-Benzoyloxy-6-methoxy-4-methyl-3(2H)-pyridazinone	—	H111
2-Benzoyloxy-6-methoxy-5-methyl-3(2H)-pyridazinone	—	H90
2-Benzoyloxy-6-methoxy-3(2H)-pyridazinone	—	H76
6-Benzoyloxy-3(2H)-pyridazinone	—	H68
4-Benzoyl-3-phenoxy-6-phenylpyridazine	115–117, ir	1367
4-Benzoyl-6-phenyl-3-piperidinopyridazine	103–105, ir	1367
3-Benzoyl-6-phenylpyridazine	—	H394
4-Benzoyl-3-phenylpyridazine	118–119, ms, nmr	12
4-Benzoyl-6-phenyl-3(2H)-pyridazinethione	248–250, ir	1367
3-Benzoyl-1-phenyl-4(1H)-pyridazinone	128–130, ir, nmr	974
4-Benzoyl-2-phenyl-3(2H)-pyridazinone	173, ms, nmr	1877
4-Benzoyl-6-phenyl-3(2H)-pyridazinone	225–226, ir; H_2NN=: 242–243, ir	1716
4-Benzoyl-3-phenyl-5-trimethylsilylpyridazine	103, ms, nmr	12
4-Benzoyl-5-propionylpyridazine	92–94, nmr	1095
5-Benzoyl-4-pyridazinamine	119–121, ir, nmr	46
6-Benzoyl-3-pyridazinamine	122, ir, nmr	1689
3-Benzoylpyridazine	68–69 or 69–70, ir, ms, nmr; E-oxime: 168, nmr; Z-oxime: 182, nmr	1108, 1357, 1586, 1798
4-Benzoylpyridazine	104 to 108, ir, nmr; E-oxime: 150, nmr; Z oxime: 154, nmr	46, 72, 73, 81, 1066, 1098, 1586, 1798
5-Benzoyl-4-pyridazinecarbonyl azide	97–98, ir	46
5-Benzoyl-4-pyridazinecarboxamide	205–215, ir, nmr	46
5-Benzoyl-3-pyridazinecarboxylic acid	89–90, ir, nmr	1066
5-Benzoyl-4-pyridazinecarboxylic acid	168–170 or 218, ir, nmr; NH$_4$: ir, nmr	46, 81, 513, 702
1-Benzoyl-3,6(1H,2H)-pyridazinedione	—	H154, 2057
4-Benzoyl-3(2H)-pyridazinone	215–217, nmr	1408
4-Benzoylthio-6-chloro-2-phenyl-3(2H)-pyridazinone	—	H820
3-Benzoylthio-6-chloropyridazine	—	H283, 819
6-Benzoylthio-3(2H)-pyridazinethione	214–215	95; H820

continued

Pyridazine	Melting Point (°C) etc.	Reference(s)
3-Benzylamino-6-benzyloxypyridazine	—	H 181, 576
4-Benzylamino-5-bromo-2-methyl-3(2H)-pyridazinone	83–84, nmr	1601
5-Benzylamino-4-bromo-2-methyl-3(2H)-pyridazinone	133–134, nmr	1601
5-Benzylamino-4-bromo-2-phenyl-3(2H)-pyridazinone	—	H 120, 319, 593
5-Benzylamino-4-chloro-2-β-diethylaminoethyl-3(2H)-pyridazinone	—	H 119, 312, 591
4-Benzylamino-5-chloro-3,6-diphenylpyridazine	160–161	29
4-Benzylamino-5-chloro-2-methyl-6-nitro-3(2H)-pyridazinone	123–125, nmr	1601
5-Benzylamino-4-chloro-2-methyl-6-nitro-3(2H)-pyridazinone	123–125, nmr	1601
4-Benzylamino-5-chloro-2-methyl-3(2H)-pyridazinone	97–98, ir, nmr	867, 1601
5-Benzylamino-4-chloro-2-methyl-3(2H)-pyridazinone	183–185, ir, nmr	867, 1601
4-Benzylamino-5-chloro-2-phenyl-3(2H)-pyridazinone	109–110 or 110–112, ir, nmr	867, 1601
5-Benzylamino-4-chloro-2-phenyl-3(2H)-pyridazinone	210–212 or 213–215, ir, nmr	867, 1601
3-Benzylamino-6-chloropyridazine	150–156 or 163–164	675, 1330; H 277, 576
5-Benzylamino-4-chloro-3(2H)-pyridazinone	—	H 116, 310, 583
5-Benzylamino-3,6-dichloro-4-pyridazinecarbonitrile	126–127, uv	820
3-Benzylamino-4,6-dinitropyridazine 1-oxide	158–159 or 162–163, uv	760, 905
4-Benzylamino-3,6-diphenylpyridazine	137–138, ir, nmr	29, 252; H 584
3-Benzylamino-6-ethoxypyridazine	—	H 177, 576
4-Benzylamino-5-mercapto-2-methyl-3(2H)-pyridazinone	157–158, ir	867
4-Benzylamino-5-mercapto-2-phenyl-3(2H)-pyridazinone	176–177, ir	867
3-Benzylamino-4-methoxy-6-methylpyridazine	—	H 576
3-Benzylamino-6-methoxy-5-nitropyridazine 2-oxide	HCl: 186–188, uv	905
3-Benzylamino-6-methoxypyridazine	99–100	1330; H 176, 576
3-Benzylamino-6-methyl-4-nitropyridazine 1-oxide	217–218	760; H 604
3-Benzylamino-6-methylpyridazine	—	H 576
3-Benzylamino-6-methyl-4(1H)-pyridazinone	—	H 576
4-Benzylamino-2-methyl-3(2H)-pyridazinone	86–87, ir, nmr	867
6-Benzylamino-2-methyl-3(2H)-pyridazinone	—	H 70
4-Benzylamino-5-nitro-2-phenyl-3(2H)-pyridazinone	—	601
3-Benzylamino-4-nitropyridazine	157–160, nmr, uv	259
3-Benzylamino-4-nitropyridazine 1-oxide	200	760
3-Benzylamino-6-phenylpyridazine	166	1248
3-Benzylamino-6-propoxypyridazine	—	H 178, 575
6-Benzylamino-3-pyridazinamine 2-oxide	189–191, nmr	1161
3-Benzylaminopyridazine	—	H 576
3-Benzylamino-4-pyridazinecarbonitrile	132–133, ir, nmr	1079
3-Benzylamino-4-pyridazinecarboxamide	182–183, ir, nmr	1079
6-Benzylamino-3-pyridazinecarboxamide	192–194	1592, 1773
6-Benzylamino-3(2H)-pyridazinone	—	H 68, 576

continued

Pyridazine	Melting Point (°C) etc.	Reference(s)
3-Benzylamino-6-styrylpyridazine	—	946
2-Benzyl-4-benzylamino-5-chloro-3(2H)-pyridazinone	124–126, ir	867
2-Benzyl-5-benzylamino-4-chloro-3(2H)-pyridazinone	130–131, ir	867
2-Benzyl-4-benzylamino-5-mercapto-3(2H)-pyridazinone	150–151, ir	867
2-Benzyl-5-α-benzylhydrazino-4-chloro-3(2H)-pyridazinone	H_2C=: 114–115, ir, nmr; MeCH=: 116–117, ir, nmr; PhCH=: 100–102, ir, nmr	1054
2-Benzyl-6-benzyloxy-4-chloro-5-nitro-3(2H)-pyridazinone	—	H 131, 648
2-Benzyl-4-benzyloxy-6-chloro-3(2H)-pyridazinone	128–129, nmr, uv	665
2-Benzyl-6-benzyloxy-4,5-dimethyl-3(2H)-pyridazinone	—	H 131
2-Benzyl-6-benzyloxy-3(2H)-pyridazinone	62–64, ir, nmr	1498; H 82
2-Benzyl-4-benzylthio-5-chloro-3(2H)-pyridazinone	—	H 811
2-Benzyl-5-benzylthio-4-chloro-3(2H)-pyridazinone	—	H 812
2-Benzyl-4-benzylthio-5-hydroxy-3(2H)-pyridazinone	—	H 811
4-Benzyl-3-benzylthio-6-phenylpyridazine	—	811
2-Benzyl-5-benzylthio-3,4(1H,2H)-pyridazinedione	—	H 812
2-Benzyl-4,5-bisbenzylthio-3(2H)-pyridazinone	—	H 815
2-Benzyl-4-bromo-5-α-methylhydrazino-3(2H)-pyridazinone	103, ir, nmr	1540
5-Benzyl-2-carbamoylmethyl-6-methyl-3(2H)-pyridazinone	160, ir, nmr	1446
4-Benzyl-2-carbamoylmethyl-6-phenyl-3(2H)-pyridazinone	196	1251
2-Benzyl-4-chloro-5-hydrazino-3(2H)-pyridazinone	159–161, ir, nmr	1054
2-Benzyl-4-chloro-5-hydroxy-3(2H)-pyridazinone	—	1044
3-Benzyl-6-chloro-5-hydroxy-4(1H)-pyridazinone	—	H 132, 294
2-Benzyl-4-chloro-5-mercapto-3(2H)-pyridazinone	—	H 316, 802
2-Benzyl-4-chloro-5-α-methylhydrazino-3(2H)-pyridazinone	130, ir, nmr; PhCH=: 160–162, ir, nmr	873, 1054
3-Benzyl-6-chloro-5-methylpyridazine	300 (? HCl)	1319
4-Benzyl-3-chloro-6-methylpyridazine	75	1268
4-Benzyl-6-chloro-3-methylpyridazine	124, nmr	1067
2-Benzyl-4-chloro-5-morpholino-3(2H)-pyridazinone	98–101, ir, nmr	532
4-Benzyl-3-chloro-6-phenylpyridazine	114–116, nmr	238, 1251, 1319
3-Benzyl-6-chloropyridazine	—	H 276
2-Benzyl-6-chloro-3(2H)-pyridazinone	—	H 82
2-Benzyl-5-chloro-4-thioxo-1,4-dihydro-3(2H)-pyridazinone	—	H 329, 801
4-Benzyl-2-β-cyanoethyl-6-methyl-3(2H)-pyridazinone	118, ir	112
2-Benzyl-4,5-dibromo-3(2H)-pyridazinone	102–103, ir, nmr	1540
1-Benzyl-4,5-dichloro-2-methyl-3,6(1H,2H)-pyridazinedione	—	H 166, 335

continued

Pyridazine	Melting Point (°C) etc.	Reference(s)
1-Benzyl-4,5-dichloro-3,6(1H,2H)-pyridazinedione	—	H 157, 334
2-Benzyl-4,5-dichloro-3(2H)-pyridazinone	—	H 113, 309
6-Benzyl-1,5-dihydroxy-4(1H)-pyridazinone	—	H 134
5-Benzyl-2-β-dimethylaminoethyl-6-methyl-3(2H)-pyridazinone	HCl: 226, ir, nmr	884
5-Benzyl-4,6-dimethyl-3-pyridazinamine	—	H 556
4-Benzyl-2,6-dimethyl-3(2H)-pyridazinethione	127	112
4-Benzyl-2,6-dimethyl-3(2H)-pyridazinone	93	1268
4-Benzyl-3,6-diphenylpyridazine	111–113	319
4/5-Benzyl-2,6-dipropyl-3(2H)-pyridazinethione	160, ir, nmr, uv	968
4-Benzyl-5,6-diphenyl-3(2H)-pyridazinone	—	868
5-Benzyl-2-ethoxycarbonylmethyl-6-methyl-3(2H)-pyridazinone	90, ir, nmr	1446
4-Benzyl-2-ethoxycarbonylmethyl-6-phenyl-3(2H)-pyridazinone	96	1251
2-Benzyl-4-ethoxy-5-morpholino-3(2H)-pyridazinone	190–200/0.1 or 225–228/3.5, nmr	532, 1269
3-Benzyl-4-ethoxypyridazine	liq, anal, ms, nmr	1357
3-Benzyl-6-ethoxypyridazine	liq, anal, ms, nmr	1357
4-Benzyl-3-ethylthio-6-phenylpyridazine	—	811
5-Benzyl-2-hydrazinocarbonylmethyl-6-methyl-3(2H)-pyridazinone	167, ir, nmr	1446
4-Benzyl-2-hydrazinocarbonylmethyl-6-phenyl-3(2H)-pyridazinone	149	1251
5-α-Benzylhydrazino-4-chloro-2-methyl-3(2H)-pyridazinone	118–119, ir, nmr; PhCH=: 167–168, ir, nmr	1054
5-α-Benzylhydrazino-4-chloro-2-phenyl-3(2H)-pyridazinone	PhCH=: 146–149, ir, nmr	1054
3-β-Benzylhydrazino-4,5-dimethylpyridazine	—	H 669
4-Benzyl-3-hydrazino-6-methylpyridazine	132; PhCH=: 149	1275
4-Benzyl-6-hydrazino-3-methylpyridazine	100, nmr	1067
4-Benzyl-3-hydrazino-6-phenylpyridazine	144; RCH=: complexes	432, 1251
3-Benzyl-6-hydrazinopyridazine	—	H 660
6-Benzyl-5-hydroxy-4-phenyl-3(2H)-pyridazinone	>270	1296
3-Benzyl-5-hydroxy-4(1H)-pyridazinone	—	H 133
4-Benzylimino-5,6-dichloro-1-phenyl-1,4-dihydropyridazine	—	H 608
4-Benzyl-6-β-isobutyrylhydrazino-3-methylpyridazine	175	1751
2-Benzyl-5-mercapto-4-thioxo-1,4-dihydro-3(2H)-pyridazinone	—	H 802
4-Benzyl-5-methoxymethylpyridazine	51–52, ms, nmr, uv	82
4-Benzyl–3-methoxy-6-phenylpyridazine	107	1251
3-Benzyl-4-methoxypyridazine	liq, anal, ms, nmr	1357
3-Benzyl-6-methoxypyridazine	liq, anal, ms, nmr	1357
4-Benzyl-5-methoxypyridazine	75–78, ms, nmr	82
2-Benzyl-6-methoxy-3(2H)-pyridazinone	—	H 82
4-Benzyl-6-methyl-2,5-diphenyl-3(2H)-pyridazinone	—	H 130

continued

Pyridazine	Melting Point (°C) etc.	Reference(s)
2-Benzyl-5-α-methylhydrazino-3(2H)-pyridazinone	146–147, ir, nmr	873
4-Benzyl-6-methyl-3-methylthiopyridazine	89	112
5-Benzyl-6-methyl-2-β-morpholinoethyl-3(2H)-pyridazinone	HCl: 200, ir, nmr	884
5-Benzyl-6-methyl-2-morpholinomethyl-3(2H)-pyridazinone	80, ir, nmr	884
5-Benzyl-6-methyl-2-phenethyl-3(2H)-pyridazinone	86, ir, nmr	884
4-Benzyl-2-methyl-6-phenyl-3(2H)-pyridazinone	100 or 115	1251, 1253
2-Benzyl-6-methyl-3(2H)-pyridazinethione	74–75, nmr	538
4-Benzyl-6-methyl-3(2H)-pyridazinethione	148	112
2-Benzyl-6-methyl-3(2H)-pyridazinone	—	H 82
4-Benzyl-6-methyl-3(2H)-pyridazinone	165–166, uv	634, 1190, 1268, 1275
5-Benzyl-6-methyl-3(2H)-pyridazinone	172 or 176, ms, nmr, tautomerism	884, 1667, 1827
6-Benzyl-4-methyl-3(2H)-pyridazinone	160	1319
4-Benzyl-3-methyl-6-ureidopyridazine	240, ir, nmr	1751
4-Benzyl-3-morpholino-6-phenylpyridazine	121, ir, uv; HCl: 146–149, ir, uv	651
4-Benzyl-5-morpholinopyridazine	92–93, ms, nmr	82
4-Benzyl-6-oxo-1-phenyl-1,6-dihydro-3,5-pyridazinedicarbonitrile	212, ir, ms, nmr	1881
3-Benzyloxy-6-chloro-4-dimethylaminopyridazine	—	H 182, 293, 584
5-Benzyloxy-4-chloro-2-phenyl-3(2H)-pyridazinone	—	H 123
3-Benzyloxy-6-chloropyridazine	—	H 181, 281
6-Benzyloxy-4-dimethylamino-2-phenyl-3(2H)-pyridazinone	—	H 589
3-Benzyloxy-6-dimethylaminopyridazine	65–67, pK_a	94
1-Benzyloxy-3,6-dimethyl-5-nitro-4(1H)-pyridazinone	125–126, uv	794
4-Benzyloxy-3,6-dimethylpyridazine 1,2-dioxide	203, ir, nmr	796
2-Benzyloxy-6-ethoxy-5-methyl-3(2H)-pyridazinone	—	H 90
2-Benzyloxy-6-ethoxy-3(2H)-pyridazinone	—	H 76
2-Benzyloxy-6-methoxy-5-methyl-3(2H)-pyridazinone	—	H 90
2-Benzyloxy-6-methoxy-3(2H)-pyridazinone	—	H 76
4-Benzyloxy-2-methyl-1-phenyl-3,6(1H,2H)-pyridazinedione	—	H 160
4-Benzyloxy-6-methyl-3-pyridazinamine	—	H 187, 554
3-Benzyloxy-6-methylpyridazine	—	H 181
3-Benzyloxy-6-methylpyridazine 1-oxide	—	H 195
2-Benzyloxy-6-methyl-3(2H)-pyridazinone	—	H 76
6-Benzyloxy-2-methyl-3(2H)-pyridazinone	—	H 70
6-Benzyloxy-3-pyridazinamine	—	H 181, 553
3-Benzyloxypyridazine	—	H 174
4-Benzyloxypyridazine	—	H 187
6-Benzyloxy-3-pyridazinecarbonitrile	—	H 181, 446
3-Benzyloxypyridazine 1-oxide	—	H 194
4-Benzyloxypyridazine 1-oxide	—	H 194
6-Benzyloxy-3(2H)-pyridazinone	148–153, ir, nmr	1498; H 68, 76
4-Benzyl-6-phenyl-3-pyridazinamine	210, nmr	1381

continued

Pyridazine	Melting Point (°C) etc.	Reference(s)
3-Benzyl-6-phenyl-4-pyridazinecarboxylic acid	—	H436
2-Benzyl-6-phenyl-3(2H)-pyridazinethione	113–115 or 120, nmr	413, 1674
4/5-Benzyl-6-phenyl-3(2H)-pyridazinethione	195, ir, nmr, uv	811, 968
2-Benzyl-6-phenyl-3(2H)-pyridazinone	90–91, nmr	118
3-Benzyl-6-phenyl-4(1H)-pyridazinone	—	1439, 1468
4-Benzyl-6-phenyl-3(2H)-pyridazinone	175 to 190, ir, nmr	238, 1243, 1253, 1319
6-Benzyl-4-phenyl-3(2H)-pyridazinone	—	H98
6-Benzyl-5-phenyl-3(2H)-pyridazinone	—	H89
3-Benzylpyridazine	40 to 67, 170/0.5, ms, nmr	123, 1108, 1357, 1547, 1666
4-Benzylpyridazine	125/0.001, ms, nmr; HCl: 129	72, 73, 1098, 1666
1-Benzyl-3,6(1H,2H)-pyridazinedione	198–201, ir, nmr	1496; H157
3-Benzylpyridazine 2-oxide	83–84	123
4-Benzyl-6-styryl-3(2H)-pyridazinone	139	1282
4-Benzylsulfonyl-5-chloro-2-methyl-3(2H)-pyridazinone	99–101, ms, nmr	1903
3-Benzylsulfonyl-6-chloropyridazine	—	H823
6-Benzylsulfonyl-3(2H)-pyridazinone	—	H824
5-Benzylthio-4-bromo-3(2H)-pyridazinone	—	H812
4-Benzylthio-5-chloro-2-methyl-3(2H)-pyridazinone	liq, anal, ir, nmr	1903; H811
5-Benzylthio-4-chloro-2-methyl-3(2H)-pyridazinone	—	H119, 812
4-Benzylthio-5-chloro-6-morpholinopyridazine	—	H579
4-Benzylthio-5-chloro-2-phenyl-3(2H)-pyridazinone	—	H126, 328
4-Benzylthio-6-chloro-2-phenyl-3(2H)-pyridazinone	—	H811
5-Benzylthio-4-chloro-2-phenyl-3(2H)-pyridazinone	—	H316, 812
3-Benzylthio-6-chloropyridazine	—	H284
4-Benzylthio-6-chloropyridazine 2-oxide	180–184	679
5-Benzylthio-4-chloro-3(2H)-pyridazinone	—	H812
4-Benzylthio-5-ethoxy-2-phenyl-3(2H)-pyridazinone	—	H811
3-Benzylthio-6-ethoxypyridazine	—	H807
4-Benzylthio-5-hydroxy-2-methyl-3(2H)-pyridazinone	—	H811
4-Benzylthio-5-methoxy-2-phenyl-3(2H)-pyridazinone	—	H811
3-Benzylthio-6-methoxypyridazine	—	H807
3-Benzylthio-6-methylpyridazine	—	H807
4-Benzylthio-5-morpholino-2-phenyl-3(2H)-pyridazinone	—	H592, 810
4-Benzylthio-5-morpholino-3(2H)-pyridazinone	—	H586, 810, 811
5-Benzylthio-4-morpholino-3(2H)-pyridazinone	—	H812
4-Benzylthio-2-phenyl-5-piperidino-3(2H)-pyridazinone	—	H592, 810
3-Benzylthio-6-phenylpyridazine	—	811
3-Benzylthio-6-propoxypyridazine	—	H807
6-Benzylthio-3-pyridazinamine	109–110, nmr	1152; H553, 807
6-Benzylthio-3(2H)-pyridazinethione	—	H809
6-Benzylthio-3(2H)-pyridazinone	—	H808

continued

Pyridazine	Melting Point (°C) etc.	Reference(s)
5-Benzylthio-4-thioxo-1,4-dihydro-3(2H)-pyridazinone	—	H 812
3,6-Bisacetoxymethylpyridazine	62–63, ir, nmr	529
3,6-Bisacetylthiopyridazine	—	H 820
3,6-Bisbenzoylthiopyridazine	196	95; H 820
3,6-Bisbenzylaminopyridazine	118–120, nmr; pic: 218–220	16, 675
4,5-Bisbenzylthio-3-chloropyridazine	—	H 290, 814
4,5-Bisbenzylthio-2-methyl-3(2H)-pyridazinone	—	H 815
4,5-Bisbenzylthio-3-morpholinopyridazine	—	H 579
4,5-Bisbenzylthio-2-phenyl-3(2H)-pyridazinone	—	H 815
3,6-Bisbenzylthiopyridazine	—	H 813
4,5-Bisbenzylthio-3(2H)-pyridazinone	—	H 815
3,4-Bisbutylthio-5-chloropyridazine	87–89, ms, nmr	1219
3,5-Bis-t-butylthio-6-phenylpyridazine	104–105, ir, nmr	1087
3,6-Bis-t-butylthiopyridazine	104–107, ms, nmr	1219
3,6-Bischloromethyl-4(1H)-pyridazinone	206	446; H 133
3,4-Bisdiisopropylamino-6-methylpyridazine	1-EtClO$_4$: 108–109, ir, nmr	31
3,4-Bisdiisopropylamino-6-pivaloylpyridazine	65, ir, nmr	1070
3,4-Bisdiisopropylaminopyridazine	1-MeClO$_4$: 133–134, ir, nmr	31
4,5-Bisdimethylamino-6-ethoxy-2-phenyl-3(2H)-pyridazinone	—	H 130, 602
4,5-Bisdimethylamino-6-isopropoxy-2-phenyl 3(2H)-pyridazinone	—	H 602
3,6-Bisdimethylamino-4-methylpyridazine	—	H 600
4,5-Bisdimethylamino-2-phenyl-6-propoxy-3(2H)-pyridazinone	—	H 130
4,5-Bisdimethylamino-2-phenyl-3(2H)-pyridazinone	—	H 602
4,6-Bisdimethylamino-2-phenyl-3(2H)-pyridazinone	—	H 108, 602
5,6-Bisdimethylamino-2-phenyl-3(2H)-pyridazinone	—	H 93, 602
3,5-Bisdimethylaminopyridazine	HCl: 259–260, nmr	637
3,6-Bisdimethylaminopyridazine	pK_a; HCl: 253	94, 1796; H 600
3,6-Bisdimethylamino-4(1H)-pyridazinone	247–250, nmr	640
4,5-Bisethylthio-2-phenyl-3(2H)-pyridazinone	—	H 815
4,5-Bisethylthio-3(2H)-pyridazinone	—	H 815
3,6-Bishydroxymethylpyridazine	ms, nmr, uv, xl st	173, 1164, 1939
3,6-Bishydroxymethyl-4(1H)-pyridazinone	221, nmr	778; H 133, 397
3,6-Bisisopropylaminopyridazine	—	H 600
3,6-Bismethoxymethylpyridazine	28–32, nmr	529
3,4-Bismethylaminopyridazine	pic: 207–208	1138
3,6-Bismethylsulfinylpyridazine	203–204, ir, ms, nmr	304
3,6-Bismethylsulfinylpyridazine 1-oxide	201–203, nmr	304
3,5-Bismethylsulfonyl-4-methylthiopyridazine (or isomer)	173–175, pK_a, uv	689
3,6-Bismethylsulfonylpyridazine	278–279, nmr	304
3,6-Bismethylsulfonylpyridazine 1-oxide	262, nmr	304
3,5-Bismethylsulfonyl-4(1H)-pyridazinone	312–314	689

continued

Pyridazine	Melting Point (°C) etc.	Reference(s)
3,6-Bismethylthio-4-phenylpyridazine	68–69, ir, ms, nmr	353
4,5-Bismethylthio-2-phenyl-3(2H)-pyridazinone	nmr	H 815, 1213
3,6-Bismethylthiopyridazine	125 to 131, ir, ms, nmr, pK_a, uv; EtI: 136; MeI: 163–165, uv	95, 111, 353, 636; H 796, 813, 818
3,6-Bismethylthiopyridazine 1-oxide	163, nmr	304
4,6-Bismethylthio-3(2H)-pyridazinone	229–230	1129
3,5-Bismorpholinomethylpyridazine	60–62, 210–214/2, nmr; oxalate: 136–137	769
3,6-Bisphenylethynylpyridazine	183, ir, nmr	834
3,6-Bisphenylthiopyridazine	—	H 813
4,5-Bisphenylthio-3(2H)-pyridazinone	—	H 815
3,6-Bispiperidinocarbonyl-4-pyridazinecarbonitrile	135–136, nmr	215
3,6-Bispropoxymethyl-4(1H)-pyridazinone	—	H 133
3,6-Bistrimethylsiloxypyridazine	60–62, 88–90/2, nmr, uv	1168, 1172
4-Bromo-6-butanesulfonyloxy-3(2H)-pyridazinone	—	H 330
3-Bromo-6-butoxypyridazine	—	H 178, 286
4-Bromo-5-butylamino-2-phenyl-3(2H)-pyridazinone	—	H 320, 592
2-δ-Bromobutyl-4,5-dichloro-3(2H)-pyridazinone	72–74, ir, nmr	1950, 2037
4-Bromo-2-butyl-5-hydroxy-3(2H)-pyridazinone	177–178, ir, nmr	1936
4-Bromo-2-butyl-5-methoxy-3(2H)-pyridazinone	52–53, ir, nmr	1936
2-δ-Bromobutyl-6-phenyl-3(2H)-pyridazinone	42–43, 210–225/2, ir, nmr	118, 1289, 1337
2-δ-Bromobutyl-3(2H)-pyridazinimine	—	H 551
4-Bromo-2-β-carbamoylethyl-5-chloro-3(2H)-pyridazinone	—	587
4-Bromo-2-β-carboxyethyl-5-chloro-3(2H)-pyridazinone	—	587
5-Bromo-4-chloro-2-chloromethyl-3(2H)-pyridazinone	—	H 112, 119, 312
4-Bromo-5-chloro-1,2-dimethyl-3,6(1H,2H)-pyridazinedione	—	H 163, 337
5-Bromo-6-chloro-3-ethoxy-4-pyridazinamine	—	H 559
3-Bromo-4-chloro-5-ethylimino-2-phenyl-2,5-dihydropyridazine	—	H 608
5-Bromo-4-chloro-2-hydroxymethyl-3(2H)-pyridazinone	—	H 112
3-Bromo-6-chloro-4-methylpyridazine	—	H 292
3-Bromo-6-chloro-5-methylpyridazine	—	H 290
4-Bromo-5-chloro-2-methyl-3(2H)-pyridazinone	104–105, ir, nmr	542
5-Bromo-4-chloro-2-methyl-3(2H)-pyridazinone	—	H 112
6-Bromo-2-chloromethyl-3(2H)-pyridazinone	101–102	441
4-Bromo-5-chloro-2-phenyl-3(2H)-pyridazinone	147–148 or 152, ir, nmr	542, 956; H 320
5-Bromo-4-chloro-2-phenyl-3(2H)-pyridazinone	—	H 112, 121, 312

continued

Pyridazine	Melting Point (°C) etc.	Reference(s)
4-Bromo-2-γ-chloropropyl-6-phenyl-3(2H)-pyridazinone	—	H 331
3-Bromo-4-chloropyridazine	crude: unstable	447
3-Bromo-6-chloropyridazine	—	H 276
4-Bromo-5-chloro-3(2H)-pyridazinone	230, ir, nmr	542; H 319
5-Bromo-4-chloro-3(2H)-pyridazinone	—	H 112, 310
4-Bromo-2-cyclohexyl-5-methoxy-3(2H)-pyridazinone	—	H 121, 319
5-Bromo-3,6-dichloro-4-pyridazinamine	—	H 559
4-Bromo-3,5-dichloropyridazine	—	H 289
4-Bromo-3,6-dichloropyridazine	80, nmr	654, H 287
2-Bromo-4,5-dichloro-3(2H)-pyridazinone	—	916; H 112
4-Bromo-5-diethylamino-2-phenyl-3(2H)-pyridazinone	—	H 120, 319, 593
4-Bromo-5-diethylamino-3(2H)-pyridazinone	—	H 319
6-Bromo-2-(diethylcarbamoyl)methyl-3(2H)-pyridazinone	—	H 79, 307
3-Bromo-6-dimethylamino-4-methylpyridazine	—	H 295, 577
4-Bromo-5-dimethylamino-2-phenyl-3(2H)-pyridazinone	—	H 593
4-Bromo-5-dimethylamino-6-phenyl-3(2H)-pyridazinone	—	H 120, 319
6-Bromo-5-dimethylamino-2-phenyl-3(2H)-pyridazinone	—	H 92, 330, 593
4-Bromo-2-γ-dimethylaminopropyl-6-phenyl-3(2H)-pyridazinone	—	H 331
3-Bromo-6-dimethylaminopyridazine	—	H 286 302, 303
4-(β-Bromo-α,α-dimethylethyl)-3,6-dichloropyridazine	86–88, ir, nmr	354
4-Bromo-1,2-dimethyl-3,6(1H,2H)-pyridazinedione	151–152	1129
4-Bromo-3,6-dimethylpyridazine 1,2-dioxide	223, ir, nmr	796
5-Bromo-3,6-dimethyl-4(1H)-pyridazinone 2-oxide	200–201	791
5-Bromo-2,6-diphenylpyridazinium-4-olate	227, ms, nmr, xl st	273
4-Bromo-5-ethoxy-2-phenyl-3(2H)-pyridazinone	—	H 120, 319
3-Bromo-6-ethoxypyridazine	—	H 177, 286
2-β-Bromoethyl-4,5-dichloro-3(2H)-pyridazinone	76–77, ir, nmr	1950, 2037
4-Bromo-2-ethyl-5-hydroxy-3(2H)-pyridazinone	224–225, ir, nmr	1936
4-Bromo-2-ethyl-5-methoxy-3(2H)-pyridazinone	127–128, ir, nmr	1936
4 Bromo 1 ethyl 2 phenyl 3,6-(1H,2H)-pyridazinedione	—	H 162, 339
2-β-Bromoethyl-6-phenyl-3(2H)-pyridazinone	188–190/0.6, ir, nmr	118, 1337
2-ζ-Bromohexyl-4,5-dichloro-3(2H)-pyridazinone	liq, ir, nmr	1950, 2037
2-ζ-Bromohexyl-6-phenyl-3(2H)-pyridazinone	—	1337
3-Bromo-6-hydrazino-4-methylpyridazine	—	H 295
3-Bromo-6-hydrazino-5-methylpyridazine	—	H 295, 660
4-Bromo-5-hydrazino-2-phenyl-3(2H)-pyridazinone	—	H 120, 319–661
4-Bromo-5-hydrazino-3(2H)-pyridazinone	—	H 177, 318, 661–663
5-Bromo-1-hydroxy-3,6-dimethyl-4(1H)-pyridazinone	192–194, uv	794

continued

Pyridazine	Melting Point (°C) etc.	Reference(s)
5-Bromo-2-β-hydroxyethyl-4-phenoxy-3(2H)-pyridazinone	—	591
4-Bromo-5-hydroxy-2-isopropyl-3(2H)-pyridazinone	250–251, ir, nmr	1936
4-Bromo-5-hydroxy-2-methyl-3(2H)-pyridazinone	285–286, ir, nmr	1936
6-Bromo-2-hydroxymethyl-3(2H)-pyridazinone	anal	441
4-Bromo-5-hydroxy-2-phenyl-3(2H)-pyridazinone	—	H 120, 319
4-Bromo-5-hydroxy-2-propyl-3(2H)-pyridazinone	199–200, ir, nmr	1936
4-Bromo-5-hydroxy-3(2H)-pyridazinone	—	H 319
4-Bromo-5-isocyanato-2-phenyl-3(2H)-pyridazinone	—	H 120
4-Bromo-6-isopentanesulfonyloxy-3(2H)-pyridazinone	—	H 331
3-Bromo-6-isopentyloxypyridazine	—	H 178
3-Bromo-6-isopropoxypyridazine	—	H 178, 286
4-Bromo-2-isopropyl-5-methoxy-3(2H)-pyridazinone	124–124, ir, nmr	1936
4-Bromo-5-mercapto-2-phenyl-3(2H)-pyridazinone	—	H 120, 319, 802
4-Bromo-5-mercapto-3(2H)-pyridazinone	—	H 802
4-Bromo-5-methoxy-3,6-dimethylpyridazine	liq, nmr	529
5-Bromo-1-methoxy-3,6-dimethyl-4(1H)-pyridazinone	125–126	794
4-Bromo-3-methoxymethyl-6-methylpyridazine	58–60, nmr	446
4-Bromo-5-methoxy-2-methyl-3(2H)-pyridazinone	159–160, ir, nmr	1936
3-Bromo-6-methoxy-5-nitropyridazine 2-oxide	135–137, nmr, uv	905
4-Bromo-5-methoxy-2-phenyl-3(2H)-pyridazinone	—	H 120, 319
4-Bromo-5-methoxy-2-propyl-3(2H)-pyridazinone	75–76, ir, nmr	1936
3-Bromo-6-methoxypyridazine	—	H 176, 286
4-Bromo-5-methylamino-2-phenyl-3(2H)-pyridazinone	—	H 120, 319, 592
3-Bromo-6-methylaminopyridazine	—	H 303
5-Bromomethyl-4-cyano-6-ethoxycarbonyl-1-phenylpyridazinium-3-olate	110, ir, nmr	1645
2-Bromomethyl-4,5-dichloro-3(2H)-pyridazinone	74–76, ir, nmr	1950, 2037
4-Bromo-5-α-methylhydrazino-2-phenyl-3(2H)-pyridazinone	107–108, ir, nmr	1540
4-Bromo-5-α-methylhydrazino-3(2H)-pyridazinone	141–142, ir, nmr	1540
4-Bromo-2-methyl-5-α-methylhydrazino-3(2H)-pyridazinone	111–112, ir, nmr	1540
5-Bromo-2-methyl-4-α-methylhydrazino-3(2H)-pyridazinone	64–65, ir, nmr	1540
3-Bromo-1-methyl-6-methylimino-1,6-dihydropyridazine	—	H 302
4-Bromo-2-methyl-5-morpholino-3(2H)-pyridazinone	148–149, ir, nmr	542
5-Bromo-6-methyl-4-oxo-1-phenyl-1,4-dihydro-3-pyridazinecarboxylic acid	—	H 134, 333, 443
5-Bromo-2-methyl-4-phenoxy-3(2H)-pyridazinone	—	591
4-Bromo-1-methyl-2-phenyl-3,6(1H,2H)-pyridazinedione	—	H 159, 338
4-Bromo-2-methyl-1-phenyl-3,6(1H,2H)-pyridazinedione	—	H 159
5-Bromomethyl-6-phenyl-3(2H)-pyridazinone	181–184, ir, nmr	1588

continued

Pyridazine	Melting Point (°C) etc.	Reference(s)
5-Bromo-6-methyl-1-phenyl-4(1H)-pyridazinone	—	H 134, 333
3-Bromo-6-methylpyridazine	nmr; 2-MeBr: 138–139	115, 1037, 1638; H 286, 302, 303
6-Bromo-2-methyl-3(2H)-pyridazinimine	—	H 302
4-Bromo-6-methyl-3(2H)-pyridazinone 1-oxide	205–206	833; H 300
6-Bromo-4-methyl-3(2H)-pyridazinone 1-oxide	158	833; H 300
4-Bromo-2-β-morpholinoethyl-6-phenyl-3(2H)-pyridazinone	—	H 101
4-Bromo-5-morpholino-2-phenyl-3(2H)-pyridazinone	—	H 120, 320, 592
6-Bromo-5-morpholino-2-phenyl-3(2H)-pyridazinone	—	H 92, 330, 593
4-Bromo-5-morpholino-3(2H)-pyridazinone	185, ir, nmr	542; H 318, 586
4-Bromo-5-nitro-2-phenyl-3(2H)-pyridazinone	—	H 120, 321, 648
6-Bromo-4-nitro-3(2H)-pyridazinone 1-oxide	230, nmr	905
5-Bromo-6-oxo-1-phenyl-1,6-dihydro-4-pyridazinecarboxylic acid	—	H 119, 320, 439
3-Bromo-6-s-pentyloxypyridazine	—	H 286
2-ε-Bromopentyl-6-phenyl-3(2H)-pyridazinone	191–195/1.5, ir, nmr	118, 1288, 1289, 1337
5-Bromo-4-phenoxy-2-phenyl-3(2H)-pyridazinone	—	591; H 126
3-Bromo-6-phenoxypyridazine	—	H 179, 286
5-Bromo-4-phenoxy-3(2H)-pyridazinone	—	591
4-Bromo-6-phenylmethanesulfonyloxy-3(2H)-pyridazinone	—	H 331
4-Bromo-2-phenyl-5-piperidino-3(2H)-pyridazinone	—	H 120, 592
4-Bromo-2-phenyl-5-propylamino-3(2H)-pyridazinone	—	H 120, 320, 592
3-Bromo-6-phenylpyridazine	—	H 286, 302, 303
4-Bromo-6-phenylpyridazine	120, ir, ms. nmr	2093
4-Bromo-1-phenyl-3,6(1H,2H)-pyridazinedione	—	H 155 337
5-Bromo-6-phenyl-3(2H)-pyridazinone	—	H 87, 330
5-Bromo-6-phenyl-4(1H)-pyridazinone	2-PhBr: 222	273
6-Bromo-2-phenyl-3(2H)-pyridazinone	—	H 80, 307, 330
4-Bromo-2-phenyl-5-thiocyanato-3(2H)-pyridazinone	—	H 320
5-Bromo-3-piperidinomethyl-4(1H)-pyridazinone 2-oxide	—	H 299, 609
3-Bromo-6-propoxypyridazine	—	H 178, 286
2-γ-Bromopropyl-4,5-dichloro-3(2H)pyridazinone	74–76, ir, nmr	1950, 2037
2-γ-Bromopropyl-6-phenyl-3(2H)-pyridazinone	210–213/0.8, nmr	118, 1337
3-Bromo-4-pyridazinamine	114–118, nmr	447
5-Bromo-4-pyridazinamine	134–136, nmr; pic: 216–217	447
6-Bromo-3-pyridazinamine	—	H 286, 303, 551
3-Bromopyridazine	—	H 286
6-Bromo-3-pyridazinecarboxylic acid	149–150	1127
4-Bromo-3,6(1H,2H)-pyridazinedione	257, nmr	614, 654; H 150, 339
3-Bromopyridazine 1-oxide	—	H 299
3-Bromopyridazine 2-oxide	—	H 300

continued

Pyridazine	Melting Point (°C) etc.	Reference(s)
4-Bromopyridazine 1-oxide	—	H 299
4-Bromopyridazine 2-oxide	—	H 300
6-Bromo-3(2H)-pyridazinethione	—	315; H 286, 797
6-Bromo-3(2H)-pyridazinone	—	H 66, 286
3-Bromo-6-thiocyanatopyridazine	—	H 286, 825
4-Bromo-3-trimethylsiloxy-5-trimethylsilylaminopyridazine	84–86, 132–133/1, nmr, uv	1172
4-Bromo-3,5,6-triphenylpyridazine	—	H 296
6-Butanesulfonyloxy-2-phenyl-3(2H)-pyridazinone	—	H 81
6-Butanesulfonyloxy-3(2H)-pyridazinone	—	H 69
4-But-2′-enylamino-6-chloro-3-hydrazinopyridazine	—	H 583
4-But-2′-enylamino-3,6-dichloropyridazine	—	H 583
3-Butoxy-4,6-bisdimethylaminopyridazine	HCl: 194–195, nmr	637
2-Butoxycarbonylmethyl-6-chloro-3(2H)-pyridazinone	—	H 78, 306
6-t-Butoxycarbonylmethyl-4,5-dimethyl-3(2H)-pyridazinone	201	1742
4-Butoxycarbonylmethyl-1-methyl-3,6(1H,2H)-pyridazinedione	113	207
4-Butoxycarbonylmethyl-2-methyl-3,6(1H,2H)-pyridazinedione	105	207
6-t-Butoxycarbonylmethyl-5-methyl-3(2H)-pyridazinone	114–116	1742
4-Butoxycarbonylmethyl-3,6-(1H,2H)-pyridazinedione	—	H 151
6-t-Butoxycarbonylmethyl-3(2H)-pyridazinone	135	1742
3-Butoxy-6-chloro-4-diethylaminopyridazine	—	H 182, 293, 585
3-Butoxy-6-chloro-4-dimethylaminopyridazine	39	1796
3-Butoxy-6-chloro-5-dimethylaminopyridazine	nmr; pic: 99–100	640
4-Butoxy-3-chloro-6-dimethylaminopyridazine	58–59	640, 1796
4-Butoxy-6-chloro-3-dimethylaminopyridazine	45–49, nmr	640
3-Butoxy-6-chloro-4-ethylaminopyridazine	—	H 182, 293, 582
3-Butoxy-6-chloro-4-methylaminopyridazine	—	H 182, 293, 582
3-Butoxy-4-chloro-5-morpholinopyridazine	83–85	637
3-Butoxy-6-chloro-4-morpholinopyridazine	65–68	637, 641
4-Butoxy-3-chloro-6-morpholinopyridazine	134–135	640
4-Butoxy-5-chloro-6-morpholinopyridazine	73–74	640
4-Butoxy-6-chloro-3-morpholinopyridazine	77–78	640
5-Butoxy-4-chloro-2-phenyl-3(2H)-pyridazinone	—	H 123
3-Butoxy-6-chloro-4-pyridazinamine	—	H 182, 293, 559
6-Butoxy-5-chloro-4-pyridazinamine	—	H 183, 295, 559
6-Butoxy-5-chloro-3-pyridazinamine 2-oxide	—	H 198, 301
3-Butoxy-6-chloropyridazine	—	H 178, 280
3-s-Butoxy-6-chloropyridazine	—	688; H 178
3-t-Butoxy-6-chloropyridazine	—	H 178, 280
5-Butoxy-4-chloro-3(2H)-pyridazinone	203	640
6-Butoxy-4-chloro-3(2H)-pyridazinone	107, nmr	641
6-Butoxy-5-chloro-3(2H)-pyridazinone	153 or 155, nmr	640, 641
3-Butoxy-6-cyclohexyloxypyridazine	—	677
3-Butoxy-5,6-dichloro-4-morpholinopyridazine	77–78	637

continued

Pyridazine	Melting Point (°C) etc.	Reference(s)
4-Butoxy-3,6-dichloropyridazine	—	H 186, 288
4-Butoxy-5,6-dichloropyridazine	49–51	640
3-Butoxy-4-dimethylamino-6-methoxypyridazine	nmr; HCl: 207–208	637
6-Butoxy-4-dimethylamino-2-phenyl-3(2H)-pyridazinone	—	H 589
3-Butoxy-4-dimethylaminopyridazine	HCl: 181–182, nmr	1796
3-Butoxy-5-dimethylaminopyridazine	HCl: 145	1796
4-Butoxy-6-dimethylaminopyridazine	HCl: 160	1796
4-t-Butoxy-5,6-diphenyl-3(2H)-pyridazinone	—	809
3-Butoxy-6-ethoxy-4-morpholinopyridazine	crude: liq, nmr; HCl: 125–126	641
3-Butoxy-6-ethoxy-5-morpholinopyridazine	crude: liq, nmr; HCl: 126	641
4-Butoxy-2-ethyl-1-phenyl-3,6(1H,2H)-pyridazinedione	—	H 162
6-Butoxy-2-hydroxy-3(2H)-pyridazinone	—	H 76
3-Butoxy-6-iodopyridazine	—	H 178, 287
4-Butoxy-2-methyl-5-morpholino-3(2H)-pyridazinone	liq, anal	1269
6-Butoxy-2-methyl-5-morpholino-3(2H)-pyridazinone	—	1725
3-Butoxy-4-methyl-6-phenylpyridazine	87–88	1279
4-Butoxy-2-methyl-1-phenyl-3,6(1H,2H)-pyridazinedione	—	H 160
5-Butoxy-2-methyl-3,4(1H,2H)-pyridazinedione	105–106	533
3-Butoxy-4-morpholinopyridazine	HCl: 167	637
3-Butoxy-5-morpholinopyridazine	HCl: 122	637
4-Butoxy-5-morpholinopyridazine	HCl: 154–156, nmr	640
5-Butoxy-6-morpholino-3(2H)-pyridazinone	168–170, ir, nmr	640
6-Butoxy-4-morpholino-3(2H)-pyridazinone	183, ir, nmr	641
6-Butoxy-5-morpholino-3(2H)-pyridazinone	221–222, ir, nmr	641
6-Butoxy-5-nitro-3-pyridazinamine 2-oxide	—	H 198, 604
3-Butoxy-6-phenoxypyridazine	—	688
3-s-Butoxy-6-phenoxypyridazine	—	688
3-Butoxy-6-phenylpyridazine	75–76	1279
6-Butoxy-3-pyridazinamine	—	H 178, 552
6-Butoxy-4-pyridazinamine	—	H 183, 561
3-Butoxypyridazine	—	H 174
5-Butoxy-3(2H)-pyridazinone	158, nmr	640
6 Butoxy 3(2H) pyridazinone	—	H 68
4-Butylamino-3-chloro-6-phenylpyridazine	liq anal	1041
4-Butylamino-5-chloro-2-phenyl-3(2H)-pyridazinone	55–56, ir, uv	148
4-t-Butylamino-5-chloro-2-phenyl-3(2H)-pyridazinone	50–51, nmr	956
5-Butylamino-4-chloro-2-phenyl-3(2H)-pyridazinone	81–85, ir, uv	148; H 121, 313
5-s-Butylamino-4-chloro-2-phenyl-3(2H)-pyridazinone	—	H 121, 313
5-t-Butylamino-4-chloro-2-phenyl-3(2H)-pyridazinone	161–162, nmr	956
3-Butylamino-6-chloropyridazine	99–101	1330; H 277, 573

continued

Pyridazine	Melting Point (°C) etc.	Reference(s)
4-t-Butylamino-2,6-diphenylpyridazine	142, nmr	56
3-Butylamino-4-methyl-6-phenylpyridazine	pK_a	1720
4-Butylamino-2-methyl-1-phenyl-3,6(1H,2H)-pyridazinedione	—	H 159, 595
3-Butylamino-6-methylsulfonylpyridazine	—	H 573, 823
4-Butylamino-6-phenyl-3(2H)-pyridazinone	150–151	1041
6-Butylamino-2-phenyl-3(2H)-pyridazinone	—	H 80, 594
3-Butylaminopyridazine	—	H 573
4-Butylaminopyridazine	—	H 583
6-Butylamino-3-pyridazinecarboxamide	166–168	1592, 1773
6-Butylamino-3-pyridazinesulfonamide	—	H 573
t-Butyl-5,6-bisdipropylamino-3-pyridazinecarboxylate	250/0.7, ir, ms, nmr	1070
N-t-Butyl-3,5-bistrimethylsilyl-4-pyridazinecarboxamide	184, nmr	1609
N-Butyl-6-butylamino-3-pyridazinecarboxamide	121–123	1592
2-(Butylcarbamoyl)methyl-6-phenyl-3(2H)-pyridazinone	—	775
4-t-Butyl-3-chloro-6-dimethylaminopyridazine	96/0.15	137; H 292
1-t-Butyl-5-chloro-3-ethyl-4(1H)-pyridazinone	67, nmr	135
t-Butyl-6-chloro-3-hydrazino-4-pyridazinecarboxylate	—	945
2-Butyl-4-chloro-5-hydroxy-3(2H)-pyridazinone	169–170, ir, nmr	1044, 1936
2-t-Butyl-4-chloro-5-hydroxy-3(2H)-pyridazinone	—	1044
2-Butyl-4-chloro-5-methoxy-3(2H)-pyridazinone	544–55. 162–165/2, ir, nmr	118, 1936
4-t-Butyl-3-chloro-6-methylpyridazine	59–62, nmr	1676
4-t-Butyl-6-chloro-3-methylpyridazine	nmr	1676; H 293
2-Butyl-4-chloro-5-morpholino-3(2H)-pyridazinone	215–220/2, nmr	118
2-Butyl-6-chloro-4-nitro-3(2H)-pyridazinone	—	H 325
Butyl 3-chloro-6-oxo-1,6-dihydro-1-pyridazinecarboxylate	—	H 71, 305
4-t-Butyl-3-chloro-6-phenylpyridazine	60–61, nmr	1676
4-t-Butyl-5-chloro-3-phenyl-4(1H)-pyridazinone	151, hmr	135
3-t-Butyl-6-chloropyridazine	70	1114
N-Butyl-6-chloro-3-pyridazinecarboxamide	—	1592
Butyl 6-chloro-3-pyridazinecarboxylate	—	H 276, 434
N-Butyl-6-chloro-3-pyridazinesulfonamide	—	H 284, 823
2-Butyl-6-chloro-3(2H)-pyridazinone	—	H 75, 306
t-Butyl 4,6-di-t-butyl-5-diisopropylamino-3-pyridazinecarboxylate	136, ir, nmr	1123
4-s-Butyl-3,6-dichloropyridazine	liq, ms, nmr	1223
4-t-Butyl-3,6-dichloropyridazine	37–40, ms, nmr	1223; H 288
t-Butyl 3,6-dichloro-4-pyridazinecarboxylate	—	945
2-Butyl-4,5-dichloro-3(2H)-pyridazinone	125–128/0.8, ir, nmr	118, 916, 1901, 1936; H 114, 309
2-s-Butyl-4,5-dichloro-3(2H)-pyridazinone	—	H 114, 309
4-t-Butyl-3,6-dimethoxypyridazine	—	136; H 192

continued

Table of Simple Pyridazines

Pyridazine	Melting Point (°C) etc.	Reference(s)
4-*t*-Butyl-6-dimethylamino-3-methylaminopyridazine	—	H 600
3-Butoxy-5-dimethylaminopyridazine	HCl: 143	640
3-*t*-Butyl-6-dimethylaminopyridazine	95–97	138
1-Butyl-*N*,*N*-dimethyl-6-oxo-1,6-dihydro-3-pyridazinecarboxamide	163–164/2, nmr	118
6-Butyl-2,4-dimethyl-3(2*H*)-pyridazinone	HCl; 141, nmr	503
4-(*t*-Butyldimethylsilyl)pyridazine	liq, anal, ir, nmr	1387
3-*t*-Butyl-5,6-diphenylpyridazine	185–186, nmr, uv	499
4-*t*-Butyl-3,6-diphenylpyridazine	104–105, nmr, uv	499
2-Butyl-4-ethoxy-5-morpholino-3(2*H*)-pyridazinone	164–166/0.15	1269
N-Butyl-6-ethylsulfonyl-3-pyridazinecarboxamide	133–134	1592
3-*t*-Butyl-6-hydrazinopyridazine	100–102, ir, nmr; Me$_2$C=:120–122, nmr	18
N-*t*-Butyl-5-α-hydroxyethyl-4-pyridazinecarboxamide	liq, anal, nmr	1609
3-*t*-Butyl-6-isopropylpyridazine	136–137	138
4-*t*-Butyl-6-methoxy-3-phenylpyridazine	—	H 184
4-*t*-Butyl-6-methoxy-3(2*H*)-pyridazinone	—	H 98
2-*t*-Butyl-5-methyl-3-oxo-2,3-dihydro-4-pyridazinecarboxylic acid	123–125, ms, nmr	715
2-*t*-Butyl-6-methyl-3-oxo-2,3-dihydro-4-pyridazinecarboxylic acid	86–87, ms, nmr	715
3-Butyl-6-methylpyridazine	liq, ir, ms, nmr	1659
4-*t*-Butyl-6-methylpyridazine	68–71, 140/20, nmr	880
2-*t*-Butyl-5-methyl-3(2*H*)-pyridazinone	148–150/16, ms, nmr	715, 719
2-Butyl-6-methyl-3(2*H*)-pyridazinone	105–107/1.5, nmr	118
2-*t*-Butyl-6-methyl-3(2*H*)-pyridazinone	138–140/16, ms, nmr	715, 719
1-Butyl-5-morpholino-3,6(1*H*,2*H*)-pyridazinedione	130–131, ir, nmr	641
1-Butyl-6-oxo-1,6-dihydro-3-pyridazinecarboxylic acid	—	H 75, 438
2-*t*-Butyl-3-oxo-2,3-dihydro-4-pyridazinecarboxylic acid	62–64, ms, nmr	715
Butyl 6-oxo-3-phenoxy-1,6-dihydro-1-pyridazinecarboxylate	—	876
Butyl 6-oxo-1-vinyl-1,6-dihydro-3-pyridazinecarboxylate	—	693
Butyl 3-phenethylamino-6-phenyl-4-pyridazinecarboxylate	xl st	172
4-Butyl-6-phenylpyridazine	97, ms, nmr	1676
4-*t*-Butyl-6-phenylpyridazine	94, ir, ms, nmr	2093
2-Butyl-6-phenyl-3(2*H*)-pyridazinone	166–168/3	118
2-*s*-Butyl-6-phenyl-3(2*H*)-pyridazinone	166–168/2	118
4-*t*-Butyl-6-phenyl-3(2*H*)-pyridazinone	—	H 97
4-Butyl-3-phenyl-5-trimethylsilylpyridazine	61, ms, nmr	12
4-*t*-Butylpyridazine	—	2046
N-Butyl-4-pyridazinecarboxamide	153–154, ir, nmr	1609
1-Butyl-3,6(1*H*,2*H*)-pyridazinedione	—	H 155
2-Butyl-3(2*H*)-pyridazinone	89–90/3, nmr	118

continued

Pyridazine	Melting Point (°C) etc.	Reference(s)
2-t-Butyl-3(2H)-pyridazinone	134–136/16, ms, nmr	715, 719
6-Butyl-3(2H)-pyridazinone	95, ir, nmr	1562
5-t-Butylthio-3-chloro-6-phenylpyridazine	100–102, ir, nmr	1087
3-t-Butylthio-5-ethoxy-3-phenylpyridazine	88–90, ir, nmr	1087
5-t-Butylthio-3-ethoxy-6-phenylpyridazine	88–90, ir, nmr	1087
5-t-Butylthio-3-ethoxy-6-phenylpyridazine	116–117, ir, nmr	1087
3-t-Butylthio-5-methoxy-6-phenylpyridazine	90–93, ir	1087
5-t-Butylthio-3-methoxy-6-phenylpyridazine	79–80, ir, nmr	1087
3-t-Butylthio-6-methoxypyridazine	liq, ms, nmr	1219
5-t-Butylthio-2-methyl-6-phenyl-3(2H)-pyridazinone	109–110, ir, nmr	1087
6-t-Butylthio-1-methyl-3-phenyl-4(1H)-pyridazinone	103–104, ir, nmr	1087
5-t-Butylthio-6-phenyl-3-pyridazinamine	229–230, ir, nmr; HCl: 198, ir, nmr	133
5-t-Butylthio-6-phenyl-3(2H)-pyridazinethione	248–250, ir, nmr	1087
5-t-Butylthio-6-phenyl-3(2H)-pyridazinone	211–213, ir, nmr	1087
6-Butylthio-3-pyridazinamine	—	H 553, 804
N-t-Butyl-5-trimethylsilyl-4-pyridazinecarboxamide	194, nmr	1609
3-But-3′-ynylamino-4-pyridazinecarbonitrile	—	2076
3-But-3′-ynyloxy-6-chloropyridazine	74–75, ir, ms, nmr	336
3-But-3′-ynyloxy-4-pyridazinecarbonitrile	—	2076
4-But-1′-ynyl-3-phenyl-5-trimethylsilylpyridazine	79, ms, nmr	12
2-Butyrylmethyl-6-methyl-3(2H)-pyridazinone	—	H 75, 401
6-Butyryloxy-3(2H)-pyridazinone	—	H 68
3-Butyrylpyridazine	liq, anal, ir, ms, nmr	1744
2-β-Carbamoylethyl-4,5-dichloro-3(2H)-pyridazinone	—	H 114, 309
2-β-Carbamoylethyl-6-methyl-3(2H)-pyridazinone	148–150	1288
2-β-Carbamoylethyl-6-phenyl-3(2H)-pyridazinone	177–179	1288
6-β-Carbamoylethyl-3(2H)-pyridazinone	—	H 67
2-Carbamoylmethyl-6-chloro-3(2H)-pyridazinone	—	H 78, 306
1-Carbamoylmethyl-4,5-dichloro-3,6(1H,2H)-pyridazinedione	—	H 154, 334
2-Carbamoylmethyl-4,5-dichloro-3(2H)-pyridazinone	—	H 114, 309
2-Carbamoylmethyl-4,6-diphenyl-3(2H)-pyridazinone	174, ir, nmr	1343
2-Carbamoylmethyl-6-methyl-3(2H)-pyridazinone	—	H 78
2-Carbamoylmethyl-6-phenyl-3(2H)-pyridazinone	—	H 78
1-Carbamoylmethyl-3,6(1H,2H)-pyridazinedione	—	H 154
2-γ-Carbamoylpropyl-4-methyl-6-phenyl-3(2H)-pyridazinimine	H_2O: 119	1309
5-Carbamoyl-4-pyridazinecarboxylic acid	180–195, ir, nmr	958
Carbazoyl-, see Hydrazinocarbonyl-		
2-γ-Carboxybutyl-4-methyl-6-phenyl-3(2H)-pyridazinimine	HBr: 175	1309
2-δ-Carboxybutyl-4-methyl-6-phenyl-3(2H)-pyridazinimine	HCl: 214	1309
2-α-Carboxybutyl-6-methyl-3(2H)-pyridazinone	—	H 78
2-α-Carboxyethyl-4-chloro-5-morpholino-3(2H)-pyridazinone	217–220, ir, nmr	534
2-β-Carboxyethyl-6-chloro-3(2H)-pyridazinone	—	H 73, 306

continued

Table of Simple Pyridazines

Pyridazine	Melting Point (°C) etc.	Reference(s)
1-β-Carboxyethyl-4,5-dichloro-3,6(1H,2H)-pyridazinedione	—	H 155, 334
2-β-Carboxyethyl-4,5-dichloro-3(2H)-pyridazinone	—	H 114, 309
2-β-Carboxyethyl-4,6-diphenyl-3(2H)-pyridazinone	—	1419
2-β-Carboxyethyl-4-ethoxy-5-morpholino-3(2H)-pyridazinone	anal, ir, nmr	534
2-β-Carboxyethyl-4-methyl-6-phenyl-3(2H)-pyridazinone	HBr: >210	1309
2-α-Carboxyethyl-6-methyl-3(2H)-pyridazinone	—	H 78
2-β-Carboxyethyl-6-methyl-3(2H)-pyridazinone	142–144	1288; H 73
2-α-Carboxyethyl-5-morpholino-3(2H)-pyridazinone	225–228, ir, nmr	534
2-β-Carboxyethyl-6-phenyl-3(2H)-pyridazinone	—	775
1-β-Carboxyethyl-3,6 (1H,2H)-pyridazinedione	—	H 155
6-β-Carboxyethyl-3(2H)-pyridazinone	—	H 67
2-Carboxymethyl-4-chloro-5-hydroxy-3(2H)-pyridazinone	—	H 119, 312
2-Carboxymethyl-6-chloro-5-hydroxy-3(2H)-pyridazinone	—	H 92, 326
2-Carboxymethyl-4-chloro-5-methoxy-3(2H)-pyridazinone	—	H 119, 312
4-Carboxymethyl-5-chloro-2-methyl-3(2H)-pyridazinone	93–95, ir, nmr	534
2-Carboxymethyl-6-chloro-4-methylthio-3(2H)-pyridazinone	—	H 101, 323, 811
2-Carboxymethyl-4-chloro-5-morpholino-3(2H)-pyridazinone	193–194, ir, nmr	534
5-Carboxymethyl-6-chloro-2-phenyl-3(2H)-pyridazinone	—	H 93, 326
2-Carboxymethyl-6-chloro-3,4(1H,2H)-pyridazinedione	—	H 323
2-Carboxymethyl-6-chloro-3(2H)-pyridazinone	—	H 77, 305
4-Carboxymethyl-6-chloro-3(2H)-pyridazinone	160–162, ir, uv	947
5-Carboxymethyl-6-chloro-3(2H)-pyridazinone	169–171, ir, uv	947
1-Carboxymethyl-4,5-dichloro-2-methyl-3,6(1H,2H)-pyridazinedione	—	H 164, 334
4-Carboxymethyl-3,6-dichloropyridazine	109–111, ir, nmr	947
1-Carboxymethyl-4,5-dichloro-3,6(1H,2H)-pyridazinedione	—	H 153, 334
2-Carboxymethyl-4,5-dichloro-3(2H)-pyridazinone	—	H 114, 309
2-Carboxymethyl-4,6-dichloro-3(2H)-pyridazinone	—	H 101, 324
2-Carboxymethyl-5,6-dichloro-3(2H)-pyridazinone	—	H 92, 327
2-Carboxymethyl-4,6-dimethyl-3(2H)-pyridazinone	—	H 101
2-Carboxymethyl-5,6-dimethyl-3(2H)-pyridazinone	—	H 92
2-Carboxymethyl-4,6-diphenyl-3(2H)-pyridazinone	—	1419
2-(α-Carboxy-α-methylethyl)-6-methyl-3(2H)-pyridazinone	—	H 78
1-(β-Carboxy-α-methylethyl)-3,6(1H,2H)-pyridazinedione	—	H 155
2-Carboxymethyl-6-ethyl-3(2H)-pyridazinone	—	H 77

continued

Pyridazine	Melting Point (°C) etc.	Reference(s)
2-Carboxymethyl-6-ethylsulfonyl-3(2H)-pyridazinone	—	H 78
4-Carboxymethyl-6-hydrazino-3(2H)-pyridazinone	HCl: 223–226, ir	947
2-Carboxymethyl-6-isopropylsulfonyl-3(2H)-pyridazinone	—	H 78
2-Carboxymethyl-4-methyl-6-phenyl-3(2H)-pyridazinone	240	1309
4-Carboxymethyl-1-methyl-3,6(1H,2H)-pyridazinedione	252	207
4-Carboxymethyl-2-methyl-3,6(1H,2H)-pyridazinedione	210–215	207
2-Carboxymethyl-4-methyl-3(2H)-pyridazinone	—	H 84
2-Carboxymethyl-6-methyl-3(2H)-pyridazinone	—	H 77
4-Carboxymethyl-2-methyl-3(2H)-pyridazinone	89–91, ir, nmr	534
2-Carboxymethyl-6-methylsulfonyl-3(2H)-pyridazinone	—	H 78
2-Carboxymethyl-5-morpholino-3(2H)-pyridazinone	231–236, ir, nmr	534
1-Carboxymethyl-6-oxo-1,6-dihydro-3-pyridazinecarboxylic acid	—	H 77, 437
2-Carboxymethyl-3-oxo-6-phenyl-2,3-dihydro-4-pyridazinecarboxylic acid	240, ir, nmr	1768
3-Carboxymethyl-6-phenylpyridazine	—	92
4-Carboxymethyl-1-phenyl-3,6(1H,2H)-pyridazinedione	—	H 156
2-Carboxymethyl-6-phenyl-3(2H)-pyridazinone	—	775; H 77
3-Carboxymethyl-6-phenyl-4(1H)-pyridazinone	282–283, ir, nmr	1489
2-(γ-Carboxy-α-methylpropyl)-4-methyl-6-phenyl-3(2H)-pyridazinimine	HBr: 180	1309
2-(α-Carboxy-β-methylpropyl)-6-methyl-3(2H)-pyridazinone	—	H 78
1-Carboxymethyl-3,6(1H,2H)-pyridazinedione	—	H 153
4-Carboxymethyl-3,6(1H,2H)-pyridazinedione	—	H 151
2-Carboxymethyl-3(2H)-pyridazinone	165–170	147; H 65
4-Carboxymethyl-3(2H)-pyridazinone	168–170, ir	947
2-Carboxymethyl-4,5,6-trichloro-3(2H)-pyridazinone	—	H 129, 329
2-ε-Carboxypentyl-4-methyl-6-phenyl-3(2H)-pyridazinimine	HBr: 197	1309
2-α-Carboxypentyl-6-methyl-3(2H)-pyridazinone	—	H 78
5-(2-Carboxyprop-1-enyl)-3,6-dichloro-4(1H)-pyridazinone	crude: nmr	963
2-γ-Carboxypropyl-6-chloro-3(2H)-pyridazinone	H_2O: 182	1309
2-γ-Carboxypropyl-6-cyclohexyl-3(2H)-pyridazinimine	HBr: 170, xl st	1192, 1309
2-γ-Carboxypropyl-4,6-diphenyl-3(2H)-pyridazinimine	HCl: 204	1309
2-γ-Carboxypropyl-6-isobutyl-3(2H)-pyridazinimine	HBr: 195	1309
2-γ-Carboxypropyl-4-methyl-6-phenyl-3(2H)-pyridazinimine	HCl: 238 or 248–249	1118, 1309

continued

Table of Simple Pyridazines

Pyridazine	Melting Point (°C) etc.	Reference(s)
2-γ-Carboxypropyl-5-methyl-6-phenyl-3(2H)-pyridazinimine	HBr: anal	1309
2-γ-Carboxypropyl-6-methyl-5-phenyl-3(2H)-pyridazinimine	HBr: 186	1309
2-γ-Carboxypropyl-4-methyl-3(2H)-pyridazinimine	HBr: 146	1309
2-α-Carboxypropyl-6-methyl-3(2H)-pyridazinone	—	H 78
2-γ-Carboxypropyl-5-phenyl-3(2H)-pyridazinimine	HCl: 238	1309
2-γ-Carboxypropyl-6-phenyl-3(2H)-pyridazinimine	HBr: 240, xl st	171, 1309
1-β-Carboxypropyl-3,6(1H,2H)-pyridazinedione	—	H 155
2-γ-Carboxypropyl-4,5,6-triphenyl-3(2H)-pyridazinone	171–173	1272
3-β-Carboxyvinylpyridazine	245, ir, nmr	1668
4-β-Carboxyvinylpyridazine	224–226, ir, nmr	67
4-Chloro-3,6-bischloromethylpyridazine	xl st	174
6-Chloro-4,5-bisdimethylamino-2-phenyl-3(2H)-pyridazinone	—	H 130, 602
3-Chloro-4,6-bisdimethylaminopyridazine	HCl: 218–220	637
3-Chloro-4,6-bismorpholinomethylpyridazine	100–101, nmr	769
6-Chloro-4-(β-chloro-α,α-dimethylethyl)-3(2H)-pyridazinone	189–192, nmr	354
6-Chloro-2-β-chloroethyl-3(2H)-pyridazinone	55–57, ir, nmr, uv	237; H 71, 305
3-Chloro-4-chloromethyl-5,6-dimethylpyridazine	—	H 294
3-Chloro-5-chloromethyl-6-methoxypyridazine	—	H 181, 292
3-Chloro-4-chloromethyl-6-methylpyridazine	—	H 291
6-Chloro-2-chloromethyl-3(2H)-pyridazinone	88–89	441; H 70, 305
6-Chloro-2-γ-chloropropyl-3(2H)-pyridazinone	liq, ir, nmr, uv	237
3-Chloro-6-cyanoaminopyridazine	180–181, nmr	1010
6-Chloro-4-cyanoamino-3(2H)-pyridazinone	NH$_4$: 250, nmr; H$_2$NNH$_3$: 165, nmr	84
3-Chloro-6-(N-cyano-N-ethylamino)pyridazine	103–112 (!), nmr	1010
4-Chloro-2-β-cyanoethyl-5-isopropylamino-3(2H)-pyridazinone	—	H 119, 312, 592
4-Chloro-2-β-cyanoethyl-5-morpholino-3(2H)-pyridazinone	101–102, nmr	118
6-Chloro-2-β-cyanoethyl-3(2H)-pyridazinone	—	H 71, 306
3-Chloro-6-(N-cyano-N-methylamino)pyridazine	160–161, nmr	1010
3-Chloro-6-(N-cyano-N-methylamino)pyridazine 1 oxide	—	921
4-Chloro-5-cyclohexylamino-2-methyl-3(2H)-pyridazinone	87–88, ir, uv	148
5-Chloro-4-cyclohexylamino-2-methyl-3(2H)-pyridazinone	33–35, ir, uv	148
4-Chloro-5-cyclohexylamino-2-phenyl-3(2H)-pyridazinone	56–67 (!), ir, uv	148
5-Chloro-4-cyclohexylamino-2-phenyl-3(2H)-pyridazinone	42–44, ir, uv	148
3-Chloro-6-cyclohexylaminopyridazine	—	H 277, 574
4-Chloro-5-cyclohexylamino-3(2H)-pyridazinone	—	H 116, 310, 583

continued

Pyridazine	Melting Point (°C) etc.	Reference(s)
4-Chloro-2-cyclohexyl-5-hydrazino-3(2H)-pyridazinone	—	H 124, 315
4-Chloro-2-cyclohexyl-5-hydroxy-3(2H)-pyridazinone	—	1044; H 224
4-Chloro-2-cyclohexyl-5-isocyanato-3(2H)-pyridazinone	—	H 124, 316, 564
4-Chloro-2-cyclohexyl-5-methoxy-3(2H)-pyridazinone	—	H 124
4-Chloro-2-cyclohexyl-5-methylamino-3(2H)-pyridazinone	197–198, ir, uv	148
5-Chloro-2-cyclohexyl-4-methylamino-3(2H)-pyridazinone	113–115, ir, uv	148
3-Chloro-4-cyclohexyl-6-methylpyridazine	79–80, nmr	1676
3-Chloro-5-cyclohexyl-6-methylpyridazine	liq, ms, nmr	1676
3-Chloro-6-cyclohexyloxypyridazine	—	677; H 181, 281
4-Chloro-1-cyclohexyl-3,6(1H,2H)-pyridazinedione	—	H 158, 337
4-Chloro-2-cyclohexyl-3,6(1H,2H)-pyridazinedione	—	H 158, 337
3-Chloro-4-diallylamino-6-hydrazinopyridazine	—	H 292, 585
3-Chloro-6-diallylaminopyridazine	138–140/0.5	1258; H 284, 579
3-Chloro-4,5-dicyclohexyl-6-methylpyridazine	154–159, ms, nmr	1676
4-Chloro-3,6-diethoxypyridazine	49	640
4-Chloro-2-β-diethylaminoethyl-5-methoxy-3(2H)-pyridazinone	—	H 119
4-Chloro-2-β-diethylaminoethyl-5-morpholino-3(2H)-pyridazinone	—	H 119, 312, 591
4-Chloro-2-β-diethylaminoethyl-5-piperidino-3(2H)-pyridazinone	—	H 119, 312, 591
3-Chloro-5-diethylamino-6-methoxypyridazine	—	H 182, 293, 585
6-Chloro-2-diethylaminomethyl-3(2H)-pyridazinone	—	H 17, 305
4-Chloro-5-diethylamino-2-phenyl-3(2H)-pyridazinone	—	H 121, 313, 316, 591
6-Chloro-4-diethylamino-2-phenyl-3(2H)-pyridazinone	—	H 104, 489
5-Chloro-4-diethylamino-2-propyl-3(2H)-pyridazinone	112/2.6, ir, uv	148
3-Chloro-6-diethylaminopyridazine	49–50 or 51–53; HCl: 133–134	924, 1258; H 278, 578
4-Chloro-5-diethylamino-3(2H)-pyridazinone	—	H 116, 311, 585
6-Chloro-2-(diethylcarbamoyl)methyl-3(2H)-pyridazinone	—	H 79, 306
3-Chloro-4,5-diethyl-6-methylpyridazine	66–71, ms, nmr	1676
3-Chloro-N,N-diethyl-6-oxo-1,6-dihydro-1-pyridazinecarboxamide	—	H 71, 305
4-Chloro-3,6-diisopropoxypyridazine	19–20, nmr	640
3-Chloro-4,5-diisopropyl-6-methylpyridazine	103–107, ms, nmr	1676
6-Chloro-4,5-dimethoxy-2-phenyl-3(2H)-pyridazinone	—	H 130, 328
3-Chloro-4,5-dimethoxypyridazine	95–97, nmr	882; H 185, 290
3-Chloro-4,6-dimethoxypyridazine	110–111, nmr	640, 881; H 184, 291

continued

Table of Simple Pyridazines

Pyridazine	Melting Point (°C) etc.	Reference(s)
3-Chloro-5,6-dimethoxypyridazine	127–128 or 128–129, nmr, uv	665, 881, 917; H 186, 293
4-Chloro-3,5-dimethoxypyridazine	161–163 or 163–164, nmr; 1-MeI; 145–150 then 203–205	689, 882; H 185, 295
4-Chloro-3,6-dimethoxypyridazine	—	H 192, 295
4-Chloro-5,6-dimethoxypyridazine	59–60, nmr	882
3-Chloro-5,6-dimethoxypyridazine 2-oxide	187–188	905; H 197, 300, 301
4-Chloro-3,6-dimethoxypyridazine 1-oxide	—	H 197, 300
3-Chloro-5-dimethylamino-6-ethoxypyridazine	—	H 182, 293, 584
3-Chloro-6-dimethylamino-4-ethoxypyridazine	102–103	637
3-Chloro-6-dimethylamino-5-ethylpyridazine	—	H 293
3-Chloro-6-dimethylamino-4-hexyloxypyridazine	101	637
3-Chloro-5-dimethylamino-6-isopropoxypyridazine	—	H 182, 293, 584
3-Chloro-6-dimethylamino-4-isopropylpyridazine	—	H 292
3-Chloro-6-dimethylamino-5-isopropylpyridazine	—	H 293
3-Chloro-5-dimethylamino-6-methoxypyridazine	—	H 181, 293, 584
3-Chloro-6-dimethylamino-4-methoxypyridazine	158–159, or 159–160, nmr	637, 640
3-Chloro-6-dimethylamino-5-methoxypyridazine	70–71, nmr	640
3-Chloro-6-dimethylamino-4-methylpyridazine	—	H 291, 302, 303, 577
3-Chloro-6-dimethylamino-5-methylpyridazine	—	H 302, 303, 577
4-Chloro-5-dimethylamino-2-methyl-3(2H)-pyridazinone	74–75, ir, nmr, uv	148, 641, 1213; H 591
5-Chloro-4-dimethylamino-2-methyl-3(2H)-pyridazinone	28–29 or 31–32, ir, nmr, uv	148, 641, 1213
6-Chloro-2-dimethylaminomethyl-3(2H)-pyridazinone	—	H 70, 305
6-Chloro-4-dimethylamino-2-methyl-3(2H)-pyridazinone	—	H 99, 323, 588
6-Chloro-5-dimethylamino-2-methyl-3(2H)-pyridazinone	—	H 91, 326, 591
3-Chloro-6-dimethylamino-4-pentyloxypyridazine	106	637
3-Chloro-5-dimethylamino-6-phenoxypyridazine	—	H 182, 293, 584
3-Chloro-4-dimethylamino-6-phenylpyridazine	89–90	1041
3-Chloro-6-dimethylamino-5-phenylpyridazine	—	H 293
4-Chloro-5-dimethylamino-2-phenyl-3(2H)-pyridazinone	98–100, ir, nmr, uv	148, 1213; H 121, 313, 591
5-Chloro-4-dimethylamino-2-phenyl-3(2H)-pyridazinone	79–80, ir, nmr, uv	148, 1213
6-Chloro-4-dimethylamino-2-phenyl-3(2H)-pyridazinone	—	H 104, 323, 589
6-Chloro-5-dimethylamino-2-phenyl-3(2H)-pyridazinone	—	H 93, 327, 593
3-Chloro-5-dimethylamino-6-propoxypyridazine	—	H 182, 293, 584

continued

Pyridazine	Melting Point (°C) etc.	Reference(s)
3-Chloro-6-dimethylamino-4-propoxypyridazine	102–103	637
6-Chloro-2-γ-dimethylaminopropyl-3(2H)-pyridazinone	HCl: 170–172	1760
3-Chloro-5-dimethylaminopyridazine	—	H 584
3-Chloro-6-dimethylaminopyridazine	100–101 or 103–104, dipole, pK_a, nmr, uv; HCl: 230–231	94, 924, 1183, 1258, 1352, 1796; H 278, 302, 303, 577
4-Chloro-5-dimethylamino-3(2H)-pyridazinone	202–203, nmr	641, 1794; H 116, 311, 584
5-Chloro-4-dimethylamino-3(2H)-pyridazinone	151–152, nmr	1794
6-Chloro-3-dimethylamino-4(1H)-pyridazinone	239–244	640
6-Chloro-4-dimethylamino-3(2H)-pyridazinone	—	H 96, 293, 584
6-Chloro-5-dimethylamino-3(2H)-pyridazinone	—	H 87
6-Chloro-2-(dimethylcarbamoyl)methyl-3(2H)-pyridazinone	—	H 79, 306
3-Chloro-4,5-dimethyl-6-morpholinopyridazine	98–99	1293
3-Chloro-5,6-dimethyl-4-nitropyridazine 1-oxide	—	H 301, 649
3-Chloro-4,5-dimethyl-6-phenylpyridazine	166, nmr	761, 762
6-Chloro-4,5-dimethyl-3-pyridazinamine	199–200	116; H 294
3-Chloro-4,5-dimethylpyridazine	63, nmr	762; H 289
3-Chloro-4,6-dimethylpyridazine	nmr	762, 1514; H 290
3-Chloro-5,6-dimethylpyridazine	—	H 292
4-Chloro-3,6-dimethylpyridazine	—	H 295
3-Chloro-5,6-dimethyl-4-pyridazinecarbonitrile	—	H 294, 447
4-Chloro-1,2-dimethyl-3,6(1H,2H)-pyridazinedione	—	980, 997
4-Chloro-3,6-dimethylpyridazine 1,2-dioxide	199–200, nmr	796
3-Chloro-5,6-dimethylpyridazine 1-oxide	—	H 301
3-Chloro-5,6-dimethylpyridazine 2-oxide	—	H 300
4-Chloro-3,6-dimethylpyridazine 1-oxide	132–133	794
4-Chloro-3,6-dimethylpyridazine 2-oxide	—	H 300
4-Chloro-2,6-dimethyl-3(2H)-pyridazinone	—	H 99
5-Chloro-2,6-dimethyl-3(2H)-pyridazinone	—	H 91, 326
6-Chloro-4,5-dimethyl-3(2H)-pyridazinone	200, nmr	755
3-Chloro-4,6-dimorpholinopyridazine	175–176 or 180–183	544, 637
4-Chloro-3,5-dimorpholinopyridazine	149–150 or 152–153, nmr	637, 1058
3-Chloro-4,6-diphenylpyridazine	100, ir, nmr	1082; H 291
3-Chloro-5,6-diphenylpyridazine	—	H 293
4-Chloro-3,5-diphenylpyridazine	—	1802; H 295
4-Chloro-3,6-diphenylpyridazine	133–134 or 135–136, nmr	451, 1071; H 295
3-Chloro-5,6-diphenyl-4-pyridazinecarbonitrile	201, ir, nmr	1046, 1056, 1398, 1411, 1726
4-Chloro-2,6-diphenyl-3(2H)-pyridazinone	—	H 107, 322

continued

Pyridazine	Melting Point (°C) etc.	Reference(s)
3-Chloro-4,6-dipiperidinopyridazine	105–107 or 108–110, ir, nmr	544, 640
4-Chloro-3,5-dipiperidinopyridazine	81–83, ms, nmr	1058
4-Chloro-2-α-ethoxycarbonylethyl-5-morpholino-3(2H)-pyridazinone	anal, ir, nmr	534
4-Chloro-5-ethoxycarbonylmethyl-3,6-diphenylpyridazine	99–100, ir, nmr	222
4-Chloro-2-ethoxycarbonylmethyl-5-methoxy-3(2H)-pyridazinone	—	H 119, 312
6-Chloro-2-ethoxycarbonylmethyl-5-methoxy-3(2H)-pyridazinone	—	H 92, 326
4-Chloro-2-ethoxycarbonylmethyl-5-morpholino-3(2H)-pyridazinone	134, ir, nmr	534
6-Chloro-2-ethoxycarbonylmethyl-3(2H)-pyridazinone	—	H 77, 305
3-Chloro-4-ethoxy-5-formamidopyridazine	240–241, nmr	83
3-Chloro-6-ethoxy-4-methyl-5-nitropyridazine 2-oxide	111–112, nmr	902
3-Chloro-6-ethoxy-4-methylpyridazine	—	H 184, 291
3-Chloro-6-ethoxy-5-methylpyridazine	—	H 182, 292
4-Chloro-5-ethoxy-2-methyl-3(2H)-pyridazinone	100–101, ir, nmr	1089
5-Chloro-4-ethoxy-2-methyl-3(2H)-pyridazinone	33–34 or 34–35, ir, nmr	1089, 1269
6-Chloro-5-ethoxy-2-methyl-3(2H)-pyridazinone	—	H 91, 326
4-Chloro-5-ethoxy-2-phenyl-3(2H)-pyridazinone	135–136 or 136–137, ir, nmr	764, 1089; H 123, 315
5-Chloro-4-ethoxy-2-phenyl-3(2H)-pyridazinone	85–86, ir, nmr	1089
6-Chloro-4-ethoxy-2-phenyl-3(2H)-pyridazinone	—	H 105
6-Chloro-5-ethoxy-2-phenyl-3(2H)-pyridazinone	—	H 93, 327
5-Chloro-6-ethoxy-4-pyridazinamine	—	H 183, 295, 559
6-Chloro-3-ethoxy-4-pyridazinamine	—	H 182, 293, 559
6-Chloro-5-ethoxy-4-pyridazinamine	129–130, nmr	83
5-Chloro-6-ethoxy-3-pyridazinamine 2-oxide	—	H 198, 301
3-Chloro-4-ethoxypyridazine	—	H 186, 290
3-Chloro-5-ethoxypyridazine	—	H 186, 289
3-Chloro-6-ethoxypyridazine	59–60	99, 1258; H 177, 280
6-Chloro-3-ethoxy-4-pyridazinecarboxamide	155–156	1099
3-Chloro-6-ethoxypyridazine 1-oxide	—	H 195, 299
3-Chloro-6-ethoxypyridazine 2-oxide	115–116	103; H 195, 300
3-Chloro-5-ethoxy-4(1H)-pyridazinethione	—	H 290
6-Chloro-5-ethoxy-3(2H)-pyridazinone	—	H 87
3-Chloro-5-ethylamino-6-hydrazinopyridazine	—	H 582
3-Chloro-5-ethylamino-6-methoxypyridazine	—	H 181, 293, 582
6-Chloro-3-ethylamino-2-methyl-5-oxo-2,5-dihydro-4-pyridazinecarboxylic acid	146–147, ir, nmr	967
4-Chloro-5-ethylamino-2-phenyl-3(2H)-pyridazinone	154–156, nmr	956; H 121, 313
5-Chloro-4-ethylamino-2-phenyl-3(2H)-pyridazinone	77–78, nmr	956; H 125

continued

Pyridazine	Melting Point (°C) etc.	Reference(s)
3-Chloro-6-ethylaminopyridazine	—	H 276, 572
6-Chloro-3-ethylamino-4-pyridazinecarbonitrile	221–222, uv	820
6-Chloro-3-ethylamino-4-pyridazinecarboxamide	185–186, uv	820
3-Chloro-6-ethylaminopyridazine 1-oxide	—	H 299, 604
3-Chloro-6-ethylaminopyridazine 2-oxide	—	H 300, 604
4-Chloro-5-ethylamino-3(2H)-pyridazinone	—	H 116, 310, 582
2-β-Chloroethyl-4-ethoxy-5-morpholino-3(2H)-pyridazinone	105–107, ir	53
4-Chloro-2-ethyl-5-hydroxy-3(2H)-pyridazinone	233–235, ir, nmr	1936
6-Chloro-2-ethyl-5-hydroxy-3(2H)-pyridazinone	—	H 91, 326
4-Chloro-2-ethyl-5-methoxy-3(2H)-pyridazinone	99–100, ir, nmr	1936
4-Chloro-2-ethyl-5-methylamino-3(2H)-pyridazinone	166–167, ir, uv	148
5-Chloro-2-ethyl-4-methylamino-3(2H)-pyridazinone	74–76, ir, uv	148
3-Chloro-4-ethyl-6-methylpyridazine	liq, ms, nmr	1676; H 291
3-Chloro-5-ethyl-6-methylpyridazine	crude: ms	1676
2-β-Chloroethyl-6-methyl-3(2H)-pyridazinone	58	433; H 71
4-Chloro-2-ethyl-6-methyl-3(2H)-pyridazinone	—	H 100
6-Chloro-2-ethyl-4-nitro-3(2H)-pyridazinone	—	H 100, 325
3-Chloro-4-ethyl-6-phenylpyridazine	61–63, nmr	1676
4-Chloro-5-ethyl-3-phenylpyridazine	—	1802
2-β-Chloroethyl-6-phenyl-3(2H)-pyridazinone	57 to 70, nmr	237
4-Chloro-6-ethyl-2-phenyl-3(2H)-pyridazinone	—	H 106, 322
3-Chloro-6-ethylpyridazine	—	H 276, 302, 303
4-α-Chloroethylpyridazine	liq, ms, nmr	82
4-Chloro-1-ethyl-3,6(1H,2H)-pyridazinedione	—	H 153, 339
2-β-Chloroethyl-3(2H)-pyridazinone	114–115/1, nmr	1179
6-Chloro-4-ethyl-3(2H)-pyridazinone	138–141, nmr, uv	30, 821
6-Chloro-5-ethyl-3(2H)-pyridazinone	190–193 or 205, nmr, uv	30, 821
3-Chloro-5-ethylthio-6-methoxypyridazine 2-oxide	103–104, uv	905
3-Chloro-6-ethylthio-4-methylpyridazine	—	H 806
3-Chloro-6-ethylthio-5-methylpyridazine	—	H 806
5-Chloro-4-ethylthio-2-methyl-3(2H)-pyridazinone	liq, anal, ir, nmr	1089
4-Chloro-5-ethylthio-2-phenyl-3(2H)-pyridazinone	101–102, ir, nmr	1089; H 812
5-Chloro-4-ethylthio-2-phenyl-3(2H)-pyridazinone	64–65, ir, nmr	1089
6-Chloro-4-ethylthio-2-phenyl-3(2H)-pyridazinone	—	H 105, 323, 810
6-Chloro-5-ethylthio-2-phenyl-3(2H)-pyridazinone	—	H 812
3-Chloro-6-ethylthiopyridazine	—	H 283, 804
3-Chloro-6-ethylthiopyridazine 1-oxide	—	H 299
4-Chloro-5-ethylthio-3(2H)-pyridazinone	—	H 118, 312, 812
3-Chloro-5-fluoro-6-methoxypyridazine	—	917
4-Chloro-5-fluoro-2-phenyl-3(2H)-pyridazinone	—	1018
3-Chloro-6-fluoropyridazine	—	1650
3-Chloro-5-formamido-4-methoxypyridazine	250–253, nmr	83
3-Chloro-6-formamidopyridazine	176–178 or 208–210, ir, ms, nmr; oxime: 195–199	198, 295, 1010
3-Chloro-6-formamidopyridazine 1-oxide	oxime: 175–177	921
3-Chloro-6-β-formylhydrazino-4-methylpyridazine	—	H 668

continued

Pyridazine	Melting Point (°C) etc.	Reference(s)
3-Chloro-6-β-formylhydrazino-5-methylpyridazine	—	H 668
3-Chloro-6-β-formylhydrazinopyridazine	—	H 279, 668
3-Chloro-5-guanidino-4(1H)-pyridazinone	230, nmr	83
3-Chloro-6-hexyloxypyridazine	—	H 179, 281
3-Chloro-6-hex-5'-ynyloxypyridazine	31–32, ir, ms, nmr	336
3-Chloro-4-hydrazinocarbonylmethylpyridazine	125–126, ir	947
6-Chloro-2-hydrazinocarbonylmethyl-3(2H)-pyridazinone	—	H 78, 306
6-Chloro-4-hydrazinocarbonylmethyl-3(2H)-pyridazinone	194–196, ir, uv	947
6-Chloro-5-hydrazinocarbonylmethyl-3(2H)-pyridazinone	242–245, ir	947
3-Chloro-6-hydrazino-4,5-dimethylpyridazine	—	H 660
3-Chloro-6-hydrazino-4-hydrazinocarbonylpyridazine	194–196, ir	947
4-Chloro-5-hydrazino-2-δ-hydroxybutyl-3(2H)-pyridazinone	liq, anal, ir, nmr	1700
3-Chloro-6-hydrazino-5-methylaminopyridazine	—	H 293, 582
3-Chloro-6-hydrazino-4-methylpyridazine	—	H 291, 660
3-Chloro-6-hydrazino-5-methylpyridazine	—	H 292, 660
4-Chloro-5-hydrazino-2-methyl-3(2H)-pyridazinone	$H_2C=$: 213–214; PhCH=:261–262	1054; H 119, 312
3-Chloro-6-hydrazino-4/5-morpholinopyridazine	180, ir, nmr; EtMeC=: 145–147	544
3-Chloro-6-hydrazino-5-nitro-4-pyridazinamine	188, ir, nmr	1001
4-Chloro-5-hydrazino-2-phenyl-3(2H)-pyridazinone	—	H 123, 315, 661
6-Chloro-4-hydrazino-2-phenyl-3(2H)-pyridazinone	$H_2C=$: –; $Me_2NCH=$: 206, ir, nmr; $Me_2NCH=$: HCl: 189, ir, nmr	1429, 1471; H 104, 323, 661
5-Chloro-3-hydrazino-4-pyridazinamine	—	H 295, 561
6-Chloro-3-hydrazino-4-pyridazinamine	210, nmr, uv; $Me_2C=$: 160–162	654; H 293, 561, 562
3-Chloro-6-hydrazinopyridazine	138–139 or 140–141, dipole, ir, nmr, uv; PhCH=: 257–258, uv; $Me_2C=$: –	284, 636, 1183, 1224; H 279, 280, 659, 666, 667
6-Chloro-3-hydrazino-4-pyridazinecarboxamide	184	765; H 660
6-Chloro-3-hydrazino-4-pyridazinecarboxylic acid	198–201, nmr	1228
3-Chloro-6-hydrazinopyridazine 2-oxide	180–181 or 185–186; $Me_2C=$: 198–200; EtMeC=: 133–134; etc.	546, 891
4-Chloro-5-hydrazino-3(2H)-pyridazinone	MeCH=: 246–248	1054; H 118, 311, 661, 662, 663
6-Chloro-5-hydrazino-3(2H)-pyridazinone	$H_2C=$: 235–237	1054; H 87, 326
3-Chloro-6-hydrazono-1-methyl-1,6-dihydropyridazine	90–92, dipole, nmr, uv; PhCH=: 108–110, uv	1183

continued

Pyridazine	Melting Point (°C) etc.	Reference(s)
3-Chloro-6-hydroxyaminopyridazine	142–143, nmr	191, 966
4-Chloro-2-δ-hydroxybutyl-5-methoxy-3(2H)-pyridazinone	74–76, ir, nmr	1700
4-Chloro-2-δ-hydroxybutyl-5-methylamino-3(2H)-pyridazinone	148–149, ir, nmr	1700
3-Chloro-5-α-hydroxyethyl-4-iodo-3-methoxypyridazine	83–85, ir, nmr	1610
3-Chloro-4-α-hydroxyethyl-6-methoxypyridazine	nmr	1880
3-Chloro-5-α-hydroxyethyl-6-methoxypyridazine	105–107, ir, nmr	1610, 1880
4-Chloro-2-β-hydroxyethyl-5-morpholino-3(2H)-pyridazinone	126–127, ir	534
5-Chloro-2-β-hydroxyethyl-4-phenoxy-3(2H)-pyridazinone	—	591
3-Chloro-4-α-hydroxyethyl-6-pivalamidopyridazine	120, nmr	1421
3-Chloro-5-α-hydroxyethyl-6-pivalamidopyridazine	160, nmr	1421
6-Chloro-2-β-hydroxyethyl-3(2H)-pyridazinone	—	H 73, 305, 402
4-Chloro-5-hydroxy-2-δ-hydroxybutyl-3(2H)-pyridazinone	132–133, ir, nmr	1700
4-Chloro-5-hydroxy-2-isopropyl-3(2H)-pyridazinone	248–250, ir, nmr	1044, 1936
6-Chloro-1-hydroxy-3-methoxy-4(1H)-pyridazinethione	244–245, uv	905
5-Chloro-2-hydroxy-6-methoxy-3(2H)-pyridazinone	—	H 89, 326
3-Chloro-5-hydroxymethyl-6-methoxypyridazine	—	H 181, 292
3-Chloro-4-hydroxymethyl-5-methyl-6-phenylpyridazine	180	761
3-Chloro-4-hydroxymethyl-6-methylpyridazine	—	H 291, 397
4-Chloro-5-hydroxy-2-methyl-3(2H)-pyridazinone	243 to 261, ir, nmr	224, 1044, 1213, 1269, 1936
6-Chloro-2-hydroxymethyl-3(2H)-pyridazinone	—	H 71, 305, 402, 441
6-Chloro-4-hydroxy-2-methyl-3(2H)-pyridazinone	—	H 99
6-Chloro-5-hydroxy-2-methyl-3(2H)-pyridazinone	—	H 91, 326
4-Chloro-5-hydroxy-2-pentyl-3(2H)-pyridazinone	—	1044
6-Chloro-5-hydroxy-2-phenyl-3,4(1H,2H)-pyridazinedione	—	H 169
4-Chloro-5-hydroxy-2-phenyl-3(2H)-pyridazinone	273–274, nmr, pK_a	764, 1044, 1167, 1213; H 123, 315
3-Chloro-5-α-hydroxypropyl-6-methoxypyridazine	79–81, ir, nmr	1610
4-Chloro-5-hydroxy-2-propyl-3(2H)-pyridazinone	201–203, ir, nmr	1044, 1936
6-Chloro-2-hydroxy-3(2H)-pyridazinethione	74–76, nmr	679
4-Chloro-5-hydroxy-3(2H)-pyridazinone	267–272, ir, nmr	90, 224
6-Chloro-2-hydroxy-3(2H)-pyridazinone	—	H 76, 307
6-Chloro-5-hydroxy-3(2H)-pyridazinone	—	H 87, 291
6-Chloro-3-imino-2,3-dihydro-2-pyridazinamine	mesitylenesulfonate: 249–253, nmr	412
6-Chloro-4-imino-1-methyl-1,4-dihydro-3(2H)-pyridazinone	—	H 303, 608

continued

Pyridazine	Melting Point (°C) etc.	Reference(s)
4-Chloro-6-iminomethyl-3-methoxypyridazine 1-oxide	—	H 197
3/4-Chloro-4/3-iodo-5-methoxypyridazine	l-MeI: 150–155 then 228–230	689
3-Chloro-4 + 5-iodo-6-methoxypyridazine	anal (mixture), nmr (each)	1880
5/6-Chloro-6/5-iodo-2-methylpyridazinium-4-olate	230–231	689
3-Chloro-6-iodopyridazine	crude: ms, nmr	1638
3-Chloro-6-isobutoxypyridazine	—	688; H 178
4-Chloro-5-isobutylamino-2-methyl-3(2H)-pyridazinone	123–125, ir, uv	148
5-Chloro-4-isobutylamino-2-methyl-3(2H)-pyridazinone	85–87, ir, uv	148
4-Chloro-5-isobutylamino-2-phenyl-3(2H)-pyridazinone	—	H 121, 313
4-Chloro-5-isocyanato-2-phenyl-3(2H)-pyridazinone	—	H 316, 566
3-Chloro-6-isopentyloxypyridazine	—	688; H 178, 280
4-Chloro-5-isopropoxy-2-phenyl-3(2H)-pyridazinone	118, ir, nmr	1089; H 123
5-Chloro-4-isopropoxy-2-phenyl-3(2H)-pyridazinone	165/1.4, ir, nmr	1089
3-Chloro-6-isopropoxypyridazine	—	H 178, 280
4-Chloro-5-isopropylamino-2-phenyl-3(2H)-pyridazinone	—	H 121, 313
6-Chloro-4-isopropylamino-2-phenyl-3(2H)-pyridazinone	—	H 588
3-Chloro-6-isopropylaminopyridazine	103–105 or 114–116	1258, 1330; H 277, 573
6-Chloro-2-N'-isopropylhydrazinocarbonylmethyl-3(2H)-pyridazinone	—	H 78
4-Chloro-2-isopropyl-5-methoxy-3(2H)-pyridazinone	109–110, ir, nmr	1936
3-Chloro-6-(N-isopropyl-N-methylamino)pyridazine	—	1352
3-Chloro-4-isopropyl-6-methylpyridazine	liq, anal, nmr	1676; H 291
3-Chloro-5-isopropyl-6-methylpyridazine	liq, ms, nmr	1676
3-Chloro-4-isopropyl-6-phenylpyridazine	71–74, nmr	1676
3-Chloro-5-isopropyl-6-phenylpyridazine	65–68, nmr	1676
4-Chloro-5-isopropyl-3-phenylpyridazine	80–82, nmr	1802
6-Chloro-4-isopropylthio-2-phenyl-3(2H)-pyridazinone		H 811
3-Chloro-6-isopropylthiopyridazine	—	H 284, 804
3-Chloro-6-isopropylthiopyridazine 1-oxide	—	H 299
4-Chloro-5-isothiocyanato-2-phenyl-3(2H)-pyridazinone	—	H 566
4-Chloro-5-mercapto-2-methyl-3(2H)-pyridazinone	—	H 802
4-Chloro-5-mercapto-2-phenyl-3(2H)-pyridazinone	—	H 123, 315, 802
6-Chloro-5-mercapto-2-phenyl-3(2H)-pyridazinone	—	H 802
4-Chloro-5-mercapto-3(2H)-pyridazinone	—	H 802
3-Chloro-6-methanesulfonylaminopyridazine	145–146, ir, nmr	89
3-Chloro-4-methoxycarbonylmethylpyridazine	liq, anal, ir, nmr	947

continued

Pyridazine	Melting Point (°C) etc.	Reference(s)
6-Chloro-2-methoxycarbonylmethyl-3(2H)-pyridazinone	—	H 77, 305
6-Chloro-4-methoxycarbonylmethyl-3(2H)-pyridazinone	150–152, ir, nmr, uv	947
6-Chloro-5-methoxycarbonylmethyl-3(2H)-pyridazinone	145–147, ir, nmr, uv	947
4-Chloro-5-methoxy-3,6-dimethylpyridazine	44–49, nmr; pic: 114–115	529
4-Chloro-5-methoxy-1,2-dimethyl-3,6(1H,2H)-pyridazinedione	—	H 163, 338
3-Chloro-6-methoxy-5-methylaminopyridazine	—	H 181, 293, 582
4-Chloro-3-methoxymethyl-6-methylpyridazine	47–48, nmr	446
3-Chloro-6-methoxy-4-methyl-5-nitropyridazine 2-oxide	136–137, nmr	902
3-Chloro-4-methoxy-6-methylpyridazine	—	H 292
3-Chloro-6-methoxy-4-methylpyridazine	nmr	1569; H 183, 184, 291
3-Chloro-6-methoxy-5-methylpyridazine	117–119, nmr	1386, 1569; H 181, 292
4-Chloro-3-methoxy-6-methylpyridazine	—	H 181, 295
3-Chloro-6-methoxy-4-methylpyridazine 2-oxide	151–152	833; H 197, 300
3-Chloro-6-methoxy-5-methylpyridazine 2-oxide	—	H 300
4-Chloro-3-methoxy-5-methylpyridazine 1-oxide	156–157	833
4-Chloro-3-methoxy-6-methylpyridazine 1-oxide	—	H 197, 299, 301
5-Chloro-6-methoxy-2-methylpyridazinium-4-olate	206–207	689
6-Chloro-5-methoxy-2-methylpyridazinium-4-olate	221, uv	699
3-Chloro-5-methoxy-1-methyl-4(1H)-pyridazinone	235–237	689
3-Chloro-6-methoxy-1-methyl-4(1H)-pyridazinone	—	H 133, 333
4-Chloro-5-methoxy-2-methyl-3(2H)-pyridazinone	153–155 or 159, ir, nmr	90, 689, 1213, 1936; H 119
4-Chloro-6-methoxy-2-methyl-3(2H)-pyridazinone	—	980, 997
5-Chloro-4-methoxy-2-methyl-3(2H)-pyridazinone	nmr	1213
5-Chloro-6-methoxy-2-methyl-3(2H)-pyridazinone	—	980, 997; H 91
6-Chloro-2-methoxymethyl-3(2H)-pyridazinone	—	H 71, 305
6-Chloro-4-methoxy-2-methyl-3(2H)-pyridazinone	—	H 99, 323
6-Chloro-5-methoxy-2-methyl-3(2H)-pyridazinone	—	H 91, 326
3-Chloro-6-methoxy-5-methylthiopyridazine 2-oxide	133–135, uv	905
3-Chloro-6-methoxy-5-morpholinopyridazine	—	H 184
6-Chloro-3-methoxy-5-nitro-4-pyridazinamine	—	H 561
3-Chloro-6-methoxy-5-nitro-4-pyridazinamine 2-oxide	205–206, ir	1072
3-Chloro-6-methoxy-4-nitropyridazine 1-oxide	—	H 197
3-Chloro-6-methoxy-5-nitropyridazine 2-oxide	143–144, nmr	450, 905; H 300, 649
3-Chloro-6-methoxy-5-nitro-4-styrylpyridazine 2-oxide	187–188, ir, nmr	902
4-Chloro-5-methoxy-2-phenyl-3(2H)-pyridazinone	149–150, ir, nmr	1089, 1213; H 123, 315
4-Chloro-6-methoxy-2-phenyl-3(2H)-pyridazinone	—	H 108, 322

continued

Table of Simple Pyridazines

Pyridazine	Melting Point (°C) etc.	Reference(s)
5-Chloro-4-methoxy-2-phenyl-3(2H)-pyridazinone	nmr	1213
5-Chloro-6-methoxy-2-phenyl-3(2H)-pyridazinone	—	H 94, 326
6-Chloro-4-methoxy-2-phenyl-3(2H)-pyridazinone	—	H 105, 323
6-Chloro-5-methoxy-2-phenyl-3(2H)-pyridazinone	—	H 93, 326
4-Chloro-5-methoxy-2-propyl-3(2H)-pyridazinone	50–51, ir, nmr	1936
3-Chloro-6-methoxy-4-pyridazinamine	161–162	1099
5-Chloro-3-methoxy-4-pyridazinamine	—	H 295, 559
5-Chloro-6-methoxy-3-pyridazinamine	—	H 182, 295
5-Chloro-6-methoxy-4-pyridazinamine	—	H 183, 295, 559
6-Chloro-3-methoxy-4-pyridazinamine	197 or 206, nmr, ur	654, 1900; H 181, 293, 559
5-Chloro-6-methoxy-3-pyridazinamine 2-oxide	nmr	450; H 197, 301
5-Chloro-6-methoxy-4-pyridazinamine 2-oxide	—	H 604
6-Chloro-3-methoxy-4-pyridazinamine 1-oxide	160–161	905
3-Chloro-4-methoxypyridazine	—	H 185, 290
3-Chloro-5-methoxypyridazine	99–100, ir, nmr	90, 1821
3-Chloro-6-methoxypyridazine	89–90, dipole, nmr, uv	450, 644, 1183, 1349, 1386, 1638; H 176, 280, 302, 303
5-Chloro-6-methoxy-3-pyridazinecarbaldehyde 2-oxide	—	H 197, 299
5-Chloro-6-methoxy-3-pyridazinecarbonitrile 2-oxide	—	H 197, 229, 446
3-Chloro-6-methoxy-4-pyridazinecarboxamide	210–211	1099
6-Chloro-3-methoxy-4-pyridazinecarboxamide	142–144 or 145–147	820, 1099
3-Chloro-6-methoxy-4-pyridazinecarboxylic acid	—	H 184, 436
6-Chloro-3-methoxy-4-pyridazinecarboxylic acid	—	H 181, 293
3-Chloro-6-methoxy-4,5-pyridazinediamine	—	H 599
3-Chloro-6-methoxypyridazine 1-oxide	—	H 195, 299
3-Chloro-6-methoxypyridazine 2-oxide	159–160 or 160–161, nmr	103, 449; H 195, 300
4-Chloro-3-methoxypyridazine 1-oxide	120–121	833
3-Chloro-5-methoxy-4(1H)-pyridazinone	248–249	224, 882
3-Chloro-6-methoxy-4(1H)-pyridazinone	225–228	881; H 291
4-Chloro-5-methoxy-3(2H)-pyridazinone	235 or 245–246, ir, nmr	90, 689
4-Chloro-6-methoxy-3(2H)-pyridazinone	—	997
5-Chloro-3-methoxy-4(1H)-pyridazinone	240–241	224
5-Chloro-6-methoxy-3(2H)-pyridazinone	—	997
5-Chloro-6-methoxy-4(1H)-pyridazinone	188	882
6-Chloro-3-methoxy-4(1H)-pyridazinone	—	H 133, 293
6-Chloro-4-methoxy-3(2H)-pyridazinone	—	H 96, 293
6-Chloro-5-methoxy-3(2H)-pyridazinone	—	H 87, 291
3-Chloro-6-methoxy-5-trimethylsilylpyridazine	<35, nmr	1610
3-Chloro-6-(N-methylacetamido)pyridazine	123–124, nmr	1085
3-Chloro-5-methylamino-6-α-methylhydrazinopyridazine	172	1138

continued

Pyridazine	Melting Point (°C) etc.	Reference(s)
4-Chloro-5-methylamino-2-phenyl-3(2H)-pyridazinone	213–215, ir, nmr, uv	148, 1213; H121, 313, 592
5-Chloro-4-methylamino-2-phenyl-3(2H)-pyridazinone	115–117, ir, nmr, uv	148, 1213
6-Chloro-4-methylamino-2-phenyl-3(2H)-pyridazinone	—	H104, 323, 588
5-Chloro-3-methylamino-4-pyridazinamine	203–204, ir, nmr, uv	908
6-Chloro-3-methylamino-4-pyridazinamine	—	H293, 597
6-Chloro-4-methylamino-3-pyridazinamine	—	H293, 597
6-Chloro-5-methylamino-3-pyridazinamine	190–191, nmr	447
3-Chloro-5-methylaminopyridazine	—	H289, 582
3-Chloro-6-methylaminopyridazine	195–196	1136, 1330; H276, 303, 572
6-Chloro-3-methylamino-4-pyridazinecarbonitrile	259–260, uv	820
6-Chloro-3-methylamino-4-pyridazinecarboxamide	209–210, uv	820
4-Chloro-5-methylamino-3(2H)-pyridazinone	—	H116, 310, 582
6-Chloro-2-(methylcarbamoyl)methyl-3(2H)-pyridazinone	—	H78, 306
1-Chloromethyl-4,5-dimethyl-3,6(1H,2H)-pyridazinedione	—	H152
4-Chloro-6-methyl-3,5-diphenylpyridazine	127–128, ir, nmr	311
3-Chloro-6-methyl-5,N-diphenyl-4-pyridazinecarboxamide 1-oxide	—	2054
2-Chloromethyl-6-ethyl-3(2H)-pyridazinone	74–76	441
4-Chloro-5-α-methylhydrazino-2-phenyl-3(2H)-pyridazinone	153–154, ir, nmr; PhCH=: 181–182, ir, nmr	873, 1054
6-Chloro-4-α-methylhydrazino-2-phenyl-3(2H)-pyridazinone	—; H₂C=: —	1471
5-Chloro-3-α-methylhydrazino-4-pyridazinamine	137–139, ir, nmr, uv	908
6-Chloro-3-α-methylhydrazino-4-pyridazinamine	—	H562
3-Chloro-6-α-methylhydrazinopyridazine	108–109. dipole, ir, nmr, pol, uv; PhCH=: 131, uv	1183, 1983
4-Chloro-5-α-methylhydrazino-3(2H)-pyridazinone	174–175, ir, nmr; H₂C=: 243–245, ir, nmr; MeCH=: 205–206, ir, nmr; PhCH: 199–200, ir, nmr	1054
5-Chloromethyl-6-methoxy-3(2H)-pyridazinone	—	H89
4-Chloro-6-methyl-3-methylaminopyridazine 1-oxide	168–169	760
4-Chloro-2-methyl-5-methylamino-3(2H)-pyridazinone	154–155 or 161–162, ir, nmr, uv	148, 1213, 1677
5-Chloro-2-methyl-4-methylamino-3(2H)-pyridazinone	134–135 or 142, ir, nmr, uv	148, 1213, 1677

continued

Table of Simple Pyridazines

Pyridazine	Melting Point (°C) etc.	Reference(s)
4-Chloro-2-methyl-5-α-methylhydrazino-3(2H)-pyridazinone	131–133, ir, nmr; H_2C=: 137–138, ir, nmr; PhCH=: 119–120, ir, nmr	1054
5-Chloro-2-methyl-4-α-methylhydrazino-3(2H)-pyridazinone	52–53, ir,nmr	1685
3-Chloro-1-methyl-6-methylimino-1,6-dihydropyridazine	—	H 302
3-Chloro-2-methyl-5-methylimino-6-phenyl-2,5-dihydropyridazine	—	H 608
3-Chloromethyl-6-methyl-4-nitropyridazine 1-oxide	94–95, ir, nmr	796
2-Chloromethyl-6-methyl-3(2H)-pyridazinone	88–89 or 94–95, ir, nmr	441, 789; H 70
6-Chloromethyl-3-methyl-4(1H)-pyridazinone	—	H 132
4-Chloro-2-methyl-5-methylsulfonyl-3(2H)-pyridazinone	175–177, ir, nmr	533
3-Chloro-4-methyl-6-methylthiopyridazine	—	H 806
3-Chloro-5-methyl-6-methylthiopyridazine	—	H 806
4-Chloro-2-methyl-5-methylthio-3(2H)-pyridazinone	124–126, ir, nmr	533, 1213
5-Chloro-2-methyl-4-methylthio-3(2H)-pyridazinone	nmr	1213
3-Chloro-4-methyl-6-morpholinopyridazine	149–151	544
4-Chloro-2-methyl-5-morpholino-3(2H)-pyridazinone	133–134 or 134–135, ir, nmr	542, 1269; H 119, 312, 591
5-Chloro-2-methyl-4-morpholino-3(2H)-pyridazinone	101–102	1269
6-Chloro-2-methyl-5-morpholino-3(2H)-pyridazinone	127–128	1269
3-Chloro-6-methyl-5-nitro-4-pyridazinamine	—	H 561
3-Chloro-6-methyl-4-nitropyridazine 1-oxide	103, nmr	904, 952; H 299, 301, 649
3-Chloro-6-methyl-5-nitropyridazine 1-oxide	81–82, ir, nmr	904
4-Chloro-2-methyl-5-nitro-3(2H)-pyridazinone	—	H 119, 648
4-Chloro-2-methyl-6-nitro-3(2H)-pyridazinone	—	H 99
6-Chloro-2-methyl-4-nitro-3(2H)-pyridazinone	—	H 99, 325
4-Chloro-1-methyl-6-oxo-1,6-dihydro-3-pyridazinecarboxylic acid	—	H 91, 326, 438
3-Chloro-4-methyl-6-phenoxypyridazine	—	H 184
5-Chloro-2-methyl-4-phenoxy-3(2H)-pyridazinone	—	591
3-Chloro-4-methyl-6-phenylpyridazine	139 to 145, nmr	152, 761, 762, 961, 1104, 1514, 1632
3-Chloro-5-methyl-6-phenylpyridazine	123–124	1557
3-Chloro-6-methyl-4-phenylpyridazine	—	H 291, 302, 303
4-Chloro-1-methyl-2-phenyl-3,6(1H,2H)-pyridazinedione	—	H 159, 338
4-Chloro-2-methyl-1-phenyl-3,6(1H,2H)-pyridazinedione	—	H 159, 338
3-Chloro-4-methyl-6-phenylpyridazine 2-oxide	150, nmr	1104
2-Chloromethyl-6-phenyl-3(2H)-pyridazinone	132–133	441

continued

Pyridazine	Melting Point (°C) etc.	Reference(s)
4-Chloro-6-methyl-2-phenyl-3(2H)-pyridazinone	—	H 105, 322
6-Chloro-4-methyl-2-phenyl-3(2H)-pyridazinone	—	H 104, 323, 328
6-Chloro-5-methyl-2-phenyl-3(2H)-pyridazinone	—	H 93, 326, 328
3-Chloro-4-methyl-6-piperidinopyridazine	101–102	544
4-Chloro-2-methyl-5-piperidino-3(2H)-pyridazinone	57–59, ir, uv	148; H 119, 312, 591
5-Chloro-2-methyl-4-piperidino-3(2H)-pyridazinone	133/136, ir, uv	148
3-Chloro-6-methyl-4-pyridazinamine	—	H 558
6-Chloro-4-methyl-3-pyridazinamine	—	H 292, 554
6-Chloro-5-methyl-3-pyridazinamine	185–187 or 190–191, nmr	116, 1145; H 290, 554
3-Chloro-6-methyl-5-pyridazinamine 1-oxide	210–212, ir, nmr	904
3-Chloro-4-methylpyridazine	—	H 289
3-Chloro-5-methylpyridazine	—	H 289
3-Chloro-6-methylpyridazine	nmr, pK_a; 2-MeCl: 133–134	94, 115, 1638; H 276, 301, 302, 303
4-Chloromethylpyridazine	HCl: 119–120, ir, ms, nmr	66
5-Chloro-6-methyl-3-pyridazinecarbaldehyde 2-oxide	—	H 299, 398
3-Chloro-6-methyl-4-pyridazinecarbohydrazide	—	H 291, 436
3-Chloro-6-methyl-4-pyridazinecarbonitrile	—	447; H 291
4-Chloro-6-methyl-3-pyridazinecarbonitrile 2-oxide	—	H 300, 446
5-Chloro-6-methyl-3-pyridazinecarbonitrile 2-oxide	—	H 299, 446
3-Chloro-6-methyl-4-pyridazinecarboxamide	—	H 291, 436
3-Chloro-6-methyl-4-pyridazinecarboxylic acid	—	H 291
5-Chloro-6-methyl-3-pyridazinecarboxylic acid 2-oxide	—	H 299, 435
3-Chloro-6-methyl-4,5-pyridazinediamine	—	H 599
1-Chloromethyl-3,6(1H,2H)-pyridazinedione	—	H 152
4-Chloro-1-methyl-3,6(1H,2H)-pyridazinedione	262–263, pK_a, uv	675, 980, 997, 1129; H 152, 337
4-Chloro-2-methyl-3,6(1H,2H)-pyridazinedione	189–190 or 193–196, pK_a, uv	675, 980, 997, 1129; H 152, 337
5-Chloro-2-methyl-3,4(1H,2H)-pyridazinedione	216, nmr	224, 1213
6-Chloro-2-methyl-3,4(1H,2H)-pyridazinedione	—	H 323
3-Chloro-3-methylpyridazine 1-oxide	—	H 299
3-Chloro-5-methylpyridazine 1-oxide	—	H 299
3-Chloro-6-methylpyridazine 1-oxide	163–164	103, 913; H 299, 301
4-Chloro-3-methylpyridazine 1-oxide	—	H 299
4-Chloro-5-methylpyridazine 1-oxide	—	H 299
4-Chloro-6-methylpyridazine 1-oxide	—	H 299, 301
6-Chloro-4-methyl-3(2H)-pyridazinethione	—	H 798
6-Chloro-5-methyl-3(2H)-pyridazinethione	—	H 798

continued

Pyridazine	Melting Point (°C) etc.	Reference(s)
6-Chloro-2-methyl-3(2H)-pyridazinimine	—	H302
2-Chloromethyl-3(2H)-pyridazinone	67–68	441
3-Chloro-6-methyl-4(1H)-pyridazinone	—	H292
4-Chloro-2-methyl-3(2H)-pyridazinone	82–84, ir, nmr	533; H315
5-Chloro-2-methyl-3(2H)-pyridazinone	nmr	1213; H91, 326
6-Chloro-2-methyl-3(2H)-pyridazinone	89 or 90–92, dipole, nmr, uv	789, 1183; H70, 305
6-Chloro-4-methyl-3(2H)-pyridazinone	147 to 171, ir, nmr, uv	30, 755, 821, 947; H96, 292, 322, 328
6-Chloro-5-methyl-3(2H)-pyridazinone	219 to 232, nmr, uv	30, 821, 947; H87, 291, 326, 328
4-Chloro-5-methyl-3(2H)-pyridazinone 1-oxide	232	833
4-Chloro-6-methyl-3(2H)-pyridazinone 1-oxide	219 or 227–228	760, 833
6-Chloro-4-methyl-3(2H)-pyridazinone 1-oxide	204	833
6-Chloro-5-methyl-3(2H)-pyridazinone 1-oxide	230	833
6-Chloro-4-methylsulfinyl-2-phenyl-3(2H)-pyridazinone	—	H325, 823
6-Chloro-5-methylsulfinyl-2-phenyl-3(2H)-pyridazinone	—	H327, 823
3-Chloro-6-methylsulfinylpyridazine	74–79, ir, nmr	304; H282, 822
3-Chloro-6-methylsulfinylpyridazine 1-oxide	131–132, nmr	304, cf. 679
4-Chloro-5-methylsulfonyl-2-phenyl-3(2H)-pyridazinone	—	H124, 315, 824
5-Chloro-4-methylsulfonyl-2-phenyl-3(2H)-pyridazinone	—	H824
5-Chloro-6-methylsulfonyl-2-phenyl-3(2H)-pyridazinone	—	H824
6-Chloro-4-methylsulfonyl-2-phenyl-3(2H)-pyridazinone	—	H105, 323, 824
6-Chloro-5-methylsulfonyl-2-phenyl-3(2H)-pyridazinone	—	H824
3-Chloro-6-methylsulfonylpyridazine	122–123, nmr	304; H283, 823
3-Chloro-6-methylsulfonylpyridazine 1-oxide	152 or 155–157, nmr	679, cf. 304
4-Chloro-5-methylthio-2-phenyl-3(2H)-pyridazinone	nmr	1213; H123, 315, 812
6-Chloro-4-methylthio-2-phenyl-3(2H)-pyridazinone	—	H105, 323, 810
6-Chloro-5-methylthio-2-phenyl-3(2H)-pyridazinone	—	H812
6-Chloro-3-methylthio-4-pyridazinamine	213–214, nmr	654
3-Chloro-6-methylthiopyridazine	96–99 or 102	111, 1135; H282, 803
3-Chloro-6-methylthiopyridazine 1-oxide	192–193 or 194–197, nmr	679, cf. 304; H299
3-Chloro-6-methylthiopyridazine 2-oxide	169–172, nmr	679, cf. 304
6-Chloro-4-methylthio-3(2H)-pyridazinone	—	H96, 293, 810
5-Chloro-2-methyl-4-thioxo-1,4-dihydro-3(2H)-pyridazinone	—	H801
6-Chloro-2-methyl-4-ureido-3(2H)-pyridazinone	295, nmr	84

continued

Pyridazine	Melting Point (°C) etc.	Reference(s)
3-Chloro-5-morpholinomethyl-6-phenylpyridazine	crude: solid	1339
3-Chloro-4-morpholinomethylpyridazine	102–104, nmr; oxalate: 121–123	769
3-Chloro-6-morpholinomethylpyridazine	115–116	769
6-Chloro-2-morpholinomethyl-3(2H)-pyridazinethione	—	H798
6-Chloro-2-morpholinomethyl-3(2H)-pyridazinone	—	H71, 305
6-Chloro-4-morpholinomethyl-3(2H)-pyridazinone 1-oxide	—	H197, 300, 610
3-Chloro-4-morpholino-6-phenylpyridazine	148–150	1041
4-Chloro-5-morpholino-2-phenyl-3(2H)-pyridazinone	—	687; H122, 313, 592
6-Chloro-4-morpholino-2-phenyl-3(2H)-pyridazinone	—	878; H105, 323, 590
6-Chloro-5-morpholino-2-phenyl-3(2H)-pyridazinone	—	H93, 327, 593
4-Chloro-5-morpholino-2-prop-1'-enyl-3(2H)-pyridazinone	111–112	1269
3-Chloro-5-morpholinopyridazine	—	H586
3-Chloro-6-morpholinopyridazine	—	H279, 574
3-Chloro-6-morpholino-4-pyridazinecarbonitrile	195–196, uv	820
6-Chloro-3-morpholino-4-pyridazinecarbonitrile	134–135, uv	820
3-Chloro-6-morpholino-4-pyridazinecarboxamide	255–257	820
6-Chloro-3-morpholino-4-pyridazinecarboxamide	172–175	820
3-Chloro-5-morpholino-4(1H)-pyridazinone	244–245	224
4-Chloro-5-morpholino-3(2H)-pyridazinone	223 to 232, ir, nmr	224, 542, 641; H117, 311, 586
5-Chloro-6-morpholino-4(1H)-pyridazinone	250	224
3-Chloro-6-nitroaminopyridazine	—	H279, 607
4-Chloro-5-nitro-2-phenyl-3(2H)-pyridazinone	—	H123, 648
6-Chloro-4-nitro-3-pyridazinamine 1-oxide	221–222, nmr	449, 450
6-Chloro-4-nitro-3,5-pyridazinediamine	—	H599
6-Chloro-5-nitro-3,4-pyridazinediamine	—	H599
6-Chloro-4-nitro-3,5-pyridazinediamine 1-oxide	285–287	449
6-Chloro-4-nitro-3(2H)-pyridazinone 1-oxide	nmr	450; H197, 300, 649
6-Chloro-3-oxo-2,3-dihydro-4-pyridazinecarbohydrazide	—	H96, 322, 440
5-Chloro-6-oxo-1,6-dihydro-3-pyridazinecarbonitrile 2-oxide	—	H196, 299
3-Chloro-6-oxo-1,6-dihydro-4-pyridazinecarboxamide	—	H87, 291, 439
6-Chloro-3-oxo-2,3-dihydro-4-pyridazinecarboxamide	253–254	1099; H96, 322, 440
3-Chloro-6-oxo-1,6-dihydro-4-pyridazinecarboxylic acid	—	H87, 291, 326, 439
6-Chloro-3-oxo-2,3-dihydro-4-pyridazinecarboxylic acid	213–215	820; H96, 292, 322, 440
5-Chloro-6-oxo-1,6-dihydro-3-pyridazinecarboxylic acid 2-oxide	—	H196, 299, 438
3-Chloro-6-pentyloxypyridazine	—	688; H178, 280

continued

Pyridazine	Melting Point (°C) etc.	Reference(s)
5-Chloro-6-pentyloxy-4-pyridazinecarbaldehyde 2-oxide	—	H 198, 300, 398
3-Chloro-4-phenyl-6-phenylpyridazine	40–41, nmr	1632
3-Chloro-6-pentylpyridazine	—	H 276
3-Chloro-6-pent-4'-ynyloxypyridazine	71–73, ir, ms, nmr	336
4-Chloro-5-phenethylamino-3(2H)-pyridazinone	—	H 116, 310, 584
3-Chloro-4-phenethyl-6-phenylpyridazine	104, ms, nmr	1959
4-Chloro-5-phenoxy-2-phenyl-3(2H)-pyridazinone	99–100, ir, nmr	1089
5-Chloro-4-phenoxy-2-phenyl-3(2H)-pyridazinone	101–102, ir, nmr	591
3-Chloro-6-phenoxypyridazine	—	H 179, 281
5-Chloro-4-phenoxy-3(2H)-pyridazinone	—	591
3-Chloro-6-phenylazopyridazine	119–120, ir, nmr	854
3-Chloro-6-phenylethynylpyridazine	107–108, ir, nmr	834
3-Chloro-6-β-phenylhydrazinopyridazine	153–154, ir, nmr	854
6-Chloro-2-phenyl-4-β-phenylhydrazino-3(2H)-pyridazinone	—	1471
4-Chloro-2-phenyl-5-phenylsulfonyl-3(2H)-pyridazinone	anal, ir, ms	1774
4-Chloro-2-phenyl-5-phenylthio-3(2H)-pyridazinone	114–116, or 122, ir, nmr	1089, 1774; H 123, 315, 812
6-Chloro-2-phenyl-4-phenylthio-3(2H)-pyridazinone	—	1409
6-Chloro-2-phenyl-5-phenylthio-3(2H)-pyridazinone	—	1409
4-Chloro-2-phenyl-5-piperidino-3(2H)-pyridazinone	—	687; H 122, 313, 592
6-Chloro-2-phenyl-4-piperidino-3(2H)-pyridazinone	—	H 589
6-Chloro-2-phenyl-5-piperidino-3(2H)-pyridazinone	—	H 93, 327, 593
4-Chloro-2-phenyl-5-propionamido-3(2H)-pyridazinone	—	H 121, 313
4-Chloro-2-phenyl-5-propoxy-3(2H)-pyridazinone	—	H 123
4-Chloro-2-phenyl-5-propylamino-3(2H)-pyridazinone	—	H 121, 313, 591
6-Chloro-2-phenyl-4-propylamino-3(2H)-pyridazinone	—	H 104
6-Chloro-2-phenyl-4-propylthio-3(2H)-pyridazinone	—	H 811
6-Chloro-2-phenyl-5-propylthio-3(2H)-pyridazinone	—	H 812
5-Chloro-6-phenyl-3-pyridazinamine	156–157, ir, nmr; HCl: 182–186, ir, nmr	133
6-Chloro-3-phenyl-4-pyridazinamine	133–135, ir, nmr	133
3-Chloro-4-phenylpyridazine	97–109 or 110–112, nmr	1186, 1408
3-Chloro-5-phenylpyridazine	181, nmr	2069
3-Chloro-6-phenylpyridazine	159–160 or 162–163, nmr, pK_a	59, 94, 936, 1114, 1145, 1222, 1569, 2069; H 276, 302, 303
3-Chloro-6-phenyl-4-pyridazinecarbonitrile	206, ir, nmr	1319
3-Chloro-6-phenyl-4-pyridazinecarboxamide	204, ir, nmr	1319, 2040
4-Chloro-1-phenyl-3,6(1H,2H)-pyridazinedione	—	H 156, 337

continued

Pyridazine	Melting Point (°C) etc.	Reference(s)
4-Chloro-2-phenyl-3,6(1H,2H)-pyridazinedione	—	H 155, 337
5-Chloro-2-phenyl-3,4(1H,2H)-pyridazinedione	nmr	1213
6-Chloro-2-phenyl-3,4(1H,2H)-pyridazinedione	—	H 169, 323
3-Chloro-6-phenylpyridazine 1-oxide	—	H 301
3-Chloro-6-phenylpyridazine 2-oxide	—	H 300
6-Chloro-2-phenyl-3(2H)-pyridazinethione	—	H 333, 798
3-Chloro-6-phenyl-4(1H)-pyridazine	233–234, or 283–284, ir, nmr	1041
4-Chloro-2-phenyl-3(2H)-pyridazinone	—	H 84, 315
4-Chloro-6-phenyl-3(2H)-pyridazinone	220–221, ir, nmr	1041
5-Chloro-2-phenyl-3(2H)-pyridazinone	—	H 85, 92, 326
5-Chloro-6-phenyl-3(2H)-pyridazinone	230–231, ir, nmr	941, 1588; H 87, 326
6-Chloro-2-phenyl-3(2H)-pyridazinone	—	878; H 80, 306
6-Chloro-3-phenyl-4(1H)-pyridazinone	214–216	1087
5-Chloro-2-phenyl-6-thiocyanato-3(2H)-pyridazinone	—	H 826
6-Chloro-2-phenyl-4-thiocyanato-3(2H)-pyridazinone	—	H 826
6-Chloro-2-phenyl-5-thiocyanato-3(2H)-pyridazinone	—	H 826
3-Chloro-6-phenylthiopyridazine	—	H 284, 807
3-Chloro-6-phenylthiopyridazine 1-oxide	—	H 299
4-Chloro-5-phenylthio-3(2H-pyridazinone	—	H 118, 312, 812
5-Chloro-2-phenyl-4-thioxo-1,4-dihydro-3(2H)-pyridazinone	—	H 329
6-Chloro-2-phenyl-4-thioxo-1,4-dihydro-3(2H)-pyridazinone	—	H 105, 323, 801
3-Chloro-4-piperidinomethylpyridazine	58–60, 150/7, nmr; oxalate: 139	769
6-Chloro-2-piperidinomethyl-3(2H)-pyridazinone	—	H 798
6-Chloro-2-piperidinomethyl-3(2H)-pyridazinone	—	H 71, 305
6-Chloro-4-piperidinomethyl-3(2H)-pyridazinone 1-oxide	—	H 196, 610
3-Chloro-6-piperidinopyridazine	—	H 278, 578
3-Chloro-6-piperidino-4-pyridazinecarbonitrile	126–127, uv	820
6-Chloro-3-piperidino-4-pyridazinecarbonitrile	57–59, uv	820
6-Chloro-3-piperidino-4-pyridazinecarboxamide	144–145	820
3-Chloro-6-piperidinopyridazine 2-oxide	—	H 300, 604
4-Chloro-5-piperidino-3(2H)-pyridazinone	—	H 116, 311, 586
3-Chloro-6-pivalamidopyridazine	159, ir, nmr	1421
6-Chloro-2-propoxycarbonylmethyl-3(2H)-pyridazinone	—	H 78, 305
5-Chloro-6-propoxy-3-pyridazinamine 2-oxide	—	H 198, 301
3-Chloro-6-propoxypyridazine	—	H 178, 280
3-Chloro-6-propoxypyridazine 2-oxide	—	H 300
2-γ-Chloropropyl-6-methyl-3(2H)-pyridazinone	liq, ir, nmr, uv	237
2-γ-Chloropropyl-6-phenyl-3(2H)-pyridazinone	liq, ir, nmr, uv	237
6-Chloro-N-propyl-3-pyridazinesulfonamide	—	H 284, 823
2-γ-Chloropropyl-3(2H)-pyridazinone	liq, ir, nmr, uv	237
3-Chloro-4-pyridazinamine	140–142, nmr	447; H 290, 558
5-Chloro-4-pyridazinamine	120–122	675; H 295, 558

continued

Pyridazine	Melting Point (°C) etc.	Reference(s)
6-Chloro-3-pyridazinamine	209 to 236, nmr, pK_a, uv	98, 116, 450, 675, 1176, 1283; H276, 303, 551
6-Chloro-4-pyridazinamine	161–162, nmr	654; H289, 558
6-Chloro-3-pyridazinamine 1-oxide	225–226	891
6-Chloro-3-pyridazinamine 2-oxide	nmr	450; H299, 301, 603
6-Chloro-4-pyridazinamine 2-oxide	—	H604
3-Chloropyridazine	nmr, pK_a	94, 450; H275
4-Chloropyridazine	—	H275
5-Chloro-3-pyridazinecarbaldehyde 2-oxide	—	H299, 398
6-Chloro-3-pyridazinecarbohydrazide	254–255, ir, ms	1459
3-Chloro-4-pyridazinecarbonitrile	41–43	820; H289, 447
6-Chloro-3-pyridazinecarbonitrile	crude: 85–88	1338; H276, 446
5-Chloro-3-pyridazinecarbonitrile 2-oxide	—	H299, 446
3-Chloro-4-pyridazinecarboxamide	—	1684; H290, 435
6-Chloro-3-pyridazinecarboxamide	243–244, ir, nmr	1592, 1773; H276, 434
6-Chloro-3-pyridazinecarboxylic acid	nmr	1638; H276, 434
3-Chloro-4,5-pyridazinediamine	197–198, nmr, uv	973; H599
4-Chloro-3,5-pyridazinediamine	—	H598
5-Chloro-3,4-pyridazinediamine	—	H295, 597
6-Chloro-3,4-pyridazinediamine	pK_a, uv	675; H293, 597
4-Chloro-3,6(1H,2H)-pyridazinedione	pK_a, uv	675, 802; H150, 337
6-Chloro-3,4(1H,2H)-pyridazinedione	111–112, ir, nmr, uv	665; H169, 293
3-Chloropyridazine 1-oxide	93–94, nmr	103, 450; H299
3-Chloropyridazine 2-oxide	nmr	450; H300
4-Chloropyridazine 1-oxide	—	H299
4-Chloropyridazine 2-oxide	—	H300
6-Chloro-3-pyridazinesulfonic acid	—	H284, 825
6-Chloro-3-sulfonohydrazide	—	H284, 823
6 Chloro 3 pyridazinesulfonyl chloride	—	H284, 825
6-Chloro-3(2H)-pyridazinethione	—	315, 1724; H282, 797
6-Chloro-3,4,5-pyridazinetriamine	—	H601
4-Chloro-3(2H)-pyridazinone	—	H84, 96, 322
6-Chloro-3(2H)-pyridazinone	136 to 148, dipole, nmr, pol, uv	94, 98, 644, 755, 1116, 1167, 1169, 1183, 1638, 1983; H66, 280
4-Chloro-3(2H)-pyridazinone 1-oxide	212–213	833; H299

continued

Pyridazine	Melting Point (°C) etc.	Reference(s)
6-Chloro-3(2H)-pyridazinone 1-oxide	—	H 195, 300
3-Chloro-6-styrylpyridazine	176 or 180–182, ir, ms, nmr	26, 1282
6-Chloro-2-β-thiocyanatoethyl-3(2H)-pyridazinone	—	H 73, 305, 826
6-Chloro-2-thiocyanatomethyl-3(2H)-pyridazinone	—	H 71, 305, 826
3-Chloro-6-thiocyanatopyridazine	—	H 283, 825
5-Chloro-4-thioxo-1,4-dihydro-3(2H)-pyridazinone	—	H 801
3-Chloro-4,5,6-trifluoropyridazine	nmr	459
4-Chloro-3,5,6-trifluoropyridazine	155/760, $n_D^{20°}$ 1.4562, nmr	459
3-Chloro-4,5,6-trimethoxypyridazine	—	H 184, 294
3-Chloro-6-trimethylammoniopyridazine (+ anion)	Cl; nmr	1796
3-Chloro-4,5,6-trimethylpyridazine	93–95, nmr	762
4-Chloro-3,5,6-trimethylpyridazine	76–77	105, cf. 1793
3-Chloro-6-trimethylsiloxypyridazine	74–76, 85–87/1, nmr, uv	1172
4-Chloro-3-trimethylsiloxy-5-trimethylsilylaminopyridazine	120–123, 133–135/1, uv	1172
3-Chloro-6-trimethylsilylaminopyridazine	127–130, 143–144/1, ir, nmr	1172
3-Chloro-4,5,6-triphenylpyridazine	—	1426
3-Chloro-4,5,6-trismethylthiopyridazine	—	H 294, 814
3-Chloro-5-ureido-4(1H)-pyridazinone	270, nmr	83
6-Chloro-4-ureido-3(2H)-pyridazinone	295, nmr	84
2-δ-Cyanobutyl-6-phenyl-3(2H)-pyridazinone	196–203/0.7, nmr	118
4-Cyano-6-ethoxycarbonyl-5-methyl-1-phenylpyridazinium-3-olate	90, ir, nmr	1645
4-Cyano-6-ethoxycarbonyl-1-phenyl-5-styrylpyridazinium-3-olate	260–263, ir, nmr	1645
2-β-Cyanoethyl-4-ethoxy-5-morpholino-3(2H)-pyridazinone	anal, ir, nmr	534
2-β-Cyanoethyl-3-methoxy-6-methylthiopyridazine	—	2024
2-β-Cyanoethyl-6-methyl-3(2H)-pyridazinone	96–97, nmr	118, 1288
5-Cyano-4-ethyl-6-oxo-1-phenyl-1,6-dihydro-3-pyridazinecarboxamide	187–189, ir, nmr	1808
5-Cyano-4-ethyl-6-oxo-1-phenyl-1,6-dihydro-3-pyridazinecarboxylic acid	230–231, ir, nmr	1808
2-β-Cyanoethyl-6-phenyl-3(2H)-pyridazinethione	127–128, ir, nmr	1288
2-β-Cyanoethyl-6-phenyl-3(2H)-pyridazinone	103–104, nmr	118, 1288; H 71
4-β-Cyanoethyl-3,6(1H,2H)-pyridazinedione	—	H 155
2-β-Cyanoethyl-3(2H)-pyridazinethione	63–64, ir, nmr	1288
2-β-Cyanoethyl-3(2H)-pyridazinone	75–76, nmr	118
5-Cyano-6-imino-1,4-diphenyl-1,6-dihydro-3-pyridazinecarboxanilide	155	219
5-Cyano-4-imino-1,6-diphenyl-1,4-dihydro-3-pyridazinecarboxylic acid	198, ir	376
5-Cyano-6-imino-4-methyl-1-phenyl-1,6-dihydro-3-pyridazinecarboxanilide	160	219

continued

Table of Simple Pyridazines

Pyridazine	Melting Point (°C) etc.	Reference(s)
5-Cyano-6-imino-4-methyl-1-phenyl-1,6-dihydro-3-pyridazinecarboxylic acid	210 or >270, ir	1216, 1864
3-(N-Cyano-N-methylamino)pyridazine	151–154, nmr	1010
3-(N-Cyano-N-methylamino)pyridazine 2-oxide	—	921
4-Cyanomethyl-3,6-diphenylpyridazine	156–157, ir, nmr	222
5-Cyano-4-methyl-1,6-diphenylpyridazinium-3-carboxylate	210, ir	1216
4-Cyanomethyl-6-imino-1-phenyl-1,6-dihydro-3,5-pyridazinedicarbonitrile	>300, ir, nmr	1364
5-Cyano-3-methyl-6-oxo-1,6-dihydro-4-pyridazinecarboxylic acid	230–231, ir, nmr	128
5-Cyano-4-methyl-6-oxo-1-phenyl-1,6-dihydro-3-pyridazinecarbohydrazide	230–233, complexes, ir, nmr; PhCH=: 190–194, ir, nmr	1365, 1714, 1800, 1801
5-Cyano-4-methyl-6-oxo-1-phenyl-1,6-dihydro-3-pyridazinecarboxanilide	230	219
5-Cyano-4-methyl-6-oxo-1-phenyl-1,6-dihydro-3-pyridazinecarboxylic acid	238 or 250, ir, nmr, pK_a	52, 1240, 1365, 1368
6-Cyano-5-methyl-3-oxo-2-phenyl-2,3-dihydro-4-pyridazinecarboxylic acid	204, ir	1217
3-Cyanomethyl-6-phenyl-4(1H)-pyridazinone	273–274, ir, nmr	1489
3-Cyanomethylpyridazine	uv	1164
4-Cyano-1-methylpyridazinium-3-olate	200–203, ir, nmr, uv	1300
2-ε-Cyanopentyl-6-phenyl-3(2H)-pyridazinone	200–207/0.7, ir, nmr	118, 1288
2-γ-Cyanopropyl-4,6-diphenyl-3(2H)-pyridazinimine	HBr: hygroscopic	1309
2-γ-Cyanopropyl-6-methoxy-3-methylthiopyridazine	—	2024
2-γ-Cyanopropyl-4-methyl-6-phenyl-3(2H)-pyridazinimine	HBr: hygroscopic	1309
2-γ-Cyanopropyl-6-phenyl-3(2H)-pyridazinimine	HBr: anal, hygroscopic	1309
2-γ-Cyanopropyl-6-phenyl-3(2H)-pyridazinone	185–190/0.3, ir, nmr	118, 1288
4-Cyclohexylamino-3,6-diphenylpyridazine	—	252
4-Cyclohexylamino-2-methyl-1-phenyl-3,6(1H,2H)-pyridazinedione	—	H 159, 595
3-Cyclohexylamino-6-methylsulfonylpyridazine	—	H 823
4-Cyclohexylamino-5-nitro-2-phenyl-3(2H)-pyridazinone	—	601
2-Cyclohexyl-4,5-bismethylthio-3(2H)-pyridazinone	—	H 815
2-Cyclohexyl-4,5-dimethoxy-3(2H)-pyridazinone	—	H 126
2-Cyclohexyl-4-dimethylamino-6-ethoxy-3(2H)-pyridazinone	—	H 588
2-Cyclohexyl-5-dimethylamino-6-ethoxy-3(2H)-pyridazinone	—	H 591
1-Cyclohexyl-4-dimethylamino-3,6(1H,2H)-pyridazinedione	—	H 591
1-Cyclohexyl-5-dimethylamino-3,6(1H,2H)-pyridazinedione	—	H 588
6-Cyclohexyl-2-methyl-3-oxo-2,3-dihydro-4-pyridazinecarbonitrile	—	H 99
4-Cyclohexyl-6-methylpyridazine	57–59, ms, nmr	1676

continued

Pyridazine	Melting Point (°C) etc.	Reference(s)
6-Cyclohexyl-4-methyl-3(2H)-pyridazinone	173	1319
2-Cyclohexyl-5-nitro-3,4(1H,2H)-pyridazinedione	—	H 169, 648
6-Cyclohexyl-3-oxo-2,3-dihydro-4-pyridazinecarbonitrile	—	H 98
3-Cyclohexyloxy-6-dimethylaminopyridazine	—	707
3-Cyclohexyloxy-6-ethoxypyridazine	—	677
3-Cyclohexyloxy-6-isobutoxypyridazine	—	677
3-Cyclohexyloxy-6-isopentyloxypyridazine	—	677
3-Cyclohexyloxy-6-isopropoxypyridazine	—	677
3-Cyclohexyloxy-6-methoxypyridazine	—	677
3-Cyclohexyloxy-6-pentyloxypyridazine	—	677
3-Cyclohexyloxy-6-phenoxypyridazine	2-MeI: −	690
3-Cyclohexyloxy-6-propoxypyridazine	—	677
6-Cyclohexyl-3(2H)-pyridazinone	156, nmr	1309
6-Cyclohexylthio-3-pyridazinamine	124–125, nmr	1147
4,5-Diacetamido-3,6-dimethoxypyridazine	—	H 599
4,5-Diacetamido-6-methoxy-3(2H)-pyridazinone	—	H 128, 599
4,5-Diacetamido-2-methyl-3(2H)-pyridazinone	195–196, nmr	325
4,5-Diacetamido-6-methyl-3(2H)-pyridazinone	—	H 601
3,4-Diacetamidopyridazine	—	H 597
1,2-Diacetonyl-4,5-dichloro-3,6(1H,2H)-pyridazinedione	137–138, ir, nmr	2039
3,6-Diacetonylpyridazine	68, ir, nmr	825
3,6-Diacetyl-4,5-dihydro-4,5-pyridazinedione 1,2-dioxide	95–97	506
3,6-Diacetylpyridazine	dioxime: anal, complexes, ir, nmr	1545
4,5-Diacetylpyridazine	52–53, ir, nmr	81
4-Diallylamino-3,6-dichloropyridazine	—	H 585
5-Diallylamino-4-ethoxy-2-methyl-3(2H)-pyridazinone	130/2	1269
3-Diallylamino-6-hydrazinopyridazine	2 HCl: 214–217; PhCH=: 173–175	1258; H 579
3,6-Diallyloxypyridazine	—	H 189
1,2-Diallyl-3,6(1H,2H)-pyridazinedione	—	H 163
4,5-Diamino-2-benzyl-6-benzyloxy-3(2H)-pyridazinone	—	H 602
2,3-Diamino-6-chloropyridazinium (+ anion)	mesitylenesulfonate: 244–245	929
4,5-Diamino-6-chloro-3(2H)-pyridazinone	—	H 599
4,5-Diamino-2-cyclohexyl-3(2H)-pyridazinone	—	H 602
4,5-Diamino-2,6-dimethyl-3(2H)-pyridazinone	—	H 602
4,5-Diamino-6-methoxy-3(2H)-pyridazinone	—	H 128, 599
4,5-Diamino-2-methyl-3(2H)-pyridazinethione	229–231, nmr, uv	197, 325
4,5-Diamino-2-methyl-3(2H)-pyridazinone	212	1206; H 602
4,5-Diamino-6-methyl-3(2H)-pyridazinone	—	H 599
4,5-Diamino-6-morpholinocarbonyl-2-phenyl-3(2H)-pyridazinone	196–198, nmr	1789
4,5-Diamino-6-oxo-1-phenyl-1,6-dihydro-3-pyridazinecarbohydrazide	265–268, ir, nmr	1789

continued

Table of Simple Pyridazines

Pyridazine	Melting Point (°C) etc.	Reference(s)
4,5-Diamino-2-phenyl-3(2H)-pyridazinone	200, pK_a	601, 1167, 1206; H 602
5,6-Diamino-2-phenyl-3(2H)-pyridazinone	—	H 93, 602
4,5-Diamino-3,6(1H,2H)-pyridazinedione	—	H 601
4,5-Diamino-3(2H)-pyridazinethione	275–276, nmr, uv	197, 793; H 599, 798
5,6-Diamino-3(2H)-pyridazinethione	—	H 597, 798
5,6-Diamino-4(1H)-pyridazinethione	—	H 597, 800
2,3-Diaminopyridazinium (+ anion), see 3-Imino-2,3-dihydro-2-pyridazinamine (salt)	—	
4,5-Diamino-3(2H)-pyridazinone	231–232, nmr, uv	650, 973; H 599, 601
3,6-Dianilinopyridazine	—	H 601
4,5-Diazido-6-nitro-3(2H)-pyridazinone	115–118, ir	1680
3,5-Diazido-6-phenylpyridazine	190, ir, nmr	133, 134
4,5-Diazido-2-phenyl-3(2H)-pyridazinone	—	H 654
3,6-Diazidopyridazine	128–129	408, 1355; H 654
5-Diazonio-2-ethyl-3-oxo-2,3-dihydro-4-pyridazinolate	—	H 653
4-Diazonio-5-oxo-2-phenyl-2,5-dihydro-3-pyridazinolate	—	909
5-Diazonio-3-oxo-2-phenyl-2,3-dihydro-4-pyridazinolate	—	909; H 653
6-Diazonio-3-pyridazinolate 1-oxide	—	H 653
3,6-Dibenzoyl-4,5-dihydro-4,5-pyridazinedione 1,2-dioxide	180–182, nmr	250, 506; H 198
3,6-Dibenzoyl-1,2-dihydroxy-4,5(1H,2H)-pyridazinedione	—	H 198
3,6-Dibenzoyl-1,5-dihydroxy-4(1H)-pyridazinone	—	H 134
3,6-Dibenzoylpyridazine	127–129, ir, ms, nmr; dioxime: 228, complexes, ir, ms, nmr	1545, 1638, 1698, 1939
4,5-Dibenzoylpyridazine	119–120, ir, ms, nmr; mono-sc: 200–202, ir, nmr	72, 79, 81
3,6-Dibenzyl-5-hydroxy-4(1H)-pyridazinone	—	H 132, 133
2,5-Dibenzyl-6-methyl-3(2H)-pyridazinone	88, ir, nmr	884
3,4-Dibenzyloxy-6-chloropyridazine	106 then 126–127, nmr, uv	665
3,6-Dibenzyloxypyridazine	—	H 191
2,4-Dibenzyl-6-phenyl-3(2H)-pyridazinone	102	1251
4,5-Dibromo-3,6-bistrimethylsiloxypyridazine	71–72, 125–127/2, nmr, uv	1168, 1172
4,5-Dibromo-6-butanesulfonyloxy-3(2H)-pyridazinone	—	H 331
4,5-Dibromo-2-butyl-3(2H)-pyridazinone	liq, ir, nmr	1936
4,5-Dibromo-2-β-carboxyethyl-3(2H)-pyridazinone	—	587; H 112, 317
4,5-Dibromo-6-β-carboxyethyl-3(2H)-pyridazinone	—	H 331

continued

Pyridazine	Melting Point (°C) etc.	Reference(s)
4,5-Dibromo-2-(chloroformyl)ethyl-3(2H)-pyridazinone	—	H112, 317
3,6-Dibromo-4-chloropyridazine	62–64, 140/3, nmr	447
4,5-Dibromo-2-β-cyanoethyl-3(2H)-pyridazinone	—	587; H112, 317
4,5-Dibromo-1,2-dimethyl-3,6(1H,2H)-pyridazinedione	—	H163, 337
4,5-Dibromo-6-ethoxy-3(2H)-pyridazinone	—	H127, 184, 296, 330
4,5-Dibromo-1-ethyl-2-phenyl-3,6(1H,2H)-pyridazinedione	—	H162, 339
4,5-Dibromo-2-ethyl-3(2H)-pyridazinone	47–48, ir, nmr	1936
4,5-Dibromo-3-β-hydroxyethyl-3(2H)-pyridazinone	—	H401
4,5-Dibromo-2-hydroxymethyl-3(2H)-pyridazinone	—	587
4,5-Dibromo-6-isopentanesulfonyloxy-3(2H)-pyridazinone	—	H331
4,5-Dibromo-1-isopropyl-2-phenyl-3,6(1H,2H)-pyridazinedione	—	H167, 339
4,5-Dibromo-2-isopropyl-3(2H)-pyridazinone	85–86, ir, nmr	1936
4,5-Dibromo-6-methoxy-2-methyl-3(2H)-pyridazinone	—	H128, 330
4,5-Dibromo-6-methoxy-2-phenyl-3(2H)-pyridazinone	149–150, ir, nmr, uv	547
4,5-Dibromo-1-methyl-2-β-morpholinoethyl-3,6(1H,2H)-pyridazinedione	—	H164, 339
4,5-Dibromo-2-methyl-6-nitro-3(2H)-pyridazinone	—	H128, 330, 648
4,5-Dibromo-1-methyl-2-phenyl-3,6(1H,2H)-pyridazinedione	—	H159, 339
3,6-Dibromo-4-methylpyridazine	—	H295
4,5-Dibromo-1-methyl-3,6(1H,2H)-pyridazinedione	—	H152, 337
4,5-Dibromo-2-methyl-3(2H)-pyridazinone	113 to 119, ir, nmr	542, 956, 1936; H112, 317
4,6-Dibromo-5-methyl-3(2H)-pyridazinone 1-oxide	240	833
4,5-Dibromo-6-nitro-3(2H)-pyridazinone	—	H127, 330, 648
4,5-Dibromo-6-phenylmethanesulfonyloxy-3(2H)-pyridazinone	—	H331
4,5-Dibromo-1-phenyl-3,6(1H,2H)-pyridazinedione	234–235, ir	547
4,5-Dibromo-2-phenyl-3(2H)-pyridazinone	145–146, ir, nmr	542; H317
5,6-Dibromo-2-phenyl-3(2H)-pyridazinone	—	H92, 330
4,5-Dibromo-2-propyl-3(2H)-pyridazinone	58–59, ir, nmr	1936
3,6-Dibromo-4-pyridazinamine	225–226, nmr	447
3,6-Dibromopyridazine	nmr	1638; H286
4,5-Dibromo-3,6(1H,2H)-pyridazinedione	—	H127, 150, 296, 330, 337
4,5-Dibromo-3(2H)-pyridazinone	224–225, ir, nmr	542; H112, 317
3,5-Dibromo-4(1H)-pyridazinone 2-oxide	—	H196, 300
4,6-Dibromo-3(2H)-pyridazinone 1-oxide	—	H196
4,5-Dibromo-3-trimethylsiloxypyridazine	48–50, 112–113/2, nmr, uv	1172
3,5-Dibutoxy-4-chloropyridazine	crude: liq; HCl: 114–118	640
3,5-Dibutoxy-6-chloropyridazine	48–50, nmr	640

continued

Pyridazine	Melting Point (°C) etc.	Reference(s)
3,6-Dibutoxy-4-chloropyridazine	13–14, nmr	640
3,4-Dibutoxy-5-dimethylaminopyridazine	HCl: 97	637
3,4-Dibutoxy-6-dimethylaminopyridazine	HCl: 156–157	637
3,5-Dibutoxy-4-dimethylaminopyridazine	liq, nmr; pic: 77–80	641
3,5-Dibutoxy-6-dimethylaminopyridazine	nmr; pic: 75–76	640
3,6-Dibutoxy-4-dimethylaminopyridazine	HCl: 145–146 or 149–150	637, 640
3,5-Dibutoxy-6-morpholinopyridazine	80–82, nmr; HCl: 122–124	640
3,6-Dibutoxy-4-morpholinopyridazine	HCl: 134–135	637
3,6-Dibutoxy-4-nitropyridazine 1-oxide	—	H 198, 649
3,6-Dibutoxypyridazine	—	H 190
3,6-Di-t-butoxypyridazine	—	H 190
3,6-Dibutoxypyridazine 1-oxide	—	H 195
4,5-Di-s-butyl-3,6-dichloropyridazine	97–100, ms, nmr	1223
3,6-Di-t-butylpyridazine	179–180, ir, nmr	38
4,5-Di-t-butylpyridazine	108–109, ir, nmr	239, 628, 2046
1,2-Dibutyl-3,6(1H,2H)-pyridazinedione	—	H 163
3,5-Dichloro-4,6-bisdimethylaminopyridazine	58	637
4,5-Dichloro-3,6-bisdimethylaminopyridazine	crude: liq, ms; HCl: 137–140	1796
4,5-Dichloro-1,2-bis(α-ethylpropyl)-3,6(1H,2H)-pyridazinedione	—	H 163, 336
3,6-Dichloro-4,5-bisethylthiopyridazine	—	H 289, 814
3,6-Dichloro-4,5-bismethylthiopyridazine	—	H 289, 814
4,5-Dichloro-1,2-bis(β-morpholinoethyl)-3,6(1H,2H)-pyridazinedione	—	H 163, 336
4,5-Dichloro-3,6-bistrimethylsiloxypyridazine	55–56, 112–113/3, nmr, uv	1168, 1172
3,6-Dichloro-4-(β-chloro-α,α-dimethylethyl)pyridazine	64–65, ir, nmr	354
4,5-Dichloro-2-β-chloroethyl-6-methoxy-3(2H)-pyridazinone	—	H 130, 329
4,5-Dichloro-1-β-chloroethyl-3,6(1H,2H)-pyridazinedione	—	H 153, 334
5,6-Dichloro-2-β-chloroethyl-3(2H)-pyridazinone	—	H 92, 327
4,5-Dichloro-2-β-(chloroformyl)ethyl-3(2H)-pyridazinone	—	H 114, 309
4,5 Dichloro 2 (β chloro β methylbutyl) 3(2H)-pyridazinone	—	H 114
4,5-Dichloro-2-chloromethyl-6-methoxy-3(2H)-pyridazinone	—	H 129, 329
4,5-Dichloro-2-(β-chloromethyl-β-methylbutyl)-3(2H)-pyridazinone	—	H 114
4,5-Dichloro-2-(β-chloro-β-methylpentyl)-3(2H)-pyridazinone	—	H 114
4,5-Dichloro-2-(β-chloro-β-methylpropyl)-3(2H)-pyridazinone	—	H 114
4,5-Dichloro-1-chloromethyl-3,6(1H,2H)-pyridazinedione	—	H 151, 334

continued

Pyridazine	Melting Point (°C) etc.	Reference(s)
4,5-Dichloro-2-chloromethyl-3(2H)-pyridazinone	69–70	441, 916; H 112, 308
4,6-Dichloro-2-chloromethyl-3(2H)-pyridazinone	—	H 99, 324
5,6-Dichloro-2-chloromethyl-3(2H)-pyridazinone	—	H 91, 327
4,5-Dichloro-2-β-cyanoethyl-6-methoxy-3(2H)-pyridazinone	—	H 130, 329
4,5-Dichloro-1-β-cyanoethyl-3,6(1H,2H)-pyridazinedione	—	H 155, 334
4,5-Dichloro-2-β-cyanoethyl-3(2H)-pyridazinone	100–101, nmr	118; H 114, 309
3,6-Dichloro-5-β-cyanovinyl-4(1H)-pyridazinone	226–227	963
3,6-Dichloro-4-cyclohexylaminopyridazine	—	H 288, 583
3,6-Dichloro-5-cyclohexylamino-4-pyridazinecarbonitrile	117–118, uv	820
4,5-Dichloro-1-cyclohexyl-2-methyl-3,6(1H,2H)-pyridazinedione	—	H 167, 335
4,5-Dichloro-1-cyclohexyl-2-phenyl-3,6(1H,2H)-pyridazinedione	—	H 168, 336
3,6-Dichloro-4-cyclohexylpyridazine	72–73, ms, nmr	1223
4,5-Dichloro-2-cyclohexyl-3(2H)-pyridazinone	—	H 115
4,6-Dichloro-2-cyclohexyl-3(2H)-pyridazinone	—	H 110, 325
5,6-Dichloro-2-cyclohexyl-3(2H)-pyridazinone	—	H 326
4,5-Dichloro-1,2-dicyclohexyl-3,6(1H,2H)-pyridazinedione	—	H 163, 336
4,5-Dichloro-1-β-diethylaminoethyl-2-methyl-3,6(1H,2H)-pyridazinedione	—	H 164, 334
4,5-Dichloro-1-β-diethylaminoethyl-2-phenyl-3,6(1H,2H)-pyridazinedione	—	H 167, 336
4,5-Dichloro-2-β-diethylaminoethyl-3(2H)-pyridazinone	193–194	553; H 113, 308
5,6-Dichloro-2-β-diethylaminoethyl-3(2H)-pyridazinone	—	H 92, 327
4,5-Dichloro-1-diethylaminomethyl-3,6(1H,2H)-pyridazinedione	—	H 334
4,5-Dichloro-2-diethylaminomethyl-3(2H)-pyridazinone	—	H 113, 308
5,6-Dichloro-2-diethylaminomethyl-3(2H)-pyridazinone	—	H 91, 327
3,6-Dichloro-4-diethylaminopyridazine	—	H 288, 585
3,6-Dichloro-1-(diethylcarbamoyl)methyl-4(1H)-pyridazinone	—	H 134, 333
4,5-Dichloro-2-(diethylcarbamoyl)methyl-3(2H)-pyridazinone	—	H 114, 309
4,6-Dichloro-2-(diethylcarbamoyl)methyl-3(2H)-pyridazinone	—	H 101, 324
5,6-Dichloro-2-(diethylcarbamoyl)methyl-3(2H)-pyridazinone	—	H 92, 327
3,6-Dichloro-4,5-diethylpyridazine	108–109, ms, nmr	1223
3,4-Dichloro-5,6-difluoropyridazine	nmr	459
3,5-Dichloro-4,6-difluoropyridazine	nmr	459

continued

Table of Simple Pyridazines 499

Pyridazine	Melting Point (°C) etc.	Reference(s)
4,5-Dichloro-3,6-difluoropyridazine	48–49, 190/760, nmr	459; H 297
3,6-Dichloro-4-diisopropylaminopyridazine	—	H 288, 585
3,6-Dichloro-4,5-diisopropylpyridazine	138–141, ms, nmr	1223
4,5-Dichloro-1,2-diisopropyl-3,6(1H,2H)-pyridazinedione	—	H 163, 336
3,6-Dichloro-4,5-dimethoxypyridazine	—	H 185, 289
4,5-Dichloro-1-γ-dimethylaminobutyl-2-methyl-3,6(1H,2H)-pyridazinedione	—	H 166, 335
4,5-Dichloro-1-β-dimethylaminoethyl-2-methyl-3,6(1H,2H)-pyridazinedione	—	H 164, 334
4,5-Dichloro-2-β-dimethylaminoethyl-3(2H)-pyridazinone	248–250	553
4,5-Dichloro-1-(γ-dimethylamino-β-methylpropyl)-2-methyl-3,6(1H,2H)-pyridazinedione	—	H 166, 335
4,5-Dichloro-6-dimethylamino-2-methyl-3(2H)-pyridazinone	96–97, ir, nmr	1938
4,5-Dichloro-1-β-dimethylaminopropyl-2-methyl-3,6(1H,2H)-pyridazinedione	—	H 166
4,5-Dichloro-1-γ-dimethylaminopropyl-2-methyl-3,6(1H,2H)-pyridazinedione	—	H 166
4,5-Dichloro-2-γ-dimethylaminopropyl-3(2H)-pyridazinone	237–238	553
3,4-Dichloro-5-dimethylaminopyridazine	89–90	1796; H 584
3,4-Dichloro-6-dimethylaminopyridazine	144–145, nmr	1796
3,5-Dichloro-4-dimethylaminopyridazine	43–45, nmr	641
3,6-Dichloro-4-dimethylaminopyridazine	66–67	1796; H 287, 584
3,5-Dichloro-6-dimethylamino-4(1H)-pyridazinone	228–230	637
4,5-Dichloro-6-dimethylamino-3(2H)-pyridazinone	193–194, ir, nmr	1938
4,6-Dichloro-5-dimethylamino-3(2H)-pyridazinone	205	461
5,6-Dichloro-4-dimethylamino-3(2H)-pyridazinone	200	641
3,6-Dichloro-4-α,α-dimethylbutylpyridazine	liq, ms, nmr	1223
3,6-Dichloro-4,5-dimethylpyridazine	115–116, nmr	755, 762; H 289, 294
4,5-Dichloro-3,6-dimethylpyridazine	62–65, nmr; pic: 93–94	529
4,5-Dichloro-1,2-dimethyl-3,6(1H,2H)-pyridazinedione	—	H 163, 334
3,6-Dichloro-4,5-dimethylpyridazine 1-oxide	138–139, ir	103
4,5-Dichloro-3,6-dimethylpyridazine 1-oxide	105–109, nmr	796
4,5-Dichloro-2,6-dimethyl-3(2H)-pyridazinone	—	H 128, 328
4,5-Dichloro-2-α-ethoxycarbonylethyl-3(2H)-pyridazinone	—	H 114, 309
4,5-Dichloro-1-ethoxycarbonylmethyl-3,6(1H,2H)-pyridazinedione	—	H 154, 334
3,6-Dichloro-1-ethoxycarbonylmethyl-4(1H)-pyridazinone	—	H 134, 333
4,5-Dichloro-2-ethoxycarbonylmethyl-3(2H)-pyridazinone	—	H 114, 309

continued

Pyridazine	Melting Point (°C) etc.	Reference(s)
4,6-Dichloro-2-ethoxycarbonylmethyl-3(2H)-pyridazinone	—	H 101, 324
5,6-Dichloro-2-ethoxycarbonylmethyl-3(2H)-pyridazinone	—	H 92, 327
3,6-Dichloro-4-ethoxypyridazine	—	H 288
3,6-Dichloro-4-ethylaminopyridazine	—	H 287, 582
3,6-Dichloro-5-ethylamino-4-pyridazinecarbonitrile	135–137, uv	820
3,4-Dichloro-5-ethylimino-2-phenyl-2,5-dihydropyridazine	—	H 608
3,6-Dichloro-4-ethyl-5-methylpyridazine	—	H 289
4,5-Dichloro-2-ethyl-6-nitro-3(2H)-pyridazinone	—	H 130, 329, 648
3,6-Dichloro-4-ethylpyridazine	liq, ms, nmr	1223
3,6-Dichloro-1-ethyl-4(1H)-pyridazinone	—	H 134, 333
4,5-Dichloro-2-ethyl-3(2H)-pyridazinone	49–50, ir, nmr	916, 1901, 1936; H 113, 308
4,6-Dichloro-2-ethyl-3(2H)-pyridazinone	—	H 100, 324
5,6-Dichloro-2-ethyl-3(2H)-pyridazinone	—	H 91, 327
3,6-Dichloro-4-ethylthiopyridazine	—	H 288, 810
3,6-Dichloro-4-fluoropyridazine	—	H 917, 1053
3,6-Dichloro-4-hydrazinocarbonylmethylpyridazine	137–140, ir	947
3,6-Dichloro-4-hydrazinopyridazine	213	640; H 288, 661
4,5-Dichloro-2-δ-hydroxybutyl-3(2H)-pyridazinone	92–93, ir, nmr	1700
3,6-Dichloro-4-(β-hydroxy-α,α-dimethylethyl)pyridazinone	134–136, ir, nmr	354
4,5-Dichloro-1-β-hydroxyethyl-2-isopropyl-3,6(1H,2H)-pyridazinedione	—	H 167, 336
4,5-Dichloro-2-β-hydroxyethyl-6-methoxy-3(2H)-pyridazinone	—	H 130, 329, 402
3,6-Dichloro-4-α-hydroxyethylpyridazine	80, ir, nmr	1669
4,5-Dichloro-1-β-hydroxyethyl-3,6(1H,2H)-pyridazinedione	—	H 153, 334, 402
4,5-Dichloro-2-β-hydroxyethyl-3(2H)-pyridazinone	—	H 114, 309, 402
5,6-Dichloro-2-β-hydroxyethyl-3(2H)-pyridazinone	—	H 92, 327, 403
4,5-Dichloro-2-hydroxymethyl-6-nitro-3(2H)-pyridazinone	85–86, ir, nmr	1700
3,6-Dichloro-5-(3-hydroxy-2-methylprop-1-enyl)-4(1H)-pyridazinone	146–147, nmr	963
3,6-Dichloro-4-hydroxymethylpyridazine	128–130, nmr	755; H 288
4,5-Dichloro-1-hydroxymethyl-3,6(1H,2H)-pyridazinedione	—	H 153, 334, 402
4,5-Dichloro-2-hydroxymethyl-3(2H)-pyridazinone	111–113, ir, nmr	441, 1700; H 113, 308, 402
4,6-Dichloro-2-hydroxymethyl-3(2H)-pyridazinone	—	H 100, 324, 402
5,6-Dichloro-2-hydroxymethyl-3(2H)-pyridazinone	—	H 91, 327, 403
4,6-Dichloro-5-hydroxy-2-phenyl-3(2H)-pyridazinone	—	H 130, 329

continued

Table of Simple Pyridazines

Pyridazine	Melting Point (°C) etc.	Reference(s)
3,6-Dichloro-5-hydroxy-4(1H)-pyridazinone	—	H 132, 289
3,6-Dichloro-4-iodopyridazine	135, ir, nmr	1669
4,5-Dichloro-2-isobutyl-3(2H)-pyridazinone	—	H 114, 309
3,4-Dichloro-5-isopropylaminopyridazine	nmr	1917
3,5-Dichloro-4-isopropylaminopyridazine	—	1917
3,6-Dichloro-4-isopropylaminopyridazine	—	H 583
4,5-Dichloro-1-isopropyl-2-phenyl-3,6(1H,2H)-pyridazinedione	—	H 167, 336
3,6-Dichloro-4-isopropylpyridazine	liq, ms, nmr	1223
4,5-Dichloro-2-isopropyl-3(2H)-pyridazinone	68–69, ir, nmr	1936; H 114, 309
4,5-Dichloro-1-methoxycarbonylmethyl-2-methyl-3,6(1H,2H)-pyridazinedione	—	H 164, 334
3,6-Dichloro-4-methoxycarbonylmethylpyridazine	32–33, ir, uv	947
3,5-Dichloro-6-methoxy-4-methylpyridazine 2-oxide	138–139	833
4,5-Dichloro-6-methoxy-2-methyl-3(2H)-pyridazinone	—	H 129, 328
4,6-Dichloro-5-methoxy-2-phenyl-3(2H)-pyridazinone	—	H 130, 329
3,4-Dichloro-5-methoxypyridazine	100–102, ir, nmr	90, 689, 882; H 185, 289, 295
3,4-Dichloro-6-methoxypyridazine	68–69, nmr	881; H 183, 290
3,5-Dichloro-4-methoxypyridazine	61, nmr	882; H 185
3,5-Dichloro-6-methoxypyridazine	80–81, nmr	881; H 181
3,6-Dichloro-4-methoxypyridazine	130, nmr	640, 881; H 185, 288
4,5-Dichloro-3-methoxypyridazine	96–97, nmr	882
3,4-Dichloro-6-methoxypyridazine 1-oxide	—	H 196, 300
3,5-Dichloro-6-methoxypyridazine 2-oxide	139–141 or 148–149, uv	833, 905; H 300
3,6-Dichloro-4-methoxypyridazine 1-oxide	—	H 196, 301
3,6-Dichloro-4-methoxypyridazine 2-oxide	—	H 196, 300
2,4-Dichloro-5-methoxy-3(2H)-pyridazinone	—	H 119
3,6-Dichloro-4-methylaminopyridazine	—	H 287, 582
3,6-Dichloro-5-methylamino-4-pyridazinecarbonitrile	164–165, uv	820
4,5-Dichloro-2-β-(methylcarbamoyl)ethyl-3(2H)-pyridazinone	—	H 114, 309
3,4-Dichloro-5-α-methylhydrazinopyridazine	132–134, ir, nmr	1061
3,4-Dichloro-5-methylimino-2-phenyl-2,5-dihydropyridazine	—	H 608
4,5-Dichloro-1-methyl-2-β-morpholinoethyl-3,6(1H,2H)-pyridazinedione	—	H 165, 334
4,5-Dichloro-2-methyl-6-nitro-3(2H)-pyridazinone	98–99, ir, nmr	1938; H 129, 328, 648
4,5-Dichloro-1-methyl-6-oxo-1,6-dihydro-3-pyridazinecarboxylic acid	—	H 128, 328, 438
4,5-Dichloro-1-methyl-2-phenethyl-3,6(1H,2H)-pyridazinedione	—	H 164, 335

continued

Pyridazine	Melting Point (°C) etc.	Reference(s)
3,6-Dichloro-4-methyl-5-phenylpyridazine	—	H 289
4,5-Dichloro-1-methyl-2-phenyl-3,6(1H,2H)-pyridazinedione	—	H 159, 335
3,6-Dichloro-4-methylpyridazine	63–65, nmr	755, 762; H 287
3,6-Dichloro-5-methyl-4-pyridazinecarbonitrile	99, nmr, uv	821
4,5-Dichloro-6-methyl-3-pyridazinecarbonitrile 2-oxide	178–179, ir, nmr	796
3,6-Dichloro-N-methyl-4-pyridazinecarboxamide	—	2040
4,5-Dichloro-1-methyl-3,6-(1H,2H)-pyridazinedione	—	H 152, 334
3,4-Dichloro-6-methylpyridazine 1-oxide	—	H 300
4,5-Dichloro-1-methylpyridazinium-3-olate	230, nmr, uv	1300
5,6-Dichloro-2-methylpyridazinium-4-olate	217, ir, nmr, uv	699
3,6-Dichloro-1-methyl-4(1H)-pyridazinone	—	H 133, 333
4,5-Dichloro-2-methyl-3(2H)-pyridazinone	87 to 92, ir, nmr	689, 956, 1213, 1269, 1901, 1936, 2048; H 112, 308
4,6-Dichloro-2-methyl-3(2H)-pyridazinone	—	H 98, 324
5,6-Dichloro-1-methyl-4(1H)-pyridazinone	173–174	141
5,6-Dichloro-2-methyl-3(2H)-pyridazinone	97–98, pK_a, uv	675, 881; H 91, 327
4,6-Dichloro-5-methyl-3(2H)-pyridazinone 1-oxide	234	833
3,6-Dichloro-4-methylthiopyridazine	—	H 208, 810
4,5-Dichloro-1-β-morpholinoethyl-2-phenyl-3,6(1H,2H)-pyridazinedione	—	H 167, 338, 336
4,5-Dichloro-2-β-morpholinoethyl-3(2H)-pyridazinone	250–252	553
4,5-Dichloro-2-morpholinomethyl-3(2H)-pyridazinone	—	H 113, 308
2,4-Dichloro-5-morpholinopyridazine	105–107 or 109, ms, nmr	637, 1058
3,6-Dichloro-4-morpholinopyridazine	113–115, ir, nmr	544, 637
3,6-Dichloro-5-nitro-4-pyridazinamine	—	H 561
4,5-Dichloro-6-nitro-3(2H)-pyridazinone	—	1673; H 127, 328, 648
4,5-Dichloro-6-oxo-1,6-dihydro-1-pyridazinecarbonitrile	—	H 113, 308
3,6-Dichloro-4-t-pentylpyridazine	liq, ms, nmr	1223
4,5-Dichloro-2-phenethyl-3(2H)-pyridazinone	—	H 113, 309
3,4-Dichloro-5-phenoxypyridazine	—	H 186, 290
3,6-Dichloro-4-phenoxypyridazine	—	H 186, 288
3,4-Dichloro-6-phenylpyridazine	164–165	1041
3,6-Dichloro-4-phenylpyridazine	92–93	461; H 287
4,5-Dichloro-1-phenyl-3,6(1H,2H)-pyridazinedione	—	H 156, 334
3,6-Dichloro-1-phenyl-4(1H)-pyridazinimine	—	H 608
5,6-Dichloro-1-phenyl-4(1H)-pyridazinimine	—	H 608
4,5-Dichloro-2-phenyl-3(2H)-pyridazinone	163–164, nmr	464, 916, 956, 1213; H 114, 309
4,6-Dichloro-2-phenyl-3(2H)-pyridazinone	—	H 104, 325
5,6-Dichloro-2-phenyl-3(2H)-pyridazinone	nmr, xl st	1126; H 92, 327

continued

Table of Simple Pyridazines

Pyridazine	Melting Point (°C) etc.	Reference(s)
4,5-Dichloro-2-piperidinomethyl-3(2H)-pyridazinone	—	H 113, 308
3,4-Dichloro-5-piperidinopyridazine	88–89, ms, nmr	1058
3,6-Dichloro-4-piperidinopyridazine	80	641
4,5-Dichloro-1-propyl-3,6(1H,2H)-pyridazinedione	—	H 154, 334
4,5-Dichloro-2-propyl-3(2H)-pyridazinone	liq, anal, ir, nmr	1901, 1936
5,6-Dichloro-2-propyl-3(2H)-pyridazinone	—	H 92, 327
3,5-Dichloro-4-pyridazinamine	149–150, nmr, uv	1820; H 588
3,6-Dichloro-4-pyridazinamine	204–205 or 206–207, ir, nmr, K_a, uv	640, 654, 675, 1228; H 287, 558
5,6-Dichloro-4-pyridazinamine	177–178 or 183–185, nmr, uv	83, 1821; H 259, 559
3,5-Dichloro-4-pyridazinamine 1-oxide	—	H 300, 603
5,6-Dichloro-4-pyridazinamine 2-oxide	—	H 300, 603
3,4-Dichloropyridazine	—	H 275
3,5-Dichloropyridazine	—	H 275
3,6-Dichloropyridazine	60 to 68, dipole, nmr, pK_a, pol, st, uv	94, 98, 99, 163, 177, 450, 1098, 1183, 1196, 1345, 1504, 1638, 1983, 2020; H 275, 302, 303
4,5-Dichloropyridazine	67–68, nmr, uv	923; H 275
3,6-Dichloro-4-pyridazinecarbaldehyde	nmr; dnp: 259, ir, nmr	1669
5,6-Dichloro-3-pyridazinecarbaldehyde 2-oxide	—	H 300, 398
3,6-Dichloro-4-pyridazinecarbonitrile	105–106, ir, nmr, uv	820
5,6-Dichloro-3-pyridazinecarbonitrile 2-oxide	—	H 300, 446
3,6-Dichloro-4-pyridazinecarbonyl chloride	110/10	519
3,6-Dichloro-4-pyridazinecarboxamide	177 or 178–179	25, 1099
3,6-Dichloro-4-pyridazinecarboxylic acid	139–142, ir, nmr	65, 1748; H 287, 436
3,6-Dichloro-4,5-pyridazinediamine	—	H 599
4,5-Dichloro-3,6(1H,2H)-pyridazinedione	303–305, xl st	139, 802; H 150, 334
3,6-Dichloropyridazine 1-oxide	118–119	103, 546, 891; H 300
5,6-Dichloro-4(1H)-pyridazinethione	—	H 290
2,6-Dichloro-3(2H)-pyridazinone	—	H 307
3,6-Dichloro-4(1H)-pyridazinone	—	H 132, 288
4,5-Dichloro-3(2H)-pyridazinone	199–200 or 200–201, arom, ir, nmr, pK_a, uv, xl st	170, 675, 916, 973, 1014, 1024, 1415, 1673, 1901, 2048; H 112, 308
4,6-Dichloro-3(2H)-pyridazinone	—	H 96, 324

continued

Pyridazine	Melting Point (°C) etc.	Reference(s)
5,6-Dichloro-3(2*H*)-pyridazinone	200–203	1796; *H* 87, 327
5,6-Dichloro-4(1*H*)-pyridazinone	210	224
4,6-Dichloro-3(2*H*)-pyridazinone 1-oxide	223	833
4,5-Dichloro-2-thiocyanatomethyl-3(2*H*)-pyridazinone	—	*H* 113, 308, 826
4,6-Dichloro-2-thiocyanatomethyl-3(2*H*)-pyridazinone	—	*H* 100, 324, 826
5,6-Dichloro-2-thiocyanatomethyl-3(2*H*)-pyridazinone	—	*H* 91, 327, 826
3,6-Dichloro-4-thiocyanatopyridazine	—	*H* 288, 825
3,4-Dichloro-6-trimethylammoniopyridazine (+ anion)	Cl: nmr	1796
3,6-Dichloro-4-trimethylammoniopyridazine (+ anion)	Cl: nmr	1796
4,5-Dichloro-3-trimethylsiloxypyridazine	81–82/2, nmr, uv	932, 1285
3,6-Dichloro-4-trimethylsilylpyridazine	liq, anal, nmr	1669
3,5-Dicyano-6-oxo-1-phenyl-1,6-dihydro-4-pyridazinecarbaldehyde	PhNHN=: 260, ir, nmr	395
1,2-Dicyclohexyl-5,6-diphenyl-3,4(1*H*,2*H*)-pyridazinedione	170–171, ir, nmr	1496
2,4-Dicyclohexyl-6-methyl-3(2*H*)-pyridazinone	liq, anal, ms, nmr	1676
3,6-Dicyclohexyloxypyridazine	—	673; *H* 191
2,5-Diethoxy-6-methoxy-3(2*H*)-pyridazinone	—	*H* 90
3,6-Diethoxy-4-methylpyridazine 1-oxide	—	*H* 198
3,6-Diethoxy-4-methylpyridazine 2-oxide	—	*H* 198
2,6-Diethoxy-5-methyl-3(2*H*)-pyridazinone	—	*H* 90
4,5-Diethoxy-2-methyl-3(2*H*)-pyridazinone	28–30, 102–105 / 0.5, ir, nmr	531
3,6-Diethoxy-4-morpholinopyridazine	62–63, nmr; HCl: 144–145	640
3,6-Diethoxy-5-nitro-4-pyridazinamine	—	*H* 561
3,6-Diethoxy-4-nitropyridazine 1-oxide	—	*H* 198, 649
4,5-Diethoxy-2-phenyl-3(2*H*)-pyridazinone	80	764; *H* 126
4,6-Diethoxy-2-phenyl-3(2*H*)-pyridazinone	—	*H* 109
3,6-Diethoxy-4-pyridazinamine	—	*H* 560
3,6-Diethoxypyridazine	—	*H* 188
3,6-Diethoxy-4,5-pyridazinediamine	—	*H* 599
3,6-Diethoxypyridazine 1-oxide	—	*H* 195
2,6-Diethoxy-3(2*H*)-pyridazinone	—	*H* 76
Diethyl 6-acetamido-4-imino-1-phenyl-1,4-dihydro-3,5-pyridazinedicarboxylate	196, ir, nmr	151
4-Diethylamino-3,5-dimethyl-6-phenylpyridazine 2-oxide	HCl: 135–137	311
4-Diethylamino-5,6-dimethylpyridazine	—	*H* 585
3-Diethylamino-4,6-dinitropyridazine 1-oxide	153–155	760
4-Diethylamino-3,6-diphenylpyridazine	—	226
5-Diethylamino-4-ethoxy-2-methyl-3(2*H*)-pyridazinone	144–149/5	1269
4-Diethylamino-6-ethoxy-2-phenyl-3(2*H*)-pyridazinone	—	*H* 109, 499
2-β-Diethylaminoethyl-4-ethyl-6-phenyl-3(2*H*)-pyridazinone	—	*H* 101

continued

Pyridazine	Melting Point (°C) etc.	Reference(s)
2-β-Diethylaminoethyl-4-methyl-6-phenyl-3(2H)-pyridazinone	—	H 101
2-β-Diethylaminoethyl-6-methyl-3(2H)-pyridazinone	—	H 72
2-β-Diethylaminoethyl-3-oxo-5,6-diphenyl-2,3-dihydro-4-pyridazinecarbonitrile	—	H 130, 449
2-β-Diethylaminoethyl-6-phenyl-3(2H)-pyridazinone	—	H 72
4-Diethylamino-6-ethyl-2-phenyl-3(2H)-pyridazinone	—	H 589
1-β-Diethylaminoethyl-2,4(1H,2H)-pyridazinedione	ir, nmr, uv	1975
3-Diethylamino-6-hydrazinopyridazine	2HCl: 234–236; PhCH=: 202–205	1258; H 579
Diethyl 4-amino-6-imino-1-phenyl-1,6-dihydro-3,5-pyridazinedicarboxylate	220, ir	119, 151
4-Diethylamino-5-methyl-3,6-bismethylthiopyridazine	liq, ir, ms, nmr	353
4-Diethylamino-5-methyl-3,6-diphenylpyridazine	120–122, nmr	311; H 585
4-Diethylamino-5-methyl-3,6-diphenylpyridazine 2-oxide	153–156, ms	311
2-Diethylaminomethyl-3-oxo-2,3-dihydro-4-pyridazinecarbonitrile	—	H 84, 448
3-Diethylamino-4-methyl-6-phenylpyridazine	liq, ms, nmr	1442
4-Diethylamino-5-methyl-6-phenylpyridazine	—	H 585
4-Diethylamino-2-methyl-1-phenyl-3,6(1H,2H)-pyridazinedione	—	H 159, 595
4-Diethylamino-6-methyl-2-phenyl-3(2H)-pyridazinone	—	H 106, 588
3-Diethylaminomethylpyridazine	—	H 608
4-Diethylamino-5-methylpyridazine	—	H 585
1-Diethylaminomethyl-3,6(1H,2H)-pyridazinedione	—	674; H 152
3-Diethylamino-6-phenylethynylpyridazine	106–107, ir, nmr	834
6-Diethylamino-2-phenyl-3(2H)-pyridazinone	—	H 80, 594
3-Diethylaminopyridazine	68/0.03	924
4-Diethylamino-3,6(1H,2H)-pyridazinedione	237–239	641
6-Diethylamino-3(2H)-pyridazinethione	—	H 797
4-Diethylamino-3,5,6-trifluoropyridazine	—	H 297, 585
6-Diethylamino-5,N,N-trimethyl-4-oxo-3-phenyl-1,4-dihydro-1-pyridazinecarbothioamide	xl st	169
2-(Diethylcarbamoyl)methyl-6-methyl-3(2H)-pyridazinone	—	H 79
Diethyl 3-chloro-6-methyl-4,5-pyridazinedicarboxylate	liq, purified	1514
Diethyl 3,6-dimethyl-4,5-pyridazinedicarboxylate 3,6-pyridazinedicarboxylate	—	H 445
Diethyl 4,5-dioxo-4,5-dihydro-1,3-dioxide (?)	—	H 196, 455
Diethyl 3,6-diphenyl-4,5-pyridazinedicarboxylate	—	H 445
N,N-Diethyl-1-methyl-6-oxo-1,6-dihydro-3-pyridazinecarboxamide	—	H 437
Diethyl 3-methyl-6-oxo-1,6-dihydro-4,5-pyridazinedicarboxylate	112–114	1514
Diethyl 3-methyl-4,5-pyridazinedicarboxylate	liq, ir, ms, nmr	416
Diethyl 4-methyl-3,5-pyridazinedicarboxylate	160/0.1, ir, ms, nmr	416

continued

Pyridazine	Melting Point (°C) etc.	Reference(s)
Diethyl 6-methyl-3,4-pyridazinedicarboxylate	—	H 445
Diethyl 6-oxo-1,6-dihydro-3,4-pyridazinedicarboxylate	—	H 88, 445
Diethyl 4-phenethyl-3,5-pyridazinedicarboxylate	79–85, ir, ms, nmr	416
Diethyl 5-phenethyl-3,4-pyridazinedicarboxylate	liq, ir, ms, nmr	416
4,6-Diethyl-2-phenyl-3(2H)-pyridazinone	—	H 107
3,6-Diethylpyridazine	liq, ms, nmr	186
Diethyl 3,4-pyridazinedicarboxylate	163–165/0.3, ms, nmr	1120; H 445
Diethyl 3,6-pyridazinedicarboxylate	114, ir, nmr	1077, 1509
Diethyl 4,5-pyridazinedicarboxylate	130/0.1	416, 1378
1-β-(Diethylsulfamoyl)ethyl-3,6(1H,2H)-pyridazinedione	—	H 829
3,6-Difluoro-4,5-bisphenylthiopyridazine	—	H 297, 814
3,4-Difluoro-5,6-dimethoxypyridazine	—	H 297
3,5-Difluoro-4,6-dimethoxypyridazine	—	H 297
3,6-Difluoro-4,5-dimethoxypyridazine	—	H 185, 297
4,5-Difluoro-3,6-dimethoxypyridazine	—	H 184, 298
4,5-Difluoro-1,2-dimethyl-3,6(1H,2H)-pyridazinedione	—	H 163, 337
5,6-Difluoro-4-methoxy-2-methyl-3(2H)-pyridazinone	—	H 129, 332
4,6-Difluoro-5-methoxy-3(2H)-pyridazinone	—	H 127, 332
5,6-Difluoro-4-methoxy-3(2H)-pyridazinone	—	H 127, 332
4,5-Difluoro-1-methyl-2-β-morpholinoethyl-3,6(1H,2H)-pyridazinedione	—	H 165, 338
3,6-Difluoropyridazine	—	448, 1650
4,5-Difluoro-3,6(1H,2H)-pyridazinedione	—	H 150, 337
3,6-Dihexyloxypyridazine	—	H 190
3,6-Dihydrazinopyridazine	195–196, ir; di-Me$_2$C=: 250, ir	636; H 660, 667
5,6-Dihydroxy-1-phenyl-3,4(1H,2H)-pyridazinedione	—	H 169
4,5-Diiodo-1,2-dimethyl-3,6(1H,2H)-pyridazinedione	—	H 163, 337
4,5-Diiodo-2-phenyl-3(2H)-pyridazinone	—	H 116, 331
3,6-Diiodopyridazine	nmr	1638; H 287
3,6-Diisobutoxy-4-morpholinopyridazine	HCl: 147–148	637
4,5-Diisobutyrylpyridazine	liq, ir, ms, nmr	79
3,6-Diisopropoxy-4-methylpyridazine	—	H 193
3,6-Diisopropoxy-4-morpholinopyridazine	102–104, nmr	640
3,6-Diisopropoxypyridazine	—	H 189
3,6-Diisopropoxypyridazine 1-oxide	liq, anal	640
2,4-Diisopropyl-6-methyl-3(2H)-pyridazinone	liq, anal, nmr	1676
4,5-Dimethoxy-3,6-dimethylpyridazine	139/10, nmr; pic: 104–105	529
3,4-Dimethoxy-5,6-diphenylpyridazine	—	814
3,6-Dimethoxy-4-methylpyridazine	85–86, ir, ms, nmr	358; H 192
3,4-Dimethoxy-6-methylpyridazine 1-oxide	—	H 197
3,5-Dimethoxy-6-methylpyridazine 1-oxide	—	H 196
3,6-Dimethoxy-4-methylpyridazine 1-oxide	—	H 197
3,6-Dimethoxy-4-methylpyridazine 2-oxide	—	H 197
2,6-Dimethoxy-4-methyl-3(2H)-pyridazinone	—	H 111
2,6-Dimethoxy-5-methyl-3(2H)-pyridazinone	—	H 90

continued

Pyridazine	Melting Point (°C) etc.	Reference(s)
3,5-Dimethoxy-1-methyl-4(1H)-pyridazinone	153–154	689
4,5-Dimethoxy-2-methyl-3(2H)-pyridazinone	70–71, nmr	689, 1213
3,6-Dimethoxy-5-nitro-4-pyridazinamine	—	H 193, 561
3,6-Dimethoxy-5-nitro-4-pyridazinamine 2-oxide	187–188, ir, nmr	1072
3,4-Dimethoxy-6-nitropyridazine 1-oxide	155–156	757; H 197, 649
3,6-Dimethoxy-4-nitropyridazine 1-oxide	nmr	952; H 197, 649
3,6-Dimethoxy-4-nitropyridazine 2-oxide	—	H 197
3,6-Dimethoxy-4-phenylpyridazine	—	H 192
4,5-Dimethoxy-2-phenyl-3(2H)-pyridazinone	nmr	764, 1213; H 126
4,6-Dimethoxy-2-phenyl-3(2H)-pyridazinone	—	H 109
5,6-Dimethoxy-2-phenyl-3(2H)-pyridazinone	—	H 94
3,5-Dimethoxy-4-pyridazinamine	—	1873
3,6-Dimethoxy-4-pyridazinamine	178–180, nmr	1072, 1900; H 192, 559
3,6-Dimethoxy-4-pyridazinamine 1-oxide	—	H 603
3,4-Dimethoxypyridazine	55–57, nmr	882; H 185
3,5-Dimethoxpyridazine	70–71, nmr	882; H 185
3,6-Dimethoxypyridazine	104 or 105–106, nmr, pK_a, uv	95, 450, 644, 673, 1128, 1183, 1548, 1638; H 176, 188
4,5-Dimethoxypyridazine	—	H 185
5,6-Dimethoxy-3-pyridazinecarbonitrile	—	H 186, 446
5,6-Dimethoxy-3-pyridazinecarbonitrile 2-oxide	—	H 197, 446
3,6-Dimethoxy-4-pyridazinecarboxylic acid	—	H 184, 436
3,6-Dimethoxy-4,5-pyridazinediamine	—	H 192, 599
3,4-Dimethoxypyridazine 1-oxide	137–138	757; H 194
3,5-Dimethoxypyridazine 1-oxide	—	H 197
3,6-Dimethoxypyridazine 1-oxide	—	H 195
2,5-Dimethoxy-3(2H)-pyridazinone	—	H 85
2,6-Dimethoxy-3(2H)-pyridazinone	—	H 76
3,5-Dimethoxy-4(1H)-pyridazinone	240–241	689
3,6-Dimethoxy-4-trimethylsilylpyridazine	liq, ir, ms, nmr	358
Dimethyl 4-acetyl-5-methoxy-3,6-pyridazinedicarboxylate	76–77, ir, ms, nmr	337, 346, 624
Dimethyl 4-acetyl-5-trimethylsilyl-3,6-pyridazinedicarboxylate	128, ir, ms, nmr	11
1-γ-Dimethylaminobutyl-4,5-difluoro-2-methyl-3,6(1H,2H)-pyridazinedione	—	H 338
4-Dimethylamino-2,6-dimethyl-3(2H)-pyridazinone	—	H 99
3-Dimethylamino-4,6-dinitropyridazine 1-oxide	123–124	760
3-Dimethylamino-3,6-diphenylpyridazine	108, ir, nmr	1082
4-Dimethylamino-3,6-diphenylpyridazine	—	226
4-Dimethylamino-2,6-diphenyl-3(2H)-pyridazinone	—	H 107, 589
4-Dimethylamino-6-ethoxy-2-methyl-3(2H)-pyridazinone	—	H 588

continued

Pyridazine	Melting Point (°C) etc.	Reference(s)
5-Dimethylamino-4-ethoxy-2-methyl-3(2H)-pyridazinone	36–38	1269
5-Dimethylamino-6-ethoxy-2-methyl-3(2H)-pyridazinone	—	H 591
4-Dimethylamino-3-ethoxy-6-nitropyridazine 1-oxide	108–109	760
4-Dimethylamino-6-ethoxy-2-phenyl-3(2H)-pyridazinone	—	H 109, 589
3-Dimethylamino-5-ethoxypyridazine	HCl: 181	637
4-Dimethylamino-3-ethyl-5,6-diphenylpyridazine 2-oxide	147–148, ms	311
2-β-Dimethylaminoethyl-4,6-diphenyl-3(2H)-pyridazinone	HCl: 155, ir, nmr	888
2-β-Dimethylaminoethyl-5-ethyl-4-methyl-3(2H)-pyridazinone	—	H 125
2-β-Dimethylaminoethyl-4-ethyl-6-phenyl-3(2H)-pyridazinone	—	H 101
2-β-Dimethylaminoethyl-4-methyl-6-phenyl-3(2H)-pyridazinone	—	H 101
2-β-Dimethylaminoethyl-6-methyl-3(2H)-pyridazinone	—	H 71
4-Dimethylamino-2-ethyl-1-phenyl-3,6(1H,2H)-pyridazinedione	—	H 162, 595
2-β-Dimethylaminoethyl-6-phenyl-3(2H)-pyridazinone	—	H 72
4-Dimethylamino-6-ethyl-2-phenyl-3(2H)-pyridazinone	—	H 107
1-β-Dimethylaminoethyl-3,6(1H,2H)-pyridazinedione	ir, nmr, uv	1975
3-Dimethylamino-5-hexyloxypyridazine	HCl: 155	637
3-Dimethylamino-6-hydrazinopyridazine	2HCl: 233–235 or 238–240; PhCH=: 229–232	57, 1258
3-Dimethylamino-6-(3-hydroxyprop-1-ynyl)pyridazine	108–110, nmr	1385
3-Dimethylamino-6-iodopyridazine	132–134, nmr	1385; H 302, 303
4-Dimethylamino-6-isobutoxy-2-phenyl-3(2H)-pyridazinone	—	H 589
4-Dimethylamino-6-isopentyloxy-2-phenyl-3(2H)-pyridazinone	—	H 589
4-Dimethylamino-6-isopropoxy-2-phenyl-3(2H)-pyridazinone	—	H 589
3-Dimethylamino-4-methoxy-6-methylpyridazine	—	H 577
4-Dimethylamino-6-methoxy-2-phenyl-3(2H)-pyridazinone	—	H 108, 589
5-Dimethylamino-6-methoxy-2-phenyl-3(2H)-pyridazinone	—	H 94
3-Dimethylamino-5-methoxypyridazine	HCl: 165–166 or 167–168, nmr	637
3-Dimethylamino-6-methoxypyridazine	25, 88/0.4	137

continued

Pyridazine	Melting Point (°C) etc.	Reference(s)
4-Dimethylamino-3-methoxypyridazine	HCl: 163–164	637
3-Dimethylamino-6-methylaminopyridazine	—	H 600
4-Dimethylamino-3-methyl-5,6-diphenylpyridazine	153–154, nmr	311
4-Dimethylamino-6-methyl-3,5-diphenylpyridazine	127–128, nmr	311
2-(β-Dimethylamino-α-methylethyl)-5,6-dimethyl-3-oxo-2,3-dihydro-4-pyridazinecarbonitrile	—	H 130, 449
4-Dimethylaminomethyl-6-ethyl-2-phenyl-3(2H)-pyridazinone	—	H 106, 612
3-Dimethylaminomethyl-6-ethylpyridazine	uv	1164
2-Dimethylaminomethyl-6-iodo-3(2H)-pyridazinone	—	H 71, 307
3-Dimethylamino-5-methyl-6-methylaminopyridazine	—	H 600
4-Dimethylaminomethyl-6-methyl-2-phenyl-3(2H)-pyridazinone	—	H 105, 612
3-Dimethylaminomethyl-6-methylpyridazine	uv	1164
5-Dimethylamino-2-methyl-3-oxo-2,3-dihydro-4-pyridazinecarbaldehyde	141–142; H$_2$ NN=: 127–128	1603
4-Dimethylamino-2-methyl-1-phenyl-3,6(1H,2H)-pyridazinedione	—	H 159, 959
4-Dimethylamino-6-methyl-2-phenyl-3(2H)-pyridazinone	—	H 106, 588
6-Dimethylamino-5-methyl-2-phenyl-3(2H)-pyridazinone	—	H 594
1-(γ-Dimethylamino-β-methylpropyl)-4,5-difluoro-2-methyl-3,6(1H,2H)-pyridazinedione	—	H 166
3-Dimethylaminomethylpyridazine	76–78/2, nmr; oxalate: 158–159; pic: 133–135	769, 1164
3-Dimethylamino-4-methylpyridazine	—	H 577
3-Dimethylamino-5-methylpyridazine	—	H 577
3-Dimethylamino-6-methylpyridazine	—	H 577, 578
1-Dimethylaminomethyl-3,6(1H,2H)-pyridazinedione	—	H 152
4-Dimethylamino-1-methyl-3,6(1H,2H)-pyridazinedione	—	H 591
4-Dimethylamino-2-methyl-3,6(1H,2H)-pyridazinedione	—	H 588
3-Dimethylamino-6-methyl-4(1H)-pyridazinone	—	H 577
5-Dimethylamino-2-methyl-3(2H)-pyridazinone	crude HCl: nmr	641; H 571
6-Dimethylaminomethyl-3(2H)-pyridazinone	104–105; HCl: 259–261	769; H 609
3-Dimethylaminomethyl-4(1H)-pyridazinone 2-oxide	—	H 610
6-Dimethylaminomethyl-3(2H)-pyridazinone 1-oxide	HCl: 229–230	769; H 195, 609
3-Dimethylamino-6-methylsulfonylpyridazine	—	H 577, 823
6-Dimethylamino-5-methylthio-2-phenyl-3(2H)-pyridazinone	—	H 594
4-(β-Dimethylamino-α-methylvinyl)-6-oxo-1-phenyl-1,6-dihydro-3,5-pyridazinedicarbonitrile	205, ir, nmr	1808
4-Dimethylamino-5-nitro-2-phenyl-3(2H)-pyridazinone	—	H 602
3-Dimethylamino-5-pentyloxypyridazine	HCl: 163–164	637

continued

Pyridazine	Melting Point (°C) etc.	Reference(s)
3-Dimethylamino-6-phenoxypyridazine	—	707
3-Dimethylamino-6-phenylazopyridazine	174–176, nmr	150
3-Dimethylamino-6-phenylethynylpyridazine	146–148, nmr	1385
4-Dimethylamino-2-phenyl-6-prop-1'-enyloxy-3(2H)-pyridazinone	—	H 589
4-Dimethylamino-2-phenyl-6-propoxy-3(2H)-pyridazinone	—	H 589
3-Dimethylamino-6-phenylpyridazine	115–116, nmr, pK_a	94, 1385; H 577
4-Dimethylamino-3-phenylpyridazine	2-MeClO$_4$: 121, ir, nmr; 2-PhClO$_4$: 180–182, ir, nmr	109, 277
4-Dimethylamino-6-phenylpyridazine	—	277
4-Dimethylamino-1-phenyl-3,6(1H,2H)-pyridazinedione	—	H 156
4-Dimethylamino-2-phenyl-3,6(1H,2H)-pyridazinedione	—	H 589
3-Dimethylamino-6-phenyl-4(1H)-pyridazinone	231–232, nmr	1041
4-Dimethylamino-2-phenyl-3(2H)-pyridazinone	49–50, ir, nmr	109; H 84, 588
4-Dimethylamino-6-phenyl-3(2H)-pyridazinone	186–188	1041
5-Dimethylamino-2-phenyl-3(2H)-pyridazinone	—	H 85, 592
6-Dimethylamino-2-phenyl-3(2H)-pyridazinone	—	H 80, 594
3-Dimethylamino-5-propoxypyridazine	HCl: 156–157	637
2-γ-Dimethylaminopropyl-4-methyl-6-phenyl-3(2H)-pyridazinone	—	H 101
2-γ-Dimethylaminopropyl-6-methyl-3(2H)-pyridazinone	—	H 72
2-γ-Dimethylaminopropyl-6-phenyl-3(2H)-pyridazinone	—	H 72
2-γ-Dimethylaminopropyl-3(2H)-pyridazinone	HCl: 145–146	1760
3-Dimethylaminopyridazine	pK_a; pic: 181–182	94, 1796; H 577
4-Dimethylaminopyridazine	pic: 219–220	1796; H 584
3-Dimethylamino-4(1H)-pyridazinone	HCl: 140–143	640
4-Dimethylamino-3(2H)-pyridazinone	147–148 or 150–151, ir, nmr	109, 641, 1794
5-Dimethylamino-3(2H)-pyridazinone	HCl: 235	641
6-Dimethylamino-3(2H)-pyridazinone	192–194, pK_a	94
6-Dimethylamino-4(1H)-pyridazinone	HCl: 255, nmr	637
4-Dimethylamino-3,5,6-triphenylpyridazine	163–165, nmr	311
4-Dimethylamino-3,5,6-triphenylpyridazine 2-oxide	241–243, ms	311
4-β-Dimethylaminovinyl-3,6-diphenylpyridazine	183–184	43
4-β-Dimethylaminovinyl-2-methoxy-6-methylpyridazine	liq, nmr	1642
4-β-Dimethylaminovinyl-6-oxo-1-phenyl-1,6-dihydro-3,5-pyridazinedicarbonitrile	198, ir, nmr	1830
3-β-Dimethylaminovinylpyridazine	52–54, nmr	1642
Dimethyl 4-anilino-3,6-pyridazinedicarboxylate	191–192, ir, ms, nmr	507
Dimethyl 4-benzoyl-5-trimethylsilyl-3,6-pyridazinedicarboxylate	108, ir, ms, nmr	11
Dimethyl 4-benzyloxy-3,6-pyridazinedicarboxylate	126–127, ir, ms, nmr	337

continued

Pyridazine	Melting Point (°C) etc.	Reference(s)
Dimethyl 4,5-bistrimethylsilyl-3,6-pyridazinedicarboxylate	149, ms, nmr	1208
Dimethyl 4-butyl-3,6-pyridazinedicarboxylate	—	H 445
Dimethyl 6-butyl-3,5-pyridazinedicarboxylate	—	440
Dimethyl 4-butyl-5-trimethylsilyl-3,6-pyridazinedicarboxylate	$n_D^{20°}$ 1.5045, ms, nmr	11
2-(Dimethylcarbamoyl)methyl-5,6-dimethyl-3-oxo-2,3-dihydro-4-pyridazinecarbonitrile	—	H 130, 449
2-(Dimethylcarbamoyl)methyl-5,6-dimethyl-3(2H)-pyridazinone	—	H 92
2-(Dimethylcarbamoyl)methyl-6-methyl-3(2H)-pyridazinone	—	H 79
2-(Dimethylcarbamoyl)methyl-6-phenyl-3(2H)-pyridazinone	—	H 79
1-(Dimethylcarbamoyl)methyl-3,6(1H,2H)-pyridazinedione	—	H 154
Dimethyl 4-diethylamino-5-methyl-3,6-pyridazinedicarboxylate	—	H 585
Dimethyl 4,5-dimethyl-3,6-pyridazinedicarboxylate	101–102, ir, ms, nmr	337
N,N-Dimethyl-3,6-dioxo-1,2,3,6-tetrahydro-1-pyridazinesulfonamide	—	H 158
4,5-Dimethyl-3,6-diphenylpyridazine	208–210	319
Dimethyl 3,6-diphenyl-4,5-pyridazinedicarboxylate	214–216, nmr	41
Dimethyl 4,5-diphenyl-3,6-pyridazinedicarboxylate	196–197, nmr	41
Dimethyl 5,6-diphenyl-3,4-pyridazinedicarboxylate	108, ir, nmr, uv	1242
Dimethyl 4-ethoxy-5-formamido-3,6-pyridazinedicarboxylate	—	1031
Dimethyl 4-ethoxy-3,6-pyridazinedicarboxylate	—	H 186, 445
Dimethyl 4-ethyl-5-methyl-3,6-pyridazinedicarboxylate	50–52, ir, ms, nmr	337
Dimethyl 4-ethyl-5-trimethylsilyl-3,6-pyridazinedicarboxylate	$n_D^{20°}$ 1.5081, ms, nmr	11
Dimethyl 4-formamido-3,6-pyridazinedicarboxylate	—	1031
Dimethyl 4-hexyl-5-trimethylsilyl-3,6-pyridazinedicarboxylate	ms, $n_D^{20°}$ 1.5003, nmr	11
4-β,β-Dimethylhydrazino-2-methyl-5-methylsulfonyl-3(2H)-pyridazinone	173–175	533
Dimethyl 4-hydroxy-5-oxo-2,5-dihydro-3,6-pyridazinedicarboxylate	218–219, ir, nmr, uv	406
Dimethyl 4-γ-hydroxypropyl-3,6-pyridazinedicarboxylate	liq (?), ir, ms, nmr	352
Dimethyl 4-methoxy-2-methyl-2,5-dihydro-3,6-pyridazinedicarboxylate	98–99, ir, nmr, uv	406
Dimethyl 4-methoxy-3,6-pyridazinedicarboxylate	104–105, ir, ms, nmr	283, 337, 1509
Dimethyl 4-methylamino-3,6-pyridazinedicarboxylate	164, ir, ms, nmr	507
Dimethyl 4-methyl-3,6-pyridazinedicarboxylate	—	508, 875; H 445
5,6-Dimethyl-3-methylthio-4-pyridazinecarbonitrile	—	H 447, 806
Dimethyl 4-methyl-5-trimethylsilylethynyl-3,6-pyridazinedicarboxylate	72, ir, ms, nmr	11

continued

Pyridazine	Melting Point (°C) etc.	Reference(s)
Dimethyl 4-methyl-5-trimethylsilyl-3,6-pyridazinedicarboxylate	ms, $n_D^{20°}$ 1.5152, nmr	11
4,5-Dimethyl-2-β-morpholinoethyl-6-phenyl-3(2H)-pyridazinone	—	H130
3,6-Dimethyl-5-morpholinomethyl-4(1H)-pyridazinone 2-oxide	208–209, nmr	791
3,6-Dimethyl-4-nitropyridazine 1,2-dioxide	158–159, ir, nmr	527
3,4-Dimethyl-5-nitropyridazine 2-oxide	—	H649
3,4-Dimethyl-6-nitropyridazine 1-oxide	—	H649
3,6-Dimethyl-4-nitropyridazine 1-oxide	117–118	527, 794; H649
3,6-Dimethyl-4-nitropyridazine 2-oxide	81–83	527, 791; H649
2,6-Dimethyl-4-nitro-3(2H)-pyridazinone	—	H99
3,6-Dimethyl-1-nitroso-4(1H)-pyridazinone	—	H134
1,5-Dimethyl-6-oxo-1,6-dihydro-4-pyridazinecarbonitrile	85–86, ir, ms, nmr	231
2,4-Dimethyl-5-oxo-2,5-dihydro-3-pyridazinecarbonitrile	80–81, ir	772
2,5-Dimethyl-3-oxo-2,3-dihydro-4-pyridazinecarbonitrile	136–137, ir, ms, nmr	231
5,6-Dimethyl-3-oxo-2,3-dihydro-4-pyridazinecarbonitrile	—	H127, 448
1,N-Dimethyl-6-oxo-1,6-dihydro-3-pyridazinecarboxamide	—	H70, 437
1,3-Dimethyl-6-oxo-1,6-dihydro-4-pyridazinecarboxylic acid	—	H90, 440
2,6-Dimethyl-3-oxo-2,3-dihydro-4-pyridazinecarboxylic acid	—	H99, 441
5,6-Dimethyl-3-oxo-2,3-dihydro-4-pyridazinecarboxylic acid	—	H127, 441
Dimethyl 4-oxo-1,4-dihydro-3,6-pyridazinedicarboxylate	—	1509
2,3-Dimethyl-5-oxo-6-phenyl-2,5-dihydro-4-pyridazinecarbonitrile	180, ir	772
2,4-Dimethyl-5-oxo-6-phenyl-2,5-dihydro-3-pyridazinecarbonitrile	180, ir	772
2,6-Dimethyl-3-oxo-5-phenyl-2,3-dihydro-4-pyridazinecarbonitrile	—	H129, 449
5,6-Dimethyl-3-oxo-2-phenyl-2,3-dihydro-4-pyridazinecarbonitrile	131–132, ir, nmr	1731
6,N-Dimethyl-4-oxo-1-phenyl-1,4-dihydro-3-pyridazinecarboxamide	—	H135, 442
N,N-Dimethyl-6-oxo-1-phenyl-1,6-dihydro-3-pyridazinecarboxamide	—	H80, 438
3,6-Dimethyl-5-oxo-2-phenyl-2,5-dihydro-4-pyridazinecarboxylic acid	—	H136, 443
Dimethyl 4-pentyl-5-trimethylsilyl-3,6-pyridazinedicarboxylate	ms, $n_D^{20°}$ 1.5029, nmr	11
Dimethyl 3-phenethyl-4,5-pyridazinedicarboxylate	35–39, ir, ms, nmr	1791
3,4-Dimethyl-6-phenylpyridazine	103–104, nmr	394

continued

Pyridazine	Melting Point (°C) etc.	Reference(s)
3,6-Dimethyl-4-phenylpyridazine	165–170/2, nmr; pic: 136–137	823
Dimethyl 4-phenyl-3,6-pyridazinedicarboxylate	92–93 or 95–96, ir, ms, nmr	337, 1568; H445
Dimethyl 5-phenyl-3,4-pyridazinedicarboxylate	—	H445
1,4-Dimethyl-2-phenyl-3,6(1H,2H)-pyridazinedione	—	H159
1,5-Dimethyl-2-phenyl-3,6(1H,2H)-pyridazinedione	—	H159
4,5-Dimethyl-1-phenyl-3,6(1H,2H)-pyridazinedione	—	H156
2,4-Dimethyl-6-phenyl-3(2H)-pyridazinethione	94–95 or 104, ir, nmr, uv	371, 413
1,6-Dimethyl-3-phenyl-4(1H)-pyridazinone	143–144, ir	772
2,4-Dimethyl-6-phenyl-3(2H)-pyridazinone	102	1104, 1253; H99
3,6-Dimethyl-1-phenyl-4(1H)-pyridazinone	245, ir, nmr	110; H136
4,6-Dimethyl-2-phenyl-3(2H)-pyridazinone	—	H105
1,2-Dimethyl-4-phenylsulfinyl-3,6(1H,2H)-pyridazinedione	150–151, nmr	1672
5,6-Dimethyl-3-phenylthio-4-pyridazinecarbonitrile	123–125, ir, nmr, uv	146
1,2-Dimethyl-4-phenylthio-3,6(1H,2H)-pyridazindione	128–129, nmr	1672
3,6-Dimethyl-5-piperidinomethyl-4(1H)-pyridazinone 2-oxide	HCl: 187–188, ir, nmr	791
5,6-Dimethyl-3-piperidino-4-pyridazinecarbonitrile	—	H447
3,6-Dimethyl-4-piperidinopyridazine 1-oxide	—	H604
3,6-Dimethyl-4-piperidinopyridazine 2-oxide	—	H604
Dimethyl 4-propyl-5-trimethylsilyl-3,6-pyridazinedicarboxylate	ms, $n_D^{20°}$ 1.5061, nmr	11
3,6-Dimethyl-4-pyridazinamine	—	796; H558
4,6-Dimethyl-3-pyridazinamine	—	H556
5,6-Dimethyl-3-pyridazinamine	220–221, ir	560, 1160; H554
5,6-Dimethyl-4-pyridazinamine	—	H558
3,6-Dimethyl-4-pyridazinamine 1-oxide	281	796; H603
3,6-Dimethyl-4-pyridazinamine 2-oxide	190–191, ir, nmr	796
3,4-Dimethylpyridazine	43–44, ms, nmr; pic: 174–175	211, 762, 823
3,5-Dimethylpyridazine	ms, nmr	211, 762
3,6-Dimethylpyridazine	77/2 or 104–107/11, complexes, ir, ms, nmr	211, 230, 823, 847, 894, 1133
4,5-Dimethylpyridazine	53–55, ms, nmr; 1-PhPF$_6$: —	211, 583, 762
3,6-Dimethyl-4-pyridazinecarbonitrile	102–103, ir	772
3,6-Dimethyl-4,5-pyridazinedicarbohydrazide	160–180 then >300, ir, nmr	927
3,6-Dimethyl-4,5-pyridazinedicarbonitrile	118–120 or 178–179, ir, nmr, uv	772, 927
3,6-Dimethyl-4,5-pyridazinedicarboxamide	—	H445
3,6-Dimethyl-4,5-pyridazinedicarboximide	303	927; H445
Dimethyl 3,6-pyridazinedicarboxylate	202, ir, nmr	1077; H445

continued

Pyridazine	Melting Point (°C) etc.	Reference(s)
Dimethyl 4,5-pyridazinedicarboxylate	52, ir, nmr	736
3,6-Dimethyl-4,5-pyridazinedicarboxylic acid	—	H 445
3,6-Dimethyl-4,5-pyridazinedicarboxylic anhydride	233–235, ir, uv	927
1,2-Dimethyl-3,6(1H,2H)-pyridazinedione	136–137 or 140–142, ir, nmr, pK_a, uv, xl st	95, 140, 332, 417, 1128, 1548; H 163
1,4-Dimethyl-3,6(1H,2H)-pyridazinedione	262–263, ir, nmr	789
4,5-Dimethyl-3,6(1H,2H)-pyridazinedione	—	H 151
3,6-Dimethylpyridazine 1,2-dioxide	215–216, ir, ms, nmr	106, 190, 321
1,2-Dimethyl-3,6(1H,2H)-pyridazinedithione	209–210, pK_A, uv	95, 672
3,6-Dimethylpyridazine 1-oxide	complex	260, 527
2,6-Dimethyl-3(2H)-pyridazinethione	102, nmr	413; H 797
1,6-Dimethylpyridazinium 3-olate	171–172, ir, ms, nmr	668
2,6-Dimethyl-3(2H)-pyridazinone	—	397, 693, 1594; H 70
3,6-Dimethyl-4(1H)-pyridazinone	nmr	446; H 132
4,5-Dimethyl-3(2H)-pyridazinone	—	H 125
4,6-Dimethyl-3(2H)-pyridazinone	129; HCl: 172, nmr	503, 1319; H 97
5,6-Dimethyl-3(2H)-pyridazinone	—	H 88
2,5-Dimethyl-3(2H)-pyridazinone 1-oxide	195–196, ir, nmr	789
2,6-Dimethyl-3(2H)-pyridazinone 1-oxide	110–111	789
3,6-Dimethyl-4(1H)-pyridazinone 2-oxide	257–258, nmr	791; H 196
5,6-Dimethyl-3(2H)-pyridazinone 1-oxide	—	H 196
2-β-[N,N-Dimethyl (thiocarbamoyl)]ethyl-6-phenyl-3(2H)-pyridazinone	132–134, ir, nmr	1288
5,6-Dimethyl-3-thioxo-2,3-dihydro-4-pyridazinecarbonitrile	—	H 447, 798
1,2-Dimethyl-6-thioxo-1,6-dihydro-3(2H)-pyridazinone	143–145, pK_a, uv	95, 672
Dimethyl 4-trimethylsilyl-3,6-pyridazinedicarboxylate	52–53, ms, nmr	1208
Dimethyl 4-trimethylsilyl-5-trimethylsilylethynyl-3,6-pyridazinedicarboxylate	72, ir, nmr	11
Dimethyl 4-valeryl-3,6-pyridazinedicarboxylate	68–69, ir, ms, nmr	352
Dimethyl 4-vinyl-3,6-pyridazinedicarboxylate	liq (?), ir, ms, nmr	352
5,6-Dimorpholino-2-phenyl-3(2H)-pyridazinone	—	H 194, 602
3,5-Dimorpholinopyridazine	HCl: 258–260, nmr	637; H 601
4,5-Dineopentylpyridazine	anal, nmr	1518
3,5-Dinitro-6-piperidinopyridazine 2-oxide	141–142	760
4,6-Dinitro-3-pyridazinamine 1-oxide	209–210	760
3,6-Dioxo-1-phenyl-1,2,3,6-tetrahydro-4-pyridazinecarbaldehyde	—	H 156, 396
3,6-Dioxo-1,2,3,6-tetrahydro-4-pyridazinecarbaldehyde	—	H 396
3,6-Diphenethylpyridazine	96–97, ms, nmr	822
3,6-Diphenoxypyridazine	140–141, uv; 1-MeI: —	690, 1183; H 190
3,6-Diphenyl-4,5-didehydropyridazine	unstable	476
5,6-Diphenyl-3-phenylhydrazino-4-pyridazinecarbonitrile	230–231, ir	1398, 1726
5,6-Diphenyl-4-phenylsulfonyl-3(2H)-pyridazinone	254–256	1272

continued

Table of Simple Pyridazines

Pyridazine	Melting Point (°C) etc.	Reference(s)
5,6-Diphenyl-3-phenylthio-4-pyridazinecarbonitrile	220, ir	1398, 1726
5,6-Diphenyl-4-phenylthio-3(2H)-pyridazinone	—	809
2,6-Diphenyl-4-piperidinomethyl-3(2H)-pyridazinone	—	H106
4,6-Diphenyl-3-piperidinopyridazine	139, ir, nmr	1081
2,6-Diphenyl-4-piperidino-3(2H)-pyridazinone	—	H107, 590
5,6-Diphenyl-4-piperidino-3(2H)-pyridazinone	—	809
5,6-Diphenyl-4-propionyl-3(2H)-pyridazinone	163–165, ir, uv	373
3,5-Diphenyl-1-propyl-4(1H)-pyridazinone	90–93, nmr	249
3,6-Diphenyl-4-pyridazinamine	292–295, nmr	451, 588; H558
4,6-Diphenyl-3-pyridazinamine	184–186	1885; H556
3,4-Diphenylpyridazine	106–108 or 108–109, nmr	12, 473, 634
3,5-Diphenylpyridazine	137 to 145, ir, nmr	404, 563, 1150, 1153, 1795, 2052, 2093
3,6-Diphenylpyridazine	212 to 225, complexes, ir, ms, nmr	29, 38, 58, 226, 230, 268, 278, 319, 321, 345, 409, 472, 568, 581, 607, 722, 823, 896, 918, 1071, 1148, 1154, 1174, 1491, 1492, 1569, 1883, 1922, 2073
3,6-Diphenyl-4-pyridazinecarbaldehyde	Me$_2$acetal: 79–81	319
3,6-Diphenyl-4-pyridazinecarbonitrile	—	H447
3,6-Diphenyl-4-pyridazinecarboxylic acid	—	H436
3,6-Diphenyl-4,5-pyridazinediamine	259–362, ir, ms, nmr	1358; H598
3,6-Diphenyl-4,5-pyridazinedicarboxylic acid	—	H445
1,4/1,5-Diphenyl-3,6(1H,2H)-pyridazinedione	310–313	462
5,6-Diphenyl-3,4(1H,2H)-pyridazinedione	234–235 or 239–240, ir, nmr	795, 942, 1496
3,6-Diphenylpyridazine 1,2-dioxide	176–177 or 258, ir, ms, nmr	106, 190, 321, 411
3,6-Diphenylpyridazine 1-oxide	198–199, complex	260, 321, 581
2,6-Diphenyl-3(2H)-pyridazinethione	190	413; H798
3,5-Diphenyl-4(1H)-pyridazinethione	222–224, nmr	249
4,6-Diphenyl-3(2H)-pyridazinethione	208	1264
5,6-Diphenyl-3(2H)-pyridazinethione	240	659, 1264; H798
2,6-Diphenyl-3(2H)-pyridazinone	147–149	566; H80
3,5-Diphenyl-4(1H)-pyridazinone	325 to 339, ir, nmr	109, 208, 249, 451; H133
3,6-Diphenyl-4(1H)-pyridazinone	—	588; H133

continued

Pyridazine	Melting Point (°C) etc.	Reference(s)
4,5-Diphenyl-3(2H)-pyridazinone	183 or 184, ir, nmr	1082, 1264; H97
5,6-Diphenyl-3(2H)-pyridazinone	178	1264; H89
3,4-Diphenyl-6-styrylpyridazine	185–186	634
5,6-Diphenyl-3-thioxo-2,3-dihydro-4-pyridazinecarbonitrile	250 to >300, ir, nmr	1056, 1390, 1398, 1726, 1913
5,6-Diphenyl-3-thioxo-2,3-dihydro-4-pyridazinecarboxylic acid	213–215, ir	389
3,4-Diphenyl-5-trimethylsilylpyridazine	152, ms, nmr	12
3,5-Dipiperidinopyridazine	HCl: 215–217, nmr	640
3,6-Dipiperidinopyridazine	—	H600
4,6-Dipiperidinopyridazine	92–94, ir, nmr	544
3,6-Dipiperidinopyridazine 1-oxide	—	H604
3,6-Dipiperidino-4(1H)-pyridazinone	303, nmr	640
3,6-Dipropionyl-4,5-dihydro-4,5-pyridazinedione 1,2-dioxide	89–91	505
4,5-Dipropionylpyridazine	ms	79
3,6-Dipropoxypyridazine	—	H189
3,6-Dipropoxypyridazine 1-oxide	—	H195
3,5-Dipropyl-4(1H)-pyridazinone	—	H133
3,6-Distyrylpyridazine 1,2-dioxide	254	527
1,2-Divinyl-3,6(1H,2H)-pyridazinedione	—	H163
6-Ethanesulfonyloxy-2-phenyl-3(2H)-pyridazinone	—	H81
6-Ethanesulfonyloxy-3(2H)-pyridazinone	—	H69
4-Ethoxy-3,6-bismethylthiopyridazine	—	353
2-γ-Ethoxycarbonylallyl-4-methyl-6-phenyl-3(2H)-pyridazinimine	HBr: 187, nmr	160
5-Ethoxycarbonyl-3,6-dimethyl-4-pyridazinecarboxylic acid	—	H445
2-β-Ethoxycarbonylethyl-4,6-diphenyl-3(2H)-pyridazinone	98, ir, nmr	1343
2-α-Ethoxycarbonylethyl-6-methyl-3(2H)-pyridazinone	—	H78
2-β-Ethoxycarbonylethyl-6-methyl-3(2H)-pyridazinone	—	H73
2-α-Ethoxycarbonylethyl-5-morpholino-3(2H)-pyridazinone	anal, ir, nmr	534
2-β-Ethoxycarbonylethyl-6-phenyl-3(2H)-pyridazinone	199–202/0.9, nmr	118, 1288
2-β-Ethoxycarbonylethyl-3(2H)-pyridazinimine	—	H551
6-β-Ethoxycarbonylethyl-3(2H)-pyridazinone	—	H67
2-Ethoxycarbonylmethyl-4,6-dimethyl-3(2H)-pyridazinone	—	H101
2-Ethoxycarbonylmethyl-5,6-dimethyl-3(2H)-pyridazinone	—	H92
4-Ethoxycarbonylmethyl-3,6-diphenylpyridazine	139–140, nmr	34, 222
2-Ethoxycarbonylmethyl-4,6-diphenyl-3(2H)-pyridazinone	160, ir, nmr	1343

continued

Table of Simple Pyridazines

Pyridazine	Melting Point (°C) etc.	Reference(s)
2-(α-Ethoxycarbonyl-α-methylethyl)-6-methyl-3(2H)-pyridazinone	—	H 78
2-Ethoxycarbonylmethyl-6-ethyl-3(2H)-pyridazinone	—	H 77
2-Ethoxycarbonylmethyl-6-ethylsulfonyl-3(2H)-pyridazinone	—	H 78, 824
2-Ethoxycarbonylmethyl-6-isopropylsulfonyl-3(2H)-pyridazinone	—	H 78, 824
2-Ethoxycarbonylmethyl-4-methyl-3(2H)-pyridazinone	—	H 84
2-Ethoxycarbonylmethyl-6-methyl-3(2H)-pyridazinone	—	H 77
2-Ethoxycarbonylmethyl-6-methylsulfonyl-3(2H)-pyridazinone	—	H 78, 824
2-Ethoxycarbonylmethyl-5-morpholino-4-nitro-3(2H)-pyridazinone	anal, ir, nmr	534
2-Ethoxycarbonylmethyl-5-morpholino-3(2H)-pyridazinone	144, ir, nmr	534
4-Ethoxycarbonylmethyl-1-phenyl-3,6(1H,2H)-pyridazinedione	—	H 156
5-Ethoxycarbonyl-3-methyl-2-phenylpyridazinium-4-olate	168, nmr	500
2-Ethoxycarbonylmethyl-6-phenyl-3(2H)-pyridazinone	99–100, nmr	118, 775; H 78
3-Ethoxycarbonylmethyl-6-phenyl-4(1H)-pyridazinone	200–201, ir, nmr	1489
1-Ethoxycarbonylmethyl-3,6(1H,2H)-pyridazinedione	—	H 153
4-Ethoxycarbonylmethyl-3,6(1H,2H)-pyridazinedione	—	H 151
2-Ethoxycarbonylmethyl-3(2H)-pyridazinimine	—	H 551
2-Ethoxycarbonylmethyl-3(2H)-pyridazinone	—	H 65
2-Ethoxycarbonylmethyl-4,5,6-trimethyl-3(2H)-pyridazinone	—	H 130
2-γ-Ethoxycarbonylpropyl-4,6-diphenyl-3(2H)-pyridazinone	54, ir, nmr	1343
3-γ-Ethoxycarbonylpropyl-4-methyl-6-phenyl-3(2H)-pyridazinone	crude: liq, ir, nmr; HBr: 260	1309
3-β-Ethoxycarbonylvinylpyridazine	47–48, ir, nmr	1668
4-β-Ethoxycarbonylvinylpyridazine	85, ir, nmr	1668
4-β-Ethoxycarbonylvinylpyridazine 1-oxide	107–109, ir, nmr	1906
4-β-Ethoxycarbonylvinylpyridazine 2-oxide	142–144, ir, nmr	1906
3-Ethoxy-6-chloro-5-nitro-4-pyridazinamine	—	H 561
2-Ethoxy-5,6-dimethoxy-3(2H)-pyridazinone	—	H 90
3-Ethoxy-5,6-dimethyl-4-pyridazinecarbonitrile	—	H 184, 447
4-Ethoxy-2,6-dimethyl-3(2H)-pyridazinone	—	H 99
3-Ethoxy-4,6-dinitropyridazine 1-oxide	113–115	757
3-Ethoxy-5,6-diphenylpyridazine	—	H 184
4-Ethoxy-3,6-diphenylpyridazine	102–104	451; H 186
3-Ethoxy-6-ethylaminopyridazine	—	H 177
3-Ethoxy-6-ethylaminopyridazine 1-oxide	—	H 604
3-Ethoxy-6-ethylaminopyridazine 2-oxide	—	H 604

continued

Pyridazine	Melting Point (°C) etc.	Reference(s)
6-β-Ethoxyethyl-4-methylamino-2-phenyl-3(2H)-pyridazinone	—	H 107
4-Ethoxy-2-ethyl-5-morpholino-3(2H)-pyridazinone	64–66	1269
6-Ethoxy-2-ethyl-5-morpholino-3(2H)-pyridazinone	—	1725
4-Ethoxy-2-ethyl-1-phenyl-3,6(1H,2H)-pyridazinedione	—	H 162
6-Ethoxy-2-ethyl-3(2H)-pyridazinone	—	H 71
3-Ethoxy-6-hydrazinopyridazine	94; Me₂C=: 150–153, ir	636, 1258; H 667
4-Ethoxy-2-β-hydroxyethyl-5-morpholino-3(2H)-pyridazinone	101–102, ir	534
3-Ethoxy-6-hydroxymethylpyridazine	—	H 177
4-Ethoxy-5-hydroxy-2-methyl-3(2H)-pyridazinone	146–147, ir, nmr	531
6-Ethoxy-2-hydroxy-5-methyl-3(2H)-pyridazinone	—	H 90
4-Ethoxy-5-hydroxy-2-phenyl-3(2H)-pyridazinone	167–168, ir, nmr	764
6-Ethoxy-2-hydroxy-3(2H)-pyridazinone	—	H 76
3-Ethoxy-6-iodopyridazine	—	H 177, 287
6-Ethoxy-4-isopropylamino-2-phenyl-3(2H)-pyridazinone	—	H 588
4-Ethoxy-2-isopropyl-5-morpholino-3(2H)-pyridazinone	147–149/0.1	1269
4-Ethoxy-5-mercapto-2-methyl-3(2H)-pyridazinone	67–69, ir, uv	1896
4-Ethoxy-5-mercapto-2-phenyl-3(2H)-pyridazinone	104–106, ir, uv	1896
5-Ethoxy-4-methanesulfonyloxy-2-methyl-3(2H)-pyridazinone	85–86, ir, ms	531
5-Ethoxy-4-methanesulfonyloxy-2-phenyl-3(2H)-pyridazinone	146–147, ir, ms	531
3-Ethoxy-6-methoxy-4-methylpyridazine 1-oxide	—	H 198
2-Ethoxy-6-methoxy-5-methyl-3(2H)-pyridazinone	—	H 90
6-Ethoxy-2-methoxy-5-methyl-3(2H)-pyridazinone	—	H 90
5-Ethoxy-4-methoxy-2-phenyl-3(2H)-pyridazinone	—	H 126
6-Ethoxy-4-methoxy-2-phenyl-3(2H)-pyridazinone	—	H 109
3-Ethoxy-6-methoxypyridazine	—	673
3-Ethoxy-6-methoxypyridazine 1-oxide	—	H 195
2-Ethoxy-6-methoxy-3(2H)-pyridazinone	—	H 76
6-Ethoxy-2-methoxy-3(2H)-pyridazinone	—	H 76
6-Ethoxy-4-methylamino-2-phenyl-3(2H)-pyridazinone	—	H 109, 588
4-Ethoxy-2-methyl-5-methylamino-3(2H)-pyridazinone	80–81	1269
4-Ethoxy-2-methyl-5-morpholino-3(2H)-pyridazinone	89–91	1269
5-Ethoxy-2-methyl-4-morpholino-3(2H)-pyridazinone	—	1725
6-Ethoxy-2-methyl-4-morpholino-3(2H)-pyridazinone	—	1725
6-Ethoxy-2-methyl-5-morpholino-3(2H)-pyridazinone	—	1725
3-Ethoxy-6-methyl-5-nitro-4-pyridazinamine	—	H 561
3-Ethoxy-4-methyl-6-nitropyridazine 1-oxide	—	H 198, 649
3-Ethoxy-6-methyl-4-nitropyridazine 1-oxide	—	H 198
3-Ethoxy-4-methyl-6-phenylpyridazine	—	H 182

continued

Pyridazine	Melting Point (°C) etc.	Reference(s)
4-Ethoxy-2-methyl-1-phenyl-3,6(1H,2H)-pyridazinedione	—	H 160
4-Ethoxy-6-methyl-2-phenyl-3(2H)-pyridazinone	—	H 106
4-Ethoxy-2-methyl-5-piperidino-3(2H)-pyridazinone	140–141/0.05	1269
3-Ethoxy-6-methyl-4-pyridazinamine	—	H 558
3-Ethoxy-6-methylpyridazine	—	H 177
3-Ethoxy-6-methyl-4,5-pyridazinediamine	—	H 599
1-Ethoxymethyl-3,6(1H,2H)-pyridazinedione	—	H 153
5-Ethoxy-2-methyl-3,4(1H,2H)-pyridazinedione	138–139, ir, nmr	531
3-Ethoxy-4-methylpyridazine 1-oxide	—	H 194
3-Ethoxy-6-methylpyridazine 1-oxide	—	H 195
5-Ethoxy-2-methyl-3(2H)-pyridazinone	103–104, ir, nmr	531
6-Ethoxy-2-methyl-3(2H)-pyridazinone	—	H 70
6-Ethoxy-5-methyl-3(2H)-pyridazinone	—	H 89
4-Ethoxy-5-morpholino-2-prop-1'-enyl-3(2H)-pyridazinone	91–92	1269
4-Ethoxy-5-morpholino-2-propyl-3(2H)-pyridazinone	150–160/0.5	1269
4-Ethoxy-5-morpholino-3(2H)-pyridazinone	185–187, nmr	532, 1269
6-Ethoxy-5-nitro-3-pyridazinamine 2-oxide	—	H 198, 604
3-Ethoxy-4-nitropyridazine 1-oxide	105–106	757; H 194, 649
3-Ethoxy-6-phenoxypyridazine	—	688
6-Ethoxy-2-phenyl-4-propylamino-3(2H)-pyridazinone	—	H 109
3-Ethoxy-6-phenylpyridazine	100, nmr; 2-MeClO$_4$: 140–141; 2-PhClO$_4$: 136–141	413; H 177
4-Ethoxy-2-phenyl-3,6(1H,2H)-pyridazinedione	—	H 157
5-Ethoxy-2-phenyl-3,4(1H,2H)-pyridazinedione	164–165, ir, nmr	531
6-Ethoxy-2-phenyl-3,4(1H,2H)-pyridazinedione	—	H 169
5-Ethoxy-6-phenyl-3(2H)-pyridazinethione	218–220, ir, nmr	1087
5-Ethoxy-2-phenyl-3(2H)-pyridazinone	126–127, ir, nmr	531; H 85
6-Ethoxy-2-phenyl-3(2H)-pyridazinone	—	H 80
3-Ethoxy-4-pyridazinamine	—	H 183, 560
6-Ethoxy-3-pyridazinamine	—	H 177, 552
6-Ethoxy-4-pyridazinamine	—	H 183, 560
3-Ethoxypyridazine	34, 75/4, nmr	99; H 174
4-Ethoxypyridazine	—	H 186
3-Ethoxy-4-pyridazinecarboxamide	154–155, nmr	1099
6-Ethoxy-3-pyridazinecarboxylic acid	130–132	1592
3-Ethoxy-4,5-pyridazinediamine	—	H 599
3-Ethoxypyridazine 1-oxide	—	H 194
4-Ethoxypyridazine 1-oxide	—	H 194
4-Ethoxypyridazine 2-oxide	—	H 196
6-Ethoxy-3(2H)-pyridazinethione	190, ir	636; H 797
1-Ethoxy-4(1H)-pyridazinone	—	H 134
4-Ethoxy-3(2H)-pyridazinone	77–78	1269
5-Ethoxy-3(2H)-pyridazinone	—	H 85
6-Ethoxy-3(2H)-pyridazinone	—	H 68
4-Ethoxy-3,5,6-triphenylpyridazine	—	H 186

continued

Pyridazine	Melting Point (°C) etc.	Reference(s)
Ethyl 4-acetamido-5-cyano-6-oxo-1-phenyl-1,6-dihydro-3-pyridazinecarboxylate	185, ir	119
Ethyl 3-acetamido-5,6-diphenyl-4-pyridazinecarboxylate	—	H555
Ethyl 5-acetamido-4-pyridazinecarboxylate	—	H562
Ethyl 4-acetoxy-6-phenyl-3-pyridazinecarboxylate	83–84 or 237 (?), ir, nmr	1969
Ethyl 5-acetyl-4-pyridazinecarboxylate	39–40, ir, nmr	81
Ethyl 1-allyl-6-oxo-1,6–dihydro-3-pyridazinecarboxylate	—	855
Ethyl 4-amino-5-cyano-6-imino-1-phenyl-1,6-dihydro-3-pyridazinecarboxylate	197 or >300, ir	51, 229
Ethyl 4-amino-5-cyano-6-oxo-1-phenyl-1,6-dihydro-3-pyridazinecarboxylate	228–230 or 235 (or >300?), ir, nmr	55, 1665
4-Ethylamino-2,6-dimethylpyridazine	—	H582
4-Ethylamino-3,6-dimethylpyridazine 2-oxide	—	H604
3-Ethylamino-4,6-dinitropyridazine 1-oxide	149–150	760
Ethyl 3-amino-5,6-diphenyl-4-pyridazinecarboxylate	—	H555
4-Ethylamino-2-methyl-1-phenyl-3,6(1H,2H)-pyridazinedione	—	678
3-Ethylaminomethyl-4(1H)-pyridazinone 2-oxide	—	H196, 610
Ethyl 5-amino-3-oxo-2,3-dihydro-4-pyridazinecarboxylate	—	H125, 440
Ethyl 3-amino-6-phenyl-4-pyridazinecarboxylate	123–124	1185
3-Ethylaminopyridazine	—	1176; H572
Ethyl 5-amino-4-pyridazinecarboxylate	—	H562
Ethyl 6-amino-3-pyridazinecarboxylate	—	H435, 553
4-Ethylamino-3,6(1H,2H)-pyridazinedione	—	H151
3-Ethylaminopyridazine 1-oxide	—	H604
3-Ethylaminopyridazine 2-oxide	—	H604
Ethyl 6-amino-3-pyridazinesulfenate	—	H553
Ethyl 6-benzoyl-5-hydroxy-3-oxo-2-phenyl-2,3-dihydro-4-pyridazinecarboxylate	195–197, ir	1702
Ethyl 6-benzoyl-3-oxo-2-phenyl-2,3-dihydro-4-pyridazinecarboxylate	114–116, ir, nmr	1960
Ethyl 5-benzoyl-4-pyridazinecarboxylate	67–68 or 71, ir, nmr	46, 81
Ethyl 3-benzyl-6-phenyl-4-pyridazinecarboxylate	—	H436
Ethyl 5,6-bisdiisopropylamino-3-pyridazinecarboxylate	$230/4 \times 10^{-6}$, ir, ms, nmr	1070
Ethyl 1-butyl-6-oxo-1,6-dihydro-3-pyridazinecarboxylate	138–139/2, nmr	118
Ethyl 3-chloro-5,6-diphenyl-4-pyridazinecarboxylate	—	H436
Ethyl 3-chloro-5-ethyl-6-oxo-1,6-dihydro-4-pyridazinecarboxylate	104–106 or 111–113, nmr, uv	30, 821
Ethyl 6-chloro-5-ethyl-3-oxo-2,3-dihydro-4-pyridazinecarboxylate	131–132, nmr, uv	30, 821
Ethyl 3-chloro-5-methyl-6-oxo-1,6-dihydro-4-pyridazinecarboxylate	112–113 or 122–123, nmr, uv	30, 821

continued

Table of Simple Pyridazines

Pyridazine	Melting Point (°C) etc.	Reference(s)
Ethyl 6-chloro-5-methyl-3-oxo-2,3-dihydro-4-pyridazinecarboxylate	173–175, ms, nmr, uv	30, 821
Ethyl 3-chloro-6-methyl-4-pyridazinecarboxylate	liq, nmr	1514; H291, 292, 436
Ethyl 3-chloro-6-oxo-1,6-dihydro-1-pyridazinecarboxylate	—	H71, 305
Ethyl 3-chloro-6-oxo-1,6-dihydro-4-pyridazinecarboxylate	—	H87, 291, 439
Ethyl 6-chloro-3-oxo-2,3-dihydro-4-pyridazinecarboxylate	—	H96, 322, 440
Ethyl 3-chloro-6-phenyl-4-pyridazinecarboxylate	45–46 or 60	759, 1319
Ethyl 3-chloro-1-pyridazinecarboxylate	—	H276, 434
Ethyl 3-chloro-4-pyridazinecarboxylate	—	H290, 435
Ethyl 6-chloro-3-pyridazinecarboxylate	154–155, nmr	1459, 1638
Ethyl 5-cyano-4-β-dimethylaminovinyl-6-oxo-1-phenyl-1,6-dihydro-3-pyridazinecarboxylate	160–161, ir, nmr	1830
Ethyl 5-cyano-6-imino-1,4-diphenyl-1,6-dihydro-3-pyridazinecarboxylate	193, ir	219, 988
Ethyl 5-cyano-6-imino-4-methyl-1-phenyl-1,6-dihydro-3-pyridazinecarboxylate	136–138; HBr: 195–197	124, 234, 988
Ethyl 5-cyano-3-methyl-6-oxo-1,6-dihydro-4-pyridazinecarboxylate	240, ir, nmr	1487
Ethyl 5-cyano-4-methyl-6-oxo-1-phenyl-1,6-dihydro-3-pyridazinecarboxylate	150 to 162, ir, ms, nmr, uv	37, 52, 54, 221, 379, 1216, 1240, 2043
Ethyl 6-cyano-5-methyl-3-oxo-2-phenyl-2,3-dihydro-4-pyridazinecarboxylate	168, ir	1217
Ethyl 5-cyano-6-oxo-1-phenyl-4-styryl-1,6-dihydro-3-pyridazinecarboxylate	212 or 220, ir	52, 379
Ethyl 3,4-dichloro-6-oxo-1,6-dihydro-1-pyridazinecarboxylate	—	H91, 327
Ethyl 4,5-dichloro-6-oxo-1,6-dihydro-1-pyridazinecarboxylate	—	H113, 308
Ethyl 3,6-dichloro-4-pyridazinecarboxylate	116–118/1.3	1099, 1748
4-Ethyl-3,6-dimethoxypyridazine	—	H192
Ethyl 1-β-dimethylaminoethyl-6-oxo-1,6-dihydro-3-pyridazinecarboxylate	—	H438
Ethyl 3-β-dimethylaminovinyl-4-pyridazinecarboxylate	64, ir, ms, nmr	1678
Ethyl 5-β-dimethylaminovinyl-4-pyridazinecarboxylate	122–123, nmr	1095
2-Ethyl-5,6-dimethyl-3-oxo-2,3-dihydro-4-pyridazinecarbonitrile	—	H130, 449
Ethyl 3,6-dimethyl-5-oxo-2,5-dihydro-4-pyridazinecarboxylate	165, nmr	948
Ethyl 5,6-dimethyl-3-oxo-2,3-dihydro-4-pyridazinecarboxylate	—	H128, 441
5-Ethyl-4,6-dimethyl-3-pyridazinamine	—	H556
4-Ethyl-3,6-dimethylpyridazine	87–89/4, anal	122

continued

Pyridazine	Melting Point (°C) etc.	Reference(s)
Ethyl 3,6-dimethyl-4-pyridazinecarboxylate	—	H436
3-Ethyl-4,6-diphenylpyridazine	84–85, nmr	394
4-Ethyl-3,6-diphenylpyridazine	77 to 83, nmr, uv	319, 394, 499
Ethyl 3,6-diphenyl-4-pyridazinecarboxylate	98, nmr	40; H436
1-Ethyl-3,5-diphenyl-4(1H)-pyridazinone	124–125, nmr	249
Ethyl 3-ethoxycarbonylmethyl-5,6-diphenyl-4-pyridazinecarboxylate	<185/0.5, ms	339
Ethyl 1-ethoxycarbonylmethyl-6-oxo-1,6-dihydro-3-pyridazinecarboxylate	—	H77, 437
Ethyl 2-ethoxycarbonylmethyl-3-oxo-6-phenyl-2,3-dihydro-4-pyridazinecarboxylate	liq, anal	1768
1-Ethyl-5-ethylamino-2-phenyl-3,6(1H,2H)-pyridazinedione	—	H595
Ethyl 3-ethyl-6-methyl-4-pyridazinecarboxylate	100/0.4, ir, nmr	10
Ethyl 5-ethyl-3-oxo-2,3-dihydro-4-pyridazinecarboxylate	77–79, nmr, uv	821
Ethyl 5-ethyl-6-oxo-1,6-dihydro-4-pyridazinedcarboxylate	112–115, nmr, uv	821
2-Ethyl-6-ethylsulfonyl-3(2H)-pyridazinone	—	H824
3-(β-Ethyl-β-formylhydrazino)-6-methyl-4-phenylpyridazine	—	H669
Ethyl 3-formyl-6-methyl-4-pyridazinecarboxylate	90, nmr; Et$_2$acetal: nmr	907, 996, 1111
Ethyl 5-formyl-4-oxo-1-phenyl-1,4-dihydro-3-pyridazinecarboxylate	34, ir, nmr; PhNHN=: 173, ir, nmr	1302
Ethyl 3-formyl-4-pyridazinecarboxylate	Et$_2$acetal: anal, nmr	1111
6-Ethyl-4-hexylamino-2-phenyl-3(2H)-pyridazinone	—	H107
Ethyl 5-hydrazinocarbonyl-6-imino-4-methyl-1-phenyl-1,6-dihydro-3-pyridazinecarboxylate	PhCH=: 230, ir	1215
6-Ethyl-2-hydrazinocarbonylmethyl-3(2H)-pyridazinone	—	H79
Ethyl 6-hydrazino-3-pyridazinecarboxylate	anal, ms, nmr	1459
Ethyl 1-β-hydroxyethyl-6-oxo-1,6-dihydro-3-pyridazinecarboxylate	—	H71
Ethyl 1-β-hydroxyethyl-6-oxo-1,6-dihydro-4-pyridazinecarboxylate	—	H86, 439
Ethyl 1-hydroxymethyl-6-oxo-1,6-dihydro-3-pyridazinecarboxylate	—	H71, 402, 437
Ethyl 6-hydroxymethyl-5-oxo-2,5-dihydro-3-pyridazinecarboxylate	196, ir, nmr, uv	778
Ethyl 4-hydroxy-6-oxo-1-phenyl-1,6-dihydro-3-pyridazinecarboxylate	—	H136, 444
Ethyl 4-hydroxy-6-oxo-1-phenyl-5-phenylazo-1,6-dihydro-3-pyridazinecarboxylate	—	H136, 444, 651
4-(α-Ethyl-α-hydroxypropyl)-5,6-diphenyl-3(2H)-pyridazinetione	211–213, ir, uv	373
4-(α-Ethyl-α-hydroxypropyl)-5,6-diphenyl-3(2H)-pyridazinone	225–227, ir, uv	373
2-Ethyl-4-isopropoxy-6-methyl-3(2H)-pyridazinone	—	H101

continued

Table of Simple Pyridazines 523

Pyridazine	Melting Point (°C) etc.	Reference(s)
2-Ethyl-6-isopropoxy-3(2H)-pyridazinone	—	H71
2-Ethyl-6-isopropylsulfonyl-3(2H)-pyridazinone	—	H824
2-Ethyl-6-methoxy-5-oxo-2,5-dihydro-3-pyridazinecarbonitrile	—	H134, 355
Ethyl 5-methoxy-6-oxo-1,6-dihydro-4-pyridazinecarboxylate	—	H125, 440
1-Ethyl-5-methoxy-2-phenyl-3,6(1H,2H)-pyridazinedione	—	H162
4-Ethyl-5-methoxpyridazine	liq, ms, nmr	82
2-Ethyl-6-methoxy-3(2H)-pyridazinone	—	H71
4-Ethyl-5-methyl-3,6-bismethylthiopyridazine	liq?, ir, ms, nmr	353
4-Ethyl-5-methyl-3,6-diphenylpyridazine	119–121	319
Ethyl 3-methyl-5,6-diphenyl-4-pyridazinecarboxylate	85–86, ir, ms, nmr	314
Ethyl 3-α-methylhydrazino-6-morpholino-4-pyridazinecarboxylate	Me$_2$C=: 121–122, ir, nmr, uv	753
5-(β-Ethyl-α-methylhydrazino)-2-phenyl-3(2H)-pyridazinone	109–110, ir, nmr	1540
5-Ethyl-4-methyl-2-β-morpholinoethyl-3(2H)-pyridazinone	—	H125
2-Ethyl-6-methyl-4-nitro-3(2H)-pyridazinone	—	H100
Ethyl 1-methyl-6-oxo-1,6-dihydro-3-pyridazinecarboxylate	—	H70, 437
Ethyl 3-methyl-6-oxo-1,6-dihydro-4-pyridazinecarboxylate	—	H88, 439
Ethyl 5-methyl-3-oxo-2,3-dihydro-4-pyridazinecarboxylate	100–101, nmr, uv	821
Ethyl 5-methyl-6-oxo-1,6-dihydro-4-pyridazinecarboxylate	144–145, nmr, uv	821
Ethyl 6-methyl-3-oxo-2,3-dihydro-4-pyridazinecarboxylate	—	H97, 441
Ethyl 6-methyl-5-oxo-2,5-dihydro-4-pyridazinecarboxylate	260	500
Ethyl 2-methyl-3-oxo-5,6-diphenyl-2,3-dihydro-4-pyridazinecarboxylate	—	H129, 441
Ethyl 3-methyl-5-oxo-6-phenyl-2,5-dihydro-4-pyridazinecarboxylate	168, nmr	948
Ethyl 4-methyl-6-oxo-1-phenyl-1,6-dihydro-3-pyridazinecarboxylate	102–103, nmr	1350, 1351, 2014; H93, 438
Ethyl 5-methyl-6-oxo-1-phenyl-1,6-dihydro-3-pyridazinecarboxylate	—	H106, 439
Ethyl 6-methyl-4-oxo-1-phenyl-1,4-dihydro-3-pyridazinecarboxylate	—	H135, 442
Ethyl 6-methyl-5-oxo-3-phenyl-2,5-dihydro-4-pyridazinecarboxylate	195, nmr	948
Ethyl 6-methyl-5-oxo-3-propyl-2,5-dihydro-4-pyridazinecarboxylate	136, nmr	948
3-Ethyl-4-methyl-6-phenylpyridazine	44–45 or 51–53, nmr	394, 1952
4-Ethyl-3-methyl-6-phenylpyridazine	—	1611

continued

Pyridazine	Melting Point (°C) etc.	Reference(s)
Ethyl 3-methyl-6-phenyl-4-pyridazinecarboxylate	—	H436
4-Ethyl-6-methyl-2-phenyl-3(2H)-pyridazinone	—	H106
6-Ethyl-4-methyl-2-phenyl-3(2H)-pyridazinone	—	H106
Ethyl 6-methyl-3-propyl-4-pyridazinecarboxylate	102/0.3, ir, nmr	10
3-Ethyl-4-methylpyridazine	30, nmr; pic: 100–101	823
3-Ethyl-6-methylpyridazine	105–110/4; pic: 107–109	230, 823
4-Ethyl-5-methylpyridazine	ms, nmr	337
4-Ethyl-6-methylpyridazine	liq, ms, nmr	1676
Ethyl 3-methyl-4-pyridazinecarboxylate	60, ir, ms, nmr	416, 1678
Ethyl 3-methyl-5-pyridazinecarboxylate	crude: nmr	416
Ethyl 4-methyl-3-pyridazinecarboxylate	75–80, ms, nmr	416
Ethyl 5-methyl-4-pyridazinecarboxylate	<30, ms, nmr	211, 416
Ethyl 6-methyl-4-pyridazinecarboxylate	nmr	1111
Ethyl methyl 4,5-pyridazinedicarboxylate	liq, ir, nmr	228
4-Ethyl-5-methyl-3,6(1H,2H)-pyridazinedione	—	H151
2-Ethyl-6-methyl-3(2H)-pyridazinethione	liq, nmr	538
2-Ethyl-6-methyl-3(2H)-pyridazinone	68–70, ir, nmr	1134; H71
4-Ethyl-6-methyl-3(2H)-pyridazinone	—	H97
5-Ethyl-4-methyl-3(2H)-pyridazinone	—	H125
6-Ethyl-4-methyl-3(2H)-pyridazinone	83, ir, nmr	1562
2-Ethyl-6-methylsulfonyl-3(2H)-pyridazinone	—	H824
2-Ethyl-6-methylthio-3(2H)-pyridazinethione	45–46	95
5-Ethyl-2-β-morpholinoethyl-6-phenyl-3(2H)-pyridazinone	—	H104
6-Ethyl-4-morpholinomethyl-2-phenyl-3(2H)-pyridazinone	—	H612
1-Ethyl-5-morpholino-2-phenyl-3,6(1H,2H)-pyridazinedione	—	H162, 595
6-Ethyl-4-morpholino-2-phenyl-3(2H)-pyridazinone	—	H107, 589
Ethyl 6-morpholino-3-pyridazinecarboxylate	125–126	1338
5-Ethyl-3-oxo-2,3-dihydro-4-pyridazinecarbonitrile	155–158, nmr, uv	821
Ethyl 3-oxo-2,3-dihydro-4-pyridazinecarboxylate	92–94	821; H84, 440
Ethyl 6-oxo-1,6-dihydro-3-pyridazinecarboxylate	130–131	1459; H67, 437
Ethyl 6-oxo-1,6-dihydro-4-pyridazinecarboxylate	125–127	821; H85, 439(?)
Ethyl 3-oxo-5,6-diphenyl-2,3-dihydro-4-pyridazinecarboxylate	—	1407; H128, 441
Ethyl 4-oxo-1,6-diphenyl-1,4-dihydro-3-pyridazinecarboxylate	—	H135, 443
Ethyl 6-oxo-3-phenoxy-1,6-dihydro-1-pyridazinecarboxylate	—	876
2-Ethyl-3-oxo-5-phenyl-2,3-dihydro-4-pyridazinecarbonitrile	—	H125, 448
Ethyl 3-oxo-6-phenyl-2,3-dihydro-4-pyridazinecarboxylate	145 to 156, ir, nmr	759, 1319, 1768
Ethyl 4-oxo-1-phenyl-1,4-dihydro-3-pyridazinecarboxylate	99–100, nmr	316

continued

Pyridazine	Melting Point (°C) etc.	Reference(s)
Ethyl 4-oxo-6-phenyl-1,4-dihydro-3-pyridazinecarboxylate	196–198, ir, nmr	1969, 2111
Ethyl 6-oxo-3-phenyl-1,6-dihydro-1-pyridazinecarboxylate	118–119, ir	368
4-Ethyl-6-oxo-1-phenyl-1,6-dihydro-3,5-pyridazinedicarbonitrile	145–147, ir, nmr	1808
Ethyl 6-oxo-1-phenyl-5-phenylazo-1,6-dihydro-3-pyridazinecarboxylate	—	H 106, 441
Ethyl 3-oxo-2,5,6-triphenyl-2,3-dihydro-4-pyridazinecarboxylate	—	H 131, 441
Ethyl 6-oxo-1-vinyl-1,6-dihydro-3-pyridazine carboxylate	—	693
Ethyl 5-phenethyl-4-pyridazinecarboxylate	77–82, ir, ms, nmr	416
6-Ethyl-2-phenyl-4-piperidinomethyl-3(2H)-pyridazinone	—	H 612
1-Ethyl-2-phenyl-5-piperidino-3,6(1H,2H)-pyridazinedione	—	H 162, 595
4-Ethyl-6-phenyl-3-pyridazinamine	149, nmr	1381
3-Ethyl-6-phenylpyridazine	68–69, nmr	823
4-Ethyl-3-phenylpyridazine	61, ms, nmr	12
4-Ethyl-6-phenylpyridazine	56–58 or 58–60, ms, nmr	1676, 1952
1-Ethyl-2-phenyl-3,6(1H,2H)-pyridazinedione	—	H 162
2-Ethyl-6-phenyl-3(2H)-pyridazinethione	70–71, nmr	538
4-Ethyl-3-phenyl-5-trimethylsilylpyridazine	74, ms, nmr	12
3-Ethyl-6-piperidinopyridazine	150/0.01, nmr; pic: 163–164	823
Ethyl 5-propionyl-4-pyridazinecarboxylate	48–49, ir, nmr	81
6-Ethyl-3-pyridazinamine	—	H 551
3-Ethylpyridazine	liq, nmr; pic: 134–135	230, 822
4-Ethylpyridazine	ms	73, 79
Ethyl 3-pyridazinecarboxylate	68	1347; H 434
Ethyl 4-pyridazinecarboxylate	76/1, ir, nmr	65, 416, 1231; H 435
Ethyl 3-pyridazinecarboxylate 1-oxide	—	H 434
1-Ethyl-3,6(1H,2H)-pyridazinedione	143–145, ir, nmr	292, 943
5-Ethyl-3(2H)-pyridazinone	99–101, nmr, uv	30, 821
6 Ethyl 3(2H) pyridazinone	liq, ms, nmr	186; H 67
Ethyl 5-styryl-4-pyridazinecarboxylate	115–117, ms, nmr	211
5-Ethylsulfinyl-2,4-dimethyl-3(2H)-pyridazinone	129–130, ir, ms, nmr	231
3-Ethylsulfinyl-6-methoxy-4-methylpyridazine	liq, nmr	2035
3-Ethylsulfinyl-6-methoxypyridazine	liq, nmr	2035
4-Ethylsulfinyl-2-methyl-3(2H)-pyridazinone	—	1028
5-Ethylsulfinyl-2-methyl-3(2H)-pyridazinone	—	H 1029
6-Ethylsulfinyl-3-pyridazinamine	—	H 822
5-Ethylsulfonyl-2,4-dimethyl-3(2H)-pyridazinone	133–134, ir, ms, nmr	231
3-Ethylsulfonyl-6-hydrazinopyridazine	—	1723
3-Ethylsulfonyl-6-methylpyridazine	—	H 823
4-Ethylsulfonyl-2-methyl-3(2H)-pyridazinone	—	1028

continued

Pyridazine	Melting Point (°C) etc.	Reference(s)
5-Ethylsulfonyl-2-methyl-3(2*H*)-pyridazinone	—	1028, 1602
6-Ethylsulfonyl-2-methyl-3(2*H*)-pyridazinone	—	*H* 824
3-Ethylsulfonyl-6-phenylpyridazine	—	733
6-Ethylsulfonyl-3(2*H*)-pyridazinone	—	1723; *H* 824
2-β-[*N*-Ethyl(thiocarbamoyl)]ethyl-6-phenyl-3(2*H*)-pyridazinone	140–145	1288
4-Ethylthio-5,6-diphenyl-3(2*H*)-pyridazinone	—	809
4-Ethylthio-2-methyl-5-methylamino-3(2*H*)-pyridazinone	104–105	2089
6-Ethylthio-5-methyl-3-oxo-2-phenyl-2,3-dihydro-4-pyridazinecarbonitrile	—	1618
4-Ethylthio-2-methyl-1-phenyl-3,6(1*H*,2*H*)-pyridazinedione	—	*H* 830
3-Ethylthio-6-methylpyridazine	—	*H* 804
4-Ethylthio-1-methyl-3,6(1*H*,2*H*)-pyridazinedione	—	1007
4-Ethylthio-2-methyl-3,6(1*H*,2*H*)-pyridazinedione	—	1007
5-Ethylthio-2-methyl-3,4(1*H*,2*H*)-pyridazinedione	143–145, ir, uv	1896
4-Ethylthio-2-methyl-3(2*H*)-pyridazinone	—	1028
5-Ethylthio-2-methyl-3(2*H*)-pyridazinone	—	1028
3-Ethylthio-6-phenylpyridazine	—	733, 811
5-Ethylthio-1-phenyl-3,4(1*H*,2*H*)-pyridazinedione	132–134, ir, uv	1896
6-Ethylthio-2-phenyl-3,4(1*H*,2*H*)-pyridazinedione	—	*H* 831
6-Ethylthio-3-pyridazinamine	46–48, nmr	1147; *H* 553, 804
6-Ethylthio-3,4(1*H*,2*H*)-pyridazinedione	—	*H* 169
4-Ethylthio-3,5,6-triphenylpyridazine	—	*H* 810
Ethyl 3,4,5-trichloro-6-oxo-1,6-dihydro-1-pyridazinecarboxylate	—	*H* 129, 329
Ethyl 4,5,6-trichloro-3-pyridazinecarboxylate	27, 110/0.3, ir, ms, nmr	1232
2-Ethyl-4,5,6-trifluoro-3(2*H*)-pyridazinone	—	*H* 130, 332
Ethyl 3,5,6-triphenyl-4-pyridazinecarboxylate	124–125, ir, nmr	314
1-Ethyl-3,5,6-triphenyl-4(1*H*)-pyridazinone	—	*H* 134
Ethyl 4,5,6-trisdimethylamino-3-pyridazinecarboxylate	liq, anal, ir, nmr	8
4-Ethynyl-3,6-dimethylpyridazine	crude: 82–84, ir, nmr	122
3-Ethynyl-6-methylpyridazine	113–114 or 135–137, ir, nmr	122, 834
6-Fluoro-4,5-dimethoxy-3(2*H*)-pyridazinone	—	*H* 127, 332
3-Fluoro-6-(3-hydroxyprop-1-ynyl)pyridazine	86–88, nmr	1385
3-Fluoro-6-iodopyridazine	118–120, nmr	1385
3-Fluoro-6-methylpyridazine	15, anal, unstable	1127
3-Fluoro-6-phenylpyridazine	anal	1593
4-Fluoro-1-phenyl-3,6(1*H*,2*H*)-pyridazinedione	—	917
6-Fluoro-3-pyridazinamine	177–179, nmr	1145
4-Fluoro-3,6(1*H*,2*H*)-pyridazinedione	—	917
3-Fluoro-4,5,6-trimethoxypyridazine	—	*H* 184, 297
4-Fluoro-3,5,6-trimethoxypyridazine	—	*H* 184, 298
3-Fluoro-4,5,6-trisphenylthiopyridazine	—	*H* 297, 814

continued

Table of Simple Pyridazines

Pyridazine	Melting Point (°C) etc.	Reference(s)
3-Formamidopyridazine	oxime: 185	1010
3-Formamidopyridazine 2-oxide	oxime: 178–180	921
6-Formamido-3(2H)-pyridazinone	285–286, nmr	295
1-β-Formylethyl-3,6(1H,2H)-pyridazinedione	—	H402
3-Formylethynyl-4-methyl-6-phenylpyridazine	Et₂acetal: 83, ir, ms, nmr	1629
3-Formylethynyl-6-methylpyridazine	Et₂acetal: 56, ir, ms, nmr	1629
3-Formylethynyl-6-phenylpyridazine	Me₂acetal: 117, ir, ms, nmr	1629
6-Formyl-3-imino-2,5-diphenyl-2,3-dihydro-4-pyridazinecarbonitrile	206–208, ir, nmr	1960
4-β-Formylmethyl-3,6-dimethylpyridazine	Me₂acetal: 140–143/3, nmr	125
3-β-Formylmethyl-6-methylpyridazine	Me₂acetal: 131–132/4, nmr	125
6-Formyl-4-methyl-1-phenylpyridazinium-3-sulfonate	oxime: 255–260, xl st	1536, 1785
3-Formyl-6-methyl-4-pyridazinecarbohydrazide	Me₂acetal: nmr	996
3-Formyl-6-methyl-4-pyridazinecarboxamide	Et₂acetal: 112, ir, nmr; Me₂acetal: 141, ir, nmr	996
3-β-Formylvinylpyridazine	147–149, ir, nmr, uv	511
4-β-Formylvinylpyridazine	159–161, ir, nmr, uv	511
1-Hexanoyl-3,6(1H,2H)-pyridazinedione	—	H155
4-Hexyl-3,6-bismethylthiopyridazine	liq(?), ir, ms, nmr	353
6-Hexyloxy-2-hydroxy-3(2H)-pyridazinone	—	H76
3-Hexyloxy-6-iodopyridazine	—	H179, 287
4-Hexyloxy-2-methyl-1-phenyl-3,6(1H,2H)-pyridazinedione	—	H160
6-Hexyloxy-5-nitro-3-pyridazinamine 2-oxide	—	H198, 604
3-Hexyloxy-6-phenoxypyridazine	—	688
6-Hexyloxy-3-pyridazinamine	—	H179, 552
6-Hexyloxy-3(2H)-pyridazinethione	105, ir	365
3-Hexylpyridazine	nmr	414
6-Hexyl-3(2H)-pyridazinone	—	H67
6-Hexylthio-3-pyridazinamine	68–69, nmr	1147
3-Hex-1′-ynyl-6-methylpyridazine	100/5, ir, nmr	191, 834
3-Hex-1′-ynyl-6-methylpyridazine 1-oxide	58–60 or 60–61, ir, nmr	191, 834
2-α-Hydrazinocarbonylbutyl-6-methyl-3(2H)-pyridazinone	—	H79
2-β-Hydrazinocarbonylethyl-4,6-diphenyl-3(2H)-pyridazinone	169, ir, nmr	1343
2-α-Hydrazinocarbonylethyl-6-methyl-3(2H)-pyridazinone	—	H79
2-β-Hydrazinocarbonylethyl-6-methyl-3(2H)-pyridazinone	—	H73
2-Hydrazinocarbonylmethyl-4,6-dimethyl-3(2H)-pyridazinone	—	H101

continued

Pyridazine	Melting Point (°C) etc.	Reference(s)
2-Hydrazinocarbonylmethyl-5,6-dimethyl-3(2H)-pyridazinone	—	H 92
2-Hydrazinocarbonylmethyl-4,6-diphenyl-3(2H)-pyridazinone	170, ir, nmr	1343
2-(α-Hydrazinocarbonyl-α-methylethyl)-6-methyl-3(2H)-pyridazinone	—	H 79
3-Hydrazinocarbonylmethyl-6-methoxypyridazine	149, ir	962
2-Hydrazinocarbonylmethyl-4-methyl-3(2H)-pyridazinone	—	H 84
2-Hydrazinocarbonylmethyl-6-methyl-3(2H)-pyridazinone	—	H 78
1-Hydrazinocarbonylmethyl-6-oxo-1,6-dihydro-3-pyridazinecarbohydrazide	—	H 77, 437
2-Hydrazinocarbonylmethyl-6-phenyl-3(2H)-pyridazinone	—	H 79
3-Hydrazinocarbonylmethyl-6-phenyl-4(1H)-pyridazinone	319–320, ir, nmr	1489
3-Hydrazinocarbonylmethylpyridazine	uv	1164
2-Hydrazinocarbonylmethyl-3(2H)-pyridazinone	—	H 65
2-Hydrazinocarbonylmethyl-4,5,6-trimethyl-3(2H)-pyridazinone	—	H 130
2-α-Hydrazinocarbonylpentyl-6-methyl-3(2H)-pyridazinone	—	H 79
2-γ-Hydrazinocarbonylpropyl-4,6-diphenyl-3(2H)-pyridazinone	136, ir, nmr	1343
2-α-Hydrazinocarbonylpropyl-6-methyl-3(2H)-pyridazinone	—	H 79
4-Hydrazino-3,6-dimethoxypyridazine	—	H 192, 661
3-Hydrazino-4,5-dimethyl-6-morpholinopyridazine	172–176	1293
3-Hydrazino-4,6-dimethylpyridazine	—	H 660, 667
3-Hydrazino-4,6-diphenylpyridazine	—	H 660
6-Hydrazino-4-hydrazinocarbonylmethyl-3(2H)-pyridazinone	249–251, ir, uv	947
5-Hydrazino-2-δ-hydroxybutyl-3(2H)-pyridazinone	157–158, ir, nmr	1700
3-Hydrazino-4-isobutylaminopyridazina	—	H 583
3-Hydrazino-6-isopropylaminopyridazine	2HCl: 225	554, 1258
3-Hydrazino-6-methoxypyridazine	—	H 660
3-Hydrazino-4-methylaminopyridazine	—	H 582
4-Hydrazino-2-methyl-5-methylsulfonyl-3(2H)-pyridazinone	147–149	533
3-Hydrazino-4-methyl-6-morpholinopyridazine	HCl: 222–224; PhCH=: 193–197 or 197–199	544, 1293
3-Hydrazino-6-methyl-4-nitropyridazine 1-oxide	169	760
3-Hydrazino-4-methyl-6-phenylpyridazine	159 or 160–161, ir, nmr; HCl: 168–170; Me$_2$C=, maleate salt: 155	1104, 1279, 1333

continued

Table of Simple Pyridazines

Pyridazine	Melting Point (°C) etc.	Reference(s)
3-Hydrazino-5-methyl-6-phenylpyridazine	Me$_2$C=: 171–173, ir, nmr	1585
3-Hydrazino-6-methyl-5-phenylpyridazine	Me$_2$C=: 192–194, ir, nmr	1585
3-Hydrazino-4-methyl-6-piperidinopyridazine	HCl: 217–220; PhCH=: 181–185	544
3-Hydrazino-6-methylpyridazine	118 or 119, nmr; Et$_2$C=: 130–131/0.3, ir, nmr; PhCH$_2$CH=: 149–150, ir, nmr, and the like	671, 1037, 1127; H 659, 666
6-Hydrazino-4-methyl-3-pyridazinecarbohydrazide	169–172, nmr	21
4-Hydrazino-2-methyl-3(2H)-pyridazinone	138–140, ir, nmr	533
3-Hydrazino-6-methylsulfonylpyridazine	178–179, nmr	304; H 660
3-Hydrazino-6-methylsulfonylpyridazine 1-oxide	190–194	304
3-Hydrazino-6-methylthiopyridazine	120, ir	636
3-Hydrazino-5-morpholinomethyl-6-phenylpyridazine	144–145, ir	1339
3-Hydrazino-5-morpholinopyridazine	—	H 586
3-Hydrazino-6-morpholinopyridazine	2HCl: 235–236; MeCH=: 181–183; PhCH=: 281	57, 1293; H 579
3-Hydrazino-4-nitropyridazine 1-oxide	185–186	760
4-Hydrazino-6-oxo-1-phenyl-1,6-dihydro-3-pyridazinecarbohydrazide	212–213, ir, nmr; bis(MeCH =): 176–178, ir, nmr	1117
3-Hydrazino-6-phenethylpyridazine	—	H 660
3-Hydrazino-6-phenoxypyridazine	128, ir	636; H 179, 660
3-Hydrazino-6-phenyl-5-piperidinomethylpyridazine	125–128	1339
3-Hydrazino-5-phenylpyridazine	Me$_2$C=: 162–164, ir, nmr	1585
3-Hydrazino-6-phenylpyridazine	160–161; Me$_2$C=: 162–164; PhCH=: 272, ms	1246, 1279; H 660, 667
3-Hydrazino-5-piperidinopyridazine	—	H 585, 586
3-Hydrazino-6-piperidinopyridazine	206–208	57; H 578
3-Hydrazino-4-pyridazinamine	—	H 561
5-Hydrazino-4-pyridazinamine	—	H 562
6-Hydrazino-4-pyridazinamine	—	H 562
3-Hydrazinopyridazine	PhCH=: 210–213	1037, 1176; H 659, 666
4-Hydrazinopyridazine	—	H 661
6-Hydrazino-3-pyridazinecarbohydrazide	anal, ms	1459; H 435, 660
6-Hydrazino-3-pyridazinecarbonitrile	crude: 173–175	1338
6-Hydrazino-3-pyridazinecarboxamide	—	H 435, 660
6-Hydrazino-3-pyridazinecarboxylic acid	anal, ir, ms, nmr	1459
4-Hydrazino-3,6(1H,2H)-pyridazinedione	225–229 or >300, ir, ms, nmr, uv; Me$_2$C=: <350, nmr	213, 1512, 1597

continued

Pyridazine	Melting Point (°C) etc.	Reference(s)
3-Hydrazinopyridazine 1-oxide	152–154 or 158–159	546, 891; H 660, 666
3-Hydrazinopyridazine 2-oxide	—	H 660, 666
4-Hydrazinopyridazine 1-oxide	—	H 661, 667
4-Hydrazinopyridazine 2-oxide	—	H 661, 667
5-Hydrazino-3(2H)-pyridazinone	—	H 85, 661
6-Hydrazino-3(2H)-pyridazinone	235–237; Me$_2$C=: 272–275, nmr	1338
3-Hydrazino-4,5,6-triphenylpyridazine	235–236, ir, nmr	1362
4-Hydroxyamino-3,6-dimethylpyridazine	—	H 650
4-Hydroxyamino-3,6-dimethylpyridazine 2-oxide	185, ir, nmr	796
4-Hydroxyamino-3-methoxy-6-methylpyridazine 1-oxide	—	H 650
3-Hydroxyamino-3-methoxy-6-methylpyridazine 1-oxide	—	H 650
3-Hydroxyamino-6-methylpyridazine	133–137, nmr	966
4-Hydroxyamino-6-methylpyridazine 1-oxide	—	H 650
3-Hydroxyamino-6-phenylpyridazine	185–186, ir, nmr	193
3-Hydroxyaminopyridazine 1-oxide	—	H 650
4-α-Hydroxybenzyl-6-methoxy-3-phenylsulfinylpyridazine	liq, nmr	2035
4-α-Hydroxybenzyl-3-methoxy-6-phenylsulfonylpyridazine	solid, nmr	2035
4-α-Hydroxybenzyl-6-methoxy-3-phenylsulfonylpyridazine	solid, nmr	2035
2-δ-Hydroxybutyl-4,5-dimethoxy-3(2H)-pyridazinone	63–64, ir, nmr	1700
2-δ-Hydroxybutyl-5-methoxy-3(2H)-pyridazinone	85–86, ir, nmr	1700
2-δ-Hydroxybutyl-5-methylamino-3(2H)-pyridazinone	142–143, ir, nmr	1700
1-δ-Hydroxybutyl-3,6(1H,2H)-pyridazinedione	140–141, ir, nmr	1700
2-Hydroxy-5,6-dimethoxy-3(2H)-pyridazinone	—	H 90
4-(β-Hydroxy-α,α-dimethylethyl)-3,6(1H,2H)-pyridazinedione	231, nmr	354
1-Hydroxy-3,6-dimethyl-5-nitro-4(1H)-pyridazinone	184–185, uv	794; H 196
2-(β-Hydroxy-α,β-dimethylpropyl)-6-methyl-3(2H)-pyridazinone	—	H 73, 403
1-Hydroxy-3,6-dimethyl-4(1H)-pyridazinone	255	794; H 196
5-Hydroxy-4,6-diphenyl-3(2H)-pyridazinone	—	H 128
4-α-Hydroxyethyl-2-β-hydroxyethyl-4,5-diphenyl-3(2H)-pyridazinone	130–133	1272
5-α-Hydroxyethyl-4-methoxy-2-methyl-6-phenyl-3(2H)-pyridazinone	112–115, ir, nmr	1832
4-α-Hydroxyethyl-6-methoxy-3-phenylsulfinylpyridazine	liq, nmr	2035
4-α-Hydroxyethyl-3-methoxy-6-phenylsulfonylpyridazine	liq, nmr	2035
4-α-Hydroxyethyl-6-methoxy-3-phenylsulfonylpyridazine	liq, nmr	2035
4-α-Hydroxyethyl-3-methoxy-4-phenylthiopyridazine	liq, nmr	2035

continued

Pyridazine	Melting Point (°C) etc.	Reference(s)
2-β-Hydroxyethyl-4-methyl-6-phenyl-3(2H)-pyridazinone	—	H 402
2-β-Hydroxyethyl-6-methyl-3(2H)-pyridazinone	146–147	433
2-β-Hydroxyethyl-5-nitro-3,4(1H,2H)-pyridazinedione	—	H 169, 402, 648
1-β-Hydroxyethyl-6-oxo-1,6-dihydro-4-pyridazine-carboxylic acid	—	H 86
2-β-Hydroxyethyl-6-phenyl-3(2H)-pyridazinone	98–99 or 105–106, nmr	1179, 1292; H 402
5-α-Hydroxyethyl-6-phenyl-3(2H)-pyridazinone	131–132, ir, uv	370
4-α-Hydroxyethyl-3-pivalamidopyridazine	138, nmr	1421
4-α-Hydroxyethyl-5-pivalamidopyridazine	181, nmr	1609
4-α-Hydroxyethyl-6-pivalamidopyridazine	crude: nmr	1421
3-α-Hydroxyethylpyridazine	liq, anal, ir, nmr	1387
3-β-Hydroxyethylpyridazine	110/1, nmr	494, 1581
4-α-Hydroxyethylpyridazine	60, ir, nmr	66
4-β-Hydroxyethylpyridazine	160/1, nmr	1581
1-β-Hydroxyethyl-3,6(1H,2H)-pyridazinedione	149–150	569
2-β-Hydroxyethyl-3(2H)-pyridazinone	121–122/1, nmr	1179
2-β-Hydroxyethyl-4,5,6-triphenyl-3(2H)-pyridazinone	189	1272
5-Hydroxy-2-δ-hydroxybutyl-3(2H)-pyridazinone	140–141, ir, nmr	1700
2-Hydroxy-6-isopentyloxy-3(2H)-pyridazinone	—	H 76
1-Hydroxy-6-mercapto-5-methyl-4-thioxo-1,4-dihydro-3(2H)-pyridazinone	182	833; H 821
1-Hydroxy-6-mercapto-4-thioxo-1,4-dihydro-3(2H)-pyridazinone	—	H 821
2-Hydroxy-6-methoxy-4-methyl-3(2H)-pyridazinone	—	H 111
2-Hydroxy-6-methoxy-5-methyl-3(2H)-pyridazinone	—	H 90
5-Hydroxy-4-methoxy-2-phenyl-3(2H)-pyridazinone	182–184, ir, nmr	764, 1213; H 126
2-Hydroxy-6-methoxy-3(2H)-pyridazinethione	138–140	679; H 821
2-Hydroxy-6-methoxy-3(2H)-pyridazinone	—	H 76, 195
3-(3-Hydroxy-3-methylbut-1-ynyl)-4-methyl-6-phenylpyridazine	166–167, ir, ms, nmr	1629
3-(3-Hydroxy-3-methylbut-1-ynyl)-6-methylpyridazine	113–114, ir, ms, nmr	191
3-(3-Hydroxy-3-methylbut-1-ynyl)-6-methylpyridazine 1-oxide	158–159, ir, nmr	191, 834
3-(3-Hydroxy-3-methylbut-1-ynyl)-6-phenylpyridazine	120–121, ir, ms, nmr	1629
4-Hydroxymethyl-3,6-dimethoxypyridazine	—	H 192
4-Hydroxymethyl-3,6-dimethylpyridazine	—	H 397
5-Hydroxymethyl-3,6-dimethyl-4-pyridazinecarbaldehyde	$H_2NN=$: 190, ir, nmr	927
5-Hydroxy-6-methyl-2,4-diphenyl-3(2H)-pyridazinone	—	713
4-(α-Hydroxy-α-methylethyl)-6-methoxy-3-phenylsulfinylpyridazine	liq, nmr	2035
2-Hydroxymethyl-6-iodo-3(2H)-pyridazinone	—	H 71, 307
3-Hydroxymethyl-5-methoxy-6-methylpyridazine	—	H 397
4-Hydroxymethyl-3-methoxy-6-methylpyridazine	—	H 397
3-Hydroxymethyl-6-methoxypyridazine	—	913; H 176, 397
2-Hydroxymethyl-6-methoxy-3(2H)-pyridazinone	—	H 71

continued

Pyridazine	Melting Point (°C) etc.	Reference(s)
2-Hydroxymethyl-6-methyl-4-phenyl-3(2H)-pyridazinone	—	874
5-Hydroxymethyl-4-methyl-6-phenyl-3(2H)-pyridazinone	187–188	370
4-Hydroxymethyl-6-methylpyridazine	—	H397
3-Hydroxymethyl-6-methylpyridazine 1-oxide	123–124, ir, nmr	527, 529
6-Hydroxymethyl-2-methylpyridazinium-4-olate	188, ir, uv; HCl: 176, ir, nmr, uv	475, 781
2-Hydroxymethyl-6-methyl-3(2H)-pyridazinone	—	H71, 402
3-Hydroxymethyl-6-methyl-4(1H)-pyridazinone	131	441; H396
6-Hydroxymethyl-3-methyl-4(1H)-pyridazinone	—	H132
5-Hydroxy-2-methyl-4-methylthio-3(2H)-pyridazinone	nmr	1213
2-Hydroxymethyl-3-oxo-2,3-dihydro-4-pyridazinecarbonitrile	114–116, ir, nmr	1300
6-Hydroxymethyl-4-oxo-1,4-dihydro-3-pyridazinecarboxylic acid	206, ir, nmr, uv	475, 778
6-Hydroxymethyl-5-oxo-2,5-dihydro-3-pyridazinecarboxylic acid	219, ir, nmr, uv	475, 778
4-Hydroxy-2-methyl-1-phenyl-3,6(1H,2H)-pyridazinedione	—	H160
6-Hydroxymethyl-2-phenylpyridazinium-4-olate	211, ir, nmr, uv; HCl: 176, ir, nmr, uv	475, 781
2-Hydroxymethyl-6-phenyl-3(2H)-pyridazinone	158–160, ir, nmr	441, 1292; H71, 402
5-Hydroxymethyl-6-phenyl-3(2H)-pyridazinone	174–175 or 198–201, ir, nmr, uv	370, 1588, 2018
3-(β-Hydroxy-β-methylpropyl)-6-methylpyridazine	liq, anal, nmr	827
2-(β-Hydroxy-α-methylpropyl)-6-methyl-3(2H)-pyridazinone	—	H73, 403
3-(β-Hydroxy-β-methylpropyl)pyridazine	65–66, nmr	827
4-(β-Hydroxy-β-methylpropyl)pyridazine	93–94, nmr	827
3-Hydroxymethylpyridazine	66, uv	77, 1040, 1164; H397
4-Hydroxymethylpyridazine	83, ir, nmr; HCl: 135–137, ir	66, 67
1-Hydroxymethyl-3,6(1H,2H)-pyridazinedione	—	H153
5-Hydroxy-2-methyl-3,4(1H,2H)-pyridazinedione	265–267, ir, nmr	531
2-Hydroxymethyl-3(2H)-pyridazinone	—	441; H65, 402
3-Hydroxymethyl-4(1H)-pyridazinone	212, nmr	778; H397
5-Hydroxy-2-methyl-3(2H)-pyridazinone	176, ir, nmr	90
5-Hydroxy-3-methyl-4(1H)-pyridazinone	—	1040
6-Hydroxymethyl-4(1H)-pyridazinone	—	H132
5-Hydroxy-4-methylthio-2-phenyl-3(2H)-pyridazinone	—	1213
1-Hydroxy-4-methyl-6-thioxo-1,6-dihydro-3(2H)-pyridazinone	213	833; H821
1-Hydroxy-6-methyl-4-thioxo-1,4-dihydro-3(2H)-pyridazinone	233	833; H821
4-Hydroxymethyl-3,5,6-triphenylpyridazine	143–145, nmr	758

continued

Table of Simple Pyridazines

Pyridazine	Melting Point (°C) etc.	Reference(s)
4-Hydroxy-6-oxo-1-phenyl-1,6-dihydro-3-pyridazinecarbohydrazide	224, ir, nmr; $H_2N-\overset{+}{N}H_3$: 190–191, ir, nmr; PhCh=: 184–186, ir, nmr	1090
4-Hydroxy-6-oxo-1-phenyl-1,6-dihydro-3-pyridazinecarbonitrile	233–237, ir, nmr	1364
4-Hydroxy-6-oxo-1-phenyl-1,6-dihydro-3-pyridazinecarboxylic acid	251–253, ir	1090; *H* 136, 444
4-Hydroxy-6-oxo-1-phenyl-5-phenylazo-1,6-dihydro-3-pyridazinecarboxylic acid	—	*H* 136, 444, 651
2-Hydroxy-6-phenoxy-3(2*H*)-pyridazinethione	—	*H* 821
4-Hydroxy-1-phenyl-3,6(1*H*,2*H*)-pyridazinedione	—	*H* 156
5-Hydroxy-2-phenyl-3,4(1*H*,2*H*)-pyridazinedione	202–203	531; *H* 169
5-Hydroxy-2-phenyl-3(2*H*)-pyridazinone	—	*H* 85
2-Hydroxy-6-propoxy-3(2*H*)-pyridazinone	—	*H* 76
3-β-Hydroxypropyl-6-phenylpyridazine	103–105, ir, nmr	836
3-γ-Hydroxypropylpyridazine	anal, nmr	1778
3-(3-Hydroxyprop-1-ynyl)-6-methoxypyridazine	140, nmr	1385
3-(3-Hydroxyprop-1-ynyl)-4-methyl-6-phenylpyridazine	139, ir, ms, nmr	1629
3-(3-Hydroxyprop-1-ynyl)-6-methylpyridazine	122–123 or 165, ir, nmr	834, 1629
3-(3-Hydroxyprop-1-ynyl)-6-phenylpyridazine	115, ir, ms, nmr	1629
1-Hydroxy-4(1*H*)-pyridazinone	st	2079; *H* 194
2-Hydroxy-3(2*H*)-pyridazinone	—	*H* 65
5-Hydroxy-3(2*H*)-pyridazinone	274–276, ir, nmr, xl st	90
5-Hydroxy-4(1*H*)-pyridazinone	178–179, ir, nmr	923, 1040; *H* 132
3-Imino-2,3-dihydro-2-pyridazinamine	mesitylenesulfonate (salt): 138–140, nmr	412, 929
4-Imino-1,6-dimethyl-1,4-dihydro-3(2*H*)-pyridazinone	—	*H* 608
3-Imino-2,5-diphenyl-2,3-dihydro-4-pyridazinecarbonitrile	173, ir, nmr	37, 221
6-Imino-1,4-diphenyl-1,6-dihydro-3,5-pyridazinedicarbonitrile	218–220 or 250, ir, nmr	151, 216, 1665
3-Imino-2,5-diphenyl-6-thioxo-1,2,3,6-tetrahydro-4-pyridazinecarbonitrile	250	1374
4-Imino-6-methoxy-1-methyl-1,4-dihydro-3(2*H*)-pyridazinone	—	*H* 608
4-Imino-1-methyl-1,4-dihydro-3-pyridazinamine	HI: 208–210 or 213–214, nmr, pK_a, uv	675, 1132
5-Imino-2-methyl-2,5-dihydro-3-pyridazinamine	HI: 254–256, nmr, pK_a, uv; pic: 228	675
5-Imino-2-methyl-2,5-dihydro-4-pyridazinamine	HI: 229–231, nmr, pK_a, uv; pic: 225–226	675

continued

Pyridazine	Melting Point (°C) etc.	Reference(s)
6-Imino-1-methyl-1,6-dihydro-3-pyridazinamine	HI: 271–272, nmr, pK_a, uv; pic: 215–216	675
4-Imino-1-methyl-1,4-dihydro-3(2H)-pyridazinone	—	H 608
4-Imino-1-methyl-5,6-diphenyl-1,4-dihydro-3(2H)-pyridazinone	—	814
5-Imino-2-methyl-3-methylthio-2,5-dihydro-4-pyridazinamine	HI: 199–203, nmr	325
5-Imino-2-methyl-6-methylthio-2,5-dihydro-4-pyridazinamine	HI: 261–262, nmr, xl st	165, 325
3-Imino-5-methyl-2-phenyl-2,3-dihydro-4-pyridazinecarbonitrile	117	37, 221
3-Imino-6-methyl-2-phenyl-2,3-dihydro-4,5-pyridazinecarbonitrile	108, ir	3
6-Imino-4-methyl-1-phenyl-1,6-dihydro-3,5-pyridazinedicarbonitrile	190 or 218, ir, nmr	395, 1718
4-Iodo-3,6-diphenylpyridazine	167–168, nmr	1591
4-Iodo-5-isocyanato-2-phenyl-3(2H)-pyridazinone	—	H 124, 331
3-Iodo-6-iospropoxypyridazine	—	H 178, 267
4-Iodo-3-methoxymethyl-6-methylpyridazine	62–63, nmr	446
3-Iodo-6-methoxypyridazine	99–100, 1-MeI: —	690, 1385; H 176, 287
3-Iodo-6-methyl-4-nitropyridazine 1-oxide	—	H 299
4-Iodo-5-methyl-2-phenyl-3(2H)-pyridazinone	—	H 124, 331
3-Iodo-6-methylpyridazine	—	H 287, 301, 302, 303
3-Iodo-6-methylpyridazine 2-oxide	—	H 300
5-Iodo-2-methyl-3(2H)-pyridazinone	182–183	1602
4-Iodo-5-methylthio-2-phenyl-3(2H)-pyridazinone	—	H 124, 331
3-Iodo-6-methylthiopyridazine	116–118, nmr	1385
3-Iodo-6-pentyloxypyridazine	1-MeI: —	690; H 178, 287
3-Iodo-6-phenylpyridazine	—	H 302, 303
4-Iodo-6-phenylpyridazine	132, ir, ms, nmr	2093
6-Iodo-2-piperidinomethyl-3(2H)-pyridazinone	—	H 71, 307
3-Iodo-5-piperidinopyridazine	—	H 287, 585
3-Iodo-6-propoxypyridazine	—	H 178, 287
6-Iodo-3-pyridazinamine	—	H 287, 551
3-Iodopyridazine	125 or 152, ir, nmr, uv	1127, 1387
6-Iodo-3(2H)-pyridazinone	—	H 66, 307
Isobutanesulfonyloxy-3(2H)-pyridazinone	—	H 69
4-Isobutoxy-2-methyl-1-phenyl-3,6(1H,2H)-pyridazinedione	—	H 160
3-Isobutoxy-6-phenoxypyridazine	—	688
6-Isobutylamino-3-pyridazinesulfonamide	—	H 573
Isobutyl 6-oxo-3-phenoxy-1,6-dihydro-1-pyridazinecarboxylate	—	876
3-Isobutyl-6-phenylpyridazine	82–83, nmr	394
4-Isobutyl-6-phenylpyridazine	62, ms, nmr, uv	1797

continued

Table of Simple Pyridazines

Pyridazine	Melting Point (°C) etc.	Reference(s)
2-Isobutyl-6-phenyl-3(2H)-pyridazinone	166–169/2.5, nmr	118
6-Isobutyl-3(2H)-pyridazinone	63, nmr	1309
5-(β-Isobutyryl-α-methylhydrazino)-2-methyl-3(2H)-pyridazinone	204–205, ir, nmr	873
2-Isobutyrylmethyl-6-methyl-3(2H)-pyridazinone	—	H 75, 401
4-Isobutyryl-2-phenyl-3(2H)-pyridazinone	67, ms, nmr	1877
4-Isobutyrylpyridazine	ms	79
6-Isopentanesulfonyloxy-2-phenyl-3(2H)-pyridazinone	—	H 81
6-Isopentanesulfonyloxy-3(2H)-pyridazinone	—	H 69
6-Isopentyloxy-5-nitro-3-pyridazinamine 2-oxide	—	H 198, 604
3-Isopentyloxy-6-phenoxypyridazine	—	688
6-Isopentyloxy-3-pyridazinamine	—	H 179
3-Isopentyloxypyridazine	—	H 174
3-Isopentylpyridazine	ir, nmr	1660
6-Isopentyl-3-pyridazinecarbonitrile	33–35, ir, nmr	1660
6-Isopentyl-3(2H)-pyridazinone	—	H 67
4-Isopropenyl-3,6-dimethylpyridazine	—	1567
3-Isopropoxy-5,6-dimethyl-4-pyridazinecarbonitrile	—	H 184, 447
4-Isopropoxy-5-mercapto-2-phenyl-3(2H)-pyridazinone	78–80, ir, uv	1896
3-Isopropoxy-6-methoxypyridazine	—	673
4-Isopropoxy-2-methyl-5-morpholino-3(2H)-pyridazinone	liq, anal	1269
4-Isopropoxy-2-methyl-1-phenyl-3,6(1H,2H)-pyridazinedione	—	H 160
5-Isopropoxy-2-methyl-3,4(1H,2H)-pyridazinedione	112–114	533
6-Isopropoxy-2-methyl-3(2H)-pyridazinone	—	H 70
3-Isopropoxy-6-phenoxypyridazine	2-MeI: —	688, 690
3-Isopropoxy-6-phenylpyridazine	98–100, nmr	1674
6-Isopropoxy-3-pyridazinamine	—	H 552
3-Isopropoxypyridazine	—	H 174
6-Isopropoxy-3(2H)-pyridazinone	140–142	640
Isopropyl 1-allyl-6-oxo-1,6-dihydro-3-pyridazinecarboxylate	—	855
4-Isopropylamino-3,6-diphenylpyridazine	113, nmr	56
3-Isopropylamino-6-methyl-4-nitropyridazine 1-oxide	—	H 604
3-Isopropylamino-6-morpholinopyridazine	135–137	1330
3-Isopropylamino-6-phenylthiopyridazine	—	H 573, 807
3-Isopropylamino-4-pyridazinecarbonitrile	76–77, ir, nmr	1079
3-Isopropylamino-4-pyridazinecarboxamide	208–209, ir, nmr	1079
Isopropyl 6-amino-3-pyridazinecarboxylate	168–170, ir, nmr	1689
4-Isopropyl-3,6-dimethoxypyridazine	—	H 192
4-Isopropyl-3,6-diphenylpyridazine	96 to 112, nmr, uv	407, 438, 499
3-β-Isopropylhydrazino-4-methyl-6-phenylpyridazine	167	1333
4-Isopropyl-3-methoxy-6-phenylpyridazine	—	H 182
5-Isopropyl-6-methoxy-3(2H)-pyridazinone	—	H 89
6-Isopropyl-5-methoxy-3(2H)-pyridazinone	—	H 88
4-Isopropyl-3-methyl-6-phenylpyridazine	liq, nmr	394

continued

Pyridazine	Melting Point (°C) etc.	Reference(s)
4-Isopropyl-6-methyl-2-phenyl-3(2H)-pyridazinone	—	H 106
4-Isopropyl-6-methylpyridazine	liq, anal, ms, nmr	1676
5-Isopropyl-2-methyl-3(2H)-pyridazinone	crude: nmr	327
4-Isopropyl-2-β-morpholinoethyl-6-phenyl-3(2H)-pyridazinone	—	H 104
Isopropyl 6-oxo-3-phenoxy-1,6-dihydro-1-pyridazinecarboxylate	—	876
Isopropyl 6-oxo-1-vinyl-1,6-dihydro-3-pyridazinecarboxylate	—	693
4-Isopropyl-6-phenyl-3-pyridazinamine	82, nmr	1381
4-Isopropyl-6-phenylpyridazine	62–64, ms, nmr	1676
4-Isopropyl-6-phenyl-3(2H)-pyridazinone	161, ir, nmr	104
3-Isopropylpyridazine	liq, nmr; pic: 117–119	822
4-Isopropylpyridazine	ms	79
6-Isopropylsulfonyl-2-methyl-3(2H)-pyridazinone	—	H 824
6-Isopropylsulfonyl-3(2H)-pyridazinone	—	H 824
5-Isopropylthio-6-phenyl-3-pyridazinamine	217–219, ir, nmr; HCl: 172, ir, nmr	133
5-Isopropylthio-2-phenyl-3,4(1H,2H)-pyridazinedione	101–103, ir, uv	1896
2-Isovalerylmethyl-6-methyl-3(2H)-pyridazinone	—	H 75, 401
6-Isovaleryloxy-3(2H)-pyridazinone	—	H 68
3-Isovalerylpyridazine	ir, nmr	1660
Maleic hydrazide, see 3,6(1H,2H)-Pyridazinedione		
5-Mercapto-4-methoxy-2-methyl-3(2H)-pyridazinone	88–90, ir, uv	1896
5-Mercapto-4-methoxy-2-phenyl-3(2H)-pyridazinone	140–142, ir, uv	1896
5-Mercapto-2-methyl-6-phenyl-3(2H)-pyridazinethione	134–136, ir, nmr	1087
5-Mercapto-2-methyl-6-phenyl-3(2H)-pyridazinone	152–154, ir, nmr	1087
6-Mercapto-1-methyl-3-phenyl-4(1H)-pyridazinone	239–240, ir, nmr	1087
5-Mercapto-2-methyl-4-propoxy-3(2H)-pyridazinone	52–53, ir, uv	1896
3-Mercaptomethylpyridazine	—	H 830
4-Mercapto-1-methyl-3,6(1H,2H)-pyridazinedione	crude: 245–247	1129
5-Mercapto-1-methyl-3,4(1H,2H)-pyridazinedithione	151–152, pK_a, uv	689
5-Mercapto-2-methyl-3,4(1H,2H)-pyridazinedithione	118–119, pK_a, uv	689
5-Mercapto-2-methyl-4-thioxo-1,4-dihydro-3(2H)-pyridazinone	—	H 802
5-Mercapto-6-phenyl-3(2H)-pyridazinethione	207–208, ir, nmr	1087
5-Mercapto-6-phenyl-3(2H)-pyridazinone	298–304, ir, nmr	1087
6-Mercapto-3-phenyl-4(1H)-pyridazinone	261–263, ir, nmr	1087
5-Mercapto-2-phenyl-4-thioxo-1,4-dihydro-3(2H)-pyridazinone	—	H 802
5-Mercapto-3,4(1H,2H)-pyridazinedithione	>360, complexes, pK_a, uv	689, 1260; H 802
6-Mercapto-3,4(1H,2H)-pyridazinedithione	175 then 360, pK_a, uv	1129
4-Mercapto-6-thioxo-1,6-dihydro-3(2H)-pyridazinone	crude: 150–155	1129
5-Mercapto-4-thioxo-1,4-dihydro-3(2H)-pyridazinone	—	H 802
1-Methacryloyl-3,6(1H,2H)-pyridazinedione	—	H 154
6-Methanesulfonyloxy-3(2H)-pyridazinone	—	H 69
4-Methoxy-3,6-bismethylthiopyridazine	103–105, ir, ms, nmr	353

continued

Pyridazine	Melting Point (°C) etc.	Reference(s)
4-Methoxycarbonyl-5,6-diphenyl-3-pyridazinecarboxylic acid	134–135, ir, nmr, uv	1242
3-β-Methoxycarbonylethylpyridazine	119–121	1778
6-β-Methoxycarbonylethyl-3(2H)-pyridazinone	—	H 67
4-Methoxycarbonylmethyl-1-phenyl-3,6(1H,2H)-pyridazinedione	—	H 156
3-Methoxycarbonylmethyl-6-phenyl-4(1H)-pyridazinone	217–218, ir, nmr	1489
3-Methoxycarbonylmethylpyridazine	uv	1164
4-Methoxycarbonylmethyl-3,6(1H,2H)-pyridazinedione	—	H 151
2-Methoxycarbonylmethyl-3(2H)-pyridazinone	HCl: 154–156	147
4-Methoxycarbonylmethyl-3(2H)-pyridazinone	121–123, ir, nmr, uv	947
3-Methoxy-5,6-dimethyl-4-nitropyridazine	—	H 184
3-Methoxy-5,6-dimethyl-4-nitropyridazine 1-oxide	—	H 649
1-Methoxy-3,6-dimethyl-5-nitro-4(1H)-pyridazinone	78–79, uv	794
6-Methoxy-2,3-dimethyl-5-oxo-2,5-dihydro-4-pyridazinecarbonitrile	230–231, ir	772
3-Methoxy-4,5-dimethyl-6-phenylpyridazine	77–78	761
3-Methoxy-4,5-dimethyl-6-phenylsulfonylpyridazine	liq, nmr	2035
3-Methoxy-5,6-dimethyl-4-pyridazinamine	—	H 561
3-Methoxy-4,6-dimethylpyridazine	liq, nmr; pic: 121–122	762
3-Methoxy-5,6-dimethylpyridazine	—	H 184
4-Methoxy-3,6-dimethylpyridazine	73–75 or 78–80, nmr	529, 1443; H 186
3-Methoxy-5,6-dimethyl-4-pyridazinecarbonitrile	—	H 184, 447
4-Methoxy-3,6-dimethylpyridazine 1,2-dioxide	221, nmr	716
4-Methoxy-3,6-dimethylpyridazine 1-oxide	149	695, 794; H 196
4-Methoxy-3,6-dimethylpyridazine 2-oxide	136–137	791; H 196
1-Methoxy-3,6-dimethylpyridazinium (+ anion)	HSO$_4$: —	479
1-Methoxy-3,6-dimethyl-4(1H)-pyridazinone	—	H 134
3-Methoxy-4,6-dinitropyridazine	—	H 182
3-Methoxy-4,6-dinitropyridazine 1-oxide	125–126	757; H 197, 649
4-Methoxy-3,5-diphenylpyridazine	—	H 185
3-Methoxy-5,6-diphenyl-4-pyridazinecarbonitrile	—	1056
4-Methoxy-5,6-diphenyl-3(2H)-pyridazinone	—	809
6-β-Methoxyethyl-4-methylamino-2-phenyl-3(2H)-pyridazinone	—	H 107
4-α-Methoxyethylpyridazine	liq, ms, nmr	82
3-Methoxy-6-methoxycarbonylmethylpyridazine	127–129/2.5, ir, nmr	962
4-Methoxy-3-methoxymethyl-6-methylpyridazine	32–34, nmr; pic: 134–135	529
4-Methoxy-6-methoxymethyl-3-methylpyridazine	liq, nmr; pic: 115	529
6-Methoxy-4-N-methylacetamido-2-phenyl-3(2H)-pyridazinone	—	H 588
6-Methoxy-4-methylamino-2-phenyl-3(2H)-pyridazinone	—	H 108, 588
3-Methoxy-6-methylaminopyridazine	82–85	1330
3-Methoxy-5-methyl-4,6-dinitropyridazine 1-oxide	175–176	833; H 649

continued

Pyridazine	Melting Point (°C) etc.	Reference(s)
4-Methoxy-2-methyl-5,6-diphenyl-3(2H)-pyridazinone	—	814
4-Methoxy-6-methyl-3-methylaminopyridazine	—	H 572
3-Methoxy-6-methyl-4-(N-methyl-N-nitroamino)pyridazine	—	H 182, 607
3-Methoxymethyl-6-methyl-4-pyridazinamine	133–135, ir, nmr	446
6-Methoxymethyl-3-methyl-4-pyridazinamine	85–87, ir, nmr	446
3-Methoxymethyl-6-methylpyridazine	liq, nmr; pic: 101	446, 529
3-Methoxymethyl-6-methyl-4(1H)-pyridazinone	180, ir, nmr	446
3-Methoxy-4-methyl-6-methylthiopyridazine	—	H 182, 806
3-Methoxy-5-methyl-6-methylthiopyridazine	—	H 184, 806
6-Methoxy-2-methyl-4-methylthio-3(2H)-pyridazinone	—	1007
6-Methoxy-2-methyl-5-methylthio-3(2H)-pyridazinone	—	1007
4-Methoxy-6-methyl-3-morpholinopyridazine	—	H 579
4-Methoxy-2-methyl-5-morpholino-3(2H)-pyridazinone	72–73	1269
3-Methoxy-6-methyl-4-nitroaminopyridazine	—	H 182, 607
3-Methoxy-6-methyl-5-nitro-4-pyridazinamine	—	H 184, 561
6-Methoxy-2-methyl-5-nitro-3,4(1H,2H)-pyridazinedione	—	H 169, 648
3-Methoxy-4-methyl-6-nitropyridazine 1-oxide	—	H 197, 649
3-Methoxy-5-methyl-4-nitropyridazine 1-oxide	148–149	833; H 649
3-Methoxy-5-methyl-6-nitropyridazine 1-oxide	113–115	833; H 649
3-Methoxy-6-methyl-4-nitropyridazine 1-oxide	98–99, nmr	952; H 197, 649
3-Methoxy-6-methyl-5-nitropyridazine 1-oxide	105–106, ir, nmr	904
6-Methoxy-2-methyl-5-oxo-2,5-dihydro-3-pyridazinecarbonitrile	—	H 133, 455
6-Methoxy-2-methyl-5-oxo-3-phenyl-2,5-dihydro-4-pyridazinecarbonitrile	228, ir	772
4-Methoxy-6-methyl-3-phenethylaminopyridazine	—	H 576
3-Methoxy-4-methyl-6-phenylpyridazine	53 to 61, nmr	761, 1569, 1632; H 182
4-Methoxy-1-methyl-2-phenyl-3,6(1H,2H)-pyridazinedione	—	H 160
4-Methoxy-2-methyl-1-phenyl-3,6(1H,2H)-pyridazinedione	—	H 160
3-Methoxy-4-methyl-6-phenylpyridazine 2-oxide	110	1104
1-Methoxy-6-methyl-3-phenylpyridazinium (+ anion)	HSO_4: —	479
2-Methoxy-4-methyl-6-phenyl-3(2H)-pyridazinone	128, ir, nmr, uv	1104
6-Methoxy-5-methyl-2-phenyl-3(2H)-pyridazinone	—	H 94
3-Methoxy-5-methyl-6-phenylsulfinylpyridazine	liq, nmr	2035
6-Methoxy-2-methyl-4-phenylsulfinyl-3(2H)-pyridazinone	162–167, nmr	1672
6-Methoxy-2-methyl-5-phenylsulfinyl-3(2H)-pyridazinone	140–142, nmr	1672
3-Methoxy-4-methyl-6-phenylsulfonylpyridazine	liq, nmr	2035
3-Methoxy-5-methyl-6-phenylsulfonylpyridazine	liq, nmr	2035

continued

Table of Simple Pyridazines

Pyridazine	Melting Point (°C) etc.	Reference(s)
6-Methoxy-2-methyl-5-phenylsulfonyl-3(2H)-pyridazinone	167–169	1672
4-Methoxy-6-methyl-3-phenylthiopyridazine	—	H 808
6-Methoxy-2-methyl-4-phenylthio-3(2H)-pyridazinone	131–1332, nmr	1672
6-Methoxy-2-methyl-5-phenylthio-3(2H)-pyridazinone	147–148, nmr	1672
4-Methoxy-2-methyl-6-phenyl-5-vinyl-3(2H)-pyridazinone	78–80, ir, nmr	1832
4-Methoxy-6-methyl-3-piperidinopyridazine	—	H 578
3-Methoxy-6-methyl-4-pyridazinamine	—	H 181, 458
4-Methoxy-6-methyl-3-pyridazinamine	—	H 186, 554
6-Methoxy-5-methyl-3-pyridazinamine	—	H 182, 555
3-Methoxy-5-methyl-4-pyridazinamine 1-oxide	203–204, ir, nmr	902
3-Methoxy-6-methyl-4-pyridazinamine 1-oxide	—	H 197, 603
6-Methoxy-3-methyl-4-pyridazinamine 2-oxide	180–181, ir, nmr	904
6-Methoxy-5-methyl-3-pyridazinamine 2-oxide	—	H 197, 604
3-Methoxy-4-methylpyridazine	nmr	762; H 183
3-Methoxy-5-methylpyridazine	—	H 183
3-Methoxy-6-methylpyridazine	102–104/18	823
4-Methoxymethylpyridazine	liq, ms, nmr	82
4-Methoxy-5-methylpyridazine	40–42, ms, nmr	82
4-Methoxy-6-methylpyridazine	liq, anal, nmr	1443
4-Methoxy-6-methyl-3-pyridazinecarbonitrile 2-oxide	—	H 196, 447
3-Methoxy-6-methyl-4-pyridazinecarboxamide	—	H 181, 436
5-Methoxy-6-methyl-3-pyridazinecarboxylic acid	—	H 196, 435
3-Methoxy-6-methyl-4,5-pyridazinediamine	—	H 184, 599
1-Methoxymethyl-3,6(1H,2H)-pyridazinedione	—	H 153
5-Methoxy-2-methyl-3,4(1H,2H)-pyridazinedione	162–164, nmr	224, 533, 1213
3-Methoxy-4-methylpyridazine 1-oxide	—	H 194
3-Methoxy-5-methylpyridazine 1-oxide	61–62	833
3-Methoxy-6-methylpyridazine 1-oxide	—	913
4-Methoxy-3-methylpyridazine 1-oxide	—	H 194
4-Methoxy-6-methylpyridazine 1-oxide	—	H 196
4-Methoxy-6-methylpyridazine 2-oxide	—	H 196
6-Methoxy-2-methyl-3(2H)-pyridazinethione	—	H 797
6-Methoxy-5-methyl-3(2H)-pyridazinethione	—	H 798
5-Methoxy-2-methyl-3(2H)-pyridazinone	107–108 or 113, ir, nmr, xl st	90, 1821
6-Methoxy-2-methyl-3(2H)-pyridazinone	63–65 or 68, ir, nmr, pK_a, uv, xl st	95, 175, 332, 417, 1128, 1167, 1548; H 70
6-Methoxy-4-methyl-3(2H)-pyridazinone	—	H 98
6-Methoxy-5-methyl-3(2H)-pyridazinone	—	H 89
3-Methoxy-6-methylsulfinylpyridazine	85–87, nmr	304
3-Methoxy-6-methylsulfonylpyridazine	99–102, nmr	304
3-Methoxy-6-methylsulfonypyridazine 1-oxide	193–195, nmr	304
3/5-Methoxy-5/3-methylsulfonyl-4(1H)-pyridazinone	268–270	689

continued

Pyridazine	Melting Point (°C) etc.	Reference(s)
3-Methoxy-6-methylthio-5-phenylpyridazine	—	2024
6-Methoxy-5-methylthio-3-pyridazinamine	—	H810
3-Methoxy-6-methylthiopyridazine	88–89, nmr	304, 2024; H796, 803, 818
6-Methoxy-4-methylthio-3(2H)-pyridazinone	—	1007
6-Methoxy-5-methylthio-3(2H)-pyridazinone	—	1007
3-Methoxy-4-nitro-5,6-diphenylpyridazine	—	795
4-Methoxy-5-nitro-2-phenyl-3(2H)-pyridazinone	—	H125, 648
6-Methoxy-5-nitro-3-pyridazinamine 2-oxide	183–184	952; H197, 604
3-Methoxy-6-nitropyridazine	—	H176, 648
3-Methoxy-4-nitropyridazine 1-oxide	—	H194, 649
3-Methoxy-4-nitropyridazine 2-oxide	—	H196, 649
3-Methoxy-5-nitropyridazine 1-oxide	—	H197
3-Methoxy-6-nitropyridazine 1-oxide	—	H195, 649
3-Methoxy-6-oxo-1,6-dihydro-4-pyridazinecarboxamide	250–252	820; H89, 439
3-Methoxy-6-oxo-1,6-dihydro-4-pyridazinecarboxylic acid	—	H89, 439
5-Methoxy-6-oxo-1,6-dihydro-4-pyridazinecarboxylic acid	—	H125, 440
4-Methoxy-6-oxo-1-phenyl-1,6-dihydro-3-pyridazinecarbonitrile	216, ir, ms, nmr	17
3-Methoxy-6-phenoxypyridazine	—	H191
3-Methoxy-6-phenylethynylpyridazine	96–98, ir, nmr	834, 1385
3-Methoxy-6-phenylpyridazine	110 to 116, nmr	823, 1385, 1569; H176
3-Methoxy-6-phenyl-4-pyridazinecarbonitrile	136–137, ir	772
4-Methoxy-1-phenyl-3,6(1H,2H)-pyridazinedione	—	H157
4-Methoxy-2-phenyl-3,6(1H,2H)-pyridazinedione	—	H157
5-Methoxy-2-phenyl-3,4(1H,2H)-pyridazinedione	nmr	1213
6-Methoxy-2-phenyl-3,4(1H,2H)-pyridazinedione	—	H169
5-Methoxy-6-phenyl-3(2H)-pyridazinethione	175–177, ir, nmr	1087
6-Methoxy-2-phenyl-3(2H)-pyridazinethione	—	H798
6-Methoxy-1-phenyl-4(1H)-pyridazinimine	HCl: 133–135; MeHSO$_4$: 176	1344
1-Methoxy-3-phenylpyridazinium (+ anion)	HSO$_4$: —	479
4-Methoxy-2-phenyl-3(2H)-pyridazinone	—	H84
5-Methoxy-2-phenyl-3(2H)-pyridazinone	—	H85
6-Methoxy-2-phenyl-3(2H)-pyridazinone	—	H81
6-Methoxy-5-phenyl-3(2H)-pyridazinone	—	H89
5-Methoxy-2-phenyl-4-thioxo-1,4-dihydro-3(2H)-pyridazinone	—	H801
3-Methoxy-6-piperidinopyridazine	—	H176
3-Methoxy-6-piperidinopyridazine 1-oxide	—	H604
3-Methoxy-6-piperidinopyridazine 2-oxide	—	H604
3-Methoxy-6-pivaloylmethylpyridazine	48–49, ir, nmr	326
3-Methoxy-6-propoxypyridazine	—	673

continued

Pyridazine	Melting Point (°C) etc.	Reference(s)
3-Methoxy-4-pyridazinamine	126–127, ir, nmr	1072, 1873, 1900; H 183, 560
6-Methoxy-3-pyridazinamine	pK_a	98; H 176, 551
6-Methoxy-4-pyridazinamine	—	H 183, 560
3-Methoxy-4-pyridazinamine 1-oxide	—	H 194, 603
3-Methoxy-4-pyridazinamine 2-oxide	—	H 196
6-Methoxy-3-pyridazinamine 1-oxide	—	H 195
6-Methoxy-3-pyridazinamine 2-oxide	—	H 195, 603
6-Methoxy-4-pyridazinamine 2-oxide	—	H 604
3-Methoxypyridazine	nmr, pK_a, uv	95, 403, 450, 1128; H 174
4-Methoxypyridazine	42–44, nmr	1128, 1443; H 185
6-Methoxy-3-pyridazinecarbaldehyde	—	913; H 396
3-Methoxy-4-pyridazinecarbonitrile	85–87, ir, nmr, uv	1300
6-Methoxy-3-pyridazinecarbonitrile	92–93	964; H 176, 446
6-Methoxy-3-pyridazinecarboxamide oxime	200–202	946
6-Methoxy-3-pyridazinecarboxylic acid	160–163, nmr	74
3-Methoxy-4,5-pyridazinediamine	—	H 599
6-Methoxy-3,5-pyridazinediamine	—	H 182
3-Methoxypyridazine 1-oxide	nmr	450; H 194
3-Methoxypyridazine 2-oxide	—	H 196
4-Methoxypyridazine 1-oxide	—	H 194
4-Methoxypyridazine 2-oxide	—	H 196
6-Methoxy-3(2H)-pyridazinone	133	365; H 796, 797
3-Methoxypyridazinium 1-acetamidate	136–137; pic: 145–146	756
3-Methoxpyridazinium-1-benzamidate	169; pic: 176–177	756
1-Methoxypyridazinium (+ anion)	HSO$_4$: —	479
1-Methoxy-4(1H)-pyridazinone	pK_a	1167; H 134
4-Methoxy-3(2H)-pyridazinone	226, nmr	766
5-Methoxy-3(2H)-pyridazinone	246–249 or 253-255, ir, nmr, xl st	90, 1821
6-Methoxy-3(2H)-pyridazinone	162–164, ir, nmr	332, 1128, 1597; H 68
3-Methoxy-6-trimethylsiloxypyridazine	54–56, 82–83/2, nmr, uv	1172
3-(N-Methylacetamido)-6-morpholinopyridazine	96–98, nmr	1085
Methyl 4-acetamido-6-oxo-1-phenyl-1,6-dihydro-3-pyridazinecarboxylate	175–177, ir, nmr	1117
Methyl 4-acetoxy-6-oxo-1-phenyl-1,6-dihydro-3-pyridazinecarboxylate	121–122, ir, nmr	1090
2-δ-Methylaminobutyl-6-phenyl-3(2H)-pyridazinone	crude: liq, ir, nmr	1289, 1337
Methyl 3-amino-6-chloro-4-pyridazinecarboximidate	186–188, nmr	820
Methyl 4-amino-5-cyano-6-imino-1-phenyl-1,6-dihydro-3-pyridazinecarboximidate	205–207, ir	1365
Methyl 4-amino-5-cyano-6-imino-1-phenyl-1,6-dihydro-3-pyridazinecarboxylate	244	51

continued

Pyridazine	Melting Point (°C) etc.	Reference(s)
3-Methylamino-4,6-dinitropyridazine 1-oxide	154–155	760
2-β-Methylaminoethyl-6-morpholino-3(2H)-pyridazinone	HCl: 174–178	1760
Methyl 5-amino-2-methyl-3,6-dioxo-1,2,3,6-tetrahydro-1-pyridazinecarbodithioate	—	984
Methyl 5-amino-1-methyl-6-oxo-3-phenyl-1,6-dihydro-4-pyridazinecarboxylate	184–186, ir, nmr	1832
4-Methylaminomethylpyridazine	liq, anal, ir, nmr	1752
Methyl 3-amino-6-methyl-4-pyridazinecarboxylate	—	H 436, 555
3-Methylaminomethyl-4(1H)-pyridazinone 2-oxide	—	H 196, 610
4-Methylamino-5-methylsulfonyl-2-phenyl-3(2H)-pyridazinone	170–172	533
3-Methylamino-6-methylthiopyridazine	—	H 572, 796, 803
3-Methylamino-6-morpholinopyridazine	195–197	1330
Methyl 4-amino-6-oxo-1-phenyl-1,6-dihydro-3-pyridazinecarboxylate	232–234, ir, nmr	1117
4-Methylamino-2-phenyl-6-propylamino-3(2H)-pyridazinone	—	H 109
6-Methylamino-2-phenyl-3(2H)-pyridazinone	—	H 80, 594
3-Methylamino-4-pyridazinamine	—	H 597
4-Methylamino-3-pyridazinamine	—	H 497
5-Methylamino-3-pyridazinamine	205–206, nmr	447
3-Methylaminopyridazine	—	H 572
4-Methylaminopyridazine	—	H 582
Methyl 6-amino-3-pyridazinecarboxylate	—	H 434, 553
Methyl 6-amino-3-pyridazinesulfenate	—	H 553
6-Methylamino-3(2H)-pyridazinethione	—	H 572, 796, 797
Methyl 4-anilino-6-oxo-1-phenyl-1,6-dihydro-3-pyridazinecarboxylate	157–158, ir, nmr	1117
Methyl 3-anilino-4-pyridazinecarboximidate	130, nmr	1079
Methyl 3-anilino-4-pyridazinecarboxylate	91–92, nmr	1079
Methyl 4-azido-6-oxo-1-phenyl-1,6-dihydro-3-pyridazinecarboxylate	129–130, ir	1117
Methyl 4-benzenesulfonyloxy-6-oxo-1-phenyl-1,6-dihydro-3-pyridazinecarboxylate	131–133, ir, nmr	1090
Methyl 5-benzoyl-6-oxo-1,4-diphenyl-1,6-dihydro-3-pyridazinecarboxylate	196	391
Methyl 5-benzoyl-4-pyridazinecarboxylate	87–88, ir, nmr, uv	46, 702
Methyl 4-benzylamino-6-oxo-1-phenyl-1,6-dihydro-3-pyridazinecarboxylate	150–152, ir, nmr	1117
Methyl 6-benzylamino-3-pyridazinecarboxylate	155–157	1592, 1773
Methyl 5-benzyl-6-oxo-1,4-diphenyl-1,6-dihydro-3-pyridazinecarboxylate	120–121	391
Methyl 4-benzylthio-6-oxo-1-phenyl-1,6-dihydro-3-pyridazinecarboxylate	206–207, ir, nmr	1117
Methyl 5,6-bis(diisopropylamino)-3-pyridazinecarboxylate	40–42, 210/0.7, ir, ms, nmr	1070
Methyl 3,6-bismethylthio-4-pyridazinecarboxylate	—	353
1-Methyl-3,5-bismethylthio-4(1H)-pyridazinethione	317–318, uv	689

continued

Table of Simple Pyridazines

Pyridazine	Melting Point (°C) etc.	Reference(s)
2-Methyl-4,5-bismethylthio-3(2H)-pyridazinethione	139–140, pK_a, uv	689
2-Methyl-4,6-bismethylthio-3(2H)-pyridazinethione	135–137, ir, nmr	1129
2-Methyl-5,6-bismethylthio-3(2H)-pyridazinethione	150–151, pK_a, nmr, uv	1129
2-Methyl-5,6-bismethylthiopyridazinium-4-olate	153–155	689
1-Methyl-3,5-bismethylthio-4(1H)-pyridazinone	150–152	689
2-Methyl-4,5-bismethylthio-3(2H)-pyridazinone	99–100, nmr	689, 1213; H 125, 815
2-Methyl-4,6-bismethylthio-3(2H)-pyridazinone	131–132, nmr	1129
2-Methyl-5,6-bismethylthio-3(2H)-pyridazinone	151–152, nmr	1129
Methyl 4-bromo-2,5-dimethyl-3,6-dioxo-1,2,3,6-tetrahydro-1-pyridazinecarbodithioate	—	1460
Methyl 5-bromo-4-hydroxy-6-oxo-1-phenyl-1,6-dihydro-3-pyridzinecarboxylate	162–163, ir, nmr	1549
Methyl 5-bromo-2-methyl-3,6-dioxo-1,2,3,6-tetrahydro-1-pyridazinecarbodithioate	—	984
Methyl 5-bromo-6-methyl-4-oxo-1-phenyl-1,4-dihydro-3-pyridazinecarboxylate	—	H 134, 333
Methyl 6-bromo-3-pyridazinecarboxylate	159–160, nmr, uv	1127
1-(3-Methylbut-2-enylidene)amino-3,6(1H,2H)-pyridazinedione	—	1050
Methyl 6-butylamino-3-pyridazinecarboxylate	119–121	1592, 1773
Methyl 1-butyl-6-oxo-1,6-dihydro-3-pyridazinecarboxylate	—	H 73, 438
Methyl 4-butylthio-6-oxo-1-phenyl-1,6-dihydro-3-pyridazinecarboxylate	125–127, ir, nmr	1117
Methyl 4-t-butylthio-6-oxo-1-phenyl-1,6-dihydro-3-pyridazinecarboxylate	128–130, ir, nmr	1117
2-β-(N-Methylcarbamoyl)ethyl-6-phenyl-3(2H)-pyridazinone	165–167	1288
Methyl 5-carbamoyl-4-pyridazinecarboxylate	137–138, ir, nmr	1231
Methyl 2-β-chloroethyl-5-methyl-3,6-dioxo-1,2,3,6-tetrahydro-1-pyridazinecarbodithioate	—	1460
Methyl 5-chloro-4-hydroxy-6-oxo-1-phenyl-1,6-dihydro-3-pyridazinecarboxylate	137–138, ir, nmr	1549
Methyl 6-chloro-3-methoxy-4-pyridazinecarboximidate	97–98, nmr	820
Methyl 5-chloro-1-methyl-6-oxo-1,6-dihydro-4-pyridazinecarboxylate	—	H 315
Methyl 3-chloro-6-oxo-1,6-dihydro-4-pyridazinecarboxylate	—	H 87, 326, 439
Methyl 6-chloro-3-oxo-2,3-dihydro-4-pyridazinecarboxylate	—	H 96, 323, 440
Methyl 4-chloro-6-oxo-1-phenyl-1,6-dihydro-3-pyridazinecarboxylate	105–106, ir, nmr	1117
Methyl 6-chloro-3-pyridazinecarboxylate	145 or 147–149	1127, 1592; H 276
Methyl 5-cyano-4-ethyl-6-oxo-1-phenyl-1,6-dihydro-3-pyridazinecarboxylate	139, ir, nmr	1808

continued

Pyridazine	Melting Point (°C) etc.	Reference(s)
Methyl 4-cyclohexylthio-6-oxo-1-phenyl-1,6-dihydro-3-pyridazinecarboxylate	141–143, ir, nmr	1117
Methyl 4,6-di-*t*-butyl-5-diisopropylamino-6-pyridazinecarboxylate	96, ir, nmr	1123
Methyl 2,5-dimethyl-3,6-dioxo-1,2,3,6-tetrahydro-1-pyridazinecarbodithioate	—	1460
Methyl 1,5-dimethyl-6-oxo-1,6-dihydro-4-pyridazinecarboxylate	102–103, ir, ms, nmr	231
Methyl 2,5-dimethyl-3-oxo-2,3-dihydro-4-pyridazinecarboxylate	81, ir, ms, nmr	231
Methyl 5,6-dimethyl-3-oxo-2,3-dihydro-4-pyridazinecarboxylate	—	H 128, 441
4-Methyl-3,6-dimorpholinopyridazine	136–138, ir, nmr	544
Methyl 3,6-dioxo-1,2,3,6-tetrahydro-1-pyridazinecarbodithioate	—	984
3-Methyl-4,6-diphenylpyridazine	91–92 or 92–93, nmr, uv	394, 499
3-Methyl-5,6-diphenylpyridazine	121–123, ir, ms, nmr	314, 499
4-Methyl-3,6-diphenylpyridazine	132 to 136, ms, nmr	28, 29, 43, 278, 319, 722
Methyl 3,6-diphenyl-4-pyridazinecarboxylate	122, nmr	41
Methyl 5,6-diphenyl-4-pyridazinecarboxylate	141, ir, nmr, uv	1242
3-Methyl-5,6-diphenyl-4-pyridazinecarboxylic acid	180–181, ir, ms, nmr	314
2-Methyl-5,6-diphenyl-3,4(1*H*,2*H*)-pyridazinedione	—	814
1-Methyl-3,5-diphenyl-4(1*H*)-pyridazinethione	122–123, nmr	249
1-Methyl-3,5-diphenyl-4(1*H*)-pyridazinone	165–167, nmr	249
2-Methyl-4,6-diphenyl-3(2*H*)-pyridazinone	120, ir, nmr	1081
2-Methyl-5,6-diphenyl-3(2*H*)-pyridazinone	—	H 91
3-Methyl-1,6-diphenyl-4(1*H*)-pyridazinone	—	H 136
4-Methyl-2,6-diphenyl-3(2*H*)-pyridazinone	—	H 107
4-Methyl-5,6-diphenyl-3(2*H*)-pyridazinone	—	868
6-Methyl-1,3-diphenyl-4(1*H*)-pyridazinone	—	H 136
6-Methyl-3,5-diphenyl-4(1*H*)-pyridazinone	304–305, ir, nmr	311
3-Methyl-5,6-dipropylpyridazine	liq, anal, ir, nmr, uv	298
Methyl 5-ethoxycarbonyl-3,6-dimethyl-4-pyridazinecarboxylate	94–95, ms, nmr	2107
Methyl 2-ethoxycarbonylmethyl-5-methyl-3,6-dioxo-1,2,3,6-tetrahydro-1-pyridazinecarbodithioate	—	1460
Methyl 2-ethyl-5-methyl-3,6-dioxo-1,2,3,6-tetrahydro-1-pyridazinecarbodithioate	—	1460
Methyl 6-ethylsulfonyl-3-pyridazinecarboxylate	148–149	1592
Methyl 4-ethylthio-6-oxo-1-phenyl-1,6-dihydro-3-pyridazinecarboxylate	140–142, ir, nmr	1117
Methyl 6-ethylthio-3-pyridazinecarboxylate	129–131	1592
Methyl 6-fluoro-3-pyridazinecarboxylate	125, nmr, uv	1127
Methyl 3-formyl-6-methyl-4-pyridazinecarboxylate	Me$_2$acetal: 135–137/0.4, nmr	996
Methyl 6-hydrazinocarbonyl-3-pyridazinecarboxylate	242, ir, nmr	1077

continued

Pyridazine	Melting Point (°C) etc.	Reference(s)
3-α-Methylhydrazino-6-morpholinopyridazine	2HCl: 171–174 or 183–190	57, 1293
Methyl 4-hydrazino-6-oxo-1-phenyl-1,6-dihydro-3-pyridazinecarboxylate	205, ir, nmr	1117
5-α-Methylhydrazino-2-phenyl-3(2H)-pyridazinone	192–194, ir, nmr	873
5-α-Methylhydrazino-4-pyridazinamine	crude: liq	908
5-α-Methylhydrazino-3(2H)-pyridazinone	230–231, ir, nmr	873
Methyl 4-hydroxy-6-oxo-1-phenyl-1,6-dihydro-3-pyridazinecarboxylate	129–130, ir, nmr	1090; H 136, 444
Methyl 6-iodo-3-pyridazinecarboxylate	165, nmr, uv	1127
Methyl 4-isopropylthio-6-oxo-1-phenyl-1,6-dihydro-3-pyridazinecarboxylate	118–120, ir, nmr	1117
Methyl 3-methoxy-6-oxo-1,6-dihydro-4-pyridazinecarboxylate	—	H 89, 439
Methyl 4-methoxy-6-oxo-1-phenyl-1,6-dihydro-3-pyridazinecarboxylate	151, ir, ms, nmr	17, 269
Methyl 6-methoxy-4-oxo-1-phenyl-1,4-dihydro-3-pyridazinecarboxylate	—	H 136, 442
Methyl-4-methoxy-1-phenyl-6-phenylimino-1,6-dihydro-3-pyridazinecarboxylate	104, ir, ms, nmr	17, 269
Methyl 6-methoxy-3-pyridazinecarboxylate	—	H 176, 434
1-Methyl-5-β-methylallyl-2-phenyl-3,6(1H,2H)-pyridazinedione	—	H 160
N-Methyl-3-methylamino-5,6-diphenyl-4-pyridazinecarboxamide	—	H 436, 572
6-Methyl-4-methylaminomethyl-3(2H)-pyridazinone 1-oxide	—	H 611
2-Methyl-4-methylamino-5-methylsulfonyl-3(2H)-pyridazinone	135–136	533
3-Methyl-6-methylamino-5-nitropyridazine 2-oxide	144–145	760
4-Methyl-3-methylamino-6-phenylpyridazine	132, nmr	1333
1-Methyl-5-methylamino-2-phenyl-3,6(1H,2H)-pyridazinedione	—	H 159, 595
6-Methyl-4-methylamino-2-phenyl-3(2H)-pyridazinone	—	H 106, 588
6-Methyl-3-methylamino-4(1H)-pyridazinone	—	H 572
6-Methyl-2-(2-methylbutyryl)methyl-3(2H)-pyridazinone	—	H 75, 401
Methyl 2-methyl-3,6-dioxo-1,2,3,6-tetrahydro-1-pyridazinecarbodithioate	—	984
Methyl 4-methyl-3,6-dioxo-1,2,3,6-tetrahydro-1-pyridazinecarbodithioate	—	1457
Methyl 5-methyl-3,6-dioxo-1,2,3,6-tetrahydro-1-pyridazinecarbodithioate	—	1460
2-Methyl-4-α-methylhydrazino-5-methylsulfonyl-3(2H)-pyridazinone	172–174	533
4-Methyl-3-α-methylhydrazino-6-phenylpyridazine	crude: 98; HCl: 167, nmr; $H_2C=$: 77	1333

continued

Pyridazine	Melting Point (°C) etc.	Reference(s)
2-Methyl-4-α-methylhydrazino-3(2H)-pyridazinone	109–110, ir, nmr	533
2-Methyl-5-α-methylhydrazino-3(2H)-pyridazinone	185–187, ir, nmr	1061
Methyl 2-methyl-5-morpholino-3,6-dioxo-1,2,3,6-tetrahydro-1-pyridazinecarbodithioate	—	984
3-Methyl-6-(N-methyl-N-nitroamino)pyridazine	—	H607
4-Methyl-3-(N-methyl-N-nitrosoamino)-6-phenylpyridazine	110	1333
Methyl 1-methyl-6-oxo-1,6-dihydro-3-pyridazinecarboxylate	—	H70, 437
Methyl 6-methyl-3-oxo-2,3-dihydro-4-pyridazinecarboxylate	—	H97, 441
Methyl 4-methyl-6-oxo-1-phenyl-1,6-dihydro-3-pyridazinecarboxylate	126–127, nmr	1350, 1351; H92, 438
Methyl 5-methyl-4-oxo-1-phenyl-1,4-dihydro-3-pyridazinecarboxylate	161, ir nmr	1808
Methyl 6-methyl-4-oxo-1-phenyl-1,4-dihydro-3-pyridazinecarboxylate	—	H135, 442
Methyl 4-methyl-6-oxo-1-phenyl-5-phenylazo-1,6-dihydro-3-pyridazinecarboxylate	—	H652
Methyl 4-methyl-6-phenyl-3-pyridazinecarboxylate	128, ir, nmr	1907
Methyl 5-methyl-6-phenyl-3-pyridazinecarboxylate	100, ir, nmr	1907
2-Methyl-5-(α-methyl-β-propionylhydrazino)-3(2H)-pyridazinone	181–182, ir, nmr	873
Methyl 6-methyl-3-pyridazinecarboxylate	92, ir, nmr	1066, 1907
4-Methyl-3-methylsulfonyl-6-phenylpyridazine	210, ir	371
2-Methyl-5-methylsulfonyl-3,4(1H,2H)-pyridazinedione	257–259	533
3-Methyl-6-methylsulfonylpyridazine 2-oxide	—	H821
2-Methyl-6-methylsulfonyl-3(2H)-pyridazinone	—	H824
2-{α-Methyl-β-[N-methyl(thiocarbamoyl)]ethyl}-3(2H)-pyridazinone	155–157	1288
2-{β-Methyl-β-[N-methyl(thiocarbamoyl)]ethyl}-3(2H)-pyridazinone	172–175	1288
6-Methyl-2-(α-methyl-β-thiocarbamoylethyl)-3(2H)-pyridazinone	101–104	1288
6-Methyl-2-(β-methyl-β-thiocarbamoylethyl)-3(2H)-pyridazinone	106–107	1288
3-Methyl-6-methylthio-5-nitropyridazine	92–94, nmr, uv	259
4-Methyl-6-methylthio-5-nitropyridazine	94–96, nmr, uv	259
4-Methyl-3-methylthio-6-phenylpyridazine	67–68, ir, uv	371
3-Methyl-6-methylthiopyridazine	—	H803, 818, 819
1-Methyl-4-methylthio-3,6(1H,2H)-pyridazinedione	297–299 or 301–302, nmr	1007, 1129
1-Methyl-5-methylthio-3,6(1H,2H)-pyridazinedione	—	1007
2-Methyl-5-methylthio-3,4(1H,2H)-pyridazinedione	155–157, ir, nmr, uv	1213, 1896
3-Methyl-6-methylthiopyridazine 2-oxide	—	H821
2-Methyl-6-methylthio-3(2H)-pyridazinethione	86–87, pK_a, uv	95; H809
4-Methyl-6-methylthio-3(2H)-pyridazinone	—	H98, 808
5-Methyl-6-methylthio-3(2H)-pyridazinone	—	H808

continued

Pyridazine	Melting Point (°C) etc.	Reference(s)
4-Methyl-2-β-morpholinoethyl-6-phenyl-3(2H)-pyridazinone	—	H 102
6-Methyl-2-β-morpholinoethyl-3(2H)-pyridazinone	—	H 73
4-Methyl-2-morpholinomethyl-6-phenyl-3(2H)-pyridazinone	166–167, ir	371
6-Methyl-2-morpholinomethyl-4-phenyl-3(2H)-pyridazinone	—	874
6-Methyl-4-morpholinomethyl-2-phenyl-3(2H)-pyridazinone	—	H 612
6-Methyl-2-morpholinomethyl-3(2H)-pyridazinone	—	H 72
6-Methyl-4-morpholinomethyl-3(2H)-pyridazinone	—	H 610
6-Methyl-4-morpholinomethyl-3(2H)-pyridazinone 1-oxide	—	H 197, 610
2-Methyl-5-morpholino-4-nitro-3(2H)-pyridazinone	140–141, ir, nmr	534
2-Methyl-5-morpholino-3-oxo-2,3-dihydro-4-pyridazinecarbaldehyde	140–141; H$_2$NN=: 167–168	1603
2-Methyl-5-morpholino-4-pentyloxy-3(2H)-pyridazinone	liq, anal	1269
1-Methyl-5-morpholino-2-phenyl-3,6(1H,2H)-pyridazinedione	—	H 160, 595
1-Methyl-4-morpholino-2-phenyl-3(2H)-pyridazinone	—	H 106, 590
2-Methyl-5-morpholino-4-propoxy-3(2H)-pyridazinone	87–89	1269
2-Methyl-5-morpholino-6-propoxy-3(2H)-pyridazinone	—	1725
4-Methyl-6-morpholinopyridazine	124–126	544
2-Methyl-5-morpholino-3,4(1H,2H)-pyridazinedione	229–231	1269
2-Methyl-4-morpholino-3(2H)-pyridazinone	138–139	1269
2-Methyl-5-morpholino-3(2H)-pyridazinone	150–151 or 154–155, nmr	542, 1269, 1603
6-Methyl-3-morpholino-4(1H)-pyridazinone	—	H 579
3-Methyl-6-nitroaminopyridazine	—	H 607
2-Methyl-4-nitro-5,6-diphenyl-3(2H)-pyridazinone	—	795, 814
Methyl 6-nitro-3-oxo-2-phenyl-2,3-dihydro-4-pyridazinecarboxylate	—	H 108, 440, 648
2-Methyl-4-nitro-6-phenyl-5-propionyl-3(2H)-pyridazinone	122–124, ir, nmr	132
3-Methyl-5-nitro-6-piperidinopyridazine 2-oxide	—	H 604
4-Methyl-6-nitro-3-propoxypyridazine 1-oxide	—	H 198, 649
6-Methyl-4-nitro-3-pyridazinamine 1-oxide	203–204 or 213, nmr	760, 952
2-Methyl-5-nitro-3,4(1H,2H)-pyridazinedione	—	H 169, 648
3-Methyl-4-nitropyridazine 1-oxide	—	H 649
3-Methyl-4-nitropyridazine 2-oxide	—	H 649
3-Methyl-5-nitropyridazine 2-oxide	—	H 649
4-Methyl-5-nitropyridazine 2-oxide	—	H 649
4-Methyl-6-nitro-3(2H)-pyridazinone 1-oxide	179	833; H 649
5-Methyl-4-nitro-3(2H)-pyridazinone 1-oxide	191–192	833; H 649

continued

Pyridazine	Melting Point (°C) etc.	Reference(s)
6-Methyl-4-nitro-3(2H)-pyridazinone 1-oxide	200 or 203–204, uv; NH$_4$: 265; Me$_2$NH$_2$: 197–198	760, 833; H 649
5-Methyl-6-oxo-1,6-dihydro-3-pyridazinecarbohydrazide	235, ms, nmr	503
6-Methyl-3-oxo-2,3-dihydro-4-pyridazinecarbohydrazide	—	H 97, 441
2-Methyl-3-oxo-2,3-dihydro-4-pyridazinecarbonitrile	130–131, ir, nmr, uv	1300; H 84, 448
2-Methyl-5-oxo-2,5-dihydro-3-pyridazinecarbonitrile	131, ir	772
5-Methyl-3-oxo-2,3-dihydro-4-pyridazinecarbonitrile	228–230, nmr, uv	821; H 125, 448
6-Methyl-3-oxo-2,3-dihydro-4-pyridazinecarbonitrile	—	H 97, 448
1-Methyl-6-oxo-1,6-dihydro-3-pyridazinecarbonyl chloride	—	H 70, 437
1-Methyl-6-oxo-1,6-dihydro-3-pyridazinecarboxamide	—	H 70, 437
6-Methyl-3-oxo-2,3-dihydro-4-pyridazinecarboxamide	—	H 97, 441
Methyl 3-oxo-2,3-dihydro-4-pyridazinecarboxylate	—	H 84, 440
Methyl 6-oxo-1,6-dihydro-3-pyridazinecarboxylate	189	1127; H 66, 437
Methyl 6-oxo-1,6-dihydro-4-pyridazinecarboxylate	—	H 85, 439 (?)
1-Methyl-6-oxo-1,6-dihydro-3-pyridazinecarboxylic acid	—	H 70, 437
2-Methyl-3-oxo-2,3-dihydro-4-pyridazinecarboxylic acid	—	H 84, 440
3-Methyl-6-oxo-1,6-dihydro-4-pyridazinecarboxylic acid	—	H 88, 439
5-Methyl-3-oxo-2,3-dihydro-4-pyridazinecarboxylic acid	—	H 125, 441
5-Methyl-6-oxo-1,6-dihydro-3-pyridazinecarboxylic acid	—	H 97, 439
6-Methyl-3-oxo-2,3-dihydro-4-pyridazinecarboxylic acid	—	H 97, 441
3-Methyl-6-oxo-1,6-dihydro-4,5-pyridazinedicarbonitrile	210, ir, nmr	1487
1-Methyl-6-oxo-1,6-dihydro-4,5-pyridazinedisulfonic acid	—	H 125, 825
2-Methyl-3-oxo-5,6-diphenyl-2,3-dihydro-4-pyridazinecarbonitrile	219–220	1272; H 129, 449
2-Methyl-3-oxo-5,6-diphenyl-2,3-dihydro-4-pyridazinecarboxylic acid	—	H 129, 441
Methyl 6-oxo-3-phenoxy-1,6-dihydro-1-pyridazinecarboxylate	—	876
5-Methyl-6-oxo-3-phenyl-1,6-dihydro-4-pyridazinecarbaldehyde	101–102	370
6-Methyl-4-oxo-1-phenyl-1,4-dihydro-3-pyridazinecarbohydrazide	—	H 135, 442
2-Methyl-3-oxo-5-phenyl-2,3-dihydro-4-pyridazinecarbonitrile	—	H 125, 448
5-Methyl-3-oxo-2-phenyl-2,3-dihydro-4-pyridazinecarbonitrile	130 or 153–154, ir, nmr	1240, 1731

continued

Table of Simple Pyridazines

Pyridazine	Melting Point (°C) etc.	Reference(s)
5-Methyl-4-oxo-1-phenyl-1,4-dihydro-3-pyridazinecarbonitrile	201, ir, nmr	1808
6-Methyl-3-oxo-5-phenyl-2,3-dihydro-4-pyridazinecarbonitrile	—	H 128
4-Methyl-6-oxo-1-phenyl-1,6-dihydro-3-pyridazinecarbonyl chloride	—	H 93, 438
6-Methyl-4-oxo-1-phenyl-1,4-dihydro-3-pyridazinecarboxamide	—	H 135, 442
6-Methyl-4-oxo-1-phenyl-1,4-dihydro-3-pyridazinecarboxamide 2-oxide	—	H 442
Methyl 4-oxo-1-phenyl-1,4-dihydro-3-pyridazinecarboxylate	122–124, ir, nmr	974
4-Methyl-6-oxo-1-phenyl-1,6-dihydro-3-pyridazinecarboxylic acid	—	H 93, 438
5-Methyl-3-oxo-2-phenyl-2,3-dihydro-4-pyridazinecarboxylic acid	111–114, ms, nmr	715
5-Methyl-6-oxo-1-phenyl-1,6-dihydro-3-pyridazinecarboxylic acid	—	H 106, 438
6-Methyl-3-oxo-2-phenyl-2,3-dihydro-4-pyridazinecarboxylic acid	102–103, ms, nmr	715
6-Methyl-4-oxo-1-phenyl-1,4-dihydro-3-pyridazinecarboxylic acid	—	H 134, 442
6-Methyl-4-oxo-1-phenyl-1,4-dihydro-3-pyridazinecarboxylic acid 2-oxide	—	H 196
4-Methyl-6-oxo-1-phenyl-1,6-dihydro-3,5-pyridazinedicarbonitrile	142 or 148, ir, nmr	395, 1217
4-Methyl-6-oxo-1-phenyl-5-phenylazo-1,6-dihydro-3-pyridazinecarboxylic acid	—	H 130, 439
Methyl 6-oxo-1-phenyl-4-phenylthio-1,6-dihydro-3-pyridazinecarboxylate	170–172, ir, nmr	1117
Methyl 6-oxo-1-phenyl-4-propylthio-1,6-dihydro-3-pyridazinecarboxylate	146–148, ir, nmr	1117
Methyl 6-oxo-1-vinyl-1,6-dihydro-3-pyridazinecarboxylate	—	693
Methyl 6-pentylamino-3-pyridazinecarboxylate	124–125	1773
1-Methyl-5-pentyloxy-2-phenyl-3,6(1H,2H)-pyridazinedione	—	H 160
Methyl 6-pentyl-3-pyridazinecarboxylate	83–84, ir, nmr	864
6-Methyl-2-pentyl-3(2H)-pyridazinone	—	H 75
Methyl 6-pent-1′-ynyl-3-pyridazinecarboxylate	104–105, ir, nmr	864
Methyl 6-phenethylamino-3-pyridazinecarboxylate	168–169	1773
6-Methyl-3-phenethylamino-4(1H)-pyridazinone	—	H 576
3-Methyl-6-phenethylpyridazine	41, ms, nmr; pic: 119–120	822, 834
Methyl 3-phenethyl-4-pyridazinecarboxylate	crude: ms, nmr	1791
Methyl 6-phenethyl-4-pyridazinecarboxylate	102–112, ir, ms, nmr	1791
3-Methyl-6-phenethylpyridazine 1-oxide	110–111, nmr	537
6-Methyl-4-phenethyl-3(2H)-pyridazinone	118–120, ms, nmr	1959

continued

Pyridazine	Melting Point (°C) etc.	Reference(s)
3-Methyl-6-phenoxy-5-phenylpyridazine	—	H 182
3-Methyl-6-phenylazopyridazine	119–120, ir, nmr	854
3-Methyl-6-phenylethynylpyridazine	109–110, ir, nmr	191, 834
3-Methyl-6-phenylethynylpyridazine 2-oxide	207–208, ir, nmr	834
6-Methyl-1-phenyl-5-phenylazo-4(1H)-pyridazinone	225–226, nmr	1139
4-Methyl-6-phenyl-3-phenylhydrazinopyridazine	146–148	1279
1-Methyl-2-phenyl-4-phenylthio-3,6(1H,2H)-pyridazinedione	—	1418, 1436
1-Methyl-2-phenyl-5-phenylthio-3,6(1H,2H)-pyridazinedione	—	1418, 1436
4-Methyl-6-phenyl-2-piperidinomethyl-3(2H)-pyridazinethione	88–89, ir	371
6-Methyl-2-phenyl-4-piperidinomethyl-3(2H)-pyridazinone	—	H 105
1-Methyl-2-phenyl-4-piperidino-3,6(1H,2H)-pyridazinedione	—	H 595
1-Methyl-2-phenyl-5-piperidino-3,6(1H,2H)-pyridazinedione	—	H 159, 595
6-Methyl-2-phenyl-4-piperidino-3(2H)-pyridazinone	—	H 106, 590
4-Methyl-6-phenyl-3-pivalamidopyridazine	203–204, nmr	1632
1-Methyl-2-phenyl-5-propoxy-3,6(1H,2H)-pyridazinedione	—	H 160
4-Methyl-2-phenyl-6-propyl-3(2H)-pyridazinone	—	H 107
6-Methyl-2-phenyl-4-propyl-3(2H)-pyridazinone	—	H 106
1-Methyl-2-phenyl-5-prop-2'-ynyloxy-3,6(1H,2H)-pyridazinedione	—	H 160
3-Methyl-6-phenyl-4-pyridazinamine	—	588; H 558
4-Methyl-6-phenyl-3-pyridazinamine	130 or 131–132 [or 180–181 (?)], nmr, pK_a	1118, 1279, 1381, 1720
5-Methyl-6-phenyl-3-pyridazinamine	152, nmr	1381
6-Methyl-4-phenyl-3-pyridazinamine	—	H 555
6-Methyl-5-phenyl-3-pyridazinamine	169, nmr	1381
3-Methyl-5-phenylpyridazine	102–104, nmr, uv	1982
3-Methyl-6-phenylpyridazine	98 to 105, nmr	282, 823, 1237, 1611, 1952
4-Methyl-3-phenylpyridazine	liq, nmr	823
4-Methyl-5-phenylpyridazine	82–83	297
4-Methyl-6-phenylpyridazine	85–87 or 89–91, nmr	1104, 1237, 1611, 1952
4-Methyl-5-phenyl-3-pyridazinecarbaldehyde	—	H 395
6-Methyl-3-phenyl-4-pyridazinecarbaldehyde	201–202, ir, uv	370
4-Methyl-6-phenyl-3-pyridazinecarbonitrile	177, ir, nmr	1104
6-Methyl-3-phenyl-4-pyridazinecarbonitrile	174–175, ir	772
4-Methyl-6-phenyl-3-pyridazinecarboxamide	crude: ir	1104
Methyl 5-phenyl-4-pyridazinecarboxylate	—	H 435
Methyl 6-phenyl-3-pyridazinecarboxylate	69, ir, nmr	1907
3-Methyl-6-phenyl-4-pyridazinecarboxylic acid	—	H 436
4-Methyl-5-phenyl-3-pyridazinecarboxylic acid	—	H 435

continued

Pyridazine	Melting Point (°C) etc.	Reference(s)
4-Methyl-6-phenyl-3-pyridazinecarboxylic acid	125, ir, nmr	1104
6-Methyl-5-phenyl-3,4-pyridazinedicarboxylic acid	—	H445
1-Methyl-2-phenyl-3,6(1H,2H)-pyridazinedione	—	H159
2-Methyl-6-phenyl-3,4(1H,2H)-pyridazinedione	216	842
4-Methyl-1-phenyl-3,6(1H,2H)-pyridazinedione	—	H156
4-Methyl-2-phenyl-3,6(1H,2H)-pyridazinedione	—	H156
6-Methyl-1-phenyl-3,4-(1H,2H)-pyridazinedione	—	H170
6-Methyl-2-phenyl-3,4(1H,2H)-pyridazinedione	nmr	719; H169
3-Methyl-6-phenylpyridazine 1,2-dioxide	181–182, ir, ms, nmr	190, 321, 411
4-Methyl-6-phenylpyridazine 2-oxide	100, nmr	1104
2-Methyl-6-phenyl-3(2H)-pyridazinethione	150–152 or 151–153, nmr	202, 413, 538; H797
3-Methyl-6-phenyl-3(2H)-pyridazinethione	202, ir, uv	375
6-Methyl-2-phenyl-3(2H)-pyridazinethione	176, nmr	413; H798
2-Methyl-6-phenyl-3(2H)-pyridazinone	111–113	566, 919; H70
3-Methyl-5-phenyl-4(1H)-pyridazinone	309, ir, nmr	1713
3-Methyl-6-phenyl-4(1H)-pyridazinone	—	588; H132
4-Methyl-2-phenyl-3(2H)-pyridazinone	—	H84
4-Methyl-6-phenyl-3(2H)-pyridazinone	185 or 190, nmr	104, 152, 1104, 1569; H97
5-Methyl-2-phenyl-3(2H)-pyridazinone	84, nmr	719, 1350, 1351; H85
5-Methyl-3-phenyl-4(1H)-pyridazinone	241–244, ir, nmr	109
5-Methyl-6-phenyl-3(2H)-pyridazinone	210 to 219, ir, nmr	961, 1113, 1334, 1557, 1588
6-Methyl-1-phenyl-4(1H)-pyridazinone	—	H134
6-Methyl-2-phenyl-3(2H)-pyridazinone	75–77 or 77–78, ir, ms, nmr, uv	715, 1200, 1350, 1351; H80
6-Methyl-3-phenyl-4(1H)-pyridazinone	280–283, ir, nmr	109
6-Methyl-4-phenyl-3(2H)-pyridazinone	170, ir, uv	634, 1190; H97
6-Methyl-5-phenyl-3(2H)-pyridazinone	220–222, nmr	1107, 1309, 1557; H88
4-Methyl-6-phenyl-2-β-thiocarbamoylethyl-3(2H)-pyridazinone	132–134	1288
5-Methyl-6-phenyl-2-β-thiocarbamoylethyl-3(2H) pyridazinone	105–106	1288
1-Methyl-5-phenylthio-3,6(1H,2H)-pyridazinedione	—	1007
6-Methyl-3-phenylthio-4(1H)-pyridazinone	—	H813
4-Methyl-1-piperidinomethyl-3,6(1H,2H)-pyridazinedione	—	H153
6-Methyl-2-piperidinomethyl-3(2H)-pyridazinone	—	H72
6-Methyl-4-piperidinomethyl-3(2H)-pyridazinone	—	H610
6-Methyl-4-piperidinomethyl-3(2H)-pyridazinone 1-oxide	—	H196, 610
3-Methyl-6-piperidinopyridazine	61–62, nmr	823; H578
4-Methyl-6-piperidinopyridazine	72–73	544
6-Methyl-3-piperidino-4(1H)-pyridazinone	—	H578

continued

Appendix

Pyridazine	Melting Point (°C) etc.	Reference(s)
3-(2-Methylprop-1-enyl)pyridazine	liq, nmr; pic: 150–151	827
4-(2-Methylprop-1-enyl)pyridazine	38–40; pic: 153–154	827
6-Methyl-2-propionylmethyl-3(2H)-pyridazinone	—	H75, 401
2-Methyl-5-propoxy-3,4(1H,2H)-pyridazinedione	129–130	533
2-Methyl-6-propoxy-3(2H)-pyridazinone	—	H70
Methyl 6-propylamino-3-pyridazinecarboxylate	138–140	1592, 1773
5-(α-Methyl-β-propylhydrazino)-2-phenyl-3(2H)-pyridazinone	98, ir, nmr	1540
5-Methyl-6-propyl-3(2H)-pyridazinone	—	H 88
2-Methyl-5-propylthio-3,4(1H,2H)-pyridazinedione	118–120, ir, uv	1896
3-Methyl-4-pyridazinamine	—	H557
4-Methyl-3-pyridazinamine	—	H550
5-Methyl-3-pyridazinamine	—	H550
5-Methyl-4-pyridazinamine	—	H557
6-Methyl-3-pyridazinamine	223 or 225–226, ir, nmr, pK_a	94, 560, 1127, 1160; H550
6-Methyl-4-pyridazinamine	—	H557
3-Methyl-4-pyridazinamine 1-oxide	251–253, ir, nmr	904
6-Methyl-4-pyridazinamine 1-oxide	—	H603
3-Methylpyridazine	98/7, aromaticity, ir, nmr	211, 230, 299, 426, 894, 1163, 1538, 1686
4-Methylpyridazine	aromaticity, nmr; oxalate: 114–116	211, 762, 769, 1686
3-Methyl-4-pyridazinecarbaldehyde	liq, nmr; 0.5 H_2O: 70–72, ir, nmr	971
4-Methyl-3-pyridazinecarbaldehyde	liq, ir, nmr	971
5-Methyl-4-pyridazinecarbaldehyde	liq, ir, nmr	971
6-Methyl-3-pyridazinecarbaldehyde	H_2NN=: 180–182, ir, nmr	35
4-Methyl-3-pyridazinecarbonitrile	43–44, ir, nmr	220
6-Methyl-3-pyridazinecarbonitrile	86–87 or 89–90, ir, nmr	220, 798, 1638; H446
6-Methyl-3-pyridazinecarbonitrile 2-oxide	—	H446
6-Methyl-3-pyridazinecarboxamide	—	1500
6-Methyl-3-pyridazinecarboxamide 2-oxide	—	H435
Methyl 3-pyridazinecarboxylate	138–139 or 140, ir, ms, nmr	76, 101, 1347; H434
Methyl 4-pyridazinecarboxylate	63–64, ir, ms, nmr	101, 959, 1229, 1347, 1668; H435
Methyl 3-pyridazinecarboxylate 1-oxide	—	H434
6-Methyl-3-pyridazinecarboxylic acid	—	1500, 1684
6-Methyl-3,4-pyridazinediamine	—	H597
6-Methyl-3,4-pyridazinedicarbaldehyde	anal, nmr; bis-Et$_2$acetal: anal, nmr	907, 1111
6-Methyl-3,4-pyridazinedicarbonitrile	—	H447

continued

Table of Simple Pyridazines

Pyridazine	Melting Point (°C) etc.	Reference(s)
6-Methyl-3,4-pyridazinedicarboxamide	—	H445
6-Methyl-3,4-pyridazinedicarboxylic acid	—	H445
1-Methyl-3,6(1H,2H)-pyridazinedione	210 to 216, ir, nmr, pK_a, xl st	176, 292, 332, 417, 789, 943, 1128; H152
2-Methyl-3,4(1H,2H)-pyridazinedione	173–174	224
4-Methyl-3,6(1H,2H)-pyridazinedione	—	H150
6-Methyl-3,4(1H,2H)-pyridazinedione	—	H169
4-Methyl-3,6(1H,2H)-pyridazinedithione	—	H800
3-Methylpyridazine 1-oxide	complex	260
3-Methylpyridazine 2-oxide	82–83, complex	97, 260
4-Methylpyridazine 1-oxide	complex	260
1-Methyl-4(1H)-pyridazinethione	—	H796, 800
2-Methyl-3(2H)-pyridazinethione	—	H796, 797
6-Methyl-3(2H)-pyridazinethione	197 to 204	819, 1116, 1127; H797
1-Methyl-4(1H)-pyridazinimine	HI: 123–124, nmr, pK_a, uv	675
2-Methyl-3(2H)-pyridazinimine	HI: 223–224, nmr, pK_a, uv; pic: 231–232	675
1-Methylpyridazinium-3-olate	137–138, ir, nmr	668
1-Methyl-4(1H)-pyridazinone	nmr	675, 1128; H133
2-Methyl-3(2H)-pyridazinone	nmr, pK_a, uv	95, 675, 1128, 1548; H65
3-Methyl-4(1H)-pyridazinone	—	H132
4-Methyl-3(2H)-pyridazinone	159 or 167, ms, nmr, st	503, 719, 766, 1309, 1890; H84
5-Methyl-3(2H)-pyridazinone	151–153 or 157–158, ms, nmr, st, uv	30, 327, 715, 719, 821, 1890; H85
6-Methyl-3(2H)-pyridazinone	105 to 144, ir, ms, nmr, pK_a, st; HBr:—; O-Ts: 105, nmr, uv	94 (cf. 1792), 433, 437, 715, 719, 847, 1116, 1128, 1167, 1405, 1459, 1562, 1638, 1721, 1809, 1890; H66
2-Methyl-3(2H)-pyridazinone 1-oxide	124–125, ir, nmr	789
4-Methyl-3(2H)-pyridazinone 1-oxide	—	H194
5-Methyl-3(2H)-pyridazinone 1-oxide	206	833
6-Methyl-3(2H)-pyridazinone 1-oxide	—	H195
2-Methyl-6-styryl-3(2H)-pyridazinone	157	1282
3-Methylsulfinyl-6-methylsulfonylpyridazine	184–185, ir, ms	304

continued

Pyridazine	Melting Point (°C) etc.	Reference(s)
3-Methylsulfinyl-6-methylsulfonylpyridazine 2-oxide	193–195, ir, ms	304
3-Methylsulfinyl-6-methylthiopyridazine	118–199, nmr	304
3-Methylsulfinyl-6-methylthiopyridazine 1-oxide	148–151, nmr	304
3-Methylsulfinyl-6-methylthiopyridazine 2-oxide	143–145, nmr	304
6-Methylsulfinyl-3-pyridazinamine	—	H 822
3-Methylsulfinylpyridazine	—	H 822
4-Methylsulfinylpyridazine	—	H 822
3-Methylsulfonyl-6-methylthiopyridazine	92–95, nmr	304
3-Methylsulfonyl-6-piperidinopyridazine	124–125, nmr	304; H 578
6-Methylsulfonyl-3-piperidinopyridazine 1-oxide	163–165, nmr	304
6-Methylsulfonyl-3-pyridazinamine	183–185; pic: 204–206	675
3-Methylsulfonylpyridazine	—	H 823
4-Methylsulfonylpyridazine	—	H 824
6-Methylsulfonyl-3(2H)-pyridazinone	—	H 824
6-Methyl-2-δ-thiocarbamoylbutyl-3(2H)-pyridazinone	113–115	1288
2-(α-Methyl-β-thiocarbamoylethyl)-6-phenyl-3(2H)-pyridazinone	248–250	1288
2-(β-Methyl-β-thiocarbamoylethyl)-6-phenyl-3(2H)-pyridazinone	172–174, ir, nmr	1288
2-β-[N-Methyl(thiocarbamoyl)]ethyl-6-phenyl-3(2H)-pyridazinone	149–150, ir, nmr	1288
2-(α-Methyl-β-thiocarbamoylethyl)-3(2H)-pyridazinone	140–143	1288
2-(β-Methyl-β-thiocarbamoylethyl)-3(2H)-pyridazinone	149–152	1288
2-β-[N-Methyl(thiocarbamoyl)]ethyl-3(2H)-pyridazinone	142–144	1288
6-Methyl-2-β-thiocarbamoylethyl-3(2H)-pyridazinone	156–158	1288
6-Methyl-2-thiocarbamoylmethyl-3(2H)-pyridazinone	209–212	1288
6-Methyl-2-ε-thiocarbamoylpentyl-3(2H)-pyridazinone	69–72	1288
6-Methyl-2-γ-thiocarbamoylpropyl-3(2H)-pyridazinone	86–87	1288
3-Methylthio-5,6-diphenyl-4-pyridazinecarbonitrile	161, ir, nmr	1390
4-Methylthio-5,6-diphenyl-3(2H)-pyridazinone	—	809
6-Methylthio-2-morpholinomethyl-3(2H)-pyridazinethione	—	H 809
3-Methylthio-4-nitropyridazine	117–120, nmr, uv	259
6-Methylthio-3-oxo-2,5-diphenyl-2,3-dihydro-4-pyridazinecarbonitrile	229–231, nmr, uv	88
3-Methylthio-6-phenoxypyridazine	—	H 179, 803
3-Methylthio-6-phenylpyridazine	130–132, ir, uv	371; H 819
5-Methylthio-2-phenyl-3,4(1H,2H)-pyridazinedione	111–117, ir, uv	1896
6-Methylthio-2-piperidinomethyl-3(2H)-pyridazinethione	—	H 809
3-Methylthio-6-piperidinopyridazine	—	H 579, 796, 803
5-Methylthio-3-pyridazinamine	192–193, nmr	930
6-Methylthio-3-pyridazinamine	117–118	675; H 553, 796, 803

continued

Pyridazine	Melting Point (°C) etc.	Reference(s)
6-Methylthio-3-pyridazinamine 2-oxide	HCl: 150–153, nmr	679; H 821
3-Methylthiopyridazine	—	H 796, 803, 818
4-Methylthiopyridazine	—	H 796, 809
3-Methylthio-4,5-pyridazinediamine	195–196, nmr, uv; 1-MeI: uv, xl st; 2-MeI: uv	197, 973; H 599, 803
4-Methylthio-3,6(1H,2H)-pyridazinedione	—	939
6-Methylthio-3(2H)pyridazinethione	150–152, pK_a, uv	95; H 808
6-Methylthio-3(2H)-pyridazinone	—	H 796, 808
3-Methylthio-4,5,6-triphenylpyridazine	230–231, ir, nmr	1362
2-Methyl-6-thioxo-1,6-dihydro-3(2H)-pyridazinone	102–106	1223
4-Methyl-6-thioxo-1,6-dihydro-3(2H)-pyridazinone	—	H 799
Methyl 2,5,6-trimethyl-3-oxo-2,3-dihydro-4-pyridazinecarboxylate	—	H 129, 441
4-Methyl-3,5,6-triphenylpyridazine	177–178, nmr	758
Methyl 4,5,6-trisdimethylamino-3-pyridazinecarboxylate	57, ir, nmr	1123
6-Methyl-2-valerylmethyl-3(2H)-pyridazinone	—	H 75, 401
6-Methyl-2-vinyl-3(2H)-pyridazinone	57, ir, nmr	433, 693
3-Morpholino-4,6-dinitropyridazine 1-oxide	230–231	760
3-Morpholino-4,6-diphenylpyridazine	136, ir, nmr	1081
4-Morpholino-2,6-diphenyl-3(2H)-pyridazinone	—	H 107, 590
4-Morpholino-5,6,-diphenyl-3(2H)-pyridazinone	—	H 809
4-Morpholino-3,6-dipropoxypyridazine	HCl: 139	637
2-β-Morpholinoethyl-4,6-diphenyl-3(2H)-pyridazinone	144, ir, nmr	888
2-β-Morpholinoethyl-6-phenyl-4-propyl-3(2H)-pyridazinone	—	H 104
2-β-Morpholinoethyl-6-phenyl-3(2H)-pyridazinone	—	H 73
2-Morpholinomethyl-6-phenyl-3(2H)-pyridazinethione	114–115, ir	371, 733
4-Morpholinomethyl-2-phenyl-3(2H)-pyridazinone	—	H 84
5-Morpholinomethyl-6-phenyl-3(2H)-pyridazinone	177–178, ir, nmr	1339
3-Morpholinomethylpyridazine	52–54; pic: 167	769; H 608
4-Morpholinomethylpyridazine	liq; oxalate: 147; pic: 168–169	769
1-Morpholinomethyl-3,6(1H,2H)-pyridazinedione	—	H 153
1-Morpholinomethyl-3,6(1H,2H)-pyridazinedithione	—	H 800
2-Morpholinomethyl 3(2H)-pyridazinone	—	H 65
4-Morpholinomethyl-3(2H)-pyridazinone	—	H 610, 611
6-Morpholinomethyl-3(2H)-pyridazinone	147–148	769; H 609, 611
4-Morpholinomethyl-3(2H)-pyridazinone 1-oxide	—	H 611
6-Morpholinomethyl-3(2H)-pyridazinone 1-oxide	HCl: 211	769; H 195, 608, 611
2-Morpholinomethyl-6-styryl-3(2H)-pyridazinone	—	990
4-Morpholino-5-nitro-2-phenyl-3(2H)-pyridazinone	—	601
3-Morpholino-6-phenyl-4-β-phenylhydrazinopyridazine	205–206, ir, uv	651
4-Morpholino-1-phenyl-2,6(1H,2H)-pyridazinedione	—	H 156, 593
4-Morpholino-6-phenyl-3(2H)-pyridazinone	187–188	1041

continued

Pyridazine	Melting Point (°C) etc.	Reference(s)
5-Morpholino-2-phenyl-3(2H)-pyridazinone	—	H 85, 592
6-Morpholino-2-phenyl-3(2H)-pyridazinone	—	H 81, 594
5-Morpholino-2-prop-1′-enyl-3(2H)-pyridazinone	149–151	1269
5-Morpholino-6-propoxy-3(2H)-pyridazinone	164	641
4-Morpholinopyridazine	86–89, ir, nmr; pic: 194–195	544, 637; H 586
6-Morpholino-3-pyridazinecarboxyhydrazide	crude: 186–187	1338
3-Morpholino-4-pyridazinecarbonitrile	114–115, uv	820
3-Morpholino-4-pyridazinecarboxamide	156–158, nmr	820
6-Morpholino-4-pyridazinecarboxamide	216–217, nmr	820
4-Morpholino-3,6(1H,2H)-pyridazinedione	298–299	641
6-Morpholino-3,4(1H,2H)-pyridazinedione	232–235, ir, nmr	524
5-Morpholino-3(2H)-pyridazinone	267–270	542, 1269; H 586
5-Morpholino-4-thioxo-1,4-dihydro-3(2H)-pyridazinone	—	H 801
5-Nitroamino-4-pyridazinamine	—	H 562, 607
6-Nitroamino-4-pyridazinamine	—	H 562, 607
3-Nitroaminopyridazine	—	H 607
4-Nitroaminopyridazine	—	H 607
4-Nitro-3,6-bispiperidinocarbonylpyridazine	liq, ms, nmr	215
1-β-Nitrobutyl-3,6(1H,2H)-pyridazinedione	—	H 155
4-Nitro-5,6-diphenyl-3(2H)-pyridazinone	—	795
4-Nitro-3,6-dipropoxypyridazine 1-oxide	—	H 198, 649
5-Nitro-6-pentyloxy-3-pyridazinamine 2-oxide	—	H 198, 604
5-Nitro-3-phenyl-4-pyridazinamine	233–234, nmr	1080
4-Nitro-6-phenylpyridazine	166–167, nmr	215
5-Nitro-2-phenyl-3,4(1H,2H)-pyridazinedione	—	601; H 169, 648
5-Nitro-6-propoxy-3-pyridazinamine 2-oxide	—	H 198, 604
5-Nitro-4-pyridazinamine	227, nmr	1080
5-Nitro-3-pyridazinamine 1-oxide	246–247	760
5-Nitro-4-pyridazinamine 2-oxide	287–288, ir, nmr	1072
4-Nitropyridazine	crude	1080
4-Nitro-3,5-pyridazinediamine	—	H 598
5-Nitro-3,4(1H,2H)-pyridazinedione	—	H 169, 648
3-Nitropyridazine 1-oxide	—	H 649
4-Nitropyridazine 1-oxide	nmr	450, 952; H 649
4-Nitropyridazine 2-oxide	—	H 649
4-Nitro-3(2H)-pyridazinone 1-oxide	124–126	833; H 649
4-Nitro-3-styrylpyridazine 1-oxide	209–210, ir, nmr	904
3-Oxo-2,3-dihydro-4-pyridazinecarbohydrazide	—	H 84
6-Oxo-1,6-dihydro-3-pyridazinecarbohydrazide	234–235, ms	1459; H 67, 437
3-Oxo-2,3-dihydro-4-pyridazinecarbonitrile	184–186	1300; H 84, 448
3-Oxo-2,3-dihydro-4-pyridazinecarbothioamide	—	H 84, 440, 827
3-Oxo-2,3-dihydro-4-pyridazinecarboxamide	—	H 84, 440
6-Oxo-1,6-dihydro-3-pyridazinecarboxamide	—	H 67, 437
3-Oxo-2,3-dihydro-4-pyridazinecarboxylic acid	—	H 84, 440
6-Oxo-1,6-dihydro-3-pyridazinecarboxylic acid	193–195 or 255–256, ms, pK_a, uv	94, 157, 675, 1459; H 66, 437

continued

Table of Simple Pyridazines

Pyridazine	Melting Point (°C) etc.	Reference(s)
6-Oxo-1,6-dihydro-4-pyridazinecarboxylic acid	—	H 85, 439(?)
6-Oxo-1,6-dihydro-3-pyridazinecarboxylic acid 2-oxide	—	H 195, 437
4-Oxo-1,4-dihydro-3,6-pyridazinedicarbaldehyde	—	H 133
4-Oxo-1,4-dihydro-3,6-pyridazinedicarboxylic acid	207	778; H 133, 445
6-Oxo-1,6-dihydro-3,4-pyridazinedicarboxylic acid	—	H 88, 445
3-Oxo-5,6-diphenyl-2,3-dihydro-4-pyridazinecarbohydrazide	—	1966
3-Oxo-5,6-diphenyl-2,3-dihydro-4-pyridazinecarbonitrile	260–261, ir, nmr	926, 1390, 1398, 1411, 1726; H 128, 449
4-Oxo-1,5-diphenyl-1,4-dihydro-3-pyridazinecarbonitrile	218	2015
3-Oxo-5,6-diphenyl-2,3-dihydro-4-pyridazinecarboxylic acid	234–235, ir	389; H 128, 441
4-Oxo-1,6-diphenyl-1,4-dihydro-3-pyridazinecarboxylic acid	350, ir, nmr	1036, 2090; H 134, 443
3-Oxo-2,5-diphenyl-6-phenylazo-2,3-dihydro-4-pyridazinecarbonitrile	240, ir, nmr	37, 221
3-Oxo-2,5-diphenyl-6-thioxo-1,2,3,6-tetrahydro-4-pyridazinecarbonitrile	195–197, ir, uv	88
3-Oxo-6-phenyl-2,3-dihydro-4-pyridazinecarbaldehyde	dimethyl dithioacetal: 220–222, nmr	2114
6-Oxo-3-phenyl-1,6-dihydro-4-pyridazinecarbaldehyde	230–231, ir, nmr	2018
4-Oxo-1-phenyl-1,4-dihydro-3-pyridazinecarbohydrazide	179–181, ir, nmr	974
6-Oxo-3-phenyl-1,6-dihydro-4-pyridazinecarbothialdehyde	Me$_2$dithioacetal: 153–154, ir, nmr	131
3-Oxo-6-phenyl-2,3-dihydro-4-pyridazinecarboxamide	300 or 312–313, ir, nmr	1041, 1319
6-Oxo-1-phenyl-1,6-dihydro-3-pyridazinecarboxamide	—	H 80, 438
3-Oxo-2-phenyl-2,3-dihydro-4-pyridazinecarboxylic acid	95–96, ms, nmr	715
6-Oxo-1-phenyl-1,6-dihydro-3-pyridazinecarboxylic acid	—	H 80, 438
6-Oxo-1-phenyl-1,6-dihydro-4-pyridazinecarboxylic acid	—	H 85, 439
6-Oxo-3-phenyl-1,6-dihydro-4-pyridazinecarboxylic acid	243–245, ir, nmr	2018
4-Oxo-1-phenyl-5-phenylazo-1,4-dihydro-3-pyridazinecarbaldehyde	—	H 395
4-Oxo-1-phenyl-5-phenylazo-1,4-dihydro-3-pyridazinecarboxylic acid	—	H 136, 442
6-Oxo-1-phenyl-4-styryl-1,6-dihydro-3,5-pyridazinedicarbonitrile	225 or 246, ir, nmr	395, 1217
3-Oxo-2,5,6-triphenyl-2,3-dihydro-4-pyridazinecarbonitrile	—	926

continued

Pyridazine	Melting Point (°C) etc.	Reference(s)
3-Oxo-2,5,6-triphenyl-2,3-dihydro-4-pyridazinecarboxylic acid	—	H 130, 441
6-Pentylamino-3-pyridazinecarboxamide	164–166	1773
3-Pentyloxy-3-phenoxypyridazine	—	688
3-s-Pentyloxy-6-phenoxypyridazine	—	688
6-Pentyloxy-3-pyridazinamine	—	H 178
6-Pentyloxy-3(2H)-pyridazinethione	110	365
6-Pentyl-3(2H)-pyridazinone	—	H 67
3-Pent-3′-ynyloxy-4-pyridazinecarbonitrile	—	2076
3-Phenethylamino-6-phenylpyridazine	132	1248
6-Phenethylamino-3-pyridazinamine 2-oxide	170–173, nmr	1161
6-Phenethylamino-3-pyridazinecarboxamide	153–155	1773
3-Phenethyl-5,6-diphenylpyridazine	114–115, nmr	330
3-Phenethyl-5,6-diphenyl-4-pyridazinecarboxylic acid	215–216, nmr	330
2-Phenethyl-4,6-diphenyl-3(2H)-pyridazinone	104, ir, nmr	888
6-Phenethyloxy-3-pyridazinamine	—	H 553
4-Phenethyl-6-phenyl-3-pyridazinamine	158, nmr	1381
2-Phenethyl-6-phenyl-3(2H)-pyridazinone	214–215/1, nmr	118
4-Phenethyl-6-phenyl-3(2H)-pyridazinone	165–166, ir, nmr	1959
3-Phenethylpyridazine	31–33, ms, nmr; pic: 157–159	822, 1666, 1791
4-Phenethylpyridazine	66–68, ms, nmr	67, 822, 1666
4-Phenethyl-3-pyridazinecarbonitrile	64–67, ir, ms, nmr	1791
4-Phenethyl-3-pyridazinecarboxamide	119–122, ir, ms, nmr	1791
4-Phenethyl-3-pyridazinecarboxylic acid	116–119, ir, ms, nmr	1791
5-Phenethyl-4-pyridazinecarboxylic acid	194–200, ir, ms, nmr	1791
3-Phenethylpyridazine 2-oxide	92–93, nmr	537
4-Phenoxy-5,6-diphenyl-3(2H)-pyridazinone	—	809
3-Phenoxy-6-propoxypyridazine	—	688
6-Phenoxy-3-pyridazinamine	155–156, nmr	1150; H 552
3-Phenoxypyridazine	—	H 174
4-Phenoxypyridazine	—	H 186
3-Phenoxy-4-pyridazinecarbonitrile	132–133, ir, ms, nmr	517
3-Phenoxy-4-pyridazinecarboxamide	153–154 ir, nmr	517
3-Phenoxy-4-pyridazinecarboxylic acid	203–204, ir, nmr	517
6-Phenoxy-3-pyridazinecarboxylic acid	—	1592
3-Phenoxypyridazine 1-oxide	—	H 194
6-Phenoxy-3(2H)-pyridazinone	—	H 68
2-Phenyl-4,5-bisphenylthio-3(2H)-pyridazinone	168–170, ir, nmr	1089; H 815
2-Phenyl-5,6-dipiperidino-3(2H)-pyridazinone	—	H 93, 602
3-Phenylethynyl-6-piperidinopyridazine	163, ir, nmr	834
3-Phenylethynyl-4-pyridazinecarbonitrile	162–165, ir, ms, nmr	1791
3-Phenylethynylpyridazine 1-oxide	153–155, ir, nmr	834
6-Phenylmethanesulfonyloxy-3(2H)-pyridazinone	—	H 69
3-Phenyl-6-phenylazopyridazine	181–182, ir, nmr	854
3-Phenyl-6-phenylethynylpyridazine	170, ir, nmr	834
3-Phenyl-6-phenylhydrazinopyridazine	138–139 or 162–164, ir, nmr	854, 1279

continued

Pyridazine	Melting Point (°C) etc.	Reference(s)
6-Phenyl-2-piperidinomethyl-3(2H)-pyridazinone	—	733
6-Phenyl-5-piperidinomethyl-3(2H)-pyridazinone	180–181	1339
3-Phenyl-6-piperidinopyridazine	131–132, nmr	823
1-Phenyl-4-piperidino-3,6(1H,2H)-pyridazinedione	—	H156, 593
2-Phenyl-5-piperidino-3(2H)-pyridazinone	—	H592
2-Phenyl-6-piperidino-3(2H)-pyridazinone	—	H80, 594
2-Phenyl-6-propanesulfonyloxy-3(2H)-pyridazinone	—	H81
3-Phenyl-4-propionyl-5-trimethylsilylpyridazine	99, ms, nmr	12
6-Phenyl-5-propyl-3-pyridazinamine	137, nmr	1381
3-Phenyl-5-propylpyridazine	69–70, ms, nmr, uv	1797
3-Phenyl-4-pyridazinamine	146–147, nmr	1012
5-Phenyl-3-pyridazinamine	203, nmr	1381
5-Phenyl-4-pyridazinamine	—	557
6-Phenyl-3-pyridazinamine	151 to 157, ir, nmr	133, 1012, 1145, 1279; H551
6-Phenyl-4-pyridazinamine	149–150, nmr	1012
3-Phenylpyridazine	101 to 104, 160/3, nmr, uv	230, 282, 403, 450, 452, 1153, 1186, 1237, 1611, 1858
4-Phenylpyridazine	84–85 or 85–87, ms, nmr, uv	337, 1186, 2046
6-Phenyl-3-pyridazinecarbaldehyde	—	H396
6-Phenyl-3-pyridazinecarbonitrile	184–185	798; H446
6-Phenyl-4-pyridazinecarbonitrile	193–194, nmr	215
5-Phenyl-4-pyridazinecarboxamide	—	H435
5-Phenyl-4-pyridazinecarboxylic acid	—	H435
6-Phenyl-3-pyridazinecarboxylic acid	—	H435
3-Phenyl-4,5-pyridazinediamine	212–214, nmr	1080
6-Phenyl-3,5-pyridazinediamine	176–178, ir, ms, nmr	133
5-Phenyl-3,4-pyridazinedicarboxylic acid	—	H445
5-Phenyl-3,4-pyridazinedicarboxylic anhydride	—	H445
1-Phenyl-3,6(1H,2H)-pyridazinedione	262–263 or 267–268, ir, nmr	292, 313, 943; H155
2-Phenyl-3,4(1H,2H)-pyridazinedione	—	H169
4-Phenyl 3,6(1H,2H) pyridazinedione	275–276	461; H151
6-Phenyl-3,4(1H,2H)-pyridazinedione	266–268, ir, ms	942
3-Phenylpyridazine 1-oxide	complex	260
2-Phenyl-3(2H)-pyridazinethione	—	H799
6-Phenyl-3(2H)-pyridazinethione	158–159 or 160	413, 659, 811, 819; H797
2-Phenyl-3(2H)-pyridazinone	107–108 or 109–110, nmr	290, 719, 1350, 1351; H65
3-Phenyl-4(1H)-pyridazinone	198–200, ir, nmr	109
4-Phenyl-3(2H)-pyridazinone	217–220, ir, nmr	738, 1408
5-Phenyl-3(2H)-pyridazinone	194–196, ir, nmr	327, 738, 1408, 2069

continued

Pyridazine	Melting Point (°C) etc.	Reference(s)
6-Phenyl-3(2H)-pyridazinone	194 to 205, ir, pK_a, nmr; AcOH: xl st	94, 497, 504, 738, 1041, 1535, 1721, 1823, 2069; H67
6-Phenyl-4(1H)-pyridazinone	256–257, ir, nmr	1041
4-Phenyl-6-styryl-3(2H)-pyridazinone	235–236, ir, uv	369
6-Phenylsulfinyl-3-pyridazinamine	213, ir, nmr	1693
6-Phenylsulfonyl-3-pyridazinamine	243, ir, nmr	1693
6-Phenyl-2-δ-thiocarbamoylbutyl-3(2H)-pyridazinone	154–156	1288
6-Phenyl-2-β-thiocarbamoylethyl-3(2H)-pyridazinone	173–175, ir, nmr	1288
6-Phenyl-2-thiocarbamoylmethyl-3(2H)-pyridazinone	245	1288
6-Phenyl-2-ε-thiocarbamoylpentyl-3(2H)-pyridazinone	102–103, ir, nmr	1288
6-Phenyl-2-γ-thiocarbamoylpropyl-3(2H)-pyridazinone	129–130, ir, nmr	1288
6-Phenylthio-3-pyridazinamine	139–140	1147; H553, 807
3-Phenylthiopyridazine	liq, anal, nmr	1387
3-Phenylthio-4-pyridazinecarbonitrile	164–168, ir, nmr	517
4-Phenylthio-3,6(1H,2H)-pyridazinedione	—	939
6-Phenyl-2-δ-thioureidobutyl-3(2H)-pyridazinone	65–68, ir, nmr	1289
1-Phenyl-6-thioxo-1,6-dihydro-3(2H)-pyridazinone	—	H799
3-Phenyl-4-trimethylsilylpyridazine	67, ir, nmr	2093
3-Phenyl-5-trimethylsilylpyridazine	77, ms, nmr	12
3-Phenyl-5-trimethylsilyl-4-trimethylsilylethynylpyridazine	78, ms, nmr	12
6-Phenyl-2-δ-ureidobutyl-3(2H)-pyridazinone	163–166, ir, nmr	1337
6-Phenyl-2-β-ureidoethyl-3(2H)-pyridazinone	208–210	1337
6-Phenyl-2-ε-ureidopentyl-3(2H)-pyridazinone	163–165	1337
6-Phenyl-2-γ-ureidopropyl-3(2H)-pyridazinone	208–210	1337
6-Phenyl-2-vinyl-3(2H)-pyridazinone	75–76, nmr	693, 1179
3-Piperidinomethylpyridazine	—	H609
4-Piperidinomethylpyridazine	<130/1, anal	769
1-Piperidinomethyl-3,6(1H,2H)-pyridazinedione	—	H152
1-Piperidinomethyl-3,6(1H,2H)-pyridazinedithione	—	H800
2-Piperidinomethyl-3(2H)-pyridazinone	—	H65
4-Piperidinomethyl-3(2H)-pyridazinone	—	H610
6-Piperidinomethyl-3(2H)-pyridazinone	—	H609
3-Piperidinomethyl-4(1H)-pyridazinone 2-oxide	—	H609, 611
5-Piperidinomethyl-4(1H)-pyridazinone 2-oxide	—	H611
6-Piperidinomethyl-3(2H)-pyridazinone 1-oxide	—	H195, 609
3-Piperidinopyridazine	—	H578
4-Piperidinopyridazine	HCl: 181	641
3-Piperidino-4-pyridazinecarbonitrile	71–72, uv	820
3-Piperidino-4-pyridazinecarboxamide	133–134, nmr	820
4-Piperidino-3,6(1H,2H)-pyridazinedione	279–280	641
3-Piperidinopyridazine 1-oxide	—	H604
3-Piperidinopyridazine 2-oxide	—	H604
4-Piperidinopyridazine 1-oxide	—	H604
4-Piperidinopyridazine 2-oxide	—	H604

continued

Table of Simple Pyridazines 561

Pyridazine	Melting Point (°C) etc.	Reference(s)
6-Piperidino-3(2H)-pyridazinone	—	H 578, 796
3-Pivalamidopyridazine	126, ir, nmr	1421
4-Pivalamidopyridazine	166, ir, nmr	1609
3-Pivaloylpyridazine	ir, nmr	1660
6-Propanesulfonyloxy-3(2H)-pyridazinone	—	H 69
6-Prop-1′-enylthio-3(2H)-pyridazinone	105, nmr	557
6-Propionyloxy-3(2H)-pyridazinone	—	H 68
3-Propionylpyridazine	58, ir, nmr	1347, 1660
4-Propionylpyridazine	<25, <90/0.01, ir, ms, nmr	79, 81
5-Propionyl-4-pyridazinecarboxylic acid	164–165, ir, nmr	81, 1095
4-Propoxycarbonylmethyl-3,6(1H,2H)-pyridazinedione	—	H 151
6-Propoxy-3-pyridazinamine	liq, anal, ms, nmr	1841; H 178, 552
6-Propoxy-3-pyridazinecarboxylic acid	—	1592
3-Propoxypyridazine 1-oxide	—	H 194
6-Propoxy-3(2H)-pyridazinethione	—	H 797
6-Propoxy-3(2H)-pyridazinone	—	H 68
3-Propylaminopyridazine	—	H 573
4-Propylaminopyridazine	—	H 583
6-Propylamino-3-pyridazinecarboxamide	188–190	1592, 1773
Propyl 6-amino-3-pyridazinecarboxylate	—	H 435, 553
6-Propylamino-3-pyridazinesulfonamide	—	H 573
Propyl 6-chloro-3-pyridazinecarboxylate	—	H 276, 434
Propyl 6-oxo-1-vinyl-1,6-dihydro-3-pyridazinecarboxylate	—	693
6-Propylthio-3-pyridazinamine	77–78, nmr	1147
3-Pyridazinamine	168–169 or 174–175, pK_a, uv; 1-MeI: 182–183, nmr, pK_a, uv; 1-Me pic: 162–163	675, 1037, 1176, 1421; H 550
4-Pyridazinamine	127–129, pK_a, uv; 2-MeI: 186–187, nmr, pK_a, uv	675, 1012; H 557
3-Pyridazinamine 1-oxide	136–138	891; H 603
3-Pyridazinamine 2-oxide	—	H 603
4-Pyridazinamine 1-oxide	—	H 603
4-Pyridazinamine 2-oxide	—	H 603, 604
Pyridazine	207/760, aromaticity, complexes, dipole, ms, nmr, pK_a, pol, st (gas), uv, xl st; HCl: xl st; 1,2-di(MeBF$_4$): 171–172, nmr; 1-EtBF$_4$, 2-MeBF$_4$: 153–154, nmr;	177, 180, 211, 230, 262, 294, 299, 414, 450, 460, 490, 498, 575, 626, 675, 773, 900, 925, 1091,

continued

Pyridazine	Melting Point (°C) etc.	Reference(s)
	1-EtBF$_4$: 26–27, nmr; 1-MeI: −; 1-PhCH$_2$Cl: 180–182; 1-BrCH$_2$CH$_2$-CONH$_2$: 148, nmr	1093, 1098, 1133, 1163, 1183, 1191, 1202, 1231, 1249, 1433, 1502, 1532, 1546, 1548, 1571, 1638, 1658, 1666, 1860, 1891, 1926, 1967, 2013, 2049, 2077, 2078, 2082; H 5, 6
3-Pyridazinecarbaldehyde	47, ir, ms, nmr; dnp: 250–355, ir, nmr; tsc: 237, ir, nmr; PhN=: 85, nmr; H$_2$NN=: 107–109, nmr; oxime: 142–143, nmr; oxime, MeI: 194–196, nmr	77, 439, 1612; H 395
4-Pyridazinecarbaldehyde	90–91, ir, nmr; dnp: 296–299, ir; tsc: 239–242, nmr; PhN=: 81–82, nmr; oxime: 173–175, ir, nmr, st	67, 291, 971
3-Pyridazinecarbaldehyde 1-oxide	—	H 398
3-Pyridazinecarbaldehyde 2-oxide	167–169, ir; PhNHN=: 277–279	767, 1261; H 398
4-Pyridazinecarbaldehyde 1-oxide	—	H 398
4-Pyridazinecarbaldehyde 2-oxide	—	H 398
3-Pyridazinecarbohydrazide	—	H 434
4-Pyridazinecarbohydrazide	—	H 435
4-Pyridazinecarbohydroxamic acid	159–163, ir, nmr	46
3-Pyridazinecarbonitrile	43–44, ir, nmr	220; H 446
4-Pyridazinecarbonitrile	—	H 447
3-Pyridazinecarbothioamide	—	H 434, 828
4-Pyridazinecarbothioamide	—	H 435, 826
3-Pyridazinecarboxamide	—	H 434
4-Pyridazinecarboxamide	190, ir, ms, nmr; 1-[I(CH$_2$)$_4$CO$_2$H]: 150–153, nmr; 2-isomer: 161–165, nmr	1229, 1779; H 435

continued

Table of Simple Pyridazines

Pyridazine	Melting Point (°C) etc.	Reference(s)
3-Pyridazinecarboxylic acid	199–201, ir, nmr	76, 77, 101, 925, 935, 1066; H 434
4-Pyridazinecarboxylic acid	233 to 240, ir, nmr	65, 67, 76, 101, 1120; H 435
3,4-Pyridazinediamine	pK_a, uv; HCl: 198–200; pic: 253–254	449, 675; H 597
3,5-Pyridazinediamine	pK_a, uv; HCl: –; pic: 303–305; 1-MeI: 208–210, nmr, pK_a, uv; 1-Me pic: 205	675; H 598
3,6-Pyridazinediamine	235–237, ir, nmr, pK_a, uv; HCl: 240; pic: 277–279	675, 1355; H 599
4,5-Pyridazinediamine	nmr, pK_a, uv; pic: 240–241	675, 1080; H 598
3,4-Pyridazinedicarbaldehyde	unstable: anal, ir, nmr; bis-Et₂acetal: anal, nmr; complexes	1111, 1894
3,6-Pyridazinedicarbaldehyde	dioxime: >200, ms, nmr	1939
4,5-Pyridazinedicarbaldehyde	bis(Et₂acetal): anal, nmr; dioxime: complexes	1111, 1872
3,6-Pyridazinedicarbaldehyde 1-oxide	—	H 398
3,6-Pyridazinedicarbohydrazide	>200, ir, nmr	1077
3,4-Pyridazinedicarbonitrile	—	H 447
4,5-Pyridazinedicarbonitrile	—	H 447
3,6-Pyridazinedicarbonyl dichloride	138 or 208–210, ir, ms, nmr	435, 1939, 2091
3,4-Pyridazinedicarboxamide	—	H 445
4,5-Pyridazinedicarboxamide	—	H 445
3,4-Pyridazinedicarboxylic acid	170, ir, ms, nmr	1120
3,6-Pyridazinedicarboxylic acid	230, complexes, ir, nmr, xl st	1077, 1914, 1963
4,5-Pyridazinedicarboxylic acid	210–213, nmr	101, 656, 1378, 1697; H 445
4,5-Pyridazinedicarboxylic anhydride	170–190, ir, nmr	958
3,6(1H,2H)-Pyridazinedione (maleic hydrazide)	290 to 312, ir, nmr, pK_a, pol, uv, xl st	94, 95, 98, 99, 153, 163, 292, 417, 802, 860, 1098, 1128, 1167, 1345, 1348, 1533, 1548, 1638, 2047; H 150

continued

Pyridazine	Melting Point (°C) etc.	Reference(s)
Pyridazine 1,2-dioxide	st	2079
3,6(1H,2H)-Pyridazinedithione	230 to 262, ir, pK_a, uv	95, 365, 636, 1348; H796, 800
Pyridazine 1-imide	unstable	477
Pyridazine 1-oxide	38–39, 138–140/4, complex, ir, nmr	260, 450, 1944
3,4,5,6-Pyridazinetetracarboxylic acid	—	680; H445
3(2H)-Pyridazinethione	aromaticity, ir, st	315, 1415, 1655; H796, 797
4(1H)-Pyridazinethione	—	H796, 800
3,4,5-Pyridazinetriamine	HCl: 212–214	449; H601
3,4,6-Pyridazinetricarbaldehyde	3,4-Bis(Et$_2$acetal): nmr; tris(Et$_2$acetal): nmr	1111
Pyridazinium-1-acetamidate	125–127; pic: 128–129	756
Pyridazinium-1-benzamidate	156–157; pic; 135–136	756
3(2H)-Pyridazinone	103–104 or 107–108, ir, ms, nmr, pK_a, st, uv	95, 403, 715, 719, 1128, 1167, 1392, 1548, 1656, 1809, 1878; H65
4(1H)-Pyridazinone	250, nmr; 2-MeCl: 234, ir, nmr	781, 1128, 1392; H132
3(2H)-Pyridazinone 1-oxide	st	2079; H194
4(1H)-Pyridazinone 2-oxide	st	2079
3-Styrylpyridazine	83–85, ir, ms, nmr	26, 77
4-Styrylpyridazine	64, ir, nmr	67, 509
6-Styryl-3(2H)-pyridazinethione	—	946
6-Styryl-3(2H)-pyridazinone	185	1282
1-β-Sulfoethyl-3,6(1H,2H)-pyridazinedione	—	H829
3,4,5,6-Tetra-t-butylpyridazine	79, ir, ms, nmr	1438, 1613
3,4,5,6-Tetrachloro-1-methoxypyridazinium (+ anion)	crude MeSO$_4$: —	893
3,4,5,6-Tetrachloropyridazine	85–86, ir, nmr	1938; H275
3,4,5,6-Tetrachloropyridazine 1-oxide	131–132 or 133	103, 893
2,4,5,6-Tetrachloro-3(2H)-pyridazinone	—	H128, 329
Tetraethyl 3,4,5,6-pyridazinetetracarboxylate	<30, ir, ms, nmr	416
3,4,5,6-Tetrafluoropyridazine	—	460, 706; H297
3,4,5,6-Tetrakisbromomethylpyridazine	crude: liq, nmr	747
3,4,5,6-Tetrakisphenylthiopyridazine	—	H814
3,4,5,6-Tetramethoxypyridazine	—	H184
3,4,5,6-Tetramethylpyridazine	69, ms, nmr	211, 762, 1088
Tetramethyl 3,4,5,6-pyridazinetetracarboxylate	143–144, ir, ms, nmr	40, 357
3,4,5,6-Tetraphenylpyridazine	194 or 196–197, nmr, uv	499, 632, 763

continued

Table of Simple Pyridazines

Pyridazine	Melting Point (°C) etc.	Reference(s)
3,4,5,6-Tetraphenylpyridazine 1-oxide	185–186	763
1,3,5,6-Tetraphenyl-4(1H)-pyridazinone	—	H 136
1-β-Thiocarbamoylethyl-3,6(1H,2H)-pyridazinedione	163–164	1288
2-β-Thiocarbamoylethyl-3(2H)-pyridazinone	145–147	1288
6-Thioxo-1,6-dihydro-3(2H)-pyridazinone	—	H 796, 799
3,4,6-Tribromopyridazine	95–96	447
3,4,5-Tri-t-butyl-6-isopropylpyridazine	90, ir, ms, nmr, uv	1614
4,5,6-Trichloro-2-chloromethyl-3(2H)-pyridazinone	97–99	893; H 129, 329
3,4,6-Trichloro-5-β-cyanovinylpyridazine	136–137, nmr	963
3,4,6-Trichloro-5-cyclohexylaminopyridazine	—	H 289, 583
3,4,6-Trichloro-5-diethylaminopyridazine	—	H 289, 585
3,4,5-Trichloro-6-dimethylaminopyridazine	63	1796
3,4,6-Trichloro-5-dimethylaminopyridazine	—	H 289, 584
3,4,6-Trichloro-5-ethoxypyridazine	—	H 289
3,4,5-Trichloro-6-fluoropyridazine	51, 226/760, nmr	459
4,5,6-Trichloro-2-hydroxymethyl-3(2H)-pyridazinone	—	H 129, 329, 403
3,4,6-Trichloro-5-isopropylaminopyridazine	—	H 289, 583
3,4,6-Trichloro-5-methoxypyridazine	—	H 289
4,5,6-Trichloro-2-methoxy-3(2H)-pyridazinone	104–106	893
3,4,6-Trichloro-5-methylaminopyridazine	—	H 289, 582
3,4,5-Trichloro-6-methylpyridazine	73, ms; HCl: 170–172	1232
4,5,6-Trichloro-2-methyl-3(2H)-pyridazinone	99	893; H 128, 329
4,5,6-Trichloro-2-methyl-3(2H)-pyridazinone 1-oxide	184	893
3,4,6-Trichloro-5-morpholinopyridazine	119	637
4,5,6-Trichloro-2-phenyl-3(2H)-pyridazinone	—	H 130, 329
3,4,6-Trichloro-5-propoxypyridazine	—	H 289
3,5,6-Trichloro-4-pyridazinamine	—	H 289, 562
3,4,5-Trichloropyridazine	54, ms, nmr	573, 641, 727, 1003, 1005; H 275
3,4,6-Trichloropyridazine	—	614; H 275
4,5,6-Trichloro-3-pyridazinecarboxylic acid	84–85	1232
3,4,5-Trichloropyridazine 1-oxide	—	H 300
3,4,6-Trichloropyridazine 1- + 2-oxide	—	H 893
2,4,5-Trichloro-3(2H)-pyridazinone	—	916; H 112
2,4,6-Trichloro-3(2H)-pyridazinone	—	H 98, 325
3,5,6-Trichloro-4(1H)-pyridazinone	—	H 132, 289
4,5,6-Trichloro-3(2H)-pyridazinone	226–227, ir, nmr	1938; H 127, 329
4,5,6-Trichloro-2-thiocyanatomethyl-3(2H)-pyridazinone	—	H 129, 329, 826
2,4,5-Tricyclohexyl-6-methyl-3(2H)-pyridazinone	135–136, ms, nmr	1676
Triethyl 5-methyl-3,4,6-pyridazinetricarboxylate	90/0.1, ir, ms, nmr	416
Triethyl 6-methyl-3,4,5-pyridazinetricarboxylate	<30, ir, ms, nmr	416
Triethyl 5-phenethyl-3,4,6-pyridazinetricarboxylate	<30, ir, ms, nmr	416
Triethyl 3,4,5-pyridazinetricarboxylate	<30, 150/0.1, ms, nmr	416
3,4,5-Trifluoro-6-methoxypyridazine	—	H 184, 298
3,4,6-Trifluoro-5-methoxypyridazine	—	H 185, 297
4,5,6-Trifluoro-2-methyl-3(2H)-pyridazinone	—	H 129, 332

continued

Pyridazine	Melting Point (°C) etc.	Reference(s)
3,5,6-Trifluoro-4-pyridazinamine	—	H 297, 559
4,5,6-Trifluoro-3(2H)-pyridazinone	—	H 127, 298, 332
2,4,5-Triisopropyl-6-methyl-3(2H)-pyridazinone	97–98, ms, nmr	1676
4,5,6-Trimethoxy-2-phenyl-3(2H)-pyridazinone	—	H 131
3,4,5-Trimethoxypyridazine	76 to 80, nmr; 1-MeI: 98–100 then 148–150	689, 882
3,4,6-Trimethoxypyridazine	121, nmr	640, 881; H 186
3,4,6-Trimethoxypyridazine 1-oxide	117	757; H 197
2,5,6-Trimethoxy-3(2H)-pyridazinone	—	H 90
2,5,6-Trimethyl-3-oxo-2,3-dihydro-4-pyridazinecarbonitrile	—	H 129, 449
2,5,6-Trimethyl-3-oxo-2,3-dihydro-4-pyridazinecarbothioamide	—	H 129, 441, 827
1,N,N-Trimethyl-6-oxo-1,6-dihydro-3-pyridazinecarboxamide	—	H 70
2,5,6-Trimethyl-3-oxo-2,3-dihydro-4-pyridazinecarboxamide	—	H 129, 441
2,5,6-Trimethyl-3-oxo-2,3-dihydro-4-pyridazinecarboxylic acid	—	H 129, 441
4,N,N-Trimethyl-6-oxo-1-phenyl-1,6-dihydro-3-pyridazinecarboxamide	53–54	1351; H 93, 438
2,5,6-Trimethyl-4-phenyl-3(2H)-pyridazinone	—	H 129
4,5,6-Trimethyl-3-pyridazinamine	186–187, ir	560, 1160; H 556
3,4,5-Trimethylpyridazine	63–64, ms, nmr	211, 762
3,4,6-Trimethylpyridazine	90–91, ms, nmr	211, 762, 823
Trimethyl 3,4,6-pyridazinetricarboxylate	95–96, nmr	40
2,5,6-Trimethyl-3(2H)-pyridazinone	—	H 90
3,5,6-Trimethyl-4(1H)-pyridazinone	—	H 132
4,5,6-Trimethyl-3(2H)-pyridazinone	—	H 127
3-Trimethylsiloxy-4-pyridazinecarbonitrile	crude	1300
6-Trimethylsiloxy-3(2H)-pyridazinone	—	H 69
3-Trimethylsiloxy-6-trimethylsilylaminopyridazine	123–125, uv	1172
4-Trimethylsilylpyridazine	—	2046
3,4,6-Trimorpholinopyridazine	199–201	637
3,5,6-Triphenyl-4-pyridazinamine	—	588; H 561
3,4,5-Triphenylpyridazine	254–255, ir	632
3,4,6-Triphenylpyridazine	168 to 176, nmr	32, 314, 319, 763, 1591, 1922
3,5,6-Triphenyl-4-pyridazinecarboxylic acid	215, ir, ms, nmr	314
3,4,6-Triphenylpyridazine 1,2-dioxide	208–209, ir, nmr	106
3,4,6-Triphenylpyridazine 1-oxide	170–171	763
3,5,6-Triphenyl-4(1H)-pyridazinethione	—	H 800
4,5,6-Triphenyl-3(2H)-pyridazinethione	250–251	1362; H 798
1,3,6-Triphenyl-4(1H)-pyridazinone	—	H 136
2,5,6-Triphenyl-3(2H)-pyridazinone	234 to 247, ir, nmr	931, 1350, 1351, 1376; H 93

continued

Table of Simple Pyridazines

Pyridazine	Melting Point (°C) etc.	Reference(s)
3,5,6-Triphenyl-4(1H)-pyridazinone	—	588; H 133
4,5,6-Triphenyl-3(2H)-pyridazinone	282 or 290–292	843, 1273, 1277; H 128
3,4,5-Trisbenzylthiopyridazine	—	H 814
3,4,5-Tris-t-butylthiopyridazine	99–100, ms, nmr, unstable	1219
3,4,5-Trismethylthiopyridazine	105–106, pK_a, uv; 1-MeI: 148–149, uv; 2-MeI: 115–138, uv	689
3,4,6-Trismethylthiopyridazine	119–120, ir, nmr, uv	1129
6-Valeryloxy-3(2H)-pyridazinone	—	H 68
6-Vinyloxy-3(2H)-pyridazinone	nmr	1897
3-Vinylpyridazine	liq, nmr	494
2-Vinyl-3(2H)-pyridazinone	59–61/0.7, nmr	693, 1179

REFERENCES

In each case, information was gleaned from the original publication except where an additional reference to *Chemical Abstracts* is included. Each citation of a Russian journal or of *Angewandte Chemie* refers to the original Russian or German version, not to the respective English translation. The abbreviations for journal titles are those recommended in the *Chemical Abstracts Service Source Index* (American Chemical Society, Washington DC, 1989) and its supplements.

1. T. Severin, R. Adam, and H. Lerche, *Chem. Ber.*, **1975**, *108*, 1756.
2. H. Neunhoeffer and M. Bachmann, *Chem. Ber.*, **1975**, *108*, 3877.
3. H. Junek, A. Hermetter, H. Fischer-Colbrie, M. Wittmer-Mertz, and A. M. Braun, *Chem. Ber.*, **1976**, *109*, 1787.
4. W. Mack, *Chem. Ber.*, **1976**, *109*, 3564.
5. K. Heyns and H. Buchholz, *Chem. Ber.*, **1976**, *109*, 3707.
6. C. Jutz, A. Kirschner, and R.-M. Wagner, *Chem. Ber.*, **1977**, *110*, 1259.
7. W. Duismann and C. Rüchardt, *Chem. Ber.*, **1978**, *111*, 596.
8. R. Gompper and K. Schönafinger, *Chem. Ber.*, **1979**, *112*, 1514.
9. M. Regitz, W. Welter, and A. Hartmann, *Chem. Ber.*, **1979**, *112*, 2509.
10. H. Stetter and F. Jonas, *Chem. Ber.*, **1981**, *114*, 564.
11. L. Birkofer and E. Hänsel, *Chem. Ber.*, **1981**, *114*, 3154.
12. L. Birkofer, E. Hänsel, and A. Steigel, *Chem. Ber.*, **1982**, *115*, 2574.
13. A. Heydt, H. Heydt, B. Weber, and M. Regitz, *Chem. Ber.*, **1982**, *115*, 2965.
14. W. Norden, V. Sander, and P. Weyerstahl, *Chem. Ber.*, **1983**, *116*, 3097.
15. P. Eisenbarth and M. Regitz, *Chem. Ber.*, **1984**, *117*, 445.
16. H. Verbrüggen and K. Krolikiewicz, *Chem. Ber.*, **1984**, *117*, 1523.
17. H. J. Bestmann, G. Schmid, D. Sandmeier, G. Schade, and H. Oechsner, *Chem. Ber.*, **1985**, *118*, 1709.
18. R. F. Abdulla, N. D. Jones, and J. K. Swartzendruber, *Chem. Ber.*, **1985**, *118*, 5009.
19. W. Reid and U. Reiher, *Chem. Ber.*, **1987**, *120*, 1597.
20. W. Reid and U. Reiher, *Chem. Ber.*, **1988**, *121*, 185.
21. K. Gewald, U. Hain, and M. Gruner, *Chem. Ber.*, **1986**, *121*, 573.
22. C. Dorweiler, M. Holderhaum, T. Münzmay, P. Spang, H. Dürr, C. Krüger, and E. Raabe, *Chem. Ber.*, **1988**, *121*, 843.
23. M. Schildberg, T. Debaerdemaeker, and W. Friedrichsen, *Chem. Ber.*, **1988**, *121*, 887.
24. W. Sucrow, K.-H. Ellermann, U. Flörke, and H.-J. Haupt, *Chem. Ber.*, **1988**, *121*, 2007.
25. W. Ried and T. A. Eichhorn, *Chem. Ber.*, **1988**, *121*, 2049.

26. G. Kaupp, H. Frey, and G. Behmann, *Chem. Ber.*, **1988**, *121*, 2135.
27. U. Funke and H.-F. Grützmacher, *Chem. Ber.*, **1989**, *122*, 1503.
28. O. Tsuge and K. Kamata, *Heterocycles*, **1975**, *3*, 15.
29. O. Tsuge and K. Kamata, *Heterocycles*, **1975**. *3*, 547.
30. M. Yanai, S. Takeda, and M. Nishikawa, *Heterocycles*, **1976**, *4*, 1331.
31. Z. Yoshida, H. Konishi, K. Hayashi, and H. Ogoshi, *Heterocycles*, **1976**, *5*, 401.
32. C. H. Hassall and K. L. Ramachandran, *Heterocycles*, **1979**, *7*, 119.
33. O. Tsuge, S. Iwanami, and S. Shigeru, *Bull. Chem. Soc. Jpn.*, **1972**, *45*, 237.
34. O. Tsuge, K. Kamata, and S. Yogi, *Bull. Chem. Soc. Jpn.*, **1977**, *50*, 2153.
35. H. Besso, K. Imafuku, and H. Matsumura, *Bull. Chem. Soc. Jpn.*, **1978**, *51*, 179.
36. K. Matsumoto, T. Uchida, Y. Ikemi, T. Tanaka, M. Asahi, T. Kato, and H. Konishi, *Bull. Chem. Soc. Jpn.*, **1987**, *60*, 3645.
37. N. S. Ibrahim, F. M. Abdel-Galil, R. M. Abdel-Motaleb, and M. H. Elnagdi, *Bull. Chem. Soc. Jpn.*, **1987**, *60*, 4486.
38. J. Nakayama, T. Konishi, A. Ishii, and M. Hoshino, *Bull. Chem. Soc. Jpn.*, **1989**, *62*, 2608.
39. K. U. Sadek, M. A. Selim, and R. M. Abdel-Motaleb, *Bull. Chem. Soc. Jpn.*, **1990**, *63*, 652.
40. H. Neunhoeffer and G. Werner, *Liebigs Ann. Chem.*, **1973**, 437.
41. H. Neunhoeffer and G. Werner, *Liebigs Ann. Chem.*, **1973**, 1955.
42. G. Steiner, *Liebigs Ann. Chem.*, **1978**, 635.
43. M. Bachmann and H. Neunhoeffer, *Liebigs Ann. Chem.*, **1979**, 675.
44. H. Heydt, K.-H. Busch, and M. Regitz, *Liebigs Ann. Chem.*, **1980**, 590.
45. K. Burger, H. Schickaneder, and C. Zettl, *Liebigs Ann. Chem.*, **1982**, 1741.
46. N. Haider, G. Heinisch, I. Kurzmann-Rauscher, and M. Wolf, *Liebigs Ann. Chem.*, **1985**, 167.
47. H. Gnichtel and C. Gumprecht, *Liebigs Ann. Chem.*, **1985**, 628.
48. M. C. Gómez-Gil, V. Gómez-Parra, F. Sánchez, and T. Torres, *Liebigs Ann. Chem.*, **1985**, 1465.
49. S. M. Fahmy and R. M. Mohareb, *Liebigs Ann. Chem.*, **1985**, 1492.
50. L. Capuano, W. Hell, and C. Wamprecht, *Liebigs Ann. Chem.*, **1986**, 132.
51. M. Mittelbach, U. Wagner, and C. Kratky, *Liebigs Ann. Chem.*, **1987**, 889.
52. M. H. Elnagdi, N. S. Ibrahim, K. U. Sadek, and M. H. Mohamed, *Liebigs Ann. Chem.*, **1988**, 1005.
53. M. Grabenwöger, N. Haider, and G. Heinisch, *Liebigs Ann. Chem.*, **1989**, 481.
54. M. H. Elnagdi, A. M. Negm, and A. W. Erian, *Liebigs Ann. Chem.*, **1989**, 1255.
55. S. A. S. Ghozlan, M. H. Mohamed, Y. Fakhr, and M. H. Elnagdi, *Liebigs Ann. Chem.*, **1990**, 293.
56. H. P. Figeys, A. Mathy, and A. Dralants, *Synth. Commun.*, **1981**, *11*, 655.
57. G. Szilágyi, E. Kasztreiner, P. Mátyus, and K. Czakó, *Synth. Commun,.* **1981**, *11*, 835.
58. F. Barba, M. D. Velasco, A. Guirado, and N. Moreno, *Synth. Commun.*, **1985**, *15*, 939.
59. T. N. Srinivasan, K. R. Rao, and P. B. Sattur, *Synth. Commun.*, **1986**, *16*, 543.
60. H. A. Dowlatshahi, *Synth. Commun.*, **1987**, *17*, 1253.
61. S. Jones, N. Lewis, C. O'Farrell, and P. Wallbank, *Synth. Commun.*, **1987**, *17*, 1907.
62. N. Kalyanam, K. G. Dave, and M. A. Likhate, *Synth. Commun.*, **1988**, *18*, 2183.
63. C. E. Adams, D. Aquilar, S. Hertel, W. H. Knight, and J. Paterson, *Synth. Commun.*, **1988**, *18*, 2225.
64. A. Pollak, S. Polanc, B. Stanovnik, and M. Tišler, *Monatsh. Chem.*, **1972**, *103*, 1591.
65. G. Heinisch, *Monatsh. Chem.*, **1973**, *104*, 953.

66. G. Heinisch, *Monatsh. Chem.*, **1973**, *104*, 1354.
67. G. Heinisch, E. Luszczak, and M. Pailer, *Monatsch. Chem.*, **1973**, *104*, 1372.
68. J. Schantl, *Monatsh. Chem.*, **1974**, *105*, 220.
69. J. Schantl, *Monatsh. Chem.*, **1974**, *105*, 229.
70. J. Schantl, *Monatsh. Chem.*, **1974**, *105*, 314.
71. J. Schantl, *Monatsh. Chem.*, **1974**, *105*, 322.
72. G. Heinisch, A. Jentzsch, and M. Pailer, *Monatsh. Chem.*, **1974**, *105*, 648.
73. G. Heinisch, E. Luszczak, and M. Pailer, *Monatsh. Chem.*, **1974**, *105*, 763.
74. A. Pollak, B. Stanovnik, M. Tišler, and J. Venetič-Fortuna, *Monatsh. Chem.*, **1975**, *106*, 473.
75. K. H. Ongania and J. Schantl, *Monatsh. Chem.*, **1976**, *107*, 481.
76. G. Heinisch, E. Luszczak, and A. Mayrhofer, *Monatsh. Chem.*, **1976**, *107*, 799.
77. G. Heinisch and A. Mayrhofer, *Monatsh. Chem.*, **1977**, *108*, 213.
78. J. Schantl, *Monatsh. Chem.*, **1977**, *108*, 599.
79. M. Braun, G. Hanel, and G. Heinisch, *Monatsh. Chem.*, **1978**, *109*, 63.
80. J. Schantl and P. Karpellus, *Monatsh. Chem.*, **1978**, *109*, 1081.
81. G. Heinisch and I. Kirchner, *Monatsh. Chem.*, **1979**, *110*, 365.
82. G. Heinisch and R. Waglechner, *Monatsh. Chem.*, **1984**, *115*, 1171.
83. M. Merslavič, B. Stanovnik, and M. Tišler, *Monatsh. Chem.*, **1985**, *116*, 1447.
84. M. Merslavič, B. Stanovnik, and M. Tišler, *Monatsh. Chem.*, **1986**, *117*, 221.
85. Y. Akcamur, G. Penn, E. Ziegler, H. Sterk, G. Kollenz, K. Peters, E.-M. Peters, and H. G. von Schnerling, *Monatsh. Chem.*, **1986**, *117*, 231.
86. B. Koren, B. Stanovnik, and M. Tišler, *Monatsh. Chem.*, **1988**, *119*, 83.
87. H. Junek, E. T. Sarhan, and H. Sterk, *Monatsh. Chem.*, **1988**, *119*, 717.
88. K. Gewald, M. Gruner, U. Hain, and G. Süptitz, *Monatsh. Chem.*, **1988**, *119*, 985.
89. G. Szilágyi and P. Dvortsák, *Monatsh. Chem.*, **1989**, *120*, 131.
90. U. G. Wagner, C. Kratky, and T. Kappe, *Monatsh. Chem.*, **1989**, *120*, 329.
91. R. A. Y. Jones, A. R. Katritzky, K. A. F. Record, and R. Scattergood, *J. Chem. Soc., Perkin Trans. 2*, **1974**, 406.
92. P. J. Taylor, *J. Chem. Soc., Perkin Trans. 2*, **1972**, 1077
93. R. A. Y. Jones, A. R. Katritzky, D. L. Ostercamp, K. A. F. Record, and A. C. Richards, *J. Chem. Soc., Perkin Trans. 2*, **1972**, 34.
94. R. F. Cookson and G. W. H. Cheeseman, *J. Chem. Soc., Perkin Trans. 2*, **1972**, 392.
95. G. B. Barlin, *J. Chem. Soc., Perkin Trans. 2*, **1974**, 1199.
96. S. Chimichi, R. Nessi, M. Scotton, C. Mannucci, and G. Adembri, *J. Chem. Soc., Perkin Trans. 2*, **1980**, 1339.
97. A. G. Rowley and J. R. F. Steedman, *J. Chem. Soc., Perkin Trans. 2*, **1983**, 1113.
98. F. Billes and A. Tóth, *J. Chem. Soc., Perkin Trans. 2*, **1986**, 359.
99. N. Al-Awadi and R. Taylor, *J. Chem. Soc., Perkin Trans. 2*, **1986**, 1255.
100. M. Kaftory, T. H. Fischer, and S. M. Dershem, *J. Chem. Soc., Perkin Trans. 2*, **1989**, 1887.
101. M. Mišić-Vuković, M. Radojkorić-Veličković, and V. Jezdić, *J. Chem. Soc., Perkin Trans. 2*, **1990**, 109.
102. F. Arnaud-Neu, M.-J. Schwing-Weill, B. Spiess, and R. Yahya, *J. Chem. Soc., Perkin Trans. 2*, **1990**, 1191.
103. A. Pollak, M. Zupan, and B. Šket, *Synthesis*, **1973**, 495.
104. A. Exinger and C.-G. Wermuth, *Synthesis*, **1974**, 817.
105. F. de Angelis, A. Gambacorta, and R. Nicoletti, *Synthesis*, **1976**, 798.

106. S. Spyroudis and A. Varvoglis, *Synthesis*, **1976**, 837.
107. M. Watanabe, S. Kajigaeshi, and S. Kanemasa, *Synthesis*, **1977**, 761.
108. R. S. Glass and D. L. Smith, *Synthesis*, **1977**, 886.
109. R. Gompper and R. Sobotta, *Synthesis*, **1979**, 385.
110. C. Venturello and R. d'Aloisio, *Synthesis*, **1979**, 790.
111. S. Polanc, B. Stanovnik, and M. Tišler, *Synthesis*, **1980**, 129.
112. M. F. Ismail, N. A. Shams, and O. M. El-Sawy, *Synthesis*, **1980**, 410.
113. A. K. Fateen, A. H. Moustafa, A. M. Kaddah, and N. A. Shams, *Synthesis*, **1980**, 457.
114. C. Deshayes and S. Gelin, *Synthesis*, **1980**, 623.
115. M. Yoshihara, T. Eda, K. Sakaki, and T. Maeshima, *Synthesis*, **1980**, 746.
116. S. Polanc, B. Stanovnik, and M. Tišler, *Synthesis*, **1980**, 830.
117. G. Gaviraghi, M. Pinza, and G. Pifferi, *Synthesis*, **1981**, 608.
118. T. Yamada and M. Ohki, *Synthesis*, **1981**, 631.
119. S. M. Fahmy, N. M. Abed, R. M. Mohareb, and M. H. Elnagdi, *Synthesis*, **1982**, 490.
120. S. Tokita, K. Hiruta, S. Ishikawa, K. Kitahara, and H. Nishi, *Synthesis*, **1982**, 854.
121. R. R. Schmidt and A. Wagner, *Synthesis*, **1982**, 958.
122. T. Sakamoto, M. Shiraiwa, Y. Kondo, and H. Yamanaka, *Synthesis*, **1983**, 312.
123. A. Ohsawa, T. Kawaguchi, and H. Igeta, *Synthesis*, **1983**, 1037.
124. K. Gewald and U. Hain, *Synthesis*, **1984**, 62.
125. T. Sakamoto, Y. Kondo, M. Shiraiwa, and H. Yamanaka, *Synthesis*, **1984**, 245.
126. S. Podergajs, B. Stanovnik, and M. Tišler, *Synthesis*, **1984**, 263.
127. I. Reichelt and H.-U. Reissig, *Synthesis*, **1984**, 786.
128. M. F. El-Zohry, M. I. Younes, and S. A. Metwally, *Synthesis*, **1984**, 972.
129. S. M. Fahmy and R. M. Mohareb, *Synthesis*, **1985**, 1135.
130. B. Stanovnik, V. Stibilj, and M. Tišler, *Synthesis*, **1986**, 807.
131. L. W. Singh, H. Ila, and H. Junpappa, *Synthesis*, **1988**, 89.
132. V. Dal Piaz, G. Ciciani, and G. Turco, *Synthesis*, **1989**, 213.
133. T. Kappe, A. Pfaffenschlager, and W. Stadlbauer, *Synthesis*, **1989**, 666.
134. W. Stadlbauer, A. Pfeffenschlager, and T. Kappe, *Synthesis*, **1989**, 781.
135. Y. Kamitori, M. Hojo, R. Masuda, K. Kawasaki, S. Takata, and J. Ida, *Synthesis*, **1990**, 467.
136. I. Crossland, *Acta. Chem. Scand.*, **1972**, *26*, 3257.
137. I. Crossland, *Acta. Chem. Scand.*, **1972**, *26*, 4183.
138. H. Lund and V. Lund, *Acta. Chem. Scand.*, **1973**, *27*, 383..
139. T. Ottersen, *Acta. Chem. Scand.*, **1973**, *27*, 797.
140. T. Ottersen, *Acta. Chem. Scand.*, **1973**, *27*, 835.
141. V. Konečný, S. Varkonda, J. Šustek, and Š. Kováč, *Collect. Czech. Chem. Commun.*, **1978**, *43*, 2415.
142. V. Konečnńy, Š. Varkonda, *Collect. Czech. Chem. Commun.*, **1979**, *44*, 1761.
143. Š. Kováč and V. Konečný, *Collect. Czech. Chem. Commun.*, **1980**, *45*, 127.
144. V. Konečný, Š. Varkonda, and V. Kubala, *Collect. Czech. Chem. Commun.*, **1980**, *45*, 2247.
145. V. Konečný and Š. Varkonda, *Collect. Czech. Chem. Commun.*, **1980**, *45*, 2343.
146. V. Kmoniček, V. Bártl, and M. Protiva, *Collect. Czech. Chem. Commun.*, **1984**, *49*, 1722
147. H. Pischel, A. Holý, J. Veselý, and G. Wagner, *Collect. Czech. Chem. Commun.*, **1984**, *49*, 2541.
148. V. Konečný, Š. Kováč, and Š. Varkonda, *Collect. Czech. Chem. Commun.*, **1985**, *50*, 492.

References

149. V. Vrábel, F. Pavelčik, E. Kellö, S. Miertuš, V. Konečný, and J. Lokaj, *Collect. Czech. Chem. Commun.*, **1987**, *52*, 696.
150. T. Gracza, Z. Arnold, and J. Kováč, *Collect. Czech. Chem. Commun.*, **1988**, *53*, 1297.
151. M. H. Elnagdi, K. U. Sadek, N. M. Taha, and Y. M. Yassin, *Collect. Czech. Chem. Commun.*, **1990**, *55*, 734.
152. L. Pichat, J. P. Beaucourt, F. Krausz, and C. Moulineau, *J. Labelled Compd. Radiopharm.*, **1976**, *12*, 347.
153. J. M. Patterson, L. L. Braun, N. F. Haider, J. C. Huang, and W. T. Smith, *J. Labelled Compd. Radiopharm.*, **1978**, *14*, 439.
154. P. J. Fabio, A. E. Lanzilotti, and S. A. Lang, *J. Labelled Compd. Radiopharm.*, **1978**, *15*, 407.
155. M. Stogniew, L. A. Geelhaar, and P. S. Callery, *J. Labelled Compd. Radiopharm.*, **1981**, *18*, 897.
156. R. Buchman, *J. Labelled Compd. Radiopharm.*, **1981**, *18*, 1759.
157. W. M. Lagna and P. S. Callery, *J. Labelled Compd. Radiopharm.*, **1984**, *21*, 337.
158. M. K. May and A. E. Lanzilotti, *J. Labelled Compd. Radiopharm.*, **1984**, *21*, 489.
159. D. Saunders and B. H. Warrington, *J. Labelled Compd. Radiopharm.*, **1985**, *22*, 869.
160. A. Melikian, G. Schlewer, S. Hunt, D. Chatreux, and C. G. Wermuth, *J. Labelled Compd. Radiopharm.*, **1987**, *24*, 267.
161. S. J. Hayes, J. L. Hicks, and C. C. Huang, *J. Labelled Compd. Radiopharm.*, **1987**, *24*, 1185.
162. E. Birkás-Faigl, G. Zólyomi, N. Makk, and E. Kasztreiner, *J. Labelled Compd. Radiopharm.*, **1987**, *24*, 1317.
163. D. E. Brundish and P. D. Kane, *J. Labelled Compd. Radiopharm.*, **1988**, *25*, 1371.
164. M. A. Armitage, A. M. Crowe, K. W. M. L. Lawrie, D. A. Rawlings, D. Saunders, and S. Singh, *J. Labelled Compd. Radiopharm.*, **1989**, *27*, 331.
165. B. J. Graves and D. J. Hodgson, *Acta Crystallogr., Sect. B*, **1982**, *38*, 135.
166. I. L. Karle, *Acta Crystallogr., Sect. B*, **1982**, *38*, 1019 and 1022.
167. C. Caristi, M. Gattuso, G. Stagno-d'Alcontres, A. Ferazzo, J. C. J. Bart, and C. Day, *Acta Crystallogr., Sect. C*, **1983**, *39*, 1415.
168. G. de Munno and G. Bruno, *Acta Crystallogr., Sect. C*, **1984**, *40*, 2022.
169. P. F. Lindley, A. E. Baydar, and G. V. Boyd, *Acta Crystallogr., Sect. C*, **1985**, *41*, 1277.
170. V. M. Lynch, S. H. Simonsen, M. J. Musmar, and G. E. Martin, *Acta Crystallogr., Sect. C*, **1985**, *41*, 1807.
171. C. van der Brempt, G. Evrard, and F. Durant, *Acta Crystallogr., Sect. C*, **1986**, *42*, 1206.
172. C. van der Brempt, F. Durant, and G. Evrard, *Acta Crystallogr., Sect. C*, **1986**, *42*, 214.
173. F. Abraham, B. Mernari, M. Lagrenee, and S. Sueur, *Acta Crystallogr., Sect. C*, **1988**, *44*, 1267.
174. F. Abraham, B. Mernari, M. Lagrenee, and S. Sueur, *Acta Crystallogr., Sect. C*, **1989**, *45*, 1327.
175. T. Ottersen and K. Seff, *Acta Chem. Scand.*, **1973**, *27*, 2524.
176. T. Ottersen, *Acta Chem. Scand., Ser. A*, **1974**, *28*, 661.
177. A. Almenningen, G. Bjørnsen, T. Ottersen, R. Seip, and T. G. Strand, *Acta Chem. Scand., Ser. A*, **1977**, *31*, 63.
178. K. Berg-Nielsen, *Acta Chem. Scand., Ser. B*, **1977**, *31*, 224.
179. H. Lund, *Acta Chem. Scand., Ser. B*, **1977**, *31*, 424.
180. T. Ottersen, *Acta Chem. Scand., Ser. A*, **1975**, *29*, 637.
181. T. Ottersen, *Acta Chem. Scand., Ser. A*, **1975**, *29*, 690.
182. T. Ottersen and U. Sørensen, *Acta Chem. Scand., Ser. A*, **1977**, *31*, 808.

183. T. Ottersen and J. Almløf, *Acta Chem. Scand., Ser. A*, **1978**, *32*, 219.
184. A. A. El-Barbary, S. Scheibye, S. O. Lawesson, and H. Fritz, *Acta Chem. Scand., Ser. B*, **1980**, *34*, 597.
185. P. Fuchs, U. Hess, H. H. Holst, and H. Lund, *Acta Chem. Scand., Ser. B*, **1981**, *35*, 185.
186. S. H. Andersen, N. B. Das, R. D. Jørgensen, G. Kjeldsen, J. S. Knudsen, S. C. Sharma, and K. B. G. Torssell, *Acta Chem. Scand., Ser. B*, **1982**, *36*, 1.
187. H. Olsen and C. L. Pedersen, *Acta Chem. Scand., Ser. B*, **1982**, *36*, 701.
188. T. Holm, *Acta Chem. Scand.*, **1990**, *44*, 279.
189. P. K. Kadaba and J. Triplett, *Heterocycles*, **1978**, *9*, 243.
190. A. Ohsawa, H. Arai, and H. Igeta, *Heterocycles*, **1978**, *9*, 1367.
191. Y. Abe, A. Ohsawa, H. Arai, and H. Igeta, *Heterocycles*, **1978**, *9*, 1397.
192. M. Quinteiro, C. Seoane, and J. L. Soto, *Heterocycles*, **1978**, *9*, 1771.
193. K. Satoh, and T. Miyasaka, *Heterocycles*, **1978**, *10*, 269.
194. B. Stanovnik, M. Tišler, J. Bradač, B. Budič, B. Koren, and B. Mozetič-Reščič, *Heterocycles*, **1979**, *12*, 457.
195. K. Matsumoto and T. Uchida, *Heterocycles*, **1979**, *12*, 661.
196. A. Tomažič, M. Tišler, and B. Stanovnik, *Heterocycles*, **1979**, *12*, 1157.
197. B. J. Graves and D. J. Hodgson, *Heterocycles*, **1981**, *16*, 9.
198. B. Stanovnik, J. Žmitek, and M. Tišler, *Heterocycles*, **1981**, *16*, 2173.
199. F. Fariña, M. V. Martin, F Sánchez, and A. Tito, *Heterocycles*, **1982**, *18*, 175.
200. N. Suzuki, M. Kato, K. Sano, and Y. Izawa, *Heterocycles*, **1982**, *19*, 1415.
201. F. de Sio, S. Chimichi, R. Nesi, and L. Cecchi, *Heterocycles*, **1982**, *19*, 1427.
202. A. Katoh, C. Kashima, and Y. Omote, *Heterocycles*, **1982**, *19*, 2283.
203. L. Ceraulo, L. Lamartina, O. Migliara, S. Petruso, and V. Sprio, *Heterocycles*, **1983**, *20*, 551.
204. J. Kosáry, E. Kasztreiner, and M. Sóti, *Heterocycles*, **1983**, *20*, 749.
205. K. Kaji, H. Nagashima, K. Yamaguchi, and H. Oda, *Heterocycles*, **1983**, *20*, 1507.
206. P. Mátyus, E. Kasztreiner, G. Szilágyi, M. Soti, and P. Sohar, *Heterocycles*, **1983**, *20*, 2225.
207. A. Krbavčič, L. Pouše, and B. Stanovnik, *Heterocycles*, **1983**, *20*, 2347.
208. C. B. Rao, P. V. N. Raju, R. Flammang, A. Maquestiau, and J. Elguero, *Heterocycles*, **1983**, *20*, 2385.
209. P. Mátyus, P. Sohár, and H. Wamhoff, *Heterocycles*, **1984**, *22*, 513.
210. K. Kaji, H. Nagashima, and H. Oda, *Heterocycles*, **1984**, *22*, 675.
211. G. Heinisch and G. Lötsch, *Heterocycles*, **1984**, *22*, 1395.
212. B. Stanovnik, O. Bajt, B. Belčič, B. Koren, M. Prhavc, A. Štimac, and M. Tišler, *Heterocycles*, **1984**, *22*, 1545.
213. B. Singh, *Heterocycles*, **1984**, *22*, 1801.
214. B. Stanovnik, B. Božnar, B. Koren, S. Petriček, and M. Tišler, *Heterocycles*, **1985**, *23*, 1.
215. A. T. M. Marcelis and H. C. van der Plas, *Heterocycles*, **1985**, *23*, 683.
216. G. E. H. Elgemeie, H. A. Elfahham, S. Elgamal, and M. H. Elnagdi, *Heterocycles*, **1985**, *23*, 1999.
217. K. Makino and G. Sakata, *Heterocycles*, **1985**, *23*, 2603.
218. N. Haider and G. Heinisch, *Heterocycles*, **1985**, *23*, 2651.
219. A. O. Abdelhamid and N. M. Abed, *Heterocycles*, **1986**, *24*, 101.
220. W. Dostal and G. Heinisch, *Heterocycles*, **1986**, *24*, 793.
221. N. S. Ibrahim, F. M. Abdel-Galil, R. M. Abdel-Motaleb, and M. H. Elnagdi, *Heterocycles*, **1986**, *24*, 1219.

222. K. Kamata and O. Tsuge, *Heterocycles*, **1986**, *24*, 3059.
223. V. Dal Piaz, G. Ciciani, and S. Chimichi, *Heterocycles*, **1986**, *24*, 3143.
224. H. Nagashima, H. Oda, T. Hayakawa, and K. Kaji, *Heterocycles*, **1986**, *26*, 1.
225. H. Matsuyama, M. Kobayashi, and H. H. Wasserman, *Heterocycles*, **1987**, *26*, 85.
226. D. R. Borthakur, D. Prajapati, and J. S. Sandhu, *Heterocycles*, **1987**, *26*, 337.
227. G. Heinisch, *Heterocycles*, **1987**, *26*, 481.
228. G. Heinisch and G. Lötsch, *Heterocycles*, **1987**, *26*, 731.
229. M. S. Mohamed, N. S. Ibrahim, and M. H. Elnagdi, *Heterocycles*, **1987**, *26*, 899.
230. A. Ohsawa, T. Itoh, and H. Igeta, *Heterocycles*, **1987**, *26*, 2677.
231. F. Fariña, V. Martin, M. Romañach, and F. Sánchez, *Heterocycles*, **1988**, *27*, 1431.
232. S. M. Sherif, R. M. Mohareb, G. E. H. Elgemeie, and R. P. Singh, *Heterocycles*, **1988**, *27*, 1579.
233. E. Sato, M. Hasebe, and Y. Kanaoka, *Heterocycles*, **1988**, *27*, 1665.
234. A. O. Abdelhamid, F. M. Abdel-Galil, and S. S. Saleh, *Heterocycles*, **1988**, *27*, 1861.
235. F. Gómez-Contreras, M. Lora-Tamayo, and A. M. Sanz, *Heterocycles*, **1989**, *28*, 791.
236. P. Desos, G. Schlewer, and C. G. Wermuth, *Heterocycles*, **1989**, *28*, 1085.
237. P. Mátyus, N. Makk, E. Kasztreiner, and G. Jerkovich, *Heterocycles*, **1989**, *29*, 67.
238. A. M. El-Massry and A. Amer, *Heterocycles*, **1989**, *29*, 1907.
239. J. Nakayama and A. Hirashima, *Heterocycles*, **1989**, *29*, 1241.
240. N. Haider, G. Heinisch, and I. Volf. *Heterocycles*, **1989**, *29*, 1309.
241. V. Dal-Piaz, G. Ciciani, M. P. Giovannoni, and G. Turco, *Heterocycles*, **1989**, *29*, 1595.
242. H. Neunhoeffer and G. Werner, *Tetrahedron Lett.*, **1972**, 1517.
243. R. Gallo, M. Chanon, H. Lund, and J. Metzger, *Tetrahedron Lett.*, **1972**, 3857.
244. M. Zupan, B. Stanovnik, and M. Tišler, *Tetrahedron Lett.*, **1972**, 4179.
245. R. D. Chambers, M. Clark, J. R. Maslakiewicz, and W. K. R. Musgrave, *Tetrahedron Lett.*, **1973**, 2405.
246. G. Cauquis, B. Chabaud, and M. Genies, *Tetrahedron Lett.*, **1974**, 2389.
247. Y. Maki, M. Suzuki, T. Furuta, T. Hiramitsu, and M. Kuzuya, *Tetrahedron Lett.*, **1974**, 4107.
248. B. Burg, W. Dittmar, H. Reim, A. Steigel, and J. Sauer, *Tetrahedron Lett.*, **1975**, 2897.
249. R. F. Abdulla, *Tetrahedron Lett.*, **1976**, 521.
250. C. W. Bird, *Tetrahedron Lett.*, **1976**, 1703.
251. F. A. Neugerbauer and H. Weger, *Tetrahedron Lett.*, **1976**, 2083.
252. I. Saito, A. Yazaki, and T. Matsuura, *Tetrahedron Lett.*, **1976**, 2459.
253. B. Stanovnik, M. Tišler, S. Polanc, V. Kovačič-Bratina, and B. Špicer-Smolnikar, *Tetrahedron Lett.*, **1976**, 3193.
254. Z. Yoshida, T. Harada, and Y. Tamaru, *Tetrahedron Lett.*, **1976**, 3823.
255. K. Burger, H. Schickander, and A. Prox, **1976**, 4255.
256. S. Sommer, *Tetrahedron Lett.*, **1977**, 117.
257. S. Kanoktanaporn and J. A. H. MacBride, *Tetrahedron Lett.*, **1977**, 1817.
258. J. Finkelstein, K. G. Holden, R. Sneed, and C. D. Perchonock, *Tetrahedron Lett.*, **1977**, 1855.
259. H. Hamberger, H. Reinshagen, G. Schulz, and G. Sigmund, *Tetrahedron Lett.*, **1977**, 3619.
260. A. Ohsawa, T. Akimoto, A. Tsuji, H. Igeta and Y. Iitaka, *Tetrahedron Lett.*, **1978**, 1979.
261. G. Heinisch, A. Jentzsch, and I. Kirchner, *Tetrahedron Lett.*, **1978**, 619.
262. B. Stanovnik, M. Tišler, M. Kunaver, D. Gabrijelčič, and M. Kočevar, *Tetrahedron Lett.*, **1978**, 3059.

263. A. Ohsawa, I. Wada, H. Igeta, T. Akimoto, A. Tsuji, and Y. Iitaka, *Tetrahedron Lett.*, **1978**, 4121.
264. F. Gaviña, P. Gil, and B. Palazón, *Tetrahedron Lett.*, **1979**, 1331.
265. D. M. Holton, P. M. Hoyle, and D. Murphy, *Tetrahedron Lett.*, **1979**, 2821.
266. S. Restle and C. G. Wermuth, *Tetrahedron Lett.*, **1979**, 4837.
267. N. Viswanathan and A. R. Sidhaye, *Tetrahedron Lett.*, **1979**, 5025.
268. A. Padwa and H. Ku, *Tetrahedron Lett.*, **1980**, *21*, 1009.
269. H. J. Bestmann, G. Schmid, and D. Sandmeier, *Tetrahedron Lett.*, **1980**, *21*, 2939.
270. Y. Kobayashi, T. Nakano, K. Shirahashi, A. Takeda, and I. Kumadaki, *Tetrahedron Lett.*, **1980**, *21*, 4615.
271. D. P. Gapinski and M. F. Ahern, *Tetrahedron Lett.*, **1982**, *23*, 3875.
272. E. Giraudi and P. Teisseire, *Tetrahedron Lett.*, **1983**, *24*, 489.
273. C. Caristi, M. Gattuso, A. Ferlazzo, and G. Stagno-d'Alcontres, *Tetrahedron Lett.*, **1983**, *24*, 1285.
274. K. Gollnick, and A. Griesbeck, *Tetrahedron Lett.*, **1983**, *24*, 3303.
275. F. Bronberger and R. Huisgen, *Tetrahedron Lett.*, **1984**, *25*, 57.
276. A. K. Forrest and R. R. Schmidt, *Tetrahedron Lett.*, **1984**, *25*, 1769.
277. K. Müller and J. Sauer, *Tetrahedron Lett.*, **1984**, *25*, 2541.
278. M. J. Haddadin, B. J. Agha, and M. S. Salka, *Tetrahedron Lett.*, **1984**, *25*, 2577.
279. F. Sannicolo, *Tetrahedron Lett.*, **1984**, *25*, 3101.
280. A. Padwa and P. Eisenbarth, *Tetrahedron Lett.*, **1984**, *25*, 5489.
281. R. Askani and K. M. Müller, *Tetrahedron Lett.*, **1984**, *25*, 5641.
282. T. Harada, E. Akiba, and A. Oku, *Tetrahedron Lett.*, **1985**, *26*, 655.
283. D. L. Boger and M. Patel, *Tetrahedron Lett.*, **1987**, *28*, 2499.
284. U. Gruseck and M. Heuschmann, *Tetrahedron Lett.*, **1987**, *28*, 6027.
285. R. Askani and I. Alfter, *Tetrahedron Lett.*, **1988**, *29*, 1909.
286. U. Pindur and M.-H. Kim, *Tetrahedron Lett.*, **1988**, *29*, 3927.
287. F. P. J. T. Rutjes, H. Hiemstra, H. H. Mooiweer, and W. N. Speckamp, *Tetrahedron Lett.*, **1988**, *29*, 6975.
288. W. W. Zajac, M. G. Darcy, A. P. Subong, and J. H. Buzby, *Tetrahedron Lett.*, **1989**, *30*, 6495.
289. P. L. Durette, F. Baker, P. L. Barker, J. Boger, S. S. Bondy, M. L. Hammond, T. J. Lanza, A. A. Pessolano, and C. G. Caldwell, *Tetrahedron Lett.*, **1990**, *31*, 1237.
290. M. Schmitt, J. J. Bourguignon, and C. G. Wermuth, *Tetrahedron Lett.*, **1990**, *31*, 2145.
291. G. Heinisch and W. Holzer, *Tetrahedron Lett.*, **1990**, *31*, 3109.
292. H. Rubinstein, J. E. Sharbek, and H. Feuer, *J. Org. Chem.*, **1971**, *36*, 3372.
293. E. E. Schweizer and C. M. Kopay, *J. Org. Chem.*, **1972**, *37*, 1561.
294. T. J. Curphey and K. S. Prasad, *J. Org. Chem.*, **1972**, *37*, 2259.
295. M. Zupan, B. Stanovnik, and M. Tišler, *J. Org. Chem.*, **1972**, *37*, 2960.
296. Y. Kobayashi, I. Kumadaki, and H. Sato, *J. Org. Chem.*, **1972**, *37*, 3588.
297. S. M. Rosen and J. A. Moore, *J. Org. Chem.*, **1972**, *37*, 3770.
298. A. E. Feiring and J. Ciabattoni, *J. Org. Chem.*, **1972**, *37*, 3784.
299. F. J. Weigert, J. Husar, and J. D. Roberts, *J. Org. Chem.*, **1973**, *38*, 1313.
300. K. Pilgram, and R. D. Skiles, *J. Org. Chem.*, **1973**, *38*, 1575.
301. D. Mackay, C. W. Pilger, and L. L. Wong, *J. Org. Chem.*, **1973**, *38*, 2043.
302. H. Rubinstein, M. Parnarouskis, and H. Feuer, *J. Org. Chem.*, **1973**, *38*, 2166.
303. K. T. Potts and J. Kane, *J. Org. Chem.*, **1973**, *38*, 3087.

304. T. Šega, A. Pollak, B. Stanovnik, and M. Tišler, *J. Org. Chem.*, **1973**, *38*, 3307.
305. T. Kato and M. Sato, *J. Org. Chem.*, **1974**, *39*, 3205.
306. R. A. Abramovitch, R. B. Rogers, and G. M. Singer, *J. Org. Chem.*, **1975**, *40*, 41.
307. J. P. Snyder, M. L. Heyman, and E. N. Suciu, *J. Org. Chem.*, **1975**, *40*, 1395.
308. F. D. Greene and K. E. Gilbert, *J. Org. Chem.*, **1975**, *40*, 1409.
309. R. M. White and M. A. Battiste, *J. Org. Chem.*, **1976**, *41*, 1245.
310. J. A. Moore, B. Staskun, and J. F. Blount, *J. Org. Chem.*, **1976**, *41*, 3156.
311. J. P. Freeman and R. C. Grabiak, *J. Org. Chem.*, **1976**, *41*, 3970.
312. W. H. Pirkle and P. L. Gravel, *J. Org. Chem.*, **1977**, *42*, 296.
313. W. H. Pirkle and P. L. Gravel, *J. Org. Chem.*, **1977**, *42*, 1367.
314. S. Evans and E. E. Schweizer, *J. Org. Chem.*, **1977**, *42*, 2321.
315. R. B. Phillips and C. C. Wamser, *J. Org. Chem.*, **1978**, *43*, 1190.
316. R. S. Klein, M.-I. Lim, S. Y.-K. Tam, and J. J. Fox, *J. Org. Chem.*, **1978**, *43*, 2536.
317. Y. Tamaru, T. Harada, and Z. Yoshida, *J. Org. Chem.*, **1978**, *43*, 3370.
318. J. Dodge, W. Hedges, J. W. Timberlake, L. Trefonas, and R. J. Majeste, *J. Org. Chem.*, **1978**, *43*, 3615.
319. M. J. Haddadin, S. J. Firsan, and B. S. Nader, *J. Org. Chem.*, **1979**, *44*. 629.
320. D. H. Aue, R. B. Lorens, and G. S. Helwig, *J. Org. Chem.*, **1979**, *44*, 1202.
321. A. Ohsawa, H. Arai, H. Igeta, T. Akimoto, A. Tsuji, and Y. Iitaka, *J. Org. Chem.*, **1979**, *44*, 3524.
322. F. J. McEvoy and J. D. Albright, *J. Org. Chem.*, **1979**, *44*. 4597.
323. Y. Gaoni and S. Sadeh, *J. Org. Chem.*, **1980**, *45*, 870.
324. C. Degrand, P. L. Compagnon, G. Belot, and D. Jacquin, *J. Org. Chem.*, **1980**, *45*, 1189.
325. S.-F. Chen and R. P. Panzica, *J. Org. Chem.*, **1981**, *46*, 2467.
326. D. R. Carver, A. P. Komin, J. S. Hubbard, and J. F. Wolfe, *J. Org. Chem.*, **1981**, *46*, 294.
327. J. J. Bourguignon and C.-G. Wermuth, *J. Org. Chem.*, **1981**, *46*, 4889.
328. C. Paradisi, M. Prato, U. Quintily, and G. Scorrano, *J. Org. Chem.*, **1981**, *46*, 5156.
329. M. A. Fox, D. M. Lemal, D. W. Johnson, and J. R. Hohman, *J. Org. Chem.*, **1982**, *47*, 398.
330. E. E. Schweizer and K.-J. Lee, *J. Org. Chem.*, **1982**, *47*, 2768.
331. H. Hiranuma and S. I. Miller, *J. Org. Chem.*, **1982**, *47*, 5083.
332. R. R. King, *J. Org. Chem.*, **1982**, *47*, 5397.
333. I. Maeba, I. Katsumi, F. Usami, and H. Furukama, *J. Org. Chem.*, **1983**, *48*, 2998.
334. D. R. Carver, T. D. Greenwood, J. S. Hubbard, A. P. Komin, Y. P. Sachdiva, and J. F. Wolfe, *J. Org. Chem.*, **1983**, *48*, 1180.
335. D. J. Katz, D. S. Wise, and L. B. Townsend, *J. Org. Chem.*, **1983**, *48*, 3765.
336. D. L. Boger and R. S. Coleman, *J. Org. Chem.*, **1984**, *49*, 2240.
337. D. L. Boger, R. S. Coleman, J. S. Panek, and D. Yohannes, *J. Org. Chem.*, **1984**, *49*, 4405.
338. V. L. Styles and R. W. Morrison, *J. Org. Chem.*, **1985**, *50*, 346.
339. Y. Tamura, T. Tsugoshi, S. Mohri, and Y. Kita, *J. Org. Chem.*, **1985**, *50*, 1542.
340. L. S. Hegedus, N. Kambe, Y. Ishii, and A. Mori, *J. Org. Chem.*, **1985**, *50*, 2240.
341. W. Adam, A. Berkessel, K. Hildenbrand, E.-M. Peters, K. Peters, and H. G. von Schnering, *J. Org. Chem.*, **1985**, *50*, 4899.
342. T. Sheradsky and R. Moshenberg, *J. Org. Chem.*, **1985**, *50*, 5604.
343. L. Maggiora and M. P. Merte, *J. Org. Chem.*, **1986**, *51*, 950.
344. T. Mimami, T. Chikugo, and T. Hanamoto, *J. Org. Chem.*, **1986**, *51*, 2210.

345. T. Sheradsky and R. Moshenberg, *J. Org. Chem.*, **1986**, *51*, 3123.
346. D. L. Boger and R. S. Coleman, *J. Org. Chem.*, **1986**, *51*, 3250.
347. T. Sheradsky and R. Moshenberg, *J. Org. Chem.*, **1987**, *52*, 101.
348. G. Lunn, *J. Org. Chem.*, **1987**, *52*, 1043.
349. G. Barbaro, A. Battaglia, and P. Giorgianni, *J. Org. Chem.*, **1987**, *52*, 3289.
350. E. C. Taylor and J. S. Hinkle, *J. Org. Chem.*, **1987**, *52*, 4107.
351. I. Maeba, M. Suzuki, O. Hara, T. Takeuchi, T. Iijima, and H. Furukawa, *J. Org. Chem.*, **1987**, *52*, 4521.
352. D. L. Boger and M. Patel, *J. Org. Chem.*, **1988**, *53*, 1405.
353. D. L. Boger and S. M. Sakya, *J. Org. Chem.*, **1988**, *53*, 1415.
354. R. E. Hackler, B. A. Dreikorn, G. W. Johnson, and D. L. Varie, *J. Org. Chem.*, **1988**, *53*, 5704.
355. P. Hughes and J. Clardy, *J. Org. Chem.*, **1989**, *54*, 3260; **1995**, *60*, 2950.
356. J. E. Oliver, R. M. Waters, and W. R. Lusby, *J. Org. Chem.*, **1989**, *54*, 4970.
357. S. C. Benson, J. L. Gross, and J. K. Snyder, *J. Org. Chem.*, **1990**, *55*, 3257.
358. R. J. Mattson and C. P. Sloan, *J. Org. Chem.*, **1990**, *55*, 3410.
359. W. J. Coates and A. Mckillop, *J. Org. Chem.*, **1990**, *55*, 5418.
360. M. Gindy and E. Eskander, *J. Prakt. Chem.*, **1972**, *314*, 673.
361. A. Sammour and M. Elhashash, *J. Prakt. Chem.*, **1972**, *314*, 906.
362. H. Pischel, P. Nuhn, E. Liedmann, and G. Wagner, *J. Prakt. Chem.*, **1974**, *316*, 615.
363. A. A. Nada, M. S. A. Abd-El-Mottaleb, and A. M. Mourad, *J. Prakt. Chem.*, **1977**, *319*, 369.
364. K. Gewald and J. Oelsner, *J. Prakt. Chem.*, **1979**, *321*, 71.
365. H. Zaschke and C. Hyna, *J. Prakt. Chem.*, **1979**, *321*, 629.
366. A. K. Fateen, M. F. Ismail, A. M. Kaddah, and N. A. Shams, *J. Prakt. Chem.*, **1980**, *322*, 617.
367. A. I. Hashem and M. E. Shaban, *J. Prakt. Chem.*, **1981**, *323*, 164.
368. N. A. Shams, *J. Prakt. Chem.*, **1984**, *326*, 599.
369. M. F. Ismail, N. A. Shams, A. M. A. El-Kharmry, and O. E. A. Mostafa, *J. Prakt. Chem.*, **1984**, *326*, 799.
370. N. A. Shams, *J. Prakt. Chem.*, **1985**, *327*, 536.
371. N. A. Shams, A. F. El-Kafrawy, O. M. El-Sawy, and M. F. Ismail, *J. Prakt. Chem.*, **1986**, *328*, 522.
372. M. M. Abbasi, M. Abou-Sekkina, Y. Hafez, and H. H. Zoorob, *J. Prakt. Chem.*, **1986**, *328*, 932.
373. N. A. Shams, E. I. Enayat, A. A. Shalaby, and S. A. El-Abbady, *J. Prakt. Chem.*, **1987**, *329*, 271.
374. M. M. Abbasi, A. Akelah, Y. Hafez, and E. S. Ismail, *J. Prakt. Chem.*, **1987**, *329*, 525.
375. M. F. Ismail, A. M. Kaddah, A. F. Elkafrawy, F. S. Sayed, and O. M. El-Sawy, *J. Prakt. Chem.*, **1988**, *330*, 415.
376. N. S. Ibrahim, M. S. Mohamed, Y. Mahfouz, and M. H. Elnagdi, *J. Prakt. Chem.*, **1989**, *331*, 375.
377. M. F. Ismail, F. S. Sayed, A. M. A. El-Khamry, M. A. Ali, and M. M. Mansour, *J. Prakt. Chem.*, **1989**, *331*, 399.
378. L. Hennig, R. Haessner, and K. Rissanen, *J. Prakt. Chem.*, **1989**, *331*, 584.
379. A. A. El-Bannany, A. A. El-Assar, and M. H. El-Nagdy, *J. Prakt. Chem.*, **1989**, *331*, 726.
380. T. B. Johnson and G. E. Hilbert, *Science*, **1929**, *69*, 579.
381. G. E. Hilbert and T. B. Johnson, *J. Am. Chem. Soc.*, **1930**, *52*, 2001 and 4489.
382. H. J. Fisher and T. B. Johnson, *J. Am. Chem. Soc.*, **1932**, *54*, 727.

383. W. Klötzer, *Monatsh. Chem.*, **1956**, *87*, 526.
384. M. Prystaš and F. Šorm, *Collect. Czech. Chem. Commun.*, **1966**, *31*, 1035.
385. J. Pliml and M. Prystaš, *Adv. Heterocycl. Chem.*, **1967**, *8*, 115.
386. H. Ballweg, *Tetrahedron Lett.*, **1968**, 2171.
387. T. Ueda and H. Nishino, *J. Am. Chem. Soc.*, **1968**, *90*, 1678.
388. G. Tsatsaronis and T. Soulis, *Bull. Soc. Chim. Fr.*, **1973**, 3397.
389. N. A. Shams, A. M. Kaddah, E. I. Enayat, A. A. Shalaby, and A. I. Youssef, *J. Prakt. Chem.*, **1989**, *331*, 757.
390. A. A. Shalaby, *J. Prakt. Chem.*, **1990**, *332*, 104.
391. R. Fusco and P. Dalla-Croce, *Gazz. Chim. Ital.*, **1972**, *102*, 431.
392. G. Adembri, S. Chimichi, R. Nesi, and M. Scotton, *Gazz. Chim. Ital.*, **1979**, *109*, 117.
393. S. Chimichi, R. Nesi, F. de Sio, R. Pepino, and A. Degl'Innocenti, *Gazz. Chim. Ital.*, **1982**, *112*, 249.
394. M. T. Cocco, C. Congiu, A. Maccioni, and A. Plumitallo, *Gazz. Chim. Ital.*, **1988**, *118*, 187.
395. S. A. S. Ghozlan, M. S. Mohamed, A. Y. Soliman, and H. Bakeer, *Gazz. Chim. Ital.*, **1989**, *119*, 95.
396. S. Sommer, *Chem. Lett.*, **1977**, 583.
397. Y. Maki, M. Kawamura, H. Okamoto, M. Susuki, and K. Kuji, *Chem. Lett.*, **1977**, 1005.
398. K. Satoh, T. Miyasaka, and K. Arakawa, *Chem. Lett.*, **1977**, 1501.
399. A. Ohsawa, Y. Abe, and H. Igeta, *Chem. Lett.*, **1979**, 241.
400. K. Satoh and T. Miyasaka, *Chem. Lett.*, **1981**, 1153.
401. T. Sasaki, K. Kanematsu, and M. Murata, *Tetrahedron*, **1972**, *28*, 2383.
402. T. Sasaki, K. Kanematsu, and M. Murata, *Tetrahedron*, **1973**, *29*, 529.
403. T. Tsuchiya, H. Arai, and H. Igeta, *Tetrahedron*, **1973**, *29*, 2747.
404. M. Lempert-Sréter and K. Lempert, *Tetrahedron*, **1975**, *31*, 1677.
405. M. Fetizon, M. Golfier, R. Milcent, and L. Papadakis, *Tetrahedron*, **1975**, *31*, 165.
406. C. W. Bird, C. K. Wong, D. Y. Wong, and F. L. K. Koh, *Tetrahedron*, **1976**, *32*, 269.
407. H. E. Zimmermann and W. Eberbach, *J. Am. Chem. Soc.*, **1973**, *95*, 3970.
408. L. Dežman, D. Janežič, M. Kokalj, E. Kozak, J. Primc, B. Stanovnik, M. Tišler, and O. Zaplotnik-Naglič, *Tetrahedron*, **1977**, *33*, 2851.
409. H. Alper and M. Laplanta, *Tetrahedron*, **1978**, *34*, 625.
410. A. Hassner, L. R. Krepski, and V. Alexanian, *Tetrahedron*, **1978**, *34*, 2069.
411. A. Ohsawa, H. Arai, H. Igeta, T. Akimoto, A. Tsuji, and Y. Iitaka, *Tetrahedron*, **1979**, *35*, 1267.
412. A. Tomažič, M. Tišler, and B. Stanovnik, *Tetrahedron*, **1981**, *37*, 1787.
413. C. Joliveau and C.-G. Wermuth, *Tetrahedron*, **1983**, *39*, 2295.
414. K. K. Sharma and K. B. G. Torssell, *Tetrahedron*, **1984**, *40*, 1085.
415. A. Padwa and P. Eisenbarth, *Tetrahedron*, **1985**, *41*, 283.
416. G. Heinisch and G. Lötsch, *Tetrahedron*, **1985**, *41*, 1199.
417. C. W. Bird, *Tetrahedron*, **1986**, *42*, 89.
418. M. S. Baird and H. H. Hussain, *Tetrahedron*, **1987**, *43*, 215.
419. T. H. Fisher, J. C. Crook, and S. Chang, *Tetrahedron*, **1987**, *43*, 2443.
420. M. Gebauer, G. Heinisch, and G. Lötsch, *Tetrahedron*, **1988**, *44*, 2449.
421. D. E. Pereira, A. Petrič, and N. J. Leonard, *Tetrahedron*, **1988**, *44*, 3149.
422. F. Effenberger and J. König, *Tetrahedron*, **1988**, *44*, 3281.

423. P. G. Baraldi, A. Barco, S. Benetti, S. Manfredini, G. P. Polini, D. Simoni, and V. Zanirato, *Tetrahedron*, **1988**, *44*, 6451.
424. M. H. Elnagdi, F. M. Abdelrazek, N. S. Ibrahim, and A. V. Erian, *Tetrahedron*, **1989**, *45*, 3597.
425. J. G. Schantl and P. Hebeisen, *Tetrahedron*, **1990**, *46*, 395.
426. M. Sako, S. Ohara, K. Hirota, and Y. Maki, *Tetrahedron*, **1990**, *46*, 4171.
427. R. Gompper, S. Mensch, and G. Seybold, *Angew. Chem.*, **1975**, *87*, 711.
428. R. Engels and H. J. Schäfer, *Angew. Chem.*, **1978**, *90*, 483.
429. S. Sommer, *Angew. Chem.*, **1977**, *89*, 59.
430. M. Regitz, A. Heydt, and B. Weber, *Angew. Chem.*, **1979**, *91*, 566.
431. K. Beck, H. Burghard, G. Fischer, S. Hünig, and P. Reinhold, *Angew. Chem.*, **1987**, *99*, 695.
432. E. N. Rizkalla, A. A. T. Ramadan, and M. H. Seada, *Polyhedron*, **1983**, *2*, 1155.
433. Y. Matsubara, K. Kyoji, M. Yoshihara, and T. Meashima, *Nippon Kagaku Kaishi*, **1973**, 1992.
434. Y. Matsubara, M. Yoshihara, and T. Maeshima, *Nippon Kagaku Kaishi*, **1974**, 2187.
435. K. Takahashi, I. Kimura, Y. Takei, T. Zaima, and K. Mitsuhashi, *Nippon Kagaku Kaishi*, **1975**, 1530.
436. T. Eda. Y. Matsubara, M. Yoshihara, and T. Maeshima, *Nippon Kagaku Kaishi*, **1980**, 33.
437. J. Gubin, N. Durant, R. Nazielski-Hinkens, and R. Promel, *Bull. Soc. Chim. Belg.*, **1973**, *82*, 371.
438. G. Beynon, H. P. Figeys, D. Lloyd, and R. K. Mackie, *Bull. Soc. Chim. Belg.*, **1979**, *88*, 905.
439. G. Maury, D. Meziane, D. Srairi, J. P. Paugan, and R. Paugam, *Bull. Soc. Chim. Belg.*, **1982**, *91*, 153.
440. N. Condé-Petiniot, A. J. Hubert, A. F. Noels, R. Warin, and P. Teyssié, *Bull. Soc. Chim. Belg.*, **1986**, *95*, 649.
441. K. Rüfenacht, *Helv. Chim. Acta*, **1973**, *56*, 2186.
442. M. Roth, *Helv. Chim. Acta*, **1981**, *64*, 1930.
443. T. A. Eichhorn, S. Piesch, and W. Ried, *Helv. Chim. Acta*, **1988**, *71*, 988.
444. W. Marterer, H. Prinzbach, G. Rihs, J. Wirz, J. Lecoultre, and E. Heilbronner, *Helv. Chim. Acta*, **1988**, *71*, 1937.
445. U. Pindur, L. Pfeuffer, and M.-H. Kim, *Helv. Chim. Acta*, **1989**, *72*, 65.
446. D. E. Klinge, H. C. van der Plas, and A. Koudijs, *Recl. Trav. Chim. Pays-Bas*, **1974**, *93*, 201.
447. D. E. Klinge, H. C. van der Plas, G. Geurtsen, and A. Koudijs, *Recl. Trav. Chim. Pays-Bas*, **1974**, *93*, 236.
448. D. M. W. van der Ham, G. F. S. Harrison, A. Spaans, and D. van der Meer, *Recl. Trav. Chim. Pays-Bas*, **1975**, *94*, 168.
449. D. E. Klinge and H. C. van der Plas, *Recl. Trav. Chim. Pays-Bas*, **1975**, *94*, 233.
450. D. E. Klinge, and H. C. van der Plas, and A. van Veldhuizen, *Recl. Trav. Chim. Pays-Bas*, **1976**, *95*, 21.
451. D. E. Klinge and H. C. van der Plas, *Recl. Trav. Chim. Pays-Bas*, **1976**, *95*, 34.
452. R. E. van der Stoel and H. C. van der Plas, *Recl. Trav. Chim. Pays-Bas*, **1978**, *97*, 116.
453. R. E. van der Stoel, H. C. van der Plas, H. Jongejan, and L. Hoeve, *Recl. Trav. Chim. Pays-Bas*, **1980**, *99*, 234.
454. R. Uson, L. A. Oro, M. Esteban, D. Carmona, R. M. Claramunt, and J. Elguero, *Polyhedron*, **1984**, *3*, 213.
455. S. E. Armstrong and A. E. Tipping, *J. Fluorine Chem.*, **1973**, *3*, 119.
456. R. D. Chambers, J. A. Jackson, S. Partington, P. D. Philpot, and A. C. Young, *J. Fluorine Chem.*, **1975**, *6*, 5.

References

457. R. D. Chambers, J. Hutchinson, and P. D. Philpot, *J. Fluorine Chem.*, **1977**, *9*, 15.
458. R. D. Chambers, P. A. Martin, J. S. Waterhouse, D. L. H. Williams, and B. Anderson, *J. Fluorine Chem.*, **1982**, *20*, 507.
459. E. Klauke, L. Oehlmann, and B. Baasner, *J. Fluorine Chem.*, **1983**, *23*, 301.
460. R. D. Chambers, C. D. Hewitt, M. J. Silvester, and E. Klauke, *J. Fluorine Chem.*, **1986**, *32*, 389.
461. M. Augustin and P. Reinemann, *Z. Chem.*, **1973**, *13*, 12.
462. M. Augustin and P. Reinemann, *Z. Chem.*, **1973**, *13*, 214.
463. G. Roewer, K. Kuhne, and G. Kempe, *Z. Chem.*, **1976**, *16*, 117.
464. A. Unverricht, G. Simon, and H. R. Schütte, *Z. Chem.*, **1976**, *16*, 442.
465. H. Zaschke, C. Hyna, and H. Schubert, *Z. Chem.*, **1977**, *17*, 333.
466. A. Eisenberg and H. Zaschke, *Z. Chem.*, **1983**, *23*, 296.
467. M. P. Burrow, G. W. Gray, D. Lacey, and K. J. Toyne, *Z. Chem.*, **1986**, *26*, 21.
468. B. Raloff, W. Jugelt, and W. Duczek, *Z. Chem.*, **1986**, *26*, 438.
469. R. D. Chambers, R. P. Corbally, M. Y. Gribble, and W. K. R. Musgrave, *J. Chem. Soc., Chem. Commun.*, **1971**, 1345.
470. W. S. Wilson and R. N. Warrener, *J. Chem. Soc., Chem. Commun.*, **1972**, 211.
471. T. Tsuchiya, H. Arai, and H. Igeta, *J. Chem. Soc., Chem. Commun.*, **1972**, 550.
472. H. A. Patel, A. J. Carty, M. Mathew, and G. J. Palenik, *J. Chem. Soc., Chem. Commun.*, **1972**, 810.
473. O. Meresz and P. A. Foster-Verner, *J. Chem. Soc., Chem. Commun.*, **1972**, 950.
474. H. Arai, H. Igeta, and T. Tsuchiya, *J. Chem. Soc., Chem. Commun.*, **1973**, 521.
475. K. Imada, *J. Chem. Soc., Chem. Commun.*, **1973**, 796.
476. T. L. Gilchrist, G. E. Gymer, and C. W. Rees, *J. Chem. Soc., Chem. Commun.*, **1973**, 819.
477. C. W. Rees, R. W. Stephenson, and R. C. Storr, *J. Chem. Soc., Chem. Commun.*, **1974**, 941.
478. A. A. Diamantis, J. Chatt, G. A. Heath, and G. J. Leigh, *J. Chem. Soc., Chem. Commun.*, **1975**, 27.
479. T. Tsuchiya, C. Kaneko, and H. Igeta, *J. Chem. Soc., Chem. Commun.*, **1975**, 528.
480. R. Abramovitch and I. Shinkai, *J. Chem. Soc., Chem. Commun.*, **1975**, 703.
481. W. T. Flowers, R. Franklin, R. N. Hazeldine, and R. J. Perry, *J. Chem. Soc., Chem. Commun.*, **1976**, 567.
482. R. Faragher and T. L. Gilchrist, *J. Chem. Soc., Chem. Commun.*, **1976**, 581.
483. H. Arai, A. Ohsawa, K. Saiki, and H. Igeta, *J. Chem. Soc., Chem. Commun.*, **1977**, 133.
484. W. Mahler and T. Fukunaga, *J. Chem. Soc., Chem. Commun.*, **1977**, 307.
485. H. Arai, A. Ohsawa, K. Saiko, H. Igeta, A. Tsuji, T. Akimoto, and Y. Iitaka, *J. Chem. Soc., Chem. Commun.*, **1977**, 856.
486. R. D. Chambers, C. R. Sargent, and M. Clark, *J. Chem. Soc., Chem. Commun.*, **1979**, 445.
487. R. D. Chambers and C. R. Sargent, *J. Chem. Soc., Chem. Commun.*, **1979**, 446.
488. M. F. Ahern and G. W. Gokel, *J. Chem. Soc., Chem. Commun.*, **1979**, 1019.
489. A. E. Baydar, G. V. Boyd, and P. F. Lindley, *J. Chem. Soc., Chem. Commun.*, **1981**, 1003.
490. P. Bernhard, H. Lehmann, and A. Ludi, *J. Chem. Soc., Chem. Commun.*, **1981**, 1216.
491. R. D. Chambers, M. J. Silvester, M. Tamura, and D. E. Wood, *J. Chem. Soc., Chem. Commun.*, **1982**, 1412.
492. R. E. Bambury, D. T. Feeley, G. C. Lawton, J. M. Weaver, and J. Wemple, *J. Chem. Soc., Chem. Commun.*, **1984**, 422.
493. G. R. Brown, A. J. Foubister, and B. Wright, *J. Chem. Soc., Chem. Commun.*, **1984**, 1373.

494. N.-L. Yang, S. S. Wang, C. J. Hou, L. Rodriguez, J. Jolson, and J. Waggoner, *J. Chem. Soc., Chem. Commun.*, **1985**, 1632.
495. T. Yamasaki, E. Kawaminami, T. Yamada, T. Okawara, and M. Furukawa, *J. Chem. Soc., Chem. Commun.*, **1990**, 645.
496. J.-L. Aubagnac, J. Elguero, R. Jacquier, and R. Robert, *Bull. Soc. Chim. Fr.*, **1972**, 2859.
497. J. Schreiber, C. -G. Wermuth, and A. Meyer, *Bull. Soc. Chim. Fr.*, **1973**, 625.
498. A. le Berre and A. Delacroix, *Bull. Soc. Chim. Fr.*, **1973**, 640.
499. G. Rio and A. Lecas-Nawrocka, *Bull. Soc. Chim. Fr.*, **1974**, 2824.
500. P. Battesti, O. Battesti, and M. Sélim, *Bull. Soc. Chim. Fr.*, **1975**, 2185.
501. G. Seitz, T. Kämpchen, W. Overheu, and U. Martin, *Arch. Pharm. (Weinheim, Ger.)*, **1981**, *314*, 892.
502. J.-L. Aubagnac, D. Bourgeon, and R. Jacquier, *Bull. Soc. Chim. Fr.*, **1975**, 309.
503. J. Mayrarque, J.-L. Avril, and M. Miocque, *Bull. Soc. Chim. Fr.*, **1984** (II), 129.
504. G. Maghioros, G. Schlewer, and C.-G. Wermuth, *Bull. Soc. Chim. Fr.*, **1985**, 865.
505. F. F. Abdel-Latif, *Bull. Soc. Chim. Fr.*, **1990**, 129.
506. B. Unterhalt and U. Pindur, *Arch. Pharm. (Weinheim, Ger.)*, **1977**, *310*, 264.
507. G. Seitz and W. Overheu, *Arch. Pharm. (Weinheim, Ger.)*, **1977**, *310*, 936.
508. G. Seitz and W. Overheu, *Arch. Pharm. (Weinheim, Ger.)*, **1979**, *312*, 452.
509. G. Heinisch and A. Mayrhofer, *Arch. Pharm. (Weinheim, Ger.)*, **1980**, *313*, 53.
510. G. Seitz and W. Overheu, *Arch. Pharam. (Weinheim, Ger.)*, **1981**, *314*, 376.
511. G. Heinisch, A. Mayrhofer, and R. Waglechner, *Arch. Pharm. (Weinheim, Ger.)*, **1982**, *315*, 175.
512. U. Berger, G. Dannhart, and R. Oberrusberger, *Arch. Pharm. (Weinheim, Ger.)*, **1982**, *315*, 428.
513. G. Heinisch, I. Kirchner, I. Kurzmann, G. Lötsch, and R. Waglechner, *Arch. Pharm. (Weinheim, Ger.)*, **1983**, *316*, 508.
514. D. Binder, C. R. Noe, K. Bauman, and J. M. F. Wildburger, *Arch. Pharm. (Weinheim, Ger.)*, **1985**, *318*, 243.
515. M. C. Gómez-Gil, V. Gómez-Parra, F. Sánchez, and T. Torres, *Arch. Pharam. (Weinheim, Ger.)*, **1986**, *319*, 60.
516. N. Haider and G. Heinisch, *Arch. Pharm. (Weinheim, Ger.)*, **1986**, *319*, 850.
517. G. Heinisch and D. Lassnigg, *Arch. Pharm. (Weinheim, Ger.)*, **1987**, *320*, 1222.
518. N. M. Fathy, F. M. Abdel-Motti, and G. E. H. Elgemeie, *Arch. Pharm. (Weinheim, Ger.)*, **1988**, *321*, 509.
519. W. Ried, and T. A. Eichhorn, *Arch. Pharm. (Weinheim, Ger.)*, **1988**, *321*, 527.
520. G. Seitz, R. Hoferichter, and R. Mohr, *Arch. Pharm. (Weinheim, Ger.)*, **1989**, *322*, 415.
521. G. H. Elgemeie, H. A. Elfahham, Y. R. Ibrahiem, and M. H. Elnagdi, *Arch. Pharm. (Weinheim, Ger.)*, **1989**, *322*, 535.
522. S. Corsano, G. Strappaghetti, and A. Codagnone, *Arch. Pharm. (Weinheim, Ger.)*, **1989**, *322*, 833.
523. P. Y. Boamah, N. Haider, and G. Heinisch, *Arch. Pharm. (Weinheim, Ger.)*, **1990**, *323*, 207.
524. M. Heida and S. Yurugi, *Yakugaku Zasshi*, **1972**, *92*, 1312.
525. T. Kurihara, E. Okada, and M. Akagi, *Yakugaku Zasshi*, **1972**, *92*, 1557.
526. S. Furukawa and M. Watanabe, *Yakugaku Zasshi*, **1972**, *92*, 1561.
527. I. Suzuki and S. Sueyoshi, *Yakugaku Zasshi*, **1973**, *93*, 59.
528. Y. Maki and M. Suzuki, *Yakugaku Zasshi*, **1973**, *93*, 171.
529. S. Sueyoshi and I. Suzuki, *Yakugaku Zasshi*, **1975**, *95*, 1327.

530. K. Satoh, T. Miyasaka, and K. Arakawa, *Yakugaku Zasshi*, **1977**, *97*, 422.
531. M. Takaya, T. Yamashita, and K. Ozeki, *Yakugaku Zasshi*, **1978**, *98*, 413.
532. M. Takaya, T. Yamada, and H. Shimamura, *Yakugaku Zasshi*, **1978**, *98*, 1421.
533. M. Takaya, T. Yamashita, A. Yamaguchi, and H. Kohara, *Yakugaku Zasshi*, **1978**, *98*, 1530.
534. M. Takaya, K. Terashima, and K. Ozeki, *Yakugaku Zasshi*, **1978**, *98*, 1472.
535. M. Takaya, T. Yamada, and A. Yamaguchi, *Yakugaku Zasshi*, **1979**, *99*, 211.
536. J. Haginawa, Y. Higuchi, Y. Hirawata, N. Hoshino, and H. Sakakura, *Yakugaku Zasshi*, **1979**, *99*, 1176.
537. A. Ohsawa, T. Uezu, and H. Igeta, *Yakugaku Zasshi*, **1980**, *100*, 774.
538. K. Satoh and T. Miyasaka, *Yakugaku Zasshi*, **1983**, *103*, 399.
539. M. Takaya, *Yakugaku Zasshi*, **1987**, *107*, 819.
540. M. Takaya, *Yakugaku Zasshi*, **1987**, *107*, 910.
541. M. Takaya, *Yakugaku Zasshi*, **1988**, *108*, 136.
542. M. Takaya, *Yakugaku Zasshi*, **1988**, *108*, 911.
543. E. Testa and L. Fontanella, *Farmaco, Ed. Sci.*, **1971**, *26*, 950.
544. E. Bellasio, A. Ripamonti, F. Parravicini, and E. Baldoli, *Farmaco, Ed. Sci.*, **1972**, *27*, 591.
545. G. Pappalardo, F. Duro, G. Scapini, and F. Vittorio, *Farmaco, Ed. Sci.*, **1972**, *27*, 643.
546. M. Japelj, A. Pollak, U. Valcavi, M. Likar, and P. Schauer, *Farmaco, Ed. Sci.*, **1973**, *28*, 116.
547. G. Pappalardo, E. Bousquet, and F. Duro, *Farmaco, Ed. Sci.*, **1973**, *28*, 681.
548. F. Duro, G. Scapini, and F. Vittorio, *Farmaco, Ed. Sci.*, **1975**, *30*, 208.
549. F. Duro, F Vittorio, F. Pappalardo, and G. Ronsisvalle, *Farmaco, Ed. Sci.*, **1977**, *32*, 106.
550. F. Duro, P. Condorelli, and G. Pappalardo, *Farmaco, Ed. Sci.*, **1977**, *32*, 173.
551. E. Abignente, F. Arena, P. de Caprariis, and L. Parente, *Farmaco*, Ed. Sci., **1977**, *32*, 430.
552. P. Condorelli, G. Pappalardo, and F. Duro, *Farmaco, Ed. Sci.*, **1977**, *32*, 531.
553. G. Pappalardo, F. Vittorio, and F. Duro, *Farmaco, Ed. Sci.*, **1977**, *32*, 780.
554. F. Parravicini, G. Scarpitta, L. Dorigotti, and G. Pifferi, *Farmaco, Ed. Sci.*, **1978**, *33*, 99.
555. E. Bellasio and A. Campi, *Farmaco, Ed. Sci.*, **1978**, *33*, 565.
556. F. Duro, F. Pappalardo, and F. Vittorio, *Farmaco, Ed. Sci.*, **1978**, *33*, 676.
557. M. Kočevar, B. Stanovnik, and M. Tišler, *Croat. Chem. Acta*, **1973**, *45*, 457.
558. V. Pirc, B. Stanovnik, and M. Tišler, *Croat. Chem. Acta*, **1973**, *45*, 547.
559. K. N. Zelenin, V. A. Nikitin, N. M. Anodina, and Z. M. Matveeva, *Zh. Org. Khim.*, **1972**, *8*, 1438.
560. K. G. Golodova, S. I. Yakimovich, and F. Y. Perveev, *Zh. Org. Khim.*, **1972**, *8*, 2488.
561. K. N. Zelenin and Y. Y. Dumpis, *Zh. Org. Khim.*, **1973**, *9*, 1295.
562. L. G. Zaitseva, I. B. Avezov, O. A. Subbotin, and I. G. Bolesov, *Zh. Org. Khim.*, **1975**, *11*, 1415.
563. M. I. Komendantov, R. R. Bermukhametov, and V. G. Novinskii, *Zh. Org. Khim.*, **1976**, *12*, 801.
564. M. I. Volynets, I. V. Samartseva, and L. A. Pavlova, *Zh. Org. Khim.*, **1982**, *18*, 1557.
565. R. G. Dubenko, A. I. Dychenko, P. S. Pel'kis, and M. O. Lozinskii, *Zh. Org. Khim.*, **1984**, *20*, 416.
566. N. F. Volynets, I. V. Samartseva, I. V. Khramova, and L. A. Pavlova, *Zh. Org. Khim.*, **1984**, *20*, 1760.
567. M. I. Komendantov, I. B. Logosh, and I. N. Domnin, *Zh. Org. Khim.*, **1985**, *21*, 1026.
568. Y. V. Shurukhin, N. A. Klyuev, and I. I. Grandberg, *Zh. Org. Khim.*, **1985**, *21*, 2057.

569. V. V. Shevchenko, G. A. Vasil'evskaya, N. S. Klimenko, S. N. Loshkareva, and T. S. Khramova, *Zh. Org. Khim.*, **1986**, *22*, 711.
570. O. P. Petrenko, V. V. Lapachev, and V. P. Mamaev, *Zh. Org. Khim.*, **1988**, *24*, 1799.
571. O. P. Petrenko and V. V. Lapachev, *Zh. Org. Khim.*, **1988**, *24*, 1806.
572. V. V. Zalesov, N. A. Pulina, and Y. S. Andreichikov, *Zh. Org. Khim.*, **1989**, *25*, 1054.
573. K. A. Lukin and N. S. Zefirov, *Zh. Org. Khim.*, **1990**, *26*, 289.
574. M. V. Baklanov and A. N. Frolov, *Zh. Org. Khim.*, **1990**, *26*, 1141.
575. J. A. Zoltewicz and L. W. Deady, *J. Am. Chem. Soc.*, **1972**, *94*, 2765.
576. J. D. Rosen and M. Siewierski, *J. Agr. Food Chem.*, **1972**, *20*, 434; *Chem. Abstr.*, **1972**, *76*, 113154.
577. W. M. Williams and W. R. Dolbier, *J. Am. Chem. Soc.*, **1972**, *94*, 3955.
578. V. Urbans and E. Gudriniece, *Latv. PSR Zinat. Akad. Vestis, Kim. Ser.*, **1972**, 107; *Chem. Abstr.*, **1972**, *76*, 153690.
579. J. E. O'Reilly and P. J. Elving. *J. Am. Chem. Soc.*, **1972**, *94*, 7941.
580. E. Gudriniece and V. V. Solov'eva, *Latv. PSR Zinat. Akad. Vestis, Kim. Ser.*, **1972**, 81; *Chem. Abstr.*, **1972**, *76*, 153691.
581. K. B. Tomer, N. Harrit, I. Rosenthal, O. Buchardt, P. L. Kumler, and D. Creed, *J. Am. Chem. Soc.*, **1973**, *95*, 7402.
582. M. Lempert-Stréter and K. Lempert, *Acta Chim. (Budapest)*, **1972**, *72*, 349; *Chem. Abstr.*, **1972**, *77*, 34413.
583. B. A. Carlson, W. A. Sheppard, and O. W. Webster, *J. Am. Chem. Soc.*, **1975**, *97*, 5291.
584. V. Urbans, E. Gudriniece, and T. V. Kotenko, *Latv. PSR Zinat. Akad. Vestis, Kim. Ser.*, **1972**, 353; *Chem Abstr.*, **1972**, *77*, 88450.
585. V. Sprio and S. Plescia, *Ann. Chim. (Rome)*, **1972**, *62*, 345; *Chem. Abstr.*, **1972**, *77*, 126538.
586. S. Baloniak, *Rocz. Chem.*, **1972**, *46*, 751; *Chem. Abstr.*, **1972**, *77*, 126539.
587. G. S. Predvoditeleva, T. V. Kartseva, and M. N. Shchukina, *Khim.-Farm. Zh.*, **1972**, *6*(8), 11; *Chem. Abstr.*, **1972**, *77*, 126543.
588. T. Ajello, S. Grambrone, and L. Giammanco, *Atti Accad. Sci., Lett. Arti Palero, Parte 1*, **1969–1970**, *30*, 77; *Chem. Abstr.*, **1972**, *77*, 139945.
589. L. W. Jelinski and E. F. Kiefer, *J. Am. Chem. Soc.*, **1976**, *98*, 281.
590. Y. Y. Lee, *Daehan Hwahak Hwoejee*, **1972**, *16*, 189; *Chem. Abstr.*, **1972**, *77*, 139947.
591. A. Karklina, E. Gudriniece, and J. Paulins, *Latv. PSR Zinat. Akad, Vestis, Kim. Ser.*, **1972**, 496; *Chem. Abstr.*, **1972**, *77*, 139948.
592. Y. Y. Lee, W. Y. Lee, and S. H. Chang, *Daehan Hwahak Hwoejee*, **1972**, *16*, 229; *Chem. Abstr.*, **1972**, *77*, 152095.
593. D. Heller and G. Wagner, *Pharmazie*, **1972**, *27*, 427; *Chem. Abstr.*, **1973**, *78*, 4475.
594. P. B. Dervan and T. Uyehara, *J. Am. Chem. Soc.*, **1976**, *98*, 1262.
595. G. Wagner and D. Goebel, *Pharmazie*, **1972**, *27*, 433; *Chem Abstr.*, **1973**, *78*, 4479.
596. V. V. Solov'eva and E. Gudriniece, *Latv. PSR Zinat. Akad. Vestis, Kim. Ser.*, **1972**, 572; *Chem. Abstr.*, **1973**, *78*, 16120.
597. E. Stefanescu, I. Druta, and M. Petrovanu, *An. Stiint, Univ. "Al. I. Cuza" Iasi, Sect. 1c*, **1972**, *18*, 165; *Chem. Abstr.*, **1973**, *78*, 43437.
598. P. B. Dervan and T. Uyehara, *J. Am. Chem. Soc.*, **1976**, *98*, 2003.
599. V. Urbans, E. Gudriniece, and L. A. Khoroshanskaya, *Latv. PSR Zinat. Akad. Vestis, Kim. Ser.*, **1972**, 712; *Chem. Abstr.*, **1973**, *78*, 72035.
600. S. F. Nelsen and G. R. Weisman, *J. Am. Chem. Soc.*, **1976**, *98*, 3281.

601. A. Karklina and E. Gudriniece, *Latv. PSR Zinat. Akad. Vestis, Kim. Ser.*, **1972**, 718; *Chem. Abstr.*, **1973**, *78*, 72037.
602. J. Abblard and L. Cronenberger, *Chim. Ther.*, **1972**, *7*, 485; *Chem. Abstr.*, **1973**, *78*, 97277.
603. D. Heller and G. Wagner, *Pharmazie*, **1973**, *28*, 103; *Chem. Abstr.*, **1973**, *78*, 136602.
604. G. R. Weisman and S. F. Nelsen, *J. Am. Chem. Soc.*, **1976**, *98*, 7007.
605. T. Jojima, *Sankyo Kenkyusho Nempo*, **1972**, *24*, 121; *Chem Abstr.*, **1973**, *78*, 159538.
606. T. Jojima, K. Kawakubo, and T. Honma, *Sankyo Kenkyusho Nempo*, **1972**, *24*, 128; *Chem. Abstr.*, **1973**, *79*, 14311.
607. H. Alper, J. E. Prickett, and Wollwitz, *J. Am. Chem. Soc.*, **1997**, *99*, 4330.
608. G. Wagner and D. Goebal, *Pharmazie*, **1973**, *28*, 184; *Chem. Abstr.*, **1973**, *79*, 19021.
609. S. F. Nelsen and E. L. Clennan, *J. Am. Chem. Soc.*, **1978**, 100, 4004.
610. G. S. Predvoditeleva, T. V. Kartseva, and M. N. Shchukina, *Khim.-Farm. Zh.*, **1973**, *7*(5), 13; *Chem. Abstr.*, **1973**, *79*, 42447.
611. B. Krawcynska and Z. Eckstein, *Przem. Chem.*, *1973*, *52*, 276; *Chem. Abstr.*, **1973**, *79*, 53245,
612. P. B. Dervan, T. Uyehara, and D. S. Santilli, *J. Am. Chem. Soc.*, **1979**, *101*, 2069.
613. Y. Y. Lee and S. Z. Song, *Daehan Hwahak Hwoejee*, **1973**, *17*, 25; *Chem. Abstr.*, **1973**, *79*, 53244.
614. T. V. Gortinskaya, V. G. Nyrkova, N. V. Savitskaya, M. N. Shchukina, Z. M. Klimonova, V. G. Potapova, L. S. Gorodetskii, and O. N. Volzhina, *Khim.-Farm. Zh.*, **1973**, *7*(6), 21; *Chem. Abstr.*, **1973**, *79*, 92139.
615. S. F. Nelsen, W. C. Hollinsed, L. A. Grezzo, and W. P. Parmelea, *J. Am. Chem. Soc.*, **1979**, *101*, 7347.
616. P. B. Dervan and D. S. Santilli, *J. Am. Chem. Soc.*, **1980**, *102*, 3863.
617. V. Sprio, S. Plescia, and I. Fabra, *Atti Accad. Sci., Lett. Arti Palermo, Parte 1*, **1972**, *31*, 179; *Chem. Abstr.*, **1973**, *79*, 105026.
618. A. Schweig, N. Thon, S. F. Nelsen, and L. A. Grezzo, *J. Am. Chem. Soc.*, **1980**, *102*, 7438.
619. P. M. Lahti and J. A. Berson, *J. Am. Chem. Soc.*, **1981**, *103*, 7011.
620. S. Baloniak and A. Mroczkiewicz, *Acta Pol. Pharm.*, **1973**, *30*, 123; *Chem. Abstr.*, **1973**, *79*, 115520.
621. M. F. Ahern, A. Leopold, J. R. Beadle, and G. W. Gokel, *J. Am. Chem. Soc.*, **1982**, *104*, 548.
622. R. A. Stearns and P. R. Ortiz-de-Montellano, *J. Am. Chem. Soc.*, **1985**, *107*, 234.
623. P. Dowd, W. Chang, and Y. H. Paik, *J. Am. Chem. Soc.*, **1986**, *108*, 7416.
624. D. L. Boger and R. S. Coleman, *J. Am. Chem. Soc.*, **1987**, *109*, 2717.
625. P. S. Engel and W.-X. Wu, *J. Am. Chem. Soc.*, **1989**, *111*, 1830.
626. L. S. Hegedus and B. R. Lundmark, *J. Am. Chem. Soc.*, **1989**, *111*, 9194.
627. J. Nakayama and R. Hasemi, *J. Am. Chem. Soc.*, **1990**, *112*, 5654.
628. J. Nakayama and A. Hirashima, *J. Am. Chem. Soc.*, **1990**, *112*, 7648.
629. E. W. Bittner and J. T. Gerig, *J. Am. Chem. Soc.*, **1972**, *94*, 913.
630. H. H. Wasserman and H. Matsuyama, *J. Am. Chem. Soc.*, **1981**, *103*, 461.
631. P. H. Ogden, *J. Chem. Soc. (C)*, **1971**, 2920.
632. C. W. Rees and M. Yelland, *J. Am. Chem. Soc., Perkin Trans. 1*, **1972**, 77.
633. S. Groszkowski, J. Wrona, and W. Szuflet, *Rocz. Chem.*, **1973**, *47*, 1551; *Chem. Abstr.*, **1974**, *80*, 59906.
634. F. G. Baddar, M. H. Nosseir, N. L. Doss, and N. N. Messiha, *J. Chem. Soc., Perkin Trans. 1*, **1972**, 1091.
635. D. Heller and G. Wagner, *Pharmazie*, **1973**, *28*, 641; *Chem. Abstr.*, **1974**, *80*, 83508.

636. J. A. Elvidge and J. A. Pickett, *J. Chem. Soc., Perkin Trans. 1*, **1972**, 1483.
637. R. S. Fenton, J. K. Landquist, and S. E. Meek, *J. Chem. Soc., Perkin Trans. 1*, **1972**, 2323.
638. E. Stefanescu, I. Druta, and M. Petrovanu, *An. Stiint. Univ. "Al. I. Cuza" Iasi, Sect. 1c*, **1973**, *19*, 175; *Chem. Abstr.*, **1974**, *80*, 108471.
639. J. A. Elvidge and J. A. Pickett, *J. Chem. Soc., Perkin Trans. 1*, **1972**, 2346.
640. J. K. Landquist and S. E. Meek, *J. Chem. Soc., Perkin Trans. 1*, **1972**, 2735.
641. J. K. Landquist and C. W. Thornber, *J. Chem. Soc., Perkin Trans. 1*, **1973**, 1114.
642. S. G. Agbalyan, G. V. Grigoryan, A. A. Dzhaninyan, and K. G. Oganesyan, *Arm. Khim. Zh.*, **1974**, *27*, 139; *Chem. Abstr.*, **1974**, *81*, 37527.
643. R. D. Chambers and M. Y. Gribble, *J. Chem. Soc., Perkin Trans. 1*, **1973**, 1405.
644. J. Wolinski and A. Uliasz, *Acta Pol. Pharm.*, **1974**, *31*, 21; *Chem. Abstr.*, **1974**, *81*, 105425.
645. R. D. Chambers and M. Y. Gribble, *J. Chem. Soc., Perkin Trans. 1*, **1973**, 1411.
646. T. Jojima and H. Takechiba, *Agr. Biol. Chem.*, **1974**, *38*, 1169; *Chem. Abstr.*, **1974**, *81*, 120558.
647. R. D. Chambers, M. V. Gribble, and E. Marper, *J. Chem. Soc., Perkin Trans. 1*, **1973**, 1710.
648. S. Baloniak and A. Mroczkiewicz, *Rocz. Chem.*, **1974**, *48*, 399; *Chem. Abstr.*, **1974**, *81*, 120559.
649. S. L. Bell, R. D. Chambers, M. V. Gribble, and J. R. Maslakiewicz, *J. Chem. Soc., Perkin Trans. 1*, **1973**, 1716.
650. A. Karlina, E. Gurdiniece, and V. Komras, *Nov. Issled. Obl. Khim. Khim. Tekhnol., Mater. Nauchno-Tekh. Konf. Professorsko-Prepod. Sostava Nauchn. Rab. Khim. Fak. RPI*, **1972**, 18; *Chem. Abstr.*, **1974**, *82*, 4193.
651. G. V. Boyd and K. Heatherington, *J. Chem. Soc., Perkin Trans. 1*, **1973**, 2532.
652. G. S. Predvoditheleva, T. V. Kartseva, and M. N. Shchukina, *Khim.-Farm. Zh.*, **1974**, *8*(9), 7; *Chem. Abstr.*, **1975**, *82*, 23339.
653. R. D. Chambers, M. Clark, J. A. H. MacBride, W. K. R. Musgrave, and K. C. Srivastava, *J. Chem. Soc., Perkin Trans. 1*, **1974**, 125.
654. S. Alazawe and J. A. Elvidge, *J. Chem. Soc., Perkin Trans. 1*, **1974**, 696.
655. S. Baloniak and A. Mroczkiewicz, *Rocz. Chem.*, **1974**, *48*, 1623; *Chem. Abstr.*, **1975**, *82*, 112019.
656. G. Adembri, S. Chimichi, F. de Sio, R. Nesi, and M. Scotton, *J. Chem. Soc., Perkin Trans. 1*, **1974**, 1022.
657. L. G. Zaitseva, I. B. Avezov, O. A. Subbotin, and I. G. Bolesov, *Vestn. Mosk. Univ., Khim.*, **1974**, *15*, 723; *Chem. Abstr.*, **1975**, *82*, 170141.
658. R. D. Chambers, M. Clark, J. R. Maslakiewicz, W. K. R. Musgrave, and P. G. Urben, *J. Chem. Soc., Perkin Trans. 1*, **1974**, 1513.
659. D. Heller and G. Wagner, *Pharmazie*, **1975**, *30*, 207; *Chem. Abstr.*, **1975**, *83*, 43664.
660. R. D. Chambers, S. Partington, and D. B. Speight, *J. Chem. Soc., Perkin Trans. 1*, **1974**, 2673.
661. H. W. Lee and Y. Y. Lee, *Taehan Hwahak Hoechi*, **1975**, *19*, 38; *Chem. Abstr.*, **1975**, *83*, 58734.
662. G. Seitz and T. Kämpchen, *Chem.-Ztg.*, **1975**, *19*, 292; *Chem. Abstr.*, **1975**, *83*, 114325.
663. R. D. Chambers, J. A. H. MacBride, J. R. Maslakiewicz, and K. C. Srivastava, *J. Chem. Soc., Perkin Trans. 1*, **1975**, 396.
664. M. Lora-Tamayo, P. Navarro, M. Pardo, and J. L. Soto, *An. Quim.*, **1975**, *71*, 400; *Chem. Abstr.*, **1975**, *83*, 178964.
665. D. E. Ames and R. J. Ward, *J. Chem. Soc., Perkin Trans. 1*, **1975**, 534.
666. R. D. Chambers, J. R. Maslakiewicz, and K. C. Srivastava, *J. Chem. Soc., Perkin Trans. 1*, **1975**, 1130.

667. A. Landa, S. Seoane, and J. L. Soto, *An. Quim.*, **1974**, *70*, 962; *Chem. Abstr.*, **1975**, *83*, 178965.
668. N. Dennis, A. R. Katritzky, and M. Ramaiah, *J. Chem. Soc., Perkin Trans. 1*, **1975**, 1506.
669. T. L. Gilchrist, G. E. Gymer, and C. W. Rees, *J. Chem. Soc., Perkin Trans. 1*, **1975**, 1747.
670. K.-C. Liu and H.-J. Jan, *J. Chem. Soc.*, *(Taipei)*, **1975**, *22*, 243; *Chem. Abstr.*, **1976**, *84*, 43729.
671. P.-Y. How and J. Parrick, *J. Chem. Soc., Perkin Trans. 1*, **1976**, 1363.
672. K. Grabliauskas, *Mater. Nauchn. Konf. Kaunas. Med. Inst.*, 22nd, **1972**, 133; *Chem. Abstr.*, **1976**, *84*, 59389.
673. J. Wolinski and A. Ilczuk, *Acta Pol. Pharm.*, **1975**, *32*, 307; *Chem. Abstr.*, **1976**, *84*, 121752.
674. J. Strumillo, *Acta Pol. Pharm.*, **1975**, *32*, 287; *Chem. Abstr.*, **1976**, *84*, 150580.
675. G. B. Barlin, *J. Chem. Soc., Perkin Trans. 1*, **1976**, 1424.
676. K. Kaji, H. Nagashima, Y. Ohta, and J. Yoshida, *Hukusokan Kagaku Toronkai Koen Yoshishu*, 8th, **1975**, 24; *Chem. Abstr.*, **1976**, *84*, 164704.
677. J. Wolinski and A. Ilczuk, *Acta Pol. Pharm.*, **1975**, *32*, 539; *Chem. Abstr.*, **1976**, *85*, 5576.
678. S. Baloniak, A. Mroczkiewicz, and M. Cagara, *Acta Pol. Pharm.*, **1975**, *32*, 445; *Chem. Abstr.*, **1976**, *85*, 32941.
679. M. Ochiai, T. Okada, A. Moromoto, and K. Kawakita, *J. Chem. Soc., Perkin Trans. 1*, **1976**, 1988.
680. N. F. Tyupalo, V. A. Yakobi, A. A. Stepanyan, L. F. Budennaya, and A. Z. Kozorezov, *Ukr. Khim. Zh. (Russ. Ed.)*, **1976**, *42*, 394; *Chem. Abstr.*, **1976**, *85*, 46577.
681. M. Petrovanu and Mai Van Tri, *Bul. Inst. Polyteh. Iasi, Sect. 2*, **1975**, *21*, 53; *Chem. Abstr.*, **1976**, *85*, 63014.
682. M. Petrovanu, Mai Van Tri, and V. Barboiu, *Rev. Roum. Chim.*, **1976**, *21*, 717; *Chem. Abstr.*, **1976**, *85*, 63015.
683. C. R. Davies and J. S. Davies, *J. Chem. Soc., Perkin Trans. 1*, **1976**, 2390.
684. G. Adembri, S. Chimichi, F. de Sio, R. Nesi, and M. Scotton, *Chim. Ind. (Milan)*, **1976**, *58*, 217; *Chem. Abstr.*, **1976**, *85*, 94300.
685. S. Baloniak, U. Thiel, and M. Pacholczyk. *Acta Pol. Pharm.*, **1976**, *33*, 73; *Chem. Abstr.*, **1977**, *86*, 43640.
686. G. Adembri, S. Chimichi, R. Nesi, and M. Scotton, *J. Chem. Soc., Perkin Trans. 1*, **1977**, 1020.
687. Z. Kneta and K. M. Vasserman, *Nauka-Prakt. Farm.*, **1974**, 199; *Chem. Abstr.* **1977**, *86*, 72555.
688. J. Wolinski and A. Ilczuk, *Acta Pol. Pharm.*, **1976**, *33*, 141; *Chem. Abstr.*, **1977**, *86*, 89754.
689. G. B. Barlin and P. Lakshminarayana, *J. Chem. Soc., Perkin Trans. 1*, **1977**, 1038.
690. J. Wolinski and A. Ilczuk, *Acta Pol. Pharm.*, **1976**, *33*, 457; *Chem. Abstr.*, **1977**, *86*, 189828.
691. S. N. Eğe, M. L. C. Carter, D. F. Ortwine, S.-S. P. Chou, and J. F. Richman, *J. Chem. Soc., Perkin Trans. 1*, **1977**, 1252.
692. J. Wolinski and A. Ilczuk, *Acta Pol. Pharm.*, **1976**, *33*, 547; *Chem. Abstr.*, **1977**, *86*, 189829.
693. B. I. Mikhant'ev, G. V. Shatalov, and S. A. Gridchin, *Izv. Vyssh. Uchebn. Zaved., Khim. Khim. Tekhnol.*, **1977**, *20*, 419; *Chem. Abstr.*, **1977**, *67*, 6392.
694. V. Konečný, *Chem. Zvesti*, **1976**, *30*, 663; *Chem. Abstr.*, **1977**, *87*, 135236.
695. S. Sueyoshi and I. Suzuki, *Eisei Shikensho Hokoku*, **1976**, 43; *Chem. Abstr.*, **1977**, *87*, 184444.
696. M. G. Barlow, R. N. Haszeldine, and J. A. Pickett, *J. Chem. Soc., Perkin Trans. 1*, **1978**, 378.
697. R. Faragher and T. L. Gilchrist, *J. Chem. Soc., Perkin Trans. 1*, **1979**, 249.

698. L. Pitarch, R. Coronas, and J. Mallol, *Eur. J. Med. Chem.*, **1974**, *9*, 644; *Chem. Abstr.*, **1975**, *83*, 53193.
699. Y. Maki, M. Suzuki, T. Furuta, M. Kawamura, and M. Kuzuya, *J. Chem. Soc., Perkin Trans. 1*, **1979**, 1199.
700. L. Crombie, N. A. Kerton, and G. Pattenden, *J. Chem. Soc., Perkin Trans. 1*, **1979**, 2136.
701. T. V. Gortinskaya, V. G. Nyrkova, N. V. Savitskaya, I. N. Fedorova, A. I. Polezhaeva, M. D. Mashkovskii, and T. F. Vlasova, *Khim.-Farm. Zh.*, **1977**, *11*(8), 27; *Chem. Abstr.*, **1978**, *88*, 6821.
702. S. Chimichi and R. Nesi, *J. Chem. Soc., Perkin Trans. 1*, **1979**, 2215.
703. S. Baloniak and A. Mroczkiewicz, *Ann. Pharm. (Poznan)*, **1977**, *12*, 53; *Chem. Abstr.*, **1978**, *88*, 22803.
704. K. Matsumoto and T. Uchida, *J. Chem. Soc., Perkin Trans. 1*, **1981**, 73.
705. S. Baloniak and A. Mroczkiewicz, *Ann. Pharm. (Poznan)*, **1977**, *12*, 65; *Chem. Abstr.*, **1978**, *88*, 22804.
706. R. D. Chambers, W. K. R. Musgrave, and C. R. Sargent, *J. Chem. Soc., Perkin Trans. 1*, **1981**, 1071.
707. J. Wolinski and A. Ilczuk, *Acta Pol. Pharm.*, **1977**, *34*, 139; *Chem. Abstr.*, **1978**, *88*, 22806.
708. E. Stefanescu and M. Petrovanu, *Rev. Med.-Chir.*, **1977**, *81*, 291; *Chem. Abstr.*, **1978**, *88*, 62354.
709. R. N. Barnes, R. D. Chambers, R. D. Hercliffe, and W. K. R. Musgrave, *J. Chem. Soc., Perkin Trans. 1*, **1981**, 2059.
710. Mai Van Tri, M. Petrovanu, and I. Druta, *Bul. Inst. Politeh. Iasi, Sect. 2*, **1977**, *23*, 45; *Chem. Abstr.*, **1978**, *88*, 105248.
711. E. Gafitanu, M. Caprosu, R. Danet, and M. Petrovanu, *Rev. Med.-Chir.*, **1977**, *81*, 469; *Chem. Abstr.*, **1978**, *88*, 136551.
712. M. H. Elnagdi, H. A. Elfahham, M. R. H. Elmoghayar, K. U. Sadek, and G. E. H. Elgemeie, *J. Chem. Soc., Perkin Trans. 1*, **1982**, 989.
713. F. S. Babichev, L. M. Pereshivana, and Y. M. Volovenko, *Dopov. Akad. Nauk Ukr. RSR, Ser. B*, **1978**, 30; *Chem. Abstr.*, **1978**, *88*, 152533.
714. F. Stefanescu and M. Petrovanu, *Rev. Med.-Chir.*, **1977**, *81*, 475; *Chem. Abstr.*, **1978**, *88*, 152534.
715. H. McNab and I. Stobie, *J. Chem. Soc., Perkin Trans. 1*, **1982**, 1845.
716. S. Plescia, G. Dattolo, and V. Sprio, *Atti Accad. Sci., Lett. Arti Palermo, Parte 1*, **1976**, *34*, 377; *Chem. Abstr.*, 1978, *89*, 43310.
717. A. Sammour, A. F. M. Fahmy, M. Abdalla, and A. A. Hamed, *Egypt J. Chem.*, **1975**, *18*, 1041; *Chem. Abstr.*, **1978**, *89*, 146860.
718. C. Seoane and J. L. Soto, *An. Quim.*, **1977**, *73*, 1352; *Chem. Abstr.*, **1978**, *89*, 146861.
719. H. McNab, *J. Chem. Soc., Perkin Trans. 1*, **1983**, 1203.
720. S. Groszkowski and J. Wrona, *Pol. J. Chem.*, **1978**, *52*, 1029; *Chem. Abstr.*, **1978**, *89*, 146874.
721. M. Petrovanu, E. Gafitanu, M. Caprosu, and R. Danet, *Rev. Med.-Chir.*, **1977**, *81*, 659; *Chem. Abstr.*, **1978**, *89*, 163524.
722. D. Hunter and D. G. Neilson, *J. Chem. Soc., Perkin Trans. 1*, **1983**, 1601.
723. T. V. Kartseva, G. S. Predvoditeleva, V. I. Shvedov, L. B. Lapaeva, and G. N. Pershin, *Khim.-Farm. Zh.*, **1978**, *12*(7), 89; *Chem. Abstr.*, **1978**, *89*, 163547.
724. S. S. Brady, C. van Hoek, and V. F. Boyd, *Anal. Methods Pestic. Plant Growth Regul.*, **1978**, *10*, 415; *Chem. Abstr.*, **1978**, *89*, 210221.
725. S. J. Clarke, D. E. Davies, and T. L. Gilchrist, *J. Chem. Soc., Perkin Trans. 1*, **1983**, 1803.

726. S. Baloniak, R. S. Ludwiczak, and E. Melzer, *Pol. J. Chem.*, 1978, *52*, 1249; *Chem. Abstr.*, **1978**, *89*, 215325.
727. Naser-ud-Din, *Pak. J. Sci. Ind. Res.*, **1978**, *21*, 119; *Chem. Abstr.*, **1979**, *90*, 203999.
728. C. H. Hassall, A. Kröhn, C. J. Moody, and W. A. Thomas, *J. Chem. Soc., Perkin Trans. 1*, **1984**, 155.
729. Y. M. Volovenko, L. M. Pereshivana, and F. S. Babichev, *Dopov. Akad. Nauk Ukr. PSR, Ser. B*, **1979**, 193; *Chem. Abstr.*, **1979**, *90*, 204004.
730. V. I. Shvedov, N. V. Savitskaya, V. G. Nyrkova, Z. A. Pankina, I. N. Fedorova, O. A. Fedotova, L. F. Linberg, and A. I. Polezhaeva, *Khim.-Farm. Zh.*, **1979**, *13*(3), 34; *Chem. Abstr.*, **1979**, *91*, 5211.
731. L. J. S. Knutsen, B. D. Judkins, W. L. Mitchell, R. F. Newton, and D. I. C. Scopes, *J. Chem. Soc., Perkin Trans. 1*, **1984**, 229.
732. M. Petrovanu and Mai Van Tri, *Bul. Inst. Politeh. Iasi, Sect. 2*, **1978**, *24*, 87; *Chem. Abstr.*, **1979**, *91*, 39412.
733. H. Jahine, H. A. Zahar, A. Sayed, and M. Seada, *Pak. J. Sci.*, **1978**, *30*, 6; *Chem. Abstr.*, **1979**, *91*, 175281.
734. A. K. Forrest, R. R. Schmidt, G. Huttner, and I. Jibril, *J. Chem. Soc., Perkin Trans. 1*, **1984**, 1981.
735. A. A. Nada, *Egypt. J. Chem.*, **1976**, *19*, 621; *Chem. Abstr.*, **1979**, *91*, 175283.
736. S. Chimichi, R. Nesi, and M. Neri, *J. Chem. Soc., Perkin Trans. 1*, **1984**, 2491.
737. A. Sammour, M. Selim, A. F. Fahmy, A. A. Nada, and I. A. Abd-Elmawgoud, *Egypt. J. Chem.*, **1976**, *19*, 801; *Chem. Abstr.*, **1979**, *91*, 211312.
738. S. P. Breukelman, G. D. Meakins, and A. M. Roe, *J. Chem. Soc., Perkin Trans. 1*, **1985**, 1627.
739. T. L. Gilchrist, J. A. Stevens, and B. Parton, *J. Chem. Soc., Perkin Trans. 1*, **1985**, 1741.
740. N. Haider and G. Heinisch, *J. Chem. Soc., Perkin Trans. 1*, **1986**, 169.
741. G. Lawton, C. J. Moody, and C. J. Pearson, *J. Chem. Soc., Perkin Trans. 1*, **1987**, 877.
742. G. Lawton, C. J. Moody, C. J. Pearson, and D. J. Williams, *J. Chem. Soc., Perkin Trans. 1*, **1987**, 885.
743. B. Robinson, M. I. Khan, and M. J. Shaw, *J. Chem. Soc., Perkin Trans. 1*, **1987**, 2265.
744. T. L. Gilchrist, D. Hughes, W. Stretch, and E. J. T. Chrystal, *J. Chem. Soc., Perkin Trans. 1*, **1987**, 2505.
745. A. E. Bayliff and R. D. Chambers, *J. Chem. Soc., Perkin Trans. 1*, **1988**, 201.
746. N. Haider and G. Heinisch, *J. Chem. Soc., Perkin Trans. 1*, **1988**, 401.
747. M. K. Shepherd, *J. Chem. Soc., Perkin Trans. 1*, **1988**, 961.
748. W. Dmowski and A. Haas, *J. Chem. Soc., Perkin Trans. 1*, **1988**, 1179.
749. P. D. Leeson and J. C. Emmett, *J. Chem. Soc., Perkin Trans. 1*, **1988**, 3085.
750. D. M. B. Hickey, P. D. Leeson, S. D. Carter, M. D. Goodyear, S. J. Jones, N. J. Lewis, I. T. Morgan, M. V. Mullane, and J. Y. Tricker, *J. Chem. Soc., Perkin Trans. 1*, **1988**, 3097.
751. D. M. B. Hickey, P. D. Leeson, R. Novelli, V. P. Shah, B. E. Burpitt, L. P. Crawford, B. J. Davies, M. B. Mitchell, K. D. Pancholi, D. Tuddenham, N. J. Lewis, and C. O'Farrell, *J. Chem. Soc., Perkin Trans. 1*, **1988**, 3103.
752. I. Maeba, T. Iijima, Y. Matsuda, and C. Ito, *J. Chem. Soc., Perkin Trans. 1*, **1990**, 73.
753. G. Szilágyi, P. Sohár, J. Langó, and G. Zólyomi, *Tetrahedron*, **1989**, *45*, 1793.
754. J. A. Moore, O. S. Rothenberger, W. C. Fultz, and J. A. Rheingold, *J. Org. Chem.*, **1984**, *49*, 1261.
755. T. Tsuchiya, H. Arai, and H. Igeta, *Chem. Pharm. Bull.*, **1971**, *19*, 1108.
756. Y. Kobayashi, T. Kutsuma, and K. Morinaga, *Chem. Pharm. Bull.*, **1971**, *19*, 2106.

757. M. Yanai, T. Kinoshita, and S. Takeda, *Chem. Pharm. Bull.*, **1971**, *19*, 2181.
758. T. Tsuchiya, H. Arai, T. Tonami, and H. Igeta, *Chem. Pharm. Bull.*, **1971**, *19*, 2204.
759. S. Yurugi, M. Hieda, T. Fushimi, and M. Tomimoto, *Chem. Pharm. Bull.*, **1971**, *19*, 2354.
760. M. Yanai, T. Kinoshita, S. Takeda, and H. Sadaki, *Chem. Pharm. Bull.*, **1972**, *20*, 166.
761. T. Tsuchiya, H. Arai, H. Kawamura, and H. Igeta, *Chem. Pharm. Bull.*, **1972**, *20*, 269.
762. T. Tsuchiya, H. Arai, and H. Igeta, *Chem. Pharm. Bull.*, **1972**, *20*, 273.
763. T. Tsuchiya, H. Arai, T. Tonami, and H. Igeta, *Chem. Pharm. Bull.*, **1972**, *20*, 300.
764. Y. Maki and M. Takaya, *Chem. Pharm. Bull.*, **1972**, *20*, 747.
765. M. Yanai, T. Kinoshita, S. Takeda, M. Nishimura, and T. Kuraishi, *Chem. Pharm. Bull.*, **1972**, *20*, 1617.
766. T. Jojima, H. Takeshiba, and T. Konotsune, *Chem. Pharm. Bull.*, **1972**, *20*, 2191.
767. H. Igeta, T. Tsuchiya, C. Kaneko, and S. Suzuki, *Chem. Pharm. Bull.*, **1973**, *21*, 125.
768. Y. Maki, M. Suzuki, O. Toyota, and M. Takaya, *Chem. Pharm. Bull.*, **1973**, *21*, 241.
769. S. Kamiya and G. Okusa, *Chem. Pharm. Bull.*, **1973**, *21*. 1510.
770. T. Tsuchiya, H. Arai, and H. Igeta, *Chem. Pharm. Bull.*, **1973**, *20*, 1516.
771. M. M. Mohamed, M. A. El-Hashash, and M. El-Kady, *Rev. Roum. Chim.*, **1979**, *24*, 1381; *Chem. Abstr.*, **1980**, *92*, 94015.
772. C. Kaneko, T. Tsuchiya, and H. Igeta, *Chem. Pharm. Bull.*, **1973**, *21*, 1764.
773. Y. Masaki, H. Otsuka, Y. Nakayama, and M. Hioki, *Chem. Pharm. Bull.*, **1973**, *21*, 2780.
774. N. A. Shams, *Rev. Roum. Chim.*, **1979**, *24*, 453; *Chem. Abstr.*, **1980**, *92*, 146719.
775. M. F. Ismail, N. A. Shams, S. E. A. Rahman, and A. K. Fateen, *Rev. Roum. Chim.*, **1979**, *24*, 899; *Chem. Abstr.*, **1980**, *92*, 181113.
776. Y. Maki, M. Syzuki, and M. Takaya, *Chem. Pharm. Bull.*, **1974**, *22*, 229.
777. M. Caprosu, M. Ungureanu, I. Druta, N. Starvri, and M. Petrovanu, *Bul. Inst. Politeh. Iasi, Sect. 2*, **1979**, *25*, 79; *Chem. Abstr.*, **1980**, *92*, 198338.
778. K. Imada and K. Asano, *Chem. Pharm. Bull.*, **1974**, *22*, 1691.
779. N. Latif, A. A. Nada, and N. B. Hanna, *Egypt J. Chem.*, **1977**, *20*, 217; *Chem. Abstr.*, **1980**, *93*, 8115.
780. M. A. F. El-Kaschef, F. M. E. Abdel-Megeid, and M. A. Michael, *Egypt. J. Chem.*, **1977**, *20*, 117; *Chem. Abstr.*, **1980**, *93*, 26371.
781. K. Imada, *Chem. Pharm. Bull.*, **1974**, *22*, 1732.
782. K. Kasugi, M. Hirobe, and T. Okamoto, *Chem. Pharm. Bull.*, **1974**, *22*, 1814.
783. Y. Kobayashi, I. Kumadaki, H. Sato, Y. Sekine, and T. Hara, *Chem. Pharm. Bull.*, **1974**, *22*, 2097.
784. S,. Baloniak, E. Linkowska, and I. Zyczynska-Baloniak, *Acta Pol. Pharm.*, **1979**, *36*, 301; *Chem. Abstr.*, **1980**, *93*, 46557.
785. T. Tsuchiya, M. Hasebe, H. Arai, and H. Igeta, *Chem. Pharm. Bull.*, **1974**, *22*, 2276.
786. Y. Kanaoka, M. Hasebe, and E. Sato, *Fukusokan Kagaku, Toronkai Koen Yoshishu, 12th*, **1979**, 156; *Chem. Abstr.* **1980**, *93*, 71679.
787. S. Baloniak and E. Melzer, *Acta Pol. Pharm.*, **1979**, *36*, 147; *Chem. Abstr.*, **1980**, *93*, 114428.
788. V. Konečný and Š, Varkonda, *Chem. Zvesti*, **1979**, *33*, 822; *Chem. Abstr.*, **1980**, *93*, 132432.
789. T. Tsuchiya, H. Arai, M. Hasebe, and H. Igeta, *Chem. Pharm. Bull.*, **1974**, *22*, 2301.
790. C. Kaneko, T. Tsuchiya, and H. Igeta, *Chem. Pharm. Bull.*, **1974**, *22*, 2894.
791. S. Kamiya and M. Tanno, *Chem. Pharm. Bull.*, **1975**, *23*, 923.
792. S. Baloniak, E. Drozdzynska, E. Linkowska, M. Filczewska, A. Mroczliewicz, K. Oledzka, and I. Zyczynska-Baloniak, *Acta Pol. Pharm.*, **1979**, *36*, 295; *Chem. Abstr.*, **1980**, *93*, 168212.

793. M. Yanai, T. Kinoshita, S. Takeda, and M. Nishimura, *Chem. Pharm. Bull.*, **1975**, *23*, 1689.
794. S. Kamiya and M. Tanno, *Chem. Pharm. Bull.*, **1975**, *23*, 1879.
795. A. Aydin and H. Feuer, *Chim. Acta Turc.*, **1979**, *7*, 121; *Chem. Abstr.*, **1980**, *93*, 220680.
796. S. Sueyoshi and I. Suzuki, *Chem. Pharm. Bull.*, **1975**, *23*, 2767.
797. H. Igeta, H. Arai, H. Hasegawa, and T. Tsuchiya, *Chem. Pharm. Bull.*, **1975**, *23*, 2791.
798. H. Igeta, C. Kaneko, and T. Tsuchiya, *Chem. Pharm. Bull.*, **1975**, *23*, 2798.
799. A. Mroczkiewicz, *Pol. J. Chem.*, **1980**, *54*, 1095; *Chem. Abstr.*, 1981, *94*, 83875.
800. M. Nagata, S. Miyakoshi, H. Takezawa, K. Matoba, and T. Yamazaki, *Chem. Pharm. Bull.*, **1975**, *23*, 3056.
801. T. Jojima, H. Takeshiba, and T. Kinoto, *Chem. Pharm. Bull.*, **1976**, *24*, 1581.
802. H. Satoh, M. Tonegawa, K. Kitahara, and R. Aoyagi, *Tokyo Ika Daigaku Kiyo*, **1979**, *5*, 71; *Chem. Abstr.*, **1981**, *94*, 84045.
803. F. H. Al-Hajjar, A. Anani, and Y. Al-Sultan, *J. Univ. Kuwait, Sci.*, **1979**, *6*, 93; *Chem. Abstr.*, **1981**, *94*, 120806.
804. G. V. Grigoryan and S. G. Agbalyan, *Arm. Khim. Zh.*, **1980**, *30*, 862; *Chem. Abstr.*, **1981**, *94*, 139528.
805. T. Jojima, H. Takeshiba, and T. Kinoto, *Chem. Pharm. Bull.*, **1976**, *24*, 1588.
806. G. V. Grigoryan and S. G. Agbalyan, *Arm. Khim. Zh.*, **1980**, *33*, 856; *Chem. Abstr.*, **1981**, *94*, 156662.
807. J. Kosáry, *Magy. Kem. Foly.*, **1980**, *86*, 564; *Chem. Abstr.*, **1981**, *94*, 175021.
808. G. H. Sayed, M. Elkardy, and M. A. Elhashash, *Rev. Roum. Chim.*, **1980**, *25*, 1375; *Chem. Abstr.*, **1981**, *94*, 192249.
809. A. Aydin and H. Feuer, *Chim. Acta Turc.*, **1980**, *8*, 113; *Chem. Abstr.*, **1981**, *95*, 7189.
810. B. Stanovnik, A. Hribar, and M. Tišler, *Vestn. Slov. Kem. Drus.*, **1981**, *28*, 35; *Chem. Abstr.*, **1981**, *95*, 24907.
811. H. Jahine, H. A. Zahar, A. Sayed, and M. Saeda, *Pak. J. Sci. Res.*, **1980**, *32*, 91; *Chem. Abstr.*, **1981**, *95*, 80869.
812. P. Mátyus, G. Szilágyi, E. Kasztreiner, and P. Sohár, *Acta Chim. Acad. Sci. Hung.*, **1981**, *106*, 205; *Chem. Abstr.*, **1981**, *95*, 115436.
813. K. Nishikawa, H. Shimakawa, Y. Inada, Y. Shibouta, S. Kikuchi, S. Yurugi, and Y. Oka, *Chem. Pharm. Bull.*, **1976**, *24*, 2057.
814. A. Aydin and H. Feuer, *Chim. Acta Turc.*, **1981**, *9*, 199; *Chem. Abstr.*, **1981**, *95*, 150569.
815. L. Golič, V. Kaučič, B. Stanovnik, and M. Tišler, *Vestn. Slov. Kem Drus.*, **1981**, *28*, 121; *Chem. Abstr.*, **1981**, *95*, 160288.
816. M. Tišler, *Synthesis*, **1973**, 123.
817. H. Hasegawa, H. Arai, and H. Igeta, *Chem. Pharm. Bull.*, **1977**, *25*, 192.
818. N. V. Kuznetsov and V. E. Makarenko, *Ukr. Khim. Zh. (Russ. Ed.)*, **1981**, *47*, 657; *Chem. Abstr.*, **1981**, *95*, 203858.
819. K. Arakawa, T. Miyasaka, and K. Satoh, *Chem. Pharm. Bull.*, **1977**, *25*, 299.
820. M. Yanai, S. Takeda, and T. Mitsuoka, *Chem. Pharm. Bull.*, **1977**, *25*, 1708.
821. M. Yanai, S. Takeda, and M. Nishikawa, *Chem. Pharm. Bull.*, **1977**, *25*, 1856.
822. A. Ohsawa, T. Uezu, and H. Igeta, *Chem. Pharm. Bull.*, **1978**, *26*, 2428.
823. A. Ohsawa, Y. Abe, and H. Igeta, *Chem. Pharm. Bull.*, **1978**, *26*, 2550.
824. T. Tsuchiya, H. Sashida, and H. Sawanishi, *Chem. Pharm. Bull.*, **1978**, *26*, 2880.
825. A. Ohsawa, T. Uezu, and H. Igeta, *Chem. Pharm. Bull.*, **1978**, *26*, 3633.
826. S. Kamiya, M. Miyahara, S. Sueyoshi, I. Suzuki, and S. Odashima, *Chem. Pharm. Bull.*, **1978**, *26*, 3884.

827. A. Ohsawa, T. Uezu, and H. Igeta, *Chem. Pharm. Bull.*, **1979**, *27*, 916.
828. T. Tsujimoto, T. Nomura, M. Iifuru, and Y. Sasaki, *Chem. Pharm. Bull.*, **1979**, *27*, 1169.
829. T. Tsujimoto, C. Kobayashi, T. Nomura, M. Iifuru, and Y. Sasaki, *Chem. Pharm. Bull.*, **1979**, *27*, 2105.
830. T. Jojima, H. Takedhiba, and T. Kinoto, *Chem. Pharm. Bull.*, **1980**, *28*, 198.
831. S. Kamiya and M. Tanno, *Chem. Pharm. Bull.*, **1980**, *28*, 529.
832. T. Tsuchiya, J. Kurita, and K. Takayama, *Chem. Pharm. Bull.*, **1980**, *28*, 2676.
833. H. Igeta, T. Tsuchiya, M. Nakajima, T. Sekiya, Y. Kumaki, T. Nakai, and T. Nojima, *Chem. Pharm. Bull.*, **1969**, *17*, 756.
834. A. Ohsawa, Y. Abe, and H. Igeta, *Chem. Pharm. Bull.*, **1980**, *28*, 3488.
835. A. Ohsawa, H. Arai, and H. Igeta, *Chem. Pharm. Bull.*, **1980**, *28*, 3570.
836. H. Yamanaka, S. Konno, T. Sakamoto, S. Niitsuma, and S. Noji, *Chem. Pharm. Bull.*, **1981**, *29*, 2837.
837. A. Essawy, M. A. El-Hashash, M. M. Abdalla, and A. M. El-Gendy, *Rev. Roun. Chim.*, **1981**, *26*, 1285; *Chem. Abstr.*, **1982**, *96*, 20053.
838. A. Mroczkiewicz, *Acta Pol. Pharm.*, **1981**, *38*, 187; *Chem. Abstr.*, **1982**, *96*, 35179.
839. T. Yamada, Y. Nobuhara, H. Shimamura, K. Yoshihara, A. Yamaguchi, and M. Ohki, *Chem. Pharm. Bull.*, **1981**, *29*, 3433.
840. K. Samula and M. Serwin-Krajewska, *Acta Pol. Pharm.*, **1981**, *38*, 33; *Chem. Abstr.*, **1982**, *96*, 68926.
841. G. Seitz, T. Kämpchen, W. Overheu, and U. Martin, *Chem.-Ztg.*, **1981**, *105*, 342; *Chem. Abstr.*, **1982**, *96*, 68951.
842. F. Yoneda, K. Nakagawa, A. Koshiro, T. Fujita, and Y. Harima, *Chem. Pharm. Bull.*, **1982**, *30*, 172.
843. E. H. M. Ibrahim, O. Sherif, and M. Seada, *Egypt. J. Chem.*, **1980**, *23*, 107; *Chem. Abstr.*, **1982**, *96*, 107.
844. A. A. Nada, A. M. A. Emran, and A. M. Mourad, *Egypt. J. Chem.*, **1980**, *23*, 165; *Chem. Abstr.*, **1982**, *96*, 162625.
845. N. F. Eweiss and S. G. Hussain, *J. Univ. Kuwait, Sci.*, **1981**, *8*, 185; *Chem. Abstr.*, **1982**, *96*, 217172.
846. T. Matsuo, Y. Tsukamoto, T. Takagi, and M. Sato, *Chem. Pharm. Bull.*, **1982**, *30*, 832.
847. F. Fariña, M. V. Martin, and M. C. Paredes, *An. Quim., Ser. C*, **1981**, *77*, 213; *Chem. Abstr.* **1982**, *97*, 23559.
848. F. Fariña, M. V. Martin, and A. Tito, *An. Quim., Ser. C*, **1981**, *77*, 188; *Chem. Abstr.*, **1982**, *97*, 23772.
849. P. Mátyus, G. Szilágyi, E. Kasztreiner, M. Soti, and P. Sohár, *Acta Chim. Acad. Sci. Hung.*, **1982**, *109*, 237; *Chem. Abstr.*, **1982**, *97*, 38904.
850. T. Matsuo, Y. Tsukamoto, T. Takagi, and H. Yaginuma, *Chem. Pharm. Bull.*, **1982**, *30*, 1030.
851. S. Baloniak and I. Zyczynska-Baloniak, *Acta Pol. Pharm.*, **1981**, *38*, 551; *Chem. Abstr.*, **1982**, *97*, 72315.
852. M. Cechura, V. Bekarek, and J. Slouka, *Acta Univ. Palacki. Odomuc., Fac. Rerum Nat.*, **1982**, *73*(21), 51; *Chem. Abstr.,* **1982**, *97*, 72316.
853. G. Heinisch and A. Mayrhofer, *Sci. Pharm.*, **1982**, *50*, 120; *Chem. Abstr.*, **1982**, *97*, 182334.
854. K. Satoh, T. Miyasaka, and K. Arakawa, *Chem. Pharm. Bull.*, **1982**, *30*, 1557.
855. G. V. Shatalov, S. A. Gridchin, G. F. Kofalev, B. I. Mikhant'ev and S. M. Gofman, *Izv. Vyssh. Uchebn. Zaved., Khim. Khim. Tekhnol.*, **1982**, *25*, 1179; *Chem. Abstr.*, **1983**, *98*, 89286.
856. T. Sasaki, A. Nakanishi, and M. Ohno, *Chem. Pharm. Bull.*, **1982**, *30*, 2051.

857. V. A. Kozlov, T. Y. Dol'nikova, V. I. Ivanchenko, V. V. Negrebetskii, A. F. Grapov, and N. N. Mel'nikov, *Zh. Vess. Khim. O'va*, **1982**, *27*, 591; *Chem. Abstr.*, **1983**, *98*, 89288.
858. B. Gonzalez, M. Lora-Tamayo, M. Pardo, J. L. Soto, and M. J. Verde, *An. Quim., Ser. C*, **1982**, *78*, 328; *Chem. Abstr.*, **1983**, *98*, 143354.
859. K. Satoh and T. Miyasaka, *Chem. Pharm. Bull.*, **1983**, *31*, 3811.
860. A. K. Ghosh, P. Mallick, M. S. Anand, G. S. Murthy, and C. S. B. Nair, *Fuel Sci. Technol.*, **1982**, *1*, 47; *Chem. Abstr.*, **1983**, *98*, 72025.
861. A. Aydin and H. Feuer, *Chim. Acta Turc.*, **1982**, *10*, 93; *Chem. Abstr.*, **1983**, *98*, 215553.
862. S. Baloniak and I. Zyczynska-Baloniak, *Acta Pol. Pharm.*, **1982**, *39*, 65; *Chem. Abstr.*, **1983**, *98*, 215554.
863. S. Baloniak, A. Mroczkiewicz, and A. Ostrowicz, *Acta Pol. Pharm.*, **1982**, *39*, 193; *Chem. Abstr.*, **1983**, *98*, 197866.
864. H. Yamanaka, M. Mizugaki, T. Sakamoto, M. Sagi, Y. Nakagawa, H. Takayama, M. Ishibashi, and H. Miyazaki, *Chem. Pharm. Bull.*, **1983**, *31*, 4549.
865. L. Avota, *S. A. Giller-Zhizn. Nauchn. Deyat.*, **1982**, 156; *Chem. Abstr.*, **1983**, *98*, 198062.
866. S. Spyroudis and A. Varvoglis, *Chem. Chron.*, **1982**, *11*, 173; *Chem. Abstr.*, **1983**, *99*, 22412.
867. K. Kaji, H. Nagashima, and H. Oda, *Chem. Pharm. Bull.*, **1984**, *32*, 1423.
868. M. F. Ismail and N. A. Shams, *Egypt. J. Chem.*, **1981**, *24*, 365; *Chem. Abstr.*, **1983**, *99*, 22413.
869. T. Sasaki, K. Shimizu, and M. Ohno, *Chem. Pharm. Bull.*, **1984**, *32*, 1433.
870. W. F. Ismail, N. A. Shams, and A. M. Kaddah, *Egypt. J. Chem.*, **1981**, *24*, 375; *Chem. Abstr.*, **1983**, *99*, 53532.
871. S. Baloniak and E. Melzer, *Acta Pol. Pharm.*, **1982**, *39*, 71; *Chem. Abstr.*, **1983**, *99*, 53681.
872. O. P. Petrenko, V. V. Lapachev, and V. P. Mamaev, *Izv. Sib. Otd. Akad. Nauk SSSR, Ser. Khim. Nauk*, **1983**, 87; *Chem. Abstr.*, **1983**, *99*, 87449.
873. K. Kaji, H. Nagashima, Y. Hirose, and H. Oda, *Chem. Pharm. Bull.*, **1985**, *33*, 982.
874. M. F. Ismail, N. A. Shams, and O. M. El-Sawy, *Egypt. J. Chem.*, **1981**, *24*, 223; *Chem. Abstr.*, **1983**, *99*, 88135.
875. G. Seitz, R. Dhar, and R. Mohr, *Chem.-Ztg.*, **1983**, *107*, 172; *Chem. Abstr.*, **1983**, *99*, 122395.
876. T. Ito, A. Hosono, H. Tachibana, and K. Nitanai, *Nippon Nogei Kagaku Kaishi*, **1983**, *57*, 445; *Chem. Abstr.*, **1983**, *99*, 158352.
877. J. Kurita, K. Takayama, and T. Tsuchiya, *Chem. Pharm. Bull.*, **1985**, *33*, 3540.
878. A. Mroczkiewicz, *Pol. J. Chem.*, **1981**, *55*, 2637; *Chem. Abstr.*, **1983**, *99*, 212482.
879. A. Ohsawa, I. Wada, and H. Igeta, *Chem. Pharm. Bull.*, **1986**, *34*, 1023.
880. E. Sato, M. Hasebe, and Y. Kanaoka, *Chem. Pharm. Bull.*, **1986**, *34*, 3061.
881. H. Nagashima, K. Ukai, H. Oda, Y. Masaki, and K. Kaji, *Chem. Pharm. Bull.*, **1987**, *35*, 350.
882. H. Nagashima, H. Oda, J. Hida, and K. Kaji, *Chem. Pharm. Bull.*, **1987**, *35*, 421.
883. H. Yamazaki, H. Harada, K. Matsuzaki, K. Yoshioka, M. Takase, and E. Ohki, *Chem. Pharm. Bull.*, **1987**, *35*, 2243.
884. C. Rubat, P. Coudert, L. Couquelet, P. Bastide, and J. Bastide, *Chem. Pharm. Bull.*, **1988**, *36*, 1558.
885. H. Sawanishi, S. Saito, and T. Tsuchiya, *Chem. Pharm. Bull.*, **1988**, *36*, 4240.
886. C. Rubat, P. Coudert, P. Bastide, and P. Tronche, *Chem. Pharm. Bull.*, **1988**, *36*, 5000.
887. E. Oishi, A. Yamada, E. Hayashi, K. Tanji, A. Miyashita, and T. Higashino, *Chem. Pharm. Bull.*, **1989**, *37*, 13.
888. C. Rubat, P. Coudert, P. Tronche, J. Bastide, P. Bastide, and A.-M. Privat, *Chem. Pharm. Bull.*, **1989**, *37*, 2832.

889. H. Yamazaki, H. Harada, K. Matsuzaki, K. Yoshioka, M. Takase, and E. Ohki, *Chem. Pharm. Bull.*, **1990**, *38*, 45.
890. B. T. Gillis and R. A. Izydore, *J. Heterocycl. Chem.*, **1972**, *9*, 41.
891. P. Kregar-Čadež, A. Pollak, B. Stanovnik, M. Tišler, and B. Wechtersbach-Lažetič, *J. Heterocycl. Chem.*, **1972**, *9*, 351.
892. E. Sypniewska, A. Tippe, and Z. Eckstein, *Przem. Chem.*, **1983**, *62*, 334; *Chem. Abstr.*, **1984**, *100*, 6433.
893. D. E. Bublitz, *J. Heterocycl. Chem.*, **1972**, *9*, 471.
894. J. A. Hirsch and A. J. Szur, *J. Heterocycl. Chem.*, **1972**, *9*, 523.
895. T. Ito, H. Yamazaki, T. Udagawa, and K. Nitanai, *Nippon Nogei Kagaku Kaishi*, **1983**, *57*, 743; *Chem. Abstr.*, **1984**, *100*, 6660.
896. E. Ajello, *J. Heterocycl. Chem.*, **1972**, *9*, 1427.
897. T. Ito, S. Kajiya, S. Ogawa, and K. Nitanai, *Nippon Nogei Kagaku Kaishi*, **1983**, *57*, 749; *Chem. Abstr.*, **1984**, *100*, 6661.
898. K. U. Sadek, S. M. Fahmy, R. M. Mohareb, and M. H. Elnagdi, *J. Chem. Eng. Data*, **1984**, *29*, 101; *Chem. Abstr.*, **1984**, *100*, 34496.
899. F. S. Babichev, Y. M. Volovenko, and L. M. Pereshivana, *Ukr. Khim. Zh.* (*Russ. Ed.*), **1983**, *49*, 1095; *Chem. Abstr.*, **1984**, *100*, 51533.
900. J. J. Porter, J. L. Murray, and K. B. Takvorian, *J. Heterocycl. Chem.*, **1973**, *10*, 43.
901. G. M. Coppola and S. P. Gimelli, *J. Heterocycl. Chem.*, **1973**, *10*, 323.
902. P. D. Cook and R. N. Castle, *J. Heterocycl. Chem.*, **1973**, *10*, 551.
903. S. C. Shin and Y. Y. Lee, *Taehan Hwahakhoe Chi*, **1983**, *27*, 382; *Chem. Abstr.*, **1984**, *100*, 103276.
904. P. D. Cook and R. N. Castle, *J. Heterocycl. Chem.*, **1973**, *10*, 807.
905. T. Novinson, R. K. Robins, and D. E. O'Brien, *J. Heterocycl. Chem.*, **1973**, *10*, 835.
906. T. Kametani, K. Kigasawa, M. Hiiragi, K. Wakisaka, N. Wagatsuma, O. Kusama, and T. Uryu, *J. Heterocycl. Chem.*, **1973**, *10*, 999.
907. A. Turck, G. Queguiner, and P. Pastour, *J. Heterocycl. Chem.*, **1973**, *10*, 1081.
908. D. K. Chesney and R. N. Castle, *J. Heterocycl. Chem.*, **1974**, *11*, 167.
909. V. Konečný and Š. Kováč, *Chem. Zvesti*, **1983**, *37*, 827; *Chem. Abstr.*, **1984**, *100*, 120991.
910. J. Kosáry, M. Sóti, and E. Kasztreiner, *Magy. Kem. Foly.*, **1983**, *89*, 523; *Chem. Abstr.*, **1984**, *100*, 120996.
911. F. S. Babichev, Y. M. Volovenko, and L. M. Pereshivana, *Ukr. Khim. Zh.* (*Russ. Ed.*), **1983**, *49*, 1197; *Chem. Abstr.*, **1984**, *100*, 139053.
912. S. Groszkowski and J. Wrona, *Pol. J. Chem.*, **1982**, *56*, 1131; *Chem. Abstr.*, **1984**, *100*, 191843.
913. J. Kosáry, E. Kasztreiner, and G. Budai, *Magy. Kem. Foly.*, **1983**, *89*, 567; *Chem. Abstr.*, **1984**, *100*, 209725.
914. G. Maghioros, G. Schlewer, C.-G. Wermuth, J. Lagrange, and P. Lagrange, *Nouv. J. Chim.*, **1983**, *7*, 667.
915. M. A. El-Hashash, S. I. El-Nagdy, and R. M. Saleh, *J. Chem. Eng. Data*, **1984**, *29*, 361; *Chem. Abstr.*, **1984**, *101*, 55020.
916. V. Končný, Š, Kováč, and Š. Varkonda, *Chem. Zvesti*, **1984**, *38*, 239; *Chem. Abstr.*, **1984**, *101*, 110848.
917. G. Tian and C. Lin, *Gaodeng Xuexiao Huaxue Xuebao*, **1984**, *5*, 350; *Chem. Abstr.*, **1984**, *101*, 191820.
918. B. Koren, B. Stanovnik, and M. Tišler, *J. Heterocycl. Chem.*, **1974**, *11*, 471.
919. E. A. Steck, R. P. Brundage, and L. T. Fletcher, *J. Heterocycl. Chem.*, **1974**, *11*, 755.

920. H. H. Moussa, *Egypt. J. Chem.*, **1983**, *26*, 417; *Chem. Abstr.*, **1984**, *101*, 211074.
921. A. Gartner, B. Koren, B. Stanovnik, and M. Tišler, *Vestn. Slov. Kem. Drus.*, **1984**, *31*, 1.
922. A. A. Nada, B. Haggag, S. Abdel-Halim, and Z. M. Rifae, *Egypt. J. Chem.*, **1983**, *26*, 371; *Chem. Abstr.*, **1984**, *101*, 230452.
923. D. S. Wise and R. N. Castle, *J. Heterocycl. Chem.*, **1974**, *11*, 1001.
924. E. A. Steck and L. T. Fletcher, *J. Heterocycl. Chem.*, **1974**, *11*, 1077.
925. P. Smit, G. A. Stork, and H. C. van der Plas, *J. Heterocycl. Chem.*, **1975**, *12*, 75.
926. A. Essawy, A. A. Hamed, M. El-G. Younes, and I. A. G. El-Karim, *Egypt. J. Chem.*, **1983**, *26*, 213; *Chem. Abstr.* **1985**, *102*, 5665.
927. G. Adembri, F. de Sio, R. Nesi, and M. Scotton, *J. Heterocycl. Chem.*, **1975**, *12*, 95.
928. G. H. Sayed, A. A. Ismail, and Z. Hashem, *J. Chem. Soc. Pak.*, **1984**, *6*, 95; *Chem. Abstr.*, **1985**, *102*, 24542.
929. Y. Tamura, J.-H. Kim, and M. Ikeda, *J. Heterocycl. Chem.*, **1975**, *12*, 107.
930. L. Kramberger, P. Lorenčak, S. Polanc, B. Verček, B. Stanovnik, M. Tišler, and F. Považanec, *J. Heterocycl. Chem.*, **1975**, *12*, 337.
931. A. Padwa and L. Gehrlein, *J. Heterocycl. Chem.*, **1975**, *12*, 589.
932. D. J. Katz, D. S. Wise, and L. B. Townsend, *J. Heterocycl. Chem.*, **1975**, *12*, 609.
933. R. Schönböck and E. Kloimstein, *Österr. Chem. Z.*, **1984**, *85*, 185; *Chem. Abstr.*, **1985**, *102*, 62104.
934. S. G. Kon'kova, A. A. Safaryan, and A. N. Akopyan, *Arm. Khim. Zh.*, **1984**, *37*, 572; *Chem. Abstr.*, **1985**, *103*, 37438.
935. P. Smit, G. A. Stork, and H. C. van der Plas, *J. Heterocycl. Chem.*, **1975**, *12*, 957.
936. E. A. Steck, R. P. Brundage, and L. T. Fletcher, *J. Heterocycl. Chem.*, **1975**, *12*, 1009.
937. P. Dalla Croce, *J. Heterocycl. Chem.*, **1975**, *12*, 1133.
938. A. Mroczkiewicz, *Acta Pol. Pharm.*, **1984**, *41*, 429; *Chem. Abstr.*, 1985, *103*, 104885.
939. H. Satoh, M. Tonegawa, and R. Inoue, *Tokyo Ika Daigaku Kiyo*, **1985**, *11*, 1; *Chem. Abstr.*, **1985**, *103*, 104905.
940. M. Dorneanu, E. Carp, E. Stefanescu, and G. Grosu, *Rev. Med.-Chir.*, **1984**, *88*, 712; *Chem. Abstr.*, **1985**, *103*, 160463.
941. G. Garcia, E. Ravina, L. Santana, F. Orallo, and J. M. Calleja, *An. R. Acad. Farm,*, **1985**, *51*, 23; *Chem. Abstr.*, **1985**, *103*, 171690.
942. R. M. Sandifer, L. W. Dasher, W. M. Hollinger, C. W. Thomas, D. C. Reames, C. F. Beam, R. S. Foote, and C. R. Hauser, *J. Heterocycl. Chem.*, **1975**, *12*, 1159.
943. M. Parnarouskis and H. Rubibstein, *J. Heterocycl. Chem.*, **1976**, *13*, 423.
944. V. Nair and K. H. Kim, *J. Heterocycl. Chem.*, **1976**, *13*, 873.
945. K. Czakó and G. Szilágyi, *Acta Chim. Hung.*, **1985**, *118*, 221; *Chem. Abstr.*, **1986**, *104*, 68799.
946. M. F. Ismail, N. A. Shams, A. M. A. El-Khamry, and O. E. Mustafa, *J. Chem. Soc. Pak.*, **1985**, *7*, 41; *Chem. Abstr.*, **1986**, *104*, 109559.
947. G. Adembri, F. de Sio, R. Nesi, and M. Scotton, *J. Heterocycl. Chem.*, **1976**, *13*, 1155.
948. S. Gelin and R. Gelin, *J. Heterocycl. Chem.*, **1977**, *14*, 75.
949. L. S. Crawley and W. J. Fanshawe, *J. Heterocycl. Chem.*, **1977**, *14*, 531.
950. L. A. Khachatryan, L. A. Saakyan, V. K. Ksipteridis, and M. T. Dangyan, *Arm. Khim. Zh.*, **1985**, *38*, 720; *Chem. Abstr.*, **1986**, *105*, 60574.
951. O. H. Hishmat, S. M. S. Atta, M. M. Atalla, and A. H. Abd-El-Rahman, *Pharmazie*, **1985**, *40*, 460; *Chem. Abstr.*, **1986**, *105*, 97407.
952. T. Sakamoto and H. C. van der Plas, *J. Heterocycl. Chem.*, **1977**, *14*, 789.

953. M. B. Hocking, *J. Heterocycl. Chem.*, **1977**, *14*, 829.
954. A. V. Dogot, P. M. Steblyuk, T. V. Baril'nik, and S .B. Kas'ko, *Farm. Zh. (Kiev)*, **1986**(3), 69; *Chem. Abstr.*, **1986**, *105*, 130583.
955. G. Garcia-Mera, E. Ravina, L. Santana, F. Orallo, J. A. Fontenla, and J. M. Calleja, *An. Quim., Ser. C*, **1985**, *81*, 110; *Chem. Abstr.*, **1986**, *105*, 133824.
956. K. H. Pilgram and G. E. Pollard, *J. Heterocycl. Chem.*, **1977**, *14*, 1039.
957. R. S. Vartanyan, L. O. Avetyan, S. A. Karamyan, and S. A. Vartanyan, *Arm. Khim. Zh.*, **1985**, *38*, 743; *Chem. Abstr.*, **1986**, *105*, 133826.
958. S. Chimichi and R. Nesi, *J. Heterocycl. Chem.*, **1977**, *14*, 1099.
959. G. Heinisch, E. Luszczak, and A. Mayrhofer, *J. Heterocycl. Chem.*, **1978**, *15*, 637.
960. H. Felbecker, D. Hollenberg, R. Schaaf, T. Bluhm, and H. H. Perkampus, *J. Heterocycl. Chem.*, **1978**, *15*, 749.
961. J. D. Albright, F. J. McEvoy, and D. B. Moran, *J. Heterocycl. Chem.*, **1978**, *15*, 881.
962. M. Iwao and T. Kuraishi, *J. Heterocycl. Chem.*, **1978**, *15*, 1425.
963. I. Maeba, M. Ando, S. Yoshina, and R. N. Castle, *J. Heterocycl. Chem.*, **1979**, *16*, 245.
964. M. Iwao and T. Kuraishi, *J. Heterocycl. Chem.*, **1979**, *16*, 689.
965. C. Stam, J. J. Zwinselman, H. C. van der Plas, and S. Baloniak, *J. Heterocycl. Chem.*, **1979**, *16*, 855.
966. A. Tomažič, M. Tišler, and B. Stanovnik, *J. Heterocycl. Chem.*, **1979**, *16*, 861.
967. I. Maeba and R. N. Castle, *J. Heterocycl. Chem.*, **1979**, *16*, 1213.
968. I. El-S. El-Kholy, H. M. Fuid-Alla, and M. M. Mishrikey, *J. Heterocycl. Chem.*, **1980**, *17*, 541.
969. B. Stanovnik, M. Tišler, V. Golob, I. Hvala, and O. Nikolič, *J. Heterocycl. Chem.*, **1980**, *17*, 733.
970. M. J. Kornet and R. Daniels, *J. Heterocycl. Chem.*, **1980**, *17*, 1465.
971. G. Heinisch and I. Kirchner, *J. Heterocycl. Chem.*, **1980**, *17*, 1501.
972. M. J. Kornet and J. Chu, *J. Heterocycl. Chem.*, **1981**, *18*, 293.
973. S.-F. Chen and R. P. Panzica, *J. Heterocycl. Chem.*, **1981**, *18*, 303.
974. S. Plescia, G. Daidone, J. Fabra, and V. Sprio, *J. Heterocycl. Chem.*, **1981**, *18*, 333.
975. J. Bourguignon, C. Bécue, and G. Quéguiner, *J. Heterocycl. Chem.*, **1981**, *18*, 425.
976. S. Veeraraghavan, D. Bhattacharjee, and F. D. Popp, *J. Heterocycl. Chem.*, **1981**, *18*, 443.
977. A. W. Addison and P. J. Burke, *J. Heterocycl. Chem.*, **1981**, *18*, 803.
978. G. H. Sayed, M. Y. El-Kady, I. Abd-Elmawgoud, and M. Hamdy, *J. Chem. Soc. Pak.*, **1985**, *7*, 263; *Chem. Abstr.*, **1987**, *106*, 18467.
979. M. A. El-Hashash, M. M. Mohamed, M. A. Sayed, and O. A. Abo-Baker, *Pak. J. Sci. Ind. Res.*, **1985**, *28*, 229; *Chem. Abstr.*, **1987**, *106*, 18468.
980. H. Satoh, R. Inoue, M. Tonegawa, Y. Nishimura, K. Kitahara, and C. Fukasawa, *Tokyo Ika Daigaku Kiyo*, **1986**, *12*, 1; *Chem. Abstr.*, **1987**, *106*, 102194.
981. M. Legraverend, E. Bisagni, and J.-M. Lhoste, *J. Heterocycl. Chem.*, **1981**, *18*, 893.
982. S. Caronna, O. Migliara, and S. Petruso, *Boll. Chim. Farm.*, **1986**, *125*, 114; *Chem. Abstr.*, **1987**, *106*, 102195.
983. A. M. A. El-Khamry, M. E. Shaban, and M. M. Habashy, *Rev. Roum. Chim.*, **1986**, *31*, 387; *Chem. Abstr.*, **1987**, *106*, 119812.
984. T. Otto and K. Galewicz, *Acta Pol. Pharm.*, **1985**, *42*, 331; *Chem. Abstr.*, **1987**, *106*, 196362.
985. S. Baloniak and H. C. van der Plas, *J. Heterocycl. Chem.*, **1981**, *18*, 1109.
986. S. Papadopoulos and J. Stephanidou-Stephanatou, *Chem. Chron.*, **1986**, *15*, 49; *Chem. Abstr.*, **1987**, *106*, 196365.

987. Y. Cui, C. Lin, and G. Tian, *Gaodeng Xuexiao Xuebao*, **1986**, *7*, 417; *Chem. Anstr.*, **1987**, *107*, 58959.
988. A. O. Abdelahamid and N. M. Abed, *Rev. Port. Quim.*, **1985**, *27*, 500; *Chem. Abstr.*, **1987**, *107*, 115551.
989. C. H. Womack and G. E. Martin, *J. Heterocycle. Chem.*, **1981**, *18*, 1165.
990. N. A. Shams, A. M. Elkhamry, and O. E. A. Moustafa, *Egypt. J. Chem.*, **1985**, *28*, 77; *Chem. Abstr.*, **1987**, *107*, 115552.
991. M. A. I. Salem, M. A. El-Hashash, N. S. Harb, and M. I. Marzouk, *J. Chem. Soc. Pak.*, **1986**, *8*, 497; *Chem. Abstr.*, **1987**, *107*, 175607.
992. G. P. Tokmakov, T. G. Zemlyanova, and I. I. Grandberg, *Izv. Timiryazevsk. S'kh. Akad.*, **1986**, 166; *Chem. Abstr.*, **1987**, *107*, 217536.
993. C. H. Womack, J. C. Turley, G. E. Martin, M. Kimura, and S. H. Simonsen, *J. Heterocycl. Chem.*, **1981**, *18*, 1173.
994. I. P. Kupchevskaya and A. V. Stetsenko, *Ukr. Khim. Zh. (Russ. Ed.)*, **1986**, *52*, 1087; *Chem. Abstr.*, **1987**, *107*, 217987.
995. A. Nada, M. F. Zayed, and W. Gad, *Egypt. J. Chem.*, **1985**, *28*, 505; *Chem. Abstr.*, **1988**, *108*, 112365.
996. A. Truck, J.-F. Brument, and G. Quéguiner, *J. Heterocycl. Chem.*, **1981**, *18*, 1465.
997. M. Tonegawa, Y. Nishimura, C. Fukasawa, K. Kitahara, and H. Satoh, *Tokyo Ika Daigaku, Kiyo*, **1987**, *13*, 11; *Chem. Abstr.*, **1988**, *108*, 150399.
998. I. Ciocoiu, S. Cilianu, A. Cirstea, M. Caprosu, E. Stefanescu, and M. Petrovanu, *Rev. Med.-Chir.*, **1987**, *91*, 137; *Chem. Abstr.*, **1988**, *108*, 167405.
999. Y. J. Yoon, D. S. Wise, and L. B. Townsend, *Bull. Korean Chem. Soc.*, **1987**, *8*, 171; *Chem. Abstr.*, **1988**, *108*, 204962.
1000. H. H. Moussa and S. Abdel-Meguid, *J. Heterocycl. Chem.*, **1981**, *18*, 1519.
1001. R. D. Thompson and R. N. Castle, *J. Heterocycl. Chem.*, **1981**, *18*, 1523.
1002. A. A. A. El-Bannary, S. A. S. Ghozlan, and L. I. Ibraheim, *Pharmazie*, **1987**, *42*, 695; *Chem. Abstr.*, **1988**, *109*, 37801.
1003. T. G. Warshaw, *Contact Dermatitis*, **1988**, *18*, 257; *Chem. Abstr.*, **1988**, *109*, 60687.
1004. R. N. Castle, R. D. Thompson, N. K. Dalley, S. H. Simonsen, and S. B. Larson, *J. Heterocycl. Chem.*, **1981**, *18*, 1551.
1005. J. J. Freeman, R. H. McKee, and G. W. Trimmer, *Contact Dermatitis*, **1988**, *18*, 259; *Chem. Abstr.*, **1988**, *109*, 87658.
1006. A. V. Stetsenko, I. P. Kupchevskaya, N. D. Mikhnovskaya, V. P. Podlipskii, and N. V. Klyauz, *Ukr. Khim. Zh. (Russ. Ed.)*, **1987**, *53*, 1099; *Chem. Abstr.*, **1988**, *109*, 93503.
1007. M. Tonegawa, Y. Nishimura, C. Fukasawa, K. Kitahara, J. Yamashita, and H. Sato, *Tokyo Ika Daigaku Kiyo*, **1988**, *14*, 1; *Chem. Abstr.*, **1988**, *109*, 128933.
1008. B. Stanovnik, M. Tišler, M. Ceglar, and V. Bah, *J. Org. Chem.*, **1970**, *35*, 1138.
1009. W. Ried and T. A. Eichhorn, *Chem.-Ztg.*, **1988**, *112*, 140; *Chem. Abstr.*, **1989**, *110*, 8155.
1010. B. Stanovnik, A. Štimac, M. Tišler, and B. Verček, *J. Heterocycl. Chem.*, **1982**, *19*, 577.
1011. R. S. Vartanyan, A. L. Gyul'budagyan, A. K. Khanamiryan, A. A. Karapetyan, and Y. T. Struchkov, *Arm. Khim. Zh.*, **1987**, *40*, 563; *Chem. Abstr.*, **1989**, *110*, 23823.
1012. H. Hara and H. C. van der Plas, *J. Heterocycl. Chem.*, **1982**, *19*, 1285.
1013. R. S. Vartanyan, A. L. Gyul'budagyan, A. K. Khanamiryan, and S. H. Vartanian, *Arm. Khim. Zh.*, **1987**, *40*, 596; *Chem. Abstr.*, **1989**, *110*, 23824.
1014. C. H. Womack, L. M. Martin, G. E. Martin, and K. Smith, *J. Heterocycl. Chem.*, **1982**, *19*, 1447.
1015. E. Pfleging and K. Hartke, *Chem.-Ztg.*, **1988**, *112*, 239; *Chem. Abstr.*, **1989**, *110*, 114775.

1016. F. Chen and Q. Wuang, *Yingyong Huaxue*, **1988**, *5*, 43; *Chem. Abstr.*, **1989**, *110*, 134950.

1017. F. M. Abdel-Motti, N. M. Fathy, A. S. Aly, and F. M. E. Abdel-Megeid, *Proc. Pak. Acad. Sci.*, **1988**, *25*, 73; *Chem. Abstr.*, **1989**, *110*, 173176.

1018. W. Pei, C. Lin, and G. Tian, *Gaodeng Xuexiao Huaxue Xuebao*, **1988**, *9*, 1083; *Chem. Abstr.*, **1989**, *110*, 173177.

1019. N. G. Kandile, A. El-Oawi, V. R. Seliem, and M. F. Ismail, *Acta Chim. Hung.*, **1988**, *125*, 631; *Chem. Abstr.*, **1989**, *111*, 7319.

1020. A. Turck, J.-F. Brument, and G. Quéguiner, *J. Heterocycl. Chem.*, **1983**, *20*, 101.

1021. R. E. Draper and R. N. Castle, *J. Heterocycl. Chem.*, **1983**, *20*, 193.

1022. M. A. Sayed, A. A. El-Khamry, A. Y. Soliman, A. A. Afify, and E. A. Kassab, *J. Chem. Soc. Pak.*, **1988**, *10*, 315; *Chem. Abstr.*, **1989**, *111*, 7321.

1023. M. F. Ismail, A. F. El-Kafrawy, F. A. El-Bassiouny, and O. M. El-Sawy, *Egypt. J. Chem.*, **1986**, *29*, 679; *Chem. Abstr.*, **1989**, *111*, 7322.

1024. C. O. Okafor and R. N. Castle, *J. Heterocycl. Chem.*, **1983**, *20*, 199.

1025. D. J. Katz, D. S. Wise, and L. B. Townsend, *J. Heterocycl. Chem.*, **1983**, *20*, 369.

1026. G. H. Sayed, A. A. Ismail, S. El-Nagdy, and S. M. Mohamed, *Egypt. J. Chem.*, **1986**, *29*, 433; *Chem. Abstr.*, **1989**, *111*, 7323.

1027. A. M. A. El-Khamry, M. E. Shaban, and M. M. Habashy, *Egypt. J. Chem.*, **1986**, *29*, 443; *Chem. Abstr.*, **1989**, *111*, 7324.

1028. F. Fariña, M. V. Martin, M. Romañach, and F. Sánchez, *An. Quim., Ser. C*, **1988**, *84*, 173; *Chem. Abstr.*, **1989**, *111*, 23462.

1029. J. Baker, W. Hedges, J. W. Timberlake, and L. M. Trefonas, *J. Heterocycl. Chem.*, **1983**, *20*, 855.

1030. I. S. Babichev, Y. M. Volovenko, I. P. Kuychevskaya, and S. V. Litvineneko, *Dokl. Akad. Nauk Ukr. SSR, Ser. B*, **1988**(6), 36; *Chem. Abstr.*, **1989**, *111*, 39286.

1031. G. Seitz, R. Mohr, and R. Hoferichter, *Chem.-Ztg.*, **1989**, *113*, 17; *Chem. Abstr.*, **1989**, *111*, 57661.

1032. M. Saeda, M. M. Fawzy, H. Jahine, M. A. El-Megid, and R. R. Saad, *J. Chin. Chem. Soc. (Taipei)*, **1989**, *36*, 241; *Chem. Abstr.*, **1989**, *111*, 112186.

1033. C. O. Okafor, R. N. Castle, and D. S. Wise, *J. Heterocycl. Chem.*, **1983**, *20*, 1047.

1034. A. A. Nada, B. Haggag, M. S. Abd-El-Halim, and Z. Rifae, *Egypt. J. Chem.*, **1986**, *29*, 479; *Chem. Abstr.*, **1989**, *111*, 214446.

1035. P. Coudert, C. Rubat, P. Tronche, P. Bastide, and J. Bastide, *Pharm. Acta Helv.*, **1989**, *64*, 159; *Chem. Abstr.*, **1989**, *111*, 232709.

1036. S. Radl, V. Houskova, and V. Zikan, *Česk. Farm.*, **1989**, *38*, 114; *Chem. Abstr.*, **1990**, *112*, 35785.

1037. A. Counotte-Potman and H. C. van der Plas, *J. Heterocycl. Chem.*, **1983**, *20*, 1259.

1038. W. Overheu, G. Seitz, and H. Wassmuth, *Chem.-Ztg.*, **1989**, *113*, 188; *Chem. Abstr.*, **1990**, *112*, 35786.

1039. N. G. Kandile, F. S. Sayed, and M. F. Ismail, *J. Chem. Soc. Pak.*, **1989**, *11*, 46; *Chem. Abstr.*, **1990**, *112*, 55751.

1040. H. H. Borchert, S. Pfeifer, B. Helbig, P. Franke, and G. Heinisch, *Pharmazie*, **1989**, *44*, 625; *Chem. Abstr.*, **1990**, *112*, 69342.

1041. I. Sircar, *J. Heterocycl. Chem.*, **1983**, *20*, 1473.

1042. M. Tonegawa, Y. Nishimura, C. Fukasawa, K. Kitahara, J. Yamashita, and H. Satoh, *Tokyo Ika Daigaku Kiyo*, **1989**, *15*, 1; *Chem. Abstr.*, **1990**, *112*, 77083.

1043. S. G. Lee, S. Y. Choi, and Y. J. Yoon, *Bull. Korean Chem. Soc.*, **1989**, *10*, 317; *Chem. Abstr.*, **1990**, *112*, 77816.

1044. V. Konečný, J. Muchova, A. Jurasek, and P. Zahradnik, *Chem. Pap.*, **1989**, *43*, 547; *Chem. Abstr.*, **1990**, *112*, 157424.

1045. J. Taoufik, J. D. Couquelet, J. M. Couquelet, and A. Carpy, *J. Heterocycl. Chem.*, **1984**, *21*, 305.

1046. S. A. Said, M. M. Hamid, and A. M. El-Gendy, *Asian J. Chem.*, **1989**, *1*, 376; *Chem. Abstr.*, **1990**, *112*, 198280.

1047. G. Allmaier and G. Heinisch, *J. Heterocycl. Chem.*, **1984**, *21*, 435.

1048. R. P. Gagnier, M. J. Halat, and B. A. Otter, *J. Heterocycl. Chem.*, **1984**, *21*, 481.

1049. T. Otta-Jaworska, *Acta Pol. Pharm.*, **1989**, *46*, 5; *Chem. Abstr.*, **1990**, *112*, 216832.

1050. S. C. Shin, K. H. Kang, Y. Y. Lee, and Y. M. Goo, *Bull. Korean Chem. Soc.*, **1990**, *11*, 22; *Chem. Abstr.*, **1890**, *113*, 40633.

1051. W. D. Jones, J. M. Kane, and A. D. Sill, *J. Heterocycl. Chem.*, **1984**, *21*, 889.

1052. W. M. F. Fabian, *Theochem*, **1990**, *65*, 295.

1053. W. Pei and J. Chen, *Huaxue Tongbao*, **1989**(12), 25; *Chem. Abstr.*, **1990**, *113*, 171971.

1054. K. Kaji, H. Nagashima, Y. Ohta, K. Tabashi, and H. Oda, *J. Heterocycl. Chem.*, **1984**, *21*, 1249.

1055. S. Y. Choi, S. C. Shin, and Y. J. Yoon, *Bull. Korean Chem. Soc.*, **1990**, *11*, 228; *Chem. Abstr.*, **1990**, *113*, 191280.

1056. A. Deeb, S. A. Said, M. M. Hamed, and F. Yasin, *J. Chin. Chem. Soc. (Taipei)*, **1990**, *37*, 287; *Chem. Abstr.*, **1980**, *113*, 211927.

1057. J. Liang, *J. Heterocycl. Chem.*, **1984**, *21*, 1297.

1058. N. P. Peet, *J. Heterocycl. Chem.*, **1984**, *21*, 1389.

1059. B. Abarca, R. Ballesteros, and G. Jones, *J. Heterocycl. Chem.*, **1984**, *21*, 1585.

1060. G. Heinisch and R. Waglechner, *J. Heterocycl. Chem.*, **1984**, *21*, 1727.

1061. K. Koji, H. Nagashima, Y. Ohhata, K. Tabashi, and H. Oda, *J. Heterocycl. Chem.*, **1985**, *22*, 161.

1062. J.-P. Monthéard and J.-C. Dubois, *J. Heterocycl. Chem.*, **1985**, *22*, 719.

1063. C. Kashima, A. Katoh, M. Fukasawa, and Y. Omote, *J. Heterocycl. Chem.*, **1985**, *22*, 927.

1064. I. Sircar, *J. Heterocycl. Chem.*, **1985**, *22*, 1045.

1065. J. Armand, Y. Armand, L. Boulares, C. Bellec, and J. Pinson, *J. Heterocycl. Chem.*, **1985**, *22*, 1519.

1066. W. Dostal and G. Heinisch, *J. Heterocycl. Chem.*, **1985**, *22*, 1543.

1067. J. Taoufik, J. M. Couquelet, J. D. Couquelet, and P. Tronche, *J. Heterocycl. Chem.*, **1985**, *22*, 1615.

1068. G. Heinisch, W. Holzer, and G. A. M. Nawwar, *J. Heterocycl. Chem.*, **1986**, *23*, 93.

1069. L. E. Benjamin, J. V. Earley, and N. W. Gilman, *J. Heterocycl. Chem.*, **1986**, *23*, 119.

1070. H. Heydt, P. Eisenbarth, K. Feith, and M. Regitz, *J. Heterocycl. Chem.*, **1986**, *23*, 385.

1071. K. Kamata and O. Tsuge, *J. Heterocycl. Chem.*, **1986**, *23*, 557.

1072. H. Tondys and H. C. van der Plas, *J. Heterocycl. Chem.*, **1986**, *23*, 621.

1073. E. W. Badger and W. H. Moos, *J. Heterocycl. Chem.*, **1986**, *23*, 1515.

1074. M. S. Akhtar, V. L. Sharma, and A. P. Bhaduri, *J. Heterocycl. Chem.*, **1987**, *24*, 23.

1075. E. S. H. El-Ashry, A. Amer, G. H. Labib, M. M. Abdel-Rahman, and A. M. El-Massry, *J. Heterocycl. Chem.*, **1987**, *24*, 63.

1076. E. A. A. Hafez, Z. El-S. Kandeel, and M. H. Elnagdi, *J. Heterocycl. Chem.*, **1987**, *24*, 227.

1077. S. Sueur, M. Lagrenee, F. Abraham, and C. Bremard, *J. Heterocycl. Chem.*, **1987**, *24*, 1285.

1078. H. M. F. Allah and R. Soliman, *J. Heterocycl. Chem.*, **1987**, *24*, 1745.

1079. N. Haider, G. Heinisch, and D. Lassnigg, *J. Heterocycl. Chem.*, **1988**, *25*, 119.

1080. A. T. M. Marcelis, H. Tondijs, and H. C. van der Plas, *J. Heterocycl. Chem.*, **1988**, *25*, 831.
1081. P. Y. Bamah, N. Haider, G. Heinisch, and J. Moshuber, *J. Heterocycl. Chem.*, **1988**, *25*, 879.
1082. P. Coudert, J. Couquelet, and P. Tronche, *J. Heterocycl. Chem.*, **1988**, *25*, 799.
1083. G. L. Rusinov, I. Y. Postovskii, and E. G. Kovalev, *Dokl. Akad. Nauk SSSR*, **1980**, *253*, 1392.
1084. Y. Matsubara, M. Yoshihara, and T. Maeshima, *Kogyo Kagaku Zasshi*, **1971**, *74*, 2163 and A127.
1085. P. Mátyus, G. Szilágyi, E. Kasztreiner, G. Rabloczky, and P. Sohár, *J. Heterocycl. Chem.*, **1988**, *25*, 1535.
1086. B. E. Burpitt, L. P. Crawford, B. J. Davies, J. Mistry, M. B. Mitchell, K. D. Pancholi, and W. J. Coates, *J. Heterocycl. Chem.*, **1988**, *25*, 1689.
1087. P. H. Olesen, T. Kappe, and J. Becher, *J. Heterocycl. Chem.*, **1988**, *25*, 1719.
1088. G. Maier and M. Schneider, *Angew. Chem.*, **1971**, *83*, 885.
1089. J. W. Lyga, *J. Heterocycl. Chem.*, **1988**, *25*, 1757.
1090. B. D. Schober, G. Megyeri, and T. Kappe, *J. Heterocycl. Chem.*, **1989**, *26*, 169.
1091. J. R. Allan, G. A. Barnes, and D. H. Brown, *J. Inorg. Nucl. Chem.*, **1971**, *33*, 3765.
1092. L. S. Hegedus, N. Kambe, R. Tamura, and P. D. Woodgate, *Organometallics*, **1983**, *2*, 1658.
1093. P. C. H. Mitchell and R. D. Scarle, *J. Chem. Soc., Dalton Trans.*, **1972**, 1809.
1094. N. G. Kandile, A. A. Soliman, and E. A. El-Sawi, *Synth. React. Inorg. Met.-Org. Chem.*, **1989**, *19*, 779.
1095. P. Y. Boamah, N. Haider, and G. Heinisch, *J. Heterocycl. Chem.*, **1989**, *26*, 933.
1096. R. A. Russell, D. E. Marsden, M. Sterns, and R. N. Warrener, *Aust. J. Chem.*, **1981**, *34*, 1223.
1097. R. N. Warrener, E. E. Nunn, and M. N. Paddon-Row, *Aust. J. Chem.*, **1979**, *32*, 2659.
1098. G. Heinisch, T. Huber, C. Langer, W. Gössler, and G. Kollenz, *J. Heterocycl. Chem.*, **1989**, *26*, 1009.
1099. M. Yanai, T. Kinoshita, H. Watanabe, and S. Iwasaki, *Chem. Pharm. Bull.*, **1971**, *19*, 1849.
1100. M. D. Taylor, K. R. Anderson, and E. W. Badger, *J. Heterocycl. Chem.*, **1989**, *26*, 1353.
1101. F. Parravicini, G. Scarpitta, L. Dorigotti, and G. Pifferi, *Farmaco, Ed. Sci.*, **1979**, *34*, 299; *Chem. Abstr.*, **1979**, *91*, 91580.
1102. F. G. Baddar, N. Latif, and A. A. Nada, *J. Indian Chem. Soc.*, **1974**, *51*, 618.
1103. E. Abd-El-Ghani, M. G. Assy, and H. Y. Moustafa, *Monatsch. Chem.*, **1995**, *126*, 1265.
1104. G. Leclerc and C.-G. Wermuth, *Bull. Soc. Chim. Fr.*, **1971**, 1752.
1105. C. Yaroslavasky, P. Bracha, and R. Glaser, *J. Heterocycl. Chem.*, **1989**, *26*, 1649.
1106. D. Barlocco, A. Martini, G. A. Pinna, M. M. Curzu, F. Sala, and M. Germini, *Farmaco, Ed. Sci.*, **1987**, *42*, 585; *Chem. Abstr.*, **1987**, *107*, 168248.
1107. G. A. Pinna, M. M. Curzu, D. Barlocco, G. Cignarella, E. Cavalletti, M. Germini, and K. Berger, *Farmaco, Ed. Sci.*, **1988**, *43*, 539; *Chem. Abstr.*, **1989**, *110*, 504.
1108. G. Heinisch and T. Huber, *J. Heterocycl. Chem.*, **1989**, *26*, 1787.
1109. C. Rubat, P. Coudert, J. Couquelet, P. Bastide, and J. Bastide, *Farmaco, Ed. Sci.*, **1988**, *32*, 1035; *Chem. Abstr.*, **1989**, *110*, 165555.
1110. D. A. Nugiel, K. Jacobs, C. P. Decicco, D. J. Nelson, R. A. Copeland, and K. D. Hardman, *Bioorg. Med. Chem. Lett.*, **1995**, *5*, 3053.
1111. A. Truck, G. Queguiner, and P. Pastour, *C. R. Acad. Sci., Ser. C*, **1973**, *277*, 33.
1112. Y. Matsubara, T. Nakanishi, M. Yoshihara, and T. Maeshima, *J. Polym. Sci., Polym. Lett. Ed.*, **1973**, *11*, 303; *Chem. Abstr.*, **1973**, *79*, 92636.
1113. M. M. Curzu, G. A. Pinna, D. Barlocco, and G. Cignarella, *J. Heterocycl. Chem.*, **1990**, *27*, 205.
1114. F. de Champs, *Ann. Chim. (Paris)*, **1972**, *7*, 411.

References

1115. G. L. Szekeres, R. K. Robins, and R. A. Long, *J. Carbohyd., Nucleosides, Nucleotides*, **1974**, *1*, 97; *Chem. Abstr.*, **1974**, *81*, 91857.
1116. A. Petrič, B. Stanovnik, and M. Tišler, *Chimia*, **1975**, *29*, 466.
1117. B. D. Schober G. Megyeri, and T. Kappe, *J. Heterocycl. Chem.*, **1990**, *27*, 471.
1118. J.-P. Chambon, P. Feltz, M. Heaulme, S. Restle, R. Schlichter, K. Biziere, and C.-G. Wermuth, *Proc. Natl. Acad. Sci. (USA)*, **1985**, *82*, 1832.
1119. P. G .Baraldi, A. Chiarini, A. Leoni, S. Manfredini, D. Simoni, and V. Zanirato, *J. Heterocycl. Chem.*, **1990**, *27*, 557.
1120. J.-P. Vors, *J. Heterocycl. Chem.*, **1990**, *27*, 579.
1121. Y. Tomita, S. Kabashima, T. Okawara, T. Yamisaki, and M. Furukawa, *J. Heterocycl. Chem.*, **1990**, *27*, 707.
1122. B. Chantegrel, C. Deshayes, B. Pujol, and J. W. Zhong, *J. Heterocycl. Chem.*, **1990**, *27*, 927.
1123. H. Heydt., P. Eisenbarth, K. Feith, K. Urgast, G. Maas, and M. Regitz, *Isr. J. Chem.*, **1986**, *27*, 96.
1124. A. J. L. Cooper and A. Meister, *J. Biol. Chem.*, **1973**, *248*, 8489.
1125. S. F. Nelsen, *Acc. Chem. Res.*, **1978**, *11*, 14.
1126. S. Brummer and A. Weiss, *Ber. Bunsenges. Phys. Chem.*, **1990**, *94*, 497.
1127. G. B. Barlin and C. Y. Yap, *Aust. J. Chem.*, **1977**, *30*, 2319.
1128. G. B. Barlin and M. D. Fenn, *Aust. J. Chem.*, **1979**, *32*, 2297.
1129. G. B. Barlin and P. Lakshminarayana, *Aust. J. Chem.*, **1978**, *31*, 389.
1130. S. Haug, J. Eberspächer, and F. Lingens, *Biochem. Biophys. Res. Commun.*, **1973**, *54*, 760.
1131. J.-L. Chabard, J. Taoufik, and J. D. Couquelet, *Org. Mass Spectrom.*, **1983**, *18*, 226.
1132. G. B. Barlin, *Aust. J. Chem.*, **1981**, *34*, 1361.
1133. L. V. Rybin, A. V. Arutyunyan, P. V. Petrovskii, and M. I. Rybinskaya, *Izv. Akad. Nauk SSSR, Ser. Khim.* **1972**, 190.
1134. D. N. Kursanov, M. I. Kalinkin, S. A. Gridchin, G. V. Shatalov, and Z. N. Parnes, *Izv. Akad. Nauk SSSR, Ser. Khim.*, **1979**, 803.
1135. B. Stanovnik, M. Tišler, A. Hribar, G. B. Barlin, and D. J. Brown, *Aust. J. Chem.*, **1981**, *34*, 1729.
1136. L. A. Taran, B. I. Buzykin, O. Y. Mironova, N. G. Gazetdinova, and Y. P. Kitaev, *Izv. Akad. Nauk SSSR, Ser. Khim.*, **1982**, 1192.
1137. G. V. Shustov, S. N. Denisenko, A. B. Zolotoi, O. A. D'yachenko, L. O. Atovmyan, and R. G. Kostyanovskii, *Izv. Akad. Nauk SSSR, Ser. Khim.*, **1986**, 2266.
1138. G. B. Barlin, I. L. Brown, L. Golič, and V. Kaučič, *Aust. J. Chem.*, **1982**, *35*, 423.
1139. M. F. Gordeev and V. A. Dorokhov, *Izv. Akad. Nauk SSSR, Ser. Khim.*, **1988**, 1690.
1140. G. B. Barlin, D. J. Brown, Z. Kadunc, A. Petrič, B. Stanovnik, and M. Tišler, *Aust. J. Chem.*, **1983**, *36*, 1215.
1141. G. V. Shustov, S. N. Denisenko, M. A. Shokhen, and R. G. Kostyanovskii, *Izv. Akad. Nauk SSSR, Ser. Khim.*, **1988**, 1862.
1142. G. B. Barlin and S. J. Ireland, *Aust. J. Chem.*, **1985**, *38*, 1685.
1143. O. P. Petroenko, V. V. Lapachev, and V. P. Mamaev, *Izv. Akad. Nauk SSSR, Ser. Khim.*, **1983**, 1687.
1144. O. P. Petrenko, V. P. Krivopalov, V. V. Lapachev, and V. P. Mamaev, *Izv. Akad. Nauk SSSR, Ser. Khim.*, **1981**, 227; *Chem. Abstr.*, **1981**, *94*, 191211.
1145. G. B. Barlin, *Aust. J. Chem.*, **1986**, *39*, 1803.
1146. Y. S. Shabarov and L. D. Sychkova, *Zh. Obshch. Khim.*, **1972**, *42*, 2058.
1147. G. B. Barlin and S. J. Ireland, *Aust. J. Chem.*, **1987**, *40*, 1491.

1148. Y. S. Shabarov and L. D. Sychkova, *Zh. Obshch. Khim.*, **1972**, *42*, 2285.
1149. G. B. Barlin, L. P. Davies, and M. M. L. Ngu, *Aust. J. Chem.*, **1988**, *41*, 1149.
1150. G. B. Barlin, L. P. Davies, and M. M. L. Ngu, *Aust. J. Chem.*, **1988**, *41*, 1735.
1151. Y. S. Shabarov and L. D. Sychkova, *Zh. Obshch. Khim.*, **1972**, *42*, 2288.
1152. G. B. Barlin, L. P. Davies, S. J. Ireland, and M. M. L. Ngu, *Aust. J. Chem.* **1989**, *42*, 1133.
1153. Y. S. Shabarov and L. D. Sychkova, *Zh. Obshch. Khim.*, **1973**, *43*, 883.
1154. A. N. Nesmeyanov, M. I. Rybinakaya, L. V. Rybin, and A. V. Arutyunyan, *Zh. Obshch, Khim.*, **1974**, *44*, 604.
1155. G. B. Barlin, L. P. Davies, S. J. Ireland, and M. M. L. Ngu, *Aust. J. Chem.*, **1989**, *42*, 1735.
1156. K. N. Zelenin and J. Dumpis, *Khim. Geterotsikl. Soedin.*, **1971**, 400.
1157. G. B. Barlin, L. P. Davies, and M. M. L. Ngu, *Aust. J. Chem.*, **1989**, *42*, 1749.
1158. K. N. Zelenin and J. Dumpis, *Khim. Geterotsikl. Soedin.*, **1971**, 1566.
1159. G. B. Barlin, L. P. Davies, S. J. Ireland, C. L. Y. Koo, and T. M. T. Nguyen, *Aust. J. Chem.*, **1990**, *43*, 503.
1160. K. G. Golodova, S. I. Yakimovich, and F. Y. Perveev, *Khim. Geterotsikl. Soedin.*, **1972**, 131.
1161. G. B. Barlin, L. P. Davies, and M. M. L. Ngu, *Aust. J. Chem.*, **1989**, *42*, 1759.
1162. L. E. Deev, I. B. Lundina, and I. Y. Postovskii, *Khim. Geterotsikl. Soedin.*, **1972**, 1292.
1163. K. N. Zelenin and I. P. Bezhan, *Khim. Geterotsikl. Soedin. Sb. 2*, **1970**, 129; *Chem. Abstr.*, **1972**, *76*, 140695.
1164. K. Y. Novitskii, N. K. Sadovaya, and A. B. Baskina, *Khim. Geterotsikl. Soedin, Sb. 2*, **1970**, 57; *Chem. Abstr.*, **1972**, *77*, 48368.
1165. K. N. Zelenin, V. A. Nikitin, and N. M. Anodina, *Khim. Geterotsikl. Soedin.*, **1973**, 124.
1166. V. V. Solov'eva and E. Gudriniece, *Khim. Geterotsikl. Soedin.*, **1973**, 256.
1167. I. V. Turovskii, V. T. Glezer, L. Y. Avota, Y. P. Stradyn', and S. A. Hiller, *Khim. Geterotsikl. Soedin.*, **1973**, 993.
1168. L. Y. Avota, I. V. Turovskii, and S. A. Hiller, *Khim. Geterotsikl. Soedin.*, **1973**, 1545.
1169. V. G. Ermolaeva, M. N. Shchukina, and N. F. Korolenok, *Khim. Geterotsikl. Soedin.*, **1974**, 124.
1170. S. G. Agbalyan, G. V. Grigoryan, and A. A. Dzhaninyan, *Khim. Geterotsikl. Soedin.*, **1974**, 1079.
1171. T. M. Shanazarova and A. P. Volkova, *Khim. Geterotsikl. Soedin.*, **1974**, 1420.
1172. L. Y. Avota, V. A. Pestunovich, and S. A. Hiller, *Khim. Geterotsikl. Soedin.*, **1975**, 990.
1173. A. N. Kost, M. A. Yurovskaya, and M. T. Nguyen, *Khim. Geterotsikl. Soedin.*, **1975**, 1512.
1174. V. S. Garkusha-Bozhko, R. O. Kochkanyan, O. P. Shvaika, and S. N. Baranov, *Khim. Geterotsikl. Soedin.*, **1976**, 372.
1175. S. A. Hiller, A. V. Eremeev, I. Y. Kalvin'sh, N. G. Semenikhina, E. E. Leipin'sh, T. Kupch, and I. S. Yankovskaya, *Khim. Geterotsikl. Soedin.*, **1976**, 396.
1176. M. F. Marshalkin, V. A. Azimov, L. F. Linberg, and L. N. Yakhontov, *Khim. Geterotsikl. Soedin.*, **1978**, 1120.
1177. V. N. Eraksina, T. M. Ivanova, T. A. Babushkina, A. M. Vasil'ev, and N. N. Suvorov, *Khim. Geterotsikl. Soedin.*, **1979**, 916.
1178. S. G. Agbalyan and R. D. Khachikyan, *Khim. Geterotsikl. Soedin.*, **1978**, 943.
1179. G. V. Shatalov, S. A. Gridchin, and B. I. Mikhant'ov, *Khim. Geterotsikl. Soedin.*, **1980**, 394.
1180. S. A. Stekhova, O. A. Zagulyaeva, V. V. Lapachev, and V. P. Mamaev, *Khim. Geterotsikl. Soedin.*, **1980**, 822.
1181. S. A. Stekhova, V. V. Lapachev, and V. P. Mamaev, *Khim. Geterotsikl. Soedin.*, **1981**, 530.

1182. A. N. Kost, G. A. Golubeva, and A. V. Dovgilevich, *Khim. Geterotsikl. Soedin.*, **1980**, 1287; *Chem. Abstr.*, **1981**, *94*, 65600.

1183. B. I. Buzykin, A. A. Maksimova, A. P. Stolyarov, S. A. Flegontov, and Y. P. Kitaev, *Khim. Geterotsikl. Soedin.*, **1982**, 1536.

1184. O. P. Petrenko, S. F. Bychkov, V. V. Lapachev, and V. P. Mamaev, *Khim. Geterotsikl. Soedin.*, **1984**, 832.

1185. K. F. Turchin, Y. N. Steinker, T. V. Kartseva, and G. S. Predvoditeleva, *Khim. Geterotsikl. Soedin.*, **1984**, 1549.

1186. O. P. Shkurko, S. A. Kuznetsov, A. Y. Denisov, and V. P. Mamaev, *Khim. Geterotsikl. Soedin.*, **1986**, 951.

1187. A. V. Blokhina, V. G. Voronin, V. V. Druzhinina, V. P. Zhestkov, and Y. N. Portnov, *Khim. Geterotsikl. Soedin.*, **1987**, 474.

1188. M. Tišler and B. Stanovnik, *Adv. Heterocycl. Chem.*, **1979**, *24*, 363.

1189. L. N. Klatt and R. L. Rouseff, *J. Electroanal. Chem. Interfacial Electrochem.*, **1973**, *41*, 411.

1190. F. G. Baddar, N. F. Eweiss, M. Nosseir, and N. Latif, *Spectrochim. Acta, Part A*, **1976**, *32*, 837.

1191. L. Radom, R. H. Nobes, D. J. Underwood, and W.-K. Li, *Pure Appl. Chem.*, **1986**, *58*, 75.

1192. T. Boulanger, D. P. Vercauteren, G. Evrard, and F. Durant, *J. Crystallogr. Spectrosc. Res.*, **1987**, *17*, 561.

1193. A. G. Rowley and J. F. R. Steedman, *Chem. Ind. (London)*, **1981**, 365.

1194. M. Ogata, S. Shimizu, and H. Matsumoto, *Chem. Ind. (London)*, **1982**, 200.

1195. B. Robinson and M. J. Shaw, *Chem. Ind. (London)*, **1985**, 660.

1196. G. L. Goe, C. A. Huss, J. G. Keay, and E. F. V. Scriven, *Chem. Ind. (London)*, **1987**, 694.

1197. N. Lewis, *Chem. Ind. (London)*, **1988**, 109.

1198. G. H. Elgemeie, *Chem. Ind. (London)*, **1989**, 653.

1199. P. de Mayo, J. B. Stothers, and M. C. Usselman, *Can. J. Chem.*, **1972**, *50*, 612.

1200. H. Lui and J. Warkentin, *Can. J. Chem.*, **1972**, *50*, 1767.

1201. P. de Mayo and M. C. Usselman, *Can. J. Chem.*, **1973**, *51*, 1724.

1202. M. D. Child, G. A. Foulds, G. C. Percy, and D. A. Thornton, *J. Mol. Struct.*, **1981**, *75*, 191.

1203. P. de Mayo and M. C. Usselman, *Can. J. Chem.*, **1973**, *51*, 1729.

1204. K. R. Kopecky and J. Soler, *Can. J. Chem.*, **1974**, *52*, 2111.

1205. J. Bourguignon, S. Chapelle, P. Grainger, and G. Queguiner, *Can. J. Chem.*, **1982**, *60*, 2668.

1206. M. Beljean-Leymarie, M. Pays, and J.-C. Richer, *Can. J. Chem.*, **1983**, *61*, 2563.

1207. A. N. Nesmeyanov, M. I. Rybinskaya, L. V. Rybin, A. V. Arutyunyan, L. G. Kuz'mina, and Y. T. Struchkov, *J. Organometal. Chem.*, **1974**, 365.

1208. L. Birkofer and R. Stilke, *J. Organometal. Chem.*, **1974**, *74*, C1.

1209. J. T. Gupton, G. Hertel, G. de Crescenzo, C. Colon, D. Baran, D. Dukesherer, S. Novick, D. Liotta, and J. P. Idoux, *Can. J. Chem.*, **1985**, *63*, 3037.

1210. E. A. A. Hafez, M. A. E. Khalifa, S. K. A. Guda, and M. H. Elnagdi, *Z. Naturforsch., Teil B*, **1980**, *35*, 485.

1211. G. Menchi, U. Matteoli, A. Scrivanti, S. Paganelli, and C. Botteghi, *J. Organometal. Chem.*, **1988**, *354*, 215.

1212. R. M. Mohareb and S. M. Fahmy, *Z. Naturforsch., Teil B*, **1985**, *40*, 664.

1213. T. Liptaj, V. Konečný, and S. Kováč, *Magn. Reson. Chem.*, **1990**, *28*, 380.

1214. R. M. Mohareb and S. M. Fahmy, *Z. Naturforsch., Teil B*, **1986**, *41*, 105.

1215. N. S. Ibrahim, R. M. Mohareb, and H. Z. Shams, *Z. Naturforsch., Teil B*, **1988**, *43*, 1351.

1216. M. H. Elnagdi, F. A. M. Abdul-Aal, E. A. A. Hafez, and Y. M. Yassin, *Z. Naturforsch., Teil B*, **1989**, *44*, 683.
1217. M. H. Elnagdi, F. A. M. Abdul-Aal, N. M. Taha, and Y. M. Yassin, *Z. Naturforsch., Teil B*, **1990**, *45*, 389.
1218. R. Cremlyn, F. Swinbourne, S. Plant, D. Saunders, and C. Sinderson, *Phosphorus Sulfur*, **1981**, *10*, 323.
1219. J. Recher and J. Lundsgaard, *Phosphorus Sulfur*, **1983**, *14*, 131.
1220. M. K. A. Ibrahim, *Phosphorus, Sulfur, Silicon Relat. Elem.*, **1990**, *47*, 61.
1221. N. M. Abed, N. S. Ibrahim, S. M. Fahmy, and M. H. Elnagdi, *Org. Prep. Proced. Int.*, **1985**, *17*, 107.
1222. T. N. Srinivasan, K. R. Rao, and P. B. Sattur, *Org. Prep. Proced. Int.*, **1987**, *19*, 80.
1223. J. G. Samaritoni, *Org. Prep. Proced. Int.*, **1988**, *20*, 117.
1224. C. Farina, R. Monguzzi, and M. Pinza, *Org. Prep. Proced. Int.*, **1989**, *21*, 125.
1225. L. J. Altman, M. F. Semelhack, R. B. Hornby, and J. C. Vederas, *Org. Prep. Proced. Int.*, **1975**, *7*, 35; *Chem. Abstr.*, **1975**, *83*, 131535.
1226. T. Naito, J. Okumura, K. Kasai, K. Mesuko, H. Hoshi, H. Kamachi, and H. Kawaguchi, *J. Antibiot.*, **1977** *30*, 691.
1227. K. Čuček, I. Mušič, and B. Verček, *Synth. Commun.*, **1996**, *26*, 1135.
1228. G. Nannini, E. Perrone, D. Severino, F. Casabuona, A. Bedeschi, F. Buzzetti, P. N. Giraldi, G. Meinardi, G. Monti, A. Ceriani, and I. de Carneri, *J. Antibiot.*, **1981**, *34*, 1456.
1229. R. Grote, Y. Chen, A. Zeeck, Z. Chen, H. Zähner, P. Mischnick-Lübbecken, and W. A. König, *J. Antibiot.*, **1988**, *41*, 595.
1230. M. Arimoto, S. Yokohama, M. Sudou, Y. Ichikawa, T. Hayano, H. Tagawa, and M. Furukawa, *J. Antibiot.*, **1988**, *41*, 1795.
1231. R. Nesi, S. Chimichi, F. de Sio, and M. Scotton, *Org. Magn. Reson.*, **1983**, *21*, 42.
1232. E. V. Dehmlow and Naser-Ud-Din, *J. Chem. Res.*, **1978**, *Synop.* 40, *Minipr.* 582.
1233. S. Kanoktanaporn, J. A. H. McBride, and T. J. King, *J. Chem. Res.*, **1980**, *Synop*, 406, *Minipr.* 4901.
1234. F. Sauter, P. Stanetty, A. Blaschke, and H. Vyplel, *J. Chem. Res.*, **1981**, *Synop.* 103, *Minipr.* 1087.
1235. J. Bourguignon, C. Bécue, and G. Quéguiner, *J. Chem. Res.*, **1981**, *Synop.* 104, *Minipr.* 1401.
1236. A. H. Moustafa, A. A. Shalaby, and R. A. Jones, *J. Chem. Res.*, **1983**, *Synop.* 37, *Minipr.* 564.
1237. S. J. Clarke and T. l. Gilchrist, *J. Chem. Res.*, **1985**, *Synop*, 310, *Minipr.* 3371.
1238. S. Papadopoulos and J. Stephanidou-Stephanatou, *J. Chem. Res.*, **1987**, *Synop.* 170.
1239. P. J. Steel and E. C. Constable, *J. Chem. Res.*, **1989**, *Synop.* 189, *Minipr.* 1601.
1240. M. H. Elnagdi, A. W. Erian, K. U. Sadek, and M. A. Selim, *J. Chem. Res.*, **1990**, *Synop.* 148, *Minipr.* 1124.
1241. V. P. Arya, F. Fernandes, and V. Sudarsanam, *Indian J. Chem.*, **1972**, *10*, 598.
1242. R. K. Gupta and M. V. George, *Indian J. Chem.*, **1972**, *10*, 875.
1243. W. I. Awad, A. I. Hashem, and K. El-Badry, *Indian J. Chem.*, **1975**, *13*, 1139.
1244. A. A. Sayed, H. Jahine, H. A. Zaher, and O. Sherif, *Indian J. Chem.*, **1975**, *13*, 1142.
1245. A. K. Fateen, S. A. R. Omran, N. Shams, and A. M. Kaddah, *Indian J. Chem., Sect. B*, **1976**, *14*, 99.
1246. K. R. Rao and P. B. Sattur, *Indian J. Chem., Sect. B*, **1976**, *14*, 203.
1247. A. K. Fateen, S. M. A. R. Omaran, A. M. Kaddah, and A. H. Moustafa, *Indian J. Chem., Sect. B*, **1976**, *14*, 276.
1248. K. R. Rao and P. B. Sattur, *Indian J. Chem., Sect. B*, **1976**, *14*, 896.

1249. S. A. A. Zaidi and T. A. Khan, *Indian J. Chem.*, *Sect. A*, **1977**, *15*, 461.
1250. H. Jahine, A. Sayed, H. A, Zaher, and O. Sherif, *Indian J. Chem.*, *Sect. B*, **1977**, *15*, 250.
1251. H. Jahine, H. A. Zaher, A. Sayed, and M. Seada, *Indian J. Chem.*, *Sect. B*, **1977**, *15*, 352.
1252. M. A. Elkasaby, M. Elkady, and N. A. N. Eldin, *Indian J. Chem.*, *Sect. B*, **1977**, *15*, 436.
1253. A. M. Kaddah and A. M. Khalil, *Indian J. Chem.*, *Sect. B*, **1977**, *15*, 1025.
1254. G. L. Regnier, R. J. Canevari, J. C. le Douarec, S. Holstrop, and J. Daussy, *J. Med. Chem.*, **1972**, *15*, 295.
1255. G. E. Wiegand, V. J. Bauer, S. R. Safir, D. A. Blickens, and S. J. Riggi, *J. Med. Chem.*, **1972**, *15*, 1326.
1256. W. V. Curran and A. Ross, *J. Med. Chem.*, **1974**, *17*, 273.
1257. F. J. McEvoy and G. R. Allen, *J. Med. Chem.*, **1974**, *17*, 281.
1258. G. Pifferi, F. Parravicini, C. Carpi, and L. Dorigotti, *J. Med. Chem.*, **1975**, *18*, 741.
1259. B. Ekström, M. Ovesson, and B. G. Pring, *J. Med. Chem.*, **1975**, *18*, 1166.
1260. J. S. Dwivedi and U. Agarwala, *Indian J. Chem.*, *Sect. A*, **1979**, *17*, 276.
1261. J. A. May and A. C. Sartorelli, *J. Med. Chem.*, **1978**, *21*, 1333.
1262. K. R. Rao and P. B. Sattur, *Indian J. Chem.*, *Sect B*, **1978**, *16*, 163.
1263. N. Latiff, A. A. Nada, and N. B. Hanna, *Indian J. Chem.*, *Sect. B*, **1978**, *16*, 631.
1264. S. M. Zayed, H. M. El-Namaky, and F. M. A. Moti, *Indian J. Chem., Sect. B*, **1978**, *16*, 936.
1265. S. S. Talwar, *Indian J. Chem.*, *Sect. B*, **1978**, *16*, 980.
1266. H. Jahine, H. A. Zaher, Y. Akhnookh, and Z. El-Gendy, *Indian J. Chem.*, *Sect. B*, **1978**, *16*, 1000.
1267. M. A. El-Hashash, M. Y. El-Kady, and M. M. Mohamed, *Indian J. Chem.*, *Sect. B*, **1979**, *18*, 136.
1268. M. F. Ismail, A. A. El-Khamry, N. A. Shams, and O. M. El-Sawy, *Indian J. Chem.*, *Sect. B*, **1980**, *19*, 203.
1269. M. Takaya, M. Sato, K. Terashima, H. Tanizawa and Y. Maki, *J. Med. Chem.*, **1979**, *22*, 53.
1270. B. P. Das, R. A. Wallace, and D. W. Boykin, *J. Med. Chem.*, **1980**, *23*, 578.
1271. C. F. Schwender, B. R. Sunday, J. J. Kerbleski, and D. J. Herzig, *J. Med. Chem.*, **1980**, *23*, 964.
1272. R. Buchman, J. A. Scozzie, Z. S. Ariyan, R. D. Heilman, D. J. Rippin, W. J. Pyne, L. J. Powers, and R. J. Matthews, *J. Med. Chem.*, **1980**, *23*, 1398.
1273. S. W. Fogt, J. A. Scozzie, R. D. Heilman, and L. J. Powers, *J. Med. Chem.*, **1980**, *23*, 1445.
1274. S. A. Khattab and M. M. Hosney, *Indian J. Chem.*, *Sect. B*, **1980**, *19*, 1038.
1275. M. F. Ismail, N. A. Shams, E. A. Soliman, and O. M. El-Sawy, *Indian J. Chem.*, *Sect. B*, **1981**, *20*, 78.
1276. G. H. Sayed and M. S. Abd Elhalim, *Indian J. Chem.*, *Sect. B*, **1981**, *20*, 424.
1277. H. Jahine, H. A. Zaher, O. Sherif, and M. Seada, *Indian J. Chem.*, *Sect. B*, **1981**, *20*, 502.
1278. G. H. Sayed, M. Y. El-Kady, and M. S. Abd-Elhalim, *Indian J. Chem.*, *Sect. B*, **1981**, *20*, 845.
1279. A. H. Moustafa, A. M. Kaddah, and N. A. Shams, *Indian J. Chem.*, *Sect. B*, **1981**, *20*, 1084.
1280. P. Waykole and R. N. Usgaonkar, *Indian J. Chem.*, *Sect. B*, **1982**, *21*, 273.
1281. N. A. Shams, A. M. Kaddah, and A. H. Moustafa, *Indian J. Chem.*, *Sect. B*, **1982**, *21*, 317.
1282. M. F. Ismail, N. A. Shams, and O. E. Mostafa, *Indian J. Chem.*, *Sect. B*, **1982**, *21*, 371.
1283. G. Steiner, J. Gries, and D. Lenke, *J. Med. Chem.*, **1981**, *24*, 59.
1284. J. D. Albright, D. B. Moran, W. B. Wright, J. B. Collins, B. Beer, A. S. Lippa, and E. N. Greenblatt, *J. Med. Chem.*, **1981**, *24*, 592.
1285. D. J. Katz, D. S. Wise, and L. B. Townsend, *J. Med. Chem.*, **1982**, *25*, 813,

1286. A. I. Hashem, M. E. Shaban, and A. F. El-Kafrawy, *Indian J. Chem.*, *Sect. B*, **1982**, *21*, 763.
1287. V. P. Arya, K. Nagarajan, and S. J. Shenoy, *Indian J. Chem.*, *Sect. B*, **1982**, *21*, 1078.
1288. T. Yamada, Y. Nobuhara, A. Yamaguchi, and M. Ohki, *J. Med. Chem.*, **1982**, *25*, 975.
1289. T. Yamada, Y. Nobuhara, H. Shimamura, Y. Tsukamoto, K. Yoshihara, A. Yamaguchi, and M. Ohki, *J. Med. Chem.*, **1983**, *26*, 373.
1290. M. Thyes, H. D. Lehmann, J. Gries, H. König, R. Kretzschmar, R. Lebkücher, and D. Lenke, *J. Med. Chem.*, **1983**, *26*, 800.
1291. D. M. Stout, W. L. Matier, C. Barcelon-Yang, R. D. Reynolds, and B. S. Brown, *J. Med. Chem.*, **1983**, *26*, 808.
1292. T. Yamada, H. Shimamura, Y. Tsukamoto, A. Yamaguchi, and M. Ohki, *J. Med. Chem.*, **1983**, *26*, 1144.
1293. E. Bellasio, A. Campi, N. Di Mola, and E. Baldoli, *J. Med. Chem.*, **1984**, *27*, 1077.
1294. K. D. Deodhar, D. S. Kanekar, and P. N. Pabrekar, *Indian J. Chem.*, *Sect. B*, **1983**, *22*, 512.
1295. M. Ali and N. H. Khan, *Indian J. Chem.*, *Sect. B*, **1984**, *23*, 439.
1296. K. R. Raju and P. S. Rao, *Indian J. Chem.*, *Sect. B*, **1985**, *24*, 785.
1297. S. N. Sawhney, S. Bhutani, and D. Vir, *Indian J. Chem.*, *Sect. B*, **1987**, *26*, 348.
1298. H. A. Zaher, R. M. Abdel-Rahman, and A. M. Abdel-Halim, *Indian J. Chem.*, *Sect. B*, **1987**, *26*, 110.
1299. J. A. Bristol, I. Sircar, H. Walter, D. B. Evans, and, R. E. Weishaar, *J. Med. Chem.*, **1984**, *27*, 1099.
1300. R. E. Bambury, D. T. Feeley, G. C. Lawton, J. M. Weaver, and J. Wemple, *J. Med. Chem.*, **1984**, *27*, 1613.
1301. P. S. N. Reddy and P. P. Reddy, *Indian J. Chem.*, *Sect. B*, **1988**, *27*, 342.
1302. H. V. Patel and P. S. Fernandes, *Indian J. Chem.*, *Sect. B*, **1988**, *27*, 1154.
1303. Z. El-Gendy and R. M. Abdel-Rahman, *Indian J. Chem.*, *Sect. B*, **1989**, *28*, 654.
1304. H. V. Patel and P. S. Fernandes, *Indian J. Chem.*, *Sect. B*, **1989**, *28*, 733.
1305. I. Sircar, B. L. Duell, G. Bobowski, J. A. Bristol, and D. B. Evans, *J. Med. Chem.*, **1985**, *28*, 1405.
1306. I. Sircar, G. Bobowski, J. A. Bristol, R. E. Weishaar, and D. B. Evans, *J. Med. Chem.*, **1986**, *29*, 261.
1307. A. Hallot, R. Brodin, J. Merlier, J. Brochard, J.-P. Chambon, and K. Biziere, *J. Med. Chem.*, **1986**, *29*, 369.
1308. D. W. Robertson, J. H. Krushinski, E. E. Beedle, V. Wyss, G. D. Pollock, H. Wilson, R. F. Kauffman, and J. S. Hayes, *J. Med. Chem.*, **1986**, *29*, 1832.
1309. C.-G. Wermuth, J.-J. Bourguignon, G. Schlewer, J.-P. Gies, A. Schoenfelder, A. Melikian, M.-J. Bouchet, D. Chantreux, J.-C. Molimard, M. Heaulme, J.-P. Chambon, and K. Biziere, *J. Med. Chem.*, **1987**, *30*, 239.
1310. H. Okushima, A. Narimatsu, M. Kobayashi, R. Furuya, K. Tsuda, and Y. Kitada, *J. Med. Chem.*, **1987**, *30*, 1157.
1311. S. F. Campbell and R. M. Plews, *J. Med. Chem.*, **1987**, *30*, 1794.
1312. I. Sircar, R. E. Weishaar, D. Kobylarz, W. H. Moos, and J. A. Bristol, *J. Med. Chem.*, **1987**, *30*, 1955.
1313. R. A. Slater, W. Howson, G. T. G. Swayne, E. M. Taylor, and D. R. Reavill, *J. Med. Chem.*, **1988**, *31*, 345.
1314. W. Howson, J. Kitteringham, J. Mistry, M. B. Mitchell, R. Novelli, R. A. Slater, and G. T. G. Swayne, *J. Med. Chem.*, **1988**, *31*, 352.
1315. D. W. Robertson, J. H. Krushinski, G. D. Pollack, and J. S. Hayes, *J. Med. Chem.*, **1988**, *31*, 461.

1316. F. Haviv, J. D. Ratajczyk, R. W. DeNet, F. A. Kerdesky, R. L. Walters, S. P. Schmidt, J. H. Holms, P. R. Young, and G. W. Carter, *J. Med. Chem.*, **1988**, *31*, 1719.

1317. C. T. Alabaster, A. S. Bell, S. F. Campbell, P. Ellis, C. G. Henderson, D. A. Roberts, K. S. Ruddock, G. M. R. Samuels, and M. H. Stefaniak, *J. Med. Chem.*, **1988**, *31*, 2048.

1318. I. Sircar, R. P. Steffen, G. Bobowski, S. E. Burke, R. S. Newton, R. E. Weishaar, J. A. Bristol, and D. B. Evans, *J. Med. Chem.*, **1989**, *32*, 342.

1319. C.-G. Wermuth, G. Schlewer, J.-J. Bourguignon, G. Maghioros, M.-J. Bouchet, C. Moire, J.-P. Kan, P. Worms, and K. Biziere, *J. Med. Chem.*, **1989**, *32*, 528.

1320. W. von der Saal, J. P. Hölck, W. Kampe, A. Mertens, and B. Müller-Beckmann, *J. Med. Chem.*, **1989**, *32*, 1481.

1321. S. J. Dominianni and T. T. Yen, *J. Med. Chem.*, **1989**, *32*, 2301.

1322. D. W. Combs, M. S. Rampulla, S. C. Bell, D. W. Klaubert, A. J. Tobia, R. Falotico, B. Haertlein, C. Kakas-Weiss, and J. B. Moore, *J. Med. Chem.*, **1990**, *33*, 380.

1323. R. Bergmann and R. Gericke, *J. Med. Chem.*, **1990**, *33*, 492.

1324. L. Toma, G. Cignarella, D. Barlocco, and F. Ronchetti, *J. Med. Chem.*, **1990**, *33*, 1591.

1325. W. J. Coates, H. D. Prain, M. L. Reeves, and B. H. Warrington, *J. Med. Chem.*, **1990**, *33*, 1735.

1326. R. Bergmann, V. Eiermann, and R. Gericke, *J. Med. Chem.*, **1990**, *33*, 2759.

1327. A. Mertens, W.-G. Friebe, B. Müller-Beckmann, W. Kampe, L. Kling, and W. von der Saal, *J. Med. Chem.*, **1990**, *33*, 2870.

1328. M. J. Kornet and H. S. I. Tan, *J. Pharm. Sci.*, **1972**, *61*, 1781.

1329. M. J. Kornet and H. S. I. Tan, *J. Pharm. Sci.*, **1972**, *61*, 1936.

1330. R. A. Coburn and R. A. Carapellotti, *J. Pharm. Sci.*, **1976**, *65*, 1505.

1331. P. Ventura, F. Parravicini, L. Simonotti, R. Colombo, and G. Pifferi, *J. Pharm. Sci.*, **1981**, *70*, 334.

1332. L. J. Powers, D. J. Eckert, and L. Gehrlein, *J. Pharm. Sci.*, **1981**, *70*, 419.

1333. G. Leclerc, C.-G. Wermuth, F. Miesch, and J. Schwartz, *Eur. J. Med. Chem.*, **1976**, *11*, 107.

1334. A. M. Eirin, L. Santana, E. Raviña, F. Fernandez, E. Sanchez-Abarca, and J. M. Calleja, *Eur. J. Med. Chem.*, **1978**, *13*, 533.

1335. G. Nannini, G. Biasoli, E. Perrone, A. Forgione, A. Buttinoni, and M. Ferrari, *Eur. J. Med. Chem.*, **1979**, *14*, 53.

1336. g. Szilágyi. E. Kasztreiner, L. Tardos, L. Jaszlits, E. Kósa, G. Cseh, P. Tolnay, and I. Kovacz-Szabó, *Eur. J. Med. Chem.*, **1979**, *14*, 439

1337. T. Yamada, Y. Tsukamoto, H. Shimamura, S. Banno, and M. Sato, *Eur. J. Med. Chem.*, **1983**, *18*, 209.

1338. G. Szilágyi, E. Kasztreiner, P. Mátyus, J. Kosáry, C. Czakó, G. Cseh, Z. Huszti, L. Tardos, F. Kósa, and I. Jaszlits, *Eur. J. Med. Chem.*, **1984**, *19*, 11.

1339. E. Raviña, G. Garcia-Mera, L. Santana, F. Orallo, and J. M. Calleja, *Eur. J. Med. Chem.*, **1985**, *20*, 475.

1340. K. G. Grozinger, R. J. Sorcek, and J. T. Oliver, *Eur. J. Med. Chem.*, **1985**, *20*, 487.

1341. I. Sircar, W. H. Moos, G. C. Morrison, B. L. Duell, G. Bobowski, and R. Potoczak. *Eur. J. Med. Chem.*, **1989**, *24*, 349.

1342. M. J. Kornet and K. Filo, *Eur. J. Med. Chem.*, **1989**, *24*, 453.

1343. P. Coudert, C. Rubat, J. Couquelet, J. Fialap, P. Bastide, and A. M. Privat, *Eur. J. Med. Chem.*, **1989**, *24*, 551.

1344. F. Reicheneder, T. F. Burger, K. König, R. Kropp, H. Lietz, M. Thyes, and W.-W. Wiersdorff, *Arzneim.-Forsch.*, **1981**, *31*, 1529.

1345. A. Assandri, E. Bellasio, A. Bernareggi, T. Cristina, A. Perazzi, and G. Odasso, *Arzneim.-Forsch.*, **1985**, *35*, 508.
1346. O. H. Hishmat, A. M. S. Atta, M. M. Atalla, and A. H. Abd-El-Rahman, *Arzneim.-Forsch.*, **1985**, *35*, 784.
1347. J. Easmon, G. Heinisch, W. Holzer, and B. Rosenwirth, *Arzneim.-Forsch.*, **1989**, *39*, 1196.
1348. G. B. Barlin, *Aust. J. Chem.*, **1979**, *32*, 459.
1349. G. B. Barlin, D. J. Brown, and M. D. Fenn, *Aust. J. Chem.*, **1984**, *37*, 2391.
1350. H. V. Patel, K. A. Vyas, S. P. Pandey, F. Tavares, and P. S. Fernandes, *Synth. Commun.*, **1991**, *21*, 1021.
1351. H. V. Patel, K. A. Vyas, S. P. Pandey, F. Tavares, and P. S. Fernandes, *Synth. Commun.*, **1991**, *21*, 1935.
1352. K. Matsumoto, S. Hashimoto, M. Hashimoto, M. Toda, and S. Otani, *Synth. Commun.*, **1992**, *22*, 787.
1353. J. Lange, H. Tondys, W. Koberda, and M. Gniewosz, *Synth. Commun.*, **1993**, *23*, 1371.
1354. G. Heinisch and T. Langer, *Synth. Commun.*, **1994**, *24*, 773.
1355. A. Deeb, H. Sterk, and T. Kappe, *Liebigs Ann. Chem.*, **1991**, 1225.
1356. M. H. Elnagdi and A. W. Erian, *Liebigs Ann. Chem.*, **1990**, 1215.
1357. G. Heinisch and T. Huber, *Liebigs Ann. Chem.*, **1992**, 19.
1358. J. Lange, J. Karolak-Wojciechowska, and H. Tondys, *Liebigs Ann. Chem.*, **1992**, 547.
1359. M. P. Matia, J. L. Garcia-Navio, J. J. Vaquero, and H. Avarez-Builla, *Liebigs Ann. Chem.*, **1992**, 777.
1360. W. Hanefeld and M. Jung, *Liebigs Ann. Chem.*, **1994**, 59.
1361. A. Krutošiková, M. Dandárová, and V. Konečný, *Collect. Czech. Chem. Commun.*, **1990**, *55*, 2707.
1362. A. Deeb and S. A. Said, *Collect, Czech. Chem. Commun.*, **1990**, *55*, 2795.
1363. S. El-Kousy, I. El-Sakka, A. M. El-Torgoman, H. Rushdy, and M. H. Elnagdi, *Collect. Czech. Chem. Commun.*, **1990**, *55*, 2977.
1364. R. M. Mohareb and N. I. Abdel-Sayed, *Collect. Czech. Chem. Commun.*, **1992**, *57*, 1758.
1365. F. M. Manhi, S. E. Zayed, F. A. Ali, and M. H. Elnagdi, *Collect. Czech. Chem. Commun.*, **1992**, *57*, 1770.
1366. S. E. Zayed, A.-F. A. Harb, and M. H. Elnagdi, *Collect. Czech. Chem. Commun.*, **1992**, *57*, 1993.
1367. M. F. Ismail, A. A. Elkhamry, F. S. Sayed, S. A. Emara, and A. A. Shindy, *Collect. Czech. Chem. Commun.*, **1992**, *57*, 2199.
1368. A. M. A. Helmy, M. A. Morsi, and M. H. Elnagdi, *Collect. Czech. Chem. Commun.*, **1994**, *59*, 1752.
1369. G. A. M. Nawwar, R. H. Swellem, and L. M. Chabaka, *Collect. Czech. Chem. Commun.*, **1994**, *59*, 186.
1370. S. Yassin, A. El-A. H. Abd-El-Aleem, I. E. El-Sayed, and A. I. Hashem, *Collect. Czech. Chem. Commun.*, **1993**, *58*, 1925.
1371. E. A. Ghani. *Bull. Chem. Soc. Jpn.*, **1991**, *64*, 2032.
1372. M. G. Marei and M. El-Ghanam, *Bull. Chem. Soc. Jpn.*, **1992**, *65*, 3509.
1373. G. H. Sayed, A. Radwan, A. A. Hamed, and W. El-S. Boraie, *Bull. Chem. Soc. Jpn.*, **1993**, *66*, 477.
1374. F. M. Abdelrazak and A. M. Salah, *Bull. Chem. Soc. Jpn.*, **1993**, *66*, 1722.
1375. Y. Nakamura, A. Ito, and C. Shin, *Bull. Chem. Soc. Jpn.*, **1994**, *67*, 2151.
1376. F. M. Soliman, El-S. M. Yakout, and M. M. Said, *Bull. Chem. Soc. Jpn.*, **1994**, *67*, 2162.

References

1377. H. E. Katz and M. L. Schilling, *J. Org. Chem.*, **1991**, *56*, 5318.
1378. F. Gaviña, A. M. Costero, M. R. Andreu, and M. D. Ayet, *J. Org. Chem.*, **1991**, *56*, 5417.
1379. C. H. Weidner, F. M. Michaels, D. J. Beltman, C. J. Montgomery, D. H. Wadsworth, B. T. Briggs, and M. L. Picone, *J. Org. Chem.*, **1991**, *56*, 5594.
1380. G. A. Olah, M. B. Sasseman, M. Zuanic, C. B. Rao, G. K. S. Prakash, R. Gilardi, J. Flippen-Anderson, and C. George, *J. Org. Chem.*, **1992**, *57*, 1585.
1381. J.-M. Sitamze, M. Schmitt, and C.-G. Wermuth, *J. Org. Chem.*, **1992**, *57*, 3257.
1382. G. V. Lamoureux and G. M. Whitesides, *J. Org. Chem.*, **1993**, *58*, 633.
1383. M. Squillacote and J. de Felippis, *J. Org. Chem.*, **1994**, *59*, 3564.
1384. B. Alcaide, M. Miranda, J. Pérez-Castells, C. Polanco, and M. A. Sierra, *J. Org. Chem.*, **1994**, *59*, 8003.
1385. T. L. Draper and T. R. Bailey, *J. Org. Chem.*, **1995**, *60*, 748.
1386. M. Kočevar, P. Mihorko, and S. Polanc, *J. Org. Chem.*, **1995**, *60*, 1466.
1387. N. Plé, A. Turck, K. Couture, and G. Quéguiner, *J. Org. Chem.*, **1995**, *60*, 3781.
1388. A. Kotschy, G. Hajós, and A. Messmer, *J. Org. Chem.*, **1995**, *60*, 4919.
1389. F. A. Attaby and S. M. Eldin, *Phosphorus, Sulfur, Silicon Relat. Elem.*, **1991**, *56*, 59
1390. F. A. Khalifa, *Phosphorus, Sulfur, Silicon Relat. Elem.*, **1991**, *56*, 81.
1391. J. Nakayama, R. Hasemi, and F. Iwasaki, *Phosphorus, Sulfur, Silicon Relat. Elem.*, **1991**, *59*, 537.
1392. G. la Manna and F. Biondi, *Theochem*, **1990**, *67*, 57.
1393. A. A. Abdel-Hafez and I. M. A. Awad, *Phosphorus, Sulfur, Silicon Relat. Elem.*, **1991**, *61*, 381.
1394. A. M. S. El-Sherif, Y. A. Mohamed, Y. A. Ammar, and A. G. Mahmoud, *Orient. J. Chem.*, **1989**, *5*, 310; *Chem. Abstr.*, **1991**, *114*, 23907.
1395. R. Hazard, A. Tallec, R. Tardivel, J. J. Bourguignon, and C.-G. Wermuth, *Electrochim. Acta*, **1990**, *35*, 1907; *Chem. Abstr.*, **1991**, *114*, 90630,
1396. F. M. Abdelrazek and Z. E. Kandeel, *Phosphorus, Sulfur, Silicon Relat. Elem.*, **1991**, *62*, 101.
1397. N. A. S. El-Din, M. El-Kersh, and H. M. El-Fatatry, *Delta J. Sci.*, **1988**, *12*, 492; *Chem. Abstr.*, **1991**, *114*, 101885.
1398. F. A. Khalfa, *Arch. Pharmacol. Res.*, **1990**, *13*, 198; *Chem. Abstr.*, **1991**, *114*, 101887.
1399. N. A. Ismail, R. M. Fekry, S. M. Eldin, and Y. N. Abdel-Azim, *Phosphorus, Sulfur, Silicon Relat. Elem.*, **1993**, *78*, 109.
1400. H. Horn, E. Morgenstern, and K. Unverferth, *Pharmazie*, **1990**, *45*, 724; *Chem. Abstr.*, **1991**, *114*, 122240.
1401. K. Kormendy and F. Ruff, *Acta Chim. Hung.*, **1990**, *127*, 253; *Chem. Abstr.*, **1991**, *114*, 122280.
1402. S. J. Clarke, T. L. Gilchrist, A. Lemos, and T. G. Roberts, *Tetrahedron*, **1991**, *47*, 5615.
1403. H. Uno, S. Okada, and H. Suzuki, *Tetrahedron*, **1991**, *47*, 6231.
1404. K. Kormendy and F. Ruff, *Acta Chim. Hung.*, **1990**, *127*, 587; *Chem. Abstr.*, **1991**, *114*, 185416.
1405. Q. Wang, Y. Zhang, and L. Wang, *Zhongguo Yigao Gongye Zazhi*, **1990**, *21*, 551 and 556; *Chem. Abstr.*, **1991**, *114*, 228861.
1406. Q. Meng and M. Hesse, *Tetrahedron*, **1991**, *47*, 6251.
1407. A. A. Afify, A. A. El-Kharmry, A. Y. Soliman, M. A. Sayed, and E. A. Kassab, *Rev. Roum. Chim.*, **1990**, *35*, 785; *Chem. Abstr.*, **1991**, *115*, 49576.
1408. N. Haider, G. Heinisch, and J. Moshuber, *Tetrahedron*, **1991**, *47*, 8573.
1409. S. Baloniak and A. Ostrowicz, *Pol. J. Chem.*, **1990**, *64*, 741; *Chem. Abstr.*, **1991**, *115*, 49580.

1410. N. G. Kandile and E. A. Ahmed, *Acta Chim. Hung.*, **1990**, *127*, 829; *Chem. Abstr.*, **1991**, *115*, 71513.

1411. M. Lekic, M. Sober, and I. D. Gaon, *Glas. Hem. Tehnol. Maked.*, **1989**, *7*, 135; *Chem. Abstr.*, **1991**, *115*, 114447.

1412. D. Rousselle, T. Ryckmans, and H. G. Viehe, *Tetrahedron*, **1992**, *48*, 5249.

1413. M. Caprosu, M. Ungureanu, M. Pavelescu, C. Radu, and M. Petrovanu, *Rev. Med.-Chir.*, **1989**, *93*, 175; *Chem. Abstr.*, **1991**, *115*, 136030.

1414. G. Ciciani, V. Dal Piaz, and M. P. Giavannoni, *Farmaco*, **1991**, *46*, 873; *Chem. Abstr.*, **1992**, *116*, 6499.

1415. C. W. Bird, *Tetrahedron*, **1992**, *48*, 7857.

1416. A. A. Ismail, R. Radwan, H. A. Abdel-Hamid, G. H. Sayed, and S. M. Mohamed, *J. Chem. Soc. Pak.*, **1991**, *13*, 111; *Chem. Abstr.*, **1992**, *116*, 59299.

1417. H. Wamhoff, S. Herrmann, S. Stölben, and M. Nieger, *Tetrahedron*, **1993**, *49*, 581.

1418. S. Baloniak and A. Ostrowicz, *Pol. J. Chem.*, **1991**, *65*, 1085; *Chem. Abstr.*, **1992**, *116*, 128841.

1419. P. Coudert, E. Duroux, P. Bastide, J. Couquelet, and P. Tronche, *J. Pharm. Belg.*, **1991**, *46*, 375; *Chem. Abstr.*, **1992**, *116*, 165773.

1420. A. F. A. Harb, *Bull. Fac. Sci., Assiut Univ.*, **1991**, *20*, 65; *Chem. Abstr.*, **1992**, *116*, 235556.

1421. A. Turck, N. Plé, B. Ndzi, G. Quéguiner, N. Haider, H. Schuller, and G. Heinisch, *Tetrahedron*, **1993**, *49*, 599.

1422. F. A. Yassin, A. F. El-Farargy, M. M. El-Mobayed, M. Y. El-Kady, and M. R. Abd-El-Maksoud, *J. Chem. Soc. Pak.*, **1991**, *13*, 267; *Chem. Abstr.*, **1992**, *117*, 7881.

1423. M. A. El-Safty, S. A. El-Bahaie, and F. A. Yassin, *Afinidad*, **1992**, *49*, 131; *Chem. Abstr.*, **1992**, *117*, 111556.

1424. J. Song and M. Hesse, *Tetrahedron*, **1993**, *49*, 6797.

1425. J. M. Kane, E. W. Huber, F. P. Miller, and J. H. Kehne, *Pharmazie*, **1992**, *47*, 249; *Chem. Abstr.*, **1992**, *117*, 90227.

1426. F. P. J. T. Rutjes, N. M. Teerhuis, H. Hiemstra, and W. N. Speckamp, *Tetrahedron*, **1993**, *49*, 8605.

1427. F. Fariña, M. V. Martin, and M. Romañach, *Tetrahedron*, **1994**, *50*, 5169.

1428. R. Nesi, D. Giomi, S. Turchi, and P. Paoli, *Tetrahedron*, **1994**, *50*, 9189.

1429. A. Katrusiak, A. Katrusiak, and S. Baloniak, *Tetrahedron*, **1994**, *50*, 12933.

1430. T. Itoh, H. Hasegawa, K. Nagata, M. Okada, and A. Ohsawa, *Tetrahedron*, **1994**, *50*, 13089.

1431. P. Xu, S. Wang, H. Liang, C. Zhang, and W. Liu, *Beijing Yike Daxue Xuebao*, **1991**, *23*, 477; *Chem. Abstr.*, **1992**, *117*, 171353.

1432. S. A. Essawy, *Delta J. Sci.*, **1990**, *14*, 477; *Chem. Abstr.*, **1992**, *117*, 191786.

1433. A. R. Katritzky, V. Feygelman, G. Musumarra, P. Barczynski, and M. Szafran, *J. Prakt. Chem.*, **1990**, *332*, 853.

1434. A. H. H. Elghandour, A. H. M. Hussein, M. H. Elnagdi, A. F. A. Harb, and S. A. M. Metwally, *J. Prakt. Chem./Chem. Ztg.*, **1992**, *334*, 723.

1435. M. Caprosu, I. Druta, I. Fulger, M. Petrovanu, and D. Dorohoi, *Bul. Inst. Polyteh. Iasi, Sect. 2*, **1990**, *36*, 51; *Chem. Abstr.* **1992**, *117*, 191788.

1436. S. Baloniak and A. Ostrowicz, *Pol. J. Chem.*, **1992**, *66*, 935; *Chem. Abstr.*, **1992**, *117*, 233959.

1437. M. A. Sayed, *J. Chem. Soc. Pak.*, **1992**, *14*, 45; *Chem. Abstr.*, **1993**, *118*, 38859.

1438. G. Maier and F. Fleischer, *Tetrahedron Lett.*, **1991**, *32*, 57.

1439. M. G. Marei and M. M. Mishrikey, *J. Chem. Soc. Pak.*, **1992**, *14*, 66; *Chem. Abstr.*, **1993**, *118*, 59656.

1440. S. Elkousy, A. M. El-Torgoman, M. R. Abdel-Azim, and H. A. El-Fahham, *Egypt. J. Pharm. Sci.*, **1991**, *32*, 851; *Chem. Abstr.*, **1993**, *118*, 59657.
1441. Y. M. Volovenko, I. I. Kupchevskaya, S. V. Litvinenko, and F. S. Babichev, *Ukr. Khim. Zh. (Russ. Ed.)*, **1991**, *57*, 419; *Chem. Abstr.*, **1993**, *118*, 80885.
1442. T. Itoh, M. Okada, K. Nagata, K. Yamaguchi, and A. Ohsawa, *Chem. Pharm. Bull.*, **1990**, *38*, 2108.
1443. H. Sawanishi, S. Saito, and T. Tsuchiya, *Chem. Pharm. Bull.*, **1990**, *38*, 2992.
1444. L. I. Ibrahim, S. M. Eldin, and F. A. Attaby, *Pharmazie*, **1992**, *47*, 792; *Chem. Abstr.*, **1993**, *118*, 124475.
1445. M. A. El-Hashash, M. S. Amine, F. M. Soliman, and M. A. Morsi, *J. Serb. Chem. Soc.*, **1992**, *57*, 563; *Chem. Abstr.*, **1993**, *118*, 147521.
1446. C. Rubat, P. Coudert, B. Refouvelet, P. Tronche, P. Bastide, and J. Bastide, *Chem. Pharm. Bull.*, **1990**, *38*, 3009.
1447. M. F. Ismail, F. S. Sayed, O. E. A. Mustafa, M. A. Ali, and M. M. Mansour, *Egypt. J. Chem.*, **1990**, *33*, 53; *Chem. Abstr.*, **1993**, *118*, 147523.
1448. H. M. Bakeer, *J. Serb. Chem. Soc.*, **1992**, *57*, 725; *Chem. Abstr.*, **1993**, *118*, 147532.
1449. Y. Nomoto, H. Takai, T. Ohno, and K. Kubo, *Chem. Pharm. Bull.*, **1991**, *39*, 352.
1450. G. H. Sayed, N. M. Yousif, S. A. Shiba, S. M. Mohamed, and I. M. Flefel, *J. Chem. Soc. Pak.*, **1992**, *14*, 125; *Chem. Abstr.*, **1993**, *118*, 169057.
1451. Y. Nomoto, H. Takai, T. Ohno, and K. Kubo, *Chem. Pharm. Bull.*, **1991**, *39*, 900.
1452. H. Okada, T. Koyanagi, N. Yamada, and T. Haga, *Chem. Pharm. Bull.*, **1991**, *39*, 2308.
1453. V. N. Lisitsyn, A. H. O. Salah, and S. N. Krasnokutski, *Izv. Vyssh. Uchebn. Zaved., Khim. Khim. Tekhnol.*, **1993**, *36*, 33; *Chem. Abstr.*, **1993**, *118*, 256575.
1454. Y. Satoh, M. Ichihashi, and K. Okumura, *Chem. Pharm. Bull.*, **1991**, *39*, 3189.
1455. G. H. Sayed, S. A. Shiba, A. Radwan, S. M. Mohamed, and M. Khalil, *Chin. J. Chem.*, **1992**, *10*, 475; *Chem. Abstr.*, **1993**, *119*, 8756.
1456. A. L. Gyulbudagyan, A. K. Khanamiryan, R. S. Vartanyan, A. O. Sudzhyan, Z. V. Vlasenko, and R. G. Paronikyan, *Khim.-Farm. Zh.*, **1992**, *26*(9/10), 53; *Chem. Abstr.*, **1993**, *119*, 160213.
1457. T. Otto-Jaworska, *Acta Pol. Pharm.*, **1992**, *49*, 71; *Chem. Abstr.*, **1994**, *120*, 217500.
1458. A. Kuno, H. Sakai, Y. Sugiyama, and H. Takasugi, *Chem. Pharm. Bull.*, **1993**, *41*, 156.
1459. M. Morishita, J. Kobayashi, H. Yamada, and T. Yajima, *Chem. Pharm. Bull.*, **1994**, *42*, 371.
1460. T. Otto-Jaworska, *Acta Pol. Pharm.*, **1992**, *49*, 65; *Chem. Abstr.*, **1994**, *120*, 217499.
1461. G. A, Pinna, M. M. Curzu, E. Gavini, A. Mule, G. Pirisino, M. Satta, and A. Peana, *Farmaco*, **1993**, *48*, 1239; *Chem. Abstr.*, **1994**, *120*, 260538.
1462. M. S. Abdel-Halim, A. Radwan, M. A. Saad, G. H. Sayed, and M. Khalil, *J. Chem. Soc. Pak.*, **1993**, *15*, 202; *Chem. Abstr.*, **1994**, *120*, 270285.
1463. M. Yokota, T. Yanagisawa, K. Kasakai, S. Wakabayashi, T. Tomiyama, and M. Yasunami, *Chem. Pharm. Bull.*, **1994**, *42*, 865.
1464. A. R. Lee, W. H. Huang, I. C. Sun, and H. F. Lee, *Zhonghua Yaoxue Zazhi*, **1993**, *45*, 551; *Chem. Abstr.*, **1994**, *120*, 270286.
1465. Z. Li, X. Zhou, E. Yao, and S. Wang, *Yingyong Huaxue*, **1993**, *10*, 86; *Chem. Abstr.*, **1994**, *120*, 298570.
1466. T. Seki, T. Takezaki, R. Ohuchi, H. Ohuyabu, T. Ishimori, and K. Yasuda, *Chem. Pharm. Bull.*, **1994**, *42*, 1609.
1467. A. M. Negm, S. A. S. Ghazlan, and S. El-Kareish, *Egypt. J. Pharm. Sci.*, **1992**, *33*, 713; *Chem. Abstr.*, **1994**, *120*, 323441.

1468. M. G. Marei and M. M. Mishrikey, *Rev. Roum. Chim.*, **1993**, *38*, 989; *Chem. Abstr.*, **1994**, *120*, 323442.
1469. T. Itoh, H. Hasegawa, K. Nagata, Y. Matsuya, N. Okada, and A. Ohsawa, *Chem. Pharm. Bull.*, **1994**, *42*, 1768.
1470. M. El-Mobayed, G. H. Sayed, A. G. El-Shekeil, and E. A. Ghani, *Rev. Roum. Chim.*, **1993**, *38*, 213; *Chem. Abstr.*, **1994**, *121*, 9296.
1471. S. Baloniak and A. Katrusiak, *Acta Pol. Pharm.*, **1993**, *50*, 179; *Chem. Abstr.*, **1994**, *121*, 9299.
1472. J. Lange, J. Karolak-Wojciechowska, M. Gniewosz, and J. Plenkiewicz, *Pharmazie*, **1994**, *49*, 21; *Chem. Abstr.*, **1994**, *121*, 35497.
1473. A. Tanaka, H. Sakai, T. Ishikawa, Y. Motoyama, and H. Takasugi, *Chem. Pharm. Bull.*, **1994**, *42*, 1835.
1474. S. A. Essawy, A. A. El-Sawy, M. Y. El-Kady, and A. A. F. Wasfy, *Rev. Roum. Chim.*, **1993**, *38*, 1223; *Chem. Abstr.*, **1994**, *121*, 83243.
1475. M. Yamaguchi, T. Koga, K. Kamei, M. Akima, N. Maruyama, T. Kuroki, M. Mamana, and N. Ohi, *Chem. Pharm. Bull.*, **1994**, *42*, 1850.
1476. M. Ratajczak-Sitarz and A. Katrusiak, *Pol. J. Chem.*, **1994**, *68*, 255; *Chem. Abstr.*, **1994**, *121*, 96522.
1477. T. Kappe, *Acta Chim. Slov.*, **1994**, *41*, 219; *Chem. Abstr.*, **1995**, *122*, 31354.
1478. T. Seki, T. Takezaki, R. Ohuchi, H. Ohuyabu, Y. Tanimoto, T. Yamaguchi, M. Saitoh, T. Ishimori, and K. Yasuda, *Chem. Pharm. Bull.*, **1995**, *43*, 247.
1479. N. Haider, G. Heinisch, and J. Moshuber, *Pharmazie*, **1994**, *49*, 575; *Chem. Abstr.*, **1995**, *122*, 31438.
1480. T. M. Ibrahim, S. G. Donia, and A. A. Magdel-Din, *Al-Azhar Bull. Sci.*, **1992**, *3*, 423; *Chem. Abstr.*, **1995**, *122*, 31861.
1481. M. Pinza and G. Pifferi, *Farmaco*, **1994**, *49*, 683; *Chem. Abstr.*, **1995**, *122*, 81151.
1482. I. V. Oleinik, O. A. Zagulyaeva, A. Y. Denisov, and V. P. Mamaev, *Khim. Geterotsikl. Soedin.*, **1990**, 960.
1483. A. Katrusiak and S. Baloniak, *Acta Pol. Pharm.*, **1994**, *51*, 403; *Chem. Abstr.*, **1995**, *123*, 143685.
1484. E. Luraschi, F. Arena, A. Sacchi, S. Laneri, E. Abignente, M. d'Amico, L. Berrino, and F. Rossi, *Farmaco*, **1995**, *50*, 349; *Chem. Abstr.*, **1995**, *123*, 228090.
1485. Z.-M. Li, X.-J. Zou, E.-Y. Yao, D.-K. Zhang, and R.-J. Wang, *Gaodeng Xuexiao Huaxue Xuebao*, **1995**, *16*, 220; *Chem. Abstr.*, **1995**, *123*, 256628.
1486. V. O. Koz'minykh, N. M. Igidov, E. N. Koz'minykh, and Y. S. Andreichikov, *Khim. Geterotsikl. Soedin.*, **1990**, 1138.
1487. M. H. Elnagdi and A. W. Erian, *Bull. Soc. Chim. Fr.*, **1995**, *132*, 920.
1488. R. S. Vartanyan, A. L. Gyul'budagyan, A. K. Khanamiryan, E. N. Mkrtumyan, and Z. V. Kazaryan, *Khim. Geterotsikl. Soedin.*, **1991**, 783.
1489. V. O. Koz'minykh, N. M. Igidov, and Y. S. Andreichikov, *Khim. Geterotsikl. Soedin.*, **1992**, 1031.
1490. A. Mustafa, N. M. Mikhailova, N. I. Golovtsov, and N. S. Prostakov, *Khim. Geterotsikl. Soedin.*, **1992**, 1357.
1491. A. Mustafa, N. M. Mikhailova, and N. S. Prostakov, *Khim. Geterotsikl. Soedin.*, **1993**, 1508.
1492. A. Mustafa, N. M. Mikhaliova, and N. S. Prostakov, *Khim. Geterotsikl. Soedin.*, **1993**, 1512.
1493. V. V. Zalesov, N. A. Pulina, and Y. S. Andreichikov, *Zh. Org. Khim.*, **1990**, *26*, 2022.
1494. G. A. Tolstikov, M. S. Miftakhov, F. A. Valeev, R. M. Khalikov, R. R. Akhmetvaleev, and L. M. Khalilov, *Zh. Org. Khim.*, **1990**, *26*, 2145.

1495. N. K. Genkina, V. V. Ipatkin, and L. N. Kurkovskaya, *Zh. Org. Khim.*, **1991**, *27*, 1105.
1496. A. N. Maslivets, O. P. Tarasova, and Y. S. Andreichikov, *Zh. Org. Khim.*, **1992**, *28*, 1287.
1497. N. K. Genkina, L. N. Kurkovskaya, and V. V. Ipatkin, *Zh. Org. Khim.*, **1993**, *29*, 652.
1498. V. N. Lisitsyn, S. A. K. Omar, and S. N. Krasnokutskii, *Zh. Org. Khim.*, 1993, *29*, 911.
1499. V. D. Kiselev, E. A. Kashoeva, M. G. Galiakberova, A. I. Konovalov, I. A. Litvinov, O. N. Kataeva, V. V. Zverev, and V. A. Naumov, *Zh. Org. Khim.*, **1993**, *29*, 1719.
1500. N. Klempier, A. de Raadt, K. Faber, and H. Griengl, *Tetrahedron Lett.*, **1991**, *32*, 341.
1501. V. Dal-Piaz, G. Ciciani, and M. P. Giovannoni, *Tetrahedron Lett.*, **1991**, *32*, 3229.
1502. R. S. Hosmane and J. F. Liebman, *Tetrahedron Lett.*, **1991**, *32*, 3949.
1503. L. Baumann and G. Seitz, *Tetrahedron Lett.*, **1991**, *32*, 5949.
1504. T. Higuchi, H. Ohtaka, and M. Hirobe, *Tetrahedron Lett.*, **1991**, *32*, 7435.
1505. U. Bergsträsse, A. Hoffmann, and M. Regitz, *Tetrahedron Lett.*, **1992**, *33*, 1049.
1506. A. Ostrowicz, S. Bałoniak, M. Mąkosza, and A. Rykowski, *Tetrahedron Lett.*, **1992**, *33*, 4787.
1507. K. Banert and M. Hagedorn, *Tetrahedron Lett.*, **1992**, *33*, 7331.
1508. H. Amri, M. M. El-Gaied, T. Ben-Ayed, and J. Villieras, *Tetrahedron Lett.*, **1992**, *33*, 7345.
1509. T. Hierstetter, B. Tischler, and J. Sauer, *Tetrahedron Lett.*, **1992**, *33*, 8019.
1510. V. Dal-Piaz, M. P. Giovannoni, G. Ciciani, D. Giomi, and R. Nesi, *Tetrahedron. Lett.*, **1993**, *34*, 161.
1511. K. Tamaki, T. Ogita, K. Tanzawa, and Y. Sugimura, *Tetrahedron Lett.*, **1993**, *34*, 683.
1512. A. J. Poole and F. L. Rose, *J. Chem. Soc. (C)*, **1971**, 1285.
1513. R. Bakthavatchalam, E. Cigánek, and J. C. Calabrese, *J. Heterocycl. Chem.*, **1996**, *33*, 213.
1514. V. Dal-Piaz, M. P. Giovannoni, and G. Ciciani, *Tetrahedron Lett.*, **1993**, *34*, 3903.
1515. Y. Kamitori, M. Hojo, R. Masuda, T. Ikemura, and Y. Mori, *Tetrahedron Lett.*, **1993**, *34*, 5135.
1516. G. Ulrich, R. Ziessel, D. Luneau, and P. Rey, *Tetrahedron Lett.*, **1994**, *35*, 1211.
1517. G. Ulrich and R. Ziessel, *Tetrahedron Lett.*, **1994**, *35*, 1215.
1518. J. Nakayama and K. Yoshimura, *Tetrahedron Lett.*, **1994**, *35*, 2709.
1519. E. J. Corey, M. C. Noe, and M. J. Grogan, *Tetrahedron Lett.*, **1994**, *35*, 6427.
1520. R. Marek, M. Potaček, J. Marek, and A. de Groot, *Tetrahedron Lett.*, **1994**, *35*, 6909.
1521. K. J. Hale, V. M. Delisser, L.-K. Yeh, S. A. Peak, S. Manaviazar, and G. S. Bhatia, *Tetrahedron Lett.*, **1994**, *35*, 7685.
1522. N. Biedermann and J. Sauer, *Tetrahedron Lett.*, **1994**, *35*, 7935.
1523. G. B. Barlin, L. P. Davies, S. J. Ireland, M. M. L. Ngu, and J. Zhang, *Aust. J. Chem.*, **1992**, *45*, 731.
1524. G. B. Barlin, L. P. Davies, S. J. Ireland, and J. Zhang, *Aust. J. Chem.*, **1992**, *45*, 751.
1525. G. B. Barlin, L. P. Davies, S. J. Ireland, M. M. L. Ngu, and J. Zhang, *Aust. J. Chem.*, **1992**, *45*, 877.
1526. G. B. Barlin, L. P. Davies, S. J. Ireland, and J. Zhang, *Aust. J. Chem.*, **1992**, *45*, 1281.
1527. G. B. Barlin, L. P. Davies, S. J. Ireland, and J. Zhang, *Aust. J. Chem.*, **1993**, *46*, 353.
1528. M. J. Shepard and M. N. Paddon-Row, *Aust. J. Chem.*, **1993**, *46*, 547.
1529. G. B. Barlin, L. P. Davies, B. Glenn, P. W. Harrison, and S. J. Ireland, *Aust. J. Chem.*, **1994**, *47*, 609.
1530. G. B. Barlin, L. P. Davies, P. W. Harrison, N. W. Jacobsen, and A. C, Willis, *Aust. J. Chem.*, **1994**, *47*, 1989.
1531. G. B. Barlin, L. P. Davies, R. A. Davis, and P. W. Harrison, *Aust. J. Chem.*, **1994**, *47*, 2001.

1532. A. J. Blake and D. W. H. Rankin, *Actr Crystallogr.*, *Sect. C*, **1991**, *47*, 1933.
1533. A. Katrusiak, *Acta Crystallogr.*, *Sect. C*, **1993**, *49*, 36.
1534. K. Prout, K. Burns, and A. M. Roe, *Acta Crystallogr.*, *Sect. B*, **1994**, *50*, 68.
1535. K. Prout, C. Bannister, K. Burns, M. Chen, B. H. Warrington, and J. G. Vinter, *Acta Crystallogr.*, *Sect. B*, **1994**, *50*, 71.
1536. O. Simonsen, E. Fanghänel, B. Brummerstedt-Iversen, and F. Krebs-Larsen, *Acta Crystallogr.*, *Sect. C*, **1994**, *50*, 1150.
1537. I. Lantos, P. W. Sheldrake, and A. S. Wells, *J. Chem. Soc., Perkin Trans. 1*, **1990**, 1887.
1538. M. Sako, S. Ohara, K. Hirota, and Y. Maki, *J. Chem. Soc., Perkin Trans. 1*, **1990**, 3339.
1539. I. Maeba, K. Osaka, N. Morishita, K. Fujioka, and C. Ito, *J. Chem. Soc., Perkin Trans. 1*, **1991**, 939.
1540. T. Yamasaki, E. Kawaminami, T. Yamada, T. Okawara, and M. Furukawa, *J. Chem. Soc., Perkin Trans. 1*, **1991**, 991.
1541. T. Benincori, E. Brenna, F. Sannicolò, *J. Chem. Soc., Perkin Trans. 1*, **1991**, 2139.
1542. G. Ferguson, A. J. Lough, D. Mackay, and G. Weeratunga, *J. Chem. Soc., Perkin Trans. 1*, **1991**, 3361.
1543. J. R. Russell, C. D. Garner, and J. A. Joule, *J. Chem. Soc., Perkin Trans. 1*, **1992**, 409.
1544. M. Vinnikova, D. Gertner, S. Cohen, and A. Zilkha, *J. Chem. Soc., Perkin Trans. 1*, **1993**, 1931.
1545. F. Abraham, M. Lagrenee, S. Sueur, B. Mernari, and C. Bremard, *J. Chem. Soc., Dalton Trans. 1*, **1991**, 1443.
1546. M. Maekawa, M. Munakata, T. Kuroda-Sowa, and Y. Nozaka, *J. Chem. Soc., Dalton Trans.*, **1994**, 603.
1547. A. Abbotto, V. Alanzo, S. Bradamante, and G. A. Pagani, *J. Chem. Soc., Perkin Trans. 2*, **1991**, 481.
1548. N. A. Burton, D. V. S. Green, I. H. Hillier, P. J. Taylor, M. A. Vincent, and S. Woodcock, *J. Chem. Soc., Perkin Trans. 2*, **1993**, 331.
1549. B. D. Schober and T. Kappe, *Monatsh. Chem.*, **1990**, *121*, 565.
1550. D. Vlaović, G. Ćetković, I. Juranić, J. Balaž, S. Lajšic, and D. Djoković, *Monatsh. Chem.*, **1990**, *121*, 931.
1551. K. Czech, N. Haider, and G. Heinisch, *Monatsh. Chem.*, **1991**, *122*, 413.
1552. G. Heinisch, W. Holzer, and T. Huber, *Monatsh. Chem.*, **1991**, *122*, 1055.
1553. L. Henning, M. Alva-Astudillo, G. Mann, and T. Kappe, *Monatsh. Chem.*, **1992**, *123*, 571.
1554. M. S. A. El-Halim, A. Nada, and W. A. Gad, *Monatsh. Chem.*, **1994**, *125*, 1437.
1555. H. Dürr, H. Kilburg and S. Bossmann, *Synthesis*, **1990**, 773.
1556. Y. Kihara, S. Kabashima, K. Uno, T. Okawara, T. Yamasaki, and M. Furukawa, *Synthesis*, **1990**, 1020.
1557. W. J. Coates and A. McKillop, *Synthesis*, **1993**, 334.
1558. M. Kočevar, P. Sušin, and S. Polanc, *Synthesis*, **1993**, 773.
1559. U. Schmidt and B. Riedl, *Synthesis*, **1993**, 809.
1560. D. Enders, O. Meyer, G. Raabe, and J. Runsink, *Synthesis*, **1994**, 66.
1561. V. Dal-Piaz, G. Ciciani, and M. P. Giovannoni, *Synthesis*, **1994**, 669.
1562. P. G. Baraldi, A. Bigoni, B. Cacciari, C. Caldari, S. Manfredini, and G. Spalluto, *Synthesis*, **1994**, 1158.
1563. U. Schmidt and B. Riedl, *J. Chem. Soc., Chem. Commun.*, **1992**, 1186.
1564. I. H. Aspinall, P. M. Cowley, G. Mitchell, and R. J. Stoodley, *J. Chem. Soc., Chem. Commun.*, **1993**, 1179.

1565. S. Brooker, R. J. Kelly, and G. M. Sheldrick, *J. Chem. Soc., Chem. Commun.*, **1984**, 487.
1566. M. A. Ciufolini and N. Xi, *J. Chem. Soc., Chem. Commun.*, **1994**, 1867.
1567. K. Huben, S. Kuberski, A. Frankowski, J. Gebicki, and J. Streith, *J. Chem. Soc., Chem. Commun.*, **1995**, 315.
1568. D. L. Boger, J. S. Panek, and M. Patel, *Org. Synth.*, **1992**, *70*, 79.
1569. A. Turck. N. Pié, L. Mojovic, and G. Quéguiner, *Bull. Soc. Chim. Fr.*, **1993**, *130*, 488.
1570. A. Atfah, A. H. Tuhl, and T. S. Akasheh, *Polyhedron*, **1991**, *10*, 1485.
1571. V. M. Sol. P. Mulder, and R. Louw, *Recl. Trav. Chim. Pays-Bas*, **1990**, *109*, 577.
1572. T. F. Walsh, K. J. Fitch, M. MacCoss, R. S. L. Chang, S. D. Kivlighn, V. J. Lotti, P. K. S. Siegl, A. A. Patchett, and W. J. Greenlee, *Bioorg. Med. Chem. Lett.*, **1994**, *4*, 219.
1573. N. N. Yusubov, S. Radvan, V. M. Ismailov, and N. F. Dzhanibekov, *Izv. Akad. Nauk, Ser. Khim.*, **1992**, 1685.
1574. P. N. W. Baxter, J.-M. Lehn, J. Fischer, and M.-T. Youinou, *Angew. Chem.*, **1994**, *106*, 2432.
1575. M. Tišler and B. Stanovnik, *Adv. Heterocycl. Chem.*, **1990**, *49*, 385.
1576. R. Brettle, D. A. Dunmur, C. M. Marson, and M. Pinol, *New J. Chem.*, **1994**, *18*, 643.
1577. G. J. Chen and L. S. Chen, *J. Fluorine Chem.*, **1995**, *73*, 113.
1578. M. F. Zayed, A. S. Ali, and N. K. El-Din, *Sulfur Lett.*, **1991**, *12*, 215; *Chem. Abstr.*, **1991**, *115*, 8705.
1579. S. Moreau, J. Martin, P. Coudert, and J. Couquelet, *Acta Crystallogr., Sect. C*, **1995**, *51*, 1834.
1580. Q. Meng and M. Hesse, *Synlett*, **1990**, 148.
1581. L. Rodriguez, N. Lu, and N.-L. Yang, *Synlett*, **1990**, 227.
1582. T. Itoh, H. Hasegawa, K. Nagata, and A. Ohsawa, *Synlett*, **1994**, 557.
1583. K. Čuček and B. Verček, *Synlett*, **1994**, 667.
1584. C. P. Decicco and T. Leathers, *Synlett*, **1995**, 615.
1585. W. J. Coates and A. McKillop, *Heterocycles*, **1990**, *29*, 1077.
1586. H. Yamanaka and S. Ohba, *Heterocycles*, **1990**, *31*, 895.
1587. J. Kurita, N. Kakusawa, S. Yasuike, and T. Tsuchiya, *Heterocycles*, **1990**, *31*, 1937.
1588. E. Raviña, C. Teran, L. Santana, N. Garcia, and I. Estevez, *Heterocycles*, **1990**, *31*, 1967.
1589. B. Singh and G. Y. Lesher, *Heterocycles*, **1990**, *31*, 2163.
1590. V. Dal-Piaz, G. Ciciani, and M. P. Giovannoni, *Heterocycles*, **1991**, *32*, 1173.
1591. T. Sakamoto, N. Funami, Y. Kondo, and H. Yamanaka, *Heterocycles*, **1991**, *32*, 1387.
1592. S. Konno, M. Sagi, F. Siga, and H. Yamanaka, *Heterocycles*, **1992**, *34*, 225.
1593. Y. Uchibori, M. Umeno, and H. Yoshioka, *Heterocycles*, **1992**, *34*, 1507.
1594. D. McHattie, R. Buchan, M. Fraser, and P. V. S. K. T. Lin, *Heterocycles*, **1992**, *34*, 1759.
1595. N. Haider and G. Heinisch, *Heterocycles*, **1993**, *35*, 519.
1596. M. Takahashi, H. Kotashima, and T. Saitoh, *Heterocycles*, **1993**, *35*, 909.
1597. W. J. Coates and A. McKillop, *Heterocycles*, **1993**, *35*, 1313.
1598. M. Kmetič, B. Stanovnik, M. Tišler, and T. Kappe, *Heterocycles*, **1993**, *35*, 1331.
1599. K.-J. Hwang and K.-H. Park, *Heterocycles*, **1993**, *36*, 219.
1600. E. Zára-Kaczián and P. Mátyus, *Heterocycles*, **1993**, *36*, 519.
1601. P. Mátyus, K. Czakó, Á. Behr, I. Varga, B. Podányi, M. von Arnim, and P. Várkonyi, *Heterocycles*, **1993**, *36*, 785.
1602. P. Mátyus, K. Fuji, and K. Tanaka, *Heterocycles*, **1994**, *36*, 1975.
1603. P. Mátyus, K. Fuji, and K. Tanaka, *Heterocycles*, **1994**, *37*, 171.
1604. M. Khodja, D. Sicker, and H. Wilde, *Heterocycles*, **1994**, *37*, 401.
1605. S. A. Haroutounian and J. A. Katzenellenbogen, *Tetrahedron*, **1995**, *51*, 1585.

1606. E. Leikauf and H. Köster, *Tetrahedron*, **1995**, *51*, 5557.
1607. T. Ben-Ayed, H. Amri, M. M. El-Gaied, and J. Villiéras, *Tetrahedron*, **1995**, *51*, 9633.
1608. G. Heinisch, B. Matuszczak, G. Pürstinger, and D. Rakowitz, *J. Heterocycl. Chem.*, **1995**, *32*, 13.
1609. A. Turck, N. Plé, L. Majovic, B. Ndzi, G. Quéguiner, N. Haider, H. Schuller, and G. Heinisch, *J. Heterocycl. Chem.*, **1995**, *32*, 841.
1610. F. Trécourt, A. Turck, N. Plé, A. Paris, and G. Quéguiner, *J. Heterocycl. Chem.*, **1995**, *32*, 1057.
1611. M. S. South and T. L. Jakuboski, *Tetrahedron Lett.*, **1995**, *36*, 5703.
1612. F. Hampl, J. Mazáč, F. Liška, J. Šrogl, L. Kábrt, and M. Suchánek, *Collect. Czech. Chem. Commun.*, **1995**, *60*, 883.
1613. G. Maier and F. Fleischer, *Liebigs Ann.*, **1995**, 169.
1614. G. Maier, F. Fleischer, and H.-O. Kalinowski, *Liebigs Ann.*, **1995**, 173.
1615. L. Baumann, A. Folkerts, P. Imming, T. Klinert, W. Massa, G. Seitz, and S. Wocadlo, *Liebigs Ann.*, **1995**, 661.
1616. S. M. Mohamed, *Indian J. Heterocycl. Chem.*, **1994**, *3*, 197; *Chem. Abstr.*, **1994**, *121*, 35501.
1617. M. S. Abbady and S. M. Radwan, *Phosphorus, Sulfur, Silicon, Relat. Elem.*, **1994**, *86*, 203; *Chem. Abstr.*, **1994**, *121*, 205295.
1618. A. H. H. Elghandour, M. K. A. Ibrahim, B. El-Badry, and H. K. Waly, *Phosphorus, Sulfur, Silicon, Relat. Elem.*, **1994**, *88*, 147; *Chem. Abstr.*, **1995**, *122*, 81263
1619. M. Kuwahara, Y. Kawano, H. Shimazu, Y. Ashida, and A. Miyake, *Chem. Pharm. Bull.*, **1996**, *44*, 122.
1620. H. V. Patel, K. A. Vyas, S. P. Pandey, F. Tavares, and P. S. Fernandes, *Indian J. Chem., Sect. B*, **1992**, *31*, 273.
1621. S. N. Sawhney, P. K. Sharma, and A. Gupta, *Indian J. Chem., Sect. B*, **1992**, *31*, 421.
1622. K. R. Rao, N. Bhanumathi, Y. V. D. Nageswar, and T. N. Srinivasan, *Indian J. Chem., Sect. B*, **1992**, *31*, 937.
1623. T. J. Kress and D. L. Varie, *Progr. Heterocycl. Chem.*, **1991**, *3*, 205
1624. T. J. Kress and D. L. Varie, *Progr. Heterocycl. Chem.*, **1992**, *4*, 186.
1625. D. T. Hurst, *Progr. Heterocycl. Chem.*, **1993**, *5*, 220.
1626. G. Heinisch and B. Matuszczak, *Progr. Heterocycl. Chem.*, **1994**, *6*, 231.
1627. T. Itoh, H. Hasegawa, K. Nagata, Y. Matsuya, and A. Ohsawa, *Heterocycles*, **1994**, *37*, 709.
1628. N. Haider, G. Heinisch, and J. Moshuber, *Heterocycles*, **1994**, *38*, 125.
1629. D. Toussaint, J. Suffert, and C.-G. Wermuth, *Heterocycles*, **1994**, *38*, 1273.
1630. G. Heinisch, B. Matuszczak, and K. Mereiter, *Heterocycles*, **1994**, *38*, 2081.
1631. H. G. Krug, R. Neidlein, C. Krieger, and W. Kramer, *Heterocycles*, **1994**, *38*, 2695.
1632. J.-M. Sitamzé, A. Mann, and C.-G. Wermuth, *Heterocycles*, **1994**, *39*, 271.
1633. F. Fariña, M. V. Martin-Ramos, and M. Romañach, *Heterocycles*, **1995**, *40*, 379.
1634. J. Makarević and V. Škarić, *Heterocycles*, **1995**, *41*, 1207.
1635. G. Heinisch, B. Matuszcazak, K. Mereiter, and J. Soder, *Heterocycles*, **1995**, *41*, 1416.
1636. C. Saturnio, M. Abarghaz, M. Schmitt, C.-G. Wermuth, and J.-J. Bourguignon, *Heteroycles*, **1995**, *41*, 1491.
1637. A. R. Katritzky, J. Wu, L. Wrobel, S. Rachwal, and P. J. Steel, *Acta Chem. Scand.*, **1993**, *47*, 167.
1638. G. Heinisch and W. Holzer, *Can. J. Chem.*, **1991**, *69*, 972.
1639. L. Chen, L. K. Thompson, and J. N. Bridson, *Can. J. Chem.*, **1992**, *70*, 1886.
1640. L. Chen, L. K. Thompson, and J. N. Bridson, *Can. J. Chem.*, **1992**, *70*, 2709.

References

1641. L. Chen, L. K. Thompson, and J. N. Bridson, *Can. J. Chem.*, **1993**, *70*, 1086.
1642. A. Čopar, B. Stanovnik, and M. Tišler, *Bull. Soc. Chim. Belg.*, **1991**, *100*, 533.
1643. G. Heinisch, *Bull. Soc. Chim. Belg.*, **1992**, *101*, 579.
1644. R. M. Mohareb, H. Z. Shams, and M. H. Elnagdi, *Gazz. Chim. Ital.*, **1992**, *122*, 41.
1645. R. M. Mohareb, A. M. El-Torgoman, S. I. Aziz, S. M. El-Kousy, and M. Riad, *Gazz. Chim. Ital.*, **1992**, *122*, 503.
1646. G. Menichi, S. Paganelli, U. Matteoli, A. Scrivanti, and C. Botteghi, *J. Organomet. Chem.*, **1993**, *450*, 229.
1647. U. Herzog, G. Roewer, and U. Pätzold, *J. Organomet. Chem.*, **1995**, *494*, 143.
1648. Y. Nakamura and C. Shin, *Chem. Lett.*, **1991**, 1953.
1649. R. R. Kakulapati, B. Nanduri, V. D. N. Yadavalli, and N. S. Trichinapally, *Chem. Lett.*, **1992**, 2059.
1650. T. Fukuhara and N. Yoneda, *Chem. Lett.*, **1993**, 509.
1651. K. Sugawara, S. Toda, T. Moriyama, M. Konishi, and T. Oki, *J. Antibiot.*, **1993**, *46*, 928.
1652. K. Tamaki, S. Kurihara, T. Oikawa, K. Tanzawa, and Y. Sugimura, *J. Antibiot.*, **1994**, *47*, 1481.
1653. V. V. Semenov, S. A. Shevelev, and L. G. Mel'nikova, *Mendeleev Commun.*, **1993**, 58.
1654. I. V. Oleinik and O. A. Zagulyaeva, *Mendeleev Commun.*, **1994**, 50.
1655. M. J. Nowak, L. Lapinski, J. Fulara, a. Leś, and L. Adamiwicz, *J. Phys. Chem.*, **1991**, *95*, 2404.
1656. L. Lapinski, M. J. Nowak, J. Fulara, A. Leś, and L. Adamowicz, *J. Phys. Chem.*, **1992**, *96*, 6250.
1657. L. Chen, L. K. Thompon, S. S. Tandon, and J. N. Bridson, *Inorg. Chem.*, **1993**, *32*, 4063.
1658. T. Otieno, S. J. Rettig, R. C. Thompson, and J. Trotter, *Inorg. Chem.*, **1995**, *34*, 1718.
1659. B. B. Snider and Z. Shi, *J. Am. Chem. Soc.*, **1992**, *114*, 1790.
1660. S. Prathapan, K. E. Robinson, and W. C. Agosta, *J. Am. Chem. Soc.*, **1992**, *114*, 1838.
1661. T. A. Zona and J. L. Goodman, *J. Am. Chem. Soc.*, **1993**, *115*, 4925.
1662. D. L. Boger and C. M. Baldino, *J. Am. Chem. Soc.*, **1993**, *115*, 11418.
1663. G. H. Elgemeie, S. R. El-Ezbawy, M. M. Ramiz, and O. A. Mansour, *Org. Prep. Proced. Int.*, **1991**, 645.
1664. K. E. Peterman and W. Dmowski, *Org. Prep. Proced. Int.*, **1991**, *23*, 760.
1665. A. H. H. Elghandour, M. K. A. Ibrahim, I. S. A. Hafiz, and M. H. Elnagdi, *Org. Prep. Proced. Int.*, **1993**, *25*, 293.
1666. E. Pittenauer, G. Allmaier, E. R. Schmid, W. Stanek, and G. Heinisch, *Org. Mass Spectrom.*, **1991**, *26*, 595.
1667. J.-L. Chabard, J. Taoufik, J. Couquelet, and P. Tronche, *Org. Mass Spectrom.*, **1991**, *26*, 1082.
1668. W. Dostal, G. Heinisch, W. Holzer, I. Perhuac, and C. Zheng, *J. Heterocycl. Chem.*, **1990**, *27*, 1313.
1669. A Turck, N. Plé, L. Mojovic, and G. Quéguiner, *J. Heterocycl. Chem.*, **1990**, *27*, 1377.
1670. N. Haider, G. Heinisch, and G. Kemetmüller, *J. Heterocycl. Chem.*, **1990**, *27*, 1645.
1671. M. J. Kornet, *J. Heterocycl. Chem.*, **1990**, *27*, 2125.
1672. B. Jelen, A. Štimac, B. Stanovnik, and M. Tišler, *J. Heterocycl. Chem.*, **1991**, *28*, 369.
1673. S.-Y. Choi, S. C. Shin, and Y.-J. Yoon, *J. Heterocycl. Chem.*, **1991**, *28*, 385 and 2079.
1674. A. Štimac, B. Stanovnik, and M. Tišler, *J. Heterocycl. Chem.*, **1991**, *28*, 417.
1675. I. Varga, G. Jerkovich, and P. Mátyus, *J. Heterocycl. Chem.*, **1991**, *28*, 493.
1676. J. G. Samaritoni and G. Babbitt, *J. Heterocycl. Chem.*, **1991**, *28*, 583.

1677. T. Yamasaki, E. Kawaminami, F. Uchimura, T. Okawara, and M. Furukawa, *J. Heterocycl. Chem.*, **1991**, *28*, 859.
1678. J. P. Vors, *J. Heterocycl. Chem.*, **1991**, *28*, 1043.
1679. M. Hahn, G. Heinisch, W. Holzer, and H. Schwarz, *J. Heterocycl. Chem.*, **1991**, *28*, 1189.
1680. S.-Y. Choi, S.-G. Lee, and Y.-J. Yoon, *J. Heterocycl. Chem.*, **1991**, *28*, 1235.
1681. N. Haider, G. Heinisch, and R. Wanko, *J. Heterocycl. Chem.*, **1991**, *28*, 1441.
1682. R. Zupat, M. Tišler, and L. Golič, *J. Heterocycl. Chem.*, **1991**, *28*, 1731.
1683. S. Mataka, O. Misumi, W. H. Lin, M. Tashiro, K. Takahashi, and A. Torii, *J. Heterocycl. Chem.*, **1992**, *29*, 87.
1684. N. Klempier, A. de Raadt, H. Griengl, and G. Heinisch, *J. Heterocycl. Chem.*, **1992**, *29*, 93.
1685. T. Yamasaki, E. Kawaminami, F. Uchimura, Y. Okamoto, T. Okawara, and M. Furukawa, *J. Heterocycl. Chem.*, **1992**, *29*, 825.
1686. J. E. Gready, P. M. Hatton, and S. Sternhell, *J. Heterocycl. Chem.*, **1992**, *29*, 935.
1687. T. Yamasaki, Y. Yoshihara, Y. Okamoto, T. Okawara, and M. Furukawa, *J. Heterocycl. Chem.*, **1922**, *29*, 1313.
1688. S.-G. Lee, S.-Y. Choi, and Y.-J. Yoon, *J. Heterocycl. Chem.*, **1992**, *29*, 1409.
1689. A. E. Mourad, D. S. Wise, and L. B. Townsend, *J. Heterocycl. Chem.*, **1992**, *29*, 1583.
1690. P. S. Ray, J. Buote, C. A. Webster, and M. J. Manning, *J. Heterocycl. Chem.*, **1993**, *30*, 45.
1691. J. P. Chupp, C. R. Jones, and M. L. Dahl, *J. Heterocycl. Chem.*, **1993**, *30*, 789.
1692. Z. Riedl, G. Hajós, A. Messmer, and G. Kollenz, *J. Heterocycl. Chem.*, **1993**, *30*, 819.
1693. W. Holzer and G. Seiringer, *J. Heterocycl. Chem.*, **1993**, *30*, 865.
1694. P. Coudert, J. Couquelet, P. Tronche, and F. Leal, *J. Heterocycl. Chem.*, **1993**, *30*, 1093
1695. A. E. Mourad, D. S. Wise, and L. B. Townsend, *J. Heterocycl. Chem.*, **1993**, *30*, 1365.
1696. S. G. Hegde and C. R. Jones, *J. Heterocycl. Chem.*, **1993**, *30*, 1501.
1697. A. P. Krapcho, M. J. Maresch, A. L. Helgason, K. E. Rosner, M. P. Hacker, S. Spinelli, E. Menta, and A. Oliva, *J. Heterocycl. Chem.*, **1993**, *30*, 1597.
1698. G. Heinisch and T. Langer, *J. Heterocycl. Chem.*, **1993**, *30*, 1685.
1699. M. J. Kornet and K. A.-N. Ali, *J. Heterocycl. Chem.*, **1994**, *31*, 967.
1700. S.-D. Cho, J.-W. Chung, W.-Y. Choi, S.-K. Kim, and Y.-J. Yoon, *J. Heterocycl. Chem.*, **1994**, *31*, 1199.
1701. J. Svete, B. Stanovnik, and M. Tišler, *J. Heterocycl. Chem.*, **1994**, *31*, 1259.
1702. H. M. Bakeer, *J. Indian Chem. Soc.*, **1992**, *69*, 314.
1703. S. A. Essawy, *Indian J. Chem., Sect. B*, **1991**, *30*, 371.
1704. S. N. Sawhney, A. Gupta, P. K. Sharma, and N. Rashmi, *Indian J. Chem., Sect. B*, **1991**, *30*, 589.
1705. M. A. El-Kassaby, M. A. Hassan, S. A. Shiba, and M. M. Abou-El-Regal, *Indian J. Chem., Sect. B*, **1991**, *30*, 662.
1706. H. V. Patel, S. P. Pandey, P. S. Fernandes, and K. A. Vyas, *Indian J. Chem., Sect. B*, **1991**, *30*, 932.
1707. M. G. Marei and M. El-Ghanam, *Indian J. Chem., Sect. B*, **1933**, *32*, 318.
1708. R. M. Abdel-Rahman and I. E. Islam, *Indian J. Chem., Sect. B*, **1993**, *32*, 526.
1709. S. P. Hiremath, A. S. Jivanagi, and M. G. Purohit, *Indian J. Chem., Sect. B*, **1993**, *32*, 662.
1710. M. R. Mahmoud, *Indian J. Chem., Sect. B*, **1994**, *33*, 1028.
1711. A. A. F. Wasfy, *Indian J. Chem., Sect. B*, **1994**, *33*, 1098.
1712. A. Y. Soliman, M. R. Mahmoud, and F. K. Mohamed *Indian J. Chem., Sect. B*, **1995**, *34*, 57.
1713. G. Subbaraju, K. S. Rao, G. S. Reddy, and Z. Urbanczyk-Lipkowska, *Indian J. Chem., Sect. B*, **1995**, *34*, 342.

1714. M. M. Shoukry, A. K. Abdel-Hadi, W. M. Hosny and S. M. Shouheib, *Indian J. Chem., Sect. B*, **1995**, *34*, 716.

1715. A. Deep, A. N. Essawy, F. Yasine, and R. Fikry, *Z. Naturforsch., Teil B*, **1991**, *46*, 835.

1716. M. F. Ismail, F. S. Sayed, S. A. Emara, and A. A. Shindy, *Z. Naturforsch., Teil B*, **1991**, *46*, 1720 and **1992**, *47*, 1346.

1717. A. Deeb, B. Bayoumy, F. Yasine, and R. Fikry, *Z. Naturforsch., Teil B*, **1992**, *47*, 418.

1718. A. W. Erian, *J. Chem. Res.*, **1993**, *Synop.* 8, *Minipr.* 155.

1719. A. H. H. Elghandour, *J. Chem. Res.*, **1993**, *Synop.* 358, *Minipr.* 2385.

1720. F. Arnaud-Neu, J.-J. Bourguignon, S. K. Mehta, and C.-G. Wermuth, *J. Chem. Res.*, **1994**, *Synop.* 4, *Minipr.* 120.

1721. P. Powell and M. H. Sosabowski, *J. Chem. Res.* **1995**, *Synop.* 306, *Minipr.* 1840.

1722. D. Twomey, *Proc. R. Irish Acad., Sect. B*, **1974**, *74* (No. 4), 37; *Chem. Abstr.*, **1974**, *81*, 3864.

1723. M. L. Conalty, J. F. O'Sullivan, and D. Twomey, *Proc. R. Irish Acad., Sect. B*, **1976**, *76* (No. 10), 151; *Chem. Abstr.*, **1977**, *86*, 171378.

1724. D. Twomey, *Proc. R. Irish Acad., Sect. B*, **1979**, *79* (No. 3), 29; *Chem. Abstr.*, **1980**, *92*, 94311.

1725. M. Takaya and M. Sato, *Yakugaku Zasshi*, **1994**, *114*, 94; *Chem. Abstr.*, **1994**, *121*, 134057.

1726. F. A. Khalifa, *Arch. Pharm. (Weinheim, Ger.)*, **1990**, *323*, 883.

1727. E. Raviña, C. Teran, N. Dominguez, C. F. Masaquer, J. Gillongo, F. Orallo, and J. M. Calleja, *Arch. Pharm. (Weinheim, Ger.)*, **1991**, *324*, 455.

1728. M. H. Elnagdi and A. W. W. Erian, *Arch. Pharm. (Weinheim, Ger.)*, **1991**, *324*, 853.

1729. C. O. Kappe and T. Kappe, *Arch. Pharm. (Weinheim, Ger.)*, **1991**, *324*, 863.

1730. S. Corsano, G. Strappaghetti, R. Rerrini, and N. Giolioli, *Arch. Pharm. (Weinheim, Ger.)*, **1991**, *324*, 999.

1731. M. J. Mokrosz, *Arch. Pharm. (Weinheim, Ger.)*, **1993**, *326*, 39.

1732. N. Haider, G. Heinisch, and J. Moshuber, *Arch. Pharm. (Weinheim, Ger.)*, **1992**, *325*, 119.

1733. S. Corsano, G. Strappaghetti, R. Scapicchi, and V. Anania, *Arch. Pharm. (Weinheim, Ger.)*, **1992**, *325*, 187.

1734. C. V. Denyer, M. T. Reddy, D. C. Jenkins, E. Rapson, and S. D. M. Watts, *Arch. Pharm. (Weinheim, Ger.)*, **1994**, *327*, 95.

1735. M. Richter and G. Seitz, *Arch. Pharm. (Weinheim, Ger.)*, **1994**, *327*, 365.

1736. F.-R. Xu, S.-Y. Wang, P. Xu, H. Li, C.-F. Hu, and L. Ou-Yang, *Gaodeng Xuexiao Huaxue Xuebao*, **1995**, *16*, 1254; *Chem. Abstr.*, **1996**, *124*, 29687.

1737. S. Corsano, R. Scapicchi, and G. Strappaghetti, *Arch. Pharm. (Weinheim, Ger.)*, **1994**, *327*, 631.

1738. G. Seitz and F. Haenel, *Arch. Pharm. (Weinheim, Ger.)*, **1994**, *327*, 673.

1739. C. S. Tsai and A. Y. Shen, *Arch. Pharm. (Weinheim, Ger.)*, **1994**, *327*, 677.

1740. L. Strekowski, W. D. Wilson, J. L. Mokrosz, M. L. Mokrosz, D. B. Harden, F. A. Tanious, R. L. Wydra, and S. A. Crow, *J. Med. Chem.*, **1991**, *34*, 580.

1741. R. Gericke, J. Harting, I. Lues, and C. Schittenhelm, *J. Med. Chem.*, **1991**, *34*, 3074.

1742. B. L. Mylari, W. J. Zembrowski, T. A. Beyer, C. E. Aldinger, and T. W. Siegel, *J. Med. Chem.*, **1992**, *35*, 2155.

1743. M. J. Valli, Y. Tang, J. W. Kosh, J. M. Chapman, and J. W. Sowell, *J. Med. Chem.*, **1992**, *35*, 3141.

1744. J. Easmon, G. Heinisch, W. Holzer, and B. Rosenwirth, *J. Med. Chem.*, **1992**, *35*, 3288.

1745. N. A. Meanwell, M. J. Rosenfeld, A. K. Trehan, J. L. Romine, J. J. K. Wright, C. L. Brassard, J. O. Buchanan, M. E. Frederici, J. S. Fleming, H. Gamberella, G. B. Zavoico, and S. M. Seiler, *J. Med. Chem.*, **1992**, *35*, 3498.

1746. A. Melikian, G. Schlewer, J.-P. Chambon, and C.-G. Wermuth, *J. Med. Chem.*, **1992**, *35*, 4092.

1747. S. E. Webber, T. M. Blackman, J. Attard, J. G. Deal, V. Kathardekar, K. M. Welsh, S. Webber, C. A. Janson, D. A. Matthews, W. W. Smith, S. T. Freer, S. R. Jordan, R. J. Bacquet, E. F. Howland, C. L. J. Booth, R. W. Ward, S. M. Hermann, J. White, C. A. Morse, J. A. Hilliard, and C. A. Bartlett, *J. Med. Chem.*, **1993**, *36*, 733.

1748. M. Winn, B. De, T. M. Zydowsky, R. J. Altenbach, F. Z. Basha, S. A. Boyde, M. E. Brune, S. A. Buckner, D.-A. Crowell, I. Drizin, A. A. Hancock, H.-S. Jae, J. A. Kester, J. Y. Lee, R. A. Mantei, K. C. Marsh, E. I. Novosad, K. W. Oheim, S. H. Rosenberg, K. Shiosaki, B. K. Sorensen, K. Spina, G. M. Sullivan, A. S. Tasker, T. W. von Geldern, R. B. Warner, T. J. Opgenorth, D. J. Kerkman, and J. F. de Bernardis, *J. Med. Chem.*, **1993**, *36*, 2676.

1749. M. F. Ismail, S. A. Emara, F. S. Sayed, and A. A. Shindy, *Egypt. J. Chem.*, **1993**, *36*, 327; *Chem. Abstr.*, **1996**, *124*, 55887.

1750. A. Tanaka, H. Sakai, Y. Motoyama, T. Ishikawa, and H. Takasugi, *J. Med. Chem.*, **1994**, *37*, 1189.

1751. S. Moreau, P. Coudert, C. Rubat, D. Gardette, N. Valee-Goyet, J. Couquelet, P. Bastide, and P. Tronche, *J. Med. Chem.*, **1994**, *37*, 2153.

1752. M. D. Varney, C. L. Palmer, J. G. Deal, S. Webber, K. M. Welsh, C. A. Bartlett, C. A. Morse, W. W. Smith, and C. A. Janson, *J. Med. Chem.*, **1995**, *38*, 1892.

1753. D. E. Bierer, J. M. Dener, L. G. Dubenko, R. E. Gerber, J. Litvak, S. Peterli, P. Peterli-Roth, T. V. Truong, G. Mao, and B. E. Bauer, *J. Med. Chem.*, **1995**, *38*, 2628.

1754. N. J. S. Harmat, R. Giorgi, F. Bonaccorsi, G. Cerbai, S. M. Colombani, A. R. Renzetti, R. Cirillo, A. Subissi, G. Alagona, C. Ghio, F. Arcamone, A. Giachetti, F. Paleari, and A. Salimbeni, *J. Med. Chem.*, **1995**, *38*, 2925.

1755. P. Barraclough, R. M. Beams, J. W. Black, D. Cambridge, D. Collard, D. A. Demaine, D. Firmin, V. P. Gerskowitch, R. C. Glen, H. Giles, A. P. Hill, R. A. D. Hull, R. Iyer, W. R. King, D. J. Livongstone, M. S. Nobbs, P. Randall, G. Shah, S. J. Vine, and M. V. Whiting, *Eur. J. Med. Chem.*, **1990**, *25*, 467.

1756. S. Robert-Piessard, D. Leblois, P. Kumar, J. M. Robert, G. le Baut, L. Sparfel, B. Robert, E. Khettab, R. Y. Sanchez, J. Y. Petit, and L. Welin, *Eur. J. Med. Chem.*, **1990**, *25*, 737.

1757. S. J. Bakewell, W. J. Coates, M. B. Comer, M. L. Reeves, and B. H. Warrington, *Eur. J. Med. Chem.*, **1990**, *25*, 765.

1758. P. Desos, G. Schlewer, C. Lugnier, A. Beretz, J. P. Maffrand, A. Bernat, and C.-G. Wermuth, *Eur. J. Med. Chem.*, **1991**, *26*, 189.

1759. R. Goeschke, J. Gainer, G. A. Howarth, R. B. Wallis, R. Kerry, J. Ambler, V. S. Findlay, and K. D. Butler, *Eur. J. Med. Chem.*, **1991**, *26*, 715.

1760. P. Mátyus, J. Kosáry, E. Kasztreiner, N. Makk, E. Diesler, K. Czakó, G. Rabloczky, L. Jaszlits, E. Horváth, Z. Tömösközi, G. Cseh, E. Horváth, and P. Arányi, *Eur. J. Med. Chem.*, **1992**, *27*, 107.

1761. S. Corsano, G. Strappaghetti, A. Codagnone, R. Scapicchi, and G. Marucci, *Eur. J. Med. Chem.*, **1992**, *27*, 545.

1762. R. Jonas, M. Klockow, I. Lues, H. Prücher, H. J. Schliep, and H. Wurziger, *Eur. J. Med. Chem.*, **1933**, *28*, 129.

1763. R. Jonas, H. Prücher, and H. Wurziger, *Eur. J. Med. Chem.*, **1993**, *28*, 141.

1764. P. C. Parthasarathy, L. Ananthan, M. A. Likhate, S. G. Manjunatha, and N. Kalyanam, *Eur. J. Med. Chem.*, **1993**, *28*, 195.

1765. S. Corsano, R. Scapicchi, G. Strappaghetti, G. Marucci, and F. Paparelli, *Eur. J. Med. Chem.*, **1993**, *28*, 647.

1766. V. Dal-Piaz, M. P. Giovannoni, R. Laguna, and E. Cano, *Eur. J. Med. Chem.*, **1994**, *29*, 249.

1767. P. Coudert, E. Albuisson, J. Y. Boire, E. Duroux, P. Bastide, and J. Couquelet, *Eur. J. Med. Chem.*, **1994**, *29*, 471.

1768. M. E. Castro, E. Rosa, J. A. Osuna, T. Garcia-Ferreiro, M. Loza, M. Codavid, J. A. Fontenla, C. F. Masaguer, J. Cid, E. Raviña, G. Garcia-Mera, J. Rodriguez, and M. L. de Ceballos, *Eur. J. Med. Chem.*, **1994**, *29*, 831.

1769. V. Dal-Piaz, G. Ciciani, G. Turco, M. P. Giovannoni, M. Miceli, R. Pirisino, and M. Perretti, *J. Pharm. Sci.*, **1991**, *80*, 341.

1770. A. Chauvet, J. Masse, J.-P. Ribet, D. Bigg, J.-M. Autin, J.-L. Maurel, J.-F. Patoiseau, and J. Jaud, *J. Pharm. Sci.*, **1992**, *81*, 836.

1771. C. Rubat, P. Coudert, E. Albuisson, J. Bastide, J. Couquelet, and P. Tronche, *J. Pharm. Sci.*, **1992**, *81*, 1084.

1772. K. Sato and I. Ogura, *Yakugaku Zasshi*, **1992**, *112*, 211.

1773. S. Konno, M. Sagi, K. Wada, F. Shiga, and H. Yamanaka, *Yakugaku Zasshi*, **1992**, *112*, 768.

1774. M. Takaya, *Yakugaku Zasshi*, **1993**, *113*, 676.

1775. S. Robert-Piessard, G. le Baut, J.-M. Robert, J.-M. Léger, and M. Saux, *J. Chem. Res.*, **1992**, *Synop.* 176, *Minipr.* 1327.

1776. M. I. Younes, H. H. Abbas, and S. A. M. Metwally, *Croat. Chem. Acta*, **1990**, *63*, 617.

1777. G. Heinisch and H. Kopelent-Frank, *Prog. Med. Chem.*, **1992**, *29*, 141.

1778. K. Kieć-Kononowicz, X. Ligneau, H. Stark, J.-C. Schwartz, and W. Schunack, *Arch. Pharm. (Weinheim, Ger.)*, **1995**, *328*, 445.

1779. J. Easmon, G. Heinisch, W. Holzer, and B. Matuszczak, *Arch. Pharm. (Weinheim, Ger.)*, **1995**, *328*, 307.

1780. S. Corsano, R. Vessa, R. Scapicchi, S. Foresi, G. Strappaghetti, G. G. Nenci, and P. Gresele, *Eur. J. Med. Chem.*, **1995**, *30*, 627.

1781. S. Corsano, R. Scapicchi, G. Strappaghetti, G. Marucci, and F. Paparelli, *Eur. J. Med. Chem.*, **1995**, *30*, 71.

1782. G. Heinisch and H. Frank, *Progr. Med. Chem.*, **1990**, *27*, 1.

1783. B. Stanovnik, H. van der Bovenkamp, J. Svete, A. Hvala, I. Simonič, and M. Tišler, *J. Heterocycl. Chem.*, **1990**, *37*, 359.

1784. E. Mannila, L. Hennig, and K. Rissanen, *Acta Chem. Scand.*, **1995**, *49*, 774.

1785. E. Fanghänel, A. Hucke, H. Hasan, K. Ullrich, R. Radeglia, and O. Simonsen, *J. Prakt. Chem. / Chem. Ztg.*, **1995**, *337*, 104.

1786. E. Fanghänel, A. Hucke, and C. Zachert, *J. Prakt. Chem./Chem. Ztg.*, **1995**, *337*, 347.

1787. K. Tamaki, A. Matsubara, K. Tanzawa, and Y. Sugimura, *J. Antibiot.*, **1995**, *48*, 87 and C1.

1788. N. A. Polezhaeva, N. R. Fedotova, V. G. Sakhibullina, E. V. El'shina, and T. G. Kostyunina, *Zh. Obshch. Khim.*, **1995**, *65*, 37.

1789. K. Gewald, M. Rehwald, H. Müller, P. Bellmann, and H. Schäfer, *Monatsh. Chem.*, **1995**, *126*, 341.

1790. H. Neunhoeffer and G. Werner, *Ligbigs Ann. Chem.*, **1985**, 853.

1791. W. Dostal, G. Heinisch, and G. Lötsch, *Monatsh. Chem.*, **1988**, *119*, 751.

1792. W. G. Overend and L. F. Wiggins, *J. Chem. Soc.*, **1947**, 239.

1793. R. L. Jones and C. W. Rees, *J. Chem. Soc. (C)*, **1969**, 2251.

1794. J. K. Landquist and S. E. Meek, *Chem. Ind. (London)*, **1970**, 688.

1795. H. H. Wasserman and J. B. Brous, *J. Org. Chem.*, **1954**, *19*, 515.

1796. R. S. Fenton, J. K. Landquist, and S. E. Meek, *J. Chem. Soc. (C)*, **1971**, 1536.

1797. M. M. Baradarani and J. A. Joule, *J. Chem. Soc., Perkin Trans. 1*, **1980**, 72.

1798. G. Heinisch, W. Holzer, T. Langer, and P. Lukavsky, *Heterocycles*, **1996**, *43*, 151.

1799. A. A. Hassan, *Phosphorus, Sulfur, Silicon Relat. Elem.*, **1995**, *101*, 189; *Chem. Abstr.*, **1996**, *124*, 86920.

1800. A. M. Hussein, A. A. Atalla, A. K. K. El-Dean, and A. M. Kamal, *Pharmazie*, **1995**, *50*, 788; *Chem. Abstr.* **1996**, *124*, 232359.

1801. A. M. Hussein, A. A. Atalla, and A. M. K. El-Dean, *Pol. J. Chem.*, **1995**, *69*, 1642; *Chem. Abstr.*, **1996**, *124*, 289402.

1802. M. S. South, T. L. Jakuboski, M. D. Westmeyer, and D. R. Dukesherer, *Tetrahedron Lett.*, **1996**, *37*, 1351.

1803. K. J. Hale, J. Cai, V. Delisser, S. Manaviazar, S. A. Peak, G. S. Bhatia, T. C. Collins, and N. Jogiya, *Tetrahedron*, **1996**, *52*, 1047.

1804. R. A. Jones, A. K. Powell, and A. P. Whitmore, *Acta Crystallogr.*, *Sect. C*, **1996**, *52*, 1002.

1805. J. E. Leet, D. R. Schroeder, J. Golik, M. A. Matson, T. W. Doyle, K. S. Lam, S. E. Hill, M. S. Lee, J. L. Whitney, and B. S. Krishnan, *J. Antibiot.*, **1996**, *49*, 299.

1806. C. Greck, L. Bischoff, and J. P. Genêt, *Tetrahedron: Asymmetry*, **1995**, *6*, 1989.

1807. A. A. Watson, D. A. House, and P. J. Steel, *Aust. J. Chem.*, **1995**, *48*, 1549.

1808. H. Al-Awadhi, F. Al-Omran, M. H. Elnagdi, L. Infantes, C. Foces-Foces, N. Jagerovic, and J. Elguero, *Tetrehedron*, **1995**, *51*, 12745.

1809. G. Grassi, F. Risitano, and F. Foti, *Tetrahedron*, **1995**, *51*, 11855.

1810. P. S. Dragovich, H. Tada, and R. Zhou, *Heterocycles*, **1995**, *41*, 2487.

1811. C. Franz, G. Heinisch, W. Holzer, K. Mereiter, B. Strobl, and C. Zheng, *Heterocycles*, **1995**, *41*, 2527.

1812. Y. Arakawa, T. Goto, K. Kawase, and S. Yoshifuji, *Chem. Pharm. Bull.*, **1995**, *43*, 535.

1813. T. Seki, T. Takezaki, R. Ohuchi, M. Saitoh, T. Ishimori, and K. Yasuda, *Chem. Pharm. Bull.*, **1995**, *43*, 1719.

1814. K. Tamaki, K. Tanzawa, S. Kurihara, T. Oikawa, S. Monma, K. Shimada, and Y. Sugimora, *Chem. Pharm. Bull.*, **1995**, *43*, 1883.

1815. H. Harada, T. Morie, Y. Hirokawa, H. Terauchi, I. Fujiwara, N. Yoshida, and S. Kato, *Chem. Pharm. Bull.*, **1995**, *43*, 1912.

1816. T. Itoh, Y. Matsuya, K. Nagata, M. Okada, and A. Ohsawa, *J. Chem. Soc., Sect. Chem. Commun.*, **1995**, 2067.

1817. R. Nesi, D. Giomi, S. Turchi, and A. Falai, *J. Chem. Soc., Chem. Commun.*, **1995**, 2201.

1818. K. Matsumoto, M. Hashimoto, M. Toda, and H. Tsukube, *J. Chem. Soc., Perkin Trans. 1*, **1995**, 2497.

1819. W. Holzer and E. Schmid, *J. Heterocycl. Chem.*, **1995**, *32*, 1341.

1820. J. L. Kelley, J. B. Thompson, V. L. Styles, F. E. Soroko, and B. R. Cooper, *J. Heterocycl. Chem.*, **1995**, *32*, 1423.

1821. R. D. Bryant, F.-A. Kunng, and M. S. South, *J. Heterocycl. Chem.*, **1995**, *32*, 1473.

1822. M. Guillaume, Z. Janousek, and H. G. Viehe, *Synthesis*, **1995**, 920.

1823. F. Csende, Z. Szabó, G. Bernáth, and G. Stájer, *Synthesis*, **1995**, 1240.

1824. Y. V. Tomilov, G. P. Okonnishnikova, E. V. Shulishov, and O. M. Nefedov, *Izv. Akad. Nauk, Ser. Khim.*, **1995**, 2208.

1825. S. V. Konovalikhin, A. B. Zolotoi, L. O. Atovmyan, G. V. Shustov, S. N. Denisenko, and R. G. Kostyanovsky, *Izv. Akad. Nauk, Ser. Khim.*, **1995**, 500.

1826. A. K. Khanamiryan, A. L. Gyulbudagyan, P. S. Vartanyan, M. K. Dzhafarov, and Y. T. Struchkov, *Izv. Akad. Nauk, Ser. Khim.*, **1993**, 539.

1827. J. A. M. Guard and P. J. Steel, *Aust. J. Chem.*, **1995**, *48*, 1601.

1828. I. Mangalagiu, *Acta Chem. Scand.*, **1995**, *49*, 778.

1829. S. M. Sherif, R. M. Mohareb, H. Z. Shams, and H. M. M. Gaber, *J. Chem. Res.*, **1995**, *Synop.* 434, *Minipr.* 2658.
1830. F. A. Abu-Shanab, B. Wakefield, F. Al-Omran, M. M. A. Khaled, and M. H. Elnagdi, *J. Chem. Res.*, **1995**, *Synop.* 488, *Minipr.* 2924.
1831. M. Sosabowski and P. Powell, *J. Chem. Res.*, **1995**, *Synop.* 402, *Minipr.* 2422.
1832. V. Dal-Piaz, M. P. Giovannoni, G. Ciciani, D. Barlocco, G. Giardina, G. Petrone, and G. D. Clarke, *Eur. J. Med. Chem.*, **1996**, *31*, 65.
1833. D. W. Combs, K. Reese, and A. Phillips, *J. Med. Chem.*, **1996**, *38*, 4878.
1834. D. W. Combs, K. Reese, L. A. M. Cornelius, J. W. Gunnet, E. V. Cryan, K. S. Granger, J. J. Jordan, and K. T. Demarest, *J. Med. Chem.*, **1995**, *38*, 4880.
1835. K. Lackey, D. D. Sternbach, D. K. Croom, D. L. Emerson, M. G. Evans, P. L. Leitner, M. J. Luzzio, G. McIntyre, A. Vuong, J. Yates, and J. M. Besterman, *J. Med. Chem.*, **1996**, *39*, 713.
1836. Y. Nomoto, H. Takai, T. Ohno, K. Nagashima, K. Yao, K. Yamada, K. Kubo, M. Ishimura, A. Mihara, and H. Kase, *J. Med. Chem.*, **1996**, *39*, 297.
1837. L. Castanier, C. Rubat, P. Coudert, E. Albuisson, J. Chopineau, and J. Couquelet, *Arzneim. Forsch.*, **1995**, *45*, 947.
1838. M. Schlosser and H. Keller, *Liebigs Ann.*, **1995**, 1587.
1839. R. N. Castle, *Pyridazines*, Wiley-Interscience, New York, **1973**.
1840. G. B. Barlin, L. P. Davies, and P. W. Harrison, *Aust. J. Chem.*, **1995**, *48*, 1031.
1841. P. W. Harrison, G. B. Batlin, L. P. Davies, S. J. Ireland, P. Mátyus, and M. G. Wong, *Eur. J. Med. Chem.*, **1996**, *31*, 651.
1842. G. B. Barlin, L. P. Davies, and S. J. Ireland, *Aust. J. Chem.*, **1996**, *49*, 443.
1843. G. B. Barlin, L. P. Davies, P. W. Harrison, S. J. Ireland, and A. C. Willis, *Aust. J. Chem.*, **1996**, *49*, 451.
1844. D. L. Boger, *J. Heterocycl. Chem.*, **1996**, *33*, 1519.
1845. C. Degrand and D. Jacquin, *Tetrahedron Lett.*, **1978**, 4955.
1846. C. G. Overberger, N. R. Byrd, and R. B. Mesrobian, *J. Am. Chem. Soc.*, **1956**, *78*, 1961.
1847. C. G. Overberger and G. Kesslin, *J. Org. Chem.*, **1962**, *27*, 3898.
1848. E. A. Steck, R. P. Brundage, and L. T. Fletcher, *J. Am. Chem. Soc.*, **1953**, *75*, 1117.
1849. D. W. Brooks, A. Basha, F. A. J. Kerdesky, J. H. Holmes, J. D. Ratajcyk, P. Bhatia, J. L. Moore, J. G. Martin, S. P. Schmidt, D. H. Albert, R. D. Dyer, P. Young, and G. W. Carter, *Bioorg. Med. Chem. Lett.*, **1992**, *2*, 1357.
1850. D. Y. Curtin and E. W. Tristram, *J. Am. Chem. Soc.*, **1950**, *72*, 5238.
1851. P. Schmidt and J. Druey, *Helv. Chim. Acta*, **1954**, *37*, 134.
1852. A. Hassner and C. Stumer, *Organic Syntheses Based on Name Reactions and Unnamed Reactions*, Pergamon Press, Oxford, **1994**: (a) p. 273, (b) p. 378, (c) p. 429, (d) p. 351, (e) p. 58.
1853. M. Tišler and B. Stanovnik, in *Comprehensive Heterocyclic Chemistry*, Vol. 3, A. J. Boulton and A. McKillop, eds, Pergamon Press, Oxford, **1984**, p. 1.
1854. G. Rosen and F. D. Popp, *J. Heterocycl. Chem.*, **1969**, *6*, 9.
1855. H. Feuer, E. P. Rosenquist, and F. Brown, *Isr. J. Chem.*, **1968**, *6*, 587.
1856. A. Ohsawa, H. Arai, and H. Igeta, *Heterocycles*, **1979**, *12*, 917.
1857. S. Gabriel, *Ber. Dtsch. Chem. Ges.*, **1903**, *36*, 3373.
1858. Y. S. Shabarov, L. D. Sychkova, T. Y. Derevyanko, and R. Y. Levina, *Dokl. Akad. Nauk, SSSR*, **1971**, *198*, 859.
1859. B. Ma, J.-H. Lii, K. Chen, and N. L. Allinger, *J. Phys. Chem.*, **1996**, *100*, 11297.

1860. J. Zeng, N. S. Hush, and J. R. Reimers, *J. Phys. Chem.*, **1996**, *100*, 9561.
1861. M. A. A. Miah, D. J. Phillips, and A. D. Rae, *Inorg. Chim. Acta*, **1996**, *245*, 231.
1862. H. F. Zohdi, W. W. Wardakhan, S. H. Doss, and R. M. Mohareb, *J. Chem. Res.*, **1996**, *Synop.* 440, *Minipr.* 2526.
1863. G. A. McLean, B. J. L. Royles, D. M. Smith, and M. J. Bruce, *J. Chem. Res.*, **1996**, *Synop.* 448, *Minipr.* 2623.
1864. I. A. El-Sakka, *J. Chem. Res.*, **1996**, *Synop.* 434.
1865. S. Campagna, S. Serroni, A. Juris, M. Venturi, and V. Balzani, *New J. Chem.*, **1996**, *20*, 773.
1866. D. G. Craciunescu, E. Parrondo-Iglesias, A. Doadrio-Villarejo, J. C. Doadrio-Villarejo, M. I. de Frutos, M. T. Gutierrez-Rios, M. P. Alonso, C. Molina, and C. Lorenzo-Molina, *An. R. Acad. Farm.*, **1995**, *61*, 497; *Chem. Abstr.*, **1996**, *125*, 366.
1867. N. G. Kandi, M. I. Mohamed, H. T. Zaky, and M. S. Mohamed, *Tinctoria*, **1996**, *93*, 40; *Chem. Abstr.*, **1996**, *125*, 10729.
1868. N. M. S. E.-D. Harb, *Egypt. J. Chem.*, **1995**, *38*, 531; *Chem. Abstr.*, **1996**, *125*, 10728.
1869. F. M. Abd-El-Motti, E. I. Alafaleq, and N. Y. F. Almehbad, *Egypt. J. Chem.*, **1995**, *38*, 523; *Chem. Abstr.*, **1996**, *125*, 10727.
1870. F. M. Abd-El-Motti, E. I. Alafaleq, and N. Y. F. Almehbad, *Egypt. J. Pharm. Sci.*, **1995**, *36*, 117; *Chem. Abstr.*, **1996**, *125*, 10726.
1871. M. A. Sayed, A. A. El-Khamry, A. Y. Soliman, A. A. Afify, and E. A. Kassab, *Egypt. J. Chem.*, **1995**, *38*, 1; *Chem. Abstr.*, **1996**, *125*, 10725.
1872. B. Mernari, F. Abraham, and M. Lagrenee, *Adv. Mater. Res. (Zug, Switz.)*, **1994**, 563; *Chem. Abstr.*, **1996**, *125*, 24827.
1873. J.-I. Cho and S.-H. Cho, *Bull. Korean Chem. Soc.*, **1996**, *17*, 868; *Chem. Abstr.*, **1996**, *125*, 300930.
1874. R. Schlegel, M. Ritzau, W. Ihn, C. Stengel, and U. Gtäfe, *Nat. Prod. Lett.*, **1995**, *6*, 171.
1875. A. M. Radwan, *Al-Azhar Bull. Sci.*, **1995**, *6*, 89; *Chem. Abstr.*, **1996**, *125*, 114557.
1876. A. M. Radwan, *Al-Azhar Bull. Sci.*, **1995**, *6*, 83; *Chem. Abstr.*, **1996**, *125*, 114556.
1877. S. Jolivet, L. Toupet, F. Texier-Boullet, and J. Hamelin, *Tetrahedron*, **1996**, *52*, 5819.
1878. A. Corsaro, G. Perrini, and V. Pistarà, *Tetrahedron*, **1996**, *52*, 6421.
1879. I. I. Mangalagiu, I. I. Druta, M. A. Constantinescu, I. V. Humelnicu, and M. C. Petrovanu, *Tetrahedron*, **1996**, *52*, 8853.
1880. L. Mojovic, A. Turck, N. Plé, M. Dorsy, B. Ndzi, and G. Quéguiner, *Tetrahedron*, **1996**, *52*, 10417.
1881. F. Al-Omran, M. M. A. Khalik, H. Al-Awadhi, and M. H. Elnagdi, *Tetrahedron*, **1996**, *52*, 11915.
1882. G. Baccolini, A. Munyaneza, and C. Boga, *Tetrahedron*, **1996**, *52*, 13695.
1883. W. Schroth, S. Dunger, F. Billig, R. Spitzner, R. Herzschuh, A. Vogt, T. Jende, G. Israel, J. Barche, D. Ströhl, and J. Sieler, *Tetrahedron*, **1996**, *52*, 12677.
1884. S.-D. Cho, W.-Y. Choi, S.-G. Lee, Y.-J. Yoon, and S.-C. Shin, *Tetrahedron Lett.*, **1996**, *37*, 7059.
1885. A. Rykowski and E. Woliñska, *Tetrahedron Lett.*, **1996**, *37*, 5759.
1886. C. Z. Ding and A. V. Miller, *Tetrahedron Lett.*, **1996**, *37*, 4447.
1887. L. Bourel, A. Tartar, and P. Melnyk, *Tetrahedron Lett.*, **1996**, *37*, 4145.
1888. H. Al-Badri, E. About-Jaudet, and N. Collignon, *Tetrahedron Lett.*, **1996**, *37*, 2951.
1889. D. N. Buttler, P. M. Tepperman, R. A. Gau, and R. N. Warrener, *Tetrahedron Lett.*, **1996**, *37*, 2825.
1890. A. J. Blake and H. McNab, *Acta Crystallogr., Sect. C*, **1996**, *52*, 2622.

1891. O. P. Shvaika and N. A. Kovach, *Zh. Org. Khim.*, **1996**, *32*, 572.
1892. A. Kotschy, G. Hajós, G. Timári, and A. Messmer, *J. Org. Chem.*, **1996**, *61*, 4423.
1893. D. Giomi, R. Nesi, S. Turchi, and R. Coppini, *J. Org. Chem.*, **1996**, *61*, 6028.
1894. S. Brooker and R. J. Kelly, *J. Chem. Soc., Dalton Trans.*, **1996**, 2117.
1895. M. S. Amine, M. A. El-Hashash, F. M. A. Soliman, and A. S. Soliman, *Indian J. Chem., Sect. B*, **1996**, *35*, 1097.
1896. V. Konečný and S. Kováč, *Collect. Czech. Chem. Commun.*, **1996**, *61*, 437.
1897. A. V. Afonin, A. V. Vaschenko, and H. Fujiwara, *Bull. Chem. Soc. Jpn.*, **1996**, *69*, 933.
1898. V. Schmidt, C. Braun, and H. Sutoris, *Synthesis*, **1996**, 223.
1899. M. Kropf, H. Dürr, and C. Collet. *Synthesis*, **1996**, 609.
1900. N. Plé, A. Turck, K. Couture, and G. Quéguiner, *Synthesis*, **1996**, 838.
1901. S.-K. Kim, S.-D. Cho, D.-H. Kweon, S.-G. Lee, J.-W. Chung, S.-C. Shin, and Y.-J. Yoon, *J. Heterocycl. Chem.*, **1996**, *33*, 245.
1902. A. Čopar, B. Stanovnik, and M. Tišler, *J. Heterocycl. Chem.*, **1996**, *33*, 465.
1903. P. Mátyus, E. Zára-Kaczián, S. Boros, and Z. Böcskei, *J. Heterocycl. Chem.*, **1996**, *33*, 583.
1904. S.-K. Kim, S.-D. Cho, J.-K. Moon, and Y.-S. Yoon, *J. Heterocycl. Chem.*, **1996**, *33*, 615.
1905. M. Kušar, J. Svete, and B. Stanovnik, *J. Heterocycl. Chem.*, **1996**, *33*, 1041.
1906. G. Heinisch, T. Langer, J. Tonnel, K. Mereiter, and K. Wurst, *heterocycles*, **1996**, *43*, 1057.
1907. M. Rohr, D. Toussaint, S. Chayer, A. Mann, J. Souffert, and C.-G. Wermuth, *Heterocycles*, **1996**, *43*, 1459.
1908. N. Kakusawa, K. Inui, J. Kurita, and T. Tsuchiya, *Heterocycles*, **1996**, *43*, 1601.
1909. T. Yamasaki, Y. Yoshihara, Y. Okamoto, T. Okawara, and M. Furukawa, *Heterocycles*, **1996**, *43*, 1613.
1910. G. Heinisch, W. Holzer, K. Mereiter, B. Strobl, and C. Zheng, *Heterocycles*, **1996**, *43*, 1665.
1911. T. Sato, Y. Takebayashi, T. Tokunaga, and T. Ozasa, *J. Antibiot.*, **1996**, *49*, 811.
1912. F. Rohet, C. Rubat, P. Coudert, E. Albuisson, and J. Couquelet, *Chem. Pharm. Bull.*, **1996**, *44*, 980.
1913. J. M. Quintela, M. C. Veiga, R. Alvarez-Sarandés, and C. Peinador, *Monatsh. Chem.*, **1996**, *127*, 537.
1914. A. El-Guedde, S. Guesmi, B. Mernari, H. Stoeckli-Evans, J. Ribas, B. Vicente, and M. Lagrenee, *Polyhedron*, **1996**, *15*, 4283.
1915. J. Košmrlj, M. Kočevar, and S. Polanc, *Synlett*, **1996**, 652.
1916. G. Heinisch and B. Matuszczak, *Progr. Heterocycl. Chem.*, **1995**, *7*, 226.
1917. D. L. Romero, R. A. Olmsted, T. J. Poel, R. A. Morge, C. Biles, B. J. Keiser, L. A. Kopter, J. M. Friis, J. D. Hosley, K. J. Stefanski, D. G. Wishka, D. B. Evans, J. Morris, R. G. Stehle, S. K. Sharma, Y. Tagi, R. L. Voorman, W. J. Adams, W. G. Tarpley, and R. C. Thokas, *J. Med. Chem.*, **1996**, *39*, 3769.
1918. H. Cho, S. Katoh, S. Sayama, K. Murakami, H. Nakanashi, Y. Kajimoto, H. Ueno, H. Kawasaki, K. Aisaka, and I. Uchida, *J. Med. Chem.*, **1996**, *39*, 3797.
1919. A. S. Cantrell, P. Engelhardt, M. Högberg, S. R. Jaskunas, N. G. Johansson, C. L. Jordan, J. Kangasmetsä, M. D. Kinnick, P. Lind, J. M. Morin, M. A. Muesing, R. Noreén, B. Oberg, P. Pranc, C. Sahlberg, R. J. Ternansky, R. T. Vasileff, L. Vrang, S. J. West, and H. Zhang, *J. Med. Chem.*, **1996**, *39*, 4261.
1920. B. Barth, M. Dierich, G. Heinisch, B. Matuszezak, K. Mereiter, J. Soder, and H. Stoiber, *Arch. Pharm. (Weinheim, Ger.)*, **1996**, *329*, 403.
1921. L. Garnier, B. Plunian, J. Mortier, and M. Vaultier, *Tetrahedron Lett.*, **1996**, *37*, 6699.
1922. B. Garrigues, C. Laporte, R. Laurent, A. Laporterie, and J. Dubac, *Liebigs Ann.*, **1996**, 739.

1923. H. Hopf, M. Theurig, P. G. Jones, and P. Bubenitschek, *Liebigs Ann.*, **1996**, 1301.
1924. E. Täuber, *Ber. Dtsch. Chem. Ges.*, **1895**, *28*, 451.
1925. R. H. Mizzoni and P. E. Spoerri, *J. Am. Chem. Soc.*, **1951**, *73*, 1873.
1926. S. Cradock, C. Pyrvis, and D. W. H. Rankin, *J. Mol. Struct.*, **1990**, *220*, 193.
1927. W. Adam, A. Grimison, and R. Hoffmann, *J. Am. Chem. Soc.*, **1969**, *91*, 2590.
1928. M. J. S. Dewar and D. R. Kuhn, *J. Am. Chem. Soc.*, **1984**, *106*, 5256.
1929. R. C. Cookson and N. S. Isaacs, *Tetrahedron*, **1963**, *19*, 1237.
1930. D. J. Brown, *The Pyrimidines*, Wiley, New York, **1994**: (a) p. 26, (b) p. 329, (c) p. 342, (d) p. 531, (e) p. 553.
1931. P. J. Lont and H. C. van der Plas, *Recl. Trav. Chim. Pays-Bas*, **1972**, *91*, 850.
1932. S. Kanoktanaporn and J. A. H. MacBride, *J. Chem. Res.*, **1980**, Synop, 406, Minipr. 2941.
1933. J. Druey, K. Meier, and K. Eichenberger, *Helv. Chim. Acta*, **1954**, *37*, 121.
1934. N. Takabayashi, *Yakugaku Zasshi*, **1955**, *75*, 1242.
1935. J. H. M. Hill and J. G. Krause, *J. Org. Chem.*, **1964**, *29*, 1642.
1936. S.-D. Cho, W.-Y. Choi, and Y.-J. Yoon, *J. Heterocycl. Chem.*, **1996**, *33*, 1579.
1937. G. Heinisch, T. Langer, and J. Tonnel, *J. Heterocycl. Chem.*, **1996**, *33*, 1731.
1938. D.-H. Kweon, S.-D. Cho, S.-K. Kim, J.-W. Chung, and Y.-J. Yoon, *J. Heterocycl. Chem.*, **1996**, *33*, 1915.
1939. B. Mernari and M. Lagrenée, *J. Heterocycl. Chem.*, **1996**, *33*, 2059.
1940. D. Wensbo and S. Gronowitz, *Tetrahedron*, **1996**, *52*, 14975.
1941. T. Yamasaki, M. Oda, Y. Okamoto, T. Okawara, and M. Furukawa, *Heterocycles*, **1996**, *43*, 1863.
1942. K. J. Hale, J. Cai, and V. M. Delisser, *Tetrahedron Lett.*, **1996**, *37*, 9345.
1943. J. S. Panek and B. Zhu, *Tetrahedron Lett.*, **1996**, *37*, 8151.
1944. R. Bernardi, B. Novo, and G. Resnati, *J. Chem. Soc., Perkin Trans. 1*, **1996**, 2517.
1945. M. J. Begley, P. Hubberstey, and J. Stroud, *J. Chem. Soc., Dalton Trans.*, **1996**, 4295.
1946. U. A. Häuserman, A. Linden, J. Song, and M. Hesse, *Helv. Chim. Acta*, **1996**, *79*, 1995.
1947. J. M. Quintela, M. C. Veiga, S. Conde, and C. Peinador, *Monatsh. Chem.*, **1996**, *127*, 739.
1948. G. Heinisch, T. Langer, and P. Lukavsky, *J. Heterocycl. Chem.*, **1997**, *34*, 17.
1949. K. Matsumoto, R. Ohta, T. Uchida, H. Nishioka, M. Yoshida, and A. Kakehi, *J. Heterocycl. Chem.*, **1997**, *34*, 203.
1950. S.-K. Kim, S.-D. Cho, D.-H. Kweon, Y.-J. Yoon, Y.-H. Kim, and J.-N. Heo, *J. Heterocycl. Chem.*, **1997**, *34*, 209.
1951. L. Kralj, A. Hvala, J. Svete, L. Golič, and B. Stanovnik, *J. Heterocyclic. Chem.*, **1997**, *34* 247.
1952. M. S. South, T. L. Jakuboski, M. D. Westmeyer, and D. R. Dukeshere, *J. Org. Chem.*, **1996**, *61*, 8921.
1953. R. Toplak, L. Selič, G. Saršak, and B. Stanovnik, *Heterocycles*, **1997**, *45*, 555.
1954. G. Heinisch, B. Matuszczak, and K. Mereiter, *Heterocycles*, **1997**, *45*, 673.
1955. M. A. Ciufolini and N. Xi, *J. Org. Chem.*, **1997**, *62*, 2320.
1956. I. I. Mangalagiu and M. Petrovanu, *Tetrahedron*, **1997**, *53*, 4411.
1957. G. Verardo, N. Toniutti, and A. G. Giumanini, *Tetrahedron*, **1997**, *53*, 3707.
1958. P. Trebše, S. Polanc, M. Kočevar, T. Šolmajer, and S. G. Grdadolnik, *Tetrahedron*, **1997**, *53*, 1383.
1959. A. Amer, A. M. El-Massry, M. Badawi, M. M. Abdel-Rahman, and S. A. F. El-Sayed, *J. Prakt. Chem./Chem.-Ztg.*, **1997**, *339*, 20.

1960. F. Al-Omran, M. M. Abdel-Khalik, A. Abou-Elkhair, and M. H. Elnagdi, *Synthesis*, **1997**, 91.
1961. M. Hartnagel, K. Grimm, and H. Mayr, *Liebigs, Ann./Recueil*, **1997**, 71.
1962. G. B. Barlin, L. P. Davies, S. J. Ireland, and M. M. L. Ngu-Schwemlein, *Aust. J. Chem.*, **1997**, *50*, 91.
1963. A. Escuer, R. Vicente, B. Mernari, A. El-Gueddi, and M. Pierrot, *Inorg. Chem.*, **1997**, *36*, 2511.
1964. D. Dorsch, W. W. K. R. Mederski, M. Osswald, R. M. Devant, C.-J. Schmitges, M. Christadler, and C. Wilm, *Bioorg. Med. Chem. Lett.*, **1997**, *7*, 275.
1965. A. Y. Soliman, H. M. Bakeer, and I. A. Attia, *Chin. J. Chem.*, **1996**, *14*, 532; *Chem. Abstr.*, **1997**, *126*, 157463.
1966. A. M. Kamal-El-Dean, S. M. Radwan, and M. I. Abdel-Moneam, *Afinidad*, **1996**, *53*, 387; *Chem. Abstr.*, **1997**, *126*, 144238.
1967. J. E. Del-Bene, J. D. Watts, and R. J. Bartlett, *J. Chem. Phys.*, **1997**, *106*, 6951.
1968. Z. Jiang and D.-Q. Yu, *J. Nat. Prod.*, **1997**, *60*, 122.
1969. V. V. Zalesov, N. G. Vyaznikova, and Y. S. Andreichikov, *Zh. Org. Khim.*, **1996**, *32*, 735.
1970. C. D. Apostolopoulos, S. D. Koulocheri, E. A. Couladouros, and S. A. Haroutounian, *Eur. Mass Spectrom.*, **1996**, *2*, 301; *Chem. Abstr.*, **1997**, *126*, 104056.
1971. E. Gavini, C. Juliano, A. Mule, G. Pirisino, G. A. Pinna, and M. M. Curzu, *Farmaco*, **1996**, *51*, 683; *Chem. Abstr.*, **1997**, *126*, 89327.
1972. S. H. Kubo, *Cardiology*, **1997**, *88*, (Suppl. 2), 21; *Chem. Abstr.*, **1997**, *126*, 338250.
1973. O. V. Shishkin and A. S. Polyakova, *Izv. Akad. Nauk, Ser. Khim.*, **1996**, 1938.
1974. V. D. Piaz, G. Ciciani, M. P. Giovannoni, and F. Franconi, *Drug Des. Discovery*, **1996**, *14*, 53; *Chem. Abstr.*, **1997**, *126*, 84307.
1975. L. Quan, L. Cheng, X. Wu, and G. Tian, *Yanbian Daxue, Ziran Kexueban*, **1996**, *22*, 24; *Chem. Abstr.*, **1997**, *126*, 59925.
1976. A. A. Katrusiak, S. Baloniak, and A. S. Katrusiak, *Pol. J. Chem.*, **1996**, *70*, 1279; *Chem. Abstr.*, **1997**, *126*, 47172.
1977. H. C. Koppel, R. H. Springer, R. K. Robins, and C. C. Cheng, *J. Org. Chem.*, **1961**, *26*, 792.
1978. T. Seki, T. Nakio, T. Masuda, K. Hasumi, K. Gotanda, T. Ishimori, S. Honma, N. Minami, K. Shibata, and K. Yasuda, *Chem. Pharm. Bull.*, **1996**, *44*, 2061.
1979. J. R. Greenwood, G. Vaccarella, H. R. Capper, K. N. Mewett, R. D. Allan, and G. A. R. Johnston, *Theochem*, **1996**, *368*, 235.
1980. M. Guillaume, C. Muliverney, J.-P. Declercq, and B. Tinant, *Magn. Reson. Chem.*, **1996**, *34*, 960.
1981. A. H. Moustafa and N. M. Nahas, *J. Chem. Res.*, **1977**, *Synop. 138, Minipr.* 951.
1982. V. A. Samsonov, L. B. Volodarskii, I. Y. Bagryanskaya, and Y. V. Gatilov, *Khim. Geterotsikl. Soedin.*, **1996**, 1055.
1983. O. Y. Mironova, B. I. Busykin, and L. A. Taran, *Zh. Obshch. Khim.*, **1996**, *66*, 151.
1984. G. Heinisch, E. Huber, B. Matuszczak, A. Maurer, and U. Prillinger, *Arch. Pharm. (Weinheim, Ger.)*, **1997**, *330*, 29.
1985. S. Moreau, P. Coudert, C. Rubat, E. Albuisson, and J. Couquelet, *Arzneim.-Forsch.*, **1996**, *46*, 800.
1986. S. Scheibye, B. S. Pedersen, and S.-O. Lawesson, *Bull. Soc. Chim. Belg.*, **1978**, *87*, 229.
1987. S. Scheibye, J. Kristensen, and S.-O. Lawesson *Tetrahedron*, **1979**, *35*, 1339.
1988. Y. Kanaoka, M. Hasebo, and E. Sato, *Heterocycles*, **1980**, *14*, 114.
1989. R. Clement, *J. Org. Chem.*, **1960**, *25*, 1724.

1990. T. Kealy, *J. Am. Chem. Soc.*, **1962**, *84*, 966.
1991. E. Fahr and H. Lind, *Angew. Chem.*, **1966**, *78*, 376.
1992. F. Reicheneder and K. Durey, Ger. Pat. 1102162 (1959); *Chem. Abstr.*, **1962**, *57*, 481.
1993. E. J. Virgin, *Diss. Univ. Uppsala* 1914; *Chem. Abstr.*, **1920**, *14*, 1319.
1994. Y. Maki and M. Takaya, *Chem. Pharm. Bull.*, **1971**, *19*, 1635.
1995. Y. Maki, G. P. Beardsley, and M. Takaya, *Tetrahedron Lett.*, **1971**, 1507.
1996. Y. Maki and K. Obata, *Chem. Pharm. Bull.*, **1964**, *12*, 176.
1997. V. Dal-Piaz, M. P. Giovannoni, C. Castellana, J. M. Palacios, J. Beleta, T. Doménech, and V. Segarra, *J. Med. Chem.*, **1997**, *40*, 1417.
1998. A. K. Basak, S. K. Mazumdar, and S. Chaudhuri, *Acta Crystallogr., Sect. C*, **1987**, *43*, 735.
1999. A. R. Katritzky and J. M. Lagowski, *Adv. Heterocycl. Chem.*, **1963**, *1*, 311 and 339.
2000. J. Elguero, C. Marzin, A. R. Katritzky, and P. Linda, *Adv. Heterocycl. Chem., Suppl. 1*, **1976**, 71.
2001. D. W. Robertson, N. D. Jones, J. H. Krushinski, G. D. Pollock, J. K. Schwatzendruber, and J. S. Hayes, *J. Med. Chem.*, **1987**, *30*, 623.
2002. W. H. Moos, C. C. Humblet, I. Sircar, C. Rithner, R. E. Weishaar, J. A. Bristol, and A. T. McPhail, *J. Med. Chem.*, **1987**, *30*, 1963.
2003. M. Yanai, T. Kinoshita, S. Takeda, H. Sadaki, and H. Watanabe, *Chem. Pharm. Bull.*, **1970**, *18*, 1680.
2004. S. Patai, *Glossary of Organic Chemistry*, Wiley-Interscience, New York, **1962**, pp. 50, 98, 187.
2005. D. J. Brown, in *Mechanisms of Molecular Migrations*, Vol. 1, (B. S. Thyagarajan, ed.), Wiley, New York, **1968**, p. 209.
2006. W. J. Coates, in *Comprehensive Heterocyclic Chemistry II*, Vol. 6, A. J. Boulton, ed., Elsevier, Oxford, **1996**, pp. 1–90.
2007. P. Pino, S. Pucci, F. Placenti, and G. Dell'Amico, *J. Chem. Soc. (C)*, **1971**, 1640.
2008. M. M. A. Miah, D. J. Phillips, and A. D. Rae, *Inorg. Chim. Acta*, **1992**, *201*, 191.
2009. A. Donetti, O. Boniardi, and A. Ezhaya, *Synthesis*, **1980**, 1009.
2010. B. C. Gerwick, S. S. Fields, P. R. Graupner, J. A. Gray, E. L. Chapin, J. A. Cleveland, and D. R. Heim, *Weed Sci.*, **1997**, *45*, 654; *Chem. Abstr.*, **1997**, *127*, 274110.
2011. B. Stanovnik, in *Methods of Organic Chemistry (Houben-Weyl)*, 4th ed., Vol. E9a, E. Schaumann, ed., Thieme, Stuttgart, **1997**, pp. 557–682.
2012. S. Bradamante, A. Facchetti, and G. A. Pagani, *J. Phys. Org. Chem.*, **1997**, *10*, 514.
2013. I. D. L. Albert, T. J. Marks, and M. A. Ratner, *J. Am. Chem. Soc.*, **1997**, *119*, 6575.
2014. A. A. Nada, A. W. Erian, N. R. Mohamed, and A. M. Mahran, *J. Chem. Res.*, **1997**, *Synop*, 236, *Minipr.* 1576.
2015. M. M. Abdel-Khalik, *J. Chem. Res.* **1997**, *Synop.* 198, *Minipr.* 1377.
2016. S. J. Miller and C. D. Bayne, *J. Org. Chem.*, **1997**, *62*, 5680.
2017. H. Sleiman, P. N. W. Bazter, J.-M. Lehn, K. Airola, and K. Rissanen, *Inorg. Chem.*, **1997**, *36*, 4734.
2018. R. Laguna, B. Rodriguez-Liñares, E. Cano, I. Estevez, E. Raviña, and E. Sotelo, *Chem. Pharm. Bull.*, **1997**, *45*, 1151.
2019. A. Y. Soliman and I. A. Attia, *Indian J. Chem., Sect. B*, **1997**, *36*, 75.
2020. C. A. Morrison, B. A. Smart, S. Parsons, E. M. Brown, D. W. H. Rankin, H. E. Robertson, and J. Miller, *J. Chem. Soc., Perkin Trans. 2*, **1997**, 857.
2021. P. Tähttinen, R. Sillanpää, G. Stajer, A. Szabo, and K. Pihlaja, *J. Chem. Soc., Perkin Trans. 2*, **1997**, 597.

2022. I. Mangalagiu and M. Petrovanu, *Acta Chem. Scand.*, **1997**, *51*, 927.
2023. M. Schmitt, J.-J. Bourguignon, G. B. Barlin, and L. P. Davies, *Aust. J. Chem.*, **1997**, *50*, 779.
2024. S. M. Sakya, K. K. Groskopf, and D. L. Boger, *Tetrahedron Lett.*, **1997**, *38*, 3805.
2025. P. N. W. Baxter, J.-M. Lehn, B. O. Kneisel, and D. Fenske, *Angew. Chem.*, **1997**, *109*, 2067.
2026. S. M. Sakya, T. W. Strohmeyer, S. A. Lang, and Y.-I. Lin, *Tetrahedron Lett.*, **1997**, *38*, 5913.
2027. S. Turchi, D. Giomi, C. Capaccioli, and R. Nesi, *Tetrahedron*, **1997**, *53*, 11711.
2028. M. Tiecco, L. Testaferri, F. Marini, C. Santi, L. Bagnoli, and A. Temperini, *Tetrahedron*, **1997**, *53*, 10591.
2029. I. Thomsen, B. V. Ernholt, and M. Bols, *Tetrahedron*, **1997**, *53*, 9357.
2030. G. B. Barlin, *J. Heterocycl. Chem.*, **1998**, *35*, 1205.
2031. M. Tiecco, L. Testaferri, F. Marini, C. Santl, L. Bagnoli, and A. Temperini, *Tetrahedron*, **1997**, *53*, 7311.
2032. J. M. Quintela, R.Alvarez-Sarandés, M. C. Veiga, and C. Peinador, *Heterocycles*, **1997**, *45*, 1319.
2033. J.-P. Roduit, A. Wellig, and A. Kiener, *Heterocycles*, **1997**, *45*, 1687.
2034. J. Lange, J. Karolak-Wojciechowska, E. Pytlewska, J. Plenkiewicz, T. Kulinski, and S. Rump, *J. Heterocycl. Chem.*, **1997**, *34*, 389.
2035. A. Turck, N. Plé, P. Pollet, L. Mojovic, J. Duflos, and G. Quéguiner, *J. Heterocycl. Chem.*, **1997**, *34*, 621.
2036. J. Svete, J. Golič, and B. Stanovnik, *J. Heterocycl. Chem.*, **1997**, *34*, 1115.
2037. S.-K. Kim, S.-D. Cho, J.-Y. Yoon, *J. Heterocycl. Chem.*, **1997**, *34*, 1135.
2038. P. Trebše, B. Recelj, M. Kočevar, and S. Polanc, *J. Heterocycl. Chem.*, **1997**, *34*, 1247.
2039. W.-Y. Choi, S.-D. Cho, S.-K. Kim, and Y.-J. Yoon, *J. Heterocycl. Chem.*, **1997**, *34*, 1307.
2040. R. E. Dolle, D. Hoyer, J. M. Rinker, T. M. Ross, S. J. Schmidt, C. Helaszek, and M. A. Ator, *Bioorg. Med. Chem. Lett.*, **1997**, *7*, 1003.
2041. F. Rohet, C. Rubat, P. Coudert, and J. Couquelet, *Bioorg. Med. Chem.*, **1997**, *5*, 655.
2042. G. Tóth, S. Molnár, T. Tamás, and I. Borbély, *Synth. Commun.*, **1997**, *27*, 3513.
2043. E. Sotelo, R. Mocelo, M. Suárez, and A. Loupy, *Synth. Commun.*, **1997**, *27*, 2419.
2044. P. Trebše, B. Racelj, T. Lukanc, S. G. Grdadolnik, A. Petrič, B. Verček, T. Solmajer, S. Polanc, and M. Kočever, *Synth. Commun.*, **1997**, *27*, 2637.
2045. M. A. Ciufolini, T. Shimizu, S. Swaminathan, and N. Xi, *Tetrahedron Lett.*, **1997**, *38*, 4947.
2046. D. K. Heldmann and J. Sauer, *Tetrahedron Lett.*, **1997**, *38*, 5791.
2047. M. Shibata and P. Zuman, *J. Electroanal. Chem.*, **1997**, *420*, 79.
2048. E. Mátrai, *J. Mol. Struct.*, **1997**, *408/409*, 467.
2049. V. I. Berezin, M. D. Élkin, and V. F. Pulin, *Zh. Strukt. Khim.*, **1997**, *38*, 345.
2050. M. Bols, R. G. Hazell, and I. B. Thomsen, *Chem.-Eur. J.*, **1997**, *3*, 940.
2051. Z.-J. He and Z.-M. Li, *Phosphorus, Sulfur, Silicon Relat. Elem.*, **1996**, *117*, 1; *Chem. Abstr.*, **1997**, *127*, 81486.
2052. M. Potacek, D. Vetchy, E. Novacek, I. Cisarova, and J. Podlaha, *Molecules*, **1996**, *1*, 152; *Chem. Abstr.*, **1997**, *127*, 50618.
2053. S. M. Radwan and A. M. K. El-Dean, *Pharmazie*, **1997**, *52*, 483; *Chem. Abstr.*, **1997**, *127*, 121687.

2054. E. Gavini, C. Juliano, A. Mule, G. Pirisino, and G. A. Pinna, *Farmaco*, **1997**, *52*, 67; *Chem. Abstr.*, **1997**, *127*, 121686.

2055. S. Corsano, G. Strappaghetti, A. Leonardi, K. Rhazri, and R. Barbaro, *Eur. J. Med. Chem.*, **1997**, *32*, 339.

2056. T.-L. Liu, A.-M. Yu, and L.-K. Wang, *Youji Huaxue*, **1997**, *17*, 237; *Chem. Abstr.*, **1997**, *127*, 135776.

2057. D. M. Purohit and V. H. Shah, *Heterocycl. Commun.*, **1997**, *3*, 267; *Chem. Abstr.*, **1997**, *127*, 161776.

2058. A. A. Nada, N. K. El-Din, S. T. Gaballah, and M. F. Zayed, *Phosphorus, Sulfur, Silicon Relat. Elem.*, **1996**, *119*, 27; *Chem. Abstr.*, **1997**, *127*, 220723.

2059. G. Heinisch, E. Huber, C. Leitner, B. Matuszczak, A. Maurer, S. Pachler, and U. Prillinger, *Antiviral Chem. Chemother.*, **1997**, *8*, 371.

2060. G. Heinisch, B. Matuszczak, S. Pachler, and D. Rukowitz, *Antiviral Chem. Chemother.*, **1997**, *8*, 443.

2061. Z. Jiang, Y. Chen, R.-Y. Chen, and D.-Q. Yu, *Phytochemistry*, **1997**, *46*, 327.

2062. C.-G. Wermugh, *J. Heterocycl. Chem.*, **1998**, *35*, 1091.

2063. P. Mátyus, *J. Heterocycl. Chem.*, **1998**, *35*, 1075.

2064. T. Kappa, *J. Heterocycl. Chem.*, **1998**, *35*, 1111.

2065. S. Turchi, R. Nesi, and D. Giomi, *Tetrahedron*, **1998**, *54*, 1809.

2066. Y. M. Volovenko, *Khim. Geterosikl. Soedin.*, **1997**, 854.

2067. D. Ranft, G. Lehwark-Yvetot, K.-J. Schaper, and A. Büge, *Arch. Pharm. (Weinheim, Ger.)*, **1997**, *330*, 169.

2068. G. Heinisch, B. Matuszczak, D. Rakowitz, and B. Tantisira, *Arch. Pharm. (Weinheim, Ger.)*, **1997**, *330*, 207.

2069. Y. Rival, R. Hoffmann, B. Didlier, V. Rybaltchenko, J.-J. Bourguignon, and C.-G. Wermuth, *J. Med. Chem.*, **1998**, *41*, 311.

2070. J. Easmon, G. Heinisch, G. Pürstinger, T. Langer, J. K. Österreicher, H. H. Grunicke, and J. Hofmann, *J. Med. Chem*, **1997**, *40*, 4420.

2071. A. El-Gueddi, B. Mernari, and M. Lagrenee, *Ann. Chim. (Paris)*, **1998**, *23*, 305; *Chem. Abstr.*, **1998**, *128*, 330346.

2072. M. Gaye, O. Sarr, A. S. Sall, O. Diouf, and S. Hadabere, *Bull. Chem. Soc. Ethiop.*, **1997**, *11*, 111; *Chem. Abstr.*, **1998**, *128*, 289364.

2073. M. Takahashi and T. Yamaoka, *Heterocycl. Commun.*, **1997**, *3*, 521.

2074. A. M. Radwan, R. R. Kassab, and G. H. Sayed, *Al-Azhar Bull. Sci.*, **1996**, *7*, 205; *Chem. Abstr.*, **1998**, *128*, 61475.

2075. O. Azzolina, V. Dal-Plaz, S. Collina, M. P. Giovannoni, and C. Tadini, *Chirality*, **1997**, *9*, 681; *Chem. Abstr.*, **1998**, *128*, 57080.

2076. G. Fulep and N. Haider, *Molecules*, **1998**, *3*, 10; *Chem. Abstr.*, **1998**, *128*, 167319.

2077. F. Billes and K. Kostermann, *ACH—Models Chem.*, **1997**, *134*, 199; *Chem. Abstr.*, **1998**, *128*, 167108.

2078. F. Billes, H. Mikosch, and S. Holly, *J. Mol. Struct. (THEOCHEM)*, **1998**, *423*, 225.

2079. J. R. Greenwood, H. R. Capper, R. D. Allan, and G. A. R. Johnston, *J. Mol. Struct. (THEOCHEM)*, **1997**, *419*, 97.

2080. S.-M. Kuang, Z.-Z. Zhang, Q.-G. Wang, and T. C. W. Mak, *J. Chem. Soc., Chem. Commun.*, **1998**, 581.

2081. A. J. Blake, P. Hubberstey, W.-S. Li, C. E. Russell, B. J. Smith, and L. D. Wraith, *J. Chem. Soc., Dalton Trans.*, **1998**, 647.

2082. N. R. Hore and D. K. Russell, *J. Chem. Soc., Perkin Trans. 2*, **1998**, 269.

2083. N. Xi, L. H. Alemany, and M. A. Ciufolini, *J. Am. Chem. Soc.*, **1998**, *120*, 80.
2084. B. Latli, H. Morimoto, P. G. Williams, and J. E. Casida, *J. Labelled, Compd. Radiopharm.*, **1998**, *41*, 191.
2085. S. Chayer, E. M. Essassi, and J.-J. Bourguignon, *Tetrahedron*, **1998**, *39*, 841.
2086. Y. M. Volovenko, *Khim. Geterotsikl. Soedin.*, **1997**, 853.
2087. K. J. Hale, J. Cai, and G. Williams, *Synlett*, **1998**, 149.
2088. V. J. Catalano, R. A. Heck, C. E. Immoos, A. Öhman, and M. G. Hill, *Inorg. Chem.*, **1998**, *37*, 2150.
2089. P. Mátyus, I. Varga, E. Zára, A. Mezei, Á. Behr, A. Simay, N. Haider, S. Boros, A. Bakonyi, E. Horváth, and K. Horváth, *Bioorg. Med. Chem. Lett.*, **1997**, *7*, 2857.
2090. M. H. Elnagdi, M. Abdelaziz-Barsy, F. M. Abdel-Latif, and K. U. Sadek, *J. Chem. Res.*, **1998**, *Synop.* 26, *Minipr.* 0188.
2091. C. J. Fahrni and A. Pfaltz, *Helv. Chim. Acta*, **1998**, *81*, 491.
2092. C. J. Fahrni, A. Pfaltz, M. Neuburger, and M. Zehnder, *Helv. Chim. Acta*, **1998**, *81*, 507.
2093. J. Sauer and D. K. Heldmann, *Tetrahedron*, **1998**, *54*, 4297.
2094. X.-C. Zhang and W.-Y. Huang, *J. Fluorine Chem.*, **1998**, *87*, 57.
2095. H. Bleisinger, P. Scheidhauer, H. Dürr, V. Wintgens, P. Valat, and J. Kossanyi, *J. Org. Chem.*, **1998**, *63*, 990.
2096. T. Seki, A. Kanada, T. Nakao, M. Shiraiwa, H. Asano, K. Miyazawa, T. Ishimori, N. Minami, K. Shibata, and K. Yasuda, *Chem. Pharm. Bull.*, **1998**, *46*, 84.
2097. T.-R. Cheng, C.-H. Huang, L.-B. Gan, C.-P. Luo, A.-C. Yu, and X.-S. Zhao, *J. Mater. Chem.*, **1998**, *8*, 931.
2098. E. Spodine, A. M. Atria, J. Manzur, A. M. Garcia, M. T. Garland, A. Hocquet, E. Sanhueza, R. Baggio, O. Piña, and J.-Y. Saillard, *J. Chem. Soc., Dalton Trans.*, **1997**, 3683.
2099. M. S. F. L. K. Jie and P. Kalluri, *J. Chem. Soc., Perkin Trans. 1*, **1997**, 3485.
2100. K. J. Hale and J. Cai, *J. Chem. Soc., Chem. Commun.*, **1997**, 2319.
2101. K. Matsumo, M. Nogami, M. Toda, H. Katsura, N. Hayashi, and R. Tamura, *Heterocycles*, **1998**, *47*, 101.
2102. G. Heinisch, B. Matuszczak, and J. C. Wilke, *Heterocycles*, **1997**, *45*, 2385.
2103. T. Itoh, M. Miyazaki, K. Nagata, and A. Ohsawa, *Heterocycles*, **1997**, *46*, 83.
2104. T. Klindert, P. von Hagel, L. Baumann, and G. Seitz, *J. Prakt. Chem. / Chem. Ztg.*, **1997**, *339*, 623.
2105. M. Msaddek, M. Rammah, K. Ciamala, S. Verbel, and B. Laude, *Synthesis*, **1997**, 1495.
2106. K. Daly, R. Nomak, and J. K. Snyder, *Tetrahedron Lett.*, **1997**, *38*, 8611.
2107. O. A. Attanasi, P. Filippone, C. Fiorucci, and F. Mantelline, *Synlett*, **1997**, 1361.
2108. A. Černigoj-Marzi, S. Polanc, and M. Kočevar, *J. Heterocycl. Chem.*, **1997**, *34*, 1753.
2109. S. Strah and B. Stanovnik, *J. Heterocycl. Chem.*, **1997**, *34*, 1629.
2110. G. Heinisch and B. Matuszczak, *J. Heterocycl. Chem.*, **1997**, *34*, 1421.
2111. Z. G. Aliev, N. G. Vyaznikova, V. V. Zalesov, S. S. Kataev, Y. S. Andreichikov, and L. O. Atevmyan, *Izv. Akad. Nauk, Ser. Khim.*, **1997**, 2260.
2112. M. Y. Dmitrichenko, V. G. Rozinov, G. D. Eliseeva, G. V. Ratovskii, D. F. Kushnarev, and A. V. Zhilyakov, *Zh. Obshch. Khim.*, **1997**, *67*, 162.
2113. N. A. Polezhaeva, A. V. Prosvirkin, N. A. Tyryshkin, V. G. Sakhibullina, I. A. Litvinov, A. T. Gubaidullin, V. A. Naumov, A. R. Kurbangalieva, and G. A. Chmutova, *Zh. Obshch. Khim.*, **1997**, *67*, 938.
2114. J. Roy, *Indian Chem. J., Sect. B*, **1997**, *36*, 931.

2115. M. Herberhold, G. Frohmader, T. Hofmann, W. Milius, and J. Darkwa, *Inorg. Chim. Acta*, **1998**, *267*, 19.
2116. G. Sorsak, S. G. Grdadolnik, and B. Stanovnik, *Bull. Soc. Chim. Belg.*, **1997**, *106*, 519.
2117. M. Kidwai and R. Kumar, *Gazz. Chim. Ital.*, **1997**, *127*, 263.
2118. M. K. A. Ibrahim, A. H. H. Elghandour, and B. El-Badry, *Indian J. Chem., Sect. B*, **1997**, *36*, 612.
2119. D. J. Jeon, S. C. Shin, and Y. Y. Lee, *Heterocycles*, **1997**, *45*, 2101.
2120. Z.-Z. Zhang, H.-K. Wang, Y.-J. Shen, H.-G. Wang, and R.-J. Wang, *J. Organomet. Chem.*, **1990**, *381*, 45.

Index

This index covers the text but neither the Appendix (Table of Simple Pyridazines) nor the Glance Indices (appended to Chapters 1 and 2).

The page number(s) immediately following each primary entry refer to synthesis or general information. Although each number indicates that the subject is treated on that (and possibly subsequent pages), the actual word(s) of the primary entry may appear there only in part, as a synonym, as a formula number, or even simply by inference.

Several unusual terms have been employed extensively as succinct secondary entries. For example, the terms chlorolysis and alkanelysis were coined to indicate the direct replacement of appropriate functional groups by a chloro or an alkyl substituent, respectively, so mimicking conventional terms such as aminolysis, thiolysis, and so on.

The few authors mentioned by name in the text, usually for specific contributions or as pioneers of named reactions, are included in this index.

3-o-Acetamidobenzoylpyridazine, 357
4-o-Acetamidobenzoylpyridazine, 357
3-Acetamido-6-chloro-2-methyl-5-oxo-2,5-dihydro-4-pyridazinecarboxylic acid, 105
4-Acetamido-6-chloro-3(2H)-pyridazinone, 365
4-Acetamido-5-cyano-6-oxo-1-phenyl-1,6-dihydro-3-pyridazinecarboxylic acid, 356
6-(4-Acetamido-2-methoxyphenyl)-3(2H)-pyridazinone, X-ray analysis, 312
3-Acetamido-6-methylpyridazine, alkylidenation, 166
3-Acetamido-6-[β-(5-methylsulfonylfuran-2-yl)vinyl]pyridazine, 166
6-p-Acetamidophenyl-4-benzyl-4,5-dihydro-3(2H)-pyridazinone, 270
6-p-Acetamidophenyl-4-benzyl-3(2H)-pyridazinone, reduction, 270
3-o-Acetamidophenyl-6-methoxypyridazine, 117
3-Acetamido-8-phenyl-2H-pyrano[2,3-d]pyridazine-2,5(6H)-dione, 271
3-o-Acetamidophenylpyridazine, 117
6-p-Acetamidophenyl-3(2H)-pyridazinone, X-ray analysis, 312
4-Acetoacetylpyridazine, 403

2-Acetonyl-4-chloro-5-methoxy-6-nitro-3(2H)-pyridazinone, 419
2-Acetonyl-4-chloro-5-methoxy-3(2H)-pyridazinone, 220
2-Acetonyl-4,5-dichloro-6-nitro-3(2H)-pyridazinone, alcoholysis, 419
 bromination, 240
 to the cyanohydrin, 419
2-Acetonyl-4,5-dichloro-3(2H)-pyridazinone, alcoholysis, 220
 bromination, 240
3-Acetonyl-6-methoxypyridazine, 148
2-Acetonyl-6-phenyl-3(2H)-pyridazinone dioxime, 103
3-Acetonylpyridazine, 166
1-Acetonylpyridazinium bromide, to an ylide, 173
3-Acetonylthio-6-phenylpyridazine, 328
 alcoholysis, 284
 dealkylation, 325
3-N-Acetoxyacetamido-6-chloropyridazine, 380
3-Acetoxy-2-acetoxymethyl-2,3,3a,9a-tetrahydro-6H-furo[2′3′:4,5]oxazolo[3,2-b]pyridazin-6-one, 288
 aminolysis, 288

633

Index

6-Acetoxy-4-bromo-3(2*H*)-pyridazinone, hydrogenolysis, 233
4-(α-Acetoxy-α-cyanomethylene)-1-acetyl-1,4-dihydropyridazine, to methyl 4-pyridazinecarboxylate, 400
2-β-Acetoxyethyl-4-acetyl-5,6-bis-*p*-chlorophenyl-3(2*H*)-pyridazinone, 280
3-β-Acetoxyethylamino-6-chloropyridazine, 281
6-Acetoxy-2-ethyl-3(2*H*)-pyridazinone, 267
2-Acetoxy-12-isopropenyl-3-methyl-1,4,6,9-tetrahydro-1,4-ethanopyridazino[1,2-*a*]-pyridazine-6,9-dione, 274
3-Acetoxymethyl-6-methoxypyridazine, hydrolysis, 276
5-Acetoxymethyl-6-phenyl-4,5-dihydro-3(2*H*)-pyridazinone, 280
6-Acetoxy-4-tritio-3(2*H*)-pyridazinone, 233
5-Acetyl-2-allyl-4-amino-6-phenyl-3(2*H*)-pyridazinone, 263
5-Acetyl-4-amino-2-methyl-6-phenyl-3(2*H*)-pyridazinone, 66, 98
6-Acetyl-4-amino-5-methyl-2-phenyl-3(2*H*)-pyridazinone, 353
5-Acetyl-4-amino-6-phenyl-3(2*H*)-pyridazinone, 66
  alkylation, 263
4-Acetyl-3-anilino-5,6-diphenylpyridazine, 196
5-Acetyl-4-anilino-2-methyl-6-phenyl-3(2*H*)-pyridazinone, 347
4-{β-Acetyl-β-[(azidoacetyl)carbamoyl]-vinylamino}pyridazine, hydrogenation, 384
4-Acetyl-5,6-bis-*p*-chlorophenyl-2-(2,3-epoxypropyl)-3(2*H*)-pyridazinone, 263
4-Acetyl-5,6-bis-*p*-chlorophenyl-2-β-formyloxyethyl-3(2*H*)-pyridazinone, 280
4-Acetyl-5,6-bis-*p*-chlorophenyl-2-β-hydroxyethyl-3(2*H*)-pyridazinone, 263
  acylation, 280
4-Acetyl-5,6-bis-*p*-chlorophenyl-3-methoxypyridazine, hydrolysis, 248
4-Acetyl-5,6-bis-*p*-chlorophenyl-3(3*H*)-pyridazinone, 42, 254
  alkylation, 263
5-Acetyl-4-bromo-2-methyl-6-phenyl-3(2*H*)-pyridazinone, 189
4-Acetyl-3-butylamino-5,6-diphenylpyridazine, 196
4-{β-Acetyl-β-[(carbamoylmethyl)carbamoyl]-vinylamino}pyridazine, 384
1-Acetyl-6-chloro-3-β-chloroethyl-5,5-dimethyl-1,4,5,6-tetrahydropyridazine, 92
  hydrolysis, 215

4-Acetyl-6-chloro-5-*p*-chlorophenyl-3-methoxypyridazine, 150
  alkanelysis, 150
4-Acetyl-3-chloro-5,6-diphenylpyridazine, 181
  aminolysis etc., 196
1-Acetyl-3-β-chloroethyl-6-hydroxy-5,5-dimethyl-1,4,5,6-tetrahydropyridazine, 215
4-Acetyl-2-(γ-chloro-β-hydroxypropyl)-5,6-bis-*p*-chlorophenyl-3(2*H*)-pyridazinone, 263
4-Acetyl-6-chloro-5-iodo-3-methoxypyridazine, 282
  alkanelysis, 150
5-Acetyl-4-chloro-2-methyl-6-phenyl-3(2*H*)-pyridazinone, 189
6-Acetyl-4-chloro-5-methyl-2-phenyl-3(2*H*)-pyridazinone, 15, 42
4-Acetyl-3-chloro-6-methylpyridazine, 429
  hydrolysis, 214
4-Acetyl-5-*p*-chlorophenyl-3-methoxy-6-phenylpyridazine, 150
5-Acetyl-4-(*N*-β-cyanoethyl-*N*-methylamino)-2-methyl-6-phenyl-3(2*H*)-pyridazinone, 347
5-Acetyl-2-β-cyanoethyl-4-nitro-6-phenyl-3(2*H*)-pyridazinone, 97
2-Acetyl-2,4a-dihydropyridazino[4,5-*b*]quinolin-10(5*H*)-one, 357
Acetyl-2,6-dimethyl-4-nitro-3(2*H*)-pyridazinone, 97
4-Acetyl-3,6-dimethylpyridazine, 169
2-Acetyl-1-(2,4-dinitrophenyl)hexahydro-3,5-pyridazinecarbolactone, 394
4-Acetyl-5,6-diphenyl-3(2*H*)-pyridazinone, ω-alkylidenation, 431
5-Acetyl-3,6-dipyridin-2′-ylpyridazine, 430
  to the thiosemicarbazone, 432
4-Acetyl-3,6-dipyridin-2′-ylpyridazine thiosemicarbazone, 432
5-Acetyl-4-(*N*-ethoxycarbonylmethyl-*N*-methyl-amino)-2-methyl-6-phenyl-3(2*H*)-pyridazinone, 347
3-α-Acetylethylthio-6-methylpyridazine, 328
3-*N*-Acetyl(hydroxyamino)-6-phenylpyridazine, 96
4-Acetyl-5-hydroxy-6-methyl-3(2*H*)-pyridazinone, 99
3-Acetylimino-6-(6-amino-3-cyano-4-methylpyridin-2-yl)-5-methyl-2-*p*-tolyl-2,3-dihydro-4-pyridazinecarbonitrile, 385
5-Acetyl-4-methoxy-6-phenyl-3(2*H*)-pyridazinone, reduction, 278
2-Acetyl-6-methyl-4,5-dihdyro-3(2*H*)-pyridazinone, phosphinylation, 433
5-(β-Acetyl-α-methylhydrazino-2-methyl-3(2*H*)-pyridazinone, 373

5-Acetyl-2-methyl-4-methylsulfinyl-6-phenyl-3(2H)-pyridazinone, 336
  oxidation, 340
  resolution and X-ray analysis, 341
5-Acetyl-2-methyl-4-methylsulfonyl-6-phenyl-3(2H)-pyridazinone, 336, 340
5-Acetyl-2-methyl-4-methylthio-6-phenyl-3(2H)-pyridazinone, 334
  oxidation, 336
5-Acetyl-2-methyl-4-nitro-6-phenyl-3(2H)-pyridazinone, alkanethiolysis, 334
  aminolysis, 347
  halogenolysis, 189
  hydrogenolysis, 348
  hydrolysis, 256
5-Acetyl-2-methyl-6-phenyl-3,4(1H,2H)-pyridazinedione, 256
  to the oxime, 431
5-Acetyl-2-methyl-6-phenyl-3,4(1H,2H)-pyridazinedione oxime, 431
3-Acetyl-6-methyl-1-phenyl-4(1H)-pyridazinone, 18
  cyclocondensation, 432
5-Acetyl-2-methyl-6-phenyl-3(2H)-pyridazinone, 348
6-Acetyl-5-methyl-2-phenyl-4-pyridinio-3(2H)-pyridazinone chloride, dealkylation, 353
1-Acetyl-4-methyl-5-phenyl-1,2,3,4-tetrahydro-4-pyridazinecarbaldehyde, 88
3-Acetyl-6-methylpyridazine, 169
4-Acetyl-6-methyl-3(2H)-pyridazinone, 214
1-Acetyl-5-methyl-1,4,5,6-tetrahydropyridazine, 91
5-(4-Acetyl-5-methyl-1,2,3-triazol-1-yl)-4-chloro-2-phenyl-3(2H)pyridazinone, 383
3-Acetylpyridazine, 422
4-Acetylpyridazine, 153, 403
  to a substituted-thiosemicarbazone, 432
3-Acetylpyridazine hydrazone, 74
4-Acetylpyridazine 4,4-pentamethylene(thiosemicarbazone), 432
Acetylsulfamethoxypyridazine, 318
6-Acetyl-4b,5,5,5a-tetrachloro-4a,4b,5a,6-tetrahydro-5H-cyclopenta[3,4]pyrazolo-[1,5-b]pyridazine, 368
  thermolysis, 368
5-Acetylthio-4-methoxy-2-phenyl-3(2H)-pyridazinone, 326
6-Acryloyloxy-2-β-chloroethyl-3(2H)-pyridazinone, co- and homopolymerization, 273
Acylaminopyridazines, cyclization, 356, 357
  deacylation, 350
  from pyridazinamines, 356, 357, 358

Acyloxypyridazines, alkanelysis, 151
  deacylation, 254, 276
  from pyridazinones, 267
C-Acylpyridazines, see Pyridazine ketones
N-Acylpyridazinones, from pyridazinones, 267
1-Adamant-1′-yl-3,6(1H,2H)-pyridazinedione, 290
Alkenylpyridazines, 131. See also Alkylpyridazines
Alkoxypyridazines, 283
  alkanelysis, 151
  alkanethiolysis, 291
  by alkoxylation (direct), 285
  from alkylthio- or alkylsulfonylpyridazines, 284
  aminolysis, 287
  from azidopyridazines, 285
  dealkylation, 277
  by epoxidation, 285
  epoxy transformations, 291
  from halogenopyridazines, 216, 243
  Hilbert-Johnson reaction, 289
  from hydroxyalkylpyridazines, 281
  from nitropyridazines, 284
  from pyridazinamines, 285
  from pyridazinones, 259
  reactions, 287
  rearrangement, 288
  synthetic routes, 283
  thiolysis, 290
  transalkoxylation, 284
Alkyl pyridazinecarboximidates, 420
Alkylpyridazines, 131, 140
  acylation, 166
  addition reactions, 144, 168
  alkylation, 163
  by alkylation, 140
  alkylidenation, 165
  from carbonylpyridazines, 155, 401
  diazo-coupling, 167
  by displacements, 147
  by eliminative reactions, 167
  halogenation, 167
  to other heterocycles, 169
  interconversion, 157
  metal complexes, 160
  nitration, 167
  oxidation, 160
  properties, 159
  from pyridazinecarbonitriles, 146
  reactions, 159
  reduction, 169
  ring cleavage, 170
  synthetic routes, 140

N-Alkylpyridaziniumolates, 292. *See also* Pyridazinones (nontautomeric)
N-Alkylpyridazinium salts, 171
  association of ions, 174
  cyclization, 174
  Hilbert-Johnson reaction, 174
  preparation, 171
  reactions, 173
  reduction, 173
  ring fission, 174
N-Alkylpyridazinium ylides, 171
  alkylation, 175
  cyclocondensation, 175
  properties, 172
  reactions, 175
  ring-contraction, 176
Alkylsulfinylpyridazines, 340
  C-alkylation, 340
  from alkylthiopyridazines, 335
  oxidation, 340
  reactions, 340
  resolution, 341
  synthetic routes, 340
Alkylsulfonylpyridazines, 340
  alcoholysis, 284
  alkanethiolysis, 335
  C-alkylation, 340
  from alkylsulfinylpyridazines, 340
  from alkylthiopyridazines, 335
  aminolysis, 340
  reactions, 340
  synthetic routes, 340
Alkylthiopyridazines, 334. *See also* Dipyridazinyl sulfides
  alcoholysis, 284
  alkanelysis, 338
  from alkoxypyridazines, 291
  aminolysis, 336
  cyclization, 339
  desulfurization, 337
  from halogenopyridazines, 223, 245
  Hilbert-Johnson reaction, 338
  hydrolysis, 253
  metal complexes, 339
  from nitropyridazines, 334
  oxidation, 335
  from pyridazinethiones, 326
  to pyridazinethiones, 294, 325
  reactions, 335
  rearrangement (thermal), 338
  sulfur extrusion, 337
  synthetic routes, 334
Alkynylpyridazines, 131. *See also* Alkylpyridazines

2-Allyl-4-chloro-5-morpholino-3(2H)-pyridazinone, 262
  prototropy, 159
3-o-Allyloxyphenoxy-6-methylpyridazine, 219
2-Allyl-4-phenethyl-6-phenyl-3(2H)-pyridazinone, 288
3-o-Allylphenoxy-6-chloro-4-methoxypyridazine, 219
3-o-Allylphenoxy-6-chloro-5-methoxypyridazine, 219
3-o-Allylphenoxy-6-chloro-5-methylpyridazine, reduction, 157
3-Allylthio-6-chloropyridazine, 327
  hydrolysis, 213
  prototropy, 213, 327
6-Allylthio-3-pyridazinamine, 327
Amezinium metilsulfate, 318
2-γ-(Amidinothio)acetonyl-4,5-dichloro-3(2H)-pyridazinone, 248
  cyclization, 248
4-o-Aminoanilino-3,6-dichloropyridazine, 211
  cyclization, 211
6-Amino-1-β-D-arabinofuranosyl-4(1H)-pyridazinone, 288
5-Amino-2-β-benzoyloxybutyl-4-chloro-3(2H)-pyridazinone, hydrolysis, 276
3-o-Aminobenzoylpyridazine, acylation, 357
4-o-Aminobenzoylpyridazine, acylation and cyclization, 357
4-Amino-2-benzyloxymethyl-5-nitro-3(2H)-pyridazinone, 271
4-Amino-5-bromo-6-methyl-3-pyridazinecarbaldehyde dimethyl acetal, 187
6-(3-Amino-4-bromophenyl)-3(2H)-pyridazinone, 346
5-Amino-3-butylamino-6-chloro-4-pyridazinecarbaldehyde, 109
2-β-Aminobutyl-6-phenyl-3(2H)-pyridazinone, to the ureido analogue, 364
5-Amino-4-chloro-2-β-hydroxybutyl-3(2H)-pyridazinone, 276
4-Amino-5-chloro-2-methyl-3(2H)-pyridazinone, 208
5-Amino-4-chloro-2-methyl-3(2H)-pyridazinone, 208
3-Amino-6-chloro-4-nitropyridazine 1-oxide, hydrogenolysis etc., 232
5-Amino-6-chloro-4-nitro-2-(β-D-ribofuranosyl)-3(2H)-pyridazinone, 277
5-Amino-6-chloro-4-nitro-2-(2,3,5-tri-O-benzoyl-β-D-ribofuranosyl)-3(2H)-pyridazinone, debenzoylation, 329
4-Amino-6-chloro-2-phenyl-3(2H)-pyridazinone, 354

Index

5-Amino-4-chloro-2-phenyl-3(2H)-pyridazinone, 209
  hydrogenolysis, 232
3-Amino-6-chloro-4-pyridazinecarboxamide, 206
  thiolysis, 223
6-Amino-3-chloro-4-pyridazinecarboxamide, 206
4-Amino-6-chloro-3(2H)-pyridazinethione, 291
4-Amino-6-chloro-3(2H)-pyridazinone, 179
  hydrogenolysis, 231
5-Amino-3-chloro-4(1H)-pyridazinone,
  alkylation, 263
5-Amino-6-chloro-3(2H)-pyridazinone,
  aminolysis, 198
4-Amino-5-cyano-1,N-diphenyl-1,6-dihydro-3-pyridazinecarboxamide, 39
6-(6-Amino-3-cyano-4-methylpyridin-2-yl)-3-imino-5-methyl-2-p-tolyl-2,3-dihdyro-4-pyridazinecarbonitrile, acylation, 385
4-Amino-4-cyano-6-oxo-1-phenly-1,6-dihydro-3-pyridazinecarboxylic acid, 11
  acylation, 356
6-Amino-4,5-dichloro-2-methyl-3(2H)-pyridazinone, 346
  alkylation, 352
1-Amino-5-diethylamino-5-methyl-3-pyrrolin-2-one, 273
3-Amino-5-p-dimethylaminophenyl-4-pyridazinecarboxamide, 108
  hydrolysis, 389
3-Amino-5-p-dimethylaminophenyl-4-pyridazinecarboxylic acid, 389
4-(α-Amino-β,β-dimethylpropyl)-3,6-diphenylpyridazine, 69
5-Amino-3,6-dimorpholino-4-pyridazinecarbaldehyde, 109
5-Amino-3,6-dioxo-1-phenyl-1,2,3,6-tetrahydro-4-pyridazinecarbonitrile, 49
4-Amino-5,6-diphenyl-3(2H)-pyridazinone, 347
5-(5-Amino-3,6-diphenylpyridazin-4-ylazo)-3,6-diphenyl-4-pyridazinamine, 306
5-(5-Amino-3,6-diphenylpyridazin-4-ylazoxy)-3,6-diphenyl-4-pyridazinamine, 101
  deoxygenation, 306
5-Amino-3,4-diphenylthieno[2,3-c]pyridazine-6-carbonitrile, 328
5-Amino-3,4-diphenylthieno[2,3-c]pyridazine-6-carboxamide, 329
4-Amino-5-α-ethoxyethyl-2-methyl-6-phenyl-3(2H)-pyridazinone, 281
2-β-Aminoethoxymethyl-6-phenyl-3(2H)-pyridazinone, 242
1-Amino-5-ethoxy-5-methyl-3-pyrrolin-2-one, 273
6-(2-β-Aminoethylaminobenzothiazol-5-yl)-5-methyl-4,5-dihydro-3(2H)-pyridazinone, 340
3-β-Aminoethylamino-4-methyl-6-phenylpyridazine, 194
4-(α-Aminoethylideneamino)3,6-bistrifluoromethylpyridazine, 65
1-β-Aminoethyl-2-methylhexahydropyridazine, 354
4-Amino-5-ethyl-2-methyl-6-phenyl-3(2H)-pyridazinone, 157
2-(β-Aminoethylthio)methyl-6-phenyl-3(2H)-pyridazinone, 245
  to the ureido analogue, 365
5-Aminoguanidino-3-chloro-4(1H)-pyridazinone, 101
2-(7-Aminoheptyl)-6-phenyl-3(2H)-pyridazinone, 242
5-Amino-6-hydrazino-3(2H)-pyridazinone, 198, 287
4-Amino-5-α-hydroxyethyl-2-methyl-6-phenyl-3(2H)-pyridazinone, 98
  alkylation, 281
  dehydration, 152
4-Amino-5-hydroxymethyl-6-phenyl-3(2H)-pyridazinone, 98
4-Amino-6-imino-1-phenyl-1,6-dihydro-3,5-pyridazinedicarbonitrile, 12, 45
4-Amino-6-imino-1-p-tolyl-1,6-dihydro-3,5-pyridazinedicarbonitrile, 13
4-Amino-5-iodo-6-oxo-1-p-trifluoromethylphenyl-1,6-dihydro-3-pyridazinecarboxylic acid, 187
3-(2-Amino-1-methoxycarbonylprop-1-enyl)-6-methoxypyridazine, 143
1-Amino-3-methoxypyridazinium mesitylenesulfonate, alkylation, 356
5-Amino-6-methoxy-3(2H)-pyridazinone, aminolysis, 287
5-(3-Amino-6-methoxypyridin-2-ylthio)-4-chloro-3(2H)-pyridazinone, 226
4-Aminomethyl-3-anilinopyridazine, 354
7-(6-Amino-4-methyl-4,5-dihydropyridazin-3-yl)-[1,2,4]triazolo[4,3-a]quinoline, 26
1-Amino-4-methyl-2,6-dioxo-5-p-tolylhydrazono-1,2,5,6-tetrahydro-3-pyridinecarbonitrile, 407
6-Amino-3-methyl-1,5-diphenyl-4(1H)-pyridazinone, hydrolysis, 253
4-Aminomethyleneamino-5-methyl-3,6-bistrifluoromethylpyridazine, 65
5-Aminomethyl-4-hydroxy-6-oxo-1-phenyl-1,6-dihydro-3-pyridazinecarbonitrile, 42
4-Amino-2-methyl-5-methylsulfonyl-3(2H)-pyridazinone, 200

4-Amino-2-methyl-5-nitro-3(2*H*)-pyridazinone, reduction, 347
5-Amino-1-methyl-6-oxo-3-phenyl-1,6-dihydro-4-pyridazinecarbaldehyde, 98
5-Amino-1-methyl-6-oxo-3-phenyl-1,6-dihydro-4-pyridazinecarbonitrile, 410
5-Amino-1-methyl-6-oxo-3-phenyl-1,6-dihydro-4-pyridazinecarbonyl chloride, 392
  aminolysis, 392
5-Amino-1-methyl-6-oxo-3-phenyl-1,6-dihydro-4-pyridazinecarboxamide, 392
  dehydration, 410
5-Amino-1-methyl-6-oxo-3-phenyl-1,6-dihydro-4-pyridazinecarboxylic acid, chlorolysis, 392
  esterification, 393
4-Amino-2-methyl-6-phenyl-5-(5-phenylpyrazol-3-yl)-3(2*H*)pyridazinone, 99
4-Amino-2-methyl-6-phenyl-5-vinyl-3(2*H*)-pyridazinone, 152
  reduction, 157
3-(β-Amino-β-methylpropoxy)-6-chloropyridazine, alkylation, 352
3-(β-Amino-β-methylpropylthio)-6-chloropyridazine, 226
4-Amino-6-methyl-3-pyridazinecarbaldehyde, alkylidenation, 156
4-Amino-6-methyl-3-pyridazinecarbaldehyde dimethyl acetal, bromination, 187
3-Amino-6-methyl-4(1*H*)-pyridazinethione, metal complexes, 333
3-Amino-1-methylpyridazinium iodide, 362
4-Amino-1-methylpyridazinium iodide, *see* 1-Methyl-4(1*H*)-pyridazinimine hydriodide
5-Amino-1-methylpyridazinium iodide, 362
6-Amino-1-methylpyridazinium iodide, *see* 2-Methyl-3(2*H*)-pyridazinimine hydriodide
3-Amino-1-methyl-4(1*H*)-pyridazinone, 293
4-Amino-6-methyl-3(2*H*)-pyridazinone, 305
6-Aminomethyl-3(2*H*)-pyridazinone, 305
6-Amino-2-methyl-3(2*H*)-pyridazinone, 293
2-(4-Amino-6-methylpyridazin-3-ylmethylene)-3-indolinone, 156
4-Amino-5-methylsulfonyl-2-phenyl-3(2*H*)-pyridazinone, 200
3-Amino-6-methyl-1-*m*-trifluoromethylphenyl-4(1*H*)-pyridazinone, 312
  polymorphs, 314
  X-ray analysis, 312
5-(4-Amino-3-nitrophenyl)-3,6-dimethyl-4-pyridazinecarbohydrazide, 51
5-(2-Amino-5-nitrophenylthio)-4-chloro-3(2*H*)-pyridazinone, 344
5-Amino-6-oxo-3-phenyl-1,6-dihydro-4-pyridazinecarbaldehyde, 98

4-Amino-6-oxo-1-*m*-trifluoromethylphenyl-1,6-dihydro-3-pyridazinecarboxylic acid, 388
4-Amino-6-oxo-1-*p*-trifluoromethylphenyl-1,6-dihydro-3-pyridazinecarboxylic acid, iodination, 187
5-(*o*-Aminophenyl)carbamoyl-3,6-dimethyl-4-pyridazinecarboxylic acid, decarboxylation, 396
5-(*o*-Aminophenyl)carbamoyl-4-pyridazinecarboxylic acid, 117
N-*o*-Aminophenyl-3,6-dichloro-4-pyridazinecarboxamide, 408
  cyclization, 408
6-*p*-Aminophenyl-4,5-dihydro-3(2*H*)-pyridazinone, alkylation, 357
  diazotization and reduction, 367
  X-ray analysis, 312
N-*o*-Aminophenyl-3,6-dimethyl-4-pyridazinecarboxamide, 396
6-*p*-Aminophenyl-5-ethyl-4,5-dihydro-3(2*H*)-pyridazinone, oxidation, 257
6-*p*-Aminophenyl-5-ethyl-3(2*H*)-pyridazinone, 257
6-*p*-Aminophenyl-5-methyl-4,5-dihydro-3(2*H*)-pyridazinone, alkylation, 361
  to the ureido analogue etc., 365
  X-ray analysis, 312
6-*p*-Aminophenyl-5-methyl-3(2*H*)-pyridazinone, X-ray analysis, 312
2-*o*-Aminophenyl-6-phenyl-3(2*H*)-pyridazinone, 346
3-Amino-5-phenyl-4-pyridazinecarbonitrile, 45
  alkylidenation, 359
  thiolysis, 409
3-Amino-5-phenyl-4-pyridazinecarbothioamide, 409
3-Amino-5-phenyl-4-pyridazinecarboxamidrazone, 421
5-Amino-2-phenyl-3,4(1*H*,2*H*)-pyridazinedione, diazotization, 275
4-Amino-6-phenyl-3(2*H*)-pyridazinone, 350, 355
5-Amino-2-phenyl-3(2*H*)-pyridazinone, 232
  alkylation, 262, 362
6-*o*-Aminophenyl-3(3*H*)-pyridazinone, X-ray analysis, 312
6-*p*-Aminophenyl-3(2*H*)-pyridazinone, X-ray analysis, 312
5-*o*-Aminophenylthio-4-chloro-2-phenyl-3(2*H*)-pyridazinone, 346
  ring contraction, 300
4-*o*-Aminophenylthio-1-phenyl-5-pyrazolecarboxylic acid, 300
  cyclization, 300

Index

3-*o*-Aminophenylthio-4-pyridazinecarbonitrile, 224
2-γ-Aminopropyl-6-chloro-3(2*H*)-pyridazinone, 351
3-Amino-4-pyridazinecarbonitrile, 354
   hydrazine addition, 421
   hydrolysis, 409
3-Amino-4-pyridazinecarboxamide, 409
6-Amino-3-pyridazinecarboxamide, 410
3-Amino-4-pyridazinecarboxamidrazone, 421
3-Amino-4-pyridazinecarboxylic acid, 108
6-Amino-3-pyridazinecarboxylic acid, esterification, 393
4-Amino-3(2*H*)-pyridazinethione, 258
5-Amino-4(1*H*)-pyridazinethione, *S*-alkylation, 330
6-Amino-4(1*H*)-pyridazinethione, 324
1-Aminopyridazinium chloride etc., 350
2-Amino-3(2*H*)-pyridazinone, 270
   alkylidenation, 270
4-Amino-3(2*H*)-pyridazinone, 231
   thiation, 258
6-Amino-3(2*H*)-pyridazinone, alkylation, 352
4-Amino-6-pyridin-4′-yl-3(2*H*)-pyridazinone, 355, 371
2-(2-Aminothiazol-4-yl)methyl-4,5-dichloro-3(2*H*)-pyridazinone, 248
3-Amino-6-thioxo-1,6-dihydro-4-pyridazinecarbothioamide, 223
Amipizone, 318
6-2′-Anhydro-1-(3′,5′-di-*O*-acetyl-β-D-arabinofuranosyl)-6-hydroxy-4(1*H*)-pyridazinone, *see* 3-Acetoxy-2-acetoxymethyl-2,3,3a,9a-tetrahydro-6*H*-furo[2,′3′:4,5]oxazolo[3,2-*b*]pyridazin-6-one
5-Anilino-6-chloro-4-pyridazinamine, 97
3-Anilino-6-chloropyridazine, 204
   aminolysis, 198
3-Anilino-6-chloro-1,2,4-triazolo[4,3-*b*]pyridazine, 377
3-Anilino-1,6-dimethyl-1*H*-pyridazino[4,5-*e*]-[1,3,4]thiadiazin-5(6*H*)-one, 377
3-Anilino-5,6-diphenyl-4-pyridazinecarbonitrile, 196
3-β-Aminoethoxy-6-chloropyridazine, 219
5-[*N*-(β-Anilinoethyl)-*N*-phenylcarbamoyl]-4-pyridazinecarboxylic acid, 94
3-Anilino-6-hydrazinopyridazine, 198
3-Anilino-1-methyl-6-phenyl-1*H*-pyridazino[5,4-*e*]-[1,3,4]thiadiazin-5(6*H*)-one, 377
5-Anilino-6-methylsulfonyl-4-pyridazinamine, 97
4-*p*-Anilinophenylazopyridazine 1-oxide, 384
3-Anilino-4-α-phenyliminoethyl-5,6-diphenylpyridazine, 196

3-Anilino-4-pyridazinecarbonitrile, hydrolysis, 409
   methanol addition, 399
   reduction, 354
3-Anilino-4-pyridazinecarboxamide, 409
1-*p*-Anisoylhexahydropyridazine, 137
   acylation, 137
1-*p*-Anisoyl-3-(*p*-nitrophenylacetyl)-hexahydropyridazine, 137
Antrimycin(s), 318
Aralkylpyridazines, 131. *See also* Alkylpyridazines
Arylazopyridazines, 375
   by diazo-coupling, 386
   from hydrazinopyridazines, 379
   to hydrazinopyridazines, 373
   from pyridazinamines, 367
   reactions, 386
   reduction, 373
   ring-fission, 386
   synthetic routes, 386
Arylpyridazines, 131, 140. *See also* Alkylpyridazines
Atensil, 318
Aurantimycin(s), 318
1-Azafagomine, 318
2-γ-Azidoacetonyl-4,5-dichloro-3(2*H*)-pyridazinone, 247
5-Azido-2-δ-benzoyloxybutyl-4-chloro-3(2*H*)-pyridazinone, 230
3-Azido-4-(5-bromothien-2-yl)pyridazine, 229
4-Azidocarbonyl-5-*p*-chlorobenzoylpyridazine, 416
   cyclization, 416
3-(α-Azidocarbonyl-α-hydroxyiminomethyl)-6-methoxypyridazine, to the 3-cyano analogue, 416
4-Azidocarbonyl-6-methyl-3-pyridazinecarbaldehyde dimethyl acetal, 414
   to the 4-methoxycarbonylamino analogue, 414
3-Azidocarbonylpyridazine, 414
   to a pyridazinylurea, 414
Azidocarbonylpyridazines, 415
   instability, 414
   from pyridazinecarbohydrazides, 414
   from pyridazine lactones, 415
   reactions, 416
3-Azido-6-(α-carboxyethylidene)-hydrazinopyridazine, 107
6-Azido-3-chloro-5-(2-methoxycarbonylprop-1-enyl)-1-methyl-4(1*H*)-pyridazinone, 230
4-Azido-6-chloro-3-methoxypyridazine, 381

4-Azido-6-chloro-3-methoxypyridazine 1-oxide, 347
   to the 4-amino analogue, 353
5-Azido-4-chloro-6-nitro-3(2H)-pyridazinone, 231
3-Azido-5-chloro-6-phenylpyridazine, azidolysis, 229
4-Azido-6-chloro-3-phenylpyridazine, 179, 230
4-Azido-6-chloro-2-phenyl-3(2H)-pyridazinone, 230
   to the 4-amino analogue, 354
   to the triphenylphosphoranylideneamino analogue, 382
5-Azido-4-chloro-2-phenyl-3(2H)-pyridazinone, cyclocondensation, 383
3-Azido-6-chloropyridazine, 379
3-Azido-6-chloro-4-pyridazinecarboxylic acid, 378
3-Azido-6-chloropyridazine 2-oxide, ring fission, 310
5-Azido-4-chloro-3(2H)-pyridazinone, 231
3-Azido-4,5-dimethylpyridazine, 378
4-Azido-3,6-dimethylpyridazine, alcoholysis, 285
4-Azido-1,2-dimethyl-3,6(1H,2H)-pyridazinedione, 231
4-Azido-3-methoxypyridazine, to a triazepine, 383
3-Azido-6-methoxypyridazine 2-oxide, ring fission, 310
4-Azido-3-methoxypyridazine 1-oxide, 348
3-Azido-6-phenacylthiopyridazine, 328
3-Azido-4-phenylpyridazine, 229
3-Azido-5-phenylpyridazine, 146
5-Azido-6-phenyl-3(2H)-pyridazinone, 229
6-Azido-3-pyridazinamine, 353
4-Azidopyridazine, 306
   alcoholysis, 285
3-Azido-4-pyridazinecarbonitrile, 229
   alkylation, 146
   to the 3-amino analogue (indirectly), 354
3-Azidopyridazine 1-oxide, 304
4-Azidopyridazine 1-oxide, 348
   with cyanide ion, 383, 419
   deoxygenation, 306
Azidopyridazines, 381
   alcoholysis, 285
   azidation (direct), 381
   from halogenopyridazines, 228, 247
   from hydrazinopyridazines, 378
   from nitropyridazines, 348
   to pyridazinamines, 353
   reactions, 382
   ring expansion, 383
   synthetic routes, 381
   tautomerism, 229, 381
   to triazolylpyridazines, 383
   to triphenylphosphoranylideneaminopyridazines, 382
β,β-Azinobis[α-(3-phenyl-b-thioxo-1,6-dihydropyridazin-1-yl)ethane], 111
3,3'-Azinodi(6-chloro-2-methyl-2,3-dihydropyridazine), 384
Azinothrizin, 318
Azintamide, 318
Azinthiamide, 318
Azirines, to pyridazines, 59

G. B. Barlin, v, ix
3-Benzamido-6-chloropyridazine, 95
6-Benzamidomethyl-3(2H)-pyridazinone, deacylation, 350
3-Benzamidopyridazine, 95
5-Benzamido-4-pyridazinecarboxylic acid, 106
2-[α-(N-Benzenesulfonylcarbamoyl)-α-(1,3-benzodioxol-5-yl)methyl]-6-methyl-3(2H)-pyridazinone, 394
3-Benzenesulfonylhydrazonomethylpyridazine 2-oxide, 427
2-Benzenesulfonyl-3-oxo-5,6-diphenyl-2,3-dihydro-4-pyridazinecarbonitrile, 269
3-Benzimidoylaminopyridazine, 365
   cyclization, 365
1,2-Benzisoxazoles, to pyridazines, 87
Benzo[c]cinnolines, to pyridazines, 114
2-[α-(1,3-Benzodioxol-5-yl)-α-carboxymethyl]-6-methyl-3(2H)-pyridazinone, aminolysis, 394
Benzofurans, to pyridazines, 87
5-Benzothiazol-2'-yl-4-pyridazinecarboxylic acid, 123
[1]Benzothieno[2,3-d]pyridazines, to pyridazines, 114
[1,4]Benzoxathiino[2,3-d]pyridazin-1(2H)-one, 227
[1,4]Benzoxathiino[2,3-d]pyridazin-4(3H)-one, 227
1-Benzoxapine, 308
3-N-Benzoylanilinopyridazine, 309
3-Benzoyl-5,6-bisdiisopropylaminopyridazine, 48
4-Benzoyl-3-chloro-6-phenylpyridazine, 181
   thiolysis, 222
3-Benzoyl-6-chloropyridazine, 392
   alcoholysis, 216
   aminolysis, 196
4-Benzoyl-3,6-dichloropyridazine, 282, 408
5-Benzoyl-N,N-diethyl-4-pyridazinecarboxamide, 95
2-Benzoyl-2,3-dihydro-3-pyridazinecarbonitrile, 417
   hydrolysis, 390
   prototropy, 417

Index

2-Benzoyl-2,5-dihydro-3-pyridazinecarbonitrile, 417
3-Benzoyl-6-β-dimethylaminoethoxypyridazine, 216
3-Benzoyl-4,6-diphenylpyridazine, 430
  deacylation, 154
5-Benzoyl-2,6-diphenyl-3,4(1H,2H)-pyridazinedione, tautomerism, 314
  X-ray analysis, 312
1-Benzoyl-2-ethoxymethyl-4-methyl-5-phenyl-1,4-dihydro-3(2H)-pyridazinone, 88
  X-ray analysis, 88
3-β-Benzoylhydrazino-6-phenylpyridazine, 374
5-Benzoyl-6-imino-1,4-diphenyl-1,6-dihydro-3-pyridazinecarbonitrile, 12
1-Benzoyl-2-isopropoxymethyl-4-methyl-5-phenyl-1,4-dihydro-3(2H)-pyridazinone, 88
2-Benzoyl-6-methyl-2,3-dihdyro-3-pyridazinecarbonitrile, 417
  prototropy, 417
2-Benzoyl-6-methyl-2,5-dihydro-3-pyridazinecarbonitrile, 418
1-Benzoyl-4-methyl-5-phenyl-1,4-dihydropyridazine, 88, 428
1-Benzoyl-4-methyl-5-phenyl-1,4-dihdyro-4-pyridazinecarbaldehyde, 88
  deacylation, 88, 428
  oxidation, 88
1-Benzoyl-4-methyl-5-phenyl-1,2,3,4-tetrahydro-4-pyridazinecarbaldehyde, 88
  oxidation, 88
3-Benzoyl-6-(4-methylpiperazin-1-yl)pyridazine, 196
4-Benzoyl-5-methylpyridazine, 429
2-δ-Benzoyloxybutyl-4,5-dichloro-3(2H)-pyridazinone, azidolysis, 230
  deacylation, 276
6-(5-Benzoyloxymethylfuran-2-yl)-3-pyridazinecarbaldehyde diethyl acetal, 426
3-Benzoyl-5-phenylpyrazole, 309
4-Benzoyl-6-phenyl-3(2H)-pyridazinethione, 222
3-Benzoyl-1-phenyl-4(1H)-pyridazinone, 17
5-(4-Benzoylpiperazin-1-ylmethyl)-3(2H)-pyridazinone, 242
6-(4-Benzoylpiperazin-1-yl)-3(2H)-pyridazinone, 358
4-Benzoyl-5-propionylpyridazine, 430
5-Benzoyl-4-pyridazinamine, 355
3-Benzoylpyridazine, 161, 282, 422
  with Grignards, 279
  reduction, 278
4-Benzoylpyridazine, 137, 161, 396
  alkylidenation, 156
  to the oxime, 431

  reduction, 278
5-Benzoyl-4-pyridazinecarbonyl azide, Curtius reaction, 355
5-Benzoyl-4-pyridazinecarboxamide, 430
5-Benzoyl-3-pyridazinecarboxylic acid, decarboxylation, 396
5-Benzoyl-4-pyridazinecarboxylic acid, 393
  esterification, 393
  to the oxime, 431
5-Benzoyl-4-pyridazinecarboxylic acid dimethyl acetal, 95
5-Benzoyl-4-pyridazinecarboxylic acid oxime, 431
4-Benzoylpyridazine oxime, 431
4-Benzoyl-1,2,3,4-tetrahydroquinoline, 169
6-Benzoylthio-3(2H)-pyridazinethione, 326
  acylation, 326
1-Benzoyl-3,5,5-trimethyl-6-pyrrolidin-1′-yl-5,6-dihydro-4(1H)-pyridazinone, 73
3-o-(Benzylamino)benzoylpyridazine, 243
4-[β-Benzylamino-β-(t-butyldimethylsiloxy)-β-ethoxycarbonylethyl]pyridazine, X-ray analysis, 369
4-Benzylamino-5-chloro-2-methyl-3(2H)-pyridazinone, thiolysis, 222
3-Benzylamino-6-chloropyridazine, 352
3-Benzylamino-4,6-dinitropyridazine 1-oxide, 287
4-Benzylamino-3,6-diphenylpyridazine, 112
4-Benzylamino-5-mercapto-2-methyl-3(2H)-pyridazinone, 222
3-Benzylamino-6-methoxy-5-nitropyridazine 2-oxide, 197, 287
4-Benzylamino-2-methyl-3(2H)-pyridazinone, 337
  α-N-alkylation, 201
6-(4-Benzylamino-3-nitrophenyl)-5-methyl-4,5-dihydro-3(2H)-pyridazinone, 243
  reduction, 345, 352
6-p-(3-Benzylaminopropionamido)phenyl-4,5-dihydro-3(2H)-pyridazinone, 243
3-Benzylamino-4-pyridazinecarbonitrile, 196
6-Benzylamino-3-pyridazinecarboxamide, 196
2-Benzyl-4-benzyloxy-6-chloro-3(2H)-pyridazinone, 288
2-Benzyl-6-benzyloxy-3(2H)-pyridazinone, 265
4-Benzyl-3-chloro-6-phenylpyridazine, 178, 183
4-Benzyl-2-β-cyanoethyl-6-methyl-3(2H)-pyridazinone, 260
6-Benzyl-4,5-dihydro-3(2H)-pyridazinone, 63
5-Benzyl-2-β-dimethylaminoethyl-6-methyl-3(2H)-pyridazinone, 260
2-Benzyl-1,2-dimethyl-1,2,3,6-tetrahydropyridazinium bromide, ring fission, 174

4/5-Benzyl-2,6-diphenyl-3(2H)-pyridazinethione, 90
5-Benzyl-2-ethoxycarbonylmethyl-6-methyl-3(2H)-pyridazinone, 260
2-Benzyl-4-ethoxy-5-morpholino-3(2H)-pyridazinone, debenzylaiton, 257
Benzyl ethyl 1,2,3,6-tetrahydro-1,2-pyridazinedicarboxylate, 32
1-Benzyl-5-o-fluorobenzoyl-4(1H)-pyridazinimine, hydrolysis, 293
1-Benzyl-5-o-fluorobenzoyl-4(1H)-pyridazinone, 293
3-Benzyl-6-furan-2'-yl-4(1H)-pyridazinone, 19
3-(N-Benzyl-N-β-hydrozyethylamino)-6-benzylidenehydrazinopyridazine, hydrolysis, 372
3-(N-Benzyl-N-β-hydroxyethylamino)-6-hydrazinopyridazine, 372
  debenzylation, 372
6-Benzyl-5-hydroxy-4-phenyl-3(2H)-pyridazinone, 93
5-Benzyl-5-hydroxy-4,4,6-trimethyl-4,5-dihydro-3(2H)-pyridazinone, X-ray analysis, 312
2-Benzylideneamino-3(2H)-pyridazinone, 271
6-Benzylidenehydrazinocarbonyl-5-hydroxy-2-phenyl-3(2H)-pyridazinone, 413
5-Benzylidenehydrazino-4-chloro-2-methyl-3(2H)-pyridazinone, 374
  alkylation, 377
3-Benzylidenehydrazino-6-morpholinopyridazine, hydrolysis, 372
5-(β-Benzylidene-α-methylhydrazino)-4-chloro-2-methyl-3(2H)-pyridazinone, 377
  dealkylidenation (?), 377
2-Benzyl-6-[β-(imidazol-1-yl)phenyl]-4,5-dihydro-3(2H)-pyridazinone, chlorination and chlorolysis, 183
4-Benzyliminomethylpyridazine, 426
4-Benzyl-5-methoxymethylpyridazine, 244
3-Benzyl-4-methoxypyridazine, 244
3-Benzyl-6-methoxypyridazine, 244
4-Benzyl-6-methyl-3-methylthiopyridazine, 326
5-Benzyl-6-methyl-2-morpholinomethyl-3(2H)-pyridazinone, 260
N-Benzyl-N-(1-methyl-6-oxo-1,6-dihydropyridazin-4-yl)-N-(2-methyl-3-oxo-2,3-dihydropyridazin-4-yl)amine, 115, 201
5-Benzyl-6-methyl-3-pyridazinamine, to the ureido analogue, 364
4-Benzyl-6-methyl-3(2H)-pyridazinone, alkylation, 260
5-Benzyl-4-methyl-3(2H)-pyridazinone, fine structure, 160

5-Benzyi-6-methyl-3(2H)-pyridazinone, alkylation, 260
4-Benzyl-3-methyl-6-ureidopyridazine, 364
4-Benzyl-5-morpholinopyridazine, 243
1-Benzyloxycarbonylhexahydro-3-pyridazinecarboxylic acid, 113
3-(3-Benzyloxy-α-cyano-6-methoxybenzyl)-6-chloropyridazine, 149
  hydrolysis etc., 278
3-Benzyloxy-6-dimethylaminopyridazine, 217
  hydrolysis, 254
1-Benzyloxy-3,6-dimethyl-5-nitro-4(1H)-pyridazinone, 306
4-Benzyloxy-3,6-dimethylpyridazine 1,2-dioxide, 217
2-Benzyloxymethyl-4,5-dichloro-3(2H)-pyridazinone, 262
  hydrolysis and nitrolysis, 215, 234
2-Benzyloxymethyl-5-nitro-3,4(1H,2H)-pyridazinedione, 215, 234
  aminolysis, 271
6-Benzyloxy-3(2H)-pyridazinone, 265
  nitration, 344
2-Benzyl-6-phenyl-3(2H)-pyridazinethione, 297
4/5-Benzyl-6-phenyl-3(2H)-pyridazinethione, 90
2-Benzyl-6-phenyl-3(2H)-pyridazinone, thiation, 297
4-Benzyl-6-phenyl-3(2H)-pyridazinone, 6, 24
  chlorolysis, 183
3-Benzylpyridazine, 63, 158, 282
  mass spectrum, 160
  oxidation, 161
4-Benzylpyridazine, 135
  mass spectrum, 160
  oxidation, 161
N-Benzyl-4-pyridazinecarboxamide, 394
1-Benzyl-3,6(1H,2H)-pyridazinedione, 265
1-Benzylpyridazinium chloride, 171
4-Benzyl-6-styryl-3(2H)-pyridazinone, 142
Benzyl 1.2.3.6-tetrahydro-1-pyridazinecarboxylate, 134
3-Benzylthio-4-(5-benzylthio-1,3-diphenylpyrazol-4-yl)-6-p-ethoxyphenylpyridazine, 330
4-Benzylthio-5-chloro-2-methyl-3(2H)-pyridazinone, 226
3-Benzylthio-6-chloropyridazine 2-oxide, 226
Biloral, 318
3-Biphenyl-4'-yl-6-chloro-5-(3,5-dimethylpyrazol-4-yl)pyridazine, 183
6-Biphenyl-4'-yl-4-(3,5-dimethylpyrazol-4-yl)-4,5-dihydro-3(2H)-pyridazinone, chlorolysis and oxidation, 183
  diazo-coupling, 386

6-Biphenyl-4′-yl-4-(3,5-dimethylpyrazol-4-yl)-5-phenylazo-4,5-dihydro-3(2H)-pyridazinone, 386
4-Biphenyl-4′-yl-6-methylthio-3-pyridazinecarbonitrile, 18
3,5-Bis-o-acetoxyphenylpyridazine, 281
1,2-Bis[α-(acetylthio)acetyl]hexahydropyridazine, 245
  deacetylation, 245
3,6-Bisbenzoylthiopyridazine, 326
  deacylation, 324
Bis(5-benzylamino-1-methyl-6-oxo-1,6-dihydropyridazin-4-yl) sulfide, desulfurization, 337
3,6-Bisbenzylaminopyridazine, 271
5-Bis(β-benzyloxyethyl)amino-4-ethoxy-2-methyl-3(2H)-pyridazinone, hydrogenolysis, 277
3,6-Bis-p-bromophenylpyridazine, cyanolysis, 247
3,6-Bis(p-butoxyphenyl)-4,5-pyridazinediamine, 101
  cyclization, 368
4,7-Bis-p-butoxyphenyl-1H-1,2,3-triazolo[4,5-d]-pyridazine, 368
3,5-Bis[2-(t-butyldimethylsiloxy)-6-hydroxyphenyl]pyridazine, 87
3,4-Bis-t-butylthio-5-chloropyridazine, 227
3,5-Bis-t-butylthio-6-phenylpyridazine, dealkylation, 325
3,6-Bis-t-butylthiopyridazine, 223, 291
3,6-Biscarboxymethylenehydrazino-4,5-dihydropyridazine, 365
N,N′-Bis(5-carboxypyridazin-4-ylcarbonyl)-N,N′-diphenylethylenediamine, 94
1,2-Bischloroacetylhexahydropyridazine, 358
  thiolysis (indirect), 245
4-(α,α-Bischloromethylethyl)-3,6-dichloropyridazine, 240
3,6-Bischloromethyl-4(1H)-pyridazinone, 238
  monoalcoholysis and hydrogenolysis, 244
3,6-Bis-p-chlorophenyl-4-methylpyridazine, 78
1,2-Bis-p-chlorophenyl-5-oxo-1,4,5,6-tetrahydro-3(2H)-pyridazinone, 67
3,6-Bis-p-chlorophenylpyridazine, 85
2,4-Bis(6-chloropyridazin-3-ylhydrazono)hexane, 205, 375
Bis{3-[(6-chloropyridazin-3-yl)methyl]-4-methoxyphenyl}iodonium trifluoroacetate, C-alkoxylation, 285
3,6-Bis(6-chloropyridazin-3-ylthio)pyridazine, 331
3,6-Bis-p-cyanophenylpyridazine, 247
1,2-Bis(3,5-di-t-butylphenyl)-3,6-dimethylhexahydropyridazine, oxidation, 162

3,5-Bisdiethylamino-4,6-diphenylpyridazine 2-p-nitrophenylimide, 35
3,6-Bis[6-(1,3-dihydroxy-4,4,5,5-tetramethylimidazolidin-2-yl)pyridin-2-yl]-pyridazine, 428
  oxidation to a biradical, 428
3,4-Bisdiisopropylamino-1-ethyl-6-methylpyridazinium perchlorate, 47
α,β-Bis(3,6-dimethoxycarbonyl-1,4-dihydropyridazin-4-yl)ethylane, 86
  oxidation, 86
α,β-Bis(3,6-dimethoxycarbonylpyridazin-4-yl) ethylene, 86
3,5-Bisdimethylamino-4,6-bis(perfluoroisopropyl)-pyridazine, 203
1,2-Bisdimethylamino-1,2-dihydro-4,5-pyridazinedicarbonitrile, 49
3,6-Bis[p-(β-dimethylaminoethylthio)phenyl]-pyridazine, 136
3,6-Bis(β-dimethylaminoethylthio)pyridazine, 329
3,6-Bis(γ-dimethylaminopropylthio)pyridazine, 329
3,6-Bis(diphenylphosphino)pyridazine, 235
Bis(3,6-diphenylpyridazin-4-yl)amine, 199
Bis(4,6-diphenylpyridazin-3-yl) disulfide, 332
3,6-Bis(ethoxycarbonylazo)pyridazine, 379
3,6-Bis(β-ethoxycarbonylhydrazino)pyridazine, to the azo analogue, 379
3,6-Bis-β-ethoxyethoxypyridazine 1-oxide, 303
3,6-Bis(6-formylpyridin-2-yl)pyridazine, cyclocondensation, 428
5-Bis(β-hydroxyethyl)amino-4-ethoxy-2-methyl-3(2H)-pyridazinone, 277
3,6-Bis(β-hydroxyethylamino) pyridazine, 204
3,6-Bishydroxymethylpyridazine, oxidation, 282
  X-ray analysis, 312
3,6-Bishydroxymethyl-4(1H)-pyridazinone, chlorolysis, 238
3,5-Bis-o-hydroxyphenyl-1,6-dihydropyridazine, 87
  oxidation, 87
3,5-Bis-o-hydroxyphenylpyridazine, 87
  acylation, 281
3,6-Bis[6-(3-hydroxy-4,4,5,5-tetramethyl-1-imidazolin-2-yl)pyridin-2-yl]pyridazine, 428
  oxidation to a biradical, 428
1,2-Bismercaptoacetylhexahydropyridazine, 245
3,6-Bis-p-methoxybenzoylpyridazine, 326
3,6-Bis(6-methoxypyridazin-3-ylthio)pyridazine, 331
3,6-Bis-p-methoxyphenyl-5,5-diphenyl-5,6-dihydro-4(1H)-pyridazinone, 46
6,6′-Bis(10-p-methoxyphenyl-1,4,7,10-tetraoxadecyl)-3,3′-bipyridazine, metal complexes, 317

6-(4,5-Bis-*p*-methoxyphenylthiazol-2-yl)-4,5-dihydro-3(2*H*)-pyridazinone, 411
Bis(6-methoxypyridazin-3-yl) disilfide 2,2′-dioxide, 332
α,β-Bis(6-methoxypyridazin-3-yl)ethane, 249
α,β-Bis(6-methoxypyridazin-3-yl)ethylene, 249
3,4-Bismethylaminopyridazine, 232
Bis[2-methyl-2-(6-methylpyridazin-3-yl)propyl] disulfide, 333
p-Bis(4-methyl-6-oxo-1,6-dihydropyridazin-3-yl)-benzene, 24
p-Bis(4-methyl-6-oxo-1,4,5,6-tetrahydropyridazin-3-yl)benzene, 24
   oxidation, 24
Bis(1-methyl-3-phenyl-6-thioxo-1,6-dihdyropyridazin-4-yl) disulfide, 332
6,6′-Bis(6-methylpyridin-2-yl)-3,3′-bipyridazine, 235
   silver complex, 317
3,6-Bismethylsulfinylpyridazine, 336
3,6-Bismethylsulfonylpyridazine, 336
   aminolysis, 340
3,5-Bismethylsulfonyl-4(1*H*)-pyridazinone, alcoholysis, 284
5-Bis(methylthio)methyl-6-phenyl-3(2*H*)pyridazinone, 26
3,6-Bismethylthiopyridazine, 81, 331
   aminolysis, 337
   Hilbert-Johnson reaction, 338
   oxidation, 336
   quaternization, 171
3,6-Bismethylthiopyridazine 1-oxide, 226
4,5-Bis(*o*-nitrophenylthio)-2-phenyl-3(2*H*)-pyridazinone, 227
3,6-Bis(*p*-octyloxyphenyl)-4,5-pyridazinediamine, 101
α,β-Bis(2-oxidopyridazin-3-yl)ethylene, 156, 157
   deoxygenation, 156
Bis(3-oxo-6-phenyl-2,3,4,5-tetrahydropyridazin-4-yl)mercury, 316
   demercuration, 316
3,6-Bis(perfluorooctyl)pyridazine, 149
N,*N*′-Bis(6-phenyl-4,5-dihydropyridazin-3-yl)-hydrazine, 70
3,6-Bisphenylethynylpyridazine, 148
1,4-Bis(6-phenyl-2-vinylpyridazin-3-yl)tetraz-2-ene, 111
3,6-Bispiperidinocarbonyl-4-pyridazinecarbonitrile, 80
α,γ-Bis(3-pyridazinecarboxamido)propane, metal complexes, 412
α,β-Bispyridazin-3-ylethane, 249
   oxidation, 304
α,β-Bispyridazin-3-ylethane 1,1′-dioxide, 304

α,β-Bispyridazin-3-ylethane 1,2′-dioxide, 304
α,β-Bispyridazin-3-ylethane 2,2′-dioxide 304
α,β-Bispyridazin-3-ylethylene, 156
N,*N*′-Bispyridazin-3-ylurea, 99
3,6-Bispyrazol-1′-ylpyridazine, 205
Bis-β,β,β-trichloroethyl 3,6-diphenyl-1,2,3,6-tetrahydro-1,2-pyridazinedicarboxylate, 32
3,6-Bistrifluoromethyl-4,5-bistrimethylstannylpyridazine, 80
   chlorolysis, 189
   iodolysis, 189
4-(Bistrifluoromethyl)methyl-3,6-diphenylpyridazine, 89
3,6-Bistrifluoromethyl-4-pyridazinamine, 64
3,6-Bistrifluoromethylpyridazine, 80, 118, 121
3,6-Bistrifluorosiloxypyridazine, 290
   Hilbert-Johnson reaction, 290
5,6-Bis(trimethylsilyl)pyrrolo[1,2-b]pyridazine-7-carbonitrile, 422
4,5-Bis(1,3,5-trioxanyl)pyridazine, 425
2-α-Bromoacetonyl-4,5-dichloro-6-nitro-3(2*H*)-pyridazinone, 240
   azidolysis, 231
2-γ-Bromoacetonyl-4,5-dichloro-6-nitro-3(2*H*)-pyridazinone, 240
2-α-Bromoacetonyl-4,5-dichloro-3(2*H*)-pyridazinone, 240
   azidolysis, 231
2-γ-Bromoacetonyl-4,5-dichloro-3(2*H*)-pyridazinone, 240
   azidolysis, 247
   with thiourea, 248
4-*p*-Bromobenzoylpyridazine, 396
5-*p*-Bromobenzoyl-4-pyridazinecarboxylic acid, decarboxylation, 396
4-Bromo-2-*p*-bromophenyl-1-methyl-3,6(1*H*,2*H*)-pyridazinedione, aminolysis (regular and *cine*), 201
   X-ray analysis, 201
3-Bromo-6-butyl-3,6-dimethyl-3,4,5,6-tetrahydropyridazine, 188
   alcoholysis, 216
   dehydrobromination, 154
2-δ-Bromobutyl-6-phenyl-3(2*H*)-pyridazinone, aminolysis, 242
4-Bromo-2-β-carbamoylethyl-5-chloro-3(2*H*)-pyridazinone, 190
3-Bromo-4-chloropyridazine, aminolysis, 202
4-Bromo-5-chloro-3(2*H*)-pyridazinone, 191
4-Bromo-3,6-dichloropyridazine, 180
4-(β-Bromo-α,α-dimethylethyl)-3,6-dichloropyridazine, 239
4-Bromo-3,6-dimethylpyridazine 1,2-dioxide, 189
6-Bromo-1,3-dimethylpyridazinium bromide, 190

2-Bromo-7,8-dimethyl-1,4,6,9-
tetrahydropyridazino[1,2-*a*]pyridazine-1,4-
dione, 266
5-[β-(β-Bromo-α-ethoxycarbonylethylidene)-α-
methylhydrazino]-4-chloro-3(2*H*)-
pyridazinone, 375
cyclization, 375
2-β-Bromoethyl-6-phenyl-3(2*H*)-pyridazinone,
260
4-Bromo-5-[4-(fur-2-oyl)piperazin-1-yl]-2-methyl-
3(2*H*)-pyridazinone, 208
alcoholysis, 218
2-(7-Bromoheptyl)-6-phenyl-3(2*H*)-pyridazinone,
aminolysis, 242
4-Bromo-5-hydroxy-2-methyl-3(2*H*)-pyridazinone,
255
6-(3-Bromo-6-hydroxyphenyl)-3(2*H*)-pyridazinone,
hydrogenolysis, 246
2-(γ-Bromo-6-hydroxypropyl)-4,6-dichloro-3(2*H*)-
pyridazinone, epoxidation, 247
4-Bromo-3-methoxymethyl-6-methylpyridazine,
185
aminolysis (regular and *cine*), 199
4-Bromo-5-methoxy-2-methyl-3(2*H*)-pyridazinone,
hydrolysis, 255
3-Bromo-6-methoxy-5-nitropyridazine 2-oxide,
189
4-Bromo-2-*p*-methoxyphenyl-1-methyl-
3,6(1*H*,2*H*)-pyridazinedione, chlorolysis,
demethylation, and transhalogenation, 186
4-Bromo-5-methoxy-2-pyridin-2′-yl-3(2*H*)-
pyridazinone, 220
6-(3-Bromo-4-methoxyphenyl)-3(2*H*)-
pyridazinone, 167
4-Bromo-5-*o*-methylaminophenylthio-2-phenyl-
3(2*H*)-pyridazinone, 226
5-Bromomethyl-4-cyano-6-ethoxycarbonyl-1-
phenylpyridazinium-3-olate, 167
2-Bromomethyl-4,5-dichloro-3(2*H*)-pyridazinone,
239
4-Bromo-2-methyl-5-morpholino-3(2*H*)-
pyridazinone, hydrogenolysis, 233
3-Bromomethyl-4-*m*-nitrophenyl-6-
phenylpyridazine, 239
3-Bromo-4-methyl-6-phenylpyridazine,
aminolysis, 193
4-Bromo-1-methyl-2-phenyl-3,6(1*H*,2*H*)-
pyridazinedione, transhalogenation, 190
5-Bromomethyl-6-phenyl-3(2*H*)-pyridazinone,
239
3-Bromo-6-methylpyridazine, oxidation, 162
5-Bromomethyl-3(2*H*)-pyridazinone, aminolysis,
242

3-Bromomethyl-6-(2,3,5-tri-*O*-benzoyl-β-D-
ribofuranosyl)pyridazine, 238
with *N*,*N*-dimethyl-*p*-nitrosoaniline, 248
4-Bromo-5-morpholino-3(2*H*)-pyridazinone, 208
5-Bromo-2-*p*-nitrophenyl-6-phenylpyridazinium-
4-olate, 66
X-ray analysis, 66
6-(4-Bromo-3-nitrophenyl)-3(2*H*)-pyridazinone,
168
reduction, 346
6-Bromo-4-nitro-3(2*H*)-pyridazinone 1-oxide, 189
3-ε-Bromopentyl-6-phenyl-3(2*H*)-pyridazinone,
241
cyanolysis, 247
3-*p*-Bromophenacylthio-6-phenylpyridazine, 328
2-*p*-Bromphenyl-6-chloro-4-morpholino-3(2*H*)-
pyridazinone, 186
2-*p*-Bromophenyl-4,6-dichloro-3(2*H*)-pyridazinone,
186
1-*p*-Bromophenyl-4-diethylamino-2-methyl-
3,6(1*H*,2*H*)-pyridazinedione, 201
X-ray analysis, 201
6-*p*-Bromophenyl-4-(3,4-dimethylphenyl)-4,5-
dihydro-3(2*H*)-pyridazinone, alkylation, 259
3-*p*-Bromophenyl-5-(3,4-dimethylphenyl)-6-
methoxy-4,5-dihydropyridazine, 259
6-*p*-Bromophenyl-4-(3,4-dimethylphenyl)-2-
methyl-4,5-dihydro-3(2*H*)-pyridazinone, 259
3-*p*-Bromophenyl-6-ethoxycarbonylmethoxy-5-
(3-isopropyl-6-methylphenyl)-4,5-
dihydropyridazine, 259
3-*p*-Bromophenyl-6-hexylpyridazine, 22
cyanolysis, 247
3-*p*-Bromphenyl-6-hexylthiopyridazine, 326
1-*p*-Bromophenyl-6-hydroxyiminomethyl-4-
methylpyridazinium-3-sulfonate, 82
6-Bromo-2-phenylimidazo[1,2-*b*]pyridazin-3(5*H*)-
one, 359
2-*p*-Bromophenyl-3-imino-6-nitro-2,3-dihydro-4-
pyridazinecarbonitrile, 385
6-*p*-Bromophenyl-4-(3-isopropyl-6-methylphenyl)-
4,5-dihydro-3(2*H*)pyridazinone, alkylation,
259
1-*p*-Bromophenyl-2-methyl-5-morpholino-
3,6(1*H*,2*H*)-pyridazinedione, 201
chlorolysis etc., 186
X-ray analysis, 201
6-*p*-Bromophenyl-2-methyl-3,4(1*H*,2*H*)-
pyridazinedione, 116
6-*p*-Bromophenyl-5-methyl-3(2*H*)-pyridazinone,
hydrogenolysis, 246
1-*p*-Bromophenyl-3-nitro-5,6-dihydro-4(1*H*)-
pyridazinimine, 48

1-*p*-Bromophenyl-3-nitro-5,6-dihydro-4(1*H*)-pyridazinone, 48
2-*p*-Bromophenyl-6-nitro-3-oxo-2,3-dihydro-4-pyridazinecarboxylate, 10
3-*p*-Bromophenyl-5-nitropyridazine, 77
3-Bromo-6-phenylpyridazine, aminolysis, 193
6-*p*-Bromophenyl-4-pyridazinecarbonitrile, 77
6-*p*-Bromophenyl-3(2*H*)-pyridazinone, nitration, 168
6-*p*-(3-Bromopropionamido)phenyl-5-methyl-4,5-dihydro-3(2*H*)-pyridazinone, X-ray analysis, 312
6-*p*-(3-Bromopropionamido)phenyl-4,5-dihydro-3(2*H*)-pyridazinone, 357
  aminolysis, 243
3-Bromo-4-pyridazinamine, 202
6-Bromo-3-pyridazinamine, alkylidenation and cyclization, 359
6-Bromo-3-pyridazinecarboxylic acid, 162
4-Bromo-3,6(1*H*,2*H*)-pyridazinedione, 61
  alkylative cyclization, 266
  chlorolysis, 180
Bromopyridazines, *see* Halogenopyridazines
3-(5-Bromothien-2-yl)-6-chloropyridazine, hydrogenolysis, 233
4-(5-Bromothien-2-yl)-3-chloropyridazine, azidolysis, 229
3-Bromo-6-thien-2′-ylpyridazine, 185
Brompyrazon, 318
4-*t*-Butoxycarbonylaminopyridazine, 356
5-β-Butoxycarbonylethyl-5-(3,6-diphenylpyridazin-4-yl)-5*H*-indeno[1,2-*b*]-pyridine, 163
  reduction, 280
3-(β-*t*-Butoxycarbonyl-α-methylethylidene)-hydrazino-6-*t*-butylpyridazine, 400
3-Butoxy-4-chloro-5-morpholinopyridazine, 218
3-Butoxy-4-methyl-6-phenylpyridazine, 216
6-Butoxy-4-morpholino-3(2*H*)-pyridazinone, 265
6-Butoxy-5-morpholino-3(2*H*)-pyridazinone, 265
4-*o*-(Butylamino)benzoylpyridazine, 243
4-Butylamino-3-chloro-6-phenylpyridazine, 202
3-*o*-(γ-*t*-Butylamino-β-hydroxypropoxy)phenyl-6-hydrazinopyridazine, X-ray analysis, 312
4-*t*-Butylamino-3-phenyl-6-pyridin-2′-ylpyridazine, 78
4-*t*-Butylamino-6-phenyl-3-pyridin-2′-ylpyridazine, 78
t-Butyl-1-benzylcarbonyloxy-2-[2-(*N*-benzyloxycarbamoylmethyl)heptanoyl]-hexahydro-3-pyridazinecarboxylate, debenzyloxylation etc., 411
N-Butyl-6-butylamino-3-pyridazinecarboxamide, 195

3-Butyl-6-chloro-3,6-dimethyl-3,4,5,6-tetrahydropyridazine, 188
t-Butyl-6-chloro-3-hydrazino-4-pyridazinecarboxylate, 206
2-*t*-Butyl-4-chloro-5-methylthio-3(2*H*)-pyridazinone, 335
1-*t*-Butyl-5-chloro-3-*p*-nitrophenyl-4(1*H*)-pyridazinone, 14
1-*t*-Butyl-5-chloro-3-phenyl-4(1*H*)-pyridazinone, 14
1-*t*-Butyl-5-chloro-3-*p*-tolyl-4(1*H*)-pyridazinone, 14
2-*t*-Butyl-4-chloro-5-trimethylsilylthio-3(2*H*)-pyridazinone, photolysis, 335
4-*t*-Butyl-3,6-dichloropyridazine, chlorination, 240
t-Butyl-3,6-dichloro-4-pyridazinecarboxylate, aminolysis, 206
4-*t*-Butyl-6-dimethylamino-3-methoxy-4,5-dihydropyridazine, 145
  oxidation, 145
4-*t*-Butyl-6-dimethylamino-3-methoxypyridazine, 145
3-Butyl-3,6-dimethyl-2,3-dihydropyridazine, 154
3-Butyl-3,6-dimethyl-3,4-dihydropyridazine, 154
  ring cleavage, 170
  prototropy, 154
4-[β-(*t*-Butyldimethylsiloxy)-β-ethoxycarbonyl-α-*p*-methoxyanilinoethyl]pyridazine, X-ray analysis, 369
4-α-(*t*-Butyldimethylsiloxy)ethyl-5-methoxy-3-methoxycarbonylaminopyridazine, 411
4-α-(*t*-Butyldimethylsiloxy)ethyl-5-methoxy-3-pyridazinecarboxamide, partial Hofmann reaction, 411
4-*t*-Butyldimethylsilylpyridazine, 139
3-Butyl-3,6-dimethyl-2,3,4,5-tetrahydropyridazine, 23
  bromination, 188
  chlorination, 188
4-Butyl-3,6-diphenyl-5-tributylstannylpyridazine, 77
1-*t*-Butyl-3-ethyl-5-trifluoromethyl-4(1*H*)-pyridazinone, 14
3-*t*-Butyl-6-hydrazinopyridazine, alkylidenation, 400
N-*t*-Butyl-5-α-hydroxybenzyl-4-pyridazinecarboxamide, 142
t-Butyl 2-[2-(*N*-hydroxycarbamoylmethyl)-heptanoyl]hexahydro-3-pyridazinecarboxylate, 411
3-Butyl-6-methoxy-3,6-dimethyl-3,4,5,6-tetrahydropyridazine, 216

3-(N'-t-Butyl-S-methylisothioureido)pyridazine, 364
3-Butyl-6-methylpyridazine, 71
3-t-Butyl-6-methylpyridazine, 333
4-t-Butyl-6-methylpyridazine, 111
1-Butyl-5-morpholino-3,6(1H,3H)-pyridazinedione, 265
6-t-Butyl-4-oxo-N-phenylhexahydro-1-pyridazinecarboxamide, 113
Butyl-3-phenethylamino-6-phenyl-4-pyridazinecarboxylate, X-ray analysis, 369
t-Butyl-2-N-phenylcarbamoyl-1,2-dihydro-1-pyridazinecarboxylate, 113
4-Butyl-3-phenyl-5-trimethylsilylpyridazine, 77
N-t-Butyl-4-pyridazinecarboxamide, alkylation, 142
N-t-Butyl-N'-pyridazin-3-ylcarbodiimide, 364
1-Butylpyrrole, 310
t-Butyl-1,4,5,6-tetrahydro-3-pyridazinecarboxylate, 104
4-t-Butylthio-6-chloro-3-phenylpyridazine, 225
5-t-Butylthio-6-chloro-3-phenylpyridazine, hydrolysis, 213
3-t-Butylthio-5-ethoxy-6-phenylpyridazine,
  de-S-alkylation, 325
  didealkylation, 255
3-t-Butylthio-6-methoxypyridazine, 223
5-t-Butylthio-6-phenyl-3(2H)-pyridazinethione, 258
5-t-Butylthio-6-phenyl-3(2H)-pyridazinone, 213
  thiation, 258
3-N'-t-Buty](thioureido)pyridazine, 364
  S-alkylation, 364
3-N'-t-Butylureidopyridazine, 364
3-(N-But-3-ynyl-N-methoxycarbonylamino)-6-chloropyridazine, 361
3-But-3'-ynyloxy-6-chloropyridazine, 219

Cadralazine, 318
Cadraten, 318
Cadrilan, 318
Cantor, 318
4-+5-Carbamoyl-1-δ-carboxybutylpyridazinium iodide, 391
1-β-Carbamoylethylpyridazinium bromide, 172
3-Carbamoylmethylthio-5,6-diphenyl-4-pyridazinecarbonitrile, 329
  cyclization, 329
6-p-Carbamoylphenyl-4,5-dihydro-3(2H)-pyridazinone, 409
5-Carbamoyl-4-pyridazinecarboxylic acid, 94, 393
1-(2-Carboxy-2-ethylbutyryl)-3,6-diphenyl-1,6-dihydropyridazine, 104

1-(2-Carboxy-2-ethylbutyryl)-3,6-diphenyl-1,4,5,6-tetrahydropyridazine, 104
2-β-Carboxyethyl-6-methyl-4-p-methylbenzyl-3(2H)-pyridazinone, 389
4-Carboxymethyl-6-chloro-3(2H)-pyridazinone, decarboxylation, 153
5-Carboxymethyl-6-chloro-3(2H)-pyridazinone, 214
4-Carboxymethyl-6-hydrazino-3(2H)-pyridazinone, 389
4-Carboxymethyl-1-methyl-3,6(1H,2H)-pyridazinedione, 60
4-Carboxymethyl-2-methyl-3,6(1H,2H)-pyridazinedione, 60
3-Carboxymethyl-6-phenyl-4(1H)-pyridazinone, 388
2-Carboxymethyl-3(2H)-pyridazinone, 260
3-Carboxymethylthio-4,6-diphenylpyridazine, hydrolysis, 253
2-(8-Carboxyoctyl)-4,5,6-triphenyi-3(2H)-pyridazinone, 391
5-(2-Carboxyprop-1-enyl)-3,6-dichloro-4(1H)-pyridazinone, 104
2-γ-Carboxypropyl-6-cyclohexyl-3(2H)-pyridazinimine hydrobromide, X-ray analysis, 370
2-γ-Carboxypropyl-6-phenyl-3(2H)-pyridazinimine hydrobromide, X-ray analysis, 370
R. N. Castle, v, ix, 1
Catos, 318
Cetohexazine, 318
Chloridazon(e), 318
4-chloro[1,4]benzodioxino[2,3-c]pyridazine, 221
5-p-Chlorobenzyl-1-methyl-4(1H)-pyridazinone, to the azine, 431
5-p-Chlorobenzoyl-1-methyl-4(1H)-pyridazinone azine, 431
3-p-Chlorobenzoylpyridazine, 422
5-p-Chlorobenzoyl-4-pyridazinecarboxylic acid, to the lactone, 415
6 o Chlorobenzylamino-3-pyridazinamine 2-oxide, 199
4-p-Chlorobenzyl-3-β-cyanoethyithio-6-methylpyridazine, 328
4-α-Chlorobenzyl-5-methylpyridazine,
  alcoholysis (tele), 244
5-o-Chlorobenzyl-6-methyl-3(2H)-pyridazinone, X-ray analysis, 312
3-α-Chlorobenzylpyridazine, 238
  alcoholysis, 244
  alkanethiolysis, 245
  aminolysis, 242
4-α-Chlorobenzylpyridazine, aminolysis (regular and tele), 243

4-Chloro-3,6-bischloromethylpyridazine, X-ray analysis, 193
3-Chloro-5,6-bis-*p*-methoxyphenylpyridazine 1-oxide, 304
3-Chloro-5,6-bis-*p*-methoxyphenylpyridazine 2-oxide, 304
3-Chloro-4-(3-chloro-2,5-diphenylpyrazol-4-yl)-6-*p*-chlorophenylpyridazine, 181
3-Chloro-4-(3-chloro-2,5-diphenylpyrazol-4-yl)-6-*p*-ethoxyphenylpyridazine, 181
3-Chloro-4-(3-chloro-2,5-diphenylpyrazol-4-yl)-6-*p*-tolylpyridazine, 181
4-Chloro-5-β-chloroethylamino-2-methyl-3(2*H*)-pyridazinone, thiolytic cyclization, 245
3-Chloro-4-(3-chloro-5-methyl-2-phenylpyrazol-4-yl)-6-*p*-ethoxyphenyl-4,5-dihydropyridazine, 181
3-Chloro-6-{β-[γ-[*o*-chlorophenoxy)-β-hydroxypropylamino]-β-methylpropoxy}-pyridazine, 352
3-Chloro-4-*p*-chlorophenyl-6-methoxypyridazine, 219
6-Chloro-4/5-*p*-chlorophenyl-2-phenyl-3(2*H*)-pyridazinone, 179
3-Chloro-6-*p*-chlorophenylpyridazine, 183
3-Chloro-5-*p*-chlorostyryl-6-(3-diethylaminomethyl-4-hydroxyanilino)-pyridazine, 206
3-Chloro-6-α-cyanobenzylpyridazine, 149
  hydrogenolysis, 232
3-Chloro-6-[α-cyano-α-(dimethoxyphosphinyl)methyl]pyridazine, x-ray analysis, 424
3-Chloro-6-(α-cyano-α-ethoxycarbonylmethyl)-pyridazine, tautomerism, 397
3-Chloro-6-(α-cyano-*o*-fluorobenzyl)pyridazine, hydrogenolysis, 233
3-Chloro-6-(α-cyano-*o*-methoxybenzyl)puridazine, 148
  hydrolysis and decarboxylation, 420
3-Chloro-6-(*N*-cyano-*N*-methylamino)pyridazine, 419
3-Chloro-6-[α-cyano-*m*-(trifluoromethyl)benzyl]-pyridazine, hydrogenolysis, 232
3-Chloro-6-(*N*-cyclohexyl-*N*-methylamino)-pyridazine, 205
4-Chloro-5-cyclopropylamino-2-phenyl-3(2*H*)-pyridazinone, 209
5-Chloro-4-cyclopropylamino-2-phenyl-3(2*H*)-pyridazinone, 209
3-Chloro-6-{3-[2,6-dibromo-4-(β-methoxycarbonylethyl-β-trifluoroacetamido)phenoxy]-6-methoxybenzyl}pyridazine, 285

3-Chloro-6-(2,5-dichloroanilino)pyridazine, aminolytic cyclization, 243
2-Chloro-3-dichloromethylpyrazolo[1,5-*b*]-pyridazine, 368
2-(α-Chloro-6-dichlorophosphinylvinyl)-6-methyl-4,5-dihydro-3(2*H*)-pyridazinone, 433
3-Chloro-6-dicyanomethylpyridazine, 148
4-Chloro-3,6-diethoxypyridazine, 399
3-Chloro-6-diethylaminopyridazine, aminolysis, 198
  hydrogenolysis, 231
3-Chloro-5,10-dihydropyridazino[3,4-*b*]-quinoxaline, 211
  oxidation, 211
3-Chloro-6-di(β-hydroxyethyl)amino-4-methylpyridazine, 206
3-Chloro-6-di(β-hydroxyethyl)aminopyridazine 1/2-oxide, deoxygenation and dechlorination, 305
3-Chloro-6-dimethoxycarbonylmethylpyridazine, 75
  tautomerism, 406
3-Chloro-6-dimesylaminopyridazine, 356
  monodeacylation, 356
3-Chloro-4,5-dimethoxypyridazine, 220
3-Chloro-5,6-dimethoxypyridazine, 218
4-Chloro-3,5-dimethoxypyridazine, 220
  hydrolysis, 255
3-Chloro-5,6-dimethoxypyridazine 2-oxide, 284
3-Chloro-6-dimethylamino-4-methoxypyridazine, 207
3-Chloro-6-dimethylamino-5-methoxypyridazine, 207
3-Chloro-6-dimethylaminomethyleneaminopyridazine, with hydroxylamine, 426
3-Chloro-5-dimethylaminomethyleneamino-4(1*H*)-pyridazinone, 264
3-Chloro-5-dimethylaminomethyleneaminopyridazin-4-yl 5-dimethylaminomethylene-amino-4-methoxypyridazin-3-yl ether, 264
6-Chloro-4-dimethylaminomethylenehydrazino-2-phenyl-3(2*H*)-pyridazinone, 375
4-Chloro-5-dimethylamino-2-methyl-3(2*H*)-pyridazinone, 209
5-Chloro-4-dimethylamino-2-methyl-3(2*H*)-pyridazinone, 209
3-Chloro-4-dimethylamino-6-phenylpyridazine, 202
6-Chloro-4-γ-dimethylaminopropylamino-2-phenyl-3(2*H*)-pyridazinone, 203
3-Chloro-6-dimethylaminopyridazine, 205
  alcoholysis, 217

6-Chloro-3-dimethylamino-4(1H)-pyridazinone, 207
4-(3-Chloro-6,α-dimethylbenzyl)-6-p-tolyl-3(2H)-pyridazinone, 19
4-Chloro-3,6-dimethylpyridazine, 307
  alcoholysis, 307
4-Chloro-3,6-dimethylpyridazine 1,2-dioxide, 189
  alcoholysis, 217
6-Chloro-1,3-dimethylpyridazinium chloride, 186
  transhalogenation, 190
6-Chloro-1,3-dimethylpyridazinium phosphorodichloridate, 301
  use as a chlorolysis agent, 301
4-Chloro-1-(2,4-dinitrophenyl)-6-ethoxy-1,4,5,6-tetrahydropyridazine, 36
3-Chloro-4,6-diphenylpyridazine, aminolysis, 194
4-Chloro-3,6-diphenylpyridazine, 178
  aminolysis, 199
3-Chloro-5,6-diphenyl-4-pyridazinecarbonitrile, 182
  aminolysis, 196
  hydrazinolysis and cyclization, 196
  thiolysis, 222
3-Chloro-4,6-dipiperidinopyridazine, 211
4-Chloro-3,5-dipiperidinopyridazine, 210
1-Chloro-10H-dipyridazino[4,5-b:4′,5′-c][1,4]-thiazine, 330
4-Chloro-10H-dipyridazino[4,5-b:4′,5′-c][1,4]-thiazine, 330
4-Chloro-3,5-dipyrrolidin-1′-ylpyridazine, 287
  hydrogenolysis, 232
3-Chloro-6-ethoxycarbonylaminopyridazine, 107
6-Chloro-3-ethoxycarbonylamino-1,2,4-triazolo-[4,3-b]pyridazine, 377
4-Chloro-5-ethoxycarbonylmethyl-3,6-diphenylpyridazine, 84
3-Chloro-6-(4-ethoxycarbonylpyrazol-1-yl)-pyridazine, 375
3-Chloro-6-[4-ethoxycarbonyl(thiosemicarbazido)]-pyridazine, 377
  sulfur extrusion and cyclization, 377
3-Chloro-6-[N′-ethoxycarbonyl(thioureido)]-pyridazine, 381
5-[β-Chloroethoxy(isobutoxy)phosphinothioyloxy]-4-methylthio-2-phenyl-3(2H)-pyridazinone, X-ray analysis, 312
2-β-Chloroethoxymethyl-6-phenyl-3(2H)-pyridazinone, aminolysis, 242
4-Chloro-5-ethoxy-2-phenyl-3(2H)-pyridazinone, 220
5-Chloro-4-ethoxy-2-phenyl-3(2H)-pyridazinone, 220
6-Chloro-5-ethoxy-4-pyridazinamine, 101
3-Chloro-6-ethoxypyridazine, 219

6-Chloro-3-ethoxy-4-pyridazinecarboxamide, 206
  hydrogenolysis, 232
6-Chloro-3-ethylamino-2-methyl-5-oxo-2,5-dihydro-4-pyridazinecarboxylic acid, 105
3-Chloro-4-ethyl-6-phenylpyridazine, hydrogenolysis, 231
4-Chloro-5-ethyl-3-phenylpyridazine, 39
2-β-Chloroethyl-6-phenyl-3(2H)-pyridazinone, 238
2-β-Chloroethyl-3(2H)-pyridazinone, 238
  dehydrochlorination, 153
3-Chloro-5-ethylthio-6-methoxypyridazine 2-oxide, 335
4-Chloro-5-ethylthio-2-phenyl-3(2H)-pyridazinone, 227
5-Chloro-4-ethylthio-2-phenyl-3(2H)-pyridazinone, 227
3-Chloro-6-N′-ethylureidopyridazine, 364
4-Chloro-5-o-fluorobenzoylpyridazine, 184
5-Chloro-3-α-(o-fluorobenzyl)hydrazino-4-pyridazinamine, 203
3-Chloro-6-fluoropyridazine, 191
3-Chloro-5-formamido-4-methoxypyridazine, 264
3-Chloro-6-formamidopyridazine, 356
3-Chloro-6-formamidopyridazine 1-oxide oxime, condensation with dimethylformamide dimethyl acetal, 419
3-Chloro-6-formamidopyridazine oxime, 426
3-Chloro-6-(4-formylpiperazin-1-yl)pyridazine, 204
  hydrolysis, 215
4-Chloro-5-[4-(fur-2-oyl)piperazin-1-yl]-2-methyl-3(2H)-pyridazinone, 208
  alcoholysis, 218
3-Chloro-5-guanidino-4(1H)-pyridazinone, 101
3-Chloro-6-hydrazino-5-methylpyridazine, alcoholysis, 379
4-Chloro-5-hydrazino-2-methyl-3(2H)-pyridazinone, alkylidenation, 374
6-Chloro-4-hydrazino-2-p-nitrophenyl-3(2H)-pyridazinone, 203
3-Chloro-6-hydrazino-5-nitro-4-pyridazinamine, 207
6-Chloro-4-hydrazino-2-phenyl-3(2H)-pyridazinone, alkylidenation, 375
6-Chloro-3-hydrazino-4-pyridazinamine, dehydrazination, 379
3-Chloro-6-hydrazinopyridazine, 204
  acylative cyclization, 373, 374
  alcoholysis, 285
  alkylation, 376
  alkylidenation, 375
  alkylidenative cyclization, 375
  to the azido analogue, 378
  to a semicarbazido analogue, 377

6-Chloro-3-hydrazino-4-pyridazinecarboxamide, 207
6-Chloro-3-hydrazino-4-pyridazinecarboxylic acid, 206
   to the azido analogue, 378
3-Chloro-6-hydrazinopyridazine 2-oxide, 207
   alkylidenation, 375
4-Chloro-3-hydrazino-b-pyrrolidin-1′-ylpyridazine, 202
3-Chloro-6-hydrazono-1-methyl-1,6-dihydropyridazine, 384
3-Chloro-6-hydroxyaminopyridazine, 204
   acylation, 380
   cyclocondensation, 381
   with an isothiocyanate, 381
3-Chloro-5-α-hydroxybenzyl-6-methoxypyridazine, 151
5-(o-Chloro-α-hydroxybenzyl)-6-methyl-4,5-dihydro-3(2H)-pyridazinone, 63
   X-ray analysis, 63
3-Chloro-6-o-hydroxybenzylpyridazine, 277
5-(α-Chloro-α-hydroxybenzyl)-4-pyridazinecarboxylic acid, lactone, 393
6-Chloro-2-hydroxy-2,3-dihydroimidazo[1,2-b]pyridazine 1-oxide, 381
3-Chloro-6-β-hyaroxyethylaminopyridazine, 204, 289
   acylation, 281
   nitrosation, 367
3-Chloro-5-α-hydroxyethyl-4-iodo-6-methoxypyridazine, 188
   oxidation, 282
3-Chloro-5-α-hydroxyethyl-6-methoxypyridazine, 151
   iodination, 188
4-Chloro-2-β-hydroxyethyl-5-morpholino-3(2H)-pyridazinone, 217
3-Chloro-6-(N-β-hydroxyethyl-N-nitrosoamino)-pyridazine, 367
3-Chloro-6-hydroxyimino-1,6-dihydro-1-phenacylpyridazine, 102
6-Chloro-1-hydroxy-3-methoxy-4(1H)-pyridazinethione, 325
3-Chloro-6-o-hydroxyphenethylthiopyridazine, 226
3-Chloro-6-o-hydroxyphenoxypyridazine, 219
3-Chloro-5-α-hydroxypropyl-6-methoxypyridazine, 151
6-Chloro-2-hydroxy-3(2H)-pyridazinethione, 222
4-Chloro-5-hydroxy-3(2H)-pyridazinone, 214
6-Chloro-2-hydroxy-3(2H)-pyridazinone, alcoholysis, 217
3-Chloro-6-[p-(imidazol-1-yl)phenyl]pyridazine, 183

4-Chloro-6-[p-(imidazol-1-yl)phenyl]pyridazine, 215
   cyanolysis etc., 234
6-Chlorolmidazo[1,2-b]pyridazine, 359
3-Chloro-6-(3-iodo-6-methoxybenzyl)pyridazine, 167
3/4-Chloro-4/3-iodo-5-methoxy-1-methylpyridazinium iodide, 192
   to an ylide, 192
6/5-Chloro-5/6-iodo-2-methylpyridazinium-4-olate, 192
6-Chloro-4-(α-isobutyryl-α-methylethyl)-4,5-dihydro-3(2H)-pyridazinone, 147
6-Chloro-5-(α-isobutyryl-α-methylethyl)-4,5-dihydro-3(2H)-pyridazinone, 147
4-Chloro-5-isopropoxy-2-phenyl-3(2H)-pyridazinone, 220
5-Chloro-4-isopropoxy-2-phenyl-3(2H)-pyridazinone, 220
3-Chloro-6-isopropylidenehydrazinopyridazine 2-oxide, 375
3-Chloro-6-(N-isopropyl-N-methylamino)-pyridazine, 205
4-Chloro-5-isopropyl-3-phenylpyridazine, 39
3-Chloro-6-mesylaminopyridazine, 356
3-Chloro-6-methoxycarbonylaminopyridazine, 356
   alkylation, 361
3-Chloro-6-o-methoxybenzylpyridazine, 182
   dealkylation, 277
   halogenation, 167
3-Chloro-6-β-methoxyethoxypyridazine, 219
4-Chloro-6-methoxy-2-m-methoxyphenyl-3(2H)-pyridazinone, 188
4-Chloro-3-methoxymethyl-6-methylpyridazine, aminolysis (regular and *cine*), 199
3-Chloro-6-methoxy-4-methyl-5-nitropyridazine 2-oxide, alkylidenation, 159
3-Chloro-6-methoxy-5-methylpyridazine, 379
4-Chloro-6-methoxy-2-methyl-3(2H)-pyridazinone, 263
   alkanethiolysis, 224
5-Chloro-6-methoxy-2-methyl-3(2H)-pyridazinone, alkanethiolysis, 224
3-Chloro-6-methoxy-5-nitropyridazine 2-oxide, 189
   alcoholysis, 284
   alkanethiolysis, 335
   aminolysis, 197
   azidolysis, 347
   reduction, 347
   thiolysis, 325
3-Chloro-6-methoxy-5-nitro-4-styrylpyridazine 2-oxide, 159

3-Chloro-6-methoxy-4-pyridazinamine, 355
6-Chloro-3-methoxy-4-pyridazinamine, 353
  thiolysis, 291
6-Chloro-3-methoxy-4-pyridazinamine 1-oxide, 347
3-Chloro-5-methoxypyridazine, 179
  alcoholysis, 217
3-Chloro-6-methoxypyridazine, 151, 285
  alkanelysis, 148, 149, 150
  alkanethiolysis, 233, 291
  azidiation, 381
  oxidation, 304
3-Chloro-6-methoxy-4-pyridazinecarboxamide, Hofmann reaction, 355
3-Chloro-6-methoxypyridazine 2-oxide, 304
4-Chloro-5-methoxy-3(2H)-pyridazinone, 220
  alkylation, 263
  hydrogenolysis, 231
5-Chloro-6-methoxy-4(1H)-pyridazinone, 255
6-Chloro-3-methoxy-4(1H)-pyridazinone, chlorolysis, 180
6-Chloro-5-methoxy-2-α-D-ribofuranosyl-3(2H)pyridazinone, 218
3-Chloro-6-methoxy-5-trimethylsilylpyridazine, alkanelysis, 151
3-Chloro-4-methylamino-6-α-methylhydrazinopyridazine, 208
3-Chloro-5-methylamino-6-α-methylhydrazinopyridazine, hydrazinolysis etc., 232
5-Chloro-3-methylamino-4-pyridazinamine, 351
6-Chloro-5-methylamino-3-pyridazinamine, 208
  hydrogenolysis, 232
4-Chloro-6-methyl-3,5-diphenylpyridazine, aminolysis, 199
5-Chloro-3-α-methylhydrazino-4-pyridazinamine, 203
  reduction, 351
3-Chloro-6-α-methylhydrazinopyridazine, 205
4-Chloro-5-α-methylhydrazino-3(2H)-pyridazinone, alkylidenation, 375
6-Chloro-3-methylimidazo[1,2-b]]pyridazine, 359
3-Chloromethyl-6-methoxypyridazine, Würtz coupling, 249
4-Chloro-2-methyl-5-α-methylhydrazino-3(2H)-pyridazinone, 377
6-Chloro-2-methyl-5-α-methylhydrazino-3(2H)-pyridazinone, 202
3-Chloromethyl-6-methyl-4-nitropyridazine 1-oxide, hydrogenolysis etc., 246
3-Chloromethyl-6-methylpyridazine, 307
  alcoholysis, 307
4-Chloro-2-methyl-5-methylsulfonyl-3(2H)-pyridazinone, aminolysis, 200

4-Chloro-2-methyl-5-morpholino-3(2H)-pyridazinone, hydrogenolysis, 233
3-Chloro-6-(4-methyl-3-nitroanilino)pyridazine, 204
3-Chloro-6-methyl-4-nitropyridazine 1-oxide, alcoholysis, 217
  aminolysis, 197
3-Chloro-6-methyl-5-nitropyridazine 1-oxide, 343
  reduction, 346
3-(3-Chloro-6-methylphenyl)-3-methyl-6-p-tolyl-2,3,4,5-tetrahydro-4-pyridazinecarboxylic acid, 19
4-(3-Chloro-5-methyl-2-phenylpyrazol-4-yl)-6-p-chlorophenyl-4,5-dihydro-3(2H)-pyridazinone, 238
3-Chloro-4-methyl-6-phenylpyridazine, 178
  alcoholysis, 216
  alkylation, 158
  aminolysis, 193, 194
  hydrolysis, 238
  oxidation, 303
3-Chloro-5-methyl-6-phenylpyridazine, hydrolysis, 214
3-Chloro-4-methyl-6-phenylpyridazine 2-oxide, 303
2-Chloromethyl-6-phenyl-3(2H)-pyridazinone, alkanethiolysis, 245
3-Chloro-5-(4-methylpiperidinomethyl)-6-thien-2′-ylpyridazine, aminolysis, 194
3-Chloro-4-methyl-6-o-propylphenoxypyridazine, 157
6-Chloro-5-methyl-3-pyridazinamine, 206
6-Chloro-3-methyl-4-pyridazinamine 2-oxide, 346
3-Chloro-6-methylpyridazine, acylation, 429
  alkanelysis, 149
  aminolysis, 194
  Würtz coupling, 249
4-Chloromethylpyridazine, 238
  alcoholysis (regular and $cine$), 244
4-Chloro-1-methyl-3,6(1H,2H)-pyridazinedione, thiolysis, 223
3-Chloro-6-methylpyridazine 1-oxide, nitration, 343
1-Chloro-10-methyl-10H-pyridazino[4,5-b][1,4]-benzoxazine, 210
2-Chloromethyl-3(2H)-pyridazinone, acyloxylation, 249
5-Chloro-2-methyl-3(2H)-pyridazinone, aminolysis, 201
6-Chloro-4-methyl-3(2H)-pyridazinone, 153, 214
6-Chloro-5-methyl-3(2H)-pyridazinone, 214
6-Chloro-3-(5-methylpyridin-2-ylimino)-3H-[1,2,4]thiadiazolo[4,3-b]pyridazine, 369

3-Chloro-6-(6-methylpyridin-2-yl)pyridazine,
  Ullmann-type reaction, 235
3-Chloro-6-methylthiopyridazine, 306, 327
3-Chloro-6-methylthiopyridazine 2-oxide, 192
  deoxygenation, 306
6-Chloro-3-methyl-1,2,4-triazolo[4,3-b]pyridazine,
  374
3-Chloro-4-morpholinomethylpyridazine, 178
6-(3-Chloro-4-morpholinophenyl)-4,5-dihydro-
  3(2H)-pyridazinone, 25
4-Chloro-5-morpholino-3(2H)-pyridazinone, 208
  alkylation, 262
3-Chloro-6-p-nitrobenzylidenehydrazinopyridazine,
  aminolysis, 198
6-(4-Chloro-3-nitrophenyl)-5-methyl-4,5-dihydro-
  3(2H)-pyridazinone, aminolysis, 243
3-Chloro-6-p-nitrophenylpyridazine, 184
  aminolysis, 194
4-Chloro-5-o-nitrophenylthio-2-phenyl-3(2H)-
  pyridazinone, 227
  reduction, 346
6-Chloro-4-nitro-3-pyridazinamine 1-oxide,
  reduction, 346
3-Chloro-4-pentyl-6-phenylpyridazine, 158
3-Chloro-6-(perfluorooctyl)pyridazine, 149
6-Chloro-2-phenacyl-3(2H)-pyridazinone
  bisphenylhydrazone, 102
  degradation, 102
6-Chloro-2-phenacyl-3(2H)-pyridazinone
  dioxime, 102
3-Chloro-4-phenethyl-6-phenylpyridazine,
  alcoholysis and rearrangement, 288
3-[2-(3-o-Chlorophenoxy-2-hydroxypropylamino)-
  2-methylpropoxy]-6-hydrazinopyridazine,
  331
6-[2-(3-o-Chlorophenoxy-2-hydroxypropylamino)-
  2-methylpropoxy]-3(2H)-pyridazinethione,
  hydrazinolysis, 331
6-Chloro-3-phenylazopyridazine, 102
6-m-Chlorophenyl-4,5-dihydro-3-pyridazinamine,
  26
4-p-Chlorophenyl-3,6-dimethoxypyridazine, 219
2-p-Chlorophenyl-4,5-dimethyl-1,2,3,6-
  tetrahydro-1-pyridazinecarbonitrile, 34
6-Chloro-3-β-phenylhydrazinopyridazine, 102
2-(α-Chloro-α-phenylhydrazonomethyl)-6-phenyl-
  3(2H)-pyridazinone, 415
1-p-Chlorophenyl-6-hydroxyiminomethyl-4-
  methylpyridazinium-3-sulfonate, 82
6-p-Chlorophenyl-4-(3-methyl-5-oxo-1-phenyl-3-
  pyrazolin-4-yl)-4,5-dihydro-3(2H)-
  pyridazinone, chlorolysis, 238
6-p-Chlorophenyl-2-methyl-3,4(1H,2H)-
  pyridazinedione, 116

5-p-Chlorophenyl-3-oxo-2-phenyl-2,3-dihydro-4-
  pyridazinecarbonitrile, 13
3-Chloro-4-phenylpyridazine, 184, 233
  azidolysis, 229
3-Chloro-6-phenylpyridazine, 186
  alkanelysis, 151
  aminolysis, 193, 194, 374
  transhalogenation, 191
3-Chloro-6-phenyl-4-pyridazinecarbonitrile, 181
3-Chloro-6-phenyl-4-pyridazinecarboxamide, 402
3-Chloro-6-phenyl-4(1H)-pyridazinone, 214
4-Chloro-6-phenyl-3(2H)-pyridazinone, 214
5-Chloro-6-phenyl-3(2H)-pyridazinone,
  aminolysis, 200
  azidolysis, 229
6-Chloro-2-phenyl-3(2H)-pyridazinone, 179
7-Chloro-2-phenyl-4H-pyrimido[1,2-b]pyridazin-
  4-one, 359
4-p-Chlorophenylpyrimido[4,5-d]pyridazin-2(1H)-
  one, 416
3-Chloro-1-phenyl-1,4,5,6-tetrahydropyridazine,
  182
2-p-Chlorophenyl-1,2,3,6-tetrahydro-1-
  pyridazinecarbonitrile, 34
6-Chloro-2-phenyl-4-triphenylphosphoranyli-
  deneamino-3(2H)-pyridazinone, 382
3-Chloro-6-β-phthalimidoethoxypyridazine,
  deacylation and Smiles rearrangement, 289
6-Chloro-2-γ-phthalimidopropyl-3(2H)-
  pyridazinone, deacylation, 351
4-Chloro-5-piperazin-1'-yl-3(2H)-pyridazinone,
  208
3-Chloro-6-piperidino-4-pyridazinecarbonitrile,
  207
6-Chloro-3-piperidino-4-pyridazinecarbonitrile,
  207
3-Chloro-6-pyrazol-1'-ylpyridazine, 205
3-(3-Chloro-1H-pyrazol-5-yl)-2(1H)-
  quinoxalinone, 408
3-Chloro-4-pyridazinamine, 202
4-Chloro-3-pyridazinamine, 202
6-Chloro-3-pyridazinamine, 204
  acylation, 356
  alcoholysis, 217
  alkanethiolysis, 223
  alkylation, 352, 357
  alkylidenation, 359
  cyclization, 359, 369
  transamination, 352
  to the ureido analogue, 364
6-Chloro-4-pyridazinamine, 379
  alkylidenation and cyclization, 359
6-Chloro-3-pyridazinamine 1-oxide, 207
  hydrogenolysis, 231

Index

6-Chloro-3-pyridazinamine 2-oxide, aminolysis, 199
3-Chloropyridazine, alkanelysis, 149, 150
  aminolysis, 193
  transhalogenation, 191
6-Chloro-3-pyridazinecarbohydrazide, 195
3-Chloro-4-pyridazinecarbonitrile, 181
  alcoholysis, 216
  alkanelysis, 148
  alkanethiolysis, 224
  aminolysis, 196
  azidolysis, 229
6-Chloro-3-pyridazinecarbonitrile, 411
6-Chloro-3-pyridazinecarbonyl chloride, 392
  to the 3-benzoyl analogue, 392
6-Chloro-3-pyridazinecarboxamide, aminolysis, 196
  dehydration, 411
6-Chloro-3-pyridazinecarboxylic acid, chlorolysis, 392
3-Chloro-4,5-pyridazinediamine, 184
4-Chloro-3,6(1H,2H)-pyridazinedione, 61
  bromolysis and transhalogenation, 185
Chloropyridazines, see Halogenopyridazines
6-Chloro-3(2H)-pyridazinethione, S-alkylation, 305
6-Chloro-3(2H)-pyridazinone, 214
  aminolysis, 197
  effect of methylation on nmr, 315
3-Chloropyridazino[3,4-b]quinoxaline, 211
7-(6-(Chloropyridazin-3-yl)-1,3-dimethyl-2,6(1H,3H)-purinedione, hydrolysis, 215
3-(6-Chloropyridazin-3-yl)indole, 147
3-Chloro-6-pyrrol-1′-ylpyridazine, 352
6-p-Chlorosulfonylphenyl-3(2H)-pyridazinone, 340
  aminolysis, 340
3-Chloro-6-2′-thenoylpyridazine, aminolysis etc., 410
6-Chloro-2H-[1,2,4]thiadiazolo[2,3-b]pyridazin-2-one, 357
3-Chloro-5-tosylmethylpyridazine, X-ray analysis, 193
3-Chloro-6-trichloromethylthioaminopyridazine, 369
  cyclcocondensation, 369
3-Chloro-6-(5-trifluoromethylthien-3-yl)pyridazine, 178
5-Chloro-3-trifluoromethyl-1,2,4-triazolo[4,3-b]pyridazine, 373
3-Chloro-6-(3,4,5-trimethoxyphenethyl)pyridazine, 178
3-Chloro-6-(3,4,5-trimethoxystyryl)pyridazine, 178

3-Chloro-6-trimethylammoniopyridazine chloride, 205
  decomposition, 205
4-Chloro-3,5,6-trimethylpyridazine, 68
3-Chloro-4,5,6-triphenylpyridazine, aminolysis, 194
  thiolysis, 222
3-Chloro-6-tritylazopyridazine, 379
3-Chloro-6-β-tritylhydrazinopyridazine, 376
  to the azo analogue, 379
3-Chloro-5-ureido-4(1H)-pyridazinone, 101
6-Chloro-4-ureido-3(2H)-pyridazinone, 101, 365
  to the 4-acetamido analogue, 365
4-Cinnamoyl-5,6-diphenyl-3(2H)-pyridazinone, 431
Contents tables, x
3-α-Cyanobenzylpyridazine, 149, 151, 232
  to 3-benzoylpyridazine, 422
4-α-Cyanobenzylpyridazine, 151
4-(α-Cyano-α-ethoxycarbonylmethyl)-3,6-diphenylpyridazine, 84
3-(α-Cyano-α-ethoxycarbonylmethyl)-6-methoxypyridazine, 149
4-Cyano-6-ethoxycarbonyl-5-methyl-1-phenylpyridazinium-3-olate, addition to phenyl isothiocyanate, 169
  halogenation, 167
3-(α-Cyano-α-ethoxycarbonylmethyl)pyridazine, tautomerism, 397
4-Cyano-6-ethoxycarbonyl-1-phenyl-5-N-phenyl(thiocarbamoyl)methylpyridazinium-3-olate, 169
3-β-Cyanoethoxy-5,6-diphenyl-4-pyridazinecarbonitrile, 261
6-(4-Cyano-3-ethoxymethyleneaminophenyl)-5-methyl-4,5-dihydro-3(2H)-pyridazinone, cyclization, 423
3-α-(β-Cyanoethyl)hydrazino-6-phenylpyridazine, 376
2-β-Cyanoethyl-6-methyl-4-p-methylbenzyl-3(2H)-pyridazinone, hydrolysis, 389
5-Cyano-4-ethyl-6-oxo-1-phenyl-1,6-dihydro-3-pyridazinecarboxylic acid, 388
  alkylidenation, 159
2-β-Cyanoethyl-6-phenyl-3(2H)-pyridazinone, 260
3-β-Cyanoethylthio-6-methyl-4-p-methylbenzylpyridazine, dealkylation, 325
3-(α-Cyano-o-fluorobenzyl)pyridazine, 233
  oxidative decyanation, 422
4-Cyanomethyl-3,6-diphenylpyridazine, 84
2-β-(N'-Cyano-N''-methylguanidino)-ethylthiomethyl-6-phenyl-3(2H)-pyridazinone, 365

6-*p*-(*N'*-Cyano-*N"*-methylguanidino)phenyl-5-
methyl-4,5-dihydro-3(2*H*)pyridazinone, 365
2-β-(*N'*-Cyano-*S*-methylisothioureido)
ethylthiomethyl-6-phenyl-3(2*H*)-
pyridazinone, 365
aminolysis, 365
6-*p*-(*N'*-Cyano-*S*-methylisothioureido)phenyl-5-
methyl-4,5-dihydro-3(2*H*)-pyridazinone, 365
aminolysis, 365
1-Cyanomethyl-2-methylhexahydropyridazine, 363
reduction, 354
5-Cyano-3-methyl-6-oxo-1,6-dihydro-4-
pyridazinecarboxylic acid, 68
5-Cyano-4-methyl-6-oxo-1,6-dihydro-3-
pyridazinecarboxylic acid, ionization, 396
5-Cyano-4-methyl-6-oxo-1-*p*-tolyl-1,6-dihydro-
3-pyridazinecarbohydrazide, 407
5-Cyano-4-α-methylstyryl-6-oxo-1-phenyl-1,6-
dihydro-3-pyridazinecarboxylic acid, 159
3-Cyanomethylthio-5,6-diphenyl-4-
pyridazinecarbonitrile, cyclization, 328
2-ε-Cyanopentyl-6-phenyl-3(2*H*)-pyridazinone, 247
6-*p*-Cyanophenyl-4,5-dihydro-3(2*H*)-pyridazinone,
Radziszewski hydrolysis, 409
3-*p*-Cyanophenyl-6-hexylpyridazine, 247
2-γ-Cyanopropyl-6-methyl-3(2*H*)-pyridazinone, 260
4-(3-Cyanotriazeno)pyridazine 1-oxide, 383
to an arylazopyridazine, 383
6-[α-Cyano-*m*-(trifluoromethyl)benzyl]pyridazine, 232
Cycloalkylpyridazines, 131. *See also*
Alkylpyridazines
Cyclobutane dimers, 418
4-Cyclohex-1'-enyl-3,6-diphenylpyridazine, 114
oxidation, 114
3-Cyclohex-3'-enyl-2-methyl-2,3,4,5-
tetrahydropyridazine, 120
6-Cyclohexylamino-4,4-dimethyl-2-phenyl-4,5-
dihydro-3,5(2*H*)-pyridazinedione, 31
4-Cyclohexylamino-3,6-diphenylpyridazine, 112
2-Cyclohexyl-6-methyl-4,5-dihydro-3(2*H*)-
pyridazinone, 296
2-Cyclohexyl-6-methyl-1,4,5,6-tetrahydro-3(2*H*)-
pyridazinone, 296
6-Cyclohexylthio-3-pyridazinamine, 216
Cycloocta[*d*]pyridazines, to pyridazines, 87
Cycloocta(3,4)pyrrolo[1,2-*b*]pyridazine-11-
carbonitrile, 422
3-Cyclopropylpyridazine, 158

Delibryl, 318

Denpidazone, 318
3-Deuteropyridazine, 139
4,5-Diacetamido-2-methyl-3(2*H*)-pyridazinone, 295
1,2-Diacetylhexahydropyridazine, 28
deacylation, 28, 350
4,5-Diadamant-1'-ylpyridazine, 71, 121
2,6-Dialkyl-4,5-dihydro-3(2*H*)-pyridazinones,
mass spectral studies, 316
4,5-Diamino-2-methyl-3(2*H*)-pyridazinethione, 297
quaternization, 294
4,5-Diamino-2-methyl-3(2*H*)-pyridazinone, 347
thiation, 297
6-(3,4-Diaminophenyl)-5-methyl-4,5-dihydro-
3(2*H*)-pyridazinone, 345, 352
4,5-Diamino-2-phenyl-3(2*H*)-pyridazinone,
alkylidenation and cyclization, 360
4,5-Diamino-3,6(1*H*,2*H*)-pyridazinedione, 104
2,3-Diaminopyridazinium mesitylsulfonate, 350
4,5-Diamino-3(2*H*)-pyridazinone, chlorolysis, 184
4,5-Di-*p*-anisoylpyridazine, 137
1,2-Diazabicyclo[3.2.0]heptanes, to pyridazines, 88
3,4-Diazabicyclo[4.1.0]heptanes, to pyridazines, 89
1,2-Diazabicyclo[3.1.0]hexanes, to pyridazines, 90
1,6-Diazabicyclo[3.1.0]hexanes, to pyridazines, 91
2,3-Diazabicyclo[3.1.0]hexanes, to pyridazines, 91
1,9-Diazabicyclo[4.2.1]nonanes, to pyridazines, 119
2,3-Diazabicyclo[2.2.2]octanes, to pyridazines, 119
8,9-Diazatricyclo[4.4.0.0^{2,5}]decanes, to
pyridazines, 115
3,4-Diazatricyclo[3.1.0.0^{2,6}]hexanes, to
pyridazines, 120
1,2-Diazepines, to pyridazines, 84
3,5-Diazido-6-phenylpyridazine, 229
3,6-Diazidopyridazine, 230
to the 3-amino analogue, 353
5-Diazo-2-phenyl-4,5-dihydro-3,4(2*H*)-
pyridazinedione, 274
isomerization, 275
3,6-Dibenzoyl-4,5-dihydro-4,5-pyridazinedione
1,2-dioxide, 35, 275
degradation, 276
structure, 276
3,5-Dibenzoyl-1-2,4-oxadiazole, 276
structure, 276
3,6-Dibenzoylpyridazine, 392
4,5-Dibenzoylpyridazine, 137
α,β-Dibenzoylstilbene, 310
1,2-Dibenzoyl-1,2,3,6-tetrahydropyridazine, 388

4,5-Dibenzylidene-4,5-dihydro-3,6(1H,2H)-
  pyridazinedione, 142
3-Dibenzylmethylpyridazine, 158
3,4-Dibenzyloxy-6-chloropyridazine, thermal
  rearrangement, 288
Dibenzyl 1,2,3,6-tetrahydro-1,2-
  pyridazinedicarboxylate, 134
4,5-Dibromo-2-β-carboxyethyl-3(2H)-
  pyridazinone, transhalogenation, 190
4,5-Dibromo-1-p-chlorophenyl-3,6(1H,2H)-
  pyridazinedione, 61
3,6-Dibromo-4-chloropyridazine, 185
  aminolysis, 211
4,5-Dibromo-2-β-cyanoethyl-3(2H)-pyridazinone,
  29
4,5-Dibromo-1,2-dimethyl-3,6(1H,2H)-
  pyridazinedione, azidolysis, 231
4,5-Dibromo-2-methyl-3(2H)-pyridazinone,
  aminolysis, 208
  cyclocondensation, 235
4,6-Dibromo-5-methyl-3(2H)-pyridazinone
  1-oxide, thiolysis, 222
4,5-Dibromo-2-phenyl-3(2H)-pyridazinone,
  alkanethiolysis, 226
3,6-Dibromo-4-pyridazinamine, 211
3,6-Dibromopyridazine, alkanethiolysis, 331
4,5-Dibromo-3(2H)-pyridazinone, 191
  aminolysis, 208
4,5-Dibromo-3-pyridin-2′-yl-3(2H)-pyridazinone,
  29
  alcoholysis, 220
1,2-Di-t-butoxycarbonylhexahydro-3-
  pyridazinecarboxylic acid, 34, 389
4,6-Dibutoxy-3-chloropyridazine, aminolysis, 198
4,6-Dibutoxy-3-morpholinopyridazine, 198
Di-t-butyl
  3-(4-benzyl-2-oxooxazolidin-3-ylcarbonyl)-
  hexahydro-1,2-pyridazinedicarboxylate, 34
  hydrolysis of amidic group, 34, 389
4,5-Di-t-butylpyridazine, 121
3,5-Di-t-butylthio-6-phenylpyridazine, 225
N,N'-Di-t-butyl-4-trifluoromethyl-6-t-
  rimethylsiloxy-1,2,3,6-tetrahydro-1,2-
  pyridazinedicarboxamide, 34
1-(2,4.-Dichloroanilino)-3-pyrroline-2,5-dione,
  240
1-(3,4-Dichlorobenzenesulfonyl)-3-phenyl-1,4,5,6-
  tetrahydropyridazine, 358
1-(3,4-Dichlorobenzoyl)-3-phenyl-1,4,5,6-
  tetrahydropyridazine, 358
  reduction, 155
  thiation, 431
1-(3,4,-Dichlorobenzyl)-3-phenyl-1,4,5,6-
  tetrahydropyridazine, 155

4,5-Dichloro-3,6-bisdimethylaminopyridazine,
  212
4,5-Dichloro-3,6-bistrifluoromethylpyridazine,
  189
  transhalogenation, 191
3,6-Dichloro-4-(β-chloro-α,α-
  bischloromethylethyl)pyridazine, 241
3,6-Dichloro-4-p-chloro-α,α-dimethylethyl)-
  pyridazine, 240
3,6-Dichloro-4-β-chlorophenylpyridazine,
  alcoholysis, 219
4,5-Dichloro-1-(6-chloroquinoxalin-2-yl)-
  3,6(1H,2H)-pyridazindione, 61
3,6-Dichloro-4-p-chlorostyrylpyridazine, 166
  aminolysis, 206
3,6-Dichloro-5-β-chlorovinyl-4(1H)-pyridazinone,
  93
4,5-Dichloro-2-(β-cyano-β-hydroxypropyl)-6-
  nitro-3(2H)-pyridazinone, 419
4,5-Dichloro-2-α,α-dibromoacetonyl-6-nitro-
  3(2H)-pyridazinone, 240
  dealkylation, 295
4,5-Dichloro-2-α,α-dibromoacetonyl-3(2H)-
  pyridazinone, 240
  dealkylation, 295
3,6-Dichloro-4-(β,β-dichloro-α-chloromethyl-α-
  methylethyl)pyridazine, 241
3,6-Dichloro-4-(β,β-dichloro-α,α-dimethylethyl)-
  pyridazine, 241
4,5-Dichloro-3,6-dihydro-3,6-pyridazinedione,
  cycloadduct, 274
4,6-Dichloro-2-(β,γ-dihydroxypropyl)-3(2H)-
  pyridazinone, 248
3,6-Dichloro-4,5-diisopropylpyridazine, 141
3,6-Dichloro-4-dimethylaminomethyleneamino-
  pyridazine, 359, 365
  transamination, 365
4,5-Dichloro-6-dimethylamino-2-methyl-3(2H)-
  pyridazinone, 352
4,5-Dichloro-2-γ-dimethylaminopropyl-3(2H)-
  pyridazinone, 262
3,4-Dichloro-5-dimethylaminopyridazine, 210
3,6-Dichloro-4-dimethylaminopyridazine, 211
3,6-Dichloro-4,5-dimethylpyridazine, 141
3,6-Dichloro-4-(α,α-dimethyl-β-p-
  toluenesulfonyloxyethyl)pyridazine, 239
  bromolysis, 239
3,4-Dichloro-5,6-diphenylpyridazine, alcoholytic
  cyclization, 225
4,6-Dichloro-2-(β,γ-epoxypropyl)-3(2H)-
  pyridazinone, 247
  hydrolysis, 247
3,6-Dichloro-4-β-ethoxyethoxypyridazine, 221

3,4-Dichloro-6-β-ethoxyethylpyridazine,
    aminolysis, 202
3,6-Dichloro-N-o-fluorophenyl-N-methyl-4-
    pyridazinecarboxamide, 410
3,6-Dichloro-N-o-fluorophenyl-4-
    pyridazinecarboxamide, 408
    N-alkylation, 410
3,6-Dichloro-4-fluoropyridazine, 191
3,6-Dichloro-4-hydrazinopyridazine, 287
3,6-Dichloro-4-α-hydroxybenzylpyridazine,
    oxidation, 282
5-(α,p-Dichloro-α-hydroxybenzyl)-4-
    pyridazinecarboxylic lactone, 393, 415
    to anazidocarbonylpyridazine, 415
4,5-Dichloro-2-δ-hydroxybutyl-3(2H)-
    pyridazinone, 276
3,6-Dichloro-4-(β-hydroxy-α,α-dimethylethyl)-
    pyridazine, bromolysis (indirect), 239
    tosylation, 239
3,6-Dichloro-4-(α-hydroxydiphenylmethyl)-
    pyridazine, 141
3,6-Dichloro-4-α-hydroxyethylpyridazine, 141
3,6-Dichloro-4-
    hydroxyiminomethylaminopyridazine, 365
    hydrolysis and Beckmann rearrangement, 365
3,6-Dichloro-5-(3-hydroxy-2-methylprop-1-enyl)-
    4(1H)-pyridazinone, 103
4,5-Dilchloro-2-hydroxymethyl-3(2H)-
    pyridazinone, bromolysis, 215
    N-dealkylation, 256
    N-transalkylation, 293
3,4-Dichloro-6-p-(imidazol-1-yl)phenylpyridazine,
    183
    hydrolysis, 215
3,6-Dichloro-4-iodopyridazine, 189
3.6-Dichloro-4-(α-isobutyryl-α-methylethyl)-4,5-
    dihydropyridazine, 147
    hydrolysis, 147
3,4-Dichloro-5-isopropylaminopyridazine, 210
3,5-Dichloro-4-isopropylaminopyridazine, 210
3,6-Dichloro-4-isopropylpyridazine, 141
3,6-Dichloro-4-lithiopyridazine, alkylation, 141
3,6-Dichloro-4-methoxycarbonylmethylpyridazine,
    179
    hydrolysis etc., 214
3,6-Dichloro-5-(2-methoxycarbonylprop-1-enyl)-1-
    methyl-4(1H)-pyridazinone, azidolysis, 230
4,6-Dichloro-2-p-methoxyphenyl-3(2H)-
    pyridazinone, 186
3,4-Dichloro-5-methoxypyridazine, 179, 220
    alkanethiolytic cyclization, 225
    aminolysis, 287
    thiolysis, 290
    transhalogenation, 192

3,4-Dichloro-6-methoxypyridazine, 261
3,5-Dichloro-4-methoxypyridazine, 220
3,5-Dichloro-6-methoxypyridazine, 180
    alcoholysis, 218
3,6-Dichloro-4-methoxypyridazine, alcoholysis,
    219
    aminolysis, 207, 287
4,5-Dichloro-3-methoxypyridazine, 180
3.5-Dichloro-6-methoxypyridazine-2-oxide, 189
3,6-Dichloro-4-methylaminopyridazine,
    aminolysis, 208
3,4-Dichloro-5-α-methylhydrazinopyridazine, 210
4.5-Dichloro-2-methyl-6-nitro-3(2H)-pyridazinone,
    343
    reduction, 346
3,6-Dichloro-4-methylpyridazine, 141
    alkylidenation, 166
    aminolysis, 205, 206
    oxidation, 161
3,6-Dichloro-1-methylpyridazinium methyl
    sulfate, hydrazinolysis, 384
5,6-Dichloro-2-methylpyridazinium-4-olate, 264
    isomerization, 299
4,5-Dichloro-2-methyl-3(2H)-pyridazinone, 262
    alcoholysis, 220
    alkanethiolysis, 226, 227
    aminolysis, 208
    nitration, 343
    transhalogenation, 191
4,6-Dichloro-2-methyl-3(2H)-pyridazinone,
    alkanethiolysis, 225
5,6-Dichloro-1-methyl-4(1H)-pyridazinone, 264
5,6-Dichloro-2-methyl-3(2H)-pyridazinone, 261
    alkanethiolysis, 224
    aminolysis, 202
4,6-Dichloro-5-methyl-3(2H)-pyridazinone
    1-oxide, 187
3,6-Dichloro-N-(5-methylpyridin-2-yl)-4-
    pyridazinecarboxamide, 408
5,6-Dichloro-3-methyl-4(3H)-pyrimidinone, 299
3,4-Dichloro-5-morpholinopyridazine,
    alcoholysis, 218
3,6-Dichloro-4-morpholinopyridazine, 211
5,6-Dichloro-2-naphthalen-2′-yl-3(2H)-
    pyridazinone, 184
4,6-Dichloro-2-p-nitrophenyl-3(2H)-pyridazinone,
    aminolysis, 203
3,6-Dichloro-5-nitro-4-pyridazinamine,
    aminolysis, 207
4,5-Dichloro-6-nitro-3(2H)-pyridazinone, 295
3,4-Dichloro-6-phenylpyridazine, aminolysis, 202
    hydrolysis, 214

3,5-Dichloro-6-phenylpyridazine, alkanethiolysis, 225
  azidolysis, 230
3,6-Dichloro-4-phenylpyridazine, hydrogenolysis, 233
4,5-Dichloro-2-phenyl-3(2H)-pyridazinone, 8, 190
  alcoholysis, 220
  alkanethiolysis, 227
  aminolysis, 209
  ring contraction, 299
  X-ray analysis, 193
4,6-Dichloro-2-phenyl-3(2H)-pyridazinone, aminolysis, 203
  azidolysis, 230
4,5-Dichloro-2-phthalimidomethyl-3(2H)-pyridazinone, 294
3,4-Dichloro-5-piperidinopyridazine, 210
3,6-Dichloro-4-piperidinopyridazine, 179
3,5-Dichloro-4-pyridazinamine, 210
  aminolysis, 203
  to the ureido analogue (indirectly), 365
3,6-Dichloro-4-pyridazinamine, 179, 287
  alkylidenation, 359
5,6-Dichloro-4-pyridazinamine, 210
3,4-Dichloropyridazine, aminolysis, 202
3,6-Dichloropyridazine, 178, 185
  acylation, 425
  alcoholysis, 219
  alkanelysis, 147, 148, 149, 331
  alkanethiolysis, 226
  alkanethiolytic cyclization, 226
  alkylation, 141, 147
  aminolysis, 204, 205
  azidolysis, 230
  to the diphenylphosphino analogue, 235
  hydrogenolysis, 131
  hydrolysis, 214
  iodination, 188
  transhalogenation, 191
  X-ray analysis, 193
4,5-Dichloropyridazine, 179
  aminiolytic cyclization, 209
3,6-Dichloro-4-pyridazinecarbaldehyde, 425
3,6-Dichloro-4-pyridazinecarbonitrile, alcoholysis etc., 420
  aminolysis, 207
3,6-Dichloro-4-pyridazinecarbonyl chloride, 392
  alkanelysis, 408
  aminolysis, 408
3,6-Dichloro-4-pyridazinecarboxamide, 403
  aminolysis, 206
3,6-Dichloro-4-pyridazinecarboxylic acid, 161
  aminolysis, 206
  chlorolysis, 392

  esterification, 393
  hydrogenolysis, 233
4,5-Dichloro-3,6(1H,2H)-pyridazinedione, 61
  X-ray analysis, 312
3,6-Dichloropyridazine 1-oxide, 304
  alkanethiolysis, 226
  aminolysis, 207
  thiolysis, 222
2,7-Dichloropyridazino[1,6-a]benzimidazole, 243
3,6-Dichloro-4(1H)-pyridazinone, alkylation, 265
4,5-Dichloro-3(2H)-pyridazinone, 8, 21, 256, 295
  alcoholysis, 220
  alkanethiolysis, 226, 344
  alkanethiolytic cyclization, 227
  alkylation, 262
  aminolysis, 208
  hydrolysis, 214
  transhalogenation, 191
  X-ray analysis (polymorphs), 312
5,6-Dichloro-3(2H)-pyridazinone, alkylation, 261
  silylation, 290
5,6-Dichloro-4(1H)-pyridazinone, alkylation, 264
4,5-Dichloro-3-pyridin-2′-yl-3(2H)-pyridazinone, 29
5-(5,6-Dichloropyridazin-4-yl)thio-4-pyridazinamine, 330
  cyclization, 330
3,4-Dichloro-5-pyrrolidin-1′-ylpyridazine, aminolysis, 202
3,6-Dichloro-4-pyrrolidin-1′-ylpyridazine, 211
5,6-Dichloro-2-β-D-ribofuranosyl-3(2H)-pyridazinone, alcoholysis, 218
1-(3,4-Dichloro(thiobenzoyl)-3-phenyl-1,4,5,6-tetrahydropyridazine, 421
3,6-Dichloro-4-p-toluoylpyridazine, 408
3,6-Dichloro-4-tosylmethylpyridazine, 141
3,6-Dichloro-1-(2,3,5-tri-O-benzoyl-β-D-ribofuranosyl)-4(1H)-pyridazinone, 265
5,6-Dichloro-2-(2,3,5-tri-O-benzoyl-β-D-ribofuranosyl)-3(2H)-pyridazinone, 290
3,4-Dichloro-6-trimethylammoniopyridazine chloride, alcoholysis, 285
3,4-Dichloro-6-trimethylsilyloxypyridazine, 290
  Hilbert-Johnson reaction (modified), 290
Diclomezine, 318
3-Dicyanomethylene-2-methyl-6-phenyl-2,3-dihydropyridazine, 338
3-Dicyanomethyl-6-methoxypyridazine, oxidation, 162
3-(β,β-Dicyano-α-methylvinyl)-5-methylpyrazole, 176
3-β-β-Dicyanovinylpyrazole, 176
4-β,β-Dicyanovinylpyridazine, 156

3,4-Didehydropyridazine, 132
　energy calculations, 133
4,5-Didehydropyridazine, 132
　energy calculations, 133
Diels-Alder reactions, 32, 64, 69, 70, 72, 74, 75, 82, 86, 120, 274, 300, 404, 424
5,10:6,9-Diethano[1,2,4]triazolo[1,2-a][1,2]-diazocines, to pyridazines, 120
3-Dielthoxycarbonylmethylene-2-methyl-6-phenyl-2,3-dihydropyridazine, 338
3-β,β-Diethoxycarbonylvinylamino-8-phenyl-2H-pyrano[2,3-d]pyridazine-2,5(6H)-dione, 272
4,5-Diethoxy-2-methyl-3(2H)-pyridazinone, 220
5-Diethoxyphosphinothioyloxy-4-ethoxy-2-methyl-3(2H)-pyridazinone, 268
5-Diethoxyphosphinyloxy-4-ethoxy-2-methyl-3(2H)-pyridazinone, 268
3,6-Diethoxypyridazine 1-oxide, with phosphoryl chloride, 307
Diethyl 3-acetoxymethyl-6-methoxy-4,5-dihydroxyhexahydro-1,2-pyridazinedicarboxylate, 256
Diethyl 3-acetoxymethyl-6-methoxy-1,2,3,6-tetrahydro-1,2-pyridazinedicarboxylate, hydroxylation, 256
Diethyl 4-acetylthiohexahydro-1,2-pyridazinedicarboxylate, 324
　deacylation, 324
　reduction, 402
3-Dielthylamino-6-γ-diethylaminopropylamino-pyridazine, 198
Diethyl 4-aminohexahydro-1,2-pyridazinedicarboxylate, 349
3-(γ-Diethylamino-β-hydroxypropyl)amino-6-phenylpyridazine, 194
Diethyl 4-amino-6-imino-1-phenyl-1,6-dihydro-3,5-pyridazinedicarboxylate, 9
4-Diethylamino-5-methyl-3,6-bismethylthiopyridazine, 81
4-Diethylamino-5-methyl-3,6-diphenylpyridazine,
　N-dealkylation, 303
　oxidation, 303
4-Diethylamino-5-methyl-3,6-diphenylpyridazine 1- + 2-oxide, 303
4-Diethylamino-5-methyl-3,6-diphenylpyridazine 2-oxide, 73, 303
3-Diethylamino-4-methyl-6-phenylpyridazine, 83
4-Diethylamino-5-methylphthalonitrile, 424
3-Diethylaminopyridazine, 231
6-Diethylamino-5,N,N-trimethyl-4-oxo-3-phenyl-1,4-dihydro-1-pyridazinecarbothioamide, 81
　X-ray analysis, 82
Diethyl 3,6-bisacetylthio-1,2,3,6-tetrahydro-1,2-pyridazinedicarboxylate, 33

Diethyl 3-chloro-5-hydroxy-4,6-diphenyl-hexahydro-1,2-pyridazinedicarboxylate, 291
Diethyl 4-cyano-1,2,3,6-tetrahydro-1,2-pyridazinedicarboxylate, 70
Diethyl 4,5-dibromo-4,5-dimethylhexahydro-1,2-pyridazinedicarboxylate, X-ray analysis, 397
Diethyl 4,5-dichloro-3-phenylhexahydro-1,2-pyridazinedicarboxylate, to the 4,5-epoxy analogue, 287
Dimethyl 4-diethylamino-5-methylphthalate, 404
Diethyl 1,2-dihydro-1,2-pyridazinedicarboxylate, 406
Diethyl 4,5-dihydroxyhexahydro-1,2-pyridazinedicarboxylate, 92, 407
Diethyl 3,6-dimethyl-4,5-pyridazinedicarboxylate, reduction, 401
Diethyl 3,6-diphenyl-1,2,3,6-tetrahydro-1,2-pyridazinedicarboxylate, X-ray analysis etc., 397
Diethyl 3,6-diphenylhexahydro-4,5-epoxypyridazine-1,2-dicarboxylate, 285
　reactions, 291
Diethyl 2,5-diphenyl-7-oxa-3,4-diazabicyclo[4.1.0]heptane-3,4-dicarboxylate, see Diethyl 3,6-diphenylhexahydro-4,5-epoxypyridazine-1,2-dicarboxylate
Diethyl 3,6-diphenyl-1,2,3,6-tetrahydro-1,2-pyridazinedicarboxylate, epoxidation, 285
　hydrolysis, 153
　X-ray analysis, 397
Diethyl hexahydro-1,2-pyridazinedicarboxylate, 405
Diethyl 4-hydroxyhexahydro-1,2-pyridazinedicarboxylate, 256
Diethyl 4-hydroxyiminohexahydro-1,2-pyridazinedicarboxylate, reduction, 155
Diethyl 4-mercaptohexahydro-1,2-pyridazinedicarboxylate, 324
Diethyl 3-methoxycarbonylhexahydro-1,2-pyridazinedicarboxylate, reduction, 280
Diethyl 3-methoxycarbonyl-1,2,3,6-tetrahydro-1,2-pyridazinedicarboxylate, 33
Diethyl 6-methyl-5-oxo-7-phenyl-1,2,3,6-tetraazabicyclo[2.2.2]oct-7-ene-2,3-dicarboxylate, 300
Diethyl 6-methyl-3,4-pyridazinedicarboxylate, reduction, 401
Diethyl 4-oxo-3,5-diphenylhexahydro-1,2-pyridazinedicarboxylate, 291
Diethyl 4-oxohexahydro-1,2-pyridazinedicarboxylate, 255
　oxime formation, 271

Diethyl 4-oxohexahydro-1,2-pyridazinedicarboxylate oxime, 271
  reduction, 271
1,2-Diethyl-4-phenyl-4,5-dihydro-3,6(1H,2H)-pyridazinedione, 61
Diethyl 3-phenylhexahydro-4,5-epoxypyridazine-1,2-dicarboxylate, 287
  reactions, 292
Diethyl 3-phenylhexahydro-1,2-pyridazinedicarboxylate, reduction, 155
Diethyl 4-phenylhexahydro-1,2-pyridazinedicarboxylate, 405
Diethyl 3-phenyl-1,2,3,6-tetrahydro-1,2-pyridazinedicarboxylate, 32
Diethyl 4-phenyl-1,2,3,6-tetrahydro-1,2-pyridazinedicarboxylate, reduction, 405
3,6-Diethylpyridazine, 65
Diethyl 3,4-pyridazinedicarboxylate, hydrolysis, 388
Diethyl 4,5-pyridazinedicarboxylate, 398
Diethyl 1,2,3,4-tetrahydro-1,2-pyridazinedicarboxylate, 406
Diethyl 1,2,3,6-tetrahydro-1,2-pyridazinedicarboxylate, 32
  alkoxycarbonylation, 399
  amination, 349
  hydrolysis, 388
  hydrolysis and decarboxylation, 404
  oxidation, 406
  prototropy, 406
  reduction, 405
  reduction and hydroxylation, 256
  sulfur introduction, 324
Diethyl 3,3,6,6-tetramethyl-1,2,5,6-tetrahydro-1,2-pyridazinedicarboxylate, 32
Diethyl 4-trimethylsiloxy-1,2,3,6-tetrahydro-1,2-pyridazinedicarboxylate, hydrolysis, 255
5-(2,5-Difluorobenzoyl)-4-pyridazinecarboxylic acid, 94
3,5-Difluoro-4,6-bis(perfluoroisopropyl)pyridazine, aminolysis, 203
3,5-Difluoro-4,6-bis[perfluoro(3-methylimidazolidin-1-yl)]pyridazine, 212
3,6-Difluoro-4,5-bis[perfluoro(3-methylimidazolidin-1-yl)]pyridazine, 212
4,5-Difluoro-3,6-bistrifluoromethylpyridazine, 191
3,6-Difluoro-4,5-bistrifluoromethylthiopyridazine, 228
3,6-Difluoropyridazine, 191
  aminolysis, 205
6-Diformylacetyl-5-oxo-2-phenyl-2,5-dihydro-4-pyridazinecarbaldehyde, 18
3,5-Dihydrazino-4,5-dihydropyridazine, 27

3,6-Dihydrazino-4,5-dihydropyridazine, 69
  alkylidenation, 375
3,6-Dihydrazinopyridazine, to 3,6-pyridazinediamine, 351
6,9-Dihydro-1-benzoxepine-6,9-dione, 309
3a,6a-Dihydroisoxazolo[5,4-d]isoxazole, 310
  X-ray analysis, 310
1,4-Dihydropyridazine, conformations, 133
4,5-Dihydropyridazine (trimer), 21
4,5-Dihydro-4,5-pyridazinediol, 135
3,6-Dihydro-3,6-pyridazinedione, 273
  cycloadducts, 274
4,5-Dihydro-3,6(1H,2H)-pyridazinedione, alkylidenation, 142
  X-ray analysis, 312
4,5-Dihydro-3(2H)-pyridazinone, 20
2,3-Dihydroxy-2,3-di(pyridazin-3-yl)-propiononitrile, 390
3-Di(β-hydroxyethyl)aminopyridazine, 305
3-α,β-Dihydroxyethylpyridazine, oxidation, 283
6-(3,4-Dihydroxyphenethylamino)-3(2H)-pyridazinone, 277
3,6-Diimidazol-1′-ylpyridazine, metal complexes, 369
4,5-Diiodo-3,6-bistrifluoromethylpyridazine, 189
3,6-Diiodopyridazine, alcoholysis, 219
  alkanelysis, 148
  alkanethiolysis, 225
  aminolysis, 205
  transhalogenation, 192
4,5-Diisobutyrylpyridazine, 137
3,6-Diisopropoxypyridazine, hydrolysis, 303
4,5-Diisopropylidene-1,2-dimethylhexahydropyridazine, fine structure, 160
3-Dimethoxycarbonylmethylpyridazine, 75
  tautomerism, 406
6-(α,β-Dimethoxycarbonylvinylamino)-3(2H)-pyridazinone, 352
4-β,β-Dimethoxyethyl-3,6-dimethylpyridazine, 169
3-β,β-Dimethoxyethyl-6-methylpyridazine, 169
3-Dimethoxymethyl-6-methyl-4-pyridazinecarbohydrazide, to the carbonylazide, 414
3,5-Dimethoxy-1-methyl-4(1H)-pyridazinone, 289
6-(3,4-Dimethoxyphenethylamino-3(2H)-pyridazinone, dealkylation, 277
2-(Dimethoxyphosphinothioylthiomethyl)-3(2H)-pyridazinone 249
3,5-Dimethoxypyridazine, 217
3,6-Dimethoxypyridazine, 219
4,5-Dimethoxypyridazine, hydrolysis, 254
3,5-Dimethoxy-4(1H)-pyridazinone, 284

3,4-Dimethoxy-1H-1,2,5-triazepine, 383
  isomerization, 383
6,7-Dimethoxy-4H-1,2,5-triazepine, 383
3,4-Dimethoxy-6-trimethylammoniopyridazine chloride, 285
3-(3-Dimethylaminoacryloyl)-1-phenyl-4(1H)-pyridazinone, 18
3-Dimethylamino-N,N-diethyl-4-methyl-5-oxo-6-phenyl-4,5-dihydro-4-pyridazinecarbothioamide, 81
  X-ray analysis, 82
3-Dimethylamino-4,6-dinitropyridazine 1-oxide, 348
3-Dimethylamino-2,6-diphenylpyridazine, 194
4-Dimethylamino-3-ethoxy-6-nitropyridazine 1-oxide, 348
3-α-(β-Dimethylaminoethylthio)benzylpyridazine, 245
3-[p-(β-Dimethylaminoethylthio)phenyl]-pyridazine, 135
3-Dimethylamino-6-iodopyridazine, 205
3-Dimethylamino-6-methoxypyridazine, 217
  alkylation, 145
4-Dimethylamino-6-methyl-3,5-diphenylpyridazine, 199
3-Dimethylaminomethyleneamino-5-phenyl-4-pyridazinecarbonitrile, 359, 421
  addition of hydrazine etc., 421
  addition of hydroxylamine etc., 421
3-[β-(5-Dimethylaminomethylfuran-2-ylmethylthio)ethyl]amino-4-nitropyridazine, 41
3-(4-Dimethylamino-5-methyl-6-phenylpyridazin-3-yl)-6-phenyl-1,2,4,5-tetrazine, 81
3-(5-Dimethylamino-4-methyl-6-phenylpyridazin-3-yl)-6-phenyl-1,2,4,5-tetrazine, 81
6-Dimethylaminomethyl-3(2H)-pyridazinone 1-oxide, 142
4-(β-Dimethylamino-α-methylvinyl)-6-oxo-1-phenyl-1,6-dihydro-3,5-pyridazinedicarbonitrile, 165
6-Dimethylamino-3(2H)-pyridazinone, 273
p-Dimethylamino-N-[6-(2,3,5-tri-O-benzoyl-β-D-ribofuranosyl)pyridazin-3-ylmethyl]aniline N-oxide, 248
  to an aldehyde, 248
4-β-Dimethylaminovinyl-3,6-diphenylpyridazine, 165
Dimethyl 7-benzoylpyrrolo[1,2-b]pyridazine-5,6-dicarboxylate, 175
Dimethyl 4,5-bisbromomethyl-1,2,3,6-tetrahydro-1,2-pyridazinedicarboxylate, 33
  dehydrobromination, 153

Dimethyl 1,2-bisdimethylamino-1,2-dihydro-4,5-pyridazinedicarboxylate, 49
Dimethyl 4-chlorohexahydro-1,2-pyridazinedicarboxylate, 14
5,6-Dimethyl-1,6-diazabicyclo[3.1.0]hex-3-en-2-one, 299
  isomerization, 299
Dimethyl 1,2-dibenzoylhexahydro-3,6-pyridazinedicarboxylate, 119
1,3-Dimethyl-1,6-dihydropyridazine, 173
3,5-Dimethyl-4,5-dihydropyridazine (dimer), 22
  degradation, 22
  X-ray analysis, 22
1,2-Dimethyl-4,5-dihydro-3,6(1H,2H)-pyridazinedione, X-ray analysis, 312
Dimethyl 4,4-dimethyl-1,4-dihydro-3-pyridazinephosphonate, 92
1,2-Dimethyl-4,5-dimethylenehexahydropyridazine, 28
  structure, 28
Dimethyl 4,5-dimethylenehexahydro-1,2-pyridazinedicarboxylate, 153
  hydrolysis and decarboxylation, 153
4-(2,2-Dimethyl-1,3-dioxolan-4-yl)methoxy-5-[4-(fur-2-oyl)piperazin-1-yl]-2-methyl-3(2H)-pyridazinone, 218
4,4-Dimethyl-3,6-diphenyl-1,4-dihydropyridazine, 77
  oxidation, 162
4,5-Dimethyl-3,6-diphenylpyridazine, 78
Dimethyl 4,5-diphenyl-3,6-pyridazinedicarboxylate, 79
Dimetlhyl 3,6-diphenyl-1,2,3,4-tetrahydro-1,2-pyridazinedicarboxylate, 399
Dimethyl 3,6-diphenyl-1,2,3,4-tetrahydro-1,5-pyridazinedicarboxylate, 399
Dimethyl 3,6-diphenyl-1,2,5,6-tetrahydro-1,4-pyridazinedicarboxylate, 399
Dimethyl 5,6-di-p-tolyl-3,4-pyridazinedicarboxylate, 40
4,5-Dimethylenehexahydropyridazine, 153
4,5-Dimethylene-3,4,5,6-tetrahydropyridazine, 107
1,2-Dimethylhexahydro-4-pyridazinamine, 105, 271
  acylation, 344
1,2-Dimethylhexahydropyridazine, conformation(s), 160
3,6-Dimethylhexahydropyridazine, oxidation, 162
Dimethyl hexahydro-1,2-pyridazinedicarboxylate, 28
1,2-Dimethylhexahydro-4-pyridazinethiol, 402
1,2-Dimethylhexahydro-4-pyridazinol, acylation, 267

Dimethyl 4-hydroxy-5-oxo-2,5-dihydro-3,6-
　　pyridazinedicarboxylate, 3
　　alkylation, 266
Dimethyl
　　2-isopropyl-6-methyl-2,3,4,5-tetrahydro-3,4-
　　pyridazinedicarboxylate, 36
Dimethyl 3-(2-methoxycarbonyl-1-phenylprop-1-
　　enyl)-2-methyl-2,3,4,5-tetrahydro-4,5-
　　pyridazinedicarboxylate, 119
　　X-ray analysis, 119
Dimethyl
　　4-methoxy-2-methyl-5-oxo-2,5-dihydro-3,6-
　　pyridazinedicarboxylate, 266
Dimethyl 5-p-methoxyphenyl-3-methyl-1,4,5,6-
　　tetrahydro-1,4-pyridazinedicarboxylate, 36
Dimethyl 6-p-methoxyphenyl-3-methyl-1,4,5,6-
　　tetrahydro-1,4-pyridazinedicarboxylate, 36
Dimethyl 4-methoxy-3,6-
　　pyridazinedicarboxylate, 79
3,6-Dimethyl-1-o-methylaminobenzoyl-1,2-
　　dihydropyridazine, 29
Dimethyl 4-methyl-5-trimethylsilyl-3,6-
　　pyridazinedicarboxylate, 79
2,4-Dimethyl-3-(β-morpholinoethylimino)-6-
　　phenyl-2,3-dihydropyridazine, ionization,
　　370
1,2-Dimethyl 4-p-
　　nitrobenzamidohexahydropyridazine, 344
4,5-Dimethyl-1-p-nitrophenyl-1,2-
　　dihydropyridazine, 3
3,6-Dimethyl-4-nitropyridazine 1,2-dioxide,
　　halogenation, 189
　　monodeoxygenation, 305
　　reduction, 345
3,6-Dimethyl-5-nitro-4-pyridazinol 1-oxide, see
　　1-Hydroxy-3,6-dimethyl-5-nitro-4(1H)-
　　pyridazinone
3,6-Dimethyl-4-nitropyridazine 2-oxide,
　　alcoholysis, 284
2,4-Dimethyl-3-oxo-2,3-dihydropyridazinium-1-
　　ethoxyformimidate, 144
1,3-Dimethyl-7-(6-oxo-1,6-dihydropyridazin-3-yl)-
　　2,6(1H,3H)-purinedione, 215
Dimethyloxosulfonium
　　C-acetyl-C-(6-phenylpyridazin-3-yl)-
　　methylide, 279
　　reduction, 279
Dimethyloxosulfonium 6-phenylpyridazin-3-
　　ylmethylide, 151
　　acylation, 279
3,3-Dimethyl-5-(6-oxo-1,4,5,6-
　　tetrahydropyridazin-3-yl)-2-indolinone,
　　X-ray analysis, 312

Dimethyl 3-phenethyl-4,5-
　　pyridazinedicarboxylate, 398
1,2-Dimethyl-4-phenyl-4,5-dihydro-3,6(1H,2H)-
　　pyridazinedione, reduction, 154
1,2-Dimethyl-3-phenylhexahydropyridazine, 155
1,2-Dimethyl-4-phenylhexahydropyridazine, 154
3,6-Dimethyl-1-phenyl-6-phenylazo-i,4,5,6-
　　tetrahydropyridazine, ring fission, 386
6-(2,4-Dimethylphenyl)-2-phenyl-3(2H)-
　　pyridazinethione, photo-oxidation, 294
6-(2,4-Dimethylphenyl)-2-phenyl-3(2H)-
　　pyridazinone, 294
3,6-Dimethyl-5-phenyl-5H-pyrazolo[4,3-c]-
　　pyridazine, 432
Dimethyl 4-phenyl-3,6-pyridazinedicarboxylate,
　　79
　　hydrolysis, 404
1-(2,6-Dimethylphenyl)-3,6(1H,2H)-
　　pyridazinedione, 8
2,4-Dimethyl-6-phenyl-3(2H)-pyridazinone, 292
3,6-Dimethyl-1-phenyl-4(1H)-pyridazinone, 6
3,6-Dimethyl-5-piperidinomethyl-4(1H)-
　　pyridazinone 2-oxide, 143
1,5-Dimethyl-1H-pyrazolo[3,4-d]pyridazin-4(5H)-
　　one, 300
2,5-Dimethyl-2H-pyrazolo[3,4-d]pyridazin-4(5H)-
　　one, 300
3,6-Dimethyl-4-pyridazinamine, 246
3,6-Dimethyl-4-pyridazinamine 1-oxide, 305, 345
3,6-Dimethyl-4-pyridazinamine 2-oxide, 305, 345
3,6-Dimethylpyridazine, 22, 149
　　Reissert cyanation, 418
3,6-Dimethyl-4,5-pyridazinedicarbonitrile, 410
3,6-Dimethyl-4,5-pyridazinedicarboxamide,
　　dehydration, 410
3,6-Dimethyl-4,5-pyridazinedicarboximide, 410
Dimethyl 3,6-pyridazinedicarboxylate, 393
Dimethyl 4,5-pyridazinedicarboxylate,
　　Diels-Alder reaction, 404
3,6-Dimethyl-4,5-pyridazinedicarboxylic acid, to
　　the anhydride, 393
3,6-Dimethyl-4,5-pyridazinedicarboxylic
　　anhydride, 393
1,2-Dimethylpyridazinediium
　　bistetrafluoroborate, 171
1,2-Dimethyl-3,6(1H,2H)-pyridazinedione,
　　thiation, 297
　　X-ray analysis (also Fe complex), 312
3,6-Dimethylpyridazine 1,2-dioxide, 2
1,2-Dimethyl-3,6(1H,2H)-pyridazinedithione, 297
3,6-Dimethylpyridazine 1-oxide, with phosphoryl
　　chloride, 307
　　X-ray analysis (CuCl$_2$ complex), 312

3,6-Dimethylpyridazinium-1-dicyanomethylide, ring contraction, 176
1,5-Dimethylpyridazinium-3-olate, isomerization, 298
2,6-Dimethyl-3(2H)-pyridazinone, 299
  chlorolysis etc., 186, 301
4,6-Dimethyl-3(2H)-pyridazinone, 3
3,6-Dimethyl-4(1H)-pyridazinone 2-oxide, alkylation, 143
2-(3,6-Dimethylpyridazin-4-yl)benzothiazole, 124
2,6-Dimethyl-5-pyridazin-4′-ylthio-4(3H)-quinazolinone, 330
3,6-Dimethyl-1,4,5,6-tetrahydropyridazine, 162
Dimethyl 1,2,3,6-tetrahydro-1,2-pyridazinedicarboxylate, 32
1,2-Dimethyl-1,2,3,6-tetrahydropyridazine 1-oxide, 304
4,4-Dimethyl-3,3,6,6-tetrakistrifluoromethyl-3,4,5,6-tetrahydropyridazine, 46
1,2-Dimethyl-6-thioxo-1,6-dihydro-3(2H)-pyridazinone, 297
1,2-Dimethyl-4-o-tolylcarbamoyloxyhexahydropyridazine, 267
Dimethyl 4-(α,β,δ-triacetoxy-γ-hydroxybutyl)-3,6-pyridazinedicarboxylate, 74
Dimethyl 4,5,6-tri-t-butyl-3-pyridazinephosphonate, 4
Dimethyl 4-trimethylsiloxy-1,2,3,6-tetrahydro-1,2-pyridazinedicarboxylate, 33
4,4-Dimethyl-3-trimethylsilyl-1,4-dihydropyridazine, 46
Dimethyl 4-vinylhexahydro-1,2-pyridazinedicarboxylate, 15
Dimroth rearrangement, 360
4,5-Dineopentylpyridazine, 71, 121
1-(2,4-Dinitrophenyl)-6-(2,4-dinitrophenylazo)-3,6-diphenyl 1,4,5,6-tetrahydropyridazine, 37
1-(2,4-Dinitrophenyl)-5-hydroxyhexahydro-3-pyridazinecarboxylic acid, 363
  lactonization etc., 394
1,4-Dioxa-7,8-diazaspiro[4.4]nonanes, to pyridazines, 122
5,7-Dioxaspiro[2.5]octanes, to pyridazines, 122
1,2-Dioxins, to pyridazines, 71
1,3-Dioxins, to pyridazines, 71
3,3′-Dioxo-6,6′-diphenyl-2,2′,3,3′,4,4′,5,5′-octahydro-4,4′-bipyridazine, 316
5-(3,6-Dioxohexahydropyridazin-1-yl)-sulfonylquinolin-8-ol, 31
  metal complexes, 316
3-(1,3-Dioxoindan-2-yl)pyridazine, 167
1,3-Dioxolo[4,5-d]pyridazines, to pyridazines, 92

Diphenanthro[9,10,1-d,e,f:1′,10′,9′-h,i,j]-phthalazine, 274
3,6-Diphenyl-4,5-didehydropyridazine, cleavage (spontaneous), 170
2,3-Diphenyl-1,2-dihydropyridazine, 4
3,6-Diphenyl-1,4-dihydropyridazine, 90
  oxidation, 90
3,6-Diphenyl-1,6-dihydropyridazine, 90
  prototropy, 90
2,5-Diphenylfuran, 309
3,6-Diphenylhexahydro-4,5-epoxypyridazine, 291
  alkaline degradation, 291
4-Diphenylmethyl-3,6-diphenylpyridazine, 22, 89
3,4-Diphenylnaphtho[2′,3′:5,6][1,4]dioxino[2,3-c]-pyridazine, 225
3,4-Diphenyl-6-phenylethynylpyridazine, 153
  reduction, 157
5,6-Diphenyl-3-phenylhydrazino-4-pyridazinecarbonitrile, 196
4,6-Diphenyl-2-[4-(4-phenylpiperazin-1-yl)but-2-ynyl]-3(2H)-pyridazinone, 164
3,4-Diphenyl-5-phenylsulfonyl-6-trifluoromethylpyridazine, 15
3-Diphenylphosphinyl-5-N-methylanilino-4,6-diphenylpyridazine, X-ray analysis, 369
4,6-Diphenyl-2-prop-2′-ynyl-3(2H)-pyridazinone, alkylation, 164
4,5-Diphenyl-1H-pyrazolo[3,4-c]pyridazin-3-amine, 196
3,6-Diphenyl-4-pyridazinamine, 199
4,6-Diphenyl-3-pyridazinamine, 83
3,5-Diphenylpyridazine, 67, 91, 152, 154
3,6-Diphenylpyridazine, 6, 22, 30, 59, 71, 77, 85, 86, 90, 95, 115, 118, 154, 291, 292
  alkoxycarbonylation, 399
  oxidation (attempt), 162
3,6-Diphenyl-4,5-pyridazinediamine, 101
1,4/1,5-Diphenyl-3,6(1H,2H)-pyridazinedione, 68
2,6-Diphenyl-3,4(1H,2H)-pyridazinedione, 44
  tautomerism, 314
3,6-Diphenylpyridazine 1,2-dioxide, reduction, 154
3,6-Diphenylpyridazine 1-oxide, 154, 302
  irradiation, 309
4,6-Diphenyl-3(2H)-pyridazinethione, oxidation, 332
2,6-Diphenyl-3(2H)-pyridazinone, alkylation, 145, 298
3,5-Diphenyl-4(1H)-pyridazinone, 19, 68
  alkylation, 261
3,6-Diphenyl-4(1H)-pyridazinone, 254
4,6-Diphenyl-3(2H)-pyridazinone, 253

5-(3,6-Diphenylpyridazin-4-yl)-5-γ-
hydroxypropyl-5H-indeno[1,2-b]pyridine,
280
5-(3,6-Diphenylpyridazin-4-yl)-5H-indeno[1,2-b]-
pyridine, alkylation, 163
3,4-Diphenyl-6-[4-(pyrrolidin-1-yl)buta-1,3-dienyl]-
pyridazine, 108
stereoisomers, 108
6,7-Diphenylpyrrolo[1,2-b]pyridazin-5-ol, 138
3,5-Diphenyl-4-styryl-3,6-dihdyropuridazine, 91
1,3-Diphenyl-1,4,5,6-tetrahydropyridazine, 28
to a quinoline, 169
2,4-Diphenyl-1,4,5,6-tetrahydropyridazine, 16
3,6-Diphenyl-1,2,3,6-tetrahydropyridazine, 154
3,6-Diphenyl-1,2,3,6-tetrahydro-1,2-
pyridazinedicarboxylic acid, 153
decarboxylation, 153
3,5-Diphenyl-6-(5-thioxo-4,5-dihydro-1,3,4-
oxadiazol-2-yl)pyridazine, 415
5,6-Diphenyl-3-thioxo-2,3-dihydro-4-
pyridazinecarbonitrile, 11, 44, 222
S-alkylation, 11
3-(5,6-Diphenyl-1,2,4-triazin-3-yl)-4-methyl-
2,3,4,5-tetrahydro-3-pyridazinecarbonitrile,
48
3,6-Diphenyl-4-tributylstannylpyridazine, 77
acylolysis, 430
alkanelysis, 152
iodolysis, 189
5,6-Diphenyl-3-trifluoromethyl-4(1H)-
pyridazinone, 16
3,4-Diphenyl-6-[α-(triphenylphosphoranylidene)-
phenacyl]pyridazine, dephosphorylation, 153
Dipyridazino[4,5-b:4',5'-e]thiazines, to
pyridazines, 115
Dipyridazinyl disulfides, 339
from pyridazinethiones (tautomeric), 332
reactions, 339
synthetic routes, 339
α,β-Dipyridazin-4-ylethane, oxidation, 157
1,2-Di(pyridazin-3-yl)-1,2-ethanediol, 390
oxidation, 390
α,β-Dipyridazin-4-ylethylene, 157
Dipyridazinyl sulfides, 334. See also
Alkylthiopyridazines
desulfurization, 337
from pyridazinethiones with
halogenopyrida- zines, 330
3,6-Di(pyridin-2-yl)pyridazine, 39
metal complexes, 369
3,6-Dipyridin-2'-yl-4-(tetrahydropyran-2-
yloxymethyl)pyridazine, 78
3,5-Dipyrrolidin-1'-ylpyridazine, 232
3,6-Distyrylpyridazine, oxidation, 161

3,6-Dithen-2'-oyl-4,5-dihydro-4,5-pyridazinedione
1,2-dioxide, 276
3,6-Dithien-2'-ylpyridazine, 86, 149
1,2-Dithiins, to pyridazines, 71
1,2-Di-p-tolyl-4,5-dihdyro-3,6(1H,2H)-
pyridazinedione, 31
3,6-Di-p-tolylpyridazine, 86
Donnaienin(s), 318

Emorfazone, 318
Epoxypyridazines, see Alkoxypyridazines
5,8-Ethanophthalazines, to pyridazines, 120
5,11-Ethano[1,2,4]triazolo[1',2':4,5][1,2,4,5]
tetrazino[1,2-a][1,2,4]triazoles, to
pyridazines, 121
4-Ethoxalylmethyl-5-ethoxymethyleneamino-6-
methoxypyridazine 2-oxide, 166
3-(1-Ethoxycarbonylacetonyl)thio-6-
methylpyridazine, 329
4-Ethoxycarbonylacetylpyridazine, 403
hydrolysis and decarboxylation, 403
3-Ethoxycarbonylazo-6-ethylaminopyridazine,
379
1-(2-Ethoxycarbonyl-2-ethylbutyryl)-3,6-
diphenyl-1,4,5,6-tetrahydropyridazine, 104
3-(N-β-Ethoxycarbonylethyl-N-ethylamino)-4-
pyridazinecarbonitrile, 196
3-β-Ethoxycarbonylhydrazino-6-
ethylaminopyridazine, to the azo analogue,
379
3-(α-Ethoxycarbonyl-β-isopropylidenehydrazino)-
6-morpholinopyridazine, 385
4-Ethoxycarbonylmethyl-3,6-diphenylpyridazine,
84, 90
3-Ethoxycarbonylmethylthio-5,6-diphenyl-4-
pyridazinecarbonitrile, hydrolysis, 253
4-(2-Ethoxycarbonylpropionyl)pyridazine, 401
2-γ-Ethoxycarbonylpropyl-4-methyl-6-phenyl-
3(2H)-pyridazinimine hydrochloride, 362
5-Ethoxycarbonylthio-4-methoxy-2-phenyl-3(2H)-
pyridazinone, 326
4-β-Ethoxycarbonylvinylpyridazine, 155
oxidation, 302
4-β-Ethoxycarbonylvinylpyridazine 1-oxide, 302
4-β-Ethoxycarbonylvinylpyridazine 2-oxide, 302
3-Ethoxy-4,6-dinitropyridazine 1-oxide, 344
aminolysis, 348
transalkoxylation, 284
4-Ethoxy-3,6-diphenylpyridazine, hydrolysis, 254
6-Ethoxy-1,3-diphenylpyridazinium
tetrafluoroborate, 298
4-Ethoxy-5-ethoxy(ethyl)phosphinothioyloxy-2-
methyl-3(2H)-pyridazinone, 268

5-Ethoxy-1-ethylideneamino-5-methyl-3-pyrrolin-2-one, 273
4-Ethoxy-2-β-hydroxyethyl-5-morpholino-3(2H)-pyridazinone, 217
4-Ethoxy-5-hydroxy-2-methyl-3(2H)-pyridazinone, acylation, 268
4-Ethoxymalonylpyridazine, to the phenylhydrazone, 431
4-Ethoxymalonylpyridazine phenylhydrazone, 431
4-Ethoxy-5-mercapto-2-methyl-3(2H)-pyridazinone, rearrangement, 288
5-Ethoxy-4-methanesulfonyloxy-3(2H)-pyridazinone, 269
  deacyloxylation, 269
6-Ethoxy-2-methyl-4,5-dihydro-3(2H)-pyridazinethione, 32
4-Ethoxymethyleneamino-3-methoxy-5-methylpyridazine 1-oxide, 359
  acylation, 166
4-Ethoxy-2-methyl-5-morpholino-3(2H)-pyridazinone, 218
4-Ethoxy-5-morpholino-2-prop-1′-enyl-3(2H)-pyridazinone, 159
4-Ethoxy-5-morpholino-3(2H)-pyridazinone, 257
3-Ethoxy-4-nitropyridazine 1-oxide, 344
6-p-Ethoxyphenyl-4-(1,3-diphenyl-5-thioxo-2-pyrazolin-4-yl)-3(2H)-pyridazinethione, 259
6-p-Ethoxyphenyl-4-(3-methyl-5-oxo-1-phenyl-2-pyrazolin-4-yl)-4,5-dihydro-3(2H)-pyridazinone, chlorolysis, 181
6-p-Ethoxyphenyl-4-(5-oxo-1,3-diphenyl-2-pyrazolin-4-yl)-4,5-dihydro-3(2H)-pyridazinone, chlorolysis and oxidation, 181
  thiation etc., 259
3-Ethoxy-6-phenylpyridazine, 284
5-Ethoxy-6-phenyl-3(2H)-pyridazinethione, 325
  dealkylation, 255
3-Ethoxy-6-phenyl-2-tosyl-2,3,4,5-tetrahydropyridazine, detosylation etc., 154
3-Ethoxy-4-pyridazinecarboxamide, 232
5-Ethoxy-3,4(1H,2H)-pyridazinedione, acylation, 269
3-Ethoxypyridazine 1-oxide, alkylation, 143
  nitriation, 344
6-Ethoxy-3(2H)-pyridazinone, 269
3-Ethoxy-6-pyridin-2′-ylpyridazine, 143
Ethyl 4-acetamido-5-cyano-6-oxo-1-phenyl-1,6-dihydro-3-pyridazinecarboxylate, 9
Ethyl 6-acetonyl-1-benzoyl-5-methyl-1,6-dihydro-3-pyridazinecarboxylate, 94
Ethyl 4-acetoxy-6-phenyl-3-pyridazinecarboxylate, 267
Ethyl 4-acetoxy-6-p-tolyl-3-pyridazinecarboxylate, X-ray analysis, 312

Ethyl 4-allyl-1,4-dihydro-1-pyridazinecarboxylate, 136
Ethyl 6-allyl-1,6-dihydro-l-pyridazinecarboxylate, 136
Ethyl 4-amino-5-(C-amino-C-hydroxyiminomethyl)-6-oxo-1-phenyl-1,6-dihydro-3-pyridazinecarboxylate, 421
Ethyl 6-amino-1-p-bromophenyl-4-oxo-1,4-dihydro-3-pyridazinecarboxylate, 2
  acylation, 267
  nitrosation, 367
Ethyl 5-amino-6-cyano-4-oxo-3,7-diphenyl-3,4-dihydrophthalazine-1-carboxylate, 163
Ethyl 4-amino-5-cyano-6-oxo-1-phenyl-1,6-dihydro-3-pyridazinecarboxylate, 9
  addition of hydroxylamine, 421
Ethyl 5-amino-3,4-diphenylfuro[2,3-c]pyridazine-6-carboxylate, 423
4-Ethylamino-5-methyl-3,6-diphenylpyridazine, 303
Ethyl 3-azido-5,6-diphenyl-4-pyridazinecarboxylate, to the 3-triphenylphosphoranylideneamino analogue, 382
Ethyl 5-benzoylthiazol-2′-yl-6-imino-4-methyl-1-p-tolyl-1,6-dihydro-3-pyridazinecarboxylate, 45
Ethyl 7-benzoyl-6-difluoromethylpyrrolo[1,2-b]pyridazine-5-carboxylate, 174
Ethyl 6-benzoylimino-4-benzoyloxy-1-p-bromophenyl-1,6-dihydro-3-pyridazinecarboxylate, 267
Ethyl 5-benzylidenehydrazinocarbonyl-6-imino-4-methyl-1-phenyl-1,6-dihydro-3A pyridazinecarboxylate, 13
Ethyl 5-benzyl-4-pyridazinecarboxylate, alkylidenation, 165
1-Ethyl-3,6-bismethylthiopyridazinium iodide, 171
  thermolysis, 174
Ethyl 1-p-bromophenyl-6-nitrosoamino-4-oxo-1,4-dihydro-3-pyridazinecarboxylate, 367
Ethyl 6-chloro-5-ethyl-3-oxo-2,3-dihydro-4-pyridazinecarboxylate, 140
Ethyl 6-chloro-5-methyl-3-oxo-2,3-dihydro-4-pyridazinecarboxylate, 140
Ethyl 6-chloro-3-oxo-2,3-dihydro-4-pyridazinecarboxylate, alkylation, 140
  chlorolysis, 180
Ethyl 3-chloro-6-phenyl-4-pyridazinecarboxylate, aminolysis, 402
Ethyl 6-chloro-3-pyridazinecarboxylate, 180
  aminolysis, 195, 196
Ethyl 3-β-cyanoethoxy-5 6-diphenyl-4-pyridazinecarboxylate, 261

Ethyl 5-cyano-6-imino-4-methyl-1-phenyl-1,6-dihydro-3-pyridazinecarboxylate, 12
Ethyl 5-cyano-1-*p*-methoxyphenyl-4-methyl-6-oxo-1,6-dihydro-3-pyridazinecaboxylate, 112
Ethyl 5-cyano-4-methyl-6-oxo-1-phenyl-1,6-dihydro-3-pyridazinecarboxylate, 43, 112
   alkylation etc., 163, 164
   cyclocondensation, 423
Ethyl 5-cyano-4-oxo-3-phenyl-3,4-dihydrothieno[3,4-*d*]pyridazine-1-carboxylate, 423
Ethyl 5-cyano-4-methyl-6-oxo-1-*p*-tolyl-1,6-dihydro-3-pyridazinecarboxylate,
   aminolysis, 407
   ring fission etc., 407
Ethyl 5-cyano-6-oxo-1-phenyl-4-β-piperidinoethyl-1,6-dihydro-3-pyridazinecarboxylate, 164
Ethyl 2,6-dichloro-4-pyridazinecarboxylate, 180, 393
   aminolysis, 403
Ethyl 2,5-dihydro-4-pyridazinecarboxylate, 279
Ethyl 5-(β-dimethylamino-β-phenylvinyl)-4-pyridazinecarboxylate, 165
Ethyl 3-β-dimethylaminovinyl-4-pyridazinecarboxylate, 166
Ethyl 5-β-dimethylaminovinyl-4-pyridazinecarboxylate, 165
Ethyl 3,4-diphenyl-1,6-dihydro-1-pyridazinecarboxylate, 38
Ethyl 3,6-diphenyl-4-pyridazinecarboxylate, 77
Ethyl 5,6-diphenyl-3-triphenylphosphoranylideneamino-4-pyridazinecarboxylate, 382
   cyclization, 382
Ethyl 2-ethoxycarbonylmethyl-5,6-diphenyl-4-pyridazinecarboxylate, 39
Ethyl 2-ethoxycarbonylmethyl-3-oxo-6-phenyl-2,3-dihydro-4-pyridazinecarboxylate, 262
Ethyl 3-ethoxycarbonylmethylthio-5,6-diphenyl-4-pyridazinecarboxylate, 329
   cyclization, 329
Ethyl 4-ethoxy-1-phenyl-5-pyrazolecarboxylate, 299
Ethyl 6-ethoxy-4-trifluoromethyl-3-pyridazinecarboxylate, 10
   nmr study, 397
Ethyl 3-ethyl-6-methyl-2,5-dihydro-4-pyridazinecarboxylate, 22
   oxidation, 22
Ethyl 3-ethyl-6-methyl-4-pyridazinecarboxylate, 22

Ethyl 3-ethynyl-2,3-dihydro-2-pyridazinecarboxylate, 136
Ethyl 3-formyl-6-methyl-4-pyridazinecarboxylate, 401
Ethyl 5-formyl-4-oxo-1-phenyl-1,4-dihydro-3-pyridazinecarboxylate, 17
Ethyl 5-heptyl-3-methyl-4-pyridazinecarboxylate, 63
Ethyl hexahydro-1-pyridazinecarboxylate, to the 2-phenylcarbamoyl derivative, 366
   reduction, 155
Ethyl 6-hydrazino-3-pyridazinecarboxylate, 195
Ethyl 5-hydroxy-3,4-diphenylthieno[2,3-*c*]-pyridazine-6-carboxylate, 329
Ethyl 5-hydroxymethyl-3,6-dimethyl-4-pyridazinecarboxylate, 401
5-(β-Ethylidene-α-methylhydrazino)-2-phenyl 3(2*H*)-pyridazinone, 375
   reduction, 375
Ethyl 6-isopropylidenehydrazono-3-morpholino-1,6-dihydro-1-pyridazinecarboxylate, 384
Ethyl 5-*p*-methoxybenzoyl-4-pyridazinecarboxylate, 411
Ethyl 3-methyl-5,6-diphenyl-4-pyridazinecarboxylate, 15
1-Ethyl-2-methylhexahydropyridazine, 144
5-(β-Ethyl-α-methylhydrazino)-2-phenyl-3(2*H*)-pyridazinone, 375
Ethyl 6-methyl-5-oxo-2,5-dihydro-4-pyridazinecarboxylate, 63
Ethyl 6-methyl-5-oxo-3-phenyl-2,5-dihydro-4-pyridazinecarboxylate, 64
Ethyl 1-methyl-5-oxo-1,4,5,6-tetrahydropyridazino[4,5-*c*]pyridazine-3-carboxylate, 375
Ethyl 3-methyl-1-phenyl-6-vinyl-1,4,5,6-tetrahydro-4-pyridazinecarboxylate, 28
Ethyl 3-methyl-4-pyridazinecarboxylate, 37
   alkylidenation, 166
Ethyl 5-methyl-4-pyridazinecarboxylate,
   alkylidenation, 165
1-Ethyl-2-methylpyridazinediium bistetrafluoroborate, 171
2-Ethyl-6-methyl-3(2*H*)-pyridazinone, 157
2-Ethyl-6-methylthio-3(2*H*)-pyridazinethione, 173, 338
Ethyl 6-methyl-4-trifluoromethyl-3-pyridazinecarboxylate, 7
Ethyl 6-morpholino-3-pyridazinecarboxylate, 196
Ethyl 4-*m*-nitrophenyl-6-phenyl-3-pyridazinecarboxylate, reduction, 279
Ethyl 6-oxo-1,6-dihydro-3-pyridazinecarboxylate, 393

5-Ethyl-3-oxo-2,3-dihydro-4-pyridazinecarboxylic
   acid, decarboxylation, 395
Ethyl 3-oxo-5,6-diphenyl-2,3-dihydro-4-
   pyridazinecarboxylate, alkylation, 261
   cyclization, 407
Ethyl 6-oxo-3-phenyl-1,6-dihydro-1-
   pyridazinecarboxylate, aminolysis, 403
Ethyl 3-oxo-6-phenyl-2,3-dihydro-4-
   pyridazinecarboxylate, 25
   alkylation, 262
   aminolysis, 402
Ethyl 4-oxo-1-phenyl-1,4-dihydro-3-
   pyridazinecarboxylate, 17
Ethyl 4-oxo-6-phenyl-1,4-dihydro-3-
   pyridazinecarboxylate, acylation, 267
4-Ethyl-6-oxo-1-phenyl-1,6-dihydro-3,5-
   pyridazinedicarbonitrile, alkylidenation, 165
Ethyl 3-oxo-6-pyridin-4'-yl-2,3-dihydro-4-
   pyridazinecarboxylate, aminolysis, 403
Ethyl 3-phenethyl-5,6-diphenyl-4-
   pyridazinecarboxylate, 41
   hydrolysis, 41
Ethyl 5-phenethyl-4-pyridazinecarboxylate,
   hydrolysis, 388
Ethyl 5-phenoxymethyl-4-pyridazinecarboxylate,
   141
Ethyl 2-phenylcarbamoylhexahydro-1-
   pyridazinecarboxylate, 366
4-Ethyl-3-phenylpyridazine, 154
4-Ethyl-6-phenylpyridazine, 231
Ethyl 5-phenylthiomethyl-4-pyridazinecarboxylate,
   141
4-Ethyl-3-phenyl-5-trimethylsilylpyridazine,
   desilylation, 154
3-Ethylpyridazine, 158
4-Ethylpyridazine, 153
Ethyl 3-pyridazinecarboxylate, 399
   alkanelysis, 404
Ethyl 4-pyridazinecarboxylate, 398
   alkanelysis, 403
   alkylation, 141
   Claisen reaction, 401
   reduction, 279
1-Ethyl-3,6(1H,2H)-pyridazinedione, 60
   acylation, 267
1-Ethylpyridazinium tetrafluoroborate, 171
   quaternization, 171
5-Ethyl-3(2H)-pyridazinone, 395
6-Ethyl-3(2H)-pyridazinone, 65
1-Ethyl-3-pyrrol-2'-ylpyridazinium
   tetrafluoroborate, 172
4a-Ethylsulfonyl-5-methoxy-2-methyl-4a,5,8,8a-
   tetrahydro-1(2H)-phthalazinone, 300

5-Ethylsulfonyl-2-methyl-3(2H)-pyridazinone,
   cycloaddition, 300
4a-Ethylsulfonyl-2,6,7-trimethyl-4a,5,8,8a-
   tetrahydro-1(2H)-phthalazinone, 300
Ethyl 2,3,4,5-tetrahydro-3-pyridazinecarboxylate,
   5
3-Ethylthio-6-methyl-4-p-methylbenzylpyridazine,
   326
5-Ethylthio-2-methyl-3,4(1H,2H)-pyridazinedione,
   288
6-Ethylthio-3-pyridazinamine, 223
Ethyl 6-(2,3,5-tri-O-benzoyl-β-D-
   ribofuranosyl)-3-pyridazinecarboxylate, 399
Ethyl 2-(β,β,β-trifluoroethoxycarbonyl)-1,2,3,6-
   tetrahydro-1-pyridazinecarboxylate, 358
Ethyl 5,5,6-trimethyl-2,5-dihydro-3-
   pyridazinecarboxylate, 47
Ethyl 4,5,6-trisdimethylamino-3-
   pyridazinecarboxylate, 47
3-Ethynyl-6-methylpyridazine, methanol
   addition, 168
   water addition, 169

Fenridazon, 318
4-o-Fluorobenzoyl-5-methylaminopyridazine, 361
5-o-Fluorobenzoyl-4-pyridazinamine, alkylation,
   361
3-o-Fluorobenzoylpyridazine, aminolysis, 243
   to the hydrazone, 431
4-o-Fluorobenzoylpyridazine, 422
   aminolysis, 243
3-o-Fluorobenzoylpyridazine hydrazone, 431
5-o-Fluorobenzoyl-4(1H)-pyridazinone,
   chlorolysis, 184
4-Fluoro-3,6-dichloropyridazine, 180
3-Fluoro-6-iodopyridazine, 192
3-Fluoro-6-methylpyridazine, 192
N-(2-Fluoro-5-nitrophenyl)-1,2,3,6-tetrahydro-1-
   pyridazinecarboxamide, 366
6-p-Fluorophenyl-6-phenylhexahydro-4-
   pyridazinol, 14
3-Fluoro-6-phenylpyridazine, 191
6-Fluoro-3-pyridazinamine, 205
4-Fluoro-3,6(1H,2H)-pyridazinedione, 61
Fluoropyridazines, see Halogenopyridazines
4-m-Fluorostyrylpyridazine, 166
3-Fluoro-4,5,6-tristrifluoromethylthiopyridazine,
   228
4-Formamido-3,6-bistrifluoromethylpyridazine,
   66
6-p-Formamidophenyl-4,5-dihydro-3(2H)-
   pyridazinone, 357
1-(γ-Formylallyl)-3,6(1H,2H)-pyridazinedione,
   106

1-(3-Formylbut-2-enyl)-3,6(1H,2H)-
     pyridazinedione, 106
4-Formylmethyl-3,6-dimethylpyridazine dimethyl
     acetal, see 4-β,β-Dimethoxyethyl-3,6-
     dimethylpyridazine
3-Formylmethyl-6-methylpyridazine dimethyl
     acetal, see 3-β,β-Dimethoxyethyl-6-
     methylpyridazine
6-(4-Formylpiperazin-1-yl)-3(2H)-pyridazinone,
     215
  deacylation, 350
Furans, to pyridazines, 59
4-Furfuryl-6-phenyl-3(2H)-pyridazinone, 6
Furo[3,2-b]furans, to pyridazines, 93
6H-Furo[2′,3′:4,5]oxazolo[3,2-d]pyridazines, to
     pyridazines, 115
Furo[2,3-d]pyridazines, to pyridazines, 93
Furo[3,2-c]pyridazines, to pyridazines, 94
Furo[3,4-d]pyridazines, to pyridazines, 94

S. Gabriel, 103
Glance index, pyridazines from aliphatics or
     carbocyclics, 51
  pyridazines from heterocycles, 124

Halogenopyridazines (extranuclear), 177, 237
  acyloxylation, 249
  alcoholysis, 243
  alkanethiolysis, 245
  aminolysis, 242
  azidolysis, 247
  cyanolysis, 247
  by halogenation, 167, 240
  hydrogenolysis, 246
  hydrolysis, 247
  from hydroxypyridazines, 237
  by passenger introduction, 241
  reactions, 242
  synthetic routes, 237
  thiolysis, 244
  Würtz coupling, 249
Halogenopyridazines (nuclear), 177
  alcoholysis, 216
  alkanelysis, 147
  alkanethiolysis, 223
  aminolysis, 193
  azidiolysis, 228
  cyanolysis, 234
  by halogenation, 187
  by halogenolysis, 177
  hydrogenolysis, 231
  hydrolysis, 213
  irritant effects, 193
  from metallopyridazines, 188

  from nitropyridazines, 189
  from pyridazinamines, 192
  from pyridazinones, 177
  reactions, 193
  ring fission, 235
  synthetic routes, 177
  thiolysis, 221
  transhalogenation, 190
G. Heinisch, v
2,3,5,6,7,8-Hexahydro-1H-pyrazolo[1,2-a]-
     pyridazin-1-one, 139
  ring cleavage, 139
Hexahydropyridazine (piperidazine), 28, 350
  acylation, 137, 138, 358
  cycloaddition, 139
  oxidation, 132
Hexahydro-3-pyridazinecarboxylic acid
     (piperazic acid), 113
  N-acylation, 113
Hexahydro-4-pyridazinethiol, 324
Hexahydro-3-pyridazinol, 35
3-Hexylpyridazine, 21
3-Hex-1′-ynyl-6-methylpyridazine 1-oxide, 302
Hilbert-Johnson reaction, 174, 289, 338
Himastatin, 318
Hydracarbazine, 318
3-Hydrazinocarbonylmethylthio-4,6-
     diphenylpyridazine, cyclocondensation, 415
3-Hydrazino-4,5-dimethylpyridazine, to the azido
     analogue, 378
6-Hydrazino-4-hydrazinocarbonylmethyl-3(2H)-
     pyridazinone, hydrolysis, 389
3-Hydrazino-6-hydrazono-1,4,5,6-
     tetrahydropyridazine, see 3,6-Dihydrazino-
     4,5-dihydropyridazine
3-Hydrazino-6-β-hydroxyethylaminopyridazine,
     372
3-Hydrazino-6-(N-β-hydroxypropyl-N-
     methylamino)pyridazine, hydrolysis, 253
3-Hydrazino-4-methyl-6-phenylpyridazine, 194
  to the 3-amino analogue, 351
3-Hydrazino-5-(4-methylpiperidinomethyl)-6-
     thien-2′-ylpyridazine, 194
3-Hydrazino-6-methylpyridazine, 194, 331
  to the 3-amino analogue, 331, 351
6-Hydrazino-4-methyl-3-pyridazinecarbohydrazide,
     70
  alkylidenation, 413
3-Hydrazino-6-methylsulfonylpyridazine, 340
3-Hydrazino-6-methylthiopyridazine, 337
3-Hydrazino-6-morpholinopyridazine, 372
4-Hydrazino-6-oxo-1-phenyl-1,6-dihydro-3-
     pyridazinecarbohydrazide, 200

6-*p*-Hydrazinophenyl-4,5-dihydro-3(2*H*)-pyridazinone, 367
6-Hydrazino-5-phenyl-4,5-dihydro-3(2*H*)-pyridazinone, 27
3-Hydrazino-6-phenylpyridazine, alkylation, 376
3-Hydrazinopyridazine, acylation, 373
  to pyridazine, 131
6-Hydrazino-3-pyridazinecarbohydrazide, 195
6-Hydrazino-3-pyridazinecarboxylic acid, 195
4-Hydrazino-3,6(1*H*,2*H*)-pyridazinedione, 371
Hydrazinopyridazines, 371. *See also* Pyridazinamines
  acylation, 373
  alkylation, 376
  alkylidenation, 374
  from alkylidenehydrazinopyridazines, 372
  from arylazopyridazines, 373
  to azidopyridazines, 378
  to azopyridazines, 379
  by hydrazination, 371
  to pyridazinamines, 351
  reactions, 373
  reductive fission, 351
  to semicarbazidopyridazines, 377
  synthetic routes, 371
6-Hydrazino-3(2*H*)-pyridazinone, 197
3-Hydrazino-4,5,6-triphenylpyridazine, 194
4-Hydrazono-1,6-diphenyl-1,4,5,6-tetrahydro-3-pyridazinecarbonitrile, 298
3-(*N*-Hydroxyacetamido)-6-methylpyridazine, 380
3-(*N*-Hydroxyacetamido)-6-phenylpyridazine, deacylation, 380
4-Hydroxyamino-3,6-dimethylpyridazine 2-oxide, 345
  reduction, 345
3-Hydroxyamino-6-methylpyridazine, 336
3-Hydroxyamino-6-phenlpyridazine, 380
Hydroxyaminopyridazines, 380. *See also* Pyridazinamines
  acylation, 380
  from *N*-acyl derivatives, 380
  cyclization, 381
  to pyridazinamines, 271
  reactions, 380
  structure (fine), 380
  synthetic routes, 380
  to thioureidopyridazines, 381
4-Hydroxyamino-3,5,6-triphenylpyridazine, to the 4-amino analogue, 352
3-(*N*-Hydroxybenzamido)-6-methylpyridazine, transacylation, 380
3-α-Hydroxybenzyl-6-methoxypridazine, 278

5-α-Hydroxybenzyl-6-methyl-4,5-dihydro-3(2*H*)-pyridazinone, 62
  mass spectral study of derivatives, 316
3-α-Hydroxybenzylpyridazine, 136, 278
  chlorolysis, 238
  disproportionation, 282
4-α-Hydroxybenzylpyridazine, 278
5-(7-Hydroxy-2,2-dimethylchroman-6-yl)-2-phenyl-3(2*H*)-pyridazinone, 116
1-Hydroxy-3,6-dimethyl-5-nitro-4(1*H*)-pyridazinone, 343
  alkylation, 306
1-Hydroxy-3,6-dimethyl-4(1*H*)-pyridazinone, nitration, 343
4-(2-Hydroxy-1,3-dioxoindan-2-yl)pyridazine, 165
4-α-Hydroxydiphenylmethyl-5,6-diphenyl-3(2*H*)-pyridazinethione, thiation, 283
3-α-Hydroxydiphenylmethylpyridazine, 279
4-α-Hydroxyethyl-3-(β-hydroxypropyl)sulfinyl-6-methoxypyridazine, 341
5-α-Hydroxyethyl-4-methoxy-6-phenyl-3(2*H*)-pyridazinone, 278
4-α-Hydroxyethyl-3-methoxy-6-phenylsulfonylpyridazine, 341
4-α-Hydroxyethyl-6-methoxy-3-phenylsulfonylpyridazine, 341
5-α-Hydroxyethyl-6-phenyl-4,5-dihydro-3(2*H*)-pyridazinone, 62
2-β-Hydroxyethyl-6-phenyl-3(2*H*)-pyridazinone, 260
  chlorolysis, 238
5-α-Hydroxyethyl-6-phenyl-3(2*H*)-pyridazinone, 146
3-α-Hydroxyethylpyridazine, 136
  dehydration, 153
3-β-Hydroxyethylpyridazine, 164
4-α-Hydroxyethylpyridazine, disproportionation, 153
4-β-Hydroxyethylpyridazine, 164
1-β-Hydroxyethyl-3,6(1*H*,2*H*)-pyridazinedione, 60
2-β-Hydroxyethyl-3(2*H*)-pyridazinone, 260
  chlorolysis, 238
5-Hydroxyhexahydro-3-pyridazinecarboxylic acid, 118
  alkylation, 363
3-(Hydroxyiminomethyl)amino-5-phenyl-4-pyridazinecarboxamide oxime, 421
6-Hydroxyiminomethyl-1-*p*-methoxyphenyl-4-methylpyridazinium-3-sulfonate, 82
6-Hydroxyiminomethyl-4-methyl-1-phenylpyridazinium-3-sulfonate, 82
  X-ray analysis, 82

6-Hydroxyiminomethyl-4-methyl-1-*p*-
 tolylpyridazinium-3-sulfonate, 82
4-Hydroxyimino-2-methyl-1-
 phenethylhexahydropyridazine, 298
 reduction, 298
1-Hydroxy-4-mercapto-5-methyl-6-thioxo-1,6-
 dihydro-3(2*H*)-pyridazinone, 222
6-(3-Hydroxy-6-methoxybenzyl)-3(2*H*)-
 pyridazinone, 278
3-(β-Hydroxy-*p*-methoxyphenethyl)pyridazine,
 165
 dehydration, 165
4/5-(β-Hydroxy-α-*p*-methoxyphenylethyl)-
 pyridazine, mass spectral study of
 analogues, 316
2-Hydroxy-6-methoxy-3(2*H*)-pyridazinethione,
 oxidation to the disulfide, 332
2-Hydroxy-6-methoxy-3(2*H*)-pyridazinone, 217
3-(α-Hydroxy-α-methylbenzyl)pyridazine, 279
4-Hydroxy-6-methyl-4,5-dihydro-3(2*H*)-
 pyridazinone, 25
 dehydration, 25
3-Hydroxymethyl-1,2-
 dimethylhexahydropyridazine, 280
5-Hydroxymethyl-3,6-dimethyl-4-
 pyridazinecarbaldehyde hydrazone, 401
5-Hydroxy-6-methyl-2,4-diphenyl-3(2*H*)-
 pyridazinone, 253
3-Hydroxymethyl-6-methoxypyridazine, 276
7-Hydroxymethyl-5-methyl-3,4-diazabicyclo-
 [4.2.0]oct-4-en-2-one, 271
6-Hydroxymethyl-2-methylpyridazinium-4-olate,
 30
3-Hydroxymethyl-4-*m*-nitrophenyl-6-
 phenylpyridazine, 279
 bromolysis, 239
6-Hydroxymethyl-4-oxo-1,4-dihydro-3-
 pyridazinecarboxylic acid, oxidation, 283
6-Hydroxymethyl-5-oxo-2,5-dihydro-3-
 pyridazinecarboxylic acid, oxidation, 283
5-Hydroxy-5-methyl-6-oxohexahydro-4-
 pyridazinecarbonitrile, 20
5-Hydroxymethyl-6-phenyl-4,5-dihydro-3(2*H*)-
 pyridazinone, acylation, 280
4-(5-Hydroxy-3-methyl-1-phenylpyrazol-1-yl)-6-
 methyl-2-phenyl-3(2*H*)-pyridazinone,
 alkylation, 282
2-Hydroxymethyl-6-phenyl-3(2*H*)-pyridazinone,
 260
5-Hydroxymethyl-6-phenyl-3(2*H*)-pyridazinone,
 bromolysis, 239
 oxidation, 282
4-(β-Hydroxy-β-methylpropyl)pyridazine, 165
 dehydration, 165

3-Hydroxymethylpyridazine, 278, 390
 with *N*-hydroxyphthalimide, 283
 oxidation, 282
4-Hydroxymethylpyridazine, 278, 279, 390
 chlorolysis, 238
5-Hydroxy-2-methyl-3(2*H*)-pyridazinone,
 spectral studies, 316
3-Hydroxymethyl-6-(2,3,5-tri-*O*-benzoyl-β-D-
 ribofuranosyl)pyridazine, bromolysis, 238
3-(2-Hydroxynaphthalen-1-ylazo)-6-
 phenylpyridazine, 367
5-(2-Hydroxynaphthalen-1-yl)-6-*p*-
 methoxyphenyl-4,5-dihydro-3(2*H*)-
 pyridazinone, 116
4-Hydroxy-6-oxo-1-phenyl-1,6-dihydro-3-
 pyridazinecarbohydrazide, alkylidenation,
 413
4-Hydroxy-6-oxo-1-phenyl-1,6-dihydro-3-
 pyridazinecarbonitrile, 12
4-Hydroxy-6-oxo-1-*m*-trifluoromethylphenyl-1,6-
 dihydro-3-pyridazinecarboxylic acid,
 decarboxylation, 395
3-(α-Hydroxy-α-phenylbenzyl)pyridazine, 136
5-*o*-Hydroxyphenylcarbamoyl-4-
 pyridazinecarboxylic acid, alkylation, 281
4-*o*-Hydroxyphenyl-6-phenyl-4,5-dihydro-3(2*H*)-
 pyridazinone, 87
5-Hydroxy-6-phenyl-3(2*H*)-pyridazinone,
 cycloaddition, 271
6-*o*-Hydroxyphenyl-3(2*H*)-pyridazinone, 143, 246
6-*p*-Hydroxyphenyl-3(2*H*)-pyridazinone, 278
5-Hydroxy-2-phenyl-4-tributylphosphonio-3(2*H*)-
 pyridazinone chloride, X-ray analysis, 312
4-*o*-Hydroxyphenyl-2,5,6-triphenyl-3(2*H*)-
 pyridazinone, 124
6-(*N*-β-Hydroxypropyl-*N*-methylamino)-3(2*H*)-
 pyridazinone, 253
3-β-Hydroxypropyl-6-phenylpyridazine, 279
3-γ-Hydroxypropylpyridazine, 279
 acylation, 281
3-(β-Hydroxypropylsulfinyl-6-methoxypyridazine,
 341
3-(3-Hydroxyprop-2-ynyl)-6-methoxypyridazine,
 148
3-(3-Hydroxyprop-1-ynyl)-4-methyl-6-
 phenylpyridazine, 151
Hydroxypyridazines (extranuclear), 276
 acylation, 280
 from acyloxypyridazines, 276
 from alkoxypyridazines, 277
 alkylation, 281
 dehydration, 152
 halogenolysis, 237
 from halogenopyridazines, 247

Hydroxypyridazines (extranuclear) (cont'd)
  by hydroxyalkylation etc., 280
  oxidation, 282
  from pyridazine aldehydes or ketones, 278
  from pyridazinecarboxylic esters, 279, 401
  reactions, 280
  synthetic routes, 276
  thiation, 283
Hydroxypyridazines (nuclear), see Pyridazinones (tautomeric)
5-Hydroxy-3(2H)-pyridazinone, 254
  tautomerism, 314
  X-ray analysis, 312
5-Hydroxy-4(1H)-pyridazinone, 135, 254
  chlorolysis, 179
3-(3-Hydroxypyridinio)-6-phenylpyridazine chloride, 194
5-Hydroxy-2-β-D-ribofuranosyl-3(2H)-pyridazinone, acylative cyclization, 288
4-Hydroxy-2,3,4,5-tetrahydro-3-pyridazinecarboxylic acid, 67
5-Hydroxy-4,4,5,6-tetramethyl-4,5-dihydro-3(2H)-pyridazinone, 18
  X-ray analysis, 312
5-Hydroxy-2-m-trifluoromethylphenyl-3(2H)-pyridazinone, 395
5-(7-Hydroxy-2,2,8-trimethylchroman-6-yl)-2-phenyl-3(2H)-pyridazinone, 117

Imazodan, 318
Imidazoles, to pyridazines, 64
6-p-Imidazol-1'-ylphenyl-4,5-dihydro-3(2H)-pyridazinone, X-ray analysis (salt), 313
6-p-Imidazol-1'-ylphenyl-5-methyl-4,5-dihydro-3(2H)-pyridazinone, X-ray analysis (salt), 313
3-p-Imidazol-1'-ylphenyl-6-oxo-1,6-dihydro-4-pyridazinecarbonitrile, 418
3-p-Imidazol-1'-ylphenyl-6-oxo-1,6-dihydro-4,5-pyridazinedicarbotnitrile, 234, 419
6-p-Imidazol-1'-ylphenyl-3(2H)-pyridazinone, cyanation, 418
Imidazo[1,2-b]pyridazines, to pyridazines, 95
Imidazo[1,5-b]pyridazines, to pyridazines, 96
Imidazo[4,5-d]pyridazines, to pyridazines, 96
6-(α-Iminobenzylamino)-3(2H)-pyridazinone, 107
3-Imino-2,5-diphenyl-2,3-dihydro-4-pyridazinecarbonitrile, 11
4-Imino-1-methyl-1,4-dihydro-3-pyridazinamine hydriodide, 362
  hydrolysis, 293
6-Imino-1-methyl-1,6-dihydro-3-pyridazinamine, hydrolysis, 293

5-Imino-2-methyl-3-methylthio-2,5-dihydro-4-pyridazinamine hydriodide, 295, 327
  acetylation, 295
  X-ray analysis, 327, 334
3-Imino-6-methyl-2-phenyl-2,3-dihydro-4,5-pyridazinedicarbonitrile, 12
Indeno[1,2-b]pyridines, to pyridazines, 115
Indolidan, 319
5-Indol-3'-yl-3,6-dimethyl-4-pyridazinecarbohydrazide, 50
1-Iodoacetyl-6-methyl-1,4,5,6-tetrahydro-3(2H)-pyridazinone, 267
4-Iodo-3,6-diphenylpyridazine, 189
4-Iodo-3-methoxymethyl-6-methylpyridazine, 191
  aminolysis (regular and cine), 199
3-Iodo-6-methoxypyridazine, 219
  alkanelysis, 148, 150
5-Iodo-2-methyl-3(2H)-pyridazinone, 191
  aminolysis, 200
3-Iodo-6-methylthiopyridazine, 225
3-Iodopyridazine, 139, 191
Iodopyridazines, see Halogenopyridazines
Isamfazone, 319
4-Isobutyl-6-phenylpyridazine, 75
3-Isopentyl-2,3-dihydropyridazine, 135
  oxidation, 135
3-Isopentylpyridazine, 135
  Reissert cyanation, 417
6-Isopentyl-3-pyridazinecarbonitrile, 417
6-Isopentyl-2-tosyl-2,3-dihydro-3-pyridazinecarbonitrile, 417
  detosylative oxidation, 417
3-Isopropenyl-5,5-dimethyl-2,5-dihydropyridazine, 51
4-Isopropenyl-3,6-dimethylpyridazine, 105
6-Isopropoxy-3(2H)-pyridazinone, 303
3-Isopropylamino-4-pyridazinecarbonitrile, 196
Isopropyl 6-amino-3-pyridazinecarboxylate, 393
4-Isopropyl-3,6-diphenylpyridazine, 89
3-β-Isopropylhydrazino-4-methyl-6-phenylpyridazine, 372
3-Isopropylidenehydrazino-4-methyl-6-phenylpyridazine, reduction, 372
3-Isopropylidenehydrazino-6-morpholinopyridazine, acylation, 384
5-Isopropyl-2-methyl-3(2H)-pyridazinone, 296
5-Isopropyl-4-morpholino-2-methyl-4,5-dihydro-3(2H)-pyridazinone, eliminative oxidation, 295
4-Isopropyl-6-phenyl-3(2H)-pyridazinone, 23
3-Isopropylpyridazine, 158
6-(Isopropylthiobenzothiazol-5-yl)-5-methyl-4,5-dihydro-3(2H)-pyridazinone, 327
Isopulsan, 319

Isoxazoles, to pyridazines, 65
Isoxazolo[3,4-*d*]pyridazines, to pyridazines, 97
Isoxazolo[4,5-*d*]pyridazines, to pyridazines, 99

Kantor, 319
T. Kappa, v

Lismont, 319
3-Lithiomethylpyridazine, alkylation, 165
4-Lithiomethylpyridazine, alkylation, 164
3-Lithiopyridazine, 136, 139
    reactions, 139
Luzopeptin, 319

Malazin, 319
Maleic hydrazide, 319
Maleohydrazide, 319
Mannich alkylations, 142, 164, 260, 331
Matlystatin-B etc., 319
P. Matyus, v
Medazoamide, 319
Medazonamide, 319
4-α-Mercaptodiphenylmethyl-5,6-diphenyl-3(2*H*)-pyridazinethione, 283
5-Mercapto-4-methoxy-2-phenyl-3(2*H*)-pyridazinone, acylation, 326
5-Mercapto-2-methyl-6-phenyl-3(2*H*)-pyridazinethione, oxidation, 332
4-Mercapto-1-methyl-3,6(1*H*,2*H*)-pyridazinedione, 223
4-Mercapto-1-methyl-3,6(1*H*,2*H*)-pyridazinedithione, 223
5-Mercapto-2-methyl-6-thioxo-1,6-dihydro-3(2*H*)-pyridazinone, 223
5-Mercapto-6-phenyl-3(2*H*)-pyridazinethione, 325
6-Mercapto-3-phenyl-4(1*H*)-pyridazinone, 255
4-Mercapto-3,6(1*H*,2*H*)-pyridazinedithione, 223
5-Mercapto-3,4(1*H*,2*H*)-pyridazinedithione, 290
    alkylation, 327
    metal complexes, 333
Mercaptopyridazines (extranuclear), 323
    S-acylation, 326
    S-alkylation, 326
    from halogenopyridazines, 244
    reactions, 325
    synthetic routes, 323
Meribendan, 319
Metamfazone, 319
Metflurazone, 319
4-Methoxy[1,4]benzoxathiino[2,3-*c*]pyridazine, 225
4-*p*-Methoxybenzoyl-6-phenyl-3(2*H*)-pyridazinone, 161
6-*m*-Methoxybenzylamino-3-pyridazinamine, 305

6-*m*-Methoxybenzylamino-3-pyridazinamine 2-oxide, deoxygenation, 305
3-*p*-Methoxybenzylidenehydrazino-6-*p*-methoxybenzylidenehydrazinocarbonyl-5-methylpyridazine, 413
4-*p*-Methoxybenzyl-6-*p*-methoxyphenyl-3(2*H*)-pyridazinone, 142
4-*p*-Methoxybenzyl-6-phenyl-3(2*H*-pyridazinone, oxidation, 161
3-α-Methoxybenzyl pyridazine, 244
6-*o*-Methoxybenzyl-3(2*H*)-pyridazinone, 420
    chlorolysis, 182
6-*o*-Methoxybenzylthio-3-pyridazinamine, 329
4-Methoxy-3,6-bismethylthiopyridazine, 81
4-Methoxycarbonylamino-6-methyl-3-pyridazinecarbaldehyde dimethyl acetal, 414
4-(2-Methoxycarbonyl-1,2-epoxyethyl)pyridazine, 287
3-Methoxycarbonylmethyl-6-phenyl-4(1*H*)-pyridazinone, hydrolysis, 388
5-Methoxycarbonyl-4-pyridazinecarboxylic acid, 122
    hydrolysis, 122
2-(5-Methoxycarbonylpyridazin-4-yl) benzimidazole, 119
3-β-Methoxycarbonylvinylpyridazine, reduction, 279
1-Methoxy-3,6-dimethyl-5-nitro-4(1*H*)-pyridazinone, 306
4-Methoxy-3,6-dimethylpyridazine, 285, 307
4-Methoxy-3,6-dimethylpyridazine 1,2-dioxide, 217
4-Methoxy-3,6-dimethylpyridazine 2-oxide, 284
3-Methoxy-4,6-dinitropyridazine 1-oxide, aminolysis, 287
    halogenolysis, 189
3-Methoxymalonylpyridazine, keto-enol tautomerism, 433
6-Methoxy-2-*m*-methoxyphenyl-3(2*H*)-pyridazinone, chlorination, 188
3-Methoxy-1-methyl-1,6-dihydropyridazine, 173
3-Methoxymethyl-6-methyl-4-pyridazinamine, 199
6-Methoxymethyl-3-methyl-4-pyridazinamine, 199
3-Methoxymethyl-6-methylpyridazine, 307
3-Methoxymethyl-6-methyl-4(1*H*)-pyridazinone, 244
    bromolysis, 185
3-Methoxy-6-methyl-4-nitropyridazine 1-oxide, 197, 217
3-Methoxy-6-methyl-5-nitropyridazine 1-oxide, 343
    reduction, 345

4-Methoxy-2-methyl-1-phenethyl-1,2,3,6-tetrahydropyridazine, X-ray analysis, 313
4-(5-Methoxy-3-methyl-1-phenylpyrazol-1-yl)-6-methyl-2-phenyl-3(2H)-pyridazinone, 282
4-[5-(5-Methoxy-3-methyl-1-phenylpyrazol-4-yloxy)-3-methyl-1-phenylpyrazol-4-yl]-6-methyl-2-phenyl-3(2H)-pyridazinone, X-ray analysis, 313
3-Methoxy-4-methyl-6-phenylpyridazine, 140, 216
  oxidation, 303
3-Methoxy-4-methyl-6-phenylpyridazine 2-oxide, 303
  alkylation etc., 307
2-Methoxy-4-methyl-6-phenyl-3(2H)-pyridazinone, 307
6-Methoxy-2-methyl-5-phenylsulfinyl-3(2H)-pyridazinone, 336
6-Methoxy-2-methyl-5-phenylsulfonyl-3(2H)-pyridazinone, 336
6-Methoxy-2-methyl-4-phenylthio-3(2H)-pyridazinone, 224
  oxidation, 336
6-Methoxy-2-methyl-6-phenylthio-3(2H)-pyridazinone, 224
3-Methoxy-5-methyl-4-pyridazinamine 1-oxide, alkylidenation, 359
6-Methoxy-3-methyl-4-pyridazinamine 2-oxide, 345
3-Methoxy-6-methylpyridazine, Reissert cyanation, 418
4-Methoxymethylpyridazine, 244
4-Methoxy-5-methylpyridazine, 244
3-Methoxy-6-methylpyridazine 1-oxide, nitration, 343
5-Methoxy-2-methyl-3(2H)-pyridazinone, 263
  X-ray analysis, 263, 313
6-Methoxy-2-methyl-3(2H)-pyridazinone, 265
  X-ray analysis, 313
3-Methoxy-6-methylsulfinylpyridazine, C-alkylation, 340
3/5-Methoxy-5/3-methylsulfonyl-4(1H)-pyridazinone, 284
6-(2-Methoxy-4-methylthiophenyl)-1H-imidazo[4,5-c]pyridazine, 368
3-Methoxy-4-nitro-5,6-diphenylpyridazine, 261
3-Methoxy-4-nitropyridazine 1-oxide, azidolysis, 348
3-Methoxy-6-(5-oxo-1,4-oxadiazolin-3-yl)-pyridazine, 96
9b-p-Methoxyphenyl-2,3-dihydro-1H-imidazo-[1′,2′:1,2]pyrrolo[3,4-d]pyridazin-5(9bH)-one, 411
  X-ray analysis, 411

6-p-Methoxyphenyl-4,5-dihydro-3(2H)-pyridazinone, alkylation, 142
  halogenation, 167
4-p-Methoxyphenyliminomethylpyridazine, 426
5-p-Methoxyphenyl-6-morpholinocarbonyl-2-phenyl-3(2H)-pyridazinone, 73
4-p-Methoxyphenyl-6-oxo-1-phenyl-1,6-dihydro-3-pyridazinecarboxylic acid, 73
1-p-Methoxyphenyl-5-oxo-2-phenyl-1,4,5,6-tetrahydro-3(2H)-pyridbazinone, 67
3-Methoxy-6-phenylpyridazine, 150
  alkylation, 140
6-Methoxy-1-phenyl-4(1H)-pyridazinimine, 262, 362
6-p-Methoxyphenyl-3(2H)-pyridazinone, 167
  dealkylation, 278
  halogenation, 167
3-Methoxy-6-phenylsulfonylpyridazine, C-alkylation, 341
5-m-Methoxyphenyl-2,5,6-trimethyl-4,5-dihydro-3(2H)-pyridazinone, reduction, 296
4-m-Methoxyphenyl-1,3,4-trimethylhexahydropyridazine, 296
3-Methoxy-6-pivaloylmethylpyridazine, 148
3-Methoxy-4-pyridazinamine, 353
3-Methoxypyridazine, alkanelysis, 151
4-Methoxypyridazine, 285
3-Methoxy-4-pyridazinecarbonitrile, 216
6-Methoxy-3-pyridazinecarbonitrile, 416
6-Methoxy-3-pyridazinecarboxylic acid, 162
3-Methoxypyridazine 1-oxide, alkylation, 143
3-Methoxypyridazinium-1-dicyanomethylide, 172
3-Methoxypyridazinium 1-ethoxycarbonylimide, 356
1-Methoxypyridazinium methyl sulfate, ring fission, 311
5-Methoxy-3 (2H)-pyridazinone, 231, 257
  alkylation, 263
  hydrolysis, 254
  X-ray analysis, 313
6-Methoxy-3(2H)-pyridazinone, 265
3-p-Methoxystyrylpyridazine, 165
3-Methoxy-6-sulfanilamidopyridazine, X-ray analysis, 313
5-Methoxy-2-tetrahydropyran-2′-yl-3(2H)-pyridazinone, N-dealkylation, 257
Methyl 4-allyl-1-methyl-1,4-dihydro-3-pyridazinecarboxylate, 146
Methyl 6-allyl-1-methyl-1,6-dihydro-3-pyridazinecarboxylate, 146
4-o-Methylaminobenzyl-6-phenylpyridazine, 110
2-δ-Methylaminobutyl-6-phenyl-3(2H)-pyridazinone, 242

Methyl 4-amino-1-*p*-chlorophenyl-6-oxo-1,6-dihydro-3-pyridazinecarboxylate, 353
Methyl 4-amino-5-cyano-6-imino-1-methyl-1,6-dihydro-3-pyridazinecarboximidate, 12
Methyl 1-(2-amino-4,5-dichlorophenyl)-6-oxo-1,4,5,6-tetrahydro-3-pyridazinecarboxylate, 9
4-Methylaminomethyleneamino-3,6-bistrifluoromethylpyridazine, 65
Methyl 5-amino-2-methyl-3,6-dioxo-1,2,3,6-tetrahydro-1-pyridazinecarbodithioate, 201
Methyl 5-amino-1-methyl-6-oxo-3-phenyl-1,6-dihydro-4-pyridazinecarboxylate, 393
Methyl 4-amino-6-oxo-1-phenyl-1,6-dihydro-3-pyridazinecarboxylate, 353
Methyl 4-amino-6-oxo-1-*m*-trifluoromethylphenyl-1,6-dihydro-3-pyridazinecarboxylate, hydrolysis, 388
5-α-(*o*-Methylaminophenylimino)ethyl-3,6-dipyridin-2′-ylpyridazine, hydrolysis, 430
5-Methylamino-3-pyridazinamine, 232
Methyl 3-anilino-4-pyridazinecarboximidate, 399
hydrolysis, 399
Methyl 3-anilino-4-pyridazinecarboxylate, 399
Methyl 4-azido-1-*p*-chlorophenyl-6-oxo-1,6-dihydro-3-pyridazinecarboxylate, to the 4-triphenylphosphoranylideneamino analogue, 353
Methyl 4-azido-6-oxo-1-phenyl-1,6-dihydro-3-pyridazinecarboxylate, 229
to the 4-amino analogue, 353
Methyl 4-benzenesulfonyloxy-6-oxo-1-phenyl-1,6-dihydro-3-pyridazinecarboxylate, 268
Methyl 5-benzoyl-4-pyridazinecarboxylate, 95, 393
Methyl 4-benzylamino-6-oxo-1-phenyl-1,6-dihydro-3-pyridazinecarboxylate, 200
Methyl 5-benzyl-6-oxo-1,4-diphenyl-1,6-dihydro-3-pyridazinecarboxylate, 405
2-Methyl-4,5-bismethylthio-3(2*H*)-pyridazinethione, quaternization, 294
2-Methyl-5,6-bismethylthio-3(2*H*)-pyridazinethione, 298
1-Methyl-3,6-bismethylthiopyridazinium iodide, 338
thermolysis, 338
2-Methyl-4,5-bismethylthio-3(2*H*)-pyridazinone, 227, 294
2-Methyl-4,6-bismethylthio-3(2*H*)-pyridazinone, 225
2-Methyl-5,6-bismethylthio-3(2*H*)-pyridazinone, 224
thiation, 298

4-Methyl-3,6-bistrifluoromethylpyridazine, 67, 80
Methyl 5-bromo-1-*p*-chlorophenyl-4-hydroxy-6-oxo-1,6-dihydro-3-pyridazinecarboxylate, 187
Methyl 4-bromo-2,5-dimethyl-3,6-dioxo-1,2,3,6-tetrahydro-1-pyridazinecarbodithioate, 188
Methyl 5-bromo-2-methyl-3,6-dioxo-1,2,3,6-tetrahydro-1-pyridazinecarbodithioate, aminolysis, 201
Methyl 4-*t*-butyldimethylsiloxy-2,3,4,5-tetrahydro-3-pyridazinecarboxylate, 6
reductive desilylation, 6
Methyl 6-(2-butylimidazol-4-yl)-3-pyridazinecarboxylate, 150
Methyl 4-butylthio-6-oxo-1-phenyl-1,6-dihydro-3-pyridazinecarboxylate, 224
Methyl 6-[2-butyl-3-(β-trimethylsilylethoxymethyl)imidazol-4-yl]-3-pyridazinecarboxylate, 150
hydrolysis, 150
Methyl 5-chloro-1-*p*-chlorophenyl-4-hydroxy-6-oxo-1,6-dihydro-3-pyridazinecarboxylate, 187
Methyl 6-chloro-3-methoxy-4-pyridazinecarboximidate, 420
Methyl 4-chloro-6-oxo-1-phenyl-1,6-dihydro-3-pyridazinecarboxylate, 180
alkanethiolysis, 224
aminolysis, 200
azidolysis, 229
Methyl 1-*p*-chlorophenyl-4-hydroxy-6-oxo-1,6-dihydro-3-pyridazinecarboxylate,
bromination, 187
chlorination, 187
Methyl 1-*p*-chlorophenyl-6-oxo-4-triphenylphosphoranylideneamino-1,6-dihydro-3-pyridazinecarboxylate, 353
to the 4-amino analogue, 316
Methyl 6-chloro-3-pyridazinecarboxylate,
alkanelysis, 148, 150
alkanethiolysis, 224
aminolysis, 195
transhalogenation, 191
Methyl 5-cyano-4-ethyl-6-oxo-1-phenyl-1,6-dihydro-3-pyridazinecarboxylate, 43
hydrolysis, 388
Methyl 2-(2,3-cyclopentylidenedioxy-2-propylpropionyl)hexahydro-3-pyridazinecarboxylate, hydrolysis, 277
Methyl 4,5-dibromo-2,5-dimethyl-3,6-dioxohexahydro-1-pyridazinecarbodithioate, 188
dehydrobromination, 188

Methyl 5,5-dichloro-1-*p*-chlorophenyl-4,6-dioxo-
   1,4,5,6-tetrahydro-3-pyridazinecarboxylate,
   187
1-Methyl-1,6-dihydropyridazine, 173, 296
6-Methyl-4,5-dihydro-3(2*H*)-pyridazinone, 25
   reduction, 269
   X-ray analysis, 313
7-Methyl-3,4-dihydro-2*H*-pyridazino[4,5-*b*]-1,4-
   thiazin-8(7*H*)-one, 245
Methyl 5,5-dimethyl-2,5-dihydro-3-
   pyridazinecarboxylate, 47
Methyl 2,5-dimethyl-3,6-dioxo-1,2,3,6-tetrahydro-
   1-pyridazinecarbodithioate, bromination,
   188
4-Methyl-3,6-dimorpholinopyridazine, 206
Methyl 1-(2,4-dinitrophenyl)hexahydro-3-
   pyridazinecarboxylate, 6
Methyl 5,6-dioxo-1-phenyl-3-trifluoromethyl-
   1,2,5,6-tetrahydro-4-pyridazinecarboxylate,
   alkylation, 263
Methyl 3,5-diphenyl-1,4-dihydro-4-
   pyridazinecarboxylate, 91
   to 3,5-diphenylpyridazine, 91
2-Methyl-4,6-diphenyl-4,5-dihydro-3(2*H*)-
   pyridazinone, 30
   oxidation, 30
3-Methyl-5,6-diphenylpyridazine, 153
4-Methyl-3,6-diphenylpyridazine, 78, 84
   alkylidenation, 165
Methyl 3,6-diphenyl-4-pyridazinecarboxylate, 77
3-Methyl-5,6-diphenyl-4-pyridazinecarboxylic
   acid, decarboxylation, 153
1-Methyl-3,5-diphenyl-4(1*H*)-pyridazinone, 261
2-Methyl-4,6-diphenyl-3(2*H*)-pyridazinone, 30
3-Methyl-5,6-dipropylpyridazine, 4
Methyl 6-ethoxy-4-ethoxycarbonyl-3-methyl-
   1,4,5,6-tetrahydro-1-pyridazinecarboxylate,
   37
   oxidation etc., 37
Methyl 6-ethoxy-3-methyl-4-phenylcarbamoyl-
   1,4,5,6-tetrahydro-1-pyridazinecarboxylate,
   oxidation etc., 405
Methyl 5-ethoxy-6-oxo-1-phenyl-3-
   trifluoromethyl-1,6-dihydro-4-
   pyridazinecarboxylate, 263
Methyl 6-ethylsulfonyl-3-pyridazinecarboxylate,
   335
Methyl 4-ethylthio-6-oxo-1-phenyl-1,6-dihydro-
   3-pyridazinecarboxylate, 224
Methyl 6-ethylthio-3-pyridazinecarboxylate, 224
   oxidation, 335
Methyl 6-fluoro-3-pyridazinecarboxylate, 191
1-Methylhexahydropyridazine, 155
   alkylation, 144, 363

3-Methylhexahydropyridazine, 269
Methyl hexahydro-3-pyridazinecarboxylate, 5
Methyl 4-hydrazino-6-oxo-1-phenyl-1,6-dihydro-
   3-pyridazinecarboxylate, 200
5-α-Methylhydrazino-2-phenyl-3(2*H*)-
   pyridazinone, alkylidenation, 375
   to the semicarbazido analogue, 377
Methyl 5-α-hydroxybenzyl-6-oxo-1,4-diphenyl-
   1,4,5,6-tetrahydro-3-pyridazinecarboxylate,
   oxidation, 405
Methyl 2-(2-hydroxy-2-hydroxymethylvaleryl)-
   hexahydro-3-pyridazinecarboxylate, 277
Methyl 4-hydroxy-6-oxo-1-phenyl-1,6-dihydro-
   3-pyridazinecarboxylate, 9
   acylation, 268
   chlorolysis, 180
Methyl 6-iodo-3-pyridazinecarboxylate, 191
Methyl 5-*o*-methoxyphenylcarbamoyl-4-
   pyridazinecarboxylate, 281
Methyl 1-*p*-methoxyphenyl-5,6-dioxo-3-
   trifluoromethyl-1,2,5,6-tetrahydro-4-
   pyridazinecarboxylate, 30
4-(3-Methyl-6-methylaminobenzyl)-6-
   phenylpyridazine, 110
4-Methyl-3-methylamino-6-phenylpyridazine,
   nitrosation, 367
3-Methyl-4-(*N*-methylanilino)-6-phenylpyridazine
   2-oxide, 73
6-Methyl-4-*p*-methylbenzyl-3(2*H*)-
   pyridazinethione, 325
Methyl 3-methyl-1,4-dihydro-1-
   pyridazinecarboxylate, 173
Methyl 3-methyl-1,6-dihydro-1-
   pyridazinecarboxylate, 173
4-Methyl-3-α-methylhydrazino-6-
   phenylpyridazine, alkylidenation, 374
2-Methyl-5-α-methylhydrazino-3(2*H*)-
   pyridazinone, acylation, 373
   to the semicarbazido analogue, 377
4-Methyl-3-(α-methyl-β-methylenehydrazino)-6-
   phenylpyridazine, 374
4-Methyl-3-(*N*-methyl-*N*-nitrosoamino)-6-
   phenylpyridazine, 367
Methyl 3-methyl-4-phenylcarbamoyl-1,4-
   dihydro-1-pyridazinecarboxylate, 405
   hydrolysis etc., 405
2-Methyl-5-[1-methyl-4-
   phenyl(thiosemicarbazido)]-3(2*H*)-
   pyridazinone, 377
   cyclization, 377
Methyl 1-methylpyridazinium sulfate, reduction,
   173

5-Methyl-6-(2-methylsulfonylbenzothiazol-5-yl)-
4,5-dihydro-3(2H)pyridazinone, aminolysis,
340
arenethiolysis, 335
1-Methyl-6-methylthio-3-phenylpyridazinium
iodide, alkanelysis by carbanions, 338
3-Methyl-6-methylthiopyridazine, aminolysis, 336
2-Methyl-6-methylthio-3(2H)-pyridazinethione,
331, 338
4-Methyl-3-β-morpholinoethylamino-6-
phenylpyridazine, 194
ionization, 370
2-Methyl-5-morpholino-3-oxo-2,3-dihydro-4-
pyridazinecarbaldehyde, 425
5-Methyl-6-morpholino-3-phenyl-1,4,5,6-
tetrahydro-1-pyridazinecarboxamide, 37
2-Methyl-5-morpholino-3(2H)-pyridazinone, 200,
233
C-acylation, 425
6-(2-Methylnaphthalen-1-yl)-4-phenylazo-4,5-
dihydro-3(2H)-pyridazinone, 386
6-Methyl-5-p-nitrobenzyl-3(2H)-pyridazinone,
X-ray analysis, 160
2-Methyl-4-nitro-5,6-diphenyl-3(2H)-pyridazinone,
261
6-Methyl-4-nitro-3-pyridazinamine 1-oxide, 197
reduction and deoxygenation, 305
3-Methyl-4-nitropyridazine 1-oxide,
alkylidenation, 159
4-Methyl-3-octylamino-6-phenylpyridazine, 194
5-Methyl-6-oxo-1,6-dihydro-3-
pyridazinecarbohydrazide, 62
3-Methyl-5-oxo-2,5-dihydro-4-
pyridazinecarbonitrile, 418
3-Methyl-6-oxo-1,6-dihydro-4,5-
pyridazinedicarbonitrile, 16
2-Methyl-3-oxo-2,3-dihydropyridazinium-1-
ethoxyformamidate, 144
alkylation, 144
1-Methyl-3-oxo-2,3-dihydropyridazinium
p-toluenesulfonate, 260
hydrolysis, 260
10-Methyl-11-oxo-10,11-dihydropyridazino-
[4′,5′:4,5]pyrrolo[1,2-a]quinoline-2-
carbonitrile, 235
Methyl 6-oxohexahydro-4-pyridazinecarboxylate,
19
X-ray analysis, 19, 313
5-Methyl-6-oxo-3-phenyl-1,6-dihydro-4-
pyridazinecarbaldehyde, 146
5-Methyl-3-oxo-2-phenyl-2,3-dihydro-4-
pyridazinecarbonitrile, 4
Methyl 4-oxo-1-phenyl-1,4-dihydro-3-
pyridazinecarboxylate, 17

5-Methyl-3-oxo-2-phenyl-2,3-dihydro-4-
pyridazinecarboxylic acid, 72
6-Methyl-3-oxo-2-phenyl-2,3-dihydro-4-
pyridazinecarboxylic acid, 72
decarboxylation, 396
4-Methyl-6-oxo-1-phenyl-1,6-dihydro-3,5-
pyridazinedicarbonitrile, 42
alkylidenation, 159
diazo-coupling, 168
7-(4-Methyl-6-oxo-1,4,5,6-tetrahydropyridazin-3-
yl)-4(3H)-quinazolinethione, 423
Methyl 6-pentyl-3-pyridazinecarboxylate, 148
Methyl 6-pent-1′-ynyl-3-pyridazinecarboxylate,
148
reduction, 148
1-Methyl-6-phenacylidene-3-phenyl-1,6-
dihydropyridazine, 337
6-Methyl-2-phenacyl-3(2H)-pyridazinone, 260
1-Methyl-6-phenacylthio-6-phenylpyridazinium
bromide, sulfur extrusion, 337
2-Methyl-1-phenethylhexahydro-4-pyridazinamine,
298
2-Methyl-1-phenethylhexahydro-4-pyridazinol,
296
3-Methyl-6-phenethylpyridazine, 157
Methyl 6-phenethyl-4-pyridazinecarboxylate, 398
2-Methyl-1-phenethyl-2,3,5,6-tetrahydro-4(1H)-
pyridazinone, to the oxime, 298
reduction, 296
6-[α-Methyl-α-(phenylcarbamoyl)ethyl]-3(2H)-
pyridazinone, 109, 123
4-Methyl-4-phenyl-4,5-dihydropyridazine, 21
2-Methyl-6-phenyl-4,5-dihydro-3(2H)-pyridazinone,
297
6-Methyl-2-phenyl-4,5-dihydro-3(2H)-pyridazinone,
8, 31
oxidation, 8
reduction, 296
Methyl 1-phenyl-1,8a-dihydro-1,2,4-
triazolo[4,3-b]pyridazine-3-carboxylate, 138
3-Methyl-6-phenylethynylpyridazine, oxidation,
302
reduction, 157
3-Methyl-6-phenylethynylpyridazine 2-oxide, 302
4-Methyl-6-phenyl-3-pyridazinamine, 194, 351
alkylation, 362
3-Methyl-5-phenylpyridazine, 69
4-Methyl-5-phenylpyridazine, 88, 331
4-Methyl-6-phenylpyridazine, methylation and
oxidation, 292
6-Methyl-3-phenyl-4-pyridazinecarbaldehyde, 146
4-Methyl-6-phenyl-3-pyridazinecarbonitrile, 308
hydrolysis, 389

3-Methyl-6-phenyl-4-pyridazinecarboxamide and analogues, as diuretics, 413
3-Methyl-N-phenyl-4-pyridazinecarboxamide, 405
Methyl 6-phenyl-3-pyridazinecarboxylate, 400
4-Methyl-6-phenyl-3-pyridazinecarboxylic acid, 389
1-Methyl-2-phenyl-3,6(1H,2H)-pyridazinedione, chlorolysis and demethylation, 179
2-Methyl-6-phenyl-3,4(1H,2H)-pyridazinedione, 116
4-Methyl-6-phenylpyridazine 2-oxide, quaternization and cyanation, 308
2-Methyl-6-phenyl-3(2H)-pyridazinethione, 111, 298
2-Methyl-6-phenyl-3(2H)-pyridazinone, 260
  cycloaddition, 300
  reduction, 297
  reductive ring contraction, 297
  thiation, 298
3-Methyl-5-phenyl-4(1H)-pyridazinone, 68
4-Methyl-6-phenyl-3(2H)-pyridazinone, 214
  acylation, 269
5-Methyl-6-phenyl-3(2H)-pyridazinone, 23, 214, 246
6-Methyl-2-phenyl-3(2H)-pyridazinone, 8, 396
6-Methyl-5-phenyl-3(2H)-pyridazinone, 62
1-Methyl-5-phenyl-3-pyrrolin-2-one, 297
3-Methyl-4-phenylsulfonylmethylpyridazine, 144
3-Methyl-4-phenylsulfonylmethylpyridazinium-1-dicyanomethylide, 143
  oxidation, 143
N-Methyl-3-phenyl-1,4,5,6-tetrahydro-1-pyridazinecarbothioamide, 366
6-Methyl-2-phenyl-1,4,5,6-tetrahydro-3(2H)-pyridazinone, 296
5-Methyl-6-(2-phenylthiobenzothiazol-5-yl)-4,5-dihydro-3(2H)pyridazinone, 335
5-[1-Methyl-4-phenyl(thiosemicarbazido)]-2-phenyl-3(2H)pyridazinone, 377
  cyclization, 377
4-Methyl-6-phenyl-3-trifluoromethanesulfonyloxypyridazine, 269
  alkanelysis, 151
1-Methyl-3-phenyl-5-trifluoromethyl-4(1H)-pyridazinone, 14
6-(4-Methylpiperidino)methyl-3(2H)-pyridazinone, 305
6-(4-Methylpiperidino)methyl-3(2H)-pyridazinone 1-oxide, deoxygenation, 305
4-(2-Methylprop-1-enyl)pyridazine, 165
Methyl 6-propylamino-3-pyridazinecarboxylate, 400
6-Methyl-3-pyridazinamine, 331, 351
  to the 3-fluoro analogue, 192

6-Methyl-4-pyridazinamine, 20
3-Methylpyridazine, 305
  acylation, 166
  alkylation, 143, 158, 165
  alkylidenation, 158
  cleavage, 170
  nmr, 159
  quaternization and reduction, 173
  Reissert cyanation, 417
4-Methylpyridazine, 135
  acylation, 331
  alkylation, 164, 165
  alkylidenation, 159, 166
  nmr, 159
  Reissert cyanation, 418
3-Methyl-4-pyridazinecarbaldehyde, 425
6-Methyl-3-pyridazinecarbaldehyde hydrazone, 73
4-Methyl-3-pyridazinecarbonitrile, 138
6-Methyl-3-pyridazinecarbonitrile, 138, 308
  hydrolysis, 390
Methyl 4-pyridazinecarboxylate, 393, 400
  hydrolysis kinetics, 388
Methyl 3-pyridazinecarboxylate 1-methiodide, alkylation, 146
6-Methyl-3-pyridazinecarboxylic acid, 390
6-Methyl-3,4-pyridazinedicarbaldehyde, 401
1-Methyl-3,6(1H,2H)-pyridazinedione, X-ray analysis, 313
2-Methyl-3,4(1H,2H)-pyridazinedione, spectral studies, 316
3-Methylpyridazine 1-oxide, quaternization and cyanation, 308
3-Methylpyridazine 2-oxide, alkylidenation, 156
  deoxygenation, 305
  oxidation, 157, 161
6-Methyl-3(2H)-pyridazinethione, hydrazinolysis, 331
  photoaddition, 333
1-Methyl-4(1H)-pyridazinimine hydriodide, 362
2-Methyl-3(2H)-pyridazinimine hydriodide, 362
  ionization, 370
1-Methylpyridazinium-3-aminate, ionization, 370
3-Methylpyridazinium-1-dicyanomethylide, 143
  alkylation, 143
1-Methylpyridazinium ions, association, 174
1-Methylpyridazinium methyl sulfate, 418
  to cyanated cyclobutane dimers, 418
1-Methylpyridazinium-3-olate, 260
2-Methyl-3(2H)-pyridazinone, cycloaddition, 300
  reduction, 296
4-Methyl-3(2H)-pyridazinone, X-ray analysis, 313
5-Methyl-3(2H)-pyridazinone, X-ray analysis, 313
6-Methyl-3(2H)-pyridazinone, 25
  acylation, 268

alkylation, 260
cycloaddition, 271
to a cyclobutane dimer, 271
ring contraction, 273
X-ray analysis, 313
2-Methyl-3(2H)-pyridazinone 1-oxide, 263
5-Methyl-3(2H)-pyridazinone 1-oxide,
  chlorination, 187
1-Methyl-6-pyridazin-4′-yl-3,5-dihydrobenzo-
  [1,2-d:4,5-d′]diimidazol-2(1H)-one, 394
5-Methyl-6-pyridazin-4′-yl-2H-1,4-thiazin-3(4H)-
  one, 136
4-Methyl-5-pyridazin-4′-yl-2(3H)-thiazolone, 136
5-Methyl-6-p-(pyridin-4-ylamino)phenyl-4,5-
  dihydro-3(2H)-pyridazinone, 361
3-Methylsulfinyl-6-methylsulfonylpyridazine, 336
3-Methylsulfinyl-6-methylthiopyridazine, 336
2-p-Methylsulfonylphenyl-6-phenylhexahydro-4-
  pyridazinol, 14
  X-ray analysis, 313
3-Methylsulfonyl-6-piperidinopyridazine, 340
Methyl 2,3,4,5-tetrahydro-3-
  pyridazinecarboxylate, 5
  reduction, 5
6-Methyl-1,4,5,6-tetrahydro-3(2H)-pyridazinone,
  acylation, 267
1-Methyl(thiocarbamoyl)-3-phenyl-1,4,5,6-
  tetrahydropyridazine, 5
3-Methylthio-5,6-diphenyl-4-
  pyridazinecarbonitrile, 11
3-Methylthio-6-N′-methylureidopyridazine, 110
3-Methylthio-4-nitropyridazine, 41
6-Methylthio-3-pyridazinamine, 110
  with methyl isocyanate, 110
6-Methylthio-3-pyridazinamine 2-oxide, to the
  3-chloro analogue, 192
3-Methylthio-4,5-pyridazinediamine, 327
4-α-[Methylthio(thiocarbonyl)hydrazono]-
  ethylpyridazine, 432
  aminolysis, 432
3-Methyl-6-p-toluenesulfonyloxypyridazine, 268
5-Methyl-6-p-tolyl-4,5-dihydro-3(2H)-
  pyridazinone, conformation, 315
3-Methyl-1-N-tosylprolyl-1,4,5,6-
  tetrahydropyridazine, 91
  X-ray analysis, 91
5-Methyl-6-(2-β,β,β-trichloroethoxycarbonyl-1,4-
  dihydropyridazin-4-yl)-2H-1,4-thiazin-3(4H)-
  one, 136
  deacylation, 136
4-Methyl-6-triethylsilylethynylpyridazine, 151
1-Methyl-4,5,6-trismethylthiopyridazinium
  iodide, 294
  hydrolysis, 294

2-δ-(N′-Methylureido)butyl-6-phenyl-3(2H)-
  pyridazinone, 364
6-Methyl-2-vinyl-3(2H)-pyridazinone, reduction,
  157
Microwave-assisted reactions, 43, 62
Minaprine, 319
  ionization study of analogues, 370
Minoten, 319
Mopidralazine, 319
4-α-Morpholinobenzylpyridazine, 243
3-(β-Morpholinoethylamino)-4-nitro-6-
  phenylpyridazine, ionization, 370
3-(β-Morpholinoethylamino)-6-phenyl-4-
  pyridazinamine, ionization, 370
3-(β-Morphoinoethylamino)-6-phenyl-4-
  pyridazinecarboxamide, X-ray analysis, 370
2-Morpholinomethyl-6-p-tolyl-3(2H)-
  pyridazinethione, 331
3-Morpholino-6-p-
  nitrobenzylidenehydrazinopyridazine, 198
3-Morpholino-6-phenyl-4-β-
  phenylhydrazinopyridazine, 64
5-Morpholino-2-prop-1′-enyl-3(2H)-pyridazinone,
  159
5-Morpholinopyridazine, 234
4-Morpholino-3,6 (1H,2H)-pyridazinedione,
  alkylation, 265
6-Morpholino-3,4(1H,2H)-pyridazinedione, 109
Motapizone, 319

Nandron, 319
1-Naphthalen-2′-yl-3,6(1H,2H)-pyridazinedione,
  chlorinaton and chlorolysis, 184
Naphtho[2,1-b]pyrans, to pyridazines, 116
Nef conversion, 50
3-Nicotinoylpyridazine, 404
Nifurprazine, 319
6-p-Nitrobenzyloxy-3(2H)-pyridazinone, 344
2-p-Nitrobenzyl-3,6(1H,2H)-pyridazinedione, 344
4-Nitro-5,6-diphenyl-3(2H)-pyridazinone, 42
  alkylation, 261
  reduction, 347
1-p-Nitrophenacyl-3-p-tolylpyridazinium
  bromide, to an ylide, 172
6-m-Nitrophenyl-4,5-dihydro-3(2H)-pyridazinone,
  24
  oxidation, 24
2-o-Nitrophenyl-6-phenyl-4,5-dihydro-4(H)-
  pyridazinone, 8
  oxidation, 8
2-o-Nitrophenyl-6-phenyl-3(2H)-pyridazinone, 8
  reduction, 346
6-p-Nitrophenyl-3-pyridazinamine, 194
4-m-Nitrophenyl-3,6(1H,2H)-pyridazinedione, 61

6-*m*-Nitrophenyl-3(2*H*)-pyridazinone, 24
6-*p*-Nitrophenyl-3(2*H*)-pyridazinone, 24
   chlorolysis, 184
2-*p*-Nitrophenyl-1,4,5,6-tetrahydro-3(2*H*)-
   pyridazinone, 122
5-Nitro-4-pyridazinamine, 76
   reduction, 345
5-Nitro-4-pyridazinamine 2-oxide, 349
4-Nitropyridazine, 76
   amination, 76
4-Nitropyridazine 1-oxide, amination, 349
   azidolysis, 348
Nitropyridazines, 343
   alcoholysis, 284
   alkanethiolysis, 334
   aminolysis, 365
   azidolysis, 348
   halogenolysis, 189
   hydrogenolysis, 348
   hydrolysis, 256
   by nitration, 343
   by passenger nitro introduction, 344
   reactions, 344
   reduction, 344
   synthetic routes, 343
(Nitrosoamino)pyridazines, 367
4-Nitro-3-styrylpyridazine 1-oxide, 159
Norflurazone, 319
Nortimic, 319

Ofunack, 319
Oragal, 319
Oragallin, 319
5-Oxa-1-azaspiro[3.4]oxtanes, to pyridazines, 123
7-Oxa-3,4-diazabicyclo[4.1.0]heptanes, to
   pyridazines, 99
1,3,4-oxadiazines, to pyridazines, 72
[1,2,4]Oxadiazolo[2,3-*b*]pyridazines, to
   pyridazines, 99
1,2,4-Oxadiazolo[4,5-*b*]pyridazines, to
   pyridazines, 100
[1,2,5]Oxadiazolo[3,4-*d*]pyridazines, to
   pyridazines, 101
Oxazoles, to pyridazines, 66
Oxazolo[4,5-*d*]pyridazines, to pyridazines, 101
Oxazolo[5,4-*c*]pyridazines, to pyridazines, 101
Oxazolo[3,2-*b*]pyridaziniums, to pyridazines, 102
Oxdralazine, 319
Oxepino[2,3-*c*]pyridine, 308
Oxepino[3,2-*c*]pyridine, 308
Oxetes, to pyridazines, 67
Oxirenes, to pyridazines, 67
Oxireno[*d*]pyrimido[4,5-*c*]pyridazines, to
   pyridazines, 116
6-Oxo-1,6-dihydro-3-pyridazinecarboxylic acid,
   esterification, 393

4-Oxo-1,4-dihydro-3,6-pyridazinedicarboxylic
   acid, 283
3-Oxo-2,3-dihydropyridazinium-1-
   ethoxyformamidate, alkylation, 144
6-Oxo-3,*N'*-diphenyl-1,6-dihydro-1-
   pyridazinecarbohydrazide, 403
   with phosphorus pentachloride, 415
3-Oxo-5,6-diphenyl-2,3-dihydro-4-
   pyridazinecarbonitrile, 44, 50, 253
   acylation, 269
   alkylation, 261
   chlorolysis, 182
   cyclocondensation, 423
4-Oxo-1,6-diphenyl-1,4,5,6-tetrahydro-3-
   pyridazinecarbonitrile, 3
   to the hydrazone, 298
5-Oxo-1,2-diphenyl-1,4,5,6-tetrahydro-3(2*H*)-
   pyridazinone, 67
3-Oxo-2,5-diphenyl-6-thioxo-1,2,3,6-tetrahydro-4-
   pyridazinecarbonitrile, 70
4-Oxohexahydro-3-pyridazinecarboxylic acid, 6
3-Oxo-4-phenacyl-6-phenyl-2,3,4,5-tetrahydro-4-
   pyridazinecarbonitrile, 85
1-(4-Oxo-3-phenoxyacetamido-2-azetidinocar-
   bonyl)hexahydropyridazine, 138
6-Oxo-3-phenyl-1,6-dihydro-4-
   pyridazinecarbaldehyde, 282
   alkylation, 146
   oxidation, 390
3-Oxo-6-phenyl-2,3-dihydro-4-
   pyridazinecarboxamide, 402
   chlorination and dehydration, 181
   Hofmann reaction, 355
6-Oxo-3-phenyl-1,6-dihydro-4-
   pyridazinecarboxylic acid, 390
6-Oxo-1-phenyl-4-phenylazomethyl-1,6-dihydro-
   3,5-pyridazinedicarbonitrile, 168
5-Oxo-2-phenyl-3-pyrazoline-3-carboxylic acid,
   393
6-Oxo-1-phenyl-4-styryl-1,6-dihydro-3,5-
   pyridazinedicarbonitrile, 159
3-Oxo-6-pyridin-4'-yl-2,3-dihydro-4-
   pyridazinecarbohydrazide, 403
   to the 4-amino analogue, 355
6-Oxo-1,4,5,6-tetrahydro-3-
   pyridazinecarbothioamide,
   cyclocondensation, 411
6-Oxo-1,4,5,6-tetrahydro-3-pyridazinecarboxylic
   acid, 5
Oxypyridazines, 251. *See also*
   Alkoxypyridazines, Hydroxypyridazines,
   Pyridazine *N*-oxides, Pyridazine quinones,
   Pyridazinones (nontautomeric),
   Pyridazinones (tautomeric)
   ionization studies, 315
   metal complexes, 316

reviews, 252
spectral studies, 315
structure (fine), 314
X-ray analyses, 312

Pentachloropyridine, 236
Pentoil, 319
Pentoyl, 320
N-(Perfluorobutanoyl)pyridazinium 1-aminide, 134
Perfluoro-3,6-di-t-butylpyridazine, 149
Perfluoro-4,5-diethylpyridazine, pyrolysis, 237
Perfluoro-4,5-diethylpyrimidine, 237
Perfluoro-3,5-diisopropylpyridazine, ring cleavage, 236
Perfluoro-4,5-diisopropylpyridazine, ring cleavage, 236
Perfluoro-2,3-dimethylpentane, 236
Perfluoro-2,5-dimethylpyrazine, 237
Perfluoro-3,6-dimethylpyridazine, irradiation, 237
Perfluoro-4,5-diphenylpyridazine, 149
3-Perfluorohexyl-2,3-dihydropyridazine, 135
  oxidation, 135
3-(Perfluorohexyl)pyridazine, 135
Perfluoro-2,3,4,5-tetramethylhexane, 236
Perfluoro-2,3,4,5-tetramethylhex-3-ene, 236
Perfluoro-3,4,5,6-tetraphenylpyridazine, 149
Perfluoro-2,3,6-trimethylhept-3-ene, 236
Perhydro-1,5-diazonin-2-one, 139
3-Phenacyl-6-phenylpyrazino[2,3-d]pyridazine-2,5(1H,6H)-dione, 360
1-Phenacylpyridazinium bromide, cyclocondensation, 174, 175
3-Phenacylthio-4,5,6-triphenylpyridazine, sulfur extrusion, 337
3-Phenacyl-4,5,6-triphenylpyridazine, 337
  thiation, 430
Phenazon(e), 320
3-Phenethyl-5,6-diphenylpyridazine, 157
3-Phenethyl-5,6-diphenyl-4-pyridazinecarboxylic acid, 41
3-Phenethylpyridazine, 157, 158
  alkoxycarbonylation, 398
  mass spectrum, 160
4-Phenethylpyridazine, 140
4-Phenethyl-3-pyridazinecarbonitrile, 417
5-Phenethyl-4-pyridazinecarboxylic acid, 388
3-(α-Phenoxybenzyl)pyridazine, 244
6-(4-β-Phenoxyethylpiperazin-1-yl)-3(2H)-pyridazinone, 362
6-Phenoxy-3-pyridazinamine, 217
3-Phenoxy-4-pyridazinecarbonitrile, hydrolysis, 389, 409
3-Phenoxy-4-pyridazinecarboxamide, 409
3-Phenoxy-4-pyridazinecarboxylic acid, 389

4-Phenyl-3,6-bistrifluoromethyl-1,4-dihydropyridazine, 80
4-Phenyl-3,6-bistrifluoromethylpyridazine, 88
2-N-Phenylcarbamoylhexahydro-3-pyridazinecarboxylic acid, 113
3-γ-(Phenylcarbamoyloxy)propylpyridazine, 281
1-Phenyl-4,5-dihydro-3,6(1H,2H)-pyridazinedione, 61
6-Phenyl-4,5-dihydro-3(2H)-pyridazinethione, 258
4-4-Phenyl-4,5-dihydro-3(2H)-pyridazinone,
  oxidation, 257
  reduction, 270
6-Phenyl-4,5-dihydro-3(2H)-pyridazinone,
  alkylation, 145
  conformation, 315
  mercuration, 288
  oxidation, 257
  thiation, 258
3-Phenylethynyl-4-pyridazinecarbonitrile, 148
4-Phenyl-1H-ideno[1,2-d]pyridazine-1,9(2H)-dione, 407
3-Phenyl-8aH-1,2,4-oxadiazolo[4,5-b]pyridazine, 138
3-Phenyl-6-phenylazopyridazine, to the 6-phenylhydrazino analogue, 373
1-Phenyl-6-phenylazo-1,4,5,6-tetrahydropyridazine, 37
3-Phenyl-6-β-phenylhydrazinopyridazine, 373
1-Phenyl-6-phenylhydrazono-1,4,5,6-tetrahydro-3(2H)-pyridazinone, 11
3-Phenyl-6-piperazin-1'-ylpyridazine, 194
6-Phenyl-5-piperazin-1'-yl-3(2H)-pyridazinone, 200
3-Phenyl-5-propylpyridazine, 75
2-Phenyl-4,3-pyrazolecarbolactone, 275
1-Phenyl-1H-pyrazolo[4,3,-b][1,5]benzothiazepin-10(9H)-one, 300
3-Phenyl-4-pyridazinamine, 349
  diazotization and coupling, 367
6-Phenyl-3-pyridazinamine, 349
6-Phenyl-4-pyridazinamine, 349
3-Phenylpyridazine, 4, 154
  amination, 349
4-Phenylpyridazine, 134, 233, 404
4-Phenyl-3,6-pyridazinedicarboxylic acid, 404
  decarboxylation, 404
1-Phenyl-3,6(1H,2H)-pyridazinedione, 60
  chlorination and rearrangement, 240
  copolymerizations, 272
6-Phenyl-3,4(1H,2H)-pyridazinedione, 44
  tautomerism, 314
6-Phenyl-3(2H)-pyridazinethione, 258, 325
2-Phenyl-3(2H)-pyridazinone, 29, 43
4-Phenyl-3(2H)-pyridazinone, 257
  chlorolysis, 184
5-Phenyl-3(2H)-pyridazinone, 62

6-Phenyl-3(2H)-pyridazinone, 23, 257
  acylation, 269
  alkylation, 241, 260
  amination, 350
  chlorolysis, 186
  chlorosulfonation, 339
  thiation, 258
  X-ray analysis, 313
N-Phenyl-N'-(pyridazin-3-yl)urea, 414
5-Phenylpyrrolidin-2-one, 297
4-α-Phenylstyrylpyridazine, 156
4-Phenyl-6-styryl-3(2H)-pyridazinone, 145
6-Phenylsulfinyl-3-pyridazinamine, 335
6-Phenylsulfonyl-3-pyridazinamine, 335
3-Phenyl-1,4,5,6-tetrahydropyridazine, 68
  acylation, 358
  to the N-methyl-1-carbothioamide, 366
1-Phenyl-1,4,5,6-tetrahydro-3(2H)-pyridazinone, 8
  chlorolysis, 182
2-Phenyl-1,4,5,6-tetrahydro-3(2H)-pyridazinone, 122
4-Phenyl-1,4,5,6-tetrahydro-3(2H)-pyridazinone, 270
3-α-(phenylthio)benzylpyridazine, 245
6-Phenylthio-3-pyridazinamine, 223
  oxidation, 335
3-Phenylthiopyridazine, 139
6-Phenyl-2-p-toluenesulfonyl-3(2H)-pyridazinone, 269
6-Phenyl-2-δ-(N'-p-toluenesulfonylureido)butyl-3(2H)-pyridazinone, 364
6-Phenyl-2-(5-O-p-toluoyl-3-O-tosyl-2-deoxy-α-D-ribofuranosyl)-3(2H)-pyridazinethione, 338
3-Phenyl-6-(5-O-p-toluoyl-3-O-tosyl-2-deoxy-β-D-ribofuranosylthio)pyridazine, thermal rearrangement, 338
6-Phenyl-6-p-tolyl-1,4,5,6-tetrahydro-3(2H)-pyridazinone, 145
2-Phenyl-[1,2,4]triazolo[1,5-b]pyridazine, 365
3-Phenyl-6-trifluoromethanesulfonyloxypyridazine, to the 6-carboxylic ester, 400
3-Phenyl-5-trimethylsilylpyridazine, 77
3-(N'-Phenylureido)pyridazine, 99
6-Phenyl-2-vinyl-3(2H)-pyridazinone, 260
Phthalazines, to pyridazines, 103
3-Phthalimidooxymethylpyridazine, 283
Phthalylsulfapyridazine, 320
Pildralazine, 320
Pimobendan, 320
Piperazic acid, 320
6-Piperazin-1'-yl-3(2H)-pyridazinone, 350
  acylation, 358
  alkylation, 362

Piperidazine, 320
3-α-Piperidinobenzylpyridazine, 242
3-(C-Piperidinoformamido)pyridazine, 100
2-Piperidinomethyl-6-p-tolyl-3(2H)-pyridazinethione, 331
4-Pivalamidopyridazine, 356
Pivaloylmethyl 6-chloro-3-pyridazinecarboxylate, aminolysis, 402
Prizidilol, 320
6-Prop-1'-enylthio-3(2H)-pyridazinone, 213, 327
Propildazine, 320
4-Propionylpyridazine, acylation, 430
6-Propoxy-3-pyridazinamine, 217
6-Propylamino-3-pyridazinecarboxamide, to the corresponding ester, 400
Pydanon, 320
Pyrano[3,2-g][1]benzopyrans, to pyridazines, 116
Pyrano[2,3-d]pyridazines, to pyridazines, 103
Pyrans, to pyridazines, 73
Pyrazino[2,3-d]pyridazines, to pyridazines, 104
3-Pyrazolecarbaldehyde, 311
Pyrazoles, to pyridazines, 67
Pyrazolo[1,2-a]pyridazines, to pyridazines, 104
Pyrazolo[3,4-d]pyridazines, to pyridazines, 105
Pyrazon(e), 320
Pyridaben, 320
Pyridafenthion, 320
Pyridaphenthion, 320
Pyridate, 320
3-Pyridazinamine, alkylation, 362
  amination, 350
  ionization, 370
  metal complexes, 369
  sulfur introduction, 324
  to the ureido analogue etc., 364, 365
4-Pyridazinamine, 349
  acylation, 356
  alkylation, 362
3-Pyridazinamine 1-oxide, 231
Pyridazinamines, 348. See also Hydrazinopyridazines, Hydroxyaminopyridazines
  from acylaminopyridazines, 350
  acylation, 356, 357, 358
  alcoholysis, 285
  from alkoxypyridazines, 287
  alkylation, 352, 360
  alkylidenation, 359
  from alkylthiopyridazines, 336
  by amination, 270, 349, 350
  by aminoalkylation, 164
  from azidopyridazines, 353
  cyclization, 368
  N-dealkylation, 352, 372

diazotization etc., 367
    from halogenopyridazines, 193, 242
    to halogenopyridazines, 192
    by Hofmann or related reactions, 355
    from hydrazino or hydroxyaminopyridazines, 351
    hydrolysis, 253
    ionization studies, 370
    as macrocyclic ligands, 369
    metal complexes, 369
    from nitropyridazines, 344, 347
    nitrosation, 367
    from pyridazinecarbonitriles, 354
    from pyridazinethiones, 331
    from pyridazinones, 271, 298
    reactions, 355
    to Schiff bases, 359
    synthetic routes, 348
    transamination, 352
    trivial names, 317
    to ureidopyridazines etc., 363
    X-ray analyses, 369
Pyridazine 21, 131
    acylation, 136, 425
    alkoxycarbonylation, 398
    alkylation, 135
    amination, 139, 349, 350
    aromaticity, 133, 315
    with benzonitrile oxide, 100, 134, 138
    as a catalyst, 139
    cycloadditions, 138
    degradation, 134
    maleic anhydride adduct, 139
    mass spectrum, 160
    metabolism in rats, 135
    metal complexes, 139
    oxidation, 134
    polarography, 133
    properties, 132
    pyrolysis, 139
    quaternization, 171, 172
    reactions, 134, 139
    reduction, 134
    Reissert reactions, 138, 417
    spectra, 133
    structure, 132
    synthetic routes, 131
    to ylides, 172
3-Pydidazinecarbaldehyde, 161, 282
    benzoin-type reaction, 390
    Cannizzaro reaction, 278, 390
    to the hydrazone, 427
    to the oxime, 426
    to the thiosemicarbazone, 427

4-Pyridazinecarbaldehyde, 161, 425
    alkylidenation, 155
    Cannizzaro reaction, 390
    to an epoxide, 287
    to the oxime, 426
    reduction, 278
    to Schiff bases, 426
3-Pyridazinecarbaldehyde 2,4-dinitrophenylhydrazone, 427
3-Pyridazinecarbaldehyde hydrazone, 427
    oxidative cyclization, 427
3-Pyridazinecarbaldehyde 2-oxide, 161
    to a hydrazone, 427
    with 3-methylpyridazine 2-oxide, 156
3-Pyridazinecarbaldehyde oxime, 426
4-Pyridazinecarbaldehyde oxime, 426
Pyridazinecarbaldehydes, 424
    to acetals, 426
    from alkylpyridazines, 161
    Cannizzaro reaction, 390
    deformylation, 428
    by C-formylation (direct), 424
    to hydrazones or semi carbazones etc., 427
    from hydroxyalkylpyridazines, 282
    to hydroxyalkylpyridazines, 278
    to imidazolylpyridazines, 428
    with methylene reagents, 155
    oxidation, 390
    to oximes, 426
    from pyridazinecarboxylic esters, 401
    to pyridazinecarboxylic esters, 399
    reactions, 425
    to Schiff bases, 426
    synthetic routes, 424
3-Pyridazinecarbaldehyde thiosemicarbazone, 427
3-Pyridazinecarbohydrazide, to 3-azidocarbonylpyridazine, 414
Pyridazinecarbohydrazides, 413. See also Pyridazinecarboxamides
    alkylidenation, 413
    to azidocarbonylpyridazines, 414
    hydrolysis, 389
    to pyridazinamines, 355
    from pyridazinecarboxylic acids, 394
    from pyridazinecarboxylic esters, 402, 407
    reactions, 413
    synthetic routes, 413
3-Pyridazinecarbonitrile, 138
    to corresponding esters, 399
    to pyridazine ketones, 422
Pyridazinecarbonitriles, 416
    alcohol addition, 420
    to arylpyridazines, 146
    from azidocarbonylpyridazines, 416

Pyridazinecarbonitriles (cont'd)
  to benzene derivatives via Diels-Alder adducts, 424
  cyclization, 422
  from halogenopyridazines, 410
  by hydrogen cyanide addition, 418
  hydrogenolysis (indirect), 420
  hydrolysis, 389, 409
  to pyridazinecarboxamide oximes, 421
  from pyridazinecarboxamides, 410
  to pyridazinecarboxamidrazones, 421
  to pyridazinecarboxylic esters, 399
  to pyridazine ketones, 422
  from pyridazine N-oxides, 308
  reactions, 420
  reduction, 354
  by Reissert-like reactions, 138, 417
  synthetic routes, 417
  thiolysis, 409
Pyridazinecarbonyl azides, see Azidocarbonylpyridazines
Pyridazinecarbonyl chlorides, 407
  to pyridazinecarboxamides, 408
  from pyridazinecarboxylic acids, 392
  to pyridazinecarboxylic esters, 408
  to pyridazine ketones, 392, 408
  reactions, 408
  synthetic routes, 408
Pyridazinecarbonyl halides, 407. See also Pyridazinecarbonyl chlorides
4-Pyridazinecarboxamide, acylation, 430
  carboxyalkylation, 391
Pyridazinecarboxamide oximes, 421
Pyridazinecarboxamides, 409. See also Pyridazinecarbohydrazides
  N-alkylation, 410
  as antibiotics, 412
  dehydration, 410
  as diuretics, 413
  Hofmann reaction, 355, 411
  hydrolysis, 389
  metal complexes, 411
  from pyridazinecarbonitriles, 409
  from pyridazinecarboxylic acids, 414
  from pyridazinecarboxylic esters, 402
  to pyridazinecarboxylic esters, 399
  from pyridazine ketones, 410
  reactions, 410
  synthetic routes, 409
  thiation, 223
Pyridazinecarboxamidrazones, 421
3-Pyridazinecarboxylic acid, 278, 283, 390
  decarboxylation, 131
4-Pyridazinecarboxylic acid, 233, 390, 396

aminolysis, 394
esterification, 393
Pyridazinecarboxylic acids, 387
  from alkylpyridazines, 161
  aminolysis, 394
  decarboxylation, 395, 404
  esterification, 393
  from hydroxyalkylpyridazines, 282, 390
  ionization, 396
  lactonization, 393
  metal complexes, 396
  by passenger carboxylation, 391
  from pyridazinecarbaldehydes, 390
  from pyridazinecarbohydrazides, 389
  from pyridazinecarbonitriles, 389
  from pyridazinecarboxamides, 389
  from pyridazinecarboxylic esters, 387, 404
  reactions, 392
  synthetic routes, 387
Pyridazinecarboxylic anhydrides, from pyridazinecarboxylic acids, 392
Pyridazinecarboxylic esters, 397
  by alkoxycarbonylation, 398, 399
  aminolysis, 402
  Claisen reactions, 401
  Diels-Alder adducts, 404
  hydrogenolysis (indirect), 404
  hydrolysis, 387, 404
  by minor procedures, 400
  minor reactions, 406
  oxidation, 405
  from pyridazinecarbaldehydes, 399
  from pyridazinecarbonitriles, 399
  from pyridazinecarbonyl chlorides, 408
  from pyridazinecarboxamides, 399
  from pyridazinecarboxylic acids, 393
  to pyridazine ketones, 403
  reactions, 401
  reduction, 279, 401, 405
  synthetic routes, 397
3,4-Pyridazinediamine, 232, 346
  alkylation, 362
3,6-Pyridazinediamine, 351
4,5-Pyridazinediamine, 354
  cyclization, 368
3,6-pyridazinedicarbaldehyde, 161, 282
  to a macrocyclic Schiff base, 427
3,6-Pyridazinedicarbaldehyde dioxime, 282
4,5-Pyridazinedicarbonitrile, with dienophiles, 423, 424
3,6-Pyridazinedicarbonyl dichloride, 392
  to the 3,6-dibenzoyl analogue, 392
3,4-Pyridazinedicarboxylic acid, 388
  decarboxylation, 396

Index

3,6-Pyridazinedicarboxylic acid, 80
   chlorolysis, 392
   disodium salt, 80
   esterification, 393
   metal complexes, 396
4,5-Pyridazinedicarboxylic acid, 104, 117, 122
   to the anhydride, 393
3,4-Pyridazinedicarboxylic anhydride, pyrolysis, 132
4,5-Pyridazinedicarboxylic anhydride, 94, 393
   aminolysis, 393
   to a keto acid, 393
   pyrolysis, 132
3,6(1H,2H)-Pyridazinedione, 60
   alkylation, 265
   amination, 270
   aminolysis, 271
   chlorolysis, 178, 185
   chemiluminescence, 273
   cycloadditions, 272
   hydrazination, 371
   ionization, 315
   oxidation, 273
   polarography, 270
   silylation, 290
   spectra, 315
   tautormerism, 314
   thiation, 258
   X-ray analysis (new polymorph), 313
Pyridazine, 1,2-dioxide, irradiation, 310
3,6(1H,2H)-Pyridazinedithione, 258, 324
   acylation, 326
   S- and N-alkylation, 331
   tautomerism, 333
Pyridazine ketones, 429
   by C-acylation, 429
   alkylidenation, 155, 431
   from alkylpyridazines, 161
   cyclocondensations, 432
   deacylation, 154
   halogenation, 240
   to hydrazones, 431
   from hydroxyalkylpyridazines, 281
   to oximes, 431
   phosphorylation, 433
   from pyridazinecarbonitriles, 422
   from pyridazinecarbonyl chlorides, 392
   to pyridazinecarboxamides, 410
   from pyridazinecarboxylic esters, 403
   reactions, 430
   reduction, 155, 278
   from Schiff bases, 430
   to semicarbazones, 431
   synthetic routes, 429

   tautomerism, 433
   thiation, 430
   from trialkylstannylpyridazines, 430
Pyridazine 1-oxide, 134
   cycloaddition etc., 308, 309
   irradiation with butylamine, 310
   ring fission with a Grignard, 311
   X-ray analysis (copper complex), 313
Pyridazine N-oxides, 302
   C-alkylation, 306
   cycloaddition etc., 308
   deoxygenation, 305, 307
   nmr spectra (substituent effects), 315
   photochemical reactions, 309
   quaternization etc., 308
   reactions, 304
   ring fission, 310
   synthesis by oxidation, 302
   tautomerism, 302
Pyridazine quinones, 273
Pyridazines (general aspects), from aliphatics or carbocyclics (glance index), 51
   biological activities, 317
   book (original), ix, 1
   from heterocyclics (glance index), 124
   nomenclature, ix
   primary syntheses, 1, 51, 59, 124
   reviews, 1, 138
   trivial names, 317
Pyridazine sulfones, see Alkylsulfonylpyridazines
Pyridazinesulfonic acids etc., 339
   synthetic routes, 339
Pyridazine sulfoxides, see Alkylsulfinylpyridazines
3,4,5,6-Pyridazinetetracarboxylic acid, 114
Pyridazinethiols, see Mercaptopyridazines (extranuclear)
3(2H)-Pyridazinethione, tautomerism, 334
4(1H)-Pyridazinethione, S-heteroarylation, 330
Pyridazinethiones (nontautomeric), 323
   S-alkylation, 326
   from alkylthiopyridazines, 338
   from nitropyridazine N-oxides, 325
   from pyridazinethiones (tautomeric), 331
   from pyridazinones (nontautomeric), 297
   to pyridazinones (nontautomeric), 294
   reactions, 325
   synthetic routes, 323
Pyridazinethiones (tautomeric), 323
   S-acylation, 326
   from acylthiopyridazines, 324
   from alkoxypyridazines, 290
   N-alkylation, 331
   S-alkylation, 326

Pyridazinethiones (tautomeric) (*cont'd*)
  from alkylthiopyridazines, 325
  aminolysis, 331
  from halogenopyridazines, 221
  metal complexes, 333
  oxidation, 332
  photoadditions, 333
  from pyridazinones, 257
  reactions, 325
  by sulfur introduction, 324
  synthetic routes, 323
  tautomerism, 333
Pyridazinimines (nontautomeric), 384
  acylation, 385
  Dimroth rearrangement, 360, 385
  hydrolysis, 293
  ionization, 370
  from pyridazinamines, 360
  from pyridazinones (nontautomeric), 298
  synthetic routes, 384
Pyridazinium 1-acetylimide, cyclization, 368
Pyridazinium-1-dicyanomethylide, 172
  cyclocondensations, 422
  ring contraction, 176
Pyridazinium-1-(1,2-diethoxycarbonyl-3,3-diphenylprop-2-enylide), 172
  X-ray analysis, 172
Pyridazinium-1-(1,2-diethoxycarbonyl-3-*p*-nitrophenyl-3-phenylprop-2-enylide), 172
Pyridazinium-1-dinitromethylide, 173
Pyridazino[4,5-*c*][1,6]benzodiazocines, to pyridazines, 117
Pyridazino[4′,5′:3,4]cyclobuta[1,2-*f*]phthalazines, to pyridazines, 118
Pyridazino[3,4-*b*:5,6-*b*′]diquinoxaline, 212
Pyridazino[1,6-*b*]indazoles, to pyridazines, 117
3(2*H*)-Pyridazinone, 100, 134, 135
  alkylation, 260
  ionization, 315
  nmr (substituent effects), 315
  reduction, 269
  spectra, 315
4(1*H*)-Pyridazinone, 135
3(2*H*)-Pyridazinone 1-oxide, alkylation, 142, 143, 263
Pyridazinones (nontautomeric), 292
  from alkoxypyridazines, 288, 289
  O-alkylation, 298
  from alkylthiopyridazines (indirectly), 294
  aminolysis, 298
  cycloadditions, 300
  N-dealkylation, 295
  to hydrazones, 298
  isomerization, 298
  oxidation, 295
  by oxidation, 292
  to oximes, 298
  from pyridazinethiones (nontautomeric), 294
  from pyridazinimines, 293
  from pyridazinones (tautomeric), 259
  to pyridazinones (tautomeric), 257
  reactions, 295
  reduction, 295
  ring contraction, 298
  thiation, 297
  transalkylation, 293
Pyridazinones (tautomeric), 252
  acylation, 267
  from alkoxypyridazines, 254
  alkylation, 259
  from alkylthiopyridazines, 253
  N-amination, 270
  aminolysis, 271
  cycloadditions, 271
  from halogenopyridazines, 213
  from hydropyridazinones, 257
  from nitropyridazines, 256
  oxidation, 273
  to oximes, 271
  polymerization, 272
  from pyridazinamines, 253
  from pyridazinones (nontautomeric), 257, 295
  reactions, 257
  reduction, 269
  synthetic routes, 252
  tautomerism, 252, 314
  thiation, 257
  from trialkylsiloxypyridazines, 255
Pyridazino[3,4-*d*][1,3]oxazines, to pyridazines, 105
Pyridazino[4,5-*d*][1,3]oxazines, to pyridazines, 106
Pyridazino[1,2-*b*]phthalazines, to pyridazines, 118
Pyridazino[1,2-*a*]pyridazines, to pyridazines, 106
Pyridazino[4,5-*d*]pyridazines, to pyridazines, 107
10*H*-Pyridazino[4,5-*b*]pyrido[3,2-*e*][1,4]thiazine, 209
Pyridazino[4′,5′:3,4]pyrrolo[1,2-*b*]benzimidazoles, to pyridazines, 119
Pyridazino[1,6-*a*]-1,3,5-triazines, to pyridazines, 107
Pyridazino[6,1-*c*][1,2,4]triazines, to pyridazines, 107
2-Pyridazin-4′-ylbenzothiazole, 123
Pyridazocidin, 320
Pyridazomycin, 320
Pyridines, to pyridazines, 74

5-Pyridin-4′-yl-3(2H)-pyridazinone, amination by hydrazine, 371
Pyrido[1,2-b]pyridazin-9-iums, to pyridazines, 108
Pyrimidines, to pyridazines, 75
3-(N′-Pyrimidin-2-ylureido)pyridazine, 100
Pyrimido[4,5-c]pyridazines, to pyridazines, 108
Pyrimido[4,5-d]pyridazines, to pyridazines, 109
Pyrroles, to pyridazines, 68
Pyrrolo[3,2-c]pyridazines, to pyridazines, 109
3-Pyrrol-2′-ylpyridazine, quaternization, 172

Quinolines, to pyridazines, 109

Regulton, 320
Ridaflone, 320
Ridazolol, 320
Ridiflone, 320
Rogalin, 320

Salazosulfapyridazine, 320
Schiff bases, cyclization, 359
    from pyridazinamines, 359
    from pyridazinecarbaldehydes, 426
1,4,5-Selenadiazepines, to pyridazines, 85
Semicarbazidopyridazines, 377
Spiro[benzofuran-3(2H),3′-[3H]pyrazole]s, to pyridazines, 124
Spiro[2H-1,4-benzothiazine-2,4′-(1H)-pyridazine]s, to pyridazines, 123
B. Stanovnik, v
6-Styryl-4,5-dihydro-3(2H)-pyridazinone, 24
    alkylation, 142
    oxidation, 257
3-Styrylpyridazine, 150, 158
    oxidation, 161
    reduction, 157
4-Styrylpyridazine, 159
    oxidation, 161
    reduction, 157
6-Styryl-3(2H)-pyridazinone, 257
    alkylation, 145
Sulfamethoxypyridazine, 320
6-p-Sulfamoylphenyl-3(2H)-pyridazinone, 340
Sulfethoxypyridazine, 320
Supratonin, 320

2,3,5,6-Tetra-t-butylpyrazine, 169
3,4,5,6-Tetra-t-butylpyridazine, Dewar isomer, 169
    to a pyrazine, 169
5,6,7,8-Tetrachloro-1-(3-chloro-6-p-tolyl-4,5-dihydropyridazin-4-ylthio)-4-(3,4-dimethylphenyl)phthalazine, aminolysis etc., 198

5,6,7,8-Tetrachloro-4-(3,4-dimethylphenyl)-1-(3-hydrazino-6-p-tolyl-4,5-dihydropyridazin-4-ylthio)phthalazine, 198
3,4,5,6-Tetrachloro-1-methoxypyridazinium methyl sulfate, 306
    hydrolysis, 215, 306
3,4,5,6-Tetrachloropyridazine, aminolysis, 212
    aminolytic cyclization, 212
    oxidation, 303
    pyrolysis, 236
3,4,5,6-Tetrachloropyridazine 1-oxide, 303
    alkylation, 306
2,4,5,6-Tetrachloropyrimidine, 236
4,4,5,5-Tetrafluoro-1,2-bistrifluoromethyl-4,5-dihydro-3,6(1H,2H)-pyridazinedione, 31
2,3,5,6-Tetrafluoropyrazine, 237
3,4,5,6-Tetrafluoropyridazine, alcoholysis, 221
    alkanelysis, 149
    alkanethiolysis, 228
    aminolysis, 212
    irradiation, 237
1,4,6,9-Tetrahydro-1,4-ethanopyridazino[1,2-a]-pyridazine-6,9-dione, 272
1-Tetrahydrofuran-2′-yl-3,6(1H,2H)-pyridazinedione, 290
1,2,3,6-Tetrahydropyridazine, 388, 404
    acylation, 358, 388
    to a 1-carbamoyl derivative, 366
1,4,5,6-Tetrahydropyridazine, 68, 111, 132
3,4,5,6-Tetrahydropyridazine, 111
    prototropy, 111
1,4,5,6-Tetrahydro-3-pyridazinecarboxylic acid, 91
1,4,5,6-Tetrahydro-3(2H)-pyridazinone, 269
    ring fission, 269
1,4,6,9-Tetrahydropyridazino[1,2-a]pyridazine-1,4-dione, 274
1,4,6,9-Tetrahydropyridazino[1,2-a]pyridazine-1,4,6,9-tetrone, 274
3,4,5,6-Tetrakisbromomethylpyridazine, 167
3,4,5,6-Tetrakistrifluoromethylpyridazine, 120
4,4,5,5-Tetramethyl-3,6-bistrifluoromethyl-4,5-dihydropyridazine, 80
1,2,3,6-Tetramethyl-1,2-dihydropyridazine, 30
3,4,5,5-Tetramethyl-2,5-dihydropyridazine, 18
    oxidation, 18
1,2,4,4-Tetramethyl-4,5-dihydro-3,6(1H,2H)-pyridazinedione, 61
    reduction, 296
Tetramethyl 5,5′-dimethoxy-4,4′-bipyridazine-3,3′,6,6′-tetracarboxylate, 79
Tetramethyl 4,4-dimethyl-1,4-dihydro-3,6-pyridazinediphosphonate, 45
1,2,4,4-Tetramethylhexahydropyridazine, 296

Tetramethyl 1-methyl-1,4,5,6-tetrahydro-3,4,5,6-
    pyridazinetetracarboxylate, 40
3,4,5,6,-Tetramethylpyridazine, 115
    halogenation, 167
Tetramethyl 3,4,5,6-pyridazinetetracarboxylate, 79
    Diels-Alder reaction, 404
4-(5,5,8,8-Tetramethyl-5,6,7,8-
    tetrahydroanthracen-2-yl)-3,6-
    bistrifluoromethyl-1,4-dihydropyridazine, 80
3,3,6,6,-Tetramethyl-3,4,5,6-tetrahydro-
    pyridazine, 1
3,3,6,6,-Tetramethyl-3,4,5,6-tetrahydropyridazine
    1,2-dioxide, 2
3,3,6,6-Tetramethyl-3,4,5,6-tetrahydropyridazine
    1-oxide, 1, 2
    oxidation, 1
2,3,4,5-Tetraphenylfuran, 310
3,4,5,6-Tetraphenylpyridazine, 74, 310
    oxidation, 303
3,4,5,6,-Tetraphenylpyridazine 1-oxide, 303
    irradiation, 310
2,5,9,12-Tetrathia-14,15-diazabicyclo[11,2,2]-
    heptadeca-13,15,16-triene, 226
1,2,4,5-Tetrazines, to pyridazines, 64, 66,
    69, 75
Tetrazolo[1,5-b]pyridazines, 229, 381. See also
    Azidopyridazines
6-2′-Thenoyl-3-pyridazinamine, 410
1,4,5-Thiadiazepines, to pyridazines, 85
1,3,4-Thiadiazines, to pyridazines, 81
[1,2,4]Thiadiazolo[2,3-b]pyridazines, to
    pyridazines, 110
[1,3,4]Thiadiazolo[3,4-a]pyridazines, to
    pyridazines, 111
1,2-Thiazines, to pyridazines, 82
Thiazolo[3,2-b]pyridazin-4-iums, to pyridazines,
    111
Thieno[2,3-c]pyridazines, to pyridazines, 111
Thieno[3,4-d]pyridazines, to pyridazines, 112
6-Thien-3′-yl-4,5-dihydro-3(2H)-
    pyridazinone, 25
    oxidation, 25
3-Thien-2′-ylpyridazine, 233
    nitration, 168
4-Thien-2′-ylpyridazine, nitration, 168
4-Thien-3′-ylpyridazine, nitration, 168
6-Thien-2′-yl-3(2H)-pyridazinone, bromolysis,
    185
6-Thien-3′-yl-3(2H)-pyridazinone, 25
4-(α-Thien-2′-yl-α-p-tolylmethyl)-3,6(1H,2H)-
    pyridazinedione, 26
Thiepines, to pyridazines, 86
Thiophenes, to pyridazines, 69

Thiopyridazines, 323. See also
    Alkylsulfinylpyridazines,
    Alkylsulfonylpyridazines,
    Alkylthiopyridazines, Dipyridazinyl
    disulfides, Dipyridazinyl sulfides,
    Mercaptopyridazines (extranuclear),
    Pyridazinesulfonic acids etc.,
    Pyridazinethiones (nontautomeric),
    Pyridazinethiones (tautomeric)
    definition, 323
    interrelationships, 323
M. Tišler, v
1-p-Toluoylmethylpyridazinium bromide, 171
6-p-Tolyl-4,5-dihydro-3(2H)-pyridazinone,
    alkylation, 145
6-p-Tolyl-3(2H)-pyridazinethione, Mannich
    N-alkylation, 331
4-p-Tolylpyridazinium-1-ethoxycarbonylmethylide,
    alkylation, 175
3-p-Tolylpyridazinium-1-(α-ethoxycarbonyl-2,4,5-
    trinitrobenzylide), 175
3-p-Tolylpyridazinium-1-(p-nitrobenzoylmethylide),
    172
2-p-Tolyl-3(2H)-pyridazinone, X-ray analysis, 313
2-p-Tolyl-1,4,5,6-tetrahydro-3(2H)-pyridazinone,
    122
2-Tosyl-2,3-dihydro-3-pyridazinecarbonitrile, 138
    deacylation, 138
Transesterification, 17
Trialkylsiloxypyridazines, hydrolysis, 255
Trialkylsilylpyridazines, alkanelysis, 151
Trialkylstannylpyridazines, alkanelysis, 152
    halogenolysis, 188
3,4,7-Triazabicyclo[4.1.0]heptanes, to
    pyridazines, 112
1,2,5-Triazepines, to pyridazines, 86
1,2,3-Triazines, to pyridazines, 82
1,2,4-Triazines, to pyridazines, 83
1,2,4-Triazoles, to pyridazines, 71
[1,2,3]Triazolo[1,5-b]pyridazine, 427
[1,2,4]Triazolo[1,2-a]pyridazines, to pyridazines,
    113
6-(2,3,5-Tri-O-benzoyl-β-D-ribofuranosyl)-3-
    pyridazinecarbaldehyde, 248
    to the diethyl acetal, 426
    to the ethyl ester, 399
6-(2,3,5-Tr-O-benzoyl-β-D-ribofuranosyl)-3-
    pyridazinecarbaldehyde diethyl acetal, 426
6-(2,3,5-Tri-O-benzoyl-β-D-ribofuranosyl)-3(2H)-
    pyridazinone, 68
3,4,6-Tribromopyridazine, 185
    aminolysis, 211
4-Tributylstannylpyridazine, alkanelysis, 152
1-(2,4 6-Trichloroanilino)-3-pyrroline-2,5-dione,
    240

3,4,5-Trichloro-6-dimethylaminopyridazine, 212
4,5,6-Trichloro-2-methoxy-3(2H)-pyridazinone, 215, 306
3,4,6-Trichloro-5-morpholinopyridazine, 212
  hydrogenolysis, 234
3,4,5-Trichloropyridazine, 46
  alcoholysis, 220
  alcoholytic condensation, 221
  alkanethiolysis, 227, 330
  aminolysis, 209
  aminolytic cyclization, 210
  irritant effect, 193
3,4,6-Trichloropyridazine, alcoholysis, 221
  aminolysis, 211
  oxidation, 303
  thiolysis, 223
  transhalogenation, 191
3,4,6-trichloropyridazine 1+2-oxide, 303
Triethyl hexahydro-1,2,4-pyridazinetricarboxylate, 399
Triethyl 3,4,5-pyridazinetricarboxylate, 398
3-β-Trifluoroacetylhydrazinopyridazine, 373
1-(β,β,β-Trifluoroethoxycarbonyl)-1,2,3,6-tetrahydropyridazine, 358
  acylation, 358
3,4,6-Trifluoro-5-heptafluoroisopropoxypyridazine, 221
6-(5-Trifluoromethylthien-3-yl)-4,5-dihydro-3(2H)-pyridazinone, 24
  oxidation, 24
6-(5-Trifluoromethylthien-3-yl)-3(2H)-pyridazinone, 24
3,4,6-Trifluoro-5-perfluoro(3-methylimidazolidin-1-yl)pyridazine, 212
3,4,6-Trifluoro-5-trifluoromethylthiopyridazine, 228
Triladine, 321
3,4,5-Trimethoxy-1-methylpyridazinium iodide, 289
  loss of methyl iodide, 289
3,4,5-Trimethoxypyridazine, 220
3,4,6-Trimethoxypyridazine, 221, 285
  Hilbert-Johnson reaction, 289
3,4,6-Trimethoxypyridazine 1-oxide, 284
1,3,5-Trimethyl-1,4/1,2-dihydropyridazine, 29
4,4,6-Trimethyl-4,5-dihydro-3(2H)-pyridazinone, 19, 256
4,4,6-Trimethyl-4,5-dihydro-3(2H)-pyridazinone oxime, 19
  hydrolysis, 19, 256
3,5,5-Trimethyl-5,6-dihydrothieno[2,3-c]-pyridazine, 333
  desulfurization, 333
3-α-(Trimethylsiloxy)benzylpyridazine, 407
Trimethylsilyl 3-pyridazinecarboxylate, with benzaldehyde, 407

4-(1 3,5-Trioxanyl)pyridazine, 425
  hydrolysis, 425
1-(1,2,3-Triphenylcyclopropenyl)bicyclo[3.2.0]-hepta-3,6-dien-2-one, 310
1,3,4-Triphenyl-1,6-dihydropyridazine, oxidation, 162, 292
  to a pyrazole, 169
1,3,6-Triphenyl-1,4-dihydropyridazine, reduction, 169
3,4,6-Triphenyl-2,5-dihydropyridazine, 77
2,4,6-Triphenyl-4,5-dihydro-3(2H)-pyridazinone, 145
2,5,6-Triphenyl-4,5-dihydro-3(2H)-pyridazinone, 8
2,6,6-Triphenyl-1,6-dihydro-3(2H)-pyridazinone, 145
1,3,6-Triphenyl-6-phenylazo-1,4,5,6-tetrahydropyridazine, 38, 50
3-Triphenylphosphoranylideneamino-4-pyridazinecarbonitrile, 354
  to the 3-amino analogue, 354
Triphenylphosphoranylideneaminopyridazines, 382
1,3,4-Triphenylpyrazole, 169
3,5,6-Triphenyl-4-pyridazinamine, 352
3,4,5-Triphenylpyridazine, 75
3,4,6-Triphenylpyridazine, 114, 152
  oxidation, 303
3,4,6-Triphenylpyridazine 1-oxide, 303
4,5,6-Triphenyl-3(2H)-pyridazinethione, 222, 258
2,5,6-Triphenyl-3(2H)-pyridazinone, 292
4,5,6-Triphenyl-3(2H)-pyridazinone, carboxyalkylation, 391
  thiation, 258
3,4,7-Triphenyl-5H-pyridazino[3,4-d][1,3]oxazin-5-one, 382
1,3,6-Triphenyl-1,4,5,6-tetrahydropyridazine, 169
3,4,5-Triphenyl-6-thiophenacylpyridazine, 430
3,4,5-Tris-t-butylthiopyridazine, 227
3,4,5-Trismethylthiopyridazine, 327

Ullmann reaction, 149
Ureidopyridazines, 99
  from pyridazinamines, 363

Verucopeptin, 321
6-Vinyloxy-3(2H)-pyridazinone, spectral indication of H-bonding, 315
3-Vinylpyridazine, 153
  alkylation, 158
2-Vinyl-3(2H)-pyridazinone, 153

C.G. Wermuth, v

Zardaverine, 321